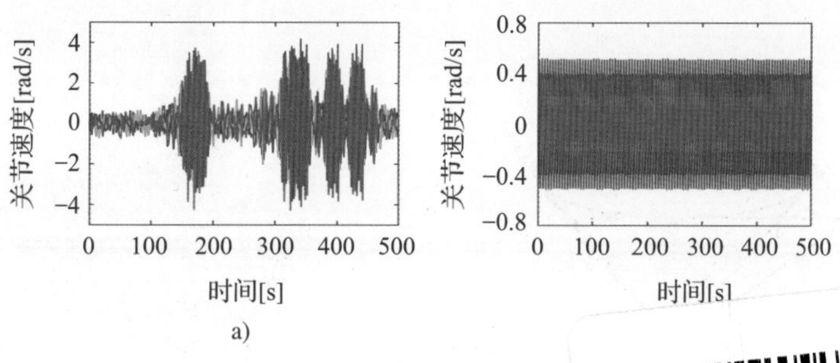

a)

图 2.14

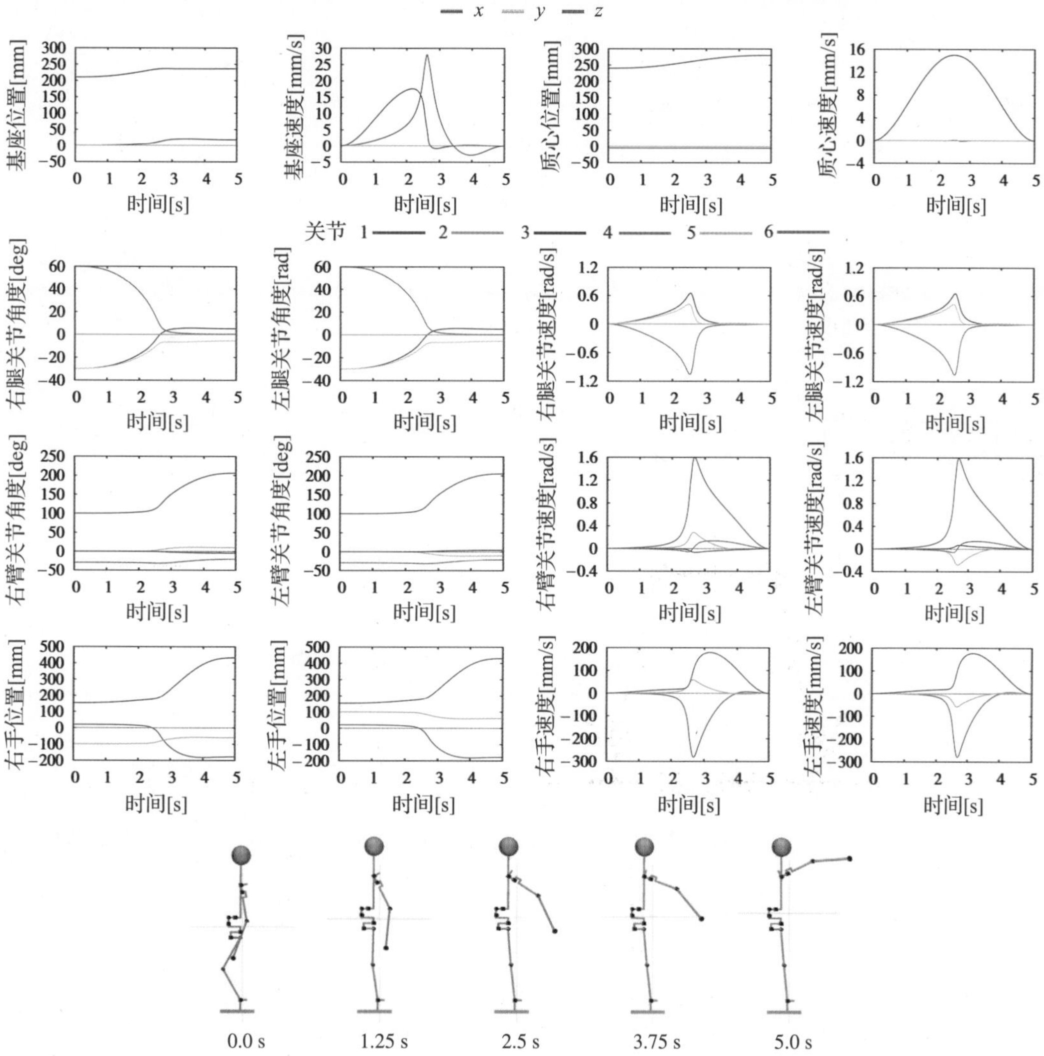

x y z

基座位置[mm] 基座速度[mm/s] 质心位置[mm] 质心速度[mm/s]

时间[s] 时间[s] 时间[s] 时间[s]

关节 1 2 3 4 5 6

右腿关节角度[deg] 左腿关节角度[rad] 右腿关节速度[rad/s] 左腿关节速度[rad/s]

时间[s] 时间[s] 时间[s] 时间[s]

右臂关节角度[deg] 左臂关节角度[deg] 右臂关节速度[rad/s] 左臂关节速度[rad/s]

时间[s] 时间[s] 时间[s] 时间[s]

右手位置[mm] 左手位置[mm] 右手速度[mm/s] 左手速度[mm/s]

时间[s] 时间[s] 时间[s] 时间[s]

0.0 s 1.25 s 2.5 s 3.75 s 5.0 s

图 2.15

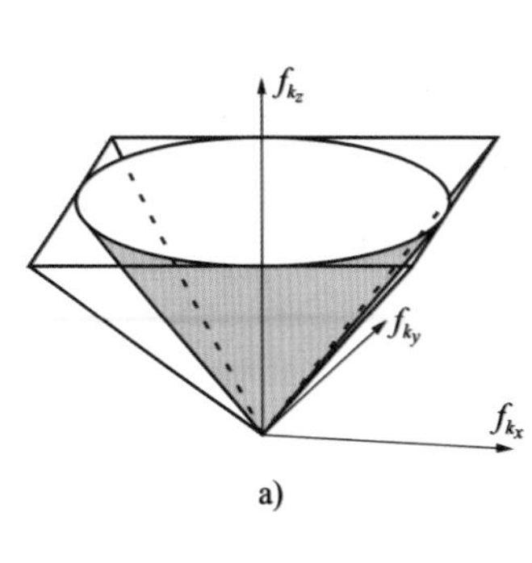

a)

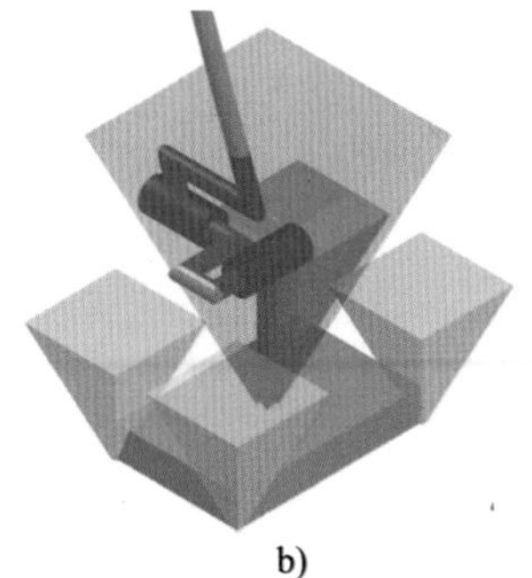
b)

图 3.1

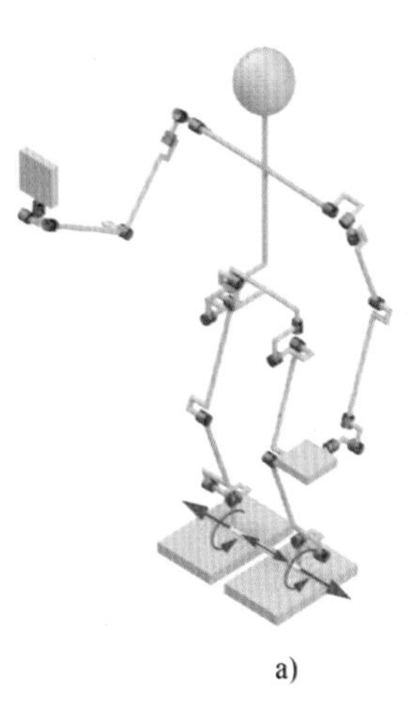
a)

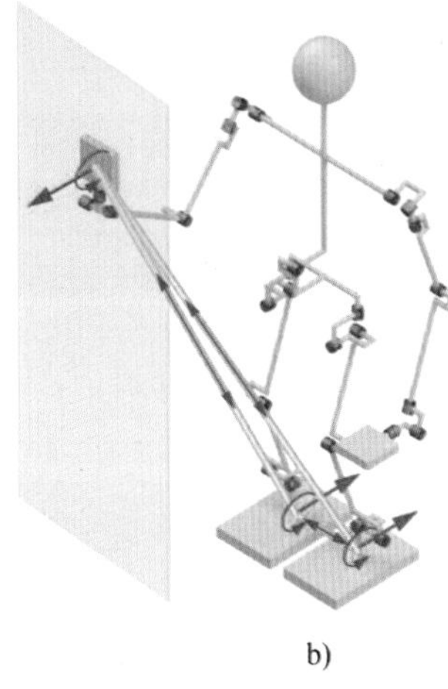
b)

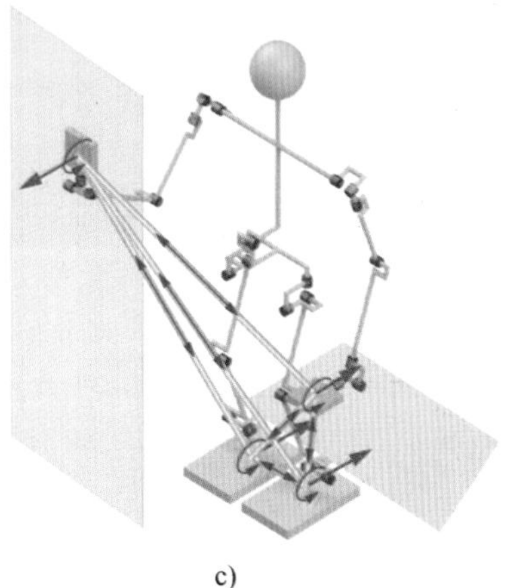
c)

图 3.4

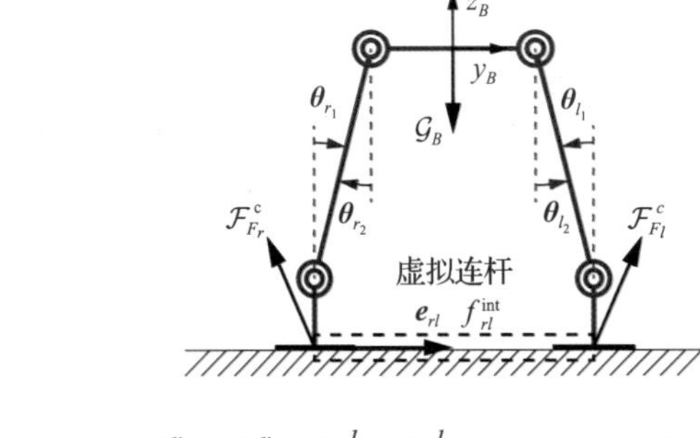

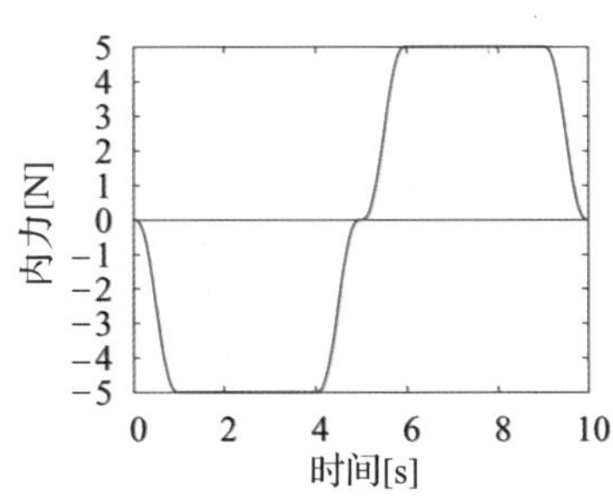

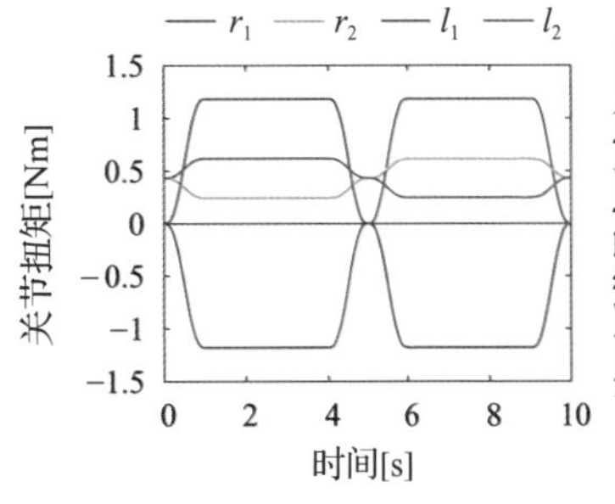

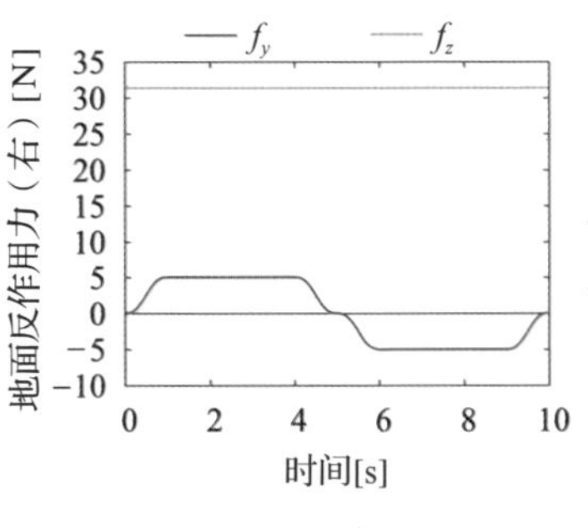

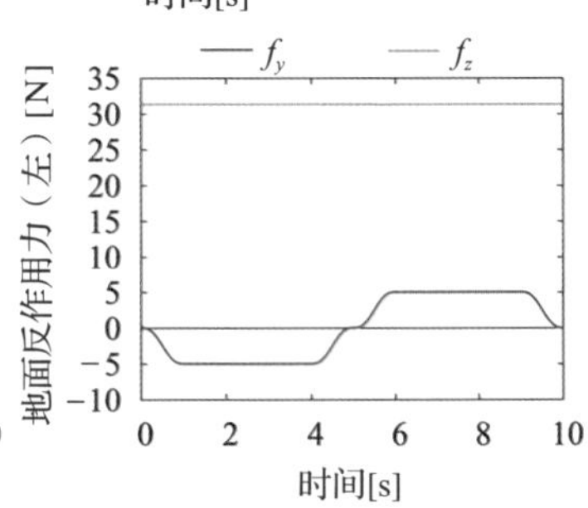

图 3.5

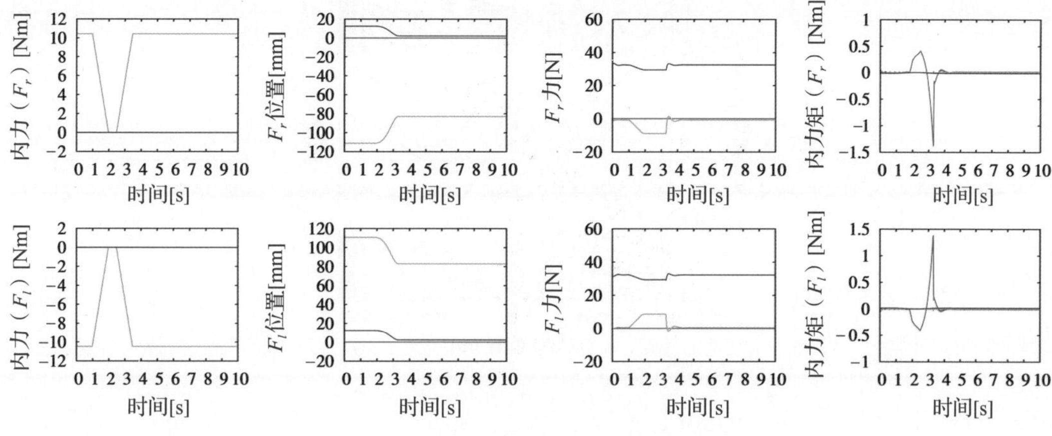
内力（F_r）[Nm]
F_r位置[mm]
F_r力[N]
内力矩（F_r）[Nm]
内力（F_l）[Nm]
F_l位置[mm]
F_l力[N]
内力矩（F_l）[Nm]
时间[s]

图 3.8

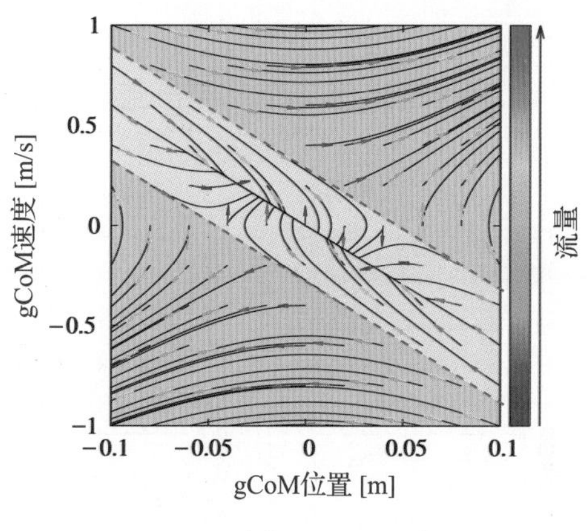
gCoM速度 [m/s]
gCoM位置 [m]
流量

图 5.5

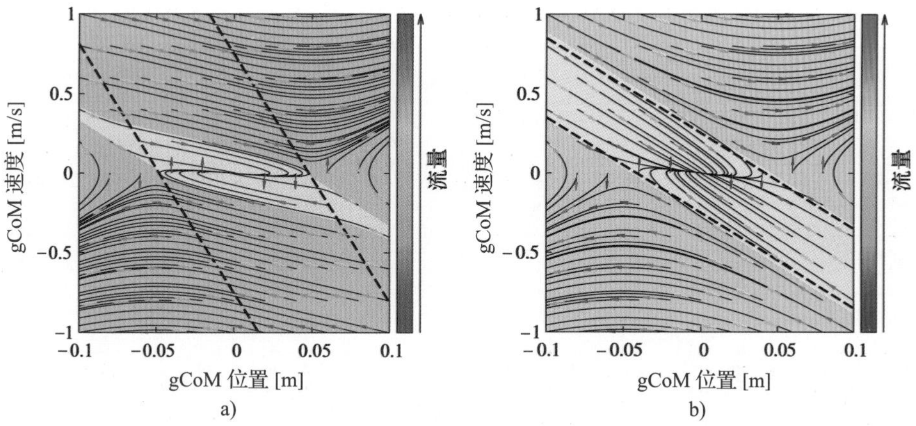
gCoM 速度 [m/s]
gCoM 位置 [m]
流量
a)
b)

图 5.9

状态C
状态B
状态A
流量
gCoM 速度 [m/s]
gCoM 位置 [m]
1
0.5
0
−0.5
−1
−0.1
−0.05
0
0.05
0.1

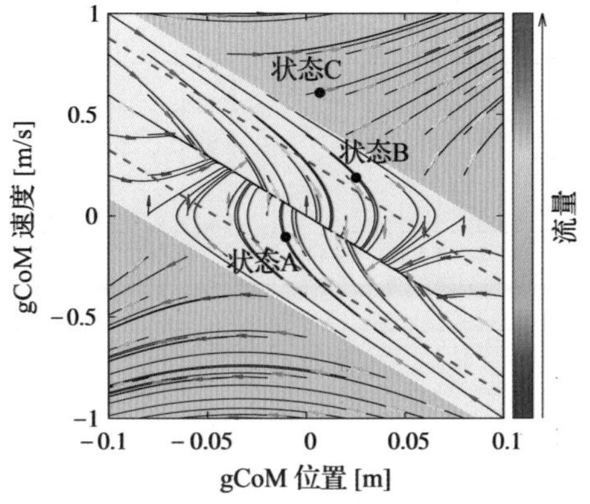

图 5.13

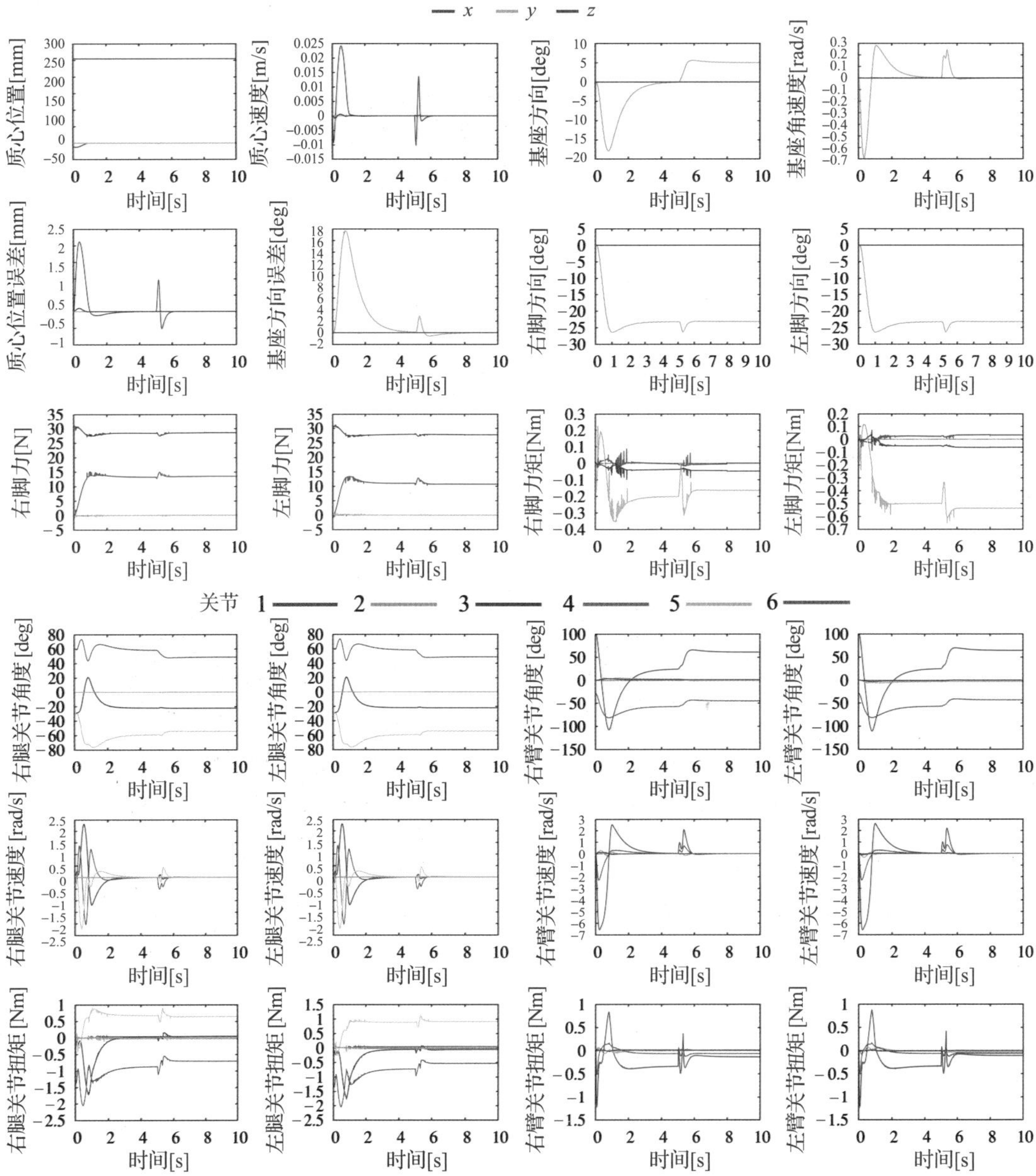

x
y
z
质心位置[mm]
质心速度[m/s]
基座方向[deg]
基座角速度[rad/s]
质心位置误差[mm]
基座方向误差[deg]
右脚方向[deg]
左脚方向[deg]
右脚力[N]
左脚力[N]
右脚力矩[Nm]
左脚力矩[Nm]
关节 1 2 3 4 5 6
右腿关节角度 [deg]
左腿关节角度 [deg]
右臂关节角度 [deg]
左臂关节角度 [deg]
右腿关节速度 [rad/s]
左腿关节速度 [rad/s]
右臂关节速度 [rad/s]
左臂关节速度 [rad/s]
右腿关节扭矩 [Nm]
左腿关节扭矩 [Nm]
右臂关节扭矩 [Nm]
左臂关节扭矩 [Nm]
时间[s]

图 5.19

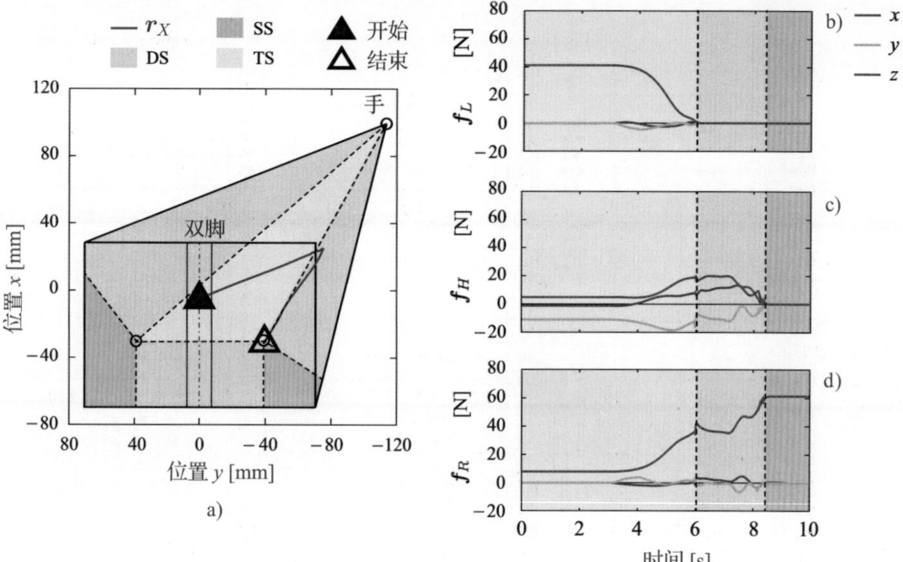

图 5.27

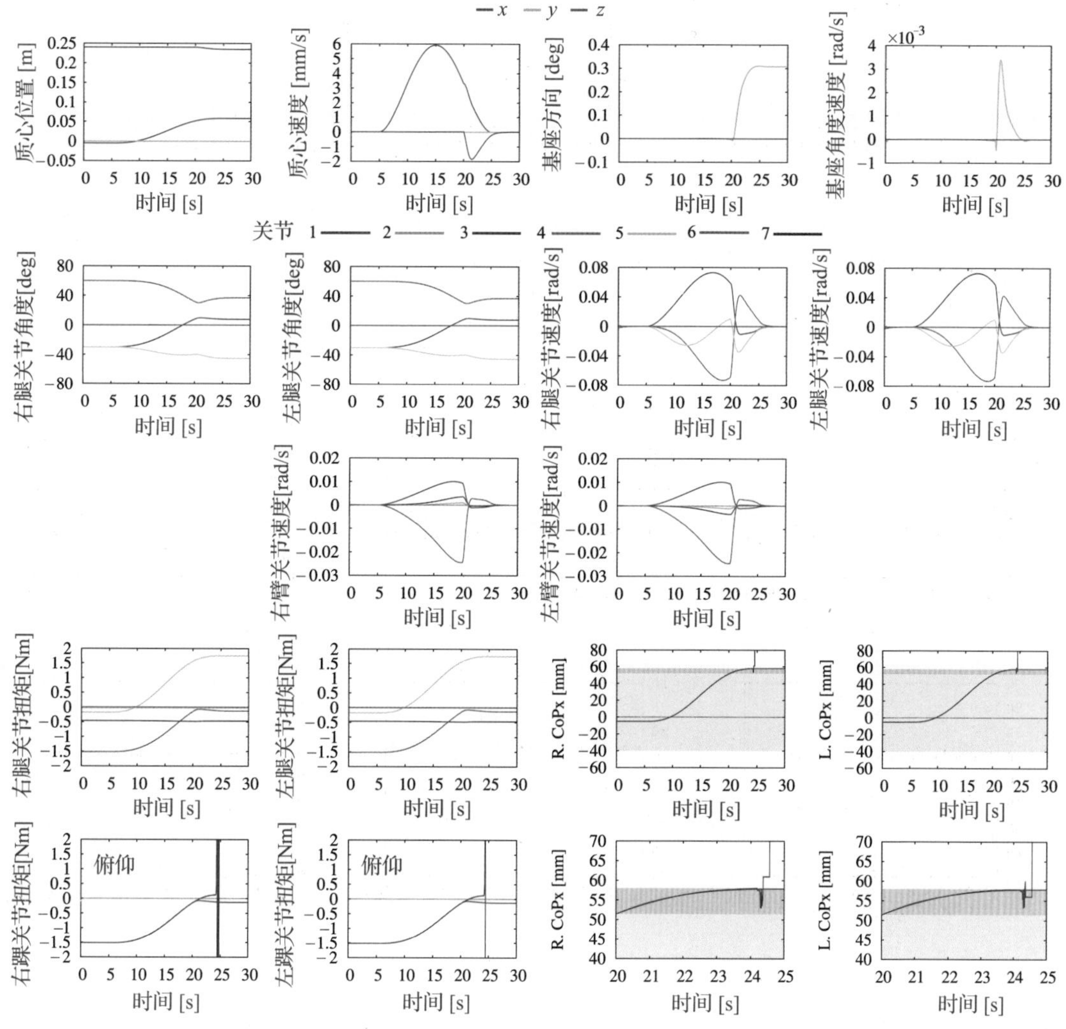

图 5.34

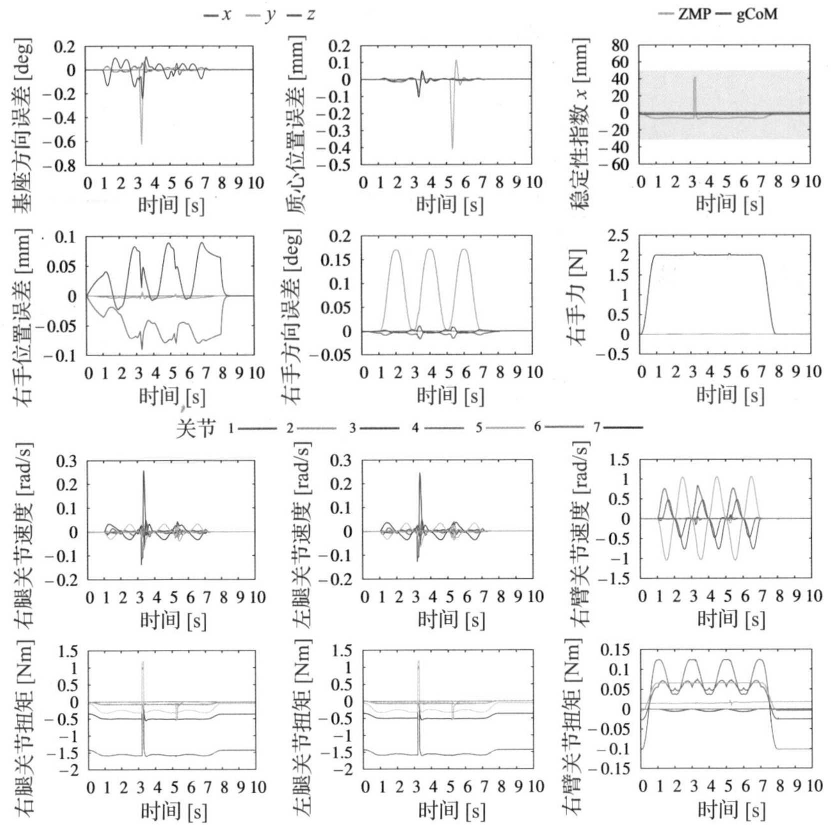
—x —y —z
ZMP — gCoM
基座方向误差 [deg]
质心位置误差 [mm]
稳定性指数 x [mm]
右手位置误差 [mm]
右手方向误差 [deg]
右手力 [N]
关节 1 2 3 4 5 6 7
右腿关节速度 [rad/s]
左腿关节速度 [rad/s]
右臂关节速度 [rad/s]
右腿关节扭矩 [Nm]
左腿关节扭矩 [Nm]
右臂关节扭矩 [Nm]
时间 [s]

图　5.35

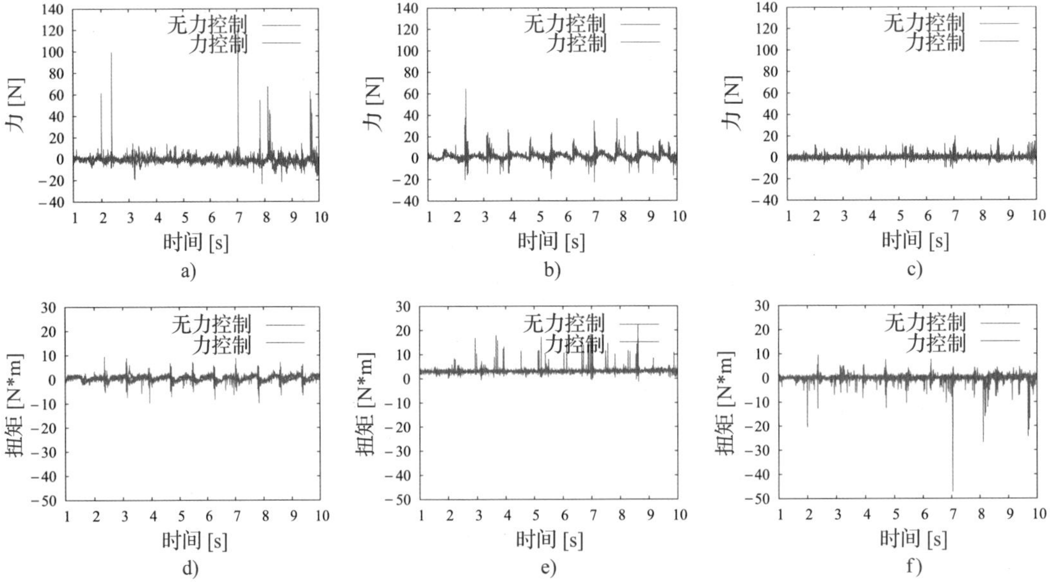
无力控制
力控制
力 [N]
扭矩 [N*m]
时间 [s]
a)
b)
c)
d)
e)
f)

图　6.25

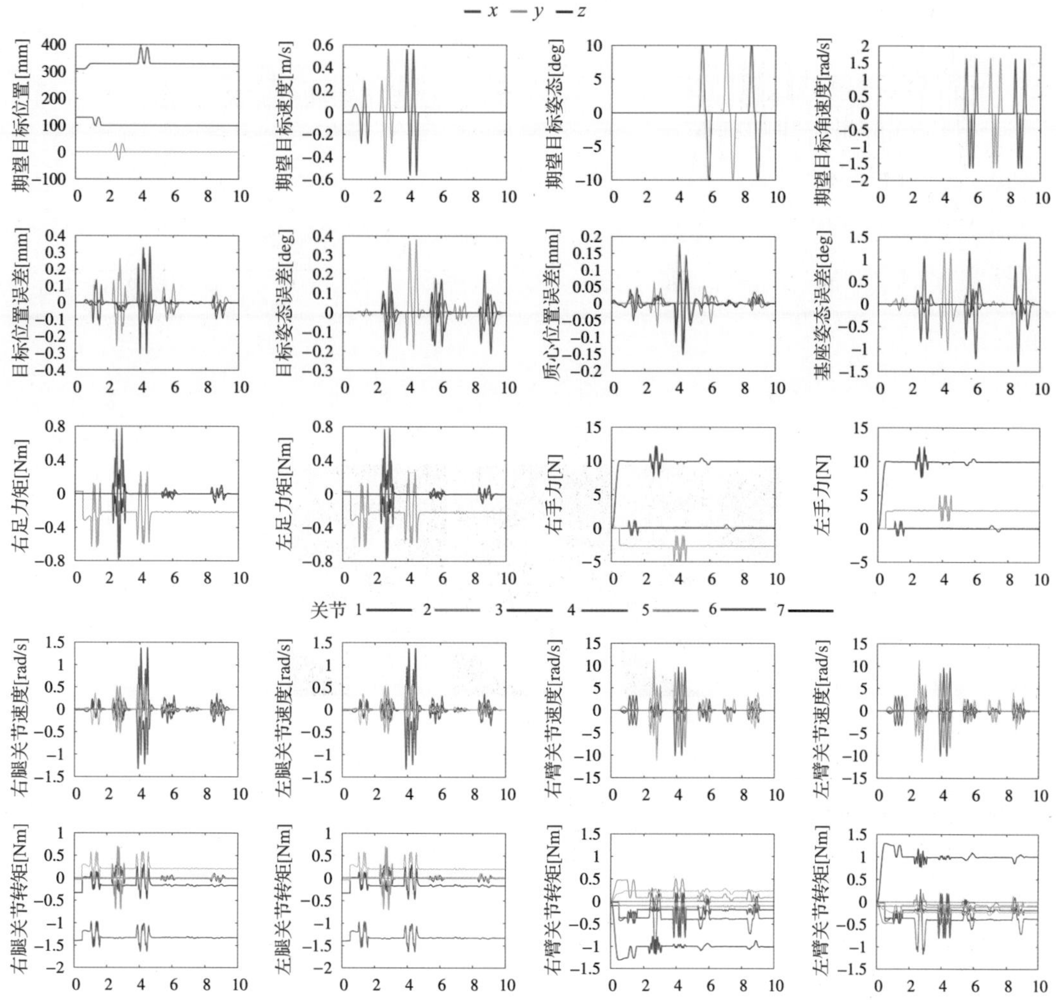

— x — y — z
期望目标位置[mm]
期望目标速度[m/s]
期望目标姿态[deg]
期望目标角速度[rad/s]
目标位置误差[mm]
目标姿态误差[deg]
质心位置误差[mm]
基座姿态误差[deg]
右足力矩[Nm]
左足力矩[Nm]
右手力[N]
左手力[N]
关节 1 2 3 4 5 6 7
右腿关节速度[rad/s]
左腿关节速度[rad/s]
右臂关节速度[rad/s]
左臂关节速度[rad/s]
右腿关节转矩[Nm]
左腿关节转矩[Nm]
右臂关节转矩[Nm]
左臂关节转矩[Nm]

图 6.33

(a-1)
(a-2)
(a-3)

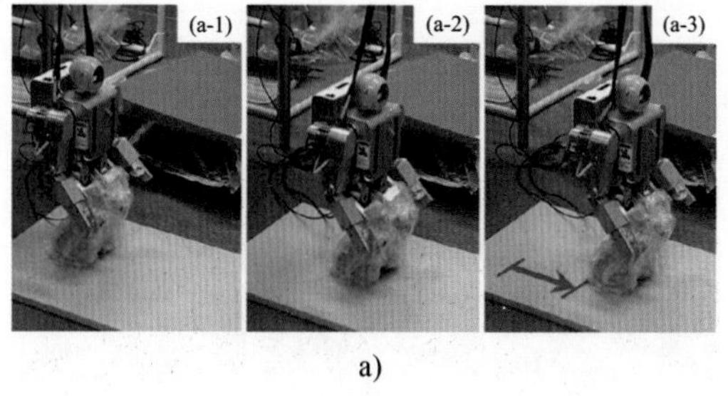

a)

图 7.10

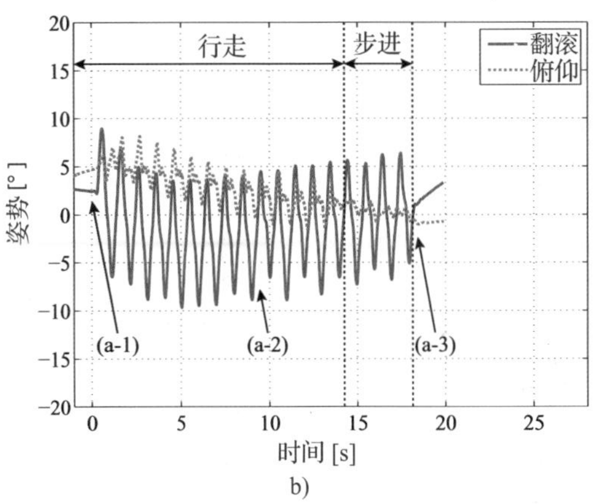

b)

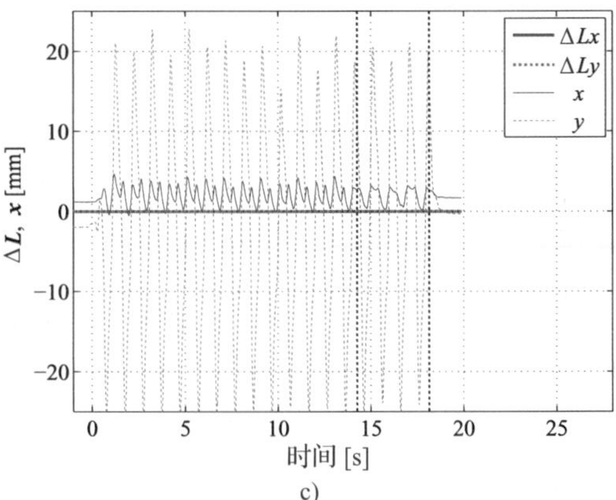

c)

图 7.10 （续）

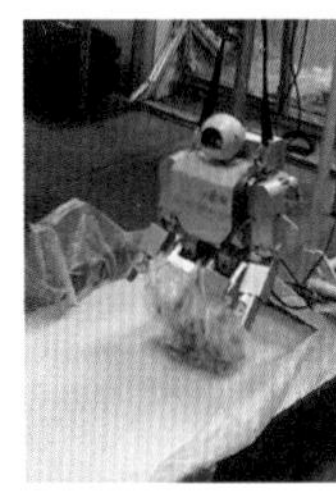
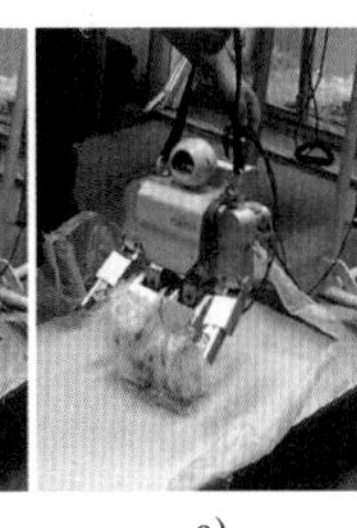

a)

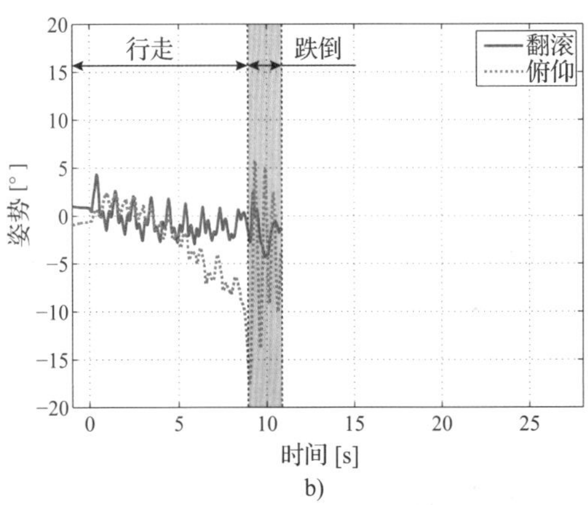

b)

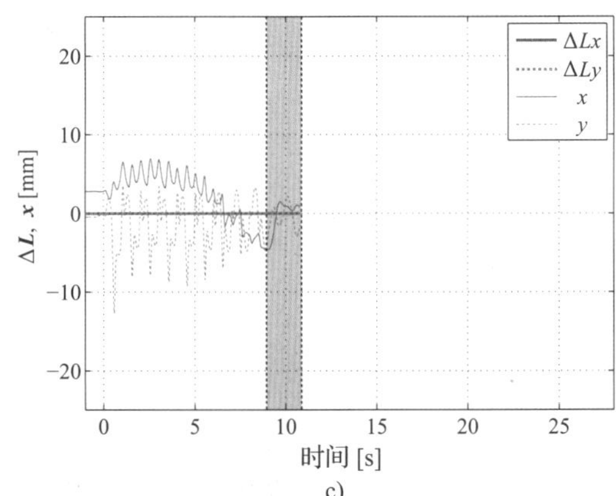

c)

图 7.11

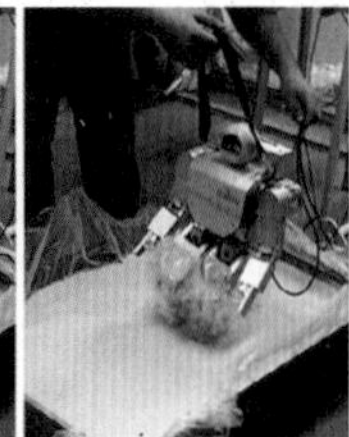
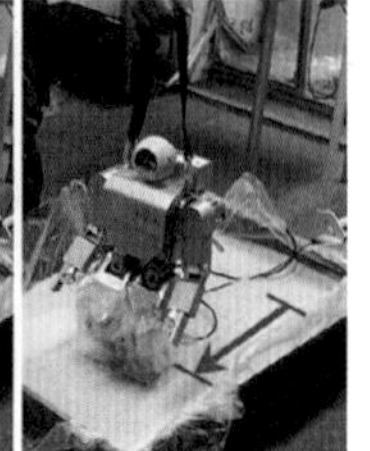

a)

图 7.12

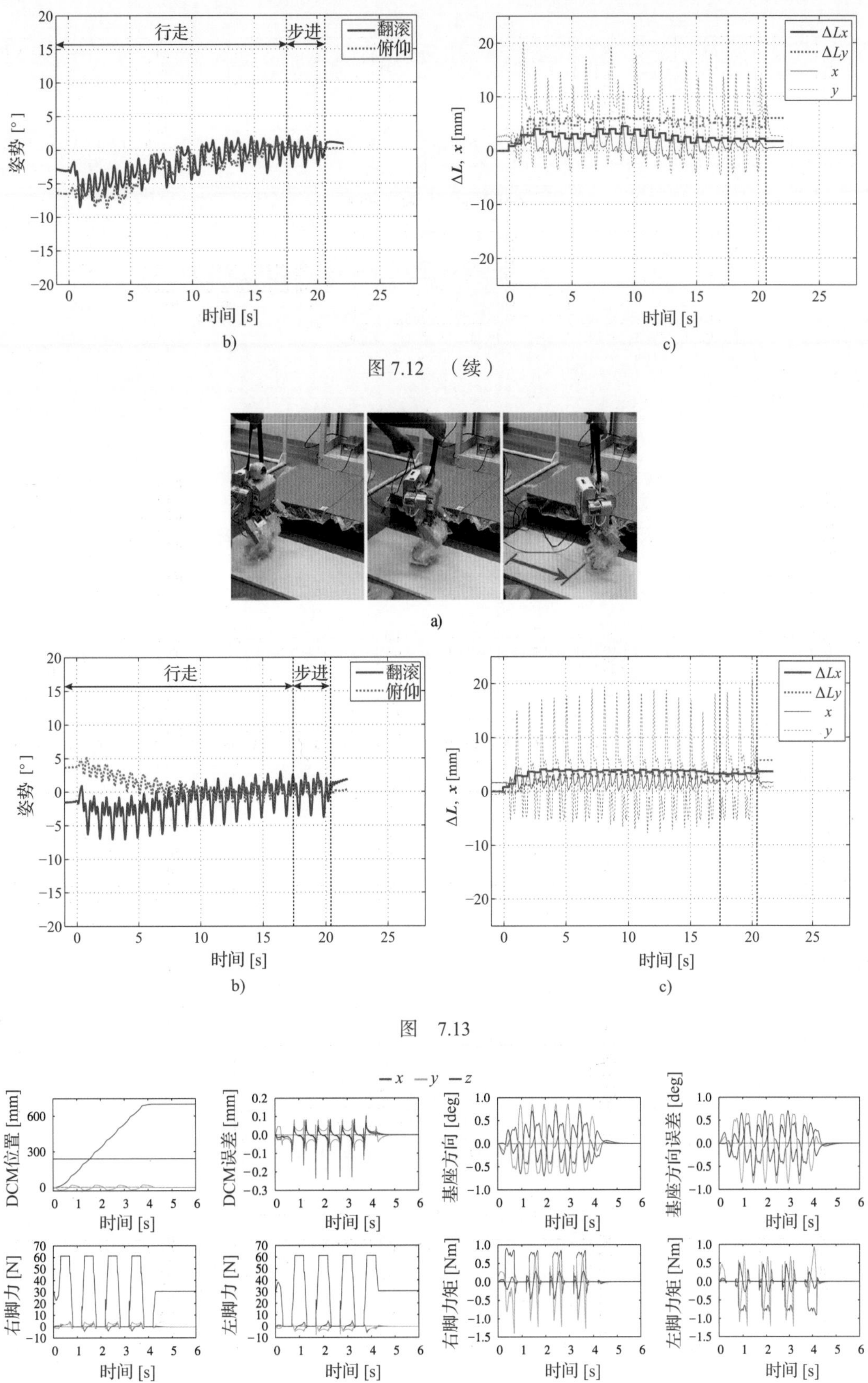

图 7.12 （续）

图 7.13

图 7.16

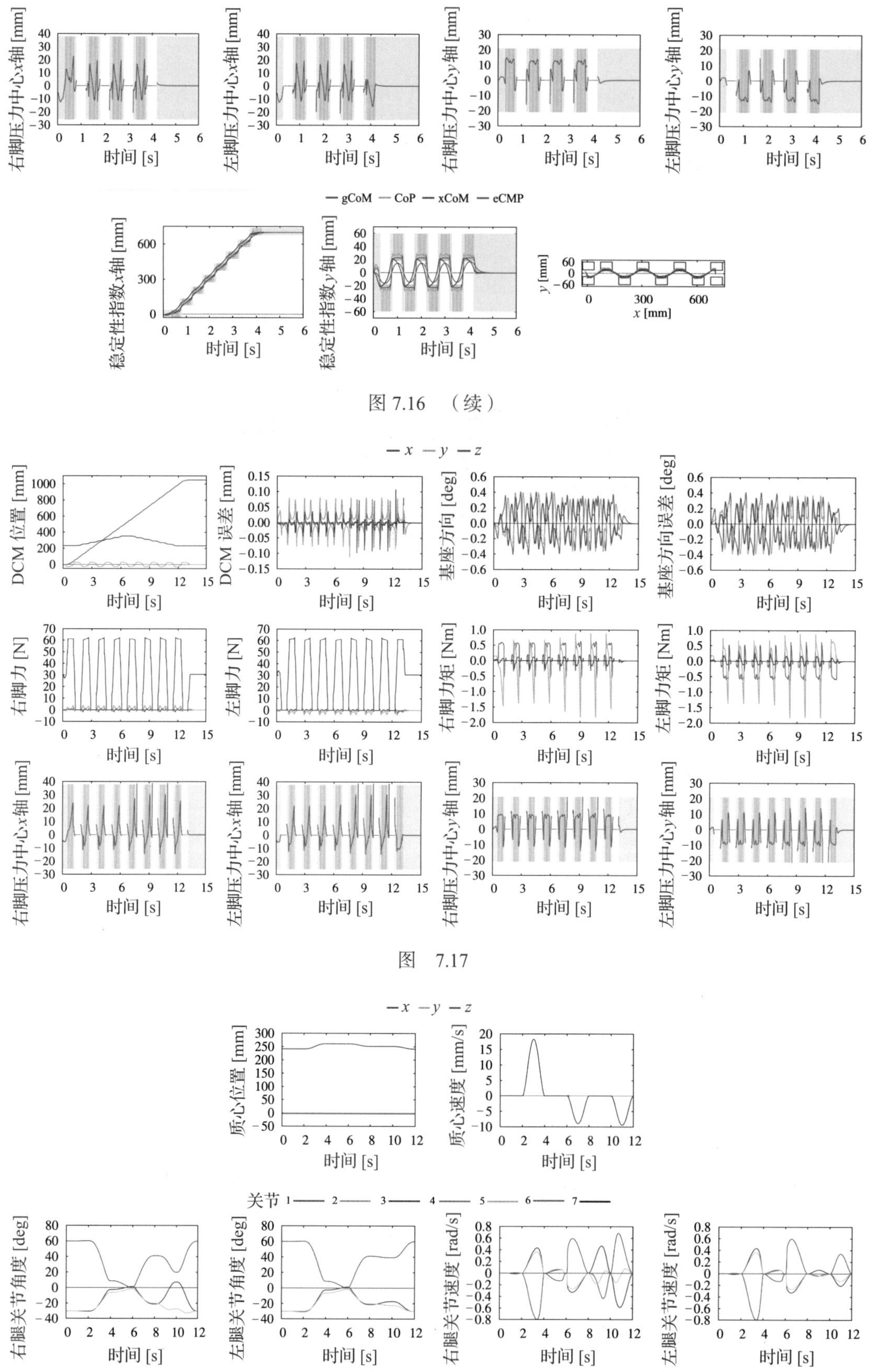

图 7.16 （续）

图 7.17

图 7.18

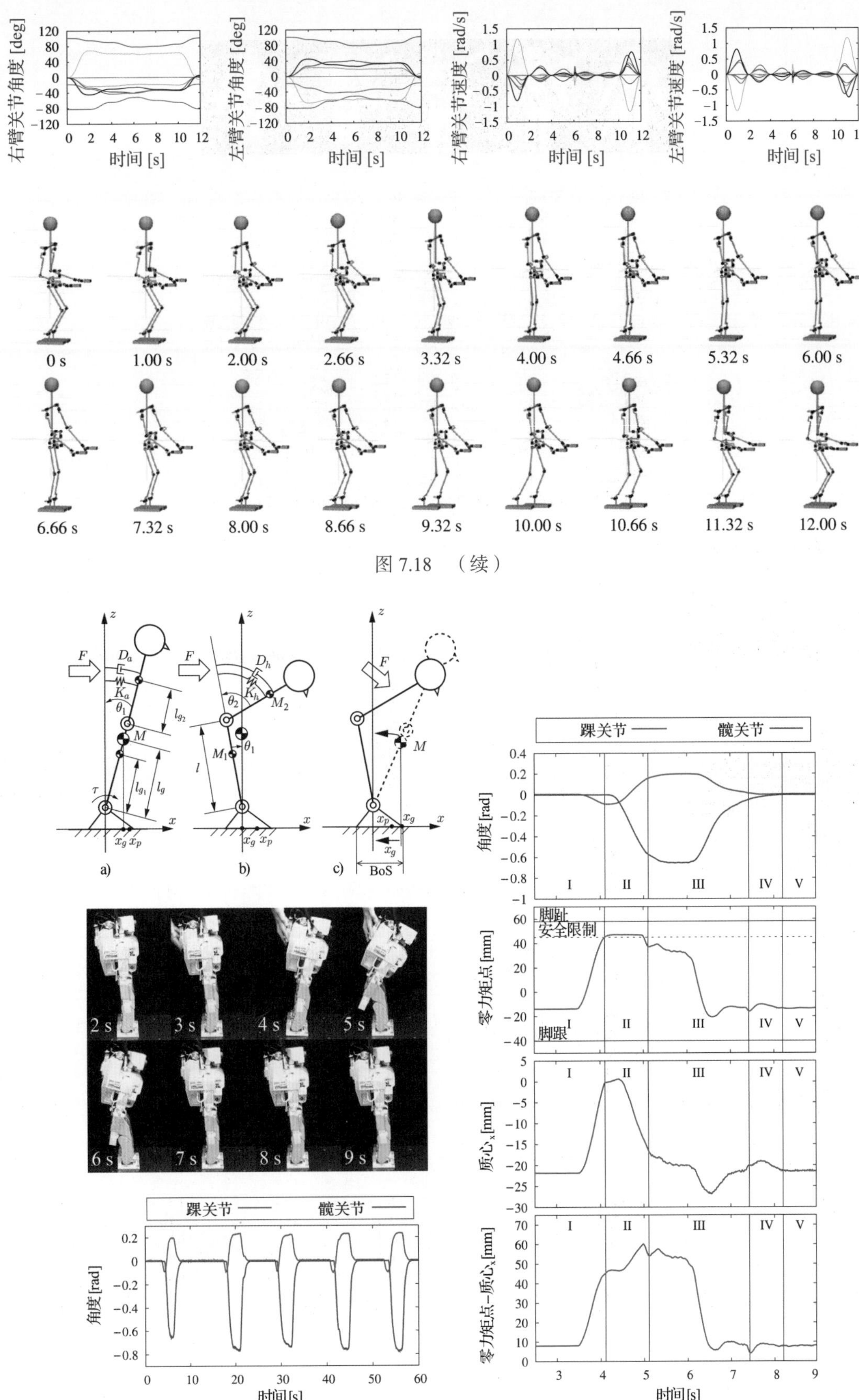
右臂关节角度 [deg]
左臂关节角度 [deg]
右臂关节速度 [rad/s]
左臂关节速度 [rad/s]
时间 [s]
0 s
1.00 s
2.00 s
2.66 s
3.32 s
4.00 s
4.66 s
5.32 s
6.00 s
6.66 s
7.32 s
8.00 s
8.66 s
9.32 s
10.00 s
10.66 s
11.32 s
12.00 s

图 7.18 （续）

a)
b)
c)
BoS
2 s
3 s
4 s
5 s
6 s
7 s
8 s
9 s
踝关节
髋关节
角度 [rad]
时间[s]
脚趾
安全限制
脚跟
零力矩点 [mm]
质心ₓ [mm]
零力矩点−质心ₓ [mm]
I
II
III
IV
V

图 7.21

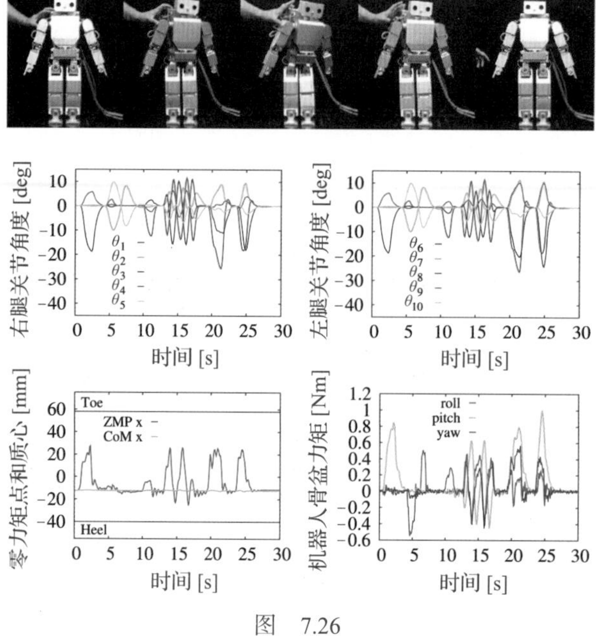

右腿关节角度 [deg]
θ1
θ2
θ3
θ4
θ5
时间 [s]
左腿关节角度 [deg]
θ6
θ7
θ8
θ9
θ10
时间 [s]
零力矩点和质心 [mm]
Toe
ZMP x
CoM x
Heel
时间 [s]
机器人骨盆力矩 [Nm]
roll
pitch
yaw
时间 [s]

图 7.26

x
y
z
ZMP
gCoM
质心位置 [mm]
质心速度 [mm/s]
零力矩点x轴/质心x轴 [mm]
零力矩点x轴 [mm]
零力矩点y轴 [mm]
右脚力 [N]
左脚力 [N]
右脚力矩 [Nm]
左脚力矩 [Nm]
基座位置 [mm]
基座速度 [mm/s]
基座方向 [deg]
基座角速度 [rad/s]
关节 1 2 3 4 5 6
右腿关节角度[deg]
左腿关节角度[deg]
右腿关节速度[rad/s]
左腿关节速度[rad/s]
时间 [s]

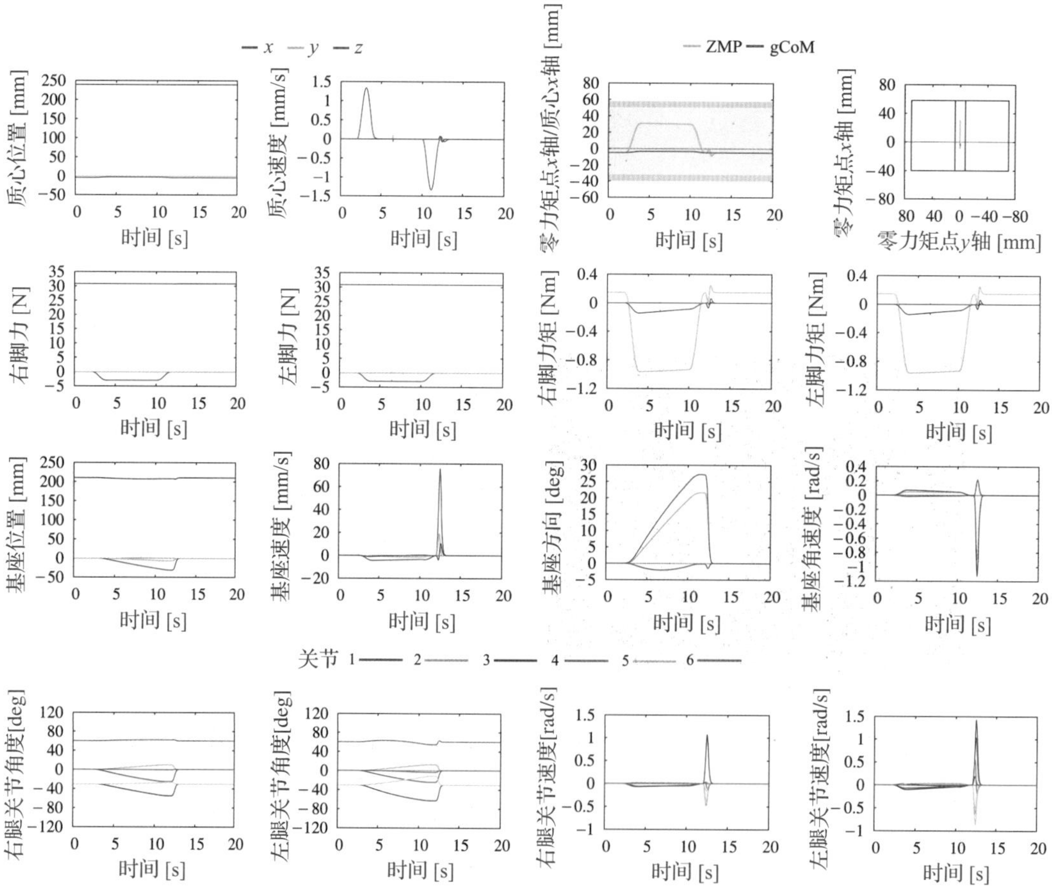

图 7.27

a)
b)
c)
d)
e)
f)
g)
h)
i)
j)
k)
l)
x
y
z
R
L
髋关节z
髋关节x
髋关节y
膝关节y
踝关节y
踝关节x
r_X [mm]
f_R [N]
f_L [N]
$r_{\overleftarrow{p_k k}}(y)$ [mm]
$\dot{\theta}_R$ [deg/s]
$\dot{\theta}_L$ [deg/s]
时间 [s]
时间 [s]

图 7.28

x
y
z
基座力 [N]
基座力矩 [Nm]
质心位置 [mm]
基座方向 [rad]
时间 [s]
时间 [s]
时间 [s]
时间 [s]

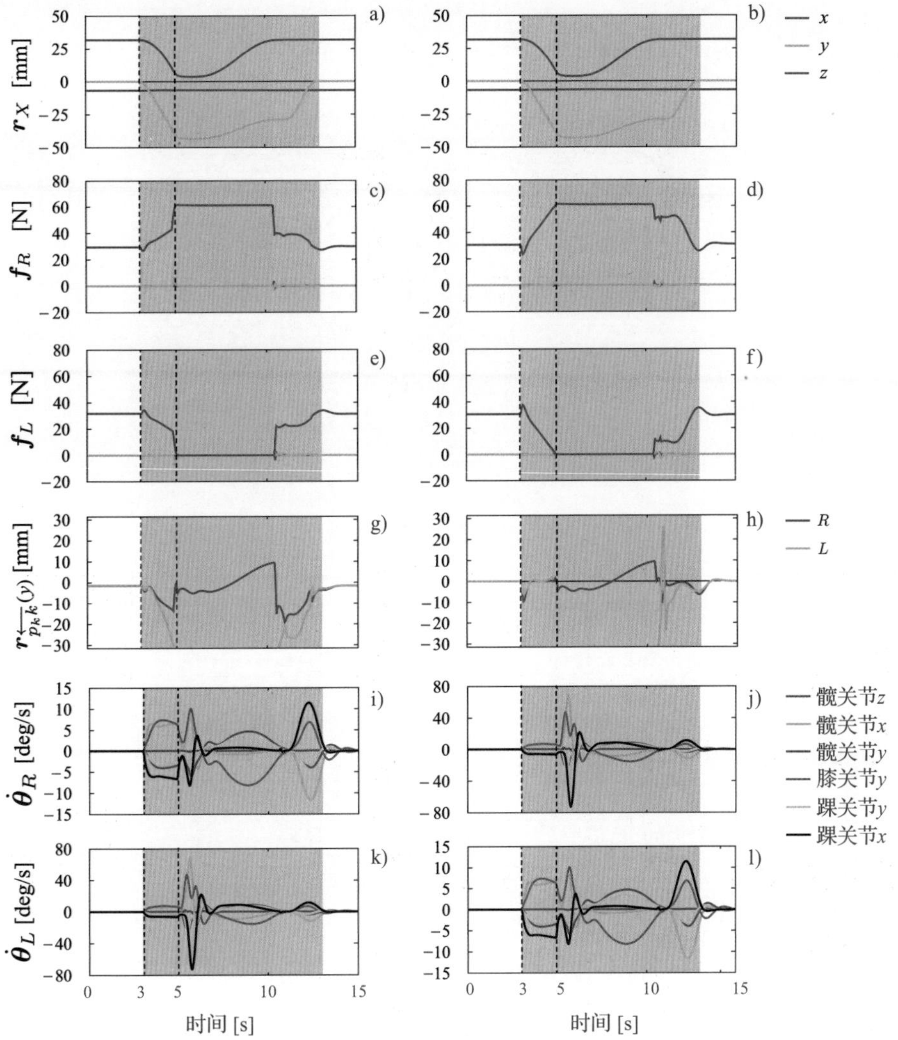

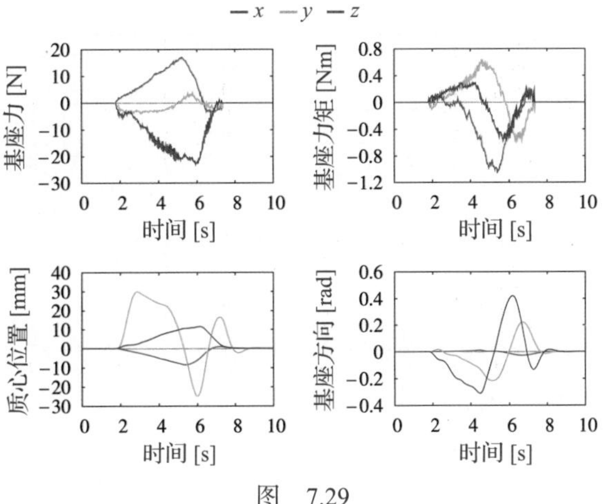

图 7.29

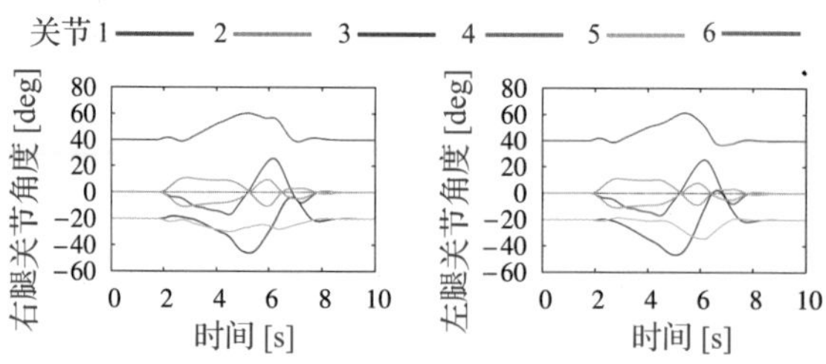

图 7.29 （续）

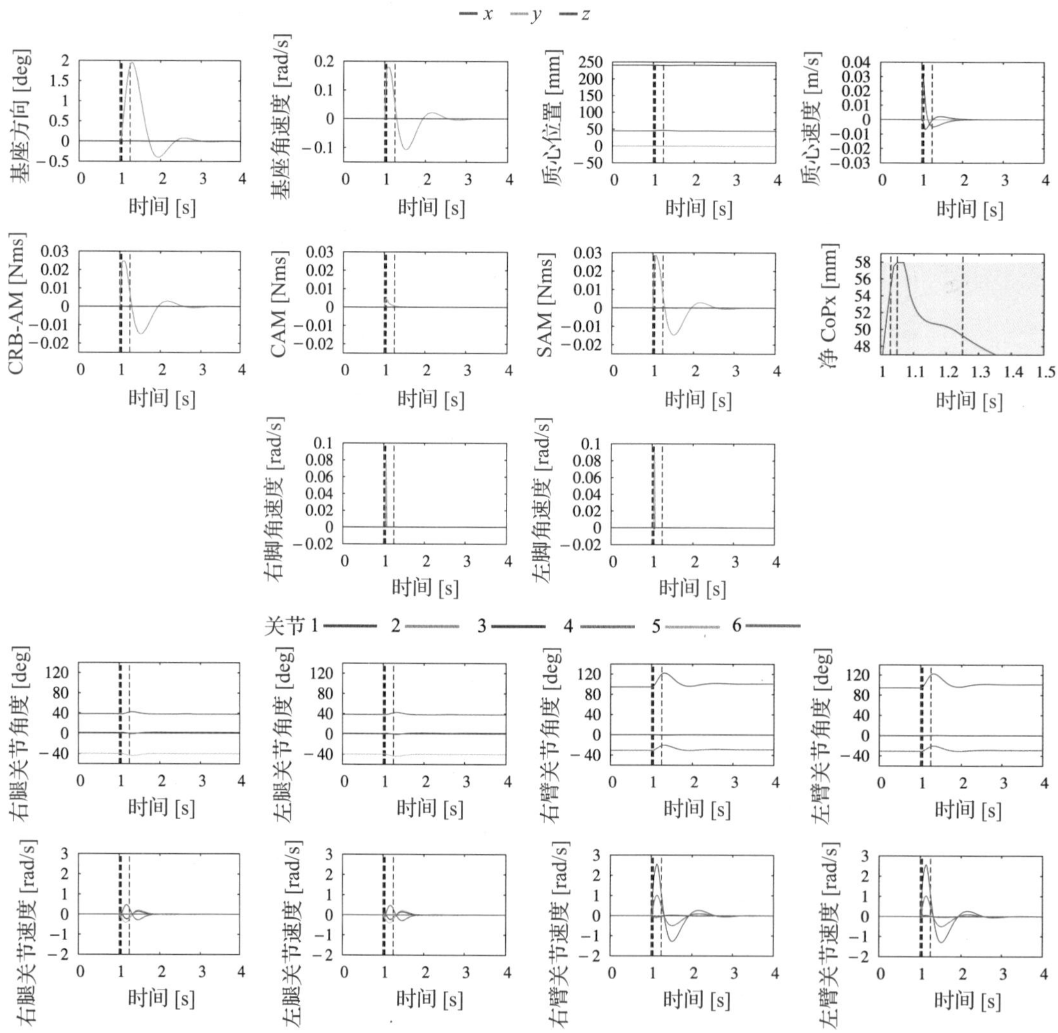

图 7.30

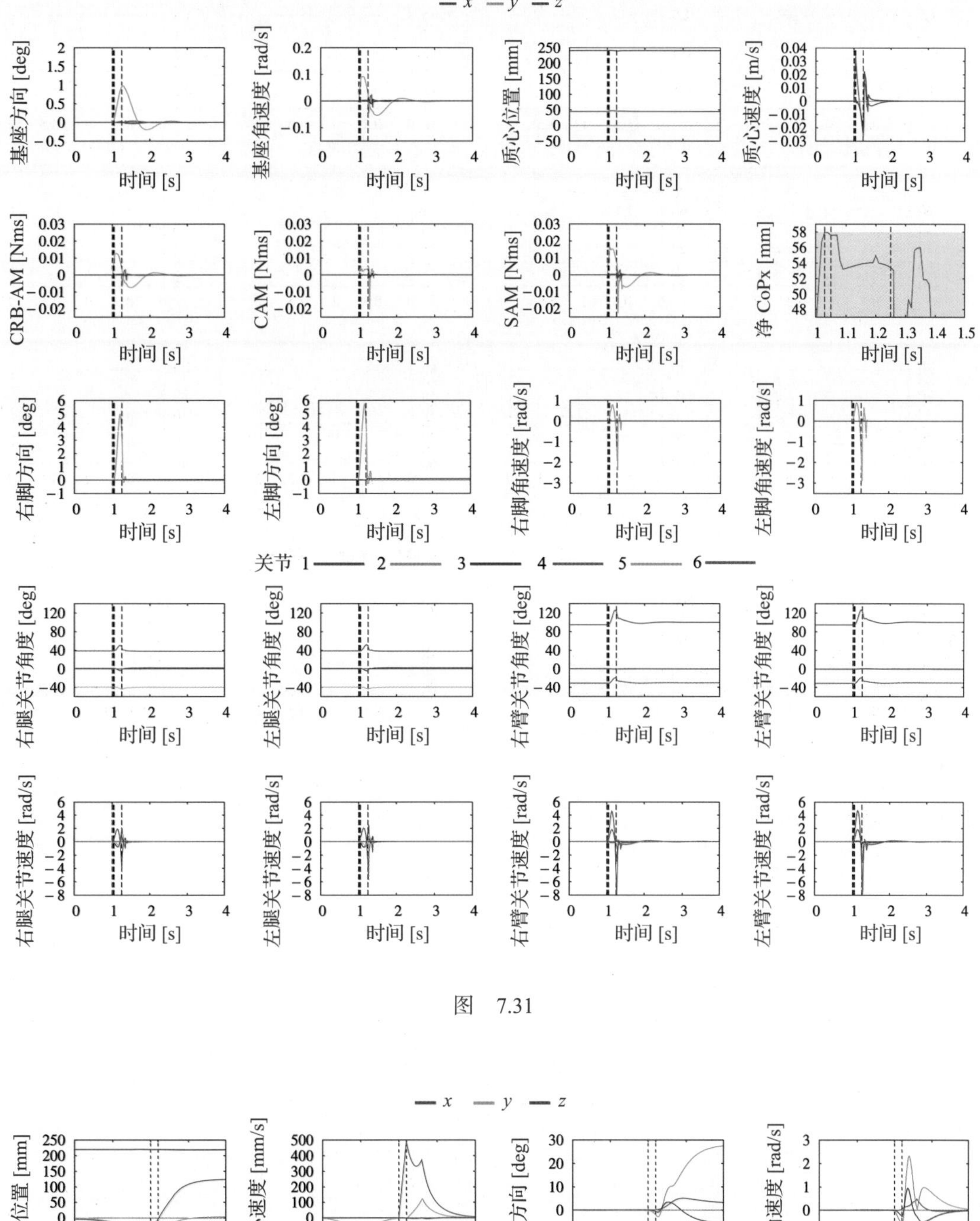

图 7.31

x y z
质心位置 [mm]
质心速度 [mm/s]
基座方向 [deg]
基座角速度 [rad/s]
右脚位置 [mm]
左脚位置 [mm]
右手位置 [mm]
左手位置 [mm]
时间 [s]

图 7.33

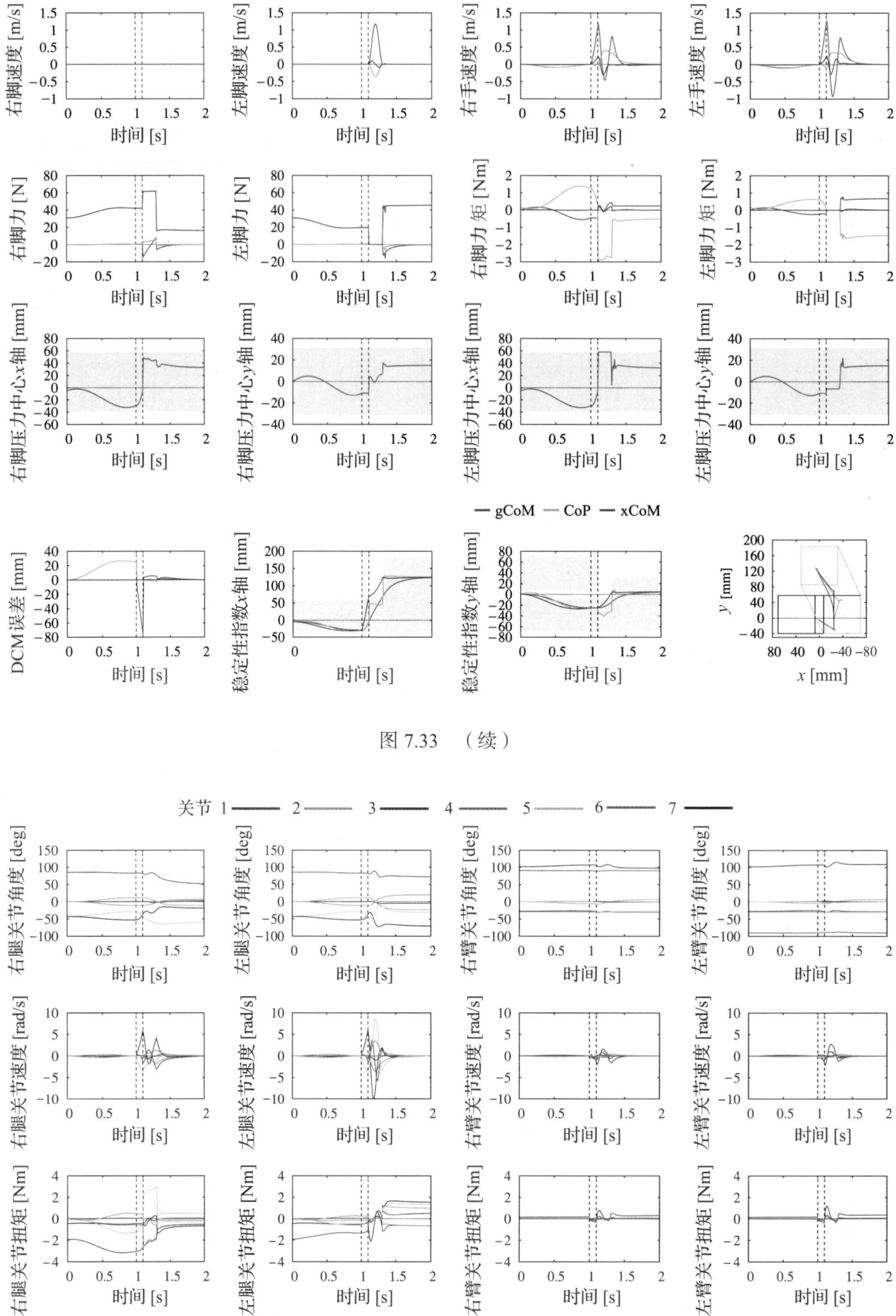

右脚速度 [m/s]
左脚速度 [m/s]
右手速度 [m/s]
左手速度 [m/s]
右脚力 [N]
左脚力 [N]
右脚力矩 [Nm]
左脚力矩 [Nm]
右脚压力中心x轴 [mm]
右脚压力中心y轴 [mm]
左脚压力中心x轴 [mm]
右脚压力中心y轴 [mm]
gCoM
CoP
xCoM
DCM误差 [mm]
稳定性指数x轴 [mm]
稳定性指数y轴 [mm]
y [mm]
x [mm]
时间 [s]
关节 1
2
3
4
5
6
7
右腿关节角度 [deg]
左腿关节角度 [deg]
右臂关节角度 [deg]
左臂关节角度 [deg]
右腿关节速度 [rad/s]
左腿关节速度 [rad/s]
右臂关节速度 [rad/s]
左臂关节速度 [rad/s]
右腿关节扭矩 [Nm]
左腿关节扭矩 [Nm]
右臂关节扭矩 [Nm]
左臂关节扭矩 [Nm]

图 7.33 （续）

图 7.34

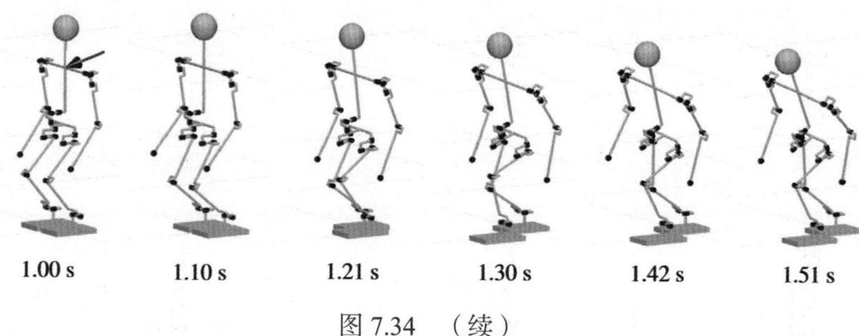

图 7.34 （续）

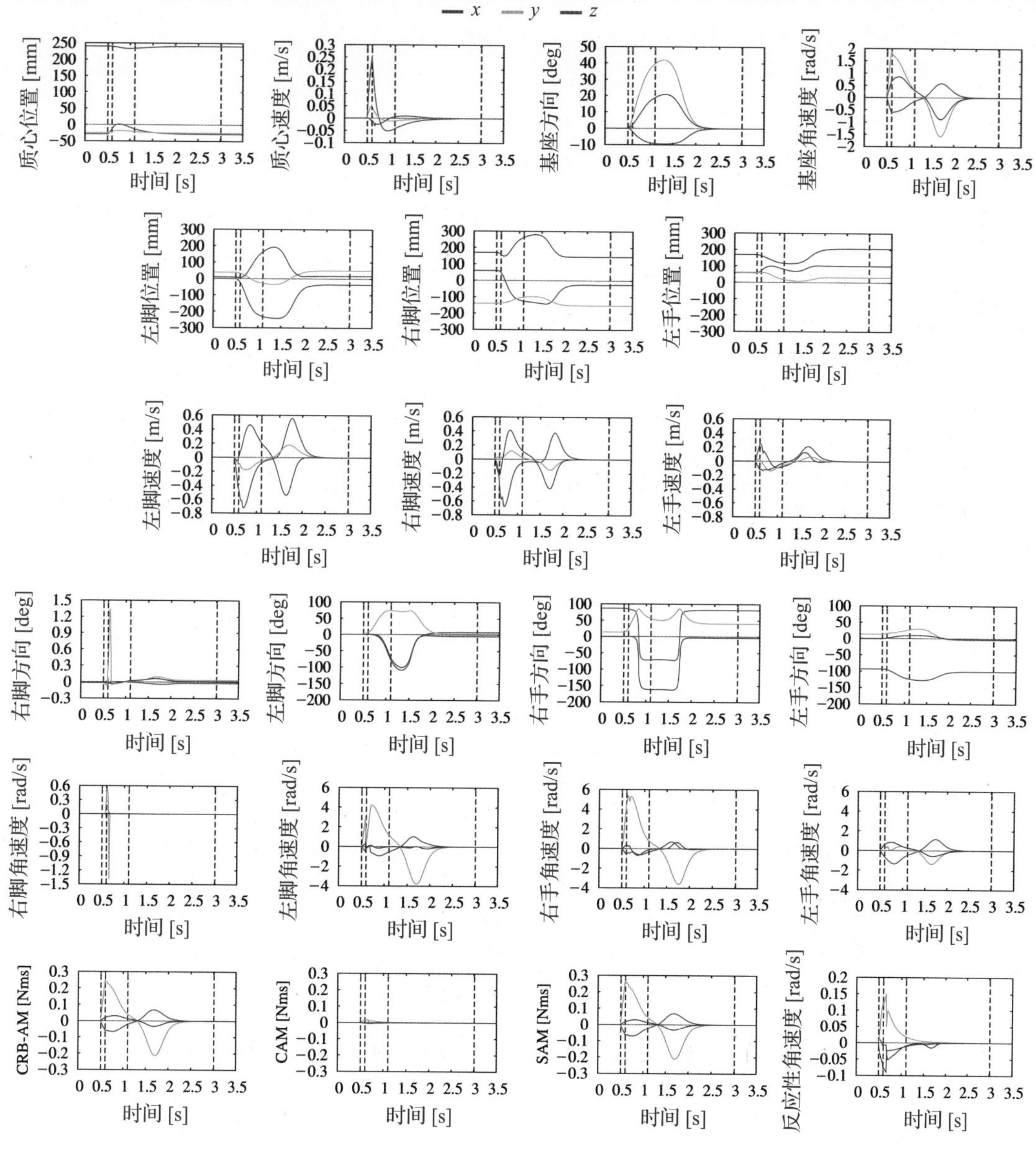

— x — y — z

质心位置 [mm] 时间 [s]
质心速度 [m/s] 时间 [s]
基座方向 [deg] 时间 [s]
基座角速度 [rad/s] 时间 [s]

左脚位置 [mm] 时间 [s]
右脚位置 [mm] 时间 [s]
左手位置 [mm] 时间 [s]

左脚速度 [m/s] 时间 [s]
右脚速度 [m/s] 时间 [s]
左手速度 [m/s] 时间 [s]

右脚方向 [deg] 时间 [s]
左脚方向 [deg] 时间 [s]
右手方向 [deg] 时间 [s]
左手方向 [deg] 时间 [s]

右脚角速度 [rad/s] 时间 [s]
左脚角速度 [rad/s] 时间 [s]
右手角速度 [rad/s] 时间 [s]
左手角速度 [rad/s] 时间 [s]

CRB-AM [Nms] 时间 [s]
CAM [Nms] 时间 [s]
SAM [Nms] 时间 [s]
反应性角速度 [rad/s] 时间 [s]

图 7.35

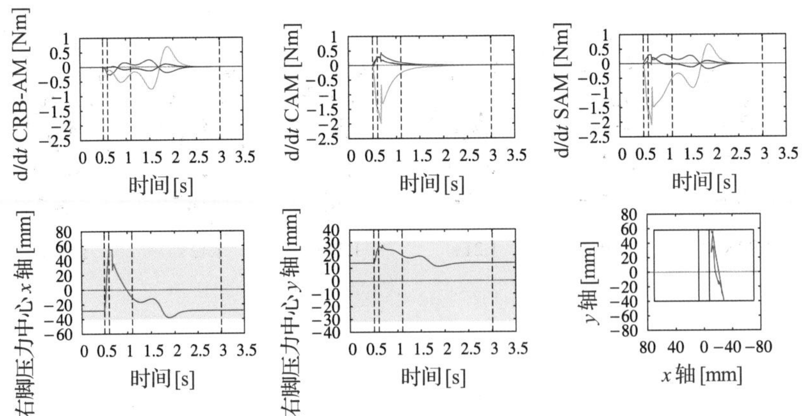

图 7.35 （续）

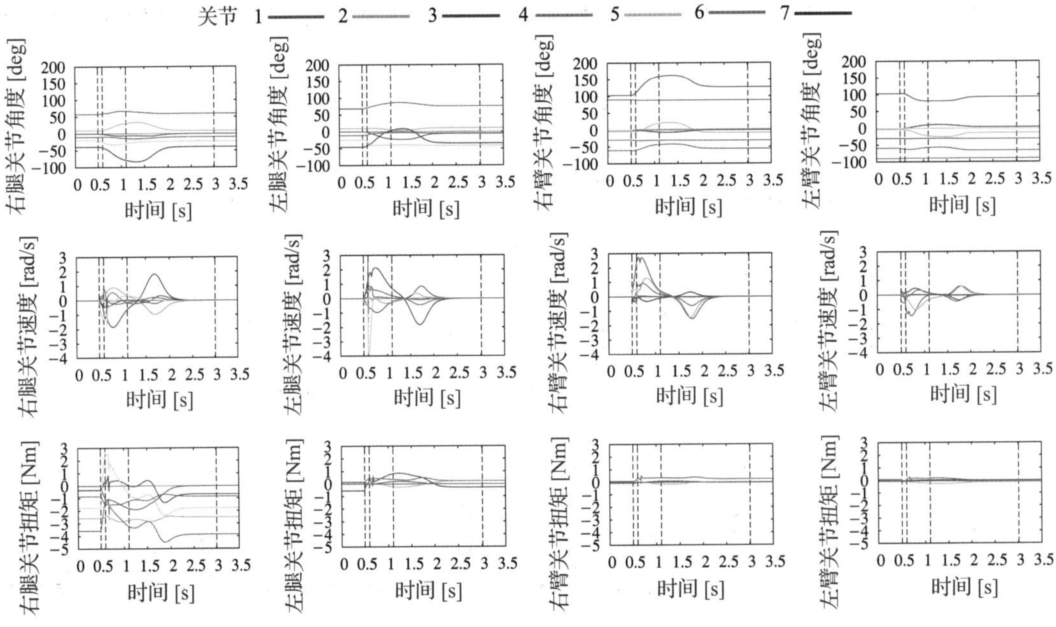

关节 1 2 3 4 5 6 7

图 7.36

a)

b)

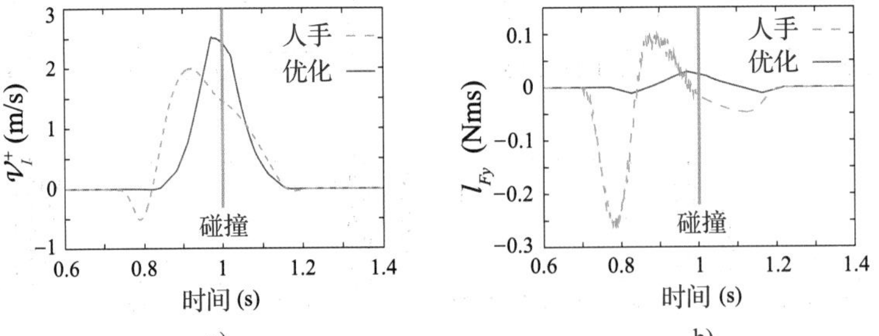

图 7.44

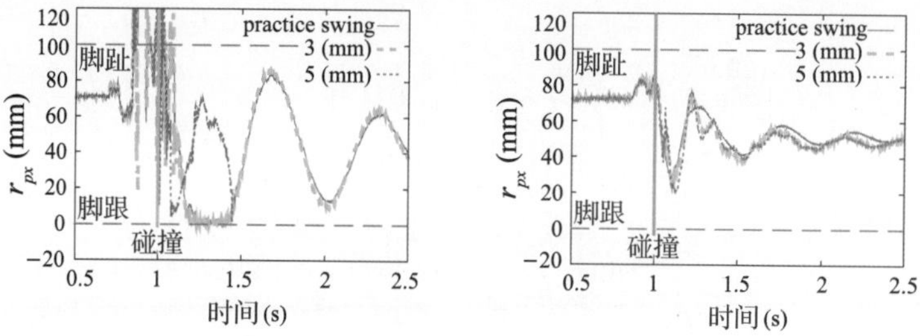

a)　　　　b)

图　7.45

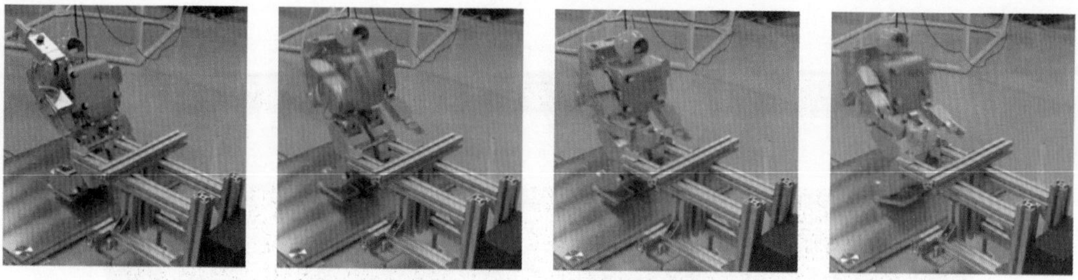

a) 0 s　　b) 14/30 s　　c) 17/30 s　　d) 20/30 s

图　7.46

a) 0 s　　b) 14/30 s　　c) 17/30 s　　d) 20/30 s

图　7.47

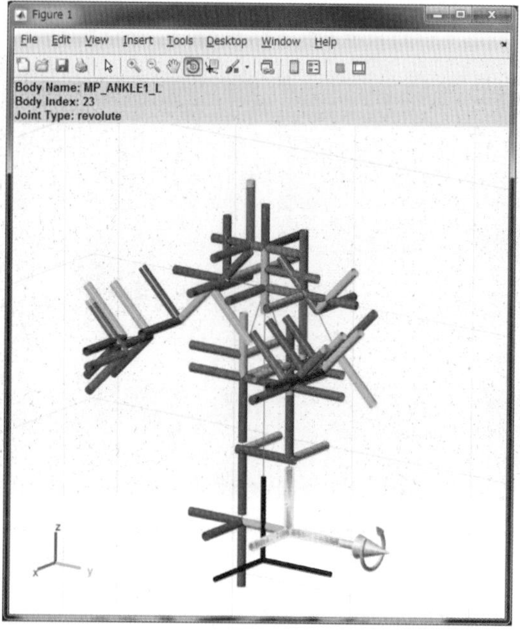

图　8.15

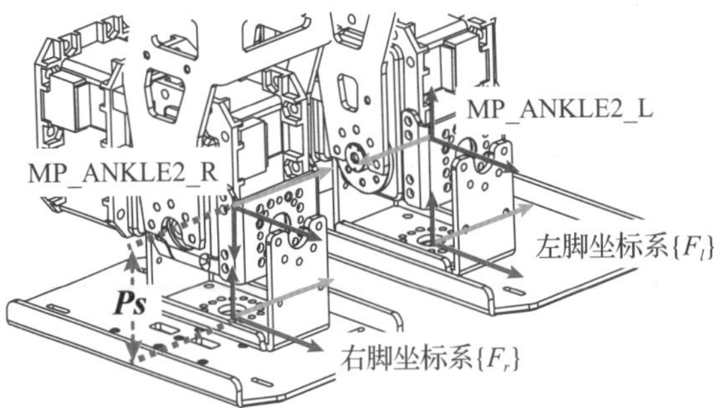
MP_ANKLE2_L
MP_ANKLE2_R
左脚坐标系$\{F_l\}$
Ps
右脚坐标系$\{F_r\}$

图 8.42

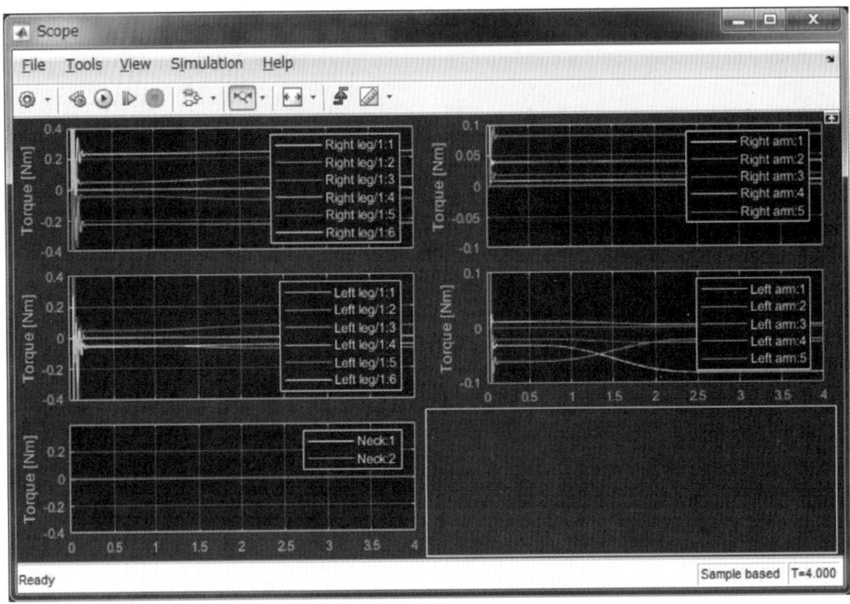
Scope
File Tools View Simulation Help
Torque [Nm]
Right leg/1:1
Right leg/1:2
Right leg/1:3
Right leg/1:4
Right leg/1:5
Right leg/1:6
Right arm:1
Right arm:2
Right arm:3
Right arm:4
Right arm:5
Left leg/1:1
Left leg/1:2
Left leg/1:3
Left leg/1:4
Left leg/1:5
Left leg/1:6
Left arm:1
Left arm:2
Left arm:3
Left arm:4
Left arm:5
Neck:1
Neck:2
Ready
Sample based
T=4.000

a)

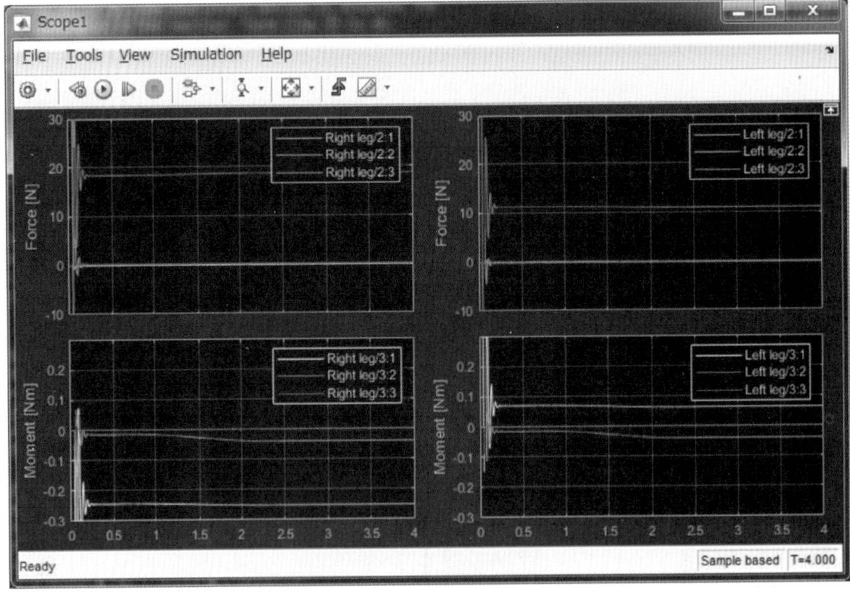
Scope1
File Tools View Simulation Help
Force [N]
Right leg/2:1
Right leg/2:2
Right leg/2:3
Left leg/2:1
Left leg/2:2
Left leg/2:3
Moment [Nm]
Right leg/3:1
Right leg/3:2
Right leg/3:3
Left leg/3:1
Left leg/3:2
Left leg/3:3
Ready
Sample based
T=4.000

b)

图 8.56

机器人学译丛

德拉戈米尔·N. 涅切夫（Dragomir N. Nenchev）
[日] 绀野笃志（Atsushi Konno） 著
辻田彻平（Teppei Tsujita）

姜金刚 吴殿昊 王开瑞 宋世昌 译

仿人机器人建模与控制

HUMANOID ROBOTS MODELING AND CONTROL

机械工业出版社
China Machine Press

图书在版编目（CIP）数据

仿人机器人建模与控制 /（日）德拉戈米尔·N. 涅切夫（Dragomir N. Nenchev），（日）纲野笃志（Atsushi Konno），（日）辻田彻平（Teppei Tsujita）著；姜金刚等译．-- 北京：机械工业出版社，2022.3

（机器人学译丛）

书名原文：Humanoid Robots: Modeling and Control

ISBN 978-7-111-70373-0

I. ①仿… II. ①德… ②纲… ③辻… ④姜… III. ①仿人智能控制－智能机器人 IV. ①TP242.6

中国版本图书馆 CIP 数据核字（2022）第 046032 号

北京市版权局著作权合同登记　图字：01-2019-2828 号。

Humanoid Robots: Modeling and Control
Dragomir N. Nenchev, Atsushi Konno, Teppei Tsujita
ISBN: 9780128045602
Copyright © 2019 Elsevier Inc. All rights reserved.
Authorized Chinese translation published by China Machine Press.
《仿人机器人建模与控制》（姜金刚　吴殿昊　王开瑞　宋世昌　译）
ISBN: 9787111703730
Copyright © Elsevier Inc. and China Machine Press. All rights reserved.

No part of this publication may be reproduced or transmitted in any form or by any means, electronic or mechanical, including photocopying, recording, or any information storage and retrieval system, without permission in writing from Elsevier (Singapore) Pte Ltd. Details on how to seek permission, further information about the Elsevier's permissions policies and arrangements with organizations such as the Copyright Clearance Center and the Copyright Licensing Agency, can be found at our website: www.elsevier.com/permissions.

This book and the individual contributions contained in it are protected under copyright by Elsevier Inc. and China Machine Press (other than as may be noted herein).

This edition of Humanoid Robots: Modeling and Control is published by China Machine Press under arrangement with ELSEVIER INC.

This edition is authorized for sale in Chinese mainland (excluding Hong Kong SAR, Macao SAR and Taiwan). Unauthorized export of this edition is a violation of the Copyright Act. Violation of this Law is subject to Civil and Criminal Penalties.

本版由 ELSEVIER INC. 授权机械工业出版社在中国大陆地区（不包括香港、澳门特别行政区及台湾地区）出版发行。

本版仅限在中国大陆地区（不包括香港、澳门特别行政区及台湾地区）出版及标价销售。未经许可之出口，视为违反著作权法，将受民事及刑事法律之制裁。

本书封底贴有 Elsevier 防伪标签，无标签者不得销售。

注意

本书涉及领域的知识和实践标准在不断变化。新的研究和经验拓展我们的理解，因此须对研究方法、专业实践或医疗方法作出调整。从业者和研究人员必须始终依靠自身经验和知识来评估和使用本书中提到的所有信息、方法、化合物或本书中描述的实验。在使用这些信息或方法时，他们应注意自身和他人的安全，包括注意他们负有专业责任的当事人的安全。在法律允许的最大范围内，爱思唯尔、译文的原文作者、原文编辑及原文内容提供者均不对因产品责任、疏忽或其他人身或财产伤害及 / 或损失承担责任，亦不对由于使用或操作文中提到的方法、产品、说明或思想而导致的人身或财产伤害及 / 或损失承担责任。

出版发行：机械工业出版社（北京市西城区百万庄大街 22 号　邮政编码：100037）

责任编辑：曲　熠	责任校对：殷　虹
印　　刷：北京铭成印刷有限公司	版　　次：2022 年 4 月第 1 版第 1 次印刷
开　　本：185mm×260mm　1/16	印　　张：23.75　　插　　页：10
书　　号：ISBN 978-7-111-70373-0	定　　价：129.00 元

客服电话：(010) 88361066　88379833　68326294　　投稿热线：(010) 88379604
华章网站：www.hzbook.com　　读者信箱：hzjsj@hzbook.com

版权所有 · 侵权必究
封底无防伪标均为盗版

译 者 序

仿人和高仿真是机器人发展的主要方向之一。从技术发展层面来看，人是世界上最高级的动物，以人为背景的研究就是最高的目标，并且能够带动相关学科的发展；而从感情层面来说，人喜欢与人相近的东西，研制与人类外观特征类似，具有人类智能、灵活性，并能够与人交流、不断适应环境的仿人机器人一直是人类的梦想之一。仿人机器人是多门基础学科、多项高技术的集成，代表机器人领域的尖端技术水平，是一个国家高科技综合水平的重要标志。本书详细介绍了仿人机器人的建模、运动生成和控制方法，无论是研究人员、工程师还是学生，都需要了解和掌握仿人机器人涉及的这些专业知识和信息，从而胜任自己的工作。本书的翻译和出版正是为推动相关教学和研究进行的有益尝试。

本书是日本东京城市大学的 Dragomir N. Nenchev 博士、日本北海道大学的 Atsushi Konno 博士和日本防卫大学的 Teppei Tsujita 博士数十年在仿人机器人基础领域的研究工作的结晶，同时还包括许多其他研究人员的重要成果和最新成果。

本书的主要内容包括：仿人机器人的运动学、运动静力学和动力学，平衡控制在仿人机器人中的重要作用，多指手、双臂机器人和多机器人的协作物体操作及控制，运动生成研究的应用，基于 MATLAB 的模拟器。本书语言精练，内容深入浅出，实例简单易懂，知识量大，体现了作者在仿人机器人建模、运动生成和控制方法研究领域的高深造诣。

本书第 1、6 章由哈尔滨理工大学王开瑞翻译，第 2、4、5、7 章由哈尔滨理工大学姜金刚翻译，第 8 章和附录由哈尔滨理工大学吴殿昊翻译，第 3 章由哈尔滨工业大学宋世昌翻译。全书由姜金刚统稿定稿。研究生孙健鹏、谭棋匀、孙洋、姚亮、左晖、郭亚峰、孙海、李长鹏、张嘉伟、徐帅楠、张新颖等参与了本书的部分文稿整理工作，在此表示由衷的感谢！

本书可作为高年级本科生和工科研究生的教材，也可以作为研究人员、科学家和工程师的参考资料。

限于译者的经验和水平，书中难免存在缺漏和不足之处，恳请读者批评指正！

前　言

Humanoid Robots: Modeling and Control

机器人不得伤害人类，或看到人类受到伤害而袖手旁观。

——艾萨克·阿西莫夫

仿人机器人是迄今为止设计的最为通用的机械。它们与人类相似的外表预示着，终有一天，仿人机器人将作为人工智能的化身，成为人类无处不在的帮手。尽管仍处于初始阶段，但是对于仿人机器人领域的研究正在快速发展，其中包括一系列多样的问题。这项研究得益于诸多领域的技术，例如复杂环境下的无人驾驶交通工具（如传感、感知、运动规划）、自然语言交流（如个人助手）和人工智能等，同时，相关研究成果也为这些领域做出了贡献。在机械学和控制领域也是如此。

尽管以通用为特点，但仿人机器人本身也是一种复杂的机械。它的控制架构是分级的结构。在分级结构的中间层，必须采用运动学、运动静力学和动力学模型来确保对运动以及力的传递的合理控制。这是一个具有挑战性的问题，因为模型必须考虑相对较多的驱动关节以及在执行不同类型的任务时控制它们的最佳方式。当机器人建立新的接触关系和脱离接触关系时会形成闭合的运动链和非闭合的运动链，因此其运动结构变化频繁。这些模型还需要考虑到“浮动基座”及其“欠驱动”，以及不断变化的环境条件。

本书的目的是深入介绍与仿人机器人建模和基于模型的控制相关的一系列核心问题。机器人领域的大部分研究可以支撑这一目标。从 20 世纪 70 年代中期开始，与运动学冗余机械臂以及多自由度的资源分配相关的问题一直是机器人领域的研究热点。人们对具有闭合运动链的机器人（即并联机器人）进行了大量研究。关于可变结构的机器人机构的研究也很丰富，比如对多指手、多腿机器人和双/多手臂机械臂的研究。对于在浮动基座上安装的欠驱动关节式多体系统，比如自由浮动空间机器人、柔性基座上的机械手，以及宏-微型机械手（即连接在较大手臂末端的小型机械手），这类研究从 20 世纪 80 年代就开始了。在与约束多体系统密切相关的领域也有许多研究，接触建模也是一个成熟的研究领域。

该领域的最终目标是设计一种仿人机器人控制器，它能够保证各种运动和力的控制任务的性能，这只有在机器人的全身模型都被采用时才能够完成。然而正如前面提到的，对于全身模型，控制器的结构会变得十分复杂，控制的输入需要借助优化方法才能够得到。最近许多文献中出现的仿人机器人控制器都基于这种优化方法，同时采用现有的通用优化软件包。然而，由于其复杂性，通过这种方法实现实时控制可能是不可行的。另外，通过简化的模型可能会分析推导出最优控制解，其优点是计算周期更短。最简单的模型是（线性）倒立摆模型，这是一段时间以前为解决在平地上保持平衡的问题而提出的。后来证实，可以通过增加一个反作用轮组组件使该模型的平衡稳定性增强。例如，可以生成一个质心力矩，它在处理应用于机器人身体的未知干扰或机器人在不规则地形上行走产生的扰动时起着重要作用。然而，针对整体模型的最优解析解难以获得。目前，解析法对于实时运动生成和控制是必不可少的。

非常令人兴奋的是仿人机器人领域的研究也可以对其他领域做出贡献，包括与人体运动相关的生物力学及运动控制、物理疗法、运动科学以及基于物理的关节人仿真，这些领域的研究人员也可以从本书描述的结果中获益。

尽管我们数十年来一直在从事仿人机器人基础领域的研究，但是利用过去的研究成果，对其进行组织和重新阐释，并尝试证明其在仿人机器人上的作用，无疑仍是一项具有挑战性的任务。这项工作还包括许多其他研究人员的重要成果和最新成果。从这个角度来看，本书的风格有些类似于文献综述。然而，与综述不同的是，本书揭示了不同领域研究成果之间的一些重要关系及其对这项工作的主要目标的贡献。

作者

2018 年 7 月于东京

致　谢

东京城市大学机器人生命支持实验室的学生对本书做出了贡献。其中，Shoichi Taguchi、Hiroki Sone、Ryosuke Mitsuhira、Masahiro Hosokawa、Sho Miyahara、Takashi Shibuya 和 Ryotaro Hinata 推导了部分公式；Takuya Mimura、Ryosuke Mitsuhira、Hironori Yoshino、Kengo Tamoto、Masahiro Hosokawa、Satoshi Shirai、Sho Miyahara、Takashi Shibuya 和 Ryotaro Hinata 提高了可读性，他们还与 Yuki Yoshida、Shogo Onuma、Kajun Nishizawa、Takuma Nakamura、Ryo Iizuka、Ryota Yui 一起提供了仿真和实验数据；Yuki Yoshida、Shogo Onuma、Shoichi Taguchi、Jie Chen、Keita Sagara、Tomonori Tani、Ryosuke Mitsuhira、Takahide Hamano、Masamitsu Umekage、Kajun Nishizawa、Kei Kobayashi、Takashi Shibuya、Ryota Yui、Yukiya Endo、Shingo Sakaguchi、Takayuki Inoue 和 Yuki Hidaka 对书中图片的准备做出了贡献。

非常感谢妻子的耐心，她认真阅读了本书，并大大提高了全书的流畅度。

Dragomir N. Nenchev

目　录

译者序

前言

致谢

第 1 章　绪论 …… 1

1.1　发展历史 …… 1

1.2　仿人机器人设计的发展趋势 …… 2

1.2.1　仿人机器人的人形特征 …… 2

1.2.2　仿人机器人设计中的权衡 …… 2

1.2.3　仿人机器人的人性化设计 …… 3

1.3　仿人机器人的特征 …… 3

1.4　仿人机器人的相关研究 …… 4

1.4.1　运动冗余、任务约束和最优逆运动学解 …… 4

1.4.2　约束多体系统和接触建模 …… 4

1.4.3　多指手和双臂操作物体 …… 5

1.4.4　浮动基座上的欠驱动系统 …… 5

1.4.5　其他相关领域的研究 …… 5

1.5　先修知识和章节安排 …… 6

参考文献 …… 6

第 2 章　运动学 …… 12

2.1　引言 …… 12

2.2　运动学结构 …… 12

2.3　正运动学和逆运动学问题 …… 14

2.4　微分运动学 …… 15

2.4.1　运动旋量、空间速度和空间变换 …… 15

2.4.2　正微分运动学 …… 17

2.4.3　逆微分运动学 …… 19

2.5　奇异构型下的微分运动学 …… 20

2.6　可操作性椭球 …… 24

2.7　运动学冗余 …… 25

2.7.1　自运动 …… 25

2.7.2　逆运动学问题的通解 …… 26

2.7.3　加权广义逆 …… 27

2.7.4　基于梯度投影的冗余分解 …… 28

2.7.5　基于扩展雅可比矩阵的冗余分解 …… 28

2.8　多任务约束下的逆运动学解 …… 30

2.8.1　运动-任务约束 …… 30

2.8.2　多任务冗余分解法 …… 31

2.8.3　迭代优化法 …… 34

2.8.4　总结与讨论 …… 36

2.9　接触产生的运动约束 …… 37

2.9.1　接触关节 …… 38

2.9.2　接触坐标系 …… 38

2.9.3　无摩擦接触关节的运动学模型 …… 39

2.10　封闭链的微分运动学 …… 40

2.10.1　闭环支链的瞬时运动分析 …… 41

2.10.2　逆运动学解 …… 44

2.10.3　正运动学解 …… 45

2.11　仿人机器人的微分运动关系 …… 46

2.11.1　准速度、完整接触约束和非完整接触约束 …… 46

2.11.2　基于基础准速度表示的一阶微分运动关系 …… 46

2.11.3　二阶微分运动约束及其可积性 …… 49

2.11.4　具有混合准速度的一阶微分运动关系 …… 52

2.11.5　总结与讨论 …… 54

参考文献 …… 56

第 3 章　静力学 …… 62

3.1　引言 …… 62

3.2　力旋量和空间力 …… 62

3.3　接触关节：静力学关系 …… 63

3.3.1　无摩擦接触关节的静力学模型 …… 63

3.3.2　有摩擦的接触关节模型 …… 64

3.3.3　接触关节的运动/力对偶关系 …… 67

3.4 独立闭环链的动力学关系 ………… 69
3.4.1 接触力旋量的正交分解 ……… 70
3.4.2 闭环连杆力旋量和根连杆力旋量的正交分解 ………… 70
3.4.3 肢体关节扭矩的分解 ………… 70
3.5 力旋量分布问题…………………… 72
3.5.1 力旋量分布问题的通解 ……… 72
3.5.2 内力/内力矩：虚拟连杆模型 ………………………… 72
3.5.3 确定环中的关节扭矩 ………… 75
3.5.4 广义逆的选择………………… 76
3.5.5 关节扭矩分量中的优先级 …… 77
3.6 仿人机器人的运动静力学关系 …… 77
3.6.1 复合刚体及其力旋量 ………… 77
3.6.2 相互依赖的闭环……………… 79
3.6.3 独立闭环 …………………… 79
3.6.4 关节扭矩的确定 ……………… 80
3.6.5 说明性示例…………………… 81
3.6.6 总结与讨论…………………… 84
3.7 静态姿势的稳定性和优化 ………… 85
3.7.1 静态姿势稳定性……………… 85
3.7.2 静态姿势优化………………… 87
3.8 姿势描述和对偶关系 ……………… 88
参考文献 ………………………………… 90
第4章 动力学 ………………………… 94
4.1 引言 ……………………………… 94
4.2 欠驱动机器人动力学……………… 94
4.3 平面上简单的欠驱动模型 ………… 96
4.3.1 线性倒立摆模型……………… 96
4.3.2 足部建模：由压力中心驱动的质心动力学………………… 97
4.3.3 线性反作用轮摆模型和角动量转轴 ………………… 100
4.3.4 反作用质量摆模型 ………… 102
4.3.5 平面上的多连杆模型 ……… 103
4.4 简单的三维欠驱动模型 ………… 103
4.4.1 可变长度的三维倒立摆 …… 103
4.4.2 球形足上倒立摆模型和平面上球体模型 ……………… 104
4.4.3 三维反作用轮摆模型 ……… 105
4.4.4 三维反作用质量摆模型 …… 106
4.4.5 三维多连杆模型 …………… 107
4.5 固定基座机械臂的动力学模型 … 107
4.5.1 关节空间坐标下的动力学模型 …………………………… 107
4.5.2 空间坐标下的动力学模型 … 108
4.5.3 具有动力学解耦分级结构的零空间动力学 ……………… 111
4.6 零重力下自由漂浮机械臂的空间动量 ……………………………… 112
4.6.1 历史背景 …………………… 112
4.6.2 空间动量 …………………… 113
4.6.3 关节锁定：复合刚体 ……… 114
4.6.4 关节解锁：多体符号 ……… 115
4.6.5 自由漂浮机械臂的瞬时运动 ………………………… 117
4.7 基于动量的冗余分解 …………… 119
4.7.1 动量平衡原理 ……………… 119
4.7.2 基于空间动量的冗余分解 … 119
4.7.3 基于角动量的冗余分解 …… 121
4.7.4 零重力下自由漂浮仿人机器人的运动 ……………………… 122
4.8 零重力下自由漂浮机械臂的运动方程 ……………………………… 123
4.8.1 用基座准速度表示 ………… 123
4.8.2 用混合准速度表示 ………… 125
4.8.3 用质心准速度表示 ………… 127
4.9 基于反作用零空间的逆动力学 … 128
4.10 仿人机器人的空间动量………… 129
4.11 仿人机器人的运动方程 ………… 130
4.12 约束力消元法…………………… 132
4.12.1 高斯最小约束原理………… 133
4.12.2 直接消元法………………… 134
4.12.3 Maggi方程（零空间投影法） …………………… 135
4.12.4 范围空间投影法…………… 137
4.12.5 总结与结论………………… 137
4.13 运动方程的简化形式 …………… 138

4.13.1 基于关节空间动力学的表示 …… 138

4.13.2 基于空间动力学的表示（Lagrange-d'Alembert 公式） …… 139

4.13.3 末端连杆空间坐标中的运动方程 …… 141

4.13.4 总结与讨论 …… 143

4.14 逆动力学 …… 144

4.14.1 基于直接消元法/高斯法/Maggi 法/投影法 …… 144

4.14.2 基于 Lagrange-d'Alembert 公式 …… 145

4.14.3 基于关节空间动力学的消元法 …… 146

4.14.4 总结与讨论 …… 146

参考文献 …… 147

第 5 章 平衡控制 …… 153

5.1 概述 …… 153

5.2 动态姿势稳定性 …… 155

5.3 足上倒立摆稳定性分析 …… 156

5.3.1 外推质心和动态稳定裕度 …… 156

5.3.2 外推质心动力学 …… 157

5.3.3 具有跃迁的离散状态 …… 158

5.3.4 二维动态稳定区域 …… 159

5.4 平坦地面上的 ZMP 操作型稳定化 …… 160

5.4.1 ZMP 操作型稳定器 …… 161

5.4.2 基于速度的三维 ZMP 操作型稳定化 …… 162

5.4.3 ZMP 调节器式稳定器 …… 164

5.4.4 存在地面反作用力估计时滞的 ZMP 稳定化 …… 165

5.4.5 躯干位置顺应性控制 …… 166

5.5 基于捕获点的分析和稳定化 …… 167

5.5.1 捕获点和瞬时捕获点 …… 167

5.5.2 基于 ICP 的稳定化 …… 168

5.5.3 存在地面反作用力估计时滞的瞬时捕捉点的稳定化 …… 168

5.5.4 二维 ICP 的动力学方程和稳定化 …… 169

5.6 角动量分量的稳定性分析和稳定化 …… 170

5.6.1 基于 LRWP 模型的稳定性分析 …… 170

5.6.2 三维稳定性分析：运动的发散分量 …… 171

5.6.3 DCM 稳定器 …… 174

5.6.4 总结与讨论 …… 175

5.7 基于最大输出可允许集的稳定化 …… 175

5.8 基于空间动量及其变化率的平衡控制 …… 176

5.8.1 平衡控制中的基本功能依赖关系 …… 177

5.8.2 解析动量控制 …… 178

5.8.3 相对角动量/速度的全身平衡控制 …… 178

5.8.4 基于 RNS 的不稳定姿势稳定化 …… 182

5.8.5 解析的动量框架内接触稳定的方法 …… 184

5.8.6 由 CMP/VRP 参数化的空间动量速率稳定化 …… 185

5.8.7 具有渐近稳定性的 CRB 运动轨迹跟踪 …… 185

5.9 用于平衡控制的任务空间控制器设计 …… 187

5.9.1 通用任务空间控制器结构 …… 187

5.9.2 优化任务表述和约束 …… 188

5.10 非迭代身体力旋量分配方法 …… 190

5.10.1 基于伪逆的身体力旋量分布 …… 190

5.10.2 ZMP 分配器 …… 191

5.10.3 比例分配法 …… 191

5.10.4 DCM 广义逆 …… 192

5.10.5 VRP 广义逆 …… 197

5.10.6 基于关节扭矩的接触力旋量优化 …… 198

5.11 基于非迭代空间动力学的运动优化 …… 199
5.11.1 利用 CRB 力旋量一致的输入进行独立的运动优化 …… 200
5.11.2 角动量阻尼稳定 …… 200
5.11.3 利用基于任务的手部运动约束进行运动优化 …… 203
5.12 非迭代全身体运动/力优化 …… 203
5.12.1 基于闭链模型的多接触运动/力控制器 …… 204
5.12.2 基于操作空间公式的运动/力优化 …… 206
5.13 响应弱外部干扰的反应性平衡控制 …… 209
5.13.1 基于重力补偿的被动式全身顺应性 …… 209
5.13.2 具有多个接触和被动性的全身顺应性 …… 210
5.13.3 全身顺应性的多接触运动/力控制 …… 213
5.14 平衡控制中的迭代优化 …… 213
5.14.1 历史背景 …… 214
5.14.2 基于 SOCP 的优化 …… 215
5.14.3 迭代接触力旋量优化 …… 215
5.14.4 迭代空间动力学优化 …… 216
5.14.5 基于完整动力学的优化 …… 217
5.14.6 混合迭代/非迭代优化方法 …… 219
5.14.7 计算时间要求 …… 221
参考文献 …… 221

第 6 章 协作物体的操作与控制 …… 228
6.1 引言 …… 228
6.2 多指手抓握 …… 228
6.2.1 抓握矩阵和手部雅可比矩阵 …… 229
6.2.2 静态抓握 …… 230
6.2.3 约束类型 …… 231
6.2.4 形状闭合 …… 232
6.2.5 力闭合 …… 233
6.3 多臂抓握物体的操作控制方法 …… 236
6.3.1 多臂物体操作的背景 …… 236
6.3.2 多臂协作的动力学和静力学研究 …… 236
6.3.3 施加到被抓握物体上的力和力矩 …… 238
6.3.4 载荷分布 …… 239
6.3.5 外部与内部力旋量的控制 …… 240
6.3.6 混合位置/力控制 …… 248
6.4 多个仿人机器人之间的协作 …… 249
6.4.1 在线足迹规划 …… 249
6.4.2 手脚协同运动 …… 250
6.4.3 主从式协作和对称式协作 …… 251
6.4.4 主从式协作物体操作 …… 252
6.4.5 对称式协作物体操作 …… 254
6.4.6 主从式协作与对称式协作的比较 …… 254
6.5 双臂动态物体操作控制 …… 256
6.5.1 物体的运动方程 …… 257
6.5.2 控制器 …… 257
参考文献 …… 260

第 7 章 运动生成和控制：特定主题的应用 …… 262
7.1 概述 …… 262
7.2 基于 ICP 的步态生成和行走控制 …… 263
7.2.1 基于 CP 的行走控制 …… 263
7.2.2 基于 CP 的步态生成 …… 264
7.2.3 ICP 控制器 …… 266
7.2.4 基于 CP 的步态生成与 ZMP 控制 …… 267
7.3 在沙地上双足行走 …… 268
7.3.1 沙地行走的落地位置控制 …… 268
7.3.2 在沙地上行走的实验 …… 268
7.3.3 总结与讨论 …… 272
7.4 不规则地形的生成和基于 VRP-GI 的行走控制 …… 272
7.4.1 连续双支撑步态生成 …… 273
7.4.2 脚跟到脚趾步态生成 …… 274
7.4.3 仿真 …… 275
7.5 基于协同的运动生成 …… 276

7.5.1 原始运动协同效应 …………… 277
7.5.2 原始协同效应的组合 ………… 277
7.5.3 使用单指令输入生成多个协同效应 …………………………… 279
7.6 基于协同的平面模型反应性平衡控制 …………………………… 279
7.6.1 人类使用的平衡控制的运动协同效应 ……………………… 279
7.6.2 基于 RNS 的反作用协同效应 …………………………… 280
7.6.3 矢状面踝关节/髋关节协同效应 …………………………… 281
7.6.4 侧平面踝关节、加载/卸载和抬腿协同效应 ……………… 284
7.6.5 横向平面扭转协同效应 …… 286
7.6.6 通过简单的叠加获得复杂的反应性协同效应 …………… 287
7.6.7 总结与讨论 ……………………… 288
7.7 利用全身模型获得反应性协同效应 …………………………… 288
7.7.1 简单动态转矩控制器产生的反应性协同效应 …………… 289
7.7.2 对加载/卸载和抬腿策略的二次讨论 ………………………… 289
7.7.3 柔性响应 ………………………… 290
7.7.4 具有 RNS 角动量阻尼的碰撞调节 ……………………………… 292
7.7.5 反应性步进 ……………………… 295
7.7.6 无须步进即可适应较大碰撞 … 298
7.8 碰撞运动生成 ……………………… 301
7.8.1 历史背景 ………………………… 301
7.8.2 考虑减速轮系的影响 ………… 302
7.8.3 地面反作用力和力矩 ………… 303
7.8.4 碰撞引起的动力学效应 …… 304
7.8.5 虚拟质量 ………………………… 306
7.8.6 撞击力引起的 CoP 位移 …… 306
7.8.7 碰撞运动生成的优化问题 … 307
7.8.8 案例研究：空手道掌劈动作生成 …………………………… 308
7.8.9 碰撞运动生成的实验验证 … 312
参考文献 ……………………………… 314

第 8 章 仿真 ………………………………… 319
8.1 概述 ……………………………………… 319
8.2 机器人模拟器 ………………………… 320
8.3 机器人模拟器的结构 …………… 321
8.4 使用 MATLAB/Simulink 进行动力学仿真 ………………………… 325
8.4.1 为 Simulink 生成机器人树模型 ……………………………… 325
8.4.2 生成 Simulink 模型 ………… 331
8.4.3 配置关节模式 ………………… 335
8.4.4 接触力建模 …………………… 343
8.4.5 计算零力矩点 ………………… 351
8.4.6 运动设计 ………………………… 355
8.4.7 仿真 ……………………………… 356
参考文献 ……………………………… 358

附录 A ………………………………………… 361

绪　　论

1.1 发展历史

多少个世纪以来，想象力始终都在为创造力助力，对于仿人机器人来说尤其如此。仿人机器人的起源可以追溯到古希腊神话。自那时起，人类想要创造类人形机械的冲动就从未停止过[32]。到了现代，工程师所取得的技术进步极大地推动了仿人机器人的发展，使我们能够将那些美好的设想和科幻小说中的东西带入现实。

最早的仿人机器人 WABOT-1 是日本早稻田大学教授加藤一郎和他的学生于 1973 年开发出来的[97]。多年来，日本工程师一直致力于仿人机器人的研究。他们的努力并没有白费，本田汽车公司耗时数年为仿人机器人的开发搭建了良好平台，其研制的 ASIMO 仿人机器人世界闻名，并将仿人机器人研究推向了高潮[94]。1996 年，ASIMO 的前身 P2 发布，这对当时的公众影响巨大，故而才有了现在仿人机器人技术的飞速发展。发达国家的政府乐意为相关技术研究提供资金，这促进了计算机技术的快速发展，同时也符合摩尔定律，二者形成了一个相互促进的良性发展关系。

仿人机器人的机械构成十分复杂。本田的工程师花了十年的时间才开发出一部分原型机，最终在 1996 年发布了 P2[49,48]。经过 15 年的研发，“全新”的 ASIMO 于 2011 年问世[99]。ASIMO 当时被认为是世界上最先进的仿人机器人，它在运动上能够实现快跑，外观上和人类非常相似，此外它还可以实现爬楼梯、倒着跑、单腿或双腿连续跳跃，甚至在不平坦的地面上行走。完美的机械设计、先进的传感器和驱动器技术，以及动态运动控制技术使得这些物理性能在 ASIMO 上得以实现。除了提高 ASIMO 的物理性能之外，本田的工程师还对机器人的人工智能水平进行了开发，例如基于传感器数据融合的运动重规划决策、自然语言、基于手势的交互等[118]。

在本田公司的带领下，自 20 世纪末以来已经有许多仿人机器人问世[33]。这些仿人机器人展示了各种各样的能力，比如驾驶叉车[43]或挖掘机[44]，推[39]、提[93,83]或通过旋转来移动[137]各种重物，开门和关门[110]，拉抽屉[59]，钉钉子[127]，与人合作提升和搬运物件[27,16,2]，烹饪[34]。

然而，到目前为止所开发的仿人机器人只是原型机，因为它们缺乏足够的鲁棒性，无法在现实环境中工作。DARPA 机器人挑战赛(DRC)[100]旨在解决这一问题的某些方面，特别是像灾区这样极端的环境中的鲁棒性问题。事实上，对于参加比赛的 18 个双足机器人中的大多数来说，在不平坦的地形和废墟中行走、驾驶汽车及下车总体上是非常困难的。双足机器人团队中有 7 支队伍使用了 Atlas 机器人[95]，但其中只有亚军 IHMC 团队[96]的双足机器人 Running Man 能够完成所有的任务。由于硬件几乎相同(Atlas 机器人团队使用了自己设计的小臂和手指)，保持平衡的鲁棒性主要是控制问题。不过，比赛结果清楚地表明，针对具体环境的设计也可以发挥重要作用。冠军和季军团队(KAIST 团队的 DRC-Hubo[61]和 CMU 团队 Tartan Rescue[98]的 CHIMP)没有完全采用类人形的设计元素，而是使用诸如轮足复合式和基于履带式的运动方式。

双足仿人机器人的商业化想要在近年实现还是比较困难。事实上，本田公司已经停止研发 ASIMO[103]。该公司正在开发一种新的仿人机器人，其设计是为了完成灾害环境中的具体任务[138]。该公司还透露，计划将多年来积累的专业知识应用于物理治疗和无人驾驶车辆等领域。毫无疑问，为了追求人类的梦想，仿人机器人领域的持续研究必将收获巨大的成功。

1.2　仿人机器人设计的发展趋势

1.2.1　仿人机器人的人形特征

设计一个能够在不同环境中执行各种任务的通用型仿人机器人仍然是一个有待解决的问题。斯坦福大学教授伯纳德·罗斯(Bernard Roth)认为，“形式遵循功能”的设计原则在仿人机器人设计中既有优点也有缺点[117]。东京工业大学的森政弘(Masahiro Mori)教授指出，仿人机器人的外观，包括其移动方式，对其在社会上的认同度起着重要作用[79]。文献[104，146]提出了对仿人机器人的人形特征进行量化评价的尝试。

例如，考虑双足机器人的主要功能之一：在平地上行走。在三维线性倒立摆(LIP)模型的帮助下，机器人实现了行走[62]。然而，这导致机器人站立时不能像现代人类直立的步态那样伸直膝盖，看起来就像在“下蹲”一样。除了机器人“下蹲”的外观问题外，还有与步态效率有关的功能性问题。在一项关于早期原始人类——南方古猿的双足行走的研究描述[20]中，曾预测“弯曲”关节的净能量吸收，这也是为什么弯曲关节将导致热负荷增加。事实上，在机器人步态中，直立(直腿)行走可以说是最节能的：无动力的双足机器从斜坡下降，称为被动动态行走(PDW)[74]。在文献[119,92]中，有动力的双足机器人膝盖弯曲的步态被确定为一个问题，后来在文献[70,80,64,124,63,38,71,41,139]中得以解决。规避了此种步态问题的改进版仿人设计在 WABIAN-2/LL[67]、WABIAN-2R[67] 和 HRP-4C[65,76]中得以证明，并且文献[12]还描述了这种机器人。通过机构设计以及对机器人仿人足跟着地和足指离地的控制使该步态得以实现。文献[35]中报道的结果表明，仅通过适当的控制，不需要任何特殊的设计就可以实现 Atlas 仿人机器人的直膝步态。

1.2.2　仿人机器人设计中的权衡

在设计中，形式和功能很难达到完全“和谐”。从现阶段来看，形式和功能之间的权衡似乎不可避免地导致设计需要针对特定环境。再次考虑平地移动功能，从稳定性和安全性的角度来看，轮式底座相对于双足式绝对是更好的。就成本效益而言，轮式底座也是更优的。在将仿人机器人推向市场时，这些问题很重要。因此，商业化的仿人机器人，如三菱重工(MHI)的 Wakamaru[101]、日立(Hitachi)的 EMIEW[55] 和 Softbank 的 Pepper[102]都是基于轮式的。还有相当多仿人机器人都可供研究参考，例如文献[75,24,58,30,123,85,121]。为了增加移动性，其中一些后来又经过了重新设计，采用了双足式的下肢，例如德国宇航中心(DLR)的 Rolin' Justin/TORO[30,25] 和美国宇航局的 Robonaut[23,23,22]。

Rocoonaut-2 是一种不符合人形外形的“双足”设计的特例，它拥有漂亮的上半身，然而，它的腿的外观却令人毛骨悚然。虽然如此，它的腿的设计似乎最适合国际空间站上的环境[22,60]。与人形外形不同的双足设计的另一个例子是无足设计，即建立与地面点接触的腿。这种腿适用于在高度不规则的地面上行走[106,143]。针对特定环境设计的另一种类型是本田的新样机 E2-DR 救灾机器人[138]。

事实上，上述形式 / 功能设计权衡问题产生的主要原因还是对“仿人机器人”这一术语缺乏能让人普遍接受的定义[4]。

1.2.3 仿人机器人的人性化设计

仿人机器人已经被设计用于支持行为科学、物质载体以及社会互动领域的研究和学习。目前已经进行了各种各样的仿人机器人设计，比如日本早稻田大学的 WENDY[81]和 TWENDYONE[58]，他们采用了仿人形上半身结合轮式底座的设计方案，再比如德国卡尔斯鲁厄理工学院的 ARMAR-family 仿人机器人[24]、日本先进远程通讯研究所(ATR)的 DB[66,7]和 Robovie[75]。其他设计包括麻省理工学院(MIT)的人形上身结合固定底座的 COG 仿人机器人设计[15]、Sarcos 的全身液压驱动 CB[7,18]和意大利理工学院(IIT)的 iCub 机器人[107]。这些机器人配备了多种传感器和运动系统以及先进的控制算法，可以很好地模仿人类的行为能力。从这个角度来看，机器人的关节力矩传感和控制能力值得特别关注。基于力矩的控制可以确保机器人在响应外力输入时的柔顺行为能力，这样的行为在探索人类与机器人的物理交互范式时非常有用。柔顺行为被认为是机器人与人类一起工作的必要条件。为了保证操作的安全性，机器人对于意外物理输入的柔顺性是非常重要的[145,3,37,122]。一般情况下，力/力矩控制可以处理平滑的外力。然而，在处理冲击时，由于固有带宽的限制，这类控制可能无法确保必要响应时间。这也推动了由气动肌肉提供动力的固有柔顺性能的双足 Lucy 的设计[128]。最近设计的仿人机器人十分先进，已经包括串联弹性驱动器(SEA)，即驱动器内嵌被动机械元件(弹簧/阻尼器)[129]的设计。这类机器人有意大利理工学院开发的下肢仿人机器人 M2V2[112]、仿人机器人 COMAN[126,144]和 WALK-MAN[125]，德国宇航中心开发的 TORO[25]，美国宇航局的仿人机器人 Valkyrie[113,105]等。其他柔顺行为的先进设计模仿了人类的肌肉骨骼系统[87,77,57,5]。

1.3 仿人机器人的特征

正如前面所述，对于“仿人机器人”这个术语没有一个能让人普遍接受的定义。然而，可以根据以下假设得出仿人机器人的一般特征。总体来说，仿人机器人的设计目的是：

- 在住宅、办公、工厂、灾区等各种环境下自主作业。
- 执行各种体力劳动。
- 与人类交流。
- 在不危害人类的情况下与人类进行身体接触。
- 操作工具或操作为人类设计的物体。

从设计的角度来看，上述假设意味着仿人机器人应该有一个人形的外表，即躯干、头部、双腿和两条多指手的手臂，仅使用铰接的关节。从控制的角度来看，这些假设意味着分层的控制器结构和传感器子系统需要实现以下功能。

- 感知和认知。
- 学习。
- 任务序列规划。

- 运动轨迹(步态)规划和生成。
- 行走控制。
- 基于运动/力的整体操作规划。
- 末端运动/力轨迹生成，变换和跟踪控制。
- 外部干扰存在情况下的基于最优力分布的平衡和姿态控制。
- 低阶驱动器和关节空间控制。

感知、认知、学习、任务序列和运动规划等高级功能都与人工智能领域的进展有关，它们超出了本书的讨论范围。对这一领域感兴趣的读者可以参考文献[17]、[73]和[42]，文献[17]从神经科学的角度进行分析，文献[73]和[42]分别讨论了使用自然语言和手势进行人-仿人机器人交流的有关问题。关于任务顺序和运动规划的研究目前正在不断推进中，文献[40]中介绍了其中的一些问题。

本书的重点是仿人机器人运动学、运动静力学和动力学模型的推导，以及这些模型在仿人机器人运动/力轨迹生成和控制中的应用。

1.4 仿人机器人的相关研究

基于模型的轨迹生成和控制设计需要深入了解仿人机器人的运动学、运动静力学和动力学。下面提到的研究已经为机器人学领域建立了良好的基础。

1.4.1 运动冗余、任务约束和最优逆运动学解

仿人机器人包括数量相对较多的自由度(DoF)。这就是为什么有时候仿人机器人会具有运动学冗余的特征。运动冗余机器人被建模为欠定系统。然而，这种特性取决于机器人所执行的任务数量。例如，考虑躯干的运动和手臂的运动时，可以通过多种方式实现仿人机器人的手的预期位置和方向。不过，躯干的运动最好用于平衡控制，而不是完成任务。这个简单的例子说明了这样一个事实：当机器人需要同时执行多个任务时，机器人的自由度可能还不够。在这种情况下，应该将机器人建模为一个过约束系统，而不是一个欠约束系统，即运动冗余系统。

从一篇关于参加 DARPA 机器人挑战赛团队使用的全身控制方法的综述[52]来看，很明显，基于逆运动学的运动生成与控制是目前流行的技术。

第 2 章讨论了有关欠约束和过约束系统的运动学冗余、奇异性和最优逆运动学解的问题。

1.4.2 约束多体系统和接触建模

仿人机器人的另一大特征是多体系统。除了跳跃或跑步的腾空阶段，仿人机器人总是通过一个或多个连接点与环境接触，如足、手、躯干或肘部。现有的接触可以随时被打破，并迅速建立新的接触。所形成的接触取决于接触体的几何形状。接触约束了机器人的通用(即无约束)运动链的运动。由于运动链是一个树状结构，通过接触不可避免地会形成一个或多个封闭的运动环路。因此，对该特性更精确的描述应该是一个结构变化的约束多体系统[86]。

第 2 章讨论了具有闭环的约束多体系统的接触建模和瞬时运动的运动学建模。第 3 章解释了力在闭环内的传递(或分布)。

1.4.3 多指手和双臂操作物体

多指手本身就是一个多体系统。当一个物体被多指手抓住时，就形成了运动闭环。约束多体系统理论也适用于这种情况。多年来，人们对多指手和双臂操作物体进行了深入研究。文献[84]提供了优秀的参考。

多指手、双臂仿人机器人、多仿人机器人协作操作物体等问题会在第 6 章进行讨论。

1.4.4 浮动基座上的欠驱动系统

仿人机器人的特征是一个欠驱动系统，因为它包含的自由度比它的驱动器的数量多。正如前面所述，仿人机器人的通用运动链结构为树形。机器人的根连杆可以在三维空间中自由移动。这样的运动意味着需要六个非驱动的自由度。

根连杆通常称为机器人的浮动基座。浮动基座上的欠驱动多体系统包括柔性基座机器人、宏-微机器人(即微小型机械臂安装在较大机械臂的末端)和自由浮动空间机器人[90]。20 世纪 80 年代末和 90 年代人们对这些系统进行了深入研究。这些研究使得我们更深入地了解了惯性耦合、角动量和无反应操作的作用。这些研究对仿人机器人的平衡控制也发挥着重要作用。

浮基系统的动力学会在第 4 章阐述。平衡控制方法会在第 5 章详细介绍。

1.4.5 其他相关领域的研究

单腿、多腿和多肢机器人

麻省理工学院的马克·雷伯特(Marc Raibert)率先开发了单腿跳跃机器人[114]，他还开发了跑步双足和四足机器人。马克·雷伯特离开麻省理工学院后创立了波士顿动力(Boston Dynamics)公司。在该公司，他以这些技术为基础，设计了许多有趣的足式机器人，其中包括双足仿人机器人 Petman 和 Atlas[95]。马克·雷伯特设计的机器人能够快速奔跑，并且能在非常崎岖的地面上行走，还能在强扰动下进行稳健的平衡控制以及跳跃。

与仿人机器人非常相似，多足机器人被建模为具有不同运动结构的约束多体系统。为仿人机器人开发的建模和控制方法可直接应用于多足机器人，反之亦然[53,56,120,131]，这也适用于更普遍的仿生多肢机器人，为仿生多肢机器人提供了新的运动方式[31,142]。

基于物理的关节人仿真

基于物理的关节人仿真是一个与仿人机器人密切相关的领域。它们有许多共性的问题，主要问题是时空约束下的运动生成[135]。这些方法均利用了优化的逆运动学解[140,141,10,1]，并已经被用于仿人机器人领域[36,68]。另一个大家共同感兴趣的领域是接触建模，即反作用力的计算和基于力的运动控制[11,108,82]。这也适用于外部扰动特征时交互式运动生成的情况[136,72,21]。基于物理的关节人仿真方法也可用于仿人机器人领域的运动生成和控制，反之亦然。例如，在动画中使用的关键帧技术，通过在一段时间内插入关键姿势来生成角色的运动[10]。该技术也被用于仿人机器人的运动生成领域。

人体运动的生物力学研究

在人体运动的生物力学和运动控制[134]以及物理治疗和运动科学领域已经有大量关于人体平衡机制的研究[88,89,54,29,47]。例如，在受到干扰时大脑是如何控制平衡的[116,115,69]，在行走过程中如何控制平衡[133,132,9]，在平衡控制中手臂运动的作用[78,19]等。在仿人机器人发展之前，我们就已经积累了如此多研究成果，所以这些研究中采用的人体模型，如足的简单倒立摆模型，实际上与后来出现在仿人机器人领域的模型非常相似(例如 LIP 模型[62])。源于生物力学的捕获点和机器人领域中外推的质心(CoM)是两个完全相同的概念。仿人机器人技术的迅速发展也促进了对人体运动控制的深入理解和研究[66,6]，尤其是阐明了在平衡控制中角动量的作用[109,50]。

随着可穿戴机器人(外骨骼)的发展，仿人机器人的研究为物理治疗领域也做出了巨大贡献[8]。

1.5 先修知识和章节安排

本书主要介绍仿人机器人建模、运动生成和控制的方法，对读者在通用机器人方面的专业背景有所要求。目前市面上已有一些优秀的关于机器人的教科书，例如文献[84]。关于刚体动力学的教科书[28]也将会非常有帮助。此外，如文献[62]所述，强烈建议读者先理解仿人机器人领域的基本概念。这些概念包括零力矩点(ZMP)[130]、压力中心(CoP)、地面反作用力和力矩、在 2D 和 3D 中的各种 LIP 模型、小车-桌子模型、基于 ZMP 的具有预见控制的步行模式生成、全身运动生成，以及仿真方法。

本书章节安排如下。第 2 章、第 3 章和第 4 章分别讨论了仿人机器人的运动学、运动静力学和动力学。第 5 章详细描述了平衡控制在仿人机器人中的重要作用。第 6 章介绍了多指手、双臂机器人和多个机器人的协作物体操作及控制。运动生成的研究领域相当广泛，第 7 章讨论了选定的运动生成研究的应用。最后，第 8 章强调了模拟器的重要性，并提供了基于 MATLAB 模拟器的循序渐进的指导。

作者的分工如下：Atsushi Konno 负责 5.4.5 节、6.1～6.4 节、7.2 节、7.3 节和 7.8 节，Teppei Tsujita 负责第 8 章，其余部分由 Dragomir N. Nenchev (Yoshikazu Kanamiya) 负责。

参考文献

[1] Y. Abe, M. Da Silva, J. Popović, Multiobjective control with frictional contacts, in: ACM SIGGRAPH/Eurographics Symposium on Computer Animation, 2007, pp. 249–258.

[2] D.J. Agravante, A. Cherubini, A. Bussy, A. Kheddar, Human-humanoid joint haptic table carrying task with height stabilization using vision, in: IEEE/RSJ International Conference on Intelligent Robots and Systems, Tokyo, Japan, 2013, pp. 4609–4614.

[3] A. Albu-Schaffer, O. Eiberger, M. Grebenstein, S. Haddadin, C. Ott, T. Wimbock, S. Wolf, G. Hirzinger, Soft robotics, IEEE Robotics & Automation Magazine 15 (2008) 20–30.

[4] R. Ambrose, Y. Zheng, B. Wilcox, Assessment of International Research and Development in Robotics, Ch. 4 – Humanoids, Technical report, 2004.

[5] Y. Asano, H. Mizoguchi, T. Kozuki, Y. Motegi, J. Urata, Y. Nakanishi, K. Okada, M. Inaba, Achievement of twist squat by musculoskeletal humanoid with screw-home mechanism, in: IEEE International Conference on Intelligent Robots and Systems, 2013, pp. 4649–4654.

[6] C. Atkeson, J. Hale, F. Pollick, M. Riley, S. Kotosaka, S. Schaul, T. Shibata, G. Tevatia, A. Ude, S. Vijayakumar, E. Kawato, M. Kawato, Using humanoid robots to study human behavior, IEEE Intelligent Systems 15 (2000) 46–56.

[7] C.G. Atkeson, J. Hale, F. Pollick, M. Riley, Using a humanoid robot to explore human behavior and communication, Journal of the Robotics Society of Japan 19 (2001) 584–589.

[8] K. Ayusawa, E. Yoshida, Y. Imamura, T. Tanaka, New evaluation framework for human-assistive devices based on humanoid robotics, Advanced Robotics 30 (2016) 519–534.

[9] C. Azevedo, P. Poignet, B. Espiau, Artificial locomotion control: from human to robots, Robotics and Autonomous Systems 47 (2004) 203–223.

[10] P. Baerlocher, R. Boulic, An inverse kinematics architecture enforcing an arbitrary number of strict priority levels, The Visual Computer 20 (2004) 402–417.
[11] D. Baraff, Fast contact force computation for nonpenetrating rigid bodies, in: 21st Annual Conference on Computer Graphics and Interactive Techniques – SIGGRAPH '94, ACM Press, New York, New York, USA, 1994, pp. 23–34.
[12] S. Behnke, Human-like walking using toes joint and straight stance leg, in: International Symposium on Adaptive Motion in Animals and Machines, 2005, pp. 1–6.
[13] K. Bouyarmane, A. Kheddar, Static multi-contact inverse problem for multiple humanoid robots and manipulated objects, in: IEEE-RAS International Conference on Humanoid Robots, Nashville, TN, USA, 2010, pp. 8–13.
[14] K. Bouyarmane, A. Kheddar, Using a multi-objective controller to synthesize simulated humanoid robot motion with changing contact configurations, in: IEEE/RSJ International Conference on Intelligent Robots and Systems, 2011, pp. 4414–4419.
[15] R.A. Brooks, C. Breazeal, M. Marjanović, B. Scassellati, M.M. Williamson, The Cog project: building a humanoid robot, in: C.L. Nehaniv (Ed.), Computation for Metaphors, Analogy, and Agents, in: Lecture Notes in Computer Science, vol. 1562, Springer, Berlin, Heidelberg, 1999, pp. 52–87.
[16] A. Bussy, P. Gergondet, A. Kheddar, F. Keith, A. Crosnier, Proactive behavior of a humanoid robot in a haptic transportation task with a human partner, in: IEEE International Symposium on Robot and Human Interactive Communication, 2012, pp. 962–967.
[17] G. Cheng (Ed.), Humanoid Robotics and Neuroscience: Science, Engineering and Society, CRC Press Book, 2014.
[18] G. Cheng, S.-H. Hyon, J. Morimoto, A. Ude, J.G. Hale, G. Colvin, W. Scroggin, S.C. Jacobsen, CB: a humanoid research platform for exploring neuroscience, Advanced Robotics 21 (2007) 1097–1114.
[19] P.J. Cordo, L.M. Nashner, Properties of postural adjustments associated with rapid arm movements, Journal of Neurophysiology 47 (1982) 287–302.
[20] R.H. Crompton, L. Yu, W. Weijie, M. Günther, R. Savage, The mechanical effectiveness of erect and "bent-hip, bent-knee" bipedal walking in Australopithecus afarensis, Journal of Human Evolution 35 (1998) 55–74.
[21] M. De Lasa, I. Mordatch, A. Hertzmann, Feature-based locomotion controllers, ACM Transactions on Graphics 29 (2010) 131.
[22] M.A. Diftler, T.D. Ahlstrom, R.O. Ambrose, N.A. Radford, C.A. Joyce, N. De La Pena, A.H. Parsons, A.L. Noblitt, Robonaut 2 — initial activities on-board the ISS, in: 2012 IEEE Aerospace Conference, 2012, pp. 1–12.
[23] M.A. Diftler, R.O. Ambrose, S.M. Goza, K.S. Tyree, E.L. Huber, Robonaut mobile autonomy: initial experiments, in: Proceedings – IEEE International Conference on Robotics and Automation, 2005, pp. 1425–1430.
[24] M. Do, P. Azad, T. Asfour, R. Dillmann, Imitation of human motion on a humanoid robot using non-linear optimization, in: IEEE-RAS International Conference on Humanoid Robots, 2008, pp. 545–552.
[25] J. Englsberger, A. Werner, C. Ott, B. Henze, M.A. Roa, G. Garofalo, R. Burger, A. Beyer, O. Eiberger, K. Schmid, A. Albu-Schaffer, Overview of the torque-controlled humanoid robot TORO, in: IEEE-RAS International Conference on Humanoid Robots, IEEE, Madrid, Spain, 2014, pp. 916–923.
[26] A. Escande, A. Kheddar, S. Miossec, Planning contact points for humanoid robots, Robotics and Autonomous Systems 61 (2013) 428–442.
[27] P. Evrard, E. Gribovskaya, S. Calinon, A. Billard, A. Kheddar, Teaching physical collaborative tasks: object-lifting case study with a humanoid, in: IEEE-RAS International Conference on Humanoid Robots, Paris, France, 2009, pp. 399–404.
[28] R. Featherstone, Rigid Body Dynamics Algorithms, Springer Science+Business Media, LLC, Boston, MA, 2008.
[29] J.S. Frank, M. Earl, Coordination of posture and movement, Physical Therapy 70 (1990) 855–863.
[30] M. Fuchs, C. Borst, P. Giordano, A. Baumann, E. Kraemer, J. Langwald, R. Gruber, N. Seitz, G. Plank, K. Kunze, R. Burger, F. Schmidt, T. Wimboeck, G. Hirzinger, Rollin' Justin – design considerations and realization of a mobile platform for a humanoid upper body, in: IEEE International Conference on Robotics and Automation, IEEE, 2009, pp. 4131–4137.
[31] T. Fukuda, Y. Hasegawa, K. Sekiyama, T. Aoyama, Multi-Locomotion Robotic Systems: New Concepts of Bio-Inspired Robotics, 1st edition, Springer, 2012.
[32] T. Fukuda, R. Michelini, V. Potkonjak, S. Tzafestas, K. Valavanis, M. Vukobratovic, How far away is "artificial man", IEEE Robotics & Automation Magazine 8 (2001) 66–73.
[33] A. Goswami, P. Vadakkepat (Eds.), Humanoid Robotics: A Reference, Springer, Netherlands, Dordrecht, 2018.
[34] F. Gravot, A. Haneda, K. Okada, M. Inaba, Cooking for humanoid robot, a task that needs symbolic and geometric reasonings, in: Proceedings 2006 IEEE International Conference on Robotics and Automation, 2006, pp. 462–467.
[35] R.J. Griffin, G. Wiedebach, S. Bertrand, A. Leonessa, J. Pratt, Straight-leg walking through underconstrained whole-body control, in: IEEE International Conference on Robotics and Automation (ICRA), 2018, pp. 5747–5754.
[36] M. Guihard, P. Gorce, Dynamic control of bipeds using ankle and hip strategies, in: IEEE/RSJ Int. Conf. on Intelligent Robots and Systems, Lausanne, Switzerland, 2002, pp. 2587–2592.

[37] S. Haddadin, A. Albu-Schaffer, G. Hirzinger, Requirements for safe robots: measurements, analysis and new insights, The International Journal of Robotics Research 28 (2009) 1507–1527.

[38] N. Handharu, J. Yoon, G. Kim, Gait pattern generation with knee stretch motion for biped robot using toe and heel joints, in: IEEE-RAS International Conference on Humanoid Robots, Daejeon, ROK, 2008, pp. 265–270.

[39] K. Harada, S. Kajita, H. Saito, F. Kanehiro, H. Hirukawa, Integration of manipulation and locomotion by a humanoid robot, in: M.H. Ang, O. Khatib (Eds.), Experimental Robotics IX, in: Springer Tracts in Advanced Robotics, vol. 21, Springer Berlin Heidelberg, Berlin, Heidelberg, 2006, pp. 187–197.

[40] K. Harada, E. Yoshida, K. Yokoi (Eds.), Motion Planning for Humanoid Robots, Springer London, London, 2010.

[41] Y. Harada, J. Takahashi, D.N. Nenchev, D. Sato, Limit cycle based walk of a powered 7DOF 3D biped with flat feet, in: IEEE/RSJ International Conference on Intelligent Robots and Systems, 2010, pp. 3623–3628.

[42] M. Hasanuzzaman, H. Ueno, User, gesture and robot behaviour adaptation for human–robot interaction, in: R. Zaier (Ed.), The Future of Humanoid Robots – Research and Applications, InTech, 2012, pp. 229–256.

[43] H. Hasunuma, M. Kobayashi, H. Moriyama, T. Itoko, Y. Yanagihara, T. Ueno, K. Ohya, K. Yokoi, A tele-operated humanoid robot drives a lift truck, in: Proceedings 2002 IEEE International Conference on Robotics and Automation, 2002, pp. 2246–2252.

[44] H. Hasunuma, K. Nakashima, M. Kobayashi, F. Mifune, Y. Yanagihara, T. Ueno, K. Ohya, K. Yokoi, A tele-operated humanoid robot drives a backhoe, in: IEEE International Conference on Robotics and Automation, 2003, pp. 2998–3004.

[45] K. Hauser, T. Bretl, J.C. Latombe, Non-gaited humanoid locomotion planning, in: IEEE-RAS International Conference on Humanoid Robots, 2005, pp. 7–12.

[46] K. Hauser, T. Bretl, J.-C. Latombe, K. Harada, B. Wilcox, Motion planning for legged robots on varied terrain, The International Journal of Robotics Research 27 (2008) 1325–1349.

[47] J. He, W. Levine, G. Loeb, Feedback gains for correcting small perturbations to standing posture, IEEE Transactions on Automatic Control 36 (1991) 322–332.

[48] K. Hirai, M. Hirose, Y. Haikawa, T. Takenaka, The development of Honda humanoid robot, in: IEEE Int. Conf. on Robotics and Automation, Leuven, Belgium, 1998, pp. 1321–1326.

[49] M. Hirose, T. Takenaka, H. Gomi, N. Ozawa, Humanoid robot, Journal of the Robotics Society of Japan 15 (1997) 983–985 (in Japanese).

[50] A.L. Hof, The equations of motion for a standing human reveal three mechanisms for balance, Journal of Biomechanics 40 (2007) 451–457.

[51] A.L. Hof, M.G.J. Gazendam, W.E. Sinke, The condition for dynamic stability, Journal of Biomechanics 38 (2005) 1–8.

[52] E.M. Hoffman, Simulation and Control of Humanoid Robots for Disaster Scenarios, Ph.D. thesis, Genoa University and Italian Institute of Technology, 2016.

[53] P. Holmes, R.J. Full, D. Koditschek, J. Guckenheimer, The dynamics of legged locomotion: models, analyses, and challenges, SIAM Review 48 (2006) 207–304.

[54] F.B. Horak, L.M. Nashner, Central programming of postural movements: adaptation to altered support-surface configurations, Journal of Neurophysiology 55 (1986) 1369–1381.

[55] Y. Hosoda, S. Egawa, J. Tamamoto, K. Yamamoto, Development of human-symbiotic robot "EMIEW" – Design concept and system construction –, Journal of Robotics and Mechatronics 18 (2006) 195–202.

[56] M. Hutter, H. Sommer, C. Gehring, M. Hoepflinger, M. Bloesch, R. Siegwart, Quadrupedal locomotion using hierarchical operational space control, The International Journal of Robotics Research 33 (2014) 1047–1062.

[57] S. Ikemoto, Y. Nishigori, K. Hosoda, Advantages of flexible musculoskeletal robot structure in sensory acquisition, Artificial Life and Robotics 17 (2012) 63–69.

[58] H. Iwata, S. Sugano, Design of human symbiotic robot TWENDY-ONE, in: IEEE International Conference on Robotics and Automation, 2009, pp. 580–586.

[59] A. Jain, C.C. Kemp, Pulling open novel doors and drawers with equilibrium point control, in: IEEE-RAS International Conference on Humanoid Robots, Paris, France, 2009, pp. 498–505.

[60] C. Joyce, J. Badger, M. Diftler, E. Potter, L. Pike, Robonaut 2 – building a robot on the international space station, 2014.

[61] T. Jung, J. Lim, H. Bae, K.K. Lee, H.M. Joe, J.H. Oh, Development of the Humanoid Disaster Response Platform DRC-HUBO+, IEEE Transactions on Robotics 34 (2018) 1–17.

[62] S. Kajita, H. Hirukawa, K. Harada, K. Yokoi, Introduction to Humanoid Robotics, Springer Verlag, Berlin, Heidelberg, 2014.

[63] K. Kameta, A. Sekiguchi, Y. Tsumaki, Y. Kanamiya, Walking control around singularity using a spherical inverted pendulum with an underfloor pivot, in: IEEE-RAS International Conference on Humanoid Robots, 2007, pp. 210–215.

[64] K. Kameta, A. Sekiguchi, Y. Tsumaki, D. Nenchev, Walking control using the SC approach for humanoid robot, in: IEEE-RAS International Conference on Humanoid Robots, 2005, pp. 289–294.

[65] K. Kaneko, F. Kanehiro, M. Morisawa, K. Miura, S. Nakaoka, S. Kajita, Cybernetic human HRP-4C, in: IEEE-RAS International Conference on Humanoid Robots, Paris, France, 2009, pp. 7–14.

[66] S. Kotosaka, Synchronized robot drumming with neural oscillators, in: International Symposium on Adaptive Motion of Animals and Machines, 2000.

[67] P. Kryczka, K. Hashimoto, H. Kondo, A. Omer, H.-o. Lim, A. Takanishi, Stretched knee walking with novel inverse kinematics for humanoid robots, in: IEEE International Conference on Intelligent Robots and Systems, 2011, pp. 3221–3226.

[68] S. Kudoh, T. Komura, K. Ikeuchi, Stepping motion for a human-like character to maintain balance against large perturbations, in: IEEE International Conference on Robotics and Automation, 2006, pp. 2661–2666.

[69] A.D. Kuo, F.E. Zajac, Human standing posture multi-joint movement strategies based on biomechanical constraints, Progress in Brain Research 97 (1993) 349–358.

[70] R. Kurazume, S. Tanaka, M. Yamashita, T. Hasegawa, K. Yoneda, Straight legged walking of a biped robot, in: IEEE/RSJ International Conference on Intelligent Robots and Systems, 2005, pp. 337–343.

[71] Z. Li, N.G. Tsagarikis, D.G. Caldwell, B. Vanderborght, Trajectory generation of straightened knee walking for humanoid robot iCub, in: IEEE International Conference on Control, Automation, Robotics and Vision, 2010, pp. 2355–2360.

[72] A. Macchietto, V. Zordan, C.R. Shelton, Momentum control for balance, ACM Transactions on Graphics 28 (2009) 80.

[73] Y. Matsusaka, Speech communication with humanoids: how people react and how we can build the system, in: R. Zaier (Ed.), The Future of Humanoid Robots – Research and Applications, InTech, 2012, pp. 165–188.

[74] T. McGeer, Passive walking with knees, in: IEEE International Conference on Robotics and Automation, 1990.

[75] N. Mitsunaga, T. Miyashita, H. Ishiguro, K. Kogure, N. Hagita, Robovie-IV: a communication robot interacting with people daily in an office, in: IEEE International Conference on Intelligent Robots and Systems, 2006, pp. 5066–5072.

[76] K. Miura, M. Morisawa, F. Kanehiro, S. Kajita, K. Kaneko, K. Yokoi, Human-like walking with toe supporting for humanoids, in: IEEE/RSJ International Conference on Intelligent Robots and Systems, San Francisco, CA, USA, 2011, pp. 4428–4435.

[77] I. Mizuuchi, M. Kawamura, T. Asaoka, S. Kumakura, Design and development of a musculoskeletal humanoid, in: IEEE-RAS International Conference on Humanoid Robots, Osaka, Japan, 2012, pp. 811–816.

[78] P. Morasso, Spatial control of arm movements, Experimental Brain Research 42 (1981) 223–227.

[79] M. Mori, The uncanny valley, IEEE Robotics & Automation Magazine 19 (2012) 98–100.

[80] M. Morisawa, S. Kajita, K. Kaneko, K. Harada, F. Kanehiro, K. Fujiwara, H. Hirukawa, Pattern generation of biped walking constrained on parametric surface, in: IEEE International Conference on Robotics and Automation, 2005, pp. 2405–2410.

[81] T. Morita, H. Iwata, S. Sugano, Development of human symbiotic robot: WENDY, in: 1999 IEEE International Conference on Robotics and Automation, vol. 4, 1999, pp. 83–88.

[82] U. Muico, Y. Lee, J. Popović, Z. Popović, Contact-aware nonlinear control of dynamic characters, ACM Transactions on Graphics 28 (2009) 81.

[83] M. Murooka, S. Noda, S. Nozawa, Y. Kakiuchi, K. Okada, M. Inaba, Manipulation strategy decision and execution based on strategy proving operation for carrying large and heavy objects, in: International Conference on Robotics and Automation, 2014, pp. 3425–3432.

[84] R.M. Murray, Z. Li, S.S. Sastry, A Mathematical Introduction to Robotic Manipulation, CRC Press, 1994.

[85] K. Nagasaka, Y. Kawanami, S. Shimizu, T. Kito, T. Tsuboi, A. Miyamoto, T. Fukushima, H. Shimomura, Whole-body cooperative force control for a two-armed and two-wheeled mobile robot using generalized inverse dynamics and idealized joint units, in: IEEE International Conference on Robotics and Automation, Anchorage, AK, USA, 2010, pp. 3377–3383.

[86] Y. Nakamura, K. Yamane, Dynamics computation of structure-varying kinematic chains and its application to human figures, IEEE Transactions on Robotics and Automation 16 (2000) 124–134.

[87] Y. Nakanishi, T. Izawa, M. Osada, N. Ito, S. Ohta, J. Urata, M. Inaba, Development of musculoskeletal humanoid Kenzoh with mechanical compliance changeable tendons by nonlinear spring unit, in: IEEE International Conference on Robotics and Biomimetics, 2011, pp. 2384–2389.

[88] L.M. Nashner, Brain adapting reflexes controlling the human posture, Experimental Brain Research 72 (1976) 59–72.

[89] L.M. Nashner, G. McCollum, The organization of human postural movements: a formal basis and experimental synthesis, Behavioral and Brain Sciences 8 (1985) 135–150.

[90] D.N. Nenchev, Reaction null-space of a multibody system with applications in robotics, Mechanical Sciences 4 (2013) 97–112.

[91] Y. Ogura, T. Kataoka, H. Aikawa, K. Shimomura, H.-o. Lim, A. Takanishi, Evaluation of various walking patterns of biped humanoid robot, in: IEEE International Conference on Robotics and Automation, 2005, pp. 603–608.

[92] Y. Ogura, H.-o. Lim, A. Takanishi, Stretch walking pattern generation for a biped humanoid robot, in: IEEE/RSJ International Conference on Intelligent Robots and Systems, 2003, pp. 352–357.
[93] Y. Ohmura, Y. Kuniyoshi, Humanoid robot which can lift a 30kg box by whole body contact and tactile feedback, in: IEEE/RSJ International Conference on Intelligent Robots and Systems, IEEE, San Diego, CA, USA, 2007, pp. 1136–1141.
[94] ASIMO by Honda: the world's most advanced humanoid robot, http://asimo.honda.com [online].
[95] Boston dynamics: dedicated to the science and art of how things move, https://www.bostondynamics.com/atlas [online].
[96] DARPA robotics challenge — IHMC robotics lab, http://robots.ihmc.us/drc [online].
[97] Development of Waseda robot, http://www.humanoid.waseda.ac.jp/booklet/katobook.html [online].
[98] DRC Tartan rescue team, https://www.nrec.ri.cmu.edu/solutions/defense/other-projects/tartan-rescue-team.html [online].
[99] Honda worldwide, Honda unveils all-new ASIMO with significant advancements, http://hondanews.com/releases/honda-unveils-all-new-asimo-with-significant-advancements/videos/all-new-asimo, November 8, 2011 [online].
[100] The DARPA robotics challenge, http://archive.darpa.mil/roboticschallenge [online].
[101] Wakamaru, Mitsubishi Heavy Industries, Ltd., https://en.wikipedia.org/wiki/Wakamaru [online].
[102] Who is Pepper, https://www.softbankrobotics.com/emea/en/robots/pepper [online].
[103] Honda's Asimo robot bows out but finds new life – Nikkei Asian Review, https://asia.nikkei.com/Business/Companies/Honda-s-Asimo-robot-bows-out-but-finds-new-life [online].
[104] E. Oztop, T. Chaminade, D. Franklin, Human-humanoid interaction: is a humanoid robot perceived as a human?, in: IEEE/RAS International Conference on Humanoid Robots, 2004, pp. 830–841.
[105] N. Paine, J.S. Mehling, J. Holley, N.A. Radford, G. Johnson, C.-L. Fok, L. Sentis, Actuator control for the NASA-JSC Valkyrie humanoid robot: a decoupled dynamics approach for torque control of series elastic robots, Journal of Field Robotics 32 (2015) 378–396.
[106] H.-W. Park, A. Ramezani, J. Grizzle, A finite-state machine for accommodating unexpected large ground-height variations in bipedal robot walking, IEEE Transactions on Robotics 29 (2013) 331–345.
[107] A. Parmiggiani, M. Maggiali, L. Natale, F. Nori, A. Schmitz, N.G. Tsagarakis, J.S. Victor, F. Becchi, G. Sandini, G. Metta, The design of the iCub humanoid robot, International Journal of Humanoid Robotics 09 (2012) 1250027.
[108] N. Pollard, P. Reitsma, Animation of humanlike characters: dynamic motion filtering with a physically plausible contact model, in: Yale Workshop on Adaptive and Learning Systems, 2001.
[109] M. Popovic, A. Hofmann, H. Herr, Angular momentum regulation during human walking: biomechanics and control, in: IEEE International Conference on Robotics and Automation, 2004, pp. 2405–2411.
[110] M. Prats, S. Wieland, T. Asfour, A. del Pobil, R. Dillmann, Compliant interaction in household environments by the Armar-III humanoid robot, in: IEEE-RAS International Conference on Humanoid Robots, 2008, pp. 475–480.
[111] J. Pratt, J. Carff, S. Drakunov, A. Goswami, Capture point: a step toward humanoid push recovery, in: IEEE-RAS International Conference on Humanoid Robots, Genoa, Italy, 2006, pp. 200–207.
[112] J. Pratt, B. Krupp, Design of a bipedal walking robot, in: G.R. Gerhart, D.W. Gage, C.M. Shoemaker (Eds.), Proceedings of SPIE – The International Society for Optical Engineering, 2008.
[113] N.A. Radford, P. Strawser, K. Hambuchen, J.S. Mehling, W.K. Verdeyen, A.S. Donnan, J. Holley, J. Sanchez, V. Nguyen, L. Bridgwater, R. Berka, R. Ambrose, M. Myles Markee, N.J. Fraser-Chanpong, C. McQuin, J.D. Yamokoski, S. Hart, R. Guo, A. Parsons, B. Wightman, P. Dinh, B. Ames, C. Blakely, C. Edmondson, B. Sommers, R. Rea, C. Tobler, H. Bibby, B. Howard, L. Niu, A. Lee, M. Conover, L. Truong, R. Reed, D. Chesney, R. Platt, G. Johnson, C.-L. Fok, N. Paine, L. Sentis, E. Cousineau, R. Sinnet, J. Lack, M. Powell, B. Morris, A. Ames, J. Akinyode, Valkyrie: NASA's first bipedal humanoid robot, Journal of Field Robotics 32 (2015) 397–419.
[114] M.H. Raibert, Legged Robots that Balance, MIT Press, 1986.
[115] C.F. Ramos, L.W. Stark, Postural maintenance during fast forward bending: a model simulation experiment determines the "reduced trajectory", Experimental Brain Research 82 (1990) 651–657.
[116] C.F. Ramos, L.W. Stark, Postural maintenance during movement: simulations of a two joint model, Biological Cybernetics 63 (1990) 363–375.
[117] B. Roth, How can robots look like human beings, in: IEEE International Conference on Robotics and Automation, IEEE, 1995, p. 1.
[118] Y. Sakagami, R. Watanabe, C. Aoyama, S. Matsunaga, N. Higaki, K. Fujimura, The intelligent ASIMO: system overview and integration, in: IEEE/RSJ International Conference on Intelligent Robots and System, 2002, pp. 2478–2483.
[119] A. Sekiguchi, Y. Atobe, K. Kameta, D. Nenchev, Y. Tsumaki, On motion generation for humanoid robot by the SC approach, in: Annual Conference of the Robotics Society of Japan, 2003, 2A27 (in Japanese).
[120] C. Semini, V. Barasuol, T. Boaventura, M. Frigerio, M. Focchi, D.G. Caldwell, J. Buchli, Towards versatile legged robots through active impedance control, The International Journal of Robotics Research 34 (2015) 1003–1020.

[121] L. Sentis, J. Petersen, R. Philippsen, Experiments with balancing on irregular terrains using the Dreamer mobile humanoid robot, in: Robotic Science and Systems, Sydney, 2012, pp. 1–8.

[122] D. Shin, I. Sardellitti, Y.L. Park, O. Khatib, M. Cutkosky, Design and control of a bio-inspired human-friendly robot, The International Journal of Robotics Research 29 (2009) 571–584.

[123] M. Stilman, J. Wang, K. Teeyapan, R. Marceau, Optimized control strategies for wheeled humanoids and mobile manipulators, in: IEEE-RAS International Conference on Humanoid Robots, IEEE, Paris, France, 2009, pp. 568–573.

[124] K. Takahashi, M. Noda, D. Nenchev, Y. Tsumaki, A. Sekiguchi, Static walk of a humanoid robot based the singularity-consistent method, in: IEEE/RSJ International Conference on Intelligent Robots and Systems, 2006, pp. 5484–5489.

[125] N.G. Tsagarakis, D.G. Caldwell, F. Negrello, W. Choi, L. Baccelliere, V.G. Loc, J. Noorden, L. Muratore, A. Margan, A. Cardellino, L. Natale, E. Mingo Hoffman, H. Dallali, N. Kashiri, J. Malzahn, J. Lee, P. Kryczka, D. Kanoulas, M. Garabini, M. Catalano, M. Ferrati, V. Varricchio, L. Pallottino, C. Pavan, A. Bicchi, A. Settimi, A. Rocchi, A. Ajoudani, WALK-MAN: a high-performance humanoid platform for realistic environments, Journal of Field Robotics 34 (2017) 1225–1259.

[126] N.G. Tsagarakis, S. Morfey, G. Medrano Cerda, Z. Li, D.G. Caldwell, COMpliant huMANoid COMAN: optimal joint stiffness tuning for modal frequency control, in: IEEE International Conference on Robotics and Automation, 2013, pp. 673–678.

[127] T. Tsujita, A. Konno, S. Komizunai, Y. Nomura, T. Owa, T. Myojin, Y. Ayaz, M. Uchiyama, Humanoid robot motion generation for nailing task, in: IEEE/ASME International Conference on Advanced Intelligent Mechatronics, 2008, pp. 1024–1029.

[128] B. Vanderborght, Dynamic Stabilisation of the Biped Lucy Powered by Actuators with Controllable Stiffness, Springer, 2010.

[129] B. Vanderborght, A. Albu-Schaeffer, A. Bicchi, E. Burdet, D.G. Caldwell, R. Carloni, M. Catalano, O. Eiberger, W. Friedl, G. Ganesh, M. Garabini, M. Grebenstein, G. Grioli, S. Haddadin, H. Hoppner, A. Jafari, M. Laffranchi, D. Lefeber, F. Petit, S. Stramigioli, N. Tsagarakis, M. Van Damme, R. Van Ham, L.C. Visser, S. Wolf, Variable impedance actuators: a review, Robotics and Autonomous Systems 61 (2013) 1601–1614.

[130] M. Vukobratovic, B. Borovac, Zero-moment point — thirty five years of its life, International Journal of Humanoid Robotics 01 (2004) 157–173.

[131] P.M. Wensing, L.R. Palmer, D.E. Orin, Efficient recursive dynamics algorithms for operational-space control with application to legged locomotion, Autonomous Robots 38 (2015) 363–381.

[132] D. Winter, Human balance and posture control during standing and walking, Gait & Posture 3 (1995) 193–214.

[133] D.A. Winter, Foot trajectory in human gait: a precise and multifactorial motor control task, Physical Therapy 72 (1992) 45–53, discussion 54–56.

[134] D.A. Winter, Biomechanics and Motor Control of Human Movement, Wiley, 2009.

[135] A. Witkin, M. Kass, Spacetime constraints, Computer Graphics 22 (1988) 159–168.

[136] K. Yin, D. Pai, M.V.D. Panne, Data-driven interactive balancing behaviors, in: Pacific Graphics, 2005, pp. 1–9.

[137] E. Yoshida, M. Poirier, J.-P. Laumond, O. Kanoun, F. Lamiraux, R. Alami, K. Yokoi, Pivoting based manipulation by a humanoid robot, Autonomous Robots 28 (2009) 77–88.

[138] T. Yoshiike, M. Kuroda, R. Ujino, H. Kaneko, H. Higuchi, S. Iwasaki, Y. Kanemoto, M. Asatani, T. Koshiishi, Development of experimental legged robot for inspection and disaster response in plants, in: IEEE/RSJ International Conference on Intelligent Robots and Systems (IROS), 2017, pp. 4869–4876.

[139] Y. You, S. Xin, C. Zhou, N. Tsagarakis, Straight leg walking strategy for torque-controlled humanoid robots, in: IEEE International Conference on Robotics and Biomimetics (ROBIO), 2016, pp. 2014–2019.

[140] J. Zhao, N.I. Badler, Real-Time Inverse Kinematics with Joint Limits and Spatial Constraints, Technical Report MS-CIS-89-09, University of Pennsylvania, 1989.

[141] J. Zhao, N.I. Badler, Inverse kinematics positioning using nonlinear programming for highly articulated figures, ACM Transactions on Graphics 13 (1994) 313–336.

[142] Y. Zhao, A Planning and Control Framework for Humanoid Systems: Robust, Optimal, and Real-Time Performance, Ph.D. thesis, The University of Texas at Austin, 2016.

[143] Y. Zhao, B.R. Fernandez, L. Sentis, Robust optimal planning and control of non-periodic bipedal locomotion with a centroidal momentum model, The International Journal of Robotics Research 36 (2017) 1211–1243.

[144] C. Zhou, Z. Li, X. Wang, N. Tsagarakis, D. Caldwell, Stabilization of bipedal walking based on compliance control, Autonomous Robots 40 (2016) 1041–1057.

[145] M. Zinn, O. Khatib, B. Roth, J. Salisbury, Playing it safe, IEEE Robotics & Automation Magazine 11 (2004) 12–21.

[146] J. von Zitzewitz, P.M. Boesch, P. Wolf, R. Riener, Quantifying the human likeness of a humanoid robot, International Journal of Social Robotics 5 (2013) 263–276.

运　动　学

2.1　引言

本章讨论仿人机器人的运动学问题，运动学是运动分析、生成和控制的基础。基于运动学的运动控制经常用于手和脚运动的控制算法中。

本章共分为 11 节。2.2 节中介绍了通用仿人机器人的运动结构，并且定义了主要坐标系。2.3 节通过刚体的位置/方向的概念解决了正运动和逆运动学问题。2.4 节重点讨论正微分运动学和逆微分运动学，包括空间速度和空间变换。2.5 节讨论了奇异构型下微分运动关系的特殊情况。重点介绍了具有和不具有运动学冗余肢体的机器人的一般奇异构型。2.6 节介绍了可操作椭球。此外，许多仿人机器人都包含运动学冗余的手臂/腿。2.7 节讨论了运动学冗余分解，重点是肢体的运动学冗余分解。2.8 节分析了多运动任务运动约束下的冗余分解的重要问题。这个问题与全身运动控制有关，并在第 4 章和第 5 章中讨论。2.9 节介绍了由于机器人连杆和环境之间的物理接触引起的运动约束。2.10 节讨论了由接触引起的闭合运动回路内的微分运动关系。最后，2.11 节推导出了仿人机器人的微分运动关系。

以上建立在假设读者熟悉刚体系统的基本概念，如位置和方向的表达、关节模型、串联和并联机构的坐标系分配技术、坐标变换、正运动学和逆运动学问题。

2.2　运动学结构

一般的仿人机器人的骨架结构图如图 2.1a 所示。从图中可以很明显地看出机器人的拟人结构：6 自由度的腿、7 自由度的手臂、2 自由度的躯干和 2 自由度的头部。在真实的仿人机器人中，所有关节都是单自由度旋转的 R 关节。另一方面，机器人模型经常使用等效的多自由度关节。在这种情况下，与人体骨骼结构相似，髋部、肩部和手腕处的 3R 关节组件表示为等效的球关节(3 自由度)。另一方面，脚踝、躯干和颈部的 2R 关节构成等效的万向节(2 自由度)。假设骨架结构图中的所有机器人连杆都是刚体。然后可以通过以适当方式建立在连杆上的坐标系的位置和方向来计算每个连杆的位置和方向。例如，对于单自由度模型，经常使用 D-H 法[26]。另一方面，对于多自由度关节模型，连杆坐标系建立在其中一个连接关节上。具体建立方法在以后章节中描述。

运动链中的一个连杆，即"骨盆"连杆，起着特殊作用。请注意，仿人机器人的运动链可以用树的形式表示，如图 2.1b 所示的连接图[36]。骨盆连杆是树的全局根连杆。它通过一个虚拟的 6 自由度关节连接到地面。这种连接表达了这样一个事实：机器人有一个"浮动基座"，即基座连杆像自由刚体一样在 3D 空间中移动[164]。然后根连杆分支到两条腿和躯干。躯干本身代表一个局部根连杆，并分支到两个手臂和头部。手臂末端是手，手分支到手指(未在图 2.1a 骨架结构图中显示)。图中显示了所谓的仿人机器人的生成树，它表示只有全局根连杆连接到地面的情况。然而，通常的情况是一个或多个其他连杆也可以连

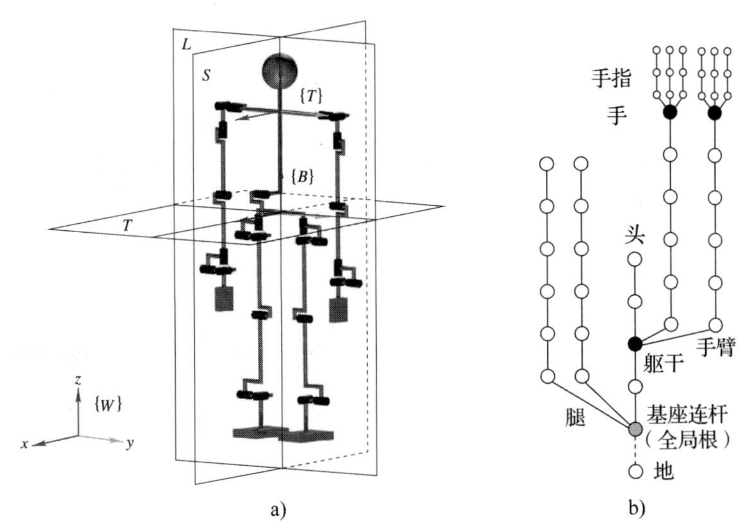

图 2.1 a)仿人机器人的骨架结构图，其中三个基本参考平面由人体解剖学和三个参考坐标系得出。b)运动链的树形连接结构。黑色圆圈表示支链的局部根连杆。白色圆圈表示关节

接到地面，例如，在安静的站姿时，两只脚通过临时接触关节连接到地面。这样在链内就形成了闭环。由于这个原因，仿人机器人的运动链被认为具有结构不断变化的特征[107]。

在图 2.1a 中，三个参考坐标系扮演着特殊的角色。参考坐标系$\{W\}$与固定连杆(地面)相连，代表惯性坐标系。参考坐标系$\{B\}$固定在基座(根)连杆上。参考坐标系$\{T\}$连接到躯干连杆上，它作为手臂和头部支链的"局部"根。还有另一类具有特殊作用的坐标系：那些连接到树结构中的末端连杆(终端连杆)。实际上，机器人主要通过其末端连杆与环境相互作用。例如，手指需要被控制用来抓取和操作小物体。手被认为是手臂支链的末端连杆，同样需要被控制以抓取/放置小物体并操作较大的物体。另一方面，控制脚实现运动。最后，控制头部来获得适当的视野。在本书中，主要着眼于脚的运动和手臂的操作，特别强调脚(F)和手(H)的运动分析及控制。相应的坐标系表示为$\{e_j\}$，$e\in\{F,H\}$，$j\in\{r,l\}$，"r"和"l"代表右侧和左侧。

平面模型在运动分析和运动生成方面非常有用。从人体解剖学中采用的三个基本平面用于设计这样的平面模型，如图 2.1a 所示。首先，矢状平面(S)是垂直于地面的 x-z 平面。它穿过"头部"和"脊椎"并将身体分成左右两部分(左边和右边)。其次，冠状平面(L)，也称为正向平面，是垂直于地面的 y-z 平面。它将身体分为背部和前部两部分(背部和腹侧部，或后部和前部)。最后，横切平面(T)，也称为横截面，是平行于地面的 x-y 水平平面。它将头部与脚部(或上部与下部)分开。观察实例可以发现，在行走或平衡以响应外部干扰时，三维运动模式经常被分解成平面内的运动模式。三个平面上的平面模型如图 2.2 所示。在矢状平面中，所有关节都是 1 自由度旋转的关节。另一方面，在冠状平面和横切平面中，肘关节和膝关节表示为平移关节，因为手臂和腿的长度似乎在改变。该特性通过简化模型，例如第 4 章中所述的倒立线性摆模型，进行运动分析和运动生成。

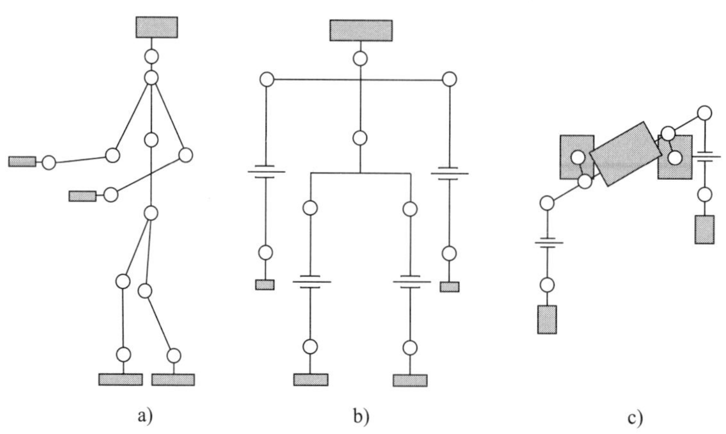

图 2.2　三个平面上的平面模型：a)矢状平面；b)冠状平面；c)横切平面

2.3　正运动学和逆运动学问题

3D空间中的刚体位置和方向(此后称为6D位置)表示为特殊欧几里得群 $SE(3)=\Re^3\times SO(3)$ 的元素。注意，3D旋转群 SO(3)的参数化不是唯一的。在机器人学中，最常用的是3×3旋转矩阵和基于欧拉角的最小参数化，以及欧拉参数(单位四元数)[169]。例如，当通过旋转矩阵进行参数化时，粗体字符符号 $\boldsymbol{X}\in SE(3)$ 将用于表示4×4的齐次矩阵(例如参见文献[104])。右下脚标表示连杆坐标系，左上角标表示参考坐标系。例如，${}^B\boldsymbol{X}_{F_j}$ 表示脚相对于基坐标系的6D位置，${}^T\boldsymbol{X}_{H_j}$ 给出了手相对于躯干坐标系的6D位置。此外，需要注意的是，元素 $\boldsymbol{X}$ 表示两坐标系之间的坐标变换(也称为刚体运动)。例如，${}^B\boldsymbol{X}_T$ 表示从手臂(或躯干)局部根坐标系 $\{T\}$ 到基坐标系 $\{B\}$ 之间的坐标转换。这个变换用于表示手部 ${}^T\boldsymbol{X}_{Hj}$ 在基坐标系中的6D位置，即

$$\boldsymbol{X}_{H_j}={}^B\boldsymbol{X}_T\,{}^T\boldsymbol{X}_{H_j} \tag{2.1}$$

两个刚体运动构件 ${}^B\boldsymbol{X}_T$ 和 ${}^T\boldsymbol{X}_{H_j}$ 是通过支链的正运动学函数获得的躯干和肢体关节角度数据集。由 $\boldsymbol{\theta}_{e_j}\in\Re^{n_{e_j}}$ 表示相对于局部根连杆的关节角度矢量，n_{e_j} 代表肢体的关节数量。正向运动学问题被定义为

$${}^r\mathcal{X}_{e_j}={}^r\boldsymbol{\varphi}(\boldsymbol{\theta}_{e_j})$$

其中，${}^r\boldsymbol{\varphi}(\boldsymbol{\theta}_{e_j})$ 表示正运动学功能，${}^r\mathcal{X}_{e_j}\in WS_r\subset\Re^6$ 表示末端连杆相对于参考坐标系 $\{r\}$ 的6D位置。6D位置用局部坐标表示，通过对 SO(3)(以及 SE(3))进行最小参数化获得。因为最小参数化不是全局的，所以采用局部坐标系[148]。然后需要注意处理所选择的欧拉角集合的奇点。WS_r 表示肢体相对于参考坐标系 $\{r\}$ 的工作空间。串联机械臂的正运动学方程是可以直接进行推导的，见文献[104]。

定义了相对于嵌入环境中的惯性坐标系(图2.1a中的坐标系 $\{W\}$)的机器人任务。然后，受控体的6D位置(肢体的末端连杆)必须在惯性坐标系中表示。这是通过刚体运动变换 ${}^W\boldsymbol{X}_B$ 完成的。例如，为了获得在坐标系 $\{W\}$ 中手的6D位置，公式(2.1)左乘 ${}^W\boldsymbol{X}_B$，即

$${}^W\boldsymbol{X}_{H_j}={}^W\boldsymbol{X}_B\,{}^B\boldsymbol{X}_T\,{}^T\boldsymbol{X}_{H_j}$$

当机器人处于单腿站立姿势或双腿站立姿势时，根据腿关节角度数据计算刚体运动分

量${}^{W}\boldsymbol{X}_B$。当机器人在空中或倾翻时，可以通过传感器融合(例如，来自激光雷达、惯性测量单元或立体视觉)获得的基座连杆定位传感器数据来计算刚体运动分量。

为了控制目的，必须解决逆运动学问题，也就是说，“给定某一特定连杆(如末端连杆)在运动链中相对于支链根坐标系或惯性坐标系的6D位置，求出相应的关节角度”。此问题可能有一个封闭解。仿人机器人HUBO的例子参见文献[126]。当无法找到封闭解时，必须使用微分运动学关系的数值解。由于微分逆运动学有其固有的问题，因此封闭解是可取的，在下文中将对此进行详细说明。

2.4 微分运动学

微分运动学对于瞬时运动分析和运动生成至关重要。由于机器人连杆表示为刚体，因此假设基座连杆的瞬时运动已知，机器人的瞬时运动由关节的运动速率唯一表示。有关运动速率的信息来自关节中的传感器(例如光学编码器)。使用该信息，可以计算任何感兴趣的连杆的瞬时运动，例如末端连杆的瞬时运动。正确评估瞬时运动状态对于行走、用手操纵物体或全身重新配置以避免碰撞等活动是必不可少的。此外，微分运动学在控制中也起着重要作用。基于任务空间的运动前馈/反馈控制方案[136]根据感兴趣的末端连杆的瞬时运动来制定所采用的控制指令，然后通过(逆)微分运动学将这些控制命令转换成关节运动控制命令。微分运动学是建立动力学模型的基础，其中考虑了一阶(速度级)和二阶(加速度级)关系。

2.4.1 运动旋量、空间速度和空间变换

连杆的瞬时运动完全由特征点(点P)在连杆上的速度和角速度表征。这些是众所周知的几何原点的矢量，它们需要进行诸如内积和外积的矢量运算。在下文中，将采用以下坐标形式表示：$\boldsymbol{v}_P \in \Re^3$ 和 $\boldsymbol{\omega} \in \Re^3$ 分别表示速度和角速度。上述矢量运算也将以坐标形式表示。给定两个坐标矢量 $\boldsymbol{a}, \boldsymbol{b} \in \Re^3$，它们的内积和外积分别表示为 $\boldsymbol{a}^{\mathrm{T}}\boldsymbol{b}$ 和 $[\boldsymbol{a}^{\times}]\boldsymbol{b}$。如果 $\boldsymbol{a} = [a_x \quad a_y \quad a_z]^{\mathrm{T}}$，那么

$$[\boldsymbol{a}^{\times}] = \begin{bmatrix} 0 & -a_z & a_y \\ a_z & 0 & -a_x \\ -a_y & a_x & 0 \end{bmatrix}$$

是相应的外积算子，表示为斜对称矩阵。注意，斜对称矩阵的特征在于关系 $[\boldsymbol{a}^{\times}] = -[\boldsymbol{a}^{\times}]^{\mathrm{T}}$。

此外，速度和角速度的斜对称表示 $[\boldsymbol{\omega}^{\times}] \in so(3)$ 构成了 $se(3)$ 的一个元素，即特殊欧几里得群 $SE(3)$ 的无穷小矩阵。该元素可以通过6D矢量 $\mathcal{V} \in \Re^6$ 进行参数化，该矢量由表示速度和角速度矢量的两个分量组成。给定齐次坐标中的6D位置 $\boldsymbol{X}$，描述刚体在惯性坐标系中身体的运动，$\mathcal{V}$ 的元素可以从 $\dot{\boldsymbol{X}}\boldsymbol{X}^{-1}$ 或 $\boldsymbol{X}^{-1}\dot{\boldsymbol{X}}$ 中提取出来。在前一种情况下，瞬时运动在惯性坐标系中描述并称为空间速度。在后一种情况下，瞬时运动在刚体坐标系中描述，它将称为刚体速度。有时，最好以与特征点 P 的特定选择无关的方式表示速度，即以矢量场的形式表示速度。定义为 $\mathcal{V} = [\boldsymbol{v}_O^{\mathrm{T}} \quad \boldsymbol{\omega}^{\mathrm{T}}]^{\mathrm{T}} \in \Re^6$。通过这种参数化，$\boldsymbol{v}_O$ 解释为连杆上的某(虚拟)点的速度，该点与任意选择的固定坐标系系的原点 O 瞬间重合。另一方面，$\mathcal{V}$ 可以解释为一个算子，给定连杆上的一个点，提取其在空间坐标系中的速度，即

$$\mathcal{V}(P) \equiv \mathcal{V}_P = \begin{bmatrix} \boldsymbol{v}_P^{\mathrm{T}} & \boldsymbol{\omega}^{\mathrm{T}} \end{bmatrix}^{\mathrm{T}}$$

其中

$$\boldsymbol{v}_P = \boldsymbol{v}_O - \left[\boldsymbol{r}_{\overleftarrow{PO}}^{\times}\right]\boldsymbol{\omega} \tag{2.2}$$

$\boldsymbol{r}_{\overleftarrow{PO}}$表示从 O 指向 P 的矢量，正如带上箭头符号的下脚标所示。空间速度以及空间变换，空间力和空间惯性等其他“空间”量构成了“空间代数”的要素[35]。由于其简洁性，该符号已被广泛接受。在过去，6D 速度和角速度矢量对(也称为双矢量)首次出现在螺旋理论中，并以旋量命名[9]。旋量可以等同于空间速度矢量[104,22]。此后，这两个术语将可互换使用。需要指出的是，由于双矢量的维数具有不均匀性，基于空间符号的实现需要格外注意[31,30]。

连杆的瞬时平移和旋转可以用笛卡儿坐标表示。由螺旋理论可知，可以定义构成普吕克坐标系统的 6 个基矢量，$\mathcal{V}_P$ 表示普吕克坐标系下点 P 的连杆空间速度。这种表示法的适用对象为运动中的刚体。例如，相对于基础坐标系，手的空间速度将表示为${}^{B}\mathcal{V}_{H_j}$。此外，为了分析和控制，通常需要表示相对于不同的坐标系(例如，世界坐标系$\{W\}$)在给定坐标系(例如，基础坐标系$\{B\}$)中表示的给定连杆上的点(例如，点 P)的空间速度。这是通过以下关系实现的：

$${}^{W}\mathcal{V}_P = {}^{W}\mathbb{R}_B\, {}^{B}\mathcal{V}_P$$

其中，

$${}^{W}\mathbb{R}_B = \begin{bmatrix} {}^{W}\boldsymbol{R}_B & \boldsymbol{0}_3 \\ \boldsymbol{0}_3 & {}^{W}\boldsymbol{R}_B \end{bmatrix} \in \Re^{6\times 6} \tag{2.3}$$

左上角标表示参考坐标系，符号 $\boldsymbol{0}_3$ 表示 3×3 的零矩阵，${}^{W}\boldsymbol{R}_B \in \Re^{3\times 3}$ 表示将矢量从基础坐标系变换到世界坐标系的旋转矩阵，$\mathbb{R}_B$ 称为空间旋转变换。

另一个经常需要的操作如下：给定点 O 处的空间速度，求另一点 P 处的空间速度。为此，可以采用以下关系：

$${}^{B}\mathcal{V}_P = {}^{B}\mathbb{T}_{\overleftarrow{PO}}\, {}^{B}\mathcal{V}_O \tag{2.4}$$

其中，

$${}^{B}\mathbb{T}_{\overleftarrow{PO}} = \begin{bmatrix} \boldsymbol{E}_3 & -\left[{}^{B}\boldsymbol{r}_{\overleftarrow{PO}}^{\times}\right] \\ \boldsymbol{0}_3 & \boldsymbol{E}_3 \end{bmatrix} \in \Re^{6\times 6} \tag{2.5}$$

式中，$\boldsymbol{E}_3$ 代表 3×3 的单位矩阵㊀。公式(2.2)的有效性可以从上述关系中得到证实。$\mathbb{T}$称为空间平移变换。该变换的作用是考虑点 P 处在坐标系$\{B\}$下的角速度和线速度的关系。请注意，平移变换不更改坐标系，这一点从公式(2.4)中相同的左上角标可以明显看出。在特定情况下，当所有的量均相对于世界坐标系表达时，左上角标可以省略。

连续空间平移和旋转可应用于在给定的坐标系中作用于物体上某一给定点的转动，以获得在不同坐标系中作用在某个不同点处的转动，如下所示：

$$\begin{aligned} {}^{W}\mathcal{V}_P &= {}^{W}\mathbb{R}_B\, {}^{B}\mathbb{T}_{\overleftarrow{PO}}\, {}^{B}\mathcal{V}_O \\ &= {}^{W}\mathbb{X}_{B\overleftarrow{PO}}\, {}^{B}\mathcal{V}_P \end{aligned} \tag{2.6}$$

㊀ 当没有歧义时，$\boldsymbol{0}_3$ 和 $\boldsymbol{E}_3$ 中的下角标将删除。

组合空间变换$\mathbb{X}$：$\Re^6 \rightarrow \Re^6$，在这种情况下表示为

$$
{}^W\mathbb{X}_{B\overleftarrow{PO}} = \begin{bmatrix} {}^W\boldsymbol{R}_B & \boldsymbol{0}_3 \\ \boldsymbol{0}_3 & {}^W\boldsymbol{R}_B \end{bmatrix} \begin{bmatrix} \boldsymbol{E}_3 & -[{}^B\boldsymbol{r}^{\times}_{\overleftarrow{PO}}] \\ \boldsymbol{0}_3 & \boldsymbol{E}_3 \end{bmatrix} = \begin{bmatrix} {}^W\boldsymbol{R}_B & -{}^W\boldsymbol{R}_B[{}^B\boldsymbol{r}^{\times}_{\overleftarrow{PO}}] \\ \boldsymbol{0}_3 & {}^W\boldsymbol{R}_B \end{bmatrix} \tag{2.7}
$$

在文献[104]中，这种变换称为与刚体运动 $\mathcal{X} \in SE(3)$相关的伴随变换，表示为 $\mathrm{Ad}_{\mathcal{X}}$。在文献[35]中，术语“Plücker 变换”(普吕克坐标)用于表示与螺旋理论的联系，注意空间变换的逆

$$
\begin{aligned}
\mathbb{X}^{-1} &= \mathbb{T}^{-1}\mathbb{R}^{-1} \\
&= \begin{bmatrix} \boldsymbol{E} & [\boldsymbol{r}^{\times}] \\ \boldsymbol{0} & \boldsymbol{E} \end{bmatrix} \begin{bmatrix} \boldsymbol{R}^{\mathrm{T}} & \boldsymbol{0} \\ \boldsymbol{0} & \boldsymbol{R}^{\mathrm{T}} \end{bmatrix} \\
&= \begin{bmatrix} \boldsymbol{R}^{\mathrm{T}} & [\boldsymbol{r}^{\times}]\boldsymbol{R}^{\mathrm{T}} \\ \boldsymbol{0} & \boldsymbol{R}^{\mathrm{T}} \end{bmatrix}
\end{aligned} \tag{2.8}
$$

可用于变换坐标系。在上面的例子中，${}^W\mathbb{X}_B^{-1} \equiv {}^B\mathbb{X}_W$。

2.4.2 正微分运动学

运动链的一个支链(例如手臂、腿)的正运动学问题表述如下：“给定关节角度和运动速率，求末端连杆的空间速度。”末端连杆的瞬时运动在相应分支的局部根坐标系中表示。运动取决于每个运动关节的运动速率。

雅可比矩阵

首先，研究一个仅包含单自由度(旋转)关节的实际机器人，为了使符号简单，暂时假设由 n 个关节组成的运动链的“通用”支链(或肢体)。关节角度是矢量的元素 $\boldsymbol{\theta} \in \Re^n$，该矢量说明肢体的构型。对于给定的肢体构型 $\boldsymbol{\theta}$，末端连杆的空间速度由关节运动速度的线性组合 $\dot{\theta}_i$ 确定，即

$$
\mathcal{V}_n = \sum_{i=1}^{n} \mathcal{V}_i, \mathcal{V}_i = \mathcal{J}_i(\boldsymbol{\theta})\dot{\theta}_i \tag{2.9}
$$

式中，$\mathcal{J}_i(\boldsymbol{\theta})$表示当第 i 个关节的关节速度设定为 1rad/s，并且所有其他关节被锁定时的末端连杆空间速度。该矢量可以由以下几何关系确定。

$$
\mathcal{J}_i(\boldsymbol{\theta}) = \begin{bmatrix} \boldsymbol{e}_i(\boldsymbol{\theta}) \times \Delta\boldsymbol{r}_i(\boldsymbol{\theta}) \\ \boldsymbol{e}_i(\boldsymbol{\theta}) \end{bmatrix} \tag{2.10}
$$

式中，$\boldsymbol{e}_i(\boldsymbol{\theta})$表示沿旋转轴的单位矢量，根据 D-H 法，$\Delta\boldsymbol{r}_i(\boldsymbol{\theta}) = \boldsymbol{r}_E(\boldsymbol{\theta}) - \boldsymbol{r}_i(\boldsymbol{\theta})$代表相对于所选择的连杆坐标系末端连杆上的特征点的位置矢量[26]。在图 2.3 中，以示例的方式给出

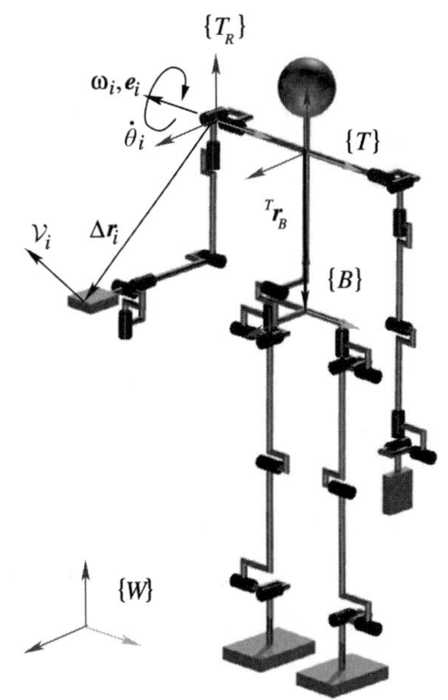

图 2.3 末端连杆空间速度 $\mathcal{J}_i = [(\boldsymbol{e}_i \times \boldsymbol{r}_i)^{\mathrm{T}} \boldsymbol{e}_i^{\mathrm{T}}]^{\mathrm{T}}$ 是以关节速度$\dot{\theta}_i = 1\mathrm{rad/s}$ 得到的。矢量 $\boldsymbol{e}_i$ 表示关节旋转轴。末端连杆上特征点的位置 $\boldsymbol{r}_i$ 是相对于参考坐标系$\{T_R\}$，根据 D-H 法[26]，通过将手臂的公用根坐标系$\{T\}$移动到关节轴上合适的选定点得到

了右臂的第一旋转轴($i=1$)的上述矢量。右臂的躯干参考系$\{T_R\}$通过躯干根坐标系$\{T\}$的平移得到。公式(2.9)可用于计算给定支链上的任何连杆的空间速度。注意，计算连杆 k 的空间速度 $\mathcal{V}_k$，当 $k<n$ 时，所有空间速度均为 $\mathcal{V}_j$，当 $k<j<n$ 时，空间速度为零。

通常，公式(2.9)可以以简洁的形式表示如下。

$$\mathcal{V}_n = \boldsymbol{J}(\boldsymbol{\theta})\dot{\boldsymbol{\theta}} \tag{2.11}$$

式中，矩阵 $\boldsymbol{J}(\boldsymbol{\theta})=[\mathcal{J}_1 \quad \mathcal{J}_2 \quad \cdots \quad \mathcal{J}_n]\in\Re^{6\times n}$ 表示肢体的雅可比矩阵，公式(2.11)表示速度级正运动学问题的解。从公式中可以明显看出，对于给定的支链构型，解是唯一的。正运动学问题在运动分析和运动控制中起着重要作用，特别是在反馈运动控制中[136]。

多自由度关节模型

在运动分析、规划和仿真中，通常使用具有多自由度运动关节的模型，如球形(S)关节、万向(U)关节和连接基座连杆到地面的 6 自由度刚体(RB)关节。然后，为了表示两个相邻连杆 i 及其上一级连杆 $p(i)$之间的微分运动关系，采用如下关节模型。由 $\boldsymbol{\vartheta}_i\in\Re^{\eta_i}$ 表示关节坐标矢量，其中，η_i 是关节自由度数。关节自由度被确定为 $\eta_i=6-c_i$，其中，c_i 是由关节施加的约束的数量。连杆 i 的速度为

$${}^i\mathcal{V}={}^i\mathbb{X}_{p(i)}{}^{p(i)}\mathcal{V}+{}^i\mathbb{B}_m(\boldsymbol{\vartheta}_i)\dot{\boldsymbol{\vartheta}}_i \tag{2.12}$$

式中，$\mathbb{B}_m(\boldsymbol{\vartheta}_i)\in\Re^{6\times\eta_i}$ 由确定关节可能运动方向的基矢量组成。通常，基矢量取决于关节构型 $\boldsymbol{\vartheta}_i$。当用连杆 i 坐标表示时，即在上述方程中，$\mathbb{B}_m$ 是常数。对于上面提到的关节，我们有

$${}^i\mathbb{B}_m(\boldsymbol{\vartheta}_S)=\begin{bmatrix}0&0&0\\0&0&0\\0&0&0\\1&0&0\\0&1&0\\0&0&1\end{bmatrix},{}^i\mathbb{B}_m(\boldsymbol{\vartheta}_U)=\begin{bmatrix}0&0\\0&0\\0&0\\1&0\\0&1\\0&0\end{bmatrix},{}^i\mathbb{B}_m(\boldsymbol{\vartheta}_{RB})=\begin{bmatrix}1&0&0&0&0&0\\0&1&0&0&0&0\\0&0&1&0&0&0\\0&0&0&1&0&0\\0&0&0&0&1&0\\0&0&0&0&0&1\end{bmatrix} \tag{2.13}$$

文献[35]中描述了其他类型关节的模型，如表 4.1 所示。上述符号表示 3D 中的旋转定义为相对于(身体)固定轴。另一种可能性是相对于相对坐标轴旋转。在这种情况下，关节速度变换$\mathbb{B}(\boldsymbol{\vartheta})$不再是常数，并且基础表达式不那么简单。然而，关节模型与物理系统完全匹配，例如，其中等效球面关节运动是通过复合 3R 关节实现的。有兴趣详细分析关节模型的读者可参考文献[73]。

利用公式(2.12)，末端连杆空间速度可以在躯干坐标系中表示为 ${}^T\mathcal{V}=\sum_i^n({}^T\mathbb{X}_i{}^i\mathcal{V})$。

瞬时旋转的参数化

为了瞬时运动分析，有时需要将末端连杆空间速度表示为物理意义量的时间导数。注意空间速度 $\mathcal{V}$ 不符合该要求，因为角速度矢量分量不可积。通过这个将角速度矢量与所选局部SO(3)参数化的时间微分相关的变换可以缓解该问题。例如，相对于惯性坐标系$\{W\}$，假设采用欧拉角(ϕ,θ,ψ)的 ZYX 集进行最小参数化，在此参数化下，角速度表示为

$$\boldsymbol{\omega} = \boldsymbol{A}_{\mathrm{ZYX}}(\phi,\theta)\begin{bmatrix}\dot{\phi} & \dot{\theta} & \dot{\psi}\end{bmatrix}^{\mathrm{T}} \tag{2.14}$$

$$\boldsymbol{A}_{\mathrm{ZYX}}(\phi,\theta) = \begin{bmatrix}0 & -\sin\phi & \cos\phi\cos\theta \\ 0 & \cos\phi & \sin\phi\cos\theta \\ 1 & 0 & -\sin\theta\end{bmatrix}$$

然后，末端连杆的6D位置由 $\mathcal{X}\in\Re^6$ 表示(参见2.3节)，而其一阶时间微分表示形式为

$$\dot{\mathcal{X}} = \mathbb{X}_{\mathrm{ZYX}}(\phi,\theta)\mathcal{V} = \mathbb{X}_{\mathrm{ZYX}}(\phi,\theta)\boldsymbol{J}(\boldsymbol{\theta})\dot{\boldsymbol{\theta}} \tag{2.15}$$

式中，$\mathbb{X}_{\mathrm{ZYX}}(\phi,\theta)=\mathrm{diag}\begin{bmatrix}\boldsymbol{E}_3 & \boldsymbol{A}_{\mathrm{ZYX}}^{-1}(\phi,\theta)\end{bmatrix}\in\Re^{6\times6}$。需要注意的是，在上述参数化下，有特殊的肢体构型，例如 $\det\boldsymbol{A}_{\mathrm{ZYX}}=\cos\theta=0$，因此，不存在逆变换 $\boldsymbol{A}_{\mathrm{ZYX}}^{-1}(\phi,\ \theta)$。这是通过欧拉角对SO(3)的最小参数化所固有的一个众所周知的问题。这个问题可以通过使用另一种类型的参数化来缓解，例如欧拉参数(单位四元数)。对于基于相对旋转的球形和刚体关节模型存在同样的问题。

如上所述，通过引入so(3)的局部参数化，雅可比矩阵可以表示为正运动方程的偏导数，即

$$\boldsymbol{J}_a(\boldsymbol{\theta}) = \frac{\partial\,\boldsymbol{\varphi}(\boldsymbol{\theta})}{\partial\,\boldsymbol{\theta}}$$

式中，$\boldsymbol{J}_a$ 和 $\boldsymbol{J}$ 分别称为解析和几何雅可比矩阵。注意，$\boldsymbol{J}_a\neq\boldsymbol{J}$。例如，在公式(2.15)使用的参数化下，$\boldsymbol{J}_a=\mathbb{X}_{\mathrm{ZYX}}\boldsymbol{J}$。因此，可以预知在运动学、运动静力学和动力学分析中使用几何雅可比矩阵可以得到更简单的符号表达。实际上，将 $\boldsymbol{J}$ 称为关节-空间速度变换而不是(几何)“雅可比”矩阵更合适。

2.4.3 逆微分运动学

运动学控制经常用于仿人机器人。这种类型的控制是基于正运动学和逆运动学问题的微分运动关系。后者定义为“给定关节角度和末端连杆的空间速度，求各关节的运动速度。”为了以简单直接的方式找到解，必须满足以下两个条件：

1. 支链构型 $\boldsymbol{\theta}$ 的雅可比矩阵应为满秩。
2. 支链的关节数应该等于末端连杆的自由度数。

这些条件表明雅可比矩阵的逆存在。例如，肢体支链(手和脚)的每个末端连杆的最大自由度数是6。因此，根据上述条件，$r(\boldsymbol{J}(\boldsymbol{\theta}))=6$ 并且 $n=6$。对于点接触抓取中使用的手指支链，这个条件意味着 $r(\boldsymbol{J}(\boldsymbol{\theta}))=3$，因此，$n=3$。以后，在不失普遍性的情况下，考虑前者的情况。

当满足条件时，求解关节速度的公式(2.11)会得到以下逆运动学问题的解：

$$\dot{\boldsymbol{\theta}} = \boldsymbol{J}(\boldsymbol{\theta})^{-1}\mathcal{V} \tag{2.16}$$

产生满秩雅可比矩阵的支链构型称为非奇异构型。符合第二个条件的具有多个关节的支链称为运动学非冗余支链。

当上述两个条件中的任何一个不能满足时，需要小心处理逆问题。实际上，存在特殊支链构型的 $\boldsymbol{\theta}_s$，其雅可比矩阵不满秩：$r(\boldsymbol{J}(\boldsymbol{\theta}))<6$。这种构型称为奇异构型。无论其关节的数量如何，支链都可以获得奇异构型。此外，当支链包含的关节数多于其末端连杆的自由度($n>6$)时，则公式(2.11)是欠定的。这意味着关节速率存在无穷多个逆运动学解[147]。在这种情况下，支链称为运动学冗余支链。奇异构型和运动学冗余支链将在以后

的小节中进一步详细讨论。

通过对公式(2.11)进行时间微分来获得正问题的二阶(加速度级)微分运动学，即

$$\dot{\mathcal{V}} = \boldsymbol{J}(\boldsymbol{\theta})\ddot{\boldsymbol{\theta}} + \dot{\boldsymbol{J}}(\boldsymbol{\theta})\dot{\boldsymbol{\theta}} \tag{2.17}$$

然后，相应逆问题的解表示为

$$\ddot{\boldsymbol{\theta}} = \boldsymbol{J}(\boldsymbol{\theta})^{-1}(\dot{\mathcal{V}} - \dot{\boldsymbol{J}}(\boldsymbol{\theta})\dot{\boldsymbol{\theta}}) \tag{2.18}$$

到目前为止，推导的相对于支链局部根坐标系下合适选定坐标系的正微分运动学和逆微分运动学关系都是“通用的”。参见图 2.3，手的空间速度可以方便地表示为附在躯干上的共用手臂坐标系$\{T\}$中。现在介绍一种依赖于坐标系的一阶微分关系(公式(2.11))表示法，有

$$^{T}\mathcal{V}_{H_j} = \boldsymbol{J}(\boldsymbol{\theta}_{H_j})\dot{\boldsymbol{\theta}}_{H_j} \tag{2.19}$$

另一方面，脚的微分运动关系可以更方便地表示在基础坐标系$\{B\}$中。可以表示为

$$^{B}\mathcal{V}_{F_j} = \boldsymbol{J}(\boldsymbol{\theta}_{F_j})\dot{\boldsymbol{\theta}}_{F_j} \tag{2.20}$$

此外，正如前面所述，为了分析和控制，通常需要在同一坐标系中表达所有这些关系，例如，在基础坐标系$\{B\}$或惯性坐标系$\{W\}$中。利用旋转算子(2.3)，很容易获得基础坐标系中手的空间速度：

$$^{B}\mathcal{V}_{H_j} = {}^{B}\mathcal{V}_T + {}^{B}\mathbb{R}_T {}^{T}\mathcal{V}_{H_j} = {}^{B}\mathcal{V}_T + {}^{B}\mathbb{R}_T \boldsymbol{J}(\boldsymbol{\theta}_{H_j})\dot{\boldsymbol{\theta}}_{H_j} \tag{2.21}$$

式中，$^{B}\mathcal{V}_T$ 代表躯干坐标系的空间速度。该速度是躯干关节中关节角度和速度的函数。同样，可以获得在惯性坐标系中手的空间速度：

$$^{W}\mathcal{V}_{H_j} = {}^{W}\mathcal{V}_B + {}^{W}\mathbb{R}_B {}^{B}\mathcal{V}_T + {}^{W}\mathbb{R}_T {}^{T}\mathcal{V}_{H_j} = {}^{W}\mathcal{V}_B + {}^{W}\mathbb{R}_B {}^{B}\mathcal{V}_T + {}^{W}\mathbb{R}_T \boldsymbol{J}(\boldsymbol{\theta}_{H_j})\dot{\boldsymbol{\theta}}_{H_j} \tag{2.22}$$

式中，$^{W}\mathcal{V}_B$ 表示基础坐标系的空间速度。当机器人站立或行走时，该速度可以由腿关节角度和速度得出。在仿人机器人跳跃或奔跑的特殊情况下，两条腿与地面呈暂时接触。如果需要，可以通过机器人的惯性测量单元(IMU)(陀螺仪)[54]确定基础坐标系的空间速度。

2.5　奇异构型下的微分运动学

在某些肢体构型中，末端连杆失去了活动度，即失去了在一个或多个方向上的瞬时运动的能力。图 2.4a 所示为一个直立的仿人机器人，腿部伸展，双臂垂在身体两侧。虽然人类通常是这种姿势，但仿人机器人应该避免这种姿势。原因是相对于它们的根坐标系($\{T\}$和$\{B\}$分别为手臂和腿)，所有的四肢都是奇异构型。实际上，由于手臂是完全伸展的，手不可能相对于$\{T\}$坐标系向下移动。同样，因为腿也是伸展的，$\{B\}$坐标系不能向上移动。手臂/腿的这些奇异构型分别称为肘和膝的奇异点。它们的特征是不可避免的奇异构型：没有其他的非奇异构型可以将末端连杆放置在每个肢体的相同位置和工作空间边界。从示例中可以明显看出，不可避免的奇异构型是冗余肢体和非冗余肢体(分别是手臂和腿)都固有的。

仿人机器人的另一个奇异构型如图 2.4b 所示。除了左臂和腿的肘和膝奇异点之外，右臂的肩关节和腕关节以及右腿的髋关节中的 3 自由度球形关节子支链分别存在奇异点。从图中可以看出，每个关节的三个关节轴中有两个是对齐的，这导致失去一个方向上的移动。手臂的奇异构型称为腕部和肩部奇异点[71]，腿部的奇异构型称为髋部奇异点。

图 2.4c 为右臂的另一种奇异构型。这个奇异点是由于肩关节的两个轴的对齐，肘关

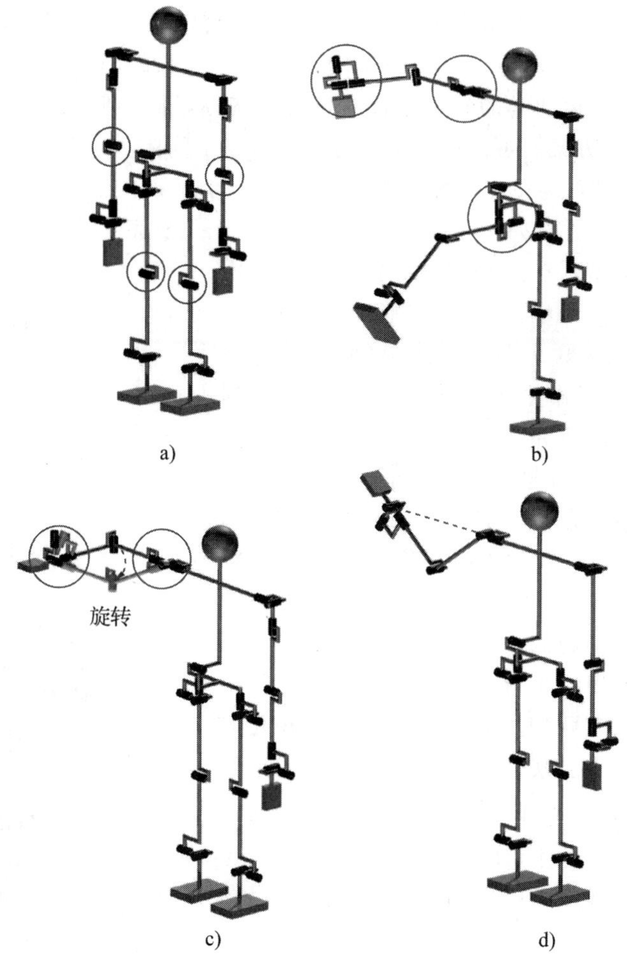

图 2.4 奇异构型：a)双臂和双腿的肘部和膝部奇异点(不可避免)；b)7 自由度右臂腕部和肩部奇异点和右腿髋部的奇异点；c)7 自由度右臂的肩部奇异点(可避免)；d)6 自由度右臂的肩部奇异点(不可避免)

节处于 90 度。末端连杆失去下臂连杆平移方向上的活动度。这种构型称为肩部奇异点。请注意，末端连杆位于工作区内，它不在边界上。在这种情况下，手臂的自运动，即末端连杆固定的运动(参见 2.7.1 节)，将产生向非奇异构型的过渡，如图 2.4c 所示。这种奇异构型的特点是它是可以避免的。

运动学非冗余手臂的奇异构型如图 2.4d 所示。当腕部中心位于肩部的第一(根)关节的轴线上时，就会发生这种情况。然后，末端连杆的平移活动度被约束在手臂平面内。这种类型的构型称为肩部奇异点。应避免与冗余手臂的肩部奇异点混淆。

到目前为止所讨论的奇异构型的特征在于在单个方向上失去末端连杆的活动度。如前所述，当末端连杆在多个方向上失去活动度时，存在奇异构型。例如，当腿部的髋部和膝部奇点，或手臂的腕部/肩部以及手臂中的肘部奇点同时发生时，就会发生这种情况。确实存在其他组合以及其他类型的奇异构型。有兴趣进行深入分析的读者可参考文献[71]。

当肢体处于奇异构型时，相应的雅可比矩阵变为非满秩，这反映了活动度的降低。例如，在图 2.4a 中，所有四肢的雅可比矩阵都是非满秩的；$r(\boldsymbol{J}_k(\boldsymbol{\theta}_s))=5$，$k\in\{H_r, H_l,$

$F_r, F_l\}$。由于每个肢体在一个方向上失去了活动度，所以秩是 5。多个奇异点，例如肘部和腕部的瞬时奇异点，导致雅可比矩阵的秩进一步降低。秩的降低意味着使用前面小节中介绍的公式无法找到逆运动学的解。通过避免奇异构型，例如使用自运动(运动学冗余肢体)或通过适当的运动方案，可以用简单的方式缓解这个问题。

另一方面，重点要注意的是奇异构型可能是有用的。实际上，人类使用这样的构型抵抗关节最小负载的外力。例如，在正常行走时，支撑腿几乎完全伸展。这是发生在膝关节奇异点附近的一种构型。在这种构型下，地面反作用力对膝关节施加的载荷最小。另一个例子如图 2.5 所示：当推动重物时，手臂几乎完全伸展(肘关节奇异点)，推动过程中的腿(膝关节奇异点)也是如此。到目前为止，没有太多的研究解决了奇异点问题：用于仿人的膝关节伸展行走问题在文献[137,121]中已经被关注，并在后来的文献[72,101,56,152,55,46,79,47]中得到解决。通过 WABIAN-2/LL、WABIAN-2R、HRP-4C 和其他仿人机器人，已经证明了改进的仿人设计可以绕过有问题的弯曲膝盖步态。文献[70,3]讨论了上肢奇异构型的使用。

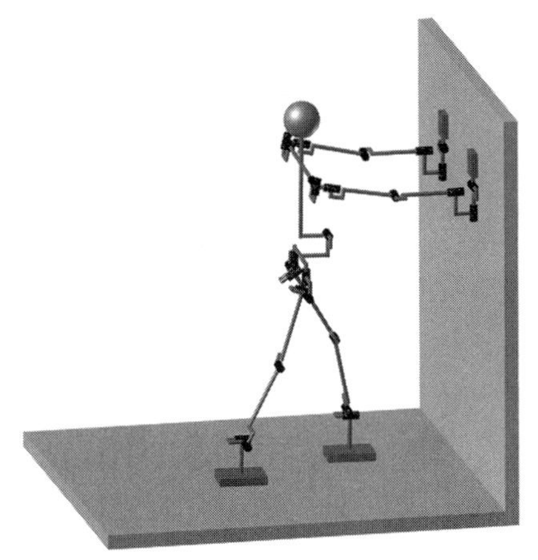

图 2.5 仿人机器人推物体的动作中手臂和腿的奇异构型

处理奇异点问题有两种主要方法：代数法和几何法。代数法是基于最小二乘法获得活动度缺少的近似解：最小化$\|\boldsymbol{J}\dot{\boldsymbol{\theta}}-\hat{\mathcal{V}}\|^2$，其中 $\hat{\mathcal{V}}$ 是肢体的期望空间速度，在这一点上，重点要注意的是奇异点问题不应该只被视为一个逐点问题。换句话说，当肢体处于奇异构型附近(但不完全在)时，雅可比矩阵是病态的。在此基础上，将获得一个高范数的关节速度作为逆运动学问题的解。这是非常不可取的，因此，纯最小二乘最小化是行不通的。通过在目标上增加关节速度范数的“阻尼”项来缓解该问题：最小化$\|\boldsymbol{J}\dot{\boldsymbol{\theta}}-\hat{\mathcal{V}}\|^2+\alpha^2\|\dot{\boldsymbol{\theta}}\|^2$，其中 α 是阻尼的加权因子。解为

$$\dot{\boldsymbol{\theta}}=(\boldsymbol{J}^{\mathrm{T}}\boldsymbol{J}+\alpha^2\boldsymbol{E}_n)^{-1}\boldsymbol{J}^{\mathrm{T}}\hat{\mathcal{V}} \tag{2.23}$$

该方法被称为 Levenberg-Marquardt 或阻尼最小二乘法(Damped Least-Squares method)[78]。它在机器人领域的应用最早出现在文献[106,158]中。该方法还应用于求解多任务约束下仿人机器人的逆运动学问题。然而，也存在与阻尼因子 α 相关的一些问题，例如，它在求解过程中引入的误差、不直观的性质以及确定的难度。详细内容将在 2.8 节中给出。文献[149]中提出了解决其中一些问题的尝试。

接下来，考虑几何法。奇异一致性(SC)方法[111,114]是基于约束的，其中微分逆运动学以自治动力系统的形式表示。末端连杆需要精确地跟踪期望路径(约束)，即使它到达或通过工作空间中的奇异点。该点表示在正运动学映射下，通过肢体奇异构型的图像获得的末端连杆的空间位置。通过奇异点的路径称为奇异路径。跟踪奇异路径是可能的，因为沿路径的期望空间速度的大小可以被适当地设置，以符合在奇异点处末端连杆活动度的减小。微分运动学关系推导如下。首先，考虑非冗余肢体自由度数 $n=6$。正向运动学关系(2.11)被改写为

$$\boldsymbol{J}(\boldsymbol{\theta})\dot{\boldsymbol{\theta}}-\hat{\mathcal{S}}(\boldsymbol{\theta})\dot{s}=\boldsymbol{0} \tag{2.24}$$

这个符号背后的原理是：根据 Chasles 定理[104]，路径约束可以被看作关闭运动链的虚拟螺旋运动。按照瞬时运动，封闭由归一化的运动旋量 $\hat{\mathcal{S}}(\boldsymbol{\theta})$表示。标量 $\dot{s}$ 表示虚拟螺旋关节中的关节速度。假设 $\dot{s}$ 未知，肢体关节的速度也是未知的。因此，上述方程是欠定的，通解可以写成

$$\begin{bmatrix}\dot{\boldsymbol{\theta}}\\ \dot{s}\end{bmatrix}=b\boldsymbol{n}(\boldsymbol{\theta})=b\begin{bmatrix}\{\mathrm{adj}\boldsymbol{J}(\boldsymbol{\theta})\}\hat{\mathcal{S}}(\boldsymbol{\theta})\\ \det\boldsymbol{J}(\boldsymbol{\theta})\end{bmatrix}\tag{2.25}$$

式中，$\boldsymbol{n}(\boldsymbol{\theta})$表示生成列增广雅可比矩阵的零空间的矢量，$[\boldsymbol{J}(\boldsymbol{\theta})^{\mathrm{T}}-\hat{\mathcal{S}}^{\mathrm{T}}]^{\mathrm{T}}$。标量 b 可以采用任意值来以适当的方式缩放关节运动速率。符号 adj(∘)表示伴随矩阵。在 $b=1/\det\boldsymbol{J}(\boldsymbol{\theta})$的情况下，获得公式(2.16)的解。为了沿着约束方向到达工作空间边界上的奇异点(不可避免的奇异点，例如肘关节或膝关节奇异点)，将 b 设置为在奇异点附近适当选择的常数，例如，根据最大关节速度确定[113]。这意味着末端连杆以与行列式成比例的速度接近奇异点。这种类型的运动称为自然运动[114]。很明显，在到达奇异点时，末端连杆的速度将为零，因此符合奇异性约束。基于这种表示法的直立行走模式(静态行走)在文献[56]和[152]中有报道。后一种实现的连续拍摄照片如图 2.6 所示。

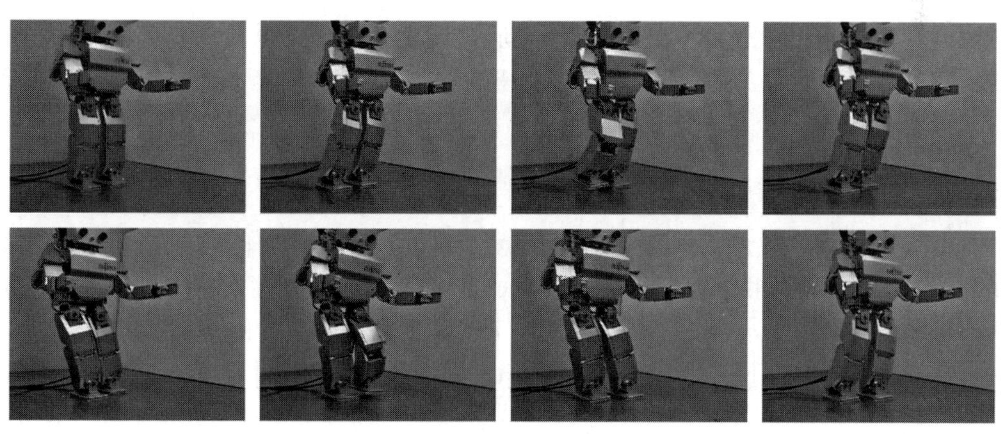

图 2.6 奇异一致性逆运动学方法的实现：膝关节伸展行走[152]

除了到达奇异点之外，如视频 2.5-1[98]所示，SC 方法还确保从奇异点出发和通过奇异点的运动。通过工作空间边界上的奇异点的运动导致沿着路径的运动逆转：末端连杆“反射”来自边界，其关节速度非零。这意味着肢体的重构，如视频 2.5-2[99]所示(即肘/膝关节角度改变符号)。

此外，在奇异点处沿期望路径的末端连杆运动方向可以与无约束运动方向重合。从代数的角度来看，这意味着线性系统尽管秩亏不同，但仍然是一致的。因此，末端连杆可以以任意速度接近、通过和离开奇异点。在这种情况下，由于矢量场(2.25)消失，因此不能使用上述微分关系。可以通过适当的坐标变换来缓解这个问题：表示相对于旋转坐标系的末端连杆微分关系，其中一个轴始终与奇异(约束)方向对齐。感兴趣的读者可参考文献[153]，其中还解释了具有运动学冗余肢体的实现。

另一方面，在非冗余肢体的(可避免的)肩关节奇异点上，SC 方法可用于控制产生三种运动模式的瞬时运动[156]。这些是通过 6R 肢体的前三个关节(定位子支链)获得的，如图 2.7 所示。虚线表示肩关节奇异点处的奇异路径。当末端连杆在该路径上时，运动被限

制在平行于手臂平面法线的方向上。沿着无约束方向的运动如图 2.7a 和图 2.7b 所示。在图 2.7a 中，末端连杆沿与奇异路径横向的方向穿过奇异点。在图 2.7b 中，末端连杆沿与奇异路径平行的方向运动，这样奇异点就无法避开。注意，末端连杆可以沿着奇异路径到达工作空间边界，从而得到双肩-肘关节的奇异构型。最后，图 2.7c 显示了由在约束方向上具有非零分量的命令末端连杆速度产生的自运动模式(平行于手臂平面法线)。在肩部基座处的关节旋转肢体并因此形成旋转臂平面，直到沿着约束方向的命令末端连杆速度分量无效。此后，末端连杆将沿着无约束方向离开奇异点。

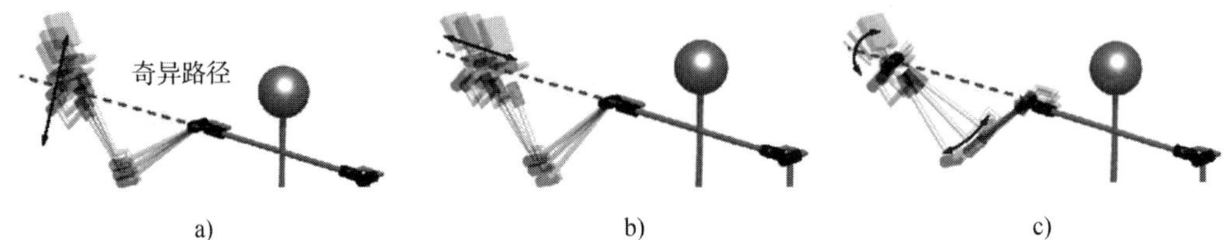

图 2.7　奇异一致性逆运动学方法的实现是非冗余肢体肩关节奇异点的三种运动模式：a)通过奇异路径的运动；b)沿着奇异路径的运动；c)绕奇异路径的旋转[156]。

如前所述，逆运动学解(2.25)采用自治动力系统的形式。文献[51]表明，非线性动力系统方法也可用于为仿人机器人的学习过程创建吸引子，即所谓的“动态运动基元”(DMP)。最近，DMP 已经在许多运动生成算法中实施。

2.6　可操作性椭球

从微分运动学关系(2.11)可以看出，末端连杆沿给定的空间(刚体运动)方向瞬时移动的能力将取决于当前的肢体构型。特别地，如已经阐述的那样，在奇异构型下，沿着奇异方向移动的能力变为零，因此，在这些方向上活动度丧失。为了便于瞬时运动分析和控制，在任意给定的构型下，对给定方向上的活动度进行量化是非常必要的。这可以通过雅可比矩阵的奇异值分解(SVD)[42,147,90]来完成。对于 n 自由度运动冗余肢体的一般情况，我们有

$$\boldsymbol{J}(\boldsymbol{\theta}) = \boldsymbol{U}(\boldsymbol{\theta})\boldsymbol{\Sigma}(\boldsymbol{\theta})\boldsymbol{V}(\boldsymbol{\theta})^{\mathrm{T}} \tag{2.26}$$

式中，$\boldsymbol{U}(\boldsymbol{\theta})\in\Re^{6\times 6}$ 和 $\boldsymbol{V}(\boldsymbol{\theta})\in\Re^{n\times n}$ 均为标准正交矩阵，并且

$$\boldsymbol{\Sigma}(\boldsymbol{\theta}) = [\operatorname{diag}\{\sigma_1(\boldsymbol{\theta}),\sigma_2(\boldsymbol{\theta}),\cdots,\sigma_6(\boldsymbol{\theta})\} \mid \boldsymbol{0}]\in\Re^{6\times n} \tag{2.27}$$

$\sigma_1\geqslant\sigma_2\geqslant,\cdots,\geqslant\sigma_6\geqslant 0$ 是雅可比矩阵的奇异值。矩阵 $\boldsymbol{U}(\boldsymbol{\theta})$ 的列，$\boldsymbol{u}_i, i=1,\cdots,6$，为给定肢体构型下的末端连杆的瞬时运动空间提供依据。在非奇异肢体构型下，所有的奇异值都是正的。在余秩 $6-\rho$($\rho=$秩 $\boldsymbol{J}$)的奇异构型下，奇异值的 $6-\rho$ 变为零，即 $\sigma_1\geqslant\sigma_2\geqslant,\cdots,\geqslant\sigma_\rho\geqslant 0,\sigma_{\rho+1}=\cdots=\sigma_6=0$。奇异值 σ_i 量化了末端连杆沿瞬时运动方向 $\boldsymbol{u}_i$ 的瞬时活动度。假设关节速度矢量的大小在每个肢体构型上被限制为 $\|\dot{\boldsymbol{\theta}}\|\leqslant 1$，则最高活动度沿着与最大奇异值对应的方向。在余秩为 1 的奇异构型中，$\sigma_{\min}=0$ 并且相应的方向 $\boldsymbol{u}_{\min}$ 变为奇异方向。矢量 $\sigma_i\boldsymbol{u}_i$ 构成椭球的主轴——这是一个有用的图形工具，可用于可视化沿每个可能的运动方向的瞬时活动度。椭球的维数由雅可比矩阵的秩确定。图 2.8 显示了一种机器人构型，其中右臂处于非奇异构型，而左臂处于肘关节奇异构型。末端连杆处的两个椭球可以可视化瞬时平移运动能力。右臂的椭球是三维的(纯平移活动度)，而左臂的椭球是平面的

(椭圆)。由于椭圆在垂直方向上的平移活动度在奇异点处为零，因此椭圆位于与地面平行的平面上。文献[166]介绍了基于椭球的瞬时活动度分析。椭球称为可操作性椭球。

2.7 运动学冗余

当由肢体关节数 n 确定的肢体活动度超过末端连杆的自由度(6 个)时，肢体的特征就是运动学冗余。一些仿人机器人具有运动冗余的 7 自由度手臂[120,161,57,127,173]。这种机器人可以控制其肘部的位置，而不影响手的瞬时运动。因此，他们获得了类似于人类在集群环境中执行任务的能力，避免了与他们的肘部碰撞。此外，还有具有 7 自由度腿的仿人机器人。通过适当的控制，它们的步态似乎比具有 6 自由度腿[121,19]的机器人更像人类。差值 $r=n-6$ 称为冗余度(DoR)。

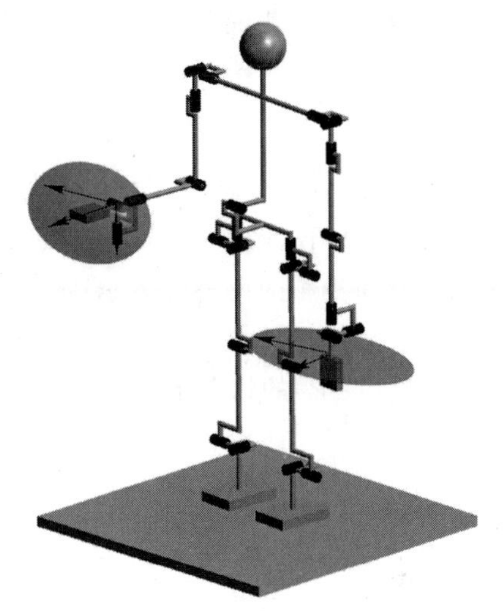

图 2.8 平移运动的可操作性椭球。右臂是非奇异构型，相应的椭球是三维的，主轴是 $\sigma_1\boldsymbol{u}_1$、$\sigma_2\boldsymbol{u}_2$ 和 $\sigma_3\boldsymbol{u}_3$。左臂是奇异构型，其向下的平移活动度已经丢失，因此，可操作性椭球只是二维的。主轴是 $\sigma_1\boldsymbol{u}_1$ 和 $\sigma_2\boldsymbol{u}_2$

2.7.1 自运动

与非冗余肢体相比，即使在其末端连杆被固定($\mathcal{V}=\mathbf{0}$)时，运动学冗余的肢体也可以运动。这种运动如图 2.9 所示的手臂。当肘部围绕连接肩关节和腕关节的直线旋转时，相对于手臂根坐标系手仍然固定。这种类型的运动称为自运动、内运动或零运动。

自运动是由以下齐次微分关系得到的关节速度产生的。

$$\boldsymbol{J}(\boldsymbol{\theta})\dot{\boldsymbol{\theta}}=\mathbf{0},\dot{\boldsymbol{\theta}}\neq\mathbf{0} \tag{2.28}$$

由于 $n>6$，雅可比矩阵为非方阵($6\times n$)，并且将上述方程定义为欠定线性系统。因此，存在无穷多个解，每个非平凡解表示一个自运动关节速度

$$\{\dot{\boldsymbol{\theta}}_h:\dot{\boldsymbol{\theta}}=\mathbf{N}(\boldsymbol{J}(\boldsymbol{\theta}))\dot{\boldsymbol{\theta}}_a,\forall\dot{\boldsymbol{\theta}}_a\} \tag{2.29}$$

矩阵 $\mathbf{N}(\boldsymbol{J}(\boldsymbol{\theta}))\in\Re^{n\times n}$ 在肢体雅可比矩阵$\mathcal{N}(\boldsymbol{J}(\boldsymbol{\theta}))$的零空间上的投影矩阵可表示为

$$\mathbf{N}(\boldsymbol{J}(\boldsymbol{\theta}))\equiv(\boldsymbol{E}_n-\boldsymbol{J}^{\#}(\boldsymbol{\theta})\boldsymbol{J}(\boldsymbol{\theta})) \tag{2.30}$$

矩阵 $\boldsymbol{J}^{\#}\in\Re^{n\times n}$ 是雅可比矩阵的广义逆，即这样一个矩阵 $\boldsymbol{J}\boldsymbol{J}^{\#}\boldsymbol{J}=\boldsymbol{J}$。文献[14,105]中讨论了广义逆的性质。需要重点注意的是，对于给定的矩阵 $\boldsymbol{J}$，存在无穷多个广义逆。另请注意，$\mathbf{N}(\boldsymbol{J}(\boldsymbol{\theta}))$ 具有如下特殊性能：

- 秩为 r 的奇异矩阵(在非奇异构型下)。
- 矩阵具有对称性 $\mathbf{N}^{\mathrm{T}}(\boldsymbol{J}(\boldsymbol{\theta}))=\mathbf{N}(\boldsymbol{J}(\boldsymbol{\theta}))$。

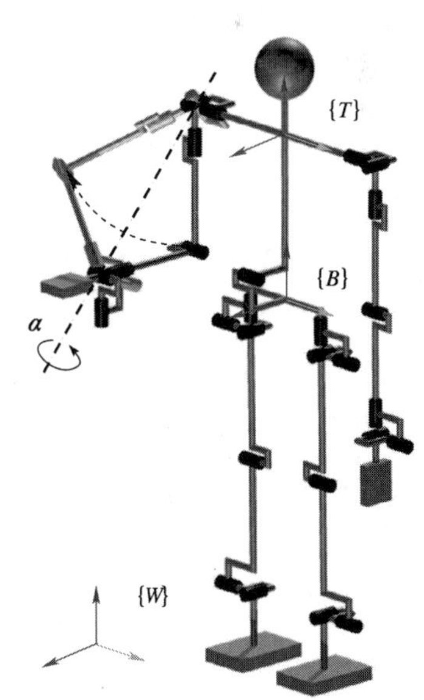

图 2.9 手臂的自动运动表现为由大臂或小臂连杆确定的手臂平面围绕连接肩关节和腕关节的直线旋转。旋转角度 α 与(2.35)中的参数 b_v 有关

• 幂等矩阵 $\boldsymbol{N}^2(\boldsymbol{J}(\boldsymbol{\theta}))=\boldsymbol{N}(\boldsymbol{J}(\boldsymbol{\theta}))$。

此外，公式(2.29)中的矢量 $\dot{\boldsymbol{\theta}}_a$ 是一个由零空间参数化的任意关节速度矢量。由于 $\boldsymbol{N}$ 不满秩，该参数化称为非最小化。最小参数化可以从雅可比矩阵的奇异值分解(SVD)(2.26)获得：

$$\dot{\boldsymbol{\theta}}_h = \boldsymbol{V}_r(\boldsymbol{\theta})\boldsymbol{b} \tag{2.31}$$

式中，$\boldsymbol{V}_r(\boldsymbol{\theta})\in\Re^{n\times r}$ 是通过从 SVD 公式的标准正交矩阵 $\boldsymbol{V}^{\mathrm{T}}(\boldsymbol{\theta})$ 中提取最后的 r 行形成的，$\boldsymbol{b}\in\Re^r$ 是一个具有(截断的)关节速度维数的任意矢量参数。$\boldsymbol{V}_r$ 的列生成零空间。因此，可以得到零空间投影的可替代表示法[69]：

$$\boldsymbol{N}(\boldsymbol{J}(\boldsymbol{\theta})) = \boldsymbol{V}_r\boldsymbol{V}_r^{\mathrm{T}} \tag{2.32}$$

在单冗余度(DoR)的情况下，$r=1$，最小参数化假定为简单形式

$$\dot{\boldsymbol{\theta}}_n = b\boldsymbol{n}(\boldsymbol{\theta}) \tag{2.33}$$

式中，b 是具有关节速度维数的任意标量。矢量 $\boldsymbol{n}=[n_1 \quad n_2 \quad \cdots \quad n_n]^{\mathrm{T}}$ 是无量纲的，它是生成零空间的唯一非零矢量。它的分量通常可以以封闭形式获得，或者从余子式计算得出[7,13]。余子式公式为 $n_i=(-1)^{i+1}\det\boldsymbol{J}_i$，其中 $\boldsymbol{J}_i(i=1,2,\cdots,n)$ 是去除雅可比矩阵的第 i 列所得的矩阵。

应该注意的是，连续的自运动 $\dot{\boldsymbol{\theta}}_h(t)$ 表示沿公式(2.31)的积分曲线的运动。定义特定末端连杆空间位置的积分曲线为 $\boldsymbol{f}(\boldsymbol{\theta})=\mathrm{const}$。该曲线此后称为自运动流形[18]。该流形的维数等于零空间投影 $\boldsymbol{N}$(或 $\boldsymbol{V}_r$)的秩。该曲线可以是封闭的或开放的，具体取决于末端连杆的指定的 6D 位置[18]。

2.7.2 逆运动学问题的通解

在运动冗余机械臂的情况下，瞬时运动关系(2.11)是欠定的。欠定线性系统的通解可以表示为特解 $\dot{\boldsymbol{\theta}}_p$ 和齐次方程(2.28)的解的总和，即自运动关节速度 $\dot{\boldsymbol{\theta}}_h$[14]。我们有

$$\dot{\boldsymbol{\theta}} = \boldsymbol{J}(\boldsymbol{\theta})^{\#}\mathcal{V}+(\boldsymbol{E}_n-\boldsymbol{J}(\boldsymbol{\theta})^{\#}\boldsymbol{J}(\boldsymbol{\theta}))\dot{\boldsymbol{\theta}}_a \tag{2.34}$$

显然，特解 $\dot{\boldsymbol{\theta}}_p=\boldsymbol{J}(\boldsymbol{\theta})^{\#}\mathcal{V}$ 通过选择特定的广义逆进行参数化。另一方面，$\dot{\boldsymbol{\theta}}_a$ 的选择将对无穷组解进行参数化。对于单冗余度的情况，借助于公式(2.33)，上述通解可以改写为

$$\dot{\boldsymbol{\theta}} = \boldsymbol{J}(\boldsymbol{\theta})^{+}\mathcal{V}+b\boldsymbol{n}(\boldsymbol{\theta}) \tag{2.35}$$

符号$(\circ)^{+}$代表 Moore-Penrose 广义逆[14]。这种广义逆通常比其他广义逆更受欢迎，因为它赋予关节速度的逆运动学解两个理想的性质：最小范数($b=0\rightarrow\min\|\dot{\boldsymbol{\theta}}\|_2^2$)和两个解分量的正交性($b\neq0\rightarrow\dot{\boldsymbol{\theta}}_p\perp\dot{\boldsymbol{\theta}}_h$)。Moore-Penrose 广义逆通常称为伪逆。在非奇异构型中，$\boldsymbol{J}(\boldsymbol{\theta})$具有行满秩，使用(右)伪逆。其表达式为

$$\boldsymbol{J}^{+} = \boldsymbol{J}^{\mathrm{T}}(\boldsymbol{J}\boldsymbol{J}^{\mathrm{T}})^{-1} \tag{2.36}$$

伪逆决定了关节空间中肢体的特定行为。首先，请注意，诱导最小范数约束具有非完整性，使基于伪逆的特解不可积。因此，利用空间速度命令编码的期望循环末端连杆运动可能在关节空间中产生非循环路径，其特征在于浮动[67,85,24]。其次，注意运动在运动奇异点附近很容易失稳。通过雅可比矩阵的奇异值分解(SVD)得到的伪逆的表达式中，可以清楚地看出这一点(参见公式(2.26))：

$$\boldsymbol{J}^{+}=\boldsymbol{V}\boldsymbol{\Sigma}^{+}\boldsymbol{U}^{\mathrm{T}} \tag{2.37}$$

式中，$\boldsymbol{\Sigma}^{+}=\left[\operatorname{diag}\left\{\frac{1}{\sigma_1},\frac{1}{\sigma_2},\cdots,\frac{1}{\sigma_6}\right\}\middle|\boldsymbol{0}^{\mathrm{T}}\right]^{\mathrm{T}}$。当奇异值 σ_i 接近零时，伪逆的相应分量以及由此得到的逆运动学解的相应分量趋于无穷大，这导致了不稳定。

最后，需要重点注意的是，雅可比矩阵在关节空间中引起局部分解，自运动流形上的法向和切向子空间分别决定最小范数运动和自运动，即

$$\dot{\boldsymbol{\theta}}=\boldsymbol{J}(\boldsymbol{\theta})^{+}\boldsymbol{J}(\boldsymbol{\theta})\dot{\boldsymbol{\theta}}_a+(\boldsymbol{E}_n-\boldsymbol{J}(\boldsymbol{\theta})^{+}\boldsymbol{J}(\boldsymbol{\theta}))\dot{\boldsymbol{\theta}}_a \tag{2.38}$$

以平面 3R 冗余机械臂为例，其末端在工作空间中沿 2D 路径运动。末端速度 $\mathcal{V}$ 沿着该路径上当前点的切线方向。关节空间的相应局部分解以图形方式呈现在图 2.10 中。正运动学关系 $\boldsymbol{J}\dot{\boldsymbol{\theta}}=\mathcal{V}$ 中的两个方程分别确定 3D 关节空间(平面 P1 和 P2)中的一个平面。逆运动学问题的无穷解集由两个平面的交叉点确定，即图中的线 l_s。由于单冗余度是 1，因此公式(2.35)成立。图中，$\dot{\boldsymbol{\theta}}_p=\boldsymbol{J}^{+}\mathcal{V}$ 表示最小范数特解，$\dot{\boldsymbol{\theta}}_h=b\boldsymbol{n}$ 描述了齐次方程 $\boldsymbol{J}\dot{\boldsymbol{\theta}}=\boldsymbol{0}$ 的无穷解集。该集由线 l_n 表示。注意，l_n 和 l_s 是平行的。相对于这两条线，从它们正交性明显可以看出特解 $\dot{\boldsymbol{\theta}}_p$ 的最小范数特征。

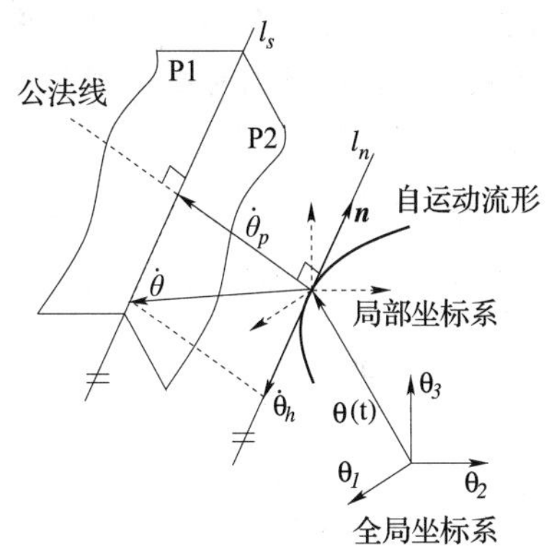

图 2.10 平面 3R 冗余机械臂关节空间局部分解的几何表示

逆问题的二阶(加速度级)微分运动学可以作为欠定系统(2.17)的通解。再次使用非最小化或最小零空间参数化，分别得到两个解，如下

$$\ddot{\boldsymbol{\theta}}=\boldsymbol{J}(\boldsymbol{\theta})^{\#}(\dot{\mathcal{V}}-\dot{\boldsymbol{J}}(\boldsymbol{\theta})\dot{\boldsymbol{\theta}})+(\boldsymbol{E}_n-\boldsymbol{J}(\boldsymbol{\theta})^{\#}\boldsymbol{J}(\boldsymbol{\theta}))\ddot{\boldsymbol{\theta}}_a \tag{2.39}$$

和

$$\ddot{\boldsymbol{\theta}}=\boldsymbol{J}(\boldsymbol{\theta})^{+}(\dot{\mathcal{V}}-\dot{\boldsymbol{J}}(\boldsymbol{\theta})\dot{\boldsymbol{\theta}})+b\boldsymbol{n}(\boldsymbol{\theta}) \tag{2.40}$$

式中，$\ddot{\boldsymbol{\theta}}_a$ 表示有助于肢体自运动的任意关节加速度。类似地，任意标量 b 具有确定自运动的关节加速度大小的物理意义。但是，请注意，与速度级解相比，任何这些量的零输入都不会终止自运动。通过仔细选择 $\ddot{\boldsymbol{\theta}}_a$ 或 b 可以缓解这个问题，使得相应的逆运动学解是可积的。更多细节将在 2.11.3 节中介绍。或者，可以添加关节阻尼项以抑制守恒的自运动速度。

最后，值得注意的是，对于 7 自由度肢体，其逆运动学解可以以封闭形式获得，作为上述瞬时运动解的替代[6,142,84]。在某些情况下，封闭形式的解可能更可取，因为它们提供更好的精度。

2.7.3 加权广义逆

除了伪逆之外，还存在另一种常用于逆运动学关系中的广义逆：加权广义逆。在运动学冗余机械臂的开创性工作中[159]，采用了以下广义逆

$$\boldsymbol{J}^{-\boldsymbol{W}}=\boldsymbol{W}^{-1}\boldsymbol{J}^{\mathrm{T}}(\boldsymbol{J}\boldsymbol{W}^{-1}\boldsymbol{J}^{\mathrm{T}})^{-1} \tag{2.41}$$

式中，$\boldsymbol{W}\in\Re^{n\times n}$是一个正定加权矩阵。这个广义逆使局部加权范数 $\|\dot{\boldsymbol{\theta}}\|_W=\sqrt{\dot{\boldsymbol{\theta}}^{\mathrm{T}}\boldsymbol{W}\dot{\boldsymbol{\theta}}}=\|\boldsymbol{W}^{\frac{1}{2}}\dot{\boldsymbol{\theta}}\|_2$ 最小化。例如，相对于其余关节，利用适当的常对角矩阵 $\boldsymbol{W}$ 可以抑制“重载”关

节中的瞬时运动。通过最小化$\| \boldsymbol{v} \|_B$，对于末端连杆速度分量，该方法同样适用。这意味着可变加权矩阵$\boldsymbol{W}(\boldsymbol{\theta})=\boldsymbol{J}_v^{\mathrm{T}}(\boldsymbol{\theta})\boldsymbol{B}\boldsymbol{J}_v(\boldsymbol{\theta})$，矩阵$\boldsymbol{J}_v(\boldsymbol{\theta})$表示末端连杆速度的雅可比矩阵。可变加权矩阵的另一个例子是$\boldsymbol{W}(\boldsymbol{\theta})=\boldsymbol{M}(\boldsymbol{\theta})$，其中$\boldsymbol{M}(\boldsymbol{\theta})$是连杆惯性矩阵。在这种情况下，因为$\boldsymbol{W}=\boldsymbol{M}(\boldsymbol{\theta})$，加权广义逆记为$\boldsymbol{J}^{-M(\boldsymbol{\theta})}$。这种广义逆在逆动力学中起着重要作用。细节将在第 4 章中讨论。显然，加权广义逆(2.36)是伪逆的推广，即$\boldsymbol{J}^{+}=\boldsymbol{J}^{-E}$。

2.7.4 基于梯度投影的冗余分解

借助自运动可以实现从属于主末端连杆运动任务的任务。此类任务称为附加任务或子任务。它们在关节空间中施加决定自运动的运动约束。肢体的常用附加任务是可避免类型任务：肢体必须避免关节限位、奇异构型，以及与外部障碍物或机器人的其他连杆(自碰撞)的碰撞[109,143,105]。

避免关节限位子任务

在开创性工作中解决了避免关节限位的问题[80]。该方法基于以下性能准则的局部最小化

$$h(\boldsymbol{\theta}) = \frac{1}{n}\sum_{i=1}^{n}\left(\frac{\theta_i - \theta_{\mathrm{mid}_i}}{\theta_{\mathrm{mid}_i} - \theta_{\max_i}}\right)^2 \tag{2.42}$$

式中，$\theta_{\mathrm{mid}_i}=(\theta_{\max_i}+\theta_{\min_i})/2$，$\theta_{\max_i}$和$\theta_{\min_i}$表示关节$i$中的最大和最小角度极限。通过选择公式(2.34)中的任意矢量来实现最小化

$$\dot{\boldsymbol{\theta}}_a = -\beta\frac{\partial h(\boldsymbol{\theta})}{\partial \boldsymbol{\theta}} \tag{2.43}$$

式中，β是一个确定优化速度的正标量。该方法称为梯度投影法。

基于可操作性测量的避免奇异点子任务

假设一个非奇异的肢体构型$\sigma_i \neq 0$，$i \in \{1,2,\cdots,6\}$，将奇异值的乘积表示为

$$w(\boldsymbol{\theta}) \equiv \sigma_1 \cdot \sigma_2 \cdot \cdots \cdot \sigma_6 = \sqrt{\det(\boldsymbol{J}\boldsymbol{J}^{\mathrm{T}})} \tag{2.44}$$

当接近工作空间中的奇异点时，标量$w(\boldsymbol{\theta})$在奇异点处逐渐减小为零。文献[166]建议使用这个标量作为奇异点的非定向“距离测量”。通过自运动使测量值最大化，从而避免(可避免的)奇异构型。与上述避免关节限位子任务一样，通过梯度投影实现最大化，即

$$\dot{\boldsymbol{\theta}}_a = \beta\frac{\partial w(\boldsymbol{\theta})}{\partial \boldsymbol{\theta}} \tag{2.45}$$

式中，标量$\beta > 0$再次确定优化的速度。当需要时，此标量也可用于抑制过高的关节速度。文献[168]进行了详细描述。标量函数$w(\boldsymbol{\theta})$称为可操作性测量[166]。

当使用可操作性作为奇异点的“距离”测量时，由于其非线性的特性，产生了一个问题。适当的替代方案是最小奇异值$\sigma_{\min}(\boldsymbol{\theta})$或条件数$\kappa(\boldsymbol{\theta})=\sigma_{\max}(\boldsymbol{\theta})/\sigma_{\min}(\boldsymbol{\theta})$[68]。一些作者已经提出了基于矢量范数的测量，但这可能会导致空间末端连杆速度的两个矢量分量的维数不一致的问题[30]。

2.7.5 基于扩展雅可比矩阵的冗余分解

上面介绍的梯度投影法是基于自运动的非最小参数化。文献[8]中提出了另一种方法。它利用了梯度投影项

$$\boldsymbol{N}(\boldsymbol{\theta})\ \frac{\partial g(\boldsymbol{\theta})}{\partial \boldsymbol{\theta}}$$

通过自运动局部优化给定标量函数(附加任务)$g(\boldsymbol{\theta})$来确定非奇异构型下 $r=n-6$ 个独立约束。这些约束可以用 r 维矢量函数 $\boldsymbol{g}(\boldsymbol{\theta})$来表示。关系式 $\boldsymbol{g}(\boldsymbol{\theta})=\boldsymbol{0}$ 意味着，当 $g(\boldsymbol{\theta})$在正运动学约束下处于最佳状态时，将不存在自运动。

附加约束用瞬时运动表示为

$$\boldsymbol{J}_g(\boldsymbol{\theta})\dot{\boldsymbol{\theta}} = \boldsymbol{0}$$

式中，$\boldsymbol{J}_g(\boldsymbol{\theta})=\partial \boldsymbol{g}(\boldsymbol{\theta})/\partial\boldsymbol{\theta}\in\Re^{r\times n}$是附加任务的雅可比矩阵。将上述附加任务的约束与瞬时正运动学关系联立得到

$$\begin{bmatrix}\boldsymbol{J}(\boldsymbol{\theta})\\ \boldsymbol{J}_g(\boldsymbol{\theta})\end{bmatrix}\dot{\boldsymbol{\theta}} = \begin{bmatrix}\mathcal{V}\\ \boldsymbol{0}\end{bmatrix} \tag{2.46}$$

矩阵 $\boldsymbol{J}_e(\boldsymbol{\theta})\equiv\left[\boldsymbol{J}^{\mathrm{T}}(\boldsymbol{\theta})\quad \boldsymbol{J}_g^{\mathrm{T}}(\boldsymbol{\theta})\right]^{\mathrm{T}}\in\Re^{n\times n}$称为扩展雅可比矩阵。如果 $\boldsymbol{J}_e(\boldsymbol{\theta})$是非奇异的，它的逆可用于求解瞬时逆运动学问题的唯一解。

进一步地，通过假设一个时变附加任务来推广扩展雅可比矩阵法，即 $\boldsymbol{h}(\boldsymbol{\theta})=\boldsymbol{\gamma}(t)\in\Re^{r}$[141]。就瞬时运动而言，给定任务是

$$\boldsymbol{J}_h(\boldsymbol{\theta})\dot{\boldsymbol{\theta}} = \dot{\boldsymbol{\gamma}}$$

式中，$\boldsymbol{J}_h(\boldsymbol{\theta})=\partial\,\boldsymbol{h}(\boldsymbol{\theta})/\partial\,\boldsymbol{\theta}\in\Re^{r\times n}$是附加任务雅可比矩阵，扩展雅可比矩阵关系变为

$$\boldsymbol{J}_e(\boldsymbol{\theta})\dot{\boldsymbol{\theta}} = \begin{bmatrix}\mathcal{V}\\ \dot{\boldsymbol{\gamma}}\end{bmatrix} \tag{2.47}$$

式中，$\boldsymbol{J}_e(\boldsymbol{\theta})\equiv\left[\boldsymbol{J}^{\mathrm{T}}(\boldsymbol{\theta})\quad \boldsymbol{J}_h^{\mathrm{T}}(\boldsymbol{\theta})\right]^{\mathrm{T}}\in\Re^{n\times n}$是扩展雅可比矩阵(文献[141]中称为“增广雅可比矩阵”)。

扩展雅可比矩阵法的缺点是引入了算法奇异性。当机械臂雅可比矩阵 $\boldsymbol{J}(\boldsymbol{\theta})$和附加任务雅可比矩阵 $\boldsymbol{J}_h(\boldsymbol{\theta})$是行满秩时，矩阵 $\boldsymbol{J}_e(\boldsymbol{\theta})$可以变为奇异矩阵。通过运动学解耦可以缓解这个问题[129]。如果以下关系成立，则称公式(2.47)等号右边的矢量的分量为运动学解耦。

$$\boldsymbol{J}_h(\boldsymbol{\theta})\boldsymbol{J}_e^{-1}(\boldsymbol{\theta})\begin{bmatrix}\mathcal{V}\\ \boldsymbol{0}\end{bmatrix} = \boldsymbol{0},\ \forall\,\mathcal{V}$$

和

$$\boldsymbol{J}(\boldsymbol{\theta})\boldsymbol{J}_e^{-1}(\boldsymbol{\theta})\begin{bmatrix}\boldsymbol{0}\\ \dot{\boldsymbol{\gamma}}\end{bmatrix} = \boldsymbol{0},\ \forall\,\dot{\boldsymbol{\gamma}}$$

当附加约束的雅可比矩阵为 $\boldsymbol{J}_h(\boldsymbol{\theta})=\boldsymbol{Z}(\boldsymbol{\theta})\boldsymbol{W}(\boldsymbol{\theta})$时，这些关系是有效的。矩阵 $\boldsymbol{Z}(\boldsymbol{\theta})\in\Re^{r\times n}$是一个行满秩矩阵，为零空间$\mathcal{N}(\boldsymbol{J})$提供最小的基矢量集，即 $\boldsymbol{J}\boldsymbol{Z}^{\mathrm{T}}=\boldsymbol{0}$。$\boldsymbol{W}(\boldsymbol{\theta})$是一个正定加权矩阵。有了这些定义，“非对称”加权广义逆

$$\boldsymbol{Z}_W^{\#}(\boldsymbol{\theta}) = \boldsymbol{Z}^{\mathrm{T}}(\boldsymbol{\theta})\ (\boldsymbol{Z}(\boldsymbol{\theta})\boldsymbol{W}(\boldsymbol{\theta})\boldsymbol{Z}^{\mathrm{T}}(\boldsymbol{\theta}))^{-1}$$

可表示雅可比矩阵零空间上的最小参数化投影，即

$$\{\dot{\boldsymbol{\theta}}:\dot{\boldsymbol{\theta}}_h = \boldsymbol{Z}_W^{\#}(\boldsymbol{\theta})\boldsymbol{b}\}$$

矢量 $\boldsymbol{b}=\boldsymbol{Z}(\boldsymbol{\theta})\boldsymbol{W}(\boldsymbol{\theta})\dot{\boldsymbol{\theta}}_a\in\Re^{r}$，$\forall\,\dot{\boldsymbol{\theta}}_a\in\Re^{n}$。逆运动学的无穷解集由下式确定。

$$\dot{\boldsymbol{\theta}} = \begin{bmatrix} \boldsymbol{J}^{-W}(\boldsymbol{\theta}) & \boldsymbol{Z}_{W}^{\#}(\boldsymbol{\theta}) \end{bmatrix} \begin{bmatrix} \mathcal{V} \\ \boldsymbol{b} \end{bmatrix} \tag{2.48}$$

对于任一 $\boldsymbol{W}(\boldsymbol{\theta})$，解的两个分量都是运动学解耦的并且没有算法奇异性[122]。这些重要特性不仅在逆运动学中非常有用，而且在逆动力学和被动(无源)控制中也非常有用。该方法被称为运动学解耦关节空间分解(KD-JSD)法。

2.8 多任务约束下的逆运动学解

单个肢体微分运动关系对于要求机器人预定姿势的任务起着重要作用。另一方面，存在一类任务允许仿人机器人的姿势变化，即全身运动是可接受的并且也是期望的。其中一项任务是手臂伸展，经常被用作基准任务，参见文献[6,59,81,16]。因此，采用全身姿势变化来扩大手臂的工作空间。在这项任务，以及其他类似的运动任务中，手的运动是相对于惯性坐标系$\{W\}$来指定的。这意味着整个运动链中关节的运动将有助于手的运动。在图 2.9 的例子中，关节的总数变为 $n_{\text{total}}=n_{\text{leg}}+n_{\text{torso}}+n_{\text{arm}}=6+1+7=14$。因此，运动冗余度为 $17-6=11$。有了如此高的冗余度，就有可能实现多个“附加”任务。

2.8.1 运动－任务约束

实际上，除了手部运动任务之外，机器人还必须同时执行许多其他运动任务，例如，在避开障碍物、自碰撞、奇异点和关节限位时保持平衡，并在视觉上跟踪移动物体，即所谓的凝视任务。所有这些任务都对运动施加约束，称为运动任务约束。这些约束有助于解决运动冗余问题。在执行多个任务约束时要非常小心，因为产生的运动可能导致过度约束状态，此时无法获得逆运动学问题的解。这些状态有时称为任务冲突，它们实际上经常发生。因此，逆运动学求解器中应嵌入一些解决任务冲突的方法。

应该注意的是，除了运动任务约束之外，还存在以力和力矩表示的约束。这些约束表示为子空间对偶的运动任务约束。力约束可能源于特定的力任务(例如，关节扭矩最小化任务)，或者也可能源于机器人连杆与来自外界环境的物体干扰时产生的物理接触。接触和静态力任务约束将分别在 2.9 节和 3.4 节中讨论。另一方面，动态模型中的力任务约束将在第 4 章中讨论。

在给定的一组运动任务约束下，确定最合适的关节运动的问题并不简单。一种可能的方法是将逆运动学问题表述为多目标优化问题，并利用现成的数值优化方法，例如，二次规划(QP)或微分动态规划[38]。另一种方法是使用逆运动学解，其中任务-运动约束在一个分级结构中处理，该结构由零空间投影导出。这种方法是在三十多年前为冗余机械臂设计的。目的是避免通过通用求解器进行优化，由于求解器的迭代性质，这在当时非常耗时。最近的研究表明，这样的求解器可以实时提供最优解[58]。目前，在竞争的基础上，这两种方法都可用于仿人机器人，并且都在开发中。数值优化方法的支持者指出将不等式约束(例如源自单边约束)与零空间投影方法结合起来的困难。另一方面，零空间投影方法的支持者认为，在数值优化下很难保证控制的稳定性。关于这两种替代方法的详细讨论将在接下来的两节中介绍。

在处理基于运动-任务约束的逆运动学优化时，区分以下约束类型非常重要。

- 连杆运动约束和关节运动约束
- 等式型约束和不等式(单边)型约束

• 永久主动约束和时间约束

• 高优先级约束和低优先级约束

首先，在连杆运动约束的情况下，通常末端连杆的运动受到约束。例如，当接近待抓取的物体时，手沿着特定路径移动；当迈出一步时，摆动腿的脚沿着期望的路径移动；在凝视任务下跟踪对象时，头部移动受到约束。同样，平衡任务对质心(CoM)的运动对连杆的运动类型施加了约束，这将在第 5 章中详细讨论。此外，中间连杆的运动(例如与空间运动有关的肘部运动)可能受到避障任务的约束。

其次，关节运动约束是指关节角度和速度极限。2.7.4 节中讨论的关节极限和避免奇异点任务代表了这种类型的约束。这些任务也是不等式约束的一个例子。避障是另一个这样的例子，如下文所示。

再次，为了避免过度约束状态(任务冲突)，应尽量减少活动任务的数量。这就是所谓的主动集方法[83]。避障是一个时间约束的例子，只有当障碍物进入工作空间时才应该激活。避免奇异点也可以被认为是一种时间约束，当距离奇异点的度量(例如可操作性、条件数、最小奇异值)超过预定阈值时被激活。另一方面，关节极限是一个永久主动约束的例子。

最后，在任务之间引入优先级有助于确定是否应该暂停时间约束以避免任务冲突。优先级分配可以是固定的，也可以是可变的，下文将进行描述。

2.8.2 多任务冗余分解法

强加于指定连杆运动的运动任务约束通常通过速度级或加速度级逆运动学关系来解决，因为全身运动意味着多自由度运动链不包括逆运动学的封闭解。如前所述，运动学冗余是指瞬时逆运动学问题存在无穷组解。选择合适的解仍然是一个有待研究的问题。

受限制的广义逆和任务优先级

20 世纪 80 年代，采用基于约束最小二乘法(文献[1]，第 7 章)的局部线性优化作为求解方法[69,45]。最简单的例子涉及两个任务：用微分运动学关系 $\boldsymbol{J}_1\dot{\boldsymbol{\theta}}=\mathcal{V}_1$ 表示的末端连杆运动任务(主要约束)，由 $\boldsymbol{J}_2\dot{\boldsymbol{\theta}}=\mathcal{V}_2$ 描述的附加运动任务(附加约束)。目标是在所有姿势下最小化 $\|\boldsymbol{J}_2\dot{\boldsymbol{\theta}}-\mathcal{V}_2\|^2$，使得主要约束 $\boldsymbol{J}_1\dot{\boldsymbol{\theta}}=\mathcal{V}_1$ 得到满足。通解为

$$\dot{\boldsymbol{\theta}}=\boldsymbol{J}_1^{+}\mathcal{V}_1+\overline{\boldsymbol{J}}_2^{+}\overline{\mathcal{V}}_2+(\boldsymbol{E}-\boldsymbol{J}_1^{+}\boldsymbol{J}_1)(\boldsymbol{E}-\overline{\boldsymbol{J}}_2^{+}\overline{\boldsymbol{J}}_2)\dot{\boldsymbol{\theta}}_a \tag{2.49}$$

式中，$\overline{\mathcal{V}}_2=\mathcal{V}_2-\boldsymbol{J}_2\boldsymbol{J}_1^{+}\mathcal{V}_1$。伪逆 $\overline{\boldsymbol{J}}_2^{+}$ 称为“受限广义逆”(文献[14]，第 88 页；另见文献[97，61])。上划线符号 $\overline{\boldsymbol{J}}_2=\boldsymbol{J}_2\boldsymbol{N}(\boldsymbol{J}_1)$ 用于表示受限雅可比矩阵[110]：雅可比矩阵 $\boldsymbol{J}_2$ 的值域受另一变换矩阵的零空间(在这种情况下，受零空间投影仪 $\boldsymbol{N}(\boldsymbol{J}_1)$)限制。在第 4 章中，这种表示法也适用于其他类型的变换，例如关节空间惯性矩阵。上述解决方案在任务中引入了“优先级顺序”[45,106]，将最高优先级分配给主任务，将第二高优先级分配给附加任务。任意关节速度矢量 $\dot{\boldsymbol{\theta}}_a$ 在交集$\mathcal{N}(\boldsymbol{J}_1)\cap\mathcal{N}(\boldsymbol{J}_2)$内对其余的自由度进行参数化。

当欠定线性系统时，很容易确定

$$\begin{bmatrix}\boldsymbol{J}_1\\\boldsymbol{J}_2\end{bmatrix}\dot{\boldsymbol{\theta}}=\begin{bmatrix}\mathcal{V}_1\\\mathcal{V}_2\end{bmatrix} \tag{2.50}$$

具有行满秩，其伪逆解与从公式(2.49)推导出的最小范数解一致，即与 $\dot{\boldsymbol{\theta}}_a=\boldsymbol{0}$ 一致。这意

味着上述任务优先级方案仅在系统(2.50)不满秩时才有意义。但是，$\boldsymbol{J}_1$ 和 $\boldsymbol{J}_2$ 或 $\overline{\boldsymbol{J}}_2$ 都不满秩，因此，公式(2.49)中的至少一个(右)伪逆不再存在。因此，在实施公式(2.49)时，应提供一些处理奇异点的方法。$\boldsymbol{J}_1$、$\boldsymbol{J}_2$ 和 $\overline{\boldsymbol{J}}_2$ 的不满秩分别称为运动学、任务和算法奇异性[8,110]。算法奇异性表示任务之间的线性依赖性，使得秩$\begin{bmatrix}\boldsymbol{J}_1^{\mathrm{T}} & \boldsymbol{J}_2^{\mathrm{T}}\end{bmatrix}^{\mathrm{T}}<\boldsymbol{J}_1$ 秩$+\boldsymbol{J}_2$ 秩。这种类型的不满秩是任务冲突的本质。

具有固定优先级的多任务

借助公式(2.49)中的任意矢量参数 $\dot{\boldsymbol{\theta}}_a$，扩展分级逆运动学结构来处理两个以上的子任务是可能的。为 m 子任务[109,115]提出的递归方案如下。

$$\begin{aligned}
\dot{\boldsymbol{\theta}}_k &= \dot{\boldsymbol{\theta}}_{k-1} + \overline{\boldsymbol{J}}_k^{+}\overline{\mathcal{V}}_k \\
\overline{\mathcal{V}}_k &= \mathcal{V}_k - \boldsymbol{J}_k\dot{\boldsymbol{\theta}}_{k-1} \\
\overline{\boldsymbol{J}}_k &= \boldsymbol{J}_k\boldsymbol{N}_{k-1} \\
\boldsymbol{N}_k &= \prod_{i=1}^{k}(\boldsymbol{E} - \overline{\boldsymbol{J}}_i^{+}\overline{\boldsymbol{J}}_i) \\
k &= 1,2,\cdots,m, \dot{\boldsymbol{\theta}}_0 = \boldsymbol{0}, \boldsymbol{N}_0 = \boldsymbol{E}
\end{aligned} \tag{2.51}$$

该方案的特征在于通过零空间$\mathcal{N}(\boldsymbol{J}_1)\cap\mathcal{N}(\boldsymbol{J}_2)\cap\cdots\cap\mathcal{N}(\boldsymbol{J}_{k-1})$的交集来约束雅可比矩阵 $\boldsymbol{J}_k$。

文献[144]中提出了另一种递归公式，即

$$\begin{aligned}
\dot{\boldsymbol{\theta}}_k &= \dot{\boldsymbol{\theta}}_{k-1} + \overline{\boldsymbol{J}}_k^{\#}\overline{\mathcal{V}}_k \\
\overline{\mathcal{V}}_k &= \mathcal{V}_k - \boldsymbol{J}_k\dot{\boldsymbol{\theta}}_{k-1} \\
\overline{\boldsymbol{J}}_k &= \boldsymbol{J}_k\boldsymbol{N}_{C_{k-1}} \\
\boldsymbol{N}_{C_{k-1}} &= (\boldsymbol{E} - \boldsymbol{J}_{C_k}^{\#}\boldsymbol{J}_{C_k}) \\
\boldsymbol{J}_{C_k} &= \begin{bmatrix}\boldsymbol{J}_1^{\mathrm{T}} & \boldsymbol{J}_2^{\mathrm{T}} & \cdots & \boldsymbol{J}_k^{\mathrm{T}}\end{bmatrix}^{\mathrm{T}} \\
k &= 1,2,\cdots,m, \dot{\boldsymbol{\theta}}_0 = \boldsymbol{0}, \boldsymbol{N}_{C_0} = \boldsymbol{E}
\end{aligned} \tag{2.52}$$

该方案的特征在于通过零空间$\mathcal{N}(\boldsymbol{J}_{C_k})$来约束雅可比矩阵 $\boldsymbol{J}_k$。文献[2]中基于 Lyapunov 的稳定性分析表明，为了保证稳定性，第一种方案中的任务关系的定义应该要比第二种方案更保守。如文献[115]所示，两种方案都具有如下特点：(1)由于固定的优先级，第 k 个任务的优先级低于第一个 $k-1$ 任务；(2)在这两种情况下无法实现第 k 个任务——由于任务奇异(第一个$k-1$任务都处于良好条件。但矩阵 $\boldsymbol{J}_k$ 不是)，或者由于算法奇异性($\boldsymbol{J}_k$ 条件良好，但受约束的雅可比矩阵 $\boldsymbol{J}_k$ 不是)。然而，后一种情况意味着第一个 $k-1$ 任务肯定影响任务 k 的可执行性。这两种方案可以很容易地扩展到二阶微分关系[135]。

在两个方案(2.51)和(2.52)中，任务优先级是固定的。基于上述分析，可以直接得出这样的结论，对任务分配优先级的方式对于性能至关重要。在仿人机器人中，文献[138]已经引入了固定优先级、其中提出了三个主要优先级：关节运动约束的最高优先级、连杆运动约束的中级优先级和姿势变化约束的最低优先级。事实上，不能违反关节运动约束，因为在极端情况下，它们会成为物理约束，例如达到关节极限或使关节率饱和。在中级优

先级，连杆运动约束被分级地进一步构造以考虑更高优先级的需要，例如，相对于手部位置控制，为了保持平衡(质心控制子任务)的任务。在最低级别，姿势变化约束是指施加在关节空间上的其余自由度(如果存在)的约束，例如试图将所有关节角度拖向它们的中心值，即 $\theta_i \rightarrow \theta_{\mathrm{mid}_i}$。

在文献[89]中提出了一个以手部运动控制为主要任务、以避障作为低优先级(附加)任务的冗余分解的开创性示例。假设障碍物与距离其最近的(间歇性)连杆上特定点之间的最短距离 d 可以从传感器数据中获得。以空间速度 $\mathcal{V}_2$ 表示的该点的瞬时运动将被控制以避开障碍物。基于公式(2.49)，得到避障解为

$$\dot{\boldsymbol{\theta}} = \boldsymbol{J}_1^{+}\mathcal{V}_1 + \alpha_\eta \overline{\boldsymbol{J}}_2^{+}(\alpha_2\mathcal{V}_2 - \boldsymbol{J}_2\boldsymbol{J}_1^{+}\mathcal{V}_1) \tag{2.53}$$

式中，下角标“1”和“2”分别指主要(手部运动)任务和附加(避障)任务。引入两个标量变量 $\alpha_\eta(d)$ 和 $\alpha_2(d)$ 来确定机械臂在障碍物附近的行为。障碍物周围的三个特定距离被确定为任务终止距离、单位增益距离和球面影响距离。后者用于即将接近障碍时通过 α_η 激活自运动。在影响范围之外，自运动可以用于其他子任务，从而避免不必要的过度约束。一旦被激活，自运动的速度就会逐渐增加，即通过速度 $\alpha_2\mathcal{V}_2$ 确保适当的排斥行为。当连杆靠近障碍物时，α_2 的值以二次方增加。当达到任务终止距离时，将要发生碰撞。

上面的例子清楚地说明了多任务零空间投影法固有的一个主要问题：处理单边(不等式)约束的困难。标量 $\alpha_2(d)$ 实际上确定了表示单边约束的排斥势。势函数通常用于避障任务[8,65,41,168]，也用于关节限制和奇异点避免子任务。显然，表达式(2.42)和(2.44)表示这些函数。请注意，这些势在整个运动过程中保持激活状态，因为它们的梯度被投影到零空间上。相反，通过球面影响距离阈值激活/停用避障示例中的势。这种方法称为主动集方法[83]，被优选代替永久主动势，因为在后一种情况下，系统可能容易受到过度约束。另一方面，激活/停用的性质是离散的，因此，需要特殊的平滑方法以避免关节速度解的不连续。在避障示例中，这是通过 $\alpha_\eta(d)$ 实现的，它被定义为 d 的平滑多项式，边界值为“0”(无自运动)和“1”(自运动激活)。

具有平滑任务过渡的可变任务优先级

文献[115,112]中报道了处理算法奇异性(过约束系统)和相关不连续性的另一种可能方法。其主要思想是在任务之间动态分配优先级。该方法利用了这样的事实：当第一个 $k-1$ 任务具有一致解时，它们可以任意重新排序而不影响解。该方法将多维任务完全分解为一维分量。每个任务分量的优先级是动态确定的，在每个时间步骤中，最佳条件的任务分量获得最高优先级。条件较差的任务分量具有较低的优先级，并且条件最差的任务分量(如果有的话)具有最低优先级。根据2.5节中描述的阻尼最小二乘法的思想，后者以平滑的方式衰减。因此，由于采用全任务分解方法，避免了耗时的奇异值分解(SVD)。

其他人也考虑了可变任务优先级分配。文献[17]提出了在主任务和避障子任务之间交换优先级的思想。理由是如果在低优先级避障的情况下，碰撞不可避免，那么通过交换优先级，就有可能避免碰撞。在文献[29]中，有人认为单边约束(通常是关节限制)的优先级并不总是固定在最高级别。关于可变优先级任务，在文献[63,75,131]中已经开发了用于平滑任务激活/停用的方法。

算法的奇异性是上述优先级方案所固有的。如前所述，算法的奇异性表示由于大量的任务约束导致的过度约束系统。给定一组期望的任务，这是一个不可避免的问题。有两种

可能的方法来处理这个问题。首先，可以在解中加入“阻尼”项或“正则化”项来抑制过度的关节速度。实质上，这是 2.5 节中概述的阻尼最小二乘法。其次，任务的数量可以减少，例如，通过删除“最不重要”的任务。前一种方法由于在求解过程中引入了误差，打乱了优先级的顺序，阻尼因子的不直观特性及其调优的难度受到了许多研究者的批评[116,93,63,29]。因此，后一种方法更可取。请注意，“简单”的删除(或停用)意味着系统维度的突然变化，因此导致解中存在不连续性。缓解此问题的最简单方法是在分层结构的每一级引入可变的标量函数。该变量的作用类似于避障解(2.53)中的 α_η。以文献[75]中提出的方法为例。在两个任务的情况下，将上面讨论的基于优先级的解修改如下。

$$\dot{\boldsymbol{\theta}} = \boldsymbol{J}_1^+ \mathcal{V}_1^{\text{int}} + \overline{\boldsymbol{J}}_2^+ (\mathcal{V}_2^{\text{int}} - \boldsymbol{J}_2 \boldsymbol{J}_1^+ \mathcal{V}_1^{\text{int}}) \tag{2.54}$$

式中

$$\mathcal{V}_1^{\text{int}} = \alpha_1 \mathcal{V}_1 + (1-\alpha_1)\boldsymbol{J}_1 \boldsymbol{J}_2^+ \alpha_2 \mathcal{V}_2$$
$$\mathcal{V}_2^{\text{int}} = \alpha_2 \mathcal{V}_2 + (1-\alpha_2)\boldsymbol{J}_2 \boldsymbol{J}_1^+ \alpha_1 \mathcal{V}_1$$

是通过适当选择标量 α_1，$\alpha_2 \in [0,1]$来确保平滑过渡的中间值。为任务 m 改写方案很简单。标量函数的数量相应地增加，即 $\alpha_k(k=1,2,\cdots,m)$。这些函数称为激活变量。

另一种可能的方法是修改出现在公式(2.51)中的零空间投影 $\boldsymbol{N}_k$，以实现平滑的任务转换[131,130]，如下所示。

$$\boldsymbol{E} - \alpha_k \overline{\boldsymbol{J}}_k^+ \overline{\boldsymbol{J}}_k \tag{2.55}$$

同上，标量 α_k 具有激活变量的含义。他们的定义在机器人的行为中起着至关重要的作用，应该以任务依赖的方式完成。例如，在文献[130]中，零力矩点(ZMP)位置的指数函数用于确保仿人机器人的“自反”平衡控制。在文献[17,63]中也可找到激活变量的其他例子。

文献[28]提出了一种用于 m 个自由度的自碰撞避免任务的“零空间投影成形”方法。请注意，自碰撞的处理方式与避障相同，即通过势函数，因为约束同样是单边的[150,145]。根据该方法，首先通过奇异值分解(SVD)将零空间投影(2.30)重新描述为

$$\boldsymbol{N} = (\boldsymbol{E}_n - \boldsymbol{J}^+ \boldsymbol{J}) = (\boldsymbol{E}_n - \boldsymbol{V}\boldsymbol{\Sigma}^+ \boldsymbol{U}^{\mathrm{T}} \boldsymbol{U}\boldsymbol{\Sigma}\boldsymbol{V}^{\mathrm{T}}) = (\boldsymbol{E}_n - \boldsymbol{V}\overline{\boldsymbol{E}}\boldsymbol{V}^{\mathrm{T}}) \tag{2.56}$$

式中，$\overline{\boldsymbol{E}} = \operatorname{diag}(\boldsymbol{E}_m, \boldsymbol{0}_{n-m})$。$\overline{\boldsymbol{E}}$ 中的 m 个单位对角线元素表示所有任务分量都处于活动状态。只需要将对角线上的相应的“1”替换为“0”，就可以停用任务分量。然而，对于平滑过渡，将 m 个对角线元素重新定义为可微分标量函数，其意义与上述方案中的激活变量相同。

2.8.3　迭代优化法

当在一组运动任务约束下寻找逆运动学问题的解时，首先想到的是应用一种现成的优化方法，如线性二次规划或微分动态规划。这种方法最初用于人体动作的动画[172]，其主要目标是减少动画师的工作量。3D 空间中的任务，例如用手到达某个点，表示为势函数。然后将多个任务合并为加权势的总和。使用具有线性等式约束和不等式约束的非线性规划方法对目标势函数进行关节限制。然而，由于权重调整是靠经验，因此该方法非常麻烦。此外，对于多个任务，系统可能很容易变成过度约束，或者可能陷入次优解。

最常用的是非线性规划方法的子类——凸优化方法。特别地，适用于以下二次规划(QP)任务的公式

$$\min_{\boldsymbol{x}} \frac{1}{2} \boldsymbol{x}^{\mathrm{T}} \boldsymbol{G} \boldsymbol{x} + \boldsymbol{g}^{\mathrm{T}} \boldsymbol{x} \tag{2.57}$$

满足

$$\boldsymbol{Ax} + \boldsymbol{a} = \boldsymbol{0}$$
$$\boldsymbol{Bx} + \boldsymbol{b} \leqslant \boldsymbol{0}$$

通常，最小化问题以 $0.5\|\boldsymbol{Cx}-\boldsymbol{c}\|^2$ 的形式设置，因此 $\boldsymbol{G}=\boldsymbol{C}^{\mathrm{T}}\boldsymbol{C}$ 和 $\boldsymbol{g}=-\boldsymbol{C}^{\mathrm{T}}\boldsymbol{c}$ [38]。注意，使用这个公式可以处理不等式约束，这是非常适合的，例如，确保关节限制约束。

引入具有固定任务优先级的分级结构

避免过度约束的系统是可取的。一种可能的方法是在分级结构的最优化框架内安排任务[96]。文献[23]设计了一种递归优先级排序方案，其中当前优先级的约束优化过程与所有高优先级过程保持解耦。解耦是通过零空间投影算子来实现的，其方法类似于多任务冗余分解法。优化目标定义如下。

对于一组任务 $T_i(\boldsymbol{x}_i)$，$i=1,2,\cdots,m$，发现

$$h_i = \min_{\boldsymbol{x}_i \in S_i} T_i(\boldsymbol{x}_i)$$

满足

$$T_k(\boldsymbol{x}_i) = h_k, \forall k < i$$

式中，S_i 是非空凸集。这些任务被确定为线性等式约束的正半定二次形式，即对于给定的 $\boldsymbol{A}_i$、$\boldsymbol{b}_i$，有

$$T_i(\boldsymbol{x}_i) = \|\boldsymbol{A}_i\boldsymbol{x}_i - \boldsymbol{b}_i\|^2$$

例如，在瞬时运动任务的情况下，以下替换保留 $\boldsymbol{x}_i \to \dot{\boldsymbol{\theta}}_i$、$\boldsymbol{A}_i \to \boldsymbol{J}_i$、$\boldsymbol{b}_i \to \mathcal{V}_i$。在优先级为 k 时，该问题的解是基于在所有前面 $k-1$ 级的受限雅可比矩阵的零空间的适当参数化。

事实证明，一种称为字典优化[52]的方法解决了同样的问题。在字典顺序中的可行集合上优化多个目标函数，即优化低优先级任务在不干扰高优先级任务的情况下进行优化。直到最近，这种方法在机器人领域才为人所熟知。它最早出现在刚体接触模型中[146,163]。字典顺序表示如下：

$$T_1(\boldsymbol{x}) \succ T_2(\boldsymbol{x}) \succ \cdots \succ T_m(\boldsymbol{x})$$

这种表示法表示了任务集中的分级结构。

具有平滑任务转换的可变任务优先级

任务激活或停用功能与重新排序任务优先级的重要性已在文献[91,145,63]中讨论过。相应的控制体系结构包括一个底层控制器，它确保“反射式”或“反应式”类型任务的执行，其优先级由“任务堆栈”中定义的任务序列决定。高级控制器决定特定任务的激活或停用(从堆栈中插入或删除)及其在堆栈中的优先级分配。在文献[92,94]中，如上所述，解的不连续性问题通过激活变量 α_k 来解决。这些变量放在矩阵 $\mathbb{A}$ 的对角线上，称为激活矩阵。逆运动学解的表达式为

$$\dot{\boldsymbol{\theta}} = \lambda(\mathbb{A}\boldsymbol{J})^{+}\mathbb{A}\mathcal{V} \tag{2.58}$$

式中，标量 λ 决定迭代解的收敛速度。此外，进一步证实了在处理上述伪逆的不连续时，阻尼最小二乘法是不合适的，原因已经讨论。相反，提出了一个新的逆算子。对于两个子任务的最简单情况，通过下面的伪逆分解得到逆

$$\boldsymbol{J}^{+} = \begin{bmatrix}\boldsymbol{J}_1 \\ \boldsymbol{J}_2\end{bmatrix}^{+} = \begin{bmatrix}\boldsymbol{J}_1^{+} & \boldsymbol{J}_2^{+}\end{bmatrix} + \boldsymbol{C}_{12} \tag{2.59}$$

式中，C_{12}说明了两个子任务的雅可比矩阵 J_1 和 J_2 之间的耦合。然后，解(2.58)被重写为

$$\dot{\boldsymbol{\theta}} = \lambda \boldsymbol{J}_c^{\oplus \mathbb{A}} \mathcal{V} \tag{2.60}$$

式中，$J_c^{\oplus \mathbb{A}}$ 是具有连续性的新的逆。新的逆和相应的解(2.60)通过基于视觉的伺服实验进行了验证。到目前为止，还没有关于仿人的其他报道。

引入不等式约束

迭代优化法的优点是，通过松弛变量可以直接嵌入不等式约束。如下所述，这种方法是针对仿人机器人[60,59]实施的。替代上述任务 T_i，考虑如下线性不等式：

$$\boldsymbol{b}_i^{\min} \leqslant \boldsymbol{A}_i \boldsymbol{x}_i \leqslant \boldsymbol{b}_i^{\max}$$

最小化目标为

$$\min_{\boldsymbol{x}_i \in S_i, \boldsymbol{w}_i} \| \boldsymbol{w}_i \|, \quad \boldsymbol{b}_i^{\min} \leqslant \boldsymbol{A}_i \boldsymbol{x}_i - \boldsymbol{w}_i \leqslant \boldsymbol{b}_i^{\max} \tag{2.61}$$

满足

$$\boldsymbol{b}_k^{\min} \leqslant \boldsymbol{A}_k \boldsymbol{x}_i \leqslant \boldsymbol{b}_k^{\max}, \quad \forall k < i$$

松弛变量 $\boldsymbol{w}_k$ 的作用是放松 k 级的约束。范数 $\| \boldsymbol{w}_k \|$ 可以用作 k 级约束冲突的度量。此冲突将传播到所有较低级别。

在这些方案中，通过奇异值分解(SVD)确定每个优先级的特定解和零空间基矢量。然而，该方法的总计算成本非常高。最近，基于完全正交分解法[33,34]和 QR 分解法[58]的替代方法已经开发出来，实现了实时求解，这一结果令人受到鼓舞。QR 分解法旨在解决通过分级结构递降时优化问题的降维。该方法被证明可以最快得到结果。

由于计算成本问题是可管理的，因此与数值优化相关的其余问题是计算稳定性。请注意，在上述方案中，优先级次序是基于受限的雅可比矩阵。与针对多任务的冗余分解法一样，固有的算法奇异性阻碍了关于稳定性的明确结论。文献[58]考虑了使用阻尼最小二乘法来缓解该问题。但是如前所述，该方法存在许多缺点。具有任务优先级的数值优化方案的稳定性仍然是一个悬而未决的问题。

在最近的一项工作[82]中，提出了一种广义的分层 IK(逆运动学)算法，该算法声称可以避免数值不稳定性问题。该方法可以处理不等式约束，固定和可变任务优先级。在后一种情况下，在所谓的"广义零空间投影"的帮助下，可以同时执行多个优先级重新排列。还声称该方法是对运动学和算法奇异性具有鲁棒性。不幸的是，繁重的计算负荷无法实现实时控制。

2.8.4　总结与讨论

本节的重点是运动任务约束和通过运动任务的雅可比矩阵得出的相应的零空间投影。结果表明，通过这样的投影，可以在任务之间引入固定或可变的满足需要的层次结构。零空间投影在这两种相互竞争的方法中发挥着重要作用——经典方法是在 20 世纪 80 年代由运动学冗余机械臂研究建立的，而较新的方法基于迭代优化法，并且最初开发用于支持人体动作的动画技术。两种方法的理想特征是：

- 处理按分级结构排列的任务。
- 处理等式和不等式类型的任务。
- 处理奇异点。
- 通过可变优先级分配任务来实现灵活性。
- 激活或停用任务的可能性(即应用主动集方法[83])。

• 确保任务之间的平稳过渡。
• 解决方案的稳定性和被动性。
• 符合硬实时要求。

迭代优化法是通用的。它们可以处理各种类型的约束，包括不等式约束。过去，确保实时性是个问题。但最近的研究表明，对于具有零空间任务优先级的框架，这种性能要求是可以实现的。剩下的问题是在进行机器人控制中缺乏关于稳定性的证据。

这里讨论的方法并非都是纯粹基于运动学的。在解决控制稳定性时，需要考虑动力学。到目前为止，只有文献[27,140]证实了多任务零空间冗余分解的渐近稳定性。相关问题是在使用零空间投影时缺乏被动性，如文献[133]中所述。文献[124]表明了如何确保柔顺控制的被动条件。

切换任务优先级和任务激活/停用对于避免因任务冲突(或算法奇异性)而导致的系统过度约束非常重要。由于这些是离散事件，因此已经开发了特殊方法来确保平稳解决。过去，阻尼最小二乘法是首选方法。但是，如文献[116,93,63,29]所指出的那样，在分层多任务方案中实施该方法时出现了一些问题：

• 阻尼因子与理想的优先顺序相反。
• 解的准确性不仅在奇异点附近降低。
• 阻尼因子的调整要依靠经验，并且十分困难。
• 阻尼因子不直观，与系统的物理参数无关。

通过加权广义逆而不是零空间投影[172,21,44]来处理多任务约束是可能的。然而，大多数研究人员认为，这种方法不是最优的，因为权重调整是经验性的，缺乏严谨性。这里也没有关于控制稳定性的证据。

这里讨论的基于零空间的方法可以确保“反射式”或“反应式”机器人行为。这种行为的本质是局部的。这种行为被认为是必要但不充分的条件。如文献[63,29,25]所述，还需要涉及全局运动规划方法。

此处仅讨论了运动任务约束。接触产生的物理约束将在下一节中讨论。

2.9 接触产生的运动约束

双足仿人机器人通过行走来移动，从而建立双足与地面之间的物理接触。当机器人使用手和手指操纵物体或工具来执行操作任务时，也会发生物理接触。由一个或多个末端连杆与环境中的物体(地面，墙壁等)之间发生的接触是物理接触的典型情况[107]。由物体和一个或多个机器人的中间连杆之间发生的接触不太常见，例如，当机器人跌倒后躺在地上[40,66,76,43]时，当机器人坐在椅子上[134,77]时，或者当机器人用背部推动重物[102]时。机器人还可以通过手持工具间接地接触物体，或者将物体放在桌子上[20]。有时，机器人连杆之间可能发生物理接触，而不涉及环境中的物体(例如，自碰撞的情况)。

所有这些类型的物理接触都通过接触关节建模。自 20 世纪 90 年代以来，多体系统和机器人接触现象的建模和分析得到了广泛研究[100,10,154,125,128]。机器人的灵活性受到接触的约束。因此，约束多体系统模型变得具有适用性。自世纪之交以来，约束多体系统的研究受到了广泛关注[4,12,165,15,74]。在机器人领域，约束运动控制问题可以追溯到机械臂力[160]、位置/力混合[132]和多臂机器人协作控制[48,167]；另见文献[32,171]。用多指手灵巧地操作物体是机器人研究中另一个成熟的领域，它涉及约束运动模型。如文献[104](第 5 章和第 6 章)中所述，手的建模和控制的理论基础为仿人机器人的建模和控制提供了坚实的基础，这可以从下面的内容明显看出。在仿人机器人领域，运动和力控制在接触关节间的重要性已得到公认，例如文献[128,108,92,139,134]。

2.9.1　接触关节

接触关节对接触的两个物体之间的相对运动强制施加最多 6 个约束。强制施加的运动约束的数量取决于物体的形状和关于摩擦的假设[100]。这些条件决定了接触关节的类型。

有摩擦的接触关节限制了所有方向上的运动。这里的重点是无摩擦接触关节，允许在一个或多个方向上的相对运动。有摩擦的接触关节将在 3.3 节中讨论。在图 2.1 所示的例子中，机器人站在地面上，并用手握住圆柱形物体（杆）。在双足和地之间以及手和物体之间发生接触。假设手接触点处的摩擦力为零，则允许沿着杆轴方向滑动和绕杆周方向旋转。双手接触关节可以被描述为圆柱形关节。另一方面，假设脚接触点处的摩擦力为零，脚接触关节可以被描述为平面关节，因为允许在地面平面内滑动和绕地面平面法线旋转。另一个经常讨论的例子是使用手指指端抓取物体。接触模型包括无摩擦或有摩擦的点接触关节[104]。

末端连杆处的接触关节将由 $k\in\{e_r,e_l\}$，$e\in\{H,F\}$表示。每个接触关节处的运动约束的数量将表示为 c_k，$c_k\leqslant 6$。$c_k=6$ 时，两个接触体之间的相对运动受到完全约束。当 $c_k<6$ 时，沿 $\eta_k=6-c_k$ 方向的相对运动是可能的。这些方向称为不受约束的方向。有两种特殊类型的“接触”关节。沿所有 6 个方向（$c_k=6$，$\eta_k=0$）施加约束的接触关节称为“焊接”关节。例如，焊接型关节用于模拟物体或工具的固定夹具。接下来，回顾一下 2.4.2 节中介绍的刚体关节。该关节可以称为不强制施加任何约束的“接触”关节，满足 $c_k=0$、$\eta_k=6$。

2.9.2　接触坐标系

接触关节处的受约束和不受约束的运动方向可以用适当的接触坐标系表示。该坐标系的原点固定在闭环连杆位置上的特征接触点处。对于点接触，特征点易于确定，即接触点；对于平面或线接触，采用压力中心（CoP）作为这样的点[139]。压力中心（CoP）的位置可以通过适当的传感器数据推导得出，例如，来自分布在鞋底的压力感应式电阻器或多维力或力矩传感器[53]。接触坐标系的 z 轴沿着与机器人连杆接触的物体的表面法线方向。按照惯例，z 轴方向的设定应满足接触时的反作用力总是非负的[10]。例如，在抓取时，这种力总是由压缩（挤压物体）引起。另一方面，x 轴和 y 轴是根据特定的物体表面凭借直觉选择的[162]。常用的接触建模方法还需要定义另一个坐标系。该坐标系固定在参与接触的第二主体，即机器人连杆[100,104,125]。

以图 2.11 中显示的手和脚的接触关节为例，接触坐标系$\{e_k\}$固定在杆、地面和 4 个压

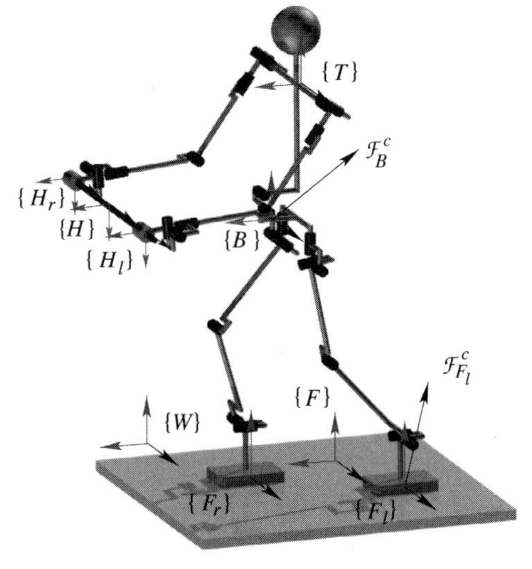

图 2.11　闭环通过双脚和双手上的接触关节形成。接触坐标系$\{k\}$，$k\in\{e_r,e_l\}$，$e\in\{H,F\}$固定在压力中心（CoP）到共用的闭环连杆（基座 F 或杆 H）。双足上的 z 轴指向（垂直于平面向上）满足接触处的反作用力总是非负的。在双足的垂直方向上的接触约束是单侧的，而在有角度的角的切线方向上的接触约束是双边的，具有界限。双手上的所有接触约束都是双边的

力中心(CoP)上。z_k 坐标轴沿物体表面法线方向，其始终表示运动约束方向。在脚产生接触的情况下，z_{Fj} 轴指向上方，使得沿法线的反作用力始终为正。x_{Fj} 坐标轴和 y_{Fj} 坐标轴与接触面(地面)相切。x_{Fj} 轴与惯性框架 x_F 轴平行。在手发生接触的情况下，y_{Hj} 轴与物体的 y_H 轴平行。

通常，接触的表面可以具有任意形状[100,125]。因此，应该记住，有时接触坐标系坐标轴的设定不像之前的例子那样简单[37]。

2.9.3　无摩擦接触关节的运动学模型

由 $\bar{\mathcal{V}}_k^m \in \Re^{\eta_k}$ 表示沿接触关节 k 处的无约束运动方向的一阶瞬时运动分量。这些分量确定了接触关节的运动旋量，即

$$\mathcal{V}_k = {}^k\mathbb{B}_m \bar{\mathcal{V}}_k^m \tag{2.62}$$

式中，${}^k\mathbb{B}_m \in \Re^{6\times\eta_k}$ 是一个变换，它由无约束运动方向上运动旋量分量的规范正交基矢量组成⊖。这个互补变换满足 ${}^k\mathbb{B}_m \oplus {}^k\mathbb{B}_c = \boldsymbol{E}_6$（$\oplus$表示直接求和运算符）

$$\mathcal{V}_k = {}^k\mathbb{B}_c \bar{\mathcal{V}}_k^c \tag{2.63}$$

式中，$\bar{\mathcal{V}}_k^c$ 为受约束的运动方向上的一阶瞬时运动分量。在上述符号中(以及整个文本中)，符号的上划线表示受限总量，即

$$\bar{\mathcal{V}}_k^m = \boldsymbol{N}({}^k\mathbb{B}_c)\mathcal{V}_k = {}^k\mathbb{B}_m^{\mathrm{T}}\mathcal{V}_k \tag{2.64}$$

$$\bar{\mathcal{V}}_k^c = \boldsymbol{N}({}^k\mathbb{B}_m)\mathcal{V}_k = {}^k\mathbb{B}_c^{\mathrm{T}}\mathcal{V}_k \tag{2.65}$$

这些关系意味着

$$\begin{bmatrix} \bar{\mathcal{V}}_k^c \\ \bar{\mathcal{V}}_k^m \end{bmatrix} = \begin{bmatrix} {}^k\mathbb{B}_c^{\mathrm{T}} \\ {}^k\mathbb{B}_m^{\mathrm{T}} \end{bmatrix} \mathcal{V}_k,\ \bar{\mathcal{V}}_k^c \perp \bar{\mathcal{V}}_k^m \tag{2.66}$$

注意，在刚性约束的情况下，$\bar{\mathcal{V}}_k^c = \boldsymbol{0}$。

上述变换在接触坐标系中表示。另一方面，环境中与机器人连杆接触的物体的运动通常用惯性坐标系表示。这意味着需要在惯性(世界)坐标系中进行坐标变换的表达式。所以要采用如下关系：

$$\mathbb{B}_{(\circ)}(\boldsymbol{p}_k) = \mathbb{R}_k(\boldsymbol{p}_k)\,{}^k\mathbb{B}_{(\circ)} \tag{2.67}$$

式中，$\mathbb{R}_k$ 是公式(2.3)中定义的空间旋转矩阵。显然，当在惯性坐标系中表示时(由缺失的左上上角标表示)，$\mathbb{B}_m(\boldsymbol{p}_k)$和 $\mathbb{B}_c(\boldsymbol{p}_k)$成为接触几何的函数，该接触几何函数通过接触的两个表面的局部曲率和转矩参数化表达。在矢量参数 $\boldsymbol{p}_k$ 中获得各个参数[64,100]。这就是为什么 $\mathbb{R}_k$ 被指定为 $\boldsymbol{p}_k$ 的函数的原因。还应注意，$\mathbb{R}_k(\boldsymbol{p}_k)$映射保持了两个变换之间的互补关系。

示例

在图 2.11 的例子中，手中的无摩擦圆柱形接触关节确定

$${}^{H_j}\mathbb{B}_m = \begin{bmatrix} 0 & 0 \\ 1 & 0 \\ 0 & 0 \\ 0 & 0 \\ 0 & 1 \\ 0 & 0 \end{bmatrix},\quad \bar{\mathcal{V}}_{H_j}^m = \begin{bmatrix} v_y \\ \omega_y \end{bmatrix} \tag{2.68}$$

⊖　回顾一下，这个变换曾用于多自由度关节模型(参见公式(2.13))。

另一方面，足部无摩擦的平面接触关节建模为

$$
{}^{F_j}\mathbb{B}_m = \begin{bmatrix} 1 & 0 & 0 \\ 0 & 1 & 0 \\ 0 & 0 & 0 \\ 0 & 0 & 0 \\ 0 & 0 & 0 \\ 0 & 0 & 1 \end{bmatrix}, \quad \overline{\mathcal{V}}_{F_j}^{m} = \begin{bmatrix} v_x \\ v_y \\ \omega_z \end{bmatrix} \tag{2.69}
$$

到目前为止描述的接触模型都是在环境或对象的接触坐标系中表示的。为了完成步行和操作物体等任务，机器人必须控制接触点上的运动(和力)分量。因此，必须将机器人的接触坐标系引入接触模型。这将在下一节中讨论。

2.10　封闭链的微分运动学

对运动链内的瞬时运动的约束由控制器(基于任务的约束)或通过接触(物理约束)施加。例如，2.7 节中用于冗余分解的附加运动约束是基于任务的约束。末端连杆路径跟随(例如根据奇异一致性方法(参见 2.5 节))给出了另一个例子。这里主要关注的是通过接触的物理约束。

通过接触关节，在机器人运动链内形成一个或多个闭环。例如，当机器人处于双脚直立时，通过地/双足接触形成闭环。地面称为闭环连杆。当机器人用双手握住物体时，通过物体/双手接触形成第二个闭环。在这种情况下，有两个闭环连杆：地面和物体。每个闭环由两个平行的支链形成：手臂和腿。这两个闭环是相互独立的。这种情况如图 2.12a 所示。使用这种模型，可以设计两个独立的控制器，例如，考虑腿部闭环的平衡控制器和考虑手臂闭环的物体操作控制器。

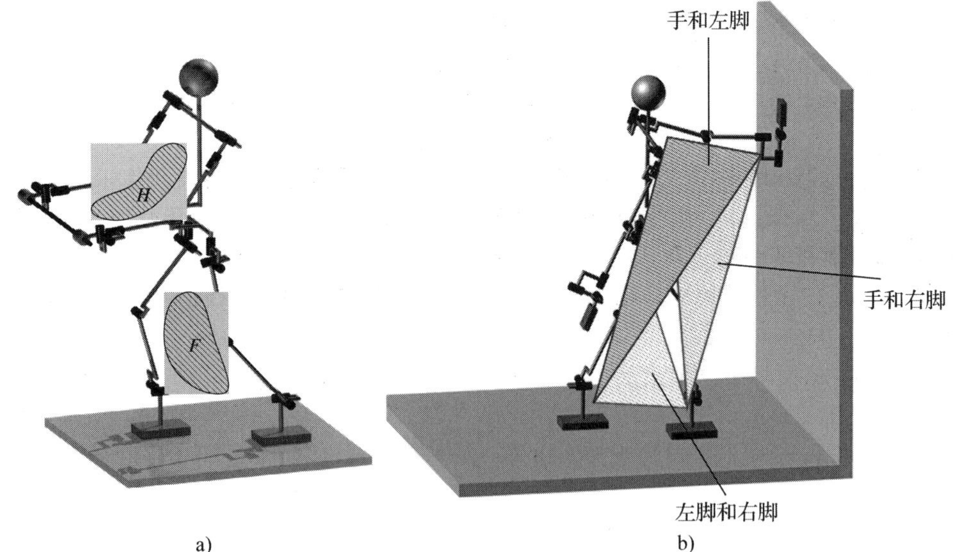

图 2.12　通过接触关节形成闭环。a)当机器人的双足静止在地面上，并且双手抓握物体(杆)时，由两个不同的闭环连杆(地面 F 和物体(杆)H)形成两个独立的闭环。这两个闭环由相应的闭环连杆(地面 F 或杆 H)确认。每个闭环由两个平行的支链组成，分别为腿和手臂。b)3 个三角形表示由 3 个平行支链组成的 3 个相互依赖的闭环。公共的闭环连杆由地面和墙壁组成

此外，在机器人处于双脚直立时，其中一只手接触墙壁，就会形成3个闭环。请注意，只有一个由地面和墙壁组成的公共闭环连杆。这种连杆产生了相互依赖的微分运动关系。由3个平行支链形成的3个闭环，即双腿和接触墙壁的手臂，被认为是相互依赖的。参见图2.12b，3个彩色三角形和地面/墙分别表示闭环和公共闭环连杆 F。形成相互依赖的闭环的另一个例子是用手指操作物体[104]。手指代表多个平行支链，被抓取的物体起着闭环连杆的作用。这样就形成了多个相互依赖的闭环。

2.10.1 闭环支链的瞬时运动分析

闭环子支链表现出的微分运动关系，反映了由于每个闭环内的接触约束所造成的自由度减少。在本节中，重点关注单个闭环的情况，即闭环 F 或 H，如图2.12a所示。为了进行瞬时运动分析，除非另有说明，否则将假定为无摩擦接触关节。有摩擦的接触关节将在3.4节中处理。接触坐标系 $\{k\},k\in\{e_r,e_l\}$，$e\in\{H,F\}$，根据2.9.2节中阐明的规则进行分配。沿受约束和不受约束的运动方向的基矢量分别表示为 ${}^k\mathbb{B}_c\in\Re^{6\times c_k}$ 和 ${}^k\mathbb{B}_m\in\Re^{6\times\eta_k}$（参见2.9.3节）。在下面的推导中，所有的量都将在惯性坐标系中表示，因此，将左上角标省略。根据公式(2.67)将接触关节处的基矢量转换到惯性坐标系。通过这种方式，可以处理弯曲的接触表面(非平面的地面/弯曲的物体)。闭环的根连杆和闭合连杆分别表示为 $\{R\}$ 和 $\{e\}$。因此由双腿和双手臂形成的闭环分别由 $e=F$，$R=B$ 和 $e=H$，$R=T$ 表示(参见图2.13)。肢体关节的数量表示为 $n_k\geqslant 6$，$n_e=n_{e_r}=n_{e_l}\geqslant 12$，代表闭环中驱动关节的总数。各个关节变量在矢量 $\boldsymbol{\theta}_e=\begin{bmatrix}\boldsymbol{\theta}_{e_r}^{\mathrm{T}} & \boldsymbol{\theta}_{e_l}^{\mathrm{T}}\end{bmatrix}^{\mathrm{T}}\in\Re^{n_e}$ 中。此外，闭环广义坐标矢量表示为 $\boldsymbol{q}_e=(\mathcal{X}_R,\ \boldsymbol{\theta}_e)\in\Re^{6+n_e}$，$\mathcal{X}_R$ 代表由局部坐标系(例如欧拉角、欧拉参数；参见2.4.2节)的优先选择确定的根连杆的6D位置。

闭环内的瞬时运动关系由闭合连杆和根连杆的运动旋量 $\mathcal{V}_e$ 和 $\mathcal{V}_R$，以及闭环关节速率 $\dot{\boldsymbol{\theta}}_e$ 确定。参见图2.13，由双手握住的杆瞬间以 $\mathcal{V}_H$ 扭转。此外，支撑表面的一般情况，即以运动旋量 $\mathcal{V}_F$ 瞬间移动，可以用这种表示法来解决。

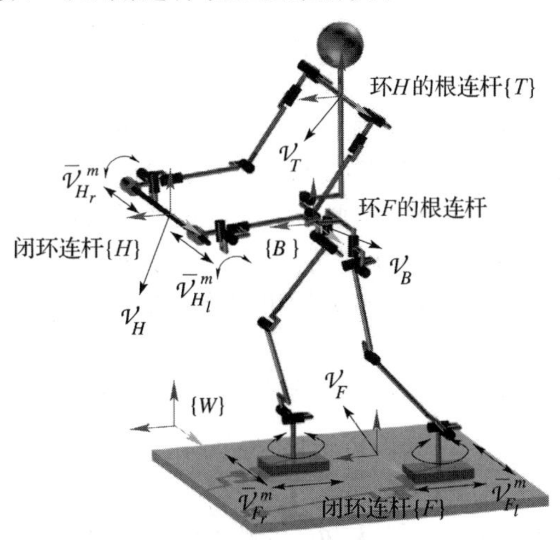

图2.13 具有两个独立闭环的仿人机器人。F 和 H 分别由双足和双手处的无摩擦接触关节形成。闭环连杆速度表示为 $\mathcal{V}_F$ 和 $\mathcal{V}_H$。末端连杆速度 $\bar{\mathcal{V}}_{e_j}^m$ 表示每个接触关节在不受约束方向上的瞬时运动。每个闭环由两个物理平行支链组成，这两个物理平行支链将环-根连杆与闭环连杆连接起来，再加上一个虚拟支链(未示出)，这个虚拟支链通过惯性坐标系和根连杆之间的虚拟6自由度关节形成连接

肢体速度

接触坐标系 k 的瞬时运动被确定为

$$\mathcal{V}_k(\mathcal{V}_e, \boldsymbol{p}_k) = \mathbb{T}_{\overleftarrow{ke}}(\boldsymbol{p}_k)\mathcal{V}_e + \mathcal{V}_k'(\boldsymbol{p}_k) \tag{2.70}$$

式中，$\mathcal{V}_k{}'(\boldsymbol{p}_k)$表示相对于闭合连杆的相对瞬时运动。回想一下，矢量参数 $\boldsymbol{p}_k$ 用接触几何形状一致地参数化表示接触关节运动(参见公式(2.67))。另一方面，末端连杆 k 的瞬时运动可表示为

$$\mathcal{V}_k(\mathcal{V}_R, \boldsymbol{q}_k) = \mathbb{T}_{\overleftarrow{kR}}(\boldsymbol{q}_k)\mathcal{V}_R + \boldsymbol{J}_R(\boldsymbol{q}_k)\dot{\boldsymbol{\theta}}_k \tag{2.71}$$

式中，$\boldsymbol{J}_R(\boldsymbol{q}_k) \in \Re^{6\times n_k}$ 表示肢体雅可比矩阵。当末端连杆精确地跟踪闭合连杆上的接触坐标系的运动时，将确保运动学的闭环。我们有

$$\mathcal{V}_k(\mathcal{V}_e, \boldsymbol{p}_k) = \mathcal{V}_k(\mathcal{V}_R, \boldsymbol{q}_k)$$

简化假设：从上面的方程可以推断，在接触关节处的运动可以参数化地由 $n_k + 6 + \dim(\boldsymbol{p}_k)$个变量表达。这就意味着，一般来说，闭环的瞬时运动关系依赖于 $\boldsymbol{p}_k$ 矢量参数的时间导数[64]。为了保持符号的简单性，以后只假定为时不变接触几何。于是 $\mathcal{V}_k'(\boldsymbol{p}_k)$、$\mathbb{T}_{\overleftarrow{ke}}(\boldsymbol{p}_k)$、$\mathbb{B}_c(\boldsymbol{p}_k)$和 $\mathbb{B}_m(\boldsymbol{p}_k)$可以表达为 $\boldsymbol{q}_k$ 的函数，而不是 $\boldsymbol{p}_k$ 的函数。在接触关节处的运动旋量可以简单地表示为

$$\mathcal{V}_k \equiv \mathcal{V}_k(\mathcal{V}_R, \boldsymbol{q}_k) \tag{2.72}$$

此外，公式(2.71)可以沿约束(c)和活动度(m)(即无约束)方向投影。为此，先自左乘 $\mathbb{B}_c^{\mathrm{T}}(\boldsymbol{q}_k)$，再乘 $\mathbb{B}_m^{\mathrm{T}}(\boldsymbol{q}_k)$，得到系统

$$\begin{bmatrix} \mathbb{C}_{cR}^{\mathrm{T}}(\boldsymbol{q}_k) \\ \mathbb{C}_{mR}^{\mathrm{T}}(\boldsymbol{q}_k) \end{bmatrix} \mathcal{V}_R + \begin{bmatrix} \mathcal{J}_{cR}(\boldsymbol{q}_k) \\ \mathcal{J}_{mR}(\boldsymbol{q}_k) \end{bmatrix} \dot{\boldsymbol{\theta}}_k = \begin{bmatrix} \mathbb{B}_c^{\mathrm{T}}(\boldsymbol{q}_k) \\ \mathbb{B}_m^{\mathrm{T}}(\boldsymbol{q}_k) \end{bmatrix} \mathcal{V}_k \tag{2.73}$$

式中

$$\mathbb{C}_{cR}^{\mathrm{T}}(\boldsymbol{q}_k) = \mathbb{B}_c^{\mathrm{T}}(\boldsymbol{q}_k)\mathbb{T}_{\overleftarrow{kR}}(\boldsymbol{q}_k) \in \Re^{c_k\times 6} \tag{2.74}$$

$$\mathcal{J}_{cR}(\boldsymbol{q}_k) = \mathbb{B}_c^{\mathrm{T}}(\boldsymbol{q}_k)\boldsymbol{J}_R(\boldsymbol{q}_k) \in \Re^{c_k\times n_k} \tag{2.75}$$

$$\mathbb{C}_{mR}^{\mathrm{T}}(\boldsymbol{q}_k) = \mathbb{B}_m^{\mathrm{T}}(\boldsymbol{q}_k)\mathbb{T}_{\overleftarrow{kR}}(\boldsymbol{q}_k) \in \Re^{\eta_k\times 6}$$

$$\mathcal{J}_{mR}(\boldsymbol{q}_k) = \mathbb{B}_m^{\mathrm{T}}(\boldsymbol{q}_k)\boldsymbol{J}_R(\boldsymbol{q}_k) \in \Re^{\eta_k\times n_k}$$

矩阵 $\mathbb{C}_{cR}(\boldsymbol{q}_k)$和 $\mathbb{C}_{mR}(\boldsymbol{q}_k)$均为列满秩矩阵，$\mathbb{B}_c(\boldsymbol{q}_k)$和 $\mathbb{B}_m(\boldsymbol{q}_k)$也是如此。公式(2.73)的上半部分确定了肢体 e_j 的一阶微分运动约束，其中 $j\in\{r, l\}$。闭环中的两个末端连杆以由两个运动旋量 $\mathcal{V}_k$ 确定的同步方式运动。这两个运动旋量确保闭合连杆的运动旋量正好是 $\mathcal{V}_e$。另一方面，公式(2.73)的下半部分确定了沿移动方向的每个末端连杆的瞬时运动。由此，末端连杆沿着闭合连杆跟踪由 $\mathcal{V}_k'(\boldsymbol{q}_k)$确定的相应接触坐标系的瞬时运动。这些末端连杆的跟踪运动是相互独立的。

接下来，参考公式(2.70)，公式(2.73)等号右边可以表示为

$$\mathbb{C}_e^{\mathrm{T}}(\boldsymbol{q}_k)\mathcal{V}_e + \mathbb{B}^{\mathrm{T}}(\boldsymbol{q}_k)\mathcal{V}_k' \equiv \overline{\mathcal{V}}_k \tag{2.76}$$

式中

$$\mathbb{B}(\boldsymbol{q}_k) = [\mathbb{B}_c(\boldsymbol{q}_k) \quad \mathbb{B}_m(\boldsymbol{q}_k)] \in \Re^{6\times 6}$$

$$\begin{aligned}\mathbb{C}_e^{\mathrm{T}}(\boldsymbol{q}_k) &= \mathbb{B}^{\mathrm{T}}(\boldsymbol{q}_k)\mathbb{T}_{\overleftarrow{ke}}(\boldsymbol{q}_k) \\ &= [\mathbb{C}_{ce}(\boldsymbol{q}_k) \quad \mathbb{C}_{me}(\boldsymbol{q}_k)]^{\mathrm{T}}\end{aligned}$$

$$\overline{\mathcal{V}}_k = [(\overline{\mathcal{V}}_k^c)^{\mathrm{T}} \quad (\overline{\mathcal{V}}_k^m)^{\mathrm{T}}]^{\mathrm{T}}$$

如公式(2.66)所示，$\bar{\mathcal{V}}_k^c \perp \bar{\mathcal{V}}_k^m$。此外，肢体的约束雅可比矩阵 $\mathcal{J}_{cR}(\boldsymbol{q}_k)$的值域空间是肢体活动度雅可比矩阵 $\mathcal{J}_{mR}(\boldsymbol{q}_k)$的正交补。用这种表示法，公式(2.73)可以简写成

$$\mathbb{C}_R^{\mathrm{T}}(\boldsymbol{q}_k)\mathcal{V}_R + \mathcal{J}_R(\boldsymbol{q}_k)\dot{\boldsymbol{\theta}}_k = \mathbb{C}_e^{\mathrm{T}}(\boldsymbol{q}_k)\mathcal{V}_e + \mathbb{B}^{\mathrm{T}}(\boldsymbol{q}_k)\mathcal{V}_k' \tag{2.77}$$

式中

$$\mathbb{C}_R(\boldsymbol{q}_k) = \begin{bmatrix}\mathbb{C}_{cR}(\boldsymbol{q}_k) & \mathbb{C}_{mR}(\boldsymbol{q}_k)\end{bmatrix} \in \Re^{6\times 6} \tag{2.78}$$

和 $\mathcal{J}_R(\boldsymbol{q}_k) = \mathbb{B}^{\mathrm{T}}(\boldsymbol{q}_k)\boldsymbol{J}_R(\boldsymbol{q}_k)$；$\mathbb{B}(\boldsymbol{q}_k)$起到置换矩阵的作用，该矩阵重新排列闭环中肢体的瞬时运动方程。矩阵 $\mathbb{C}_R(\boldsymbol{q}_k)$和 $\mathbb{C}_e(\boldsymbol{q}_k)$分别为根连杆和闭合连杆的肢体的接触映射(CMs)。它们由受约束方向和移动方向的接触映射组成。注意，对于具有摩擦的接触关节，$\mathbb{C}_{(\circ)}(\boldsymbol{q}_k) = \mathbb{C}_{c(\circ)}(\boldsymbol{q}_k)$。另一方面，完全自由的接触关节的接触映射为 $\mathbb{C}_{(\circ)}(\boldsymbol{q}_k) = \mathbb{C}_{m(\circ)}(\boldsymbol{q}_k)$。

封闭链内的速度

闭环的瞬时运动方程可以描述成公式(2.73)的形式。我们有

$$\begin{bmatrix}\mathbb{C}_{cR}^{\mathrm{T}}(\boldsymbol{q}_e)\\ \mathbb{C}_{mR}^{\mathrm{T}}(\boldsymbol{q}_e)\end{bmatrix}\mathcal{V}_R + \begin{bmatrix}\mathcal{J}_{cR}(\boldsymbol{q}_e)\\ \mathcal{J}_{mR}(\boldsymbol{q}_e)\end{bmatrix}\dot{\boldsymbol{\theta}}_e = \begin{bmatrix}\mathbb{B}_c^{\mathrm{T}}(\boldsymbol{q}_e)\\ \mathbb{B}_m^{\mathrm{T}}(\boldsymbol{q}_e)\end{bmatrix}\begin{bmatrix}\mathcal{V}_{e_r}\\ \mathcal{V}_{e_l}\end{bmatrix} \tag{2.79}$$

式中

$$\mathbb{B}_c^{\mathrm{T}}(\boldsymbol{q}_e) = \mathrm{diag}(\mathbb{B}_c^{\mathrm{T}}(\boldsymbol{q}_{e_r}),\ \mathbb{B}_c^{\mathrm{T}}(\boldsymbol{q}_{e_l})) \in \Re^{c_e\times 12}$$
$$\mathbb{B}_m^{\mathrm{T}}(\boldsymbol{q}_e) = \mathrm{diag}(\mathbb{B}_m^{\mathrm{T}}(\boldsymbol{q}_{e_r}),\ \mathbb{B}_m^{\mathrm{T}}(\boldsymbol{q}_{e_l})) \in \Re^{\eta_e\times 12}$$

$\mathcal{J}_{cR}(\boldsymbol{q}_e) \in \Re^{c_e\times n_e}$、$\mathcal{J}_{mR}(\boldsymbol{q}_e) \in \Re^{\eta_e\times n_e}$分别表示闭环的关节空间约束和末端连杆移动矩阵。相关参数如下：$c_e = c_{e_r} + c_{e_l}$，$\eta_e = \eta_{e_r} + \eta_{e_l} = 12 - c_e$。公式(2.79)等号右边可以表示为

$$\begin{bmatrix}\mathbb{C}_{ce}^{\mathrm{T}}(\boldsymbol{q}_e)\\ \mathbb{C}_{me}^{\mathrm{T}}(\boldsymbol{q}_e)\end{bmatrix}\mathcal{V}_e + \mathbb{B}^{\mathrm{T}}(\boldsymbol{q}_e)\begin{bmatrix}\mathcal{V}_{e_r}'\\ \mathcal{V}_{e_l}'\end{bmatrix} \equiv \begin{bmatrix}\bar{\mathcal{V}}_e^c\\ \bar{\mathcal{V}}_e^m\end{bmatrix},\quad \bar{\mathcal{V}}_e^c \perp \bar{\mathcal{V}}_e^m \tag{2.80}$$

式中

$$\mathbb{B}^{\mathrm{T}}(\boldsymbol{q}_e) = \mathrm{diag}(\mathbb{B}_c^{\mathrm{T}}(\boldsymbol{q}_{e_r}), \mathbb{B}_c^{\mathrm{T}}(\boldsymbol{q}_{e_l}), \mathbb{B}_m^{\mathrm{T}}(\boldsymbol{q}_{e_l}), \mathbb{B}_m^{\mathrm{T}}(\boldsymbol{q}_{e_l})) \in \Re^{12\times 12}$$

叠加形式的闭环的接触映射为

$$\mathbb{C}_{c(\circ)}(\boldsymbol{q}_e) = \begin{bmatrix}\mathbb{C}_{c(\circ)}(\boldsymbol{q}_{e_r}) & \mathbb{C}_{c(\circ)}(\boldsymbol{q}_{e_l})\end{bmatrix} \in \Re^{6\times c_e} \tag{2.81}$$

$$\mathbb{C}_{m(\circ)}(\boldsymbol{q}_e) = \begin{bmatrix}\mathbb{C}_{m(\circ)}(\boldsymbol{q}_{e_r}) & \mathbb{C}_{m(\circ)}(\boldsymbol{q}_{e_l})\end{bmatrix} \in \Re^{6\times \eta_e} \tag{2.82}$$

使用这种表示法，公式(2.79)可以写成紧凑的形式

$$\mathbb{C}_R^{\mathrm{T}}(\boldsymbol{q}_e)\mathcal{V}_R + \mathcal{J}_R(\boldsymbol{q}_e)\dot{\boldsymbol{\theta}}_e = \mathbb{C}_e^{\mathrm{T}}(\boldsymbol{q}_e)\mathcal{V}_e + \mathbb{B}^{\mathrm{T}}(\boldsymbol{q}_e)\mathcal{V}'(\boldsymbol{q}_e) \tag{2.83}$$

式中

$$\mathbb{C}_{(\circ)}^{\mathrm{T}}(\boldsymbol{q}_e) = \mathbb{B}^{\mathrm{T}}(\boldsymbol{q}_e)\begin{bmatrix}\mathbb{T}_{\overleftarrow{e_r(\circ)}}^{\mathrm{T}}(\boldsymbol{q}_{e_r}) & \mathbb{T}_{\overleftarrow{e_l(\circ)}}^{\mathrm{T}}(\boldsymbol{q}_{e_l})\end{bmatrix}^{\mathrm{T}} \in \Re^{12\times 6}$$

$$\mathcal{J}_R(\boldsymbol{q}_e) = \mathbb{B}^{\mathrm{T}}(\boldsymbol{q}_e)\boldsymbol{J}_R(\boldsymbol{q}_e) \in \Re^{12\times n_e}$$

$$\mathcal{V}'(\boldsymbol{q}_e) = \begin{bmatrix}(\mathcal{V}_{e_r}')^{\mathrm{T}} & (\mathcal{V}_{e_l}')^{\mathrm{T}}\end{bmatrix}^{\mathrm{T}}$$

例如，考虑固定地面上经常出现的双腿直立姿态：$e=F$，$R=B$，$\mathcal{V}_F=\mathbf{0}$。因此公式(2.79)变为

$$\begin{bmatrix}\mathbb{C}_{cR}^{\mathrm{T}}(\boldsymbol{q}_F)\\ \mathbb{C}_{mR}^{\mathrm{T}}(\boldsymbol{q}_F)\end{bmatrix}\mathcal{V}_B + \begin{bmatrix}\mathcal{J}_{cR}(\boldsymbol{q}_F)\\ \mathcal{J}_{mR}(\boldsymbol{q}_F)\end{bmatrix}\dot{\boldsymbol{\theta}}_F = \mathbb{B}^{\mathrm{T}}(\boldsymbol{q}_F)\begin{bmatrix}\mathcal{V}_{F_r}'\\ \mathcal{V}_{F_l}'\end{bmatrix} = \begin{bmatrix}\mathbf{0}\\ \bar{\mathcal{V}}_F^m\end{bmatrix} \tag{2.84}$$

注意，由于闭环连杆的运动旋量为零($\mathcal{V}_F=\mathbf{0}$)，因此仅存在相对运动旋量 $\mathcal{V}'_{F_j}$。还要注意，在硬约束 $\bar{\mathcal{V}}_F^c$的假设下，这些运动旋量沿约束运动方向的投影为零。从上面的等式可以明显看出，关节速率 $\dot{\boldsymbol{\theta}}_F$ 确保了基础坐标系的瞬时运动，用运动旋量 $\mathcal{V}_B$ 表示。另一方面，从下面的等式可以明显看出，关节速率也确保了双足的相对运动，即双足在地面上滑动并绕垂直方向扭转由复合空间速度 $\bar{\mathcal{V}}_F^m$决定。关节速率的适当选择将在下一节中介绍。

2.10.2　逆运动学解

闭环 e 的逆运动学问题可以表述如下："给定闭环连杆和根连杆运动旋量 $\mathcal{V}_e$ 和 $\mathcal{V}_R$，以及相对末端连杆运动旋量 $\mathcal{V}'_k$，求肢体关节速度 $\dot{\boldsymbol{\theta}}_k$，$k\in\{e_r,e_l\}$。"通过公式(2.73)可以求得上述问题的解。很容易求解出满足等号右边确定的约束条件(闭环连杆速度和末端连杆相对速度)的关节速度方程。但是，需要注意的是，前者是物理约束，而后者是任务产生的约束。考虑到物理约束应该总是被满足，最好采用具有优先级结构的解决方案，使得闭环约束具有更高的优先级。为此，首先求解公式(2.73)上半部分肢体的关节速度，即

$$\dot{\boldsymbol{\theta}}_k=\mathcal{J}_{cR}^{+}(\boldsymbol{q}_k)\tilde{\mathcal{V}}_k^c+(\boldsymbol{E}-\mathcal{J}_{cR}^{+}(\boldsymbol{q}_k)\mathcal{J}_{cR}(\boldsymbol{q}_k))\dot{\boldsymbol{\theta}}_{ku} \tag{2.85}$$

式中，$\tilde{\mathcal{V}}_k^c=\bar{\mathcal{V}}_k^c-\mathbb{C}_{cR}^{\mathrm{T}}(\boldsymbol{q}_k)\mathcal{V}_R$。然后确定满足公式(2.73)下半部分的末端连杆相对运动任务约束的无约束肢体的关节速度 $\dot{\boldsymbol{\theta}}_{ku}$。因此，获得以下约束最小二乘解(参见公式(2.49))

$$\begin{aligned}\dot{\boldsymbol{\theta}}_k&=\mathcal{J}_{cR}^{+}(\boldsymbol{q}_k)\tilde{\mathcal{V}}_k^c+\bar{\mathcal{J}}_{mR}^{+}(\boldsymbol{q}_k)\tilde{\mathcal{V}}_k^m+(\boldsymbol{E}-\boldsymbol{J}_R^{+}(\boldsymbol{q}_k)\boldsymbol{J}_R(\boldsymbol{q}_k))\dot{\boldsymbol{\theta}}_{ku}\\&=\dot{\boldsymbol{\theta}}_k^c+\dot{\boldsymbol{\theta}}_k^m+\dot{\boldsymbol{\theta}}_k^n,\ \text{s. t. }\dot{\boldsymbol{\theta}}_k^c\succ\dot{\boldsymbol{\theta}}_k^m\succ\dot{\boldsymbol{\theta}}_k^n\end{aligned} \tag{2.86}$$

$\bar{\mathcal{J}}_{mR}(\boldsymbol{q}_k)=\mathcal{J}_{mR}(\boldsymbol{q}_k)\mathbf{N}(\mathcal{J}_{cR}(\boldsymbol{q}_k))$是由肢体约束雅可比矩阵 $\mathcal{N}(\mathcal{J}_{cR}(\boldsymbol{q}_k))$的零空间约束的末端连杆可动度雅可比矩阵。末端连杆速度 $\tilde{\mathcal{V}}_k^m=\bar{\mathcal{V}}_k^m-\mathcal{J}_{mR}(\boldsymbol{q}_k)\mathcal{J}_{cR}^{+}(\boldsymbol{q}_k)\tilde{\mathcal{V}}_k^c-\mathbb{C}_{mR}^{\mathrm{T}}(\boldsymbol{q}_k)\mathcal{V}_R$。关节速度 $\dot{\boldsymbol{\theta}}_{ku}$ 可以重新用于参数化肢体雅可比矩阵$\mathcal{N}(\mathcal{J}_R(\boldsymbol{q}_k))$的零空间内的任何剩余自由度。当肢体在运动学上冗余($n_k-6>0$)时，这些自由度可用，它们决定各自的自运动。

另一方面，当肢体是非冗余的($n_k=6$)时，上述等式中的最后一项不存在。这是腿部分支的情况(参见图 2.13)，即 $e=F$ 且 $R=B$。回顾一下 2.10.1 节中的示例，其中假设具有硬接触的固定支撑，那么 $\mathcal{V}_F=\mathbf{0}=\bar{\mathcal{V}}_{F_j}^c$(参见公式(2.84))。优先级较高的部分(公式(2.86)等号右边的第一项)产生每条腿的瞬时运动，这只会影响基座连杆速度 $\mathcal{V}_B$。另一方面，优先级较低的部分(第二项)将在支撑平面内产生滑动运动或绕平面法线旋转。这个子任务与另一条腿相应的子任务可以独立完成。

此外，在许多情况下，假定足部有高摩擦接触，在固定支撑面的假设下使得足部速度 $\mathcal{V}_{F_j}$ 变为零。这也意味着足部的基本约束 $\mathbb{B}_c=\boldsymbol{E}_6$。因此，$\mathcal{J}_{cB}(\boldsymbol{q}_{F_j})$与肢体雅可比矩阵 $\boldsymbol{J}_B(\boldsymbol{q}_{F_j})$(方阵)相同。由于双足是固定的，相对运动旋量 $\mathcal{V}'_F=\mathbf{0}$。由公式(2.86)获得如下唯一解

$$\dot{\boldsymbol{\theta}}_{F_j}=\boldsymbol{J}_B^{-1}(\boldsymbol{q}_{F_j})\mathcal{V}_B \tag{2.87}$$

即使当接触断开并且相应的闭环不再存在时，上面得到的闭环公式也成立。例如，考虑从双腿站立到单腿站立的变化，当左脚抬离地面时，只要维持接触，则最后一个方程表示固定基座上的非冗余串联肢体(右腿，$j=r$)的逆运动学关系。

从以上方程推导出的肢体关节速度此后将称为约束相容或约束一致。

2.10.3 正运动学解

闭环 e 的正向运动学问题可以表述如下：给定一个任意的环-根连杆运动旋量 $\mathcal{V}_R$（或闭环连杆运动旋量 $\mathcal{V}_e$）和一个（约束一致的）环连杆关节速度 $\dot{\boldsymbol{\theta}}_e$，求解闭环连杆运动旋量 $\mathcal{V}_e$（或环-根连杆运动旋量 $\mathcal{V}_R$）。该公式反映了闭环内瞬时运动关系的相对特性。由公式(2.79)的上半部分获得的解只有在每个矩阵 $\mathbb{B}_c^{\mathrm{T}}(\boldsymbol{q}_e)$，$\mathbb{C}_{cR}^{\mathrm{T}}(\boldsymbol{q}_e)\in\Re^{c_e\times 12}$ 的秩为 6 时才是唯一的。这意味着 6 个独立的环约束，即 $c_e=6$。将闭环状态描述为完全约束状态。例如，考虑由杆形成的闭环 H，具有圆柱形接触关节（参见图 2.13）。每个接触关节施加 4 个约束，闭环内总共有 8 个约束。然而，请注意，约束不是独立的，因此杆不是完全约束：它可以在双手之间旋转和平移。为了获得完全约束的物体，可以假设其中一个接触点（例如右手边的接触点）具有高摩擦特征，则闭环中独立约束的数量将是 $c_H=6$，同时假定环根（躯干）运动旋量 $\mathcal{V}_T$ 是已知的。由公式(2.79)的上半部分获得的杆运动旋量的唯一解为

$$\mathcal{V}_H=\mathbb{B}_c^{-\mathrm{T}}(\boldsymbol{q}_{H_r})(\mathbb{C}_{cR}^{\mathrm{T}}(\boldsymbol{q}_{H_r})\mathcal{V}_T+\mathcal{J}_{cT}(\boldsymbol{q}_{H_r})\dot{\boldsymbol{\theta}}_{H_r})\tag{2.88}$$

矩阵 $\mathbb{B}_c^{-\mathrm{T}}(\boldsymbol{q}_{H_r})\in\Re^{6\times 6}$ 表示空间变换，在所有姿势下都是规则的。显然，物体的运动完全由右手的瞬时运动决定。然后可以将任意约束一致的环速度分配给 $\dot{\boldsymbol{\theta}}_H$。由此，左手可以相对于物体的运动移动，即在左手接触关节处沿着无约束方向平移或旋转。

在 $c_e>6$ 的情况下，矩阵 $\mathbb{B}_c^{\mathrm{T}}(\boldsymbol{q}_e)$ 和 $\mathbb{C}_{cR}^{\mathrm{T}}(\boldsymbol{q}_e)$ 的秩将大于 6。这种闭环被称为是单边过度约束的。这种情况在双足站立姿势的闭环中经常出现，$e=F$（和 $R=B$）。假设足部的接触点具有高摩擦特征并且始终保持不变，则 $c_{F_j}=6$ 且 $\mathcal{J}_{cB}(\boldsymbol{q}_{F_j})=\boldsymbol{J}_B(\boldsymbol{q}_{F_j})$。如上所述，在这种情况下，逆运动学问题存在唯一解，这将为给定的闭环连杆速度产生适当的约束一致的关节速度。假设 $\mathcal{V}_k=0$ 的情况下将公式(2.87)获得的闭环关节速度代入约束方程（公式(2.79)的上半部分）即可验证。因此我们有

$$-\begin{bmatrix}\mathbb{C}_{cB}^{\mathrm{T}}(\boldsymbol{q}_{F_r})\\ \mathbb{C}_{cB}^{\mathrm{T}}(\boldsymbol{q}_{F_l})\end{bmatrix}\mathcal{V}_B=\begin{bmatrix}\boldsymbol{J}_B(\boldsymbol{q}_{F_r}) & \boldsymbol{0}\\ \boldsymbol{0} & \boldsymbol{J}_B(\boldsymbol{q}_{F_l})\end{bmatrix}\begin{bmatrix}\boldsymbol{J}_B^{-1}(\boldsymbol{q}_{F_r}) & \boldsymbol{0}\\ \boldsymbol{0} & \boldsymbol{J}_B^{-1}(\boldsymbol{q}_{F_l})\end{bmatrix}\mathcal{V}_B=\begin{bmatrix}\mathcal{V}_B\\ \mathcal{V}_B\end{bmatrix}\tag{2.89}$$

这意味着 $\mathbb{C}_{cB}^{\mathrm{T}}(\boldsymbol{q}_{F_r})=\mathbb{C}_{cB}^{\mathrm{T}}(\boldsymbol{q}_{F_l})=-\boldsymbol{E}_6$。

另一方面，在 $c_e<6$ 的情况下，矩阵 $\mathbb{B}_c^{\mathrm{T}}(\boldsymbol{q}_e)$ 和 $\mathbb{C}_{cR}^{\mathrm{T}}(\boldsymbol{q}_e)$ 的秩小于 6 并且认为该环欠约束。例如前面提到的欠约束 H 环的示例。另一个例子是足部的无摩擦接触关节，其中 $c_F=3$。那么，环根连杆速度 $\mathcal{V}_B$ 的解的个数是无限的。该组解可以表示为通过广义逆获得的特解与齐次解的和，即

$$\mathcal{V}_B=-(\mathbb{C}_{cB}^{\mathrm{T}}(\boldsymbol{q}_F))^{\#}\mathcal{J}_{cB}(\boldsymbol{q}_F)\dot{\boldsymbol{\theta}}_F+(\boldsymbol{E}-\mathbb{C}_{cB}^{\mathrm{T}}(\boldsymbol{q}_F)(\mathbb{C}_{cB}^{\mathrm{T}}(\boldsymbol{q}_F))^{\#})\mathcal{V}_{Ba}\tag{2.90}$$

式中，$\mathcal{V}_{Ba}$ 表示用参数化表达的无穷集的任意基座连杆的速度。该速度被投影到 $\mathbb{C}_{cB}^{\mathrm{T}}(\boldsymbol{q}_F)$ 的零空间上，并且说明了基座的任意速度是由不充分的环约束导致的。这意味着基座的运动是不可控制的。

在最后的等式中，出现了转置矩阵的广义逆。这种广义逆通常用于动态静力关系（参见 3.4 节）。很容易确认 $(X^{\mathrm{T}})^{\#}=(X^{\#})^{\mathrm{T}}$ 成立，这意味着矩阵的转置/逆操作的顺序是无关紧要的。此外，通过删除括号来简化符号。例如，最后一个表达式中的广义逆将表示为 $\mathbb{C}_{cB}^{\#\mathrm{T}}(\boldsymbol{q}_F)$。

2.11 仿人机器人的微分运动关系

2.11.1 准速度、完整接触约束和非完整接触约束

准速度、完整约束和非完整约束与一阶和二阶微分关系的可积性有关。首先，回顾一下，广义坐标是定义系统自由度的物理坐标。另一方面，广义速度可能不一定被定义为广义坐标的时间导数。可以将广义速度定义为广义坐标的时间导数的线性组合。例如，正如 2.4.2 节中已经阐述的那样，物体的角速度分量可以表示为欧拉角导数的线性组合。角速度分量的积分与物理坐标无关。因此，积分称为准坐标[95]。此外，可以引入术语“准速度”来区分包含角速度分量的广义速度和作为物理坐标时间微分的广义速度[49]。

微分运动关系将表示为机器人的广义坐标的函数 $\boldsymbol{q}=(\mathcal{X}_B,\boldsymbol{\theta})$，其中 $\mathcal{X}_B$ 表示根据局部坐标系(例如欧拉角或欧拉参数，参见 2.4.2 节)优选得到的基座连杆的 6D 位置，$\boldsymbol{\theta}=[\boldsymbol{\theta}_{F_r}^{\mathrm{T}}\quad\boldsymbol{\theta}_{F_l}^{\mathrm{T}}\quad\boldsymbol{\theta}_{H_r}^{\mathrm{T}}\quad\boldsymbol{\theta}_{H_l}^{\mathrm{T}}]^{\mathrm{T}}\in\Re^n$ 表示关节角度矢量，$n\geqslant 24$ 表示关节总数。此外，准速度将用相对于时间微分的通用的上点来表示。通过下标区分不同类型的准速度。例如，与基座连杆运动旋量 $\mathcal{V}_B$ 关联的准速度称为基础准速度准则，表示为 $\dot{\boldsymbol{q}}_B=(\mathcal{V}_B,\dot{\boldsymbol{\theta}})$。在仿人机器人的领域中经常使用的另一种类型的准速度将在 2.11.4 节中介绍。准速度表示法允许在整个方程中省略如公式(2.15)的线性变换，从而使它们以更简单的形式呈现。但是，在模拟和控制算法中，数值积分过程需要这种类型的变换。

接下来，考虑接触约束。到目前为止，这些约束被认为是完整的。这在大多数情况下是合理的，当仿人机器人采用具有高摩擦力的单腿或双腿站立姿势时，基座连杆(单边的)完全约束或过度约束。在完整约束的情况下，一阶微分运动约束(公式(2.79)的上半部分)是可积的。另一方面，有一些特殊的姿势，基座连杆的特征是欠约束。例如，当机器人处于坚硬的地面但双足在滚动时，或者当机器人在柔软的地面上保持平衡时。在这种情况下，接触约束被认为是非完整的。非完整接触约束意味着一阶微分运动约束的时间积分没有物理意义。在使用滚动接触而不滑动的多指手操作物体过程中也会出现非完整接触约束[103]。还要注意，非完整约束并不总是来自接触：在第 4 章中，将引入角动量守恒约束来解释机器人的半空中姿态，例如在跑步或跳跃过程中。非完整运动约束需要采用相应的非完整运动规划方法以达到通过微分关系不能直接获得的期望状态。

在完整接触约束的情况下，浮动基部的 6D 位置可以用关节变量表示。事实上，正如在上一节中已经提到的那样，对于具有高摩擦接触的单腿站立姿态或双腿站立姿态，正运动学问题存在唯一解。这意味着可以通过关节角度传感器数据获得基座连杆的 6D 位置。另一方面，在非完整接触约束的情况下，仅通过关节角度数据不能获得基座连杆的 6D 位置，需要惯性测量数据来评估状态。这就是为什么基座连杆的 6D 位置应作为广义坐标包含在模型中的原因。

关于完整约束和非完整约束将在下文中讨论。

2.11.2 基于基础准速度表示的一阶微分运动关系

在 2.10.1 节中推导的独立闭环的瞬时运动关系适用于以下条件。首先，将独立的闭环广义坐标 $\boldsymbol{q}_e$ 替换为机器人的广义坐标 $\boldsymbol{q}$(正如 2.11 节中所定义的)。接下来，假设闭环

由 p 接触关节形成。即在双边接触的情况下，受约束的运动方向的最大数目为 $6p$。在单边或双边约束混合的情况下，运动约束的总数是 $c=\sum c_k \leqslant 6p$。然后将无约束运动方向的数量确定为 $\eta=\sum \eta_k=6p-c$。为了清楚起见，在下面的讨论中，将假设仅在末端连杆处形成接触关节($p=4$)。

此外，唯一的根连杆是基座连杆：$R=B$。机器人相对于基座连杆的接触映射为 $\mathbb{C}_{mB}(\boldsymbol{q})\in\Re^{6\times\eta}$，其中分量为 $\mathbb{C}_{cB}(\boldsymbol{q})\in\Re^{6\times c}$ 和 $\mathbb{C}_{mB}(\boldsymbol{q})\in\Re^{6\times\eta}$。雅可比矩阵 $\boldsymbol{J}_B(\boldsymbol{q})\in\Re^{24\times n}$ 是机器人的完整雅可比矩阵。基座连杆的运动旋量 $\mathcal{V}_B$ 由具体任务确定，例如在保持接触的同时产生全身姿势的变化。另一方面，闭合连杆的数量随应用任务而变化。在双臂操作任务的情况下，涉及两个闭合连杆：支撑足部的地面($e=F$)和物体($e=H$)。如前所述，这意味着两个独立的闭环。另一方面，在表面清洁任务的情况下，环境(包括地面)是唯一的闭合连杆。这两种情况都可以用下面的符号来处理。

仿人机器人的一阶微分运动约束可以用公式(2.79)的这种形式写出，即

$$\begin{bmatrix}\mathbb{C}_{cB}^{\mathrm{T}}(\boldsymbol{q})\\ \mathbb{C}_{mB}^{\mathrm{T}}(\boldsymbol{q})\end{bmatrix}\mathcal{V}_B+\begin{bmatrix}\mathcal{J}_{cB}(\boldsymbol{q})\\ \mathcal{J}_{mB}(\boldsymbol{q})\end{bmatrix}\dot{\boldsymbol{\theta}}=\begin{bmatrix}\bar{\mathcal{V}}^c\\ \bar{\mathcal{V}}^m\end{bmatrix} \tag{2.91}$$

注意 $\bar{\mathcal{V}}^c \perp \bar{\mathcal{V}}^m$。雅可比矩阵 $\mathcal{J}_{cB}(\boldsymbol{q})\in\Re^{c\times n}$ 和 $\mathcal{J}_{mB}(\boldsymbol{q})\in\Re^{\eta\times n}$ 分别称为机器人的关节空间约束和可动度雅可比矩阵。上述等式的两个部分具有相同的内部结构，这通过对上式的展开可以看出

$$\begin{aligned}\begin{bmatrix}\bar{\mathcal{V}}_{F_r}^c\\ \bar{\mathcal{V}}_{F_l}^c\\ \bar{\mathcal{V}}_{H_r}^c\\ \bar{\mathcal{V}}_{H_r}^c\end{bmatrix}&=\begin{bmatrix}\mathbb{C}_{cB}^{\mathrm{T}}(\boldsymbol{q}_{F_r})\\ \mathbb{C}_{cB}^{\mathrm{T}}(\boldsymbol{q}_{F_l})\\ \mathbb{C}_{cB}^{\mathrm{T}}(\boldsymbol{q}_{H_r})\\ \mathbb{C}_{cB}^{\mathrm{T}}(\boldsymbol{q}_{H_l})\end{bmatrix}\mathcal{V}_B+\begin{bmatrix}\mathcal{J}_{cB}(\boldsymbol{q}_{F_r}) & \mathbf{0} & \mathbf{0} & \mathbf{0}\\ \mathbf{0} & \mathcal{J}_{cB}(\boldsymbol{q}_{F_l}) & \mathbf{0} & \mathbf{0}\\ \mathbf{0} & \mathbf{0} & \mathcal{J}_{cB}(\boldsymbol{q}_{H_r}) & \mathbf{0}\\ \mathbf{0} & \mathbf{0} & \mathbf{0} & \mathcal{J}_{cB}(\boldsymbol{q}_{H_l})\end{bmatrix}\begin{bmatrix}\dot{\boldsymbol{\theta}}_{F_r}\\ \dot{\boldsymbol{\theta}}_{F_l}\\ \dot{\boldsymbol{\theta}}_{H_r}\\ \dot{\boldsymbol{\theta}}_{H_l}\end{bmatrix}\\ &=\begin{bmatrix}\mathbb{B}_c^{\mathrm{T}}(\boldsymbol{q}_{F_r}) & \mathbf{0} & \mathbf{0} & \mathbf{0}\\ \mathbf{0} & \mathbb{B}_c^{\mathrm{T}}(\boldsymbol{q}_{F_r}) & \mathbf{0} & \mathbf{0}\\ \mathbf{0} & \mathbf{0} & \mathbb{B}_c^{\mathrm{T}}(\boldsymbol{q}_{H_r}) & \mathbf{0}\\ \mathbf{0} & \mathbf{0} & \mathbf{0} & \mathbb{B}_c^{\mathrm{T}}(\boldsymbol{q}_{H_l})\end{bmatrix}\begin{bmatrix}\mathcal{V}_{F_r}\\ \mathcal{V}_{F_l}\\ \mathcal{V}_{H_r}\\ \mathcal{V}_{H_l}\end{bmatrix}\end{aligned} \tag{2.92}$$

公式(2.91)的紧凑形式表示法可以类似于公式(2.83)写成

$$\bar{\mathcal{V}}=\mathbb{C}_B^{\mathrm{T}}(\boldsymbol{q})\mathcal{V}_B+\mathcal{J}_B(\boldsymbol{q})\dot{\boldsymbol{\theta}}=\mathbb{B}^{\mathrm{T}}(\boldsymbol{q})\mathcal{V}(\boldsymbol{q}) \tag{2.93}$$

式中，$\mathcal{J}_B(\boldsymbol{q})=\mathbb{B}^{\mathrm{T}}(\boldsymbol{q})\boldsymbol{J}_B(\boldsymbol{q})\in\Re^{24\times n}$ 表示机器人的置换雅可比矩阵。矢量 $\mathcal{V}(\boldsymbol{q})$ 为所有接触连杆的运动旋量，即

$$\mathcal{V}(\boldsymbol{q})=\begin{bmatrix}\mathcal{V}(\boldsymbol{q}_F)^{\mathrm{T}} & \mathcal{V}(\boldsymbol{q}_H)^{\mathrm{T}}\end{bmatrix}^{\mathrm{T}}\in\Re^{24} \tag{2.94}$$

式中，$\mathcal{V}(\boldsymbol{q}_e)=[\mathcal{V}_{e_r}^{\mathrm{T}} \quad \mathcal{V}_{e_l}^{\mathrm{T}}]^{\mathrm{T}}\in\Re^{12}$。

在完整约束的情况下，仿人机器人的一阶微分关系式(2.91)可以写为以下紧凑形式

$$\begin{bmatrix}\boldsymbol{J}_{cB}(\boldsymbol{q})\\ \boldsymbol{J}_{mB}(\boldsymbol{q})\end{bmatrix}\dot{\boldsymbol{q}}_B=\begin{bmatrix}\bar{\mathcal{V}}^c\\ \bar{\mathcal{V}}^m\end{bmatrix} \tag{2.95}$$

式中，$\boldsymbol{J}_{cB} \equiv \begin{bmatrix} \mathbb{C}_{cB}^{\mathrm{T}} & \mathcal{J}_{cB} \end{bmatrix} \in \Re^{c\times(n+6)}$ 和 $\boldsymbol{J}_{mB} \equiv \begin{bmatrix} \mathbb{C}_{mB}^{\mathrm{T}} & \mathcal{J}_{mB} \end{bmatrix} \in \Re^{\eta\times(n+6)}$ 分别称为机器人的约束雅可比矩阵和可动度雅可比矩阵。

结构改变

从某种意义上来说，结构变化可以轻松处理，因此上述表示法是通用的。考虑两个独立闭环(F 和 H)的情况，在这种情况下，根据公式(2.70)确定末端连杆运动旋量为

$$\mathcal{V}_{e_j} = \mathbb{T}_{\overleftarrow{e_j e}}(\boldsymbol{q}_{e_j})\mathcal{V}_e + \mathcal{V}'_{e_j}$$
$$e \in \{F,H\},\ j \in \{r,l\}$$

这些运动旋量沿受约束的运动方向的投影产生闭合连杆运动旋量，即

$$\mathcal{V}_e = \mathbb{C}_{ce}^{\mathrm{T}}(\boldsymbol{q}_e)\mathcal{V}(\boldsymbol{q}_e)$$

如前所述，基础约束消除了相对运动的运动旋量 $\mathcal{V}'_k$。

接下来，当其中一个闭环或两者不再存在时，一个或多个末端连杆将完全自由。各个末端连杆的基础约束改变，使得${}^k\mathbb{B}_c = \boldsymbol{0}_6$、${}^k\mathbb{B}_m = \boldsymbol{E}_6$。显然，这种表示已经直接说明了单脚站立姿势。

在多接触任务中，存在一个固定不动的闭环连杆(例如地面 F)。此外，在许多情况下，可以假设硬接触。然后仿人机器人的约束方程(公式(2.95)的上半部分)可以用简单形式写为

$$\boldsymbol{J}_{cB}(\boldsymbol{q})\dot{\boldsymbol{q}}_B = \boldsymbol{0} \tag{2.96}$$

这个等式在文献中经常出现。

约束一致的关节速度

通常，假设约束的数量小于机器人的自由度数($c<n$)。那么，公式(2.91)中的一阶微分运动约束将是欠定的。关节速度的通解可以由这个等式推导得出

$$\dot{\boldsymbol{\theta}} = \mathcal{J}_{cB}^{+}(\boldsymbol{q})(\overline{\mathcal{V}}^c - \mathbb{C}_{cB}^{\mathrm{T}}(\boldsymbol{q})\mathcal{V}_B) + (\boldsymbol{E} - \mathcal{J}_{cB}^{+}(\boldsymbol{q})\mathcal{J}_{cB}(\boldsymbol{q}))\dot{\boldsymbol{\theta}}_u \tag{2.97}$$

等号右边的两个分量表示特解和齐次解。假设所有肢体都处于非奇异构型(此类姿势后文称为规则的)，任何期望的基座连杆速度都可以通过特解实现。另一方面，齐次解提供了无限个关节速度矢量，这些速度矢量不会影响基座连杆的状态。关节空间约束雅可比矩阵 $\mathcal{N}(\mathcal{J}_{cB})$的零空间是通过无约束机器人的关节速度 $\dot{\boldsymbol{\theta}}_u$ 参数化表达的。该速度可以通过附加的运动约束来确定，例如，完全自由的末端连杆的期望运动，或在接触关节处沿无约束方向的期望运动。为此，利用公式(2.91)的下半部分得到的逆运动学解可以写为

$$\begin{aligned}\dot{\boldsymbol{\theta}} &= \mathcal{J}_{cB}^{+}(\boldsymbol{q})(\overline{\mathcal{V}}^c - \mathbb{C}_{cB}^{\mathrm{T}}(\boldsymbol{q})\mathcal{V}_B) + \overline{\mathcal{J}}_{mB}^{+}(\boldsymbol{q})\widetilde{\mathcal{V}}^m + (\boldsymbol{E} - \boldsymbol{J}_B^{+}(\boldsymbol{q})\boldsymbol{J}_B(\boldsymbol{q}))\dot{\boldsymbol{\theta}}_u \\ &= \dot{\boldsymbol{\theta}}^c + \dot{\boldsymbol{\theta}}^m + \dot{\boldsymbol{\theta}}^n,\ \text{s.t.}\ \dot{\boldsymbol{\theta}}^c \succ \dot{\boldsymbol{\theta}}^m \succ \dot{\boldsymbol{\theta}}^n\end{aligned} \tag{2.98}$$

式中，$\overline{\mathcal{J}}_{mB}(\boldsymbol{q}) = \mathcal{J}_{mB}(\boldsymbol{q})\boldsymbol{N}(\mathcal{J}_{cB})$是受 $\mathcal{N}(\mathcal{J}_{cB}(\boldsymbol{q}))$约束的可动度雅可比矩阵。运动旋量 $\widetilde{\mathcal{V}}^m$ 定义为 $\widetilde{\mathcal{V}}^m = \overline{\mathcal{V}}^m - \mathcal{J}_m(\boldsymbol{q})\mathcal{J}_{cB}^{+}(\boldsymbol{q})(\overline{\mathcal{V}}^c - \mathbb{C}_{cB}^{\mathrm{T}}(\boldsymbol{q})\mathcal{V}_B)$。关节速度 $\dot{\boldsymbol{\theta}}_u$ 参数化表示 $\mathcal{N}(\boldsymbol{J}_B(\boldsymbol{q}))$内决定机器人自运动的任何剩余自由度。利用这种分级结构，通过关节速度 $\dot{\boldsymbol{\theta}}^c$ 确保将最高优先级分配给受约束的基座连杆运动。第二个分量 $\dot{\boldsymbol{\theta}}^m$ 确保末端连杆沿着无约束运动方向的运动。优先级最低的分量 $\dot{\boldsymbol{\theta}}^n$ 可用于额外的姿势调整。由于运动约束具有最高的优先级，因此关节速度(2.98)称为机器人的约束相容或约束一致的关节速度。

约束一致的广义速度

机器人经常做的常规姿势是单腿或双腿站立姿态，它们在驱动和平衡中起着至关重要的作用。如 2.11.1 节所述，接触约束被描述为完整的。这种约束可以用平滑的 c^2 矢量值函数 $\boldsymbol{\gamma}(\boldsymbol{q})=\text{const}\in\Re^c$ 表示。此外，在许多实际任务中都假定有硬约束。在这种情况下，机器人的一阶微分运动约束(2.96)是有效的。这是 $n+6$ 个未知数的线性方程 c 的齐次系统。在一般情况下，当约束小于广义坐标($c<n+6$)时，系统将是欠定的。该方程与冗余机械臂的自运动方程(2.28)属于同一类型。相关讨论见 2.7.1 节。因此，系统约束矩阵 $\boldsymbol{J}_{cB}$ 将引起局部广义坐标空间的正交分解。对此我们有

$$\dot{\boldsymbol{q}}_u=\dot{\boldsymbol{q}}_B+\dot{\boldsymbol{q}}_c,\dot{\boldsymbol{q}}_B\perp\dot{\boldsymbol{q}}_c \tag{2.99}$$

$$\dot{\boldsymbol{q}}_B=\boldsymbol{N}(\boldsymbol{J}_{cB})\dot{\boldsymbol{q}}_u \tag{2.100}$$

$$\dot{\boldsymbol{q}}_c=(\boldsymbol{E}-\boldsymbol{N}(\boldsymbol{J}_{cB}))\dot{\boldsymbol{q}}_u=\boldsymbol{J}_{cB}^{+}\boldsymbol{J}_{cB}\dot{\boldsymbol{q}}_u \tag{2.101}$$

式中，$\boldsymbol{N}(\boldsymbol{J}_{cB})=(\boldsymbol{E}-\boldsymbol{J}_{cB}^{+}\boldsymbol{J}_{cB})$是零空间投影。无约束系统的广义速度表示为 $\dot{\boldsymbol{q}}_u\in\Re^{n+6}$。它的投影产生广义速度 $\dot{\boldsymbol{q}}_B\in\mathcal{N}(\boldsymbol{J}_{cB})$是约束流形的切向分量(2.7.1 节中的自运动流形)。此后称该速度为约束相容或约束一致的广义速度，确保运动符合约束条件。另一方面，广义速度 $\dot{\boldsymbol{q}}_c\in\mathcal{R}^{\mathrm{T}}(\boldsymbol{J}_{cB})$与约束流形垂直。只要满足约束条件，则 $\dot{\boldsymbol{q}}_c=\boldsymbol{0}$。值得注意的是，当约束条件不满足时，非零 $\dot{\boldsymbol{q}}_c$ 将确保约束流形表现为吸引子，$\dot{\boldsymbol{q}}_c$ 此后将称为强制广义速度的约束。

由公式(2.99)采用下面的欠驱动滤波矩阵可以直接推导出各自的关节速度分量。

$$\boldsymbol{S}=\begin{bmatrix}\boldsymbol{0}_{n\times6} & \boldsymbol{E}_n\end{bmatrix}\in\Re^{n\times(n+6)} \tag{2.102}$$

通过这个矩阵，可以获得约束一致的关节速度

$$\dot{\boldsymbol{\theta}}=\boldsymbol{S}\dot{\boldsymbol{q}}_B=\bar{\boldsymbol{S}}(\boldsymbol{J}_{cB})\dot{\boldsymbol{q}}_u \tag{2.103}$$

式中，$\bar{\boldsymbol{S}}(\boldsymbol{J}_{cB})=\boldsymbol{S}\boldsymbol{N}(\boldsymbol{J}_{cB})$是 $\boldsymbol{J}_{cB}$ 的零空间对 $\boldsymbol{S}$ 的约束。同理，可获得强制关节速度约束为 $\dot{\boldsymbol{\theta}}_c=\boldsymbol{S}\dot{\boldsymbol{q}}_c$。两个正交关节速度 $\dot{\boldsymbol{\theta}}$ 和 $\dot{\boldsymbol{\theta}}_c$ 可用作基于运动学的运动控制中的非干扰控制输入，前者将产生沿约束流形的期望的约束一致运动，后者可用于确保在运动过程中流形的局部最小偏差。

如上所述，基于系统约束矩阵的表示法在一般求解器(如二次规划(QP))中使用时会很简洁紧凑。但是，在分析中，应该小心使用这种表示法，因为重要的属性很容易被矩阵 $\boldsymbol{S}$ 掩盖。还要注意，这种表示法增加了计算负担，这在某些情况下可能是至关重要的(例如在实时控制的情况下)。

2.11.3 二阶微分运动约束及其可积性

在推导机器人的运动方程时，必须考虑上面介绍的微分运动约束，这将在第 4 章中进行阐述。经典方法是采用二阶微分形式表示[12,157]。为此，对公式(2.91)相对于时间求微分。然后我们有

$$\mathbb{C}_{cB}^{\mathrm{T}}(\boldsymbol{q})\dot{\mathcal{V}}_B+\dot{\mathbb{C}}_{cB}^{\mathrm{T}}(\boldsymbol{q})\mathcal{V}_B+\mathcal{J}_{cB}(\boldsymbol{q})\ddot{\boldsymbol{\theta}}+\dot{\mathcal{J}}_{cB}(\boldsymbol{q})\dot{\boldsymbol{\theta}}=\dot{\bar{\mathcal{V}}}^c \tag{2.104}$$

该等式(即公式(2.95)上半部分的时间微分)的紧凑形式写为

$$\boldsymbol{J}_{cB}(\boldsymbol{q})\ddot{\boldsymbol{q}}_B+\dot{\boldsymbol{J}}_{cB}(\boldsymbol{q})\dot{\boldsymbol{q}}_B=\dot{\bar{\mathcal{V}}}^c \tag{2.105}$$

此后 $\ddot{\boldsymbol{q}}_B=\frac{\mathrm{d}}{\mathrm{d}t}\dot{\boldsymbol{q}}_B$ 将称为约束一致的广义加速度。

确定约束一致的广义加速度是一个重要问题。请注意，由于系统是运动学冗余的，因此存在无限个约束一致的广义加速度。并非所有这些加速度都能确保符合约束的接触运动旋量 $\overline{\mathcal{V}}^c$。这是可积性的问题，如下所示。为了研究这个问题，假设暂时存在硬约束，使得 $\dot{\overline{\mathcal{V}}}^c=\mathbf{0}=\overline{\mathcal{V}}^c$。然后得到上述方程的通解为

$$\ddot{\boldsymbol{q}}_B=-\boldsymbol{J}_{cB}^{+}\dot{\boldsymbol{J}}_{cB}\dot{\boldsymbol{q}}_B+\boldsymbol{N}\boldsymbol{a} \tag{2.106}$$

注意，矢量 $\boldsymbol{a}$ 通常被认为是任意的。尽管在数学上是正确的，但是从可积性的角度来看，这个假设是有问题的。一方面，公式(2.106)的可积性保证了在运动过程中满足相应的一阶运动约束(2.96)。另一方面，缺乏可积性会导致速度漂移，从而导致约束冲突。在基于力矩最小化的运动冗余分解方案中，已经对这种速度漂移进行了观测和研究。有兴趣的读者可参考文献[151,62,88,86,87,123]。

为了确保可积性，必须以下列方式指定公式(2.106)中的矢量 $\boldsymbol{a}$。首先，注意到约束一致的广义加速度也可以通过公式(2.100)的广义速度的时间的微分推导得出，即

$$\ddot{\boldsymbol{q}}_B=\dot{\boldsymbol{N}}\dot{\boldsymbol{q}}_u+\boldsymbol{N}\ddot{\boldsymbol{q}}_u \tag{2.107}$$

投影算子的时间导数是

$$\begin{aligned}\dot{\boldsymbol{N}}&=-\left(\frac{\mathrm{d}}{\mathrm{d}t}\boldsymbol{J}_{cB}^{+}\right)\boldsymbol{J}_{cB}-\boldsymbol{J}_{cB}^{+}\dot{\boldsymbol{J}}_{cB}\\&=\boldsymbol{J}_{cB}^{+}\dot{\boldsymbol{J}}_{cB}\boldsymbol{J}_{cB}^{+}\boldsymbol{J}_{cB}-\boldsymbol{N}\dot{\boldsymbol{J}}_{cB}^{\mathrm{T}}(\boldsymbol{J}_{cB}\boldsymbol{J}_{cB}^{\mathrm{T}})^{-1}\boldsymbol{J}_{cB}-\boldsymbol{J}_{cB}^{+}\dot{\boldsymbol{J}}_{cB}\\&=-(\boldsymbol{L}+\boldsymbol{L}^{\mathrm{T}})\end{aligned} \tag{2.108}$$

式中，$\boldsymbol{L}\equiv\boldsymbol{J}_{cB}^{+}\dot{\boldsymbol{J}}_{cB}\boldsymbol{N}$。在求导时，使用以下表达式[⊖]

$$\frac{\mathrm{d}}{\mathrm{d}t}\boldsymbol{J}_{cB}^{+}=-\boldsymbol{J}_{cB}^{+}\dot{\boldsymbol{J}}_{cB}\boldsymbol{J}_{cB}^{+}+\boldsymbol{N}\dot{\boldsymbol{J}}_{cB}^{\mathrm{T}}(\boldsymbol{J}_{cB}\boldsymbol{J}_{cB}^{\mathrm{T}})^{-1} \tag{2.109}$$

然后可以将公式(2.107)的广义加速度改写为

$$\ddot{\boldsymbol{q}}_B=-\boldsymbol{J}_{cB}^{+}\dot{\boldsymbol{J}}_{cB}\boldsymbol{N}\dot{\boldsymbol{q}}_u+\boldsymbol{N}(\ddot{\boldsymbol{q}}_u-\dot{\boldsymbol{J}}_{c}^{\mathrm{T}}\boldsymbol{J}_{cB}^{+\mathrm{T}}\dot{\boldsymbol{q}}_u) \tag{2.110}$$

当且仅当

$$\boldsymbol{N}\dot{\boldsymbol{q}}_u=\dot{\boldsymbol{q}}_B \tag{2.111}$$

和

$$(\ddot{\boldsymbol{q}}_u-\dot{\boldsymbol{J}}_{cB}^{\mathrm{T}}\boldsymbol{J}_{cB}^{+\mathrm{T}}\dot{\boldsymbol{q}}_u)=\boldsymbol{a} \tag{2.112}$$

时，此表达式与公式(2.106)一致。

关系式(2.111)代表公式(2.100)的约束一致的广义速度。

上述结果通过公式(2.100)不仅保证了一阶约束的可积性，也保证了二阶约束的可积性。一旦设置了仿真环境中满足约束的初始条件，即 $\boldsymbol{q}(0)\equiv\boldsymbol{q}(0)$：$\boldsymbol{\gamma}(\boldsymbol{q}_0)=\mathbf{0}$ 和 $\dot{\boldsymbol{q}}(0)\equiv\dot{\boldsymbol{q}}_0=\boldsymbol{N}\dot{\boldsymbol{q}}_u(0)$，假如没有数值误差，运动将没有约束冲突的进化。然而，实际上，初始条件的

⊖ 对任意方阵和非奇异矩阵 $\boldsymbol{A}$，并设定 $\boldsymbol{A}\equiv\boldsymbol{J}_{cB}\boldsymbol{J}_{cB}^{\mathrm{T}}$，通过使用 $\boldsymbol{J}_{cB}^{+}=\boldsymbol{J}_{cB}^{\mathrm{T}}(\boldsymbol{J}_{cB}\boldsymbol{J}_{cB}^{\mathrm{T}})^{-1}$，推导得出 $\frac{\mathrm{d}}{\mathrm{d}t}(\boldsymbol{A}\boldsymbol{A}^{-1}=\boldsymbol{E})\Rightarrow\frac{\mathrm{d}}{\mathrm{d}t}\boldsymbol{A}^{-1}=-\boldsymbol{A}^{-1}\dot{\boldsymbol{A}}\boldsymbol{A}^{-1}$。该表达最早出现在文献[117，118]中。

设定以及数值误差的存在这两个方面都存在困难。关于前一个问题的细节在文献[119]中讨论过。关于后一个问题，已经开发了不同的方法。Baumgarte 的方法经常被使用[11]（另见文献[5,155]）。因此，在微分约束的等号右边加入广义坐标和速度误差的修正项，其方式类似于 PD 反馈控制。但是，当系统约束矩阵是病态的，这种方法可能是无效的。将放大误差并导致不合理的增大加速度和相应的约束力。另一方面，系统约束矩阵的秩亏（即依赖约束的情况）会导致类似于 2.5 节中讨论的奇异问题。

约束一致的广义加速度在第 4 章讨论的动力学分析中起着重要作用。因此，理解公式(2.110)中每个组成部分的作用非常重要。首先，回顾一下与欠定系统的逆微分运动关系相关的性质，如 2.7 节中针对运动冗余肢体的情况所解释的那样。注意，当假定末端连杆加速度为零并且伪逆用作广义逆时，公式(2.110)的形式与公式(2.40)的形式相同。如上所述，广义坐标运动子空间被局部分解为两个正交子空间：零空间$\mathcal{N}(\boldsymbol{J}_{cB})$和值空间 $\mathcal{R}(\boldsymbol{J}_{cB}^{\mathrm{T}})$。前者包含给定姿势下与约束流形相切的加速度。公式(2.110)中有两个切向分量，一个是线性的，一个是非线性的。出现在线性切向分量中的加速度 $\ddot{\boldsymbol{q}}_u$ 可以用适当的方式设定，以在未出现约束冲突的情况下实现期望的加速度。非线性切向分量可表示为$-\dot{\boldsymbol{J}}_{cB}^{\mathrm{T}}\boldsymbol{J}_{cB}^{+\mathrm{T}}\dot{\boldsymbol{q}}_u=-\dot{\boldsymbol{J}}_{cB}^{\mathrm{T}}(\boldsymbol{J}_{cB}\boldsymbol{J}_{cB}^{\mathrm{T}})^{-1}\boldsymbol{J}_{cB}\dot{\boldsymbol{q}}_c$，其中使用公式(2.99)和公式(2.96)。在约束一致运动条件下，该分量将为零($\dot{\boldsymbol{q}}_c=\boldsymbol{0}$)。反过来，可以得出这样的结论：该分量在补偿来自约束流形的任何漂移以及可积性方面起重要作用。

还有第二个非线性的状态依赖分量：$-\boldsymbol{J}_{cB}^{+}\dot{\boldsymbol{J}}_c\dot{\boldsymbol{q}}_B$。该分量与约束流形正交，它说明了由约束的非线性几何形成的向心或离心加速度。可以看出，该分量实际上是强制广义加速度的约束。为此，公式(2.101)相对于时间的微分。然后我们有

$$\ddot{\boldsymbol{q}}_c=(\boldsymbol{E}-\boldsymbol{N})\ddot{\boldsymbol{q}}_u-\dot{\boldsymbol{N}}\dot{\boldsymbol{q}}_u \tag{2.113}$$

对 $\dot{\boldsymbol{N}}$ 应用公式(2.108)，首先自左乘 $\boldsymbol{J}_{cB}$，然后左乘 $\boldsymbol{J}_{cB}^{+}$，并使用恒等式 $\boldsymbol{J}_{cB}\boldsymbol{N}=\boldsymbol{0}$ 和 $\boldsymbol{J}_{cB}\boldsymbol{J}_{cB}^{+}=\boldsymbol{E}$，得到

$$\begin{aligned}\boldsymbol{J}_{cB}^{+}\boldsymbol{J}_{cB}\ddot{\boldsymbol{q}}_c&=\boldsymbol{J}_{cB}^{+}\boldsymbol{J}_{cB}\ddot{\boldsymbol{q}}_u-\boldsymbol{J}_{cB}^{+}\dot{\boldsymbol{J}}_{cB}\boldsymbol{J}_{cB}^{+}\boldsymbol{J}_{cB}\dot{\boldsymbol{q}}_u+\boldsymbol{J}_{cB}^{+}\dot{\boldsymbol{J}}_{cB}\dot{\boldsymbol{q}}_u\\&=\boldsymbol{J}_{cB}^{+}\boldsymbol{J}_{cB}\ddot{\boldsymbol{q}}_u+\boldsymbol{J}_{cB}^{+}\dot{\boldsymbol{J}}_{cB}\dot{\boldsymbol{q}}_B\end{aligned} \tag{2.114}$$

因此，使用 $\boldsymbol{J}_{cB}^{+}\boldsymbol{J}_{cB}\dot{\boldsymbol{q}}_u=\dot{\boldsymbol{q}}_c$（参考公式(2.101)）和 $\dot{\boldsymbol{q}}_B=\dot{\boldsymbol{q}}_u-\dot{\boldsymbol{q}}_c$。上述等式中的所有项都是来自$\mathcal{R}(\boldsymbol{J}_{cB}^{\mathrm{T}})$的加速度。取公式(2.114)等号右边带有负号的最后一项作为强制广义加速度的约束。

在运动局限于约束流形时，公式(2.113)可以改写为

$$(\boldsymbol{E}-\boldsymbol{N})\ddot{\boldsymbol{q}}_B=\dot{\boldsymbol{N}}\dot{\boldsymbol{q}} \tag{2.115}$$

这种关系将在以后使用。在这种情况下，公式(2.114)中的所有项都呈现为零。另一方面，对于任意的 $\ddot{\boldsymbol{q}}_u$，当运动偏离流形时，公式(2.114)都将确保约束流形在这种漂移运动下表现为吸引子。

实例

目标是证明由零空间推导出的关节速度分量的重要作用。为此，将公式(2.110)改写为

$$\ddot{\boldsymbol{q}}_B=-\boldsymbol{J}_{cB}^{+}\dot{\boldsymbol{J}}_{cB}\dot{\boldsymbol{q}}_B+\boldsymbol{N}(\ddot{\boldsymbol{q}}_u-\dot{\boldsymbol{J}}_{cB}^{\mathrm{T}}\boldsymbol{J}_{cB}^{+\mathrm{T}}\dot{\boldsymbol{q}}_\zeta) \tag{2.116}$$

该等式将用于以下两个数值模拟：情况(a)$\dot{\boldsymbol{q}}_\zeta=\dot{\boldsymbol{q}}_B$ 和情况(b)$\dot{\boldsymbol{q}}_\zeta=\dot{\boldsymbol{q}}_u$。采用具有固定末端的固定基座平面四连杆机械臂（仅自运动，两个自由度）。任意关节加速度 $\ddot{\boldsymbol{q}}_u$ 是通过简谐运动分量给定的。情况(a)是“常规”方法，其中采用系统状态关节速度 $\dot{\boldsymbol{q}}_B$。按照系统状态

关节速度的结果如图 2.14 所示。“常规”方法(在等号左边)产生非周期性的关节速度行为并伴有偶尔的速度累计。另一方面，积分方法(情况(b))产生如期望那样的周期性关节速度行为。在控制设计中应考虑这一重要结果。

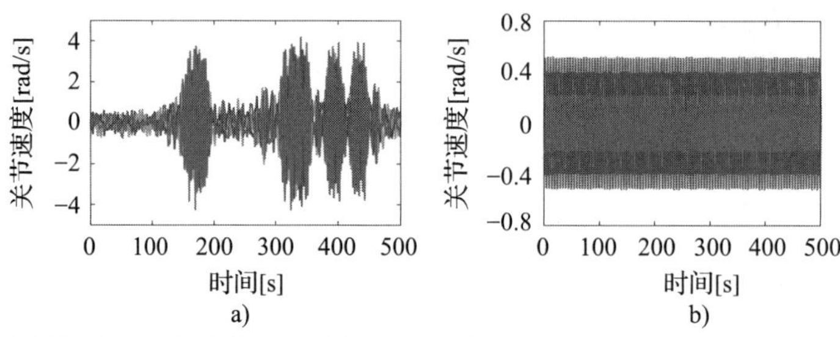

图 2.14 具有周期性零空间关节加速度输入的加速度级冗余分解：a)通过系统状态关节速度获得的零空间关节速度产生具有大速度峰值的非周期性行为；b)通过输入的积分获得的零空间关节速度产生具有有界幅度的周期性行为(见彩插)

2.11.4 具有混合准速度的一阶微分运动关系

到目前为止推导得到的方程是用基础准速度表示。在仿人机器人领域，还使用了另一种类型的准速度：$\dot{\boldsymbol{q}}_M=\begin{bmatrix}\mathcal{V}_M^{\mathrm{T}} & \dot{\boldsymbol{\theta}}^{\mathrm{T}}\end{bmatrix}^{\mathrm{T}}$，$\mathcal{V}_M=\begin{bmatrix}\boldsymbol{v}_C^{\mathrm{T}} & \boldsymbol{\omega}_B^{\mathrm{T}}\end{bmatrix}^{\mathrm{T}}$。矢量 $\boldsymbol{v}_C$ 表示机器人质心的速度，也称为系统质心。质心的位置和瞬时运动在仿人机器人的静力学、运动学和动力学关系中起着重要作用。从质心速度与基座连杆的角速度结合的意义上来说，$\mathcal{V}_M$ 的两个分量是“混合的”，因此，要采用“M”下标。

给定基坐标系中的准速度，质心速度可写为[⊖]

$$\boldsymbol{v}_C=\boldsymbol{v}_B-[\boldsymbol{r}_{\overleftarrow{CB}}^{\times}]\boldsymbol{\omega}_B+\boldsymbol{J}_{\overleftarrow{CB}}(\boldsymbol{\theta})\dot{\boldsymbol{\theta}} \tag{2.117}$$

式中，$\boldsymbol{r}_{\overleftarrow{CB}}$表示从基坐标系指向质心的矢量。矩阵 $\boldsymbol{J}_{\overleftarrow{CB}}$是质心雅可比矩阵

$$\boldsymbol{J}_{\overleftarrow{CB}}(\boldsymbol{\theta})=\frac{1}{M}\sum_{i=1}^{n}\boldsymbol{M}_i\boldsymbol{J}_{vi}(\boldsymbol{\theta})\in\Re^{3\times n} \tag{2.118}$$

这里 M_i 和 M 分别表示连杆 i 的质量和机器人的总质量。

$$\boldsymbol{J}_{vi}=\begin{bmatrix}[\boldsymbol{e}_1^{\times}]\boldsymbol{r}_{\overleftarrow{i1}} & [\boldsymbol{e}_2^{\times}]\boldsymbol{r}_{\overleftarrow{i2}} & \cdots & [\boldsymbol{e}_j^{\times}]\boldsymbol{r}_{\overleftarrow{ij}} & \boldsymbol{0} & \cdots & \boldsymbol{0}\end{bmatrix}\in\Re^{3\times n}$$

为雅可比矩阵，$\boldsymbol{e}_j=\boldsymbol{R}_j{}^j\boldsymbol{e}_j$，${}^j\boldsymbol{e}_j=[0 \quad 0 \quad 1]^{\mathrm{T}}$，且 $\boldsymbol{r}_{\overleftarrow{ij}}$是第 j 个关节轴到第 i 个连杆质心的距离矢量($1\leqslant j\leqslant i$)。

闭链微分运动关系(2.92)可以用混合准速度改写，如下所示。首先，将约束运动方向上的接触映射分解为力和力矩分量映射，即

$$\mathbb{C}_{cB}(\boldsymbol{q})\equiv\begin{bmatrix}\mathbb{C}_{cB_f}^{\mathrm{T}}(\boldsymbol{q}) & \mathbb{C}_{cB_m}^{\mathrm{T}}(\boldsymbol{q})\end{bmatrix}^{T}\in\Re^{6\times c} \tag{2.119}$$

两个分量的表达式可以通过相应的肢体接触映射的定义公式(2.74)来获得，即

$$\mathbb{C}_{cB}(\boldsymbol{q}_k)=\mathbb{T}_{\overleftarrow{kB}}^{\mathrm{T}}(\boldsymbol{q}_k)\mathbb{B}_c(\boldsymbol{q}_k)=\begin{bmatrix}\boldsymbol{E} & \boldsymbol{0}\\ [\boldsymbol{r}_{\overleftarrow{kB}}^{\times}] & \boldsymbol{E}\end{bmatrix}[\mathbb{B}_{c_f}(\boldsymbol{q}_k) \quad \mathbb{B}_{c_m}(\boldsymbol{q}_k)]$$

⊖ 该关系可在 4.6.4 节中得出。

因此，

$$\mathbb{C}_{cB_f}(\boldsymbol{q}_k)=\mathbb{B}_{c_f}(\boldsymbol{q}_k) \tag{2.120}$$

$$\mathbb{C}_{cB_m}(\boldsymbol{q}_k)=\mathbb{B}_{c_m}(\boldsymbol{q}_k)+[\boldsymbol{r}^{\times}_{\overleftarrow{kB}}]\mathbb{B}_{c_f}(\boldsymbol{q}_k)$$

这些分量叠加(正如在公式(2.81)中)以获得关于力 $\mathbb{C}_{cB_f}(\boldsymbol{q}_e)$ 和力矩 $\mathbb{C}_{cB_m}(\boldsymbol{q}_e)$ 分量的闭链 e 的接触映射的表达式。这些分量依次叠加可得到公式(2.119)。

接下来，注意通过公式(2.117)，基础运动旋量可以用混合准速度表示为

$$\mathcal{V}_B=\mathbb{T}_{\overleftarrow{BC}}\mathcal{V}_M-\begin{bmatrix}\boldsymbol{J}_{\overleftarrow{CB}}(\boldsymbol{\theta})\\ \boldsymbol{0}\end{bmatrix}\dot{\boldsymbol{\theta}} \tag{2.121}$$

利用这种关系，公式(2.92)等号左边的第一项可以表示为

$$\begin{bmatrix}\mathbb{C}^{\mathrm{T}}_{cB}(\boldsymbol{q}_F)\\ \mathbb{C}^{\mathrm{T}}_{cB}(\boldsymbol{q}_H)\end{bmatrix}\mathcal{V}_B=\begin{bmatrix}\mathbb{C}^{\mathrm{T}}_{cC}(\boldsymbol{q}_F)\\ \mathbb{C}^{\mathrm{T}}_{cC}(\boldsymbol{q}_H)\end{bmatrix}\mathcal{V}_M-\begin{bmatrix}\mathbb{C}^{\mathrm{T}}_{cB}(\boldsymbol{q}_F)\\ \mathbb{C}^{\mathrm{T}}_{cB}(\boldsymbol{q}_H)\end{bmatrix}\begin{bmatrix}\boldsymbol{J}_{\overleftarrow{CB}}(\boldsymbol{\theta})\\ \boldsymbol{0}\end{bmatrix}\dot{\boldsymbol{\theta}} \tag{2.122}$$

式中，$\mathbb{C}_{cC}(\boldsymbol{q}_e)$，$e\in\{F,H\}$包括叠加分量

$$\begin{aligned}\mathbb{C}_{cC}(\boldsymbol{q}_k)&=\mathbb{T}^{\mathrm{T}}_{\overleftarrow{BC}}\mathbb{C}_{cB}(\boldsymbol{q}_k)\underset{(2.74)}{=}\mathbb{T}^{\mathrm{T}}_{\overleftarrow{BC}}\mathbb{T}^{\mathrm{T}}_{\overleftarrow{kB}}\mathbb{B}_c(\boldsymbol{q}_k)\\&=\mathbb{T}^{\mathrm{T}}_{\overleftarrow{kC}}\mathbb{B}_c(\boldsymbol{q}_k)\in\Re^{6\times 6}\end{aligned} \tag{2.123}$$

用这种表示法，公式(2.92)可以改写为

$$\begin{aligned}&\begin{bmatrix}\mathbb{C}^{\mathrm{T}}_{cC}(\boldsymbol{q}_F)\\ \mathbb{C}^{\mathrm{T}}_{cC}(\boldsymbol{q}_H)\end{bmatrix}\mathcal{V}_M+\left(\begin{bmatrix}\mathcal{J}_{cB}(\boldsymbol{q}_F) & \boldsymbol{0}\\ \boldsymbol{0} & \mathcal{J}_{cB}(\boldsymbol{q}_H)\end{bmatrix}-\begin{bmatrix}\mathbb{C}^{\mathrm{T}}_{cB_f}(\boldsymbol{q}_F)\\ \mathbb{C}^{\mathrm{T}}_{cB_f}(\boldsymbol{q}_H)\end{bmatrix}\boldsymbol{J}_{\overleftarrow{CB}}(\boldsymbol{\theta})\right)\dot{\boldsymbol{\theta}}\\&=\begin{bmatrix}\mathbb{B}^{\mathrm{T}}_c(\boldsymbol{q}_F) & \boldsymbol{0}\\ \boldsymbol{0} & \mathbb{B}^{\mathrm{T}}_c(\boldsymbol{q}_H)\end{bmatrix}\begin{bmatrix}\mathcal{V}(\boldsymbol{q}_F)\\ \mathcal{V}(\boldsymbol{q}_H)\end{bmatrix}\end{aligned} \tag{2.124}$$

该等式的一般(例如非完整约束)紧凑形式表示是

$$\mathbb{C}^{\mathrm{T}}_{cC}(\boldsymbol{q})\mathcal{V}_M+\mathcal{J}_{cM}(\boldsymbol{q})\dot{\boldsymbol{\theta}}=\mathbb{B}^{\mathrm{T}}_c(\boldsymbol{q})\mathcal{V}(\boldsymbol{q})\equiv\bar{\mathcal{V}}^c \tag{2.125}$$

式中，

$$\mathcal{J}_{cM}(\boldsymbol{q})=\mathcal{J}_{cB}(\boldsymbol{q})-\mathbb{C}^{\mathrm{T}}_{cB_f}(\boldsymbol{q})\boldsymbol{J}_{\overleftarrow{CB}}(\boldsymbol{\theta}) \tag{2.126}$$

矩阵 $\mathbb{C}_{cC}(\boldsymbol{q})\in\Re^{6\times c}$ 由叠加的 $\mathbb{C}_{cC}(\boldsymbol{q}_e)$ 分量组成。这是仿人机器人在约束方向上的以混合的准坐标表示的接触映射。$\mathbb{C}_{cC}$ 可以分解成力和力矩分量，即

$$\mathbb{C}_{cC}(\boldsymbol{q})=\begin{bmatrix}\mathbb{C}^{\mathrm{T}}_{cC_f}(\boldsymbol{q}) & \mathbb{C}^{\mathrm{T}}_{cC_m}(\boldsymbol{q})\end{bmatrix}^{\mathrm{T}} \tag{2.127}$$

式中，$\mathbb{C}_{cC_f}(\boldsymbol{q})=\mathbb{C}_{cB_f}(\boldsymbol{q})=\mathbb{B}_{c_f}(\boldsymbol{q})$ 且 $\mathbb{C}_{cC_m}(\boldsymbol{q})$ 由叠加分量组成

$$\mathbb{C}_{cC_m}(\boldsymbol{q}_k)=\mathbb{B}_{c_m}(\boldsymbol{q}_k)+[\boldsymbol{r}^{\times}_{\overleftarrow{kC}}]\mathbb{B}_{c_f}(\boldsymbol{q}_k)$$

可以用类似的方式获得移动方向上的速度关系，从而得到

$$\mathbb{C}^{\mathrm{T}}_{mC}(\boldsymbol{q})\mathcal{V}_M+\mathcal{J}_{mM}(\boldsymbol{q})\dot{\boldsymbol{\theta}}=\mathbb{B}^{\mathrm{T}}_m(\boldsymbol{q})\mathcal{V}(\boldsymbol{q})\equiv\bar{\mathcal{V}}^m \tag{2.128}$$

在完整约束的特殊情况下，公式(2.125)和公式(2.128)可以分别写成

$$\boldsymbol{J}_{cM}(\boldsymbol{q})\dot{\boldsymbol{q}}_M=\bar{\mathcal{V}}^c \tag{2.129}$$

和

$$\boldsymbol{J}_{mM}(\boldsymbol{q})\dot{\boldsymbol{q}}_M=\bar{\mathcal{V}}^m \tag{2.130}$$

式中，$\boldsymbol{J}_{cM}(\boldsymbol{q})=\begin{bmatrix}\mathbb{C}^{\mathrm{T}}_{cC}(\boldsymbol{q}) & \mathcal{J}_{cM}(\boldsymbol{q})\end{bmatrix}$，$\boldsymbol{J}_{mM}(\boldsymbol{q})=\begin{bmatrix}\mathbb{C}^{\mathrm{T}}_{mC}(\boldsymbol{q}) & \mathcal{J}_{mM}(\boldsymbol{q})\end{bmatrix}$。

通过叠加公式(2.125)和公式(2.128)获得仿人机器人在混合准坐标中的完整瞬时运动

关系，即

$$\mathbb{C}_C^{\mathrm{T}}(\boldsymbol{q})\mathcal{V}_M+\mathcal{J}_M(\boldsymbol{q})\dot{\boldsymbol{\theta}}=\mathbb{B}^{\mathrm{T}}(\boldsymbol{q})\mathcal{V}(\boldsymbol{q})\equiv\begin{bmatrix}\overline{\mathcal{V}}^c\\ \overline{\mathcal{V}}^m\end{bmatrix} \tag{2.131}$$

式中，$\mathbb{C}_C^{\mathrm{T}}(\boldsymbol{q})=[\mathbb{C}_{cC}(\boldsymbol{q})\quad \mathbb{C}_{mC}(\boldsymbol{q})]^{\mathrm{T}}$ 和 $\mathcal{J}_M(\boldsymbol{q})=[\mathcal{J}_{cM}^{\mathrm{T}}(\boldsymbol{q})\quad \mathcal{J}_{mM}^{\mathrm{T}}(\boldsymbol{q})]^{\mathrm{T}}$ 分别表示混合准速度下机器人的完全接触映射和(置换的)关节空间雅可比矩阵。

应用实例

约束一致的关节速度可以通过公式(2.125)用混合准速度表示。我们有

$$\dot{\boldsymbol{\theta}}=\mathcal{J}_{cM}^{+}(\overline{\mathcal{V}}^c-\mathbb{C}_{cC}^{\mathrm{T}}\mathcal{V}_M)+\boldsymbol{N}(\mathcal{J}_{cM})\dot{\boldsymbol{\theta}}_u \tag{2.132}$$

该等式可以用作位置控制机器人的控制方程，如下例所示。

假设在静止地面上的双腿直立姿态初始姿态，使得 $\overline{\mathcal{V}}^c=\boldsymbol{0}$。参考输入由运动旋量 $\mathcal{V}_M$ 的两个分量确定：沿垂直线向上的质心平移和在初始值(零)处调整的基座旋转⊖。从上式求得的关节速度用于控制一个小型机器人，其参数类似于 HOAP-2 机器人[39]。关于关节的编号和其他相关数据，见 A.1 节。仿真结果如视频 2.11-1 所示[170]。注意，最初质心向上的运动是通过腿和手臂的运动实现的。在给定的时刻，双腿完全伸展。这是一个相对于基座连杆运动的奇异构型，如 2.5 节中所述。然而，对于期望的质心运动，其构型不是奇异的。因此向上的质心运动也没有不稳定，现在完全通过手臂的向上旋转来决定。仿真图和截图如图 2.15 所示。在大约 2.5s 时，运动模式发生了突变。原因是双腿完全伸展，垂直基座运动变得饱和。尽管如此，从关节速度图中可以看出运动仍然保持稳定。如果这个动作继续下去，在某一时刻，手臂将完全向上伸展。这是一种相对于期望的质心运动的奇异姿势，这种姿势通常会导致不稳定。基于相同方法的另一个示例将在 7.5.3 节中介绍。

此外，附加的任意关节速度输入 $\dot{\boldsymbol{\theta}}_u$ 可用于实现其他子任务，例如沿无约束运动方向的末端连杆运动控制。约束一致的关节速度可以类比公式(2.98)写成

$$\begin{aligned}\dot{\boldsymbol{\theta}}&=\mathcal{J}_{cM}^{+}(\boldsymbol{q})(\overline{\mathcal{V}}^c-\mathbb{C}_{cC}^{\mathrm{T}}(\boldsymbol{q})\mathcal{V}_M)+\overline{\mathcal{J}}_{mM}^{+}(\boldsymbol{q})\widetilde{\mathcal{V}}^m+(\boldsymbol{E}-\boldsymbol{J}_M^{+}(\boldsymbol{q})\boldsymbol{J}_M(\boldsymbol{q}))\dot{\boldsymbol{\theta}}_u\\&=\dot{\boldsymbol{\theta}}^c+\dot{\boldsymbol{\theta}}^m+\dot{\boldsymbol{\theta}}^n,\ \text{s.t.}\ \dot{\boldsymbol{\theta}}^c\succ\dot{\boldsymbol{\theta}}^m\succ\dot{\boldsymbol{\theta}}^n\end{aligned} \tag{2.133}$$

式中，$\overline{\mathcal{J}}_{mM}(\boldsymbol{q})=\mathcal{J}_{mM}(\boldsymbol{q})\boldsymbol{N}(\mathcal{J}_{cM})$是由约束雅可比矩阵$\mathcal{N}(\mathcal{J}_{cM}(\boldsymbol{q}))$的零空间约束的可动度雅可比矩阵。运动旋量 $\widetilde{\mathcal{V}}^m$ 现在定义为 $\widetilde{\mathcal{V}}^m=\overline{\mathcal{V}}^m-\mathcal{J}_m(\boldsymbol{q})\mathcal{J}_{cM}^{+}(\boldsymbol{q})(\overline{\mathcal{V}}^c-\mathbb{C}_{cC}^{\mathrm{T}}(\boldsymbol{q})\mathcal{V}_M)$。关节速度 $\dot{\boldsymbol{\theta}}_u$ 参数化表达$\mathcal{N}(\boldsymbol{J}_M(\boldsymbol{q}))$内的任何剩余自由度。上述等式将用于 7.5 节中基于协同的运动生成。

2.11.5 总结与讨论

形成独立闭环的两个平行分支内的微分运动关系的公式可以用直接的方式扩展，以处理由多个并行分支形成的相互依赖的闭环的情况。在这种情况下，相互依赖关系是由于所有并行分支必须完成一个共同的主要任务：用一致的方式确保闭环连杆的空间速度。由此可以保持逆运动学解的结构，只有维度会增加。如前所述，多指手操作物体是一个很好的代表性示例。

⊖ 不使用附加的任意关节速度输入，即 $\dot{\boldsymbol{\theta}}_u=\boldsymbol{0}$。

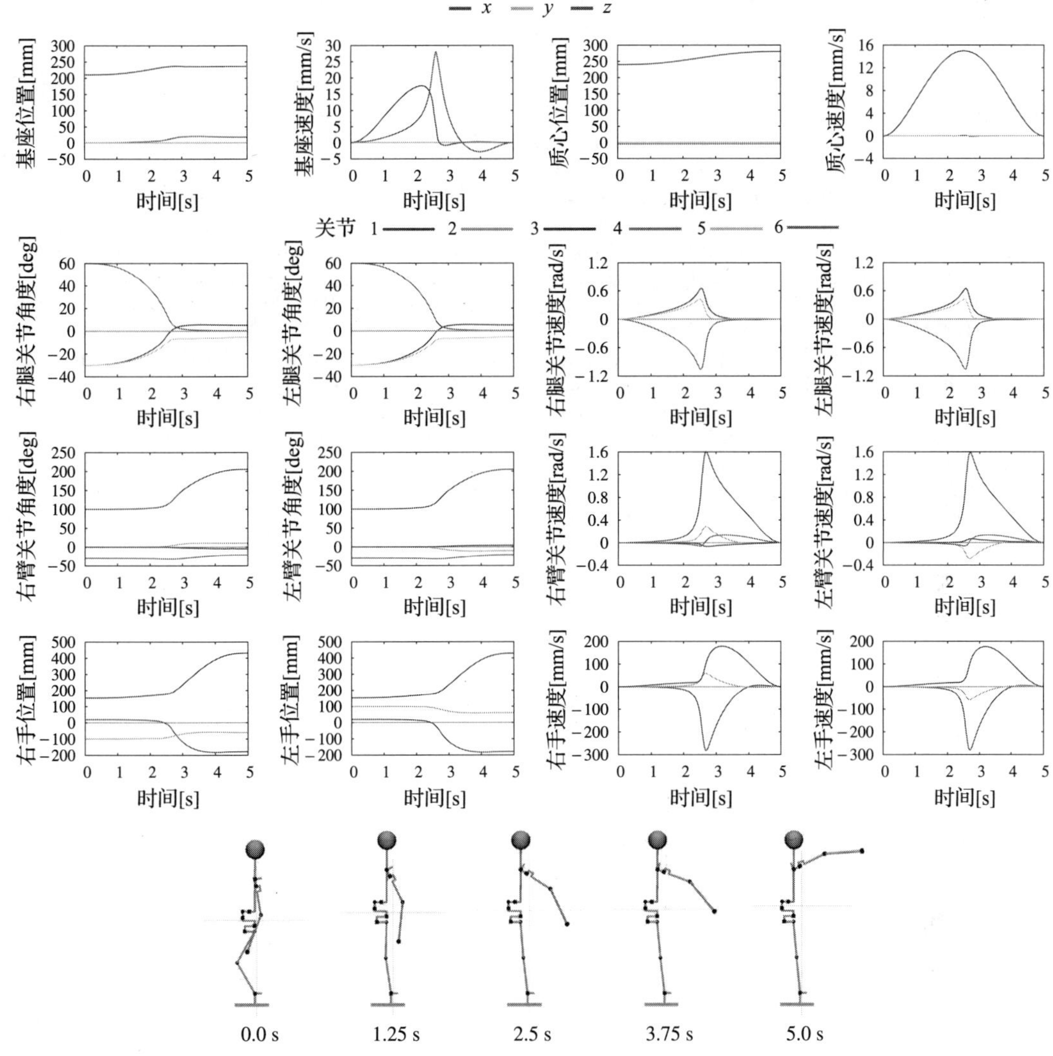

图 2.15 没有手部运动约束的期望的质心向上运动仿真。最初，通过腿部和臂部的运动实现期望的运动。在大约 2.5s 时，由于腿部完全伸展并且垂直基座运动饱和，因此运动模式发生突变。尽管如此，质心运动仍按照预期继续运动，没有任何中断(见彩插)

公式(2.91)表示具有约束条件的各类系统的一阶瞬时运动关系。在多指手抓取时，等效的接触映射 $\mathbb{C}_{cB}:\Re^6\rightarrow\Re^c$ 称为抓取映射[104]。它在运动/力分析、抓取规划和控制中起着重要作用。同样地，在下文我们将看到，$\mathbb{C}_{cB}$ 在仿人机器人中起重要作用。对于一个或多个接触断开并获得开环结构的情况，运动约束方程的普适性也得到了证实。进一步证明了用同一方程可以同时表示完整约束和非完整约束。单腿和双腿站立时，这些约束被认为是完整的。当基座连杆欠约束时，可能会出现与角动量守恒相关的非完整约束。这也就是机器人在半空中的情况。角动量相关的问题将在第 4 章中讨论。

最后，值得注意的是，一阶微分运动约束(公式(2.79)的上半部分)也描述了并联机械臂的微分运动学[50]。这些机械臂包括一个通过固定的被动关节连接到平行分支的固定运动结构，例如闭环连杆(通常称为“动平台”)。约束的性质类似于接触关节引入的约束。唯一的区别是固定的被动关节不能制动，因此它们不能引起运动结构的变化，就像仿人机器人和多指手抓取一样。

参考文献

[1] A.E. Albert, Regression and the Moore–Penrose Pseudoinverse, 1st edition, Academic Press, 1972.
[2] G. Antonelli, Stability analysis for prioritized closed-loop inverse kinematic algorithms for redundant robotic systems, IEEE Transactions on Robotics 25 (2009) 985–994.
[3] H. Arisumi, S. Miossec, J.-R. Chardonnet, K. Yokoi, Dynamic lifting by whole body motion of humanoid robots, in: IEEE/RSJ International Conference on Intelligent Robots and Systems, 2008, pp. 668–675.
[4] U.M. Ascher, H. Chin, S. Reich, Stabilization of DAEs and invariant manifolds, Numerische Mathematik 149 (1994) 131–149.
[5] U.M. Ascher, L.R. Petzold, Computer Methods for Ordinary Differential Equations and Differential-Algebraic Equations, Society for Industrial and Applied Mathematics, Philadelphia, PA, USA, 1998.
[6] T. Asfour, R. Dillmann, Human-like motion of a humanoid robot arm based on a closed-form solution of the inverse kinematics problem, in: IEEE/RSJ International Conference on Intelligent Robots and Systems, Las Vegas, Nevada, USA, 2003, pp. 1407–1412.
[7] J. Baillieul, Kinematic programming alternatives for redundant manipulators, in: IEEE International Conference on Robotics and Automation, 1985, pp. 722–728.
[8] J. Baillieul, Avoiding obstacles and resolving kinematic redundancy, in: IEEE International Conference on Robotics and Automation, 1986, pp. 1698–1704.
[9] R. Ball, The Theory of Screws: A Study in the Dynamics of a Rigid Body, Hodges, Foster, and Company, 1876.
[10] D. Baraff, Fast contact force computation for nonpenetrating rigid bodies, in: 21st Annual Conference on Computer Graphics and Interactive Techniques – SIGGRAPH '94, ACM Press, New York, New York, USA, 1994, pp. 23–34.
[11] J. Baumgarte, Stabilization of constraints and integrals of motion in dynamical systems, Computer Methods in Applied Mechanics and Engineering 1 (1972) 1–16.
[12] E. Bayo, S. Barbara, A. Avello, Singularity-free augmented Lagrangian algorithms for constrained multibody dynamics, Nonlinear Dynamics 5 (1994) 209–231.
[13] N. Bedrossian, K. Flueckiger, Characterizing spatial redundant manipulator singularities, in: IEEE International Conference on Robotics and Automation, 1991, pp. 714–719.
[14] A. Ben-Israel, T.N. Greville, Generalized Inverses – Theory and Applications, 2nd edition, CMS Books in Mathematics, Springer-Verlag New York, Inc., 2003.
[15] W. Blajer, A geometric unification of constrained system dynamics, Multibody System Dynamics 1 (1997) 3–21.
[16] M. Brandao, L. Jamone, P. Kryczka, N. Endo, K. Hashimoto, A. Takanishi, Reaching for the unreachable: integration of locomotion and whole-body movements for extended visually guided reaching, in: IEEE-RAS International Conference on Humanoid Robots, 2013, pp. 28–33.
[17] O. Brock, O. Khatib, S. Viji, Task-consistent obstacle avoidance and motion behavior for mobile manipulation, in: IEEE International Conference on Robotics and Automation, 2002, pp. 388–393.
[18] J. Burdick, On the inverse kinematics of redundant manipulators: characterization of the self-motion manifolds, in: IEEE International Conference on Robotics and Automation, Scottsdale, AZ, USA, 1989, pp. 264–270.
[19] T. Buschmann, S. Lohmeier, H. Ulbrich, Humanoid robot Lola: design and walking control, Journal of Physiology Paris 103 (2009) 141–148.
[20] J.-R. Chardonnet, S. Miossec, A. Kheddar, H. Arisumi, H. Hirukawa, F. Pierrot, K. Yokoi, Dynamic simulator for humanoids using constraint-based method with static friction, in: IEEE International Conference on Robotics and Biomimetics, 2006, pp. 1366–1371.
[21] B. Dariush, G.B. Hammam, D. Orin, Constrained resolved acceleration control for humanoids, in: IEEE/RSJ International Conference on Intelligent Robots and Systems, 2010, pp. 710–717.
[22] J.K. Davidson, K.H. Hunt, Robots and Screw Theory: Applications of Kinematics and Statics to Robotics, Oxford University Press, 2004.
[23] M. De Lasa, A. Hertzmann, Prioritized optimization for task-space control, in: IEEE/RSJ International Conference on Intelligent Robots and Systems, 2009, pp. 5755–5762.
[24] A. De Luca, G. Oriolo, Modelling and control of nonholonomic mechanical systems, in: J. Angeles, A. Kecskeméthy (Eds.), Kinematics and Dynamics of Multi-Body Systems, in: CISM International Centre for Mechanical Sciences, vol. 360, Springer, Vienna, 1995, pp. 277–342.
[25] A. Del Prete, F. Romano, L. Natale, G. Metta, G. Sandini, F. Nori, Prioritized optimal control, in: IEEE International Conference on Robotics and Automation, Hong Kong, China, 2014, pp. 2540–2545.
[26] J. Denavit, R. Hartenberg, A kinematic notation for lower-pair mechanisms based on matrices, in: Trans. of the ASME, Journal of Applied Mechanics 22 (1955) 215–221.

[27] A. Dietrich, C. Ott, A. Albu-Schaffer, Multi-objective compliance control of redundant manipulators: hierarchy, control, and stability, in: IEEE/RSJ International Conference on Intelligent Robots and Systems, 2013, pp. 3043–3050.
[28] A. Dietrich, T. Wimbock, A. Albu-Schaffer, G. Hirzinger, Integration of reactive, torque-based self-collision avoidance into a task hierarchy, IEEE Transactions on Robotics 28 (2012) 1278–1293.
[29] A. Dietrich, T. Wimbock, A. Albu-Schaffer, G. Hirzinger, Reactive whole-body control: dynamic mobile manipulation using a large number of actuated degrees of freedom, IEEE Robotics & Automation Magazine 19 (2012) 20–33.
[30] K.L. Doty, C. Melchiorri, C. Bonivento, A theory of generalized inverses applied to robotics, The International Journal of Robotics Research 12 (1993) 1–19.
[31] J. Duffy, The fallacy of modern hybrid control theory that is based on "orthogonal complements" of twist and wrench spaces, Journal of Robotic Systems 7 (1990) 139–144.
[32] R. Ellis, S. Ricker, Two numerical issues in simulating constrained robot dynamics, IEEE Transactions on Systems, Man and Cybernetics 24 (1994) 19–27.
[33] A. Escande, N. Mansard, P.-B. Wieber, Fast resolution of hierarchized inverse kinematics with inequality constraints, in: IEEE International Conference on Robotics and Automation, 2010, pp. 3733–3738.
[34] A. Escande, N. Mansard, P.-B. Wieber, Hierarchical quadratic programming: fast online humanoid-robot motion generation, The International Journal of Robotics Research 33 (2014) 1006–1028.
[35] R. Featherstone, Rigid Body Dynamics Algorithms, Springer Science+Business Media, LLC, Boston, MA, 2008.
[36] R. Featherstone, Exploiting sparsity in operational-space dynamics, The International Journal of Robotics Research 29 (2010) 1353–1368.
[37] R. Featherstone, A. Fijany, A technique for analyzing constrained rigid-body systems, and its application to the constraint force algorithm, IEEE Transactions on Robotics and Automation 15 (1999) 1140–1144.
[38] S. Feng, E. Whitman, X. Xinjilefu, C.G. Atkeson, Optimization-based full body control for the DARPA robotics challenge, Journal of Field Robotics 32 (2015) 293–312.
[39] Fujitsu, Miniature Humanoid Robot HOAP-2 Manual, 1st edition, Fujitsu Automation Co., Ltd, 2004 (in Japanese).
[40] K. Fujiwara, F. Kanehiro, S. Kajita, K. Kaneko, K. Yokoi, H. Hirukawa, UKEMI: falling motion control to minimize damage to biped humanoid robot, in: IEEE/RSJ International Conference on Intelligent Robots and System, 2002, pp. 2521–2526.
[41] K. Glass, R. Colbaugh, D. Lim, H. Seraji, Real-time collision avoidance for redundant manipulators, IEEE Transactions on Robotics and Automation 11 (1995) 448–457.
[42] G.H. Golub, C.F. Van Loan, Matrix Computations, Johns Hopkins University Press, 1996.
[43] A. Goswami, S.-k. Yun, U. Nagarajan, S.-H. Lee, K. Yin, S. Kalyanakrishnan, Direction-changing fall control of humanoid robots: theory and experiments, Autonomous Robots 36 (2013) 199–223.
[44] G.B. Hammam, P.M. Wensing, B. Dariush, D.E. Orin, Kinodynamically consistent motion retargeting for humanoids, International Journal of Humanoid Robotics 12 (2015) 1550017.
[45] H. Hanafusa, T. Yoshikawa, Y. Nakamura, Analysis and control of articulated robot arms with redundancy, in: Prep. of the IFAC '81 World Congress, 1981, pp. 78–83.
[46] N. Handharu, J. Yoon, G. Kim, Gait pattern generation with knee stretch motion for biped robot using toe and heel joints, in: IEEE-RAS International Conference on Humanoid Robots, Daejeon, ROK, 2008, pp. 265–270.
[47] Y. Harada, J. Takahashi, D. Nenchev, D. Sato, Limit cycle based walk of a powered 7DOF 3D biped with flat feet, in: IEEE/RSJ International Conference on Intelligent Robots and Systems, 2010, pp. 3623–3628.
[48] S. Hayati, Hybrid position/force control of multi-arm cooperating robots, in: IEEE International Conference on Robotics and Automation, 1986, pp. 82–89.
[49] P. Herman, K. Kozłowski, A survey of equations of motion in terms of inertial quasi-velocities for serial manipulators, Archive of Applied Mechanics 76 (2006) 579–614.
[50] K.H. Hunt, Structural kinematics of in-parallel-actuated robot-arms, Journal of Mechanisms, Transmissions, and Automation in Design 105 (1983) 705–712.
[51] A. Ijspeert, J. Nakanishi, S. Schaal, Movement imitation with nonlinear dynamical systems in humanoid robots, in: IEEE International Conference on Robotics and Automation, 2002, pp. 1398–1403.
[52] H. Isermann, Linear lexicographic optimization, OR Spektrum 4 (1982) 223–228.
[53] S. Kajita, H. Hirukawa, K. Harada, K. Yokoi, Introduction to Humanoid Robotics, Springer Verlag, Berlin, Heidelberg, 2014.
[54] S. Kajita, T. Nagasaki, K. Kaneko, H. Hirukawa, ZMP-based biped running control, IEEE Robotics & Automation Magazine 14 (2007) 63–72.
[55] K. Kameta, A. Sekiguchi, Y. Tsumaki, Y. Kanamiya, Walking control around singularity using a spherical inverted pendulum with an underfloor pivot, in: IEEE-RAS International Conference on Humanoid Robots, 2007, pp. 210–215.
[56] K. Kameta, A. Sekiguchi, Y. Tsumaki, D. Nenchev, Walking control using the SC approach for humanoid robot, in: IEEE-RAS International Conference on Humanoid Robots, 2005, pp. 289–294.
[57] K. Kaneko, F. Kanehiro, M. Morisawa, K. Akachi, G. Miyamori, A. Hayashi, N. Kanehira, Humanoid robot HRP-4 – humanoid robotics platform with lightweight and slim body, in: IEEE International Conference on

Intelligent Robots and Systems, 2011, pp. 4400–4407.
[58] O. Kanoun, Real-time prioritized kinematic control under inequality constraints for redundant manipulators, in: H. Durrant-Whyte, N. Roy, P. Abbeel (Eds.), Robotics: Science and Systems VII, MIT Press, 2012, pp. 145–152.
[59] O. Kanoun, F. Lamiraux, P.-B. Wieber, Kinematic control of redundant manipulators: generalizing the task-priority framework to inequality task, IEEE Transactions on Robotics 27 (2011) 785–792.
[60] O. Kanoun, F. Lamiraux, P.-B. Wieber, F. Kanehiro, E. Yoshida, J.-P. Laumond, Prioritizing linear equality and inequality systems: application to local motion planning for redundant robots, in: IEEE International Conference on Robotics and Automation, 2009, pp. 2939–2944.
[61] V.N. Katsikis, D. Pappas, The restricted weighted generalized inverse of a matrix, The Electronic Journal of Linear Algebra 22 (2011) 1156–1167.
[62] K. Kazerounian, Z. Wang, Global versus local optimization in redundancy resolution of robotic manipulators, The International Journal of Robotics Research 7 (1988) 3–12.
[63] F. Keith, P.-B.B. Wieber, N. Mansard, A. Kheddar, Analysis of the discontinuities in prioritized tasks-space control under discreet task scheduling operations, in: IEEE International Conference on Intelligent Robots and Systems, 2011, pp. 3887–3892.
[64] J. Kerr, B. Roth, Analysis of multifingered hands, The International Journal of Robotics Research 4 (1986) 3–17.
[65] O. Khatib, Real-time obstacle avoidance for manipulators and mobile robots, The International Journal of Robotics Research 5 (1986) 90–98.
[66] O. Khatib, L. Sentis, J. Park, J. Warren, Whole-body dynamic behavior and control of human-like robots, International Journal of Humanoid Robotics 01 (2004) 29–43.
[67] C. Klein, K.-B. Kee, The nature of drift in pseudoinverse control of kinematically redundant manipulators, IEEE Transactions on Robotics and Automation 5 (1989) 231–234.
[68] C.A. Klein, B.E. Blaho, Dexterity measures for the design and control of kinematically redundant manipulators, The International Journal of Robotics Research 6 (1987) 72–83.
[69] M.S. Konstantinov, M.D. Markov, D.N. Nenchev, Kinematic control of redundant manipulators, in: 11th International Symposium on Industrial Robots, Tokyo, Japan, 1981, pp. 561–568.
[70] S. Kotosaka, H. Ohtaki, Selective utilization of actuator for a humanoid robot by singular configuration, Journal of the Robotics Society of Japan 25 (2007) 115–121 (in Japanese).
[71] K. Kreutz-Delgado, M. Long, H. Seraji, Kinematic analysis of 7-DOF manipulators, The International Journal of Robotics Research 11 (1992) 469–481.
[72] R. Kurazume, S. Tanaka, M. Yamashita, T. Hasegawa, K. Yoneda, Straight legged walking of a biped robot, in: IEEE/RSJ International Conference on Intelligent Robots and Systems, 2005, pp. 337–343.
[73] H.G. Kwatny, G. Blankenship, Nonlinear Control and Analytical Mechanics: A Computational Approach, Springer-Verlag, Birkhäuser, New York, 2000.
[74] A. Laulusa, O.A. Bauchau, Review of classical approaches for constraint enforcement in multibody systems, Journal of Computational and Nonlinear Dynamics 3 (2008) 011004.
[75] J. Lee, N. Mansard, J. Park, Intermediate desired value approach for task transition of robots in kinematic control, IEEE Transactions on Robotics 28 (2012) 1260–1277.
[76] S.-H. Lee, A. Goswami, Fall on backpack: damage minimizing humanoid fall on targeted body segment using momentum control, in: ASME 2011 International Design Engineering Technical Conferences and Computers and Information in Engineering Conference, 2011, pp. 703–712.
[77] S. Lengagne, J. Vaillant, E. Yoshida, A. Kheddar, Generation of whole-body optimal dynamic multi-contact motions, The International Journal of Robotics Research 32 (2013) 1104–1119.
[78] K. Levenberg, A method for the solution of certain non-linear problems in least squares, Quarterly of Applied Mathematics II (1944) 164–168.
[79] Z. Li, N.G. Tsagarikis, D.G. Caldwell, B. Vanderborght, Trajectory generation of straightened knee walking for humanoid robot iCub, in: IEEE International Conference on Control, Automation, Robotics and Vision, 2010, pp. 2355–2360.
[80] A. Liegeois, Automatic supervisory control of the configuration and behavior of multibody mechanisms, IEEE Transactions on Systems, Man and Cybernetics 7 (1977) 868–871.
[81] M. Liu, A. Micaelli, P. Evrard, A. Escande, C. Andriot, Interactive virtual humans: a two-level prioritized control framework with wrench bounds, IEEE Transactions on Robotics 28 (2012) 1309–1322.
[82] M. Liu, Y. Tan, V. Padois, Generalized hierarchical control, Autonomous Robots 40 (2016) 17–31.
[83] D.G. Luenberger, Y. Ye, Linear and Nonlinear Programming, 4th edition, Springer International Publishing, 2016.
[84] R.C. Luo, T.-W. Lin, Y.-H. Tsai, Analytical inverse kinematic solution for modularized 7-DoF redundant manipulators with offsets at shoulder and wrist, in: IEEE/RSJ International Conference on Intelligent Robots and Systems, Chicago, Il, USA, 2014, pp. 516–521.
[85] S. Luo, S. Ahmad, Predicting the drift motion for kinematically redundant robots, IEEE Transactions on Systems, Man and Cybernetics 22 (1992) 717–728.
[86] S. Ma, S. Hirose, D.N. Nenchev, Improving local torque optimization techniques for redundant robotic mechanisms, Journal of Robotic Systems 8 (1991) 75–91.

[87] S. Ma, D.N. Nenchev, Local torque minimization for redundant manipulators: a correct formulation, Robotica 14 (1996) 235–239.
[88] A. Maciejewski, Kinetic limitations on the use of redundancy in robotic manipulators, IEEE Transactions on Robotics and Automation 7 (1991) 205–210.
[89] A.A. Maciejewski, C.A. Klein, Obstacle avoidance for kinematically redundant manipulators in dynamically varying environments, The International Journal of Robotics Research 4 (1985) 109–117.
[90] A.A. Maciejewski, C.A. Klein, The singular value decomposition: computation and applications to robotics, The International Journal of Robotics Research 8 (1989) 63–79.
[91] N. Mansard, F. Chaumette, Task sequencing for high-level sensor-based control, IEEE Transactions on Robotics 23 (2007) 60–72.
[92] N. Mansard, O. Khatib, Continuous control law from unilateral constraints, in: IEEE International Conference on Robotics and Automation, 2008, pp. 3359–3364.
[93] N. Mansard, O. Khatib, A. Kheddar, A unified approach to integrate unilateral constraints in the stack of tasks, IEEE Transactions on Robotics 25 (2009) 670–685.
[94] N. Mansard, A. Remazeilles, F. Chaumette, Continuity of varying-feature-set control laws, IEEE Transactions on Automatic Control 54 (2009) 2493–2505.
[95] L. Meirovitch, Methods of Analytical Dynamics, Dover Publications, Inc., Mineola, New York, 2012.
[96] P. Meseguer, N. Bouhmala, T. Bouzoubaa, M. Irgens, M. Sánchez, Current approaches for solving over-constrained problems, Constraints 8 (2003) 9–39.
[97] N. Minamide, K. Nakamura, A restricted pseudoinverse and its application to constrained minima, SIAM Journal on Applied Mathematics 19 (1970) 167–177.
[98] S. Miyahara, D.N. Nenchev, Singularity-consistent approach/departure to/from a singular posture, Robotic Life Support Laboratory, Tokyo City University, 2017 (Video clip), https://doi.org/10.1016/B978-0-12-804560-2.00009-2.
[99] S. Miyahara, D.N. Nenchev, Singularity-consistent motion "through" a singular posture, Robotic Life Support Laboratory, Tokyo City University, 2017 (Video clip), https://doi.org/10.1016/B978-0-12-804560-2.00009-2.
[100] D. Montana, The kinematics of contact and grasp, The International Journal of Robotics Research 7 (1988) 17–32.
[101] M. Morisawa, S. Kajita, K. Kaneko, K. Harada, F. Kanehiro, K. Fujiwara, H. Hirukawa, Pattern generation of biped walking constrained on parametric surface, in: IEEE International Conference on Robotics and Automation, 2005, pp. 2405–2410.
[102] M. Murooka, S. Nozawa, Y. Kakiuchi, K. Okada, M. Inaba, Whole-body pushing manipulation with contact posture planning of large and heavy object for humanoid robot, in: IEEE International Conference on Robotics and Automation, 2015, pp. 5682–5689.
[103] R.M. Murray, Nonlinear control of mechanical systems: a Lagrangian perspective, Annual Reviews in Control 21 (1997) 31–42.
[104] R.M. Murray, Z. Li, S.S. Sastry, A Mathematical Introduction to Robotic Manipulation, CRC Press, 1994.
[105] Y. Nakamura, Advanced Robotics: Redundancy and Optimization, Addison–Wesley Publishing Company, 1991.
[106] Y. Nakamura, H. Hanafusa, Inverse kinematic solutions with singularity robustness for robot manipulator control, Journal of Dynamic Systems, Measurement, and Control 108 (1986) 163.
[107] Y. Nakamura, K. Yamane, Dynamics computation of structure-varying kinematic chains and its application to human figures, IEEE Transactions on Robotics and Automation 16 (2000) 124–134.
[108] S. Nakaoka, S. Hattori, F. Kanehiro, S. Kajita, H. Hirukawa, Constraint-based dynamics simulator for humanoid robots with shock absorbing mechanisms, in: IEEE/RSJ International Conference on Intelligent Robots and Systems, San Diego, CA, USA, 2007, pp. 3641–3647.
[109] D.N. Nenchev, Redundancy resolution through local optimization: a review, Journal of Robotic Systems 6 (1989) 769–798.
[110] D.N. Nenchev, Restricted Jacobian matrices of redundant manipulators in constrained motion tasks, The International Journal of Robotics Research 11 (1992) 584–597.
[111] D.N. Nenchev, Tracking manipulator trajectories with ordinary singularities: a null space-based approach, The International Journal of Robotics Research 14 (1995) 399–404.
[112] D.N. Nenchev, Z.M. Sotirov, Dynamic task-priority allocation for kinematically redundant robotic mechanisms, in: IEEE/RSJ International Conference on Intelligent Robots and Systems, Munich, Germany, 1994, pp. 518–524.
[113] D.N. Nenchev, Y. Tsumaki, M. Uchiyama, Singularity-consistent behavior of telerobots: theory and experiments, The International Journal of Robotics Research 17 (1998) 138–152.
[114] D.N. Nenchev, Y. Tsumaki, M. Uchiyama, Singularity-consistent parameterization of robot motion and control, The International Journal of Robotics Research 19 (2000) 159–182.
[115] D.N. Nenchev, Recursive local kinematic inversion with dynamic task-priority allocation, in: IEEE International Conference on Robotics and Automation, IEEE Comput. Soc. Press, Munich, Germany, 1994, pp. 2698–2703.
[116] D.N. Nenchev, Y. Tsumaki, M. Uchiyama, Real-time motion control in the neighborhood of singularities: a comparative study between the SC and the DLS methods, in: IEEE International Conference on Robotics and Automation, 1999, pp. 506–511.

[117] G. Niemeyer, J.-J. Slotine, Computational algorithms for adaptive compliant motion, in: International Conference on Robotics and Automation, 1989, pp. 566–571.
[118] G. Niemeyer, J.-J.E. Slotine, Adaptive Cartesian control of redundant manipulators, in: American Control Conference, 1990, pp. 234–241.
[119] P.E. Nikravesh, Initial condition correction in multibody dynamics, Multibody System Dynamics 18 (2007) 107–115.
[120] Y. Ogura, H. Aikawa, K. Shimomura, H. Kondo, A. Morishima, H.-O. Lim, A. Takanishi, Development of a new humanoid robot WABIAN-2, in: IEEE International Conference on Robotics and Automation, 2006, pp. 76–81.
[121] Y. Ogura, H.-O. Lim, A. Takanishi, Stretch walking pattern generation for a biped humanoid robot, in: IEEE/RSJ International Conference on Intelligent Robots and Systems, 2003, pp. 352–357.
[122] Y. Oh, W.K. Chung, Y. Youm, I.H. Suh, A passivity-based motion control of redundant manipulators using weighted decomposition of joint space, in: 8th International Conference on Advanced Robotics, 1997, pp. 125–131.
[123] K. O'Neil, Divergence of linear acceleration-based redundancy resolution schemes, IEEE Transactions on Robotics and Automation 18 (2002) 625–631.
[124] C. Ott, A. Dietrich, A. Albu-Schäffer, A. Albu-Schaffer, Prioritized multi-task compliance control of redundant manipulators, Automatica 53 (2015) 416–423.
[125] D. Pai, U.M. Ascher, P. Kry, Forward dynamics algorithms for multibody chains and contact, in: IEEE International Conference on Robotics and Automation, 2000, pp. 857–863.
[126] H.A. Park, M.A. Ali, C. Lee, Closed-form inverse kinematic position solution for humanoid robots, International Journal of Humanoid Robotics 09 (2012) 1250022.
[127] I.-W. Park, J.-Y. Kim, J. Lee, J.-H. Oh, Mechanical design of the humanoid robot platform HUBO, Advanced Robotics 21 (2007) 1305–1322.
[128] J. Park, Control Strategies for Robots in Contact, Ph.D. thesis, Stanford University, USA, 2006.
[129] J. Park, W. Chung, Y. Youm, On dynamical decoupling of kinematically redundant manipulators, in: IEEE/RSJ International Conference on Intelligent Robots and Systems, 1999, pp. 1495–1500.
[130] T. Petrič, A. Gams, J. Babič, L. Žlajpah, Reflexive stability control framework for humanoid robots, Autonomous Robots 34 (2013) 347–361.
[131] T. Petrič, L. Žlajpah, Smooth continuous transition between tasks on a kinematic control level: obstacle avoidance as a control problem, Robotics and Autonomous Systems 61 (2013) 948–959.
[132] M.H. Raibert, J.J. Craig, Hybrid position/force control of manipulators, Journal of Dynamic Systems, Measurement, and Control 103 (1981) 126–133.
[133] A. Rennuit, A. Micaelli, X. Merlhiot, C. Andriot, F. Guillaume, N. Chevassus, D. Chablat, P. Chedmail, Passive control architecture for virtual humans, in: IEEE/RSJ International Conference on Intelligent Robots and Systems, 2005, pp. 1432–1437.
[134] L. Saab, O. Ramos, F. Keith, N. Mansard, P. Soueres, J.Y. Fourquet, Dynamic whole-body motion generation under rigid contacts and other unilateral constraints, IEEE Transactions on Robotics 29 (2013) 346–362.
[135] H. Sadeghian, L. Villani, M. Keshmiri, B. Siciliano, Dynamic multi-priority control in redundant robotic systems, Robotica 31 (2013) 1–13.
[136] L. Sciavicco, B. Siciliano, Modelling and Control of Robot Manipulators, Springer Science & Business Media, 2000.
[137] A. Sekiguchi, Y. Atobe, K. Kameta, D. Nenchev, Y. Tsumaki, On motion generation for humanoid robot by the SC approach, in: Annual Conference of the Robotics Society of Japan, 2003 (in Japanese), p. 2A27.
[138] L. Sentis, O. Khatib, Synthesis of whole-body behaviors through hierarchical control of behavioral primitives, International Journal of Humanoid Robotics 02 (2005) 505–518.
[139] L. Sentis, O. Khatib, Compliant control of multicontact and center-of-mass behaviors in humanoid robots, IEEE Transactions on Robotics 26 (2010) 483–501.
[140] L. Sentis, J. Petersen, R. Philippsen, Implementation and stability analysis of prioritized whole-body compliant controllers on a wheeled humanoid robot in uneven terrains, Autonomous Robots 35 (2013) 301–319.
[141] H. Seraji, Configuration control of redundant manipulators: theory and implementation, IEEE Transactions on Robotics and Automation 5 (1989) 472–490.
[142] M. Shimizu, H. Kakuya, W.-K. Yoon, K. Kitagaki, K. Kosuge, Analytical inverse kinematic computation for 7-DOF redundant manipulators with joint limits and its application to redundancy resolution, IEEE Transactions on Robotics 24 (2008) 1131–1142.
[143] B. Siciliano, Kinematic control of redundant robot manipulators: a tutorial, Journal of Intelligent & Robotic Systems 3 (1990) 201–212.
[144] B. Siciliano, J.-J. Slotine, A general framework for managing multiple tasks in highly redundant robotic systems, in: Fifth International Conference on Advanced Robotics, 1991, pp. 1211–1216.
[145] O. Stasse, A. Escande, N. Mansard, S. Miossec, P. Evrard, A. Kheddar, Real-time (self)-collision avoidance task on a HRP-2 humanoid robot, in: IEEE International Conference on Robotics and Automation, 2008, pp. 3200–3205.

[146] D.E. Stewart, J.C. Trinkle, An implicit time-stepping scheme for rigid body dynamics with inelastic collisions and coulomb friction, International Journal for Numerical Methods in Engineering 39 (1996) 2673–2691.

[147] G. Strang, Linear Algebra and Its Applications, 4th edition, Cengage Learning, July 19, 2005.

[148] J. Stuelpnagel, On the parametrization of the three-dimensional rotation group, SIAM Review 6 (1964) 422–430.

[149] T. Sugihara, Solvability-unconcerned inverse kinematics by the Levenberg–Marquardt method, IEEE Transactions on Robotics 27 (2011) 984–991.

[150] H. Sugiura, M. Gienger, H. Janssen, C. Goerick, Real-time collision avoidance with whole body motion control for humanoid robots, in: IEEE/RSJ International Conference on Intelligent Robots and Systems, 2007, pp. 2053–2058.

[151] K. Suh, J. Hollerbach, Local versus global torque optimization of redundant manipulators, in: IEEE International Conference on Robotics and Automation, 1987, pp. 619–624.

[152] K. Takahashi, M. Noda, D. Nenchev, Y. Tsumaki, A. Sekiguchi, Static walk of a humanoid robot based the singularity-consistent method, in: IEEE/RSJ International Conference on Intelligent Robots and Systems, 2006, pp. 5484–5489.

[153] S. Taki, D.N. Nenchev, A novel singularity-consistent inverse kinematics decomposition for S-R-S type manipulators, in: IEEE International Conference on Robotics and Automation (ICRA), Hong Kong, China, 2014, pp. 5070–5075.

[154] J.C. Trinkle, J.-S. Pang, S. Sudarsky, G. Lo, On dynamic multi-rigid-body contact problems with Coulomb friction, ZAMM – Zeitschrift für Angewandte Mathematik und Mechanik (Journal of Applied Mathematics and Mechanics) 77 (1997) 267–279.

[155] F.-C. Tseng, Z.-D. Ma, G.M. Hulbert, Efficient numerical solution of constrained multibody dynamics systems, Computer Methods in Applied Mechanics and Engineering 192 (2003) 439–472.

[156] Y. Tsumaki, D. Nenchev, S. Kotera, M. Uchiyama, Teleoperation based on the adjoint Jacobian approach, IEEE Control Systems Magazine 17 (1997) 53–62.

[157] F. Udwadia, R.E. Kalaba, What is the general form of the explicit equations of motion for constrained mechanical systems?, Journal of Applied Mechanics 69 (2002) 335.

[158] C.W. Wampler, Manipulator inverse kinematic solutions based on vector formulations and damped least-squares methods, IEEE Transactions on Systems, Man and Cybernetics 16 (1986) 93–101.

[159] D. Whitney, Resolved motion rate control of manipulators and human prostheses, IEEE Transactions on Man-Machine Systems 10 (1969) 47–53.

[160] D. Whitney, Force feedback control of manipulator fine motions, Journal of Dynamic Systems, Measurement, and Control 99 (1977) 91–97.

[161] T. Wimbock, D. Nenchev, A. Albu-Schaffer, G. Hirzinger, Experimental study on dynamic reactionless motions with DLR's humanoid robot Justin, in: IEEE/RSJ International Conference on Intelligent Robots and Systems, St. Louis, USA, 2009, pp. 5481–5486.

[162] K. Yamane, Y. Nakamura, Dynamics filter – concept and implementation of online motion generator for human figures, IEEE Transactions on Robotics and Automation 19 (2003) 421–432.

[163] K. Yamane, Y. Nakamura, A numerically robust LCP solver for simulating articulated rigid bodies in contact, in: Robotics: Science and Systems IV, MIT Press, Zurich, Switzerland, 2008, pp. 89–104.

[164] Y. Yokokohji, T. Toyoshima, T. Yoshikawa, Efficient computational algorithms for trajectory control of free-flying space robots with multiple arms, IEEE Transactions on Robotics and Automation 9 (1993) 571–580.

[165] S. Yoon, R.M. Howe, D.T. Greenwood, Geometric elimination of constraint violations in numerical simulation of Lagrangian equations, Journal of Mechanical Design 116 (1994) 1058–1064.

[166] T. Yoshikawa, Manipulability of robotic mechanisms, The International Journal of Robotics Research 4 (1985) 3–9.

[167] T. Yoshikawa, Dynamic hybrid position/force control of robot manipulators–description of hand constraints and calculation of joint driving force, IEEE Journal on Robotics and Automation 3 (1987) 386–392.

[168] T. Yoshikawa, Analysis and control of robot arms with redundancy, in: First International Symposium on Robotics Research, Pittsburg, Pennsylvania, MIT Press, Cambridge, MA, 1994, pp. 735–747.

[169] J. Yuan, Closed-loop manipulator control using quaternion feedback, IEEE Journal on Robotics and Automation 4 (1988) 434–440.

[170] R. Yui, R. Hinata, D.N. Nenchev, Upward CoM motion of a humanoid robot resolved in terms of mixed quasi-velocity, Robotic Life Support Laboratory, Tokyo City University, 2017 (Video clip), https://doi.org/10.1016/B978-0-12-804560-2.00009-2.

[171] X. Yun, N. Sarkar, Unified formulation of robotic systems with holonomic and nonholonomic constraints, IEEE Transactions on Robotics and Automation 14 (1998) 640–650.

[172] J. Zhao, N.I. Badler, Real-Time Inverse Kinematics With Joint Limits and Spatial Constraints, Technical Report MS-CIS-89-09, University of Pennsylvania, 1989.

[173] M. Zucker, S. Joo, M. Grey, C. Rasmussen, E. Huang, M. Stilman, A. Bobick, A general-purpose system for teleoperation of the DRC-HUBO humanoid robot, Journal of Field Robotics 32 (2015) 336–351.

静　力　学

3.1　引言

静力学和运动静力学关系在动力学分析、优化和控制中起着基础作用。本章分为8节。在3.2节中，由虚功原理推导出力/力矩关系，并引入了力旋量和空间力的表示法。3.3节主要讨论具有摩擦约束的接触关节模型。3.4节重点讨论独立闭环链中的运动静力学关系。3.5节解决了接触关节处身体力旋量分布的重要问题。3.6节解释了包含独立和相互依赖的闭链仿人机器人的运动静力学关系。3.7节分析静态姿势的稳定性，并讨论基于静力学的优化。3.8节解释了与仿人机器人有关的静力学和运动学关系的对偶性。

3.2　力旋量和空间力

设 $\boldsymbol{f}\in\Re^3$ 表示力矢量，$\boldsymbol{m}_p\in\Re^3$ 是作用于机器人连杆上的点 P 的力矩矢量。将两个矢量叠加以形成表示力旋量的6D矢量。我们有 $\mathcal{F}_P=[\boldsymbol{f}^{\mathrm{T}}\quad \boldsymbol{m}_P^{\mathrm{T}}]^{\mathrm{T}}\in\Re^6$。与术语“运动旋量”类似，术语“力旋量”起源于螺旋理论[4]。与运动旋量的情况类似，力旋量的两个分量称为双矢量。这个术语也被机器人学领域采用[49,19]。力旋量是对偶空间se(3)的se*(3)的元素。力旋量和运动旋量形成对偶关系，由此它们的点积确定瞬时功率：$\mathcal{V}\cdot\mathcal{F}$。这个量值可以用坐标形式表示为 $\mathcal{V}_P^{\mathrm{T}}\mathcal{F}_P=\boldsymbol{v}_P^{\mathrm{T}}\boldsymbol{f}+\boldsymbol{\omega}^{\mathrm{T}}\boldsymbol{m}_P$。与运动旋量相似，力旋量可以在惯性坐标系或身体坐标系中表示。在前一种情况下，用到了空间力这一术语[24]。空间力可以看作一个算子，给定刚体上任意一点 P，产生关于该点的总力矩，即

$$\boldsymbol{m}_O=-[\boldsymbol{r}_{\overleftarrow{OP}}^{\times}]\boldsymbol{f}+\boldsymbol{m}_P \tag{3.1}$$

式中，$\boldsymbol{r}_{\overleftarrow{OP}}=\boldsymbol{r}_O-\boldsymbol{r}_P$。

此外，这是显而易见的(文献[49]，第62页)：在给定坐标系中作用于点 P 的力旋量可以通过对运动旋量的转置空间变换转换为在不同坐标系下的作用于点 O 的等效力旋量。例如，考虑两个力旋量 ${}^W\mathcal{F}_O$ 和 ${}^B\mathcal{F}_P$。如果以下瞬时功率关系成立，这些力旋量将是等效的。

$$({}^W\mathcal{V}_O)^{\mathrm{T}}({}^W\mathcal{F}_O)=({}^B\mathcal{V}_P)^{\mathrm{T}}({}^B\mathcal{F}_P)$$

由于 ${}^W\mathcal{V}_O^{\mathrm{T}}=({}^B\mathcal{V}_P)^{\mathrm{T}}({}^W\mathbb{X}_{B_{\overleftarrow{OP}}})^{\mathrm{T}}$(参见公式(2.6))，对于任意 ${}^W\mathcal{V}_O$，得到

$${}^B\mathcal{F}_O={}^W\mathbb{X}_{B_{\overleftarrow{OP}}}^{-\mathrm{T}}({}^W\mathcal{F}_P)={}^B\mathbb{X}_{W_{\overleftarrow{OP}}}^{\mathrm{T}}({}^W\mathcal{F}_P) \tag{3.2}$$

使用公式(2.6)，其转置可以表示为

$${}^B\mathbb{X}_{W_{\overleftarrow{OP}}}^{\mathrm{T}}={}^B\mathbb{T}_{\overleftarrow{OP}}^{\mathrm{T}}\,{}^W\mathbb{R}_B^{\mathrm{T}}=\begin{bmatrix}\boldsymbol{E} & \boldsymbol{0}\\ -[{}^B\boldsymbol{r}_{\overleftarrow{OP}}^{\times}]^{\mathrm{T}} & \boldsymbol{E}\end{bmatrix}\begin{bmatrix}{}^W\boldsymbol{R}_B^{\mathrm{T}} & \boldsymbol{0}\\ \boldsymbol{0} & {}^W\boldsymbol{R}_B^{\mathrm{T}}\end{bmatrix} \tag{3.3}$$

通常，空间力常常受到纯平移的影响。从上述关系可以得到

$$\mathcal{F}_O = \mathbb{T}_{\overleftarrow{OP}}^{\mathrm{T}} \mathcal{F}_P = \begin{bmatrix} \boldsymbol{E} & \boldsymbol{0} \\ -[\boldsymbol{r}_{\overleftarrow{OP}}^{\times}] & \boldsymbol{E} \end{bmatrix} \mathcal{F}_P \tag{3.4}$$

请注意，在这种力旋量的变换规则中，下标上的箭头符号指向调整的方向。可以直接确认所得力旋量的力矩分量与公式(3.1)一致。

力旋量使表示变得紧凑，但由于双矢量的维度不一致[22,21]，使用时应小心。

3.3 接触关节：静力学关系

2.9.1 节介绍了两种类型的接触关节，分别是有摩擦的接触关节和无摩擦的接触关节，并从运动学角度进行了验证。阐明了只有无摩擦的接触关节才能实现纯相对运动。在下文中，将从静力学的角度研究接触关节。从这个角度来看，无论有摩擦还是无摩擦，接触关节都是相关的。实际上，这两种类型的关节可沿受约束的运动方向传递力/力矩分量。

3.3.1 无摩擦接触关节的静力学模型

$\overline{\mathcal{F}}_k \in \Re^{c_k}$ $(k \in \{e_r, e_l\},\ e \in \{H, F\})$表示可以在无摩擦接触关节处沿受约束的运动方向传递的力/力矩分量。这些分量决定了接触关节的力旋量，即

$$\mathcal{F}_k = {}^{k}\mathbb{B}_c\, \overline{\mathcal{F}}_k \tag{3.5}$$

式中，${}^{k}\mathbb{B}_c \in \Re^{6 \times c_k}$是接触关节 k 处的运动约束(力旋量)的子空间基。回顾一下，这个基是对 2.9.3 节中定义的速度变换基${}^{k}\mathbb{B}_m \in \Re^{6 \times \eta_k}$的补充。

此外，接触关节可施加双边或单边运动约束。例如，当用手牢牢抓住有把手的物体时，就会施加双边约束。这种接触约束也可以通过不牢固的抓握来施加。回顾图 2.11 所示的例子，手上的无摩擦圆柱形接触关节可以传递 4 个力/力矩分量：杆的横截面中的两个力和两个平面外的力矩。这些力和力矩的传递是双向的，因此，这两个手接触的运动约束的特点为无摩擦约束，并且是双边约束。因此，

$${}^{H_j}\mathbb{B}_c = \begin{bmatrix} 1 & 0 & 0 & 0 \\ 0 & 0 & 0 & 0 \\ 0 & 1 & 0 & 0 \\ 0 & 0 & 1 & 0 \\ 0 & 0 & 0 & 0 \\ 0 & 0 & 0 & 1 \end{bmatrix}, \quad \overline{\mathcal{F}}_{H_j} = \begin{bmatrix} f_x \\ f_z \\ m_x \\ m_z \end{bmatrix} \tag{3.6}$$

由于所有约束都是双边的，因此不会出现幅值大小不等的情况。

接下来，考虑双腿站立姿态时足部的接触关节。这些接触关节在垂直方向上施加单边约束：脚只能在地面上蹬，而不能拉动。单边约束的接触关节实际上也会经常遇到。除了脚接触之外，这些关节也出现在多指手抓握[49]，身体撞击时，等等。单边约束涉及不等式，因此比双边约束更难以建立模型[46]。当脚上的接触关节无摩擦时，它们可以传递三个力/力矩分量：一个平行于地面法向的垂直力和两个切向(平面外)力矩。然而，垂直力只能向下传递。因此，

$$
{}^{F_j}\mathbb{B}_c = \begin{bmatrix} 0 & 0 & 0 \\ 0 & 0 & 0 \\ 1 & 0 & 0 \\ 0 & 1 & 0 \\ 0 & 0 & 1 \\ 0 & 0 & 0 \end{bmatrix}, \quad \bar{\mathcal{F}}_{F_j} = \begin{bmatrix} f_z \\ m_x \\ m_y \end{bmatrix} \tag{3.7}
$$

式中，$f_z \geqslant 0$ 是单边约束产生的法向力大小；$\pm m_x$、$\pm m_y$ 是由双边约束产生的切向力矩值。如前所述，按照惯例，正的反作用法向力表示单边接触处的压缩力。

此外，请注意单边约束的特征在于以下运动学条件：

$$
v_z = 0
$$

和

$$
\dot{v}_z \geqslant 0
$$

v_z 代表接触表面之间的相对速度。该速度与接触状态(初始接触条件)有关，并且对于任意类型的接触关节都是通用的。另一方面，相对加速度 $\dot{v}_z$ 与未来状态有关，并且对于单边接触是特殊的。在这种情况下，身体不能相互贯穿，它表示接触将保持零法向加速度。主要接触条件通过以下补充条件[61]表示。

$$
f_z \dot{v}_z = 0 \tag{3.8}
$$

因此，由于单边接触具有排斥法向接触力(通过假设)的特征，因此只能保持零法向加速度[63]。互补性意味着如果 $\dot{v}_z$ 不再为零，则接触将会不存在，因此法向力一定变为零($f_z=0$)[5]。

3.3.2 有摩擦的接触关节模型

无摩擦的接触模型用于表示理想化的接触条件。在现实生活中，沿着“无约束”方向的运动总是受到由摩擦产生的力或力矩分量的阻碍。摩擦在运动以及手指和手的灵巧操作物体中起重要作用。因此，建立合适的摩擦接触节点模型是非常重要的。下面将介绍这些模型。

具有静摩擦的接触关节可以描述为完全约束的关节，即 $c_k=6$，$\eta_k=0$。回顾一下，它与 2.9.1 节中的“焊接”型关节的特征是相同的。无论施加何种外部力旋量，焊接关节都不会传递任何运动。另一方面，对于有摩擦的接触关节，运动(持续的滑动或意外的滑动)可能发生在摩擦力或力矩的作用方向(切向方向)上。这些方向此后将称为软约束方向。无论施加的摩擦力旋量(即法线方向)的大小如何，都需要将它们与不允许运动的方向区分开。后者将称为硬约束方向。硬约束方向和软约束方向分别由基矢量 ${}^k\mathbb{B}_c \in \Re^{6\times c_k^h}$ 和 ${}^k\mathbb{B}_m \in \Re^{6\times c_k^s}$ 确定，其中 $c_k = c_k^h + c_k^s$。

点接触模型

首先考虑点接触关节模型。在没有摩擦的情况下，通过关节传递的唯一力分量是法向方向上的力 f_{k_z}。这称作硬约束方向。有了摩擦，在切线方向上的力 f_{k_x} 和 f_{k_y} 也将被传递。这些是软约束方向。点接触关节经常用于多指手抓取模型中。它们对于近似表达足部的平整接触(平面接触)也是非常有用的，这将很快被证明。点接触关节的运动/力分析和控制基于以下库仑摩擦模型[49]。

$$
\sqrt{f_{k_x}^2 + f_{k_y}^2} > \mu_k f_{k_z}
$$

式中，$\mu_k>0$ 表示恒定的静摩擦系数。因此，机器人在接触处可以使用的切向力必须位于以下集合内。

$$\left\{FC_k:\sqrt{f_{k_x}^2+f_{k_y}^2}\leqslant\mu_k f_{k_z},f_{k_z}\geqslant 0\right\} \tag{3.9}$$

该集合通过摩擦锥在几何上表示，通过旋转由 $\tan^{-1}\mu_k$ 相对于法向和通过接触点的一条倾斜的线来构造。注意，由于 f_{k_z} 是非负的(即它是反作用力)，因此只有正方向上的半锥是相关的。

当不能满足上述摩擦锥条件时，接触关节开始滑动，摩擦模型从静态变为动态。在动摩擦下，接触点处的瞬时功率满足以下关系[63]。

$$\mu_k f_{k_z}v_{k_t}+f_{k_t}\sqrt{v_{k_x}^2+v_{k_y}^2}=0,t\in\{x,y\} \tag{3.10}$$

这意味着当接触关节滑动时，接触力停留在摩擦锥的边界处，因此其方向与滑动速度的方向相反。

当建立指尖接触关节的模型时，滚动接触比点接触更真实。在滚动时，接触力会改变方向，相应的摩擦锥也是如此。只要接触是纯滚动接触，摩擦锥不等式条件就成立。由此可得切向加速度 $\dot{v}_{k_t}\in\{\dot{v}_{k_x},\dot{v}_{k_y}\}$ 为零。当摩擦力达到锥的边界时(即，当公式(3.9)中的不等式变为相等时)，接触关节开始滑动(在切线方向上加速)。这个条件可以用如下公式表示。

$$\mu_k f_{k_z}\dot{v}_{k_t}+f_{k_t}\sqrt{\dot{v}_{k_x}^2+\dot{v}_{k_y}^2}=0,t\in\{x,y\}$$

软指接触模型

在抓取领域，使用柔软的指尖可以更好地操作被抓物体。使用柔软的指尖，可以施加扭转力矩。在这种情况下，点接触模型(3.9)扩展如下[49]。

$$\left\{FC_k:\sqrt{f_{k_x}^2+f_{k_y}^2}\leqslant\mu_k f_{k_z},f_{k_z}\geqslant 0,|m_{k_z}|\leqslant\gamma_k f_{k_z}\right\} \tag{3.11}$$

式中，$\gamma>0$ 是扭转摩擦系数。

多面体凸锥模型

摩擦锥的上述表示是非线性的。为了便于分析和设计更快速的数值算法，采用摩擦锥的线性化表示会更合适。在文献[63]中，通过用近似的摩擦棱锥线性化表达摩擦锥。通常，可以采用 N 边凸多面体[64,32,18]，即

$$CP_k=\{\boldsymbol{f}_k:\boldsymbol{C}_k\boldsymbol{f}_k\preceq\boldsymbol{0}\}$$

卷曲不等号表示分量运算。我们有矩阵

$$\boldsymbol{C}_k=\begin{bmatrix}-\sin\alpha_{1_k} & -\cos\alpha_{1_k} & -\mu_k\\ \vdots & \vdots & \vdots\\ -\sin\alpha_{p_k} & -\cos\alpha_{p_k} & -\mu_k\\ \vdots & \vdots & \vdots\\ -\sin\alpha_{N_k} & -\cos\alpha_{N_k} & -\mu_k\end{bmatrix},\alpha_{p_k}=\frac{2\pi(p_k-1)}{N_k}$$

增加 N 以计算量的增加为代价来提高精度。在仿人机器人领域，主要使用的是四棱锥近似[47,44,42]。棱锥可以是内接的(保守的方法)或外切的，如图 3.1a 所示。在本书中，将采用后一种方法。于是，

$$
\boldsymbol{C}_k = \begin{bmatrix} 0 & -1 & \mu_k \\ -1 & 0 & \mu_k \\ 0 & 1 & \mu_k \\ 1 & 0 & \mu_k \end{bmatrix} \tag{3.12}
$$

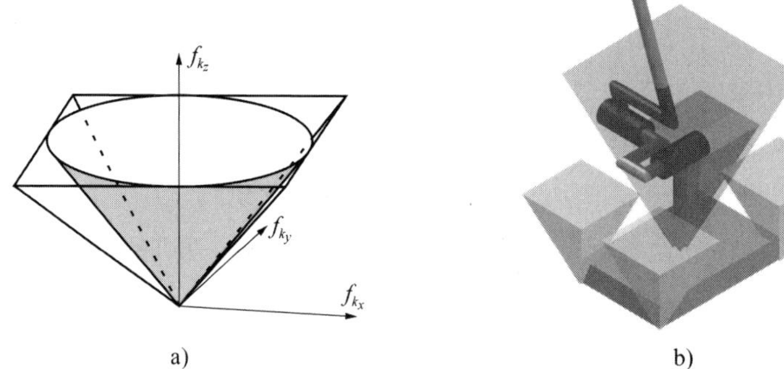

图 3.1　a)具有外切四棱锥的近似摩擦锥。b)矩形顶点处的多面体($N=4$)点接触摩擦锥(黄色表示)与相应的多面体平面接触旋量锥(紫色表示)的概念图形表示。接触旋量锥是由 4 个摩擦锥通过面/跨度变换得到的(见彩插)

文献[40]采用三棱锥近似。

平面接触模型：接触力旋量锥

现在考虑足部的平面接触关节。无摩擦时，只有空间力分量 f_z、m_x 和 m_y 可以通过关节传递。正如已经阐明的那样，法向力 $f_z \geqslant 0$ 是单边传递的，而切向力矩 m_x 和 m_y 是双边传递的，并且具有边界(边界的含义将简洁地阐明)。在有摩擦的情况下，这 3 个分量决定了硬约束方向。其余 3 个分量(即 f_x、f_y 和 m_z)也将完全(无滑动)或部分(滑动)传递。这些分量确定软约束方向。换句话说，接触模型应该考虑所有 6 个接触力旋量分量。在一般情况下(即对于任何类型的表面接触)，包含所有接触力旋量分量的“摩擦锥”称为“力旋量锥”[3]。如文献[14]中所述，表面接触可以被认为是由用于切向方向上的机械应力的标量法向压力场和二维矢量场局部编码的无穷小接触力的连续体。

在平面接触的特定情况下，可以通过仅观察接触多边形的顶点处的接触力来简化一般表面模型。例如，考虑四棱锥矩形底面的顶点处的四点接触，方便地与现有的压力型传感器共同定位。为了确保所有四点接触的摩擦锥条件，参见公式(3.9)，力旋量锥的分量必须满足以下约束条件[15]：

$$
|f_t| \leqslant \mu f_z, t \in \{x, y\} \tag{3.13}
$$

$$
|m_x| \leqslant l_y f_z, |m_y| \leqslant l_x f_z \tag{3.14}
$$

$$
f_z > 0
$$

$$
m_z^{\min} \leqslant m_z \leqslant m_z^{\max}
$$

式中，l_t 表示切线方向 t 上的两个接触点之间距离的一半。偏航力矩 m_z 的边界由

$$
m_z^{\min} \equiv -\mu(l_x + l_y) f_z + |l_y f_x - \mu m_x| + |l_x f_y - \mu m_y|
$$

$$
m_z^{\max} \equiv +\mu(l_x + l_y) f_z - |l_y f_x + \mu m_x| - |l_x f_y + \mu m_y|
$$

确定。该模型提供了在垂直方向上的可接受界限的有价值信息，该信息已被证明在行走过

程起重要作用。注意，该模型不需要使用扭转摩擦系数 γ。

在这一点上有一个重要的评论。因为力矩可以穿过平面接触关节在两个方向上传递，所以与力矩分量 m_x 和 m_y 相关的两个运动约束被描述为双侧的。但是，从公式(3.14)可以看出，这些力矩的绝对值存在一定的界限。需要这些界限来确保力矩不会变得太大。请注意，违背此条件会导致接触关节类型发生变化，从平面型变化为线型或点型。作为这样一个变化的结果，脚将开始滚动并且力矩将不再可控。各自的对偶分量(即角速度 ω_x 和 ω_y)也将变得不可控，这反过来又会导致机器人失去其稳定性。这类稳定性问题将在第 5 章中详细讨论。

因此，平面接触模型的力旋量锥将称为接触力旋量锥(CWC)[15]。可以看出，当顶点处的点接触力被限制在其摩擦锥的内部时，接触力旋量将被限制在接触力旋量锥的内部[15,14]。

面/跨度多面体凸锥双重表示法

在面/跨度多面体凸锥双重表示法的帮助下，可以获得构造接触力旋量锥的一般过程[31,3]。该想法如图 3.1b 所示。通过这样的过程，就有可能在例如四棱锥矩形底面的顶点处的四点接触构建接触力旋量锥。

多面锥的面/跨度表示法为

$$\begin{aligned} \mathrm{PC} &= \mathrm{face}(\boldsymbol{U}) = \{\boldsymbol{f}:\boldsymbol{U}\boldsymbol{f} \leqslant \boldsymbol{0}\} \\ &= \mathrm{span}(\boldsymbol{V}) = \{\boldsymbol{V}_{\boldsymbol{z}}:\boldsymbol{z} \geqslant \boldsymbol{0}\} \end{aligned}$$

面表示法可用于直接检查接触力(或力旋量)是否位于内部。另一方面，跨度表示法对于线性关联是有用的。接下来请注意，对于给定的 $\boldsymbol{U}$，有一个 $\boldsymbol{U}^S$，使得 $\mathrm{span}(\boldsymbol{U}^S) = \mathrm{face}(\boldsymbol{U})$。而且，对于给定的 $\boldsymbol{V}$，存在 $\boldsymbol{V}^F$，使得 $\mathrm{face}(\boldsymbol{V}^F) = \mathrm{span}(\boldsymbol{V})$。此外，将接触点 k 处的力-力旋量映射表示为

$$\mathcal{F}_k = \mathbb{C}_k \boldsymbol{f}_k$$

在矩形接触区域的情况下，$\boldsymbol{f}_k \in \Re^{12}$ 代表 4 个点接触力的叠加，而 $\mathbb{C}_k \in \Re^{6\times 12}$ 代表力-力旋量映射。假设接触力被限制在它们的多面体摩擦锥内，即 $\boldsymbol{U}_k \boldsymbol{f}_k \leq \boldsymbol{0}$，那么 $\mathcal{F}_k \in \mathrm{span}(\boldsymbol{V}_{k_{CWC}})$，其中 $\boldsymbol{V}_{k_{CWC}} = \mathbb{C}_k \boldsymbol{U}_k^S$。这意味着接触力旋量位于接触力旋量锥的内部，即 $\boldsymbol{U}_{k_{CWC}} \mathcal{F}_k \leq \boldsymbol{0}$。

值得一提的是，如上所述，从接触区顶点的反作用力得到的平面接触模型使用非常频繁[32,1,34,74,73,68]。另请注意，有一个面/跨转换的开源软件库(CDD 库[26])。

3.3.3 接触关节的运动/力对偶关系

如前所述，接触关节在仿人机器人中起着重要作用：运动取决于摩擦接触，就像多指手和双臂协作物体操作一样。上面推导出的接触关节的运动/力关系基于基本的对偶性。该特性不仅存在于此处讨论的接触关节，而且也存在于任何机器人关节中。此外，对偶性实际上扮演了更广泛的角色，涵盖了系统层面的运动/力的对偶关系。

首先考虑无摩擦接触关节的理想情况。可能的力 $\overline{\mathcal{F}}_k \in \Re^{c_k}$ 和可能的运动速度 $\overline{\mathcal{V}}_k \in \Re^{\eta_k}$ 分别以

$$\mathcal{F}_k = {}^k\mathbb{B}_c \overline{\mathcal{F}}_k \tag{3.15}$$

和

$$\mathcal{V}_k = {}^k\mathbb{B}_m \overline{\mathcal{V}}_k \tag{3.16}$$

在关节上传递。另一方面，任何空间力/速度分别都被关节抑制为 $\boldsymbol{0}$：

$${}^k\mathbb{B}_m^{\mathrm{T}} \mathcal{F}_k = \boldsymbol{0} \tag{3.17}$$

和

$$^{k}\mathbb{B}_c^{\mathrm{T}}\mathcal{V}_k = \mathbf{0} \tag{3.18}$$

根据定义，$^{k}\mathbb{B}_c \in \Re^{6\times c_k}$ 和 $^{k}\mathbb{B}_m \in \Re^{6\times \eta_k}$ 是全列秩，因此存在各自的互补矩阵 $^{k}\mathbb{B}_c^{\perp} \in \Re^{6\times \eta_k}$ 和 $^{k}\mathbb{B}_m^{\perp} \in \Re^{6\times c_k}$，使得

$$^{k}\mathbb{B}_c^{\perp} = {}^{k}\mathbb{B}_m, {}^{k}\mathbb{B}_m^{\perp} = {}^{k}\mathbb{B}_c \tag{3.19}$$

其中 $(\circ)^{\perp} = \boldsymbol{E} - (\circ)$ 表示正交补。$\{{}^{k}\mathbb{B}_c, {}^{k}\mathbb{B}_c^{\perp}\}$ 和 $\{{}^{k}\mathbb{B}_m, {}^{k}\mathbb{B}_m^{\perp}\}$ 分别跨越空间力和运动子空间(参见文献[60]，2.4.4 节)。还要注意，直接和 $^{k}\mathbb{B}_c \oplus {}^{k}\mathbb{B}_m = \boldsymbol{E}_6$。

接下来，考虑一个有摩擦的关节。回顾一下，这种关节是完全受约束的，其中硬约束(不允许的运动)与软约束不同，后者允许在摩擦下运动。各个约束方向由无摩擦关节定义的基矢量矩阵确定。$\overline{\mathcal{F}}_k^h \in \Re^{c_k^h}$ 和 $\overline{\mathcal{F}}_k^s \in \Re^{c_k^s}$ 分别表示沿硬约束方向和软约束方向传递的摩擦力旋量分量。此外，根据公式(3.10)，阻尼速度分量 $\overline{\mathcal{V}}_k^s \in \Re^{c_k^s}$ 可以在滑动时通过关节传递。由互补关系(3.19)可知，沿着软约束方向的摩擦力旋量和阻尼速度分量在相应的空间力/速度域内分别转换为

$$\mathcal{F}_k = {}^{k}\mathbb{B}_m \overline{\mathcal{F}}_k^s \tag{3.20}$$

和

$$\mathcal{V}_k = {}^{k}\mathbb{B}_c \overline{\mathcal{V}}_k^s \tag{3.21}$$

另一方面，作用在与关节相邻的连杆上的任意力旋量在软约束方向上引起以下力分量。

$$\overline{\mathcal{F}}_k^s = {}^{k}\mathbb{B}_m^{\mathrm{T}} \mathcal{F}_k \tag{3.22}$$

请注意，必须评估 $\overline{\mathcal{F}}_k^h$ 和 $\overline{\mathcal{F}}_k^s$ 是否符合摩擦锥条件。当违背条件时，关节开始滑动，动摩擦模型(3.10)生效。通过以下变换获得移动方向上的速度分量。

$$\overline{\mathcal{V}}_k^s = {}^{k}\mathbb{B}_c^{\mathrm{T}} \mathcal{V}_k \tag{3.23}$$

上述对偶关系在图 3.2 中以图形方式表示。对于无摩擦关节，关节运动约束产生不可能的运动/力子空间。对于有摩擦的关节，这些子空间分别成为摩擦力和阻尼运动(摩擦诱导阻尼)的子空间。

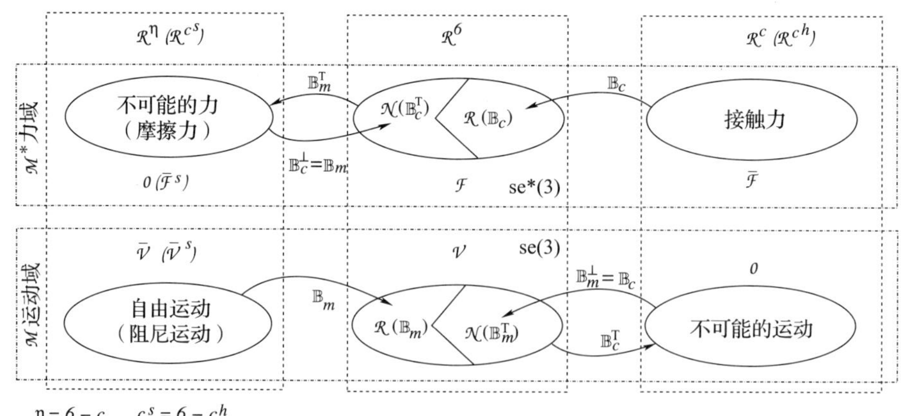

图 3.2 接触关节的运动/力对偶关系。运动/力域 se(3)/se* (3)的 6D 参数空间分解为 $\Re^6 = \Re^c \oplus \Re^{\eta}$(无摩擦关节)或 $\Re^6 = \Re^{c^h} \oplus \Re^{c^s}$(有摩擦关节)。$\Re^6$ 子域中的直角表示正交分解。注意 $\mathcal{R}(\mathbb{B}_m) = \mathcal{N}(\mathbb{B}_c^{\mathrm{T}})$，反之亦然。无摩擦关节包括不可能的力和自由运动的互补子空间。对于有摩擦的关节，这些子空间分别成为摩擦力子空间和摩擦诱导阻尼运动子空间

总结与讨论

这里介绍的基于约束的接触建模方法是指刚体之间的接触关节。接触关节可施加有摩擦或无摩擦特征的约束。存在 $c_k \leqslant 6$ 个由接触关节强制施加的运动约束。在存在摩擦的情况下，接触关节模型由 $\{\mathbb{B}_c, \mathrm{FC}_k\}$ 对确定。$\mathbb{B}_c$ 表示跨关节的独立力旋量分量的约束基，FC_k 表示在评估摩擦约束的状态中起重要作用的摩擦锥。仿人机器人领域的大多数研究都假设接触处的反作用力总是正的或非负的。这与多指手抓取领域中使用的接触模型形成对比[49]，其中手指对物体施加的力被认为是正的㊀。

基于约束的建模在约束多体系统(如动画中的人物模拟和仿人机器人)的运动/力分析中非常有用。然而，该方法在数值模拟和控制环境中的实现并不简单。例如，请注意，摩擦锥(3.9)代表非线性不等式系统。在对摩擦接触进行数值模拟时，摩擦锥可以通过棱锥[63]或中凸多面锥来近似，以提高精度[31,62,3]。可以将该问题转换为线性互补问题(LCP)[5,62,2]。然而，当应用于像仿人机器人这样的多自由度系统时，各自的标准解法会导致其复杂性。还存在其他问题。通过替代建模方法[39,51,17,70]已经解决了一些相关问题。

3.4 独立闭环链的动力学关系

在 2.10 节中，已经说明了确定包含闭环的运动链的瞬时运动关系的重要性。确定闭环内的运动静力学的对偶问题具有同等重要性。这种力出现在多指手抓取、双臂协作操作和腿式机器人中，包括仿人机器人。微分运动学和运动静力学的关系是源于 d'Alembert 虚功原理的互补关系。这种关系是在固定关节的假设下获得的，总是满足 $\dot{\boldsymbol{\theta}}=\mathbf{0}$。

考虑两个独立闭环的情况，如 2.10.1 节所述(另见图 3.6)。每个闭环由各自末端连杆上的两个接触关节形成。每个闭环内的力/力矩关系由作用于环内的一个或多个连杆的外部力旋量、重力场和两个肢体的关节扭矩矢量决定，$\boldsymbol{\tau}_k, k \in \{e_r, e_l\}$。作用在连杆 λ 上的外部力旋量 $-\mathcal{F}_\lambda$ 可以通过下面的和来表示。

$$\mathcal{F}_\lambda = \sum_k \mathbb{T}^{\mathrm{T}}_{\overleftarrow{\lambda k}}(\boldsymbol{q}_e)\, \mathcal{F}_k{}^{\lambda} \tag{3.24}$$

力旋量 $\mathcal{F}_k{}^{\lambda}$ 是来自外部力旋量 $\mathcal{F}_\lambda$ 的接触关节 k 处的接触力旋量。按照惯例，负号表示外部力旋量被认为是机器人外加给环境的。根据牛顿第三定律，正向力旋量具有反作用力旋量的含义。此外，所有外部力旋量 $\mathcal{F}^{\lambda}_k(\lambda=1,2,\cdots)$ 作用在接触关节 k 处的总和称为总接触力旋量，即 $\mathcal{F}_k=\sum_\lambda \mathcal{F}^{\lambda}_k$。另一方面，在根连杆处得到的所有外部力旋量的总和决定了对环内纯外部力旋量的反作用力，即

$$\mathcal{F}_R = \sum_\lambda \mathbb{T}^{\mathrm{T}}_{\overleftarrow{R\lambda}}(\boldsymbol{q}_e)\, \mathcal{F}_\lambda = \sum_k \mathbb{T}^{\mathrm{T}}_{\overleftarrow{Rk}}(\boldsymbol{q}_k)\, \mathcal{F}_k \tag{3.25}$$

术语 $\mathcal{F}_R$ 此后将称为根力旋量。类似的关系用于映射闭环连杆上所有外部力旋量的总和：

$$\mathcal{F}_e = \sum_\lambda \mathbb{T}^{\mathrm{T}}_{\overleftarrow{e\lambda}}(\boldsymbol{q}_e)\, \mathcal{F}_\lambda = \sum_k \mathbb{T}^{\mathrm{T}}_{\overleftarrow{ek}}(\boldsymbol{q}_k)\, \mathcal{F}_k \tag{3.26}$$

因此，术语 $\mathcal{F}_e$ 将称为闭环连杆力旋量。请注意，上述映射可以描述为与构型相关的结构力映射。

最后，为了确保环的闭合，总接触力旋量 $\mathcal{F}_k$ 应该与来自各相应肢体关节扭矩的接触

㊀ 这些力总是从指尖向外指出。另参见文献[63]。

力旋量保持一致。这意味着

$$\boldsymbol{\tau}_k = \boldsymbol{J}_R^{\mathrm{T}}(\boldsymbol{q}_k)\mathcal{F}_k \tag{3.27}$$

这种关系对非冗余肢体有效。对于运动学冗余的肢体，必须添加零空间项，稍后将对此进行阐明。

3.4.1 接触力旋量的正交分解

根据 2.9 节中讨论的关系，接触力旋量 $\mathcal{F}_k$可以沿约束(c)方向和无约束/可移动(m)方向分解。我们有

$$\begin{aligned}\mathcal{F}_k &= \mathcal{F}_k^c + \mathcal{F}_k^m = \mathbb{B}_c(\boldsymbol{q}_k)\overline{\mathcal{F}}_k^c + \mathbb{B}_m(\boldsymbol{q}_k)\overline{\mathcal{F}}_k^m \\ &= [(\overline{\mathcal{F}}_k^c)^{\mathrm{T}}(\overline{\mathcal{F}}_k^m)^{\mathrm{T}}]^{\mathrm{T}}\end{aligned} \tag{3.28}$$

总和中的两个力旋量是正交的，即 $\mathcal{F}_k^c \perp \mathcal{F}_k^m$。分量$\overline{\mathcal{F}}_k^c \in \Re^{c_k}$表示在接触关节处沿约束方向的反作用力；$\overline{\mathcal{F}}_k^m \in \Re^{\eta_k}$代表无约束方向上的惯性力/力矩分量。因此，上述关系具有运动静力学性质。

这个符号涵盖了完全约束或完全无约束运动的两种特殊情况，即分别为 $c_k=6$，$\eta_k=0$，$\mathcal{F}_k=\mathcal{F}_k^c$和 $c_k=0$，$\eta_k=6$，$\mathcal{F}_k=\mathcal{F}_k^m$。从静力学的角度来看，后者是微不足道的。另一方面，在摩擦建模和控制方面，完全约束的情况更值得关注。可以采用 3.3.2 节中介绍的摩擦模型，例如，公式(3.9)或公式(3.13)中分别定义的点接触或平面接触的情况。假设可以进行适当的控制(参见第 5 章)，使得接触力旋量始终限制在摩擦锥(FC_k：点接触)或接触力旋量锥(CWC_k：线接触或平面接触)的内部。这意味着接触关节永不滑动，从而施加完整的运动约束。在这种情况下，反作用力旋量/接触力旋量可以分解为

$$\begin{aligned}\mathcal{F}_k &= \mathcal{F}_k^c = \mathcal{F}_k^h + \mathcal{F}_k^s = \mathbb{B}_c(\boldsymbol{q}_k)\overline{\mathcal{F}}_k^h + \mathbb{B}_m(\boldsymbol{q}_k)\overline{\mathcal{F}}_k^s \\ &= [(\overline{\mathcal{F}}_k^h)^{\mathrm{T}}(\overline{\mathcal{F}}_k^s)^{\mathrm{T}}]^{\mathrm{T}}\end{aligned} \tag{3.29}$$

上角标 h 和 s 指的是接触关节处的法线方向和切线方向。该分解形式与公式(3.28)相同。然而，$\overline{\mathcal{F}}_k^h$和 $\overline{\mathcal{F}}_k^s$这两个分量的含义是不同的，尽管它们都是反作用力。因此，上述关系具有纯静态关系的特征。一个说明性的例子将在 3.6.5 节中给出。

3.4.2 闭环连杆力旋量和根连杆力旋量的正交分解

每个接触力旋量的分解(参见公式(3.28))在闭环连杆处引起力旋量的以下分解：

$$\begin{aligned}\mathcal{F}_e &= \mathcal{F}_e^c + \mathcal{F}_e^m \\ &= \sum_k \mathbb{C}_{ce}(\boldsymbol{q}_k)\overline{\mathcal{F}}_k^c + \sum_k \mathbb{C}_{me}(\boldsymbol{q}_k)\overline{\mathcal{F}}_k^m \\ &= \mathbb{C}_{ce}(\boldsymbol{q}_e)\overline{\mathcal{F}}^c(\boldsymbol{q}_e) + \mathbb{C}_{me}(\boldsymbol{q}_e)\overline{\mathcal{F}}^m(\boldsymbol{q}_e)\end{aligned} \tag{3.30}$$

$\overline{\mathcal{F}}^{(\circ)}(\boldsymbol{q}_e)$表示 $\overline{\mathcal{F}}_k^{(\circ)}$分量叠加的矢量。请注意，从接触映射的定义中可以看出，$\mathcal{F}_e^c \perp \mathcal{F}_e^m$。3.6.5 节中的示例还将强调这种闭环力旋量分解的重要性。

根连杆力旋量以相同的方式分解：在上述关系中，只需用接触映射 $\mathbb{C}_{(\circ)R}$替换 $\mathbb{C}_{(\circ)e}$即可。

3.4.3 肢体关节扭矩的分解

肢体 k 的关节扭矩(公式(3.27))将分解成沿着约束方向和可移动方向的接触力旋量产生的分量，如下所述。首先，利用 d'Alembert 虚功原理，推导出与一阶微分运动约束(即

公式(2.73)的上半部分)的对偶关系。由 $\delta\boldsymbol{\theta}_k$ 和 $\delta\mathcal{X}_k^c$ 分别表示虚拟关节位移和接触点处的相对虚拟位移，后者与 $\overline{\mathcal{V}}_k^c-\mathbb{C}_{cR}(\boldsymbol{q}_k)\mathcal{V}_R$ 有关。虚拟位移可以表示为 $\mathcal{J}_{cR}(\boldsymbol{q}_k)\delta\boldsymbol{\theta}_k=\delta\mathcal{X}_k^c$。然后，瞬时虚功可表示为

$$\delta\boldsymbol{\theta}_k^{\mathrm{T}}\boldsymbol{\tau}_k^c=(\delta\mathcal{X}_k^c)^{\mathrm{T}}\overline{\mathcal{F}}_k^c=\delta\boldsymbol{\theta}_k^{\mathrm{T}}\mathcal{J}_{cR}^{\mathrm{T}}(\boldsymbol{q}_k)\overline{\mathcal{F}}_k^c$$

该关系对于任意 $\delta\boldsymbol{\theta}_k$ 都有效。因此，可以得到沿着约束运动方向由接触力旋量产生的关节扭矩分量为

$$\boldsymbol{\tau}_k^c=\mathcal{J}_{cR}^{\mathrm{T}}(\boldsymbol{q}_k)\overline{\mathcal{F}}_k^c \tag{3.31}$$

从公式(2.73)的下半部分以类似的方式，获得互补的准静态关系为

$$\boldsymbol{\tau}_k^m=\mathcal{J}_{mR}^{\mathrm{T}}(\boldsymbol{q}_k)\overline{\mathcal{F}}_k^m \tag{3.32}$$

上面两个等式的和为

$$\boldsymbol{\tau}_k=\boldsymbol{\tau}_k^c+\boldsymbol{\tau}_k^m=\begin{bmatrix}\mathcal{J}_{cR}^{\mathrm{T}}(\boldsymbol{q}_k) & \mathcal{J}_{mR}^{\mathrm{T}}(\boldsymbol{q}_k)\end{bmatrix}\begin{bmatrix}\overline{\mathcal{F}}_k^c\\ \overline{\mathcal{F}}_k^m\end{bmatrix}=\mathcal{J}_R^{\mathrm{T}}(\boldsymbol{q}_k)\mathcal{F}_k \tag{3.33}$$

雅可比矩阵 $\mathcal{J}_R(\boldsymbol{q}_k)$ 是肢体的置换雅可比矩阵(参见公式(2.77))。如在公式(3.28)以及公式(3.27)中的肢体关节扭矩的表达式所示，上述结果与接触关节处的总力旋量分解一致。注意，上述分解不是正交的。

对于运动学冗余肢体，关节扭矩可以表示为[38]

$$\boldsymbol{\tau}_k=\mathcal{J}_R^{\mathrm{T}}(\boldsymbol{q}_k)\mathcal{F}_k+(\boldsymbol{E}-\mathcal{J}_R^{\mathrm{T}}(\boldsymbol{q}_k)\mathcal{J}_R^{\#\mathrm{T}}(\boldsymbol{q}_k))\boldsymbol{\tau}_{k_u} \tag{3.34}$$

关节扭矩的齐次分量(等号右边的第二个分量)通过矢量参数 $\boldsymbol{\tau}_{k_u}$ 引起自运动。自运动的一个特殊子集可以通过广义逆的适当选择来确定(参见 4.5.2 节)，使得在末端连杆处满足力平衡，从而可以保持闭环内的静态接触条件。$(\boldsymbol{E}-\mathcal{J}_R^{\mathrm{T}}(\boldsymbol{q}_k)\mathcal{J}_R^{\#\mathrm{T}}(\boldsymbol{q}_k))$ 是肢体雅可比矩阵 $\mathcal{N}(\mathcal{J}_R^{\#\mathrm{T}}(\boldsymbol{q}_k))$ 对偶零空间的投影。该零空间与公式(3.33)中的两个子雅可比矩阵的对偶零空间的交集相同，即

$$\mathcal{N}^*(\mathcal{J}_R(\boldsymbol{q}_k))=\mathcal{N}^*(\mathcal{J}_{cR}(\boldsymbol{q}_k))\cap\mathcal{N}^*(\mathcal{J}_{mR}(\boldsymbol{q}_k))$$

星号上角标表示对偶零空间是在关节扭矩(力)域内定义的，即

$$\mathcal{N}^*(\boldsymbol{A})\equiv\mathcal{N}(\boldsymbol{A}^{\#\mathrm{T}}) \tag{3.35}$$

假设一个加权广义逆，如公式(2.41)，通过以下相似变换，可以直观地看出力域中的零空间投影与运动域中的零空间投影相关(如公式(2.34)和公式(2.39))

$$\boldsymbol{W}^{-1}(\boldsymbol{E}-\boldsymbol{A}^{\mathrm{T}}\boldsymbol{A}^{-W\mathrm{T}})\boldsymbol{W}=(\boldsymbol{E}-\boldsymbol{A}^{-W}\boldsymbol{A}) \tag{3.36}$$

上面的等式表明两个零空间是同构的，即 $\mathcal{N}(\boldsymbol{A})\simeq\mathcal{N}(\boldsymbol{A}^{\#\mathrm{T}})$，并且相应的(对偶)矢量基具有相同的维度和相等的秩。给定零空间投影 $\boldsymbol{N}(\circ)$，对偶投影将表示为 $\boldsymbol{N}^*(\circ)$。

此外，为了遵守速度解优先的惯例(2.86)，肢体关节扭矩(3.34)可以改写为

$$\begin{aligned}\boldsymbol{\tau}_k&=\mathcal{J}_{cR}^{\mathrm{T}}(\boldsymbol{q}_k)\overline{\mathcal{F}}_k^c+\overline{\mathcal{J}}_{mR}(\boldsymbol{q}_k)\widetilde{\mathcal{F}}_k^m+(\boldsymbol{E}-\mathcal{J}_R^{\mathrm{T}}(\boldsymbol{q}_k)\mathcal{J}_R^{\#\mathrm{T}}(\boldsymbol{q}_k))\boldsymbol{\tau}_{k_u}\\&=\boldsymbol{\tau}_k^c+\boldsymbol{\tau}_k^m+\boldsymbol{\tau}_k^n,\ \mathrm{s.\,t.}\ \boldsymbol{\tau}_k^c\succ\boldsymbol{\tau}_k^m\succ\boldsymbol{\tau}_k^n\end{aligned} \tag{3.37}$$

式中，$\overline{\mathcal{J}}_{mR}(\boldsymbol{q}_k)=\mathcal{J}_{mR}(\boldsymbol{q}_k)\boldsymbol{N}^*(\mathcal{J}_{cR}(\boldsymbol{q}_k))$ 是由关节空间约束雅可比矩阵的对偶零空间限制的可动度雅可比矩阵，并且 $\widetilde{\mathcal{F}}_k^m=\overline{\mathcal{F}}_k^m-\mathcal{J}_{mR}^{\#\mathrm{T}}(\boldsymbol{q}_k)\mathcal{J}_{cR}^{\mathrm{T}}(\boldsymbol{q}_k)\overline{\mathcal{F}}_k^n$。扭矩分量 $\boldsymbol{\tau}_k^c$ 确保接触点处的反作用力保持最高优先级。另一方面，$\boldsymbol{\tau}_k^m$ 作为相对于沿接触处无约束运动方向的力(摩擦力或惯性力)的控制输入。最后，如上所述，$\boldsymbol{\tau}_k^n$ 可用于自运动控制。

公式(3.34)在冗余机械臂的逆动力学关系中起着重要作用。更多细节将在 4.5 节中给出。

3.5 力旋量分布问题

在上一节中推导得出的运动静力学关系表明，环接触关节处的接触力旋量分量分别确定了根连杆力旋量 $\mathcal{F}_R$ 和闭合连杆力旋量 $\mathcal{F}_e$。逆问题是“给定根连杆（或闭合连杆）力旋量，求解在接触关节处的适当反作用力”，在平衡、行走和协作（双臂）操作控制中起重要作用。实际上，控制自由浮动根连杆的唯一方法（例如仿人机器人的基础连杆）是在接触关节处产生适当的反作用力。逆问题称为力旋量分布（WD）问题。

在下文中，将解释关于闭环连杆的力旋量分布问题。通过替换接触映射，可以将相同的关系用于根连杆的力旋量分布问题。首先，注意到力旋量分布问题是纯粹的静态问题是十分重要的。集中在闭环连杆处的总反作用力旋量为 $\mathcal{F}_e=\mathcal{F}_e^c$。如上所述，出现在公式(3.30)$\mathcal{F}_e^m$中的 $\mathcal{F}_e$ 的另一个分量源于无摩擦接触处沿着可移动方向上的惯性力，因此不应出现在力的静态平衡中。因此由公式(3.30)，我们可以得到

$$\mathcal{F}_e=\mathbb{C}_{ce}(\boldsymbol{q}_e)\overline{\mathcal{F}}^c(\boldsymbol{q}_e) \tag{3.38}$$

$$\overline{\mathcal{F}}^c(\boldsymbol{q}_e)=\left[(\overline{\mathcal{F}}_{e_r}^c)^{\mathrm{T}}\quad(\overline{\mathcal{F}}_{e_l}^c)^{\mathrm{T}}\right]^{\mathrm{T}}\in\Re^{c_e}$$

这种表示法也涵盖了有摩擦的接触关节，对于 $j=r$ 或 $j=l$ 或二者均有，则$\overline{\mathcal{F}}_{e_j}^c=\mathcal{F}_{e_j}^c=\mathcal{F}_{e_j}$。在后一种情况下$\overline{\mathcal{F}}^c(\boldsymbol{q}_e)=\mathcal{F}^c(\boldsymbol{q}_e)=\mathcal{F}(\boldsymbol{q}_e)\in\mathrm{CWC}_e$ 应该成立，其中

$$\mathrm{CWC}_e=\mathrm{CWC}_{e_r}\times\mathrm{CWC}_{e_l}\subset\Re^{12}$$

是接触旋量锥的环。

3.5.1 力旋量分布问题的通解

因为线性系统(3.38)的条件取决于约束的类型和数量、它们的独立性以及肢体的构型，所以逆问题的求解不是简单的问题。为了满足闭环条件，复合力旋量$\overline{\mathcal{F}}^c(\boldsymbol{q}_e)$应确保接触稳定性，并符合上述接触旋量锥约束。这意味着不等式类型约束的参与。在一般情况下，闭环连杆/根连杆是单边过约束的($c_e>6$)，例如高摩擦的双腿站立姿势。逆问题是欠定的，有无穷多个解。这也适用于用手抓握物体的情况。因此

$$\overline{\mathcal{F}}^c(\boldsymbol{q}_e)=\mathbb{C}_{ce}^{\#}(\boldsymbol{q}_e)\mathcal{F}_e+\overline{\mathcal{F}}^n(\boldsymbol{q}_e) \tag{3.39}$$

$$\overline{\mathcal{F}}^n(\boldsymbol{q}_e)=\mathbf{N}(\mathbb{C}_{ce}(\boldsymbol{q}_e))\overline{\mathcal{F}}_a^c(\boldsymbol{q}_e) \tag{3.40}$$

$$=\mathbf{V}(\mathbb{C}_{ce}(\boldsymbol{q}_e))\overline{\mathcal{F}}^{\mathrm{int}}(\boldsymbol{q}_e) \tag{3.41}$$

该解的形式类似于运动学冗余肢体的逆运动学解（参见公式(2.34)），它由特解和齐次解分量组成。前者由接触力旋量分量组成，可补偿闭合连杆力旋量 $\mathcal{F}_e$ 的作用。另一方面，接触力旋量分量$\overline{\mathcal{F}}^n(\boldsymbol{q}_e)\in\mathcal{N}(\mathbb{C}_{ce}(\boldsymbol{q}_e))$是由环接触映射的零空间推导得出的，不会改变闭合连杆处的力旋量平衡，$\overline{\mathcal{F}}^n(\boldsymbol{q}_e)$将称为零空间接触力旋量分量。注意，在公式(3.40)和公式(3.41)中，零空间分别由$\overline{\mathcal{F}}_a^c(\boldsymbol{q}_e)$和$\overline{\mathcal{F}}^{\mathrm{int}}(\boldsymbol{q}_e)\in\Re^{c_e-6}$非最小/最小地参数化表达。

3.5.2 内力/内力矩：虚拟连杆模型

零空间接触力旋量分量$\overline{\mathcal{F}}^n$与闭环内的内力/内力矩有关。内力最初是在多指手抓取领域引入的[58]。内力的分量对被抓物体的位移没有影响。内力可以用来挤压被抓取物体，同时

确保摩擦力和关节扭矩极限约束[37,50]。在文献[43]中，内力的分量(称为“相互作用力”)被解释为沿着连接接触点的连线作用的相等和相反的力对。内力在双臂机器人和协作机器人的物体操作领域也起着重要作用。在这种情况下，内力往往被假设为双边接触。然后，压缩力和拉力都可以通过内力的分量来控制。此外，内力距也可以被控制。内力/内力矩在仿人机器人中起着重要作用，涉及多接触点(例如双腿站立姿态)下的平衡控制、运动/力控制、多指手的物体操作、双臂机器人、多机器人的协同操作，以及全身推进等子任务[27,57,59,35,48]。

下面借助虚拟连杆(VL)模型[69]阐明内力/内力矩的物理意义。

内力

假设在闭合连杆$\{e\}$处形成 p 个完全约束的接触关节。结合接触关节对，可以得到内力数${}_pC_2=p(p-1)/2$。在点接触的情况下，仅考虑力分量就足够了。由闭合连杆上的接触力施加的力旋量定义为 $\mathcal{F}_{e_f}=[\boldsymbol{f}_e^{\mathrm{T}}\quad \boldsymbol{m}_e^{\mathrm{T}}]^{\mathrm{T}}$。它可以表示为

$$\mathcal{F}_{e_f}=\sum_k \mathbb{S}_L\mathbb{T}_{\overleftarrow{ek}}^{\mathrm{T}}\boldsymbol{f}_k=\mathbb{T}_f^{\mathrm{T}}\boldsymbol{f}^c$$

$\mathbb{S}_L$ 提取 $\mathbb{T}_{\overleftarrow{ek}}^{\mathrm{T}}$的左列，并且 $\boldsymbol{f}^c\in\Re^{3p}$ 和 $\mathbb{T}_f^{\mathrm{T}}\in\Re^{6\times 3p}$分别由 $\boldsymbol{f}_k$ 和 $\mathbb{S}_L\mathbb{T}_{\overleftarrow{ek}}^{\mathrm{T}}$分量的叠加组成。然后，可以将力旋量分布问题的解写为

$$\boldsymbol{f}^c=(\mathbb{T}_f^{\mathrm{T}})^{\#}\mathcal{F}_{e_f}+\boldsymbol{N}(\mathbb{T}_f^{\mathrm{T}})\boldsymbol{f}_a^c \tag{3.42}$$

注意，零空间 $\mathcal{N}(\mathbb{T}_f^{\mathrm{T}})$是 $\boldsymbol{f}_a^c\in\Re^{3p}$ 的非最小参数化。

以一个有 4 个双边点接触的闭环为例，如图 3.3 所示。根据虚拟连杆模型，接触点之间的力对由线性驱动分量表示，该线性驱动分量可施加压力/拉力分量。当 $p=4$ 时，内力的数量是${}_pC_2=6$。内力表示为 $f_{ij}^{\mathrm{int}}(i,\ j\in\{\overline{1,4}\},\ i\neq j)$，作用在由单位矢量确定的虚拟连杆模型的连杆上(参见图 3.3a)。

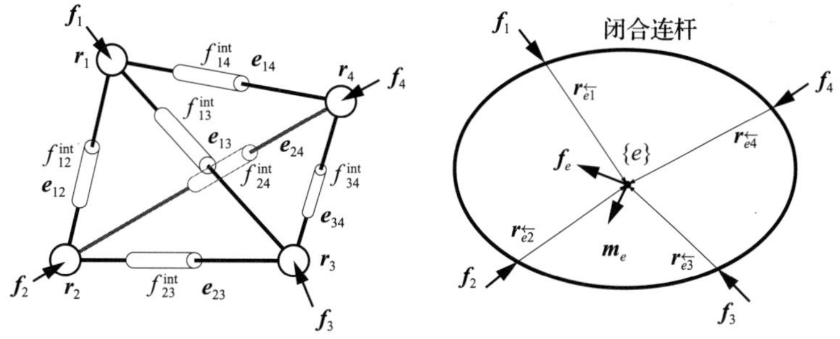

图 3.3 具有 4 个双边点接触的闭环的虚拟连杆模型[69]：a) 虚拟连杆上的接触力和拉力/压力；b) 施加在闭环连杆坐标系$\{e\}$中心的合力/合力矩

$$\boldsymbol{e}_{ij}=\frac{\boldsymbol{r}_j-\boldsymbol{r}_i}{|\boldsymbol{r}_j-\boldsymbol{r}_i|},\quad \boldsymbol{e}_{ij}=-\boldsymbol{e}_{ji}$$

$\boldsymbol{r}_{(\circ)}$表示接触关节的位置。由内力引起的接触力分量可以确定为

$$\begin{bmatrix}\boldsymbol{f}_1^n\\ \boldsymbol{f}_2^n\\ \boldsymbol{f}_3^n\\ \boldsymbol{f}_4^n\end{bmatrix}=\begin{bmatrix}\boldsymbol{e}_{12} & \boldsymbol{e}_{13} & \boldsymbol{e}_{14} & \boldsymbol{0} & \boldsymbol{0} & \boldsymbol{0}\\ \boldsymbol{e}_{21} & \boldsymbol{0} & \boldsymbol{0} & \boldsymbol{e}_{23} & \boldsymbol{e}_{24} & \boldsymbol{0}\\ \boldsymbol{0} & \boldsymbol{e}_{31} & \boldsymbol{0} & \boldsymbol{e}_{32} & \boldsymbol{0} & \boldsymbol{e}_{34}\\ \boldsymbol{0} & \boldsymbol{0} & \boldsymbol{e}_{41} & \boldsymbol{0} & \boldsymbol{e}_{42} & \boldsymbol{e}_{43}\end{bmatrix}\begin{bmatrix}f_{12}^{\mathrm{int}}\\ f_{13}^{\mathrm{int}}\\ f_{14}^{\mathrm{int}}\\ f_{23}^{\mathrm{int}}\\ f_{24}^{\mathrm{int}}\\ f_{34}^{\mathrm{int}}\end{bmatrix} \tag{3.43}$$

上述等式以简洁的形式表示为

$$\boldsymbol{f}^n = \boldsymbol{V}_L \boldsymbol{f}^{\text{int}} \tag{3.44}$$

式中，$\boldsymbol{f}^{\text{int}} \in \Re^{{}_pC_2}$ 且 $\boldsymbol{V}_L \in \Re^{3p \times {}_pC_2}$。矢量 $\boldsymbol{f}^n \in \Re^{3p}$ 由接触力分量 $\boldsymbol{f}_k^n$ 叠加组成。注意，这组接触力对闭合连杆力旋量没有影响，即这是一个零空间接触力分量。然后可以将力旋量分布问题(3.42)的解改写为

$$\boldsymbol{f}^c = (\mathbb{T}_f^{\mathrm{T}})^{\#} \mathcal{F}_e + \boldsymbol{f}^n (\boldsymbol{f}^{\text{int}})$$

因此，零空间 $\mathcal{N}^*(\mathbb{T}_f^{\mathrm{T}})$内力矢量 $\boldsymbol{f}^{\text{int}}$的最小参数化。然后很明显 $\boldsymbol{V}_L$ 是在零空间上的映射，满足 $\mathbb{T}_f^{\mathrm{T}} \boldsymbol{V}_L \equiv \boldsymbol{0}_6$ 成立。

内力矩

现在考虑三维平面接触的情况，它可以在闭环连杆上施加力矩分量。这些分量实际上代表闭环的内力矩。在独立接触约束的情况下，每个接触关节将产生 3 个内力矩[69]。可以建立以下关系：

$$\begin{aligned} \boldsymbol{m}_k &= \boldsymbol{m}_k^{\text{int}} \\ \boldsymbol{m}_e &= \sum_k \boldsymbol{m}_k \\ \boldsymbol{m}^{\text{int}} &= \boldsymbol{m}^n \in \Re^{3p} \end{aligned} \tag{3.45}$$

式中，$\boldsymbol{m}^{\text{int}}$由 $\boldsymbol{m}_k^{\text{int}}$ 的分量叠加组成。

内部力旋量

根据定义，由内力/内力矩矢量引起的接触力旋量分量的总和不会改变闭环连杆和根连杆处的力旋量平衡，即

$$\mathbb{T}_f^{\mathrm{T}} \boldsymbol{f}^n + \mathbb{T}_m^{\mathrm{T}} \boldsymbol{m}^n = \boldsymbol{0} \tag{3.46}$$

结合目前推导得出的力/力矩关系，就得到了以下系统。

$$\begin{bmatrix} \boldsymbol{0}_6 \\ \boldsymbol{f}^{\text{int}} \\ \boldsymbol{m}^{\text{int}} \end{bmatrix} = \begin{bmatrix} \mathbb{T}_f^{\mathrm{T}} & \mathbb{T}_m^{\mathrm{T}} \\ \boldsymbol{V}_L^{+} & \boldsymbol{0}_{{}_pC_2 \times 3p} \\ \boldsymbol{0}_{3p} & \boldsymbol{E}_{3p} \end{bmatrix} \begin{bmatrix} \boldsymbol{f}^n \\ \boldsymbol{m}^n \end{bmatrix} \tag{3.47}$$

矩阵 $\mathbb{T}_m^{\mathrm{T}} \in \Re^{6 \times 3p}$由以下关系式定义。

$$\mathcal{F}_{e_m} = \begin{bmatrix} \boldsymbol{0} \\ \boldsymbol{m}_e \end{bmatrix} = \mathbb{T}_m^{\mathrm{T}} \boldsymbol{m}^n$$

显然，$\mathbb{T}_m^{\mathrm{T}} \in \Re^{6 \times 3p}$的前三行是零。根据公式(3.45)，最后三行必须是 1。此外，请注意公式(3.47)中的第二个等式源于公式(3.44)中内力的近似(最小二乘)分解，$\boldsymbol{V}_L^{+}$ 表示左伪逆。还要注意，根据该等式，接触力矩 $\boldsymbol{m}^n$ 对 $\boldsymbol{f}^{\text{int}}$ 没有影响。由此可见，内力的上述分解并不是确切的。如文献[69]中所述，在假设内部力矩将最小化的情况下，这种近似是可接受的，在仿人机器人中这种情况很常见。系统(3.47)可以简洁的形式写成

$$\mathcal{F}^{\text{int}} = \boldsymbol{G} \mathcal{F}^n \tag{3.48}$$

式中，$\boldsymbol{G} \in \Re^{(3p + {}_pC_2) \times 6p}$称为抓握描述矩阵(GDM)[69]。

出于控制的目的，需要确定接触力旋量。假设已知内力/内力矩，可以从公式(3.48)和公式(3.47)获得相应的接触力旋量分量为

$$\mathcal{F}^n = \boldsymbol{G}^{-1} \mathcal{F}^{\text{int}} \tag{3.49}$$

$$\begin{bmatrix} \boldsymbol{f}^n \\ \boldsymbol{m}^n \end{bmatrix} = \begin{bmatrix} (\mathbb{T}_f^{\mathrm{T}})^+ & \boldsymbol{V}_L & -(\mathbb{T}_f^{\mathrm{T}})^+\mathbb{T}_m^{\mathrm{T}} \\ (\mathbb{T}_m^{\mathrm{T}})^+ & \boldsymbol{0}_{3p\times {}_pC_2} & \boldsymbol{E}_{3p} \end{bmatrix} \begin{bmatrix} \boldsymbol{0} \\ \boldsymbol{f}^{\mathrm{int}} \\ \boldsymbol{m}^{\mathrm{int}} \end{bmatrix} = \begin{bmatrix} \boldsymbol{V}_L & -(\mathbb{T}_f^{\mathrm{T}})^+\mathbb{T}_m^{\mathrm{T}} \\ \boldsymbol{0}_{3p\times {}_pC_2} & \boldsymbol{E}_{3p} \end{bmatrix} \begin{bmatrix} \boldsymbol{f}^{\mathrm{int}} \\ \boldsymbol{m}^{\mathrm{int}} \end{bmatrix} \tag{3.50}$$

图 3.4 分别显示了应用于双腿站立姿势($p=2$，图 3.4a)、双腿站立加单手接触($p=3$，图 3.4b)和双腿站立加双手接触($p=4$，图 3.4c)的仿人机器人的虚拟连杆模型。

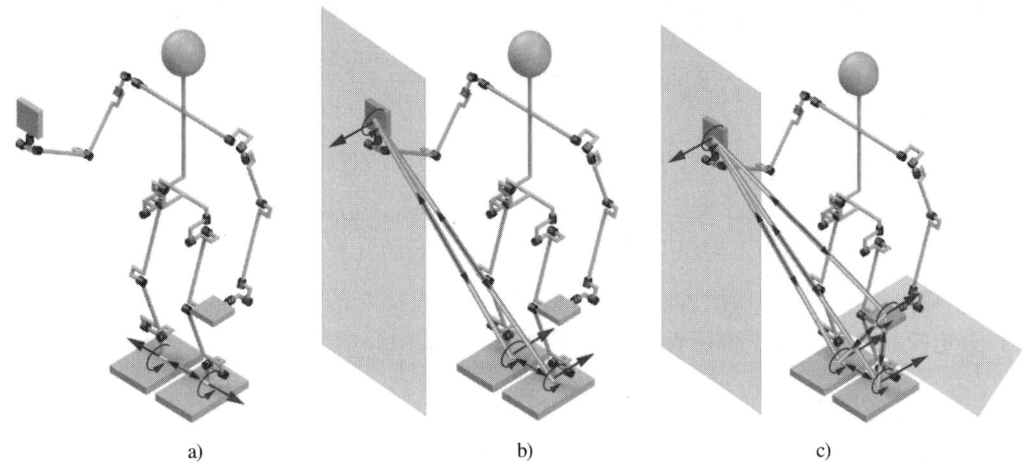

图 3.4 两个(a)、三个(b)和四个(c)平面接触的虚拟连杆。蓝色和红色箭头分别表示内力和接触力旋量(见彩插)

虚拟连杆模型有助于理解内力和内力矩的含义。文献[59]将这个模型引入仿人机器人。但是，一些固有的问题阻碍了该模型的实施。如前所述，虚拟连杆模型是基于完全约束的接触关节，它不能直接用于无摩擦接触关节。例如，无摩擦接触关节在诸如擦拭表面的任务中是有用的。很明显，沿受约束的运动方向的接触力旋量分量对于内力/内力矩是有影响的。其次，虚拟连杆模型需要额外的分析来解释相互依赖的接触约束。例如，双腿站立情况下的接触约束不是独立的。参见图 3.4 可以看出，沿着内力方向的足部的两个力矩是不确定的：它们的和决定了闭环连杆处的合成力矩，而它们的差决定了内力矩的一个分量[59]。公式(3.49)中的 $\mathcal{F}^{\mathrm{int}}$ 维度表示 7 个内力/内力矩分量㊀，但实际上只有 6 个。虚拟连杆模型的另一个问题是$\mathcal{R}(\boldsymbol{G}^{\mathrm{T}})$通过内力/内力矩参数化表达，如公式(3.49)所示，并不直接。

3.5.3 确定环中的关节扭矩

在公式(3.39)中给出的力旋量分布问题的通解不受上述与虚拟连杆模型相关的问题的困扰。实际上，该表示法不仅考虑了有摩擦接触关节，而且也考虑了无摩擦接触关节。还要注意，矩阵 $\boldsymbol{N}(\mathbb{C}_{ce}(\boldsymbol{q}_e))$的秩恰好等于闭环中独立约束的数量。例如，对于具有如上所述

㊀ 因为 $3p+{}_pC_2=6+1=7$。

的完全约束的足部接触的双腿站立姿势，矩阵的秩 $\operatorname{rank}\boldsymbol{N}(\mathbb{C}_{ce}(\boldsymbol{q}_e))=c_e-6=12-6=6$。此外，在如图 3.4b 和图 3.4c 所示的相互依赖的闭环的情况下，零空间接触力旋量分量的参数化，虽然微不足道但很有意义，如 3.6.2 节所示。

在公式(3.39)中确定的纯接触力旋量分量通过构成闭环的肢体的相应关节扭矩来实现。为了澄清这一点，首先从环接触力旋量(3.39)中提取接触力旋量分量$\overline{\mathcal{F}}_k^c$，如下。

$$\begin{aligned}\overline{\mathcal{F}}_k^c&=\mathbb{C}_{ck}^{\#}(\boldsymbol{q}_e)\mathcal{F}_e+\overline{\mathcal{F}}_k^n\\ \overline{\mathcal{F}}_k^n&=\boldsymbol{N}_k(\mathbb{C}_{ce}(\boldsymbol{q}_e))\overline{\mathcal{F}}_a^c(\boldsymbol{q}_e)\end{aligned}\tag{3.51}$$

变换 $\mathbb{C}_{ck}^{\#}(\boldsymbol{q}_e)\in\Re^{c_k\times 6}$ 和 $\boldsymbol{N}_k(\mathbb{C}_{ce}(\boldsymbol{q}_e))\in\Re^{c_k\times 12}$ 是从 $\mathbb{C}_{ce}^{\#}(\boldsymbol{q}_e)\equiv\begin{bmatrix}\mathbb{C}_{ce_r}^{\#}(\boldsymbol{q}_e)\\ \hline \mathbb{C}_{ce_l}^{\#}(\boldsymbol{q}_e)\end{bmatrix}$，$\boldsymbol{N}(\mathbb{C}_{ce}(\boldsymbol{q}_e))\equiv\begin{bmatrix}\boldsymbol{N}_{e_r}(\mathbb{C}_{ce}(\boldsymbol{q}_e))\\ \hline \boldsymbol{N}_{e_l}(\mathbb{C}_{ce}(\boldsymbol{q}_e))\end{bmatrix}$的分量推导得出。公式(3.51)等号右边的$\overline{\mathcal{F}}_k^c$的两个分量确定肢体 k 的各个关节扭矩分量，即

$$\boldsymbol{\tau}_k^c=\boldsymbol{\tau}_k^{\text{ext}}+\boldsymbol{\tau}_k^{\text{int}}=\mathcal{J}_{cR}^{\mathrm{T}}(\boldsymbol{q}_k)\mathbb{C}_{ck}^{\#}(\boldsymbol{q}_e)\mathcal{F}_e+\mathcal{J}_{cR}^{\mathrm{T}}(\boldsymbol{q}_k)\overline{\mathcal{F}}_k^n\tag{3.52}$$

第一个分量的作用是外部力旋量反作用力 $\mathcal{F}_e$ 的名义上的补偿。第二个分量可用作内部力旋量控制输入，以确保反作用力旋量 $\mathcal{F}_k=\overline{\mathcal{F}}_k^c$保持在肢体 k 的接触旋量锥内，并且还可作为力/力矩控制输入。一个说明性的例子将在 3.6.5 节中介绍。

3.5.4　广义逆的选择

确定公式(3.39)中特解分量的广义逆不是一个简单问题。Moore-Penrose 伪逆在多指手抓取和多腿机器人领域得到了广泛应用[43]。类似地，伪逆也被考虑用于仿人机器人的双腿站立姿态的平衡中[34,54]。但必须强调的是，由于以下原因，在仿人机器人中使用伪逆进行力分配是不合适的。首先，请注意，反作用力和力矩的维度是不一致的㊀。这个问题最终可以通过适当的加权广义逆来解决[22,21,76]。其次，即使可以假设维度一致，也存在另一个问题——伪逆(最小化)解的分量大小是相同的。这意味着无论质心的位置如何，重力总是近似均匀地分布在双足之间。这种类型的分布与静力学不一致，例如，机器人将无法抬起脚来迈出一步，因为静力学平衡会立即失去。为了完成这样的任务，需要非对称的接触力旋量分布，使得在抬起脚之前足部的接触力旋量变(几乎)为零。这是伪逆不能实现的。

此外，请注意，通过伪逆，闭环(或环-根)力旋量不仅在接触点之间均匀分布，而且在每个有摩擦接触关节处沿着法线和切线方向均匀分布。尽管考虑以库仑摩擦模型的方式分配该力旋量是可取的。但是这是不可能的，因为该模型是基于不等式的。不过可以采用加权广义逆代替伪逆，从而确定权重与摩擦系数 μ_k 成比例。利用加权广义逆并且没有零空间分量，通解(3.39)被改写为

$$\overline{\mathcal{F}}_e^c=\mathbb{C}_{ce}^{-W_\mu}(\boldsymbol{q}_e)\mathcal{F}_e\tag{3.53}$$

根据与有摩擦接触关节相关的惯例，即 $c_k=6=c_k^h+c_k^s$，$\eta_k=0$(参见 3.3.2 节)，权重矩阵被确定为 $\boldsymbol{W}_\mu=\operatorname{diag}[\boldsymbol{E}_{c_e^h}\quad\mu_{e_r}\boldsymbol{E}_{c_{e_r}^s}\quad\mu_{e_l}\boldsymbol{E}_{c_{e_l}^s}]$。通过这种方法，外部力旋量 $\mathcal{F}_e$ 在接触点处分

㊀ 在多指手和多腿机器人领域，由于假定了点接触，因此伪逆解是允许的。在这种情况下，力和反力的维度是一致的。

解为法向分量和切向分量，满足接触摩擦锥模型中的等式分量，使反作用力恰好在摩擦锥的边界处。因此，该方法可以防止在接触点处发生滑动。另一方面，法向反作用力的分布与伪逆相同，因为 $\boldsymbol{E}_{c_e^h}$ 确定这些反作用力具有相等的权重。在 5.10.4 节中，将引入另一个加权广义逆来缓解这个问题。

3.5.5 关节扭矩分量中的优先级

表示法(3.52)在优先级方案(3.37)中引入了另一个优先级，所以现在我们有

$$\boldsymbol{\tau}_k^{\mathrm{ext}} \succ \boldsymbol{\tau}_k^{\mathrm{int}} \succ \boldsymbol{\tau}_k^{m} \succ \boldsymbol{\tau}_k^{n} \tag{3.54}$$

显然，运动学冗余肢体的自运动关节扭矩 $\boldsymbol{\tau}_k^n$ 处于最低优先级，无论是反作用力还是接触关节处的无约束运动方向上的力都不会受到影响。另一方面，后一种力不会影响内力分配和外力补偿。还可以看出，在不影响外力补偿的情况下，通过 $\boldsymbol{\tau}_k^{\mathrm{int}}$ 的内力控制是可能的。外力影响所有其他分量；在 $\mathcal{F}_R$ 发生变化后，它们可能需要重新调整。还要注意，为了满足摩擦锥条件，如已经阐明的那样，应该控制 $\boldsymbol{\tau}_k^{\mathrm{ext}}$ 和 $\boldsymbol{\tau}_k^{\mathrm{int}}$。

3.6 仿人机器人的运动静力学关系

到目前为止讨论的独立闭环模型可用于特定环的控制器设计。这种控制方法可能适合于分析目的，例如，专注于手不接触环境的平衡控制，或腿固定情况下手协作的力控制。但是，在实际应用中，闭环的内力的关系总是相互依赖的。以图 3.6 中描述的情况为例。正如已经证实的那样，在这种情况下有两个闭环连杆。施加在物体上的重力 $-\mathcal{G}_O$ 直接作用在臂的闭环内。但是这个力也在结构上映射到基础连杆，这是另一个(腿)闭环的根连杆。因此，$\mathcal{G}_O$ 除了对手部有接触反作用力外，还将会对足部产生接触反作用力。另一个例子是多接触点平衡，用一只手或两只手来实现稳定的机器人的姿势。相应的模型应该考虑单个闭环连杆(即静态环境)和多个相互依赖的分支的存在。

在下文中，将修改先前部分中推导出的独立闭环运动静力学关系，以反映这种依赖性。最终目标是确定关节扭矩分量：

1. 补偿作用在指定连杆(基座连杆和手持物体)上的重力和其他外部力旋量。
2. 确保每个闭环中有适当的内力，以保持摩擦锥的状态或获得用于力控制的期望的末端连杆力旋量。
3. 在无摩擦接触关节的情况下，确定沿末端连杆移动方向的运动。
4. 确保关节负荷重新分配，例如最小化特定关节的负荷。

因此将使用 2.11 节中介绍的瞬时运动关系来表示。

3.6.1 复合刚体及其力旋量

仿人机器人的运动静力学关系是在锁定关节的假设下推导的。然后，机器人表现为复合刚体(CRB)，即由纯质心和惯性张量[67]表达的相互联系的连杆系统。在静力学中，惯性张量是无关紧要的，但质心起着重要作用。质心坐标系表示为$\{C\}$。坐标轴与基础坐标系$\{B\}$的坐标轴平行。在下文中，坐标系$\{C\}$将用于表示复合刚体的运动/力关系。如 3.4 节所述，作用在机器人连杆上的所有外部力旋量(即纯外部力旋量)的总和可以映射到一个感兴趣的特征连杆上，例如，基本连杆、复合刚体虚拟“连杆”或公共闭环连杆。

首先假设纯外部力旋量在基座连杆上映射为 $\mathcal{F}_B$。根据公式(3.25)，$\mathcal{F}_B$ 可以由适当映射的接触(反应)力旋量 $\mathcal{F}_k^c = \mathcal{F}_k, k \in \{e_r, e_l\}, e \in \{F, H\}$ 的总和来表示[⊖]。在一般情况下，即当一些接触关节是无摩擦的接触关节时，$\mathcal{F}_B$ 可以根据公式(3.38)由机器人的接触映射表示为沿着约束运动方向的反作用力分量 $\overline{\mathcal{F}}_k^c$ 之和，即

$$\mathcal{F}_B = \sum_k \mathbb{C}_{cB}(\boldsymbol{q}_k)\overline{\mathcal{F}}_k^c = \mathbb{C}_{cB}(\boldsymbol{q})\overline{\mathcal{F}}^c \tag{3.55}$$

式中，$\overline{\mathcal{F}}^c \in \Re^c$ 由 $\overline{\mathcal{F}}_k^c$ 接触力旋量的叠加组成，根据下标 k、e 惯例排序。在复合刚体坐标系下的纯外部力旋量的映射可以用类似的形式表达，即

$$\mathcal{F}_C = \sum_k \mathbb{C}_{cC}(\boldsymbol{q}_k)\overline{\mathcal{F}}_k^c = \mathbb{C}_{cC}(\boldsymbol{q})\overline{\mathcal{F}}^c \tag{3.56}$$

例如，考虑具有摩擦约束的双腿站立姿态($k \in \{F_r, F_l\}$)。这种姿势在实际中经常出现，然后可以将 $\mathcal{F}_{(\circ)}$ 写为

$$\mathcal{F}_{(\circ)} = \begin{bmatrix} \boldsymbol{f}_{(\circ)} \\ \boldsymbol{n}_{(\circ)} \end{bmatrix} = \sum_k \begin{bmatrix} \boldsymbol{E}_3 & \boldsymbol{0}_3 \\ -\left[\boldsymbol{r}^{\times}_{\overleftarrow{(\circ)k}}\right] & \boldsymbol{E}_3 \end{bmatrix} \begin{bmatrix} \boldsymbol{f}_k \\ \boldsymbol{m}_k \end{bmatrix} \tag{3.57}$$

下标(∘)代表 B 或 C，$\boldsymbol{f}_k$ 和 $\boldsymbol{m}_k$ 表示足部的地面反作用力(GRF)和地面反作用力矩(GRM)。它们构成了足部接触(反作用力)力旋量 $\mathcal{F}_k^c$。请注意，当从复合刚体力旋量中减去由地面反作用力矩引起的地面反作用力时，可获得以下纯力旋量：

$$\mathcal{F}_{\mathrm{net}} \equiv \mathcal{F}_{(\circ)} - \sum_k \begin{bmatrix} \boldsymbol{0}_3 \\ \left[\boldsymbol{r}^{\times}_{\overleftarrow{(\circ)k}}\right]\boldsymbol{f}_k \end{bmatrix} \tag{3.58}$$

满足

$$\mathcal{F}_{\mathrm{net}} = \sum_k \mathcal{F}_k^c$$

纯力旋量 F_{net} 将在5.10.4节中使用。此外，应当注意到，对于当纯外部力旋量被映射到公共闭环连杆，即地面坐标系$\{F\}$的情况时，可以重新描述上述关系。这可以通过用F替换(∘)下标来直接完成。涉及 $\mathcal{F}_F$ 的符号将出现在7.8.3节中。作用在复合刚体上的纯力旋量以后称为复合刚体力旋量，或简称为体力旋量。

重力场对复合刚体上的作用可以通过作用在机器人每个连杆上的重力力旋量的分布模型来表示，或者通过使纯重力作用于系统质心的集总模型来表示。这两个表示分别与基础准坐标和混合准坐标中的两个符号相关。首先考虑分布式模型。作用在基座连杆上的重力力旋量的反作用力写成

$$\mathcal{G}_B \equiv \begin{bmatrix} \boldsymbol{g}_f \\ \boldsymbol{g}_m \end{bmatrix} = M \begin{bmatrix} -\boldsymbol{E}_3 \\ \left[r^{\times}_{\overleftarrow{BC}}\right] \end{bmatrix} \boldsymbol{a}_g \tag{3.59}$$

式中，$\boldsymbol{r}_{\overleftarrow{BC}}$是基座连杆坐标相对于质心的位置。$\boldsymbol{a}_g = [0 \quad 0 \quad -g]^{\mathrm{T}}$，$g$ 和 M 分别代表重力加速度和总质量。作用在其余连杆上的重力力旋量由以下重力关节扭矩补偿。

$$\boldsymbol{g}_\theta = M\boldsymbol{J}^{\mathrm{T}}_{\overleftarrow{BC}}\boldsymbol{a}_g = -\boldsymbol{J}^{\mathrm{T}}_{\overleftarrow{BC}}\boldsymbol{g}_f \tag{3.60}$$

式中，$\boldsymbol{J}_{\overleftarrow{BC}}$表示纯质心雅可比矩阵(参见公式(2.117))。

⊖ 为了清晰和不失一般性，此后假设在末端连杆处建立接触关节。通常可以在任意部位建立接触关节。

集总模型表示得到了一个更简单的关系。作用在复合刚体上的重力力旋量的反作用力 $\mathcal{G}_C \equiv \begin{bmatrix} \boldsymbol{g}_f^{\mathrm{T}} & \mathbf{0}^{\mathrm{T}} \end{bmatrix}^{\mathrm{T}}$，即不出所料，没有力矩分量。

3.6.2 相互依赖的闭环

上述表示法是指在混合摩擦/无摩擦接触关节的一般情况下，形成相互依赖的闭环的仿人机器人姿势。例如，当脚上的接触关节含摩擦而手上的接触关节无摩擦时，则

$$\overline{\mathcal{F}}^c = \begin{bmatrix} (\mathcal{F}^c_{F_r})^{\mathrm{T}} & (\mathcal{F}^c_{F_l})^{\mathrm{T}} & (\overline{\mathcal{F}}^c_{H_r})^{\mathrm{T}} & (\overline{\mathcal{F}}^c_{H_l})^{\mathrm{T}} \end{bmatrix}^{\mathrm{T}} \tag{3.61}$$

$\mathcal{F}^c_{F_j} = \mathcal{F}_{F_j}$ 表示足部的摩擦力旋量。当所有接触点都具有摩擦力($c=24$)时，则 $\overline{\mathcal{F}}^c = \mathcal{F}^c = \mathcal{F} \in \mathrm{CWC}$，并且

$$\mathrm{CWC} = \mathrm{CWC}_{F_r} \times \mathrm{CWC}_{F_l} \times \mathrm{CWC}_{H_r} \times \mathrm{CWC}_{H_r} \subset \Re^{24}$$

在多接触点的情况下，例如，双腿站立姿态或双腿站立加手接触姿态，如图 3.4 所示，由于 $c>6$，基座连杆将受单边过度约束。给定复合刚体力旋量 $\mathcal{F}_B$，存在接触力旋量的无穷解集(参见公式(3.39))，即

$$\overline{\mathcal{F}}^c = \overline{\mathcal{F}}^{\mathrm{ext}} + \overline{\mathcal{F}}^n \tag{3.62}$$

$$\overline{\mathcal{F}}^{\mathrm{ext}} = \mathbb{C}^{\#}_{cB}(\boldsymbol{q})\mathcal{F}_B$$

$$\overline{\mathcal{F}}^n = \mathbf{N}(\mathbb{C}_{cB}(\boldsymbol{q}))\overline{\mathcal{F}}^c_a \tag{3.63}$$

等号右边的第二项是零空间 $\mathcal{N}(\mathbb{C}_{cB})$的一个分量，由任意复合接触力旋量$\overline{\mathcal{F}}^c_a \in \Re^c$参数化表示。回顾一下，闭环内的内力/内力矩数等于零空间投影的秩，即 $c-6$。从公式(3.41)中的$\overline{\mathcal{F}}^{\mathrm{int}}(\boldsymbol{q}_e)$的维度也可以看出，这是最小参数化矢量。但是，如 3.5.2 节末尾所述，如何规定内力/内力矩并不直观清晰。另一方面，非最小参数化可以用直接的方式指定，因为其含义就是接触力旋量。实际上，请注意，许多实际任务需要对手进行精确的力旋量控制。在这种情况下，通过非最小参数化，可以将参考手接触力旋量直接规定为零空间接触力旋量分量。为此，将公式(3.62)首先分解为

$$\begin{bmatrix} \overline{\mathcal{F}}^c_F \\ \overline{\mathcal{F}}^c_H \end{bmatrix} = \begin{bmatrix} (\mathbb{C}^{\#}_{cB})_F \\ (\mathbb{C}^{\#}_{cB})_H \end{bmatrix} \mathcal{F}_B + \begin{bmatrix} \mathbf{N}_F(\mathbb{C}_{cB}) \\ \mathbf{N}_H(\mathbb{C}_{cB}) \end{bmatrix} \overline{\mathcal{F}}^c_a \tag{3.64}$$

上半部分和下半部分分别代表用于脚和手的力旋量分量。此外，假设参考手接触力旋量$(\overline{\mathcal{F}}^c_H)^{\mathrm{ref}}$是从传统的力/力矩控制器获得的。那么，可以采用下面的等式来获得参数化矢量，即

$$\overline{\mathcal{F}}^c_a = \mathbf{N}^+_H(\mathbb{C}_{cB})((\overline{\mathcal{F}}^c_H)^{\mathrm{ref}} - (\mathbb{C}^{\#}_{cB})_H \mathcal{F}_B) \tag{3.65}$$

通过该参数化方法，力旋量分布问题解决为

$$\begin{bmatrix} \overline{\mathcal{F}}^c_F \\ \overline{\mathcal{F}}^c_H \end{bmatrix} = \begin{bmatrix} (\mathbb{C}^{\#}_{cB})_F \mathcal{F}_B + \mathbf{N}_F(\mathbb{C}_{cB})\mathbf{N}^+_H(\mathbb{C}_{cB})(\overline{\mathcal{F}}^{\mathrm{ref}}_H - (\mathbb{C}^{\#}_{cB})_H \mathcal{F}_B) \\ (\overline{\mathcal{F}}^c_H)^{\mathrm{ref}} \end{bmatrix} \tag{3.66}$$

因此，使用 $\mathbf{N}_H \mathbf{N}^+_H = \boldsymbol{E}$，显然，参考手接触力旋量直接表现为手上的接触旋量。

复合刚体力旋量在足部的分布取决于广义逆(参见 3.5.4 节)，以及参考手接触力旋量的类型。

3.6.3 独立闭环

在两个独立闭环的情况下，即如图 3.6 中的例子中，每个闭环的内力/内力矩是互不干

扰的。假设基座连杆上的总外部力旋量为$-\mathcal{F}_B$。根据公式(3.25)，该力旋量由作用在连杆上的外部力旋量决定，例如，基座和手持物体上的重力力旋量满足$-\mathcal{F}_B=-\mathcal{G}_B-\mathbb{T}_{\overleftarrow{BO}}^{\mathrm{T}}\mathcal{G}_O$。其他外部力旋量，例如由于对任意连杆的突然推动而产生的力旋量，可以直接增加进来。为了解释独立闭环，改写公式(3.55)为

$$\mathcal{F}_B=\sum_k \mathbb{C}_{cB}(\boldsymbol{q}_k)\overline{\mathcal{F}}_k^c=\mathbb{C}_{cB}(\boldsymbol{q}_F)\overline{\mathcal{F}}_F^c+\mathbb{C}_{cB}(\boldsymbol{q}_H)\overline{\mathcal{F}}_H^c \tag{3.67}$$

术语$\overline{\mathcal{F}}_e^c\in\Re^{c_e}$由两个$\overline{\mathcal{F}}_{k=e_j}^c$分量叠加组成。此外，作用在闭环连杆(即手持物体)上的外部力旋量是$-\mathcal{F}_H=-\mathcal{G}_O$。该力旋量表示为以下总和(参见公式(3.30))。

$$\mathcal{F}_H=\sum_j \mathbb{C}_{cH_j}(\boldsymbol{q}_{H_j})\overline{\mathcal{F}}_{H_j}^c=\mathbb{C}_{cH}(\boldsymbol{q}_H)\overline{\mathcal{F}}_H^c \tag{3.68}$$

手部的反作用力旋量可以通过这种关系以无限多种方式获得。我们得到

$$\overline{\mathcal{F}}_H^c=\mathbb{C}_{cH}^{\#}(\boldsymbol{q}_H)\mathcal{F}_H+\boldsymbol{V}(\mathbb{C}_{cH}(\boldsymbol{q}_H))\overline{\mathcal{F}}_H^{\mathrm{int}} \tag{3.69}$$

请注意，等号右边的第二项通过内力/内力矩$\overline{\mathcal{F}}_H^{\mathrm{int}}\in\Re^{c_H-6}$确定了零空间$\mathcal{N}(\mathbb{C}_{cH}(\boldsymbol{q}_H))$的手部反作用力旋量。回顾$\boldsymbol{V}$表示零空间基矢量的最小表示。然后，将公式(3.69)代入公式(3.67)并求解足部的接触力旋量，即

$$\begin{aligned}\overline{\mathcal{F}}_F^c&=\mathbb{C}_{cB}^{\#}(\boldsymbol{q}_F)(\mathcal{F}_B-\mathcal{F}_{B_H})+\boldsymbol{V}(\mathbb{C}_{cB}(\boldsymbol{q}_F))\overline{\mathcal{F}}_F^{\mathrm{int}}\\ \mathcal{F}_{B_H}&\equiv\mathbb{C}_{cB}(\boldsymbol{q}_H)(\mathbb{C}_{cH}^{\#}(\boldsymbol{q}_H)\mathcal{F}_H+\boldsymbol{V}(\mathbb{C}_{cH}(\boldsymbol{q}_H))\overline{\mathcal{F}}_H^{\mathrm{int}})\end{aligned} \tag{3.70}$$

纯接触力旋量和内部力旋量由各自的分量叠加而成，即

$$\overline{\mathcal{F}}^c=\left[(\overline{\mathcal{F}}_F^c)^{\mathrm{T}}\quad(\overline{\mathcal{F}}_H^c)^{\mathrm{T}}\right]^{\mathrm{T}}\in\Re^c$$

$$\overline{\mathcal{F}}^{\mathrm{int}}=\left[(\overline{\mathcal{F}}_F^{\mathrm{int}})^{\mathrm{T}}\quad(\overline{\mathcal{F}}_H^{\mathrm{int}})^{\mathrm{T}}\right]^{\mathrm{T}}\in\Re^{c-6}$$

3.6.4 关节扭矩的确定

为了确定关节扭矩分量，首先从总反作用力旋量中推导得出各个反作用力旋量分量$\overline{\mathcal{F}}_k^c=\overline{\mathcal{F}}_k^{\mathrm{ext}}+\overline{\mathcal{F}}_k^n$。这是通过使用公式(3.51)以直接的方式完成的。然后可以将内力分量$\overline{\mathcal{F}}_k^n=\boldsymbol{N}_k(\mathbb{C}_{cR}(\boldsymbol{q}))\overline{\mathcal{F}}_a^c$用作控制输入，以确保反作用力旋量始终保持在接触点$k$的接触力旋量锥$\mathrm{CWC}_k$内。该分量也可用于末端连杆的力控制。然后可以计算肢关节扭矩分量$\boldsymbol{\tau}_k^{\mathrm{ext}}$和$\boldsymbol{\tau}_k^{\mathrm{int}}$。因此，将这些分量与运动方向上的运动和运动冗余度的分量$\boldsymbol{\tau}_k^m$和$\boldsymbol{\tau}_k^n$相加，获得肢体关节扭矩$\boldsymbol{\tau}_k$。所有肢体的关节扭矩按如下方式叠加。

$$\boldsymbol{\tau}=\left[\boldsymbol{\tau}_{F_r}^{\mathrm{T}}\quad\boldsymbol{\tau}_{F_l}^{\mathrm{T}}\quad\boldsymbol{\tau}_{H_r}^{\mathrm{T}}\quad\boldsymbol{\tau}_{H_l}^{\mathrm{T}}\right]^{\mathrm{T}}\in\Re^n \tag{3.71}$$

还要注意，与公式(3.33)类似，

$$\boldsymbol{\tau}=\left[\mathcal{J}_{cB}^{\mathrm{T}}(\boldsymbol{q})\quad\mathcal{J}_{mB}^{\mathrm{T}}(\boldsymbol{q})\right]\begin{bmatrix}\overline{\mathcal{F}}^c\\ \overline{\mathcal{F}}^m\end{bmatrix}=\boldsymbol{\tau}^c+\boldsymbol{\tau}^m \tag{3.72}$$

式中，$\overline{\mathcal{F}}^m\in\Re^\eta$由以与$\overline{\mathcal{F}}^c$的分量相同的顺序叠加的$\overline{\mathcal{F}}_k^m$矢量组成。此外，当存在运动学冗余时，可以增加来自$\mathcal{N}^*(\boldsymbol{J}_R(\boldsymbol{q}))$的零空间分量。因此，仿人机器人的关节扭矩表示为

$$\boldsymbol{\tau}=\boldsymbol{\tau}^{\mathrm{ext}}+\boldsymbol{\tau}^{\mathrm{int}}+\boldsymbol{\tau}^m+\boldsymbol{\tau}^n \tag{3.73}$$

各个分量按以下优先级次序排列(参见公式(3.54))：

$$\boldsymbol{\tau}^{\mathrm{ext}}\succ\boldsymbol{\tau}^{\mathrm{int}}\succ\boldsymbol{\tau}^m\succ\boldsymbol{\tau}^n$$

只要存在运动学冗余，就会出现分量 $\boldsymbol{\tau}^n$。当存在无摩擦接触关节或完全无约束的末端连杆时，可以得到分量 $\boldsymbol{\tau}^m$。内力旋量分量 $\boldsymbol{\tau}^{\text{int}}$ 来自闭合运动环内的冗余驱动。分量 $\boldsymbol{\tau}^{\text{ext}}$ 始终存在。

确保静态平衡的关节扭矩可以用分布式或集总复合刚体模型表示，分别为

$$\boldsymbol{\tau}_B = \boldsymbol{g}_\theta - \mathcal{J}_{cR}^{\mathrm{T}} \overline{\mathcal{F}}^c(\mathcal{G}_B) \tag{3.74}$$

$$\boldsymbol{\tau}_M = - \mathcal{J}_{cM}^{\mathrm{T}} \overline{\mathcal{F}}^c(\mathcal{G}_C) \tag{3.75}$$

使用公式(2.126)中给出的雅可比矩阵 $\mathcal{J}_{cM}$ 的表达式，可以直接证明 $\boldsymbol{\tau}_B = \boldsymbol{\tau}_M$。这就是为什么重力关节扭矩 $\boldsymbol{g}_\theta$ 没有显式地出现在最后一个方程中的原因。关于上述表达式在控制器中的用法，有一点值得注意。例如，在平衡控制的情况下，通常使用参考接触力旋量$(\overline{\mathcal{F}}^c)^{\text{ref}}$。在这种情况下，上述两个等式不相等。注意，公式(3.74)中的重力矩 $\boldsymbol{g}_\theta$ 可以用作精确的重力补偿项。另一方面，由于重力关节扭矩变为$(\overline{\mathcal{F}}^c)^{\text{ref}}$的函数，因此 $\boldsymbol{\tau}_M$ 不能提供精确的重力补偿。

3.6.5 说明性示例

双腿站立在二维平面上(侧向平面)

图 3.5 为平面上具有 4 个关节的下肢双足模型。假设脚完全受约束，满足 $c_{F_j}=3$。因此，接触力旋量 $\mathcal{F}_{F_j}^c$ 包括一个地面反作用力矩(GRM)和两个地面反作用力(GRF)分量。闭环的静平衡条件是 $\mathcal{G}_B = \mathbb{C}_{cB}(\boldsymbol{q}_F)\mathcal{F}^c(\boldsymbol{q}_F)$。力旋量分布问题的通解(参见公式(3.39))可写为

$$\begin{aligned}\mathcal{F}^c(\boldsymbol{q}_F) &= \mathbb{C}_{cB}^{\#}(\boldsymbol{q}_F)\mathcal{G}_B + \mathbf{N}(\mathbb{C}_{cB}(\boldsymbol{q}_F))\mathcal{F}_a^c(\boldsymbol{q}_F)\\ &= \mathbb{C}_{cB}^{\#}(\boldsymbol{q}_F)\mathcal{G}_B + \mathbf{V}(\mathbb{C}_{cB}(\boldsymbol{q}_F))\overline{\mathcal{F}}^{\text{int}}(\boldsymbol{q}_F)\end{aligned}$$

在虚拟连杆模型的帮助下，该解可以改写为

$$\mathcal{F}^c(\boldsymbol{q}_F) = \mathbb{C}_{cB}^{+}(\boldsymbol{q}_F)\mathcal{G}_B + \mathbf{V}_L f_{rl}^{\text{int}}$$

式中，$\mathbf{V}_L = [\boldsymbol{e}_{rl}^{\mathrm{T}} \quad \boldsymbol{e}_{lr}^{\mathrm{T}}]^{\mathrm{T}} = [0 \quad 1 \quad 0 \quad 0 \quad -1 \quad 0]^{\mathrm{T}}$。

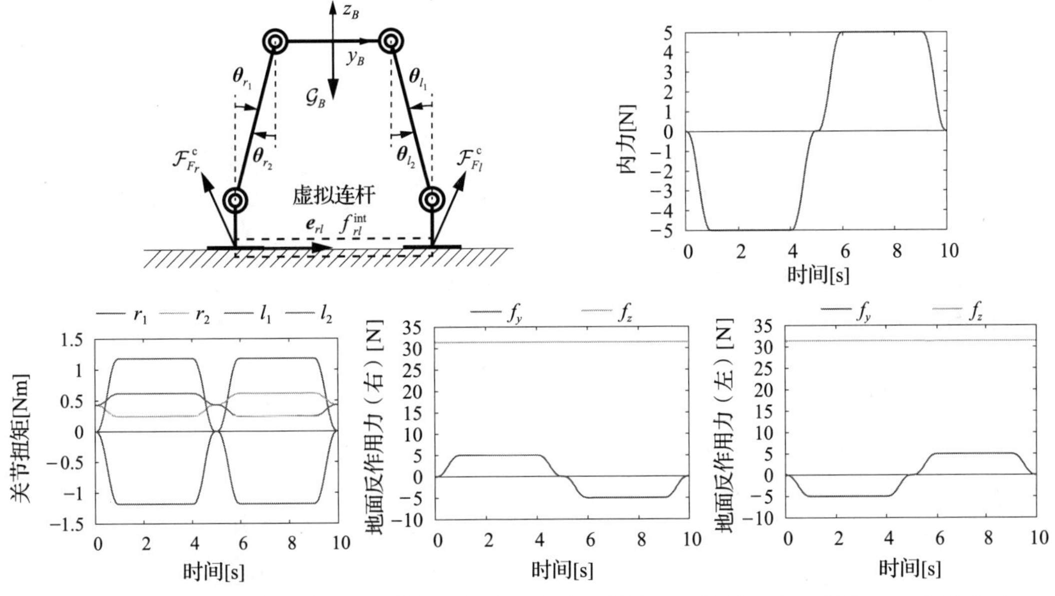

图 3.5　在平面上具有五连杆的双腿站立姿态。内力 f_{rl}^{int} 的大小显示在右上图中。内力平稳变化，最初是压缩(负)，然后是拉伸(正)。相应的关节扭矩和地面反作用力变化显示在下排。地面反作用力矩等于踝部扭矩，在左下图中表示为 r_1 和 l_1(见彩插)

有三件事需要说明。首先，内力/内力矩分量的数量是 3 个：内力 f_{rl}^{int} 和两个地面反作用力矩 m_{F_j}。其次，请注意，上面的等式中没有考虑内力矩。最后，在解中采用伪逆作为广义逆。通过这种选择，垂直地面反作用力均匀分布。在具有这种分布的这个特定示例中不会出现问题。然而，如已经讨论的那样，通常情况并非如此。稍后将介绍一个示例，该示例强调了基于伪逆的力旋量分布问题。

关节扭矩矢量可以推导为

$$\boldsymbol{\tau} = \boldsymbol{g}_\theta - (\boldsymbol{\tau}^{\mathrm{ext}} + \boldsymbol{\tau}^{\mathrm{int}})$$
$$\boldsymbol{\tau}^{\mathrm{ext}} = \mathcal{J}_{cR}^{\mathrm{T}}(\boldsymbol{q}_F)\mathbb{C}_{cB}^{+}(\boldsymbol{q}_F)\mathcal{G}_B$$
$$\boldsymbol{\tau}^{\mathrm{int}} = \mathcal{J}_{cR}^{\mathrm{T}}(\boldsymbol{q}_F)\boldsymbol{V}_L f_{rl}^{\mathrm{int}}$$

通过改变对称姿势的内力来检查闭环中力/力矩的平衡，踝/髋关节分别设定在 5/－5 度。借助于 5 阶样条函数，使内力的大小在±5 N 之间平滑变化。所有力/力矩和关节扭矩分量的相应变化显示在图 3.5 的下排。模型参数由微型人形机器人 HOAP-2 的参数(参见附录 A)推导得出。注意，踝关节扭矩(地面反作用力矩)决定链中的内部力矩。显然，它们足够小，使得净压力中心 CoP(未示出)保持在支撑面 BoS 内部。因此，没有观察到足部滚动。

有摩擦平面上的双腿站立姿态

接下来，考虑图 3.6 所示的三维平坦地面上仿人机器人的例子。假设手部的接触关节是无摩擦的，而足部的接触关节是有摩擦的。摩擦模型是多面体接触旋量锥(四棱锥)。然后完全约束足部的运动，使得 $c_{F_j}=6$，$\eta_{F_j}=0$。运动约束源于法向反作用力 $\bar{\mathcal{F}}_k^h \in \Re^{c_k^h}$ 和对切向摩擦力的反作用力 $\bar{\mathcal{F}}_k^s \in \Re^{c_k^s}$。这些反作用力的和如公式(3.29)所示，其中接触力旋量 $\mathcal{F}_{F_j}=\mathcal{F}_{F_j}^c \in \mathrm{CWC}_{F_j}$。因此脚不会滑动。应该注意的是，可以估算接触力旋量(例如，根据第 4 章中介绍的算法)，或者从连接在末端连杆上的传感器获得接触力旋量。传感器可以是多轴力/扭矩传感器或单轴压力传感器阵列，例如压力感应电阻器(FSR)。有关此类传感器的详细信息，请参见文献[36]的 3.2 节。

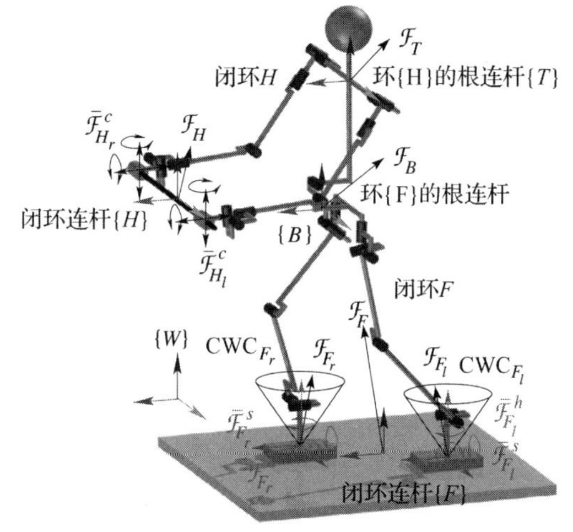

图 3.6　在足部(有摩擦)和手部(无摩擦)形成接触关节的具有两个独立闭环 F 和 H 的仿人机器人。作用于闭环连杆和环一根连杆处的反作用力旋量分别表示为 $\mathcal{F}_e$，$e\in\{F,H\}$ 和 $\mathcal{F}_R$，$R\in\{B,T\}$。手部沿着受约束和不受约束的运动方向的反作用力旋量分量分别表示为 $\bar{\mathcal{F}}_{H_j}^c$，$j\in\{r,l\}$ 和 $\bar{\mathcal{F}}_{H_j}^m$(后者未示出)。足部沿着硬约束和软约束方向的反作用力旋量分量源于摩擦，它们分别表示为 $\bar{\mathcal{F}}_{F_j}^h$ 和 $\bar{\mathcal{F}}_{F_j}^s$。总摩擦/接触力旋量 $\mathcal{F}_{F_j}$ 被限定在接触力旋量锥 CWC_{F_j} 内

此外，请注意，由于足部接触点有摩擦，因此基座将受单边过度约束，即 $\mathcal{F}_B=\mathbb{T}_{\overleftarrow{BF_r}}^{\mathrm{T}}(\boldsymbol{q}_{F_r})\mathcal{F}_{F_r}+\mathbb{T}_{\overleftarrow{BF_l}}^{\mathrm{T}}(\boldsymbol{q}_{F_l})\mathcal{F}_{F_l}$。这也意味着施加在基座连杆上的重力力旋量可以通过底座上的纯反作用力旋量进行补偿，因此 $\mathcal{F}_B=-\mathcal{G}_B=-(\mathcal{G}_B^h+\mathcal{G}_B^s)$。

无摩擦平面上的双腿站立姿态

接下来，考虑足部无摩擦接触关节的情况。然后基座处的纯反作用力旋量变为 $\mathcal{F}_B=\mathcal{F}_B^c=\mathbb{C}_{cR}(\boldsymbol{q}_{F_r})\overline{\mathcal{F}}_{F_r}^c+\mathbb{C}_{cR}(\boldsymbol{q}_{F_l})\overline{\mathcal{F}}_{F_l}^c$。注意，准静态体力旋量分量 $\mathcal{F}_B^m=-\mathcal{G}_B^m$不出现在上述关系中。

非共面接触的双腿站立姿态

如图 3.7 所示，当脚放置在具有相对低摩擦力的倾斜支撑表面上时，分量$-\mathcal{G}_B^m$的作用变得明显。这个例子演示了一个欠约束基座的情况，因此展示了一个不可控制的机器人。由于脚与倾斜表面接触，因此重力在接触关节处在法向和切向方向上产生分量。低摩擦意味着反作用力将在接触力旋量锥之外，如图 3.7a 所示。切向方向上的反作用力将引起脚加速，机器人将变得无法控制。这个问题可以通过施加适当的关节扭矩来解决，该扭矩与切向方向上的反作用力相反，使得接触力旋量锥条件得到满足。这些关节扭矩分量由内力计算出来。换句话说，尽管存在低摩擦，$\boldsymbol{\tau}_{F_r}^{\text{int}}$和$\boldsymbol{\tau}_{F_l}^{\text{int}}$可用于确保选定姿势的静态平衡(参见图 3.7b)。从图 3.8 和视频3.6-1[33]中显示的仿真结果可以看出这一点。在模拟中，使用了一个参数类似于 HOAP-2 机器人[25]的小型机器人(见 A.1 节)。最初，施加非零内力以确保静态平衡。在 $t=1$s 时，内力逐渐减小，这导致脚滑动(从脚位置图中可以看出)。在保持内力为 0 一段时间后，逐渐增加内力以停止滑动。应该指出的是，由于滑动阶段的运动，使用纯静态控制不能实现这种行为。请注意，在此阶段机器人是不可控的。这就是初始化停止时出现大误差的原因。这些误差引起需要控制的相对较大的内部力矩，以确保脚压力中心保持在足迹的内部。有关此仿真中使用的控制器的更多详细信息，请参见 5.10.4 节。

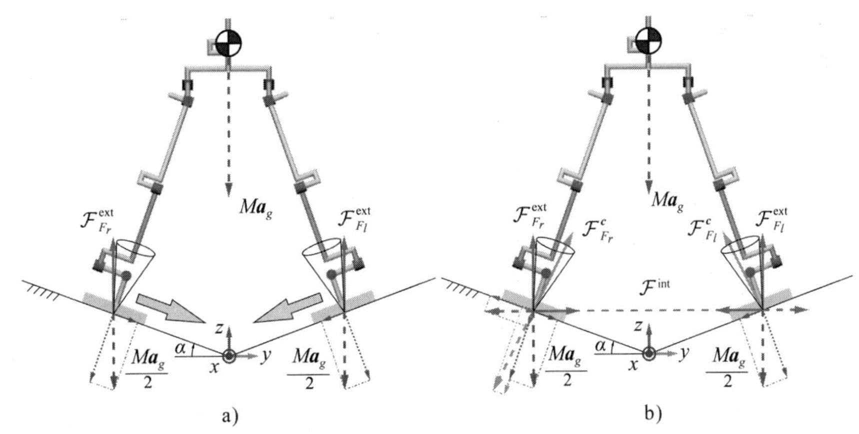

图 3.7 当支撑在倾斜表面上时，重力引起的总反作用 $F_{F_j}^{\text{ext}}$包括在每个接触处的法线方向和切向方向上的分量。a)零内力情况。由于表面摩擦不足，切向反作用力分量导致滑动。b)非零内力情况。通过适当定义内力或改变法向和切向反作用力分量大小的加权广义逆，可以避免滑动，使得总反作用力 $\mathcal{F}_{F_j}^c$ 在接触力旋量锥内

平面内右/左脚有高/零摩擦力的双腿站立姿态

最后，为了完整性，还要考虑有摩擦和无摩擦的接触关节的一般情况。例如，让右脚受到足够的摩擦约束，而左脚放在无摩擦的表面上。基座连杆处的纯反作用力旋量为

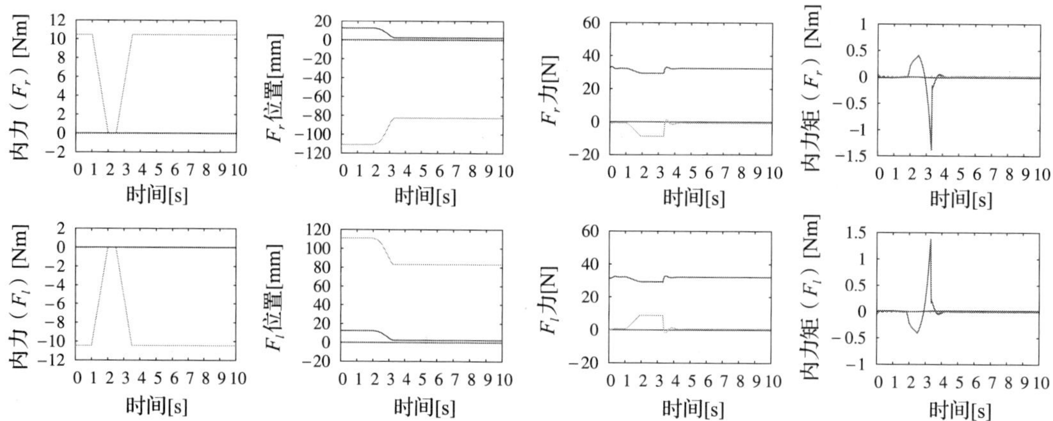

图 3.8　倾斜表面上双腿站立姿态的模拟结果(参见图 3.7)。右/左脚数据分别显示在上/下行中。RGB 颜色用于 xyz 分量。内力首先用于初始化脚部的滑动，然后停止它。有关控制器的详细信息，请参见 5.10.4 节(见彩插)

$\mathcal{F}_B=\mathbb{T}^{T}_{\overleftarrow{BF_r}}(\boldsymbol{q}_{F_r})\mathcal{F}_{F_r}+\mathbb{C}_{cB}(\boldsymbol{q}_{F_l})\bar{\mathcal{F}}^{c}_{F_l}$。右脚单边接触的基部连杆受单边完全约束。但请注意，左脚的力旋量分量可能会引入附加的独立约束。因此，基座连杆可能(有条件地)过度约束。

3.6.6　总结与讨论

闭环链中的运动静力学关系由作用在环上的总外部力旋量和构成闭环的肢体的(内部)关节扭矩确定。总外部力旋量是在环内的一个或多个连杆上施加的所有外部力旋量的总和，映射在期望的连杆上，例如基座连杆。映射是结构性的，即它取决于该环的构型。另一方面，关节扭矩的作用引起通过基部连杆处的肢体雅可比矩阵的转置映射的力旋量。这个力旋量和总力旋量是平衡的。

此外，外部力旋量和关节扭矩的作用在接触关节处产生力旋量，称为反作用力旋量。应以适当的方式控制这些力旋量，以确保补偿外部力旋量作用的同时，在接触关节处也满足摩擦锥条件。可以用直接的方式获得在相应接触关节处确保期望的反作用力旋量的肢体关节扭矩。闭环的内力产生另一个关节扭矩分量以满足摩擦锥条件。内力的作用是在不改变基座连杆处的力平衡的情况下，改变接触力旋量。例如，沿着无约束运动方向的最大接触力旋量可以通过内力最小化，来避免滑动的初始化。此任务可以独立于姿态平衡任务执行，这取决于基座连杆上的力平衡。这些关系在姿态稳定性和扭矩优化中起重要作用，如下一节所示。

在运动/力控制任务中，例如表面清洁，利用无摩擦的接触关节模型可能更合适。这种模型也用于末端连杆的完全无约束运动的情况，例如，行走时摆动腿的手和脚。沿着无约束(移动)方向的运动是由基于任务的约束决定的，而不是由物理约束决定。当涉及无摩擦关节模型时，本节中推导出的关系更好地表征为准静态而非纯静态。事实上，沿着移动方向的运动是由动态力决定的。这个问题将在第 4 章中讨论。另一个运动静力学关系的例子源于运动学冗余肢体固有的冗余驱动。冗余驱动的肢体可以承受无数个不改变接触力旋量的关节扭矩。然后可以选择适当的扭矩，例如，使给定驱动器的负载最小化。

在本节得出的静力学/运动静力学关系具有普适性。该结果可用于改变接触条件和拓扑变化的情况，例如，建立/破坏接触。

3.7 静态姿势的稳定性和优化

静态姿势稳定性在基于一系列静态姿势的运动产生方法中起重要作用[29,30,6,7,23]。当给定静态初始条件，作用在复合刚体上的总外部力旋量(例如重力力旋量和反作用力旋量)不会引起任何运动时，该姿势在静态意义上被认为是稳定的。静态稳定的姿势具有鲁棒性[52,14]。鲁棒性意味着不仅可以确保作用的外部力旋量的姿势稳定性，还可以确保附近力旋量的稳定性。静态姿势的优化是指增加其鲁棒性的过程，这可以通过内部关节扭矩分量来实现。如已经阐明的那样，该力矩分量与摩擦有关。例如，在存在高摩擦的情况下，优化目标可以设定为(反作用)接触力旋量$\overline{\mathcal{F}}^c$的最大分量的最小化。另一方面，当摩擦力不那么高并且存在滑动的可能性时，优化是基于适当的复合刚体姿势和内部力旋量分布的目标。因此，反作用力旋量最终可以限制在接触力旋量锥的内部。参考公式(3.62)，通过在特解中采用伪逆，可以实现高摩擦情况下的极小极大优化。然而，这种解在低摩擦情况下是不合适的。优化过程的输出产生关节扭矩分量$\boldsymbol{\tau}^{\text{ext}}$和$\boldsymbol{\tau}^{\text{int}}$(参见公式(3.73))。此外，当存在运动学冗余时，还应当在优化过程中通过力分量$\boldsymbol{\tau}^n$来考虑关节扭矩极限。

3.7.1 静态姿势稳定性

在多指手抓取领域，抓握的稳定性与所谓的力封闭有关[49,10](参见第6章)。力封闭抓握由一组反作用力$\overline{\mathcal{F}}^c \in \mathrm{CWC}$定义，使得$\mathbb{G}\,\overline{\mathcal{F}}^c = \mathcal{F}_O$，其中$\mathcal{F}_O$表示在被抓物体处施加的外部空间力的反作用力，$\mathbb{G}$是抓握映射，其等效于在这里介绍的接触映射$\mathbb{C}_{cR}$(或$\mathbb{C}_{cC}$)。通过力封闭抓握，可以有效地解决由于指尖处的单边运动约束引起的不稳定性问题。从仿人机器人的角度来看，力封闭抓握可以被描述为“强稳定”，因为抓握映射和摩擦条件允许任何外力。

然而，仿人机器人由于其类似人的设计而无法获得力封闭的姿势。因此，足部的单边接触引起的不稳定问题不能完全缓解。平面上静态稳定性的必要条件是质心的地面投影(以下称为gCoM)位于由所有接触点的凸包确定的支撑多边形内[36]。因此，将使用从生物力学文献中借用的术语“支撑面”(BoS)。注意，当gCoM位于支撑面的边界时，即使非常小的干扰力旋量(例如源于气流)也可能引起不可控的复合刚体滚动。为了防止这种情况，通常在支撑面内引入安全区域。将质心的地面投影gCoM限制在安全区域内增加了姿势的鲁棒性。

然而，必须评估静态姿势稳定性，不仅是平面上的共面接触，还有一般的非平面情况[52,16]。作为理论基础，可以使用在库仑摩擦下接触的多个刚体系统内的“不完全”静态稳定性条件进行研究[55]。因此，可以区分以下4种接触稳定性条件：

- 弱稳定：存在有效的接触力旋量，可引起零加速度。
- 强稳定：每个有效的接触力旋量都会引起零加速度。
- 弱不稳定：如果不是强稳定的。
- 强不稳定：如果不是弱稳定的。

力旋量$\mathcal{F}_k$是有效的反作用力旋量/接触力旋量：(1)在零初始条件下瞬时满足运动方程；(2)沿着出现在接触映射中的约束基${}^k\mathbb{B}_c$应用；(3)位于接触力旋量锥CWC_k内部。对于具有多接触点的仿人机器人，可以通过接触映射/接触旋量锥对确定的接触状态来获得有效的力旋量。由于质心位置及其地面投影对稳定性起重要作用，因此优选使用质心接触映射 $\mathbb{C}_{cC}$（参见公式(2.123)）代替 $\mathbb{C}_{cB}$。与净复合刚体力旋量（包括重力）F_C 有关的静态稳定性可以通过 $\{\mathbb{C}_{cC},\mathrm{CWC}\}$ 进行评估。基于该信息，可以确定反作用力旋量/接触力旋量 $\overline{\mathcal{F}}^c$ 并检查其有效性。如前所述，在一般情况下，对于仿人机器人可能无法确定力封闭、强稳定的姿势[32]。

基于力旋量分布的简单静态稳定性测试

对于给定姿势的静态稳定性，最简单的测试是检查是否可以约束基座连杆以抵抗质心重力力旋量 $-\mathcal{G}_C$。为此，可以使用力旋量分布问题的一般解(3.62)。最小范数解分量

$$\overline{\mathcal{F}}^{\mathrm{ext}}=\mathbb{C}_{cC}^{+}\mathcal{G}_C \tag{3.76}$$

通常用于生成高摩擦接触的有效接触力旋量。在低摩擦接触或非水平接触表面的情况下，通过将零空间解分量 $\overline{\mathcal{F}}^n=\boldsymbol{N}(\mathbb{C}_{cC})\overline{\mathcal{F}}_a^c$ 包含在上述解中，可以获得有效的接触力旋量。具有适当加权的特解分量，例如公式(3.53)（参见图 3.7），也可能是有用的。在某些情况下，最好使用与静力学一致的特解分量。如 3.5.4 节所述，不能使用上述基于伪逆的解。5.10.4 节介绍了一个合适的加权广义逆。

复合刚体力旋量锥和接触一致的复合刚体力旋量

上面概述的简单静态稳定性测试并不明确，因为力旋量分布问题存在无穷解。这个问题可以通过用复合刚体力旋量而不是接触力旋量重新制定测试来解决。如文献[32]中所建议的，凸多面体力旋量锥（以下称为复合刚体力旋量锥）可以在末端连杆的顶点处由多个点接触的多面锥构成。另一种更直接的替代方法是通过在末端连杆处相交叉的所有接触力旋量锥来获得复合刚体力旋量锥[14]。假设使用 3.3.2 节末尾描述的过程计算接触力旋量锥，用于从点接触凸多面体摩擦锥构造平面接触的接触力旋量锥。作用于质心的净外部复合刚体力旋量如公式(3.56)所示。假设接触力旋量被限制在他们的接触力旋量锥内，使得 $\boldsymbol{U}_{\mathrm{CWC}}\overline{\mathcal{F}}^c\leqslant\boldsymbol{0}$。然后复合刚体力旋量 $\mathcal{F}_C\in\mathrm{span}(\boldsymbol{V}_{\mathrm{BWC}})$，其中 $\boldsymbol{V}_{\mathrm{BWC}}=\mathbb{C}_{cC}\boldsymbol{U}_{\mathrm{CWC}}^{\mathrm{S}}$ 表示复合刚体力旋量锥的跨度表示。这意味着净复合刚体力旋量位于复合刚体力旋量锥的内部，即 $\boldsymbol{U}_{\mathrm{BWC}}\mathcal{F}_C\leqslant\boldsymbol{0}$。最后一个关系提供了一种检查姿态的静态稳定性的方法，该姿势具有给定的接触状态 $\{\mathbb{C}_{cC}$，CWC$\}$ 以对抗净外部复合刚体力旋量 $\mathcal{F}_C$，无须考虑欠定的力旋量分布问题。复合刚体力旋量位于复合刚体力旋量锥内，即

$$\mathcal{F}_C\in\{\mathbb{C}_{cC},\mathrm{BWC}\} \tag{3.77}$$

将称为接触一致。

示例

以图 3.9a 所示的推物体任务为例。根据脚部接触点的摩擦强度，姿势可以描述为强稳定或弱稳定。在前一种情况下，高摩擦力可防止脚滑动。在后一种情况下，滑动可能是由于其中一只脚或两只脚在水平方向上的摩擦力很小而发生的。为了完成这个任务，找到其他的姿势是非常重要的，如果存在这种姿势，则可以描述为强稳定，即使是在低摩擦的情况下。考虑图 3.9b 所示的姿势作为备选。在这种姿势下，机器人将其推动腿放置到倾斜表面上，以产生抵抗支撑脚部滑动的反作用力。

接触规划

最后一个例子强调了作为运动生成过程的一部分，规划接触状态的离散集[11]及其相

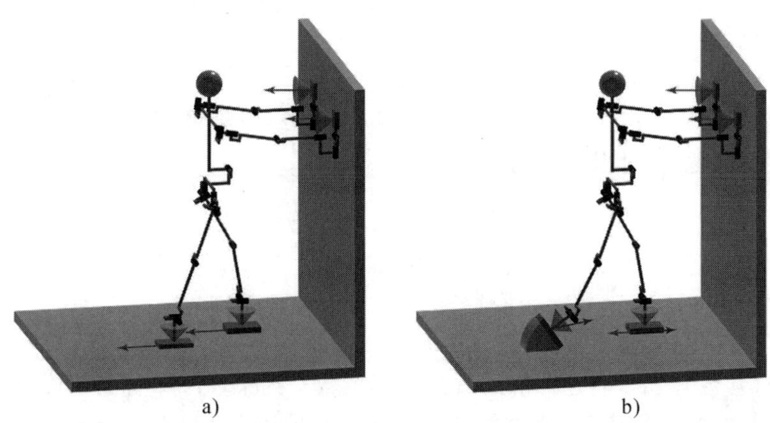

图 3.9 推物体任务：a)手上的反作用力引起足部的滑动力；b)推动腿的姿势变化可以在支撑腿处产生阻碍滑动的力。每个末端连杆处的锥体表示表面接触摩擦条件，例如，通过接触力旋量锥获得(参见 3.3.2 节)

应的静态姿势的重要性。接触状态可能涉及多个接触，不仅在末端连杆处，而且在中间连杆处。这样假设的原因是仿人机器人的任务应该在各种环境中可执行，例如典型的灾难场景，涉及在崎岖地形上的非循环步态(攀爬)[11]、在障碍物下爬行[71]、爬梯子[66]等。接触状态由预先构建的环境的粗糙模型/地图确定。该过程称为接触规划[23]。对于每个给定的接触状态，将获得一组静态稳定的姿势(或关键帧⊖ [28])。这个过程称为姿势生成[13]。姿势生成是利用基于约束的逆运动学和静力学求解器完成的[6, 8]。最后，通过插值生成动态可行的轨迹以连接关键帧[41,28]。这种方法称为“运动前接触”方法[29]。

关节扭矩极限测试

对于运动学冗余机器人，可以获得关节扭矩分量 $\boldsymbol{\tau}^n$。可以测试静态平衡姿势以符合关节扭矩极限[53,72,20,29]。在这种情况下，静态姿势测试可以基于公式(3.73)，不需要沿着无约束运动方向($\boldsymbol{\tau}^m=\mathbf{0}$)做任何运动，即

$$\begin{aligned}\boldsymbol{\tau} &= \boldsymbol{\tau}^{\mathrm{ext}} + \boldsymbol{\tau}^{\mathrm{int}} + \boldsymbol{\tau}^{n} \\ \boldsymbol{\tau}^{n} &= \mathbf{N}(\mathcal{J}_{cM})\boldsymbol{\tau}_a,\ |\tau_i| \leqslant \tau_i^{\max} \\ \boldsymbol{\tau}^{\mathrm{ext}} + \boldsymbol{\tau}^{\mathrm{int}} &= \mathcal{J}_{cM}^{\mathrm{T}}(\overline{\mathcal{F}}^{\mathrm{ext}} + \overline{\mathcal{F}}^{n}) \\ \overline{\mathcal{F}}^{\mathrm{ext}} + \overline{\mathcal{F}}^{n} &= \overline{\mathcal{F}}^{c} \in \mathrm{CWC}\end{aligned} \tag{3.78}$$

雅可比矩阵 $\mathcal{J}_{cM}$ 在公式(2.126)中定义，$\overline{\mathcal{F}}^{\mathrm{ext}}$ 在公式(3.76)中给出。内部关节扭矩分量 $\boldsymbol{\tau}^{\mathrm{int}}=\mathcal{J}_{cM}^{\mathrm{T}}\overline{\mathcal{F}}^{n}$ 可以用作接触力旋量优化；$\tau_i^{\max}$ 表示关节 i 的关节扭矩极限，$i\in\overline{1,n}$。显然，关节扭矩分量 $\boldsymbol{\tau}^n(\boldsymbol{\tau}_a)$ 可以用作关节扭矩优化。

3.7.2 静态姿势优化

上述静态姿态稳定性测试公式提供了优化的方法：(1)接触关节处的反作用力(力优化问题[37,10])；(2)关节扭矩(基于冗余驱动的优化)。在开创性工作[53]中讨论了(多足机器人)运动和闭合运动链操作中的力分布优化/控制问题。为了解决欠定问题，作者应用了具有目标函数的线性规划，该目标函数结合了能量消耗(通过局部功率最小化)和最大反作用

⊖ 从动画领域借用来的术语。

(接触)力最小化。

更多最近的力优化问题的方法是基于凸优化方法[9]，该方法涉及矩阵不等式或二阶锥不等式[10,56,12]。然后可以应用于半定规划问题(SDP)或二阶锥规划(SOCP)的标准求解算法。二阶锥规划问题[45]可以定义为

$$\min_{x} \boldsymbol{f}^{\mathrm{T}}\boldsymbol{x} \tag{3.79}$$

以使得

$$\| \boldsymbol{A}_i\boldsymbol{x} + \boldsymbol{b}_i \| \leqslant \boldsymbol{c}_i^{\mathrm{T}}\boldsymbol{x} + d_i, i = 1,\cdots,N \tag{3.80}$$

式中，$\boldsymbol{x}\in\Re^n$ 是优化矢量(变量)，而 $\boldsymbol{f}\in\Re^n$，$\boldsymbol{A}_i\in\Re^{(n_i-1)\times n}$，$\boldsymbol{b}_i\in\Re^{n_i-1}$，$\boldsymbol{c}_i\in\Re^n$ 和 $d_i\in\Re$ 是问题参数(常数)，$\|\circ\|$ 是标准的欧几里得范数。约束(3.80)称为维度 n_i 的二阶锥约束。显然，3.3.2 节中介绍的摩擦锥约束可以很容易地用上面的形式表示。

例如，在文献[12]中，引入了所谓的支撑区域以保证多点接触姿势的静态稳定性。支撑区域被定义为由每个接触关节的特性确定的非线性凸集的 2D 投影。当质心投影位于支撑区域内时可保证静态姿态稳定性。在不等式(摩擦)约束下，凸最小化(二阶锥规划)的迭代算法被用于确定支撑区域的具有适当的边界误差的边界。然而，标准求解器需要较高的计算能力。文献[10]已经解决了这个缺点，并提出了一种基于对偶问题公式的快速可行性检查方法。

可以将接触力旋量优化问题表述为二次规划任务(参见公式(2.57))。更多细节将在 5.14 节中介绍。

3.8 姿势描述和对偶关系

第 2 章和本章分别讨论的微分运动和运动静力学关系可以描述为对偶关系。这些关系是以坐标形式导出的，参考的是基座连杆坐标系$\{B\}$或复合刚体坐标系$\{C\}$。每种情况都涉及 5 种变换。例如，在相对于坐标系$\{B\}$的表示中，存在 3 个雅可比矩阵 $\mathcal{J}_{cB}(\boldsymbol{q})$、$\mathcal{J}_{mB}(\boldsymbol{q})$、$\boldsymbol{J}_B(\boldsymbol{q})$和两个接触映射 $\mathbb{C}_{cB}(\boldsymbol{q})$和 $\mathbb{C}_{mB}(\boldsymbol{q})$。3 个雅可比矩阵的特点是条件互补：任意两个都将唯一指定第三个雅可比矩阵。接触映射 $\mathbb{C}_{cB}(\boldsymbol{q})$和 $\mathbb{C}_{mB}(\boldsymbol{q})$也是互补的。在下面的分析中，$\mathcal{J}_{cB}(q)$、$\mathcal{J}_B(\boldsymbol{q})$和 $\mathbb{C}_{cB}(\boldsymbol{q})$将被用作基本变换，提供对微分运动学和运动静力学关系的完整理解。它们在动力学关系中也发挥着重要作用。

上述变换是广义坐标的函数，它以独特的方式确定机器人的姿势。典型的姿势列于表 3.1 中。常规姿势的特征在于基座连杆可在任意方向上移动。这意味着接触映射 $\mathbb{C}_{cB}(\boldsymbol{q})$的行空间应该是约束雅可比矩阵 $\mathcal{J}_{cB}$的值域(列)空间的子空间。在多接触点姿势下，基本连杆运动只能通过约束一致的关节速度生成。当不满足常规姿势条件时，姿势是奇异的。例如，当推动重物时，使用(近)单个手臂/腿的构型。那么，一个或多个肢体雅可比矩阵 $\boldsymbol{J}_B(\boldsymbol{q}_{e_j})$，以及约束雅可比矩阵 $\mathcal{J}_{cB}$将是秩亏的。因此基座连杆的移动将被约束：当以任意方式分配基座连杆速度时，逆运动学问题的解可能不存在。此外，根据表 3.1 中所示的结构力姿势条件，在奇异姿势下，从相应末端连杆施加在基座连杆上的力变为结构力㊀。例如，具有伸直腿的静态直立姿势引起与重力有关的结构力模式。

㊀ 这个术语来自抓握分析[49]。

表 3.1 仿人机器人的姿势类型

姿势	条件	特征
常规的	$\mathcal{R}(\mathbb{C}_{cB}^{\mathrm{T}})\subset\mathcal{R}(\mathcal{J}_{cB})$	任意方向可能的基座运动
奇异的	$\mathcal{R}(\mathbb{C}_{cB}^{\mathrm{T}})\not\subset\mathcal{R}(\mathcal{J}_{cB})$	某个方向上不可能的基座运动
结构力	$\mathbb{C}_{cB}^{+}\mathcal{F}_B\in\mathcal{N}^{*}(\mathcal{J}_{cB}^{\mathrm{T}})$	在没有电机负载时承受的外力
内部力旋量	$\overline{\mathcal{F}}^{n}\notin\mathcal{N}^{*}(\mathbb{C}_{cB})\cap\mathrm{CWC}$	产生一个非零的复合刚体力旋量
内部关节扭矩	$\boldsymbol{\tau}^{n}\in\mathcal{N}^{*}(\boldsymbol{J}_B)$	不改变末端连杆力旋量
(单边)完全约束	$c=6$(单腿站立)	可允许的任意关节速度
(单边)过约束	$c>6$(双腿站立)	仅允许约束一致的关节速度
欠约束	$c<6$, $\mathcal{V}_B\in\mathcal{N}(\mathbb{C}_{cB}^{\mathrm{T}})$	由于缺乏约束引起的基座运动
静止基座	$\dot{\boldsymbol{\theta}}\in\mathcal{N}(\mathcal{J}_{cB})$	末端连杆和中间连杆运动
静止基座和静止末端连杆	$\dot{\boldsymbol{\theta}}\in\mathcal{N}(\boldsymbol{J}_B)$	仅中间连杆运动
静止末端连杆	$\dot{\boldsymbol{\theta}}\in\mathcal{N}(\boldsymbol{J}_B)\cap\mathcal{R}(\mathcal{J}_{cB}^{\mathrm{T}})$	带移动基座的中间连杆运动

接下来，内部力旋量姿势是多接触点姿势，使得接触力旋量的和在基座连杆(复合刚体力旋量)上产生非零纯力旋量。在这种情况下，接触力旋量可用于确保满足摩擦锥条件。另一方面，在内部关节扭矩姿势下，可以实现电机负载的重新分配，例如避免关节扭矩极限或最小化关节扭矩(参见公式(3.73))。请注意，有时术语“过度驱动”出现在涉及冗余驱动(局部的姿势依赖特征)的文本中。然而，这可能导致混淆，因为仿人机器人被定义为欠驱动系统(全局的姿势独立特征)。

表 3.1 中接下来的 3 个姿势是指通过接触关节施加在基座上的运动约束类型。当机器人处于具有平面接触的静态单腿站立姿势时，只要质心的地面投影在支撑面内，就可以假定脚固定在地面上。该姿势的特征在于(单边)完全约束的姿势：没有闭环，因此任意关节速度都是允许的。另一方面，当处于双腿站立姿态时，姿势被描述为单边过度约束：由于存在闭环，因此只允许约束一致的关节速度。此外，对于一个姿势，满足当质心的地面投影处于支撑面边界时，任意小的扰动可能引起接触关节类型的变化(例如，从平面到线或点接触)。然后姿势变得欠约束：存在至少一个基本移动方向，其不能通过接触来约束。这种姿势最终可能导致跌倒。欠约束姿势的另一个例子是当机器人处于半空中时，即在跑步或跳跃时，基座连杆的所有 6 个移动方向都不受约束。请注意，术语“欠约束”不应与“欠驱动”相混淆。前者与姿势有关，提供局部特征，而后者指全局特性：基座上没有连接驱动器。

其次，固定基座姿势的特点是连杆运动而基座保持静止。当从关节空间约束雅可比矩阵的零空间中以关节速度来获得运动时，末端连杆将移动。相关的运动模式是“具有固定基座的运动”(例如肢体自运动)和“具有固定基座的末端连杆运动”。进一步将关节速度限制到固定末端连杆的完全雅可比矩阵的零空间。唯一相关的运动模式是“肢体自运动”。在这种姿势下，内部连杆运动可用于运动域中的障碍物或奇异回避以及其他次级子任务。

图 3.10 显示了 3 个基本变换的子空间的条件和代表性姿势的图形化表示。这些变换将关节空间、末端连杆空间和基座连杆空间分解如下。关节空间通过 $\mathcal{J}_{cB}$ 和 $\boldsymbol{J}_B$ 分解为两种方式。末端连杆空间也通过 $\mathcal{J}_{cB}$ 和 $\mathbb{C}_{cB}$ 以两种方式分解。基座连杆空间仅由 $\mathbb{C}_{cB}$ 分解。直角表示与变换的基本子空间相关的正交关系。

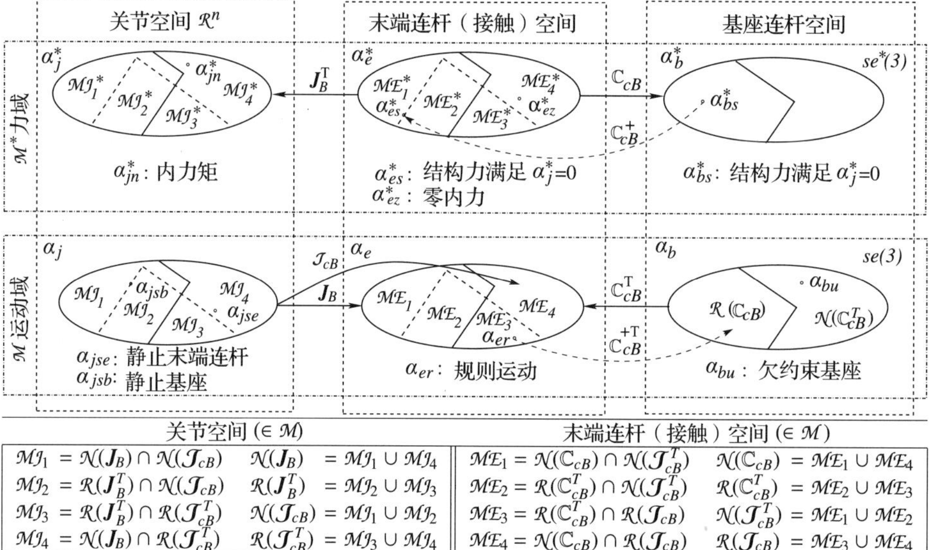

关节空间 (∈ $\mathcal{M}$)		末端连杆（接触）空间 (∈ $\mathcal{M}$)	
$\mathcal{MJ}_1 = \mathcal{N}(J_B) \cap \mathcal{N}(\mathcal{J}_{cB})$	$\mathcal{N}(J_B) = \mathcal{MJ}_1 \cup \mathcal{MJ}_4$	$\mathcal{ME}_1 = \mathcal{N}(\mathbb{C}_{cB}) \cap \mathcal{N}(\mathcal{J}_{cB}^T)$	$\mathcal{N}(\mathbb{C}_{cB}) = \mathcal{ME}_1 \cup \mathcal{ME}_4$
$\mathcal{MJ}_2 = \mathcal{R}(J_B^T) \cap \mathcal{N}(\mathcal{J}_{cB})$	$\mathcal{R}(J_B^T) = \mathcal{MJ}_2 \cup \mathcal{MJ}_3$	$\mathcal{ME}_2 = \mathcal{R}(\mathbb{C}_{cB}^T) \cap \mathcal{N}(\mathcal{J}_{cB}^T)$	$\mathcal{R}(\mathbb{C}_{cB}^T) = \mathcal{ME}_2 \cup \mathcal{ME}_3$
$\mathcal{MJ}_3 = \mathcal{R}(J_B^T) \cap \mathcal{R}(\mathcal{J}_{cB}^T)$	$\mathcal{N}(\mathcal{J}_{cB}) = \mathcal{MJ}_1 \cup \mathcal{MJ}_2$	$\mathcal{ME}_3 = \mathcal{R}(\mathbb{C}_{cB}^T) \cap \mathcal{R}(\mathcal{J}_{cB})$	$\mathcal{N}(\mathcal{J}_{cB}^T) = \mathcal{ME}_1 \cup \mathcal{ME}_2$
$\mathcal{MJ}_4 = \mathcal{N}(J_B) \cap \mathcal{R}(\mathcal{J}_{cB}^T)$	$\mathcal{R}(\mathcal{J}_{cB}^T) = \mathcal{MJ}_3 \cup \mathcal{MJ}_4$	$\mathcal{ME}_4 = \mathcal{N}(\mathbb{C}_{cB}) \cap \mathcal{R}(\mathcal{J}_{cB})$	$\mathcal{R}(\mathcal{J}_{cB}) = \mathcal{ME}_3 \cup \mathcal{ME}_4$

图 3.10　关节空间、末端连杆(接触)空间和基座连杆空间及其对偶运动/力子空间。直角表示三个基本变换 $\mathcal{J}_{cB}$、J_B 和 $\mathbb{C}_{cB}$ 的正交性分解。该表解释了运动子域中子空间符号的含义。力的子域中各自的含义是类似的。αs 表示运动元素(速度)，$\alpha^* s$ 表示它们的对偶(力)。代表性的姿势根据表 3.1 中的关系指定

参考文献

[1] Y. Abe, M. Da Silva, J. Popović, Multiobjective control with frictional contacts, in: ACM SIGGRAPH/Eurographics Symposium on Computer Animation, 2007, pp. 249–258.
[2] M. Anitescu, F.A. Potra, Formulating dynamic multi-rigid-body contact problems with friction as solvable linear complementarity problems, Nonlinear Dynamics 14 (1997) 231–247.
[3] D.J. Balkcom, J. Trinkle, Computing wrench cones for planar rigid body contact tasks, The International Journal of Robotics Research 21 (2002) 1053–1066.
[4] R. Ball, The Theory of Screws: A Study in the Dynamics of a Rigid Body, Hodges, Foster, and Company, 1876.
[5] D. Baraff, Fast contact force computation for nonpenetrating rigid bodies, in: 21st Annual Conference on Computer Graphics and Interactive Techniques – SIGGRAPH '94, ACM Press, New York, New York, USA, 1994, pp. 23–34.
[6] K. Bouyarmane, A. Kheddar, Static multi-contact inverse problem for multiple humanoid robots and manipulated objects, in: IEEE-RAS International Conference on Humanoid Robots, Nashville, TN, USA, 2010, pp. 8–13.
[7] K. Bouyarmane, A. Kheddar, Using a multi-objective controller to synthesize simulated humanoid robot motion with changing contact configurations, in: IEEE/RSJ International Conference on Intelligent Robots and Systems, 2011, pp. 4414–4419.
[8] K. Bouyarmane, A. Kheddar, Humanoid robot locomotion and manipulation step planning, Advanced Robotics 26 (2012) 1099–1126.
[9] S.P. Boyd, L. Vandenberghe, Convex Optimization, Cambridge University Press, 2004.
[10] S.P. Boyd, B. Wegbreit, Fast computation of optimal contact forces, IEEE Transactions on Robotics 23 (2007) 1117–1132.
[11] T. Bretl, Motion planning of multi-limbed robots subject to equilibrium constraints: the free-climbing robot problem, The International Journal of Robotics Research 25 (2006) 317–342.
[12] T. Bretl, S. Lall, Testing static equilibrium for legged robots, IEEE Transactions on Robotics 24 (2008) 794–807.
[13] S. Brossette, A. Escande, G. Duchemin, B. Chrétien, A. Kheddar, Humanoid posture generation on non-Euclidean manifolds, in: IEEE-RAS International Conference on Humanoid Robots, 2015, pp. 352–358.
[14] S. Caron, Q. Cuong Pham, Y. Nakamura, Leveraging cone double description for multi-contact stability of humanoids with applications to statics and dynamics, in: Robotics: Science and Systems XI, Rome, Italy, 2015, pp. 28–36.

[15] S. Caron, Q.-C. Pham, Y. Nakamura, Stability of surface contacts for humanoid robots: closed-form formulae of the contact wrench cone for rectangular support areas, in: IEEE International Conference on Robotics and Automation, Seattle, Washington, USA, 2015, pp. 5107–5112.

[16] S. Caron, Q.-C. Pham, Y. Nakamura, ZMP support areas for multicontact mobility under frictional constraints, IEEE Transactions on Robotics 33 (2017) 67–80.

[17] J.-R. Chardonnet, S. Miossec, A. Kheddar, H. Arisumi, H. Hirukawa, F. Pierrot, K. Yokoi, Dynamic simulator for humanoids using constraint-based method with static friction, in: IEEE International Conference on Robotics and Biomimetics, 2006, pp. 1366–1371.

[18] C. Collette, A. Micaelli, C. Andriot, P. Lemerle, Dynamic balance control of humanoids for multiple grasps and non coplanar frictional contacts, in: IEEE-RAS International Conference on Humanoid Robots, 2007, pp. 81–88.

[19] J.K. Davidson, K.H. Hunt, Robots and Screw Theory: Applications of Kinematics and Statics to Robotics, Oxford University Press, 2004.

[20] P.G. De Santos, J. Estremera, E. Garcia, M. Armada, Including joint torques and power consumption in the stability margin of walking robots, Autonomous Robots 18 (2005) 43–57.

[21] K.L. Doty, C. Melchiorri, C. Bonivento, A theory of generalized inverses applied to robotics, The International Journal of Robotics Research 12 (1993) 1–19.

[22] J. Duffy, The fallacy of modern hybrid control theory that is based on "orthogonal complements" of twist and wrench spaces, Journal of Robotic Systems 7 (1990) 139–144.

[23] A. Escande, A. Kheddar, S. Miossec, Planning contact points for humanoid robots, Robotics and Autonomous Systems 61 (2013) 428–442.

[24] R. Featherstone, Rigid Body Dynamics Algorithms, Springer Science+Business Media, LLC, Boston, MA, 2008.

[25] Fujitsu, Miniature Humanoid Robot HOAP-2 Manual, 1st edition, Fujitsu Automation Co., Ltd, 2004 (in Japanese).

[26] cdd and cddplus homepage, https://www.inf.ethz.ch/personal/fukudak/cdd_home/ [online].

[27] K. Harada, M. Kaneko, Analysis of internal force in whole body manipulation by a human type robotic mechanisms, Journal of the Robotics Society of Japan 21 (2003) 647–655 (in Japanese).

[28] K. Hauser, Fast interpolation and time-optimization with contact, The International Journal of Robotics Research 33 (2014) 1231–1250.

[29] K. Hauser, T. Bretl, J.C. Latombe, Non-gaited humanoid locomotion planning, in: IEEE-RAS International Conference on Humanoid Robots, 2005, pp. 7–12.

[30] K. Hauser, T. Bretl, J.-C. Latombe, K. Harada, B. Wilcox, Motion planning for legged robots on varied terrain, The International Journal of Robotics Research 27 (2008) 1325–1349.

[31] S. Hirai, Analysis and Planning of Manipulation Using the Theory of Polyhedral Convex Cones, Ph.D. thesis, Kyoto University, 1991.

[32] H. Hirukawa, S. Hattori, K. Harada, S. Kajita, K. Kaneko, F. Kanehiro, K. Fujiwara, M. Morisawa, A universal stability criterion of the foot contact of legged robots – adios ZMP, in: IEEE International Conference on Robotics and Automation, 2006, pp. 1976–1983.

[33] M. Hosokawa, D. Nenchev, Sliding control with a double-stance posture on V-shaped support, Robotic Life Support Laboratory, Tokyo City University, 2017 (Video clip), https://doi.org/10.1016/B978-0-12-804560-2.00010-9.

[34] S.-H. Hyon, J. Hale, G. Cheng, Full-body compliant human-humanoid interaction: balancing in the presence of unknown external forces, IEEE Transactions on Robotics 23 (2007) 884–898.

[35] Y. Jun, A. Alspach, P. Oh, Controlling and maximizing humanoid robot pushing force through posture, in: 9th International Conference on Ubiquitous Robots and Ambient Intelligence, URAI, 2012, pp. 158–162.

[36] S. Kajita, H. Hirukawa, K. Harada, K. Yokoi, Introduction to Humanoid Robotics, Springer Verlag, Berlin, Heidelberg, 2014.

[37] J. Kerr, B. Roth, Analysis of multifingered hands, The International Journal of Robotics Research 4 (1986) 3–17.

[38] O. Khatib, A unified approach for motion and force control of robot manipulators: the operational space formulation, IEEE Journal on Robotics and Automation 3 (1987) 43–53.

[39] E. Kokkevis, Practical physics for articulated characters, in: Game Developers Conference, 2004, 2004, pp. 1–16.

[40] T. Koolen, S. Bertrand, G. Thomas, T. de Boer, T. Wu, J. Smith, J. Englsberger, J. Pratt, Design of a momentum-based control framework and application to the humanoid robot Atlas, International Journal of Humanoid Robotics 13 (2016) 1650007.

[41] J.J. Kuffner, S. Kagami, K. Nishiwaki, M. Inaba, H. Inoue, Dynamically-stable motion planning for humanoid robots, Autonomous Robots 12 (2002) 105–118.

[42] S. Kuindersma, R. Deits, M. Fallon, A. Valenzuela, H. Dai, F. Permenter, T. Koolen, P. Marion, R. Tedrake, Optimization-based locomotion planning, estimation, and control design for the atlas humanoid robot, Autonomous Robots 40 (2016) 429–455.

[43] V. Kumar, K. Waldron, Force distribution in closed kinematic chains, IEEE Journal on Robotics and Automation 4 (1988) 657–664.

[44] S.-H.H. Lee, A. Goswami, A momentum-based balance controller for humanoid robots on non-level and non-stationary ground, Autonomous Robots 33 (2012) 399–414.

[45] M.S. Lobo, L. Vandenberghe, S. Boyd, H. Lebret, Applications of second-order cone programming, Linear Algebra and Its Applications 284 (1998) 193–228.

[46] N. Mansard, O. Khatib, Continuous control law from unilateral constraints, in: IEEE International Conference on Robotics and Automation, 2008, pp. 3359–3364.

[47] D. Mansour, A. Micaelli, P. Lemerle, A computational approach for push recovery in case of multiple noncoplanar contacts, in: IEEE/RSJ International Conference on Intelligent Robots and Systems, IEEE, San Francisco, CA, USA, 2011, pp. 3213–3220.

[48] M. Murooka, S. Nozawa, Y. Kakiuchi, K. Okada, M. Inaba, Whole-body pushing manipulation with contact posture planning of large and heavy object for humanoid robot, in: IEEE International Conference on Robotics and Automation, 2015, pp. 5682–5689.

[49] R.M. Murray, Z. Li, S.S. Sastry, A Mathematical Introduction to Robotic Manipulation, CRC Press, 1994.

[50] Y. Nakamura, Minimizing object strain energy for coordination of multiple robotic mechanisms, in: American Control Conference, Atlanta, GA, USA, 1988, pp. 499–509.

[51] S. Nakaoka, S. Hattori, F. Kanehiro, S. Kajita, H. Hirukawa, Constraint-based dynamics simulator for humanoid robots with shock absorbing mechanisms, in: IEEE/RSJ International Conference on Intelligent Robots and Systems, San Diego, CA, USA, 2007, pp. 3641–3647.

[52] Y. Or, E. Rimon, Computation and graphical characterization of robust multiple-contact postures in two-dimensional gravitational environments, The International Journal of Robotics Research 25 (2006) 1071–1086.

[53] D.E. Orin, S.Y. Oh, Control of force distribution in robotic mechanisms containing closed kinematic chains, Journal of Dynamic Systems, Measurement, and Control 103 (1981) 134–141.

[54] C. Ott, M.A. Roa, G. Hirzinger, Posture and balance control for biped robots based on contact force optimization, in: IEEE-RAS International Conference on Humanoid Robots, Bled, Slovenia, 2011, pp. 26–33.

[55] J.-S. Pang, J. Trinkle, Stability characterizations of rigid body contact problems with Coulomb friction, ZAMM – Zeitschrift für Angewandte Mathematik und Mechanik (Journal of Applied Mathematics and Mechanics) 80 (2000) 643–663.

[56] I.-W. Park, J.-Y. Kim, J. Lee, J.-H. Oh, Mechanical design of the humanoid robot platform HUBO, Advanced Robotics 21 (2007) 1305–1322.

[57] J. Park, Control Strategies for Robots in Contact, Ph.D. thesis, Stanford University, USA, 2006.

[58] J.K. Salisbury, J.J. Craig, Articulated hands: force control and kinematic issues, The International Journal of Robotics Research 1 (1982) 4–17.

[59] L. Sentis, O. Khatib, Compliant control of multicontact and center-of-mass behaviors in humanoid robots, IEEE Transactions on Robotics 26 (2010) 483–501.

[60] B. Siciliano, O. Khatib (Eds.), Handbook of Robotics, Springer Verlag, Berlin, Heidelberg, 2008.

[61] W. Son, K. Kim, N.M. Amato, J.C. Trinkle, A generalized framework for interactive dynamic simulation for multirigid bodies, IEEE Transactions on Systems, Man and Cybernetics. Part B. Cybernetics 34 (2004) 912–924.

[62] D.E. Stewart, J.C. Trinkle, An implicit time-stepping scheme for rigid body dynamics with inelastic collisions and coulomb friction, International Journal for Numerical Methods in Engineering 39 (1996) 2673–2691.

[63] J.C. Trinkle, J.-S. Pang, S. Sudarsky, G. Lo, On dynamic multi-rigid-body contact problems with Coulomb friction, ZAMM – Zeitschrift für Angewandte Mathematik und Mechanik (Journal of Applied Mathematics and Mechanics) 77 (1997) 267–279.

[64] J.C. Trinkle, J.A. Tzitzouris, J.S. Pang, Dynamic multi-rigid-body systems with concurrent distributed contacts, Philosophical Transactions of the Royal Society of London A: Mathematical, Physical and Engineering Sciences 359 (2001) 2575–2593.

[65] M. Uchiyama, P. Dauchez, Symmetric kinematic formulation and non-master/slave coordinated control of two-arm robots, Advanced Robotics 7 (1992) 361–383.

[66] J. Vaillant, A. Kheddar, H. Audren, F. Keith, S. Brossette, A. Escande, K. Bouyarmane, K. Kaneko, M. Morisawa, P. Gergondet, E. Yoshida, S. Kajita, F. Kanehiro, Multi-contact vertical ladder climbing with an HRP-2 humanoid, Autonomous Robots 40 (2016) 561–580.

[67] M.W. Walker, D.E. Orin, Efficient dynamic computer simulation of robotic mechanisms, Journal of Dynamic Systems, Measurement, and Control 104 (1982) 205.

[68] P.M. Wensing, G. Bin Hammam, B. Dariush, D.E. Orin, Optimizing foot centers of pressure through force distribution in a humanoid robot, International Journal of Humanoid Robotics 10 (2013) 1350027.

[69] D. Williams, O. Khatib, The virtual linkage: a model for internal forces in multi-grasp manipulation, in: IEEE International Conference on Robotics and Automation, Atlanta, GA, USA, 1993, pp. 1025–1030.

[70] K. Yamane, Y. Nakamura, A numerically robust LCP solver for simulating articulated rigid bodies in contact, in: Robotics: Science and Systems IV, MIT Press, Zurich, Switzerland, 2008, pp. 89–104.

[71] K. Yokoi, E. Yoshida, H. Sanada, Unified motion planning of passing under obstacles with humanoid robots, in: IEEE International Conference on Robotics and Automation, 2009, pp. 1185–1190.

[72] Y. Yokokohji, S. Nomoto, T. Yoshikawa, Static evaluation of humanoid robot postures constrained to the surrounding environment through their limbs, in: IEEE International Conference on Robotics and Automation, 2002, pp. 1856–1863.

[73] Yu Zheng, K. Yamane, Y. Zheng, K. Yamane, Human motion tracking control with strict contact force constraints for floating-base humanoid robots, in: IEEE-RAS International Conference on Humanoid Robots, Atlanta, GA, USA, 2013, pp. 34–41.
[74] Y. Zheng, C.-M. Chew, Fast equilibrium test and force distribution for multicontact robotic systems, Journal of Mechanisms and Robotics 2 (2010) 021001.
[75] Y. Zheng, J. Luh, Joint torques for control of two coordinated moving robots, in: IEEE International Conference on Robotics and Automation, 1986, pp. 1375–1380.
[76] D. Zlatanov, D.N. Nenchev, On the use of metric-dependent methods in robotics, in: ASME Proceedings, 5th International Conference on Multibody Systems, Nonlinear Dynamics and Control, vol. 6, ASME, 2005, pp. 703–710.

第4章

Humanoid Robots: Modeling and Control

动 力 学

4.1 引言

双足运动是一种复杂的动力学运动/力现象。健康的人可以通过学习获得在行走时保持平衡的技能。通过这种技能，可以在单腿支撑的站立足或双腿支撑的双足上施加适当的力/力矩分量。然后使用各自的反作用力/力矩以期望的方式推动身体。施加的力/力矩分量来自重力和由总质心的加速度与身体各部分的角加速度产生的惯性力/力矩。足接触时的摩擦力和足着地时的冲击力也必须考虑在内。步行过程中，步态的稳定性是主要考虑的问题。不过，幸运的是，在规则的地面上行走是一种周期性现象。因此，尽管它很复杂，但是可以使用简化的动力学模型(如线性倒立摆(LIP)或桌子小车模型)对两足动物的运动进行建模[54]。

然而，当循环运动过程受到不规则输入时，情况就发生了巨大的变化。最近，研究集中于外部干扰在行走或直立时的作用。避免跌倒是非常可取的，例如通过改变台阶的长度或通过在扰动方向上形成侧面台阶。机器人还应该能够在未知且变化的不规则地形上行走，例如在与灾难相关的环境中。显然，这不可能以完美的周期性步态来完成。研究结果表明，在这些情况下，上述简单的动力学模型是不够的。在存在此类外部扰动的情况下，增强的简化模型仍可用于运动生成[146]，但出于稳定的目的，可能需要完整的动力学模型[149]。这种模型在多指手和双臂操作物体以及诸如跳跃、踢球等全身运动中也很有利。

本章讨论双足仿人机器人的动力学模型。此类模型用于分析和基于模型的控制。本章分为14节。在4.2节中，重点是将仿人机器人描述为具有“浮动”基座的欠驱动系统。4.3节和4.4节分别讨论了平面和三维的简单欠驱动模型。4.5节重点介绍了固定基座机械手的动态建模。4.6节从空间动量的角度分析了零重力状态下的自由浮动机械手的一阶微分运动关系。4.7节介绍了反作用零空间(RNS)的概念。4.8节讨论了自由浮动机器人的运动方程。4.9节借助反作用零空间得出了逆动力学解。仿人机器人的空间动量在4.10节中讨论。在4.11节中，仿人机器人的运动方程是根据不同类型的准速度表示的。4.12节介绍了约束多体系统的约束消除方法。4.13节讨论了仿人机器人运动方程的简化形式表示。4.14节探讨了逆动力学解。

假定读者熟悉三维空间中刚体力学的基本概念，例如刚体的质量和惯性特性、质心和旋转动力学、动量和角动量的概念以及运动方程等。此外，还必须具备有关三维空间中固定基座机器人动力学关系的知识，包括机器人正、逆动力学的解析和递归方法。

4.2 欠驱动机器人动力学

驱动器数目少于广义坐标数目的机电系统称为欠驱动系统。这样的系统有很多，包括仿人机器人。欠驱动系统可以分为两大类[167]。第一大类欠驱动系统的特征是被动自由度分布在整个运动链中。一个典型的例子是由细长的轻型连杆组成的柔性连杆机械手。它们的关节被驱动，被动自由度是由连杆中的弹性变形引起的。这些机械手是自 20 世纪 70 年代中期以来首次被广泛研究的欠驱动机械手[13,63]。另一个有代表性的例子是具有柔性关节的机械手，由所谓的串联弹性驱动器组成。每个关节都被驱动，但是有一个弹性元件(例如扭力弹簧)产生被动的自由度[75]。柔性关节机械手因其在人机交互任务中的安全性潜力而备受关注。在文献[48,2]中已经报道了其成功的实现。最近，也出现了在仿人机器人中的实现[34,150,30]。此外，还有具有分布式被动自由度的欠驱动机械手，该被动自由度包括主动关节和完全被动关节。在“极简主义”的推动下，于 20 世纪 90 年代初研究了这种类型的欠驱动机械手[4,88]。最后，有一类欠驱动机械手仅包括被动关节。运动由反作用轮(所谓的扭矩单元机械手)[111,110]或控制动量陀螺仪[17]引起。这些类型的欠驱动机械手已被考虑在微重力环境中作为空间机器人使用。类似地，所谓的“陀螺机器人”的运动是由回转连杆引起的[38]。借助于被动关节处的制动器，可以实现期望的构型。

第二大类欠驱动系统的特征是被动自由度集中在运动链的根(基础)连杆处。可以通过将基座连杆通过虚拟刚体(6 自由度)关节连接到惯性地面来对此类系统进行建模。因此，就像仿人机器人一样，存在一个“浮动”的基座。该子类中的其他代表性示例包括航天器和自由飞行的空间机器人、空中(垂直起飞和降落(VTOL)飞行器)和海上交通工具(水面和水下)，以及安装在柔性基座上的机械臂。基座的“浮动”特性取决于环境的类型和相应的相互作用力。显然，环境条件是完全不同的。这使统一的建模和控制方法的开发变得复杂。

假设总共有 $n=n_p+n_a$ 个自由度，式中下标 p 和 a 分别表示与被动关节和主动关节有关的数量，于是表示“通用”欠驱动系统的运动方程可以写为

$$\begin{bmatrix} \boldsymbol{M}_p & \boldsymbol{M}_{pa} \\ \boldsymbol{M}_{pa}^{\mathrm{T}} & \boldsymbol{M}_a \end{bmatrix} \begin{bmatrix} \ddot{\boldsymbol{q}}_p \\ \ddot{\boldsymbol{q}}_a \end{bmatrix} + \begin{bmatrix} \boldsymbol{c}_p \\ \boldsymbol{c}_a \end{bmatrix} + \begin{bmatrix} \boldsymbol{g}_p \\ \boldsymbol{g}_a \end{bmatrix} = \begin{bmatrix} \boldsymbol{0} \\ \mathcal{F}_a \end{bmatrix} \tag{4.1}$$

式中，$\boldsymbol{q}_p \in \Re^{n_p}$ 和 $\boldsymbol{q}_a \in \Re^{n_a}$ 表示广义坐标，$\mathcal{F}_a \in \Re^{n_a}$ 代表广义力，$\boldsymbol{M}_p \in \Re^{n_p \times n_p}$、$\boldsymbol{M}_a \in \Re^{n_a \times n_a}$ 和 $\boldsymbol{M}_{pa} \in \Re^{n_p \times n_a}$ 是系统惯性矩阵的子矩阵，$\boldsymbol{c}_p \in \Re^{n_p}$ 和 $\boldsymbol{c}_a \in \Re^{n_a}$ 表示与速度无关的非线性力，而 $\boldsymbol{g}_p \in \Re^{n_p}$ 和 $\boldsymbol{g}_a \in \Re^{n_a}$ 是与重力有关的力。注意，此时不考虑重力以外的其他外力。

上述运动方程的矩阵矢量形式清楚地显示了具有集中被动关节布置的欠驱动机械手的被动/主动自由度结构，如自由浮动空间机器人或仿人机器人(关节无弹性)。特别地，通过子矩阵 $\boldsymbol{M}_{pa}$ 显式地表示被动自由度和主动自由度之间的惯性耦合是非常重要的。该矩阵称为耦合惯性矩阵[96]。如文献[140]所描述的，惯性耦合特性在控制律设计中起着重要的作用。无论是与驱动坐标(并列 PFL)或与被动坐标(非并列 PFL)有关，输入/输出部分反馈线性化(PFL)是可能的。后者是特别有趣的，因为从那时起内部系统动力学变得明确。这些动力学非常有用，例如用于产生无反作用的运动。该方法首先用于自由浮动空间机器人的无反作用机械手控制[97,94]，后来应用于响应外部干扰的仿人机器人的平衡控制中[101]。更多细节将在 4.6 节和 7.6 节中讨论。贯穿本书，上述运动方程的矩阵矢量形式表示将是首选的，而不是通常使用的包含主动坐标的“选择”矩阵的表示法(参见公式(2.102))。后者更紧凑，但是隐藏了被动/主动结构。

必须强调的是，上述欠驱动系统的行为是基于其非强迫动力学而来的，这非常有特色。以具有分布式主动关节和完全被动关节的欠驱动机械手为例。一个简单的平面 2R 机械手，其根部有一个被动关节，肘部有一个主动关节(所谓的“Acrobot”[46])，其性能与通

过交换机器人关节(称为“Pendubot”[137,31])的被动/主动角色而获得的类似 2R 机械手的性能完全不同。此外，这两种类型的被动关节机器人在垂直平面内操作，因此在重力作用下工作。如果它们在水平面上操作并因此在零重力作用下工作，将获得完全不同类型的行为[53,4,88]。

驱动器的数量比广义坐标的数量更少意味着控制输入也更少。这就是为什么经典的线性控制理论方法，例如连续时不变反馈控制，无法应用于欠驱动系统的原因[15]。20 世纪 90 年代以来所作的努力引领了各种新控制方法的发展。上面提到的部分反馈线性化(PFL)方法就是其中之一。其他的方法基于非线性状态反馈、被动性和能量控制，以及混合和开关控制[53,136,123,104]。控制方法如此多样化的原因在于，如上文所述，欠驱动机械手的控制律设计依赖于对其独特动力学的更深入的理解。仿人机器人也不例外。

4.3 平面上简单的欠驱动模型

仿人机器人的动力学对其控制至关重要。但是多自由度动态模型非常复杂。因此，控制律设计始终依赖于简化模型。例如，对于受限环境中的步态模式生成和控制，如在平地上行走，非常简单的平面模型已经被证明是有用的。这些将在下面介绍。

4.3.1 线性倒立摆模型

线性倒立摆(LIP)和桌上小车是为许多仿人机器人设计平衡控制器的简单模型[54]。这些模型的封闭解的可获得性便于对水平地面上的步态进行分析和循环运动生成，以及步态稳定化的控制律设计。还可以确保实时执行。下面的模型是一个倒立摆(IP)，其质点 M 在可变长度 $l(t)$ 的无质量腿的末端，如图 4.1a 所示。倒立摆在矢状面的步态中作为支撑腿的模型。由冲程力 f_s 主动控制的可变的腿部长度说明了膝关节的运动。质点表示集中在髋关节处的机器人的总质量。摆在假定为被动(未驱动)的踝关节处旋转。因此，该模型是一个简单的欠驱动系统。

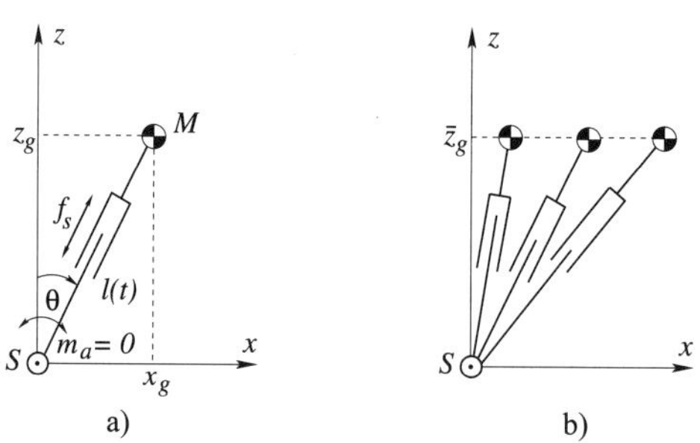

图 4.1　在平面(矢状面或冠状面)中建模的支撑腿的运动。a)腿无质量且长度可变化的倒立摆。b)线性倒立摆。质心被约束沿一条线(在这种情况下为水平线)移动：$z_g=\bar{z}_g=$ 常数，或 $z_g=kz_x$，$k=$常数。假定踝关节 S 为被动。冲程力 f_s 为主动控制

使用极坐标作为广义坐标可以方便地推导运动方程。这样的坐标与物理系统完全一致。用 $\theta(t)$ 表示垂直方向的角位移。假设角度坐标是被动的，因此，相应的广义力分量(支撑点 S 处的力矩 m_a)为零。

另一个广义力分量是腿部冲程力 f_s。运动方程为

$$Ml^2\ddot{\theta}+2Ml\dot{l}\dot{\theta}-Mlg\sin\theta=0 \tag{4.2}$$
$$M\ddot{l}+Ml\dot{\theta}^2+Mg\cos\theta=f_s$$

式中，g 表示重力加速度。该方程的矢量矩阵形式为

$$\begin{bmatrix}M_p & 0\\ 0 & M_a\end{bmatrix}\begin{bmatrix}\ddot{\theta}\\ \ddot{l}\end{bmatrix}+\begin{bmatrix}c_p\\ c_a\end{bmatrix}+\begin{bmatrix}g_p\\ g_a\end{bmatrix}=\begin{bmatrix}0\\ f_s\end{bmatrix} \tag{4.3}$$

式中，$M_p=Ml^2$ 和 $M_a=M$ 代表惯性/质量特性，$c_p=2Ml\dot{l}\dot{\theta}$ 和 $c_a=Ml\dot{\theta}^2$ 是线性速度相关的力，$g_p=-Mlg\sin\theta$ 和 $g_a=Mg\cos\theta$ 是重力项，g 表示重力的加速度。由公式(4.1)表示的被动/主动结构是显而易见的。

注意，在上式中，广义坐标之间没有惯性耦合，即 $M_{pa}=M_{ap}=0$。因此，在线性化的情况下，将获得两个解耦的微分方程。但是，线性倒立摆模型并不依赖于线性化。相反，应用以下基于任务的运动约束[146]：保持质心的垂直位置恒定，因此 $z_g\equiv\bar{z}_g=$常数。该约束产生了一个重要的优点，那就是对非线性系统具有一个封闭解。

为了施加 $\bar{z}_g=$常数的约束，在笛卡儿坐标系中可以方便地改写运动方程，因此我们有

$$M\ddot{x}_g=|f_s|\sin\theta \tag{4.4}$$
$$M(\ddot{z}_g+g)=|f_s|\cos\theta$$

式中，x_g 是质心在地面上的投影，此后称为 gCoM。等号右边的两项代表矢量的分量，表示为 $\boldsymbol{f}_r$。该矢量称为地面反作用力(GRF)矢量。

此外，在 $\ddot{z}_g=0$ 的情况下，可以从上述方程式中消除冲程力 f_s，获得以下线性常微分方程(ODE)

$$\ddot{x}_g=\bar{\omega}^2x_g \tag{4.5}$$

式中，$\bar{\omega}=\sqrt{g/\bar{z}_g}$ 是(恒定的)线性倒立摆的固有角频率。该方程的封闭解为[54]

$$x_g(t)=x_{g0}\cosh(\bar{\omega}t)+\frac{v_{g0}}{\bar{\omega}}\sinh(\bar{\omega}t) \tag{4.6}$$

$x_{g0}=x_g(0)$、$v_{g0}=\dot{x}_g(0)$表示初始值。上面的运动方程式有助于在适当的时机在平地上生成步态[58,54]。但是，应该注意的是，由此产生的步态的膝盖是弯曲的。这种步态从能量角度缺乏效率[25]。而且，步态的外观是“类人猿”，即与人的直立步态有很大不同。

4.3.2 足部建模：由压力中心驱动的质心动力学

线性倒立摆模型可以通过添加足部模型来改进。假定脚与支撑地面处于多点/线接触。脚作为通过接触点作用的作用力/反作用力的交界面。注意，合力为地面反作用力 $\boldsymbol{f}_r$。该力作用在称为压力中心(CoP)的特定点上。图 4.2a 中描述了这种情况，其中 x_p 表示压力中心。如果有多个连杆与环境接触，则为每个连杆定义压力中心。这些压力中心仅存在于接触连杆的支撑面(BoS)边界之内。

生物力学领域的大量研究已经证实了压力中心在人体平衡控制中的重要作用[85,10,162]。其重要性来自于这样一个事实，即地面反作用力矩(GRM)的切向分量在这一点上为零。因此，在支撑面中的压力中心位置可以作为接触稳定性的指标。假设外部干扰未知，当压力中心位于支撑面中心附近而不是支撑面边界附近时，接触将更加稳定。对稳定性问题的进一步理解将在第 5 章中介绍。

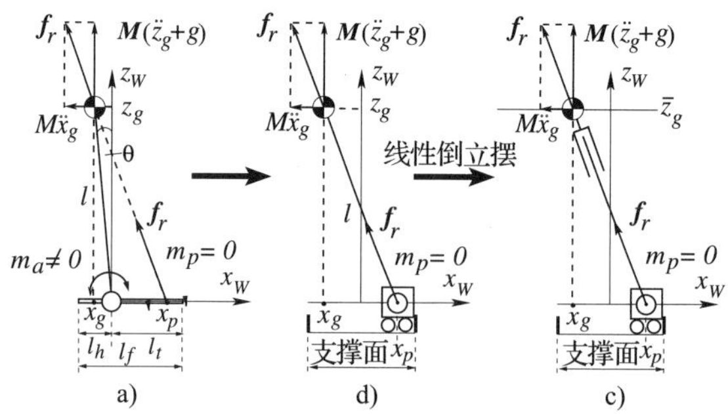

图 4.2 具有支撑面约束 $l_f=l_h+l_t$(脚的长度)的倒立摆模型。a)非线性(定长)足上倒立摆模型。脚踝扭矩($m_a\neq0$)会改变地面反作用力矩，从而使压力中心移位并使质心加速/减速。b)非线性(定长)小车上倒立摆模型。质心水平运动由与压力中心有关的小车位移确定。c)长度可变、高度恒定的小车上线性倒立摆模型。在所有模型中，地面反作用力沿着连接压力中心和质心的连线作用

在平地上双脚支撑的特殊情况下，例如双腿站立姿势，定义了净压力中心[162]。净压力中心不一定位于单足的支撑面内，它可能位于双足之间。尽管如此，这样的位置仍然落在双腿站立姿势的支撑面内，支撑面被定义为平地上所有接触点的凸包[39,120,54]。值得注意的是，在早期对仿人机器人的研究中，仅考虑了“平地”的特殊情况，并创造了“零力矩点”(ZMP)这一术语[158]。在平地上，零力矩点与压力中心/净压力中心相同(在单/双腿站立姿势的情况下)。但是，在非平地上，这些点并不重合[120]。在以下讨论中，只要可以避免歧义，将交替使用术语压力中心和零力矩点。

线性化的足上倒立摆模型

固定在足上的定长(非线性)足上倒立摆模型如图 4.2a 所示。地面反作用力 $\boldsymbol{f}_r$ 沿压力中心和质心确定的线作用于压力中心 x_p。该力的两个分量来自重力和质心加速度。请注意，压力中心处的力矩为零。还要注意的是，踝关节不再像线性化倒立摆模型那样被动。脚踝扭矩 $m_a\neq0$ 会同时更改质心加速度和压力中心。简单倒立摆的运动方程为

$$Ml^2\ddot{\theta}=Mgl\sin\theta+m_a \tag{4.7}$$

压力中心由地面反作用力矩平衡方程确定为

$$x_p=-\frac{m_a}{M(g+\ddot{z}_g)}\underset{(4.7)}{=}\frac{gl\sin\theta-l^2\ddot{\theta}}{g-l\dot{\theta}^2\cos\theta-l\ddot{\theta}\sin\theta} \tag{4.8}$$

此外，由于脚的长度 l_f(支撑面)受限制，因此摆不会明显偏离垂直方向。否则，脚将开始旋转，并且摆最终会倾翻。在下面的讨论中，假设偏离是有限的，使得脚始终保持与地面完全接触。因此可以将运动方程绕垂直方向线性化为

$$\ddot{\theta}=\omega^2\theta+\frac{m_a}{Ml^2} \tag{4.9}$$

式中，$\omega\equiv\omega_{\mathrm{IP}}=\sqrt{g/l}$表示摆的固有角频率。

在生物力学领域，线性化的足上倒立摆模型已应用于人体平衡稳定性分析中[162,113]。运动方程(4.9)也已应用于仿人机器人领域[6]。然而，大多数任务都使用笛卡儿坐标表示。由于目的是深入了解压力中心的作用，因此重点关注水平方向上的分量，即

$$\ddot{x}_g = \omega^2(x_g - x_p) \tag{4.10}$$

或

$$\ddot{x}_g - \omega^2 x_g = -\omega^2 x_p \tag{4.11}$$

显然，压力中心在地面质心动力学中起强迫项的作用。

在固定压力中心表示为 $\bar{x}_p$ 的特殊情况下，上述方程的解可以以封闭解形式获得。我们有

$$x_g(t) = (x_{g0} - \bar{x}_p)\cosh(\omega t) + \frac{v_{g0}}{\omega}\sinh(\omega t) + \bar{x}_p \tag{4.12}$$

$$= \frac{1}{2}(x_{g0} - \bar{x}_p + \frac{v_{g0}}{\omega})e^{\omega t} + \frac{1}{2}(x_{g0} - \bar{x}_p + \frac{v_{g0}}{\omega})e^{-\omega t} + \bar{x}_p \tag{4.13}$$

该方程在平衡稳定性分析中起着重要作用(参见第 5 章)。

小车上倒立摆模型

常微分方程(4.11)阐明了可以通过强迫项来控制质心运动轨迹，即通过对压力中心进行适当的位置控制。这种方法类似于通过手中的棍子保持平衡的方式。相应的模型如图 4.2b 所示。该模型以“小车上倒立摆模型”的名称广泛用于控制领域。请注意，假定质心和小车(压力中心)之间的距离是恒定的。水平方向的运动方程式与公式(4.11)相同。但是，请注意，系数 ω_2 不再是常数。现在我们有

$$\omega(t) = \sqrt{\frac{\ddot{z}_g + g}{z_g - z_p}} \tag{4.14}$$

通常假定垂直压力中心坐标 z_p 为常数(例如，在水平地面上为零)。用上述 ω 的表达式求解压力中心式(4.11)，可获得

$$x_p = x_g - \frac{\ddot{x}_g}{\ddot{z}_g + g} z_g = x_g - \frac{f_{rx}}{f_{rz}} z_g \tag{4.15}$$

式中，f_{rx} 和 f_{rz} 表示地面反作用力的两个分量。如 5.4 节所述，该方程用于名称为“零力矩点操纵”或“间接零力矩点”控制[80,144]的平衡控制。

小车上线性倒立摆模型

由于无法以线性倒立摆模型那样简单的形式获得解，因此如公式(4.14)中的变量 ω 使分析变得复杂。为了减轻这个问题，施加基于任务的(线性倒立摆)约束

$$z_g = \bar{z}_g = \text{常数} \Rightarrow \omega \equiv \bar{\omega} = \sqrt{g/\bar{z}_g} = \text{常数} \tag{4.16}$$

得到的模型如图 4.2c 所示。注意，将保留运动方程式(4.11)的形式。因此，小车的任何位移(或等效的，压力中心)都会通过项 $\bar{\omega}^2 x_p$ 改变水平质心加速度，这也意味着地面反作用力方向的相应变化。于是

$$\frac{f_{rx}}{Mg} = \frac{x_g - x_p}{\bar{z}_g} \tag{4.17}$$

因此，对于地面反作用力矩，$(x_g - x_p)Mg = \bar{z}_g f_{rx}$。请注意，在该模型中，地面反作用力的垂直分量等于重力，$f_{rz} = Mg$。此外，使用公式(4.8)的 $\ddot{z}_g = 0$，运动方程可以表示为

$$\ddot{x}_g = \omega^2 x_g + \frac{m_a}{M\bar{z}_g} \tag{4.18}$$

小车上线性倒立摆模型用于平衡控制的众多研究中。更多详细信息将在第 5 章中介绍。

线性倒立摆约束还用于所谓的“桌上小车”模型[55,54]，如图 4.3 所示。桌上小车模型的运动方程与倒立摆模型的运动方程相同(4.11)。区别仅在于在控制器设计中使用时的说明。实际上，所有这些模型都表明，平衡控制可以建立在压力中心和质心的相对运动的基础上。在桌上小车模型中，质心运动轨迹用作输入以控制压力中心位置。如上所述，这与倒立摆模型相反，在倒立摆模型中，压力中心用作控制输入。

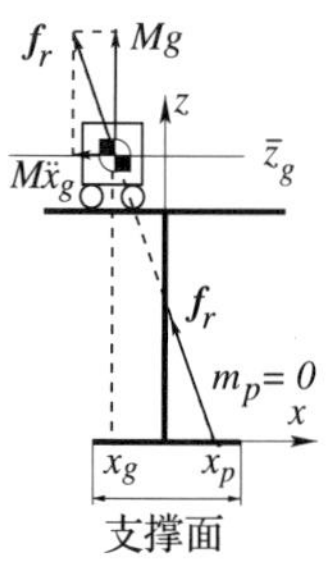

图 4.3 桌上小车模型：压力中心位置由质心处的水平加速度分量确定

在所谓的“角动量引起的倒立摆模型”(AMPM)下，通过质心加速进行压力中心操作也已被开发[62]。通过压力中心关系，在足部施加了一个额外的力矩(一个可控的前馈分量)，该力矩源自摆的动量矩的变化率。值得注意的是，通过这种优化处理，以促进具有应对外部干扰能力的步态规划和控制，封闭解仍然是可用的。还要注意，此处有意引入术语“动量矩”以将这种类型的角动量与“固有”角动量(参见文献[32]，第 31 页)或“质心”角动量区分开。后者也可用于控制施加在足部的力矩。这将在 4.3.3 节中讨论。

4.3.3 线性反作用轮摆模型和角动量转轴

使用线性倒立摆模型，可以获得用于基于压力中心的步态生成的前馈控制分量。然后，可以确保分别由质心的垂直加速度和水平加速度施加的重力和惯性力导致的足部反作用力分量的适当平衡。正如桌上小车模型已经说明的那样，将压力中心包含在模型中会导致足部可控力矩的理想特性。还应注意，可以通过控制质心角动量变化的方式获得此特性。最简单的方法是使用反作用轮摆(RWP)模型。反作用轮摆是一个具有恒定长度的无质量支腿的简单摆，在质心处包括反作用轮(RW)。反作用轮的可控制角加速度/减速度通过惯性耦合引起被动转轴关节的关节速率变化。这样可以提高系统的稳定性。

反作用轮摆是在 21 世纪初提出的[138]，并作为非线性控制中一个里程碑意义的欠驱动实例进行了广泛的研究[12]。反作用轮摆已用于仿人机器人中，例如，作为为反应性步态策略确定合适的足部位置的一种手段，即所谓的“捕获点”[121]。与线性倒立摆模型一样，反作用轮摆的腿长是可变化的(参见图 4.4a)。这种系统的运动方程的一般形式是

$$\begin{bmatrix} M_p & \boldsymbol{M}_{pa} \\ \boldsymbol{M}_{pa}^{\mathrm{T}} & \boldsymbol{M}_a \end{bmatrix} \begin{bmatrix} \ddot{q}_p \\ \ddot{\boldsymbol{q}}_a \end{bmatrix} + \begin{bmatrix} c_p \\ \boldsymbol{c}_a \end{bmatrix} + \begin{bmatrix} g_p \\ \boldsymbol{g}_a \end{bmatrix} = \begin{bmatrix} 0 \\ \mathcal{F}^a \end{bmatrix} \tag{4.19}$$

此时，$q_p=\theta$，$\boldsymbol{q}_a=[l \quad \phi]^{\mathrm{T}}$ 表示广义坐标，$\mathcal{F}^a=[f_s \quad m_c]^{\mathrm{T}}$ 是广义力，$M_p=Ml^2$、$\boldsymbol{M}_{pa}=[0 \quad I]$、$\boldsymbol{M}_a=\mathrm{diag}[m \quad I]$是惯性矩阵分量，$I$ 表示反作用轮惯性矩，$c_p=2Ml\dot{l}\dot{\theta}$、$\boldsymbol{c}_a=[Ml\dot{\theta}^2 \quad 0]^{\mathrm{T}}$ 是与速度相关非线性的力，$g_p=-Mgl\sin\theta$、$\boldsymbol{g}_a=[Mg\cos\theta \quad 0]^{\mathrm{T}}$ 是与重力相关的力。用 l_y 表示相对于质心的角动量，即质心角动量。反作用轮转矩 m_c 改变质心角动量，如$\frac{\mathrm{d}}{\mathrm{d}t}l_{cy}=\frac{\mathrm{d}}{\mathrm{d}t}I\dot{\phi}=m_c$。注意，反作用轮旋转角 ϕ 表示循环或可忽略的广义坐标。众所周知，拉格朗日与这些坐标无关，并且各自的动量是守恒的[65]。这是惯性耦合的本质。

如前所述，根据部分反馈线性化方法，被动坐标的(线性)惯性耦合(摆旋转角 θ)对于稳定性至关重要。从耦合惯量矩阵(行矩阵 $\boldsymbol{M}_{pa}$)可以明显看出，耦合是通过反作用轮力矩 $I\ddot{\phi}$ 来实现的。

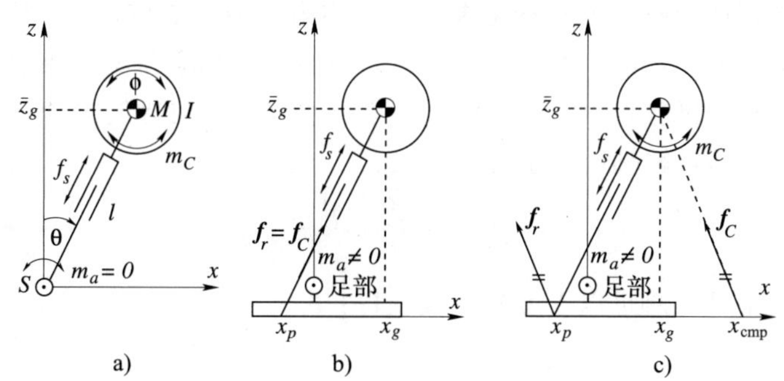

图 4.4 线性反作用轮摆模型。a)踝关节为被动关节。b)当反作用轮转矩为零时，线性反作用轮摆的足部模型与线性倒立摆相同。c)非零反作用轮力矩 m_C 会改变地面反作用力 $\boldsymbol{f}_r$ 的方向，使其作用线偏离质心。质心(反作用)力 $\boldsymbol{f}_C$ 与地面反作用力方向相同，但作用力线穿过质心。$\boldsymbol{f}_C$ 的作用点定义了质心角动量转轴(CMP)[40,120]

为了施加基于任务的线性倒立摆约束，在笛卡儿坐标中重写运动方程，即

$$M\ddot{x}_g = |f_s|\sin\theta - \frac{m_c}{l}\cos\theta = f_{cx}$$

$$M(\ddot{z}_g + g) = |f_s|\cos\theta + \frac{m_c}{l}\sin\theta = f_{cz} \tag{4.20}$$

$$I\ddot{\phi} = m_C \tag{4.21}$$

这样定义的矢量 $\boldsymbol{f}_C = [f_{cx} \quad f_{cz}]^{\mathrm{T}}$ 的作用方向与地面反作用力矢量 $\boldsymbol{f}_r$ 的作用方向相同(参见图 4.4c)。但是，作用点是不同的。因为地面反作用力的作用线不再通过质心，$\boldsymbol{f}_r$ 的方向取决于质心矩 m_C。另一方面，$\boldsymbol{f}_C$ 的作用线始终穿过质心。这个矢量的作用点将简单地阐明。

接下来，应用约束 $\dot{z} = \ddot{z}_g = 0$ 来减小系统的维数，即

$$\ddot{x}_g = \omega^2 x_g - \frac{1}{M\bar{z}_g} m_C \tag{4.22}$$

$$\ddot{\phi} = \frac{1}{I} m_C$$

式中，$\omega = \bar{\omega} = \sqrt{g/\bar{z}_g}$。通过 m_C 解耦获得的两个方程是常微分方程。如前所述，等式(4.22)右边的耦合项通过 $m_C = I\ddot{\phi}$ 改变质心角动量。当与公式(4.18)进行比较时，很明显，质心矩 m_C 的作用与脚踝扭矩 m_a 的作用相同，均为在水平方向上引起额外的质心加速度。

上述模型便于设计控制律以增加足上线性倒立摆模型的平衡稳定性，因为除了质心加速度以外，还可以利用随质心角动量 $\dot{l}_{cy} = I\ddot{\phi}$ 的变化率来操作压力中心。从压力中心公式中可以明显看出这一点。我们有

$$x_p = x_g - \frac{\ddot{x}_g}{\omega^2} - \frac{\dot{l}_{cy}}{Mg} = x_g - \frac{f_{rx}}{f_{rz}}\bar{z}_g - \frac{m_C}{f_{rz}} \tag{4.23}$$

当反作用轮非加速时，即静止或以恒定角速度旋转时，$\ddot{\phi}=0$ 且其关系与小车上线性倒立摆模型相同(参见图 4.4b)。另一方面，加速的反作用轮会改变反作用力 $\boldsymbol{f}_r$ 的方向(参见图 4.4c)。这意味着反作用力矩为零的地面上的点可能位于支撑面之外。由于与压力中心或零力矩点的定义存在矛盾，因此不能再将此点称为压力中心(或零力矩点)[158]。为了缓和该问题，引入了以下新术语。在文献[40]中，该点称为角动量的零变化率点，而在文献[118]中，该点称为零自旋压力中心。不过，另一个术语已被普遍接受：质心角动量转轴(CMP)[120]。质心角动量转轴由以下等式定义：

$$x_{\mathrm{cmp}}=x_g-\frac{f_{rx}}{f_{rz}}\bar{z}_g \tag{4.24}$$

它与压力中心的关系可以通过以下方程直接获得：

$$x_{\mathrm{cmp}}=x_p+\frac{m_C}{f_{rz}} \tag{4.25}$$

显然，只要质心角动量守恒，压力中心和质心角动量转轴就会重合(这种情况意味着 $m_C=0$)。

将反作用轮摆模型称为线性反作用轮摆是合适的。该模型已成功用于步态的生成和 ASIMO 的控制[147]。

在本节结束时，值得注意的是，反作用轮已在卫星姿态控制系统中作为驱动器使用了很长时间。反作用轮可以通过控制角动量的变化率来引起所需的姿态变化。反作用轮不应与“动量轮”相混淆。后者用于存储恒定的偏置动量，以确保卫星姿态稳定，不受外部干扰，因此只能绕一个方向旋转。从这个意义上说，与机器人学文献中出现的术语不一致。诸如“角动量摆”“飞轮摆”或“惯性轮摆”之类的术语已用于表示同一模型。基于以上讨论，术语“反作用轮摆”似乎更合适。

4.3.4 反作用质量摆模型

通过采用可变惯性矩 $I=I(t)$，可以进一步增强线性反作用轮摆模型。可变质心惯性模型在更大程度上与仿人机器人的姿势相关的质心动力学相匹配。这可以通过所谓的反作用质量摆(RMP)模型来证明[67,68,130]。反作用质量摆是一种欠驱动系统，包括一个带有无质量伸缩腿的摆和一个在摆尖端处的“反作用质量”集合。质量集合表示以集中的形式在仿人机器人质心处的总(恒定)质量和(变化的)总惯性。

反作用质量摆模型的平面形式如图 4.5 所示。质量集合由两个恒定质量点组成，两个恒定质量点具有可变的相对位置 r，关于腿的顶端(髋关节)的旋转关节 R 是对称的。请注意，该关节通过扭矩 m_C 驱动。绕 R 的惯性矩可通过改变质量距离 r 来调节。运动方程的一般形式与公式(4.19)相同。我们有

$$\begin{bmatrix} M_p & \boldsymbol{M}_{pa} \\ \boldsymbol{M}_{pa}^{\mathrm{T}} & \boldsymbol{M}_a \end{bmatrix}\begin{bmatrix} \ddot{q}_p \\ \ddot{\boldsymbol{q}}_a \end{bmatrix}+\begin{bmatrix} c_p \\ \boldsymbol{c}_a \end{bmatrix}+\begin{bmatrix} g_p \\ \boldsymbol{g}_a \end{bmatrix}=\begin{bmatrix} 0 \\ \mathcal{F}^a \end{bmatrix} \tag{4.26}$$

其中 $q_p=\theta$，$\boldsymbol{q}_a=[l\quad r\quad \phi]^{\mathrm{T}}$ 表示广义坐标，$\mathcal{F}^a=[f_s\quad f_r\quad m_C]^{\mathrm{T}}$ 代表广义力，$M_p=M(l^2+r^2)$、$\boldsymbol{M}_{pa}=[0\quad 0\quad Mr^2]$、$\boldsymbol{M}_a=\mathrm{diag}[M\quad M\quad Mr^2]$是惯性矩阵分量，$c_p=2M((l\dot{l}+r\dot{r})\dot{\theta}+r\dot{r}\dot{\phi})$、$\boldsymbol{c}_a=[Ml\dot{\theta}^2\quad Mr(\dot{\theta}+\dot{\phi})^2\quad 2Mr\dot{r}(\dot{\theta}+\dot{\phi})]$是速度相关非线性的力，$g_p=$

$-Mgl\cos\theta$、$\boldsymbol{g}_a=[Mg\sin\theta \quad 0 \quad 0]^{\mathrm{T}}$ 是重力相关力。

从耦合惯量矩阵(行矩阵 $\boldsymbol{M}_{pa}$)可以明显看出，存在一个产生耦合转矩 $mr^2\ddot{\phi}$ 的惯性耦合项。对于期望的惯性耦合力矩，较大的 r 意味着较小的力，即较小的反作用轮转矩 m_C，或者等效地，角加速度 $\ddot{\phi}$ 的较小变化。这是文献[67，68，130]中讨论的“惯性成形”方法背后的思想。

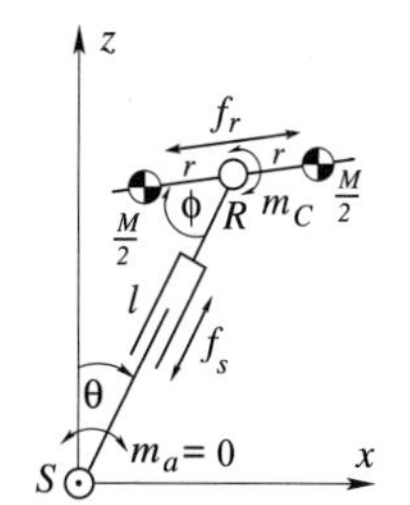

图 4.5 平面反作用质量摆的模型。两个质量点在力 f_r 的作用下滑动，从而与中心点 R 保持相等的距离 r。因此，可通过 f_r 控制惯性矩 Mr^2。请注意，f_r 和 m_C 是关于惯性矩 $mr^2\ddot{\phi}$ 的冗余控制输入，可确保与被动坐标 θ 的惯性耦合

4.3.5 平面上的多连杆模型

除了 4.3.2 节中讨论的简单的足上倒立摆模型外，通常情况下，在(矢状或侧向)平面或3D模式中的多连杆模型也是有用的。比如在开拓性工作[159,157]中，这些模型用于评估平衡稳定性。它们还用于生物力学领域，以通过单腿模型评估人的平衡稳定性，即如文献[52]所述，由脚、大腿(股骨)、小腿(胫骨)和躯干组成的足部三级倒立摆矢状平面模型㊀。

在这项工作中，可以在 3.6.5 节(侧向平面)和 7.6.3 节(矢状平面)中找到示例。

4.4 简单的三维欠驱动模型

当应用于实际机器人时，需要将上述平面模型扩展到三维。利用三维模型，可以说明和解释质心在 y 方向上的侧向加速度。基本上，有两个简单的模型：三维倒立摆和球形倒立摆，这两个模型分别适用于 3 自由度和 2 自由度转轴。假定质量集中在确定质心位置的摆锤尖端。还请注意，这些基本模型是等长摆。质心运动被限制在半径等于摆长的球形表面上。例如，三维倒立摆模型的运动方程可以欧拉运动方程加重力项的形式表示，即一组三个耦合的非线性方程[134]。球形倒立摆的运动方程在 x 和 y 方向上也是非线性的并且是耦合的。假设与垂直方向的偏差很小，则可以实现线性化和解耦[166]。

4.4.1 可变长度的三维倒立摆

利用三维或球形倒立摆模型的主要目标是近似表示两足动物的复杂动力学。在这种情况下，摆长可变的模型将适合解释质心的任意垂直位移。但是请注意，当长度变化不受限制时，运动方程将变得更加复杂。这方面的主要问题是方程三个分量之间的上述非线性耦合。如前所述，在与垂直方向有微小偏差的假设下可以实现解耦。但是，对于仿人机器人来说，这种假设是不现实的。幸运的是，确实存在更合适的方法。一种可能性是将质心运动限制在局部近似于地形高度变化的分段线性表面上[171]。为此，首先推导无约束的三维倒立摆的运动方程。假设摆在 $\boldsymbol{r}_P$ 处形成点接触。力矩的动平衡可以写成

$$\boldsymbol{r}_P \times \boldsymbol{f}_r = \boldsymbol{r}_C \times (\boldsymbol{f}_C + \boldsymbol{M}\boldsymbol{a}_g) + \boldsymbol{m}_C \tag{4.27}$$

此外，由于力的平衡产生

㊀ 动力学方程包含在这项工作中。

$$\boldsymbol{f}_r = \boldsymbol{f}_C + M\boldsymbol{a}_g \tag{4.28}$$

因此公式(4.27)可以被改写为

$$(\boldsymbol{f}_C + M\boldsymbol{a}_g) \times (\boldsymbol{r}_C - \boldsymbol{r}_P) = \boldsymbol{m}_C \tag{4.29}$$

由于假定为点接触，因此地面反作用力矩和质心矩 $\boldsymbol{m}_C$ 均为零㊀。还应注意，$\boldsymbol{f}_C = \boldsymbol{M}\ddot{\boldsymbol{r}}_C$。有了这些关系，质心加速度分量变为

$$\begin{aligned}
\ddot{r}_{Cx} &= \frac{(r_{Cx} - r_{Px})(\ddot{r}_{Cz} + g)}{r_{Cz} - r_{Pz}} \\
\ddot{r}_{Cy} &= \frac{(r_{Cy} - r_{Py})\ddot{r}_{Cx}}{r_{Cx} - r_{Px}} \\
\ddot{r}_{Cx} &= \frac{(r_{Cz} - r_{Pz})\ddot{r}_{Cy}}{r_{Cy} - r_{Py}} - g
\end{aligned} \tag{4.30}$$

可以看出，这些方程是耦合的非线性方程。

接下来，将质心运动约束在平面 $r_{Cz} = a_p r_{Cx} + b_p$，$\forall r_{Cy}$ 上。然后，质心加速度将受 $\ddot{r}_{Cz} = a_p \ddot{r}_{Cx}$ 的约束。将这些约束条件代入公式(4.30)中以获得矢状面和横向平面的质心加速度，分别为

$$\begin{aligned}
\ddot{r}_{Cx} - \omega^2 r_{Cx} &= -\omega^2 r_{Px} \\
\ddot{r}_{Cy} - \omega^2 r_{Cy} &= -\omega^2 r_{Py}
\end{aligned} \tag{4.31}$$

其中 $\omega^2 \equiv g/(a_p r_{Px} + b_p - r_{Pz})$。请注意，这两个方程的形式与公式(4.11)中线性足上倒立摆模型的形式相同。显然，以上两个方程是解耦的常微分方程。在压力中心恒定的假设下，可以得到公式(4.12)的显式解。

4.4.2　球形足上倒立摆模型和平面上球体模型

现在考虑附属于足部的可变长度的球形倒立摆，即球形足上倒立摆模型。在这点上应注意的是，由于仿人机器人通常包括 2 自由度踝关节，因此球形倒立摆模型比三维倒立摆模型更合适。

此外，假设地面为平坦的，满足足部接触是共面的。然后，质心在地面上的投影，即地面质心，起着重要的作用。该投影将表示为 $\boldsymbol{r}_g = [x_g \quad y_g]^{\mathrm{T}}$。另一方面，净压力中心将表示为㊁ $\boldsymbol{r}_p = [x_p \quad y_p]^{\mathrm{T}}$。如前所述，压力中心被约束在所有接触点的凸包内。用凸多边形近似凸包是很方便的。约束，此后称为支撑面内的压力中心约束，可以正式表示为

$$\boldsymbol{P}_s \boldsymbol{r}_p \preceq \boldsymbol{c} \tag{4.32}$$

其中 $\boldsymbol{c} \in \Re^p$ 是一组常数，p 表示多边形边的数量。第 i 边㊂的等式由 $\boldsymbol{p}_{si}\boldsymbol{r}_p = c_i$，$i \in \{\overline{1,p}\}$ 给出，$\boldsymbol{P}_{si}$ 表示 $\boldsymbol{P}_s$ 中的第 i 行。

通过限制质心在平面内移动来解决与运动方程式相关的耦合问题如 4.4.1 节所述。在这种情况下，球形 IP 模型称为三维线性倒立摆[54]。然后，运动方程由两个在 x 和 y 方向上解耦的常微分方程确定，如公式(4.31)所示。因此三维线性倒立摆模型可以视为小车上倒立摆模型在三维上的扩展(参见图 4.2c)。

㊀ 后面将讨论平面接触产生非零地面反作用力矩和质心矩的情况。

㊁ 小写下标用于区分二维矢量和三维矢量。

㊂ 回顾一下，卷曲不等号表示分量运算。

接下来，考虑将平面足上倒立摆模型和小车上倒立摆模型(分别如图 4.2a 和图 4.2b 所示)扩展到三维上。假定各个球形倒立摆的足部万向节(踝关节)被驱动。每个模型的运动方程均具有公式(4.10)的形式。因此

$$\ddot{\boldsymbol{r}}_g = \omega^2(\boldsymbol{r}_g - \boldsymbol{r}_p) \tag{4.33}$$

式中，对于恒定长度(l=常数)倒立摆模型，$\omega=\omega_{IP}=\sqrt{g/l}$，而对于恒定高度($\bar{z}_g$=常数)倒立摆模型，$\omega=\bar{\omega}=\sqrt{g/\bar{z}_g}$。在没有质心垂直运动约束的可变冲程模型的情况下，如公式(4.14)中那样使用 $\omega=\omega(t)$。以压力中心坐标表示的运动方程是如公式(4.15)的形式，即

$$\boldsymbol{r}_p = \boldsymbol{r}_g - \frac{z_g}{\ddot{z}_g + g}\ddot{\boldsymbol{r}}_g \tag{4.34}$$

此外，图 4.2c 中的小车上倒立摆模型也可以扩展为三维，方法是将小车替换为在恒定高度 $\bar{z}_g$ 的水平面上滚动的球体[23,22]。地面反作用力矩的切向分量 $\boldsymbol{m}_t=[m_x \quad m_y]^{\mathrm{T}}$ 是相关的，可以由运动方程获得

$$\boldsymbol{m}_t = Mg\mathbb{S}_2^{\times}\left(\frac{1}{\omega^2}\ddot{\boldsymbol{r}}_g - \boldsymbol{r}_g\right) \tag{4.35}$$

式中，$\mathbb{S}_2^{\times} \equiv \begin{bmatrix} 0 & 1 \\ -1 & 0 \end{bmatrix}$。

下标 t 表示由切向分量(即 x 和 y)组成的各自的矢量。然后确定 CoP 为

$$\boldsymbol{r}_p = -\frac{1}{Mg}\mathbb{S}_2^{\times}\boldsymbol{m}_t \tag{4.36}$$

4.4.3 三维反作用轮摆模型

一个有趣的问题是，是否可以像将倒立摆扩展到三维线性倒立摆一样，将线性反作用轮摆模型扩展到三维模型。可以预料的是，一个三维线性反作用轮摆模型将在更大程度上匹配仿人步态动力学，并有助于进一步增加相对于矢状平面(俯仰)、正平面(翻滚)和横向平面(偏航)动力学分量的平衡稳定性。

作为教授非线性动力学和控制基础的一种手段，在 21 世纪初已引入带驱动的三维摆模型[134]。如文献[20]所示，借助非线性控制理论，可以将倒立摆稳定到其平衡流形。这些模型最近以自平衡立方体的形式呈现[36,83,76]。这个立方体包括安装在相互正交的轴上的三个反作用轮，因此类似于在航天器的三轴姿态稳定器中使用的布置。此系统在本质上表现为三维反作用轮摆。

根据图 4.6 中的概念表示，该想法可以应用于仿人机器人。该图描绘了由伸缩式无质量腿支撑的三维反作用轮摆模型。球形倒立摆通过驱动的万向节连接到足部。三个反作用轮安装在三个正交轴上。根据刚体旋转的欧拉方程，反作用轮加速度/扭矩产生质心角动量的可控变化，即

$$\boldsymbol{I}\dot{\boldsymbol{\omega}} + \boldsymbol{\omega} \times \boldsymbol{I}\boldsymbol{\omega} = \boldsymbol{m}_{RW} \tag{4.37}$$

式中，$\boldsymbol{\omega}$ 是惯性系中的角速度，$\boldsymbol{m}_{RW}=\dot{\boldsymbol{l}}_C=\boldsymbol{I}\ddot{\boldsymbol{\phi}}$，并且 $\boldsymbol{I}$ 表示反作用轮组件的对角惯性矩阵。反作用轮力矩控制足部站立姿态以产生理想的地面反作用力矩。垂直方向的力矩是不可取的，它会导致足部扭转滑移。因此，假设 $\omega_z=0$ 并且控制垂直反作用轮力矩以消除陀

螺力矩，则 $m_{RW_z}=-(I_x-I_y)\omega_x\omega_y$。这也意味着 $\dot{\omega}_z=0$[64]。

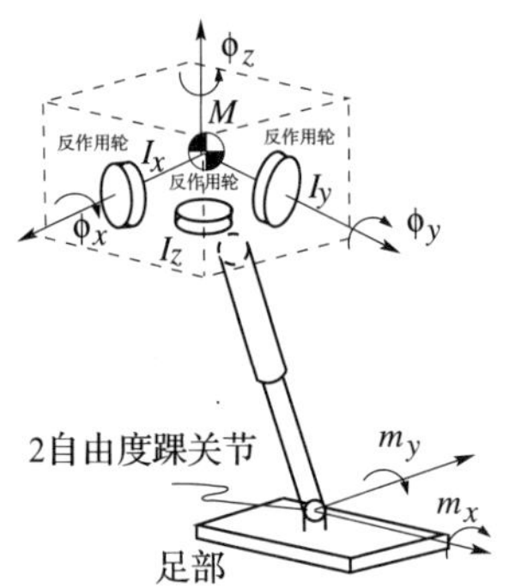

图 4.6　带有可伸缩无质量腿的三维反作用轮摆的模型。球形倒立摆通过 2 自由度踝关节与足部连接。三个反作用轮安装在三个正交轴上。反作用轮加速度/扭矩产生质心角动量的可控变化。这导致在站立脚上三个反作用力矩的变化。切向反作用力矩 m_x 和 m_y 引起压力中心位移。垂直反作用力矩 m_z 用于补偿陀螺力矩[64]

通过添加角动量变化率的分量，可以由公式(4.34)获得压力中心方程[71,120]。我们有

$$\begin{aligned}\boldsymbol{r}_p&=\boldsymbol{r}_g-\frac{1}{\ddot{z}_g+g}\left(z_g\ddot{\boldsymbol{r}}_g-\frac{1}{M}\mathbb{S}_2^{\times}\dot{\boldsymbol{l}}_t\right)\\&=\boldsymbol{r}_g-\frac{1}{f_{rz}}\left(z_g\boldsymbol{f}_t-\mathbb{S}_2^{\times}\boldsymbol{m}_t\right)\end{aligned}\tag{4.38}$$

式中，M 表示反作用轮组件的总质量。这些方程与平面反作用轮摆的压力中心方程具有相同的结构(4.23)。此外，可以类似于公式(4.24)和公式(4.25)获得质心角动量转轴，如下所示(另请参见文献[120])分别为

$$\boldsymbol{r}_{\mathrm{cmp}}=\boldsymbol{r}_g-\frac{z_g}{f_{rz}}\boldsymbol{f}_t\tag{4.39}$$

和

$$\boldsymbol{r}_{\mathrm{cmp}}=\boldsymbol{r}_p+\frac{1}{f_{rz}}\mathbb{S}_2^{\times}\boldsymbol{m}_t\tag{4.40}$$

式中，$\boldsymbol{r}_{\mathrm{cmp}}=[x_{\mathrm{cmp}}\quad y_{\mathrm{cmp}}]^{\mathrm{T}}$。在平地上，$z_{\mathrm{cmp}}$ 假定为零，同 $z_p=0$ 的假设类似(参见公式(4.34))。

可以进一步增强上述三维反作用轮摆模型，以在更高程度上匹配仿人机器人的动力学。例如，可以引入可变的、与姿势有关的惯性张量，以模仿仿人动物的可变惯性，如“欧拉零力矩点分解”方法[152]。

4.4.4　三维反作用质量摆模型

借助三维反作用质量组件，可以直接将 4.3.4 节中讨论的平面反作用质量摆模型扩展到三维。该组件包括三对点质量，它们沿着在质心处相交的三条非平面线性轨道滑动。每对点质量之间的距离是独立控制的。由此，质心惯量可以以期望的方式“成形”。这样可以提高角动量平衡方面所需的平衡能力，如文献[67,68,130]所示。文献[141]讨论了用于无动力型双足行走的三维反作用质量摆模型的实现。

4.4.5　三维多连杆模型

在双足机器人建模的早期阶段就已经引入了三维多连杆模型。文献[145]从机器人的线性动量和角动量的时间导数中得出了这种机器人的动力学模型。本章还将采用这种方法。在这一点上，引入文献[145]中建议的三维多连杆模型的零力矩点方程具有指导意义(另请参见文献[54]，第97页)。为了避免复杂性，将机器人的每个连杆表示为一个点质量。那么，零力矩点的两个分量是

$$r_{Pt}=\frac{\sum_{i=1}^{n}M_i[(\ddot{r}_{Czi}+g)r_{Cti}-(r_{Czi}-r_{Pz})\ddot{r}_{Cti}]}{\sum_{i=1}^{n}M_i(\ddot{r}_{Czi}+g)},\ t\in\{x,y\} \tag{4.41}$$

式中，$\boldsymbol{r}_P=[r_{Px}\ \ r_{Py}\ \ r_{Pz}]^{\mathrm{T}}$ 表示零力矩点，M_i 表示第 i 个连杆的质量，$\boldsymbol{r}_{Ci}=[\boldsymbol{r}_{Cxi}\ \ \boldsymbol{r}_{Cyi}\ \ \boldsymbol{r}_{Czi}]^{\mathrm{T}}$ 表示其质心位置。连杆总数为 n。

4.5　固定基座机械臂的动力学模型

固定基座串联机械臂的动力学模型有助于理解仿人机器人的肢体动力学。这里的重点是通过动力学模型(逆动力学)对运动学冗余机械臂和冗余分解进行建模。这些模型将根据关节空间和末端连杆(空间)坐标进行表述。因此，区分完全自由(无约束)和受约束的运动动力学的情况很重要。

4.5.1　关节空间坐标下的动力学模型

首先，考虑固定基座机械臂的完全自由运动。在关节空间坐标下表示的动能记为

$$T(\boldsymbol{\theta})=\frac{1}{2}\dot{\boldsymbol{\theta}}^{\mathrm{T}}\boldsymbol{M}_{\theta}(\boldsymbol{\theta})\dot{\boldsymbol{\theta}} \tag{4.42}$$

$\boldsymbol{M}_{\theta}(\boldsymbol{\theta})\in\Re^{n\times n}$表示关节空间机械臂的惯性矩阵。从介绍性文本中可以知道，该矩阵可以表示为

$$\boldsymbol{M}_{\theta}=\sum_{i=1}^{n}\{M_i\boldsymbol{J}_{vi}^{\mathrm{T}}\boldsymbol{J}_{vi}+\boldsymbol{J}_{\omega i}^{\mathrm{T}}\boldsymbol{I}_i\boldsymbol{J}_{\omega i}\} \tag{4.43}$$

式中，M_i、$\boldsymbol{I}_i\in\Re^{3\times3}$是第 i 个连杆的质量和惯性张量，$\boldsymbol{J}_{vi}(\boldsymbol{\theta})\in\Re^{3\times n}$(在公式(2.118)中定义)和 $\boldsymbol{J}_{\omega i}$分别为第 i 个连杆的质心速度和角速度的雅可比矩阵。后者记为

$$\boldsymbol{J}_{\omega i}(\boldsymbol{\theta})=[\boldsymbol{e}_1\ \ \boldsymbol{e}_2\ \ \cdots\ \ \boldsymbol{e}_i\ \ \boldsymbol{0}\ \ \cdots\ \ \boldsymbol{0}]\in\Re^{3\times n} \tag{4.44}$$

$\boldsymbol{e}_j=\boldsymbol{R}_j{}^j\boldsymbol{e}_j$，${}^j\boldsymbol{e}_j=[0\ \ 0\ \ 1]^{\mathrm{T}}$。连杆惯性张量 $\boldsymbol{M}_{\theta}$ 是正定的，因此，可以计算出该惯性张量的逆。机械臂动力学的拉格朗日形式为

$$\boldsymbol{M}_{\theta}(\boldsymbol{\theta})\ddot{\boldsymbol{\theta}}+\boldsymbol{c}_{\theta}(\boldsymbol{\theta},\dot{\boldsymbol{\theta}})+\boldsymbol{g}_{\theta}(\boldsymbol{\theta})=\boldsymbol{\tau} \tag{4.45}$$

式中，$\boldsymbol{\tau}\in\Re^n$ 是关节转矩，$\boldsymbol{g}_{\theta}(\boldsymbol{\theta})\in\Re^n$ 是重力矩，$\boldsymbol{c}_{\theta}(\boldsymbol{\theta},\dot{\boldsymbol{\theta}})$表示与速度有关的非线性转矩。后者可以表示为

$$\boldsymbol{c}_{\theta}(\boldsymbol{\theta},\dot{\boldsymbol{\theta}})=\boldsymbol{C}_{\theta}(\boldsymbol{\theta},\dot{\boldsymbol{\theta}})\dot{\boldsymbol{\theta}}=\dot{\boldsymbol{M}}_{\theta}(\boldsymbol{\theta})\dot{\boldsymbol{\theta}}-\frac{1}{2}\left(\frac{\partial}{\partial\boldsymbol{\theta}}\dot{\boldsymbol{\theta}}^{\mathrm{T}}\boldsymbol{M}_{\theta}(\boldsymbol{\theta})\dot{\boldsymbol{\theta}}\right)^{\mathrm{T}} \tag{4.46}$$

其中$\boldsymbol{C}_{\theta}(\boldsymbol{\theta},\dot{\boldsymbol{\theta}})=\frac{1}{2}\dot{\boldsymbol{M}}_{\theta}(\boldsymbol{\theta})+\boldsymbol{S}^{\times}(\boldsymbol{\theta},\dot{\boldsymbol{\theta}})$和$\boldsymbol{S}^{\times}(\boldsymbol{\theta},\dot{\boldsymbol{\theta}})\dot{\boldsymbol{\theta}}=\frac{1}{2}\left[\dot{\boldsymbol{M}}_{\theta}(\boldsymbol{\theta})\dot{\boldsymbol{\theta}}-\left(\frac{\partial}{\partial\boldsymbol{\theta}}\dot{\boldsymbol{\theta}}^{\mathrm{T}}\boldsymbol{M}_{\theta}(\boldsymbol{\theta})\dot{\boldsymbol{\theta}}\right)^{\mathrm{T}}\right]$。

$\boldsymbol{S}^{\times}(\boldsymbol{\theta},\dot{\boldsymbol{\theta}})$是一个斜对称矩阵，它确定运动方程的被动性。该特性在控制设计中起着重要作用[5,139]。此外，请注意，由于末端连杆不接触任何物体，因此唯一起作用的外力是重力。运动方程是常微分方程。使用常微分方程求解器，可以很容易地求解正动力学问题的解：给定关节扭矩，求解关节加速度、速度和位置。给定当前状态$(\boldsymbol{\theta},\dot{\boldsymbol{\theta}})$，得到的关节加速度为

$$\ddot{\boldsymbol{\theta}} = \boldsymbol{M}_{\theta}^{-1}(\boldsymbol{\theta})(\boldsymbol{\tau} - \boldsymbol{c}_{\theta}(\boldsymbol{\theta},\dot{\boldsymbol{\theta}}) - \boldsymbol{g}_{\theta}(\boldsymbol{\theta})) \tag{4.47}$$

并进行两次积分获取新状态。正动力学问题用于仿真中。

此外，在动态控制的情况下，还需要求解以下逆动力学问题：给定机械臂的状态$(\boldsymbol{\theta},\dot{\boldsymbol{\theta}})$，以及期望的加速度$\ddot{\boldsymbol{\theta}}$，求解关节转矩。注意，在许多情况下，运动任务是根据末端连杆的空间坐标来指定的。通过非冗余机械臂(2.18)和冗余机械臂(2.39)的二阶逆运动学解可以得到逆动力学解。后一种情况更有趣，因为存在无穷多个解。将公式(2.39)代入公式(4.45)可得

$$\boldsymbol{\tau} = \boldsymbol{\tau}_{\text{lin}} + \boldsymbol{\tau}_{n} + \boldsymbol{\tau}_{\text{nl}} \tag{4.48}$$

$$\boldsymbol{\tau}_{\text{lin}} = \boldsymbol{M}_{\theta}\boldsymbol{J}^{\#}\dot{\mathcal{V}}$$

$$\boldsymbol{\tau}_{n} = \boldsymbol{M}_{\theta}(\boldsymbol{E} - \boldsymbol{J}^{\#}\boldsymbol{J})\ddot{\boldsymbol{\theta}}_{a}$$

$$\boldsymbol{\tau}_{\text{nl}} = \boldsymbol{c}_{\theta} + \boldsymbol{g}_{\theta} - \boldsymbol{M}_{\theta}\boldsymbol{J}^{\#}\dot{\boldsymbol{J}}\dot{\boldsymbol{\theta}}$$

线性分量$\boldsymbol{\tau}_{\text{lin}}$由期望的末端连杆加速度$\dot{\mathcal{V}}$得出，零空间分量$\boldsymbol{\tau}_{n}$表示由自运动加速度矢量参数$\ddot{\boldsymbol{\theta}}_{a}$得到的无穷多的关节扭矩矢量。最后，$\boldsymbol{\tau}_{\text{nl}}$是一个非线性的、与状态有关的转矩分量。机械臂的行为在很大程度上取决于广义逆和自运动加速度的选择。要确定特定的关节扭矩，应执行2.7节中所讨论的附加任务。在文献[51]中，尝试使用零空间扭矩来局部最小化中档扭矩的偏差，即$\|\boldsymbol{\tau}-\boldsymbol{\tau}^{\text{mid}}\|^{2}$，其中$\boldsymbol{\tau}^{\text{mid}}=0.5(\boldsymbol{\tau}^{\max}+\boldsymbol{\tau}^{\min})$。用公式(4.48)代替$\boldsymbol{\tau}$，最小化得到以下自运动加速度

$$\ddot{\boldsymbol{\theta}}_{a} = (\boldsymbol{W}^{1/2}\boldsymbol{M}_{\theta}(\boldsymbol{E} - \boldsymbol{J}^{+}\boldsymbol{J}))^{+}\boldsymbol{W}^{1/2}\hat{\boldsymbol{\tau}}^{\text{mid}} \tag{4.49}$$

上标表示线性和非线性扭矩分量。权重矩阵$\boldsymbol{W}=\boldsymbol{W}^{1/2}\boldsymbol{W}^{1/2}$缩放各个关节的扭矩范围。

不幸的是，上述局部转矩最小化方法受到一个主要问题的困扰：该解缺乏可积性。因此，无法控制自运动速度。这经常导致不必要的速度累积。几位作者提供了相应的分析[74,73,105]。另请参阅2.11.3节中的分析。然而，从文献[112,14,127,18,170]的最新结果中可以明显看出，该问题仍然存在。

4.5.2 空间坐标下的动力学模型

仿人机器人主要通过其末端连杆(脚和手)与环境交互。因此，末端连杆的运动/力控制任务是在空间坐标中指定的。在设计控制器时，合理的做法是使用以(末端连杆)空间坐标而不是广义(关节)坐标表示的动力学模型。实际上，多年来已经开发了许多用于固定基座机械臂的这类控制器。它们称为“任务空间”[8]、工作空间/笛卡儿空间[50]或“操作空间”[60]控制器。最近，有研究表明这种类型的控制器可以重新设计，以用于浮动基仿人机器人。本节介绍与固定基座机械臂的空间坐标系下的动力学模型有关的基本关系。此类模型在仿人机器人中的应用将在4.13.3节中讨论。

首先考虑完全自由运动的情况。当机械臂为非冗余机械臂时，可以直接推导空间坐标下的动力学模型。然后，假设逆运动学映射存在，空间坐标可以起到广义坐标的作用。利用速度的逆运动学关系，$\dot{\boldsymbol{\theta}}=\boldsymbol{J}(\boldsymbol{\theta})^{-1}\mathcal{V}$，动能(4.42)在空间坐标中表示为[8,50]

$$T(\boldsymbol{\theta}) = \frac{1}{2}\mathcal{V}^{\mathrm{T}}\mathbb{M}_e(\boldsymbol{\theta})\mathcal{V} \tag{4.50}$$

式中，$\mathbb{M}_e(\boldsymbol{\theta})$是在末端连杆空间坐标中表示的机械臂惯性矩阵。它的逆等于末端执行器移动张量[49,50]。

$$\mathbb{M}_e^{-1}(\boldsymbol{\theta}) = \boldsymbol{J}(\boldsymbol{\theta})\boldsymbol{M}_\theta^{-1}(\boldsymbol{\theta})\boldsymbol{J}^{\mathrm{T}}(\boldsymbol{\theta})$$

术语 $\mathbb{M}_e(\boldsymbol{\theta})$也称为“操作空间惯性矩阵”[19]。

此外，通过以下 4 个步骤将公式(4.45)转换为空间坐标。首先左乘 $\boldsymbol{J}\boldsymbol{M}_\theta^{-1}$，然后利用二阶运动学关系 $\boldsymbol{J}(\boldsymbol{\theta})\ddot{\boldsymbol{\theta}}=\dot{\mathcal{V}}-\dot{\boldsymbol{J}}(\boldsymbol{\theta})\dot{\boldsymbol{\theta}}$。最终结果方程为

$$\dot{\mathcal{V}}-\dot{\boldsymbol{J}}\dot{\boldsymbol{\theta}} = \boldsymbol{J}\boldsymbol{M}_\theta^{-1}\boldsymbol{\tau}-\boldsymbol{J}\boldsymbol{M}_\theta^{-1}(\boldsymbol{c}_\theta+\boldsymbol{g}_\theta) \tag{4.51}$$

然后，用静力关系代替力关系 $\boldsymbol{\tau}=\boldsymbol{J}^{\mathrm{T}}\mathcal{F}^m$，并求解空间力 $\mathcal{F}^m$的方程。最终结果为

$$\begin{aligned}\mathcal{F}^m &= \mathbb{M}_e(\dot{\mathcal{V}}-\dot{\boldsymbol{J}}\dot{\boldsymbol{\theta}})+\mathbb{M}_e\boldsymbol{J}\boldsymbol{M}_\theta^{-1}(\boldsymbol{c}_\theta+\boldsymbol{g}_\theta)\\ &= \mathbb{M}_e(\boldsymbol{\theta})\dot{\mathcal{V}}+\mathcal{C}_e(\boldsymbol{\theta},\dot{\boldsymbol{\theta}})+\mathcal{G}_e(\boldsymbol{\theta})\end{aligned} \tag{4.52}$$

式中，$\mathcal{C}_e(\boldsymbol{\theta},\dot{\boldsymbol{\theta}})=\boldsymbol{J}^{-\mathrm{T}}c-\mathbb{M}_e\dot{\boldsymbol{J}}\dot{\boldsymbol{\theta}}$ 表示与速度有关的非线性力，$\mathcal{G}_e(\boldsymbol{\theta})=\boldsymbol{J}^{-\mathrm{T}}\boldsymbol{g}_\theta$ 为重力。这些量用末端连杆力旋量来表示。此外，请注意，$\mathcal{F}^m=\boldsymbol{J}^{-\mathrm{T}}\boldsymbol{\tau}$ 是源于运动/力对偶原理的准静态力旋量，它不是外力。上标 m 用于强调该力旋量应与移动度相关，而不是与外部接触力旋量相关。

操作空间法[60]

运动学冗余机械臂的动力学模型可以通过与上述相同的过程转换为末端连杆空间坐标。但是，由于零空间关节扭矩未出现在方程中，因此所得方程将是动力学的不完整表示。实际上，对于冗余机械臂，基本坐标变换应涉及雅可比矩阵的广义逆。由于存在无穷多个此类逆，因此关节空间动力学不能以空间末端连杆坐标来唯一表示。可以选择一个特定的广义逆，但随后需要进行后续分析以阐明特定映射的性质。该方法用于操作空间公式化[60]，其中关节到空间坐标变换涉及雅可比矩阵的惯性加权伪逆，即

$$\boldsymbol{J}^{-M}(\boldsymbol{\theta}) = \boldsymbol{M}_\theta^{-1}\boldsymbol{J}^{\mathrm{T}}(\boldsymbol{J}\boldsymbol{M}_\theta^{-1}\boldsymbol{J}^{\mathrm{T}})^{-1} = \boldsymbol{M}_\theta^{-1}\boldsymbol{J}^{\mathrm{T}}\mathbb{M}_e \tag{4.53}$$

矩阵 $\boldsymbol{J}^{-M\mathrm{T}}$用公式(4.52)中的非线性、重力和准静态力旋量项代替了 $\boldsymbol{J}^{-\mathrm{T}}$。这种特殊的逆产生了所谓的“动态一致关系”[61,33]：末端连杆和零空间动力学完全解耦。从控制器设计的观点来看，这种动力学的解耦是非常理想的。这些年来，已经开发了许多这样的控制器，包括顺应性控制器[112]和阻抗控制器[90,91,3]。该方法也已应用于仿人机器人。详细信息将在 4.13.3 节中给出。

为了理解动态解耦特性，假设一个固定的机械臂构型和零重力。动力学模型(4.45)和(4.52)分别仅表示线性运动/力关系 $\boldsymbol{M}_\theta\ddot{\boldsymbol{\theta}}=\boldsymbol{\tau}$ 和 $\mathbb{M}_e\dot{\mathcal{V}}=\mathcal{F}^m$。另一方面，运动静力学关系为 $\boldsymbol{J}\dot{\boldsymbol{\theta}}=\dot{\mathcal{V}}$ 和 $\boldsymbol{\tau}=\boldsymbol{J}^{\mathrm{T}}\mathcal{F}^m$。在存在运动学冗余的情况下，存在一组控制关节扭矩矢量的无穷集。然后将最后一个关系式改写为[60,61]

$$\boldsymbol{\tau}_f = \boldsymbol{J}^{\mathrm{T}} \mathcal{F}^m + (\boldsymbol{E} - \boldsymbol{J}^{\mathrm{T}} \boldsymbol{J}^{-W\mathrm{T}}) \boldsymbol{\tau}_a \tag{4.54}$$

式中，$\boldsymbol{\tau}_a$ 是参数化(对偶)零空间 $\mathcal{N}^*(\boldsymbol{J}) \equiv \mathcal{N}(\boldsymbol{J}^{-W\mathrm{T}})$ 的任意关节扭矩(回顾 3.4.3 节中提到的 $(\boldsymbol{E}-\boldsymbol{J}^{\mathrm{T}}\boldsymbol{J}^{-W\mathrm{T}})$ 表示该零空间的投影)。从投影得到的关节扭矩分量对末端连杆上的合力没有贡献。

另一方面，当将冗余机械臂的二阶逆运动学解(2.39)代入公式(4.45)中(假设使用加权伪逆、固定构型和零重力)，则可以推导出控制关节扭矩的另一个无穷集[33]，即

$$\boldsymbol{\tau}_m = \boldsymbol{M}_\theta \boldsymbol{J}^{-W} \mathbb{M}_e^{-1} \mathcal{F}^m + \boldsymbol{M}_\theta (\boldsymbol{E} - \boldsymbol{J}^{-W}\boldsymbol{J}) \ddot{\boldsymbol{\theta}}_a \tag{4.55}$$

式中，$\ddot{\boldsymbol{\theta}}_a$ 是参数化零空间 $\mathcal{N}(\boldsymbol{J})$ 的任意关节加速度。它的投影产生可以应用的关节加速度，而不会产生影响末端连杆的合成空间加速度。所有由 $\ddot{\boldsymbol{\theta}}_a$ 引起的关节转矩 $\{\boldsymbol{\tau}_m\}$ 产生与末端连杆力 $\mathcal{F}^m$ 相同的末端连杆加速度。

只有当方程中使用雅可比矩阵的惯性加权伪逆时，即要求 $\boldsymbol{W} = \boldsymbol{M}_\theta$ 时，才能直接看出两个关节扭矩集(4.54)和(4.55)是兼容的(或动态一致的)。这实现了负责运动/力控制任务的特定分量与零空间分量之间完全的动力学解耦。文献[33]中表明，将满足以下 4 个条件：

$$\mathcal{F}_n = \boldsymbol{M}_\theta \mathcal{M}_n, \quad \mathcal{F}_r = \boldsymbol{M}_\theta \mathcal{M}_r \tag{4.56}$$

和

$$\mathcal{F}_n \perp \mathcal{M}_r, \quad \mathcal{F}_r \perp \mathcal{M}_n \tag{4.57}$$

式中，$\mathcal{M}$ 和 $\mathcal{F} \equiv \mathcal{M}^*$ 表示关节运动(广义速度/加速度)和对偶(广义动量/关节扭矩)域。下标“r”和“n”代表基础变换的行和零子空间中的分量，即雅可比矩阵。

完全动态解耦的特性在运动/力和阻抗控制设计中起着重要作用，因为任务和零空间控制分量可以独立设计。

空间坐标下的约束动力学

现在考虑一种运动/力控制方案，其中末端连杆与环境接触，并沿着接触表面移动。通过接触关节形成一个闭环，从而产生了第 2 章介绍的运动静力学条件。一阶微分运动关系的形式与公式(2.95)相同。因此，对于约束方向和无约束方向，机械臂的雅可比矩阵分别分解为子雅可比矩阵 $\boldsymbol{J}_c(\boldsymbol{\theta}) \in \Re^{c\times n}$ 和 $\boldsymbol{J}_m(\boldsymbol{\theta}) \in \Re^{\eta\times n}$，$c$ 和 $\eta(c+\eta=6)$ 表示接触关节处受约束方向和无约束方向的数量。运动方程写为

$$\boldsymbol{M}_\theta(\boldsymbol{\theta})\ddot{\boldsymbol{\theta}} + \boldsymbol{c}_\theta(\boldsymbol{\theta},\dot{\boldsymbol{\theta}}) + \boldsymbol{g}_\theta(\boldsymbol{\theta}) = \boldsymbol{\tau} + \boldsymbol{J}_c^{\mathrm{T}}(\boldsymbol{\theta})\overline{\mathcal{F}}^c \tag{4.58}$$

$\overline{\mathcal{F}}^c$ 表示接触力旋量的分量(反作用)。此外，雅可比分解法专门构造了用空间坐标表示的动力学项。因此，操作空间惯性矩阵以及非线性速度和重力项分别假定为以下形式[28]：

$$\mathbb{M}_e(\boldsymbol{\theta}) = \begin{bmatrix} \boldsymbol{J}_c\boldsymbol{M}_\theta^{-1}\boldsymbol{J}_c^{\mathrm{T}} & \boldsymbol{J}_c\boldsymbol{M}_\theta^{-1}\boldsymbol{J}_m^{\mathrm{T}} \\ \boldsymbol{J}_m\boldsymbol{M}_\theta^{-1}\boldsymbol{J}_c^{\mathrm{T}} & \boldsymbol{J}_m\boldsymbol{M}_\theta^{-1}\boldsymbol{J}_m^{\mathrm{T}} \end{bmatrix}^{-1} = \begin{bmatrix} \boldsymbol{M}_c & \boldsymbol{M}_{cm} \\ \boldsymbol{M}_{cm}^{\mathrm{T}} & \boldsymbol{M}_m \end{bmatrix} \tag{4.59}$$

$$\mathcal{C}_e(\boldsymbol{\theta},\dot{\boldsymbol{\theta}}) = \mathbb{M}_e \begin{bmatrix} \boldsymbol{J}_c\boldsymbol{M}_\theta^{-1}\boldsymbol{c}_\theta - \dot{\boldsymbol{J}}_c\dot{\boldsymbol{\theta}} \\ \boldsymbol{J}_m\boldsymbol{M}_\theta^{-1}\boldsymbol{c}_\theta - \dot{\boldsymbol{J}}_m\dot{\boldsymbol{\theta}} \end{bmatrix} = \begin{bmatrix} \mathcal{C}_c \\ \mathcal{C}_m \end{bmatrix} \tag{4.60}$$

$$\mathcal{G}_e(\boldsymbol{\theta}) = \mathbb{M}_e \begin{bmatrix} \boldsymbol{J}_c \\ \boldsymbol{J}_m \end{bmatrix} \boldsymbol{M}_\theta^{-1}\boldsymbol{g}_\theta = \begin{bmatrix} \mathcal{G}_c \\ \mathcal{G}_m \end{bmatrix}$$

利用上述标记，运动方程可以在空间坐标中表示为

$$\begin{bmatrix} \boldsymbol{M}_c & \boldsymbol{M}_{cm} \\ \boldsymbol{M}_{cm}^{\mathrm{T}} & \boldsymbol{M}_m \end{bmatrix} \begin{bmatrix} \boldsymbol{0} \\ \dot{\bar{\mathcal{V}}}^m \end{bmatrix} + \begin{bmatrix} \mathcal{C}_c \\ \mathcal{C}_m \end{bmatrix} + \begin{bmatrix} \mathcal{G}_c \\ \mathcal{G}_m \end{bmatrix} = \begin{bmatrix} \bar{\mathcal{F}}^c \\ \bar{\mathcal{F}}^m \end{bmatrix} \tag{4.61}$$

式中，$\bar{\mathcal{V}}^m = \boldsymbol{J}_m \dot{\boldsymbol{\theta}} \in \Re^\eta$ 是接触关节沿无约束运动方向的速度。对偶量 $\bar{\mathcal{F}}^m$ 表示准静态力(沿无约束方向)。注意，加速度$\dot{\bar{\mathcal{V}}}^m$ 不会产生任何反作用力。同样地，反作用力 $\bar{\mathcal{F}}^c$沿着无约束运动方向不会产生任何加速度。这导致动力学解耦。因此，末端执行器的运动和力可以分别通过 $\bar{\mathcal{F}}^m$和 $\bar{\mathcal{F}}^c$独立控制。

基于 KD-JSD 方法的完全动力学解耦[116]

运动学解耦的关节空间分解(KD-JSD)方法(参见 2.7.5 节)可用于实现完全的动力学解耦，与操作空间公式化一样。但是，当动力学以末端连杆坐标表示时，该方法的最小参数化特性会产生重要的优势。

静态关节转矩(4.54)的无穷集可以用 KD-JSD 表示为

$$\boldsymbol{\tau}_f = \boldsymbol{J}^{\mathrm{T}} \mathcal{F} + \boldsymbol{W} \boldsymbol{Z}^{\mathrm{T}} \bar{\boldsymbol{\tau}}_a \tag{4.62}$$

式中，$\bar{\boldsymbol{\tau}}_a$ 是一个任意的 r 矢量，它以最小的方式参数化对偶零空间 $\mathcal{N}^*(\boldsymbol{J}) \equiv \mathcal{F}_n$。在 2.7.5 节中定义了加权矩阵 $\boldsymbol{W}(\boldsymbol{\theta}) \in \Re^{n\times n}$、全行秩矩阵 $\boldsymbol{Z}(\boldsymbol{\theta}) \in \Re^{r\times n}$和“非对称”加权广义逆 $\boldsymbol{Z}_{\mathrm{W}}^{\#}(\boldsymbol{\theta})$。可以证明，对于给定的非最小参数化矢量 $\boldsymbol{\tau}_a \in \Re^n$，存在一个 $\bar{\boldsymbol{\tau}}_a \in \Re^r$ 满足公式(4.54)和公式(4.62)中的零空间分量(等号右边的第二项)相等。

另一方面，存在由一组可能的关节加速度产生的另一组关节扭矩的无穷集。后者由 KD-JSD 二阶逆运动学解(通过公式(2.48)相对于时间的微分得出)获得，并代入公式(4.45)。在固定构型和零重力的假设下，加速度引起的关节扭矩表示为

$$\boldsymbol{\tau}_m = \boldsymbol{M}_\theta \begin{bmatrix} \boldsymbol{J}^{-\mathrm{W}}(\boldsymbol{\theta}) & \boldsymbol{Z}_{\mathrm{W}}^{\#}(\boldsymbol{\theta}) \end{bmatrix} \begin{bmatrix} \dot{\mathcal{V}} \\ \dot{\boldsymbol{b}} \end{bmatrix} \tag{4.63}$$

任意 r 矢量 $\dot{\boldsymbol{b}}$ 最小化参数化零空间 $\mathcal{N}(\boldsymbol{J}) \equiv \mathcal{M}_n$。如前所述，该零空间包括可以在不影响末端连杆的合成空间加速度的情况下应用的关节加速度。

在关节空间分解方案下，关节空间中的线性运动/力关系可以表示为

$$\begin{bmatrix} \mathcal{F} \\ \bar{\boldsymbol{\tau}}_a \end{bmatrix} = \begin{bmatrix} \mathbb{M}_e(\boldsymbol{\theta}) & \boldsymbol{H}_{er}(\boldsymbol{\theta}) \\ \boldsymbol{H}_{er}^{\mathrm{T}}(\boldsymbol{\theta}) & \boldsymbol{M}_r(\boldsymbol{\theta}) \end{bmatrix} \begin{bmatrix} \dot{\mathcal{V}} \\ \dot{\boldsymbol{b}} \end{bmatrix} \tag{4.64}$$

式中，$\mathbb{M}_e = \boldsymbol{J}^{-\mathrm{WT}} \boldsymbol{M}_\theta \boldsymbol{J}^{-\mathrm{W}}$，$\boldsymbol{H}_{er} = \boldsymbol{J}^{-\mathrm{WT}} \boldsymbol{M}_\theta \boldsymbol{Z}_{\mathrm{W}}^{\#}$，$\boldsymbol{M}_r = \boldsymbol{Z}_{\mathrm{W}}^{\#\mathrm{T}} \boldsymbol{M}_\theta \boldsymbol{Z}_{\mathrm{W}}^{\#}$。

只有当加权矩阵等于关节空间惯量，即 $\boldsymbol{W}(\boldsymbol{\theta}) = \boldsymbol{M}_\theta(\boldsymbol{\theta})$时，才能保证关节力矩的动态一致性(4.62)和(4.63)(即完全动力学解耦)。由于 $\boldsymbol{J}\boldsymbol{Z}_{\mathrm{W}}^{\#} = 0$，得出 $\boldsymbol{H}_{er} = \boldsymbol{0}$。因此公式(4.64)中的惯性矩阵假定为块对角矩阵形式 diag $[\mathbb{M}_e\ \boldsymbol{M}_r]$。这一特性有助于控制律的设计，这将在 4.5.3 节中解释。

4.5.3　具有动力学解耦分级结构的零空间动力学

4.5.2 节中讨论的完全动力学解耦方法为发展渐近稳定的零空间动态控制提供了基础。为此，该方法首先针对 r 任务优先级的一般情况重新制定，依据微分运动学方程[29]，即

$$\mathcal{V}_k = \bar{\boldsymbol{J}}_k \dot{\boldsymbol{\theta}} \tag{4.65}$$

式中，$\mathcal{V}_k \in \Re^{m_k}$，$\bar{\boldsymbol{J}}_k \in \Re^{m_k \times n}$，$k \in \{\overline{2,r}\}$分别为附加任务速度和(零空间)约束雅可比矩阵。回顾一下，确定雅可比矩阵必须满足所有附加任务运动学解耦(参见 2.7.5 节)。如 4.5.2 节中所讨论的那样，运动学解耦也使动力学解耦。

当约束雅可比矩阵用以下列形式确定时，可以确保动力学解耦[29]：

$$\bar{\boldsymbol{J}}_k = (\boldsymbol{Z}_k \boldsymbol{M}_\theta \boldsymbol{Z}_k^{\mathrm{T}})^{-1} \boldsymbol{Z}_k \boldsymbol{M}_\theta \tag{4.66}$$

式中，$\boldsymbol{Z}_k$ 表示出现在递归方案(2.52)中来自于矩阵 $\boldsymbol{J}_{C_{k-1}}$ 的一个全行秩零空间基，满足 $\boldsymbol{J}_{C_{k-1}} \boldsymbol{Z}_k^{\mathrm{T}} = \boldsymbol{0}$。显然，连杆惯性矩阵 $\boldsymbol{M}_\theta$ 在上述表示中扮演加权矩阵的角色。利用这种标记，逆运动学解表示为

$$\dot{\boldsymbol{\theta}} = \boldsymbol{J}^{-M_\theta} \mathcal{V} + \sum_{k=2}^{r} \boldsymbol{Z}_k^{\mathrm{T}} \mathcal{V}_k \tag{4.67}$$

零空间基 $\boldsymbol{Z}_k$ 可以通过矩阵 $\boldsymbol{J}_{C_{k-1}}$ 的奇异值分解来确定。还要注意，下面的关系是成立的。

$$\bar{\boldsymbol{J}}_k^{\mathrm{T}} \boldsymbol{Z}_k \boldsymbol{J}_k^{\mathrm{T}} = \boldsymbol{N}^* (\boldsymbol{J}_{C_{k-1}}) \boldsymbol{J}_k^{\mathrm{T}}$$

$$\boldsymbol{N}^* (\boldsymbol{J}_{C_{k-1}}) \equiv \boldsymbol{E} - \boldsymbol{J}_{C_{k-1}}^{\mathrm{T}} \boldsymbol{J}_{C_{k-1}}^{-M\mathrm{T}} \tag{4.68}$$

此外，根据公式(2.32)，可以将零空间投影分解为 $\boldsymbol{N}^* (\boldsymbol{J}_{C_{k-1}}) = \boldsymbol{V}_{k-1} \boldsymbol{V}_{k-1}^{\mathrm{T}}$。于是，

$$\boldsymbol{Z}_k = \boldsymbol{J}_k \boldsymbol{V}_{k-1} (\boldsymbol{V}_{k-1}^{\mathrm{T}} \boldsymbol{M}_\theta \boldsymbol{V}_{k-1})^{-1} \boldsymbol{V}_{k-1}^{\mathrm{T}}, k = 2,3,\cdots,(r-1) \tag{4.69}$$

$$\boldsymbol{Z}_r = \boldsymbol{V}_{r-1}$$

如文献[29]中所讨论的，在控制器中适当地实现上述分解时，可以在不涉及外力测量的情况下保证渐进稳定性，从而保证按优先级顺序依次收敛。

4.6 零重力下自由漂浮机械臂的空间动量

仿人机器人的完整动力学模型说明了浮动基座和外力(例如重力和接触(反作用)力)的存在。浮动基动力学模型包含一个特定的分量，该分量将它们与 4.5 节中讨论的固定基动力学模型区分开来。为了深入理解浮动基动力学模型，首先关注零重力下的自由漂浮机器人的动力学将很有用。在没有外力的情况下，这些动力学仅涉及机器人的运动。运动动力学的特性作为完整动力学的固有组成部分起着重要的作用。还应注意，从实际的角度出发，对纯自由浮动，即无接触、欠驱动系统模型的研究也是有理由的。事实上，有些仿人机器人能够在脚离开地面松散接触时达到腾空，例如在跑步或跳跃时[21,148,149,147,26]。为了达到合适的着陆姿势，四肢的运动需要在半空中进行相应的控制。通过适当的着陆姿势控制，可以避免在触地时产生过度的反作用力。碰撞后阶段的平衡稳定性也更容易实现。自由浮动的机器人模型对于理解角动量的重要作用方面特别有用。

4.6.1 历史背景

自由浮动的系统模型最早出现在 20 世纪 80 年代的太空机器人领域。在开创性的工作中[154]，揭示了自由漂浮太空机器人的非完整性质。重点研究了由机械臂的运动引起的基座的空间位置的扰动。另外，还强调了机械臂运动规划问题的相关难点。运动学冗余在动量补偿中的使用已在文献[97,122]中进行了首次研究。在文献[97,94]中，建立了基于速度的末端连杆和底座运动的同步控制方程，并提出了一种具有任务优先级的冗余分解方

法，以最小化或最大化底座处的反作用。此外，还引入了所谓的“机械臂反演任务”，其中，末端连杆保持固定在惯性空间中，而浮动基座的方向以期望的方式变化。这种行为是通过一个特定的耦合惯性矩阵的零空间实现的。后来的研究表明，相同的零空间对于受外部干扰的仿人机器人的平衡控制也起着重要作用[102,101,168]。

4.6.2　空间动量

考虑在零重力条件下由安装在刚体卫星上的 n 关节机械臂组成的自由浮动串联连杆链，如图 4.7a 所示。卫星表示系统的浮动基座。假设基座没有被驱动(没有推进器或反作用轮)，而机械臂关节是被驱动的。此时该系统是欠驱动的。系统的线性动量唯一表示为

$$\boldsymbol{p} = \sum_{i=0}^{n} M_i \dot{\boldsymbol{r}}_i = M \dot{\boldsymbol{r}}_C \tag{4.70}$$

M_i 和 $\boldsymbol{r}_i$ 表示连杆 i 的质量和质心位置；M 代表总质量，$\boldsymbol{r}_C$ 代表系统质心的位置。角动量的表达式取决于参考点。在太空机器人领域，使用涉及惯性坐标系原点、基座连杆坐标系原点以及系统质心的表达式。在仿人机器人领域中，仅采用后两种表达式。当系统角动量用系统质心表示时，获得最简单的表达式，即

$$\boldsymbol{l}_C = \sum_{i=0}^{n} \boldsymbol{I}_i \boldsymbol{\omega}_i \tag{4.71}$$

$\boldsymbol{I}_i$ 和 $\boldsymbol{\omega}_i$ 表示连杆 i 的惯性张量和角速度。请注意，基座被指定为连杆 0。相关的量，例如基座位置、速度和惯性，将用下标$(\circ)_B$ 表示。所有量均在惯性坐标系$\{W\}$中表示。在角动量的表示法中，下标表示参考点。

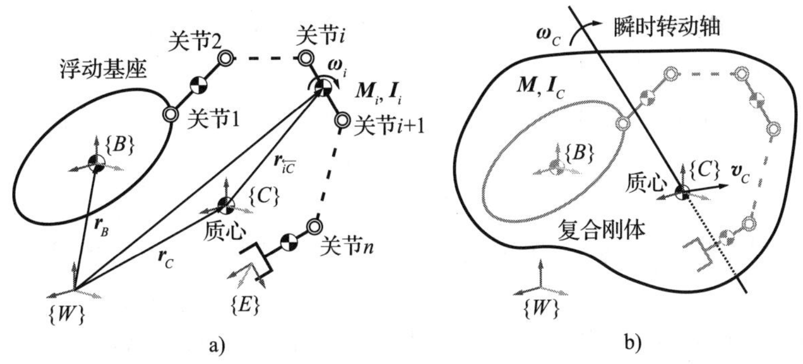

图 4.7　自由浮动基座上的串联机械臂模型：a)主坐标系和系统参数；b)作为复合刚体(CRB)表示(所有关节均锁定)

将上述两个动量矢量组合成一个单独的 6D 矢量是很方便的，该矢量将表示浮动基座系统中关于质心的空间动量，即

$$\mathcal{L}_C \equiv \begin{bmatrix} \boldsymbol{p} \\ \boldsymbol{l}_C \end{bmatrix} \tag{4.72}$$

空间动量与空间力一样是 se*(3)的分量。请注意，在没有外力(例如重力)的情况下，空间动量是守恒的。另一方面，在重力的作用下，仅角动量守恒。还要注意，角动量是不可积的，因此，其守恒施加了非完整的运动约束。

4.6.3 关节锁定：复合刚体

当机械臂关节被锁定时，自由浮动系统表现为复合刚体(CRB)。回顾一下，3.6 节介绍了复合刚体作为以质心为特征的连杆组合系统的表示法。复合刚体也通过惯性张量表示，定义为

$$\boldsymbol{I}_C(\boldsymbol{q}) \equiv \sum_{i=0}^{n}(\boldsymbol{I}_i + M_i[\boldsymbol{r}_{\overleftarrow{iC}}^{\times}][\boldsymbol{r}_{\overleftarrow{Ci}}^{\times}]) \in \Re^{3\times 3} \tag{4.73}$$

式中，$\boldsymbol{r}_{\overleftarrow{iC}}=\boldsymbol{r}_i-\boldsymbol{r}_C$，$\boldsymbol{q}=(\mathcal{X}_B, \boldsymbol{\theta})$ 表示浮动基座系统的广义坐标，$\mathcal{X}_B$ 表示浮动基座的 6D 位置。在这一点上，值得注意的是，机械臂关节和浮动基座的状态分别来自关节角度编码器和惯性测量传感器(IMU)的读数。传感器融合技术可以提高后者的准确性[126]。

此外，如图 4.7b 所示，复合刚体坐标系$\{C\}$方便地附加到系统质心上。由于复合刚体不是实体，因此将坐标轴选择为与基座连杆坐标系$\{B\}$平行的坐标轴。通过这种选择，复合刚体的空间速度可以用 $\mathcal{V}_M$(在 2.11.4 节中定义)表示，包含分量质心速度 $\boldsymbol{v}_C=\dot{\boldsymbol{r}}_C$ 和基座连杆的角速度 $\boldsymbol{\omega}_B$。作为替代表达，这里将引入所谓的系统空间速度 $\mathcal{V}_C=[\boldsymbol{v}_C^{\mathrm{T}} \quad \boldsymbol{\omega}_C^{\mathrm{T}}]^{\mathrm{T}}$。角速度 $\boldsymbol{\omega}_C$ 称为系统角速度㊀；其含义将在 4.6.4 节中阐明。

空间动量与系统空间速度之间的关系可以表示为

$$\mathcal{L}_C = \mathbb{M}_C\mathcal{V}_C \tag{4.74}$$

矩阵

$$\mathbb{M}_C(\boldsymbol{q}) \equiv \begin{bmatrix} M\boldsymbol{E} & \boldsymbol{0} \\ \boldsymbol{0} & \boldsymbol{I}_C(\boldsymbol{q}) \end{bmatrix} \in \Re^{6\times 6} \tag{4.75}$$

具有刚体空间惯性张量[32](或锁定惯性张量[86,109])的结构。它在包括仿人机器人在内的浮动基座系统建模中起着重要作用。注意，下标表示对参考点的依赖。在这种情况下，参考点是系统质心(或形心)，因此 $\mathbb{M}_C(\boldsymbol{q})$称为质心复合刚体惯性[67]；另一方面，$\mathcal{L}_C$ 称为质心空间动量[107]。空间惯性张量的其他表示形式，例如关于浮动基座或惯性系的原点，将在下文中给出。由公式(4.74)推导得到的角动量为

$$\boldsymbol{l}_C = \boldsymbol{I}_C(\boldsymbol{q})\boldsymbol{\omega}_c \tag{4.76}$$

$\boldsymbol{I}_C(\boldsymbol{q})$和 $\boldsymbol{l}_C$ 分别称为质心惯性张量和质心角动量。$\boldsymbol{l}_C$ 也称为自旋角动量[119,120]或固有角动量[32，152]。

空间动量和各自的空间惯性张量的最佳参考点在不同的应用领域可能有所不同。在仿人机器人领域，质心可能是首选(例如文献[55])。另一方面，在空间机器人领域，通常使用浮动基座坐标系的原点。在这种情况下，空间动量表示为

$$\mathcal{L}_B = \mathbb{T}_{\overleftarrow{BC}}^{\mathrm{T}}\mathcal{L}_C \tag{4.77}$$

或

$$\mathcal{L}_B \equiv \begin{bmatrix} \boldsymbol{p} \\ \boldsymbol{l}_B \end{bmatrix} = \begin{bmatrix} \boldsymbol{E} & \boldsymbol{0} \\ -[\boldsymbol{r}_{\overleftarrow{BC}}^{\times}] & \boldsymbol{E} \end{bmatrix}\begin{bmatrix} \boldsymbol{p} \\ \boldsymbol{l}_C \end{bmatrix} = \begin{bmatrix} \boldsymbol{p} \\ \boldsymbol{l}_C \end{bmatrix} - \begin{bmatrix} \boldsymbol{0} \\ [\boldsymbol{r}_{\overleftarrow{BC}}^{\times}]\boldsymbol{p} \end{bmatrix}$$

请注意，由于空间动量是 se*(3)的分量，因此在公式(4.77)中使用了力旋量的变换

㊀ 在文献[107]中，系统角速度/空间速度 $\omega_C/\mathcal{V}_C$ 被命名为平均角速度/平均空间速度。

规则(参见公式(3.4))。还要注意，该变换在一般情况下是有效的，即不只是对锁定关节有效。此外，通过将公式(4.74)代入公式(4.77)并使用 $\mathcal{V}_C=\mathbb{T}_{\overleftarrow{CB}}\mathcal{V}_B$(参见公式(2.4))，得出

$$\widetilde{\mathcal{L}}_B = \mathbb{M}_B\mathcal{V}_B$$

式中，$\mathcal{V}_B=[\boldsymbol{v}_B^{\mathrm{T}} \quad \boldsymbol{\omega}_B^{\mathrm{T}}]^{\mathrm{T}}$ 表示基座的空间速度。上波浪线符号表示在关节锁定的情况下，上述空间动量表达式可能与在关节解锁的情况下不同。矩阵

$$\mathbb{M}_B \equiv \mathbb{T}_{\overleftarrow{BC}}^{\mathrm{T}}\mathbb{M}_C\mathbb{T}_{\overleftarrow{CB}} \tag{4.78}$$

表示空间惯性张量。关系式(4.78)为变换空间惯性张量提供了一个有用的公式。可以将以上张量展开为

$$\mathbb{M}_B(\boldsymbol{q}) = \begin{bmatrix} M\boldsymbol{E} & -M\left[\boldsymbol{r}_{\overleftarrow{CB}}^{\times}\right] \\ -M\left[\boldsymbol{r}_{\overleftarrow{CB}}^{\times}\right]^{\mathrm{T}} & \boldsymbol{I}_B \end{bmatrix} \tag{4.79}$$

式中，

$$\begin{aligned} \boldsymbol{I}_B(\boldsymbol{q}) &= \boldsymbol{I}_C(\boldsymbol{q}) + M\left[\boldsymbol{r}_{\overleftarrow{CB}}^{\times}\right]\left[\boldsymbol{r}_{\overleftarrow{BC}}^{\times}\right] \\ &= \boldsymbol{I}_0 + \sum_{i=1}^{n}\left(\boldsymbol{I}_i + M_i\left[\boldsymbol{r}_{\overleftarrow{iB}}^{\times}\right]\left[\boldsymbol{r}_{\overleftarrow{Bi}}^{\times}\right]\right) \end{aligned} \tag{4.80}$$

式中，$\boldsymbol{I}_0$ 表示基座连杆的惯性张量。

此外，如果需要，空间动量可以用惯性系表示为

$$\mathcal{L}_W = \mathbb{T}_{\overleftarrow{WC}}^{\mathrm{T}}\mathcal{L}_C \tag{4.81}$$

展开形式为

$$\mathcal{L}_W \equiv \begin{bmatrix} \boldsymbol{p} \\ \boldsymbol{l}_W \end{bmatrix} = \begin{bmatrix} \boldsymbol{E} & \boldsymbol{0} \\ -[\boldsymbol{r}_{\overleftarrow{WC}}^{\times}] & \boldsymbol{E} \end{bmatrix}\begin{bmatrix} \boldsymbol{p} \\ \boldsymbol{l}_C \end{bmatrix} = \begin{bmatrix} \boldsymbol{p} \\ \boldsymbol{l}_C \end{bmatrix} - \begin{bmatrix} \boldsymbol{0} \\ \left[\boldsymbol{r}_{\overleftarrow{WC}}^{\times}\right]\boldsymbol{p} \end{bmatrix}$$

然后，可以将复合刚体角动量写为

$$\boldsymbol{l}_W = \boldsymbol{I}_C\boldsymbol{\omega}_c + \left[\boldsymbol{r}_{\overleftarrow{CW}}^{\times}\right]\boldsymbol{p} = \sum_{i=0}^{n}\left(\boldsymbol{I}_i\boldsymbol{\omega}_i + M_i\left[\boldsymbol{r}_{\overleftarrow{iW}}^{\times}\right]\dot{\boldsymbol{r}}_i\right) \tag{4.82}$$

4.6.4 关节解锁：多体符号

接下来的阐述将指出，当关节解锁时，空间动量的表示取决于准速度的特定选择。回顾一下，到目前为止，使用了两种准位置：基座准速度 $\dot{\boldsymbol{q}}_B=(\mathcal{V}_B,\dot{\boldsymbol{\theta}})$ 和混合准速度 $\dot{\boldsymbol{q}}_M=(\mathcal{V}_M,\dot{\boldsymbol{\theta}})$。系统空间速度 $\mathcal{V}_C$ 产生了第三种类型的准速度：质心准速度 $\dot{\boldsymbol{q}}_C=(\mathcal{V}_C，\dot{\boldsymbol{\theta}})$。

为了阐明对准速度公式的依赖，首先请注意，(线性)动量可以表示为

$$\begin{aligned} \boldsymbol{p}(\boldsymbol{q},\dot{\boldsymbol{q}}_B) &= M\boldsymbol{v}_B + \sum_{i=1}^{n}M_i\left(-[\boldsymbol{r}_{\overleftarrow{iB}}^{\times}]\boldsymbol{\omega}_B + \boldsymbol{J}_{vi}(\boldsymbol{\theta})\dot{\boldsymbol{\theta}}\right) \\ &= M\left(\boldsymbol{v}_B - [\boldsymbol{r}_{\overleftarrow{CB}}^{\times}]\boldsymbol{\omega}_B + \boldsymbol{J}_{\overleftarrow{CB}}(\boldsymbol{\theta})\dot{\boldsymbol{\theta}}\right) \end{aligned} \tag{4.83}$$

$\boldsymbol{J}_{\overleftarrow{CB}}(\boldsymbol{\theta})$ 表示机器人的质心雅可比矩阵[⊖]。因为 $\boldsymbol{p}=\boldsymbol{p}(\boldsymbol{q}，\dot{\boldsymbol{q}}_B)=M\boldsymbol{v}_C$，因此，

$$\boldsymbol{v}_C = \boldsymbol{v}_B - [\boldsymbol{r}_{\overleftarrow{CB}}^{\times}]\boldsymbol{\omega}_B + \boldsymbol{J}_{\overleftarrow{CB}}\dot{\boldsymbol{\theta}} \tag{4.84}$$

⊖ 公式(2.118)定义了雅可比矩阵 $\boldsymbol{J}_{\overleftarrow{CB}}(\boldsymbol{\theta})$ 和 $\boldsymbol{J}_{vi}(\boldsymbol{\theta})$。

另一方面，关于质心的系统角动量(SAM)可以用总和表示，即

$$\boldsymbol{l}_C(\boldsymbol{q},\dot{\boldsymbol{q}}_\omega) = \boldsymbol{I}_C(\boldsymbol{q})\boldsymbol{\omega}_B + \boldsymbol{H}_C(\boldsymbol{q})\dot{\boldsymbol{\theta}} \tag{4.85}$$

式中，$\dot{\boldsymbol{q}}_\omega=(\boldsymbol{\omega}_B,\dot{\boldsymbol{\theta}})$和

$$\boldsymbol{H}_C(\boldsymbol{q}) = \sum_{i=1}^{n}\left(\boldsymbol{I}_i\boldsymbol{J}_{\omega i}(\boldsymbol{\theta}) + M_i[\boldsymbol{r}_{\overleftarrow{iC}}^{\times}]\boldsymbol{J}_{vi}(\boldsymbol{\theta})\right) \tag{4.86}$$

$\boldsymbol{J}_{\omega i}(\boldsymbol{\theta})$的定义见公式(4.44)。在此以后，将使用$\boldsymbol{H}_{(\circ)}$表示由质量/惯性-雅可比乘积组成的映射。这种类型的映射以坐标形式表示机械连接[86,109]，$\boldsymbol{H}_{(\circ)}$称为耦合惯性矩阵[96]。

此外，由于复合刚体(锁定)惯性张量$\boldsymbol{I}_C(\boldsymbol{q})$为节圆直径，因此它存在逆。公式(4.85)左乘$\boldsymbol{I}_C^{-1}$得到

$$\boldsymbol{I}_C^{-1}\boldsymbol{l}_C(\boldsymbol{q},\dot{\boldsymbol{q}}_\omega) = \boldsymbol{\omega}_B + \boldsymbol{J}_\omega(\boldsymbol{\theta})\dot{\boldsymbol{\theta}} \tag{4.87}$$

式中，$\boldsymbol{J}_\omega\equiv\boldsymbol{I}_C^{-1}\boldsymbol{H}_C$。紧凑形式表示可以写成

$$\boldsymbol{\omega}_C \equiv \hat{\boldsymbol{J}}_\omega(\boldsymbol{\theta})\dot{\boldsymbol{q}}_\omega \tag{4.88}$$

式中，$\hat{\boldsymbol{J}}_\omega\equiv[\boldsymbol{E}\quad\boldsymbol{J}_\omega]$。角速度$\boldsymbol{\omega}_C$是构成这个系统的所有物体的角速度的总和，这是在4.6.3节中介绍的系统角速度。注意，当关节锁定时，$\boldsymbol{\omega}_C=\boldsymbol{\omega}_B=\boldsymbol{\omega}_i$，$i\in\{\overline{1,n}\}$。

相对于质心(即穿过质心的系统空间动量SSM)的系统空间动量(SSM)的最简单表达是通过质心准速度获得的，得到

$$\mathcal{L}_C(\boldsymbol{q},\dot{\boldsymbol{q}}_C) = \mathcal{L}_C(\boldsymbol{q},\mathcal{V}_C) = \mathbb{M}_C\mathcal{V}_C \tag{4.89}$$

显然，无论如何都不依赖关节速率。也就是说，在此表示中，系统空间动量等于复合刚体空间动量(CRB-SM)，写作

$$\mathcal{L}_C(\boldsymbol{q},\mathcal{V}_C) = \widetilde{\mathcal{L}}_C(\boldsymbol{q},\mathcal{V}_C)$$

当以混合准速度表示时，系统空间动量SSM假定形式为

$$\begin{aligned}\mathcal{L}_C(\boldsymbol{q},\dot{\boldsymbol{q}}_M) &= \widetilde{\mathcal{L}}_C(\boldsymbol{q},\mathcal{V}_M) + \mathcal{L}_{CM}(\boldsymbol{q},\dot{\boldsymbol{\theta}})\\ &= \mathbb{M}_C\mathcal{V}_M + \boldsymbol{H}_{CM}\dot{\boldsymbol{\theta}}\\ &= \begin{bmatrix} M\boldsymbol{E} & \boldsymbol{0}\\ \boldsymbol{0} & \boldsymbol{I}_C\end{bmatrix}\begin{bmatrix}\boldsymbol{v}_C\\ \boldsymbol{\omega}_B\end{bmatrix} + \begin{bmatrix}\boldsymbol{0}\\ \boldsymbol{I}_C\boldsymbol{J}_\omega\end{bmatrix}\dot{\boldsymbol{\theta}}\\ &= \mathcal{A}_C(\boldsymbol{q})\dot{\boldsymbol{q}}_M\end{aligned} \tag{4.90}$$

存在两个分量：一个是复合刚体空间动量，即$\widetilde{\mathcal{L}}_C(\boldsymbol{q},\mathcal{V}_M)$；另一个与关节速度相关，即$\mathcal{L}_{CM}$。后者称为耦合空间动量(CSM)[96]。

系统空间动量也可以用基座准速度来表示，如下所示。

$$\begin{aligned}\mathcal{L}_C(\boldsymbol{q},\dot{\boldsymbol{q}}_B) &= \widetilde{\mathcal{L}}_C(\boldsymbol{q},\mathcal{V}_B) + \mathcal{L}_{CB}(\boldsymbol{q},\dot{\boldsymbol{\theta}})\\ &= \mathbb{M}_{CB}\mathcal{V}_B + \boldsymbol{H}_{CB}\dot{\boldsymbol{\theta}}\\ &= \begin{bmatrix} M\boldsymbol{E} & -M[\boldsymbol{r}_{\overleftarrow{CB}}^{\times}]\\ \boldsymbol{0} & \boldsymbol{I}_C\end{bmatrix}\begin{bmatrix}\boldsymbol{v}_B\\ \boldsymbol{\omega}_B\end{bmatrix} + \begin{bmatrix}M\boldsymbol{J}_{\overleftarrow{CB}}\\ \boldsymbol{I}_C\boldsymbol{J}_\omega\end{bmatrix}\dot{\boldsymbol{\theta}}\\ &= \mathcal{A}_{\overleftarrow{CB}}(\boldsymbol{q})\dot{\boldsymbol{q}}_B\end{aligned} \tag{4.91}$$

在此表示形式中，也存在两个分量：复合刚体空间动量$\widetilde{\mathcal{L}}_C(\boldsymbol{q},\mathcal{V}_B)$和耦合空间动量$\mathcal{L}_{CB}$。

从基座准速度到质心系统空间动量的映射 $\mathcal{A}_{\overleftarrow{CB}}$ 被命名为“质心动量矩阵”[106,107]。

上一个方程式可以变换为公式(4.77)，以表示与基座质心有关的系统空间动量。然后得到

$$
\begin{aligned}
\mathcal{L}_B(\boldsymbol{q},\dot{\boldsymbol{q}}_B) &= \widetilde{\mathcal{L}}_B(\boldsymbol{q},\mathcal{V}_B) + \mathcal{L}_{BB}(\boldsymbol{q},\dot{\boldsymbol{\theta}}) \\
&= \mathbb{M}_B \mathcal{V}_B + \boldsymbol{H}_{BB}\dot{\boldsymbol{\theta}} \\
&= \begin{bmatrix} M\boldsymbol{E} & -M\left[\boldsymbol{r}^{\times}_{\overleftarrow{CB}}\right] \\ -M\left[\boldsymbol{r}^{\times}_{\overleftarrow{CB}}\right]^{\mathrm{T}} & \boldsymbol{I}_B \end{bmatrix} \begin{bmatrix} \boldsymbol{v}_B \\ \boldsymbol{\omega}_B \end{bmatrix} + \mathbb{T}^{\mathrm{T}}_{\overleftarrow{CB}} \begin{bmatrix} M\boldsymbol{J}_{\overleftarrow{CB}} \\ \boldsymbol{I}_C \boldsymbol{J}_{\omega} \end{bmatrix} \dot{\boldsymbol{\theta}} \\
&= \mathcal{A}_B \dot{\boldsymbol{q}}_B
\end{aligned}
\tag{4.92}
$$

在这里，使用了平行轴惯性变换(4.80)。公式(4.92)中的系统空间动量的两个分量是复合刚体空间动量 $\widetilde{\mathcal{L}}_B(\boldsymbol{q},\mathcal{V}_B)$ 和耦合空间动量 $\mathcal{L}_{BB}$。

请注意以下事项。首先，请注意分别在公式(4.89)/公式(4.90)和公式(4.92)中出现的锁定惯性张量 $\mathbb{M}_C$ 和 $\mathbb{M}_B$ 是对称的和正定的。因此，它们具有刚体惯性张量的特性。另一方面，请注意公式(4.91)中的 $\mathbb{M}_{CB}$ 为 p. d.（因为 $[\boldsymbol{r}^{\times}_{\overleftarrow{CB}}]\boldsymbol{\omega}_B = -\boldsymbol{v}_B$）但不对称。此外，用混合准速度(4.90)表达，提供了线性和角度复合刚体动量分量之间的惯性解耦，以及前者与关节速率的独立性。从仿人机器人平衡控制设计的角度来看，此表示形式具有重要的优势（请参见第5章）：

1. 空间(锁定)惯性张量的块对角形式非常适合于控制解耦。
2. 质心速度在平衡控制中起着至关重要的作用。
3. 基座的角速度直接与基座连杆(以及上身的连杆)的姿态控制有关。

4.6.5 自由漂浮机械臂的瞬时运动

根据质心准速度、混合准速度以及公式(4.87)中的系统角速度的定义，可以建立以下关系：

$$
\dot{\boldsymbol{q}}_C = \boldsymbol{T}_{\overleftarrow{CM}}(\boldsymbol{q})\dot{\boldsymbol{q}}_M \tag{4.93}
$$

矩阵

$$
\boldsymbol{T}_{\overleftarrow{CM}}(\boldsymbol{q}) = \begin{bmatrix} \boldsymbol{E} & \boldsymbol{0} & \boldsymbol{0} \\ \boldsymbol{0} & \boldsymbol{E} & \boldsymbol{J}_{\omega}(\boldsymbol{q}) \\ \boldsymbol{0} & \boldsymbol{0} & \boldsymbol{E} \end{bmatrix} \tag{4.94}
$$

对准速度起到坐标变换的作用。注意，使用坐标变换的通用规则 $\boldsymbol{T}^{-1}_{\overleftarrow{CM}} = \boldsymbol{T}_{\overleftarrow{MC'}}$。从公式(4.93)可以得到以下关于空间速度的关系：

$$
\mathcal{V}_C = \mathcal{V}_M + \begin{bmatrix} \boldsymbol{0} \\ \boldsymbol{J}_{\omega} \end{bmatrix} \dot{\boldsymbol{\theta}} \tag{4.95}
$$

以下是一个重要的观察结果：给定系统空间速度 $\mathcal{V}_C$⊖，关节速率将以独特的方式确定基座连杆的角速度。这是瞬时运动正运动学问题关于自由浮动系统的浮动基座的表达方式。另

⊖ 注意，在零重力和没有其他外力的情况下，系统空间速度 $\mathcal{V}_C$ 恒定(与 $\boldsymbol{\omega}_C$ 一致)。

一方面，确保浮动基座的期望转动状态的关节速率的确定可以被认为是相应的逆问题。逆问题的解将在 4.7 节中介绍。显然，自由浮动系统的正运动学和逆运动学问题以与第 2 章中讨论的瞬时运动学问题相同的形式表示。

此外，从系统空间动量表达式(4.89)和(4.90)中得到

$$\mathcal{V}_C = \mathbb{M}_C^{-1}\mathcal{L}_C(\boldsymbol{q},\dot{\boldsymbol{q}}_M) = \mathcal{V}_M + \mathbb{M}_C^{-1}\boldsymbol{H}_{CM}\dot{\boldsymbol{\theta}} \tag{4.96}$$

将该结果与公式(4.95)进行比较，我们得出恒等式

$$\mathbb{M}_C^{-1}\boldsymbol{H}_{CM} \equiv [\boldsymbol{0}^{\mathrm{T}}\ \boldsymbol{J}_\omega^{\mathrm{T}}]^{\mathrm{T}} \tag{4.97}$$

对于任意 $\mathcal{V}_C$、$\mathcal{V}_M$ 和 $\dot{\boldsymbol{\theta}}$ 都成立。

接下来，考虑质心准速度和基座准速度之间的关系。将公式(4.84)与公式(4.87)联立得到

$$\mathcal{V}_C = \mathbb{T}_{\overleftarrow{CB}}\mathcal{V}_B + \boldsymbol{J}_\theta(\boldsymbol{\theta})\dot{\boldsymbol{\theta}} \tag{4.98}$$

$$= \boldsymbol{J}_q(\boldsymbol{q})\dot{\boldsymbol{q}}_B \tag{4.99}$$

其中

$$\boldsymbol{J}_q(\boldsymbol{q}) \equiv [\mathbb{T}_{\overleftarrow{CB}}\quad \boldsymbol{J}_\theta(\boldsymbol{\theta})] \in \Re^{6\times(n+6)}$$

且

$$\boldsymbol{J}_\theta(\boldsymbol{\theta}) \equiv [\boldsymbol{J}_{\overleftarrow{CB}}^{\mathrm{T}}(\boldsymbol{\theta})\quad \boldsymbol{J}_\omega^{\mathrm{T}}(\boldsymbol{\theta})]^{\mathrm{T}} \in \Re^{6\times n}$$

空间速度关系(4.98)可以改写为

$$\mathcal{V}_B + \mathbb{T}_{\overleftarrow{BC}}\boldsymbol{J}_\theta\dot{\boldsymbol{\theta}} = \mathbb{T}_{\overleftarrow{BC}}\mathcal{V}_C \tag{4.100}$$

然后，在准速度 $\dot{\boldsymbol{q}}_B$ 和 $\dot{\boldsymbol{q}}_C$ 之间可以得到以下关系：

$$\dot{\boldsymbol{q}}_C = \boldsymbol{T}_{\overleftarrow{CB}}(\boldsymbol{q})\dot{\boldsymbol{q}}_B \tag{4.101}$$

坐标变换为

$$\boldsymbol{T}_{\overleftarrow{CB}} = \begin{bmatrix} \boldsymbol{E} & -[\boldsymbol{r}_{\overleftarrow{CB}}^{\times}] & \boldsymbol{J}_{\overleftarrow{CB}}(\boldsymbol{\theta}) \\ \boldsymbol{0} & \boldsymbol{E} & \boldsymbol{J}_\omega(\boldsymbol{q}) \\ \boldsymbol{0} & \boldsymbol{0} & \boldsymbol{E} \end{bmatrix} \tag{4.102}$$

另一方面，从公式(4.91)可知，

$$\mathcal{V}_B + \mathbb{M}_{CB}^{-1}\boldsymbol{H}_{CB}\dot{\boldsymbol{\theta}} = \mathbb{M}_{CB}^{-1}\mathcal{L}_C(\boldsymbol{q},\dot{\boldsymbol{q}}_B) \tag{4.103}$$

将上式与公式(4.100)进行比较，可以建立以下恒等式：

$$\mathbb{M}_{CB}^{-1}\boldsymbol{H}_{CB} \equiv \mathbb{T}_{\overleftarrow{BC}}\boldsymbol{J}_\theta \tag{4.104}$$

因此

$$\mathbb{M}_{CB}^{-1}\mathcal{L}_C(\boldsymbol{q},\dot{\boldsymbol{q}}_B) \equiv \mathbb{T}_{\overleftarrow{BC}}\mathcal{V}_C \tag{4.105}$$

这些恒等式对于任意 $\mathcal{V}_C$、$\mathcal{V}_B$ 和 $\dot{\boldsymbol{\theta}}$ 都成立。

最后，获得将准速度 $\dot{\boldsymbol{q}}_B$ 转换为准速度 $\dot{\boldsymbol{q}}_M$ 的规则。为此，使用公式(2.121)

$$\dot{\boldsymbol{q}}_M = \boldsymbol{T}_{\overleftarrow{MB}}(\boldsymbol{q})\dot{\boldsymbol{q}}_B \tag{4.106}$$

坐标变换写为(另请参见文献[47])

$$\boldsymbol{T}_{\overleftarrow{MB}}(\boldsymbol{q}) = \begin{bmatrix} \boldsymbol{E} & -[\boldsymbol{r}_{\overleftarrow{CB}}^{\times}] & \boldsymbol{J}_{\overleftarrow{CB}}(\boldsymbol{\theta}) \\ \boldsymbol{0} & \boldsymbol{E} & \boldsymbol{0} \\ \boldsymbol{0} & \boldsymbol{0} & \boldsymbol{E} \end{bmatrix} \tag{4.107}$$

然后可以获得以下关于空间速度的关系：

$$\mathcal{V}_B + \mathbb{T}_{\overleftarrow{BM}} \begin{bmatrix} \boldsymbol{J}_{\overleftarrow{CB}} \\ \boldsymbol{0} \end{bmatrix} \dot{\boldsymbol{\theta}} = \mathbb{T}_{\overleftarrow{BM}} \mathcal{V}_M \tag{4.108}$$

4.7 基于动量的冗余分解

4.7.1 动量平衡原理

假定包括运动学冗余臂($n>6$)的完全不受约束的太空机器人在零重力下自由漂浮。系统空间动量可以表示为总和，即

$$\text{SSM} = \text{CRB-SM} + \text{CSM}$$

该关系对于所有以总和形式表达的系统空间动量都有效，即 $\mathcal{L}_C(\boldsymbol{q},\dot{\boldsymbol{q}}_M)$、$\mathcal{L}_C(\boldsymbol{q},\dot{\boldsymbol{q}}_B)$和$\mathcal{L}_B(\boldsymbol{q},\dot{\boldsymbol{q}}_B)$。上述关系，在下文中称为动量平衡原理，在基于动量的冗余分解中起着基础性作用。值得注意的是，动量平衡原理是在没有外力作用于浮动基座系统时，由运动方程的空间动力学分量中力旋量的动态平衡引起的(参见 4.8 节)。

此外，请注意，在上述关系的耦合空间动量术语中，明确表示了由关节速度矢量 $\dot{\boldsymbol{\theta}}$ 表示的关节的瞬时运动。关节速度可作为运动和平衡控制任务中的控制输入。应该注意的是，尽管关节的任何瞬时运动都会引起耦合空间动量(CSM)的变化，但它也会改变系统空间动量(SSM)。实际上，对于自由漂浮的太空机器人，系统空间动量在无约束的机械臂运动中是守恒的，因为作用在系统上的环境力(如太阳压力、低轨道运行时的空气阻力等)可以忽略不计，它们只在相对较长的时间内起作用。还应注意的是，由于系统是欠定的，因此存在一组完全不改变复合刚体空间动量(CRB-SM)的关节速度。这种类型的瞬时运动起着重要的作用，如下所示。

此外，空间动量的角动量分量值得特别注意。在自由浮动空间机器人领域的许多研究中表明，这一分量比线性分量更重要[97,98,94,93]㊀。在仿人机器人领域，复合刚体(CRB)旋转运动同样起着重要作用(例如在平衡控制中)。当仅基于角动量进行冗余分解时，可以降低系统的维数。这种方法有助于避免过度约束状态，减少计算成本。还应注意，对于诸如跳跃或奔跑的仿人机器人任务，角动量守恒的特殊情况非常必要。用混合准速度表示空间动量在基于角动量的分析、运动生成和控制中非常有用。

4.7.2 基于空间动量的冗余分解

在不失一般性的前提下，以下推导将根据基本准速度 $\mathcal{L}_B(\boldsymbol{q},\dot{\boldsymbol{q}}_B)$以基于基座连杆为中心的系统空间动量(SSM)表示。可以基于机械臂的关节速度求解动量方程(4.92)，然后将其作为基于速度的运动控制方案的输入变量。由于该方程在速度上是线性的，因此其求解类型取决于机械臂关节的数目 n。假设该系统是欠定的，因此，对于关节速度，存在无穷多个解。通解可以表示为两个正交分量的和，非常类似于运动学冗余的肢体的情况(参见2.7 节，公式(2.34))，即

㊀ 安装在浮动基座上的通信天线应始终高精度地指向远程控制中心方向。

$$\dot{\boldsymbol{\theta}} = \boldsymbol{H}_{BB}^{+}(\mathcal{L}_B - \mathbb{M}_B \mathcal{V}_B) + \boldsymbol{N}(\boldsymbol{H}_{BB})\dot{\boldsymbol{\theta}}_a \tag{4.109}$$

式中，$\boldsymbol{H}_{BB}^{+}$和$\boldsymbol{N}(\boldsymbol{H}_{BB})$分别表示耦合惯性矩阵（右）伪逆和在其零空间上的投影。

耦合空间动量守恒：反作用零空间

当系统空间动量（SSM）等于复合刚体空间动量（CRB-SM），即 $\mathcal{L}_B = \widetilde{\mathcal{L}}_B = \mathbb{M}_B \mathcal{V}_B$ 时，耦合空间动量（CSM）保持为零（$\mathcal{L}_{BB} \equiv \boldsymbol{H}_{BB}(\boldsymbol{q})\dot{\boldsymbol{\theta}} = \boldsymbol{0}$）。公式（4.109）中的矢量 $\dot{\boldsymbol{\theta}}_a$ 是一个关节速度矢量，它对下面关节速度的无穷集进行参数化：

$$\{\dot{\boldsymbol{\theta}}_{csm}(\boldsymbol{q},\dot{\boldsymbol{\theta}}_a) \in \mathcal{N}(\boldsymbol{H}_{BB}(\boldsymbol{q})) : \dot{\boldsymbol{\theta}} = \boldsymbol{N}(\boldsymbol{H}_{BB}(\boldsymbol{q})\dot{\boldsymbol{\theta}}_a, \forall \dot{\boldsymbol{\theta}}_a)\} \tag{4.110}$$

从集合$\{\dot{\boldsymbol{\theta}}_{csm}(\boldsymbol{q}, \dot{\boldsymbol{\theta}}_a)\}$导出的关节速度是齐次方程 $\boldsymbol{H}_{BB}(\boldsymbol{q})\dot{\boldsymbol{\theta}} = \boldsymbol{0}$ 的解。因此，它们可以描述为耦合空间动量守恒。

上述的集合与特解分量（公式（4.109）中的伪逆项）正交。这意味着无论耦合空间动量守恒关节速度如何，都不会影响复合刚体的状态。注意，该集合的定义方式与固定基运动学冗余机械臂的自运动速度集合（2.29）相似。$\mathcal{N}(\boldsymbol{H}_{BB}(\boldsymbol{q}))$确定 $\boldsymbol{q}$ 处与关节空间中的流形相切的子空间（类似于 2.7.1 节中提到的自运动流形）。此流形的局部维数（以下称为耦合空间动量守恒流形）等于零空间投影的秩。对于非奇异的机械臂构型满足耦合惯性矩阵为全行秩，秩 $\boldsymbol{N}(\boldsymbol{H}_{BB}) = n-6$。例如，对于 7 自由度机械臂，流形将仅为一维。在这种情况下，耦合空间动量守恒关节速度的集合可以以自主动力学系统的形式表示，即

$$\dot{\boldsymbol{\theta}} = b\boldsymbol{n}_{BB}(\boldsymbol{q}) \tag{4.111}$$

标量 b 是具有关节速率维数的任意参数。零空间矢量 $\boldsymbol{n}_{BB}(\boldsymbol{q}) \in \mathcal{N}(\boldsymbol{H}_{BB}(\boldsymbol{q}))$确定关节空间中的耦合空间动量守恒矢量场。其积分曲线构成耦合空间动量守恒流形。积分曲线在机械臂工作空间上的投影（通过正运动学）将称为耦合空间动量守恒路径。

从上面的讨论可以明显看出，自由浮动系统的耦合惯性矩阵的作用类似于固定基机械臂的雅可比矩阵，就这个意义而言，$\boldsymbol{H}_{BB}$ 在耦合空间动量流形上引起了局部正交分解形式。因此，耦合惯性矩阵的零空间 $\mathcal{N}(\boldsymbol{H}_{BB})$表示 $\boldsymbol{q}$ 处的切线子空间。相应的映射是通过零空间投影$\boldsymbol{N}(\boldsymbol{H}_{BB}) = \boldsymbol{E} - \boldsymbol{H}_{BB}^{+}\boldsymbol{H}_{BB}$定义的。该映射的正交补 $\boldsymbol{H}_{BB}^{+}\boldsymbol{H}_{BB}$ 确定流形上的法线分量。如下所示（请参见 4.8.1 节），当瞬时运动来自耦合空间动量守恒集时，基座连杆上不会受到任何力/力矩的影响。因此，术语“无反作用运动”可以用作“耦合空间动量守恒运动”的替代选择。集合（4.110）（即耦合惯性矩阵的零空间）称为（空间动量）反作用零空间（RNS）[96,95]。由此可得，反作用零空间是 q 处耦合空间动量守恒流形的切线子空间。

上面概述的分解形式是反作用零空间方法的本质。这种方法在包括仿人机器人在内的浮动基座系统的运动分析、生成和控制中起着重要作用[100]。对一般欠驱动系统分解形式的理论方面感兴趣的读者可以参考文献[86,109]。

系统空间动量守恒

根据空间速度关系（4.99），对于给定的（恒定）系统空间速度，存在无限个基座连杆和耦合空间速度的组合，即

$$\dot{\boldsymbol{q}}_B(\dot{\boldsymbol{q}}_a) = \boldsymbol{J}_q^{+}(\boldsymbol{q})\mathcal{V}_C + \boldsymbol{N}(\boldsymbol{J}_q)\dot{\boldsymbol{q}}_a \tag{4.112}$$

式中，$\dot{\boldsymbol{q}}_a$ 以非最小的方式参数化零空间 $\mathcal{N}(\boldsymbol{J}_q)$。该零空间包括保持系统空间速度并因此保持系统空间动量的瞬时运动分量，即$\{\dot{\boldsymbol{q}}_{sm} \in \mathcal{N}(\boldsymbol{J}_q)：\dot{\boldsymbol{q}}_B = \boldsymbol{N}(\boldsymbol{J}_q)\dot{\boldsymbol{q}}_a，\forall \dot{\boldsymbol{q}}_a\}$。此后，$\mathcal{N}(\boldsymbol{J}_q)$

将称为系统空间动量守恒零空间。

当系统空间动量守恒时(就像在自由漂浮空间机器人领域中通常假设的那样)，系统空间速度是恒定的：$\mathcal{V}_C=\mathcal{V}_{\mathrm{const}}$。在通常不是来自(空间动量)反作用零空间内的瞬时关节运动的情况下，基座扭转将通过耦合空间动量分量改变，从公式(4.103)可明显看出，即

$$\mathcal{V}_B = \mathcal{V}_{\mathrm{const}} - \mathbb{M}_B^{-1}\boldsymbol{H}_{BB}\dot{\boldsymbol{\theta}} \tag{4.113}$$

在无反作用运动的特殊情况下，$\boldsymbol{H}_{BB}\dot{\boldsymbol{\theta}}=\mathbf{0}$，$\forall\dot{\boldsymbol{\theta}}\Rightarrow\mathcal{V}_B=\mathcal{V}_{\mathrm{const}}$。

4.7.3 基于角动量的冗余分解

以上所述的冗余分解方法只能在角动量方面进行改写，从而将线性系统的维数从6减少到3。正如已经阐明的那样，以混合准速度表示质心系统空间动量非常适合于此目的。公式(4.85)中给出的系统角动量关系是由包括n个未知数的三个方程组成的欠定线性系统。如前所述，该关系可以用角速度改写(参见公式(4.87))。公式(4.87)的一般解可以写成

$$\dot{\boldsymbol{\theta}} = \boldsymbol{J}_{\omega}^{+}(\boldsymbol{\theta})\Delta\boldsymbol{\omega} + \boldsymbol{N}(\boldsymbol{J}_{\omega}(\boldsymbol{\theta}))\dot{\boldsymbol{\theta}}_a \tag{4.114}$$

特解分量(伪逆项)可用于控制相对角速度$\Delta\boldsymbol{\omega}=\boldsymbol{\omega}_C-\boldsymbol{\omega}_B$，即与给定的基座角速度$\boldsymbol{\omega}_B$有关的系统角速度$\boldsymbol{\omega}_C$。另一方面，齐次解分量可通过采用$\dot{\boldsymbol{\theta}}_a$作为控制输入，以理想的方式用于重新配置肢体。因此，相对角速度将不受影响。由于这两个分量是正交的，因此它们为这两个控制目标的解耦控制提供了基础。

耦合角动量守恒

公式(4.114)中的齐次分量是通过将相对角速度设置为零(即$\boldsymbol{\omega}_C=\boldsymbol{\omega}_B$)而获得的。这种情况意味着耦合角动量(CAM)将是守恒的，例如，在零处，$\boldsymbol{H}_C\dot{\boldsymbol{\theta}}=\mathbf{0}$。满足该条件的关节速度的集合为$\{\dot{\boldsymbol{\theta}}_{cam}(\boldsymbol{\theta},\dot{\boldsymbol{\theta}}_a)\in\mathcal{N}(\boldsymbol{J}_{\omega}(\boldsymbol{\theta})):\dot{\boldsymbol{\theta}}=\boldsymbol{N}(\boldsymbol{J}_{\omega}(\boldsymbol{\theta}))\dot{\boldsymbol{\theta}}_a,\ \forall\dot{\boldsymbol{\theta}}_a\}$。在集合$\{\dot{\boldsymbol{\theta}}_{\mathrm{cam}}\}$内的任何关节速度将称为耦合角动量守恒关节速度，$\{\dot{\boldsymbol{\theta}}_{\mathrm{cam}}(\boldsymbol{\theta},\dot{\boldsymbol{\theta}}_a)\}$确定流形(耦合角动量守恒流形)在$\boldsymbol{\theta}$处的切线子空间。由于$\mathcal{N}(\boldsymbol{J}_{\omega})=\mathcal{N}(\boldsymbol{H}_C)$且秩$\boldsymbol{N}(\boldsymbol{H}_C)=n-3>$秩$\boldsymbol{N}(\boldsymbol{H}_{BB})=n-6$，因此可以得出结论：耦合角动量守恒流形的切丛是耦合角动量守恒流形切丛的超集。类似于空间动量反作用零空间，将耦合角动量守恒流形在$\boldsymbol{\theta}$处的切子空间称为角动量反作用零空间。注意到角动量在自由漂浮空间机器人和仿人机器人的运动生成和控制中起着重要作用(例如，分别在卫星底座姿态和平衡控制中)，因此角动量反作用零空间今后将简称为反作用零空间。

系统角动量守恒

根据角速度关系(4.88)，对于一个给定的系统角速度，存在无限数量的基座连杆和耦合角速度组合，即

$$\dot{\boldsymbol{q}}_{\omega} = \hat{\boldsymbol{J}}_{\omega}^{+}(\boldsymbol{\theta})\boldsymbol{\omega}_C + \boldsymbol{N}(\hat{\boldsymbol{J}}_{\omega})\dot{\boldsymbol{q}}_{\omega a} \tag{4.115}$$

$\dot{\boldsymbol{q}}_{\omega a}=\begin{bmatrix}\boldsymbol{\omega}_{Ba}^{\mathrm{T}} & \dot{\boldsymbol{\theta}}_a^{\mathrm{T}}\end{bmatrix}^{\mathrm{T}}$以非极小方式对零空间$\mathcal{N}(\hat{\boldsymbol{J}}_{\omega})$进行参数化。这个零空间由不改变系统角速度的瞬时运动分量组成，因此系统角动量守恒($\boldsymbol{l}_C=\boldsymbol{I}_C\boldsymbol{\omega}_C=$常数)，于是有

$$\{\dot{\boldsymbol{q}}_{\bar{\omega}}\in\mathcal{N}(\hat{\boldsymbol{J}}_{\omega}):\dot{\boldsymbol{q}}_{\omega}=\boldsymbol{N}(\hat{\boldsymbol{J}}_{\omega}(\boldsymbol{\theta}))\dot{\boldsymbol{q}}_{\omega a},\forall\dot{\boldsymbol{q}}_{\omega a}\} \tag{4.116}$$

此后，零空间$\mathcal{N}(\hat{\boldsymbol{J}}_{\omega})$将称为系统角动量守恒零空间。当仿人机器人运动时，将使用此零空

间内的基座连杆/关节速度组合。

示例：具有自由漂浮空间机械臂的双任务场景

将反作用零空间方法应用于双任务场景是很简单的，在这种情况下，要控制自由漂浮机械臂的每个末端连杆（基座和末端执行器）的瞬时运动[94]。可以用 $\boldsymbol{J}_E(\boldsymbol{q})\in\Re^{6\times n}$ 表示与惯性系有关的固定基座机械臂末端执行器的雅可比矩阵。末端执行器的空间速度是由基座和机械臂关节的瞬时运动产生的。因此

$$\mathcal{V}_E = \mathbb{T}_{\overleftarrow{EB}}\mathcal{V}_B + \boldsymbol{J}_E\dot{\boldsymbol{\theta}} \tag{4.117}$$

此外，假设初始动量为零，满足 $\mathcal{V}_{\text{const}}=\boldsymbol{0}$。那么，可以用动量守恒(4.113)作为约束，消除上式中的 $\mathcal{V}_B$。可以得到，

$$\mathcal{V}_E = \hat{\boldsymbol{J}}_E(\boldsymbol{q})\dot{\boldsymbol{\theta}} \tag{4.118}$$

矩阵 $\hat{\boldsymbol{J}}_E=\boldsymbol{J}_E-\mathbb{T}_{\overleftarrow{EB}}\mathbb{M}_B^{-1}\boldsymbol{H}_{BB}$ 称为"广义雅可比矩阵"[153]。该术语源于以下事实：上式不仅可用于零重力下的浮动基座系统，而且还可用于固定基座系统。实际上，当复合刚体惯性接近无穷大时，例如由于使用了非常重的或固定的基座，$\mathbb{M}_B^{-1}$ 项变得非常小。因此，广义雅可比矩阵接近固定基座机械臂的矩阵，即 $\hat{\boldsymbol{J}}_E\to\boldsymbol{J}_E$。还要注意，使用公式(4.104)，广义雅可比矩阵可以表示为

$$\hat{\boldsymbol{J}}_E = \boldsymbol{J}_E - \mathbb{T}_{\overleftarrow{EC}}\boldsymbol{J}_\theta \tag{4.119}$$

当机械臂运动学冗余时，广义雅可比矩阵包含一个重要的零空间，因此 $\mathcal{N}(\hat{\boldsymbol{J}}_E)\neq\varnothing$。可以按照第 2 章介绍的方法来解决冗余问题。例如，引入任务优先级。末端执行器任务可以在反作用零空间中解决，即作为低任务优先级求解，反之亦然。因此，从广义雅可比矩阵的零空间获得的自运动产生了所谓的"机械臂反演任务"，其中末端执行器固定在惯性空间中，但基座不是固定的[94,93]。此外，当冗余度足够大($n>12$)时，固定两端的末端连杆，以满足只有中间连杆处于运动状态，这是有可能的。自由漂浮机械臂的运动类似于运动学上冗余的固定基座机械臂的自运动。为实现此情况，应从两个零空间的交集内得出关节速度，即 $\mathcal{N}(\hat{\boldsymbol{J}}_E)\cap\mathcal{N}(\boldsymbol{H}_{BB})$。

为了避免频繁出现过度约束状态，对卫星基地的平移和旋转运动子任务引入任务优先级将很有用。如上所述，从实际的角度来看，旋转运动子任务应该具有更高的优先级。实际上，平移运动约束可以完全不加以约束。换句话说，应采用角动量反作用零空间代替空间动量反作用零空间。这就是所谓的"选择性反作用零空间"方法[99]。

4.7.4　零重力下自由漂浮仿人机器人的运动

自由漂浮仿人机器人在零重力下的运动分析有助于更好地理解前面各节介绍的空间动量分量的作用。这对于设计仿人机器人的控制方法也很有帮助[132]。例如以下面的多任务场景为例，考虑基于反作用零空间的冗余分解方法的实现。要求机器人以相对接触为零扭转的预接触姿势为目标，用机械臂跟踪平移和旋转的箱体的运动（第一个运动任务）。为了确保有足够的时间进行跟踪，机器人的基座连杆的旋转必须与箱体的旋转同步，否则，箱体可能会在机器人获得正确的抓握姿势之前离开工作空间。通过足部的循环（圆周）运动来实现基座的重定向控制，没有相位差（这是第二个运动任务）。但是请注意，如果箱体的运动是任意的，则跟踪可能会导致系统过度约束或自碰撞。为了避免这种情况，箱体的运动被限制在矢状面内。这样仅在俯仰方向上重新定向基座连杆即可（这是第三个运动控制任

务)。视频 4.7-1 [45]显示了仿真结果。

请注意，如果在足部运动中引入相位差，则将观察到在偏航方向上的明显晃动。可以通过偏航补偿控制来减轻该问题。这可以通过手臂运动引起的惯性耦合来实现，如视频 4.7-2[44]所示。显然，为了补偿基座在偏航方向上的偏差，手臂必须有明显的运动，因为它们的惯性远低于复合刚体的偏航惯性。但是，由于自碰撞的概率很高，因此这种运动实际上是不可行的。视频 4.7-3[43]显示了可能的解决方案。该目标分两个阶段实现。在第一阶段，只有放松手的位置/方向控制，才调用基座俯仰控制。这样，导致手臂剧烈运动的不良条件就可以避免。在达到所需的基本俯仰姿态后，将对手部进行控制以获得合适的抓握姿势(这是第二阶段)。因此，足部轻微移动以补偿由手的接近运动引起的基座连杆偏移。这个例子说明了运动生成在防止过度约束系统的频繁发生方面的重要性。

值得注意的是，这项开创性工作[154]引入了一种通过末端连杆循环运动来控制航天器上机械臂的浮动基座重定向方法。还要注意的是，当宇航员通过肢体运动调整他的身体姿态时，也会使用这种方法[143,142]。视频 4.7-4[42]显示了通过手臂的周期性运动来模拟身体翻滚的重定向。如视频 4.7-5[103]所示，还可以通过脚部的循环运动来实现这种重新定向。在这种关系中，有趣的是，在零重力下行走时，身体在俯仰方向上的姿态逐渐变化，如视频 4.7-6 所示[82]。就像上面其他例子一样，此结果源自惯性耦合。由此可以得出以下重要结论：在平坦地形上的正常步态中，俯仰方向上的角动量控制是必不可少的(另请参见文献[161])。

4.8 零重力下自由漂浮机械臂的运动方程

自由漂浮机械臂在零重力下的运动方程将用基座准速度、混合准速度和质心准速度表示。

4.8.1 用基座准速度表示

系统的动能可以写为

$$T = \frac{1}{2}\dot{\boldsymbol{q}}_B^{\mathrm{T}}\boldsymbol{M}_B(\boldsymbol{q})\dot{\boldsymbol{q}}_B \tag{4.120}$$

式中，

$$\boldsymbol{M}_B(\boldsymbol{q}) = \begin{bmatrix} \mathbb{M}_B & \boldsymbol{H}_{BB} \\ \boldsymbol{H}_{BB}^{\mathrm{T}} & \boldsymbol{M}_{\theta B} \end{bmatrix} \tag{4.121}$$

$\boldsymbol{M}_{\theta B}(\boldsymbol{\theta})$表示固定基座机械臂的关节空间惯性矩阵(参见公式(4.43))。由拉格朗日方程得到的运动方程

$$\frac{\partial}{\partial t}\left(\frac{\partial T}{\partial \dot{\boldsymbol{q}}_B}\right) - \frac{\partial T}{\partial \boldsymbol{q}} = \mathcal{Q}$$

可以描述为

$$\boldsymbol{M}_B(\boldsymbol{q})\ddot{\boldsymbol{q}}_B + \boldsymbol{c}_B(\boldsymbol{q}, \dot{\boldsymbol{q}}_B) = \mathcal{Q} \tag{4.122}$$

与速度相关的非线性力项 $\boldsymbol{c}_B(\boldsymbol{q}, \dot{\boldsymbol{q}}_B)$可以用公式(4.46)表示，$\mathcal{Q}=\boldsymbol{S}^{\mathrm{T}}\boldsymbol{\tau}=[\boldsymbol{0}^{\mathrm{T}} \quad \boldsymbol{\tau}^{\mathrm{T}}]^{\mathrm{T}} \in \Re^{6+n}$表示广义力，$\boldsymbol{S}=[\boldsymbol{0}_{n\times 6} \quad \boldsymbol{E}_n]$是欠驱动滤波矩阵(参见公式(2.102))，$\boldsymbol{\tau}\in \Re^n$表示机械臂的关节扭矩。请注意，由于系统是欠驱动的，广义力并不取决于特定类型的准速度。因此，$\mathcal{Q}$没有下角标。

此外，为了分析和控制，运动方程的以下展开形式也是有用的：

$$\begin{bmatrix} \mathbb{M}_B & \boldsymbol{H}_{BB} \\ \boldsymbol{H}_{BB}^{\mathrm{T}} & \boldsymbol{M}_{\theta B} \end{bmatrix} \begin{bmatrix} \dot{\mathcal{V}}_B \\ \ddot{\boldsymbol{\theta}} \end{bmatrix} + \begin{bmatrix} \mathcal{C}_B \\ \boldsymbol{c}_{\theta B} \end{bmatrix} = \begin{bmatrix} \boldsymbol{0} \\ \boldsymbol{\tau} \end{bmatrix} \tag{4.123}$$

和

$$\begin{bmatrix} M\boldsymbol{E} & -M[\boldsymbol{r}_{\overleftarrow{CB}}^{\times}] & M\boldsymbol{J}_{\overleftarrow{CB}} \\ -M[\boldsymbol{r}_{\overleftarrow{CB}}^{\times}]^{\mathrm{T}} & \boldsymbol{I}_B & \boldsymbol{H}_B \\ M\boldsymbol{J}_{\overleftarrow{CB}}^{\mathrm{T}} & \boldsymbol{H}_B^{\mathrm{T}} & \boldsymbol{M}_{\theta B} \end{bmatrix} \begin{bmatrix} \dot{\boldsymbol{v}}_B \\ \dot{\boldsymbol{\omega}}_B \\ \ddot{\boldsymbol{\theta}} \end{bmatrix} + \begin{bmatrix} \boldsymbol{c}_{fB} \\ \boldsymbol{c}_{mB} \\ \boldsymbol{c}_{\theta B} \end{bmatrix} = \begin{bmatrix} \boldsymbol{0} \\ \boldsymbol{0} \\ \boldsymbol{\tau} \end{bmatrix} \tag{4.124}$$

$\mathcal{C}_B = \begin{bmatrix} \boldsymbol{c}_{fB}^{\mathrm{T}} & \boldsymbol{c}_{mB}^{\mathrm{T}} \end{bmatrix}^{\mathrm{T}}$ 是源于空间动力学分量的、与速度相关的非线性力旋量。我们有

$$\begin{aligned} \mathcal{C}_B &= \overbrace{\dot{\mathbb{M}}_B \mathcal{V}_B + \dot{\boldsymbol{H}}_{BB}\dot{\boldsymbol{\theta}}} + \overbrace{\mathcal{C}_B'} \\ &= \begin{bmatrix} M(-[\dot{\boldsymbol{r}}_{\overleftarrow{CB}}^{\times}]^{\mathrm{T}}\boldsymbol{\omega}_B + \dot{\boldsymbol{J}}_{\overleftarrow{CB}}\dot{\boldsymbol{\theta}}) \\ \dot{\boldsymbol{I}}_B\boldsymbol{\omega}_B + \dot{\boldsymbol{H}}_{BB}\dot{\boldsymbol{\theta}} - M[\dot{\boldsymbol{r}}_{\overleftarrow{CB}}^{\times}]^{\mathrm{T}}\boldsymbol{v}_B \end{bmatrix} + \begin{bmatrix} \boldsymbol{0} \\ M[\dot{\boldsymbol{r}}_{\overleftarrow{CB}}^{\times}]^{\mathrm{T}}\boldsymbol{v}_C \end{bmatrix} \end{aligned} \tag{4.125}$$

注意，$\mathcal{C}_B'$是动量矩的导数。另一方面，$\boldsymbol{c}_{\theta B}$项表示固定基座机械臂与速度相关的非线性关节转扭矩(参见公式(4.46))。

在动量守恒(无外力)的情况下

在上述运动方程的推导中，假设没有外力作用在系统上。在这种情况下，空间动量守恒 $\mathcal{V}_C$＝常数。在动量守恒为零(即 $\mathcal{V}_C=\boldsymbol{0}$)的特殊情况下，(4.125)中的 $\mathcal{C}_B'$变为零。

此外，从解析力学可知，运动方程中的守恒量与可忽略的或循环坐标有关[65]。这意味着可以以简化形式表示系统的动力学。实际上，通过将速度关系式(4.113)代入动能表达式(4.120)中，可以得到

$$T = \frac{1}{2}(\dot{\boldsymbol{\theta}}^{\mathrm{T}}\hat{\boldsymbol{M}}_{\theta B}\dot{\boldsymbol{\theta}} + \mathcal{V}_{\mathrm{const}}^{\mathrm{T}}\mathbb{M}_B\mathcal{V}_{\mathrm{const}}) \tag{4.126}$$

矩阵

$$\hat{\boldsymbol{M}}_{\theta B} = \boldsymbol{M}_{\theta B} - \boldsymbol{H}_{BB}^{\mathrm{T}}\mathbb{M}_B^{-1}\boldsymbol{H}_{BB} \tag{4.127}$$

称为广义惯性张量[163]。在这种情况下，运动方程由拉格朗日方程

$$\frac{\partial}{\partial t}\left(\frac{\partial T}{\partial \dot{\boldsymbol{\theta}}}\right) - \frac{\partial T}{\partial \boldsymbol{\theta}} = \boldsymbol{\tau}$$

获得，其形式为

$$\hat{\boldsymbol{M}}_{\theta B}\ddot{\boldsymbol{\theta}} + \hat{\boldsymbol{c}}_{\theta B} = \boldsymbol{\tau} \tag{4.128}$$

$\hat{\boldsymbol{c}}_{\theta B} = \boldsymbol{c}_{\theta B} - \boldsymbol{H}_{BB}^{\mathrm{T}}\mathbb{M}_B^{-1}\mathcal{C}_B$ 项为用简化形式表达的、与速度相关的非线性关节扭矩。上式表示映射到关节空间上的系统动力学。系统的维数也因此从 $n+6$ 减小到 n。浮动基座系统的运动方程形式与固定基座机械臂的运动方程形式类似。一个重要的观察结果是，关节扭矩不会改变系统的空间动量。

简化形式表达(4.128)明确地展示了如何将固定基座机械臂的动力学推广到自由浮动基座系统的动力学。对于基座比较重的情况，满足 $\mathbb{M}_B \to \infty$包含 $\mathbb{M}_B^{-1}$ 的项无限小，因此，$\hat{\boldsymbol{M}}_{\theta B} \to \boldsymbol{M}_{\theta B}$，$\hat{\boldsymbol{c}}_{\theta B} \to \boldsymbol{c}_{\theta B}$。在公式(4.118)中出现的广义雅可比矩阵的情况也是如此。对与守恒量有关的简化形式动力学的严谨基础理论感兴趣的读者，请参见文献[86,109]。

在外力存在的情况下

如第 3 章所述，所有外部力旋量的总和可以映射到特定的感兴趣连杆。为了清楚起见且不失一般性，下面假定将纯外部力旋量作用于连杆 $n \equiv E$，即作用在末端执行器上。然后，运动方程(4.123)可以写为

$$\begin{bmatrix} \mathbb{M}_B & \boldsymbol{H}_{BB} \\ \boldsymbol{H}_{BB}^{\mathrm{T}} & \boldsymbol{M}_{\theta B} \end{bmatrix} \begin{bmatrix} \dot{\mathcal{V}}_B \\ \ddot{\boldsymbol{\theta}} \end{bmatrix} + \begin{bmatrix} \mathcal{C}_B \\ \boldsymbol{c}_{\theta B} \end{bmatrix} = \begin{bmatrix} \mathbf{0} \\ \boldsymbol{\tau} \end{bmatrix} + \begin{bmatrix} \mathbb{T}_{\overleftarrow{BE}}^{\mathrm{T}} \\ \boldsymbol{J}_E^{\mathrm{T}} \end{bmatrix} \mathcal{F}_E \tag{4.129}$$

通过上述方程的上半部分和公式(4.92)中系统空间动量 $\mathcal{L}_B$ 的表达式，推导得出以下关系式：

$$\frac{\mathrm{d}}{\mathrm{d}t}\mathcal{L}_B(\boldsymbol{q},\dot{\boldsymbol{q}}_B) = \mathbb{M}_B\dot{\mathcal{V}}_B + \dot{\mathbb{M}}_B\mathcal{V}_B + \mathcal{C}_B' + \boldsymbol{H}_{BB}\ddot{\boldsymbol{\theta}} + \dot{\boldsymbol{H}}_{BB}\dot{\boldsymbol{\theta}} = \mathcal{F}_B \tag{4.130}$$

式中，$\mathcal{C}_B'$在公式(4.125)中定义，并且 $\mathcal{F}_B = \mathbb{T}_{\overleftarrow{BE}}^{\mathrm{T}}\mathcal{F}_E$。该方程式揭示了以下要点：

- 空间动力学表示为系统空间动量对时间的微分。
- 系统空间动量的变化率仅取决于外部力旋量。

机械臂的关节运动/扭矩不会改变系统空间的变化率。关节运动会产生零动力分量，即

$$\frac{\mathrm{d}}{\mathrm{d}t}\mathcal{L}_{BB} = \boldsymbol{H}_{BB}\ddot{\boldsymbol{\theta}} + \dot{\boldsymbol{H}}_{BB}\dot{\boldsymbol{\theta}} = \mathbf{0} \tag{4.131}$$

因此，当受到非冲击性外力时[⊖]，自由漂浮机械臂将表现为刚体，就好像关节被锁定一样，因此我们有

$$\frac{\mathrm{d}}{\mathrm{d}t}\widetilde{\mathcal{L}}_B = \mathbb{M}_B\dot{\mathcal{V}}_B + \dot{\mathbb{M}}_B\mathcal{V}_B + \mathcal{C}_B' = \mathcal{F}_B \tag{4.132}$$

该关系也意味着 $\mathcal{F}_B = \mathcal{F}_C$ 成立，$\mathcal{F}_C = \begin{bmatrix} \boldsymbol{f}_C^{\mathrm{T}} & \boldsymbol{m}_C^{\mathrm{T}} \end{bmatrix}^{\mathrm{T}} = \mathbb{T}_{\overleftarrow{CE}}^{\mathrm{T}}\mathcal{F}_E$ 表示映射在系统质心上的外部力旋量。然后可以再次确认，从耦合空间动量守恒流形(参见公式(4.110))的切丛产生的瞬时运动不会干扰复合刚体的动态力平衡。这就是为什么在 4.7 节中将切丛束命名为(空间动量)反作用零空间的原因(另请参见文献[96,95,100])。

最后，请注意，在存在外力的情况下，运动方程(4.128)的简化形式变为

$$\hat{\boldsymbol{M}}_{\theta B}\ddot{\boldsymbol{\theta}} + \hat{\boldsymbol{c}}_{\theta B} = \boldsymbol{\tau} + \hat{\boldsymbol{J}}_E^{\mathrm{T}}\mathcal{F}_E \tag{4.133}$$

式中，$\hat{\boldsymbol{J}}_E$ 代表广义雅可比矩阵(参见公式(4.119))。显然，浮动基座欠驱动系统的运动方程可以按照固定基座机械臂的运动方程来表示(参见公式(4.58))。

4.8.2 用混合准速度表示

由于线性质心运动分量的解耦，用混合准速度表示空间动量有望在运动方程中得到更简单的表达形式。用基座准速度(4.122)表示的运动方程可以通过准速度关系(4.106)和变换(4.107)转换为

$$\boldsymbol{M}_M(\boldsymbol{q})\ddot{\boldsymbol{q}}_M + \boldsymbol{c}_M(\boldsymbol{q},\dot{\boldsymbol{q}}_M) = \mathcal{Q} \tag{4.134}$$

其中

⊖ 冲击性外力的情况将在 7.8 节中讨论。

$$\boldsymbol{M}_M(\boldsymbol{q}) \equiv \boldsymbol{T}_{\overleftarrow{MB}}^{\mathrm{T}} \boldsymbol{M}_B \boldsymbol{T}_{\overleftarrow{BM}} \tag{4.135}$$

$$\boldsymbol{c}_M(\boldsymbol{q},\dot{\boldsymbol{q}}_M) \equiv \boldsymbol{T}_{\overleftarrow{MB}}^{\mathrm{T}}(\boldsymbol{c}_B(\boldsymbol{q},\dot{\boldsymbol{q}}_B) + \boldsymbol{M}_B \dot{\boldsymbol{T}}_{\overleftarrow{BM}} \dot{\boldsymbol{q}}_B) \tag{4.136}$$

公式(4.134)的展开形式表示为

$$\begin{bmatrix} \mathbb{M}_C & \boldsymbol{H}_{CM} \\ \boldsymbol{H}_{CM}^{\mathrm{T}} & \boldsymbol{M}_{\theta M} \end{bmatrix} \begin{bmatrix} \dot{\mathcal{V}}_M \\ \ddot{\boldsymbol{\theta}} \end{bmatrix} + \begin{bmatrix} \mathcal{C}_M \\ \boldsymbol{c}_{\theta M} \end{bmatrix} = \begin{bmatrix} \boldsymbol{0} \\ \boldsymbol{\tau} \end{bmatrix} \tag{4.137}$$

和

$$\begin{bmatrix} M\boldsymbol{E} & \boldsymbol{0} & \boldsymbol{0} \\ \boldsymbol{0} & \boldsymbol{I}_C & \boldsymbol{H}_C \\ \boldsymbol{0} & \boldsymbol{H}_C^{\mathrm{T}} & \boldsymbol{M}_{\theta M} \end{bmatrix} \begin{bmatrix} \dot{\boldsymbol{v}}_C \\ \dot{\boldsymbol{\omega}}_B \\ \ddot{\boldsymbol{\theta}} \end{bmatrix} + \begin{bmatrix} \boldsymbol{0} \\ \boldsymbol{c}_{mM} \\ \boldsymbol{c}_{\theta M} \end{bmatrix} = \begin{bmatrix} \boldsymbol{0} \\ \boldsymbol{0} \\ \boldsymbol{\tau} \end{bmatrix} \tag{4.138}$$

其中

$$\boldsymbol{M}_{\theta M}(\boldsymbol{q}) \equiv \boldsymbol{M}_{\theta B}(\boldsymbol{q}) - M\boldsymbol{J}_{\overleftarrow{CB}}^{\mathrm{T}}(\boldsymbol{\theta})\boldsymbol{J}_{\overleftarrow{CB}}(\boldsymbol{\theta}) \tag{4.139}$$

显然，$\mathcal{C}_M = [\boldsymbol{0}^{\mathrm{T}} \quad \boldsymbol{c}_{mM}^{\mathrm{T}}]^{\mathrm{T}}$，速度相关的非线性力矩

$$\boldsymbol{c}_{mM}(\boldsymbol{q},\dot{\boldsymbol{q}}_B) = \dot{\boldsymbol{I}}_C\omega_B + \dot{\boldsymbol{H}}_C\dot{\boldsymbol{\theta}} \tag{4.140}$$

其中

$$\dot{\boldsymbol{I}}_C(\boldsymbol{q}) = \sum_{i=1}^{n}([\boldsymbol{\omega}_i^{\times}]\boldsymbol{I}_i - \boldsymbol{I}_i[\boldsymbol{\omega}_i^{\times}] - M_i([\dot{\boldsymbol{r}}_{\overleftarrow{Ci}}^{\times}][\boldsymbol{r}_{\overleftarrow{iC}}^{\times}] + [\boldsymbol{r}_{\overleftarrow{Ci}}^{\times}][\dot{\boldsymbol{r}}_{\overleftarrow{iC}}^{\times}])) \tag{4.141}$$

$$\dot{\boldsymbol{H}}_C(\boldsymbol{q}) = \sum_{i=1}^{n}(([\boldsymbol{\omega}_i^{\times}]\boldsymbol{I}_i - \boldsymbol{I}_i[\boldsymbol{\omega}_i^{\times}])\boldsymbol{J}_{\boldsymbol{\omega}_i} + \boldsymbol{I}_i\dot{\boldsymbol{J}}_{\boldsymbol{\omega}_i} + M_i([\dot{\boldsymbol{r}}_{\overleftarrow{Ci}}^{\times}]\boldsymbol{J}_{vi} + [\boldsymbol{r}_{\overleftarrow{Ci}}^{\times}]\dot{\boldsymbol{J}}_{vi})) \tag{4.142}$$

并且

$$\dot{\boldsymbol{J}}_{vi} = [[\dot{\boldsymbol{e}}_1^{\times}]\boldsymbol{r}_{\overleftarrow{i1}} + [\boldsymbol{e}_1^{\times}]\dot{\boldsymbol{r}}_{\overleftarrow{i1}} \quad [\dot{\boldsymbol{e}}_2^{\times}]\boldsymbol{r}_{\overleftarrow{i2}} + [\boldsymbol{e}_2^{\times}]\dot{\boldsymbol{r}}_{\overleftarrow{i2}} \quad \cdots \quad [\dot{\boldsymbol{e}}_j^{\times}]\boldsymbol{r}_{\overleftarrow{ij}} + [\boldsymbol{e}_j^{\times}]\dot{\boldsymbol{r}}_{\overleftarrow{ij}} \quad \boldsymbol{0} \quad \cdots \quad \boldsymbol{0}] \in \Re^{3\times n}$$

$$\dot{\boldsymbol{J}}_{\omega i} = [\dot{\boldsymbol{e}}_1 \quad \dot{\boldsymbol{e}}_2 \quad \cdots \quad \dot{\boldsymbol{e}}_i \quad \boldsymbol{0} \quad \cdots \quad \boldsymbol{0}] \in \Re^{3\times n}$$

$$\dot{\boldsymbol{e}}_i = [\boldsymbol{\omega}_i^{\times}]\boldsymbol{R}_i^i\boldsymbol{e}_i$$

其中 $\boldsymbol{e}_i = \boldsymbol{R}_i{}^i\boldsymbol{e}_i$，${}^i\boldsymbol{e}_i = [0 \ 0 \ 1]^{\mathrm{T}}$，并且 $\boldsymbol{r}_{\overleftarrow{ij}}$ 是从第 j 个关节轴到第 i 个连杆质心的距离矢量($1 \leqslant j \leqslant i$)。

使用这种表示法，空间动力学分量中与速度有关的非线性力旋量可以用以下形式表示：

$$\mathcal{C}_M = \dot{\mathbb{M}}_C\mathcal{V}_M + \dot{\boldsymbol{H}}_{CM}\dot{\boldsymbol{\theta}} \tag{4.143}$$

还要注意，与速度有关的非线性力旋量(4.125)和关节扭矩可以分别写成

$$\mathcal{C}_B = \begin{bmatrix} \boldsymbol{a} \\ \boldsymbol{c}_{mM} + [\boldsymbol{r}_{\overleftarrow{CB}}^{\times}]^{\mathrm{T}}\boldsymbol{a} \end{bmatrix} \tag{4.144}$$

和

$$\boldsymbol{c}_{\theta M}(\boldsymbol{q},\dot{\boldsymbol{q}}_M) = \boldsymbol{c}_{\theta B}(\boldsymbol{\theta},\dot{\boldsymbol{\theta}}) - \dot{\boldsymbol{J}}_{\overleftarrow{CB}}^{\mathrm{T}}\boldsymbol{a} \tag{4.145}$$

其中，$\boldsymbol{a} \equiv M(-[\dot{\boldsymbol{r}}_{\overleftarrow{CB}}^{\times}]^{\mathrm{T}}\boldsymbol{\omega}_B + \dot{\boldsymbol{J}}_{\overleftarrow{CB}}\dot{\boldsymbol{\theta}})$。

施加外部力旋量

外部力旋量改变系统空间动量的变化率，如下所示。

$$\frac{\mathrm{d}}{\mathrm{d}t}\mathcal{L}_C(\boldsymbol{q},\dot{\boldsymbol{q}}_M)=\mathbb{M}_C\dot{\mathcal{V}}_M+\dot{\mathbb{M}}_C\mathcal{V}_M+\boldsymbol{H}_{CM}\ddot{\boldsymbol{\theta}}+\dot{\boldsymbol{H}}_{CM}\dot{\boldsymbol{\theta}}=\mathcal{F}_M \tag{4.146}$$

式中，$\mathcal{F}_M=\left[\boldsymbol{f}_C^{\mathrm{T}}\quad \boldsymbol{m}_B^{\mathrm{T}}\right]^{\mathrm{T}}=\mathbb{T}_{\overleftarrow{ME}}^{\mathrm{T}}\mathcal{F}_E$ 是根据混合准速度符号映射的外部力旋量。存在与4.8.1节中的基座准速度表示法相似的关系。也就是说，耦合空间动量变化率为零，即

$$\frac{\mathrm{d}}{\mathrm{d}t}\mathcal{L}_{CM}=\boldsymbol{H}_{CM}\ddot{\boldsymbol{\theta}}+\dot{\boldsymbol{H}}_{CM}\dot{\boldsymbol{\theta}}=\boldsymbol{0} \tag{4.147}$$

这意味着与施加的非冲击性力旋量有关的系统响应是刚体的系统响应，即

$$\frac{\mathrm{d}}{\mathrm{d}t}\widetilde{\mathcal{L}}_C(\boldsymbol{q},\dot{\boldsymbol{q}}_M)=\mathbb{M}_C\dot{\mathcal{V}}_M+\dot{\mathbb{M}}_C\mathcal{V}_M=\mathcal{F}_M \tag{4.148}$$

因此，$\mathcal{F}_M=\mathcal{F}_C$ 成立。

4.8.3 用质心准速度表示

首先推导出用质心空间速度表示的空间动力学表达式。与公式(4.132)类似，质心系统空间动量的变化率是由作用在系统上的外部力旋量决定的。利用公式(4.89)的时间微分，空间动力学可以表示为

$$\frac{\mathrm{d}}{\mathrm{d}t}\mathcal{L}_C(\boldsymbol{q},\mathcal{V}_C)=\mathbb{M}_C\dot{\mathcal{V}}_C+\dot{\mathbb{M}}_C\mathcal{V}_C=\mathcal{F}_C \tag{4.149}$$

请注意，由于采用了质心准速度，因此在锁定关节情况下，系统空间动量等于复合刚体空间动量。关节运动根本没有任何贡献。因此，很容易得出结论：上述表达式等同于(4.132)和(4.148)中的表达式。

上式的展开形式为

$$\begin{bmatrix} M\boldsymbol{E} & \boldsymbol{0} \\ \boldsymbol{0} & \boldsymbol{I}_C \end{bmatrix}\begin{bmatrix} \dot{\boldsymbol{v}}_C \\ \dot{\boldsymbol{\omega}}_C \end{bmatrix}+\begin{bmatrix} \boldsymbol{0} \\ \boldsymbol{c}_\omega \end{bmatrix}=\begin{bmatrix} \boldsymbol{f}_C \\ \boldsymbol{m}_C \end{bmatrix} \tag{4.150}$$

回想一下，当关节被锁定时，$\boldsymbol{\omega}_C=\boldsymbol{\omega}_B$ 和 $\mathcal{V}_C=\mathcal{V}_M$。公式(4.150)的结构类似于自由漂浮刚体的牛顿—欧拉运动方程。但应注意，非线性力矩 $\boldsymbol{c}_\omega\equiv\dot{\boldsymbol{I}}_C(\boldsymbol{q})\boldsymbol{\omega}_C$ 包括含时间和与姿态相关的惯性矩阵 $\boldsymbol{I}_C(\boldsymbol{q})$ 的偏导数的项(参见公式(4.141))。这些项不会出现在刚体欧拉方程的非线性速度项中(即在陀螺仪扭矩中 $\boldsymbol{\omega}_C\times\overline{\boldsymbol{I}}_C\boldsymbol{\omega}_C$，$\overline{\boldsymbol{I}}_C=$常数)。

由外部力旋量引起的复合刚体运动取决于力分量的作用线。一个特例值得一提。设作用在点 E 上的外部力旋量代表一个纯力，即 $\mathcal{F}_E=[\boldsymbol{f}_E^{\mathrm{T}}\quad \boldsymbol{0}^{\mathrm{T}}]^{\mathrm{T}}$。当此力的作用线穿过复合刚体质心时，由于 $\mathcal{F}_C=\mathbb{T}_{\overleftarrow{CE}}^{\mathrm{T}}\mathcal{F}_E$ 的力矩分量等于零，因此角动量是守恒的，$\boldsymbol{m}_C=\boldsymbol{0}$。另一方面，当作用线远离质心时，将引起角动量的变化(参见图4.8)，因此

$$\frac{\mathrm{d}}{\mathrm{d}t}\boldsymbol{l}_C\equiv\boldsymbol{m}_C=-[\boldsymbol{r}_{\overleftarrow{CE}}^{\times}]\boldsymbol{f}_E\neq\boldsymbol{0}$$

假设有一个单位大小的外力，角动量的变化率的大小将与距离 $\|\boldsymbol{r}_{\overleftarrow{CE}}\|$ 成正比。这种简单的关系在仿人机器人的平衡稳定性中起着重要作用(参见第5章)。

最后，为了获得用质心准速度表示的系统动力学，将解耦的复合刚体动力学(4.149)与简化形式的动力学(4.133)联立。我们有

$$\begin{bmatrix} \mathbb{M}_C & \boldsymbol{0} \\ \boldsymbol{0} & \hat{\boldsymbol{M}}_{\theta B} \end{bmatrix}\begin{bmatrix} \dot{\mathcal{V}}_C \\ \ddot{\boldsymbol{\theta}} \end{bmatrix}+\begin{bmatrix} \mathcal{C}_C \\ \hat{\boldsymbol{c}}_{\theta B} \end{bmatrix}=\begin{bmatrix} \boldsymbol{0} \\ \boldsymbol{\tau} \end{bmatrix}+\begin{bmatrix} \mathbb{T}_{\overleftarrow{CE}}^{\mathrm{T}} \\ \hat{\boldsymbol{J}}_E^{\mathrm{T}} \end{bmatrix}\mathcal{F}_E \tag{4.151}$$

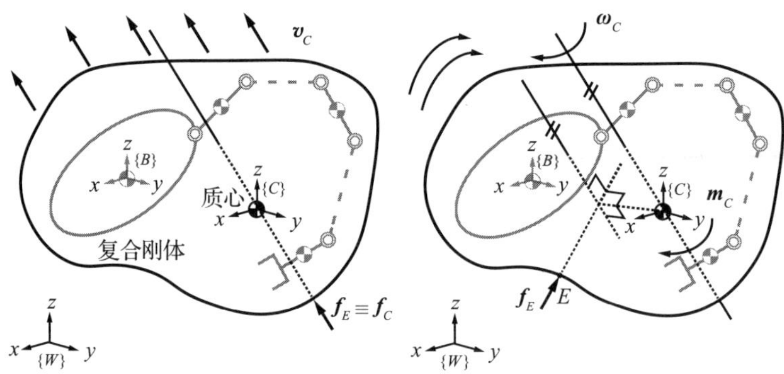

图 4.8 外部力旋量 $\boldsymbol{f}_E \neq \boldsymbol{0}$，$\boldsymbol{m}_E = \boldsymbol{0}$ 作用在复合刚体上。a)当 $\boldsymbol{f}_E$ 的作用线穿过复合刚体质心时，角动量守恒。b)当外力的作用线未通过质心时，该力会产生一个角动量，其变化率与 C 和 E 之间的距离成比例

以及 $\mathcal{C}_C = \dot{\mathbb{M}}_C \mathcal{V}_C$。浮动基座系统运动方程的这种形式最早在文献[164]中被揭示。使用这种表示法，三个独特的局部动力学分量(即线性动力学、角度复合刚体动力学和关节空间动力学)已完全动态解耦。

应该注意的是，类似于 4.8.2 节相似的过程，利用公式(4.101)和公式(4.102)中分别给出的准速度关系和变换，将用基座准速度(4.129)表示的运动方程进行变换，可以证实上述结果。

4.9 基于反作用零空间的逆动力学

可以求解机械臂关节加速度的空间动力学方程(例如公式(4.130))。该解决方案可用于推导动态控制方案中的控制输入，例如解析加速度控制[72]或计算转矩控制[24]。由于非冗余机械臂的情况具有唯一解，因此将重点集中在具有无穷解的冗余机械臂的情况会更加有趣。获得的关节加速度为

$$\ddot{\boldsymbol{\theta}} = \boldsymbol{H}_{BB}^{+}(\mathcal{F}_B - \mathbb{M}_B \dot{\mathcal{V}}_B - \mathcal{C}_B) + \boldsymbol{N}(\boldsymbol{H}_{BB})\ddot{\boldsymbol{\theta}}_a \tag{4.152}$$

齐次解分量 $\boldsymbol{N}(\boldsymbol{H}_{BB})\ddot{\boldsymbol{\theta}}_a$ 确定关节加速度的无穷集

$$\{\ddot{\boldsymbol{\theta}}_{rl} \in \mathcal{N}(\boldsymbol{H}_{BB}) : \ddot{\boldsymbol{\theta}} = \boldsymbol{N}(\boldsymbol{H}_{BB})\ddot{\boldsymbol{\theta}}_a, \forall \ddot{\boldsymbol{\theta}}_a\}$$

显然，关节加速度$\{\ddot{\boldsymbol{\theta}}_{rl}\}$属于(空间动量)反作用零空间。它们可以被描述为无反作用的，因为它们不会改变基座的力平衡。另一方面，特解分量(伪逆项)产生关节加速度，该关节加速度确保了在耦合动能最小化方面的最佳惯性耦合(参见公式(4.120))。从控制的角度来看，这种最小化是非常理想的特征。例如，无反作用运动控制目标[94]将基于两个控制分量：(i)通过零空间项生成无反作用运动(前馈控制分量)；(ii)通过伪逆项(反馈控制分量)的基座偏差㊀补偿。因此耦合能量的最小化将确保误差补偿的动力学方面具有更好的性能。

通过将关节加速度(4.152)代入运动方程(4.129)的下半部分，可以直接推导得出逆动力学解。我们有

㊀ 例如，来自建模的误差。

$$\begin{aligned}\boldsymbol{\tau} &= \boldsymbol{H}_{BB}^{\mathrm{T}}\dot{\mathcal{V}}_B + \boldsymbol{M}_{\theta B}\ddot{\boldsymbol{\theta}} + \boldsymbol{c}_{\theta B} \\ &= \hat{\boldsymbol{M}}_{\theta B}\dot{\mathcal{V}}_B + \overline{\boldsymbol{M}}_{\theta B}\ddot{\boldsymbol{\theta}} + \hat{\boldsymbol{c}}_{\theta B}\end{aligned} \tag{4.153}$$

“帽子”符号源自4.8.1节中引入的运动方程的简化形式。该符号对于欠驱动系统逆动力学是典型的。它也将出现在仿人机器人的逆动力学符号中，随后将进行介绍。另一方面，上划线符号表示源自受约束的最小二乘冗余分解的受限矩阵[92]（参见公式(2.49)）。$\overline{\boldsymbol{M}}_{\theta B}=\boldsymbol{M}_{\theta B}\boldsymbol{N}(\boldsymbol{H}_{BB})$将称为受限制的反作用零空间的关节空间惯性矩阵。根据上述控制方案，可将$\ddot{\boldsymbol{\theta}}_a$和$\dot{\mathcal{V}}_B$分别用于前馈和误差补偿(反馈)控制分量中。

4.10 仿人机器人的空间动量

从4.3节对简单动力学模型的讨论中可以明显看出，由质心运动和质心矩确定的空间动量的两个分量在平衡控制中起着重要作用。此外，4.8节表明，在零重力下自由漂浮机械臂的空间动力学是由外力引起的空间动量的变化率决定的(参见公式(4.130))。关节空间局部动力学完全没有贡献。对于一般的浮动基座系统(即在重力作用下)，包括仿人机器人，这都是正确的。

早期关于仿人机器人步态生成和平衡控制的研究大多基于倒立摆模型。他们几乎只关注由质心运动确定的空间动量的线性分量(参见公式(4.70))。角动量分量的作用也在早期阶段进行了讨论[128,129]。然而，后续研究在很久之后才开始出现[89,41,119,81]。研究表明，可以通过两种方式控制足部的外加力矩：(1)通过水平地加速质心引起的动量矩的变化率，如所谓的“角动量摆模型”方法[62]；(2)通过质心角动量，如反作用轮摆模型方法。

除了步态生成和平衡控制外，空间动量在全身运动控制中也起着重要作用。该领域的研究重点主要集中在以基座准速度表示的复合刚体质心的空间动量(4.91)上，如所谓的“解析动量控制”方法[56,135,57]。这种表达也出现在其他有关平衡控制的研究中[40,69,107,160]。

空间动量及其两个分量(线性和角动量)，以及相应的变化率是从前面几节中的自由漂浮空间机器人模型推导得出的。这些特性在仿人机器人中也起着重要作用。

- 角动量的参考点必不可少。基座和复合刚体质心作为参考点也特别值得注意。
- 系统空间动量(SSM)表示为复合刚体空间动量(CRB-SM)和耦合空间动量(CSM)的总和，即SSM＝CRB-SM＋CSM。这种关系称为动量平衡原理。动量平衡源于在没有外力的情况下，运动方程的空间动力学分量中力旋量的动态平衡(如公式(4.123)所示)。
- 空间动量的表达式取决于所选择的准速度类型：
  - 用质心准速度$\mathcal{V}_C$表示是最简单的，它与关节中的运动无关，并在所有动态分量之间惯性解耦，即完全惯性解耦。
  - 用基座准速度$\mathcal{V}_B$表示，在所有动态分量之间产生惯性耦合。该耦合确定了关节空间中的耦合空间动量守恒流形。该流形在$\boldsymbol{q}$处的切线子空间称为空间动量反应零空间。
  - 用混合准速度$\mathcal{V}_M$表示，可在一侧的质心动力学与另一侧的角动量和关节空间局部动力学之间产生惯性解耦。后两个分量是惯性耦合的。耦合决定了关节空间中的耦合角动量守恒流形。该流形在$\boldsymbol{q}$处的切线子空间称为角动量反应零空间。

- 空间动量的角分量是守恒的：
  - 没有外力时。
  - 当复合刚体质心位于外力作用线上时(如图 4.2 中的倒立摆模型一样)。

如第 5 章所示，在平衡控制设计中，使用角动量的适当表示形式很重要。

此外，需要注意的是，除了在奔跑和跳跃过程中的腾空阶段外，仿人机器人始终与环境接触。这种姿势的典型特征是单/双姿态，或多接触姿态。在后一种情况下，除了足部的接触之外，还通过手的接触形成多个相互依赖的闭环。在这种情况下，必须将动量控制目标确定为约束一致。如 2.11 节所述，可以通过采用约束一致的广义速度/加速度以简单的方式完成此操作。为此，请注意通过适当约束雅可比矩阵的零空间来限制空间动量矩阵 $\mathcal{A}_{(\circ)}$ 就足够了。然后可以得到约束一致的质心空间动量的两种表达，如下所示。

$$\overline{\mathcal{L}}_C(\boldsymbol{q},\dot{\boldsymbol{q}}_{(\circ)}) = \overline{\boldsymbol{A}}_{(\circ)}(\boldsymbol{q})\dot{\boldsymbol{q}}_u \tag{4.154}$$

该表示法包括分别通过 $\overline{\boldsymbol{A}}_{\overleftarrow{CB}}(\boldsymbol{q})=\boldsymbol{A}_{\overleftarrow{CB}}\boldsymbol{N}(\boldsymbol{J}_{cB})$ 和 $\overline{\boldsymbol{A}}_C(\boldsymbol{q})=\boldsymbol{A}_C\boldsymbol{N}(\boldsymbol{J}_{cM})$ 以基座准速度($\dot{\boldsymbol{q}}_{(\circ)}=\dot{\boldsymbol{q}}_B$)和混合准速度($\dot{\boldsymbol{q}}_{(\circ)}=\dot{\boldsymbol{q}}_M$)表示的表达式，$\overline{\boldsymbol{A}}_{(\circ)}$ 称为受限质心动量矩阵，$\dot{\boldsymbol{q}}_u$ 是无约束系统的任意准速度矢量。注意，可以用类似方式约束空间动量 $\mathcal{L}_B(\boldsymbol{q},\dot{\boldsymbol{q}}_B)$。还要注意，由于完全动态解耦特性，因此不必约束以质心准速度 $\mathcal{L}_C(\boldsymbol{q},\mathcal{V}_C)$ 表示的质心空间动量的表达式。

4.11 仿人机器人的运动方程

仿人机器人被建模为浮动基座上的欠驱动多体系统。机器人运动方程的拉格朗日形式与自由漂浮空间机器人的形式相同，如 4.8 节所述。主要区别在于重力场的存在。其他的外部力旋量包括在接触关节处确定的反作用力以及不确定的干扰力旋量。连续式和冲击式反作用力旋量/干扰力旋量都必须考虑在内。运动方程的拉格朗日形式将作为动力学建模的基础。

从 4.8 节的讨论中可以明显看出，运动方程的表达取决于准速度的特定选择。经典的表示方法是用基座准速度表示[35]。但是，从全身平衡控制的角度来看，混合准速度更方便。最简单的表达是用质心准速度表示。这些表示法将在下面介绍。首先，考虑经典表示

$$\begin{bmatrix}\mathbb{M}_B & \boldsymbol{H}_{BB}\\ \boldsymbol{H}_{BB}^{\mathrm{T}} & \boldsymbol{M}_{\theta B}\end{bmatrix}\begin{bmatrix}\dot{\mathcal{V}}_B\\ \ddot{\boldsymbol{\theta}}\end{bmatrix}+\begin{bmatrix}\mathcal{C}_B\\ \boldsymbol{c}_{\theta B}\end{bmatrix}+\begin{bmatrix}\mathcal{G}_B\\ \boldsymbol{g}_{\theta}\end{bmatrix}=\begin{bmatrix}\boldsymbol{0}\\ \boldsymbol{\tau}\end{bmatrix}+\begin{bmatrix}\mathbb{C}_{cB}\\ \mathcal{J}_{cB}^{\mathrm{T}}\end{bmatrix}\overline{\mathcal{F}}^{c} \tag{4.155}$$

上半部分和下半部分分别表示空间局部动力学和关节空间的局部动力学。$\overline{\mathcal{F}}^{C}\in$ CWC、$\mathcal{G}_B$ 和 $\boldsymbol{g}_{\theta}$ 分别是源于接触关节和作用在基座连杆上的重力力旋量和重力关节扭矩矢量座的反作用力。它们的表达式分别参见公式(3.55)、公式(3.59)和公式(3.60)。在以下推导中，将假定接触关节由一个或多个末端连杆(脚/手)组成。实际上，其他连杆(例如手指和中间连杆)也可以建立接触。可以容易地合并这样的接触，而不会改变本书描述的模型的定性性质。首先通过机器人的接触映射将反作用力映射在基座连杆上(参见公式(2.74))，然后通过关节空间约束雅可比矩阵的转置 $\mathcal{J}_{cB}^{\mathrm{T}}\in\Re^{n\times c}$ 映射到关节扭矩(参见公式(2.75))。

运动方程(4.155)以及运动约束(2.104)～(2.105)和接触力旋量锥称为完整模型。通过该模型，空间局部动力学和关节空间局部动力学变得显而易见。这两个部分在分析和控制器设计中起着重要且独特的作用。

一些模型使用运动方程的更详细表示形式。以下展开形式的表示使空间旋转和平移动力学运动分量显式可见(另请参见公式(4.124))：

$$\begin{bmatrix} M\boldsymbol{E} & -M[\boldsymbol{r}^{\times}_{\overleftarrow{CB}}] & M\boldsymbol{J}_{\overleftarrow{CB}} \\ -M[\boldsymbol{r}^{\times}_{\overleftarrow{CB}}]^{\mathrm{T}} & \boldsymbol{I}_B & \boldsymbol{H}_B \\ M\boldsymbol{J}^{\mathrm{T}}_{\overleftarrow{CB}} & \boldsymbol{H}^{\mathrm{T}}_B & \boldsymbol{M}_{\theta B} \end{bmatrix}\begin{bmatrix} \dot{\boldsymbol{v}}_B \\ \dot{\boldsymbol{\omega}}_B \\ \ddot{\boldsymbol{\theta}} \end{bmatrix}+\begin{bmatrix} \boldsymbol{c}_{fB} \\ \boldsymbol{c}_{mB} \\ \boldsymbol{c}_{\theta B} \end{bmatrix}+\begin{bmatrix} \boldsymbol{g}_f \\ \boldsymbol{g}_m \\ \boldsymbol{g}_\theta \end{bmatrix}=\begin{bmatrix} \boldsymbol{0} \\ \boldsymbol{0} \\ \boldsymbol{\tau} \end{bmatrix}+\begin{bmatrix} \mathbb{C}_{cB_f} \\ \mathbb{C}_{cB_m} \\ \mathcal{J}^{\mathrm{T}}_{cB} \end{bmatrix}\overline{\mathcal{F}}^c \tag{4.156}$$

该方程首次出现在文献[35]中。非线性速度相关项和重力项的含义分别从公式(4.125)和公式(3.59)中看出。力和力矩分量投影 $\mathbb{C}_{cB_f}$，$\mathbb{C}_{cB_m}\in\Re^{3\times c}$ 在公式(2.120)中定义。

根据 4.8.2 节中描述的过程，用混合准速度重写运动方程的上述表示形式。紧凑形式和展开形式的表示分别为

$$\begin{bmatrix} \mathbb{M}_C & \boldsymbol{H}_{CM} \\ \boldsymbol{H}^{\mathrm{T}}_{CM} & \boldsymbol{M}_{\theta M} \end{bmatrix}\begin{bmatrix} \dot{\mathcal{V}}_M \\ \ddot{\boldsymbol{\theta}} \end{bmatrix}+\begin{bmatrix} \mathcal{C}_M \\ \boldsymbol{c}_{\theta M} \end{bmatrix}+\begin{bmatrix} \mathcal{G}_C \\ \boldsymbol{0} \end{bmatrix}=\begin{bmatrix} \boldsymbol{0} \\ \boldsymbol{\tau} \end{bmatrix}+\begin{bmatrix} \mathbb{C}_{cC} \\ \mathcal{J}^{\mathrm{T}}_{cM} \end{bmatrix}\overline{\mathcal{F}}^c \tag{4.157}$$

和

$$\begin{bmatrix} M\boldsymbol{E} & \boldsymbol{0} & \boldsymbol{0} \\ \boldsymbol{0} & \boldsymbol{I}_C & \boldsymbol{H}_C \\ \boldsymbol{0} & \boldsymbol{H}^{\mathrm{T}}_C & \boldsymbol{M}_{\theta M} \end{bmatrix}\begin{bmatrix} \dot{\boldsymbol{v}}_C \\ \dot{\boldsymbol{\omega}}_B \\ \ddot{\boldsymbol{\theta}} \end{bmatrix}+\begin{bmatrix} \boldsymbol{0} \\ \boldsymbol{c}_{mM} \\ \boldsymbol{c}_{\theta M} \end{bmatrix}+\begin{bmatrix} \boldsymbol{g}_f \\ \boldsymbol{0} \\ \boldsymbol{0} \end{bmatrix}=\begin{bmatrix} \boldsymbol{0} \\ \boldsymbol{0} \\ \boldsymbol{\tau} \end{bmatrix}+\begin{bmatrix} \mathbb{C}_{cCf} \\ \mathbb{C}_{cCm} \\ \mathcal{J}^{\mathrm{T}}_{cM}(\boldsymbol{q}) \end{bmatrix}\overline{\mathcal{F}}^c \tag{4.158}$$

连杆惯性张量 $\boldsymbol{M}_{\theta M}$、速度相关的非线性力矩 $\boldsymbol{c}_{mM}$ 和速度相关的非线性关节扭矩 $\boldsymbol{c}_{mM}$ 分别在公式(4.139)、公式(4.140)和公式(4.145)中定义。约束雅可比矩阵和接触投影分量分别在公式(2.126)和公式(2.127)中定义。线性空间动力学分量(即公式(4.158)的上一行中的质心局部动力学)与其余部分的解耦是显而易见的。解耦在平衡控制器设计中具有优势。此内容将在第 5 章中讨论。

运动方程的最简单表达式是用质心准速度表示的，即

$$\begin{bmatrix} \mathbb{M}_C & \boldsymbol{0} \\ \boldsymbol{0} & \hat{\boldsymbol{M}}_{\theta B} \end{bmatrix}\begin{bmatrix} \dot{\mathcal{V}}_C \\ \ddot{\boldsymbol{\theta}} \end{bmatrix}+\begin{bmatrix} \mathcal{C}_C \\ \hat{\boldsymbol{c}}_{\theta B} \end{bmatrix}+\begin{bmatrix} \mathcal{G}_C \\ \boldsymbol{0} \end{bmatrix}=\begin{bmatrix} \boldsymbol{0} \\ \boldsymbol{\tau} \end{bmatrix}+\begin{bmatrix} \mathbb{C}_{cC} \\ \mathcal{J}^{\mathrm{T}}_{cC} \end{bmatrix}\overline{\mathcal{F}}^c \tag{4.159}$$

展开形式表示为

$$\begin{bmatrix} M\boldsymbol{E} & \boldsymbol{0} & \boldsymbol{0} \\ \boldsymbol{0} & \boldsymbol{I}_C & \boldsymbol{0} \\ \boldsymbol{0} & \boldsymbol{0} & \hat{\boldsymbol{M}}_{\theta B} \end{bmatrix}\begin{bmatrix} \dot{\boldsymbol{v}}_C \\ \dot{\boldsymbol{\omega}}_C \\ \ddot{\boldsymbol{\theta}} \end{bmatrix}+\begin{bmatrix} \boldsymbol{0} \\ \boldsymbol{c}_\omega \\ \hat{\boldsymbol{c}}_{\theta B} \end{bmatrix}+\begin{bmatrix} \boldsymbol{g}_f \\ \boldsymbol{0} \\ \boldsymbol{0} \end{bmatrix}=\begin{bmatrix} \boldsymbol{0} \\ \boldsymbol{0} \\ \boldsymbol{\tau} \end{bmatrix}+\begin{bmatrix} \mathbb{C}_{cC_f} \\ \mathbb{C}_{cC_m} \\ \mathcal{J}^{\mathrm{T}}_{cC} \end{bmatrix}\overline{\mathcal{F}}^c \tag{4.160}$$

连杆惯性矩阵 $\hat{\boldsymbol{M}}_{\theta B}$ 和速度相关的非线性关节转矩 $\hat{\boldsymbol{c}}_{\theta B}$ 分别在公式(4.127)和公式(4.128)中定义，而 $\boldsymbol{c}_\omega=\dot{\boldsymbol{I}}_C\boldsymbol{\omega}$。雅可比矩阵

$$\mathcal{J}_{cC}=\mathcal{J}_{cB}-\mathbb{C}_{cC}\boldsymbol{J}_\theta \tag{4.161}$$

称为广义关节空间约束雅可比矩阵。它的定义类似于广义雅可比矩阵(4.119)。显然，上式中的所有三个局部动力学分量都是惯性解耦的。

当使用标准求解器(例如二次规划求解器)进行逆动力学求解时，通常首选采用以下紧

凑形式表示的运动方程：

$$\boldsymbol{M}_{(\circ)}(\boldsymbol{q})\ddot{\boldsymbol{q}}_{(\circ)}+\boldsymbol{c}_{(\circ)}(\boldsymbol{q},\dot{\boldsymbol{q}}_{(\circ)})+\boldsymbol{g}_{(\circ)}(\boldsymbol{q})=\mathcal{Q}-\mathcal{Q}_{c(\circ)}(\boldsymbol{q}) \tag{4.162}$$

将基座准速度、混合准速度和质心准速度的符号分别将(∘)下角标替换为 B、M 和 C。从相应的展开形式表示中，可以明显看出惯性分量、非线性速度相关分量和重力分量。广义力 $\mathcal{Q}$ 在公式(4.122)中定义。$\mathcal{Q}_{c(\circ)}(\boldsymbol{q})\equiv\boldsymbol{J}_{c(\circ)}^{\mathrm{T}}(\boldsymbol{q})\boldsymbol{\lambda}$ 项代表广义约束力，$\boldsymbol{\lambda}=-\overline{\mathcal{F}}^{C}$ 表示拉格朗日乘子矢量。雅可比矩阵 $\boldsymbol{J}_{cB}$ 和 $\boldsymbol{J}_{cM}$ 分别在公式(2.96)和公式(2.129)中定义。雅可比矩阵

$$\boldsymbol{J}_{cC}=\begin{bmatrix}\mathbb{C}_{cC}^{\mathrm{T}} & \mathcal{J}_{cC}\end{bmatrix}$$

显然，广义约束力的表达取决于各自的准速度。根据虚功原理，可以通过准速度变换的转置将一类广义约束力转换为另一类广义约束力，例如 $\mathcal{Q}_{c_C}=\boldsymbol{T}_{\overleftarrow{CB}}^{\mathrm{T}}\mathcal{Q}_{c_B}$，$\boldsymbol{T}_{\overleftarrow{CB}}$，在公式(4.102)中定义。

应该注意的是，拉格朗日乘子矢量经常用于约束优化问题中。在关注极值的优化坐标中，矢量的符号将是无关紧要的。但是，当矢量用于机器人领域时，矢量通常具有物理意义。那么该符号是至关重要的，例如，满足单边接触的法向反作用力必须为正的要求(请参见 2.9.3 节)。如上所述，这可以通过使符号与约束力的符号相反来保证。

4.12 约束力消元法

约束力消元是约束多体系统研究领域的一种著名的方法。广义约束力被认为是未知的，并从运动方程中消除[9,151,32,66,84]。该方法可以直接应用于仿人机器人领域。以下推导适用于任何类型的准速度。为了简单起见，但在表达方式上有些滥用，与准速度相关的下角标将被省略。接下来，假设在完整的(参见 2.11.1 节)硬性约束条件下，使 $\boldsymbol{J}_c(\boldsymbol{q})\dot{\boldsymbol{q}}=\boldsymbol{0}$(参见公式(2.96))成立。另外，假定初始状态与约束 $\boldsymbol{q}_0\in\boldsymbol{\gamma}(\boldsymbol{q}_0)$ 和 $\dot{\boldsymbol{q}}_0\in\mathcal{N}(\boldsymbol{J}_c(\boldsymbol{q}_0))$一致。将运动方程(4.162)的紧凑形式表示与约束方程的时间微分联立，得出

$$\begin{bmatrix}\boldsymbol{M} & \boldsymbol{J}_c^{\mathrm{T}}\\ \boldsymbol{J}_c & \boldsymbol{0}\end{bmatrix}\begin{bmatrix}\ddot{\boldsymbol{q}}\\ \boldsymbol{\lambda}\end{bmatrix}=\begin{bmatrix}\mathcal{Q}_u\\ -\dot{\boldsymbol{J}}_c\dot{\boldsymbol{q}}\end{bmatrix} \tag{4.163}$$

等号右边的广义力定义为 $\mathcal{Q}_u\equiv\mathcal{Q}-(\boldsymbol{c}+\boldsymbol{g})$。在分析中，假定此力的所有项都是已知的。广义输入力由控制器确定，而其他两项则与状态有关。下角标“u”表示无约束系统的动力学($\boldsymbol{\lambda}=\boldsymbol{0}$)。我们有

$$\boldsymbol{M}\ddot{\boldsymbol{q}}_u=\mathcal{Q}_u \tag{4.164}$$

注意，对于无约束系统，任何初始状态都是允许的。由于惯性矩阵的逆在所有系统姿态中都存在，因此广义加速度 $\ddot{\boldsymbol{q}}_u$ 是从最后一个方程中直接获得的。$\ddot{\boldsymbol{q}}_u$ 和 $\mathcal{Q}_u$ 的量值在以下分析中起重要作用。它们分别简称为无约束的广义加速度和广义力。

完整模型的紧凑形式(4.163)表示一组微分代数方程。在 $\boldsymbol{\lambda}$ 中的约束力是代数变量，即这些变量的时间导数没有出现在方程中。如上所述，习惯上从运动方程中消除这些力。结果，得出了一组常微分方程，这些常微分方程易于使用常规求解方法求解。由于公式(4.163)是将运动方程与二阶运动约束关系(2.105)联立构造的，因此可以预期，后者将有助于消除未知的拉格朗日乘子 $\boldsymbol{\lambda}$。有多种方法可以消除约束多体系统公式中的约束力[151,66]。在仿人机器人领域中采用了以下方法。

4.12.1 高斯最小约束原理

高斯[37]惊讶地发现“质量粒子系统的运动，无论它们的相对位移和所遵循约束如何，每时每刻都在发生，并且都在最大程度上与系统的自运动一致，或者在最小约束条件下。因此，将约束量度(整个系统所受的约束条件)视为质量乘积与每个质量粒子与其自由运动的偏差平方之和。”㊀

将该原理表述为二次最小化问题：最小化

$$\mathcal{Z}=\frac{1}{2}\sum_{j}M_{j}\left(\ddot{\boldsymbol{r}}_{j}-\frac{\boldsymbol{f}_{j}}{M_{j}}\right)^{\mathrm{T}}\left(\ddot{\boldsymbol{r}}_{j}-\frac{\boldsymbol{f}_{j}}{M_{j}}\right) \tag{4.165}$$

其中 $\mathcal{Z}$ 是约束的量度(德语为 Zwang)，M、$\boldsymbol{r}$ 表示粒子质量和位置，$\boldsymbol{f}$ 是作用在粒子上的力。

该原理已应用于受约束的多体系统[70,59,151]。它是在机器人领域的开拓性工作中引入的[117](另见文献[16,28])。在多体系统的情况下，上述约束措施假设为以下形式[151]：

$$\mathcal{Z}=\frac{1}{2}(\ddot{\boldsymbol{q}}_{u}-\ddot{\boldsymbol{q}})^{\mathrm{T}}\boldsymbol{M}(\ddot{\boldsymbol{q}}_{u}-\ddot{\boldsymbol{q}})=\frac{1}{2}\ddot{\boldsymbol{q}}_{c}^{\mathrm{T}}\boldsymbol{M}\ddot{\boldsymbol{q}}_{c} \tag{4.166}$$

这里 $\ddot{\boldsymbol{q}}_{u}$ 表示无约束系统的广义加速度，$\ddot{\boldsymbol{q}}$ 表示约束一致的广义加速度，而差值 $\ddot{\boldsymbol{q}}_{c}=\ddot{\boldsymbol{q}}_{u}-\ddot{\boldsymbol{q}}$ 是强制广义加速度的约束(请参见 2.11.3 节)。需要注意的是，在运动的每个瞬时，状态$(\boldsymbol{q},\dot{\boldsymbol{q}})$和广义输入力 $\boldsymbol{\tau}$ 假设都是已知的。因此，无约束系统的广义加速度可以由公式(4.164)唯一确定。使用这种表示法，运动方程可以改写为

$$\boldsymbol{M}(\ddot{\boldsymbol{q}}_{u}-\ddot{\boldsymbol{q}})=\boldsymbol{J}_{c}^{\mathrm{T}}\lambda \tag{4.167}$$

或

$$\boldsymbol{M}\ddot{\boldsymbol{q}}_{c}=\mathcal{Q}_{c} \tag{4.168}$$

从最后一个关系式可以看出，$\mathcal{Q}_{c}$(相应的 $\boldsymbol{\lambda}$)以唯一的方式确定 $\boldsymbol{q}_{c}$：

$$\ddot{\boldsymbol{q}}_{c}=\boldsymbol{M}^{-1}\mathcal{Q}_{c}=\boldsymbol{M}^{-1}\boldsymbol{J}_{c}^{\mathrm{T}}\boldsymbol{\lambda} \tag{4.169}$$

为了确定未知的拉格朗日乘子(也就是强制加速度的约束)，必须将(二阶)运动约束强加于运动方程。为此，求解(4.167)约束一致的广义加速度并代入公式(2.105)，得到

$$\boldsymbol{\lambda}=\boldsymbol{M}_{c}(\dot{\boldsymbol{J}}_{c}\dot{\boldsymbol{q}}+\boldsymbol{J}_{c}\ddot{\boldsymbol{q}}_{u}) \tag{4.170}$$

其中 $\boldsymbol{M}_{c}\equiv(\boldsymbol{J}_{c}\boldsymbol{M}^{-1}\boldsymbol{J}_{c}^{\mathrm{T}})^{-1}$ 是沿约束运动方向映射的系统惯性矩阵。然后，将公式(4.170)插入公式(4.169)中，得到的强制广义加速度约束为

$$\ddot{\boldsymbol{q}}_{c}=\boldsymbol{J}_{c}^{-M}(\dot{\boldsymbol{J}}_{c}\dot{\boldsymbol{q}}+\boldsymbol{J}_{c}\ddot{\boldsymbol{q}}_{u}) \tag{4.171}$$

其中

$$\boldsymbol{J}_{c}^{-M}=\boldsymbol{M}^{-1}\boldsymbol{J}_{c}^{\mathrm{T}}(\boldsymbol{J}_{c}\boldsymbol{M}^{-1}\boldsymbol{J}_{c}^{\mathrm{T}})^{-1}=\boldsymbol{M}^{-1}\boldsymbol{J}_{c}^{\mathrm{T}}\boldsymbol{M}_{c} \tag{4.172}$$

是惯性加权(右)的伪逆。如果需要，还可以通过公式(4.168)导出广义约束力。我们有

$$\mathcal{Q}_{c}=\boldsymbol{J}_{c}^{\mathrm{T}}\boldsymbol{T}_{c}^{-1}(\dot{\boldsymbol{J}}_{c}\dot{\boldsymbol{q}}+\boldsymbol{J}_{c}\ddot{\boldsymbol{q}}_{u}) \tag{4.173}$$

注意，$\boldsymbol{\lambda}$(以及 $\mathcal{Q}_{c}$ 和 $\ddot{\boldsymbol{q}}_{c}$)包括线性分量和非线性分量。前者来自无约束系统的广义加速度。后者是状态依赖分量，因此速度状态是约束一致的，即它符合公式(2.100)。

接下来，通过将公式(4.170)代入公式(4.167)得出约束一致的广义加速度。我们有

㊀ 由本章作者翻译。

$$\ddot{\boldsymbol{q}} = -\boldsymbol{J}_c^{-M}\dot{\boldsymbol{J}}_c\dot{\boldsymbol{q}} + \ddot{\boldsymbol{q}}_m \tag{4.174}$$

$$\ddot{\boldsymbol{q}}_m \equiv (\boldsymbol{E} - \boldsymbol{J}_c^{-M}\boldsymbol{J}_c)\ddot{\boldsymbol{q}}_u \tag{4.175}$$

这被认为是欠定二阶微分约束(2.105)的一般解，它包括一个特定的和齐次的解分量(等式右边上的第一项和第二项)。特解分量代表非线性的、状态依赖的加速度。另一方面，齐次分量是通过将无约束的广义加速度 $\ddot{\boldsymbol{q}}_u$ 投影到零空间 $\mathcal{N}(\boldsymbol{J}_c)$ 上唯一确定的。由此产生的唯一加速度 $\ddot{\boldsymbol{q}}_m$ 将称为约束保持：该加速度不会在约束方向上施加任何惯性力。还要注意，无约束的广义加速度 $\ddot{\boldsymbol{q}}_u$ 分别通过公式(4.171)和公式(4.175)分解。

通过上述表示，可以将运动方程(4.167)改写为

$$\begin{aligned}\boldsymbol{M}\ddot{\boldsymbol{q}} &= -\boldsymbol{J}_c^{\mathrm{T}}\boldsymbol{M}_c\dot{\boldsymbol{J}}_c\dot{\boldsymbol{q}} + \boldsymbol{M}(\boldsymbol{E} - \boldsymbol{J}_c^{-M}\boldsymbol{J}_c)\ddot{\boldsymbol{q}}_u \\ &= -\boldsymbol{J}_c^{\mathrm{T}}\boldsymbol{M}_c\dot{\boldsymbol{J}}_c\dot{\boldsymbol{q}} + \boldsymbol{M}\ddot{\boldsymbol{q}}_m\end{aligned} \tag{4.176}$$

4.12.2 直接消元法

值得关注的是，可以通过直接消元法来证明用高斯最小约束原理获得的结果，如下所示。首先，求解公式(4.163)中的 $\boldsymbol{\lambda}$，即

$$\boldsymbol{\lambda} = \boldsymbol{M}_c(\dot{\boldsymbol{J}}_c\dot{\boldsymbol{q}} + \boldsymbol{J}_c\boldsymbol{M}^{-1}\mathcal{Q}_u) \tag{4.177}$$

然后，将公式(4.177)代入公式(4.163)的上半部分可得

$$\boldsymbol{M}\ddot{\boldsymbol{q}} = \mathcal{Q}_u - \mathcal{Q}_c \tag{4.178}$$

$$\mathcal{Q}_c = \boldsymbol{J}_c^{\mathrm{T}}\boldsymbol{M}_c(\dot{\boldsymbol{J}}_c\dot{\boldsymbol{q}} + \boldsymbol{J}_c\boldsymbol{M}^{-1}\mathcal{Q}_u) \tag{4.179}$$

或

$$\boldsymbol{M}\ddot{\boldsymbol{q}} = -\boldsymbol{J}_c^{\mathrm{T}}\boldsymbol{M}_c\dot{\boldsymbol{J}}_c\dot{\boldsymbol{q}} + \mathcal{Q}_m \tag{4.180}$$

$$\mathcal{Q}_m = (\boldsymbol{E} - \boldsymbol{J}_c^{\mathrm{T}}\boldsymbol{J}_c^{-M\mathrm{T}})\mathcal{Q}_u \tag{4.181}$$

为了证明该结果与用高斯最小约束原理得到的结果相同，首先请注意，由于 $\boldsymbol{M}^{-1}\mathcal{Q}_u = \ddot{\boldsymbol{q}}_u$，关系(4.177)和(4.179)分别等于(4.170)和(4.173)。还要注意的是，公式(4.178)可以直接从强制广义加速度的约束的定义中获得，即 $\ddot{\boldsymbol{q}}_c = \ddot{\boldsymbol{q}}_u - \ddot{\boldsymbol{q}}$。此外，求解公式(4.180)的广义加速度得出

$$\ddot{\boldsymbol{q}} = -\boldsymbol{J}_c^{-M}\dot{\boldsymbol{J}}_c\dot{\boldsymbol{q}} + \boldsymbol{M}^{-1}\mathcal{Q}_m \tag{4.182}$$

等式右边的第二项可以表示为

$$\boldsymbol{M}^{-1}\mathcal{Q}_m = \boldsymbol{M}^{-1}(\boldsymbol{E} - \boldsymbol{J}_c^{\mathrm{T}}\boldsymbol{J}_c^{-M\mathrm{T}})\mathcal{Q}_u = (\boldsymbol{E} - \boldsymbol{J}_c^{-M}\boldsymbol{J}_c)\boldsymbol{M}^{-1}\mathcal{Q}_u = (\boldsymbol{E} - \boldsymbol{J}_c^{-M}\boldsymbol{J}_c)\ddot{\boldsymbol{q}}_u = \ddot{\boldsymbol{q}}_m \tag{4.183}$$

上述关系是通过相似变换(3.36)获得的，其中惯性矩阵 $\boldsymbol{M}$ 作为加权矩阵。这些关系意味着公式(4.182)和公式(4.174)相同。还要注意，动力学系统(4.180)是由力 $\mathcal{Q}_m$ 驱动的，力 $\mathcal{Q}_m$ 是不受约束的广义力 $\mathcal{Q}_u$ 投射到(对偶)零空间 $\mathcal{N}^*(\boldsymbol{J}_c)$上的投影。与 $\ddot{\boldsymbol{q}}_m$ 类似，$\mathcal{Q}_m$ 将称为保持广义力的约束。可以肯定地说，借助上述恒等关系，根据高斯原理导出的运动方程(4.168)与(4.180)相同。

采用高斯法和直接消元法所获得的方程均以特定形式获得，分别通过惯性加权伪逆 $\boldsymbol{J}_c^{-M}$ 和其转置表示，分别如公式(4.174)和公式(4.182)所示。确实，请注意公式(4.182)和公式(4.174)同样是运动约束(2.105)的通解。回顾一下，公式(2.106)也代表了对相同

运动约束的通解。如前所述，其特解分量的作用是考虑约束流形的法向子空间内约束的非线性(即离心力和向心力)。这也是公式(4.182)和公式(4.174)中特解分量的作用。进一步回顾一下，公式(2.106)中的齐次分量是以特定方式指定的，以确保可积性。

文献[115，133]中使用直接消元法来推导仿人机器人的运动方程。

4.12.3 Maggi方程(零空间投影法)

通过将运动方程投影到系统约束矩阵 $\mathcal{N}(\boldsymbol{J}_c)$ 的零空间中，可以消除拉格朗日乘子矢量。在受约束的多体系统分析中，该方法称为Maggi方程[114,11,151,66]。该过程的第一步是通过一组 $r=n+6-c$ 独立运动关系来补充微分约束公式(2.96)，即

$$\begin{bmatrix}\boldsymbol{J}_c\\ \boldsymbol{A}_r\end{bmatrix}\dot{\boldsymbol{q}}=\begin{bmatrix}\boldsymbol{0}\\ \mathcal{V}_r\end{bmatrix} \tag{4.184}$$

新引入的关系不要求必须可积。因此，有时将 $\mathcal{V}_r$ 称为准速度或虚拟速度或独立的运动学参数[11](另请参见2.11.1节)。矩阵 $\boldsymbol{A}_r\in\Re^{r\times(n+6)}$ 的构成应使扩展矩阵 $\boldsymbol{A}_e\equiv[\boldsymbol{J}_c^{\mathrm{T}}\quad\boldsymbol{A}_r^{\mathrm{T}}]^{\mathrm{T}}\in\Re^{(n+6)\times(n+6)}$ 总是可逆。逆矩阵表示为

$$\boldsymbol{A}_e^{-1}=[\boldsymbol{V}_c\quad\boldsymbol{V}_r] \tag{4.185}$$

因此

$$[\boldsymbol{J}_c^{\mathrm{T}}\quad\boldsymbol{A}_r^{\mathrm{T}}]^{\mathrm{T}}[\boldsymbol{V}_c\quad\boldsymbol{V}_r]=\mathrm{diag}[\boldsymbol{E}_c\quad\boldsymbol{E}_r]$$

然后可以将约束一致的广义速度表示为

$$\dot{\boldsymbol{q}}=\boldsymbol{V}_r\mathcal{V}_r \tag{4.186}$$

由于 $\boldsymbol{J}_c\boldsymbol{V}_r=\boldsymbol{0}$，因此可以得出 $\boldsymbol{V}_r\in\Re^{(n+6)\times r}$ 跨越 $\boldsymbol{J}_c$ 的零空间。

有趣的是，观察到公式(4.184)与公式(2.46)具有相同的形式，并且矩阵 $\boldsymbol{A}_e$ 与运动学冗余分解中使用的扩展雅可比矩阵起着相同的作用(请参见2.7.5节)。此外，可以得出结论，如果 $\boldsymbol{V}_r$ 类似于在同一节中讨论的KD-JSD方法中的矩阵 $\boldsymbol{Z}_W^{\#}$，那么将确保扩展矩阵 $\boldsymbol{A}_e$ 的可逆性。此外，请注意，$\boldsymbol{V}_r\boldsymbol{V}_r^{\mathrm{T}}$ 是 $\mathcal{N}^*(\boldsymbol{J}_c)$ 上的零空间投影。这意味着 $\boldsymbol{V}_r$ 可以从系统约束雅可比矩阵 $\boldsymbol{J}_c$ 的奇异值分解推导得出，类似于一个运动学冗余机械臂的零空间投影(请参见2.7.1节)。

下一步是区分涉及时间的广义速度(4.186)。我们有

$$\ddot{\boldsymbol{q}}=\boldsymbol{V}_r\dot{\mathcal{V}}_r+\dot{\boldsymbol{V}}_r\mathcal{V}_r \tag{4.187}$$

最后，将其代入运动方程，并将结果左乘 $\boldsymbol{V}_r$。那么我们得到

$$\boldsymbol{V}_r^{\mathrm{T}}\boldsymbol{M}(\boldsymbol{V}_r\dot{\mathcal{V}}_r+\dot{\boldsymbol{V}}_r\mathcal{V}_r)=\boldsymbol{V}_r^{\mathrm{T}}\mathcal{Q}_u \tag{4.188}$$

该方程表示投影到系统约束矩阵的零空间上并以准速度表示的动力学方程。显然，广义约束力 $\mathcal{Q}_c=\boldsymbol{J}_c^{\mathrm{T}}\boldsymbol{\lambda}$ 已被消除(通过 $\boldsymbol{V}_r^{\mathrm{T}}$)。还要注意，已将维数从 $n+6$ 减小到 r，以获得具有 $n+6$ 个未知数的不定系统，如公式(4.187)中所示。可以通过伪逆矩阵 $\boldsymbol{V}_r^{+\mathrm{T}}=\boldsymbol{V}_r$，即公式(4.189)来获得一般解。

$$\boldsymbol{M}(\boldsymbol{V}_r\dot{\mathcal{V}}_r+\dot{\boldsymbol{V}}_r\mathcal{V}_r)=\boldsymbol{V}_r\boldsymbol{V}_r^{\mathrm{T}}\mathcal{Q}_u+(\boldsymbol{E}-\boldsymbol{V}_r\boldsymbol{V}_r^{\mathrm{T}})\mathcal{Q}_a \tag{4.189}$$

广义力 $\mathcal{Q}_a$ 参数化零空间 $\mathcal{N}(\boldsymbol{V}_r^{\mathrm{T}})$。下面将简短地介绍确定该力的适当方法。请注意，在上述推导中，假设 $\boldsymbol{V}_r$ 的列是正交的(即根据 $\boldsymbol{J}_c$ 的奇异值分解得出)。由此使用以下恒等式

$$\boldsymbol{V}_r^{\mathrm{T}}\boldsymbol{V}_r=\boldsymbol{E}_r \tag{4.190}$$

$$\boldsymbol{V}_r^{+\mathrm{T}}\boldsymbol{V}_r^{\mathrm{T}}=\boldsymbol{V}_r\boldsymbol{V}_r^{\mathrm{T}} \tag{4.191}$$

从公式(4.189)可以确认，零空间投影 $\boldsymbol{V}_r\boldsymbol{V}_r^{\mathrm{T}}$ 映射了广义力。因此，它的特征是作为投射到 $\boldsymbol{J}_c$ 的双重零空间上的投影，即 $\boldsymbol{N}^*(\boldsymbol{J}_c)\equiv\boldsymbol{V}_r\boldsymbol{V}_r^{\mathrm{T}}$。当由广义逆参数化时，此投影的表示是无穷的。考虑特殊情况

$$\boldsymbol{N}^*(\boldsymbol{J}_c)=(\boldsymbol{E}-\boldsymbol{J}_c^{\mathrm{T}}\boldsymbol{J}_c^{-M\mathrm{T}}) \tag{4.192}$$

这也出现在直接消元/高斯法中。用公式(4.189)中的 $\boldsymbol{E}-\boldsymbol{J}_c^{\mathrm{T}}\boldsymbol{J}_c^{-M\mathrm{T}}$ 替换 $\boldsymbol{V}_r\boldsymbol{V}_r^{\mathrm{T}}$。并使用公式(4.187)，可以推导出约束一致的广义加速度为

$$\begin{aligned}\ddot{\boldsymbol{q}}&=\boldsymbol{M}^{-1}\boldsymbol{J}_c^{\mathrm{T}}\boldsymbol{J}_c^{-M\mathrm{T}}\mathcal{Q}_a+\boldsymbol{M}^{-1}(\boldsymbol{E}-\boldsymbol{J}_c^{\mathrm{T}}\boldsymbol{J}_c^{-M\mathrm{T}})\mathcal{Q}_u\\&=\boldsymbol{J}_c^{-M}\boldsymbol{J}_c\boldsymbol{M}^{-1}\mathcal{Q}_a+\boldsymbol{M}^{-1}\mathcal{Q}_m\end{aligned} \tag{4.193}$$

当将任意力 $\mathcal{Q}_a$ 设置为满足二阶微分约束(2.105)时，

$$\begin{aligned}\boldsymbol{J}_c\boldsymbol{M}^{-1}\mathcal{Q}_a&=-\dot{\boldsymbol{J}}_c\dot{\boldsymbol{q}}\\\mathcal{Q}_a&=\boldsymbol{M}\ddot{\boldsymbol{q}}\end{aligned} \tag{4.194}$$

约束一致的广义加速度(4.193)等于(4.182)。在这些条件下，从公式(4.193)开始，运动方程可以写成

$$\boldsymbol{M}\ddot{\boldsymbol{q}}=-\boldsymbol{J}_c^{\mathrm{T}}\boldsymbol{M}_c\dot{\boldsymbol{J}}_c\dot{\boldsymbol{q}}+\mathcal{Q}_m \tag{4.195}$$

这与直接消元/高斯法中的(4.180)相同。因此，确定了直接消元/高斯和 Maggi 方法之间的等价关系。

如果需要，可以恢复约束力。为此，将运动方程左乘 $\boldsymbol{V}_r^{\mathrm{T}}$。那么我们得到

$$\boldsymbol{\lambda}=\boldsymbol{V}_c^{\mathrm{T}}(\boldsymbol{M}\ddot{\boldsymbol{q}}-\mathcal{Q}_u)=\boldsymbol{V}_c^{\mathrm{T}}\boldsymbol{M}\ddot{\boldsymbol{q}}_c$$

因此，使用关系 $\boldsymbol{J}_c\boldsymbol{V}_c=\boldsymbol{E}_c$、$\mathcal{Q}_u=\boldsymbol{M}\ddot{\boldsymbol{q}}_u$ 以及 $\ddot{\boldsymbol{q}}_c=\ddot{\boldsymbol{q}}_u-\ddot{\boldsymbol{q}}$。也可以通过 $\mathcal{Q}_c=\boldsymbol{J}_c^{\mathrm{T}}\boldsymbol{\lambda}=\boldsymbol{J}_c^{\mathrm{T}}\boldsymbol{V}_c^{\mathrm{T}}\boldsymbol{M}\ddot{\boldsymbol{q}}_c=\boldsymbol{M}\ddot{\boldsymbol{q}}_c$ 来确认广义约束力。

在文献[1]中，机器人领域引入了对受约束的固定基座机械臂的雅可比矩阵零空间的动力学投影方法。该方法后来用于欠驱动机械臂[78]、仿人机器人[77,125,124]和双臂机器人[108]。对于仿人机器人，其设计动力是减轻与接触力感应有关的问题，例如在某些接触点缺少传感器，或者存在噪声信号或滤波造成的时间延迟[77]。还要注意，当消除约束时，无须在模型中包括接触点。这样可以减小与摩擦锥相关的不等式约束的困难[124]。

根据文献[1]，利用零空间投影 $\boldsymbol{N}(\boldsymbol{J}_c)=(\boldsymbol{E}-\boldsymbol{J}_c^{+}\boldsymbol{J}_c)$ 即

$$\boldsymbol{N}\boldsymbol{M}\ddot{\boldsymbol{q}}=\boldsymbol{N}\mathcal{Q}_u \tag{4.196}$$

将动力学方程投影到 $\mathcal{N}(\boldsymbol{J}_c)$。

如果可以找到广义加速度的解，那么它将与约束条件兼容。然而，由于投影是奇异的(秩 $\boldsymbol{N}=r<n+6$)，因此无法直接获得解。如文献[1]所示，可以通过将运动约束(2.115)添加到上述投影运动方程来解决该问题。因为两个方程正交，所以这是可能的。因此，各个部分可以总结如下：

$$\widetilde{\boldsymbol{M}}\ddot{\boldsymbol{q}}=\boldsymbol{N}\mathcal{Q}_u+\dot{\boldsymbol{N}}\dot{\boldsymbol{q}} \tag{4.197}$$

其中

$$\widetilde{\boldsymbol{M}}\equiv\{\boldsymbol{N}\boldsymbol{M}+\boldsymbol{M}(\boldsymbol{E}-\boldsymbol{N})\} \tag{4.198}$$

矩阵 $\widetilde{\boldsymbol{M}}$ 称为受约束的关节空间惯性矩阵[1]。它可以表示为 $\widetilde{\boldsymbol{M}}=\boldsymbol{M}+\widetilde{\boldsymbol{S}}$，$\widetilde{\boldsymbol{S}}\equiv\boldsymbol{N}\boldsymbol{M}-(\boldsymbol{N}\boldsymbol{M})^{\mathrm{T}}$。由于 $\boldsymbol{M}$ 是正定矩阵，而 $\widetilde{\boldsymbol{S}}$ 是斜对称的($\widetilde{\boldsymbol{S}}=-\widetilde{\boldsymbol{S}}^{\mathrm{T}}$)，因此 $\widetilde{\boldsymbol{M}}$ 也是正定矩阵。于是，该矩阵

将始终是可逆的，与特定的约束集无关。

值得注意的是，受约束的关节空间惯性矩阵不能保留惯性矩阵的性质。$\widetilde{\boldsymbol{M}}$ 是不对称且不唯一的。这导致与该矩阵的特定选择有关的问题。幸运的是，有一种简单的方法可以避免 $\widetilde{\boldsymbol{M}}$ 出现在投影的动力学方程中。由于零空间投影 $\boldsymbol{N}$ 及其对偶 $\boldsymbol{N}^*$ 是同构的，因此可以用相同的方式分解它们。因此

$$\boldsymbol{N}=\boldsymbol{V}_r\boldsymbol{V}_r^{\mathrm{T}}\Rightarrow\boldsymbol{V}_r^{\mathrm{T}}\boldsymbol{N}=\boldsymbol{V}_r^{\mathrm{T}} \tag{4.199}$$

然后，将投影动力学方程(4.196)左乘 $\boldsymbol{V}_r^{\mathrm{T}}$ 得到

$$\boldsymbol{V}_r^{\mathrm{T}}\boldsymbol{M}\ddot{\boldsymbol{q}}=\boldsymbol{V}_r^{\mathrm{T}}\mathcal{Q}_u \tag{4.200}$$

该方程式与 Maggi 方法中的(4.188)相同。通过遵循该方法的其余步骤，可以得出运动方程，如公式(4.195)所示。因此，可以得出一个重要的结论，即基于 $\boldsymbol{N}$ 的动力学投影产生的结果与高斯/直接消元/Maggi 方法相同。这样，可以避免与公式(4.197)中的非对称且非唯一类惯性矩阵 $\widetilde{\boldsymbol{M}}$ 相关的问题。

4.12.4 范围空间投影法

如 4.12.3 节所述，Maggi 方法的本质是将系统动力学方程投影到系统约束矩阵的零空间上。作为替代方案，可以将动力学方程投影到该矩阵的范围空间[115,131,133]。约束力的消除是按照 4.5.2 节中用于转换固定基础机械臂动力学的四个步骤完成的。首先，通过左乘 $\boldsymbol{J}_c\boldsymbol{M}^{-1}$，将方式(4.163)上半部分的系统动力学方程投影到 $\mathcal{R}(\boldsymbol{J}_c)$ 上。然后，使用同一方程下半部分的二阶运动约束，得出

$$\boldsymbol{M}_c^{-1}\boldsymbol{\lambda}+\boldsymbol{J}_c\boldsymbol{M}^{-1}(\boldsymbol{c}+\boldsymbol{g})-\dot{\boldsymbol{J}}_c\dot{\boldsymbol{q}}=\boldsymbol{J}_c\boldsymbol{M}^{-1}\mathcal{Q} \tag{4.201}$$

这里，$\boldsymbol{M}_c^{-1}=(\boldsymbol{J}_c\boldsymbol{M}^{-1}\boldsymbol{J}_c^{\mathrm{T}})$表示沿着受约束运动方向映射的系统迁移张量。该矩阵以 $\boldsymbol{J}_c$ 具有完整行满秩的非奇异形态存在。接着，获得拉格朗日乘子矢量(约束力)，即

$$\boldsymbol{\lambda}=\boldsymbol{J}_c^{-M\mathrm{T}}\mathcal{Q}+\boldsymbol{M}_c\dot{\boldsymbol{J}}_c\dot{\boldsymbol{q}}-\boldsymbol{J}_c^{-M\mathrm{T}}(\boldsymbol{c}+\boldsymbol{g}) \tag{4.202}$$

这里，$\boldsymbol{J}_c^{-M}=\boldsymbol{M}^{-1}\boldsymbol{J}_c\boldsymbol{M}_c$ 表示惯性加权系统约束矩阵。最后，将约束力 $\boldsymbol{\lambda}$ 代入公式(4.163)的上半部分，即

$$\boldsymbol{M}\ddot{\boldsymbol{q}}+\boldsymbol{J}_c^{\mathrm{T}}\boldsymbol{M}_c\dot{\boldsymbol{J}}_c\dot{\boldsymbol{q}}+\boldsymbol{N}^*(\boldsymbol{J}_c)(\boldsymbol{c}+\boldsymbol{g})=\boldsymbol{N}^*(\boldsymbol{J}_c)\mathcal{Q} \tag{4.203}$$

零空间投影 $\boldsymbol{N}^*(\boldsymbol{J}_c)$在公式(4.192)中给出⊖。运动方程的这种形式出现在文献[133]中。该方程可以进一步简化为

$$\boldsymbol{M}\ddot{\boldsymbol{q}}=-\boldsymbol{J}_c^{\mathrm{T}}\boldsymbol{M}_c\dot{\boldsymbol{J}}_c\dot{\boldsymbol{q}}+\mathcal{Q}_m \tag{4.204}$$

这与分别通过直接消元/高斯法和 Maggi 方法获得的公式(4.180)和公式(4.195)完全相同。显然，范围空间投影方法与到目前为止讨论的所有其他方法相同。

4.12.5 总结与结论

已经证明直接消元、高斯最小约束原理、Maggi 零空间投影和范围空间投影方法分别得出相同的方程：(4.168)、(4.180)、(4.195)和(4.204)。在以下条件下证明它们的等效性：

⊖ 该投影有时称为“动态一致”的零空间投影[115,131,133]。

• 将动力学投影到 $\mathcal{N}^*(\boldsymbol{J}_c)$上。

• 相应的零空间投影的参数设置如公式(4.192)所示。

• 任意广义力 $\mathcal{Q}_a$ 如公式(4.194)所述设置。

这些条件与理想约束有关，因此运动始终与高斯的最小约束原理一致。在给定广义输入力的情况下，以唯一的方式确定运动。这也意味着所有分量都是唯一的：拉格朗日乘子(4.170)、广义约束力(4.169)、无约束广义加速度 $\ddot{\boldsymbol{q}}_u$ 和约束一致的广义加速度，其两个分量如(4.174)中所示(线性、切线 $\ddot{\boldsymbol{q}}_m$ 和法线方向上与状态有关的非线性分量)。

但是，在实际系统中，约束从来都不是理想的。接触关节处总是有摩擦和顺应性。这使约束方程为齐次的，并要求约束力的主动控制。特别是在多臂/手指/腿机器人中，这些力的控制对于基于反应的推进和操控至关重要。由于广义力 $\mathcal{Q}_u$ 和 $\mathcal{Q}_a$ 分别出现在公式(4.181)和公式(4.189)中，因此可以用无数种方法来实现这种控制。前者与切向力控制相关，后者可确保法向方向的可控性，从而确保内力。还要同样需要注意的是，通过选择 $\mathcal{Q}_u$，拉格朗日乘子矢量(4.177)、约束力 $\mathcal{Q}_c$(4.179)和约束保持力 $\mathcal{Q}_m$(4.181)将以唯一方式确定。此外，非理想约束将使系统的运动在加速水平上不可积分。结果，可能出现关节速度漂移，这将需要内部运动(自运动)控制。

4.13　运动方程的简化形式

运动方程的简化形式使系统的维数减小。公式(4.127)和公式(4.133)中分别给出了在无外力和有外力的情况下，在零重力下漂浮的空间机器人模型的表示示例。在示例中，系统动力学是用关节空间局部动力学表示的。另一种可能性是用空间局部动力学表达的。如下所述，这些简化形式的表示还导致约束力的消除。另一种简化形式可以通过投影到末端连杆(子)空间上获得，从而在末端连杆空间坐标中产生动态关系。

为了清晰明了且不失一般性，这些推导将基于以准速度表达的运动方程(4.155)。

4.13.1　基于关节空间动力学的表示

通过将空间动力学分量映射到关节空间，可以获得运动方程的简化形式。关节加速度从公式(4.155)的下半部分得出，即

$$\ddot{\boldsymbol{\theta}} = \boldsymbol{M}_{\theta B}^{-1}(\boldsymbol{\tau}_u - \boldsymbol{H}_{BB}^{\mathrm{T}}\dot{\mathcal{V}}_B) - \boldsymbol{M}_{\theta B}^{-1}\mathcal{J}_{cB}^{\mathrm{T}}\boldsymbol{\lambda} \tag{4.205}$$

因此，定义 $\boldsymbol{\lambda} \equiv -\overline{\mathcal{F}}^c$ 和 $\boldsymbol{\tau}_u \equiv \boldsymbol{\tau} - \boldsymbol{c}_{\theta B} - \boldsymbol{g}_\theta$。为了加强运动约束，在硬约束($\dot{\overline{\mathcal{V}}}^c = \boldsymbol{0}$)的假设下，将公式(4.205)代入公式(2.104)。然后，关节加速度将从后一个方程中消除。求解得到拉格朗日乘子矢量的合成方程，即

$$\boldsymbol{\lambda} = \mathcal{J}_{cB}^{-M_{\theta B}\mathrm{T}}(\boldsymbol{\tau}_u - \boldsymbol{H}_{BB}^{\mathrm{T}}\dot{\mathcal{V}}_B) + \boldsymbol{M}_{cB}(\boldsymbol{h}_{\theta B} + \mathbb{C}_{cB}^{\mathrm{T}}\dot{\mathcal{V}}_B) \tag{4.206}$$

式中，$\boldsymbol{h}_{\theta B} \equiv \dot{\mathcal{J}}_{cB}\dot{\boldsymbol{\theta}} + \dot{\mathbb{C}}_{cB}^{\mathrm{T}}\mathcal{V}_B$。矩阵

$$\boldsymbol{M}_{cB} \equiv (\mathcal{J}_{cB}\boldsymbol{M}_{\theta B}^{-1}\mathcal{J}_{cB}^{\mathrm{T}})^{-1} \in \Re^{c\times c} \tag{4.207}$$

代表沿着约束运动方向映射的关节空间惯性张量。将结果代入公式(4.205)以消除约束力，因此有

$$\ddot{\boldsymbol{\theta}} = \overline{\boldsymbol{T}}_{\theta B}(\boldsymbol{\tau}_u - \boldsymbol{H}_{BB}^{\mathrm{T}}\dot{\mathcal{V}}_B) - \mathcal{J}_{cB}^{-M_{\theta B}}(\boldsymbol{h}_{\theta B} + \mathbb{C}_{cB}^{\mathrm{T}}\dot{\mathcal{V}}_B) \tag{4.208}$$

式中，$\mathcal{J}_{cB}^{-M_{\theta B}}$ 是关节空间约束雅可比矩阵的惯性加权广义逆(另请参见公式(4.53))。在独

立约束的假设下，矩阵

$$\begin{aligned}\overline{\boldsymbol{T}}_{\theta B} &\equiv \boldsymbol{M}_{\theta B}^{-1}(\boldsymbol{E}-\mathcal{J}_{cB}^{\mathrm{T}}\mathcal{J}_{cB}^{-M_{\theta B}\mathrm{T}}) \\ &= \boldsymbol{M}_{\theta B}^{-1}-\boldsymbol{M}_{\theta B}^{-1}\mathcal{J}_{cB}^{\mathrm{T}}\boldsymbol{M}_{cB}\mathcal{J}_{cB}\boldsymbol{M}_{\theta B}^{-1}\end{aligned} \tag{4.209}$$

是对称且正定的。关节空间迁移张量受关节空间约束雅可比矩阵的零空间约束，$\overline{\boldsymbol{T}}_{\theta B}$ 将称为约束一致的关节空间迁移张量。注意，对于给定的一组独立约束，$\overline{\boldsymbol{T}}_{\theta B}$ 是唯一的。将运动方程(4.208)乘以 $\boldsymbol{M}_{\theta B}$，得到运动方程为

$$\boldsymbol{M}_{\theta B}\ddot{\boldsymbol{\theta}} = (\boldsymbol{E}-\mathcal{J}_{cB}^{\mathrm{T}}\mathcal{J}_{cB}^{-M_{\theta B}\mathrm{T}})(\boldsymbol{\tau}_u-\boldsymbol{H}_{BB}^{\mathrm{T}}\dot{\mathcal{V}}_B)-\mathcal{J}_{cB}^{\mathrm{T}}(\mathcal{J}_{cB}\boldsymbol{M}_{\theta B}^{-1}\mathcal{J}_{cB}^{\mathrm{T}})^{-1}(\boldsymbol{h}_{\theta B}+\mathbb{C}_{cB}^{\mathrm{T}}\dot{\mathcal{V}}_B) \tag{4.210}$$

在此表示中，运动方程的维数已从 $n+6$ 减小到 n。任意的关节转矩 $\boldsymbol{\tau}_u$ 可以起到控制输入分量的作用。由零空间投影 $\mathcal{N}^*(\mathcal{J}_{cB})$ 滤波产生一个约束，以保持关节扭矩 $\boldsymbol{\tau}_m=(\boldsymbol{E}-\mathcal{J}_{cB}^{\mathrm{T}}\mathcal{J}_{cB}^{-M_{\theta B}\mathrm{T}})\boldsymbol{\tau}_u$，这对于沿不受约束的运动方向进行运动控制很有用。该关节扭矩不会沿无约束的运动方向产生任何加速度，即它是动态一致的。

4.13.2 基于空间动力学的表示(Lagrange-d'Alembert 公式)

运动方程在空间动力学方面的表示形式称为 Lagrange-d'Alembert 公式。该公式已应用于多指手抓取建模领域中(文献[87]，第 280 页)。在此请注意，所抓取的物体不是直接驱动的。有趣的是，系统的运动方程(即多个驱动手指加上非驱动对象)具有与仿人机器人(多个驱动的四肢加上非驱动基座连杆)相同的结构。

该表述源自 d'Alembert 的虚功原理。沿着虚拟位移 $\delta\boldsymbol{q}_B=[\delta\mathcal{X}_B^{\mathrm{T}}\quad\delta\boldsymbol{\theta}^{\mathrm{T}}]^{\mathrm{T}}$ 的广义输入力和约束力的虚功表示为 $\delta W=\delta\boldsymbol{q}_B^{\mathrm{T}}(\mathcal{Q}-\mathcal{Q}_{cB})$。根据该原理，广义约束力不做任何虚功，$\delta\boldsymbol{q}_B^{\mathrm{T}}\mathcal{Q}_{cB}=\boldsymbol{0}$。回顾 $\mathcal{Q}_{cB}=\boldsymbol{M}\ddot{\boldsymbol{q}}_B-\mathcal{Q}_u$，$\mathcal{Q}_u$ 代表无约束系统的广义力(参见公式(4.163))，虚功原理可以改写为

$$\delta\boldsymbol{q}_B^{\mathrm{T}}(\mathcal{Q}_u-\boldsymbol{M}\ddot{\boldsymbol{q}}_B)=0 \tag{4.211}$$

或

$$[\delta\mathcal{X}_B^{\mathrm{T}}\quad\delta\boldsymbol{\theta}^{\mathrm{T}}]\left(\begin{bmatrix}\boldsymbol{0}\\ \mathcal{Q}\end{bmatrix}-\begin{bmatrix}\mathbb{M}_B & \boldsymbol{H}_{BB}\\ \boldsymbol{H}_{BB}^{\mathrm{T}} & \boldsymbol{M}_{\theta B}\end{bmatrix}\begin{bmatrix}\dot{\mathcal{V}}_B\\ \ddot{\boldsymbol{\theta}}\end{bmatrix}-\begin{bmatrix}\mathcal{C}_B\\ \boldsymbol{c}_{\theta B}\end{bmatrix}-\begin{bmatrix}\mathcal{G}_B\\ \boldsymbol{g}_{\theta}\end{bmatrix}\right)=0 \tag{4.212}$$

因此

$$\begin{aligned}0 &= \delta\boldsymbol{\theta}^{\mathrm{T}}(\mathcal{Q}-\boldsymbol{M}_{\theta B}\ddot{\boldsymbol{\theta}}-\boldsymbol{H}_{BB}^{\mathrm{T}}\dot{\mathcal{V}}_B-\boldsymbol{c}_{\theta B}-\boldsymbol{g}_{\theta})-\delta\mathcal{X}_B^{\mathrm{T}}(\boldsymbol{H}_{BB}\ddot{\boldsymbol{\theta}}+\mathbb{M}_B\dot{\mathcal{V}}_B+\mathcal{C}_B+\mathcal{G}_B)\\ &= (\mathcal{J}_{cB}^{\#}\mathbb{C}_{cB}^{\mathrm{T}}\delta\mathcal{X}_B)^{\mathrm{T}}(\mathcal{Q}-\boldsymbol{M}_{\theta B}\ddot{\boldsymbol{\theta}}-\boldsymbol{H}_{BB}^{\mathrm{T}}\dot{\mathcal{V}}_B-\boldsymbol{c}_{\theta B}-\boldsymbol{g}_{\theta})-\delta\mathcal{X}_B^{\mathrm{T}}(\boldsymbol{H}_{BB}\ddot{\boldsymbol{\theta}}+\mathbb{M}_B\dot{\mathcal{V}}_B+\mathcal{C}_B+\mathcal{G}_B)\\ &= (\mathcal{J}_{cB}^{\#}\mathbb{C}_{cB}^{\mathrm{T}})^{\mathrm{T}}(\mathcal{Q}-\boldsymbol{M}_{\theta B}\ddot{\boldsymbol{\theta}}-\boldsymbol{H}_{BB}^{\mathrm{T}}\dot{\mathcal{V}}_B-\boldsymbol{c}_{\theta B}-\boldsymbol{g}_{\theta})-(\boldsymbol{H}_{BB}\ddot{\boldsymbol{\theta}}+\mathbb{M}_B\dot{\mathcal{V}}_B+\mathcal{C}_B+\mathcal{G}_B)\end{aligned}$$

因此，对于基座连杆 $\delta\mathcal{X}_B$ 的任何虚拟位移，使用公式(2.91)将关节的虚拟位移表示为

$$\delta\boldsymbol{\theta}=\mathcal{J}_{cB}^{\#}\mathbb{C}_{cB}^{\mathrm{T}}\delta\mathcal{X}_B \tag{4.213}$$

最后，代入约束一致的关节速度和加速度，即

$$\dot{\boldsymbol{\theta}}=\mathcal{J}_{cB}^{\#}\mathbb{C}_{cB}^{\mathrm{T}}\mathcal{V}_B \tag{4.214}$$

和

$$\ddot{\boldsymbol{\theta}}=\mathcal{J}_{cB}^{\#}(\mathbb{C}_{cB}^{\mathrm{T}}\dot{\mathcal{V}}_B+\dot{\mathbb{C}}_{c}^{\mathrm{T}}\mathcal{V}_B-\dot{\mathcal{J}}_{cB}\dot{\boldsymbol{\theta}}) \tag{4.215}$$

(分别源自公式(2.91)和公式(2.104))，综合上述关系式得到

$$\widetilde{\mathbb{M}}_B\dot{\mathcal{V}}_B+\widetilde{\mathcal{C}}_B+\widetilde{\mathcal{G}}_B=\mathcal{F}_B \tag{4.216}$$

因此

$$\widetilde{\mathbb{M}}_B = \mathbb{M}_B + \mathbb{C}_{cB} \mathcal{J}_{cB}^{\#\mathrm{T}} \boldsymbol{M}_{\theta B} \mathcal{J}_{cB}^{\#} \mathbb{C}_{cB}^{\mathrm{T}}$$

$$\widetilde{\mathcal{C}}_B = \mathcal{C}_B + \mathbb{C}_{cB} \mathcal{J}_{cB}^{\#\mathrm{T}} \{ \boldsymbol{c}_{\theta B} + \boldsymbol{M}_{\theta B} \mathcal{J}_{cB}^{\#} (\dot{\mathbb{C}}_{cB}^{\mathrm{T}} - \dot{\mathcal{J}}_{cB} \mathcal{J}_{cB}^{\#} \mathbb{C}_{cB}^{\mathrm{T}}) \mathcal{V}_B \}$$

$$\widetilde{\mathcal{G}}_B = \mathcal{G}_B + \mathbb{C}_{cB} \mathcal{J}_{cB}^{\#\mathrm{T}} \boldsymbol{g}_\theta$$

$$\mathcal{F}_B = \mathbb{C}_{cB} \mathcal{J}_{cB}^{\#\mathrm{T}} \boldsymbol{\tau}$$

在公式(4.216)中，仿人机器人的运动方程以空间动力学的形式表示。系统的维数已从 $n+6$ 显著减小到 6。约束力仅暗含其中(身体力旋量 $\mathcal{F}_B$ 中的 $\mathcal{J}_{cB}^{\#\mathrm{T}} \boldsymbol{\tau}$ 项)。但是请注意，在这种表示下，由于存在运动冗余而产生的局部动力学关系无法解释。

相邻物体动力学

Lagrange-d'Alembert 公式非常适合表示仿人机器人和该机器人抓取的物体的组合动力学。抓取物和手臂形成一个独立的闭环，因此抓取物扮演了闭环连杆的角色。假设单侧手/抓取物接触关节的一般情况，$\mathbb{C}_{cH}$ 表示接触图。物体的坐标系$\{H\}$固定在其质心处。物体的质量和惯性张量分别表示为 $\boldsymbol{M}_H$ 和 $\boldsymbol{I}_H$。抓取物的牛顿-欧拉运动方程写为

$$\begin{bmatrix} M_H \boldsymbol{E}_3 & \boldsymbol{0} \\ \boldsymbol{0} & \boldsymbol{I}_H \end{bmatrix} \begin{bmatrix} \dot{\boldsymbol{v}}_H \\ \dot{\boldsymbol{\omega}}_H \end{bmatrix} + \begin{bmatrix} 0 \\ \boldsymbol{\omega}_H \times \boldsymbol{I}_H \boldsymbol{\omega}_H \end{bmatrix} + \begin{bmatrix} M_H \boldsymbol{g} \\ \boldsymbol{0} \end{bmatrix} = \begin{bmatrix} \boldsymbol{f}_H \\ \boldsymbol{m}_H \end{bmatrix} \tag{4.217}$$

该方程的简化形式表示为

$$\mathbb{M}_H \dot{\mathcal{V}} H + \mathcal{C}_H + \mathcal{G}_H = \mathcal{F}_H \tag{4.218}$$

式中，$\mathbb{M}_H$ 是物体的恒定空间惯性，$\mathcal{C}_H$ 包含陀螺扭矩项，$\mathcal{G}_H$ 是重力力旋量。净力旋量 $\mathcal{F}_H$ 处于准静态状态，接触力旋量(用手)压在物体上，即

$$\mathcal{F}_H = -\mathbb{C}_{cH}(\boldsymbol{q}_H) \overline{\mathcal{F}}_H^c$$

此外，将抓取物的动力学与仿人机器人相结合。为了清晰明了且不失一般性，将使用简化形式表示公式(4.162)和(4.218)，前者用基座准速度表示。我们有

$$\begin{bmatrix} \mathbb{M}_H & \boldsymbol{H}_{HB} \\ \boldsymbol{H}_{HB}^{\mathrm{T}} & \boldsymbol{M}_B \end{bmatrix} \begin{bmatrix} \dot{\mathcal{V}}_H \\ \ddot{\boldsymbol{q}}_B \end{bmatrix} + \begin{bmatrix} \mathcal{C}_H \\ \boldsymbol{c}_B \end{bmatrix} + \begin{bmatrix} \mathcal{G}_H \\ \boldsymbol{g}_B \end{bmatrix} = \begin{bmatrix} \boldsymbol{0} \\ \mathcal{Q} \end{bmatrix} + \begin{bmatrix} -\mathbb{C}_{cH}(\boldsymbol{q}) \\ \mathcal{J}_{cB}^{\mathrm{T}} \end{bmatrix} \overline{\mathcal{F}}^c \tag{4.219}$$

式中，$\boldsymbol{H}_{HB} \in \Re^{6\times(n+6)}$ 是一个映射，说明了抓取物和手之间的惯性耦合。请注意，$\boldsymbol{H}_{HB}$ 和 $\mathbb{C}_{cH}(\boldsymbol{q})$分别将腿部和足部的接触力旋量的关节加速度映射为零，因为这些量不会影响抓取物的动力学。通过对抓取物和机器人的虚拟位移采用虚功原理，可以从上述运动方程式得出 Lagrange-d'Alembert 公式。最终结果可以写成

$$\widetilde{\mathbb{M}}_H \dot{\mathcal{V}}_H + \widetilde{\mathcal{C}}_H + \widetilde{\mathcal{G}}_H = \mathcal{F}_H \tag{4.220}$$

其中

$$\widetilde{\mathbb{M}}_H = \mathbb{M}_H + \mathbb{C}_{cH} \mathcal{J}_{cB}^{\#\mathrm{T}} \boldsymbol{M}_{\theta B} \mathcal{J}_{cB}^{\#} \mathbb{C}_{cH}^{\mathrm{T}} + \mathbb{C}_{cH} \mathcal{J}_{cB}^{\#\mathrm{T}} \boldsymbol{H}_{HB} + (\mathbb{C}_{cH} \mathcal{J}_{cB}^{\#\mathrm{T}} \boldsymbol{H}_{HB})^{\mathrm{T}}$$

$$\widetilde{\mathcal{C}}_H = \mathcal{C}_H + \mathbb{C}_{cH} \mathcal{J}_{cB}^{\#\mathrm{T}} \{ \boldsymbol{c}_{\theta B} + \boldsymbol{M}_{\theta B} \mathcal{J}_{cB}^{\#} (\dot{\mathbb{C}}_{cH}^{\mathrm{T}} - \dot{\mathcal{J}}_{cB} \mathcal{J}_{cB}^{\#} \mathbb{C}_{cH}) \mathcal{V}_H \} + \boldsymbol{H}_{HB}^{\mathrm{T}} \mathcal{J}_{cB}^{\#} (\dot{\mathbb{C}}_{cH}^{\mathrm{T}} - \dot{\mathcal{J}}_{cB} \mathcal{J}_{cB}^{\#} \mathbb{C}_{cH}) \mathcal{V}_H$$

$$\widetilde{\mathcal{G}}_H = \mathcal{G}_H + \mathbb{C}_{cH} \mathcal{J}_{cB}^{\#\mathrm{T}} \boldsymbol{g}_\theta$$

$$\mathcal{F}_H = \mathbb{C}_{cH} \mathcal{J}_{cB}^{\#\mathrm{T}} \boldsymbol{\tau}$$

4.13.3 末端连杆空间坐标中的运动方程

关节加速度可以从运动方程中消除，从而得出以末端连杆空间坐标表示的动力学模型。在4.5.2节中，以固定基座的机械臂为例对驱动原理进行阐明。对于仿人机器人，如文献[115]所示(另请参见文献[131,133])，同样的驱动原理也是有效的。在这些工作中，首先在接触点处沿着受约束的方向使用动态一致的零空间投影系统动力学方程。使用这种模型，可以在投影动态的零空间内实现非约束运动方向的运动控制任务和平衡控制。此方式可以按照最高任务优先级的动态解耦的方式执行接触控制任务。为了确保低优先级(运动)任务的执行，在后续步骤中，系统动力学必须沿着不受约束的运动方向进行投影。

在本节的剩余部分，到目前为止的受约束动态模型的末端连杆空间坐标表达式将通过沿着以下方向投影其系统动力学方程来获得：

- 受约束的运动方向(基于力的投影)；
- 不受约束的运动方向(基于运动的投影)；
- 受约束的运动方向和不受约束的运动方向。

沿受约束的运动方向的约束动力学投影

根据4.5.2节中用于固定基座机械臂动力学方程变换的4个步骤，将约束动力学方程投影到末端连杆坐标系的约束子空间上，(另见文献[115])。第一步，通过与$\boldsymbol{J}_c\boldsymbol{M}^{-1}$预先相乘，沿约束运动方向投影约束运动方程(例如公式(4.204))。第二步是沿受约束的运动方向采用二阶微分运动学，即$\boldsymbol{J}_c\ddot{\boldsymbol{q}}=\dot{\overline{\mathcal{V}}}^c-\dot{\boldsymbol{J}}_c\dot{\boldsymbol{q}}$。注意，假定软约束的一般情况为非零$\dot{\overline{\mathcal{V}}}^c$。结果往往很简单：

$$\dot{\overline{\mathcal{V}}}^c=\boldsymbol{J}_c\overline{\boldsymbol{T}}\mathcal{Q}_m=\boldsymbol{J}_c\overline{\boldsymbol{T}}(\mathcal{Q}-\boldsymbol{c}-\boldsymbol{g}) \tag{4.221}$$

式中，$\overline{\boldsymbol{T}}=\boldsymbol{M}^{-1}\boldsymbol{N}^*(\boldsymbol{J}_c)$是受系统约束雅可比矩阵的(对偶)零空间约束的系统迁移率张量；因此$\overline{\boldsymbol{T}}$称为约束一致的系统迁移张量。第三步是沿约束运动方向采用准静态力关系，即

$$\mathcal{Q}=\boldsymbol{J}_c^{\mathrm{T}}\overline{\mathcal{F}}^c+\boldsymbol{N}^*(\boldsymbol{J}_c)\mathcal{Q}_a \tag{4.222}$$

$\mathcal{Q}_a$表示任意广义力。将公式(4.222)代入公式(4.221)可得出

$$\dot{\overline{\mathcal{V}}}^c=\boldsymbol{J}_c\overline{\boldsymbol{T}}\boldsymbol{J}_c^{\mathrm{T}}\overline{\mathcal{F}}^c+\boldsymbol{J}_c\overline{\boldsymbol{T}}(\mathcal{Q}_a-\boldsymbol{c}-\boldsymbol{g}) \tag{4.223}$$

因此，采用了零空间投影的幂等性。最后一步是为了求解$\overline{\mathcal{F}}^c$。我们可以得到

$$\overline{\mathcal{F}}^c=\overline{\boldsymbol{M}}_c\dot{\overline{\mathcal{V}}}^c-(\boldsymbol{J}_c^{-\overline{\boldsymbol{T}}})^{\mathrm{T}}(\mathcal{Q}_a-\boldsymbol{c}-\boldsymbol{g}) \tag{4.224}$$

矩阵$\overline{\boldsymbol{M}}_c\equiv(\boldsymbol{J}_c\overline{\boldsymbol{T}}\boldsymbol{J}_c^{\mathrm{T}})^{-1}$是沿着约束方向映射的约束一致系统惯性，而$\boldsymbol{J}_c^{-\overline{\mathrm{T}}}$是由约束一致迁移张量$\overline{\boldsymbol{T}}$加权的$\boldsymbol{J}_c$的(右)伪逆。

最后一个方程表示沿受约束运动方向映射的受约束的动力学方程。从零空间投影运动方程(4.196)也可以得出相同的结果[78]。

沿无约束运动方向的系统动力学投影

应用于沿无约束的运动方向将上述相同的过程系统动力学投影。通过将约束运动方程预乘$\boldsymbol{J}_m\boldsymbol{M}^{-1}$来初始化投影过程。第二步是沿无约束运动方向采用二阶微分运动学，即$\boldsymbol{J}_m\ddot{\boldsymbol{q}}=\dot{\overline{\mathcal{V}}}^m-\dot{\boldsymbol{J}}_m\dot{\boldsymbol{q}}$。在这些步骤之后，运动方程形式如下

$$\dot{\overline{\mathcal{V}}}^m - \boldsymbol{J}_m\dot{\boldsymbol{q}} + \boldsymbol{J}_m\boldsymbol{J}_c^{-M}\dot{\boldsymbol{J}}_c\dot{\boldsymbol{q}} + \boldsymbol{J}_m\overline{\boldsymbol{T}}(\boldsymbol{c}+\boldsymbol{g}) = \boldsymbol{J}_m\overline{\boldsymbol{T}}\mathcal{Q} \tag{4.225}$$

第三步，沿无约束运动方向代入准静态力关系，即

$$\mathcal{Q} = \boldsymbol{J}_m^{\mathrm{T}}\overline{\mathcal{F}}^m + \boldsymbol{N}^*(\boldsymbol{J}_m)\mathcal{Q}_a \tag{4.226}$$

公式(4.225)的等号右边为

$$\boldsymbol{J}_m\overline{\boldsymbol{T}}\mathcal{Q} = \overline{\boldsymbol{M}}_m\overline{\mathcal{F}}^m + \boldsymbol{J}_m\overline{\boldsymbol{T}}\boldsymbol{N}^*(\boldsymbol{J}_m)\mathcal{Q}_a \tag{4.227}$$

$\overline{\boldsymbol{M}}_m \equiv (\boldsymbol{J}_m\overline{\boldsymbol{T}}\boldsymbol{J}_m^{\mathrm{T}})^{-1}$ 表示沿着无约束运动方向映射的约束一致系统惯性。注意在第二项中，投影到零空间 $\mathcal{N}^*(\boldsymbol{J}) = \mathcal{N}^*(\boldsymbol{J}_c) \cap \mathcal{N}^*(\boldsymbol{J}_m)$ 上的任意广义力 $\mathcal{Q}_a$。对于肢体非冗余的机器人，该项将为零。

最后一步是求解准静态力 $\overline{\mathcal{F}}^m$，即

$$\overline{\mathcal{F}}^m = \overline{\boldsymbol{M}}_m\dot{\overline{\mathcal{V}}}^m + \mathcal{C}_m + \mathcal{G}_m - \overline{(\boldsymbol{J}_m^{-\overline{\boldsymbol{T}}})^{\mathrm{T}}}\mathcal{Q}_a \tag{4.228}$$

式中，$\boldsymbol{J}_m^{-\overline{\mathrm{T}}}$ 是由约束一致的迁移率张量 $\overline{\boldsymbol{T}}$ 加权的 $\boldsymbol{J}_m$ 的(右)伪逆，而 $\overline{(\boldsymbol{J}_m^{-\overline{\boldsymbol{T}}})^{\mathrm{T}}}$ 表示通过迁移率雅可比矩阵的(对偶)零空间限制其转置：

$$\overline{(\boldsymbol{J}_m^{-\overline{\boldsymbol{T}}})^{\mathrm{T}}} = (\boldsymbol{J}_m^{-\overline{\boldsymbol{T}}})^{\mathrm{T}}\boldsymbol{N}^*(\boldsymbol{J}_m)$$

与速度有关的非线性项和重力项为

$$\mathcal{C}_m = (\boldsymbol{J}_m^{-\overline{\boldsymbol{T}}})^{\mathrm{T}}\boldsymbol{c} + \overline{\boldsymbol{M}}_m(\boldsymbol{J}_m\boldsymbol{J}_c^{-M}\dot{\boldsymbol{J}}_c - \dot{\boldsymbol{J}}_m)\dot{\boldsymbol{q}}$$

$$\mathcal{G}_m = (\boldsymbol{J}_m^{-\overline{\boldsymbol{T}}})^{\mathrm{T}}\boldsymbol{g}$$

沿约束运动方向和无约束运动方向的投影

考虑根据基座准速度推导的系统动力学方程。仿人机器人的一阶瞬时运动关系(2.93)可表示为

$$\begin{bmatrix}\mathcal{V}_B\\ \mathcal{V}\end{bmatrix} = \begin{bmatrix}\boldsymbol{E} & \boldsymbol{0}\\ \mathbb{C}_B^{\mathrm{T}} & \mathcal{J}_B\end{bmatrix}\begin{bmatrix}\mathcal{V}_B\\ \dot{\boldsymbol{\theta}}\end{bmatrix} \tag{4.229}$$

在等号右边用 $\boldsymbol{T}_B$ 表示 4×4 的矩阵。假设一个具有非冗余四肢的机器人处于非奇异构型，则逆变换可表示为

$$\begin{bmatrix}\mathcal{V}_B\\ \dot{\boldsymbol{\theta}}\end{bmatrix} = \begin{bmatrix}\boldsymbol{E} & \boldsymbol{0}\\ -\mathcal{J}_B^{-1}\mathbb{C}_B^{\mathrm{T}} & \mathcal{J}_B^{-1}\end{bmatrix}\begin{bmatrix}\mathcal{V}_B\\ \mathcal{V}\end{bmatrix} \tag{4.230}$$

等号右边的 4×4 矩阵代表逆矩阵 $\boldsymbol{T}_B^{-1}$。依据 $\boldsymbol{T}_B$ 投影，运动方程(4.162)的简化形式为

$$\boldsymbol{M}_B(\boldsymbol{q})\begin{bmatrix}\dot{\mathcal{V}}_B\\ \dot{\mathcal{V}}\end{bmatrix} + \boldsymbol{C}_B(\boldsymbol{q},\dot{\boldsymbol{q}})\begin{bmatrix}\mathcal{V}_B\\ \mathcal{V}\end{bmatrix} + \boldsymbol{g}_B(\boldsymbol{q}) = \begin{bmatrix}-\mathbb{C}_B\\ \boldsymbol{E}\end{bmatrix}\mathcal{J}_B^{-\mathrm{T}}\boldsymbol{\tau} + \boldsymbol{T}_B^{-\mathrm{T}}\mathcal{Q}_{cB} \tag{4.231}$$

式中，$\boldsymbol{M}_B \equiv \boldsymbol{T}_B^{-\mathrm{T}}\boldsymbol{M}\boldsymbol{T}_B^{-1}$，$\boldsymbol{C}_B \equiv \boldsymbol{T}_B^{-\mathrm{T}}\boldsymbol{c} + \boldsymbol{T}_B^{-\mathrm{T}}\boldsymbol{M}\dfrac{\mathrm{d}}{\mathrm{d}t}(\boldsymbol{T}_B^{-1})$ 和 $\boldsymbol{g}_B \equiv \boldsymbol{T}_B^{-\mathrm{T}}\boldsymbol{g}$。由于假定接触(反作用)力旋量作用在接触坐标系上，因此由公式(4.231)等号右边的最后一项的结果简化的运动方程变为

$$\boldsymbol{M}_B(\boldsymbol{q})\begin{bmatrix}\dot{\mathcal{V}}_B\\ \dot{\mathcal{V}}\end{bmatrix} + \boldsymbol{C}_B(\boldsymbol{q},\dot{\boldsymbol{q}})\begin{bmatrix}\mathcal{V}_B\\ \mathcal{V}\end{bmatrix} + \boldsymbol{g}_B(\boldsymbol{q}) = \begin{bmatrix}-\mathbb{C}_B\\ \boldsymbol{E}\end{bmatrix}\mathcal{J}_B^{-\mathrm{T}}\boldsymbol{\tau} + \begin{bmatrix}\boldsymbol{0}\\ \boldsymbol{E}\end{bmatrix}\overline{\mathcal{F}}^c \tag{4.232}$$

注意，该表示法与公式(4.155)之间存在对偶性[47]。在上述表达式中，关节扭矩出现

在所有方程式中，而接触力旋量仅在下半部分出现。在公式(4.155)中情况恰好相反：所有公式中都出现了接触力旋量，而关节扭矩只出现在下半部分。这种对偶性在平衡控制器设计中很有用，这将在第5章(5.10.6节)中阐明。还要注意，公式(4.232)的上半部分采用 Lagrange-d'Alembert 公式(4.216)的形式。上述表示法的缺点是它限于非冗余系统(由于出现逆雅可比矩阵)。5.13.2节介绍了基于上述变换的平衡控制器。

4.13.4 总结与讨论

运动方程有多种变化形式。这种变化源于子空间以及与运动静力学和动力学关系相关的变换。在控制算法设计中，对这些相互关系的理解非常重要。相互关系可以通过系统状态的特征图来图形化表示。图4.9显示了用基座准速度表示动态模型状态的特征图示例。该图实际上是图3.10的延伸。回顾三个变换，雅可比矩阵 $\boldsymbol{J}_B$、$\mathcal{J}_{cB}$ 和接触图 $\mathbb{C}_{cB}$ 被指定为基本运动静力学变换。后两个变换在两个图中都出现(用水平箭头显示)。

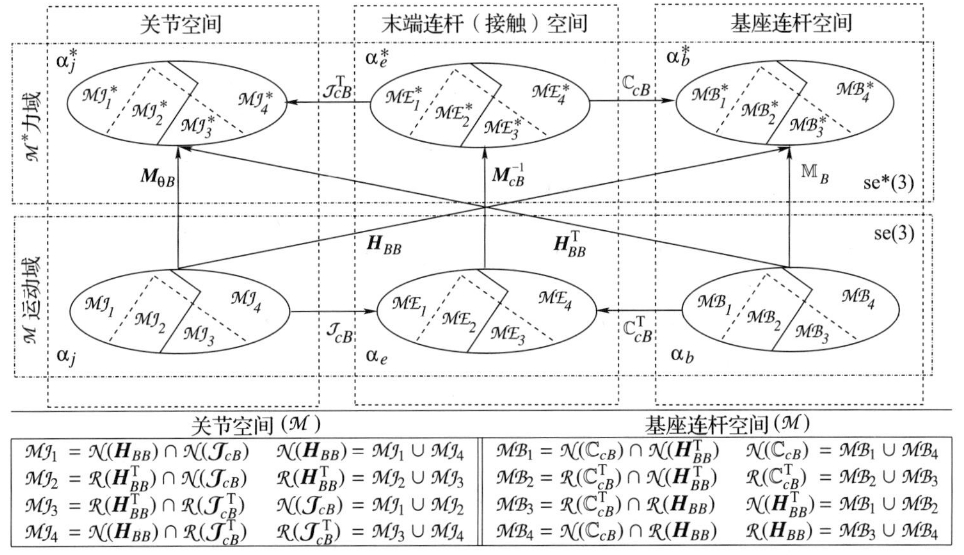

图4.9 用基座准速度表示的动态模型状态特征图。直角表示运动和力子域内的正交分解，其源于基本变换 $\mathcal{J}_{cB}$、$\boldsymbol{J}$ 和 $\mathbb{C}_{cB}$(运动静力学)以及 $\boldsymbol{M}_{\theta B}$、$\mathbb{M}_B$ 和 $\boldsymbol{H}_{BB}$(动力学)。αs 表示运动元素(速度/加速度)，α^*s 是它们的对偶(动量/力)。水平箭头表示运动静力学变换。垂直箭头表示跨两个对偶子空间的惯性运动-力的动力学变换。对角箭头代表跨非对偶子空间的耦合惯性运动-力转换(即机械连接[86,109])。

此外，在图4.9中还包括动力学变换(以垂直和对角线箭头显示)。垂直箭头显示三个惯性类型的动力学变换：$\boldsymbol{M}_{\theta B}$、$\mathbb{M}_B$ 和 $\boldsymbol{M}_{cB}^{-1}$。这些变换沿着运动($\mathcal{M}$)到力($\mathcal{F} \equiv \mathcal{M}^*$)的方向作用于关节、末端连杆和基座连杆空间的双重子空间之间。它们不会引起相关子空间的分解。显然，$\boldsymbol{M}_{\theta B}$ 和 $\mathbb{M}_B$ 在动力学关系中起着根本性作用。$\boldsymbol{M}_{cB}$ 是派生量(参考公式(4.207))。对角箭头表示耦合惯性类型的动力学变换(表示机械连接映射[86,109])。

从关节运动子空间到基座连杆力子空间的变换用耦合惯性矩阵 $\boldsymbol{H}_{BB}$ 表示。从基座连杆运动子空间到关节扭矩子空间的对偶变换由转置耦合惯量 $\boldsymbol{H}_{BB}^T$ 表示。如运动静力学变换一样，耦合惯性变换的确会引起相关子空间的分解。

为了使表达式易于处理，并非所有运动学、运动学静力学、惯性和耦合惯性变换的范围和零空间都在图 4.9 中表示。在图 4.9 的下半部分，由基础变换的范围和空间决定的子域表示为关节和基座连杆子空间中的运动子域。相应各个力子域可以获得类似的关系。$\mathcal{MJ}$ 域内的代表性动力学状态为

- $\alpha_{j1} \in \mathcal{MJ}_1$：无作用运动引起的沿无约束运动方向的运动分量；
- $\alpha_{j2} \in \mathcal{MJ}_2$：沿最大惯性耦合运动引起的无约束运动方向的运动分量；
- $\alpha_{j3} \in \mathcal{MJ}_3$：沿具有最大惯性耦合的运动引起的受约束运动方向的运动分量；
- $\alpha_{j4} \in \mathcal{MJ}_4$：沿无作用运动引起的受约束运动方向的运动分量。

4.14 逆动力学

利用逆动力学关系来确定关节扭矩作为控制输入完成基于模型的控制设计。需要求解关节扭矩的表达式，该表达式应当明确包含用于实现基于模型的控制设计的分量：

- 末端连杆运动/力控制；
- 内部运动/力控制；
- 空间动力学控制(即质心和角动量控制)。

在 4.13 节中，介绍了几种表示运动方程的方法。根据这些表示法，在逆动力学表达式中，可能不会明确表示一个或多个上述的关节扭矩分量。因此，以下讨论旨在提供一种对控制器设计中选择合理表达方式的理解。

4.14.1 基于直接消元法/高斯法/Maggi 法/投影法

为了得出逆动力学解，首先要回顾的是，广义输入力 $\mathcal{Q}=\boldsymbol{S}^{\mathrm{T}}\boldsymbol{\tau}$ 是无约束广义力 $\mathcal{Q}_M$ 的分量之一。后者在等式中显示为投影(即在公式(4.180)和公式(4.193)中是约束保持力 $\mathcal{Q}_m$)。换句话说，系统是奇异且不欠定的。使用 Maggi 的方法(零空间投影法)删除 c 个额外的方程。将变换(4.199)应用于方程(4.180)可得到方程

$$\boldsymbol{V}_r^{\mathrm{T}}\mathcal{Q}_u = \boldsymbol{V}_r^{\mathrm{T}}(\boldsymbol{M}\ddot{\boldsymbol{q}} + \boldsymbol{J}_c^{\mathrm{T}}\boldsymbol{M}_c\dot{\boldsymbol{J}}_c\dot{\boldsymbol{q}}) \tag{4.233}$$

这是一个含 $n+6$ 个未知数的 $r=n+6-c$ 个方程组成的线性欠定系统。通解可以写为

$$\mathcal{Q}_u = \boldsymbol{V}_r\boldsymbol{V}_r^{\mathrm{T}}(\boldsymbol{M}\ddot{\boldsymbol{q}} + \boldsymbol{J}_c^{\mathrm{T}}\boldsymbol{M}_c\dot{\boldsymbol{J}}_c\dot{\boldsymbol{q}}) + (\boldsymbol{E} - \boldsymbol{V}_r\boldsymbol{V}_r^{\mathrm{T}})\mathcal{Q}_a \tag{4.234}$$

其中使用了恒等式(4.190)。由于 $\boldsymbol{N}^*$ 在公式(4.192)中被参数化，因此最后一个等式可以改写为

$$\mathcal{Q} = (\boldsymbol{E} - \boldsymbol{J}_c^{\mathrm{T}}\boldsymbol{J}_c^{-M\mathrm{T}})\boldsymbol{M}\ddot{\boldsymbol{q}} + \boldsymbol{J}_c^{\mathrm{T}}\boldsymbol{J}_c^{-M\mathrm{T}}\mathcal{Q}_a + \boldsymbol{c} + \boldsymbol{g} \tag{4.235}$$

式中，利用表达式 $\mathcal{Q}_u=\mathcal{Q}-\boldsymbol{c}-\boldsymbol{g}$ 和正交关系

$$(\boldsymbol{E} - \boldsymbol{J}_c^{\mathrm{T}}\boldsymbol{J}_c^{-M\mathrm{T}})\boldsymbol{J}_c^{\mathrm{T}}\boldsymbol{M}_c = \boldsymbol{0}$$

关节扭矩可以通过关系 $\mathcal{Q}=\boldsymbol{S}^{\mathrm{T}}\boldsymbol{\tau}$ 从公式(4.235)的最后 n 行获得。该解决方案具有简单、动态一致性和瞬时动能最小化的特点。适合作为控制输入的量是约束一致的广义加速度 $\ddot{\boldsymbol{q}}$ 和任意广义力 $\mathcal{Q}_a$。前者可以通过逆运动学实现对内部或末端连杆的运动控制，也可以用于控制切向力。后者可用于内部或末端连杆的力控制(例如，用于反作用推进/操纵)。但是，这种情况与公式(4.194)冲突，这意味着约束条件不完善。同时，还要注意的是，在这种情况下，没有用于空间动力学的明确的控制输入。尽管如此，基座连杆加速度 $\dot{\mathcal{V}}_B$ 是约束一致的广义加速度 $\ddot{\boldsymbol{q}}$ 的一个分量，因此可通过公式(4.99)间接控制这些动力学方程。

如果在机器人的任务中，不需要内部力控制的能力，则可以根据公式(4.194)设置公式(4.235)中的 $\mathcal{Q}_a$。我们有

$$\mathcal{Q} = (\boldsymbol{E} - \boldsymbol{J}_c^{\mathrm{T}}\boldsymbol{J}_c^{-M\mathrm{T}})\boldsymbol{M}\ddot{\boldsymbol{q}} - \boldsymbol{J}_c^{\mathrm{T}}\boldsymbol{M}_c\dot{\boldsymbol{J}}_c\dot{\boldsymbol{q}} + \boldsymbol{c} + \boldsymbol{g} \tag{4.236}$$

这是理想约束条件下的逆动力学方程。只有 $\ddot{\boldsymbol{q}}$ 可作为控制输入，其余参数均是非线性的，并且与状态有关。

仿人机器人的逆动力学方程也可以通过零空间投影法获得[124]。为此，将公式(4.200)改写为

$$\boldsymbol{V}_r^{\mathrm{T}}(\boldsymbol{M}\ddot{\boldsymbol{q}} + \boldsymbol{c} + \boldsymbol{g}) = \boldsymbol{V}_r^{\mathrm{T}}\boldsymbol{S}^{\mathrm{T}}\boldsymbol{W}^{-\frac{1}{2}}\boldsymbol{W}^{-\frac{1}{2}}\boldsymbol{\tau} \tag{4.237}$$

式中，$\boldsymbol{W}\in\Re^{n\times n}$是 p.d. 权重矩阵。通过求解关节转矩，可得

$$\boldsymbol{\tau} = \boldsymbol{V}^{\dagger}\boldsymbol{V}_r^{\mathrm{T}}(\boldsymbol{M}\ddot{\boldsymbol{q}} + \boldsymbol{c} + \boldsymbol{g}) + (\boldsymbol{E} - \boldsymbol{V}^{\dagger}\boldsymbol{V}_r^{\mathrm{T}}\boldsymbol{S}^{\mathrm{T}})\boldsymbol{\tau}_a \tag{4.238}$$

式中，广义逆矩阵为 $\boldsymbol{V}^{\dagger}=\boldsymbol{W}^{-\frac{1}{2}}(\boldsymbol{V}_r^{\mathrm{T}}\boldsymbol{S}^{\mathrm{T}}\boldsymbol{W}^{-\frac{1}{2}})^{+}\in\Re^{n\times r}$，$\mathcal{Q}_u$ 和 $\mathcal{Q}$ 分别为 $\mathcal{Q}_u=\mathcal{Q}-\boldsymbol{c}-\boldsymbol{g}$，$\mathcal{Q}=\boldsymbol{S}^{\mathrm{T}}\boldsymbol{\tau}=[0\quad \boldsymbol{\tau}^{\mathrm{T}}]^{\mathrm{T}}$。等号右边的两个正交分量可通过 $\boldsymbol{W}$ 进行参数化，法向分量也可通过任意关节扭矩矢量 $\boldsymbol{\tau}_a$ 进行参数化。参数化可用于最大程度地减小关节扭矩 $\boldsymbol{\tau}$，并间接减小约束力(反作用力)。通过后者的最小化，可以避免直接处理与摩擦锥有关的不等式约束。这可以通过最小化切向接触力来实现，也可以通过法向上追踪一个适当设计的反作用力来实现。方程中不需要出现接触关节模型[124]。

在前面的讨论中，提到了最小零空间基运算符 $\boldsymbol{V}_r$ 可以从系统约束矩阵 $\boldsymbol{J}_c$ 的奇异值分解(SVD)中推导得出，也可以利用其他已知的分解方法，例如 QR 因式分解。系统约束雅可比矩阵的转置可以分解为 $\boldsymbol{J}_c^{\mathrm{T}}=\mathcal{Q}[\boldsymbol{R}^{\mathrm{T}}\quad \boldsymbol{0}]^{\mathrm{T}}$，其中 $\boldsymbol{R}\in\Re^{c\times c}$ 和 $\boldsymbol{Q}\in\Re^{(n+6)\times(n+6)}$ 分别表示满秩上三角矩阵和正交矩阵[77]。后者可以分解为 $\boldsymbol{Q}=[\boldsymbol{Q}_c\quad \boldsymbol{Q}_r]$，其中 $\boldsymbol{Q}_r$ 提供最小化的零空间基。通过这种因式分解/矩阵分解，逆动力学方程获得与公式(4.238)恰好完全相同的形式，其中 $\boldsymbol{V}_r$ 正好由 $\boldsymbol{Q}_r$ 代替。还要注意，如果需要的话，拉格朗日乘子矢量(即反作用力)可以直接获得，如下式所示。

$$\boldsymbol{\lambda} = \boldsymbol{R}^{-1}\boldsymbol{Q}_c^{\mathrm{T}}(\boldsymbol{M}\ddot{\boldsymbol{q}} + \boldsymbol{c} + \boldsymbol{g} - \boldsymbol{S}^{\mathrm{T}}\boldsymbol{\tau}) \tag{4.239}$$

(4.235)和(4.238)这两个等式都包含两个正交分量，它们为动力学控制器的设计提供了基础。但是，后一种解决方案具有一个优点：不需要计算公式(4.235)中 $\boldsymbol{J}_c^{-M\mathrm{T}}$ 项中出现的 $\boldsymbol{M}^{-1}$。另一方面，公式(4.238)不能像公式(4.235)那样保证动力学解耦和动能最小化。此外，公式(4.238)明确包含了 $\boldsymbol{V}_r$(或 $\boldsymbol{Q}_r$)的分解分量，这个分解增加了额外的计算负担。

4.14.2　基于 Lagrange-d'Alembert 公式

根据 Lagrange-d'Alembert 的运动方程表示法(公式(4.216))，关节扭矩可由以下表达式推导：

$$\mathcal{F}_B = \mathbb{C}_{cB}\mathcal{J}_{cB}^{\#\mathrm{T}}\boldsymbol{\tau} \tag{4.240}$$

通过求解关节转矩，得出

$$\begin{aligned}\boldsymbol{\tau} &= \mathcal{J}_{cB}^{\mathrm{T}}\mathbb{C}_{cB}^{\#}\mathcal{F}_B + \mathcal{J}_{cB}^{\mathrm{T}}\overline{\mathcal{F}}^{n}\\ \overline{\mathcal{F}}^{n} &= (\boldsymbol{E} - \mathbb{C}_{cB}^{\#}\mathbb{C}_{cB})\overline{\mathcal{F}}_a^{c}\end{aligned} \tag{4.241}$$

如公式(4.216)所示，作用于基座连杆的净力旋量 $\mathcal{F}_B$ 是从 Lagrange-d'Alembert 公式中获得的。$\overline{\mathcal{F}}_a^{c}$ 经零空间 $\mathcal{N}(\mathbb{C}_{cB})$ 参数化，即内部零空间力旋量(参考公式(3.62))。从预期控制

的角度评估此结果，很明显存在两个明确的控制分量。可以通过适当选择 $\mathcal{F}_B/\dot{\mathcal{V}}_B$ 和 $\overline{\mathcal{F}}_a^c$ 来控制空间动力学和内部力旋量。另一方面，需要注意的是，对于关节/末端连杆的运动控制没有明确的分量。

4.14.3 基于关节空间动力学的消元法

首先，回想一下运动方程(4.210)表示的一个由 n 个方程组成的系统。假设关节的数量 n 超过约束 c 的数量。$r=n-c$ 表示冗余度。由(对偶)零空间投影算子 $\boldsymbol{N}^*(\mathcal{J}_{cB})=(\boldsymbol{E}-\mathcal{J}_{cB}^{\mathrm{T}}\mathcal{J}_{cB}^{-M_{\theta B}\mathrm{T}})$确定的线性子系统是奇异的($\boldsymbol{N}^*(\mathcal{J}_{cB})$的秩为 r)，因此该线性子系统是欠定的。为了获得关节扭矩，将采用直接消元法使用的过程。因此，假设 $\boldsymbol{N}^*(\mathcal{J}_{cB})$由 $\boldsymbol{V}_{rB}\boldsymbol{V}_{rB}^{\mathrm{T}}$ 表示，并在维度上进行适当修改，即

$$\boldsymbol{V}_{rB}\boldsymbol{V}_{rB}^{\mathrm{T}}(\boldsymbol{\tau}_u-\boldsymbol{H}_{BB}^{\mathrm{T}}\dot{\mathcal{V}}_B)=\boldsymbol{M}_{\theta B}\ddot{\boldsymbol{\theta}}+\mathcal{J}_{cB}^{\mathrm{T}}(\mathcal{J}_{cB}\boldsymbol{M}_{\theta B}^{-1}\mathcal{J}_{cB}^{\mathrm{T}})^{-1}(\boldsymbol{h}_{\theta B}+\mathbb{C}_{cB}^{\mathrm{T}}\dot{\mathcal{V}}_B) \tag{4.242}$$

然后，通过与 $\boldsymbol{V}_{rB}^{\mathrm{T}}$ 预乘，可消除多余的 c 个方程，从而将上述方程的维数减小为 r。对无约束系统的关节扭矩 $\boldsymbol{\tau}_u$ 求解所得方程。我们有

$$\begin{aligned}\boldsymbol{\tau}_u-\boldsymbol{H}_{BB}^{\mathrm{T}}\dot{\mathcal{V}}_B=&\boldsymbol{V}_{rB}\boldsymbol{V}_{rB}^{\mathrm{T}}\boldsymbol{M}_{\theta B}\ddot{\boldsymbol{\theta}}+\boldsymbol{V}_{rB}\boldsymbol{V}_{rB}^{\mathrm{T}}\mathcal{J}_{cB}^{\mathrm{T}}(\mathcal{J}_{cB}\boldsymbol{M}_{\theta B}^{-1}\mathcal{J}_{cB}^{\mathrm{T}})^{-1}(\boldsymbol{h}_{\theta B}+\mathbb{C}_{cB}^{\mathrm{T}}\dot{\mathcal{V}}_B)\\&+\mathcal{J}_{cB}^{\mathrm{T}}\mathcal{J}_{cB}^{-M_{\theta B}\mathrm{T}}\boldsymbol{\tau}_a\end{aligned} \tag{4.243}$$

其中 $\boldsymbol{V}_{rB}^{+\mathrm{T}}=\boldsymbol{V}_{rB}$，$\boldsymbol{E}-\boldsymbol{V}_{rB}\boldsymbol{V}_{rB}^{\mathrm{T}}=\mathcal{J}_{cB}^{\mathrm{T}}\mathcal{J}_{cB}^{-M_{\theta B}\mathrm{T}}$。最终得到的输入关节扭矩为

$$\boldsymbol{\tau}=(\boldsymbol{E}-\mathcal{J}_{cB}^{\mathrm{T}}\mathcal{J}_{cB}^{-M_{\theta B}\mathrm{T}})\boldsymbol{M}_{\theta B}\ddot{\boldsymbol{\theta}}+\boldsymbol{H}_{BB}^{\mathrm{T}}\dot{\mathcal{V}}_B+\mathcal{J}_{cB}^{\mathrm{T}}\overline{\mathcal{F}}_a^c+\boldsymbol{c}_{\theta B}+\boldsymbol{g}_\theta \tag{4.244}$$

由此，使用正交关系$(\boldsymbol{E}-\mathcal{J}_{cB}^{\mathrm{T}}\mathcal{J}_{cB}^{-M_{\theta B}\mathrm{T}})\mathcal{J}_{cB}^{\mathrm{T}}(\mathcal{J}_{cB}M_{\theta B}^{-1}\mathcal{J}_{cB}^{\mathrm{T}})^{-1}=\boldsymbol{0}$，并且用任意的接触力旋量 $\overline{\mathcal{F}}_a^c$代替 $\mathcal{J}_{cB}^{-M_{\theta B}\mathrm{T}}\boldsymbol{\tau}_a$ 项。关节扭矩的法向分量 $\mathcal{J}_{cB}^{\mathrm{T}}\overline{\mathcal{F}}_a^c$可以用于反作用/内部或末端连杆的力控制。约束一致的关节加速度 $\ddot{\boldsymbol{\theta}}$ 可用于切向力或内部运动控制。通过逆运动学关系，它还可用于末端连杆运动控制。此外，很明显，$\boldsymbol{H}_{BB}^{\mathrm{T}}\dot{\mathcal{V}}_B$、$\boldsymbol{c}_{\theta B}$ 和 $\boldsymbol{g}_\theta$ 由法向分量和切向分量组成。后两者通常在控制器中进行补偿。另一方面，前一项表示基座连杆的运动/空间动力学的预期控制输入。

4.14.4 总结与讨论

逆动力学方程是在已知状态$(\boldsymbol{q},\dot{\boldsymbol{q}}_{(\circ)})$、广义加速度 $\ddot{\boldsymbol{q}}_{(\circ)}=[\dot{\mathcal{V}}_{(\circ)}^{\mathrm{T}}\quad\ddot{\boldsymbol{\theta}}^{\mathrm{T}}]^{\mathrm{T}}$ 以及接触力 $\overline{\mathcal{F}}^c$的假设条件下确定的。该状态既可以从仿真器的上一个时间步中计算获得，也可以从真实机器人的传感器信号中获得。通常将广义加速度和接触力确定为参考值，其中包括控制器中的前馈项和反馈项。有两个主要问题需要解决。首先，由于仿人机器人通常要受多种运动/力任务约束，因此该系统很可能会处于过度约束状态(请参见 2.8 节中的讨论)。在这种状态下，无法得到逆动力学问题的解。其次，与摩擦锥有关的不等式约束不能直接处理。有几种方法可以解决这两个问题。其中两种方法是，任务之间的优先级分配(固定或可变)和使用通用求解器来处理不等式约束，已经在第 2 章从运动静力学的角度进行了讨论。其他基于动力学关系的，将在 5.14 节中介绍。

在本节结束时，应注意的是，由于明显的计算成本，仿人机器人的完整模型最常用于离线算法中，主要是在模拟器中。完整的模型也出现在离线和在线运动发生器中。例如，在前一种情况下，引入了所谓的“动力学滤波器”，以将捕获的(复杂的)的全身运动转化为

真实机器人的运动[165,169,172]。在后一种情况下，完整的模型可用于确认运动的正确性[155]，也可用于补偿使用简单动力学模型时产生的误差[149]。此外，完整的模型也已用于参数辨识领域[156,79,7]。有兴趣的读者可以通过参考文献[27]来了解用解析加速度型控制器在线实现全身控制的方法。

参考文献

[1] F. Aghili, A unified approach for inverse and direct dynamics of constrained multibody systems based on linear projection operator: applications to control and simulation, IEEE Transactions on Robotics 21 (2005) 834–849.

[2] A. Albu-Schaffer, O. Eiberger, M. Grebenstein, S. Haddadin, C. Ott, T. Wimbock, S. Wolf, G. Hirzinger, Soft robotics, IEEE Robotics & Automation Magazine 15 (2008) 20–30.

[3] A. Albu-Schaffer, C. Ott, U. Frese, G. Hirzinger, Cartesian impedance control of redundant robots: recent results with the DLR-light-weight-arms, in: 2003 IEEE International Conference on Robotics and Automation, IEEE, 2003, pp. 3704–3709 (Cat. No. 03CH37422).

[4] H. Arai, S. Tachi, Position control of manipulator with passive joints using dynamic coupling, IEEE Transactions on Robotics and Automation 7 (1991) 528–534.

[5] S. Arimoto, Control Theory of Non-Linear Mechanical Systems: A Passivity-Based and Circuit-Theoretic Approach, Clarendon Press, 1996.

[6] D. Asmar, B. Jalgha, A. Fakih, Humanoid fall avoidance using a mixture of strategies, International Journal of Humanoid Robotics 09 (2012) 1250002.

[7] K. Ayusawa, G. Venture, Y. Nakamura, Identifiability and identification of inertial parameters using the underactuated base-link dynamics for legged multibody systems, The International Journal of Robotics Research 33 (2014) 446–468.

[8] A. Balestrino, G. De Maria, L. Sciavicco, Adaptive control of manipulators in the task oriented space, in: 13th Int. Symp. Ind. Robots, 1983, pp. 131–146.

[9] E. Bayo, R. Ledesma, Augmented Lagrangian and mass-orthogonal projection methods for constrained multibody dynamics, Nonlinear Analysis 9 (1996) 113–130.

[10] B.J. Benda, P.O. Riley, D.E. Krebs, Biomechanical relationship between center of gravity and center of pressure during standing, IEEE Transactions on Rehabilitation Engineering 2 (1994) 3–10.

[11] W. Blajer, A geometric unification of constrained system dynamics, Multibody System Dynamics 1 (1997) 3–21.

[12] D.J. Block, K.J. Åström, M.W. Spong, The Reaction Wheel Pendulum, Morgan & Claypool Publishers, 2007.

[13] W. Book, O. Maizza-Neto, D. Whitney, Feedback control of two beam, two joint systems with distributed flexibility, Journal of Dynamic Systems, Measurement, and Control 97 (1975) 424.

[14] A. Bowling, S. Harmeyer, Repeatable redundant manipulator control using nullspace quasivelocities, Journal of Dynamic Systems, Measurement, and Control 132 (2010) 031007.

[15] R. Brockett, Asymptotic stability and feedback stabilization, in: R.W. Brockett, R.S. Millmann, H.J. Sussmann (Eds.), Differential Geometric Control Theory, Birkhäuser, Boston, Basel, Stuttgart, 1983, pp. 181–191.

[16] H. Bruyninckx, O. Khatib, Gauss' principle and the dynamics of redundant and constrained manipulators, in: IEEE International Conference on Robotics and Automation, 2000, pp. 2563–2568.

[17] M. Carpenter, M.A. Peck, Reducing base reactions with gyroscopic actuation of space-robotic systems, IEEE Transactions on Robotics 25 (2009) 1262–1270.

[18] M. Cefalo, G. Oriolo, M. Vendittelli, Planning safe cyclic motions under repetitive task constraints, in: IEEE International Conference on Robotics and Automation, 2013, pp. 3807–3812.

[19] K.-S. Chang, O. Khatib, Efficient algorithm for extended operational space inertia matrix, in: IEEE/RSJ International Conference on Intelligent Robots and Systems, 1999, pp. 350–355.

[20] N.a. Chaturvedi, N.H. McClamroch, D.S. Bernstein, Asymptotic smooth stabilization of the inverted 3-D pendulum, IEEE Transactions on Automatic Control 54 (2009) 1204–1215.

[21] C. Chevallereau, E. Westervelt, J.W. Grizzle, Asymptotically stable running for a five-link, four-actuator, planar bipedal robot, The International Journal of Robotics Research 24 (2005) 431–464.

[22] Y. Choi, D. Kim, Y. Oh, B.-j. You, Posture/walking control for humanoid robot based on kinematic resolution of CoM Jacobian with embedded motion, IEEE Transactions on Robotics 23 (2007) 1285–1293.

[23] Y. Choi, B.-j. You, S.-r. Oh, On the stability of indirect ZMP controller for biped robot systems, in: IEEE/RSJ International Conference on Intelligent Robots and Systems (IROS), 2004, pp. 1966–1971.

[24] J. Craig, Introduction to Robotics: Mechanics & Control, 3rd edition, Prentice Hall, 2004.

[25] R.H. Crompton, L. Yu, W. Weijie, M. Günther, R. Savage, The mechanical effectiveness of erect and "bent-hip, bent-knee" bipedal walking in Australopithecus afarensis, Journal of Human Evolution 35 (1998) 55–74.

[26] H. Dai, A. Valenzuela, R. Tedrake, Whole-body motion planning with centroidal dynamics and full kinematics, in: IEEE-RAS International Conference on Humanoid Robots, Madrid, Spain, 2014, pp. 295–302.

[27] B. Dariush, G.B. Hammam, D. Orin, Constrained resolved acceleration control for humanoids, in: IEEE/RSJ International Conference on Intelligent Robots and Systems, 2010, pp. 710–717.

[28] V. De Sapio, O. Khatib, Operational space control of multibody systems with explicit holonomic constraints, in: IEEE International Conference on Robotics and Automation, 2005, pp. 2950–2956.

[29] A. Dietrich, C. Ott, A. Albu-Schaffer, Multi-objective compliance control of redundant manipulators: hierarchy, control, and stability, in: IEEE/RSJ International Conference on Intelligent Robots and Systems, IEEE, 2013, pp. 3043–3050.
[30] J. Englsberger, A. Werner, C. Ott, B. Henze, M.A. Roa, G. Garofalo, R. Burger, A. Beyer, O. Eiberger, K. Schmid, A. Albu-Schaffer, Overview of the torque-controlled humanoid robot TORO, in: IEEE-RAS International Conference on Humanoid Robots, IEEE, Madrid, Spain, 2014, pp. 916–923.
[31] I. Fantoni, R. Lozano, M.W. Spong, Energy based control of the pendubot, IEEE Transactions on Automatic Control 45 (2000) 725–729.
[32] R. Featherstone, Rigid Body Dynamics Algorithms, Springer Science+Business Media, LLC, Boston, MA, 2008.
[33] R. Featherstone, O. Khatib, Load independence of the dynamically consistent inverse of the Jacobian matrix, The International Journal of Robotics Research 16 (1997) 168–170.
[34] C. Fitzgerald, Developing baxter, in: IEEE Conference on Technologies for Practical Robot Applications, 2013, pp. 1–6.
[35] Y. Fujimoto, A. Kawamura, Simulation of an autonomous biped walking robot including environmental force interaction, IEEE Robotics & Automation Magazine 5 (1998) 33–42.
[36] M. Gajamohan, M. Merz, I. Thommen, R. D'Andrea, The Cubli: a cube that can jump up and balance, in: IEEE/RSJ International Conference on Intelligent Robots and Systems, 2012, pp. 3722–3727.
[37] C.F. Gauß, Über ein neues allgemeines Grundgesetz der Mechanik, Journal für die Reine und Angewandte Mathematik 4 (1829).
[38] J.M. Gilbert, Gyrobot: control of multiple degree of freedom underactuated mechanisms using a gyrating link and cyclic braking, IEEE Transactions on Robotics 23 (2007) 822–827.
[39] A. Goswami, Postural stability of biped robots and the foot-rotation indicator (FRI) point, The International Journal of Robotics Research 18 (1999) 523–533.
[40] A. Goswami, V. Kallem, Rate of change of angular momentum and balance maintenance of biped robots, in: IEEE International Conference on Robotics and Automation, New Orleans, LA, USA, 2004, pp. 3785–3790.
[41] J. Grizzle, Planar bipedal robot with impulsive foot action, in: IEEE Conf. on Decision and Control, Atlantis, Paradise Island, Bahamas, 2004, pp. 296–302.
[42] M. Hara, D. Nenchev, Body roll reorientation via cyclic arm motion in zero gravity, Robotic Life Support Laboratory, Tokyo City University, 2017 (Video clip), https://doi.org/10.1016/B978-0-12-804560-2.00011-0.
[43] M. Hara, D. Nenchev, Object tracking with a humanoid robot in zero gravity (asynchronous leg motion in two phases), Robotic Life Support Laboratory, Tokyo City University, 2017 (Video clip), https://doi.org/10.1016/B978-0-12-804560-2.00011-0.
[44] M. Hara, D. Nenchev, Object tracking with a humanoid robot in zero gravity (asynchronous leg motion), Robotic Life Support Laboratory, Tokyo City University, 2017 (Video clip), https://doi.org/10.1016/B978-0-12-804560-2.00011-0.
[45] M. Hara, D. Nenchev, Object tracking with a humanoid robot in zero gravity (synchronous leg motion), Robotic Life Support Laboratory, Tokyo City University, 2017 (Video clip), https://doi.org/10.1016/B978-0-12-804560-2.00011-0.
[46] J. Hauser, R.M. Murray, Nonlinear controllers for non-integrable systems: the Acrobot example, in: 1990 American Control Conference, 1990, pp. 669–671.
[47] B. Henze, M.A. Roa, C. Ott, Passivity-based whole-body balancing for torque-controlled humanoid robots in multi-contact scenarios, The International Journal of Robotics Research 35 (2016) 1522–1543.
[48] G. Hirzinger, N. Sporer, A. Albu-Schaffer, M. Hahnle, R. Krenn, A. Pascucci, M. Schedl, DLR's torque-controlled light weight robot III-are we reaching the technological limits now?, in: IEEE International Conference on Robotics and Automation, 2002, pp. 1710–1716.
[49] N. Hogan, Impedance control: an approach to manipulation, in: American Control Conference, 1984, pp. 304–313.
[50] N. Hogan, Impedance control: an approach to manipulation: Part I–theory, Journal of Dynamic Systems, Measurement, and Control 107 (1985) 1.
[51] J.M. Hollerbach, Ki C. Suh, Redundancy resolution of manipulators through torque optimization, IEEE Journal on Robotics and Automation 3 (1987) 308–316.
[52] K. Iqbal, Y.-c. Pai, Predicted region of stability for balance recovery: motion at the knee joint can improve termination of forward movement, Journal of Biomechanics 33 (2000) 1619–1627.
[53] A. Jain, G. Rodriguez, An analysis of the kinematics and dynamics of underactuated manipulators, IEEE Transactions on Robotics and Automation 9 (1993) 411–422.
[54] S. Kajita, H. Hirukawa, K. Harada, K. Yokoi, Introduction to Humanoid Robotics, Springer Verlag, Berlin, Heidelberg, 2014.
[55] S. Kajita, F. Kanehiro, K. Kaneko, K. Fujiwara, K. Harada, K. Yokoi, H. Hirukawa, Biped walking pattern generation by using preview control of zero-moment point, in: IEEE International Conference on Robotics and Automation, 2003, pp. 1620–1626.
[56] S. Kajita, F. Kanehiro, K. Kaneko, K. Fujiwara, K. Harada, K. Yokoi, H. Hirukawa, Resolved momentum control: humanoid motion planning based on the linear and angular momentum, in: IEEE/RSJ International Conference on Intelligent Robots and Systems, Las Vegas, Nevada, 2003, pp. 1644–1650.

[57] S. Kajita, F. Kanehiro, K. Kaneko, K. Fujiwara, K. Harada, K. Yokoi, H. Hirukawa, Resolved momentum control: motion generation of a humanoid robot based on the linear and angular momenta, Journal of the Robotics Society of Japan 22 (2004) 772–779.

[58] S. Kajita, T. Yamaura, A. Kobayashi, Dynamic walking control of a biped robot along a potential energy conserving orbit, IEEE Transactions on Robotics and Automation 8 (1992) 431–438.

[59] R.E. Kalaba, F.E. Udwadia, Equations of motion for nonholonomic, constrained dynamical systems via Gauss's principle, ASME Journal of Applied Mechanics 60 (1993) 662–668.

[60] O. Khatib, A unified approach for motion and force control of robot manipulators: the operational space formulation, IEEE Journal on Robotics and Automation 3 (1987) 43–53.

[61] O. Khatib, Inertial properties in robotic manipulation: an object-level framework, The International Journal of Robotics Research 14 (1995) 19–36.

[62] T. Komura, H. Leung, J. Kuffner, S. Kudoh, J. Kuffner, A feedback controller for biped humanoids that can counteract large perturbations during gait, in: IEEE International Conference on Robotics and Automation, 2005, pp. 1989–1995.

[63] A. Konno, M. Uchiyama, M. Murakami, Configuration-dependent vibration controllability of flexible-link manipulators, The International Journal of Robotics Research 16 (1997) 567–576.

[64] T. Koolen, T. de Boer, J. Rebula, A. Goswami, J. Pratt, Capturability-based analysis and control of legged locomotion, Part 1: theory and application to three simple gait models, The International Journal of Robotics Research 31 (2012) 1094–1113.

[65] C. Lanczos, The Variational Principles of Mechanics, Dover Publications, 1970, 4th, 1986 edition.

[66] A. Laulusa, O.A. Bauchau, Review of classical approaches for constraint enforcement in multibody systems, Journal of Computational and Nonlinear Dynamics 3 (2008) 011004.

[67] S.-H. Lee, A. Goswami, Reaction Mass Pendulum (RMP): an explicit model for centroidal angular momentum of humanoid robots, in: IEEE International Conference on Robotics and Automation, 2007, pp. 4667–4672.

[68] S.-H. Lee, A. Goswami, The reaction mass pendulum (RMP) model for humanoid robot gait and balance control, in: B. Choi (Ed.), Humanoid Robots, InTech, 2009, p. 396, chapter 9.

[69] S.-H.H. Lee, A. Goswami, A momentum-based balance controller for humanoid robots on non-level and nonstationary ground, Autonomous Robots 33 (2012) 399–414.

[70] L. Lilov, M. Lorer, Dynamic analysis of multirigid-body system based on the gauss principle, ZAMM – Zeitschrift für Angewandte Mathematik und Mechanik 62 (1982) 539–545.

[71] H.-o. Lim, Y. Kaneshima, A. Takanishi, Online walking pattern generation for biped humanoid robot with trunk, in: IEEE International Conference on Robotics and Automation, Washington, DC, USA, 2002, pp. 3111–3116.

[72] J. Luh, M. Walker, R. Paul, Resolved-acceleration control of mechanical manipulators, IEEE Transactions on Automatic Control 25 (1980) 468–474.

[73] S. Ma, D.N. Nenchev, Local torque minimization for redundant manipulators: a correct formulation, Robotica 14 (1996) 235–239.

[74] A. Maciejewski, Kinetic limitations on the use of redundancy in robotic manipulators, IEEE Transactions on Robotics and Automation 7 (1991) 205–210.

[75] R. Marino, M.W. Spong, Nonlinear control techniques for flexible joint manipulators: a single link case study, in: 1986 IEEE International Conference on Robotics and Automation, 1986, pp. 1030–1036.

[76] J. Mayr, F. Spanlang, H. Gattringer, Mechatronic design of a self-balancing three-dimensional inertia wheel pendulum, Mechatronics 30 (2015) 1–10.

[77] M. Mistry, J. Buchli, S. Schaal, Inverse dynamics control of floating base systems using orthogonal decomposition, in: IEEE International Conference on Robotics and Automation, IEEE, Anchorage, AK, USA, 2010, pp. 3406–3412.

[78] M. Mistry, L. Righetti, Operational space control of constrained and underactuated systems, in: H. Durrant-Whyte, N. Roy, P. Abbeel (Eds.), Robotics: Science and Systems VII, MIT Press, 2012, pp. 225–232.

[79] M. Mistry, S. Schaal, K. Yamane, Inertial parameter estimation of floating base humanoid systems using partial force sensing, in: IEEE-RAS International Conference on Humanoid Robots, Paris, France, 2009, pp. 492–497.

[80] K. Mitobe, G. Capi, Y. Nasu, Control of walking robots based on manipulation of the zero moment point, Robotica 18 (2000) 651–657.

[81] K. Mitobe, G. Capi, Y. Nasu, A new control method for walking robots based on angular momentum, Mechatronics 14 (2004) 163–174.

[82] S. Miyahara, D. Nenchev, Walking in zero gravity, Robotic Life Support Laboratory, Tokyo City University, 2017 (Video clip), https://doi.org/10.1016/B978-0-12-804560-2.00011-0.

[83] M. Muehlebach, G. Mohanarajah, R. D'Andrea, Nonlinear analysis and control of a reaction wheel-based 3D inverted pendulum, in: 52nd IEEE Conference on Decision and Control, Florence, Italy, 2013, pp. 1283–1288.

[84] A. Müller, Motion equations in redundant coordinates with application to inverse dynamics of constrained mechanical systems, Nonlinear Dynamics 67 (2011) 2527–2541.

[85] M.P. Murray, A. Seireg, R.C. Scholz, Center of gravity, center of pressure, and supportive forces during human

activities, Journal of Applied Physiology 23 (1967) 831–838.
[86] R.M. Murray, Nonlinear control of mechanical systems: a Lagrangian perspective, Annual Reviews in Control 21 (1997) 31–42.
[87] R.M. Murray, Z. Li, S.S. Sastry, A Mathematical Introduction to Robotic Manipulation, CRC Press, 1994.
[88] Y. Nakamura, T. Suzuki, M. Koinuma, Nonlinear behavior and control of a nonholonomic free-joint manipulator, IEEE Transactions on Robotics and Automation 13 (1997) 853–862.
[89] N. Naksuk, Y. Mei, C. Lee, Humanoid trajectory generation: an iterative approach based on movement and angular momentum criteria, in: IEEE/RAS International Conference on Humanoid Robots, Los Angeles, CA, USA, 2004, pp. 576–591.
[90] C. Natale, B. Siciliano, L. Villani, Spatial impedance control of redundant manipulators, in: IEEE International Conference on Robotics and Automation, 1999, pp. 1788–1793.
[91] B. Nemec, L. Zlajpah, Null space velocity control with dynamically consistent pseudo-inverse, Robotica 18 (2000) 513–518.
[92] D. Nenchev, Restricted Jacobian matrices of redundant manipulators in constrained motion tasks, The International Journal of Robotics Research 11 (1992) 584–597.
[93] D. Nenchev, A controller for a redundant free-flying space robot with spacecraft attitude/manipulator motion coordination, in: IEEE/RSJ International Conference on Intelligent Robots and Systems, 1993, pp. 2108–2114.
[94] D. Nenchev, Y. Umetani, K. Yoshida, Analysis of a redundant free-flying spacecraft/manipulator system, IEEE Transactions on Robotics and Automation 8 (1992) 1–6.
[95] D. Nenchev, K. Yoshida, Impact analysis and post-impact motion control issues of a free-floating space robot subject to a force impulse, IEEE Transactions on Robotics and Automation 15 (1999) 548–557.
[96] D. Nenchev, K. Yoshida, M. Uchiyama, Reaction null-space based control of flexible structure mounted manipulator systems, in: 5th IEEE Conference on Decision and Control, Kobe, Japan, 1996, pp. 4118–4123.
[97] D. Nenchev, K. Yoshida, Y. Umetani, Introduction of redundant arms for manipulation in space, in: IEEE International Workshop on Intelligent Robots, 1988, pp. 679–684.
[98] D. Nenchev, K. Yoshida, Y. Umetani, Analysis, design and control of free-flying space robots using fixed-attitude-restricted Jacobian matrix, in: The Fifth International Symposium on Robotics Research, MIT Press, Cambridge, MA, USA, 1990, pp. 251–258.
[99] D. Nenchev, K. Yoshida, P. Vichitkulsawat, M. Uchiyama, Reaction null-space control of flexible structure mounted manipulator systems, IEEE Transactions on Robotics and Automation 15 (1999) 1011–1023.
[100] D.N. Nenchev, Reaction null space of a multibody system with applications in robotics, Mechanical Sciences 4 (2013) 97–112.
[101] D.N. Nenchev, A. Nishio, Ankle and hip strategies for balance recovery of a biped subjected to an impact, Robotica 26 (2008) 643–653.
[102] A. Nishio, K. Takahashi, D. Nenchev, Balance control of a humanoid robot based on the reaction null space method, in: IEEE/RSJ Int. Conf. on Intelligent Robots and Systems, Beijing, China, 2006, pp. 1996–2001.
[103] K. Nishizawa, D. Nenchev, Body roll reorientation via cyclic foot motion in zero gravity, Robotic Life Support Laboratory, Tokyo City University, 2017 (Video clip), https://doi.org/10.1016/B978-0-12-804560-2.00011-0.
[104] R. Olfati-Saber, Nonlinear Control of Underactuated Mechanical Systems with Application to Robotics and Aerospace Vehicles, Ph.D. thesis, MIT, 2001.
[105] K. O'Neil, Divergence of linear acceleration-based redundancy resolution schemes, IEEE Transactions on Robotics and Automation 18 (2002) 625–631.
[106] D.E. Orin, A. Goswami, Centroidal momentum matrix of a humanoid robot: structure and properties, in: IEEE/RSJ International Conference on Intelligent Robots and Systems, IROS, Nice, France, 2008, pp. 653–659.
[107] D.E. Orin, A. Goswami, S.H. Lee, Centroidal dynamics of a humanoid robot, Autonomous Robots 35 (2013) 161–176.
[108] V. Ortenzi, M. Adjigble, J.A. Kuo, R. Stolkin, M. Mistry, An experimental study of robot control during environmental contacts based on projected operational space dynamics, in: IEEE-RAS International Conference on Humanoid Robots, Madrid, Spain, 2014, pp. 407–412.
[109] J.P. Ostrowski, Computing reduced equations for robotic systems with constraints and symmetries, IEEE Transactions on Robotics and Automation 15 (1999) 111–123.
[110] K. Osuka, T. Nohara, Attitude control of torque unit manipulator via trajectory planning – treatment as a nonholonomic system, Journal of the Robotics Society of Japan 18 (2000) 612–615 (in Japanese).
[111] K. Osuka, K. Yoshida, T. Ono, New design concept of space manipulator: a proposal of torque-unit manipulator, in: 33rd IEEE Conference on Decision and Control, 1994, pp. 1823–1825.
[112] C. Ott, A. Kugi, Y. Nakamura, Resolving the problem of non-integrability of nullspace velocities for compliance control of redundant manipulators by using semi-definite Lyapunov functions, in: IEEE International Conference on Robotics and Automation, 2008, pp. 1999–2004.
[113] Y.-c. Pai, J. Patton, Center of mass velocity-position predictions for balance control, Journal of Biomechanics 30 (1997) 347–354.
[114] J.G. Papastavridis, Maggi's equations of motion and the determination of constraint reactions, Journal of Guidance, Control, and Dynamics 13 (1990) 213–220.
[115] J. Park, Control Strategies for Robots in Contact, Ph.D. thesis, Stanford University, USA, 2006.

[116] J. Park, W. Chung, Y. Youm, On dynamical decoupling of kinematically redundant manipulators, in: IEEE/RSJ International Conference on Intelligent Robots and Systems, 1999, pp. 1495–1500.
[117] E. Popov, A. Vereschagin, S. Zenkevich, Manipulating Robots. Dynamics and Algorithms, Nauka, Moscow, USSR, 1978 (in Russian).
[118] M. Popovic, A. Hofmann, H. Herr, Angular momentum regulation during human walking: biomechanics and control, in: IEEE International Conference on Robotics and Automation, 2004, pp. 2405–2411.
[119] M. Popovic, A. Hofmann, H. Herr, Zero spin angular momentum control: definition and applicability, in: IEEE/RAS International Conference on Humanoid Robots, 2004, pp. 478–493.
[120] M.B. Popovic, A. Goswami, H. Herr, Ground reference points in legged locomotion: definitions, biological trajectories and control implications, The International Journal of Robotics Research 24 (2005) 1013–1032.
[121] J. Pratt, J. Carff, S. Drakunov, A. Goswami, Capture point: a step toward humanoid push recovery, in: IEEE-RAS International Conference on Humanoid Robots, Genoa, Italy, 2006, pp. 200–207.
[122] R.D. Quinn, J. Chen, C. Lawrence, Redundant manipulators for momentum compensation in a micro-gravity environment, in: AIAA Guidance, Navigation and Control Conference, 1988, AIAA PAPER 88-4121.
[123] M. Reyhanoglu, A. van der Schaft, N.H. McClamroch, I. Kolmanovsky, Dynamics and control of a class of underactuated mechanical systems, IEEE Transactions on Automatic Control 44 (1999) 1663–1671.
[124] L. Righetti, J. Buchli, M. Mistry, M. Kalakrishnan, S. Schaal, Optimal distribution of contact forces with inverse-dynamics control, The International Journal of Robotics Research 32 (2013) 280–298.
[125] L. Righetti, J. Buchli, M. Mistry, S. Schaal, Inverse dynamics control of floating-base robots with external constraints: a unified view, in: IEEE International Conference on Robotics and Automation, IEEE, 2011, pp. 1085–1090.
[126] N. Rotella, M. Bloesch, L. Righetti, S. Schaal, State estimation for a humanoid robot, in: IEEE/RSJ International Conference on Intelligent Robots and Systems, 2014, pp. 952–958.
[127] H. Sadeghian, L. Villani, M. Keshmiri, B. Siciliano, Dynamic multi-priority control in redundant robotic systems, Robotica 31 (2013) 1–13.
[128] A. Sano, J. Furusho, Realization of natural dynamic walking using the angular momentum information, in: IEEE International Conference on Robotics and Automation, Tsukuba, Japan, 1990, pp. 1476–1481.
[129] A. Sano, J. Furusho, Control of torque distribution for the BLR-G2 biped robot, in: Fifth International Conference on Advanced Robotics, vol. 1, IEEE, 1991, pp. 729–734.
[130] A.K. Sanyal, A. Goswami, Dynamics and balance control of the reaction mass pendulum: a three-dimensional multibody pendulum with variable body inertia, Journal of Dynamic Systems, Measurement, and Control 136 (2014) 021002.
[131] L. Sentis, Synthesis and Control of Whole-Body Behaviors in Humanoid Systems, Ph.D. thesis, Standford University, 2007.
[132] L. Sentis, O. Khatib, Control of free-floating humanoid robots through task prioritization, in: IEEE International Conference on Robotics and Automation, IEEE, 2005, pp. 1718–1723.
[133] L. Sentis, O. Khatib, Compliant control of multicontact and center-of-mass behaviors in humanoid robots, IEEE Transactions on Robotics 26 (2010) 483–501.
[134] J.S.J. Shen, A. Sanyal, N. Chaturvedi, D. Bernstein, H. McClamroch, Dynamics and control of a 3D pendulum, in: 43rd IEEE Conference on Decision and Control, Nassau, Bahamas, 2004, pp. 323–328.
[135] N.E. Sian, K. Yokoi, S. Kajita, F. Kanehiro, K. Tanie, Whole body teleoperation of a humanoid robot – a method of integrating operator's intention and robot's autonomy, in: IEEE International Conference on Robotics and Automation, 2003, pp. 1613–1619.
[136] M.W. Spong, Underactuated mechanical systems, in: Control Problems in Robotics and Automation, Springer-Verlag, London, 1998, pp. 135–150.
[137] M.W. Spong, D.J. Block, The Pendubot: a mechatronic system for control research and education, in: 1995 34th IEEE Conference on Decision and Control, New Orleans, LA, USA, 1995, pp. 555–556.
[138] M.W. Spong, P. Corke, R. Lozano, Nonlinear control of the reaction wheel pendulum, Automatica 37 (2001) 1845–1851.
[139] M.W. Spong, S. Hutchinson, M. Vidyasagar, Robot Modeling and Control, Wiley, 2006.
[140] M.W.M. Spong, Partial feedback linearization of underactuated mechanical systems, in: IEEE/RSJ International Conference on Intelligent Robots and Systems, IEEE, 1994, pp. 314–321.
[141] K. Sreenath, A.K. Sanyal, The reaction mass biped: equations of motion, hybrid model for walking and trajectory tracking control, in: IEEE International Conference on Robotics and Automation, 2015, pp. 5741–5746.
[142] L. Stirling, K. Willcox, D. Newman, Development of a computational model for astronaut reorientation, Journal of Biomechanics 43 (2010) 2309–2314.
[143] L.A. Stirling, Development of Astronaut Reorientation Methods, Ph.D. thesis, MIT, 2008.
[144] T. Sugihara, Y. Nakamura, H. Inoue, Real-time humanoid motion generation through ZMP manipulation based on inverted pendulum control, in: IEEE Int. Conf. on Robotics and Automation, Washington, DC, 2002, pp. 1404–1409.
[145] A. Takanishi, M. Ishida, Y. Yamazaki, I. Kato, The realization of dynamic walking by the biped walking robot WL-10RD, Journal of the Robotics Society of Japan 3 (1985) 325–336.

[146] A. Takanishi, H.-o. Lim, M. Tsuda, I. Kato, Realization of dynamic biped walking stabilized by trunk motion on a sagittally uneven surface, in: IEEE International Workshop on Intelligent Robots and Systems, 1990, pp. 323–330.

[147] T. Takenaka, T. Matsumoto, T. Yoshiike, Real time motion generation and control for biped robot – 3rd report: dynamics error compensation, in: IEEE/RSJ International Conference on Intelligent Robots and Systems, St. Louis, USA, 2009, pp. 1594–1600.

[148] T. Takenaka, T. Matsumoto, T. Yoshiike, T. Hasegawa, S. Shirokura, H. Kaneko, A. Orita, Real time motion generation and control for biped robot – 4th report: integrated balance control, in: IEEE/RSJ Int. Conf. on Intelligent Robots and System, 2009, pp. 1601–1608.

[149] T. Takenaka, T. Matsumoto, T. Yoshiike, S. Shirokura, Real time motion generation and control for biped robot – 2nd report: running gait pattern generation, in: IEEE/RSJ International Conference on Intelligent Robots and Systems, 2009, pp. 1092–1099.

[150] N.G. Tsagarakis, S. Morfey, G. Medrano Cerda, Z. Li, D.G. Caldwell, COMpliant huMANoid COMAN: optimal joint stiffness tuning for modal frequency control, in: 2013 IEEE International Conference on Robotics and Automation, 2013, pp. 673–678.

[151] F.-C. Tseng, Z.-D. Ma, G.M. Hulbert, Efficient numerical solution of constrained multibody dynamics systems, Computer Methods in Applied Mechanics and Engineering 192 (2003) 439–472.

[152] B. Ugurlu, A. Kawamura, Bipedal trajectory generation based on combining inertial forces and intrinsic angular momentum rate changes: Eulerian ZMP resolution, IEEE Transactions on Robotics 28 (2012) 1406–1415.

[153] Y. Umetani, K. Yoshida, Resolved motion rate control of space manipulators with generalized Jacobian matrix, IEEE Transactions on Robotics and Automation 5 (1989) 303–314.

[154] Z. Vafa, S. Dubowsky, On the dynamics of manipulators in space using the virtual manipulator approach, in: IEEE International Conference on Robotics and Automation, 1987, pp. 579–585.

[155] B. Vanderborght, B. Verrelst, R. Van Ham, M. Van Damme, D. Lefeber, Objective locomotion parameters based inverted pendulum trajectory generator, Robotics and Autonomous Systems 56 (2008) 738–750.

[156] G. Venture, K. Ayusawa, Y. Nakamura, Dynamics identification of humanoid systems, in: CISM-IFToMM Symp. on Robot Design, Dynamics, and Control, ROMANSY, 2008, pp. 301–308.

[157] M. Vukobratović, Contribution to the study of anthropomorphic systems, Kybernetika 8 (1972) 404–418.

[158] M. Vukobratovic, B. Borovac, Zero-moment point – thirty five years of its life, International Journal of Humanoid Robotics 01 (2004) 157–173.

[159] M. Vukobratović, A.A. Frank, D. Juricić, On the stability of biped locomotion, IEEE Transactions on Bio-Medical Engineering 17 (1970) 25–36.

[160] P.M. Wensing, L.R. Palmer, D.E. Orin, Efficient recursive dynamics algorithms for operational-space control with application to legged locomotion, Autonomous Robots 38 (2015) 363–381.

[161] P.-B. Wieber, Holonomy and nonholonomy in the dynamics of articulated motion, in: M. Diehl, K. Mombaur (Eds.), Fast Motions in Biomechanics and Robotics, Springer-Verlag, Berlin, Heidelberg, 2006, pp. 411–425, Lecture no edition.

[162] D. Winter, Human balance and posture control during standing and walking, Gait & Posture 3 (1995) 193–214.

[163] Y. Xu, T. Kanade (Eds.), Space Robotics: Dynamics and Control, The Kluwer International Series in Engineering and Computer Science, vol. 188, Springer US, Boston, MA, 1993.

[164] K. Yamada, K. Tsuchiya, Force control of a space manipulator, in: i-SAIRAS, Kobe, Japan, 1990, pp. 255–258.

[165] K. Yamane, Y. Nakamura, Dynamics filter – concept and implementation of online motion generator for human figures, IEEE Transactions on Robotics and Automation 19 (2003) 421–432.

[166] R. Yang, Y.-Y. Kuen, Z. Li, Stabilization of a 2-DOF spherical pendulum on X-Y table, in: IEEE International Conference on Control Applications, 2000, pp. 724–729.

[167] K. Yoshida, D. Nenchev, A general formulation of under-actuated manipulator systems, in: S. Hirose, Y. Shirai (Eds.), Robotics Research: The 8th International Symposium, Springer, London, New York, 1997, pp. 72–79.

[168] Y. Yoshida, K. Takeuchi, Y. Miyamoto, D. Sato, D.N. Nenchev, Postural balance strategies in response to disturbances in the frontal plane and their implementation with a humanoid robot, IEEE Transactions on Systems, Man, and Cybernetics: Systems 44 (2014) 692–704.

[169] Y. Zheng, K. Yamane, Human motion tracking control with strict contact force constraints for floating-base humanoid robots, in: IEEE-RAS International Conference on Humanoid Robots, IEEE, Atlanta, GA, USA, 2013, pp. 34–41.

[170] Y. Zhang, D. Guo, S. Ma, Different-level simultaneous minimization of joint-velocity and joint-torque for redundant robot manipulators, Journal of Intelligent & Robotic Systems 72 (2013) 301–323.

[171] Y. Zhao, L. Sentis, A three dimensional foot placement planner for locomotion in very rough terrains, in: IEEE-RAS International Conference on Humanoid Robots, Humanoids 2012, IEEE, 2012, pp. 726–733.

[172] Y. Zheng, K. Yamane, Adapting human motions to humanoid robots through time warping based on a general motion feasibility index, in: IEEE International Conference on Robotics and Automation, IEEE, 2015, pp. 6281–6288.

平衡控制

5.1 概述

平衡控制是指人类在给定的环境中，对于给定的任务(例如站立、行走、跑步)维持适当姿势，并在任务执行过程中保持身体各部分(动态)平衡的能力[61]。生物力学和物理治疗领域的大量研究有助于理解人类在平衡控制中使用的机制[105,108,162,86,94,56,116]。仿人机器人的平衡控制与人有许多相似之处。适当的平衡控制对人类的日常活动是至关重要的。同样，平衡控制在仿人机器人的整体控制体系中起着核心作用。不当的平衡控制通常会导致跌倒，从而阻碍预先规划任务的执行，还可能会对机器人硬件造成损坏。与人类的平衡控制相似[56]，仿人机器人平衡控制的目标可以分为两大类：

- 主动(预先规划的)任务期间的平衡控制。
- 响应非预期外部干扰的反应性平衡控制。

预先规划的任务通常由一组运动/力轨迹$\{T_{tg}(t)\}$，$t\in\{\overline{t_0,t_f}\}$确定。机器人的运动轨迹通常用广义坐标及时间导数表示。请注意，如果其中一个或两个脚都附着于地面，那么此信息会对质心(CoM)的期望运动进行编码。此外，力轨迹指定了一组接触反作用力旋量，以一种适当的方式来约束浮动基座，例如，支持机器人抵抗重力或确保所需的推力方式。这些信息，连同运动轨迹信息，对压力中心(CoP)的期望运动进行编码，并且在平衡方面也发挥着重要作用。轨迹$T_{tg}(t)$可以通过各种方式获得——离线或在线。平衡控制器是基于机器人、任务和环境的适当动力学模型(见图5.1)。任务空间控制器设计取决于基于位置/速度或扭矩控制的低级控制器。任务空间控制器向在线轨迹修改器提供反馈，其作用是通过$T_{tm}(t)$分量确保输入任务$T^{des}(t)=T_{tg}(t)+T_{tm}(t)$的可行性。

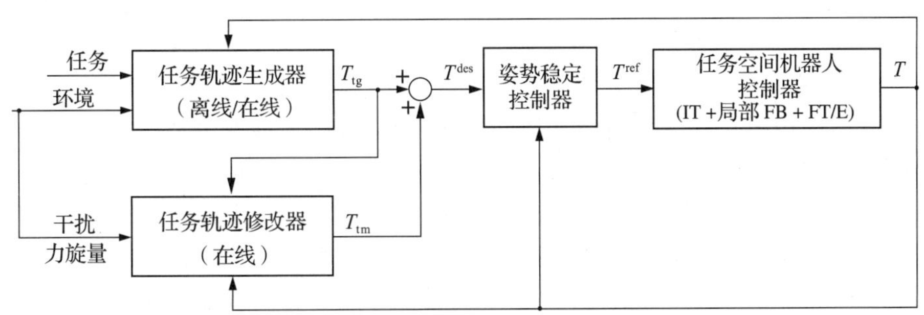

图5.1 通用平衡控制器结构。任务的运动/力轨迹T_{tg}可以离线生成，然后在线修改[163,84]，或直接在线生成。任务轨迹修改器通过T_{tm}改变生成的轨迹，使得姿势稳定控制器(稳定器)的输入T^{des}是可行的。任务空间控制器使用逆运动学/动力学变换(IT)来产生位置/扭矩控制机器人的参考关节角度/扭矩；使用关节级局部反馈(FB)控制；使用正向变换和估计(FT/E)，根据运动/力的工作坐标(例如，脚和质心的位置、压力中心、反作用力旋量、躯干倾斜度)生成当前状态

仿人机器人平衡控制的早期研究主要侧重于预先规划的任务，主要是在平地上的周期性动态步态[68,145]。正如文献[67]所指出的那样，除了由步态模式生成器的输出所确定的输入轨迹外，还需要涉及“稳定器”。在理想情况下，机器人将遵循正确生成的动态连续的行走模式。然而，实际上，如果没有“稳定器”，即相应的反馈控制，就不可能确保步态稳定。即使是模型或环境中的小瑕疵也会导致机器人跌倒。还要注意，控制器的性能在很大程度上取决于输入轨迹，即前馈分量。例如，为了改善步态的动态稳定性，不仅仅是腿的运动，躯干[148,164,123]和手臂运动[4]都需要生成输入的关节角度轨迹。另一个例子是在斜坡上行走。在这种情况下，躯干应稍微向前弯曲，使得质心的地面投影始终位于支撑面(BoS)中心附近。这样，可以确保充分的稳定裕度[169]。除步态外，还有其他需要适当平衡控制的主动任务。例如推[35]、举[36]、踢[151]、击打[76]和取回[84]物体。本章和第 7 章将讨论各类轨迹的生成和平衡控制方法。

另一方面，反应性平衡控制用于适应意外的外部干扰，以避免失去平衡。这是通过在线轨迹修改器完成的。对干扰的典型响应由两个阶段组成：反应(反射型)和恢复。要产生的反应/恢复轨迹在很大程度上取决于干扰力旋量的方向、大小和作用点。注意，上述两阶段反应/恢复的响应模式是从人体生物力学和物理治疗领域的研究中得知的，其中反应性平衡控制方法已用于评估平衡障碍[56]。在仿人机器人领域，反应性平衡控制同样至关重要，它赋予机器人承受以人为中心的环境所固有的意外干扰的能力。在各种情况下，这种干扰可能会施加在机器人上。干扰可能源于：

- 地面(例如，不稳定[1]或不平坦[72,32,70,62])；
- 外部推动(例如，由于真实人类与仿人机器人或仿人机器人与仿人机器人之间的相互作用)；
- 机器人前方突然出现障碍物[101,75,152]。

从历史的角度来看，最初对平地平衡控制的研究完全基于质心/零力矩点(ZMP)动力学关系[157,156]。后来，人们开始关注角动量的作用[129,130]。为了确保实时响应能力，许多关于平衡控制的研究依靠简单模型，例如 4.2 节中描述的模型。这些模型的重点在于运动方程的空间动力学分量(参见公式(4.155))，其中包括质心的状态加上角动量及其变化率。基于阻抗的控制方法可以利用这种模型来设计，在响应相对较小的外部干扰时，确保理想的全身顺应性/导纳性的行为。至于较大的干扰，人体平衡控制生物力学领域的研究[162]表明，通过涉及更复杂的响应可达到更好的适应，其特点是特定的多关节运动和肌肉激活模式(协同作用)。这意味着除了空间动力学之外，还涉及关节空间的局部动力学。基于协同平衡的控制方法将在第 7 章中讨论。

本章分为 14 节。5.2 节定义了动态姿势稳定性。5.3 节介绍了基于简单足上倒立摆模型的稳定性分析。5.4 节讨论了平坦地面上的 ZMP 操作型稳定化。5.5 节涉及基于捕获点(CP)的分析和稳定化。5.6 节重点介绍了角动量在稳定性分析和控制中的重要作用。5.7 节介绍了基于最大输出允许设置方法的稳定化。5.8 节介绍了基于空间动量及其变化率的平衡控制方法。5.9 节阐明了任务空间控制器在平衡控制中的作用。以下四节专门介绍非迭代优化平衡控制方法。5.10 节讨论了身体力旋量分配(WD)问题的优化方法。5.11 节讨论了基于空间动力学的运动优化问题。5.12 节介绍了非迭代全身运动/力优化方法。5.13 节强调平衡控制方法，以确保响应弱外部干扰的顺应性全身行为。5.14 节介绍了平衡控制中的一些迭代优化方法。

5.2 动态姿势稳定性

平衡稳定性分析方法主要使用4.3.2节中讨论的简单倒立摆(IP)模型。此类方法是在生物力学领域开发的，采用(线性化)恒定长度的小车上倒立摆(IP-cart)模型，用于评估人体的姿势稳定性，从而揭示了CoM/CoP动态关系的重要作用。在机器人领域，平衡稳定性分析基于ZMP概念，最初用于评估两足动物步态中的动态姿势稳定性[154,155]。回顾一下，在平坦的地面上，ZMP与CoP是重合的。在机器人技术领域中，首选模型是小车上线性倒立摆(LIP-cart)模型。从稳定性的角度来看，线性化的IP模型和LIP模型得出的结果相同。但是，应该记住，LIP模型通过排除伸直的腿(运动学上的奇异姿势)及其附近姿势来限制姿势集。从这个意义上说，基于LIP-cart模型的分析缺乏完整性。

LIP-cart平衡稳定性模型可以用真正的机器人直接实现。三维空间中，4.4节描述的球形IP模型是相关的。在一般情况下，球形IP的运动方程在矢状面和正平面耦合。然而，当围绕垂直方向线性化时，可以确保解耦合。因此，通过在每个平面上使用两个相同的IP模型，可以简化平衡稳定性分析和平衡控制设计。在接下来的讨论中，将分别使用与平面IP模型和三维球形IP模型相关的标量和矢量符号。

ZMP概念有助于建立多种平衡控制方法，从而使真实的机器人获得可靠的结果。尽管如此，基于ZMP的稳定性评估逐渐不足以完全表征姿势的稳定性[127,50,7,143]。ZMP方法的固有局限性如下。

1. 仅适用于平坦地面上的平面接触模型
2. 无法处理：
    a. 多接触(脚和手接触)姿势
    b. 摩擦
    c. 围绕BoS多边形边缘的脚部旋转
3. 不包含有关以下方面的重要信息：
    a. 完整状态(即CoM速度)
    b. 由于BoS区域有限而产生的稳定裕度

人们已经在努力减少上述与零点力矩有关的问题。例如，许多研究人员通过将零点力矩投影到虚拟平面，来解决零点力矩概念中如平坦地面和多接触点限制的问题[147,145,66,131,136,132,9]。通过所谓的足部旋转指示器(FRI)[29](在文献[155]中称为“虚拟ZMP”)，评估了由于不平衡力矩导致的围绕BoS多边形边缘的脚旋转问题。这些努力为新算法和基于零点力矩的平衡控制算法的改进作出了贡献。另一方面，关于真实机器人的实现，最成功的案例是本田的P2[48]和ASIMO[150]机器人。所谓的“model-ZMP”方法被引入，来处理由于机器人和环境中的模型不正确而导致周期性步态中出现不理想的上肢运动的问题。平衡控制器利用多种平衡稳定性机制，例如(参见文献[67]，第150页)：

- 脚踝扭矩控制
- 脚部位置修改(例如，周期性步态)
- 所需的(LIP-cart模型)和实际的CoM/ZMP错误动态
- 所谓的“运动的发散分量”[149](参见5.6.2节)
- 通过反作用质量摆(RWP)模型控制角动量
- 脚着陆阶段(被动式和主动式)的冲击吸收

• 全身控制

近来，人们越来越关注地形差异较大的环境，例如灾区。通常，可以应用与上述相同的平衡稳定性机制，虽然有一些区别。请注意，如同 LIP-cart 模型一样，CoM 的垂直运动不可再被忽略。同样，角动量控制的作用也增加了。由于只能通过接触力旋量控制角动量的变化率，因此必须处理好它们在接触点的合理分布。

在本章的其余部分，将介绍用于生物力学和仿人机器人领域的平衡控制的稳定性分析方法。应该注意的是，严格的平衡稳定性分析仅适用于上述某些平衡机制的组成部分，而不适用于整个系统。原因在于该模型（人或机器人）的复杂性，其特点表现为在浮动基座上欠驱动，并由含多个自由度的可变结构组成，受到各种外部干扰，包括冲击。还应注意，由于同样的原因，在两个领域中使用的术语“稳定性”缺乏正式的严谨性。研究者已尝试设计出更严格的处理方法，例如基于生存理论[5]。该理论已成功地应用于轮式移动机器人，但是请注意，其成效可以归因于简单点质量模型。已经通过所谓的生存核[159]提出了对仿人机器人的适应方案。该方法是通用的，但是从控制器设计的角度来看缺乏建设性。有学者已经考虑与模型预测控制相结合以缓解该问题[160]。尽管如此，对复杂模型的稳定性进行严格的处理仍然是一个未解决的问题。使用简化的模型，例如足上倒立摆模型，可以获得严谨的结果，下面将对此展开讨论。

5.3 足上倒立摆稳定性分析

在 4.3 节（参见图 4.2a）中介绍的简单的、非线性的或线性的足上倒立摆模型已用于生物力学和物理治疗领域的平衡控制研究[116,64,52,51,54]。

5.3.1 外推质心和动态稳定裕度

在重力、摩擦、CoP[⊖] 和脚踝扭矩约束的优化程序的帮助下，可以在 gCoM 位置/速度的相平面内确定动态稳定区域[116]。静态（BoS）和动态稳定区域如图 5.2a 所示。显然，动态稳定区域要比静态稳定区域大得多。例如，考虑静态稳定区域之外的代表性状态，即状态 A。在此状态下，身体强烈向前倾斜。尽管如此，通过反向质心速度可以防止向前跌倒。在静态稳定区域内的状态 B 处施加相同的速度。但是请注意，系统在这种状态下是动态不稳定的：由于身体没有充分地向前倾斜，因此会向后倒下。此外，从图 5.2b 可以看出，动态稳定区域在静态稳定区域较小或打滑时会明显收缩。对于肌肉较弱的人（如老年人），该区域也会明显缩小。这一发现可以直接应用到仿人机器人领域，从而强调了踝关节扭矩约束在平衡控制中的重要作用。

由于计算成本的限制，用于识别动态稳定区域的优化过程可能不适合在线实施。这个问题可以通过一个由封闭解（4.12）得出的线性关系来近似解决[52]。此解决方案表示质心在地面上的投影（gCoM）对给定的压力中心的相对运动 $x_g(t)$，比如 x_p。从公式（4.12）可以明显看出，平衡控制机制取决于初始状态（x_{g0}, v_{g0}）。另一方面，请注意，压力中心（CoP）受支撑面（BoS）大小的限制，即 $-l_f \leqslant \bar{x}_p \leqslant l_f$，$l_f$ 表示半脚的长度。例如，考虑一个初始质心在地面上的投影的速度为正的状态（$v_{g0}>0$）。然后可能发生的是，后向（负）加

⊖ 在生物力学文献中，专门使用术语 CoP。如 4.3.2 节所述，该术语比 ZMP 具有更广泛的含义。

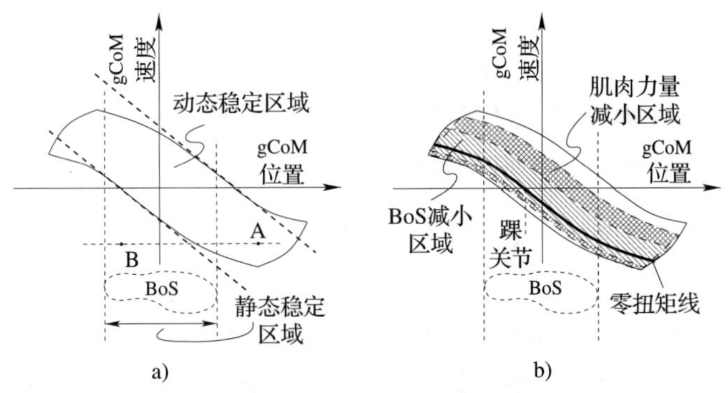

图 5.2 a)具有静态和动态稳定区域的 gCoM 的相平面[116]。动态稳定区域可以用线性关系(倾斜的点划线)来近似表示，以利于实时平衡控制器的设计[52]。A 和 B 是两个代表状态。b)肌肉较弱的人(如老年人)的动态稳定区域缩小。静态稳定区域较小时也会发生这种情况

速度$-m\ddot{x}_g$不足以阻止质心在地面上的投影的相对运动x_g通过压力中心的位置$\bar{x}_p$。当质心在地面上的投影超过此值时，质心(CoM)将进一步加速。因此，压力中心的$x_p(t)$将到达支撑面边界l_f，并且脚将开始沿顺时针方向旋转。这是一种潜在的危险状态，可能导致机器人的姿势不稳定和跌倒。为了防止这种情况发生，质心在任意时间都绝不能通过给定的压力中心，即$x_g(t)<\bar{x}_p$。此条件可以借助公式(4.12)重写为

$$x_{g0}+\frac{v_{g0}}{\omega}\leqslant\bar{x}_p \tag{5.1}$$

其中$\omega=\omega_{\mathrm{IP}}=\sqrt{g/l}$。在上面的求导中使用了$|\tanh(\omega t)|_{t\to\infty}\to 1$。然后可以得出结论：为了避免不稳定，压力中心$x_p(t)$应该朝支撑面边界$l_f$足够快地移动。换句话说，质心在地面上的投影应该始终跟随压力中心运动，并在到达压力中心时恰好停止。因此，当压力中心最终到达边界，然后到达质心在地面上的投影时，运动将以一个静止状态结束。同样的思路也适用于相反方向的运动，即质心在地面上的投影的初始速度为负。通过用支撑面边界替换$\bar{x}_p$，公式(5.1)可以重写为一般形式，即

$$-l_f\leqslant x_{\mathrm{ex}}(t)\leqslant l_f \tag{5.2}$$

其中

$$x_{\mathrm{ex}}(t)\equiv x_g(t)+\frac{\dot{x}_g(t)}{\omega} \tag{5.3}$$

在此，x_{ex}称为“外推质心”(xCoM)[52]。外推质心可用于逼近图 5.2a 中的动态稳定区域，近似由斜虚线表示。此外，外推质心可用于定义动态稳定裕度，即

$$s(t)=|\pm l_f-x_{\mathrm{ex}}(t)| \tag{5.4}$$

动态稳定裕度在选择合适的控制器动作中起着重要作用，如下所示。

5.3.2 外推质心动力学

通过研究外推质心的动力学问题，可以获得关于平衡控制稳定性的重要结论[51]。为此，首先要回顾足上倒立摆模型的质心/压力中心的动态关系(参见公式(4.10))。我们有

$$\ddot{x}_g=\omega^2(x_g-x_p) \tag{5.5}$$

接下来，求解公式(5.3)中质心在地面上的投影的速度，即

$$\dot{x}_g = -\omega(x_g - x_{ex}) \tag{5.6}$$

另一方面，公式(5.3)中时间的微分方程为

$$\dot{x}_{ex} = \dot{x}_g + \frac{\ddot{x}_g}{\omega} \tag{5.7}$$

将公式(5.5)和公式(5.6)代入上式中以获得外推质心动力学方程为

$$\dot{x}_{ex} = \omega(x_{ex} - x_p) \tag{5.8}$$

质心在地面上的投影和外推质心的动力学方程(分别为公式(5.6)和公式(5.8))包含两个自主动态系统组件：一个稳定的$\dot{x}_g = -\omega x_g$ 和一个不稳定的$\dot{x}_{ex} = \omega x_{ex}$。由此可以得出结论：为了获得稳定的质心运动，就要先有足够稳定的外推质心运动[51]。换句话说，在外推质心轨迹稳定的情况下，根本不需要关心质心轨迹。质心将严格遵循外推质心的轨迹。该结论在平衡控制器设计中起着重要作用，如下所示。

外推质心动力学方程为更深刻地理解系统稳定性提供了更多途径。使用公式(5.6)和公式(5.8)，可以在以下状态空间形式中[23]表示足上倒立摆的动力学方程：

$$\frac{\mathrm{d}}{\mathrm{d}t}\begin{bmatrix} x_g \\ x_{ex} \end{bmatrix} = \begin{bmatrix} -\omega & \omega \\ 0 & \omega \end{bmatrix}\begin{bmatrix} x_g \\ x_{ex} \end{bmatrix} + \begin{bmatrix} 0 \\ -\omega \end{bmatrix} x_p \tag{5.9}$$

此表示形式显示了上面提到的稳定的(上行)和不稳定的(下行)自主动态系统分量。如上所述，仅为不稳定部分设计一个平衡控制器就足够了。这样的设计将在 5.6.3 节中介绍。

5.3.3　具有跃迁的离散状态

上面的分析已经阐明，质心在地面上的投影、外推质心和压力中心的三个特征点分别表示为 x_g，x_{ex}和 x_p，这三个特征点与支撑面一起在动态稳定性中起着重要作用。在下文中，将显示这些点在支撑面中的相对位置，以此更深入地了解平衡控制机制。考虑以下 4 个状态[52](参见图 5.3)：

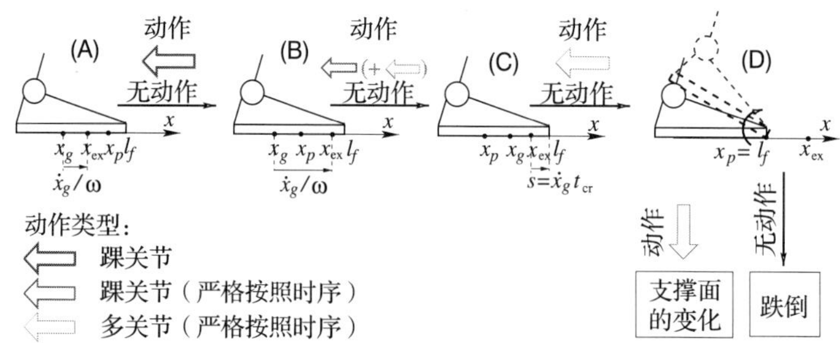

图 5.3　平衡稳定性机制取决于质心在地面上的投影 x_g、压力中心 x_p、外推质心 x_{ex}以及支撑面(足部长度 l_f)的状态之间的转换[52]。该图显示了 $x_g > 0$ 的一些离散状态。为了保持平衡，需要执行控制器动作。如果没有这种动作，从滚动的脚状态 D 可以看出，姿势可能会变得不稳定。状态 B 下的踝关节动作不是严格按照时序要求的。在状态 C 中，需要严格按照时序的动作(取决于动态稳定裕度 $s = v_g t_{cr}$)。该动作可能仅涉及踝关节，或者可以调用多关节运动，从而产生角动量的变化。在状态 D 中，通过多关节运动调用了两种可能的严格按照时序的动作：要么通过改变部分角动量来使脚反向旋转，要么改变支撑面(例如通过一次反向行走)

(A) $x_g<x_{ex}<x_p<l_f$

(B) $x_g<x_p<x_{ex}<l_f$

(C) $x_p<x_g<x_{ex}<l_f$

(D) $x_p=l_f<x_{ex}$

请注意，x_g、x_{ex}和 x_p 分别提供质心的位置、速度和加速度的信息。假定质心在地面上的投影的初始速度为正，并考虑给定外推质心的状态之间可能发生的跃迁。首先，请注意，对于状态 A，质心在地面上的投影将永远不会到达压力中心。但是，在某个时刻，质心在地面上的投影的运动将反转方向。然后，将调用状态 B。在这种状态下，质心在地面上的投影将通过压力中心并到达状态 C，从而进一步沿正方向加速。然后需要严格按照时序的动作。外推质心将在临界时间点 t_{cr} 到达支撑面边界，该临界时刻可以根据封闭解(4.12)计算得出。通过假设一个恒定的$\overline{x}_p$，t_{cr}可以近似为

$$t_{cr} \approx \frac{l_f - x_{ex}(t)}{\dot{x}_g(t)} = \frac{s(t)}{\dot{x}_g(t)} \tag{5.10}$$

严格按照时序的动作取决于姿势和初始条件。踝关节扭矩可能足以确保过渡到状态 B。当仅靠踝关节扭矩无法实现所需的快速响应时，应调用多关节运动以产生角动量变化。

状态 D 的特征是在二维实例中从线接触到点接触，或者在三维实例中从平面接触到线接触，在以上接触过程中接触条件发生了变化。这种变化会导致足部形成不平衡力矩，从而导致足部围绕支撑面边界滚动。此力矩的大小可以通过所谓的足部旋转指示器(FRI)[29](在文献[155]中称为“虚拟零力矩点”)进行评估。注意，不平衡力矩意味着局部角动量的变化。质心方程(4.38)表明，机器人的状态由复合刚体(CRB)局部动力学方程决定，包括局部刚体角动量的变化率。当关节锁定时，足部的不平衡力矩作用于整个复合刚体，最终导致姿势不稳并且跌倒。当关节解锁时，足部角动量的变化可以通过其余连杆的部分角动量的变化来补偿，例如躯干、手臂和头部。因此尽管足部旋转是存在的，但是仍然存在避免姿势不稳定的可能性。在文献[30]中，引入了所谓的角动量零变化率(ZRAM)点㊀来评估与角动量有关的姿势不稳定性。关于角动量在平衡控制中的作用的更多细节，将在 5.6 节中详细介绍。当机器人无法产生所需的角动量变化时，可以调用另一个多关节动作。这种行为借鉴了人类用来维持直立姿态的所谓“改变支撑”策略[94,93]。该策略是指与环境建立手接触或初始化反应性步进(逐步策略)。更多细节将在 7.7.5 节中给出。

5.3.4 二维动态稳定区域

在平坦地面上的仿人机器人的支撑面通常以凸二维多边形表示。然后，相应的压力中心、质心在地面上的投影和外推质心成为二维矢量。质心/质心在地面上的投影的动力学方程(5.5)以矢量形式写为

$$\ddot{\boldsymbol{r}}_g = \omega^2(\boldsymbol{r}_g - \boldsymbol{r}_p) \tag{5.11}$$

此处 $\boldsymbol{r}_g(t)$和 $\boldsymbol{r}_p(t)$分别代表质心在地面上的投影和压力中心的位置矢量。另外，参考公式(5.3)，外推质心可以写成

$$\boldsymbol{r}_{ex}(t) = \boldsymbol{r}_g(t) + \frac{\dot{\boldsymbol{r}}_g(t)}{\omega} \tag{5.12}$$

㊀ 在文献[121]中称为“质心矩支点”(CMP)(定义在公式(4.24)中)。

在二维环境中，动态稳定裕度(5.4)解释为外推质心与支撑面多边形之间的最短距离(请参见图 5.4)。它也可以解释为动量的最小变化 $M\Delta \boldsymbol{v}$，当应用于外推质心与支撑面多边形之间的最短距离确定的方向时，平衡会受到影响[52]。显然，动态稳定裕度可以随所施加干扰的方向变化。

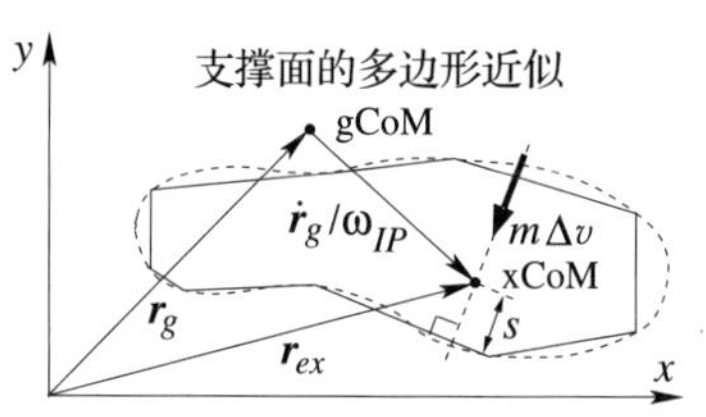

图 5.4　动态稳定裕度 s 在二维中定义为，从外推质心矢量 $\boldsymbol{r}_{ex}$ 到支撑面多边形的最短距离[52]。动态稳定裕度也可以解释为，沿着由最短距离确定的线作用时使平衡恶化的最小冲力 $M\Delta \boldsymbol{v}$

为了将外推质心约束在支撑面内，可以使用压力中心约束引入的表示法(4.32)。我们有

$$\boldsymbol{B}_s \boldsymbol{r}_{ex} \leq \boldsymbol{c} \tag{5.13}$$

应当注意的是，在机器人文献中也出现了二维稳定裕度的定义，即压力中心和支撑面多边形之间的最短距离[59]。但是，由于质心在地面上的投影的速度未出现在压力中心定义中，因此该定义不包括有关当前状态的完整信息。

5.4　平坦地面上的 ZMP 操作型稳定化

在双足步态控制的早期研究中，主要是基于平坦地面上的 LIP-cart 模型。在 4.3.2 节中已阐明，在平坦地面上，(净)质心与零力矩点一致(另请参见文献[121])。同时，我们介绍了与 LIP-cart 模型有关的动态关系。另外，需要注意的是，运动方程(4.5)与 5.3 节中使用的线性足上倒立摆模型的形式是相同的。存在一个显式的解，即公式(4.6)，它有助于平衡稳定性分析和控制。参考 LIP-cart 动力学方程(4.18)，可以使用以下简单的踝关节扭矩控制器($u=m_y$)[99,146,27,73]：

$$u = -k_d \dot{x}_g - k_p x_g \tag{5.14}$$

虽然很容易选择反馈增益 k_p 和 k_d 以获得理想的闭环响应，但是该控制器在实现的过程中会遇到一些困难[67]。为了解决此问题，需要考虑使用下面的 gCoM 动力学的状态空间表示形式(5.5)：

$$\frac{\mathrm{d}}{\mathrm{d}t}\begin{bmatrix} x_g \\ \dot{x}_g \end{bmatrix} = \begin{bmatrix} 0 & 1 \\ \omega^2 & 0 \end{bmatrix}\begin{bmatrix} x_g \\ \dot{x}_g \end{bmatrix} + \begin{bmatrix} 0 \\ -\omega^2 \end{bmatrix} x_p \tag{5.15}$$

其中，$\omega = \bar{\omega} = \sqrt{\dfrac{g}{\bar{z}_g}}$，$\bar{z}_g$ 表示 LIP-cart 模型的恒定高度。显然，质心状态作为状态变量，而压力中心(CoP)作为输入($u=x_p$)。上述方程式的解可以显式表示为[23]。

$$\begin{bmatrix} x_g \\ \dot{x}_g \end{bmatrix} = \begin{bmatrix} \cosh(\omega t) & \dfrac{1}{\omega}\sinh(\omega t) \\ \omega\sinh(\omega t) & \cosh(\omega t) \end{bmatrix}\begin{bmatrix} x_{g0} \\ v_{g0} \end{bmatrix} + \begin{bmatrix} 1-\cosh(\omega t) \\ -\omega\sinh(\omega t) \end{bmatrix} x_p \tag{5.16}$$

状态空间表示式(5.15)可通过相位图对 IP/LIP-on foot 模型进行定量分析。非受迫系统生成矢量场和相应的流。为了获得动态稳定区域的近似值(5.2)，需要使用式(5.15)中设置在两个支撑面边界的输入 x_p 的受迫系统。举一个例子，考虑图 5.5 的 LIP-cart 模型㊀生成的相位图，我们得到：

$$\bar{z}_g = 0.279\mathrm{m} \rightarrow \omega = 5.94\ 1/\mathrm{s} \tag{5.17}$$

㊀ 数据来源于一个小型的 HOAP-2 机器人[26](见 A.1 节)。

$$l_f = 0.096\text{m}$$

图中的动态稳定区域用浅蓝色表示。正如已经阐明的那样，该区域的边界在为平衡控制做出适当控制器动作的决策中起着重要作用。

通过以上对稳定性的简要分析，可得出的主要结果是：为了减轻控制器(5.14)的问题，平衡稳定器应用压力中心/零力矩点代替踝关节扭矩作为控制输入。接下来，我们将介绍一些这样的稳定器。稳定器可以用标量或矢量形式来表述，分别为 $u = x_p$ 或 $\boldsymbol{u} = \boldsymbol{r}_p$。需要注意的是，当稳定器使用在真实的机器人条件下时，需要使用后者。这种情况下，两个矢量分量是从三维 LIP 模型获得的。由于该模型是由两个可以在矢状面和正平面解耦的运动方程组成，因此可以为每个坐标设计两个独立且相同的稳定器。在下面的讨论中，将同时使用标量符号和矢量符号。

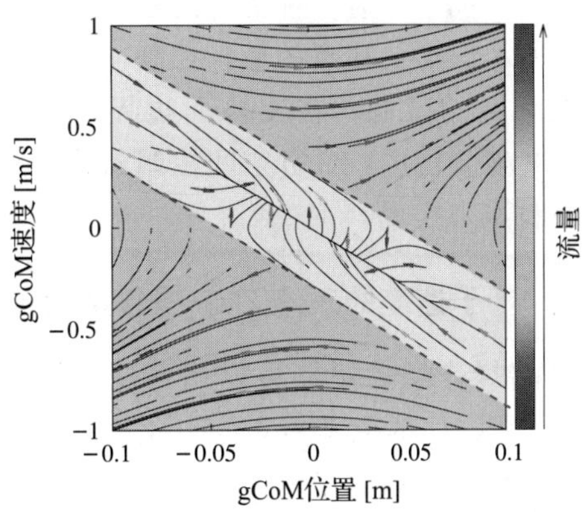

图 5.5　适用于 IP/LIP-on-cart 模型的质心在地面上的投影(gCoM)相位图。浅蓝色区域表示根据公式(5.2)的动态稳定区域的近似值(见彩插)

5.4.1　ZMP 操作型稳定器

在文献[97]中，首次提出了名为“ZMP 操作”的控制器，这是一种以 ZMP 作为控制输入的稳定器。参考笛卡儿坐标系中的 IP 运动方程(4.4)，设计出以下反馈控制法：

$$f_z = |f|\cos\theta = z_g^{\text{des}} - z_g - \dot{z}_g + Mg \tag{5.18}$$

$$\begin{aligned} m\ddot{x}_g &= \frac{\sin\theta}{\cos\theta}(z_g^{\text{des}} - z_g - \dot{z}_g + Mg) \\ &= \frac{x_g - x_p}{z_g}(z_g^{\text{des}} - z_g - \dot{z}_g + Mg) \end{aligned} \tag{5.19}$$

这些方程中出现的参量已在 4.3.2 节中定义。也可参见图 4.2。首先，很容易确认垂直方向的闭环动力学方程产生了状态 z_g 到 z_g^{des} 的指数收敛。接下来，考虑以下水平坐标的方程：

$$\beta\ddot{x}_g = x_g - x_p \tag{5.20}$$

注意到，公式(5.20)可以用公式(4.10)中 $\beta^{\text{des}}(t) = 1/\omega^2(t)$ 的形式呈现，其中 $\omega(t)$ 在公式(4.14)中被定义，考虑公式(5.19)，设定

$$\beta(t) = \frac{Mz_g}{z_g^{\text{des}} - z_g - \dot{z}_g + Mg} \tag{5.21}$$

由于在垂直方向上的指数收敛，公式(5.21)中的 $\beta(t)$ 也将指数地收敛到 $\beta^{\text{des}}(t)$。

此外，通过在公式(5.20)中将零力矩点设置为控制输入，即 $u = x_p$，可以设计出两种反馈控制法，如下所示：

$$u = x_g + \dot{x}_g - v_g^{\text{des}} \tag{5.22}$$

和

$$u = 2x_g + \dot{x}_g - x_g^{\text{des}} \tag{5.23}$$

控制法(5.22)可以用来跟踪参考的质心在地面上的投影的速度 v_g^{des}，例如在步态控制的情况下。另一方面，控制法(5.23)可以作为调节器来调节所需的质心位置 v_g^{des}，例如在直立平衡控制的情况下。后一种情况的控制器框图如图 5.6 所示。需要注意的是，控制输入 u 超过一个限制器的限制，在支撑面边界处达到饱和。在文献[97]中，任务空间控制器作为动态扭矩控制器来实现。

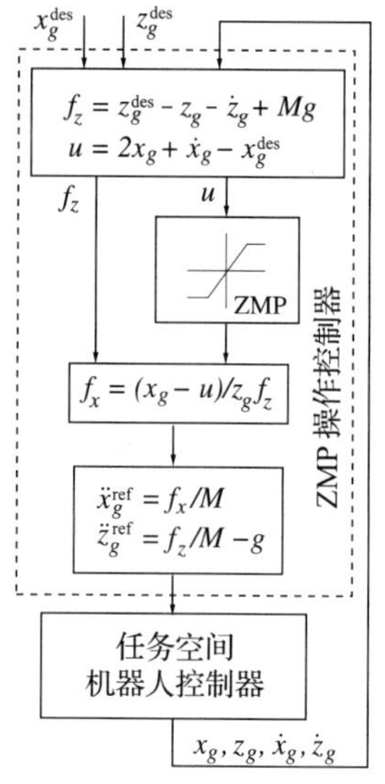

图 5.6　基于图 4.2b[97] 中恒定长度的 IP-on-cart 模型的 ZMP 操作型平衡调节器框图。参考图 5.1，明显可以看出：(1)根据质心坐标定义任务轨迹 T；(2)ZMP 操作型控制器起稳定器的作用

5.4.2　基于速度的三维 ZMP 操作型稳定化

ZMP 操作型稳定器可以用速度关系来表示[145]。该设计基于 4.4.2 节中介绍的非线性球形 IP 模型。因此，零力矩点和质心坐标分别是二维量和三维量。回想一下，三维质心坐标矢量表示为 $\boldsymbol{r}_C=[\boldsymbol{r}_g^T \quad z_g]^T$。控制输入为零力矩点，就像上面讨论的原始零力矩点操作稳定器一样：$\boldsymbol{u}=\boldsymbol{r}_p^{ref} \in \Re^2$。控制器的框图如图 5.7 所示。首先，ZMP 规划器根据所需的质心速度矢量 $\dot{\boldsymbol{r}}_C^{des} \in \Re^3$ 计算控制输入。回想一下，在垂直方向偏差较小的情况下，球形 IP 动力学方程可以被认为是 x 和 y 的解耦。因此，可以使用常规方法(例如文献[20]中的方法)或任何其他方法(例如文献[166]中的方法)将球形 IP 控制器设计为两个独立的线性化 IP-on-cart(参见图 4.2b)控制器。需要注意的是，必须限制控制输入 $\boldsymbol{u}$ 以符合零力矩点约束。此外，零力矩点操作器通过对相应的加速度积分来确定参考质心速度矢量 $\boldsymbol{r}_C^{ref}$。然后我们得到

$$\begin{aligned} \ddot{z}_g^{ref} &= k_z(\dot{z}_g^{ref} - \dot{z}_g) \\ \beta^{ref}\ddot{\boldsymbol{r}}_g^{ref} &= (\boldsymbol{r}_g^{ref} - \boldsymbol{u}) \end{aligned} \tag{5.24}$$

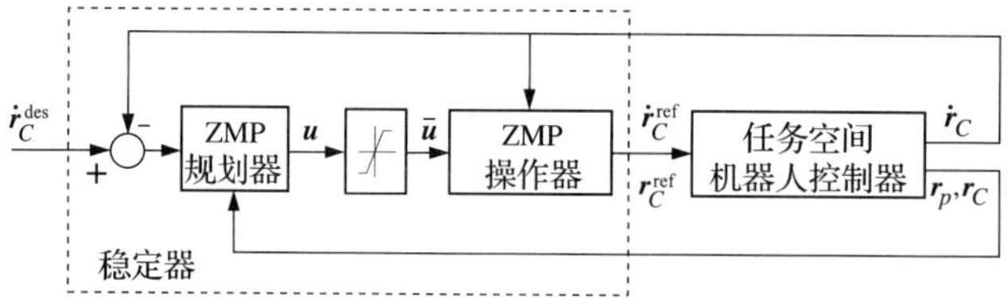

图 5.7　基于速度的 ZMP 操作型平衡控制器的框图[145]。参考图 5.1，很明显：(1)任务轨迹 T 是根据质心速度定义的；(2)稳定器包括两部分。零力矩点规划器实际上是一个 IP-on-cart 控制器。零力矩点操作器确定(稳定的)参考质心轨迹。任务空间控制器利用质心逆运动学与其他速度级约束相结合，并包括一个局部关节角度反馈控制器

其中 k_z 是反馈增益，$\beta^{ref}=(z_g-z_p^{ref})/\ddot{z}_g^{ref}+g)$(参见公式(4.14))。需要注意的是，零力矩点的垂直位置并不是恒定的，并且 $\dot{\boldsymbol{r}}_C^{ref}$ 是被输送到任务空间机器人控制器中的。该控制器是为位置控制机器人设计的，包括一个可将输入转换为参考关节速度的逆运动学求解

器。该求解器还处理关节空间和其他以速度表示的约束。参考关节速度驱动关节空间局部反馈控制器。最后，从机器人传感器获取当前关节数据和零力矩点数据，并将其分别转换为当前的质心速度 $\dot{\boldsymbol{r}}_C$ 和零力矩点矢量 $\boldsymbol{r}_p$。

从计算的角度来看，基于速度的零力矩点操作型平衡控制器是高效的：可以使用位置控制的仿人机器人实时实现。而且，允许质心和压力中心在垂直方向上偏离。因此，该控制器可用于主动任务，例如在不规则地形上行走/踏步。

上述控制器有一个显著的缺点：缺乏稳定性分析。我们可以通过引入恒定高度的质心(线性倒立摆)约束来缓解此问题，如文献[10]所示(另请参见文献[12,11])。线性倒立摆约束是通过 4.4.2 节引入的平面上球模型在三维中实施的。在此约束下，无须考虑垂直质心坐标。因此，可以仅基于质心在地面上的投影设计控制器。框图如图 5.8 所示。所需的质心在地面上的投影位置 $\boldsymbol{r}_p^{\text{res}}$ 及其时间导数由任务运动规划器确定。零力矩点规划器仅从质心/零力矩点动力学方程(5.11)中计算所需的零力矩点 $\boldsymbol{r}_p^{\text{res}}$。因此，根据 LIP 约束条件，需注意 $\omega=\overline{\omega}$。相同的方程式还用于获得实际的零力矩点 $\boldsymbol{r}_p$，从而将实际的质心在地面上的投影速度表示为

$$\dot{\boldsymbol{r}}_g = \boldsymbol{u} + \epsilon \tag{5.25}$$

这里 ϵ 代表控制错误。另一方面，控制输入定义为

$$\boldsymbol{u} = \dot{\boldsymbol{r}}_g^{\text{des}} + \boldsymbol{K}_g \boldsymbol{e}_g - \boldsymbol{K}_p \boldsymbol{e}_p \tag{5.26}$$

其中，质心在地面上的投影和压力中心的误差分别为 $\boldsymbol{e}_g \equiv \boldsymbol{r}_g^{\text{res}} - \boldsymbol{r}_g$ 和 $\boldsymbol{e}_p \equiv \boldsymbol{r}_p^{\text{res}} - \boldsymbol{r}_p$，$\boldsymbol{K}_g = \text{diag}(k_g^x,\ k_g^y)$ 和 $\boldsymbol{K}_p = \text{diag}(k_p^x,\ k_p^y)$ 是控制增益矩阵。当选择控制增益满足以下条件时：

$$k_g^i > \overline{\omega} > 1,\ 0 < k_p^i < \overline{\omega} - (\alpha^2/\overline{\omega}) - \gamma^2,\ i \in \{x, y\}$$

对于任何正常数 $\alpha<\omega$ 和 $\gamma<\sqrt{\overline{\omega}-(\alpha^2/\overline{\omega})}$，称控制器的输入为稳定状态，$(\epsilon,\dot{\epsilon})$ 和 $(\boldsymbol{e}_p,\dot{\boldsymbol{e}}_p)$ 分别代表输入和状态。对证明感兴趣的读者可以参考文献[11]。

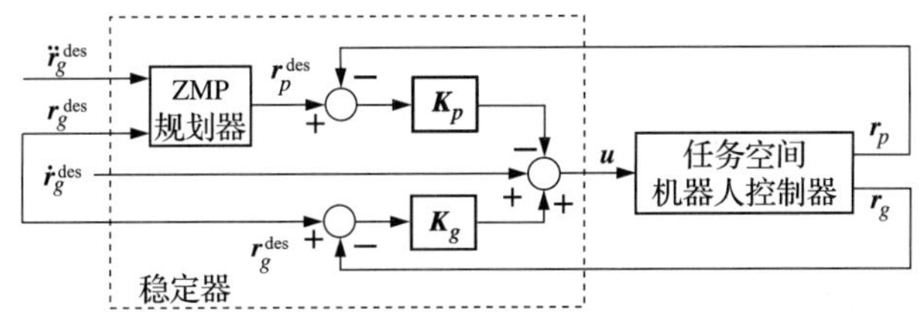

图 5.8 另一个基于速度的 ZMP 操作型平衡控制器的框图[10]。参考图 5.1，显而易见的是：(1)根据质心运动定义任务轨迹 T；(2)稳定器包括 ZMP 规划器和两个用于 CoM 和 ZMP 运动比例反馈控制的回路。任务空间控制器采用具有全身运动能力的 CoM 逆运动学解，并包括局部关节角度反馈控制器

图 5.8 中的任务空间机器人控制器与图 5.7 中的控制器组成相似。在质心逆运动学的解析方法中，可以发现一个显著的区别。三维质心速度矢量表示为两个分量之和。其中一个分量是由支撑腿的运动引起的。另一个分量是通过逆运动学解来确定的，与其他末端连杆的期望空间速度有关。这样一来，四肢的运动就不会干扰从简单的 CoM/ZMP 动力学模型所确定的平衡。该方法称为“嵌入运动的 CoM 雅可比运动学解析”[10]。与以前的基于速度的 ZMP 操作型控制器相似，它具有计算效率高的优点，并且具有与位置控制的仿人机器人进行实时实现的可能性。但要注意的是，在此控制器中，并没有规定将所需的 ZMP

(ZMP 规划器的输出)限制在支撑面内。因此，不能保证脚将始终与平坦的地面完全接触。

5.4.3 ZMP 调节器式稳定器

利用状态空间表示式(5.15)，可以设计一个调节器类型的 ZMP 稳定器[143]。同样，零力矩点用作控制输入。首先，根据质心在地面上的投影的期望位置，重新定义零力矩点和支撑面的极限坐标 x_g^{res}，分别为 $x_g^* = x_g - x_g^{res}$，$x_p^* = x_p - x_g^{res}$，$l_f^* = l_f - x_g^{res}$。然后，参考输入零力矩点，$u = x_p^{ref}$ 确定为

$$u = -k_1 \dot{x}_g^* - k_2 x_g^* \tag{5.27}$$

k_1 和 k_2 表示反馈增益。然后可以将稳定器的状态空间表示为

$$\frac{\mathrm{d}}{\mathrm{d}t}\begin{bmatrix} x_g^* \\ \dot{x}_g^* \end{bmatrix} = \begin{bmatrix} 0 & 1 \\ \omega^2(k_1+1) & \omega^2 k_2 \end{bmatrix}\begin{bmatrix} x_g^* \\ \dot{x}_g^* \end{bmatrix} \tag{5.28}$$

由于不能保证 u 满足支撑面约束 $-l_f^* \leqslant u \leqslant l_f^*$，因此必须使用一个限制器，就像上面讨论的 ZMP 操作型稳定器一样。在边界不饱和时，状态的变化要根据

$$\frac{\mathrm{d}}{\mathrm{d}t}\begin{bmatrix} x_g^* \\ \dot{x}_g^* \end{bmatrix} = \begin{bmatrix} 0 & 1 \\ \omega^2 & 0 \end{bmatrix}\begin{bmatrix} x_g^* \\ \dot{x}_g^* \end{bmatrix} + \begin{bmatrix} 0 \\ -\omega^2 \end{bmatrix}(\pm l_f^*) \tag{5.29}$$

该等式的形式与公式(5.15)相同。重要的是注意支撑面边界构成了一组平衡点。我们得到

$$\{(x_g^*, \dot{x}_g^*) : (\pm l_f^*, \dot{x}_g^*),\ \forall \dot{x}_g^*\}$$

当状态到达边界时，将被困在那里，并因此不会收敛到期望的(孤立的)平衡状态(x_g^{res},0)。这意味着应将边界排除在可采纳状态之外。可以使用与公式(5.2)相同的形式确定动态稳定区域，因此我们得到

$$-l_f^* < x_{ex}^* < l_f^* \tag{5.30}$$

将 $x_{ex}^* \equiv x_g^* + \dot{x}_g^*/\omega$ 识别为以修改后的坐标表示的外推质心。其中严格不等式意味着必须避免边界处的不良平衡状态。

此外，假设所需极点为 ωq_1 和 ωq_2。然后可以将反馈增益确定为 $k_1 = -(q_1 q_2 + 1)$ 和 $k_2 = (q_1 + q_2)/\omega$。实际为负值的极点将使状态转向孤立的平衡(x_g^*，$\dot{x}_g^*$)=(0，0)。因此，质心将接近期望状态(x_g^{res}，0)。

再者，“约束控制”区域可以通过在支撑面边界内限制控制律(5.27)的作用来定义。因此有

$$-k_1 \dot{x}_g^* - k_2 x_g^* = \pm l_f^* \tag{5.31}$$

显然，约束控制区域由反馈增益参数化。每当控制 u 满足某些给定反馈增益的约束(5.31)且相应的外推质心(即质心状态)位于动态稳定区域(5.30)内时，机器人的姿态将会呈现稳定性。

有趣的是，极点分配还确定了动态稳定区域和约束控制区域是否相交。相交意味着调节器的操作范围较小。为了获得尽可能大的调节器运行域，需要两个区域重叠。然后根据公式(5.30)和(5.31)这四个边界条件的表达式，可以很容易地确定 $k_2 = k_1/\omega$ 成立。该条件意味着极点通过 $(q_1+1)(q_2+1)=0$ 进行关联。然后将极点分配为(-1,q)，$q<0$ 就足够了。可以选择 q 的值以满足任何其他性能约束，例如最大扭矩限制。基于这种极点分配的调节器称为“最佳质心-零力矩点(CoM-ZMP)调节器”[143]。

调节器的两个样品的相位图如图 5.9 所示。它们是通过 $x_g^{\text{res}}=0$ 和数据集(5.17)生成的。通过极点分配$(q_1,q_2)=(-0.2,-0.2)$和$(q_1,q_2)=(-1,-0.2)$，可以确认约束控制区域和动态稳定区域将相互交叉和重叠，分别如图 5.9a 和图 5.9b 所示。当外推质心限于动态稳定区域的内部时，可确保质心在地面上的投影的稳定运动。当外推质心到达边界或离开该区域时，应初始化反应性步进/无功步进。这个问题将在 7.7.5 节中讨论。

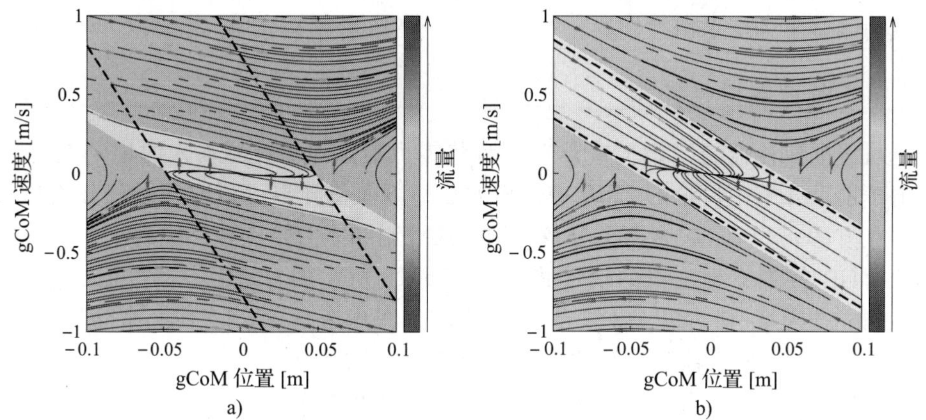

图 5.9 具有约束控制区和动态稳定区的质心在地面上的投影的相位图。前者包含在虚线之间。动态稳定区域以浅蓝色显示。a)相交(非最佳)情况。b)重叠情况(见彩插)

5.4.4 存在地面反作用力估计时滞的 ZMP 稳定化

现有的大多数仿人机器人都是基于位置控制的。到目前为止讨论的平衡控制器是为此类机器人设计的。如前所述，它们的任务是根据位置/速度来指定的。为了实现应用 ZMP 操作型稳定器，必须考虑实际地面反作用力/零力矩点(GRF/ZMP)读数中固有的地面反作用力估计滞后。这种滞后是由嵌入机器人鞋底的减振无源元件(螺纹缩接橡胶)以及地面反作用力/零力矩点传感器控制器引起的。出于实际目的，可以使用以下简单的动力学模型[71,98]：

$$x_p(s)=\frac{1}{T_p s+1}x_p^{\text{des}}(s) \tag{5.32}$$

或者

$$\dot{x}_p=-F_p(x_p-x_p^{\text{des}}) \tag{5.33}$$

其中 $F_p\equiv 1/T_p$。时间常数 T_p 可以通过实验确定。将该关系与最佳质心/零力矩点动力学方程(5.5)结合起来，得出以下线性状态空间方程：

$$\dot{\boldsymbol{x}}=\boldsymbol{A}\boldsymbol{x}+\boldsymbol{B}u \tag{5.34}$$

其中 $\boldsymbol{x}\equiv[x_g \quad \dot{x}_g \quad x_p]^{\mathrm{T}}$ 是一个状态矢量并且

$$\boldsymbol{A}\equiv\begin{bmatrix}0 & 1 & 0\\ \omega^2 & 0 & -\omega^2\\ 0 & 0 & -f_p\end{bmatrix},\quad \boldsymbol{B}\equiv\begin{bmatrix}0\\0\\f_p\end{bmatrix}$$

然后可以使用以下控制输入以直接的方式设计跟踪稳定器：

$$u=x_p^{\text{des}}-\boldsymbol{K}\boldsymbol{e}_x$$

其中 $\boldsymbol{e}_x \equiv (\boldsymbol{x}^{\mathrm{des}} - \boldsymbol{x})$ 是跟踪误差。反馈增益 $\boldsymbol{K} \equiv [k_1 \quad k_2 \quad k_3]$ 可以通过极点配置等方式来确定，从以下闭环动力学方程来看：

$$\frac{\mathrm{d}}{\mathrm{d}t}\boldsymbol{e}_x = (\boldsymbol{A} - \boldsymbol{BK})\boldsymbol{e}_x$$

该稳定器是在线性倒立摆模式下实现的，据此利用摆杆的稳定极点($\boldsymbol{\omega} = \overline{\boldsymbol{\omega}}$)来获得 5.4.3 节介绍的最佳质心/零力矩点调节器的性能。通过使用 HRP-4C 仿人机器人[71]实现行走任务，已成功测试了各个平衡控制器。

5.4.5　躯干位置顺应性控制

躯干位置顺应性控制(TPCC)[106]是一种将零力矩点作为控制输入的稳定方法。TPCC 方法类似于前面几节中讨论的 ZMP 操作型方法。下面将导出 TPCC 方法，用有限微分表示零力矩点方程。TPCC 包含两个分量：倒立摆控制和零力矩点补偿控制。

倒立摆(IP)控制：稳定器的设计将采用图 5.10 所示的三维线性倒立摆模型(请参见 4.4.2 节)，θ_y 和 θ_x(图中未示出)分别表示绕 y 轴和 x 轴的旋转角度。假设三维线性倒立摆与垂直方向的偏差较小，则(θ_y，θ_x)与 $\boldsymbol{r}_g - \boldsymbol{r}_p$ 之间的关系可以近似为

$$\boldsymbol{\theta} \triangleq \begin{bmatrix} \theta_y \\ -\theta_x \end{bmatrix} \simeq \frac{1}{z_g}(\boldsymbol{r}_g - \boldsymbol{r}_p) \tag{5.35}$$

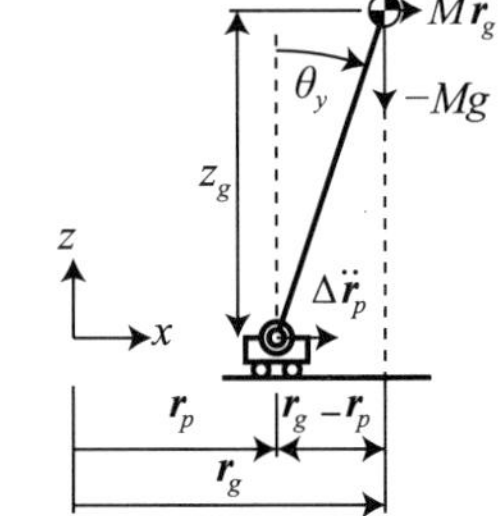

图 5.10　三维小车上倒立摆模型

三维线性倒立摆模型在垂直方向上的线性动力学方程可以写成

$$z_g\ddot{\boldsymbol{\theta}} + \Delta\ddot{\boldsymbol{r}}_p = g\boldsymbol{\theta} \tag{5.36}$$

$\Delta\ddot{\boldsymbol{r}}_p$ 表示零力矩点的期望偏差，被视为控制输入。

一个简单的 PD 控制器可以设计如下：

$$\Delta\ddot{\boldsymbol{r}}_p = K(\boldsymbol{\theta} + T_D\dot{\boldsymbol{\theta}}) \tag{5.37}$$

将公式(5.37)代入公式(5.36)，得到以下二阶系统：

$$\ddot{\boldsymbol{\theta}} + \frac{KT_D}{z_g}\dot{\boldsymbol{\theta}} + \frac{K-g}{z_g}\boldsymbol{\theta} = \boldsymbol{0} \tag{5.38}$$

通过适当的增益 $K(>g)$ 和 $T_D(>0)$ 来稳定该系统。使用中心微分公式，PD 控制器(5.37)被离散化如下：

$$\Delta\boldsymbol{r}_p(t_{k+1}) = \Delta t^2 K\boldsymbol{\theta}(t_k) + \Delta t K T_D(\boldsymbol{\theta}(t_k) - \boldsymbol{\theta}(t_{k-1})) + \Delta\boldsymbol{r}_p(t_k) + (\Delta\boldsymbol{r}_p(t_k) - \Delta\boldsymbol{r}_p(t_{k-1})) \tag{5.39}$$

零力矩点(ZMP)补偿控制：倒立摆控制器确定零力矩点的期望偏差。为了跟踪所需的偏差，需要一个零力矩点补偿控制器。

回顾公式(5.11)中给出的二维的质心在地面上的投影的动力学方程。假设零力矩点 $\boldsymbol{r}_p$ 通过表示为 $\Delta\ddot{\boldsymbol{r}}_g$ 的质心加速度增量来追踪期望的零力矩点 $\boldsymbol{r}_p^{\mathrm{des}}$。然后，质心在地面上的投影的动力学方程采用以下形式：

$$\ddot{\boldsymbol{r}}_g + \Delta\ddot{\boldsymbol{r}}_g = \omega^2(\boldsymbol{r}_g - \boldsymbol{r}_p^{\mathrm{des}}) \tag{5.40}$$

从公式(5.40)中减去公式(5.11)，得到以下方程式：

$$\Delta\ddot{\boldsymbol{r}}_g = -\omega^2\Delta\boldsymbol{r}_p \tag{5.41}$$

其中 $\Delta\boldsymbol{r}_p \triangleq \boldsymbol{r}_p^{\mathrm{des}} - \boldsymbol{r}_p$。上式表明，如果 $\Delta\boldsymbol{r}_p$ 为正，则 $\Delta\ddot{\boldsymbol{r}}_g$ 必须为负(见图 5.11)。使用中心微分公式，可以将公式(5.41)离散化如下：

$$\Delta\boldsymbol{r}_g(t_{k+1}) = -\Delta t^2\omega^2\Delta\boldsymbol{r}_p(t_k) + \Delta\boldsymbol{r}_g(t_k) + (\Delta\boldsymbol{r}_g(t_k) - \Delta\boldsymbol{r}_g(t_{k-1})) \tag{5.42}$$

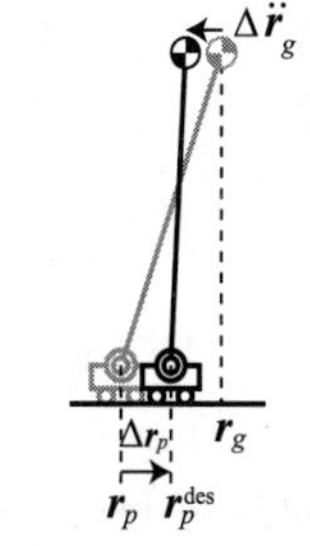

图 5.11 ZMP 补偿控制

简化的躯干位置顺应性控制：根据上述两个步骤，首先使用公式(5.39)计算零力矩点的期望偏差以使仿人机器人的身体稳定，然后使用公式(5.42)计算质心的偏差以达到零力矩点的期望偏差。在文献[106]中通过实验证实，倒立摆和零力矩点补偿控制器的简化版本分别为

$$\Delta\boldsymbol{r}_p(t_{k+1}) = \Delta t^2 K\boldsymbol{\theta}(t_k) + \Delta t K T_D(\boldsymbol{\theta}(t_k) - \boldsymbol{\theta}(t_{k-1})) \tag{5.43}$$

和

$$\Delta\boldsymbol{r}_g(t_{k+1}) = -\Delta t^2\omega^2\Delta\boldsymbol{r}_p(t_k) + \Delta\boldsymbol{r}_g(t_k) \tag{5.44}$$

二者是同样有效的。

5.5 基于捕获点的分析和稳定化

回顾以往在人类平衡控制领域中的研究，即通过外推质心定义了这种控制的动态稳定裕度(请参见 5.3 节)。但从不同的角度来看，在仿人机器人领域也有类似的研究。目的是在被施加未知干扰后，对支撑面进行动作改变(参见 5.3.3 节)以使姿势稳定时，确定脚部的最佳位置。此类动作在人体姿势稳定性研究中称为“姿势策略”或“绊脚策略”[139,91,93]。该策略将在 7.7.5 节中讨论。

5.5.1 捕获点和瞬时捕获点

上面提到的特殊脚部位置点在文献[122]中称为“捕捉点”(CP)(另请参见文献[125])。捕捉点由与 4.3.1 节中介绍的 LIP 模型有关的轨道能量获得。

捕捉点是支撑面外唯一的点，在该点上，LIP 模型将在步进完成后变为静止状态。换而言之，在捕捉点处，质心在地面上的投影与给定的压力中心 $\overline{x}_p$ 一致，而且，质心在地面上的投影速度为零。我们得到

$$x_g(t)\big|_{t\to\infty} = \overline{x}_p \tag{5.45}$$

$$\dot{x}_g(t)\big|_{t\to\infty} = 0 \tag{5.46}$$

该结果也可以从质心在地面上的投影的动力学方程的显式解中得出[124,119](参见公式(4.13))：

$$x_g(t) = \frac{1}{2}\left(x_{g0} - \overline{x}_p + \frac{v_{g0}}{\omega}\right)e^{\omega t} + \frac{1}{2}\left(x_{g0} - \overline{x}_p + \frac{v_{g0}}{\omega}\right)e^{-\omega t} + \overline{x}_p \tag{5.47}$$

因此，下标符号中的零表示初始值。构成正指数的项是不稳定的。当 $t\to\infty$ 时，它对质心在地面上的投影的运动有不稳定影响。通过使正指数的系数等于零来解决此问题，因此我们得到

$$x_{g0} - \overline{x}_p + \frac{v_{g0}}{\omega} = 0 \Rightarrow \overline{x}_p = x_{g0} + \frac{v_{g0}}{\omega} \tag{5.48}$$

还值得注意的是，上述结果可以通过由质心在地面上的投影的动力学方程的状态空间表示的显式解来确认(公式(5.16))[23]。将公式(5.45)代入公式(5.16)的上一行并使用条

件$|\tanh(\omega t)|_{t\to\infty}\to 1$，如公式(5.1)所示，$\bar{x}_p=x_{g0}+\dfrac{v_{g0}}{\omega}$成立。然后，将$\bar{x}_p$代入公式(5.16)的下一行，很容易确定条件(5.46)也将得到满足。

上述结果还说明，在任意质心在地面上的投影状态($x_g(t)$，$\dot{x}_g(t)$)下，将获得与外推质心(5.3)相同的表达式。唯一的区别是线性足上倒立摆模型的自然角频率$\omega=\omega_{\mathrm{IP}}$，而小车上线性倒立摆模型的自然角频率$\omega=\bar{\omega}$。

此外，请注意，在上述推导中，假设该步骤是瞬时执行的。这意味着必须采用无限大的踝关节扭矩。如下文所示，上述捕捉点理论的结果可以在运动生成和平衡控制方案中实现，从而放宽假设。换言之，这一步会尽可能快，并且时间有限。步进时间取决于机器人驱动器的最大速度和扭矩限制。当在有限时间内迈出一步时，外推质心(xCoM)轨迹会随着时间的推移而变化，如公式(5.3)所示。在文献[78]中，建议使用术语“瞬时捕捉点”(ICP)。在步骤结束时，瞬时捕捉点将与捕捉点一致。

5.5.2 基于ICP的稳定化

回顾质心在地面上的投影和外推质心(或ICP)动力学方程的状态空间表示(参见公式(5.9))：

$$\frac{\mathrm{d}}{\mathrm{d}t}\begin{bmatrix}x_g\\x_{\mathrm{ex}}\end{bmatrix}=\begin{bmatrix}-\omega & \omega\\0 & \omega\end{bmatrix}\begin{bmatrix}x_g\\x_{\mathrm{ex}}\end{bmatrix}+\begin{bmatrix}0\\-\omega\end{bmatrix}x_p \tag{5.49}$$

目的是设计一种控制器，该控制器可通过适当的控制输入$u=x_p$来稳定不稳定分量，即下行的xCoM/ICP动力学方程。这可以通过对不稳定分量的显式解来完成。给定一个捕获点$\bar{x}_p$，解为

$$x_{\mathrm{ex}}(t)=(x_{\mathrm{ex0}}-\bar{x}_p)e^{\omega t}+\bar{x}_p \tag{5.50}$$

通过替换$x_{\mathrm{ex}}(t)\leftarrow x_{\mathrm{ex}}^{\mathrm{des}}$($x_{\mathrm{ex}}^{\mathrm{des}}$表示所需的捕获点)、$x_{\mathrm{ex0}}\leftarrow x_{\mathrm{ex}}(t)$和$\bar{x}_p\leftarrow x_p(t)$，可以从该方程得出控制输入。然后得到[23]

$$u=\frac{x_{\mathrm{ex}}^{\mathrm{des}}-e^{\omega\mathrm{dT}}x_{\mathrm{ex}}}{1-e^{\omega\mathrm{dT}}} \tag{5.51}$$

其中dT是达到期望捕捉点所需的时间跨度。在下面的分析中，将引入方便速记的符号$b\equiv e^{\omega\mathrm{dT}}$。然后可以将上述控制法改写为

$$u=\frac{1}{1-b}x_{\mathrm{ex}}^{\mathrm{des}}-\frac{b}{1-b}x_{\mathrm{ex}} \tag{5.52}$$

可以确认，xCoM/ICP动力学方程的不稳定分量$\dot{x}_{\mathrm{ex}}=\omega x_{\mathrm{ex}}$将由上述的控制输入通过负反馈稳定下来，增益为$b/(1-b)>0$。当dT为正时，增益为正。通过将$u$代入状态空间表达式(5.9)，可以得到如下的闭环动力学方程

$$\frac{\mathrm{d}}{\mathrm{d}t}\begin{bmatrix}x_g\\x_{\mathrm{ex}}\end{bmatrix}=\begin{bmatrix}-\omega & \omega\\0 & \dfrac{\omega}{1-b}\end{bmatrix}\begin{bmatrix}x_g\\x_{\mathrm{ex}}\end{bmatrix}+\begin{bmatrix}0\\-\dfrac{\omega}{1-b}\end{bmatrix}x_{\mathrm{ex}}^{\mathrm{des}} \tag{5.53}$$

其特征值是$-\omega$和$\omega/(1-b)$。第一个特征值总是稳定的，而第二个特征值对于任何dT>0都是稳定的。这种情况也决定了系统的整体稳定性。

5.5.3 存在地面反作用力估计时滞的瞬时捕捉点的稳定化

可以对稳定器(5.52)进行修改，以处理5.4.4节中讨论的GRF/ZMP滞后。通过将公式(5.34)中的状态空间矢量$\boldsymbol{x}$重新定义为$\boldsymbol{x}\equiv[x_g\quad x_{\mathrm{ex}}\quad x_p]^{\mathrm{T}}$，将一阶滞后动力学方程(5.33)与系统动力学方程(5.49)联系起来进行处理。系统矩阵采用以下形式：

$$\boldsymbol{A} \equiv \begin{bmatrix} -\omega & \omega & 0 \\ 0 & \omega & -\omega \\ 0 & 0 & -f_p \end{bmatrix}, \quad \boldsymbol{B} \equiv \begin{bmatrix} 0 \\ 0 \\ f_p \end{bmatrix}$$

将公式(5.52)中的 u 代入系统动力学方程，得出闭环动力学方程

$$\frac{\mathrm{d}}{\mathrm{d}t}\begin{bmatrix} x_g \\ x_{\mathrm{ex}} \\ x_p \end{bmatrix} = \begin{bmatrix} -\omega & \omega & 0 \\ 0 & \omega & -\omega \\ 0 & -\frac{b}{1-b}f_p & -f_p \end{bmatrix}\begin{bmatrix} x_g \\ x_{\mathrm{ex}} \\ x_p \end{bmatrix} + \begin{bmatrix} 0 \\ 0 \\ \frac{b}{1-b}f_p \end{bmatrix} x_{\mathrm{ex}}^{\mathrm{des}} \tag{5.54}$$

系统矩阵 $\boldsymbol{A}$ 的特征值是

$$\lambda_{1,2} = \frac{\omega T_p - 1 \pm \sqrt{r}}{2T_p}, \quad \lambda_3 = -\omega$$

其中 $r=(1+\omega T_p)^2+4\omega T_p b/(1-b)$。由于 λ_3 始终稳定，因此分析着重于其他两个特征值。当 $r=0$ 时达到临界阻尼。这个条件决定该步骤持续时间的以下临界值：

$$\mathrm{dT}_{\mathrm{cr}} = \frac{2}{\omega}\ln\frac{1+\omega T_p}{1-\omega T_p}$$

此外，不希望有源自非零虚构特征值的振荡响应。只要 $\mathrm{dT}>\mathrm{dT}_{\mathrm{cr}}$，就可以避免这种振荡响应。另一方面请注意，$\mathrm{dT}_{\mathrm{cr}}$是时滞常数 T_p 的函数。当 $\lambda_1|_{\mathrm{dT}\to\infty}=\omega-1/T_p$ 且 $\lambda_2|_{\mathrm{dT}\to\infty}=0$ 时，随着 dT 增长到无穷大，该常数的影响在特征值变化上变得明显。时滞常数 $T_p<1/\omega$ 将保持稳定。

值得注意的是，相对于 gCoM 恒定误差 Δx_g，上述 ICP 稳定器具有鲁棒性：该误差仅导致恒定的控制输入偏移 $b\Delta x_g$。由于系统矩阵保持不变，因此可以保持全局稳定性[23]。

5.5.4 二维 ICP 的动力学方程和稳定化

CP 稳定器在真实机器人中的实现需要加入一个二维公式。这个公式可以从三维 LIP 模型的解耦动力学方程中直接获得(请参见 4.4.2 节)。矢量按照 5.3.4 节中引入的符号表示，xCoM/CP(5.3)、CP 动力学方程(5.8)和基于 CP 的控制器(5.52)在二维空间中表示为

$$\boldsymbol{r}_{\mathrm{ex}}(t) = \boldsymbol{r}_g(t) + \frac{\dot{\boldsymbol{r}}_g(t)}{\omega} \tag{5.55}$$

$$\dot{\boldsymbol{r}}_{\mathrm{ex}} = \omega(\boldsymbol{r}_{\mathrm{ex}} - \boldsymbol{r}_p) \tag{5.56}$$

$$\boldsymbol{r}_p^{\mathrm{ref}} = \frac{1}{1-e^{\omega\mathrm{dT}}}\boldsymbol{r}_{\mathrm{ex}}^{\mathrm{des}} - \frac{e^{\omega\mathrm{dT}}}{1-e^{\omega\mathrm{dT}}}\boldsymbol{r}_{\mathrm{ex}} \tag{5.57}$$

从 CP 动力学方程(5.56)中可以看出，压力中心 $\boldsymbol{r}_p$ 沿质心速度方向“推动”了 ICP $\boldsymbol{r}_{\mathrm{ex}}(t)$。因此，几何上压力中心和 ICP 在由质心速度确定的线上。

控制器的框图如图 5.12 所示。7.2.1 节给出了执行步态生成和行走控制的方法。

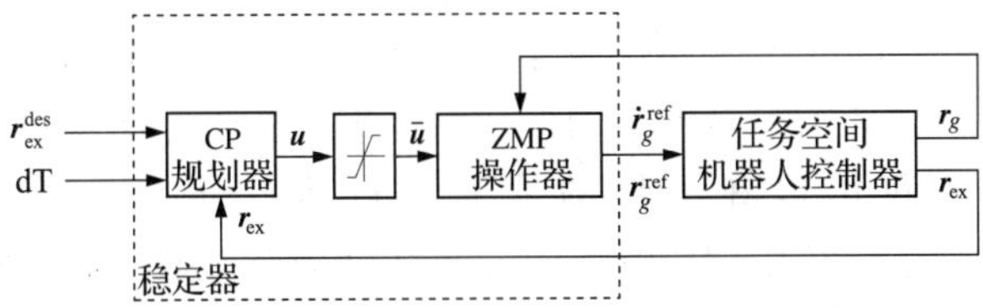

图 5.12 CP 型平衡控制器的框图。参考图 5.1，显而易见的是：(1)根据 CP 运动定义任务轨迹 T；(2)稳定器包括 CP 规划器和“常规”ZMP 操作器。任务空间控制器利用 CoM 逆运动学求解，包括局部关节角度反馈控制器。实际 CP 由实际 gCoM 及其速度计算得出。限制器通过投影对 BoS 的控制输入进行限制[23]

5.6 角动量分量的稳定性分析和稳定化

从 5.4 节中基于 LIP-cart 模型的稳定性分析中可以看出，基本的恒定高度质心约束在稳定性证明中起着重要作用。但是，从理论上讲，此约束限制了该模型在平坦地面环境中的应用。另一方面，在不规则地形环境中的预期应用总能引起很大的兴趣。基本上，有三种可能的方法来解决此问题。第一种方法基于 ZMP 概念：找到正确定义的虚拟平面，并将 ZMP 投影到该平面上[147,145,66,131,136,132,9]。第二种方法也使用 ZMP，但与 4.3.3 节中描述的足上线性反作用轮摆(LRWP)模型结合使用。该方法被认为是对本田机器人[150]使用的原始 Model-ZMP 方法[48]的改进。第三种方法将 ICP 概念扩展到三个维度。

从历史的角度来看，以往对两足动物平地步态的研究几乎只集中在基于 ZMP 的平衡控制上，而完全忽略了角动量分量。但有几个例外值得一提。在文献[148]中，通过优化躯干运动间接产生的角动量变化来稳定步态。在文献[128,129]中，用一个简单的角动量反馈控制器来确定步态中支撑腿的踝关节扭矩。文献[151,65]表明，角动量控制作为一个更加复杂的、基于优化的平衡控制器的关键组成部分是十分重要的。通过一些主动任务(例如单腿平衡、下蹲和踢腿动作)，对基于踝关节扭矩的角动量控制进行了实验测试[74]。这项工作演变成基于复合刚体(CRB)动量的全身运动控制的“分辨动量控制”法[69]。结果表明，当参考 CRB 角动量为零时，可以实现稳定的步态。后来发现，实际上，人类在平坦地面上行走时会主动调节其 CRB 角动量(大约为零)[120,39]。

5.6.1 基于 LRWP 模型的稳定性分析

如第 4 章所述，LRWP 模型在平面和三维中，CRB(质心)角动量的变化率通过附加分量改变压力中心(CoP)。总和决定了公式(4.25)、(4.40)中定义的“质心角动量转轴”(CMP)(另见下面的公式(5.59))。这样，质心角动量转轴(以及质心角动量的变化率)能够直接与平衡控制有关。因此，LRWP 模型提供了一个额外的控制输入，可用于控制 xCoM 离开支撑面(BoS)时发生的脚部旋转，如图 5.3d 所示。注意，在这种情况下，ZMP 方法中使用的 CoP 控制输入不可用。如文献[82,92]所述，真实的机器人可以通过其上身关节的加速度产生所需的质心角动量转，例如躯干和手臂的“风车”旋转式机动。

从(4.22)获得质心在地面的投影的(gCoM)动态如下：

$$\ddot{x}_g - \omega^2 x_g = -\omega^2 x_{\text{cmp}} \tag{5.58}$$

$$x_{\text{cmp}} \equiv x_p + x_{\text{RW}} \tag{5.59}$$

$$x_{\text{RW}} \equiv \frac{m_c}{Mg} = \frac{I}{Mg}\ddot{\phi}_c \tag{5.60}$$

式中，x_{cmp}代表 CMP，x_{RW}定义了附加分量。注意，该定义假设垂直 CoM 加速度可以忽略不计，满足 $\ddot{z}_g \ll g$，因此 LIP 约束(4.16)成立。事实证明，这一假设可以用机器人的实际控制器来验证，不仅可以在平坦的地面上进行，而且可以在不规则地形上进行[22,79,161]。很明显，与小车上 LIP 模型的 gCoM 动力学方程(5.5)相比，反作用轮贡献了一个额外的强迫项。前面几节中的稳定性分析结果直接适用，只需在任何地方用 x_{cmp} 替换 x_p。例如，xCoM 动力学方程(5.8)变为

$$\dot{x}_{\text{ex}} = \omega(x_{\text{ex}} - x_{\text{cmp}}) \tag{5.61}$$

此外，请注意 LRWP 模型，动态稳定区域(5.2)将有效地扩大如下：

$$-x_{\mathrm{RW}}^{\max}-l_f \leqslant x_{\mathrm{ex}}(t) \leqslant l_f+x_{\mathrm{RW}}^{\max} \tag{5.62}$$

式中，$x_{\mathrm{RW}}^{\max} \equiv m_c^{\max}/(Mg)$，其中 $m_c^{\max}$ 表示最大 RW 转矩。对于动态稳定裕度(5.4)和临界时间(5.10)也是如此：只需在相应的方程中替换 $l_f \rightarrow l_f+x_{\mathrm{RW}}^{\max}$ 即可。还要注意，通过将 RW 转矩从 0 变化到 $m_c^{\max}$，CP 会增长到捕获区域，该区域的最大面积由公式(5.62)确定。如在图 5.13 中的相位图所示。除数据集(5.17)外，它是用 $m_c^{\max}=2\mathrm{Nm}$ 生成。与图 5.5 中的小车上 LIP 模型相比动态稳定区域的增加是明显的。显示了三个代表性区域。在 LIP 动态稳定区域内(虚线之间)的状态 A 是动态稳定的，因此只能通过踝关节扭矩来确保平衡控制。另一方面，状态 B 和 C 不在 LIP 动态稳定区域之内。因此，它们是不稳定的。状态 B 在 LRWP 动态稳定区域意味着可以使用 RW 型扭矩恢复动态平衡。如上所述，此类扭矩可以通过上半身运动生成。在这种情况下，无须变动 BoS。最后，状态 C 在 LRWP 动态稳定区域之外。在这种情况下，唯一可能的平衡方法是变动 BoS(例如，反应性踩踏或抓住扶手)。

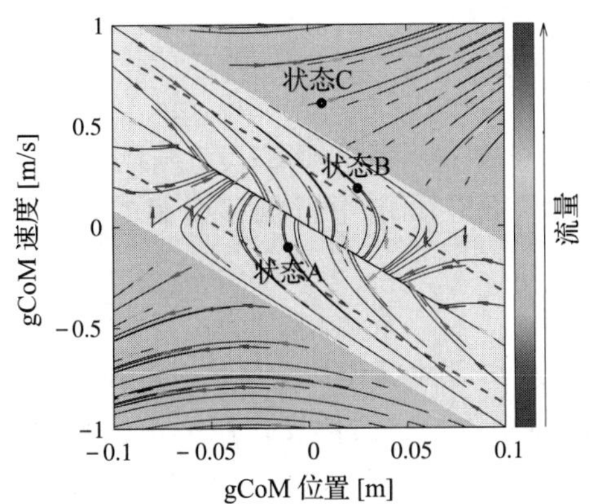

图 5.13　足上 LRWP 模型的 gCoM 相位图。RW 转矩有效地扩大了动态稳定区域。RW 转矩为零的动态稳定区域(虚线)与图 5.5 中 LIP-on-cart 模型的区域相同。状态 A 在 LIP 动态稳定区域内(稳定)。另一方面，状态 B 在该区域之外(不稳定)。但是，由于状态 B 在 LRWP 动态稳定区域内，因此可以使用质心 RW 转矩(例如手臂“风车”)将状态引向 LIP 动态稳定区域。最后，状态 C 在 LRWP 动态稳定区域之外(不稳定)。在此状态下需要更改 BoS(例如反应步骤)以避免跌落(见彩插)

综上所述，LRWP 模型对稳定性的贡献是三方面的。首先，它允许在 CoP 控制输入不可用时转动脚步。其次，与通过 LIP 模型相比，动态稳定区域和裕度以及临界时间限制都得到了扩大。最后，当单足/双足与平坦的平面接触时，LRWP 模型提供的附加控制输入可以增加平衡控制器对外部力旋量和未建模动态所带来的干扰的鲁棒性。

5.6.2　三维稳定性分析：运动的发散分量

5.3.2 节中的线性足上 IP 模型和 5.5 节中的 CP 稳定性分析表明，gCoM 包含稳定和不稳定的运动分量。得到了一个重要的结果：要实现整体稳定性，仅稳定不稳定的分量就足够了。接下来的问题是：为了在真实的机器人上实现，该结果是否可以从二维扩展到三维？为了找到答案，必须考虑 CoM 的完整 3 自由度运动，而不仅仅是 2 自由度地面投影。

为此，请考虑将 xCoM 表达式(5.3)直接扩展为三维：

$$\boldsymbol{r}_X \equiv \boldsymbol{r}_C + \frac{1}{\bar{\omega}_X}\dot{\boldsymbol{r}}_C \tag{5.63}$$

其中 $\boldsymbol{r}_C=[\boldsymbol{r}_g^{\mathrm{T}} \quad z_g]^{\mathrm{T}}$ 是 CoM 位置(回顾 $\boldsymbol{r}_g \in \Re^2$ 代表 gCoM 位置)。上述表达式在文献[21]中引入，名为运动的发散分量(DCM)，该术语源自文献[149]。DCM 不限于 BoS，它像 CoM 一样浮动在三维空间中。需注意，在公式(5.63)中，CoM 运动不受任何任务诱导约束，既没有像足上 IP 模型那样受到恒定长度的摆，也没有像 LIP 模型那样受到恒定高度的约束。然而，在下面的推导中，表示 DCM 动态系统的自然角频率的 $\bar{\omega}_X$ 被假定为常数。但是，可以放松此条件，如文献[55]所示。

CoM 动力学方程从公式(5.63)获得，如下所示。

$$\dot{\boldsymbol{r}}_C = -\bar{\omega}_X(\boldsymbol{r}_C - \boldsymbol{r}_X) \tag{5.64}$$

等号右边的两个分量确定两个矢量场分量：$-\bar{\omega}_X\boldsymbol{r}_C$ 是稳定的(收敛的)；另一方面，$\bar{\omega}_X\boldsymbol{r}_X$ 是不稳定的(发散的)。这是对于 DCM 的介绍。接下来，通过对公式(5.63)相对于时间的微分来获取 DCM 动力学方程

$$\dot{\boldsymbol{r}}_X = \dot{\boldsymbol{r}}_C + \frac{1}{\bar{\omega}_X}\ddot{\boldsymbol{r}}_C \tag{5.65}$$

上式中出现的 CoM 加速度由牛顿第三定律确定：$\ddot{\boldsymbol{r}}_C=\boldsymbol{f}_C/M$，$\boldsymbol{f}_C$ 表示作用在 CoM 上的总反应。$\boldsymbol{f}_C$ 是由作用于 CoP 的 GRF $\boldsymbol{f}_r$ 的平行位移引起的。移位的 GRF 可以分解为以下形式：

$$\boldsymbol{f}_C = \boldsymbol{f}_I + \boldsymbol{f}_G \tag{5.66}$$

$\boldsymbol{f}_G=Mg\boldsymbol{e}_z$ 和 $\boldsymbol{f}_I$ 分别表示重力和惯性反作用力；$\boldsymbol{e}_z$，g 和 M 分别表示沿垂直方向的单位矢量、重力加速度和机器人的总质量。惯性反作用力由来自水平和垂直 CoM 加速度以及质心矩这三个分量构成。$\boldsymbol{f}_C$ 的作用线与 CMP 处的(不规则)地面平面 $\boldsymbol{r}_{\mathrm{cmp}}$ 相交。如 5.6.1 节所述，在 LRWP 模型中(参见公式(5.59))，与 CoP 不一致的 CMP，即 $\boldsymbol{r}_{\mathrm{cmp}}-\boldsymbol{r}_p \equiv \boldsymbol{r}_{\mathrm{RW}} \neq \boldsymbol{0}$，表明存在非零质心矩。在三维情况下，此力矩是由虚拟三维 RW 组件(请参见 4.4.3 节)“围绕”由 CoP，CMP 和 CoM 确定的平面法线“生成”的。请注意，$\boldsymbol{r}_{\mathrm{RW}}$ 是 CMP 的修改器，该修改器是从质心矩的翻滚、俯仰、偏航分量获得的。

结合公式(5.64)、(5.65)和(5.66)，可以得到：

$$\dot{\boldsymbol{r}}_X = \bar{\omega}_X\boldsymbol{r}_X - \bar{\omega}_X\boldsymbol{r}_C + \frac{g}{\bar{\omega}_X}\boldsymbol{e}_z + \frac{1}{M\bar{\omega}_X}\boldsymbol{f}_I \tag{5.67}$$

DCM($\bar{\omega}_X\boldsymbol{r}_X$)在上式中明确可见。为了处理发散，首先要通过设计适当的惯性反作用力 $\boldsymbol{f}_I$ 来确保 DCM 与 CoM 运动的解耦。为此，在文献[22]中定义了所谓的“增强型 CMP”(eCMP)。eCMP($\boldsymbol{r}_{\mathrm{cmp}}$)位于 $\boldsymbol{f}_C$ 的作用线上，满足 $\boldsymbol{f}_C=k_a(\boldsymbol{r}_C-\boldsymbol{r}_{\mathrm{cmp}})$成立，$k_a$ 是要确定的正常数，如下所述。首先，惯性反作用力表示为

$$\boldsymbol{f}_I = \boldsymbol{f}_C - \boldsymbol{f}_G = k_a(\boldsymbol{r}_C - \boldsymbol{r}_{\mathrm{ecmp}}) - Mg\boldsymbol{e}_z \tag{5.68}$$

然后，将上述 $\boldsymbol{f}_I$ 代入公式(5.67)，可得

$$\dot{\boldsymbol{r}}_X = \bar{\omega}_X\boldsymbol{r}_X + \frac{k_a - M\bar{\omega}_X^2}{M\bar{\omega}_X}\boldsymbol{r}_C - \frac{k_a}{M\bar{\omega}_X}\boldsymbol{r}_{\mathrm{ecmp}} - \frac{g}{\bar{\omega}_X}\boldsymbol{e}_z \tag{5.69}$$

可以通过选用 $k_a=M\bar{\omega}_X^2$ 来消除 DCM 动力学方程对 CoM 运动的依赖性。然后，上式变为

$$\dot{\boldsymbol{r}}_X = \bar{\omega}_X(\boldsymbol{r}_X - \boldsymbol{r}_{\mathrm{ecmp}} - \bar{z}_{\mathrm{vrp}}\boldsymbol{e}_z) \tag{5.70}$$

其中$\bar{z}_{\mathrm{vrp}} \equiv g/\bar{\omega}_X^2$。常数$\bar{z}_{\mathrm{vrp}}$可以解释为机器人在不规则地形上行走时获得的平均 CoM 高度[22]。注意，$\bar{z}_{\mathrm{vrp}}$的定义意味着$\bar{\omega}_X=\sqrt{g/\bar{z}_{\mathrm{vrp}}}$。这表明，对于 DCM 动力学，$\bar{\omega}_X$具有自然角频率的意义。

上述方程表明了一个重要的结果，证明了可以通过 eCMP 稳定 DCM。eCMP 分量$-\bar{\omega}_X \boldsymbol{r}_{\mathrm{ecmp}}$可称为“DCM 阻尼器”。由于重力加速度，垂直方向也存在常阻尼分量。为了方便起见，这两个阻尼项的总和称为“虚拟排斥点”(VRP)[22]。我们有

$$\boldsymbol{r}_{\mathrm{vrp}} \equiv \boldsymbol{r}_{\mathrm{ecmp}}+\bar{z}_{\mathrm{vrp}} \boldsymbol{e}_z \tag{5.71}$$

然后可以将 DCM 动力学方程和移位的 GRF 分别改写为

$$\dot{\boldsymbol{r}}_X=\bar{\omega}_X(\boldsymbol{r}_X-\boldsymbol{r}_{\mathrm{vrp}}) \tag{5.72}$$

和

$$\begin{aligned}\boldsymbol{f}_C &\underset{(5.68)}{=} M\bar{\omega}_X^2(\boldsymbol{r}_C-\boldsymbol{r}_{\mathrm{ecmp}}) \\ &\underset{(5.70)}{=} M\bar{\omega}_X^2\left(\boldsymbol{r}_C-\boldsymbol{r}_{\mathrm{vrp}}+\frac{g}{\bar{\omega}_X^2}\boldsymbol{e}_z\right) \\ &= M\bar{\omega}_X^2(\boldsymbol{r}_C-\boldsymbol{r}_{\mathrm{vrp}})+Mg\boldsymbol{e}_z\end{aligned} \tag{5.73}$$

请注意，由于$\boldsymbol{f}_G=Mg\boldsymbol{e}_z$，从公式(5.66)可得出$\boldsymbol{f}_I=M\bar{\omega}_X^2(\boldsymbol{r}_C-\boldsymbol{r}_{\mathrm{vrp}})$必须保持不变。

上述模型证明了质心矩的存在。我们得到

$$\boldsymbol{m}_C=[\boldsymbol{r}_{\overleftarrow{PC}}^{\times}]\boldsymbol{f}_C$$

这里$\boldsymbol{m}_C$由惯性和重力两个分量组成(参见公式(5.66))：

$$\begin{aligned}\boldsymbol{m}_C &= \boldsymbol{m}_I+\boldsymbol{m}_G \\ \boldsymbol{m}_I &= [\boldsymbol{r}_{\overleftarrow{PC}}^{\times}]\boldsymbol{f}_I \\ \boldsymbol{m}_G &= Mg[\boldsymbol{r}_{\overleftarrow{PC}}^{\times}]\boldsymbol{e}_z\end{aligned} \tag{5.74}$$

这些结果在二维和三维中的几何解释如图 5.14 所示。

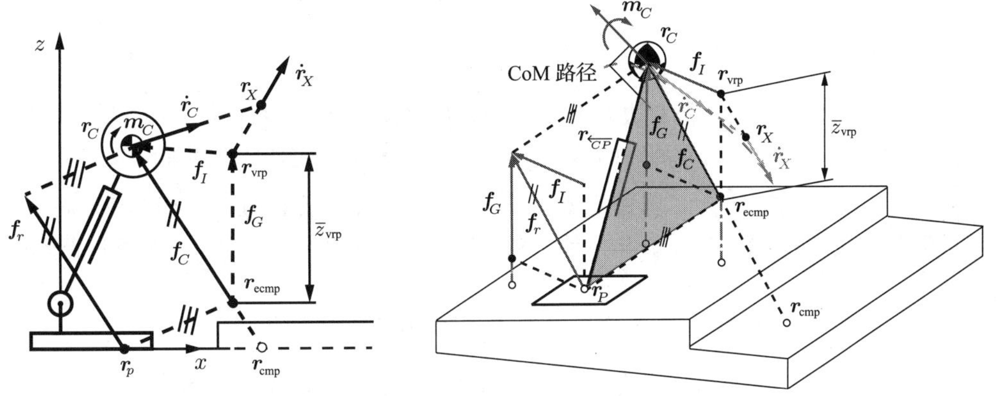

图 5.14 DCM 与特定点 CoP($\boldsymbol{r}_p$)，CoM($\boldsymbol{r}_C$)，CMP($\boldsymbol{r}_{\mathrm{cmp}}$)，增强型 CMP(eCMP)($\boldsymbol{r}_{\mathrm{ecmp}}$)和 VRP($\boldsymbol{r}_{\mathrm{vrp}}$)之间关系的几何解释(基于文献[22])。a)二维示意图。b)三维示意图。所有力都表示反作用力(按照惯例，反作用力为正)。系统通过惯性力$\boldsymbol{f}_I$来稳定。通过$\boldsymbol{f}_I$确定合适的 VRP。总 GRF $\boldsymbol{f}_r=\boldsymbol{f}_C=\boldsymbol{f}_G+\boldsymbol{f}_I$通过 eCMP 的平移表明，在存在质心矩$\boldsymbol{m}_C$的情况下系统是稳定的，在垂直于矢状面(二维情况)或 CoP-CoM-eCMP 平面(三维图中的灰色平面)

此外，通过引入状态空间坐标($\boldsymbol{r}_C$，$\boldsymbol{r}_X$)，DCM 动力学方程(5.72)可以用状态空间的形式表示为

$$\frac{\mathrm{d}}{\mathrm{d}t}\begin{bmatrix}\boldsymbol{r}_C\\ \boldsymbol{r}_X\end{bmatrix}=\begin{bmatrix}-\bar{\omega}_X & \bar{\omega}_X\\ 0 & \bar{\omega}_X\end{bmatrix}\begin{bmatrix}\boldsymbol{r}_C\\ \boldsymbol{r}_X\end{bmatrix}+\begin{bmatrix}0\\ -\bar{\omega}_X\end{bmatrix}\boldsymbol{r}_{\mathrm{vrp}} \tag{5.75}$$

对于平面情况，该方程的形式与公式(5.9)中相同。注意，在公式(5.75)中，虚拟现实操作平台(VRP)代替公式(5.9)中的压力中心(CoP)确定了强制项。

5.6.3 DCM 稳定器

上述稳定性分析得出了重要的结论，即可以通过 VRP 定义适当的控制律来稳定三维中不稳定的 DCM 动力学方程。设想的平衡控制器应保持跟踪所需的 DCM $\boldsymbol{u}\equiv[\boldsymbol{r}_X^{\mathrm{des}^{\mathrm{T}}}\quad \dot{\boldsymbol{r}}_X^{\mathrm{des}^{\mathrm{T}}}]^{\mathrm{T}}$。为此，需考虑以下错误动力学方程[22]：

$$\dot{\boldsymbol{r}}_X^{\mathrm{ref}}=\dot{\boldsymbol{r}}_X^{\mathrm{des}}-k_x(\boldsymbol{r}_X-\boldsymbol{r}_X^{\mathrm{des}}) \tag{5.76}$$

当 $k_x>0$，该系统渐近稳定。参考 VRP 可以表示为(参见公式(5.72))

$$\boldsymbol{r}_{\mathrm{vrp}}^{\mathrm{ref}}=\boldsymbol{r}_X-\frac{1}{\bar{\omega}_X}\dot{\boldsymbol{r}}_X^{\mathrm{ref}} \tag{5.77}$$

闭环动力学方程以常规形式导出

$$\dot{\boldsymbol{x}}=\boldsymbol{A}\boldsymbol{x}+\boldsymbol{B}\boldsymbol{u} \tag{5.78}$$

$\boldsymbol{x}\equiv[\boldsymbol{r}_C^{\mathrm{T}}\quad \boldsymbol{r}_X^{\mathrm{T}}]^{\mathrm{T}}$ 表示状态矢量。通过将控制律(5.77)代入状态空间方程(5.75)($\boldsymbol{u}\equiv\boldsymbol{r}_{\mathrm{vrp}}^{\mathrm{ref}}$)，可以得出

$$\boldsymbol{A}\equiv\begin{bmatrix}-\bar{\omega}_X\boldsymbol{E} & \bar{\omega}_X\boldsymbol{E}\\ \boldsymbol{0} & -k_x\boldsymbol{E}\end{bmatrix},\quad \boldsymbol{B}\equiv\begin{bmatrix}\boldsymbol{0} & \boldsymbol{0}\\ -k_x\boldsymbol{E} & \boldsymbol{E}\end{bmatrix}$$

由于系统矩阵 $\boldsymbol{A}$ 对于正 k_x 是稳定的，并且假定控制输入 $\boldsymbol{u}$ 是有界的，因此上述线性系统可以表征为有界输入、有界输出(BIBO)稳定系统。

以上结果可用于设计一个包含以下参考(偏移的)GRF 的平衡控制器：

$$\boldsymbol{f}_C^{\mathrm{ref}}\underset{(5.73)}{=}M\bar{\omega}_X^2\left(\boldsymbol{r}_C-\boldsymbol{r}_{\mathrm{vrp}}^{\mathrm{ref}}+\frac{g}{\bar{\omega}_X^2}\boldsymbol{e}_z\right)\underset{(5.77)(5.64)}{=}M\bar{\omega}_X(\dot{\boldsymbol{r}}_X^{\mathrm{ref}}-\dot{\boldsymbol{r}}_C)+Mg\boldsymbol{e}_z \tag{5.79}$$

从公式(5.66)中可以得出，等号右边的第一个控制项可以解释为参考惯性力$(\boldsymbol{f}_I)^{\mathrm{ref}}$。只要满足 BoS 约束条件，该力可以确保对所需的 DCM 进行跟踪。DCM 稳定器的框图如图 5.15 所示。设计参数为 k_x，$\bar{\omega}_X=\sqrt{g/\bar{z}_{\mathrm{vrp}}}$。该稳定器在以下四方面具有鲁棒性㊀：(1)随时间变化的 CoM 运动跟踪误差；(2)GRF/CoP 估计时滞；(3)质量估计误差；(4)恒定的外部干扰。

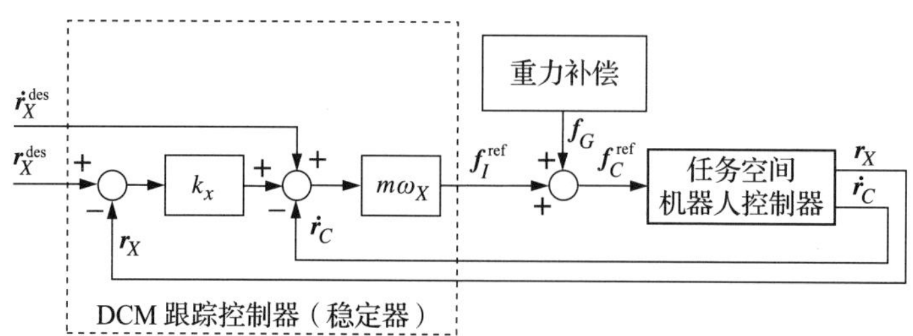

图 5.15 DCM 型平衡控制器的框图。参考图 5.1，显然任务轨迹 T 是根据 DCM 运动定义的

㊀ 鲁棒性可以在文献[27]中找到。

5.6.4 总结与讨论

上面介绍的基于 DCM 的稳定方法已在许多机器人上实现，与其他平衡控制器相比，该方法表现出卓越的性能。该方法现已在平衡控制的所有领域必不可少。例如，在平坦的地面上或在不规则的地形上的步行步态的生成和控制，以及响应于外部干扰的反应性步进。实例将在第 7 章中给出。

如文献[55]所建议的，可以通过采用随时间变化的公式 $\omega_X=\omega_X(t)$来进一步改进该方法。通过这种改进，可以避免有些模糊的“平均”CoM 高度表示法 z_{vrp}。然后可以在相同的稳定性条件下跟踪任何可行的所需垂直 CoM 轨迹。在最近的工作中，已经显示了如何将这种改进用于不规则地形的伸腿谈判[31]。

5.7 基于最大输出可允许集的稳定化

最大输出允许设置的概念已作为线性控制系统方法引入，从而约束了状态或输入[28]。对于一个约束集 Y，如果输出函数满足时间点条件 $y(t)\in Y$，$t\geqslant 0$，则非受迫线性系统的初始状态被认为是输出允许的。所有这些可能的初始条件的集合称为最大允许输出(MOA)集合。这保证了所有未来状态都将遵守这些约束。请注意，与 ICP/DCM 方法一样，初始状态也起着重要作用。

MOA 集合方法特别适用于线性时间离散系统。在这种情况下，MOA 集合㊀可以被迭代地构建而无须大量的计算成本。另外，该方法可用于具有所谓外部输入(例如大干扰输入)的系统[49]。这个简短的介绍明显看出，MOA 集合方法可能非常适合于平衡控制，例如在主动任务期间，执行 BoS 约束并确保外部干扰的响应性。

文献[165]中率先实施了用于仿人机器人平衡控制的 MOA 集合方法。该实施方案基于球形 IP 模型。与基于 ICP 的稳定器不同，CoM 可以在垂直方向上移动。沿该方向的期望运动的跟踪稳定器可表示为如下公式：

$$f_{\mathrm{rz}}^{\mathrm{ref}}=m(\ddot{z}_g+g)+k_{\mathrm{pv}}(z_g^{\mathrm{des}}-z_g)+k_{\mathrm{dv}}(\dot{z}_g^{\mathrm{des}}-\dot{z}_g) \tag{5.80}$$

k_{pv}和 k_{dv}表示反馈增益。另一方面，可以通过 gCoM/CoP 动态关系(5.5)获得水平方向上质心(CoM)运动的控制律。由于球形 IP 已线性化，因此 x 方向上的运动方程从 y 方向的运动方程中解耦。但值得注意是，由于相对较大的垂直方向质心(CoM)加速度是允许的(例如，跑步或跳跃时)，因此 CoM/CoP 动态关系中的公共系数不是恒定的(参见公式(4.14))。我们有

$$\omega(t)=\sqrt{\frac{\ddot{z}_g+g}{z_g}}$$

还要注意，在垂直方向上零干扰的假设下，将可能预先获得整个运动的数据集 $z_g(t)$和 $\omega(t)$。

考虑 x 方向的公式(5.15)中给出的 CoM/CoP 动态关系的状态空间形式。对于 y 方向，可以直接添加具有相同形式的第二个方程。此外，MOA 的递归计算需要系统离散化。然后可以将两个水平方向的状态空间方程写为

$$\boldsymbol{x}_{k+1}=\boldsymbol{A}_k\boldsymbol{x}_k+\boldsymbol{B}_k\boldsymbol{u}_k$$

㊀ 也称为约束正向不变(CPI)集。[49]

其中 $\boldsymbol{x}_k \equiv [x_g(t_k) \quad \dot{x}_g(t_k) \quad y_g(t_k) \quad \dot{y}_g(t_k)]^{\mathrm{T}}$ 表示时间 t_k 处的状态空间矢量。我们有矩阵 $\boldsymbol{A}_k = \Delta t \boldsymbol{A}(t_k) + \boldsymbol{E}$ 和 $\boldsymbol{B}_k = \Delta t \boldsymbol{B}(t_k)$，$\Delta t$ 是采样时间，$\boldsymbol{A}(t_k)$和 $\boldsymbol{B}(t_k)$是块对角矩阵，这两个相同的块分量可从公式(5.15)中明显看出。因为 $\boldsymbol{\omega}$ 是时间变量，所以这些矩阵是时间的函数。控制输入为 $\boldsymbol{u}_k$。

作为一项主动任务，考虑使用下质心(CoM)运动调节器

$$\boldsymbol{u}_k = -\boldsymbol{K}\boldsymbol{x}_k$$

其中 $\boldsymbol{K} \equiv \mathrm{diag}(k_{\mathrm{px}}, k_{\mathrm{dx}}, k_{\mathrm{py}}, k_{\mathrm{dy}})$是反馈增益矩阵。可得闭环动力学方程为

$$\boldsymbol{x}_{k+1} = \Delta \boldsymbol{A}_k \boldsymbol{x}_k \tag{5.81}$$

其中 $\Delta \boldsymbol{A}_k \equiv \boldsymbol{A}_k - \boldsymbol{B}_k \boldsymbol{K}$。通过常用的方法很容易确定 $\boldsymbol{K}$ 值(比如极点配置法或 LQ 法)。因此，闭环动力学将渐近稳定。

可以为公式(5.81)中的渐近稳定系统构造 MOA 集合。首先，控制输入约束在 BoS 内。参考公式(5.13)，

$$\boldsymbol{B}_{\mathrm{sk}} \boldsymbol{u}_k \leq \boldsymbol{c}_k$$

其中 $\boldsymbol{B}_{\mathrm{sk}}$，$\boldsymbol{c}_k$ 在 t_k时刻确定 BoS。接下来，将状态空间被约束在 MOA 集合中，该集合的定义为

$$O_{\infty} = \{\boldsymbol{x} : \boldsymbol{S}\boldsymbol{x} \leq \boldsymbol{a}\}$$

MOA 集合可以表示为状态空间中的凸多面体。迭代构造可总结如下：

$$\boldsymbol{S} = \begin{bmatrix} \boldsymbol{B}_s & \boldsymbol{0} & \cdots & \boldsymbol{0} \\ \boldsymbol{0} & \boldsymbol{B}_s & \cdots & \boldsymbol{0} \\ \vdots & \vdots & \ddots & \vdots \\ \boldsymbol{0} & \boldsymbol{0} & \cdots & \boldsymbol{B}_s \end{bmatrix} \begin{bmatrix} -\boldsymbol{K} \\ -\boldsymbol{K}\Delta\boldsymbol{A} \\ \vdots \\ -\boldsymbol{K}\Delta\boldsymbol{A}^l \end{bmatrix}, \quad \boldsymbol{a} = \begin{bmatrix} \boldsymbol{c} \\ \boldsymbol{c} \\ \vdots \\ \boldsymbol{c} \end{bmatrix}$$

其中 l 表示迭代次数。给定初始状态 $\boldsymbol{x}_0$，在第 k 次迭代中 $\boldsymbol{x}_k = \Delta\boldsymbol{A}^k \boldsymbol{x}_0$，因此 $\boldsymbol{u}_k = -\boldsymbol{K}\Delta\boldsymbol{A}^k\boldsymbol{x}_0$。从而，$\boldsymbol{S}_k\boldsymbol{x}_0 \leq \boldsymbol{a}$，其中 $\boldsymbol{S}_k$ 是根据上述等式计算的，式中 $l=k$。集合 $O_k = \{\boldsymbol{x} : \boldsymbol{S}_k\boldsymbol{x} \leq \boldsymbol{a}\}$是第 k 个输出允许集合。如果在 t_0 处的初始状态属于该集合，则可以保证在 $t_1, t_2, \cdots, t_k$ 时刻的所有未来状态都将满足 BoS 约束条件。此外，当闭环系统渐近稳定时，如已经确认的那样，将需要有限数量的迭代，其中 l 由条件 $O_l = O_{l+1}$ 确定。

除了调节器型任务外，MOA 集合稳定器的性能还可以通过时变输入任务和 BoS 约束(包括跳跃/跳跃任务)来验证[165]。

5.8　基于空间动量及其变化率的平衡控制

基于空间动量的平衡控制可以确保在共面、非共面和非平面以及时变接触模型的各种环境中执行广泛任务(包括主动和被动)时的平衡。该方法在全身控制中也起着重要作用。由于这些优点，基于空间动量的平衡控制已成为仿人机器人和基于物理的计算机动画中的主流控制方法[74,68,30,1,109,80,92,53,18,87,88,112,16,85,77,161,41]。

基于空间动量的控制器包括两个主要组件：稳定器和任务空间控制器(参见图 5.1)。稳定器根据空间动量或其变化率为任务空间控制器生成输入。早期开发的稳定器主要使用 ZMP 操作技术，并已在位置控制型仿人机器人中实现(例如 Honda 的 P2[48])。请注意，由于生成的控制输入依据质心(CoM)速度，图 5.7 中的 ZMP 操作型稳定器可以看作线性动量稳定器。基于速度的空间动量平衡控制器比动态平衡控制器更简单。动态平衡控制器利用空间动量的变化率，它们提供直接控制接触/反作用力旋量、闭环中过驱动和净压力

中心的方法。基于速度的控制器不具有此类功能。尽管如此，它们可以控制净压力中心(CoP)，虽然只是间接地，如零力矩点(ZMP)操作方法。应当注意的是，到目前为止大多数现有的仿人机器人都是位置控制。因此，基于空间动量的速度平衡控制和基于空间动量变化率的动态平衡控制都起着重要的作用。

5.8.1 平衡控制中的基本功能依赖关系

在设计基于动量的平衡控制器时，重要的是深入了解接触力旋量、线/角动量的变化率以及接触表面的压力中心(CoPs)之间的功能依赖关系。首先考虑双足共面接触的情况。在这种情况下，线动量变化率和角动量变化率的切向分量是相关的。这些量分别表示为 $\dot{\boldsymbol{p}}_t$ 和 $\dot{\boldsymbol{l}}_{C_t}$，出现在 ZMP/CoP 公式(4.38)中(注意 $\dot{\boldsymbol{p}}_t=\boldsymbol{f}_t=\boldsymbol{M}\ddot{\boldsymbol{r}}_g$)。存在以下功能依赖关系：

$$
\begin{aligned}
\dot{\boldsymbol{p}} &= \dot{\boldsymbol{p}}(\boldsymbol{f}_C) \\
\dot{\boldsymbol{l}}_{C_t} &= \dot{\boldsymbol{l}}_{C_t}(\dot{\boldsymbol{p}}_t, \boldsymbol{r}_p) \\
\boldsymbol{r}_p &= \boldsymbol{r}_p(\dot{\boldsymbol{p}}_t, \dot{\boldsymbol{l}}_{C_t})
\end{aligned} \tag{5.82}
$$

前两个依赖关系从公式(4.38)得出，最后一个依赖关系来自复合刚体(CRB)动力学方程(4.150)。上述依赖关系的重要结论是两个空间动量分量的变化率是耦合的。从公式(4.39)和公式(4.40)可以明显看出，耦合是通过 CMP 进行的。我们有

$$
\begin{bmatrix} \dot{\boldsymbol{p}}_t \\ \dot{\boldsymbol{l}}_{C_t} \end{bmatrix} = \begin{bmatrix} \boldsymbol{f}_t \\ \boldsymbol{m}_t \end{bmatrix} = M\omega_{\text{IP}}^2 \begin{bmatrix} (\boldsymbol{r}_g - \boldsymbol{r}_{\text{cmp}}) \\ -z_g \mathbb{S}^{\times}(\boldsymbol{r}_p - \boldsymbol{r}_{\text{cmp}}) \end{bmatrix} \in \Re^4 \tag{5.83}
$$

这种类型的耦合不仅存在于共面接触中，而且还存在于非共面接触中。确实，使用公式(5.73)和公式(5.74)，可以很容易地将 CRB 动量率表示为

$$
\dot{\mathcal{L}}_C = \begin{bmatrix} \dot{\boldsymbol{p}} \\ \dot{\boldsymbol{l}}_C \end{bmatrix} = \begin{bmatrix} \boldsymbol{f}_I \\ \boldsymbol{m}_I \end{bmatrix} = M\omega_X^2 \begin{bmatrix} \boldsymbol{E} \\ [\boldsymbol{r}_{\overleftarrow{PC}}^{\times}] \end{bmatrix} (\boldsymbol{r}_C - \boldsymbol{r}_{\text{vrp}}) \in \Re^6 \tag{5.84}
$$

从这个方程可以得出类型(5.82)的功能依赖关系。两个动量速率分量之间的耦合显然是通过 $\boldsymbol{r}_{\text{vrp}}$ 进行的。

耦合问题在平衡控制器设计以及平衡控制的运动/力输入生成中起着重要作用。以双腿站立的仿人机器人为例。只有所有的 12 个腿部驱动器(假定为 6 自由度腿部)都工作时，才能实现对 6 个空间动量分量的独立控制。因此，没有驱动器也以独立的方式来控制净压力中心。尝试设计所有控制输入均独立的平衡控制器，这将导致系统过约束。这种情况类似于当机器人处于单脚站立姿态时的情况，除了摆动脚的位置之外，还需要控制上身的 6D 位置。但是，应该注意的是，仍然缺少从输入生成和平衡控制的角度对耦合问题的严格评估。已经提出了各种方法来解决这个问题，例如忽略一些角动量分量(俯仰和翻滚)[69]，引入权重[92]或优先级[88,89]。已经证明这些方法在某些情况下是可行的，关于参数设置(权重、优先级)的模糊性仍然存在。

解决耦合问题的一种可行方法是，基于合适的参考 CMP/VRP，仅根据线性分量来设计动量稳定器。角度分量将作为耦合的“副产品”稳定下来，而无须指定明确的参考。实际上，此方法已在 5.6.3 节所述的 DCM 稳定器中使用。在文献[77,161]中也使用了它。公式(5.83)中 $\dot{\boldsymbol{l}}_{C_t}$ 的表达式表明，只要 CoP 与参考 CMP 之间的差值很小，角动量分量就不会对平衡控制产生显著影响(例如，与图 5.3 中状态(A)～状态(C)一样))。当保持站立姿势或在规则地形上行走保持平衡时，这是常见的情况。在这种情况下，角动量的变化率很

小[120,39]。这也意味着，任何最小化(或保持)角动量的主动姿态变化都不会破坏平衡能力。这种姿势变化的一个例子是所谓的“臀部策略”，其特征在于腿部和躯干各部分的反相位旋转(参见 7.6.3 节)。另一方面，请注意，当 xCoM 远离 BoS 时，如图 5.3 中的状态(D)所示，将需要通过适当的上身操作来改变角动量，以使 xCoM 恢复到 BoS 限制内[161]。更多详细信息将在 5.8.6 节中给出。

最后要指出的是，上述依赖关系在不规则地形的情况下也是有效的。

5.8.2　解析动量控制

文献[69]介绍了以“解析动量控制”为名的基于基准速度与空间动量关系设计平衡控制器的思想。系统的空间动量可分解为三种分量，这些分量来源于基座连杆(υ_B)、双腿(υ_{F_j})和其余关节($\dot{\boldsymbol{\theta}}_{\text{free}}$)。我们有

$$\mathcal{L}_C(\boldsymbol{q},\dot{\boldsymbol{q}}_B)=\mathcal{T}_B\begin{bmatrix}\mathcal{V}_B\\ \dot{\boldsymbol{\theta}}_{\text{free}}\end{bmatrix}+\sum_{j\in\{r,l\}}\mathcal{T}_j\mathcal{V}_{F_j} \tag{5.85}$$

$\mathcal{T}_{(\circ)}$表示也考虑了接触约束的适当变换。从上述方程的解中得出以下速度控制律：

$$\begin{bmatrix}\mathcal{V}_B\\ \dot{\boldsymbol{\theta}}_{\text{free}}\end{bmatrix}=\overline{\mathcal{T}}_B^{+}\left(\overline{\widetilde{\mathcal{L}}_C^{\text{ref}}-\sum_{j\in\{r,l\}}\mathcal{T}_j\mathcal{V}_{F_j}^{\text{ref}}}\right)+(\boldsymbol{E}-\overline{\mathcal{T}}_B^{+}\overline{\mathcal{T}}_B)\begin{bmatrix}\mathcal{V}_B^{\text{ref}}\\ \dot{\boldsymbol{\theta}}_{\text{free}}^{\text{ref}}\end{bmatrix} \tag{5.86}$$

此处$\widetilde{\mathcal{L}}_C^{\text{ref}}$和$\mathcal{V}_{F_j}^{\text{ref}}$是 CRB 空间动量和双腿运动的参考值。这些量值构成了高优先级任务。$\mathcal{V}_B^{\text{ref}}$和$\dot{\boldsymbol{\theta}}_{\text{free}}^{\text{ref}}$是基本扭转和其余关节运动(即手臂运动)的参考值，它们构成了低优先级任务。上述控制定律获得的基本扭曲υ_B可用于计算每条腿的关节速度。我们有

$$\dot{\boldsymbol{\theta}}_{F_j}=\boldsymbol{J}^{-1}(\boldsymbol{q}_{F_j})\mathcal{V}_{F_j}-\boldsymbol{J}^{-1}(\boldsymbol{q}_{F_j})\mathbb{T}_{\overleftarrow{F_jB}}\mathcal{V}_B \tag{5.87}$$

公式(5.86)中的上划线符号表示，根据某些不受约束(忽略)的空间动量分量的选择性方法。在文献[69]中引入了这种方法，避免将上述控制定律应用于走和踢脚运动任务时出现不理想的上身旋转。原始控制定律的问题(没有松弛)是$\mathcal{V}_B^{\text{ref}}$限制在零空间$\mathcal{N}(\mathcal{T}_B)$内。这意味着不能保证所期望的由参考基座连杆扭转指定的 CRB 轨迹能够被可靠地追踪。

5.8.3　相对角动量/速度的全身平衡控制

解析的动量框架是以速度为基础的全身平衡控制的开创性努力的结果。但是，控制定律的公式是有缺陷的，因为线性和角动量分量之间的耦合没有得到恰当解决。因此，并非期望的基座连杆扭转的所有分量都可以被控制。另外，关于文献[69]中提到的数值不稳定性，还缺乏严格的稳定性评估。到目前为止，基于速度的平衡控制的稳定性评估仅适用于简单的 IP 模型，例如零力矩点(ZMP)操作方法中使用的那些(请参见 5.4 节)。

在本节中，将得出基于速度的全身平衡控制器，该控制器可以跟踪期望的具有渐近稳定性的 CRB 轨迹。控制器的设计基于 4.7 节所述的动量平衡原理。当质心空间动量用混合准速度表示时，平衡关系可以写为(参见公式(4.90))

$$\boldsymbol{H}_{CM}\dot{\boldsymbol{\theta}}=\mathbb{M}_C\mathcal{V}_C-\mathbb{M}_C\mathcal{V}_M \tag{5.88}$$

等号左边是耦合动量；$\mathbb{M}_c\mathcal{V}_c$ 和 $\mathbb{M}_c\mathcal{V}_M$ 分别表示系统和 CRB 的空间动量[⊖]。由于 SSM 的变化率取决于作用在系统上的总外力(参见公式(4.148))，因此可以得出结论，$\mathbb{M}_c\mathcal{V}_c$ 源自反

⊖　4.6.4 节介绍了各自的缩写 SSM 和 CRB-SM。

作用(接触)力旋量。此外，注意到CRB(锁定)惯性张量是正定的，可以将上述动量平衡改写为空间速度平衡，如下所示：

$$\mathbb{M}_C^{-1}\boldsymbol{H}_{CM}\dot{\boldsymbol{\theta}} = \mathcal{V}_C - \mathcal{V}_M \tag{5.89}$$

$\mathcal{V}_C \equiv \mathbb{M}_C^{-1}\mathcal{L}_C$ 是质心扭转。等号左边称为耦合空间速度，与等号右边的相对空间速度 $\Delta\mathcal{V} = \mathcal{V}_C - \mathcal{V}_M$ 相等。

此外，回顾 $\mathbb{M}_C^{-1}\boldsymbol{H}_{CM} = [\boldsymbol{0}^{\mathrm{T}} \quad \boldsymbol{J}_\omega^{\mathrm{T}}]^{\mathrm{T}}$(参见公式(4.97))。因此，上述空间速度平衡关系可以用分量表示为

$$\boldsymbol{v}_{C_I} = \boldsymbol{v}_{C_R} \tag{5.90}$$

$$\boldsymbol{J}_\omega\dot{\boldsymbol{\theta}} = \boldsymbol{\omega}_C - \boldsymbol{\omega}_B \equiv \Delta\boldsymbol{\omega} \tag{5.91}$$

其中 $\boldsymbol{J}_\omega(\boldsymbol{\theta}) = \boldsymbol{I}_C^{-1}(\boldsymbol{q})\boldsymbol{H}_C(\boldsymbol{q})$(参见公式(4.86))，$\boldsymbol{\omega}_C = \boldsymbol{I}_C^{-1}\boldsymbol{l}_C$ 是系统角速度(参见公式(4.87))。上式中的符号阐明了CoM速度可以被双重解释：$\boldsymbol{v}_{C_I}$ 是惯性源，而源于净系统扭转的 $\boldsymbol{v}_{C_R}$ 则是反作用源。但是，只有在用加速度(请参见5.11.2节)表示CoM运动时才能区分来源。速度是无法区分的，因此 $\boldsymbol{v}_{C_I} = \boldsymbol{v}_{C_R} = \boldsymbol{v}_C$，$\Delta\boldsymbol{v}_C = \boldsymbol{0}$。接下来，请注意下面的等式表示角速度平衡：耦合角速度 $\boldsymbol{J}_\omega\dot{\boldsymbol{\theta}}$ 与相对角速度 $\Delta\boldsymbol{\omega} \neq \boldsymbol{0}$ 平衡。可以得出重要结论：系统和基座连杆的角速度可以以独立的方式分配。该结论阐明了为什么解析动量型控制器中的缺陷是可以避免的。

假定从任务分配中确定了基座连杆CoM速度和角速度的参考值。CRB扭转的期望轨迹 $\mathcal{V}_M^{\mathrm{des}} = [\boldsymbol{v}_C^{\mathrm{des\,T}} \quad (\boldsymbol{\omega}_B^{\mathrm{des}})^{\mathrm{T}}]^{\mathrm{T}}$，可以使用从约束一致的关节速度解(2.132)中得出的常规速度控制器来跟踪。那我们有

$$\dot{\boldsymbol{\theta}}_1 = -\mathcal{J}_{cM}^{+}\mathbb{C}_{cC}^{\mathrm{T}}\mathcal{V}_M^{\mathrm{ref}} + \boldsymbol{N}(\mathcal{J}_{cM})\dot{\boldsymbol{\theta}}_u \tag{5.92}$$

注意，假设在静止地面上硬性约束的条件下，推导中使用了 $\overline{\mathcal{V}}^c = \boldsymbol{0}$；$\mathcal{V}_M^{\mathrm{ref}}$ 包括独立的前馈/反馈控制分量

$$\boldsymbol{v}_C^{\mathrm{ref}} = \boldsymbol{v}_C^{\mathrm{des}} + K_{p_C}\boldsymbol{e}_{p_C} \tag{5.93}$$

$$\boldsymbol{\omega}_B^{\mathrm{ref}} = \boldsymbol{\omega}_B^{\mathrm{des}} + K_{o_B}\boldsymbol{e}_{o_B} \tag{5.94}$$

$\boldsymbol{e}_{p_C} = \boldsymbol{r}_C^{\mathrm{des}} - \boldsymbol{r}_C$ 和 $\boldsymbol{e}_{o_B}$ 分别表示基座连杆的质心(CoM)位置误差和定向误差。后者用任何简便的形式表示，例如使用四元数或使用Euler的轴/角表达式(参见如文献[140]，第139页)；$\boldsymbol{K}_{(\mathrm{o})}$ 是反馈增益。如果保持接触状态且关节空间约束雅可比矩阵 $\mathcal{J}_{cM}$ 为满(行)秩，则控制律(5.92)可保证渐近地 $\mathcal{V}_M^{\mathrm{ref}}(t) = \mathcal{V}_M^{\mathrm{ref}}(t)$。

在双腿站立的情况下控制输入 $\dot{\boldsymbol{\theta}}_1$ 是有用的。当 $\mathbb{B}_c(\boldsymbol{q}_F) = \boldsymbol{E}$，$\mathbb{B}_m(\boldsymbol{q}_F) = \boldsymbol{0}$，脚完全受约束；当 $\mathbb{B}_c(\boldsymbol{q}_H) = \mathbb{B}_m(\boldsymbol{q}_H) = \boldsymbol{0}$，手完全不受约束。在单腿站立的情况下，摆脚运动控制任务可作为低优先级任务嵌入。为此，使用瞬时运动方程(2.129)确定公式(5.92)中的任意关节速度矢量 $\dot{\boldsymbol{\theta}}_u$。然后，控制关节速度采用公式(2.86)的形式，因此我们有

$$\dot{\boldsymbol{\theta}}_2 = -\mathcal{J}_{cM}^{+}\mathbb{C}_{cC}^{\mathrm{T}}\mathcal{V}_M^{\mathrm{ref}} + \overline{\mathcal{J}}_{mM}^{+}(\widetilde{\mathcal{V}}^m)^{\mathrm{ref}} + \boldsymbol{N}(\mathcal{J}_{cM})\boldsymbol{N}(\overline{\mathcal{J}}_{mM})\dot{\boldsymbol{\theta}}_u \tag{5.95}$$

其中 $\overline{\mathcal{J}}_{mM} = \mathcal{J}_{mM}\boldsymbol{N}(\mathcal{J}_{cM})$ 是受限的末端连杆移动雅可比矩阵和

$$(\widetilde{\mathcal{V}}^m)^{\mathrm{ref}} = (\overline{\mathcal{V}}^m)^{\mathrm{ref}} + (\mathcal{J}_{mM}\mathcal{J}_{cM}^{+}\mathbb{C}_{cC}^{\mathrm{T}} - \mathbb{C}_{mC}^{\mathrm{T}})\mathcal{V}_M^{\mathrm{ref}}$$

这里 $(\overline{\mathcal{V}}^m)^{\mathrm{ref}}$ 包括用于摆腿的非零分量，即

$$\mathcal{V}_{F_{\mathrm{sw}}}^{\mathrm{ref}} = \mathcal{V}_{F_{\mathrm{sw}}}^{\mathrm{des}} + \boldsymbol{K}_{F_{\mathrm{sw}}}\boldsymbol{e}_{F_{\mathrm{sw}}} \tag{5.96}$$

$(\bar{\mathcal{V}}^m)^{\text{ref}}$的其余分量为零。下标 SW 代表摆动腿，$\boldsymbol{e}_{F_{SW}}$ 是误差扭转，而 $\boldsymbol{K}_{F_{SW}}$ 是反馈增益。请注意，在双腿站立的情况下，也可以通过 $\mathbb{B}_{(o)}$ 矩阵调整约束条件来应用控制输入 $\dot{\boldsymbol{\theta}}_2$。

相对角动量/速度(RAM/V)平衡控制

为了获得具有增强的平衡控制能力的控制器，建议为角动量添加一个控制项。为此，利用系统角速度 $\boldsymbol{\omega}_C$。将公式(5.95)插入公式(5.91)并求解任意 $\dot{\boldsymbol{\theta}}_u$。然后，重新插入公式(5.92)以最终获得强化的控制律

$$\begin{aligned}\dot{\boldsymbol{\theta}} &= -\mathcal{J}_{cM}^{+}\mathbb{C}_{cC}^{\mathrm{T}}\mathcal{V}_M^{\text{ref}}+\bar{\mathcal{J}}_{mM}^{+}(\tilde{\mathcal{V}}^m)^{\text{ref}}+\bar{\boldsymbol{J}}_{\omega}^{+}(\Delta\boldsymbol{\omega}^{\text{ref}}-\tilde{\boldsymbol{\omega}})+\boldsymbol{N}(\mathcal{J}_{cM})\boldsymbol{N}(\bar{\mathcal{J}}_{mM})N(\bar{\boldsymbol{J}}_{\omega})\dot{\boldsymbol{\theta}}_u^{\text{ref}}\\ &= \dot{\boldsymbol{\theta}}^c+\dot{\boldsymbol{\theta}}^m+\dot{\boldsymbol{\theta}}^{am}+\dot{\boldsymbol{\theta}}^n,\quad \text{s.t. } \dot{\boldsymbol{\theta}}^c \succ \dot{\boldsymbol{\theta}}^m \succ \dot{\boldsymbol{\theta}}^{am} \succ \dot{\boldsymbol{\theta}}^n\end{aligned} \tag{5.97}$$

因此 $\Delta\boldsymbol{\omega}^{\text{ref}}=\boldsymbol{\omega}_C^{\text{ref}}-\boldsymbol{\omega}_B^{\text{ref}}$，

$$\bar{\boldsymbol{J}}_{\omega}=\boldsymbol{J}_{\omega}\boldsymbol{N}(\mathcal{J}_{cM})\boldsymbol{N}(\bar{\mathcal{J}}_{mM}) \quad \text{并且} \quad \tilde{\boldsymbol{\omega}}=\boldsymbol{J}_{\omega}\left(-\mathcal{J}_{cM}^{+}\mathbb{C}_{cC}^{\mathrm{T}}\mathcal{V}_M^{\text{ref}}+\bar{\mathcal{J}}_{mM}^{+}(\tilde{\mathcal{V}}^m)^{\text{ref}}\right)$$

最后一个等式中的控制输入 $\dot{\boldsymbol{\theta}}$ 由 4 个按等级顺序排列的分量组成。最高优先级分量 $\dot{\boldsymbol{\theta}}^c$ 通过接触约束来控制 CRB 的瞬时运动。理想的 CRB 平移(即 CoM 的)和旋转(基座连杆的)位移是通过腿的运动实现的。其余控制分量是来源于零空间$\mathcal{N}(\mathcal{J}_{cM})$。这些分量不会干扰主要(复合刚体(CRB))控制任务。第二个分量 $\dot{\boldsymbol{\theta}}^m$ 的作用是，当机器人处于单脚站立时控制摆腿的期望运动。第三个分量 $\dot{\boldsymbol{\theta}}^{am}$ 的作用是控制系统角速度，以确保与理想的 CRB 旋转运动的适当惯性耦合。由于腿和上身由前两个分量控制，因此只能通过手臂运动来实现这种耦合。最后的第四个分量 $\dot{\boldsymbol{\theta}}^n$ 用于执行关节速度/角度约束。为此，附加控制输入 $\dot{\boldsymbol{\theta}}_u^{\text{ref}}$ 可以通过 2.7.4 节提及的关节限位势函数的梯度投影方法确定。

请注意，当机器人处于单腿站立并且没有对于摆腿的期望运动任务时，第二分量 $\dot{\boldsymbol{\theta}}^m$ 变得无关紧要。摆腿的运动将由角动量分量 $\dot{\boldsymbol{\theta}}^{am}$ 确定。这意味着，摆腿的运动和手臂的运动一样，将有助于姿态的稳定。当对机器人施加较大的外部干扰时，该贡献将发挥重要作用，如 7.7.6 节所示。

上面的控制器将称为相对角动量/速度(RAM/V)控制器。控制器的框图如图 5.16 所示。质心运动、基座连杆旋转、摆腿运动和系统角动量/速度的期望值可以用独立的方式指定。控制器不考虑约束条件(例如 CoP-in-BoS 和摩擦锥约束条件)。但是它提供了避免破坏稳定的方法，通过相对角速度(RAV)控制输入 $\Delta\boldsymbol{\omega}^{\text{ref}}$ 产生适当的手臂(可能还有摆动腿)运动。而且，控制器可以具有自稳定特性。利用这种性质，即使状态由于不适当的(期望的)输入或由于大的外部干扰而变得不稳定(例如，具有横滚脚/双脚的状态)时，也可以恢复稳定性，如下所述。

特殊情况：保持系统或耦合角动量的平衡控制

解决平衡控制中耦合问题的一种简单方法是将机器人的运动约束保持在角动量的运动子集中(参见公式(4.116))。这是通过在整个运动中将参考系统角速度(5.97)设置为零来实现的。那我们有

$$\boldsymbol{\omega}_C^{\text{ref}}(t)=\boldsymbol{0}\Rightarrow\Delta\boldsymbol{\omega}^{\text{ref}}=-\boldsymbol{\omega}_B^{\text{ref}}=-(\boldsymbol{\omega}_B^{\text{des}}+K_{o_B}\boldsymbol{e}_{o_B}) \tag{5.98}$$

这意味着 CoP(或 ZMP)将仅取决于 DCM 稳定任务；CoP 不会受到角动量任务(即所需的基座连杆旋转)的干扰。

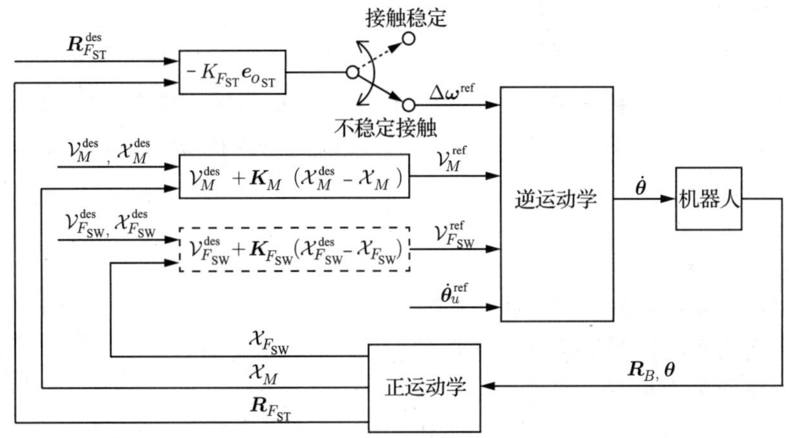

图 5.16 RAM/V 控制器的框图。逆运动学模块根据公式(5.97)计算控制关节速度。摆腿(由 $F_{F_{sw}}$ 下标表示的量值)控制是可选的。仅当接触不稳定时，才激活站立腿(由 F_{ST} 下标表示的量值)控制

例如，考虑一个双腿站立的仿人机器人并执行身体扭转运动任务。在此任务期间，通过控制律(5.93)将质心调节到初始位置。躯干围绕垂直方向扭曲，首先逆时针旋转，然后顺时针旋转(扭转角度为±10 度)。该运动的控制是通过控制律(5.94)实现的。结果在 Video 5.8-1[43] 中以动画形式显示。注意，躯干和手臂的旋转是反相的。手臂用于抵消扭转躯干引起的脚部力矩分量。因此，CoP 变化几乎为零(由于误差项，会发生轻微偏差)。

解决耦合问题的另一种可能方法是利用反作用零空间(RNS)$\mathcal{N}(\boldsymbol{J}_{\omega})$内的瞬时运动分量 $\dot{\boldsymbol{\theta}}_{\text{cam}}$。在这种情况下，耦合角动量将保持为零(参见 4.7.3 节)。这是通过设置参考系统角速度等于整个运动的基本角速度来实现的。那我们有

$$\boldsymbol{\omega}_C^{\text{ref}} = \boldsymbol{\omega}_B^{\text{ref}} \Rightarrow \Delta\boldsymbol{\omega}^{\text{ref}} = \boldsymbol{0} \tag{5.99}$$

所产生的运动使 RAM/V 控制器具有通过角动量阻尼进行自我稳定的重要属性。如 5.11.2 节所示，当根据加速度重写 RAM/V 控制器时，此属性变得明显。该属性将在下面通过示例进行演示。

考虑与上述示例相同的运动任务，该任务使用 RNS 控制约束(5.99)执行。结果在 Video 5.8-2[44] 中以动画形式显示。请注意，在这种情况下，躯干和手臂的旋转是同相的。也就是说，手臂是“主动”用于支持所需的躯干快速扭转运动。

为了进行比较，在已解决的动量控制律下执行了相同的任务。结果以动画形式显示在 Video 5.8-3[45] 中。显然，由于已经说明的原因，不可能实现所需的快速躯干扭转。

Video 5.8-4[42] 中显示了踢球任务的演示。分为三个阶段。首先，通过在支撑脚 BoS 内移动 gCoM 来加载。因此，手不会明显偏离其初始位置。第二，获得预踢姿势，使踢腿延伸到侧面和背面。在此阶段，采用 RNS 控制约束。这导致手臂运动参与平衡。然后，在最后的踢球阶段，RAV 约束从耦合切换为系统角动量守恒。以这种方式，确保了具有最小 CoP 偏差的鲁棒平衡控制。从视频中可以看到，该运动看起来非常“真实”。请注意，手臂的运动仅由两个参考角速度 $\boldsymbol{\omega}_C^{\text{ref}}$ 和 $\boldsymbol{\omega}_B^{\text{ref}}$ 决定。该示例表明，可以通过适当定义相对角速度来实现各种动态运动任务的仿人性能。这个问题正在进行。

5.8.4　基于 RNS 的不稳定姿势稳定化

假设机器人已经主动或受到外力破坏了稳定性。这意味着单脚(单腿站立时)或双脚(双腿站立时)已经开始翻滚。如果不迅速采取措施，摔倒将不可避免，如 5.3.3 节所述(参见图 5.3 中的状态(D))。

使用 5.8.3 节中介绍的 RAM/V 控制器可以直接生成接触稳定所需的快速行动。这将在图 5.17 所示的简单矢状平面模型的帮助下进行解释。假设脚沿脚尖逆时针旋转，满足系统角速度在所选坐标系中为正。回想一下，当关节锁定时，$\omega_C=\omega_B=\omega_i$，$i\in\{\overline{1,n}\}$是 CRB 的角速度，并且相对角速度为零，即 $\Delta\omega=\omega_C-\omega_B=0$。当机器人连杆旋转时，通常，系统角速度将与基座连杆的角速度不同，因此，相对角速度将为非零。对于此特定示例，当 $\Delta\omega>0$ 时，脚左右旋转将持续并导致跌倒。另一方面，当 $\Delta\omega\leqslant0$ 时，脚将开始沿相反的方向(顺时针)旋转，从而恢复了线接触并最终恢复了稳定的姿势。

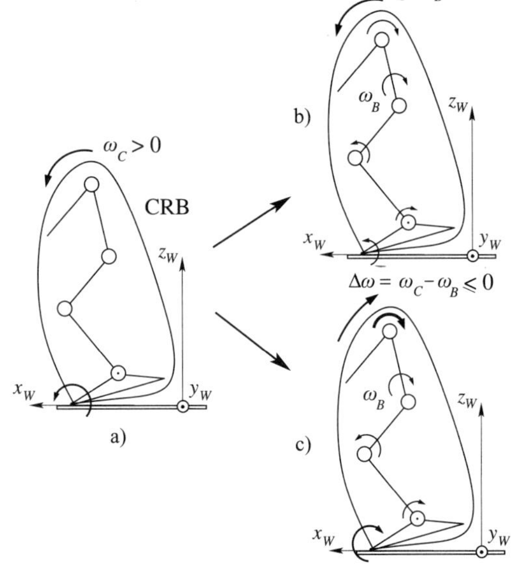

图 5.17　相对角速度(RAV)$\Delta\omega$ 的稳定化：a)系统正角速度($\omega_C>0$)时 CRB 的不稳定状态(关节锁定)；b)当 RAV 与系统角速度的方向相同时，系统无法稳定；c)系统稳定性的必要条件是在与系统角速度相反的方向生成 RAV

用翻滚双脚稳定姿势

注意，在 RNS 输入 $\Delta\omega^{ref}=0$ 的情况下，将产生适当的手臂运动来抵消脚的旋转。但是，此运动不会产生接触稳定，而只会产生摇摆运动，如 Video 5.8-5[47]所示。为了产生导致接触稳定的手臂运动，请使用以下控制律：

$$\Delta\boldsymbol{\omega}^{ref}=-\boldsymbol{K}_{F_{ST}}\boldsymbol{e}_{o_{ST}} \tag{5.100}$$

其中 $\boldsymbol{e}_{o_{ST}}$ 是站立脚(翻滚脚)的方向误差，$\boldsymbol{K}_{F_{ST}}$ 是反馈增益。Video 5.8-6[46]中显示了使用该控制输入进行接触稳定的运动控制。从 Video 中可以看到，脚的方向收敛到所需的状态，并且可以稳定接触。稳定后，应关闭控制输入 $\Delta\omega^{ref}$ 以确保双臂不再移动。

平衡板上的姿势稳定

再举一个例子，考虑一个放置在具有轻微阻尼的平衡板上的机器人。采用高摩擦接触以避免脚滑。当机器人的 CoM 从(不稳定的)平衡点中移出时，使用具有 RNS 约束的 RAM/V 控制器来稳定实现的不稳定状态，即从垂直通过平衡板的旋转中心。CoM 运动控制任务是对水平方向上的平衡线进行调节。基座连杆旋转任务也是一项规则：保持上身直立。假定实际的基座连杆角速度是从机器人的 IMU 获得的。因此，不需要考虑平衡板的旋转位移。

图 5.18 显示了模拟的快照。结果在 Video 5.8-7[107]中以动画形式显示，在图 5.19 中以图形形式显示。请注意，初始姿势不稳定。稳定姿势大约需要 5s。稳定后，机器人立即以髋部的快速向前弯曲来稳定自身。显然，RAM/V 控制器也可以处理此类不稳定问题。

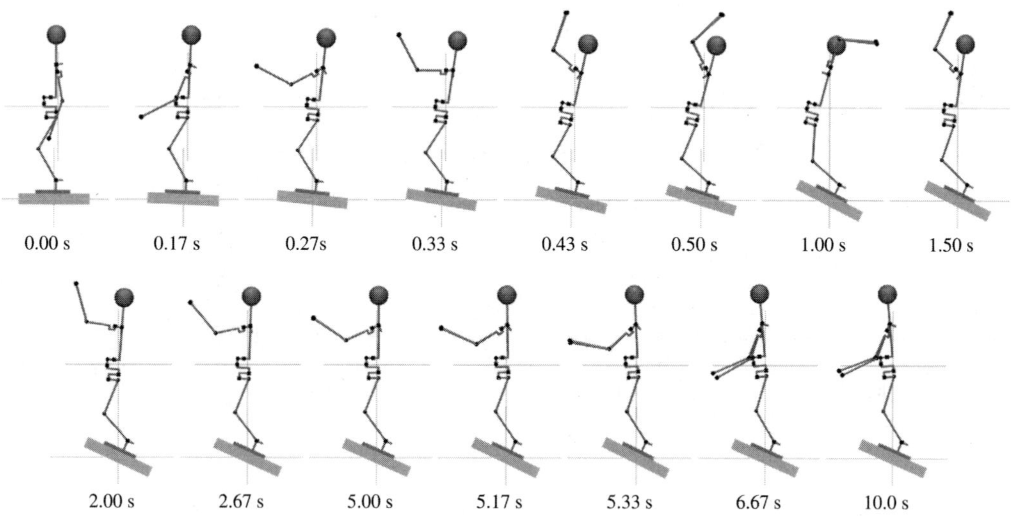

图 5.18 在 RAM/V 联合 RNS 控制下，平衡板上的仿人姿势稳定。初始姿势不稳定，原因在于质心(CoM)偏离了通过平衡板旋转中心的垂直方向。通过上肢运动可快速稳定姿势(要求躯干保持其垂直方向)。在 $t=5\mathrm{s}$ 时，机器人通过快速向前弯曲自动失稳。在 $t=10\mathrm{s}$ 时的最终姿势表示稳定的静态状态

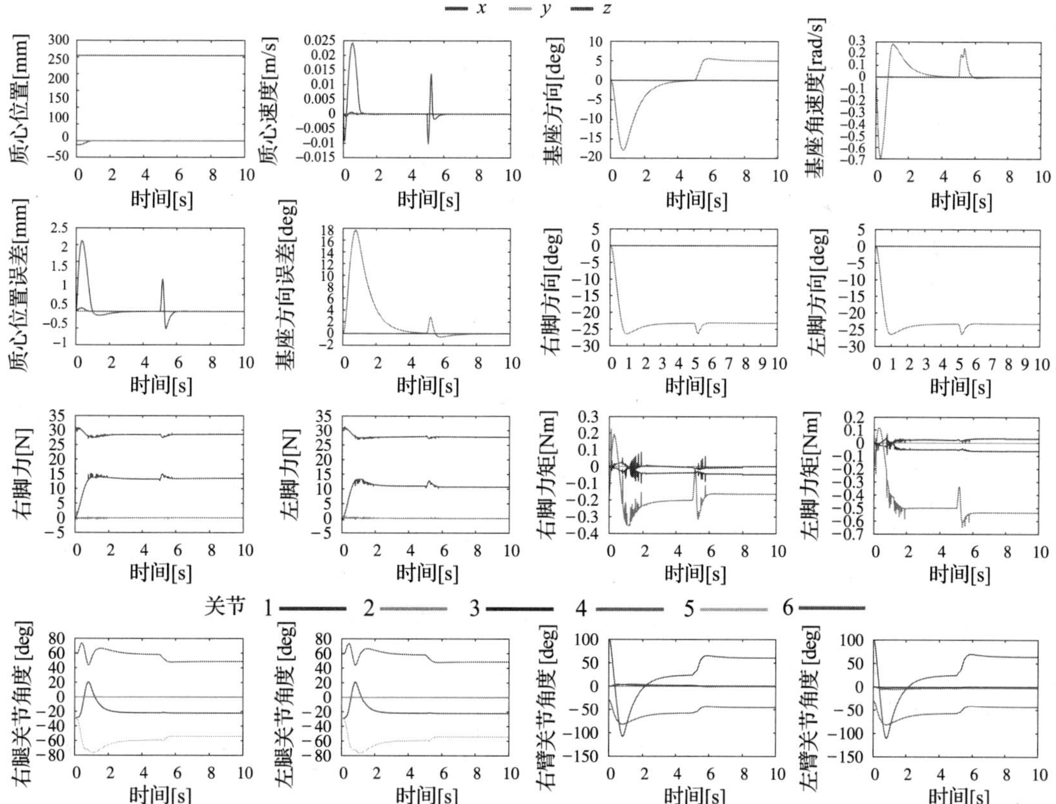

图 5.19 平衡板上基于零空间(RNS)的稳定性。最初，CoM 与垂直方向略偏离穿过平衡板中心的垂直平衡线，产生不稳定的姿势。基座连杆的稳定大约需要 5s。此后，机器人会通过快速向前弯曲自动失稳。对于这种失稳，控制器的稳定性能可以重新确定。关节编号与 A.1 节中描述的模型相同(见彩插)

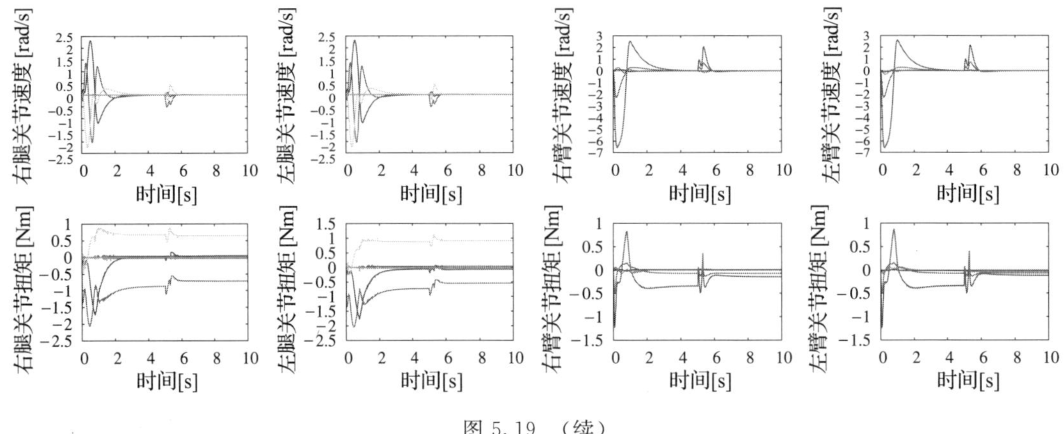

图 5.19 （续）

总结和结论

上面的两个例子以及在 5.8.3 节中介绍的例子表明，RAM/V 控制器在平衡稳定性和控制中起着重要作用，尤其是在使用 RNS 的角动量阻尼分量时。公式很简单但非常有效——无须修改接触模型来表明稳态和非稳态之间的转换。当接触稳定时，应关闭基于 RNS 的控制输入(5.100)，以避免不必要的机械臂移动。当接触不稳定(脚旋转)时，控制输入可通过引导手臂运动来确保稳定性恢复。因此，对于任何理想的基本连杆状态，系统都必须充当复合刚体(CRB)。由于足部与平衡状态的偏差相对较小，恢复迅速，手臂会产生微小的运动；对于较大的偏差，可以延长恢复时间；这将引起用于稳定的“风车”手臂运动模式，有时在危急情况下人类也会使用它来稳定其姿势。

RAM/V 控制器的性能可以通过在加速度方面重新调整来进一步提高(将在 5.11.2 节中介绍)。通过这种重新设计，可以控制输入系统的角动量阻尼。有了这样的阻尼，可以确保收敛到稳定的接触状态，例如，不会直接引入脚旋转误差，如翻滚脚示例。

5.8.5 解析的动量框架内接触稳定的方法

通过将摩擦锥约束引入解析的动量框架中，可以确保接触的稳定[50]。然后可以生成与空间动量相关的适当的复合刚体(CRB)(反作用)力旋量。复合刚体(CRB)力旋量还通过 GRM 的切向分量与参考压力中心(CoP)建立相关性。在平坦地面的特殊情况下，该方法得出 ZMP 方程(4.38)。此外，该方法也为耦合问题提供了解决方案。从图 5.20 可以明显看出，求解包括两个步骤，第一步涉及公式(5.85)和公式(5.86)中的时间导数。给定基座连杆的预期运动，末端连杆(沿不受约束的运动方向)所需的运动以及加速度方面的其他姿态变化，即可确定水平方向 $\boldsymbol{i}_{C_h}^{\mathrm{des}}$ 上的所需角动量速率分量。由于公式(5.85)的时间导数不包括有关接触约束的信息，因此第一步将忽略它们。在第二步中，将 $\boldsymbol{i}_{C_h}^{\mathrm{des}}$ 插入 ZMP 方程。然后参考质心(CoM)轨迹求解(在 LIP 模式约束下)该方程，该轨迹将考虑接触约束和所需动量。该解是借助预见控制方法来获得的[68]。

基于动量方程(5.85)，在速度级设计了求解复合刚体(CRB)运动的任务空间控制器(请参见图 5.20)。给出具有接触约束的运动生成算法中第一步和第二步获得的参考角动量和参考线动量轨迹，该方程可对基本准速度 $\mathcal{V}_B$ 求解。最后，利用 $\mathcal{V}_B$ 从公式(5.87)中获得

关节速率 $\dot{\boldsymbol{\theta}}$ 的控制输入。从图 5.20 的框图可以明显看出，基座的参考空间加速度 $\dot{\mathcal{V}}_B^{\mathrm{ref}}$ 被算法修改，以考虑接触条件。以此方式可以解决独立指定的空间动量分量的固有矛盾。

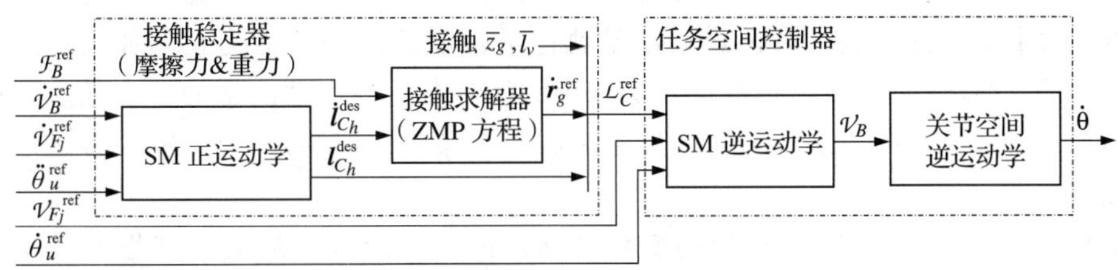

图 5.20 解析动量(RM)轨迹生成器[69]的框图，通过复合刚体(CRB)接触力旋量 $\mathcal{F}_B^{\mathrm{ref}}$[50]修改，以考虑在接触处的摩擦。空间动量(SM)正运动学模块参考公式(5.85)。SM 和关节空间逆运动学模块分别参考公式(5.86)和公式(5.87)

通过对仿人机器人末端连杆的远程操作实验，验证了该解析动量控制器的性能。由此，自主生成基座连杆的运动，扩大末端连杆的工作空间。通过零点力矩(ZMP)方程[109]，也可以自动使接触稳定。该方法也已经在手握扶手时步态稳定的多接触场景中进行了测试[80]。

5.8.6 由 CMP/VRP 参数化的空间动量速率稳定化

如 5.8.1 节所述，由于线性和角动量的变化率之间存在耦合，仅用线性分量来表示稳定器就足够了。首先，假设环境模型包括平坦的地面。在这种情况下，可以调用 LIP 模式的约束$\bar{\omega}=\sqrt{g/\bar{z}_g}=$常数，因此，可以应用前一节中的稳定性结果。参考的动量率是由公式(5.83)的上半部分获得的：

$$\dot{\boldsymbol{p}}_t^{\mathrm{ref}}=M\bar{\omega}^2(\boldsymbol{r}_g-\boldsymbol{r}_{\mathrm{cmp}}^{\mathrm{ref}}) \tag{5.101}$$

参考 CMP 可以由 LRWP(5.61)的 xCoM/ICP 动力学导出，如下所示：

$$\boldsymbol{r}_{\mathrm{cmp}}^{\mathrm{ref}}=\boldsymbol{r}_{\mathrm{ex}}-\frac{1}{\bar{\omega}}\dot{\boldsymbol{r}}_{\mathrm{ex}}^{\mathrm{des}}+k_x(\boldsymbol{r}_{\mathrm{ex}}-\boldsymbol{r}_{\mathrm{ex}}^{\mathrm{des}}) \tag{5.102}$$

k_x 表示反馈增益。如前面指出的，由于耦合问题，角动量率分量也将由 $\boldsymbol{r}_{\mathrm{cmp}}^{\mathrm{ref}}$ 参数化。通过将 CMP 控制律(5.102)插入公式(5.101)中，可以确定此 CMP 稳定器的输出。角动量的变化率不必明确计算，如 5.8.1 节所述，它将作为耦合作用的"副产品"稳定下来。

此外，值得注意的是，已经证明上述控制律不仅在平坦的地面上表现良好，而且在不规则的地形上也表现良好，例如使用混凝土砌块的边缘作为立足点[161]。在紧急情况下，即每当外推质心(xCoM)远离 BoS 时，通过与公式(5.102)耦合而稳定的角动量分量将确保适当的上身弓步动作，以将 xCoM 推回 BoS。但是，当注意到控制律(5.102)的形式与 VRP 控制律(5.77)的形式相同时，此结果可能不会太令人惊讶。回顾一下，后者是为不规则地形开发的，没有施加 LIP 模式约束。

5.8.7 具有渐近稳定性的 CRB 运动轨迹跟踪

CMP/VRP 稳定器在不规则的地形上运动已显示出优异的性能[22]，包括来源于近似的线型接触和点型接触[161]的极简足迹。但是，该稳定器不能独立于线性动量来控制角动量的变化率。因此，不可能以期望的角度进行主动的上身操纵，例如弯曲/伸展(即向前/

向后弯曲)、反转/翻转(即侧向弯曲)以及围绕竖直方向的旋转。当执行诸如从地板上捡起物体或伸手取物体的主动任务时，需要这些类型的演习或它们的组合。这样的演习也可用于反应性平衡任务期间基于协同的外部扰动的适应，如 7.6 节所述。迄今为止，文献中讨论的 CRB 动量控制器都缺乏对任意角动量轨迹进行渐近跟踪的能力。例如，在文献[88, 112]中，根本没有角向反馈，也缺少对所提出的控制器的稳定性的证明。文献[41]中也是如此。下文中将设计一个 CRB 空间动量控制器，确保对任何约束一致的 CRB 运动轨迹进行渐近跟踪。

CRB 运动轨迹是通过空间动量的变化率指定的。该量可以从运动方程的空间动力学分量中得出。为了简单起见且不失一般性，推导将基于具有混合准速度的表示法(请参见 4.8.2 节)。5.10.4 节和 5.12.1 节讨论了基于基本准速度的实现。公式(4.157)上半部分给出的空间动力学方程可以写成

$$\dot{\mathcal{L}}_C + \mathcal{G}_C = \mathcal{F}_C \tag{5.103}$$

其中 $\dot{\mathcal{L}}_C \equiv \frac{\mathrm{d}}{\mathrm{d}t}\mathcal{L}_C(\boldsymbol{q}, \dot{\boldsymbol{q}}_M)$。力旋量 $\mathcal{F}_C = \mathbb{C}_{cM}\overline{\mathcal{F}}^c$ 是净力旋量。这种力旋量，以后称为系统力旋量[⊖]，驱动空间动力学。然后可以将空间动量的参考变化率确定为(参见公式(4.146))，如下所示：

$$\dot{\tilde{\mathcal{L}}}_C^{\mathrm{ref}} = \mathbb{M}_C \dot{\mathcal{V}}_M^{\mathrm{ref}} + \dot{\mathbb{M}}_C \mathcal{V}_M \tag{5.104}$$

回顾一下，上波浪线符号代表 CRB 空间动量(CRB-SM)，即锁定关节情况下的系统空间动量(SSM)分量。还记得在本章中，假设稳定器的期望轨迹是线性和角度可行的复合刚体(CRB)运动轨迹。可以在传统前馈和 PD 反馈控制下跟踪此类轨迹。我们有

$$\dot{\boldsymbol{v}}_C^{\mathrm{ref}} = \dot{\boldsymbol{v}}_C^{\mathrm{des}} + K_{v_C}\dot{\boldsymbol{e}}_{p_C} + K_{p_C}\boldsymbol{e}_{p_C} \tag{5.105}$$

$$\dot{\boldsymbol{\omega}}_B^{\mathrm{ref}} = \dot{\boldsymbol{\omega}}_B^{\mathrm{des}} + K_{\omega_B}\boldsymbol{e}_{\omega_B} + K_{o_B}\boldsymbol{e}_{o_B} \tag{5.106}$$

这里 $\boldsymbol{e}_{\omega_B} = \boldsymbol{\omega}_B^{\mathrm{des}} - \boldsymbol{\omega}_B$ 表示基座连杆的角速度误差，其方向误差 $\boldsymbol{e}_{o_B}$ 和 CoM 位置误差 $\boldsymbol{e}_{p_C}$ 在 5.8.3 节中定义。$K_{(\circ)}$ 代表 PD 反馈增益。以上两个参考分量构成参考扭转 $\dot{\mathcal{V}}_M^{\mathrm{ref}} = [(\dot{\boldsymbol{v}}_C^{\mathrm{ref}})^{\mathrm{T}} \ (\dot{\boldsymbol{\omega}}_B^{\mathrm{ref}})^{\mathrm{T}}]^{\mathrm{T}}$，它们以固定基座机器人末端连杆轨迹跟踪中广泛使用的形式确定。但是，在浮动基座仿人机器人的平衡控制中，最好使用 5.6.3 节中得出的 DCM 稳定结果。该结果可以用 CoM 加速度表示为

$$\dot{\boldsymbol{v}}_C^{\mathrm{ref}} = \omega_X(\dot{\boldsymbol{r}}_X^{\mathrm{des}} + k_x(\boldsymbol{r}_X^{\mathrm{des}} - \boldsymbol{r}_X) - \dot{\boldsymbol{r}}_C) \tag{5.107}$$

在推导中，使用关系式(5.76)和(5.79)。

参考身体力旋量可以写成

$$\mathcal{F}_C^{\mathrm{ref}} = \dot{\tilde{\mathcal{L}}}_C^{\mathrm{ref}} + \mathcal{G}_C \tag{5.108}$$

该力旋量的作用是补偿重力作用并使 CRB 轨迹误差动力学线性化。这是实现渐近 CRB 运动轨迹跟踪的必要条件。充分性取决于运动发生器提供的预期 CRB 运动轨迹的可行性，以及使用任务空间控制器反馈的在线运动修改器的可行性(请参见图 5.1)。后者施加各种运动/力约束，以确保适当的平衡控制。详细信息将在 5.9 节中介绍。

⊖ 在文献[8]中，使用了术语“重力惯性力旋量”。

5.9 用于平衡控制的任务空间控制器设计

基于动量率的平衡控制器包括任务空间控制器，该任务空间控制器允许将空间动量(或等效地，一个身体力旋量)的变化率作为参考输入。任务空间控制器设计应考虑以下事实：空间动力学并不直接取决于关节扭矩。应解析参考输入以获得关节加速度作为控制输入。对于位置受控的仿人机器人，该控制输入被积分两次，以获得要输入到控制系统的关节角度。另一方面，用于控制的关节扭矩可以从关节空间部分动力学分量中提取(运动方程的下半部分，例如，如公式(4.158))。这意味着，除了关节加速度外，还应使用(即测量或计算)接触力旋量。

5.9.1 通用任务空间控制器结构

以上考虑决定了图 5.21 中所示的任务空间控制器的结构。由稳定器提供的输入是参考空间动量率$\dot{\tilde{\mathcal{L}}}_C^{ref}$，或者是参考 CRB 力旋量 $\mathcal{F}_C^{ref}$。控制器首先通过解决准静态力旋量分配(WD)问题来生成接触力旋量。如 3.5.2 节所述，这是一个欠定问题，在力域中被表述为约束优化任务。该解决方案可以通过非迭代方式(即广义逆)找到，也可以通过迭代方式(通用求解器)找到。约束源于摩擦锥的关系以及脚的单边接触。使用多面体凸锥近似摩擦锥(请参见 3.3.2 节)，以减少计算负担。由于这些约束是不等式类型，因此可能会首选通用求解器(即二次规划或 QP 求解器)来代替非迭代优化。此外，力旋量优化任务的制定还包括其他子任务，例如 CoP 局部化(通过 GRM)或接触力旋量最小化。作为力旋量优化任务的结果，将最小化差值$\|\mathcal{F}_C^{ref}-\mathbb{C}_c\overline{\mathcal{F}}_{opt}^c\|$。值得注意的是，优化任务的结果在很大程度上取决于参考 CRB 力旋量 $\mathcal{F}_C^{ref}$。理想的情况是当 $\mathbb{C}_c\overline{\mathcal{F}}_{opt}^c=\mathcal{F}_C^{ref}$时。这意味着参考 CRB 力旋量位于 CRB 力旋量锥内，即 $\mathcal{F}_C^{ref}$是接触一致的力旋量(请参见 3.76 节)。然后我们有

$$\dot{\tilde{\mathcal{L}}}_C^{ref}+\mathcal{G}_C=\mathcal{F}_C^{ref}\in\mathcal{F}_{BWC}=\{\mathbb{C}_{cC},BWC\}$$

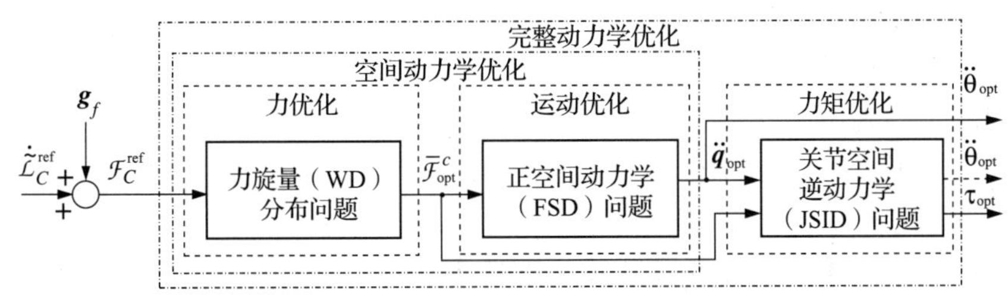

图 5.21 基于优化的平衡控制的通用任务空间控制器结构。动量率输入 $\dot{\mathcal{L}}_C^{ref}$(或 $\mathcal{F}_C^{ref}$)由稳定器提供。控制器的输出可以根据关节扭矩或关节加速度来指定，分别适用于扭矩控制或位置控制的机器人

一旦找到最佳的接触力旋量 $\overline{\mathcal{F}}_{opt}^C$，就可以解决正向空间动力学(FSD)问题。广义加速度 $\ddot{\boldsymbol{q}}_{opt}=(\dot{\mathcal{V}}_M^{opt},\ddot{\boldsymbol{\theta}}^{opt})$是从空间动力学方程获得的，即

$$\mathbb{M}_C\dot{\mathcal{V}}_M^{opt}+\boldsymbol{H}_{CM}\ddot{\boldsymbol{\theta}}^{opt}+\mathcal{C}_M+\mathcal{G}_C=\mathbb{C}_{cC}\overline{\mathcal{F}}_{opt}^c \tag{5.109}$$

请注意，FSD 问题也未确定。因此，必须涉及(差分)运动优化。传统方法是为沿约束运动方向和无约束运动方向的运动控制任务以及肢体和全身自我运动控制引入子任务优先级

(请参见 2.8.2 节)。作为优化的结果，获得了约束一致的 $\ddot{\boldsymbol{q}}_{\text{opt}}$。

刚刚描述的两步优化过程代表了顺序类型的优化。文献[87,88,167]使用了这种方法。也可以将广义加速度和力优化步骤组合为一个优化任务。但是，这种结合会带来一些计算成本，将在 5.11.1 节中解释。最好用两个较小的优化问题来代替单个较大的最优化问题[40]。

如前所述，在位置控制的仿人机器人的情况下，无须计算关节扭矩。$\ddot{\boldsymbol{\theta}}^{\text{opt}}$ 和它的时间积分可以作为控制输入。另一方面，在扭矩控制机器人的情况下，需要解决关节空间逆动力学(JSID)问题。请注意，一旦获得了 WD 问题和 FSD 问题的最佳解，就可以从公式(4.157)的下半部以唯一的方式计算出联合扭矩。我们有

$$\boldsymbol{\tau} = \boldsymbol{M}_{\theta M}\ddot{\boldsymbol{\theta}}^{\text{opt}} + \boldsymbol{H}_{CM}^{\mathrm{T}}\dot{\mathcal{V}}_{M}^{\text{opt}} + \boldsymbol{c}_{\theta M} - \mathcal{J}_{cM}^{\mathrm{T}}\overline{\mathcal{F}}_{\text{opt}}^{c} \tag{5.110}$$

请注意，等号左边的最后一项隐含补偿重力的作用。如 3.6.4 节所述，这种重力补偿方法会引入误差。为了避免它们，最好使用等效表达式(3.74)。最后一个方程采用以下形式：

$$\boldsymbol{\tau} = \boldsymbol{M}_{\theta M}\ddot{\boldsymbol{\theta}}^{\text{opt}} + \boldsymbol{H}_{CM}^{\mathrm{T}}\dot{\mathcal{V}}_{M}^{\text{opt}} + \boldsymbol{c}_{\theta M} + \boldsymbol{g}_{\theta} - \mathcal{J}_{cB}^{\mathrm{T}}\overline{\mathcal{F}}_{\text{opt}}^{c} \tag{5.111}$$

优化任务的结构如图 5.22 所示。基于 FSD(上两种方案)和 JSID(下两种方案)优化有两种基本结构。这些结构中的每一个都可以以顺序/非顺序的形式实现。非顺序实现通常涉及计算成本。因此，在进行实时控制时，如果可以使用接触一致的输入，则应优先使用顺序方案。

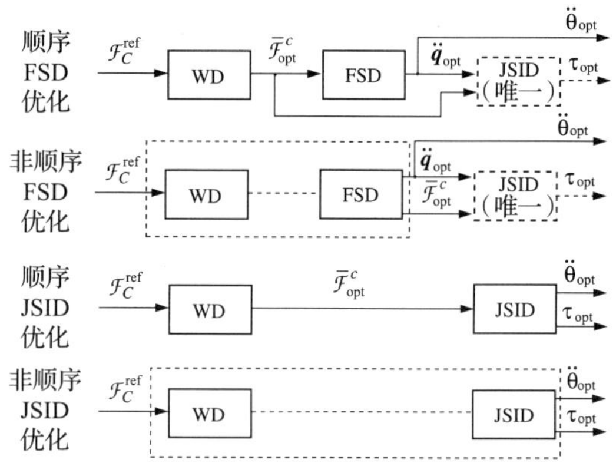

图 5.22　用于任务空间控制的优化任务结构

5.9.2　优化任务表述和约束

从 5.9.1 节介绍的通用任务空间控制器结构可以明显看出，必须在运动 $\mathcal{M}$ 和力 $\mathcal{F}$ 域上解决约束优化任务。在组织优化过程时，应考虑三种可能性：

- 基于广义逆的非迭代方法
- 基于通用求解器的迭代方法
- 混合、迭代/非迭代方法

在以下各节中将探讨这些可能性。

此外，优化过程基于运动和力域定义的约束的等式/不等式类型的子集。表 5.1 和表 5.2 分别列出了最常用的等式和不等式类型约束集。不等式类型的约束可以以直接的方式嵌入迭代优化方案。非迭代优化任务公式中也可以包含此类约束[118]。

表 5.1　等式类型约束

名称	符号	公式
运动方程	$\mathcal{F}_{\text{EoM}}$	(4.162)
闭链约束	$\mathcal{M}_{\text{CC}}$	(2.105)
空间动力学跟踪	$\mathcal{F}_{\text{SD}}$	$\mathbb{C}_c\overline{\mathcal{F}}^c = \mathcal{F}_C^{\text{ref}}$
空间动量率跟踪	$\mathcal{F}_{\text{SM}}$	$\dot{\mathcal{L}}_C = \dot{\mathcal{L}}_C^{\text{ref}}$
角动量最小化	$\mathcal{F}_{\text{AM}}$	$\boldsymbol{l}_C = \boldsymbol{0}$

（续）

名称	符号	公式
压力中心跟踪	$\mathcal{F}_{\mathrm{CoP}}$	(5.179)
末端连杆运动跟踪	$\mathcal{M}_{\mathrm{EL}}$	$\mathcal{J}_m\ddot{\boldsymbol{\theta}}=(\dot{\overline{\mathcal{V}}}^m)^{\mathrm{ref}}-\dot{\mathcal{J}}_m\dot{\boldsymbol{\theta}}$
接触力旋量跟踪	$\mathcal{F}_{\mathrm{CW}}$	$\overline{\mathcal{F}}^c=(\overline{\mathcal{F}}^c)^{\mathrm{ref}}$
关节扭矩跟踪	$\mathcal{F}_{\mathrm{JT}}$	$\boldsymbol{\tau}=\boldsymbol{\tau}^{\mathrm{ref}}$
关节加速度跟踪	$\mathcal{M}_{\mathrm{JA}}$	$\ddot{\boldsymbol{\theta}}=\ddot{\boldsymbol{\theta}}^{\mathrm{ref}}$
姿势跟踪	$\mathcal{M}_{\mathrm{PT}}$	$\boldsymbol{\theta}=\boldsymbol{\theta}^{\mathrm{ref}}$

表 5.2 不等式类型约束

名称	符号	关系
点接触摩擦锥	$\mathcal{F}_{\mathrm{FC}}$	(3.9)
平面接触扭转(偏航)摩擦	$\mathcal{F}_{\mathrm{FT}}$	在公式(3.11)中
CRB 力旋量锥面	$\mathcal{F}_{\mathrm{BWC}}$	(3.77)
CoP-in-BoS	$\mathcal{F}_{\mathrm{BoS}}$	(4.32)，为每个接触分别重写
转矩限制	$\mathcal{F}_{\mathrm{TL}}$	$\tau_i^{\min}\leqslant\tau_i\leqslant\tau_i^{\max}$
关节加速度限制	$\mathcal{M}_{\mathrm{AL}}$	$\ddot{\theta}_i^{\min}\leqslant\ddot{\theta}_i\leqslant\ddot{\theta}_i^{\max}$
关节速度限制	$\mathcal{M}_{\mathrm{VL}}$	$\dot{\theta}_i^{\min}\leqslant\dot{\theta}_i\leqslant\dot{\theta}_i^{\max}$
关节角限制	$\mathcal{M}_{\theta\mathrm{L}}$	$\theta_i^{\min}\leqslant\theta_i\leqslant\theta_i^{\max}$
避碰	$\mathcal{M}_{\mathrm{Col}}$	

制定优化任务时，主要考虑的问题之一是由于多个相互矛盾的约束而缺乏解。这个问题可以通过放松一个或多个等式类型约束 $\boldsymbol{Ax}-\boldsymbol{a}=\boldsymbol{0}$ 来减小。通过将约束重新格式化为该类型的二次目标函数来完成

$$c_l=\|\boldsymbol{Ax}-\boldsymbol{a}\|_{\mathrm{W}_l}^2$$

在此，$\boldsymbol{W}_1$ 表示权重矩阵。此后，该方法将称为约束松弛。表 5.1 中出现的下标将用于表示通过约束松弛导出的惩罚项。例如，在目标函数中，放宽关节加速度跟踪约束 $\mathcal{M}_{\mathrm{JA}}$ 会产生如下惩罚项。

$$c_{\mathrm{JA}}=\|\ddot{\boldsymbol{\theta}}-\ddot{\boldsymbol{\theta}}^{\mathrm{ref}}\|_{\mathrm{W}_{\mathrm{JA}}}^2$$

应该注意的是，不等式类型的约束也可以通过松弛变量来放宽(参见公式(2.60))。更多细节将在 5.14 节中给出。注意，严格地说，等式类型的约束有时称为硬约束。另一方面，惩罚类型约束 $c_{(\circ)}$ 称为软约束[25]。优化任务可以写成

$$\min_{x\in S}\sum_l c_l \tag{5.112}$$

其中 S 是一组(通常是凸的)硬约束。注意，松弛过程具有相对特征。当放宽多个约束条件时，针对范围广泛的任务，可能很难调整众多权重[18]。为了获得一个真实的、“自然外观”的全身运动，避免过度的姿势变化，应以与给定任务一致的方式确定权重[34]。但是，此问题仍未解决。

解矢量 $\boldsymbol{x}$ 的形式取决于优化子任务，我们有

$$\boldsymbol{x}=\begin{cases}[(\overline{\mathcal{F}}^c)^{\mathrm{T}}]^{\mathrm{T}} & \text{接触力旋量优化}\\ [(\overline{\mathcal{F}}^c)^{\mathrm{T}}\quad \ddot{\boldsymbol{q}}^{\mathrm{T}}]^{\mathrm{T}} & \text{基于空间动力学的优化}\\ [(\overline{\mathcal{F}}^c)^{\mathrm{T}}\quad \ddot{\boldsymbol{q}}^{\mathrm{T}}\quad \boldsymbol{\tau}^{\mathrm{T}}]^{\mathrm{T}} & \text{完整动力学优化}\end{cases} \tag{5.113}$$

此处概述的优化任务公式可用于非迭代以及多步(迭代)优化方案中。从计算成本的角度来看，非迭代的、基于广义逆的优化是可取的。问题是在这种情况下不能直接处理不等式类型的约束。然而，正如已经指出的那样，可以采用基于适当定义的二次目标的间接方法(即惩罚型方法)[118]。

5.10 非迭代身体力旋量分配方法

为了获得力旋量分布问题的非迭代解决方案，请按以下方式求解接触力旋量的公式(5.109)：

$$\overline{\mathcal{F}}^c_{\text{opt}} = \mathbb{C}^{-W}_{cC}(\dot{\widetilde{\mathcal{L}}}^{\text{ref}}_C + \mathcal{G}_C) + \boldsymbol{N}(\mathbb{C}_{cC})\overline{\mathcal{F}}^c_a \tag{5.114}$$

该解的形式与公式(3.62)相同。在 3.5.2 节的讨论中，回想起零空间项(等号右边的第二项)可以由内部力旋量参数化。该项的作用是生成准静态切向接触力旋量分量。这些分量可用于强制执行摩擦约束。此外，身体力旋量 $\mathcal{F}^{\text{ref}}_C = \dot{\widetilde{\mathcal{L}}}^{\text{ref}}_C + \mathcal{G}_C$ 通过特定的解项(等号右边的第一项)分布。注意，采用了接触映射的加权广义逆。如果选择 $\boldsymbol{W}=\boldsymbol{E}$，将通过伪逆来分配身体力旋量。但是，这样的分配是有问题的(请参见 3.5.4 节)。如果人们考虑在平坦的地面上保持静态姿势这一简单的主动任务，问题就会变得很明显。由于关节中没有运动，因此 $\dot{\widetilde{\mathcal{L}}}^{\text{ref}}_C$ 可以假定为零⊖。因此，仅重力项 $\mathcal{G}_C$将被分配。采用对称姿态，净压力中心将位于净质心中心；$\mathcal{G}_C$ 与伪逆平均分布在脚上。这意味着与静态变量的一致性。接下来，考虑不对称姿势受制于净 CoP 位于左脚 BoS 或右脚 BoS 之内。相应的脚将称为“负载”。负载脚上的法向反作用力补偿了施加的重力。另一方面，空载下脚的正常反应几乎为零。这意味着高度不对称的分布。请注意，在这种情况下，伪逆解将与静态不一致。从该观察结果中可以明显看出，基于伪逆的分布不适用于涉及脚的加载/卸载的任务，例如当步行或对干扰作出反应时。

5.10.1 基于伪逆的身体力旋量分布

另一方面，基于伪逆的分布在适应未知地形方面可能非常有用。考虑一个通用的每个末端连杆上都有多个(用户指定的)点接触[63]的接触模型。请注意，使用这种模型，接触处不必是共面的。净 CoP 可以写成

$$x_P = \frac{\sum_{i=1}^{\kappa} x_j f_{zi}}{\sum_{i=1}^{\kappa} f_{zi}}, \quad y_P = \frac{\sum_{i=1}^{\kappa} y_j f_{zi}}{\sum_{i=1}^{\kappa} f_{zi}}, \boldsymbol{f}_C = \sum_{i=1}^{\kappa} \boldsymbol{f}_i$$

其中 $\boldsymbol{r}_i$，$\boldsymbol{f}_i$，$i\in\{\overline{1,\kappa}\}$表示接触点的位置和反作用力。这些关系可以用以下形式重写：

$$\begin{bmatrix} x_P \\ y_P \\ 1 \end{bmatrix} f_{Cz} = \begin{bmatrix} x_1 & x_2 & \cdots & x_\kappa \\ y_1 & y_2 & \cdots & y_\kappa \\ 1 & 1 & \cdots & 1 \end{bmatrix} \begin{bmatrix} f_{z1} \\ f_{z2} \\ \cdots \\ f_{z\kappa} \end{bmatrix}$$

⊖ 在现实中，由于关节的灵活性以及环境等因素产生误差，这意味着 $\dot{\widetilde{\mathcal{L}}}^{\text{ref}}_C$ 不能完全忽略。

$$\begin{bmatrix} x_P \\ 1 \end{bmatrix} f_{Cx} = \begin{bmatrix} x_1 & x_2 & \cdots & x_\kappa \\ 1 & 1 & \cdots & 1 \end{bmatrix} \begin{bmatrix} f_{x1} \\ f_{x2} \\ \cdots \\ f_{x\kappa} \end{bmatrix}$$

$$\begin{bmatrix} y_P \\ 1 \end{bmatrix} f_{Cy} = \begin{bmatrix} y_1 & y_2 & \cdots & y_\kappa \\ 1 & 1 & \cdots & 1 \end{bmatrix} \begin{bmatrix} f_{y1} \\ f_{y2} \\ \cdots \\ f_{y\kappa} \end{bmatrix}$$

在给定 x_P^{des}，y_P^{des} 和 f_C^{des}的情况下，可以通过采用拟逆来直接求解 f_i^{des} 的上述矩阵矢量方程。由于采用了最低标准的解，因此 CRB 力旋量将均匀地分布在接触点上。如果接触消失，例如跨过边缘，均匀分布会导致脚旋转直到进行另一侧接触为止。这样，系统可以适应未知的地形，而无须进行力测量。

此外，可以通过添加用于内部力控制的零空间项来修改切线(x,y)方向上的最小范数解。这样就可以解决摩擦问题并避免滑倒。例如根据文献[62]中提出的阻抗控制法。

这种方法已用于转矩控制机器人的反应性平衡控制中，并且对相对较弱的未知干扰表现出较好响应[63,62]。另一方面，该方法不适用于强干扰下的反应阶跃式平衡控制，因为如前所述，脚无法以基于伪逆的分布进行加载/卸载。由于相同的原因，该方法也不能用于步态控制。

5.10.2 ZMP 分配器

以行走为目的，ZMP 分配器方法尝试以与静态一致的方式分配身体力旋量[71]。这意味着不对称分布。当净 CoP 在脚 $j, j\in\{r,l\}$ 的 BoS 内时，这只脚已完全加载(这意味着另一只脚将完全卸载)。这意味着重力项 $\boldsymbol{f}_G$ 将以离散方式分布，即不考虑 CoP 与足部 BoS 边界之间的距离。然后将由此获得的接触力分量用于从以下公式计算所需的踝关节扭矩(或接触力矩分量)：

$$\overline{\boldsymbol{m}}_j^c = (\boldsymbol{r}_{A_j} - \boldsymbol{r}_{P_j}^{\mathrm{des}}) \times \overline{\boldsymbol{f}}_j^c \tag{5.115}$$

其中，$\overline{\boldsymbol{f}}_j^c$ 和$\overline{\boldsymbol{m}}_j^c$ 是接触力旋量的分量，并且 $\boldsymbol{r}_{P_j}^{\mathrm{des}}$ 和 $\boldsymbol{r}_{A_j}$ 分别是 CoP 和踝关节的位置。另一方面，当净 CoP 在两脚之间时，启发式地确定力的分配比例并依据此分配净力。然后将所需的接触力分量用于获得所需的净踝关节扭矩。该扭矩也通过启发式分配。

但是，应注意的是，由于离散化和启发式，解决方案不能与静态状态完全一致。还请注意，分配需要期望的 CoP。尽管该方法在真实机器人(HRP-4C)的实验过程中显示出令人满意的性能[71]，但确实存在避免上述缺点的更好的解决方案，如 5.10.3 节和 5.10.4 节所示。

5.10.3 比例分配法

根据垂直 GRF 出现在摩擦约束(摩擦锥和扭转摩擦)以及 CoP-in-BoS 约束中[89]的观察结果，设计比例身体力旋量分配方法。从垂直 GRF 分量确定力的分配比例为

$$\eta = f_{rz} / f_{Gz}$$

其中 $f_{Gz} = f_{rz} + f_{lz}$ 是源自重力的反作用力。注意 $0 \leqslant \eta \leqslant 1$。然后使用该比率来计算所有 GRF 分量

$$f_{ri}=\eta f_{Gi},\quad f_{li}=(1-\eta)f_{Gi} \tag{5.116}$$

其中 $i\in\{x,y,z\}$。然后，通过适当变化 η 值，以连续的方式分配作用在 CoM(CRB 力)上的总反作用。例如，如果 $\eta=0.5$，则获得对称分布；另一方面，当 $\eta=0$ 或 $\eta=1$ 时，获得高度不对称的分布。这样，可以确保与静态状态的一致性。还请注意，使用上述比率，将始终满足摩擦锥约束。

此外，η 也可以用相似的方式分配 CRB 矩，即

$$m_{ri}=\eta(m_{ri}+m_{li}),\quad m_{li}=(1-\eta)(m_{ri}+m_{li})$$

但是，由于三个 GRM 分量取决于 GRF，因此无法保证满足 CoP-in-BoS 和扭转摩擦约束。在文献[89]中，建议解析地导出 η 的边界以缓解该问题。

比例分配法避免了 ZMP 分配器方法的离散力旋量分配的缺点。将在 5.12.2 节中介绍的一个实现示例将提供进一步的见解。

5.10.4　DCM 广义逆

一种非迭代力旋量分配方法基于所谓的 DCM 广义逆(DCM-GI)[58]，以多接触姿态动态分配身体力旋量。主要思想是将公式(5.114)中的权重矩阵设计为 DCM 的函数。该设计还应避免 ZMP 分配器的离散分配缺点，从而允许完全加载/卸载接触中的连杆。这样可以避免在接触转换期间不希望出现的脚/手滚动。分配方法还应确保与静力学的一致性，并且考虑到摩擦锥、扭转摩擦和 CoP-in-BoS 约束，其方式与 5.10.3 节中的比例分配方法类似，但具有多接触转换的附加功能。

假设 κ 个机器人连杆与环境接触，则身体力旋量可以表示为(参见公式(3.57))

$$\mathcal{F}_C=\begin{bmatrix}\boldsymbol{f}_C\\\boldsymbol{m}_C\end{bmatrix}=\sum_{k=1}^{\kappa}\left(\begin{bmatrix}\boldsymbol{E}_3 & \boldsymbol{0}_3\\-[\boldsymbol{r}_{\overleftarrow{Ck}}^{\times}] & \boldsymbol{E}_3\end{bmatrix}\begin{bmatrix}\boldsymbol{f}_k\\\boldsymbol{m}_k\end{bmatrix}\right) \tag{5.117}$$

式中，$\boldsymbol{r}_{\overleftarrow{Ck}}$是从第 k 个局部坐标系指向质心坐标系的位置矢量。局部坐标系连接到接触表面的脚踝/手腕关节投影。显然，身体的 GRM $\boldsymbol{m}_C$ 取决于脚/手反作用力旋量。在确定分配的权重系数之前，应消除这种依赖性。这可以通过从力旋量减去 GRF 引起的 GRM 来完成(参见(3.58))，如下所示：

$$\mathcal{F}_{\text{net}}\equiv\mathcal{F}_C-\sum_{k=1}^{\kappa}\begin{bmatrix}\boldsymbol{0}_3\\ [\boldsymbol{r}_{\overleftarrow{Ck}}^{\times}]\boldsymbol{f}_k\end{bmatrix} \tag{5.118}$$

回顾 3.6.1 节，此操作确保 $\mathcal{F}_{\text{net}}$可以表示为接触力旋量的总和，即 $\mathcal{F}_{\text{net}}=\sum_{k=1}^{\kappa}\mathcal{F}_k$。在这里，$\mathcal{F}_{\text{net}}$将借助出现在以下加权矩阵的对角线上的权重进行分配：

$$\boldsymbol{W}=\operatorname{diag}(\boldsymbol{W}_1\quad\boldsymbol{W}_2\quad\cdots\quad\boldsymbol{W}_\kappa)\in\Re^{c\times c}$$

其中 $\boldsymbol{W}_k\in\Re^{c_k\times c_k}$，$c_k$ 表示接触 k 的接触约束数量。当 $c_k=6$ 时我们有

$$\boldsymbol{W}_k\equiv\operatorname{diag}(\boldsymbol{w}_k^f\quad\boldsymbol{w}_k^m) \tag{5.119}$$

这里 $\boldsymbol{w}_k^f=[w_{k_x}^f\quad w_{k_y}^f\quad w_{k_z}^f]^{\mathrm{T}}$ 和 $\boldsymbol{w}_k^m=[w_{k_x}^m\quad w_{k_y}^m\quad w_{k_z}^m]^{\mathrm{T}}$ 是由净力旋量的力和力矩分量分配的正权重组成的矢量。由于权重矩阵是对角线，因此权重将确定力和力矩分量的分配比，如下所示：

$$w_{k_i}^f/w_{\bar{k}_i}^f=f_{\bar{k}_i}/f_{k_i} \tag{5.120}$$

$$w^m_{k_i}/w^m_{\bar{k}_i} = m_{\bar{k}_i}/m_{k_i}$$

$i\in\{x,y,z\}$。$\bar{k}$ 代表"非 k"，也就是说，如果 $k\in\{\overline{1,\kappa}\}$，则$\bar{k}\in\{\overline{1,\kappa}\}/k$ 从上述关系式可以看出，净力旋量是离散分布的，即

$$f_{k_i} = \frac{\widetilde{w}^f_i}{w^f_{k_i}} f_{\text{net}_i}, \quad m_{k_i} = \frac{\widetilde{w}^m_i}{w^m_{k_i}} m_{\text{net}_i} \tag{5.121}$$

f_{net}和 m_{net_i} 分别表示净力旋量的标量力和力矩分量。引入了权重系数上的波浪号，以说明多重接触的情况，即

$$\widetilde{w}^f_i = \frac{P^f_i}{\sum_{k=1}^{\kappa}\frac{P^f_i}{w^f_k}}, \quad P^f_i = \prod_{k=1}^{\kappa} w^f_{k_i}, \quad \widetilde{w}^m_i = \frac{P^m_i}{\sum_{k=1}^{\kappa}\frac{P^m_i}{w^m_k}}, \quad P^m_i = \prod_{k=1}^{\kappa} w^m_{k_i}$$

在下文中，将给出简单的示例以更好地理解公式(5.121)。为了清楚且不失一般性，基于DCM-GI 的方法将首先应用于双腿站立(DS)姿势，满足 $c=12$。通过基于以下三个策略的设计，可以实现预想的 DS 到单腿站立(SS)以及 SS-to-DS 的转换。

垂直 GRF 力分配策略

将双腿站立的加权矩阵表示为

$$\boldsymbol{W}_X = \text{diag}(\boldsymbol{W}_R \quad \boldsymbol{W}_L) \in \Re^{12\times 12}$$

净接触力旋量为公式(5.118)的 $\mathcal{F}_F=\mathcal{F}_R+\mathcal{F}_L$[⊖]。参考公式(5.120)，以下比率将用于实现此处提出的方法：

$$f_{R_z}/f_{L_z} = \frac{\|\boldsymbol{r}_P-(\boldsymbol{r}_L+\boldsymbol{r}_{\overleftarrow{P_L L}})\|}{\|\boldsymbol{r}_P-(\boldsymbol{r}_R+\boldsymbol{r}_{\overleftarrow{P_R R}})\|} \tag{5.122}$$

式中，$\boldsymbol{r}_p\in\Re^3$ 表示净 CoP，$\boldsymbol{r}_k$ 是脚踝中心 k 的位置，$\boldsymbol{r}_{\overleftarrow{p_k k}}$是从 $\boldsymbol{r}_k$ 指向局部 CoP $\boldsymbol{r}_{p_k}$ 的位置矢量。每个脚接触处的垂直反作用力分量由以下内部乘积确定：

$$w^f_{k_z} = s_k[\Delta r_x \quad \Delta r_y \quad 0](\boldsymbol{r}_X-\boldsymbol{r}^{ds}_k) \tag{5.123}$$

其中 $\boldsymbol{r}^{ds}_k=\boldsymbol{r}_k+\Delta\boldsymbol{r}_k$。如图 5.23 所示，$\Delta\boldsymbol{r}_k$ 矢量的水平分量指定相对于局部接触框架的双支撑区域，固定在局部接触的地面投影 $\boldsymbol{r}_k$ 上脚踝中心。$\Delta\boldsymbol{r}_k$ 矢量在几何上被约束在脚 BoS 内；我们有

$$l^{\min}_h \leqslant \Delta r_{k_h} \leqslant l^{\max}_h, \quad h\in\{x,y\} \tag{5.124}$$

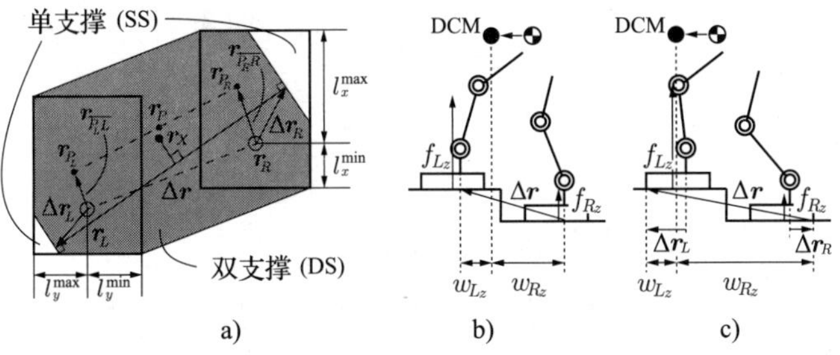

图 5.23　与力旋量分配策略有关的几何关系。a)双支撑区域由用户或系统通过 $\Delta\boldsymbol{r}_k$ 指定。b)将$\Delta\boldsymbol{r}_k$ 设置为零，垂直反作用通过脚踝。c)通过在外部顶点处设置 $\Delta\boldsymbol{r}_k$，可以将整个 BoS 作为双支撑区域

⊖ 对于力/力矩分矢量也是如此，即 $f_F=f_R+f_L$，$m_F=m_R+m_L$。

从公式(5.123)中可以明显看出，矢量 $\Delta\boldsymbol{r}=\boldsymbol{r}_L^{ds}-\boldsymbol{r}_R^{ds}$ 的垂直分量设置为零。这使得力旋量分配问题成为平面问题。项 $s_R=1$，$s_L=-1$ 确保垂直反作用的正定性，与脚的单边接触条件一致。请注意，分布权重(5.123)取决于 DCM 与动态稳定区域之间的距离。还要注意，当差 $\boldsymbol{r}_X-\boldsymbol{r}_k^{ds}=\boldsymbol{0}$ 时，权重矩阵变为奇异矩阵，这种情况应该避免。

首先考虑静态情况，$\dot{\boldsymbol{r}}_C=\boldsymbol{0}$ 和 $\boldsymbol{r}_X=\boldsymbol{r}_C$。当 CoM 在双支撑区域内时，$w_{k_z}^f<1$。在 DS-SS 边界 $k(\boldsymbol{r}_C=\boldsymbol{r}_k^{ds})$时，$w_{k_z}^f=1$ 和 $w_{\bar{k}_z}^f=0$。然后可以将垂直力分配策略描述为连续且与静力学一致。例如，当 $\Delta\boldsymbol{r}_k=\boldsymbol{0}$ 时(如图 5.23b 所示)，在 CoM 超过踝关节 k 的静态姿态下，踝关节将获得最小的负荷。那个脚踝处的反作用力就变成了结构力(即反作用力不会产生力矩)。在脚踝处$\bar{k}$完全没有反作用力。人类有时会使用这种加载/卸载静态姿势来放松。在另一个示例中，如图 5.23c 所示，在 BoS 的外部顶点处设置 $\Delta\boldsymbol{r}_k$。这样，整个 BoS 构成了动态稳定区域。这也意味着没有转换发生，即仅设想了摇摆的任务。

除了静力学以外，由于使用了 DCM，因此上述垂直 GRF 分配策略也与动态状态保持一致。在下面的示例中，这将通过动态接触转换进行演示。

摩擦策略

净力旋量分布关系(5.121)可用于表达摩擦锥约束(3.9)如下：

$$\frac{\sqrt{((\tilde{w}_x^f/w_{k_x}^f)f_{\text{net}_x})^2+((\tilde{w}_y^f/w_{k_y}^f)f_{\text{net}_y})^2}}{(\tilde{w}_z^f/w_{k_z}^f)f_{\text{net}_z}}\leqslant\mu_k$$

这是一个不等式约束，不能直接采用。为了最大程度地减少摩擦的影响，请使用以下基于等式的摩擦锥策略。根据以上关系，

$$\frac{\sqrt{((\tilde{w}_x^f/w_{k_x}^f)f_{\text{net}_x})^2+((\tilde{w}_y^f/w_{k_y}^f)f_{\text{net}_y})^2}}{(\tilde{w}_z^f/w_{k_z}^f)f_{\text{net}_z}}=\frac{f_{\text{net}_x}^2+f_{\text{net}_y}^2}{f_{\text{net}_z}}$$

或

$$((\tilde{w}_x^f/w_{k_x}^f)f_{\text{net}_x})^2+((\tilde{w}_y^f/w_{k_y}^f)f_{\text{net}_y})^2=(\tilde{w}_z^f/w_{k_z}^f)^2(f_{\text{net}_x}^2+f_{\text{net}_y}^2)$$

现在，假设 $w_{k_x}^f=w_{k_y}^f\equiv w_{k_h}^f$，$h\in\{x,y\}$然后

$$(\tilde{w}_h^f/w_{k_h}^f)^2(f_{\text{net}_x}^2+f_{\text{net}_y}^2)=(\tilde{w}_z^f/w_{k_z}^f)^2(f_{\text{net}_x}^2+f_{\text{net}_y})^2 \tag{5.125}$$

其中 $\tilde{w}_h^f/w_{k_h}^f=\tilde{w}_z^f/w_{k_z}^f$ 且 $w_{k_h}^f=w_{k_z}^f$。

接下来，考虑扭转摩擦约束 $\mathcal{F}_{FT}$(参见表 5.2 和公式(3.11))，借助公式(5.121)将其改写为

$$\frac{(\tilde{w}_z^m/w_{k_z}^m)|m_{\text{net}_z}|}{(\tilde{w}_z^f/w_{k_z}^f)f_{\text{net}_z}}\leqslant\gamma_k$$

基于这种不等式，将采用以下扭转摩擦分配策略：

$$\frac{(\tilde{w}_z^m/w_{k_z}^m)|m_{\text{net}_z}|}{(\tilde{w}_z^f/w_{k_z}^f)f_{\text{net}_z}}=\frac{|m_{\text{net}_z}|}{f_{\text{net}_z}}$$

因此，

$$\tilde{w}_z^n/w_{k_z}^n=\tilde{w}_z^f/w_{k_z}^f$$

CoP 分配政策

净力旋量分配关系(5.121)可用于表示局部接触框架中的足部 CoP，如下所示：

$$\boldsymbol{r}_{P_k}=\begin{bmatrix}-((\tilde{w}_y^m/w_{k_y}^m)m_{\mathrm{net}_y})/((\tilde{w}_z^f/w_{k_z}^f)f_{\mathrm{net}_z})\\((\tilde{w}_x^m/w_{k_x}^m)m_{\mathrm{net}_x})/((\tilde{w}_z^f/w_{k_z}^f)f_{\mathrm{net}_z})\end{bmatrix}$$

显然，足部 CoP 位置取决于垂直力分布。这意味着当脚要卸载时，足部 CoP 将移向 BoS 边界，最终导致脚部翻滚。为避免此问题，应在 CoP 方程中补偿不对称垂直反作用力分布的影响。当以下关系成立时，可以完成此操作。

$$\begin{bmatrix}-((\tilde{w}_y^m/w_{k_y}^m)m_{\mathrm{net}_y})/((\tilde{w}_z^f/w_{k_z}^f)f_{\mathrm{net}_z})\\((\tilde{w}_x^m/w_{k_x}^m)m_{\mathrm{net}_x})/((\tilde{w}_z^f/w_{k_z}^f)f_{\mathrm{net}_z})\end{bmatrix}=\begin{bmatrix}-m_{\mathrm{net}_y}/f_{\mathrm{net}_z}\\m_{\mathrm{net}_x}/f_{\mathrm{net}_z}\end{bmatrix}$$

因此

$$\tilde{w}_x^m/w_{k_x}^m=\tilde{w}_y^m/w_{k_y}^m=\tilde{w}_z^f/w_{k_z}^f$$

CoP 分配问题可能与动态稳定区域的设置有关，如下所示。首先，请注意，从公式(5.117)(另请参见图 5.24)可以看出，当净垂直 GRF $\boldsymbol{f}_{\mathrm{net}}$ 对身体力矩 $\boldsymbol{m}_B$ 的贡献相对较大时(图 5.24 中的实心箭头)，反作用力矩(图 5.24 中的透明箭头)将相对较小。因此，较大的力权重将产生较小的待分配净力矩，即较小的净足部 GRM $\boldsymbol{m}_{\mathrm{net}}$。另一方面，根据公式(5.123)，动态稳定区域确定力权重。动态稳定区域越小，力权重就越大。以这种方式，反作用力矩将最小化，并且 CoP 将分配为更靠近脚踝/手腕投影处的局部框架。具有较大的动态稳定区域时，由于较大的地面反作用力矩而导致 CoP 的分配与局部框架分离，因此很可能发生脚部翻滚(见图 5.24b)。

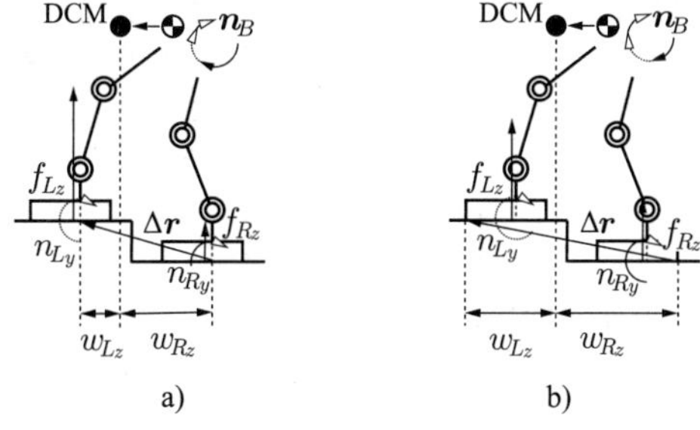

图 5.24 垂直足部反作用力、切向反作用力矩和净基座力矩之间的关系：a)较小的 DS 区域设置会在双脚产生较小的反作用力矩；b)较大的 DS 区域设置会产生较大的反作用力矩，并增加脚部翻滚的可能性

最终结果

由于摩擦锥、扭转摩擦和 CoP 分配策略的影响，DCM-GI 中的权重矩阵假设采用简单形式

$$\boldsymbol{W}_k=(w_{k_z}^f\boldsymbol{E}_6)\tag{5.126}$$

该结果强调了适当的垂直反作用力分布的重要作用。应该注意的是，DCM-GI 分配算法会引入错误，因为所分配的净力旋量(5.118)与实际身体力旋量不同。但是误差很小且仅在力分量中出现。

DCM-GI 力旋量分配方法可以直接扩展，以应对非共面的接触姿势[58]。在这种情况下，需要内部力旋量控制。这可以通过公式(5.114)中的零空间分量来实现。该方法也可以应用于多接触(例如三重支撑)姿势。下面将介绍这种情况的实现示例。此外，该方法非常适合于响应未知外部干扰的反应性平衡控制。一个实现示例将在 7.7 节中介绍。

具有基于 DCM-GI 的身体力旋量分配的简单平衡控制器

在基于 DCM-GI 的身体力旋量分配方法下获得的参考接触力旋量可以写为(参见公式(5.114))

$$(\overline{\mathcal{F}}^{c})^{\text{ref}} = \mathbb{C}_{cC}^{-W_X}(\dot{\tilde{\mathcal{L}}}_{C}^{\text{ref}} + \mathcal{G}_{C}) + \boldsymbol{N}(\mathbb{C}_{cC})\overline{\mathcal{F}}_{a}^{c} \tag{5.127}$$

如前所述，仅在非共面接触的情况下才需要内部力旋量控制分量(即零空间项)。可以从 5.8.7 节中描述的渐近稳定的 CRB 运动跟踪控制器确定 $\dot{\tilde{\mathcal{L}}}_{C}^{\text{ref}}$ 的线性分量和角分量。

扭矩控制机器人的相对简单的平衡控制器可以来自 JSID 的解(4.244)。我们有

$$\boldsymbol{\tau} = \boldsymbol{g}_{\theta} - \mathcal{J}_{cB}^{\mathrm{T}}(\overline{\mathcal{F}}^{c})^{\text{ref}} - N^{*}(\mathcal{J}_{cM})\boldsymbol{M}_{\theta_M}\boldsymbol{K}_{\theta_D}\dot{\boldsymbol{\theta}} \tag{5.128}$$

最后一个术语表示关节阻尼，该阻尼用于抑制手臂的运动。该项是从混合准速度约束雅可比矩阵的零空间中推导出来的，以确保不会干扰其他两个项。如 3.6.4 节末尾所阐明的，与基本准速度约束雅可比映射 $\mathcal{J}_{cB}^{\mathrm{T}}$ 结合、使用 $\boldsymbol{g}_{\theta}$ 进行的分布式重力补偿，比 $\mathcal{J}_{cM}^{\mathrm{T}}\overline{\mathcal{F}}^{c}(\mathcal{G}_{C})$ 的集中重力补偿产生了更好的结果。这样就可以避免重力补偿和 $(\overline{\mathcal{F}}^{c})^{\text{ref}}$ 项之间的干扰。控制框图如图 5.25 所示。该控制器可用于单腿或双腿站立以及相应转换期间的平衡控制。在 5.12.2 节中将给出具有主动平衡控制任务的实施方案。7.7 节提供了带有反应性任务的另一种实现。

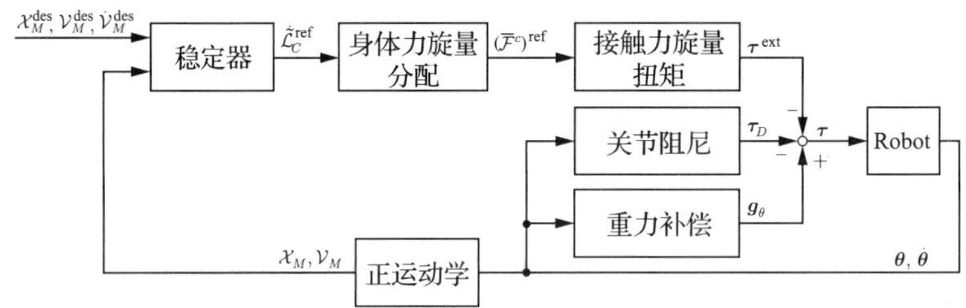

图 5.25 以单/双腿平衡控制扭矩的机器人的控制框图。控制器确保可行的期望 CRB 轨迹的渐近轨迹跟踪和基于 DCM-GI 的身体力旋量分配方法

实现示例

以下示例演示了主动接触中具有多接触转换的 DCM-GI 身体力旋量分布控制能力。线性和角动量的参考变化率可以分别由公式(5.107)和公式(5.106)确定。在该特定示例中，使用了用于角运动的虚拟粘性阻尼器，即 $\dot{\boldsymbol{l}}_{B}^{\text{ref}} = -D_{\omega}\boldsymbol{\omega}_{B}$，$D_{\omega}$ 表示阻尼增益。

通过在 OpenHRP3 中的仿真检查了 DCM-GI 平衡控制器的性能(请参见第 8 章)。使用与 HOAP-2 机器人[26]参数类似的小型仿人机器人模型。有关关节的编号和其他相关数据，请参见 A.1 节。占地面积(BoS)为($\boldsymbol{l}_x^{\max}, \boldsymbol{l}_x^{\min}, \boldsymbol{l}_y^{\max}, \boldsymbol{l}_y^{\min}$)=(58，−40，31.5，−31.5)mm 相对于踝关节中心。空间动量率稳定器的增益设置为 $k_X = 300$ 和 $D_{\omega} = 50$。使用 5.12.1 节所述的基于扭矩的全身控制器。通过从传统运动学 PD 反馈加前馈控制律(参见图 5.30)获得的关节扭矩分量，将脚和手的末端连杆沿无约束运动方向作为优先级较低的子任务进行控制。

最初，机器人处于三重支撑(TS)姿势：脚部为平面接触的双支撑(DS)姿势加右手的点接触姿势。由于脚接触面是共面的，因此不需要内部力旋量控制。因此，公式(5.114)

中的零空间项设置为零。动态稳定区域的边界由两个踝关节的位置和手部接触确定，即设置 $\Delta\boldsymbol{r}_k=\mathbf{0}$，$k=1$，2，3。主动平衡控制任务定义为 DCM 跟踪任务，以获取两个连续的接触转换：首先抬起左脚(从 TS 到 DS)，然后抬起手(从 DS 到 SS[⊖])。所需的 DCM 值分别设置为 $\boldsymbol{r}_X^{des}(t_0)=(0,0,0)$ $\boldsymbol{r}_X^{des}(t_1)=(30,-75,0)$，$\boldsymbol{r}_X^{des}(t_2)=(25,-40,0)$mm，其中 $t_0=3$s，$t_1=7$s 和 $t_2=9$s。这些位置通过五阶样条曲线连接。

模拟结果的快照和图表分别显示在图 5.26 和图 5.27 中。结果以动画形式显示在 Video 5.10-1[57] 中。CoM 的轨迹从图 5.27a 可见。首先，CoM 向右脚移动并稍微向前移动，向手部接触移动。因此，左脚的接触力逐渐减小(参见图 5.27b)。在 $t_1=7$s 时，左脚接触力变为零。然后确保从 TS 到 DS 的连续接触转换，仅导致右脚与手部的接触。这种转换是可能的，因为身体力旋量分配方法可确保相同的分配比率。转换后，左脚垂直抬起。同时，CoM 在右脚踝关节上方移动，从而使手接触力逐渐减小(参见图 5.27c)。在 $t_2=9$s 时，手接触力变为零。然后确保从 DS 到 SS 的接触转换，而不会产生过多的反作用力。右脚的接触力如图 5.27d 所示。

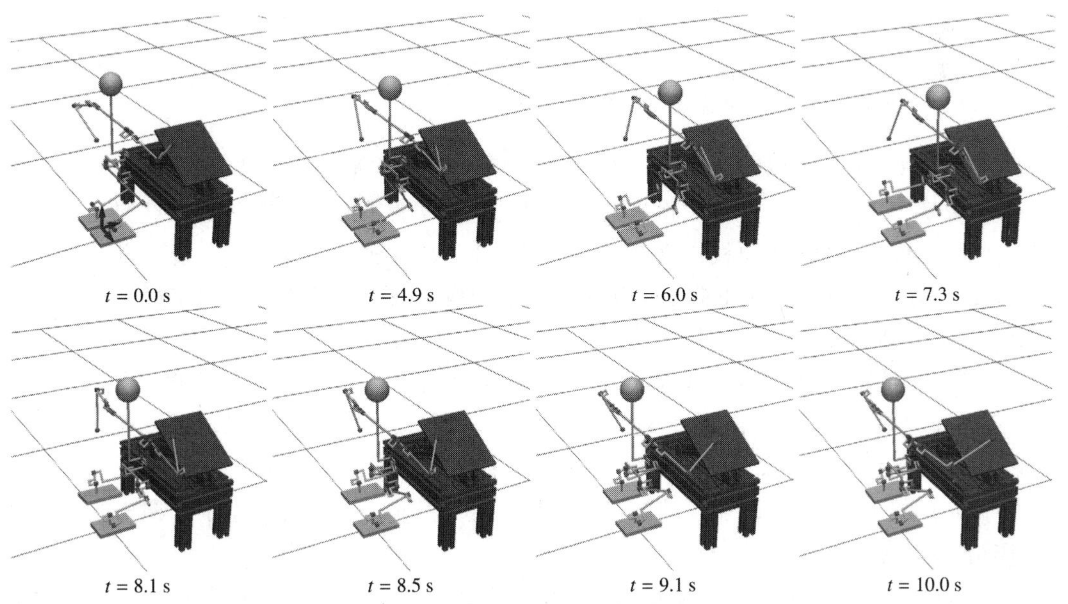

图 5.26 多接触转换任务。快照：最初，机器人在平坦的地面上处于双脚站立，右手(点)接触倾斜表面(三重支撑(TS)姿势)。身体力旋量通过 DCM-GI 重新分配，如下所示。首先，左脚接触逐渐卸载，从而可以将脚抬离地面(在 $t=7.3$s，双支撑(DS)姿势)。然后，手部接触逐渐卸载，从而可以将手抬离桌子(在 $t=10.0$s，单支撑(SS)姿势)

5.10.5 VRP 广义逆

如 5.10.4 节所示，DCM-GI 力旋量分配方法可用于多接触转换。但应注意的是，对于需要快速改变接触状态的任务(例如动态行走或反应性踏步)，分配应基于二阶公式，而不是基于一阶公式。正如 DCM $\boldsymbol{r}_X$ 的情况一样。VRP $\boldsymbol{r}_{vrp}$ 表示一个二阶公式，事实证明它非常适合于这种分配类型。

⊖ SS 代表“单支撑”。

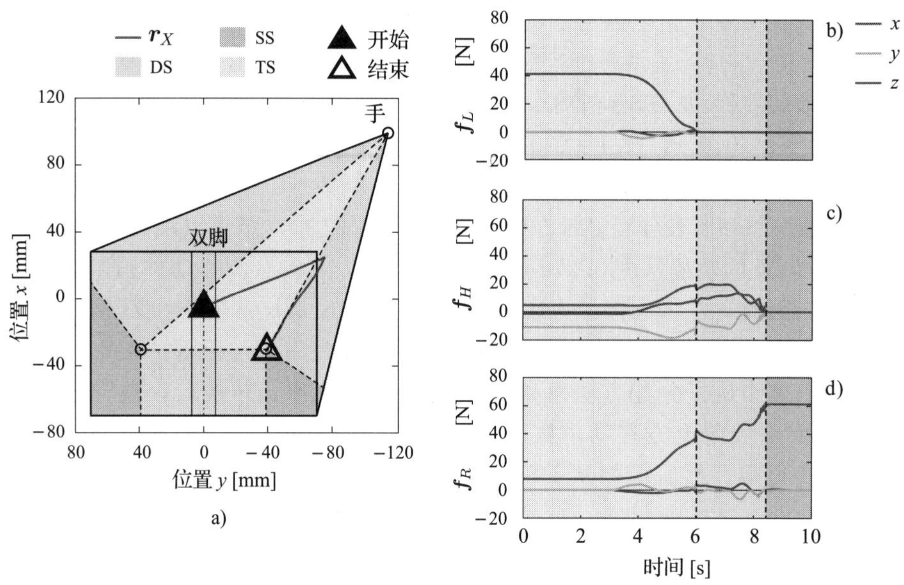

图 5.27　多接触转换任务。a) TS/DS/SS 动态稳定区域设置和 DCM 的轨迹。脚内的圆圈表示踝关节。b)～d) 接触处的 GRF（见彩插）

在 DCM-GI 框架内以简单的方式实现基于 VRP 的力旋量分配：在公式(5.123)中，只需将 $\boldsymbol{r}_X$ 替换为 $\boldsymbol{r}_{\text{vrp}}$。5.10.4 节中得出的所有其他关系仍然有效。以这种方式获得的加权矩阵将表示为 $\boldsymbol{W}_{\text{vrp}}$。各自的加权广义逆将简称为 VRP 广义逆或 VRP-GI。请注意，由于在基于 VRP-GI 的力旋量分布下假定了快速的接触转换，因此无须指定不同于最小接触面积的稳定区域，即 $\Delta\boldsymbol{r}_k=\boldsymbol{0}$。

为了了解使用 VRP 替代 DCM 的含义，请考虑机器人处于双腿站立时的动态状态，角动量的变化率为零，因此，净 CoP 是 VRP 的垂直投影。此外，假设局部 CoP $\boldsymbol{r}_{\overleftarrow{p_k k}}$ 在各个踝关节的地面投影处（参见图 5.23a）。这意味着净 CoP 位于连接踝关节投影的线上（即，由 $\Delta\boldsymbol{r}$ 确定的线上）。如前所述，动态稳定区域设置为最小。在这种状态下，期望获得不产生 GRM 的力旋量分布。

可以确认，使用 VRP-GI 可以实现上述力旋量分布。相反，由于 DCM 不位于上述连线，因此 DCM-GI 无法做到这一点。在动态状态下，DCM 的地面投影（即 xCoM）始终偏离直线（请参见图 5.23a）。通常，在与上述特殊情况不同的状态下，由 VRP-GI 分配引起的踝关节处的力矩将小于由 DCM-GI 分配引起的踝关节处的力矩。如前所述，这还支持更快的接触转换——这是动态步态任务中非常理想的属性。VRP-GI 在动态行走中的实现将在 7.4 节中讨论。

5.10.6　基于关节扭矩的接触力旋量优化

从前面的讨论中可以明显看出，身体 WD 问题在平衡控制中起着重要作用。提供的解决方案表明该问题并非微不足道。作为身体力旋量的一种替代选择，可以使接触力旋量最大程度减小。各个优化框架可以基于全局动力学的逆解（参见公式(4.238)）；然后我们有

$$\boldsymbol{\tau}=\boldsymbol{V}^{\dagger}\boldsymbol{V}_r^{\mathrm{T}}(\boldsymbol{M}\ddot{\boldsymbol{q}}+\boldsymbol{h})+(\boldsymbol{E}-\boldsymbol{V}^{\dagger}\boldsymbol{V}_r^{\mathrm{T}}\boldsymbol{S}^{\mathrm{T}})\boldsymbol{W}^{-1}\boldsymbol{\tau}_a \tag{5.129}$$

回想一下，$\boldsymbol{V}^{\dagger}=\boldsymbol{W}^{-\frac{1}{2}}(\boldsymbol{V}_r^{\mathrm{T}}\boldsymbol{S}^{\mathrm{T}}\boldsymbol{W}^{-\frac{1}{2}})^{+}\in\Re^{n\times r}$，$\boldsymbol{V}_r$ 提供与欠定任务相关的最小零空间基础，

$\boldsymbol{S}\in\Re^{n\times(n+6)}$是欠驱动滤波矩阵，受制于广义力矢量 $\mathcal{Q}=\boldsymbol{S}^{\mathrm{T}}\boldsymbol{\tau}$(参见公式(2.102))。请注意，由于上述解决方案是通过约束力消除方法得出的(请参见 4.12 节)，因此不存在接触约束。还要注意，空间动力学没有明确显示。这意味着无法直接解决 WD 问题。但是，可以间接优化接触力旋量。事实上，请注意，该解由对称的正定权重矩阵 $\boldsymbol{W}$ 和任意的关节扭矩矢量 $\boldsymbol{\tau}_a$ 参数化。这些参数可以通过优化来确定。将二次分量和线性分量相结合的适当目标函数表述为[126]：

$$\min_{\boldsymbol{x}}(c_{JT}+c_{CW}+\boldsymbol{b}_{JT}^{\mathrm{T}}\boldsymbol{\tau}+\boldsymbol{b}_{CW}^{\mathrm{T}}\boldsymbol{\tau}^{c}) \tag{5.130}$$

其中 $\boldsymbol{x}=[\boldsymbol{\tau}^{\mathrm{T}}\quad(\overline{\mathcal{F}}^{c})^{\mathrm{T}}]^{\mathrm{T}}$。项 c_{JT} 和 c_{CW} 是惩罚项，等式约束 $\mathcal{F}_{JT}|_{\boldsymbol{\tau}^{\mathrm{ref}=0}}$ 和 $\mathcal{F}_{CW}|_{(\overline{\mathcal{F}}^{c})^{\mathrm{ref}=0}}$ 的二次型松弛；$\boldsymbol{b}_{(\circ)}$ 表示使线性分量参数化的任意矢量。注意，通过适当的权重矩阵 $\boldsymbol{W}_{(\circ)}$ 对二次分量 $c_{(\circ)}$ 进行了参数化。项 c_{JT} 和 c_{CW} 分别使总关节扭矩和接触力旋量最小。以上最小化任务的解决方案为[126]：

$$\boldsymbol{W}=\boldsymbol{W}_{JT}+\boldsymbol{S}\boldsymbol{W}_{CW}\boldsymbol{S}^{\mathrm{T}} \tag{5.131}$$

$$\boldsymbol{\tau}_a=-\boldsymbol{b}_{JT}+\boldsymbol{S}\boldsymbol{W}_{CW}(\boldsymbol{M}\ddot{\boldsymbol{q}}+\boldsymbol{h})+\boldsymbol{S}\boldsymbol{b}_{CW} \tag{5.132}$$

尽管接触力旋量在公式(5.129)中没有明确显示，但可以通过 c_{CW} 项将其最小化。请注意，

$$\boldsymbol{W}_{CW}=\boldsymbol{J}_c\boldsymbol{W}_{\kappa}\boldsymbol{J}_c^{\mathrm{T}} \tag{5.133}$$

由约束产生的关节扭矩将最小化，即 $c_{CW}=\|\boldsymbol{\tau}^{c}\|_{W_K}^{2}$。这意味着可以将接触力旋量最小化问题重新表述为关节扭矩最小化问题。在上式中，$\boldsymbol{J}_c$ 表示系统约束雅可比矩阵。

有几种可以解决(隐式)接触力旋量优化问题的可能性。最简单的方法就是使用适当定义的 $\boldsymbol{W}_{CW}$ 最小化接触力旋量的二次成本。为此，在公式(5.131)和公式(5.132)中设置 $\boldsymbol{W}_{JT}=\boldsymbol{0}$ 和 $\boldsymbol{b}_{JT}=\boldsymbol{0}=\boldsymbol{b}_{CW}$。请注意，使用公式(5.133)中的 $\boldsymbol{W}_{CW}$ 和 $\boldsymbol{W}_K=\boldsymbol{M}^{-1}$，$c_{CW}$ 最小化子任务将产生动态一致的(就高斯的最小约束原理而言)解。接下来，为了解决摩擦约束，可以尝试使切线反作用力和反作用力矩分量尽可能减小。可以借助以下权重矩阵[126]完成此操作：

$$\boldsymbol{W}_{CW}=\begin{bmatrix}\mathbb{R}_{F_r}^{\mathrm{T}}\boldsymbol{W}_{F_r}\mathbb{R}_{F_r} & \boldsymbol{0}\\ \boldsymbol{0} & \mathbb{R}_{F_l}^{\mathrm{T}}\boldsymbol{W}_{F_l}\mathbb{R}_{F_l}\end{bmatrix} \tag{5.134}$$

子矩阵 $\boldsymbol{W}_{F_j}=\mathrm{diag}(\alpha_{f_jx},\alpha_{f_jy},1,\alpha_{m_jx},\alpha_{m_jy},\alpha_{m_jz})$包含分量的权重。这种最小化产生相对保守的解。

但是，上述两种接触力旋量的最小化方法用途有限，因为它们产生相等的垂直力分布与静态状态不一致。更好的方法是对动态一致的参考接触力旋量分量进行基于力控制的跟踪。然后可以将目标函数表述为

$$\min_{\boldsymbol{x}} c_{CW}$$

其中 $\boldsymbol{x}=\overline{\mathcal{F}}^{c}$，$c_{CW}=\|\overline{\mathcal{F}}^{c}-(\overline{\mathcal{F}}^{c})^{\mathrm{ref}}\|_{W_t}$，$(\overline{\mathcal{F}}^{c})^{\mathrm{ref}}\neq\boldsymbol{0}$。通过选择 $\boldsymbol{W}_{CW}=\boldsymbol{W}_t$ 和从 $\boldsymbol{J}_c\boldsymbol{b}_{CW}=-(\overline{\mathcal{F}}^{c})^{\mathrm{ref}}\boldsymbol{W}_t$定义的 $\boldsymbol{b}_{CW}$ 来实现最小化[126]。但是，由于这是一种惩罚型方法，不保证与静态状态完全一致或精确的接触力旋量跟踪。同样，确定动态一致的参考接触力旋量分量也是一个不小的问题。

5.11 基于非迭代空间动力学的运动优化

运动可以作为基于空间动力学的顺序优化的子任务进行优化(参见图 5.21)。作为优化

的结果，将获得对 FSD 问题的解。这种类型的优化适用于位置控制机器人。在扭矩控制的机器人中，运动优化作为控制分量。基于扭矩的控制的实现示例将在 5.12 节中介绍。

5.11.1　利用 CRB 力旋量一致的输入进行独立的运动优化

为了获得 FSD 问题的解，将 WD 问题的解(5.114)插入空间动力学方程(5.109)。那我们有

$$\mathbb{M}_C \dot{\mathcal{V}}_M^{\text{opt}} + \boldsymbol{H}_{CM} \ddot{\boldsymbol{\theta}}^{\text{opt}} + \mathcal{C}_M + \mathcal{G}_C = \mathbb{C}_{cC} \mathbb{C}_{cC}^{-W} (\dot{\tilde{\mathcal{L}}}_C^{\text{ref}} + \mathcal{G}_C) + \mathbb{C}_{cC} \boldsymbol{N}(\mathbb{C}_{cC}) \overline{\mathcal{F}}_a^c \tag{5.135}$$

该方程化简为

$$\mathbb{M}_C \dot{\mathcal{V}}_M^{\text{opt}} + \boldsymbol{H}_{CM} \ddot{\boldsymbol{\theta}}^{\text{opt}} = \dot{\tilde{\mathcal{L}}}_C^{\text{ref}} - \mathcal{C}_M \tag{5.136}$$

使用 $\mathbb{C}_{cC} \mathbb{C}_{cC}^{-W} = \boldsymbol{E}$ 和 $\mathbb{C}_{cC} \boldsymbol{N}(\mathbb{C}_{cC}) = \boldsymbol{0}$ 分别消除重力项和零空间项。同样，在完全模型匹配的假设下，非线性速度依赖项 $\mathcal{C}_M$ 将被部分消除。

以上结果表明，运动优化可以独立于 WD 问题执行。假定 CRB 动量的参考变化率接触一致，约束为 $\dot{\tilde{\mathcal{L}}}_C^{\text{ref}} + \mathcal{G}_C = \mathcal{F}_C^{\text{ref}} \in \mathcal{F}_{BWC}$。这是在独立运动优化中使用公式(5.136)的必要条件。如果不满足此条件，则需要对输入轨迹进行在线修改(参见图 5.1)。在这种情况下，WD 问题的输出 $\mathbb{C}_{cC} \overline{\mathcal{F}}_{\text{opt}}^c$ 代替了公式(5.136)中的 $\dot{\tilde{\mathcal{L}}}_C^{\text{ref}}$ 来获得 CRB 动量的“允许”变化率[88]。这意味着无法独立解决 WD 问题和运动优化问题。另一方面，当初始产生的参考输入 $\dot{\tilde{\mathcal{L}}}_C^{\text{ref}}$ 可行时，不必涉及运动/力的组合优化任务。因此，由于零空间(内力)、重力和非线性速度分量的消失而引起的计算开销可以避免。此外，可以在并行线程中调用 WD 问题和运动优化任务，从而导致进一步减少计算时间。总之，依赖能够产生可行输入的接触和运动计划系统是极为可取的。如 5.8.7 节所述，除了可以减少计算开销外，还可以实现渐近稳定的全身平衡控制。

5.11.2　角动量阻尼稳定

不受约束的手部运动的运动优化意味着，由于优化而获得的手臂运动支持了主要的平衡稳定任务。在这个方向上的一些结果已经在文献中报道。在早期的工作[81]中，手臂“风车”运动是作为迭代 QP 优化的结果而产生的。在文献[112]中，质心动量平衡控制器产生了“无意”的手臂运动。但是，请注意，此类手臂运动的生成机制以及对其他平衡控制子任务的干扰尚未阐明。

从 5.8.3 节回顾，RAM/V 加 RNS 平衡控制器在不受约束的肢体中产生了运动，这些肢体向系统注入了角动量阻尼。以此方式，平衡控制器被赋予了高度期望的自稳定特性。该控制器无须任何特殊规定(例如接触过渡建模)就能使非稳定的(脚部翻滚)接触状态稳定。在本节中，将使用 RAM/V 的变化率重新制定 RAM/V 平衡控制方法。然后可以在加速度级别上进行分析，例如，精确揭示角动量阻尼机制。

通过将 CRB 惯性张量的倒数乘以公式(5.109)，可以用空间加速度表示机器人的空间动力学。然后我们有

$$\mathbb{M}_C^{-1} \boldsymbol{H}_{CM} \ddot{\boldsymbol{\theta}} + \mathbb{M}_C^{-1} (\mathcal{C}_M + \mathcal{G}_C) = \dot{\mathcal{V}}_C - \dot{\mathcal{V}}_M \tag{5.137}$$

这里 $\mathbb{M}_C^{-1} \boldsymbol{H}_{CM} \equiv [\boldsymbol{0}^{\mathrm{T}} \quad \boldsymbol{J}_\omega^{\mathrm{T}}]^{\mathrm{T}}$(参见公式(4.97))。空间速度 $\dot{\mathcal{V}}_C \equiv \mathbb{M}_C^{-1} \mathbb{C}_{cC} \overline{\mathcal{F}}^c$ 称为系统空间加

速度。该数量应根据力任务约束条件(即摩擦锥和 CoP-in-BoS 约束条件)生成。另一方面，应根据运动任务约束条件生成 CRB 空间加速度 $\dot{\mathcal{V}}_M$。然后可以通过求解非迭代最小二乘优化任务来确定控制关节加速度。按照 5.8.3 节中的速度进行操作，首先以分量方式改写公式(5.137)，即

$$\boldsymbol{a}_g = \dot{\boldsymbol{v}}_{C_R} - \dot{\boldsymbol{v}}_{C_I} \tag{5.138}$$

$$\boldsymbol{J}_\omega \ddot{\boldsymbol{\theta}} = \dot{\boldsymbol{\omega}}_C - \dot{\boldsymbol{\omega}}_B - \boldsymbol{I}_C^{-1}\boldsymbol{c}_{mM} \tag{5.139}$$

非线性速度相关力矩 $\boldsymbol{c}_{mM}$ 在公式(4.140)中定义。从上式可见，重力加速度 $\boldsymbol{a}_g$ 表示为相对 CoM 加速度，$\Delta\dot{\boldsymbol{v}}_C = \dot{\boldsymbol{v}}_{C_R} - \dot{\boldsymbol{v}}_{C_1}$。CoM 加速度分量 $\dot{\boldsymbol{v}}_{C_R} \equiv \dot{\boldsymbol{v}}_C(\overline{\mathcal{F}}^c)$ 源自反作用(接触)力旋量，与惯性 CoM 加速度分量 $\boldsymbol{v}'_{C_I} \equiv \dot{\boldsymbol{v}}_C$ 明显不同。对于 CoM 的任何惯性加速度，CoM 加速度 $\dot{\boldsymbol{v}}_{C_R}$ 补偿所有姿势下的重力 CoM 加速度 $\boldsymbol{a}_g$。换句话说，重力场对空间动力学的影响可以完全忽略。同样很明显的是，用相对角加速度来表述关节加速度的优化任务就足够了，即

$$\Delta\dot{\boldsymbol{\omega}} = \dot{\boldsymbol{\omega}}_C - \dot{\boldsymbol{\omega}}_B \tag{5.140}$$

在以下运动控制律的作用下，根据 5.8.7 节的结果，可以渐近稳定地跟踪期望的 CRB 轨迹 $\dot{\mathcal{V}}_M^{\mathrm{des}} = [(\dot{\boldsymbol{v}}_{C_I}^{\mathrm{des}})^{\mathrm{T}} \quad (\dot{\boldsymbol{\omega}}_B^{\mathrm{des}})^{\mathrm{T}}]^{\mathrm{T}}$

$$\ddot{\boldsymbol{\theta}} = \mathcal{J}_{cM}^{+}(\dot{\overline{\mathcal{V}}}^c - \mathbb{C}_{cC}^{\mathrm{T}}\dot{\mathcal{V}}_M^{\mathrm{ref}} - \dot{\mathcal{J}}_{cM}\dot{\boldsymbol{\theta}} - \dot{\mathbb{C}}_{cC}^{\mathrm{T}}\mathcal{V}_M) + \boldsymbol{N}(\mathcal{J}_{cM})\ddot{\boldsymbol{\theta}}_u \tag{5.141}$$

该控制律是从瞬时运动约束的时间微分(2.125)得出的。

通常，假定所需的 CRB 轨迹是可行的(接触一致)，并且在整个运动过程中 $\mathcal{J}_{cM}(\boldsymbol{q})$ 是满(行)秩。如果无法保证所需的 CRB 轨迹是接触一致的，或者建模和其他错误产生了无约束的参考输入，那么将违反接触条件，例如可能会导致失去平衡。可以通过添加一个相对的角加速度控制分量来解决此问题。为此，借助角加速度关系(5.139)确定公式(5.141)中的无约束的关节加速度 $\ddot{\boldsymbol{\theta}}_u$。结果，可得到

$$\ddot{\boldsymbol{\theta}}^{\mathrm{ref}} = (\boldsymbol{E} - \overline{\boldsymbol{J}}_\omega^{+}\boldsymbol{J}_\omega)\mathcal{J}_{cM}^{+}(\dot{\overline{\mathcal{V}}}^c - \mathbb{C}_{cC}^{\mathrm{T}}\dot{\mathcal{V}}_M^{\mathrm{ref}}) + \overline{\boldsymbol{J}}_\omega^{+}\Delta\dot{\boldsymbol{\omega}}^{\mathrm{ref}} + \boldsymbol{N}(\mathcal{J}_{cM})\boldsymbol{N}(\overline{\boldsymbol{J}}_\omega)\ddot{\boldsymbol{\theta}}_u^{\mathrm{ref}} + \dot{\boldsymbol{\theta}}_{nl} \tag{5.142}$$

其中，$\overline{\boldsymbol{J}}_\omega = \boldsymbol{J}_\omega\boldsymbol{N}(\mathcal{J}_{cM})$ 并且

$$\dot{\boldsymbol{\theta}}_{nl} = -(\boldsymbol{E} - \overline{\boldsymbol{J}}_\omega^{+}\boldsymbol{J}_\omega)\mathcal{J}_{cM}^{+}(\dot{\mathcal{J}}_{cM}\dot{\boldsymbol{\theta}} + \dot{\mathbb{C}}_{cC}^{\mathrm{T}}\mathcal{V}_M) - \overline{\boldsymbol{J}}_\omega^{+}\boldsymbol{I}_C^{-1}\boldsymbol{c}_{mM}$$

在此，$\ddot{\boldsymbol{\theta}}_u^{\mathrm{ref}}$ 是任意的关节加速度，包括几个附加的关节级控制输入。例如，在单腿站立的情况下，摆脚的运动可能会受到公式(2.130)的时间导数的约束，即

$$\boldsymbol{J}_{mM}\ddot{\boldsymbol{q}}_M + \dot{\boldsymbol{J}}_{mM}\dot{\boldsymbol{q}}_M = \dot{\overline{\mathcal{V}}}^m \tag{5.143}$$

对于平衡任务，该约束视为较低优先级的任务。换句话说，公式(5.142)中的任意 $\ddot{\boldsymbol{\theta}}_u^{\mathrm{ref}}$ 将通过公式(5.143)进行求解。最终解的形式非常复杂，在此将省略。$\ddot{\boldsymbol{\theta}}_u^{\mathrm{ref}}$ 的其他分量的设计应确保关节速度阻尼和避免关节极限。

控制律(5.142)将称为相对角加速度(RAA)平衡控制器。RAA 控制器可以充当 DCM 稳定器。根据公式(5.107)设置参考惯性 CoM 轨迹 $\dot{\boldsymbol{v}}_{C_I}^{\mathrm{ref}}(t)$，这变得显而易见。请注意，实现 DCM 稳定是一项高度优先的任务。除此重要功能外，RAA 控制器还提供了一个输入，用于以独立方式控制角动量的变化率。当将该子任务设置为较低优先级时，此子任务不会

干扰主要的 DCM 稳定任务。

为了了解独立控制角动量变化率的作用，首先考虑(质心)系统和耦合角动量守恒的两个约束，分别为公式(5.98)和公式(5.99)。在加速度级别，这些条件分别采用以下形式：

$$\boldsymbol{\omega}_C^{\text{ref}} = \boldsymbol{0} \Rightarrow \dot{\boldsymbol{\omega}}_C^{\text{ref}} = -D_\omega \boldsymbol{\omega}_C \tag{5.144}$$

$$\Delta\boldsymbol{\omega}^{\text{ref}} = \boldsymbol{0} \Rightarrow \Delta\dot{\boldsymbol{\omega}}^{\text{ref}} = -D_\omega \Delta\boldsymbol{\omega} \tag{5.145}$$

D_ω 表示 PD 阻尼增益。使用这些公式，将确保控制关节加速度(5.142)的可积性。换句话说，RAA 平衡控制器将在速度级别上作为 RAM/V 平衡控制器。回想一下，后者能够处理不稳定的接触(滚动脚)来处理紧急情况，而无须使用任何接触模型。上面的控制输入提供了一个系统角度阻尼，这是无法通过高优先级 DCM 稳定任务实现的。

首先，考虑系统角速度阻尼器(5.144)的作用。最佳关节加速度可以从带有混合准速度的运动方程中的旋转动力学获得，见(4.158)。我们有

$$\boldsymbol{I}_C \dot{\boldsymbol{\omega}}_B^{\text{ref}} + \boldsymbol{H}_C \ddot{\boldsymbol{\theta}} + \boldsymbol{c}_{mM} = -D_\omega \boldsymbol{\omega}_C \tag{5.146}$$

注意，公式(4.158)中的驱动项 $\mathbb{C}_{cC_m}\overline{\mathcal{F}}^c$ 已被阻尼项替代，以确保角动量守恒约束。还要注意，公式(5.146)的约束一致的解准确得出 RAA 控制律(5.142)，其中参考系统角加速度被阻尼项代替。

接下来，考虑 RAV 阻尼器(5.145)的作用。在这种约束下，可以使用 RAA 控制律来产生反应性协同效应，以应对大量冲击型干扰。请注意，即使在撞击导致脚部翻滚运动的情况下，除非撞击非常大，否则 RAA 控制器也能够恢复稳定的姿势。

RAA 控制器可以嵌入带有力旋量分配分量的通用扭矩控制器。这种控制器的框图如图 5.28 所示。RAA 控制器的输出为准加速度 $\ddot{\boldsymbol{q}}_M^{\text{ref}}$。从该输出和参考 CRB 轨迹 $\dot{\mathcal{V}}_M^{\text{ref}}$ 可以直接获得系统空间动量的参考变化率，即

$$\dot{\mathcal{L}}_C^{\text{ref}} = \mathcal{A}_C \ddot{\boldsymbol{q}}_M^{\text{ref}} + \dot{\mathcal{A}}_C \ddot{\boldsymbol{q}}_M \tag{5.147}$$

式中，

$$\mathcal{A}_C = [\mathbb{M}_C \quad \boldsymbol{H}_{CM}] \in \Re^{6\times(6+n)}$$

请注意，此矩阵类似于文献[111,112]中出现的质心动量矩阵。然后将 $\dot{\mathcal{L}}_C^{\text{ref}}$ 和重力力旋量的总和分布在接触处上，例如使用 VRP-GI(请参见 5.10.5 节)。最后，通过 JSID 的解获得控制关节扭矩。

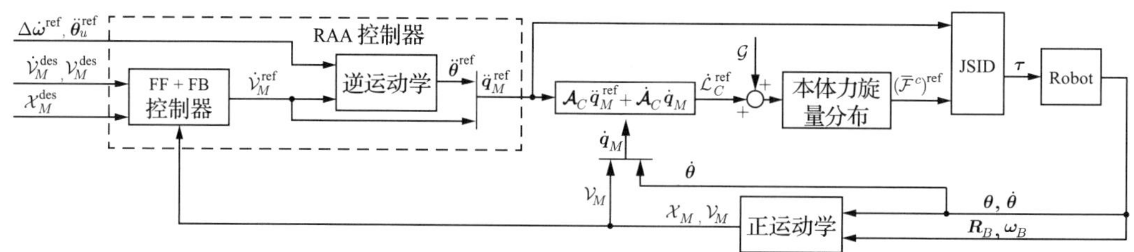

图 5.28　具有 RAA 控制分量的扭矩控制器的框图。FF+FB 控制器包括用于 CRB 轨迹跟踪的前馈控制项和反馈控制项。特别是，DCM 稳定器可以与所需的基座连杆方向一起嵌入此分量

上述控制器提供了增强的平衡控制。从计算的角度来看，它非常有效，因为它不依赖于递归优化。该控制器的实现将在 7.7.4 节中介绍。

5.11.3 利用基于任务的手部运动约束进行运动优化

5.11.2节中描述的平衡控制器非常适合动态运动的产生和控制，因为上身运动起着重要作用，手臂可以自由移动。在手(或其他部分)与环境接触或需要跟踪所需轨迹的任务中，需要稍微不同的运动优化方法。以下推导将基于有关基座连杆的空间动量公式 $\mathcal{L}_B(\boldsymbol{q},\dot{\boldsymbol{q}}_B)=\mathcal{A}_B\dot{\boldsymbol{q}}_B$，如公式(4.92)所示。但是，使用此公式时，需要付出少量代价，因为转换公式(2.121)及其时间导数必须包含在平衡控制分量中。

通过将空间动量的变化率与二阶接触约束结合来定义运动优化任务。我们有

$$\begin{bmatrix}\mathcal{A}_B\\ \boldsymbol{J}_{cB}\end{bmatrix}\ddot{\boldsymbol{q}}_B+\begin{bmatrix}\dot{\mathcal{A}}_B\\ \dot{\boldsymbol{J}}_{cB}\end{bmatrix}\dot{\boldsymbol{q}}_B=\begin{bmatrix}\dot{\tilde{\mathcal{L}}}_B^{\text{ref}}\\ \boldsymbol{0}\end{bmatrix} \tag{5.148}$$

上述等式的以下紧凑形式将用于推导中：

$$\overline{\mathcal{A}}_B\ddot{\boldsymbol{q}}_B+\dot{\overline{\mathcal{A}}}_B\dot{\boldsymbol{q}}_B=\dot{\overline{\mathcal{L}}}_B^{\text{ref}} \tag{5.149}$$

其中 $\overline{\mathcal{A}}_B$ 和 $\dot{\overline{\mathcal{L}}}_B^{\text{ref}}$ 表示加速度的系数矩阵和公式(5.148)中等号右边的项。上式针对关节加速度求解。那么我们有

$$\ddot{\boldsymbol{q}}_B=\overline{\mathcal{A}}_B^{+}(\dot{\overline{\mathcal{L}}}_B^{\text{ref}}-\dot{\overline{\mathcal{A}}}_B\dot{\boldsymbol{q}}_B)+\boldsymbol{N}(\overline{\mathcal{A}}_B)\ddot{\boldsymbol{q}}_{Ba} \tag{5.150}$$

请注意，该解是约束一致的，并且上划线符号与4.10节中引入的约束一致的空间动量一致(参见公式(4.154))。还要注意，控制空间动量变化率和运动约束的两个子任务被安排为单个控制任务，没有任何优先级。这是合理的，因为两个子任务在平衡控制中都起着至关重要的作用。

此外，手沿无约束运动方向的运动将受到公式(2.95)中时间导数的约束，即

$$\boldsymbol{J}_{mB}\ddot{\boldsymbol{q}}_B+\dot{\boldsymbol{J}}_{mB}\dot{\boldsymbol{q}}_B=\dot{\mathcal{V}}^m \tag{5.151}$$

对于平衡任务，该约束视为优先级较低的任务。换句话说，公式(5.150)中的任意 $\ddot{\boldsymbol{q}}_{Ba}$ 将通过公式(5.151)进行解析。然后将获得最终解

$$\ddot{\boldsymbol{q}}_B=\ddot{\boldsymbol{q}}_1+\overline{\boldsymbol{J}}_{mB}^{+}((\dot{\overline{\mathcal{V}}}^m)^{\text{ref}}-\boldsymbol{J}_{mB}\ddot{\boldsymbol{q}}_1)+\boldsymbol{N}(\overline{\mathcal{A}}_B)\boldsymbol{N}(\overline{\boldsymbol{J}}_{mB})\ddot{\boldsymbol{q}}_{Ba}+\boldsymbol{h} \tag{5.152}$$

因此，$\ddot{\boldsymbol{q}}_1=\overline{\mathcal{A}}_B^{+}\dot{\overline{\mathcal{L}}}_B^{\text{ref}}$ 是最高优先级子任务(平衡控制任务)的解，$\overline{\boldsymbol{J}}_{mB}=\boldsymbol{J}_{mB}\boldsymbol{N}(\overline{\mathcal{A}}_B)$ 和非线性项

$$\boldsymbol{h}=-((\boldsymbol{E}-\overline{\boldsymbol{J}}_{mB}^{+}\boldsymbol{J}_{mB})\overline{\mathcal{A}}_B^{+}\dot{\overline{\mathcal{A}}}_B+\overline{\boldsymbol{J}}_{mB}^{+}\dot{\boldsymbol{J}}_{mB})\dot{\boldsymbol{q}}_B$$

参考末端连杆的扭转是通过常规方式(前馈加PD反馈控制)确定的，如下所示：

$$(\dot{\overline{\mathcal{V}}}^m)^{\text{ref}}=(\dot{\overline{\mathcal{V}}}^m)^{\text{des}}+\boldsymbol{K}_{v_m}((\overline{\mathcal{V}}^m)^{\text{des}}-\overline{\mathcal{V}}^m)+\boldsymbol{K}_{p_m}((\overline{\mathcal{X}}^m)^{\text{des}}-\overline{\mathcal{X}}^m) \tag{5.153}$$

$\boldsymbol{K}_{v_m}=\mathrm{diag}(K_{v_m}\boldsymbol{E},\ K_{\omega_m}\boldsymbol{E})$ 和 $\boldsymbol{K}_{p_m}=\mathrm{diag}(K_{p_m}\boldsymbol{E},\ K_{o_m}\boldsymbol{E})$ 表示PD反馈增益。公式(5.152)中的任意 $\ddot{\boldsymbol{q}}_{Ba}$ 可以重用以施加更多约束，例如关节极限和阻尼。

5.12 非迭代全身体运动/力优化

在前两节中讨论的WD(力)和FSD(运动)优化方法可结合到基于平衡控制方法的全身运动/力优化设计中。

5.12.1 基于闭链模型的多接触运动/力控制器

设想多接触点姿势下的平衡控制，即当末端连杆通过共同的闭合连杆(环境)形成相互依赖的闭环时。控制器还应确保沿着无约束运动方向的末端连杆轨迹以及接触转换。这种控制器的结构如图 5.29 所示。假设可行(接触一致)的期望任务轨迹受制于稳定器产生空间动量$\dot{\tilde{\mathcal{L}}}_B^{\mathrm{ref}}$ 的可行参考变化率。如上所述，可以确保渐近稳定性。此外，从图中可以明显看出，力和运动优化任务可以并行执行。然后，按照简单的方法获得 JSID 问题的唯一解，如 5.9.1 节所述(参见公式(5.111))。

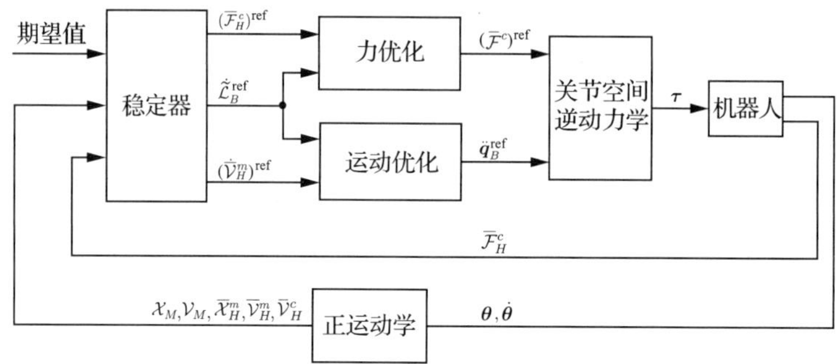

图 5.29 基于闭链公式的运动/力控制器的概述。控制器在执行手的运动/力控制任务时，确保平衡控制(存在意外的外部干扰时同样如此)

稳定器、力优化和运动优化模块中使用的方程如图 5.30 所示。这些方程中的大多数已在本文的各个部分中介绍。稳定器显然包括三个控制分量。从顶部到底部，它们是：(1)手在受约束运动方向上的常规力控制；(2)在 5.8.7 节中介绍的用于平衡控制的渐近稳

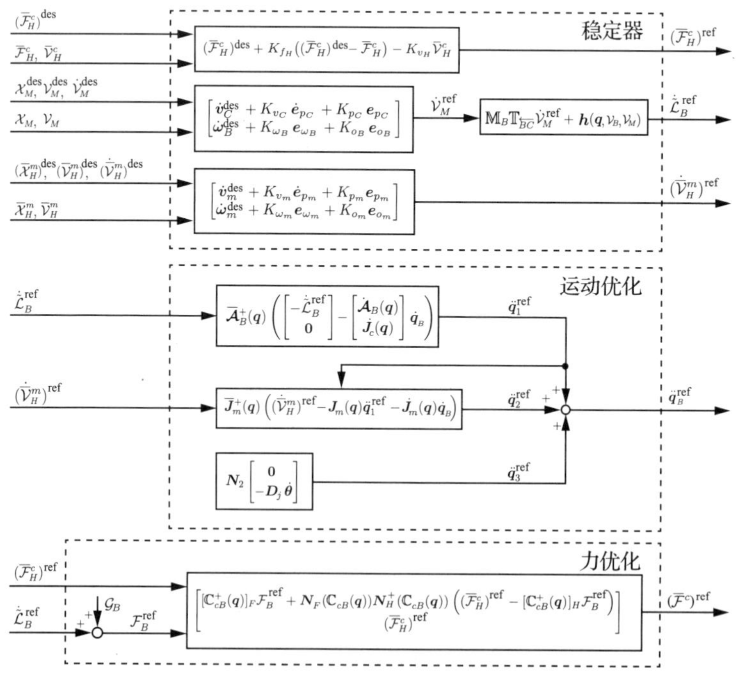

图 5.30 在图 5.29 的稳定器、力优化和运动优化模块中使用的方程

定方法；(3)如公式(5.153)中的手在不受约束的运动方向的常规运动控制。请注意，在此平衡稳定器的特定实施中，空间动量以基座坐标表示，而渐近稳定控制器则基于混合准速度。在这种情况下，需要进行转换。此变换出现在稳定器右侧的模块中[⊖]。等式 $\boldsymbol{h}(\boldsymbol{q},\mathcal{V}_B,\mathcal{V}_M)\approx\dot{\mathbb{T}}_{\overleftarrow{BC}}\mathcal{V}_M+\dot{\mathbb{M}}_B\mathcal{V}_B$ 收集变换中的非线性项。

此外，图 5.30 中的运动优化模块也包括三个控制分量。从顶部到底部，它们是：(1)CRB 动量变化率产生的运动分辨率；(2)沿着不受约束的运动方向的运动分辨率；(3)用于抑制运动冗余产生的过度运动的关节阻尼项。项 $\boldsymbol{N}_2$ 表示两个高优先级子任务(平衡和末端连杆运动控制)的通用零空间的投影。使用的公式是在 5.11.3 节中得出的公式。力优化模块通过 3.6.2 节中得出的准静态关系(参见公式(3.66))与运动优化并行地解决力旋量分配问题。

从计算和抗干扰性的观点来看，上述控制器是高效的。可以通过以下示例证实性能。机器人的任务是用右手清洁倾斜平面。手在垂直面内沿直线轨迹循环运动，在法向(约束运动)方向上施加所需的大小为 2Nm 的力。在仿真中使用了小型机器人的模型[⊜]。结果显示在 Video 5.12-1[138] 中。数据图显示在图 5.31 中。从右手位置/方向误差和手部力图(在本地传感器框中显示测得的手部力)可以明显看出，控制器能够在保持平衡的同时准确地

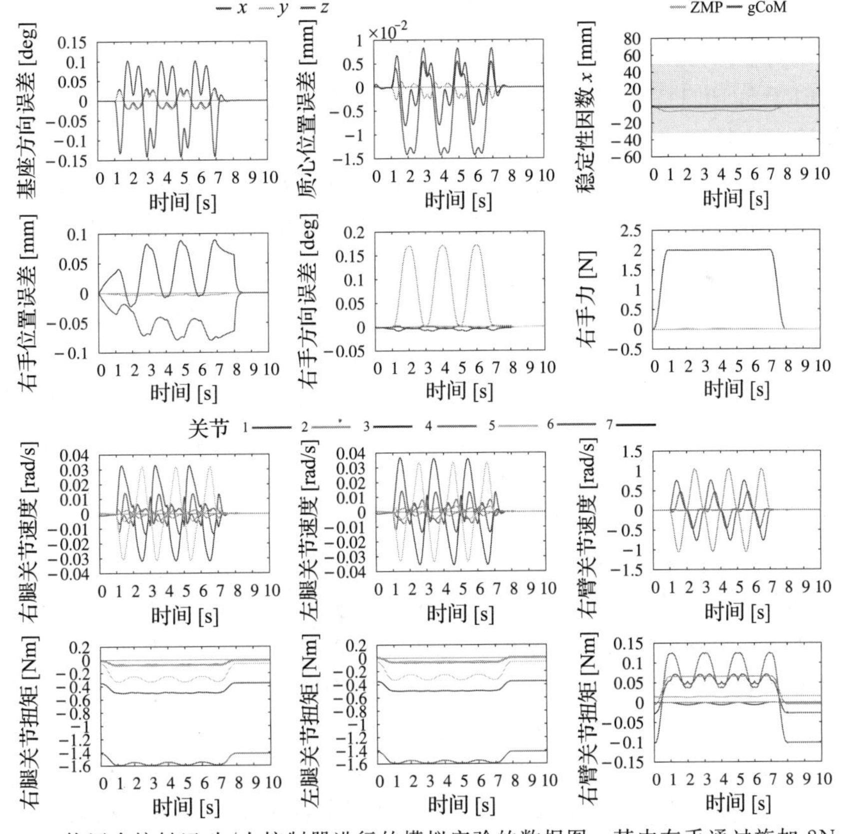

图 5.31　使用多接触运动/力控制器进行的模拟实验的数据图，其中右手通过施加 2N 的所需力来清洁沿循环直线路径的倾斜平面。所需的 CoM 位置和基座方向是恒定的(初始值)。R 和 L 分别代表“右”和“左”。不存在外部干扰

⊖　假设在多接触姿态时 CoM 不显著加速的情况下，在实现中使用近似值。

⊜　模型参数类似于 HOAP-2 机器人[26]。有关关节的编号和其他相关数据，请参见 A.2 节。

执行清洁任务。通过将手运动控制任务移到层次结构中的上层，可以进一步减少右手位置/方向错误。这样做将获得仅包括两个等级的控制器：在约束和非约束运动方向上为运动控制提供较高优先级，为关节阻尼控制提供较低优先级。还值得注意的是，该控制器能够通过基座连杆运动以顺应方式控制对外部干扰的反应。由此，手的运动/力任务的性能仅略有下降。这将在 5.13.3 节中得以确认。

5.12.2 基于操作空间公式的运动/力优化

在文献[134,133,135]中开发了基于操作空间公式的非迭代运动/力优化的分层框架。运动/力任务嵌入以下准静态表示法：

$$\boldsymbol{\tau}=\sum_i \overline{\boldsymbol{J}}_i^T \mathcal{F}_i^{\mathrm{ref}}+\boldsymbol{N}^*\left(\boldsymbol{\tau}^n\right)^{\mathrm{ref}}+\left(\boldsymbol{\tau}^{\mathrm{int}}\right)^{\mathrm{ref}} \tag{5.154}$$

这里 $\overline{\boldsymbol{J}}_i$ 是任务 i 的雅可比矩阵，它受接触约束的零空间以及高优先级任务的零空间的限制，$\boldsymbol{N}^*$ 是所有零空间的交点上的投影，$\mathcal{F}_i^{\mathrm{ref}}$，$(\boldsymbol{\tau}^n)^{\mathrm{ref}}$和$(\boldsymbol{\tau}^{\mathrm{int}})^{\mathrm{ref}}$分别是运动/力控制任务 i、带有剩余 DoF 的姿势变化控制和内力控制的参考输入。

该方法提供了用于多接触全身平衡控制的通用平台。该解是在动态一致的广义逆的辅助下得出的(请参见 4.52 节)。因此，可以以独立的方式设计内力控制器，而不影响其余任务。控制器调整内力以满足摩擦锥和 CoP 分配约束，$(\boldsymbol{\tau}^{\mathrm{int}})^{\mathrm{ref}}$还可以确保适应动态变化的环境，类似于 5.10.1 节中描述的基于伪逆的力旋量分配方法。

然而，该方法具有一些缺点。首先，由于使用离线方法㊀来验证该解的可行性，因此该方法不适用于实时控制。其次，由于 WD 问题的解仅基于静态关系，因此 CoM 的加速受到过度限制。末端连杆 CoP 也以保守的方式分配，即在各个 BoS 的中心附近。

实时实现平衡控制

文献[89]已经提出了一种实时实现上述平衡控制的方法。采用 5.10.3 节中描述的比例力旋量分配策略来确保与静态一致连续的双/单腿站立转换。采用特殊的任务优先级分配策略来处理与腿相关的过度约束。回想一下，此类过度约束源自 5.8.1 节中概述的空间动量/CoP 相互依赖性。过度约束问题可以通过引入两个级别的任务层次 T_{high}和 T_{low}来解决，分别代表高优先级任务和低优先级任务。公式(5.154)改写为

$$\boldsymbol{\tau}=\overline{\boldsymbol{J}}_{\mathrm{low}}^{\mathrm{T}} \mathcal{F}_{\mathrm{low}}^{\mathrm{ref}}+\boldsymbol{N}_{\mathrm{high}}^* \boldsymbol{\tau}_a^{\mathrm{ref}}+\left(\boldsymbol{\tau}^{\mathrm{int}}\right)^{\mathrm{ref}} \tag{5.155}$$

在文献[89]中，将高优先级任务设置为垂直方向的 CoM 运动。回想一下，CoM 在该方向上的加速度会生成在 GRM 方程中显示为分母的垂直 GRF；$\boldsymbol{\tau}_a^{\mathrm{ref}}$ 是根据所需的水平 GRM 分量(即脚踝扭矩)以适当的方式确定的。这样，即使在垂直 GRF 为零㊁的情况下也可以确保 CoP 控制有效。请注意，由于高优先级任务的零空间不同于 $\mathcal{N}(\overline{\boldsymbol{J}}_{\mathrm{low}})$，因此零空间 CoP 控制项未与低优先级任务项(等号右边上的第一项)分离。所有低优先级的控制任务，即 CoM 运动和基本方向控制，都会受到零空间项的干扰。但是，假设 CoP 控制不必始终处于活动状态，这种干扰只是暂时的。从图 5.32 所示的平衡控制器的流程图中可以明显看出这一点。

㊀ “稳定云”扫描。

㊁ 回想一下，零垂直 GRF 是连续单/双腿转换的必要条件，与静力学一致。

示例

以上平衡控制器的性能将通过一个简单的示例进行演示。机器人处于双腿站立且脚处于对齐状态。假定存在高摩擦接触，满足 $c_F=12$。目标是使 xCoM 尽可能向前移动，然后在不失去平衡的情况下稳定姿势。可以使用图 5.25 中的简单控制器来完成此任务，该控制器可以确保可行的期望 CRB 轨迹的渐近轨迹跟踪和基于 DCM-GI 的身体力旋量分配方法。在此示例中，由于假设在平坦地面上的双腿站立，不需要包含公式(5.127)中的零空间解分量，因此不需要内部力旋量控制。

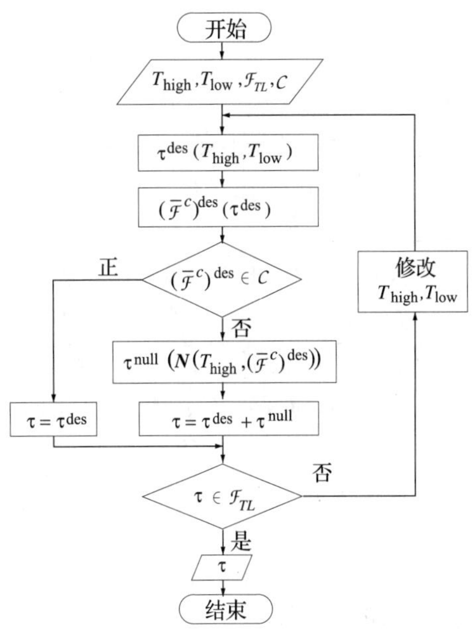

图 5.32 基于操作空间公式化[89]的实时平衡控制器的流程图。高优先级任务的零空间 T_{high} 用于施加接触力旋量，满足 $(\bar{\mathcal{F}}^c)^{des} \in$ CWC。可能必须修改任务以避免违反扭矩限制(等号右边上的分支)

图 5.25 中的控制器增加了高优先级控制分量 $\boldsymbol{N}_{high}^{*}\boldsymbol{\tau}_a^{ref}$，其中 $\boldsymbol{N}_{high}^{*}=\boldsymbol{N}(\boldsymbol{J}_{cM_Z}^{T})$，$\boldsymbol{J}_{cM_Z} \in \Re^{1\times n}$ 表示垂直 z 方向上的约束雅可比矩阵分量。仅在紧急情况下才调用此分量，例如当 ZMP 进入 BoS 内的预定安全裕度时。高优先级控制分量能够引起轻微的躯体旋转和 CoM 垂直位移。结果，“常规稳定器”的输出将被修改以约束任何在脚踝上的过大扭矩。增强控制器的框图如图 5.33 所示。

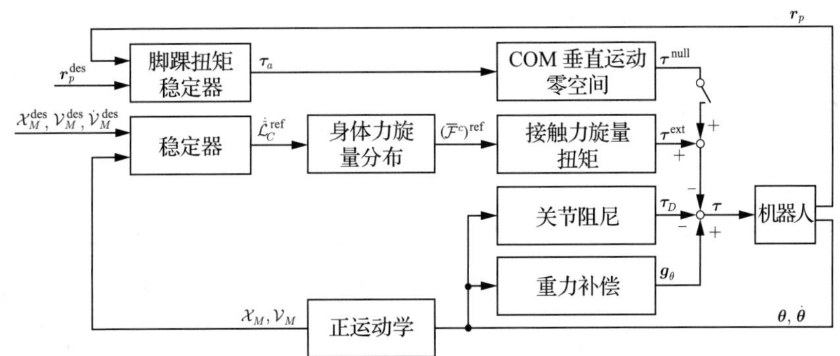

图 5.33 图 5.25 中的简单平衡控制的控制框图增加了 $\boldsymbol{\tau}^{null}$ 控制分量。仅在紧急情况下才调用此分量，以通过轻微的上身姿势变化确保稳定，例如，在垂直方向上进行躯干旋转和 CoM 的运动。这些变化来自控制算法。无须对其进行预编程

具体实现方式如下。高优先级任务的参考关节扭矩为

$$\boldsymbol{\tau}_a^{ref} = -\bar{\boldsymbol{J}}^{T}\boldsymbol{m}^{ref} \in \Re^n \tag{5.156}$$

$$\boldsymbol{m}^{ref} = \mathbb{S}^{\times} K_p(\boldsymbol{r}_p^{SM} - \boldsymbol{r}_p) \in \Re^2 \tag{5.157}$$

这里，$\boldsymbol{m}^{ref}$ 表示两个脚踝中的参考俯仰力矩。这些是通过切向力 $K_p(\boldsymbol{r}_p^{SM}-\boldsymbol{r}_p)$ 获得的，其中 $\boldsymbol{r}_p^{SM}$ 是预定的 BoS 安全裕度，K_p 表示 p.d 反馈增益。雅可比矩阵

$$\bar{\mathcal{J}} = \boldsymbol{S}_p\, {}^{M}\mathbb{X}_{F_j}\overleftarrow{FM}\, \mathcal{J}_{cM} \in \Re^{2\times n}$$

其中

$$\begin{bmatrix} {}^{M}\mathbb{X}_{F_{R_{\overleftarrow{FM}}}} & {}^{M}\mathbb{X}_{F_{L_{\overleftarrow{FM}}}} \end{bmatrix} \in \Re^{6\times 12}$$

在此，$\boldsymbol{S}_p \in \Re^{2\times 6}$ 选择脚踝的俯仰角速度分量。仿真图展示在图 5.34 中。从 CoP 图（粉红色区域）可以看出，稳定裕度设置为距 BoS 的“脚趾”线 10 毫米。CoP/ZMP 在 $t=20$s 时进入裕度。结果，调用高优先级的控制分量，导致 CoM 向下发生轻微位移和轻微的基座旋转，这从各个图中可以明显看出。关节速度以稳定的方式急剧变化。脚踝俯仰扭矩受到限制，姿势可以稳定而不会跌倒。图中底部的线显示了左脚和右脚的俯仰踝关节扭矩和缩放的 CoP 运动。红色/蓝色线适用于激活/禁用高优先级控制分量的情况。请注意，进入稳定裕度后的大部分时间，CoP 轨迹是相同的。最后，高优先级分量可在 BoS 的“脚趾”边界处稳定姿势，这非常令人惊讶。相反，如果没有激活，就不可能稳定姿势。仿真结果以动画形式显示在 Video 5.12-2[33] 中。

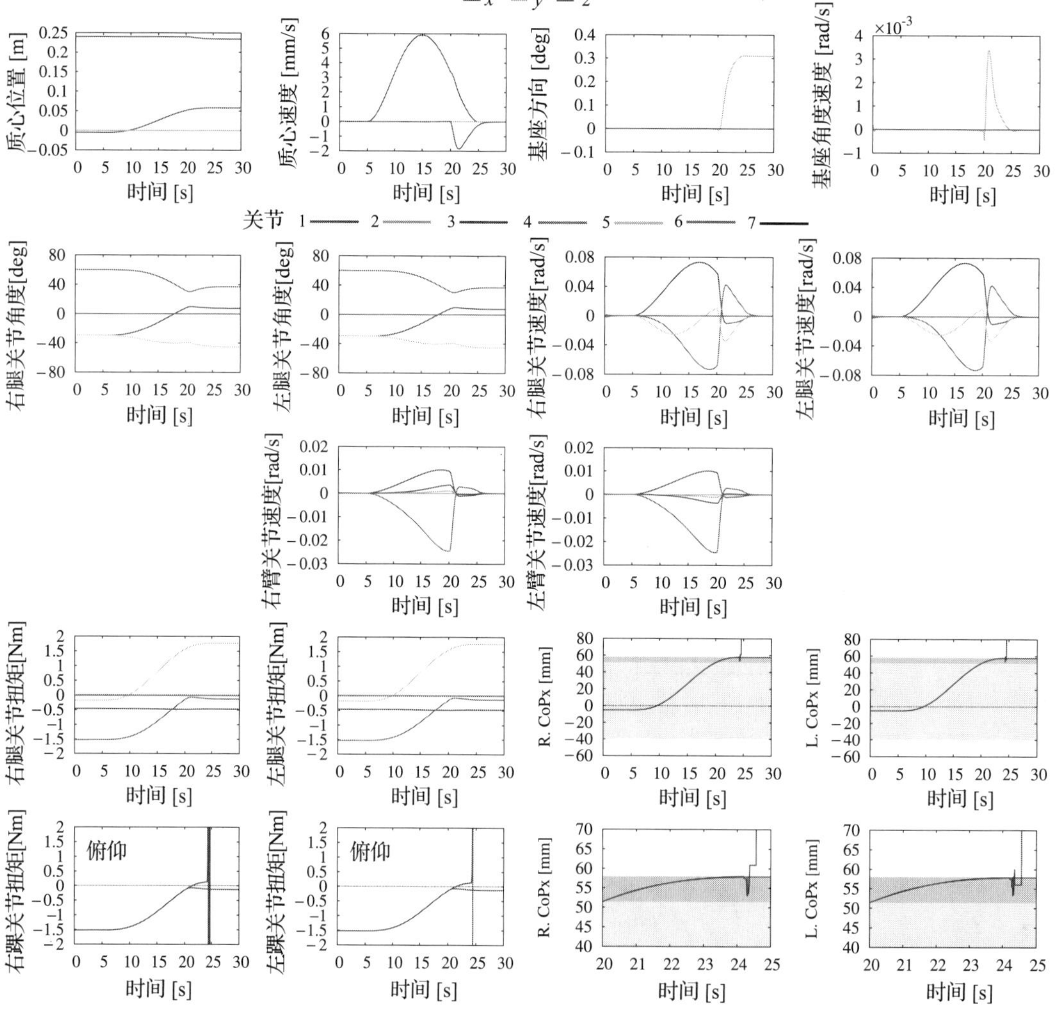

图 5.34　在紧急情况下将调用高优先级 $\boldsymbol{\tau}^{\text{null}}$ 分量，即当 CoP 进入 BoS 安全裕度（粉色区域）时。然后，机器人可以通过轻微的上身旋转和 CoM 向下运动来稳定 BoS 边缘的姿态（从下行图中的红线可以看出），如上行图中所示。这种稳定的结果是限制脚踝的俯仰扭矩，而如果不激活 $\boldsymbol{\tau}^{\text{null}}$ 这将无法实现（参见底行图中的蓝线）（见彩插）

5.13 响应弱外部干扰的反应性平衡控制

平衡控制器的一个重要特征是对于外部干扰具有鲁棒性。到目前为止这个问题没有被讨论。在5.5节中，仅提及LRWP模型提供了通过角动量分量提高抗鲁棒性的可能性。在5.6.3节中，还提到了DCM稳定器对恒定的外部干扰具有鲁棒性。在本节中，将介绍基于顺应性的控制方法，该方法可以确保在相对较小的外部干扰的情况下保持平衡。7.7节将介绍用于适应较大干扰的平衡控制方法。

5.13.1 基于重力补偿的被动式全身顺应性

全身顺应性行为适合于适应相对较弱的未知外部干扰。这种类型的行为可以通过由简单的重力补偿扭矩控制器控制的仿人机器人来获得[63]。控制模型是从混合准坐标下的运动方程得出的(4.158)。使用公式(2.127)中定义的符号 $\boldsymbol{f}_C=\mathbb{C}_{cC_f}\overline{\mathcal{F}}^c$，$\mathbb{C}_{cC_f}$，可以将CoM局部动力学(在公式(4.158)的上半部分给出)写为

$$M\dot{\boldsymbol{v}}_C=\boldsymbol{f}_C-\boldsymbol{g}_f \tag{5.158}$$

$\boldsymbol{g}_f=M\boldsymbol{a}_g$。因此，使用了 $\mathbb{C}_{cC_f}\mathbb{C}^{\#}_{cC_f}=\boldsymbol{E}$。为了导出控制关节扭矩，请考虑公式(4.158)的下半部分，改写为

$$\begin{bmatrix}\boldsymbol{I}_C & \boldsymbol{H}_C\\ \boldsymbol{H}_C^{\mathrm{T}} & \boldsymbol{M}_{\theta_M}\end{bmatrix}\begin{bmatrix}\dot{\boldsymbol{\omega}}_B\\ \ddot{\boldsymbol{\theta}}\end{bmatrix}+\begin{bmatrix}\boldsymbol{c}_{mM}\\ \boldsymbol{c}_{\theta_M}\end{bmatrix}=\begin{bmatrix}\boldsymbol{0}\\ \boldsymbol{\tau}\end{bmatrix}+\begin{bmatrix}\mathbb{C}_{cC_m}\mathbb{C}^{\#}_{cC_f}-[\boldsymbol{r}^{\times}_{\overleftarrow{CB}}]\\ \mathcal{J}^{\mathrm{T}}_{cM}\mathbb{C}^{\#}_{cC_f}-\boldsymbol{J}^{\mathrm{T}}_{\overleftarrow{CB}}\end{bmatrix}\boldsymbol{f}_C \tag{5.159}$$

等号左边和等号右边的系数模块矩阵分别表示为 $\boldsymbol{I}$ 和 $\boldsymbol{J}^{\mathrm{T}}$。补偿重力的控制关节扭矩可以从下式中导出。

$$\begin{bmatrix}\boldsymbol{0}\\ \boldsymbol{\tau}\end{bmatrix}=\boldsymbol{J}^{\mathrm{T}}(\boldsymbol{f}_C^{\mathrm{des}}-\boldsymbol{g}_f) \tag{5.160}$$

注意，通过假设一个准静态，避免了非线性速度项的出现[⊖]。此外，很容易证明[63]

$$\boldsymbol{f}_C^{\mathrm{des}}=(\boldsymbol{E}+(M\boldsymbol{J}\boldsymbol{I}^{-1}\boldsymbol{J}^{\mathrm{T}})^{-1})\boldsymbol{f}_C^{\mathrm{ref}} \tag{5.161}$$

闭环系统产生 $\boldsymbol{f}_C\approx\boldsymbol{f}_C^{\mathrm{ref}}+\boldsymbol{g}_f$，最终得到 $M\dot{\boldsymbol{v}}_C\approx\boldsymbol{f}_C^{\mathrm{ref}}$。有可能通过使用 $\boldsymbol{f}_C^{\mathrm{ref}}$ 代替公式(5.160)中的 $\boldsymbol{f}_C^{\mathrm{des}}$ 来避免公式(5.161)中的逆惯性项。然后，当 $\boldsymbol{f}_C^{\mathrm{ref}}=\boldsymbol{0}$ 时，关节扭矩仅补偿重力，从而保持线性动量。

另一方面，注意到雅可比矩阵 $\boldsymbol{J}$ 是非平方的，因此需要在公式(5.160)中添加一个空的空间项。但是，该项会引起内部运动(或自我运动)，需要加以抑制。最简单的方法是增加关节阻尼。然后，闭环系统动力学采用以下形式：

$$M\dot{\boldsymbol{v}}_C=\boldsymbol{f}_C^{\mathrm{ref}}+\boldsymbol{f}_D+\boldsymbol{f}_{\mathrm{ext}} \tag{5.162}$$

$$\boldsymbol{I}\ddot{\boldsymbol{q}}_{\omega}+\boldsymbol{C}=\boldsymbol{J}^{\mathrm{T}}\boldsymbol{f}_C^{\mathrm{ref}}-\boldsymbol{D}\dot{\boldsymbol{q}}_{\omega} \tag{5.163}$$

其中 $\dot{\boldsymbol{q}}_{\omega}=[\boldsymbol{\omega}_B^{\mathrm{T}}\quad\dot{\boldsymbol{\theta}}^{\mathrm{T}}]^{\mathrm{T}}$，$\boldsymbol{C}$ 收集与速度有关的非线性项，$\boldsymbol{D}$ 是阻尼矩阵，$\boldsymbol{f}_D$ 是在CoM处映射的阻尼力。还要注意，已经添加了外力 $\boldsymbol{f}_{\mathrm{ext}}$。在反射阶段，此力作为驱动输入。从而，保证系统的被动性将满足下式成立。

$$\frac{1}{2}M\boldsymbol{v}_C^{\mathrm{T}}\boldsymbol{v}_C+\frac{1}{2}\dot{\boldsymbol{q}}_{\omega}\boldsymbol{I}\dot{\boldsymbol{q}}_{\omega}^{\mathrm{T}}=\frac{1}{2}\dot{\boldsymbol{q}}_{\omega}^{\mathrm{T}}(M\boldsymbol{J}^{\mathrm{T}}\boldsymbol{J}+\boldsymbol{I})\dot{\boldsymbol{q}}_{\omega}\leqslant\int(\boldsymbol{f}_C^{\mathrm{ref}})^{\mathrm{T}}\boldsymbol{J}\dot{\boldsymbol{q}}_{\omega}\mathrm{d}t+\int\boldsymbol{f}_{\mathrm{ext}}^{\mathrm{T}}\boldsymbol{J}\dot{\boldsymbol{q}}_{\omega}\mathrm{d}t \tag{5.164}$$

⊖ 这些项可能会因读到噪声信号读数而导致问题。

在扰动之后，基于简单的 PD 反馈控制规则调用恢复阶段控制。我们有

$$f_C^{\text{ref}} = -K_D(\dot{r}_C - \dot{r}_C^{\text{des}}) - K_P(r_C - r_C^{\text{des}}) \tag{5.165}$$

在此，K_D 和 K_P 表示反馈增益。使用设置 $r_C^{\text{des}} = r_C^{\text{init}}$ 和 $\dot{r}_C^{\text{des}} = 0$ 可以恢复 CoM 初始位置 r_C^{init}。在角动量可忽略不计的假设下，可以直接从上述 f_C^{ref} 确定所需的 ZMP。最终，将 CoP-in-BoS 约束施加到由此确定的所需 ZMP 上。

上述平衡控制器具有源于无源性的简单性和鲁棒性强的优点。不需要机器人的精确动力学模型。结合 5.10.1 节中所述的非迭代力旋量分配技术，通过实验检查了控制器的性能。控制器中使用的准静态和力旋量分配方法已被证实可以产生稳健的全身姿势变化，能够响应施加在人体任意部位的相对较弱的干扰[63]。该机器人还能够适应不平坦的地形[62]。但是，控制器不提供在较强干扰下进行反应性步进的任何方法。

控制器的性能可以在两个主要方面得到改善[114]。首先，很容易增加处理外部力矩型干扰的能力。这可以通过使用合适的局部坐标(例如四元数符号)，从 PD 反馈人体定向控制律确定参考 CRB 力矩来完成。其次，代替基于广义逆的优化，WD 问题可以通过迭代优化来处理。通过这种方式，GRF/GRM/CoP 相互依赖性(参见 5.8.1 节)可以通过引入软约束来解决，使用连续或非连续优化，如 5.14.4 节所述。在这种情况下，无须确定所需的 ZMP，这将带来 5.10.4 节 DCM 广义逆方法所阐明的优势。在文献[114]中，选择了迭代优化中的软约束之一，以最小化接触力的欧几里得范数。然而，正如已经阐明的，这导致抑制反应性步进的均匀分布。

5.13.2 具有多个接触和被动性的全身顺应性

多接触平衡控制是指机器人以单腿站立或双腿站立，用一只手或两只手或任何其他间断性连杆接触环境的情况。存在许多需要多接触平衡控制的任务，例如在墙壁上刷油漆[13]，一只手清洁表面同时另一只手支撑重物[135]，坐在椅子上[90]，爬梯子[110,16,24,153]，旋转重物[102,104]，用肩膀肘部或臀部推动重物[103]，以及在扶手支撑下爬楼梯[80,83]。多接触平衡控制意味着具有单个闭环连杆(环境)的闭链规划，从而形成相互依赖的闭环(参见 3.6 节)。

设计用于多接触平衡控制器的一种可能方法是在空间(末端连杆)坐标方面使用动态模型(请参见 4.228 节)。正如已经讨论过的，混合准坐标中的动力学表示对于平衡控制是非常方便的。下面的速度关系从公式(2.131)推导为

$$\begin{bmatrix} \mathcal{V}_M \\ \mathcal{V} \end{bmatrix} = \begin{bmatrix} E & 0 \\ \mathbb{C}_C^{\mathrm{T}} & \mathcal{J}_M \end{bmatrix} \begin{bmatrix} \mathcal{V}_M \\ \dot{\theta} \end{bmatrix} \tag{5.166}$$

等号右边上的 4×4 矩阵记为 T_M，根据 4.228 节中描述的变换过程，T_M 作为运动方程的变换矩阵(另请参见文献[38])。原始的变换矩阵 T_B 因此被 T_M 替换。变换之后，运动方程采用以下形式：

$$\mathcal{M}_M(q)\begin{bmatrix} \dot{\mathcal{V}}_M \\ \dot{\mathcal{V}} \end{bmatrix} + \mathcal{C}_M(q,\dot{q})\begin{bmatrix} \mathcal{V}_M \\ \mathcal{V} \end{bmatrix} + g(q) = \begin{bmatrix} -\mathbb{C}_C \\ E \end{bmatrix} \mathcal{J}_M^{-\mathrm{T}} \tau + T_M^{-\mathrm{T}} \mathcal{Q}_{\text{ext}} \tag{5.167}$$

请注意以下事项。首先，请注意，为了支持控制器设计，已将与速度有关的非线性项改写为矢量矩阵形式。其次，请注意重力项未更改($g_M(q) = g(q)$)，因为在混合准坐标的情况

下，CoM 动力学与其余部分解耦。再次，观察到变换涉及 $\boldsymbol{T}_M$ 的逆，这意味着雅可比矩阵 $\mathcal{J}_M$ 被假定为方阵(非冗余肢体)和非奇异矩阵。最后，请注意，已添加了外力项(等号右边的最后一项)以说明意外的扰动。

此外，最后一个等式可以通过在接触处受约束/不受约束的运动方向的表示法来构造。然后，关于等号左边和等号右边的第一项分别成为

$$\mathcal{M}_M(\boldsymbol{q}_M)\begin{bmatrix}\dot{\mathcal{V}}_M\\ \dot{\bar{\mathcal{V}}}^c\\ \dot{\bar{\mathcal{V}}}^m\end{bmatrix} \quad 和 \quad \begin{bmatrix}-\mathbb{C}_C\mathcal{J}_M^{-\mathrm{T}}\\ \mathcal{J}_{Mc}^{-\mathrm{T}}\\ \mathcal{J}_{Mm}^{-\mathrm{T}}\end{bmatrix}\boldsymbol{\tau}\equiv\begin{bmatrix}\mathcal{F}^M\\ \bar{\mathcal{F}}^c\\ \bar{\mathcal{F}}^m\end{bmatrix} \tag{5.168}$$

这种构造支持三个基本控制任务：CRB(即动量速率)运动控制、接触力旋量力控制(即力旋量分布问题)和沿无约束运动方向的末端连杆运动控制。

期望的闭环行为确定为[38]

$$\mathcal{M}_M\begin{bmatrix}\Delta\dot{\mathcal{V}}_M\\ \boldsymbol{0}\\ \Delta\dot{\bar{\mathcal{V}}}^m\end{bmatrix}+\mathcal{C}_M\begin{bmatrix}\Delta\mathcal{V}_M\\ \boldsymbol{0}\\ \Delta\bar{\mathcal{V}}^m\end{bmatrix}=\boldsymbol{T}_M^{-\mathrm{T}}\mathcal{Q}_{\mathrm{ext}}-\begin{bmatrix}\mathcal{F}_u^M\\ \bar{\mathcal{F}}_u^c\\ \bar{\mathcal{F}}_u^m\end{bmatrix} \tag{5.169}$$

下标 u 代表控制输入，$\Delta(\circ)$表示误差项。CRB($\mathcal{F}_u^M$)和末端连杆运动($\bar{\mathcal{F}}_u^m$)控制输入包括 PD 反馈分量。这意味着 CRB 的运动是通过虚拟的线性/扭转弹簧阻尼器系统控制的。末端连杆运动控制输入还包含所需的前馈(惯性力)分量。最终的末端连杆行为是阻抗类型。请注意，沿约束运动方向的运动被抑制，因此，$\Delta\bar{\mathcal{V}}^c$已经被假定为零。

接触力旋量 $\bar{\mathcal{F}}_u^c$可以从空间动力学中确定。为此，首先要注意的是公式(5.167)和公式(5.169)，可获得

$$\begin{bmatrix}-\mathbb{C}_C\\ \boldsymbol{E}\end{bmatrix}\mathcal{J}_M^{-\mathrm{T}}\boldsymbol{\tau}=\mathcal{M}_M\begin{bmatrix}\dot{\mathcal{V}}_M^{\mathrm{des}}\\ \boldsymbol{0}\\ (\dot{\bar{\mathcal{V}}}^m)^{\mathrm{des}}\end{bmatrix}+\mathcal{C}_M\begin{bmatrix}\mathcal{V}_M^{\mathrm{des}}\\ \boldsymbol{0}\\ (\bar{\mathcal{V}}^m)^{\mathrm{des}}\end{bmatrix}+\boldsymbol{g}-\begin{bmatrix}\mathcal{F}_u^M\\ \bar{\mathcal{F}}_u^c\\ \bar{\mathcal{F}}_u^m\end{bmatrix} \tag{5.170}$$

接下来，根据关节扭矩项的投影，将上述方程式分解为两部分。那我们有

$$-\mathbb{C}_C(\mathcal{J}_M^{-\mathrm{T}}\boldsymbol{\tau})=\mathcal{M}_{M1}\begin{bmatrix}\dot{\mathcal{V}}_M^{\mathrm{des}}\\ \boldsymbol{0}\\ (\dot{\bar{\mathcal{V}}}^m)^{\mathrm{des}}\end{bmatrix}+\mathcal{C}_{M1}\begin{bmatrix}\mathcal{V}_M^{\mathrm{des}}\\ \boldsymbol{0}\\ (\bar{\mathcal{V}}^m)^{\mathrm{des}}\end{bmatrix}+\begin{bmatrix}M\boldsymbol{a}_g\\ \boldsymbol{0}\end{bmatrix}-\mathcal{F}_u^M \tag{5.171}$$

$$\mathcal{J}_M^{-\mathrm{T}}\boldsymbol{\tau}=\mathcal{M}_{M2}\begin{bmatrix}\dot{\mathcal{V}}_M^{\mathrm{des}}\\ \boldsymbol{0}\\ (\dot{\bar{\mathcal{V}}}^m)^{\mathrm{des}}\end{bmatrix}+\mathcal{C}_{M2}\begin{bmatrix}\mathcal{V}_M^{\mathrm{des}}\\ \boldsymbol{0}\\ (\bar{\mathcal{V}}^m)^{\mathrm{des}}\end{bmatrix}-\mathcal{F}_u^* \tag{5.172}$$

其中 $\mathcal{F}_u^*\equiv[(\bar{\mathcal{F}}_u^c)^{\mathrm{T}}\quad(\bar{\mathcal{F}}_u^m)^{\mathrm{T}}]^{\mathrm{T}}$。若要获得空间动力学的表示形式，请从最后两个方程中消除关节扭矩，即

$$\mathbb{C}_C\mathcal{F}_u^* = (\mathcal{M}_{M1}+\mathbb{C}_C\mathcal{M}_{M2})\begin{bmatrix}\dot{\mathcal{V}}_M^{\text{des}}\\ \mathbf{0}\\ (\dot{\bar{\mathcal{V}}}^m)^{\text{des}}\end{bmatrix}+(\mathcal{C}_{M1}+\mathbb{C}_C\mathcal{C}_{M2})\begin{bmatrix}\mathcal{V}_M^{\text{des}}\\ \mathbf{0}\\ (\bar{\mathcal{V}}^m)^{\text{des}}\end{bmatrix}+\begin{bmatrix}M\boldsymbol{a}_g\\ \mathbf{0}\end{bmatrix}-\mathcal{F}_u^M \tag{5.173}$$

如已经指出的，空间动力学的驱动力 $\mathcal{F}_u^M$ 由 PD 反馈控制项组成。唯一未知的量是接触力旋量 $\bar{\mathcal{F}}_u^c$。很容易确认公式(5.173)关于接触力旋量的欠定性。因此，为了解决力旋量分配问题，应进行优化程序。

文献[38]中建议的优化方法是基于软约束的。在 $\boldsymbol{x}=\mathcal{F}^*$ 上，目标函数最小化由关于 $(\bar{\mathcal{F}}^c)^{\text{des}}$，$\bar{\mathcal{F}}_u^m$ 和公式(5.173)的残差确定的三个二次项(惩罚)项的和。约束由 $\mathcal{F}_{FC}$，$\mathcal{F}_{\text{BoS}}$ 和 $\mathcal{F}_{TL}$ 的子域组成。为了保持接触，需要最小的垂直 GRF 作为附加约束。请注意，接触力旋量惩罚项的定义是关于所需的值定义的。以这种方式，可以避免为了平衡而测量接触力旋量的需要。控制关节扭矩[⊖]的唯一解可从公式(5.172)推导为

$$\boldsymbol{\tau}=\mathcal{J}_M^{\mathrm{T}}\left(\mathcal{M}_{M2}\begin{bmatrix}\dot{\mathcal{V}}_M^{\text{des}}\\ \mathbf{0}\\ (\dot{\bar{\mathcal{V}}}^m)^{\text{des}}\end{bmatrix}+\mathcal{C}_{M2}\begin{bmatrix}\mathcal{V}_M^{\text{des}}\\ \mathbf{0}\\ (\bar{\mathcal{V}}^m)^{\text{des}}\end{bmatrix}-\mathcal{F}_{\text{opt}}^*\right) \tag{5.174}$$

该表达式也用于关节扭矩限制约束 $\mathcal{F}_{TL}$。从以上推导可以明显看出，优化方法可以描述为一种基于空间动力学的非连续方法。

设计的控制器具有渐近稳定性和被动性。为了显示这一点，首先请注意，在维持平衡接触力旋量的前提下，可以降低系统的维度。这是通过约束消除方法来完成的。降维的闭环系统为

$$\mathcal{M}_M^*\begin{bmatrix}\Delta\dot{\mathcal{V}}_M\\ \Delta\dot{\bar{\mathcal{V}}}^m\end{bmatrix}+\mathcal{C}_M^*\begin{bmatrix}\Delta\mathcal{V}_M\\ \Delta\bar{\mathcal{V}}^m\end{bmatrix}=\boldsymbol{T}^*\boldsymbol{T}_M^{-\mathrm{T}}\mathcal{Q}_{\text{ext}}-\begin{bmatrix}\mathcal{F}_u^M\\ \bar{\mathcal{F}}_{\text{opt}}^m\end{bmatrix} \tag{5.175}$$

或

$$\mathcal{M}_M^*\begin{bmatrix}\Delta\dot{\mathcal{V}}_M\\ \Delta\dot{\bar{\mathcal{V}}}^m\end{bmatrix}+\mathcal{C}_M^*\begin{bmatrix}\Delta\mathcal{V}_M\\ \Delta\bar{\mathcal{V}}^m\end{bmatrix}+\begin{bmatrix}\mathcal{F}_u^M\\ \bar{\mathcal{F}}_u^m\end{bmatrix}=\boldsymbol{T}^*\boldsymbol{T}_M^{-\mathrm{T}}\mathcal{Q}_{\text{ext}}-\begin{bmatrix}\mathbf{0}\\ (\bar{\mathcal{F}}^m)^{\text{des}}\end{bmatrix} \tag{5.176}$$

其中 $\boldsymbol{T}^*$ 是从运动方程中删除中间(接触力旋量)行的变换。显然，等号右边差分项驱动误差动力学。对于无约束运动的情况，即驱动力为零时，PD+控制意义上的渐近稳定性可以确认为无约束的运动情况[115]。根据文献[113]，监管情况下被动性可以确认。

上面的控制器已由扭矩控制机器人实现，并在多接触下或站在柔软的地面上且受到小的外部干扰时性能良好。注意，在以上推导中未考虑运动冗余。在实现中，通过转置雅可比矩阵的零空间中的关节空间阻抗分量解决了冗余问题。另一个问题是非奇异构型的假设。在文献[38]中，建议使用阻尼最小二乘正则化方法。但是，这种方法会导致在奇异构型附近的跟踪变差(另请参见第 2 章中的讨论)。

⊖ 回想一下对平方雅可比矩阵的假设，由于之后没有产生运动学冗余。这个假设稍后会被摒弃。

5.13.3 全身顺应性的多接触运动/力控制

5.12.1 节中描述的多接触平衡控制器具有对微弱干扰做出反应的能力。与 5.12.1 节中的示例相同的任务(表面清洁)证明了这一点。在执行任务时，机器人会遭受两次持续时间均为 500ms 的意外干扰。首先，在基座连杆上施加 3Nm 的俯仰力矩。从图 5.35 中的基本方向误差图可以明显看出，这种干扰容纳于躯干旋转中。接下来，在 CoM 上施加 5N 的侧向推动力。从 CoM 位置误差图以及同一图中的关节速度和扭矩图可以明显看出，这种干扰可被容纳是通过 CoM 位移来实现的。注意，右手的位置/方向误差和作用力与不受干扰的情况相差无几(参见图 5.31)。这证明了控制器的解耦能力。仿真结果以动画形式显示在 Video 5.13-1[137] 中。

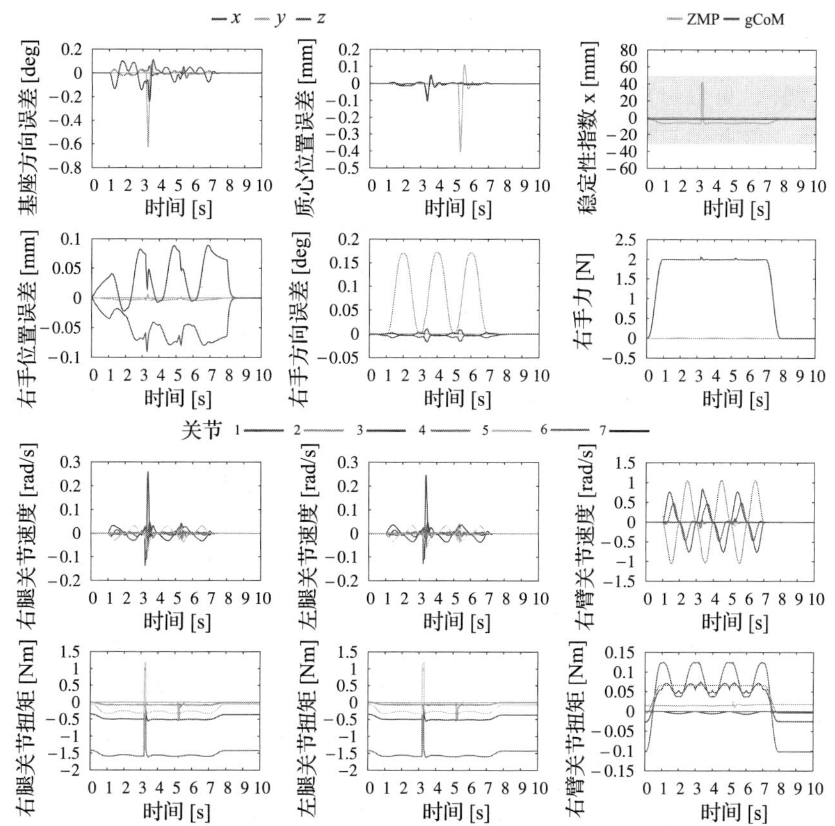

图 5.35 如 5.12.1 节所述的多接触运动/力控制任务。施加了两个意外干扰：首先，在基座连杆处施加 3Nm 的俯仰力矩，然后在 CoM 处施加 5N 的侧向推动力。干扰分别容纳于躯干旋转和 CoM 位移中。干扰对手部动作/力任务性能的影响可以忽略不计。R 和 L 分别代表“右”和“左”(见彩插)

5.14 平衡控制中的迭代优化

多年来，已经开发出许多利用迭代凸优化技术的平衡控制方法。主要优点是可以在优化任务中直接包含不等式约束。目前，最好使用现成的 QP 求解器。

公式(2.57)中给出了包含等式约束和不等式约束的QP任务生成的一般形式。在平衡控制的情况下，目标是最小化适当定义的线性二次函数的和，其形式类似于非迭代优化(如公式(5.130))。到目前为止，已经有多种用于平衡控制的任务公式投入使用。制定迭代优化任务时，有两个主要问题。其中之一是计算负载。在这方面，如5.9节所述，最好制定一些比大型任务小的任务。这种方法称为顺序优化[60]。可以在文献[13,14,88]中找到这种优化的例子。注意顺序优化可以包括混合的迭代/非迭代最小化任务[142,167,38,37]。这样，通过非迭代任务的固有时间效率，可以进一步减轻计算负担。

另一个主要问题是由于存在多个相互矛盾的约束而缺乏解。有三种可能的方法可以避免这种过度约束。首先，可以采用等式约束条件来放宽约束，如5.9.2节所述。第二，可以使用所谓的松弛变量(参见2.60节)。这些变量的作用也是放宽约束条件，尤其是在不等式类型约束的情况下。回想一下(从公式(2.61)开始)变量本身受到了最小化。第三，可以在约束条件之间引入优先级顺序。与权重调整相比，优先级排序方法具有解耦最小化任务的优势。这样，可以提高稳定性，如文献[18]中所述。但是，优先级排序方法也有一些缺点。确定优先级并不总是能保证良好的结果。另一方面，引入可变优先级也不是那么直观(参见2.8.3节中的讨论)。

由于权重调整/优先级分配会存在歧义，因此很难证实迭代优化方法的性能稳定性。调谐过程可能很烦琐，需要特别注意才能最终获得令人满意的性能。但是，应该指出的是，尽管存在此问题，仍有许多研究基于迭代优化。下面将给出代表性的例子。

5.14.1 历史背景

文献[151,65]中引入了第一个基于迭代优化的平衡控制器，用于主动单腿平衡任务。目标函数以关节角度增量表示。根据优化结果修改关节角度输入轨迹。优化过程中使用约束$\mathcal{F}_{JT}$，$\mathcal{F}_{\mathrm{CoP}}$和$\mathcal{M}_{SM}$。来自$\mathcal{M}_{SM}$的两个组件用于限制质心在地面上的投影(gCoM)的运动。请注意，此约束非常保守，它通过不允许gCoM在支撑面(BoS)中移动而过度限制了优化程序的解空间。$\mathcal{M}_{SM}$中的三个角动量分量受到不等式约束，以避免角动量过度累积。

文献[81]中的平衡控制器利用两种类型的控制律来确保适当的反应行为，以响应当处于对称双腿站立时被施加的外部干扰。在干扰较小的情况下，最好使用PD反馈控制律。该控制器的优点是它适合实时应用。但是，在干扰较大的情况下，该控制器不会起到应有的作用。因此此类干扰由QP优化控制器处理。目标函数使关节加速的成本最小化($c_{JA}|_{\ddot{\theta}^{\mathrm{ref}}=0}$)，并将质心(CoM)的侧向加速度最大化以避免跌倒。约束为$\mathcal{F}_{\mathrm{BoS}}$和$\mathcal{M}_{AL}$，以及与$\mathcal{F}_{SM}$的分量相关的gCoM运动的PD类型约束。还有一个特定的约束条件，它利用由双腿站立形成的闭环链内的对称关系。可以使用此平衡控制器来实现类似人的平衡运动模式，包括使用手臂(“风车”)运动。

文献[144]中描述的平衡控制器也基于QP方法。输入轨迹由关节角度、CoM/ZMP运动和GRF的垂直分量以一致的方式指定。优化器的任务是在对较小的短期干扰做出反应时，通过考虑ZMP/gCoM的动力学来确保稳定性。与CoM输入轨迹产生的长期偏差通过PD反馈增益的反馈方式进行补偿。实际上该方法可以被视为间接ZMP操作方法。关节变量是从QP优化器的输出获得的，该输出使用CoM逆运动学方程和其他运动学子任务作为约束。

5.14.2 基于 SOCP 的优化

一组平衡控制算法可以表述为二阶锥规划(SOCP)问题，即特殊类型的凸优化问题。回想一下，当执行摩擦锥约束时，SOCP 公式(参见公式(3.79))特别合适。文献[117]中给出了三个凸优化子任务的示例。首先，将 CoP-in-BoS 约束定义为一个凸最小化问题，要求 $\| \boldsymbol{r}_p - \boldsymbol{r}_p^{des} \| \leqslant \epsilon_p$，$\epsilon_p$ 是一个用户定义的常数阈值。其次，以从当前 gCoM 的有限微分近似获得的线性不等式的形式定义 gCoM-in-BoS 约束。第三，将闭环运动关系作为等式约束来实施。这样，可以将动态环境(例如平移或旋转支撑)包括在模型中。优化器在主动(踢腿运动)和被动(支撑位移)平衡控制任务中均表现良好。

SOCP 方法的应用看起来前景广阔。可以混合使用不同类型的约束：非线性和线性，以及等式和不等式。但是，存在一些与 QP 求解器相关的问题。最重要的是，证明平衡控制器的稳定性是很困难的。需要以一致的方式设置许多参数。上面的顺序方法提供了一个很好的解。在其他参数中，尤其是与反馈型控制器性能密切相关的参数(例如，本节中第一个 SOCP 控制器中的 ϵ_p 误差阈值和 5.14.1 节中针对 CoM 调节器的 PD 增益)只能以直观的方式进行调整。此外，SOCP 控制器的实时应用仍然存在问题。预计在不久的将来，随着更快的 SOCP 算法[6]与高性能计算硬件的结合，这一问题将得到解决。

5.14.3 迭代接触力旋量优化

接触力旋量优化问题可以转换为用解 $\boldsymbol{x}=\overline{\mathcal{F}}^c$ 来处理的 QP 任务。摩擦锥和 CoP 不等式类型约束可以直接纳入任务公式。最佳的接触力旋量分量 $\overline{\mathcal{F}}^c_{opt}$ 将确定 CoP 的最佳位置，以及适当的反作用力和每只脚的垂直力矩。以这种方式，可以避免脚部打滑、通过脚部滚动或俯仰旋转实现从平面接触到线接触或点接触的转换以及扭转脚(偏转)旋转。

合理的目标是最大程度地减小脚踝的扭矩。有三个因素促使我们实现该目标：(1)能源效率[⊖]；(2)最小化对脚踝执行器[158]的性能要求；(3)避免脚部滚动[88]。该问题的通用方程可从文献[158]中的公式(5.115)获得。

$$\min_{\boldsymbol{x}} \sum_{j \in \{r,l\}} \| \bar{\boldsymbol{\tau}}_j^c - (\boldsymbol{r}_{A_j} - \boldsymbol{r}_{P_j}) \times \bar{\boldsymbol{f}}_j^c \|^2 \tag{5.177}$$

如第 5.9.2 节中定义约束为 $\mathcal{F}_{SD}$，$\mathcal{F}_{FC}$ 和 $\mathcal{F}_{BoS}$。在平坦地面上，应包括一个附加约束将 CoP 的垂直坐标限制为零。

上述优化存在两个问题。首先，矢量的叉积是非凸的。其次，不能保证 CoP 的位置远离 BoS 的边界，以免脚部发生滚动。第一个问题可以通过采用点接触模型来解决，类似于 5.10.1 节中所述，另见文献[50,2,63,168]。在这种情况下，矢量叉积是根据点接触的位置矢量确定的。这些在优化时间间隔内被假定为常数。因此，可以采用矢量叉积的斜对称矩阵表示。然后可以将目标函数表示为半定二次形式，该形式使优化问题凸出，即

$$\min_{\boldsymbol{x}} c_{CW} \tag{5.178}$$

将 c_{CW} 定义为 $\mathcal{F}_{CW}|_{(\overline{\mathcal{F}}^c)^{ref}=0}$ 的弛豫时间。使用与上述相同的约束。回想一下，当在公式(5.133)中定义权重矩阵 $\boldsymbol{W}_{CW}$ 时，目标函数采用形式 $c_{CW}=\|\boldsymbol{\tau}^c\|^2_{W_k}$。这意味着接触力旋量

⊖ 等价于生物力学领域的新陈代谢花销/能量[3,15]。

可以通过关节扭矩隐式地最小化。

第二个问题可以通过 CoP 跟踪约束的弛豫时间修改目标函数来解决：

$$\mathbb{C}_P \bar{\boldsymbol{\tau}}_t^c = \boldsymbol{r}_P^{\text{ref}} \tag{5.179}$$

以获得

$$\min_{\boldsymbol{x}} c_{CW} + c_{\text{CoP}} \tag{5.180}$$

在公式(5.179)中，切向接触矩 $\bar{\boldsymbol{\tau}}_t^c$ 通过 $\mathbb{C}_P$ 映射获得当前 CoPs。然后在理想的 CoPs，$\boldsymbol{r}_P^{\text{ref}}$ 下通过对 c_{CoP} 进行惩罚得到当前的 CoPs，通常，$\boldsymbol{r}_P^{\text{ref}}$ 设置在踝关节的地面投影处，尽管这样有些保守。在这种情况下，不再需要使用 CoP-in-BoS 约束 $\mathcal{F}_{\text{BoS}}$。c_{CoP} 还有其他选择可以避免保守设置问题，例如，更直接地惩罚可能的边缘接触转换[158]。

在某些情况下，对于优化任务可能根本没有解。这个问题可以通过放松严格的空间动力学等式约束 $\mathcal{F}_{SD}$ 来解决[142]。我们有

$$\min_{\boldsymbol{x}} c_{CW} + c_{SD} \tag{5.181}$$

利用这种公式，总会有解，但是不再保证 $\mathcal{F}_C^{\text{ref}}$ 中的加速度分量(即空间动量的变化率)。

5.14.4 迭代空间动力学优化

可以采用迭代的方法，配合 $\boldsymbol{x}=[\ddot{\boldsymbol{\theta}}^{\text{T}} \quad (\bar{\mathcal{F}}^c)^{\text{T}}]^{\text{T}}$ 来优化接触力旋量，以及出现在空间动力学方程(5.109)中的关节加速度。下面将介绍顺序和非顺序优化任务公式的示例。

顺序法

以下目标函数是基于空间动力学优化的一个示例[88]：

$$\min_{\boldsymbol{x}} \sum_{j \in \{r,l\}} (\|\bar{\boldsymbol{f}}_j^c\|_{W_f}^2 + \|\bar{\boldsymbol{\tau}}_j^c\|_{W_\tau}^2) + \|\dot{\boldsymbol{p}}(\boldsymbol{f}^c) - \dot{\boldsymbol{p}}^{\text{ref}}\|_{W_p}^2 + \|\dot{\boldsymbol{l}}_C(\bar{\mathcal{F}}^c) - \dot{\boldsymbol{l}}_C^{\text{ref}}\|_{W_l}^2 \tag{5.182}$$

有四个子任务。前两个子任务最小化接触力旋量分量，即 GRF 和 GRM(或等效为 CoP 位置/脚踝扭矩)。后两个子任务最小化线性和角动量速率分量的误差。假设分别以独立的方式，通过比例微分 CoM 运动和比例角动量反馈控制来指定参考动量率分量 $\dot{\boldsymbol{p}}^{\text{ref}}$ 和 $\dot{\boldsymbol{l}}_C^{\text{ref}}$。但是，这会带来一个问题，因为两个动量速率分量是耦合的，如 5.8.1 节所述。这就是上述目标试图以独立方式最小化这两个成分的原因。关于 GRF 和 GRM 子任务的最小化，应注意的是，前者限制了该方法的应用领域，因为脚的加载/卸载将变得不可能，而后者会由于 GRF 叉积项(请参见公式(5.115))使方程呈现非凸。

为了减轻上述优化中的固有问题，将优化任务重新定义如下。5.14.3 节介绍了一种解决非凸性问题的方法。因此，使用了将平面接触近似为多点接触的接触模型。在这里，将探讨避免使用多点接触模型的另一种可能性。为此，目标函数将重新制定以产生一个顺序问题：首先最小化 GRF，然后最小化 GRM[88]。GRF 由以下最小化任务确定：在 $\mathcal{F}_{FC}$ 约束下，

$$\min_{\boldsymbol{x}} \|\dot{\boldsymbol{p}}(\boldsymbol{f}^c) - \dot{\boldsymbol{p}}^{\text{ref}}\|^2 + \|\dot{\boldsymbol{l}}_C(\bar{\mathcal{F}}^c) - \dot{\boldsymbol{l}}_C^{\text{ref}}\|_{W_l}^2 + \sum_{j \in \{r,l\}} \|\bar{\boldsymbol{f}}_j^c\|_{W_f}^2 \tag{5.183}$$

注意单位权重用于线性动量率误差的子任务。这样，子任务被赋予高优先级。另一方面，请注意线性动量速率取决于 GRF。为了避免干扰 GRF 最小化子任务(第三项)，应将权重设置得足够小。换句话说，应将 GRF 最小化子任务的优先级设置为最低级别。接下来，请注意，非常小的(大约为零)角动量速率误差将产生非常小的踝关节扭矩。然而，在实际

中不能忽略角动量率误差。这意味着必须确定适当的GRM/踝关节扭矩，以最大程度地减少误差。由于已知最佳GRF，因此GRM可以用线性关系表示：

$$\bar{\boldsymbol{\tau}}_j^c = [(\bar{\boldsymbol{f}}_{j\ \mathrm{opt}}^c)^{\times}](\boldsymbol{r}_{P_j} - \boldsymbol{r}_{A_j}) + \boldsymbol{e}_z m_z \tag{5.184}$$

$\boldsymbol{e}_z m_z$ 表示法线附近的反作用力转矩。该方程使GRM最小化(或CoP定位)问题凸现。这样就可以直接设计适当的目标函数[88]。

然后，使用上述两个顺序优化子任务产生的接触力旋量(GRF和GRM)来获得空间动量的容许变化率 $\dot{\mathcal{L}}_C^{\mathrm{ref}}$。然后最终优化子任务可以在级联中调用，即

$$\min_{\ddot{\boldsymbol{\theta}}} c_{SM} + c_{JA} \mid_{\ddot{\boldsymbol{\theta}}^{\mathrm{ref}}=0} \tag{5.185}$$

c_{SM} 目标源于 $\mathcal{F}_{SM}$ 等式约束的弛豫时间。显然，此最终优化子任务也属于运动约束域。例如，如文献[112]所示，该目标可用于在存在干扰的情况下，保持上身站立在狭窄的支撑物上的初始姿势。

非顺序法

文献[77,161]研究了一种基于非顺序空间动力学的迭代优化方法：

$$\min_{\boldsymbol{x}}(c_{CW} + c_{\mathrm{CoP}} + c_{SM} + c_{EL} + c_{JA} \mid_{\ddot{\boldsymbol{\theta}}^{\mathrm{ref}}=\boldsymbol{0}}) \tag{5.186}$$

力约束是等式 $\mathcal{F}_{SD}$ 和摩擦锥约束 $\mathcal{F}_{FC}$。不等式运动约束 $\mathcal{M}_{AL}$ 用于强制执行关节的界限。由于所有约束条件都表述为目标函数的组成分量，因此可以避免与过度约束系统有关的问题。但是，这是一种重量调节问题的折中。如上所述，可以进行这样的调整，但是只能以直观的、不严谨的方式进行。

5.14.5 基于完整动力学的优化

在过去的十年中，已经开发了许多基于完整动力学公式的多目标QP方法，主要是为了对包括人类在内的运动关节进行图像处理[2,13,14,141,92,100,18,95,96]。这些工作的主要目的是产生“逼真的”动态运动。使用基于运动学或准静态的方法无法实现此目标。另一方面，在仿人机器人领域中，基于动力学的完整公式仍然十分罕见。原因有许多。首先，请注意，此类公式可用于扭矩控制机器人。目前仅存在少数这样的机器人。这些公式基于无法以直接方式获得的动态模型。实际上，由于不包括诸如马达、布线、连接器和电路板的组件，因此来自CAD数据的动态参数是不精确的。因此，必须使用烦琐的识别程序来获得精确的动态模型。此外，动态模型会施加相对沉重的计算负担。因此，确保实时(通常在1ms之内)进行反馈控制非常具有挑战性。用扭矩控制机器人进行实验也很苛刻。尽管如此，这些障碍也是可以克服的，这将在以下内容中进行介绍。

基于完整动力学的优化任务的最优解表示为公式(5.113)。优化任务被公式化为由惩罚类型项组成的多目标函数，该惩罚类型项具有或不具有用于任务优先级的分层结构。

具有硬约束的分层多目标优化

过度约束系统的问题可以通过在任务之间引入层级结构来解决。在2.8.3节中讨论了这种称为“分层QP”(HQP)的方法。分层结构在某种程度上可以减轻计算负担。层次结构定义了固定的任务优先级。需要严格执行的约束(硬约束)是不等式类型的物理约束。它们包括关节角度和扭矩极限($\mathcal{M}_{AL}$ 和 $\mathcal{F}_{TL}$)、摩擦约束($\mathcal{F}_{FC}$ 和 $\mathcal{F}_{TL}$)以及CoP-in-BoS约束 $\mathcal{F}_{\mathrm{BoS}}$。与通用QP任务表述有关的符号(公式(2.57))将在下面使用。解矢量的形式在公式

(5.113)中给出。优化任务可以写为[40]

$$\begin{aligned}&\min_{x,v,w}\|v\|^2+\|w\|^2\\&\text{满足}\quad W(Ax+a)=w\\&\qquad\quad V(Bx+b)\leqslant v\end{aligned}\tag{5.187}$$

矢量 $\boldsymbol{v}$ 和 $\boldsymbol{w}$ 表示松弛变量，它们用于约束松弛以避免数值不稳定性。回想一下，这些变量是优化过程的结果，他们不需要由用户指定。另一方面，使用确定用于子任务的相对权重的矩阵 $\boldsymbol{V}$ 和 $\boldsymbol{W}$。注意，以上公式是惩罚类型的。可以通过 2.8.3 节中介绍的方法来强制执行严格的任务优先级划分(另请参见文献[17,18])。首先，将优先级 r 表示为一个特定的最优解，即($\boldsymbol{x}_r^*$,$\boldsymbol{v}_r^*$)。所有最优解可以表示为

$$x=x_r^*+N_rp_{r+1}\tag{5.188}$$

$$\overline{A}_rx+\overline{a}_r\leqslant v_r^*\tag{5.189}$$

$$\cdots$$

$$\overline{A}_1x+\overline{a}_1\leqslant v_1^*$$

在此，$\boldsymbol{N}_r$ 是所有高优先级等式约束 $\mathcal{N}(\overline{\boldsymbol{B}}_r)\cap\cdots\cap\mathcal{N}(\overline{\boldsymbol{B}}_1)$ 在复合零空间上的投影。矢量 $\boldsymbol{P}_{r+1}$ 是任意的，它参数化了复合零空间。上划线符号代表受相应权重矩阵限制的数量，即 $\overline{\boldsymbol{A}}=\boldsymbol{VA}$，$\overline{\boldsymbol{a}}=\boldsymbol{Va}$，$\overline{\boldsymbol{B}}=\boldsymbol{WB}$，$\overline{\boldsymbol{b}}=\boldsymbol{Wb}$。通过奇异值分解 SVD 可以计算零空间投影(请参见 2.7.1 节)。SVD 程序可以与级别 $r-1$ 上与 QP 任务并行调用。在文献[40]记录的 SVD 程序应用中可以观察到，SVD 仅增加了微不足道的计算开销。

使用上面的表示法，可以将级别 $r+1$ 的最小化任务写为

$$\begin{aligned}&\min_{v_{r+1},p_{r+1}}\|v_{r+1}\|^2+\|\overline{B}_{r+1}(x_r^*+N_rp_{r+1})+\overline{b}_{r+1}\|^2\\&\text{满足}\quad\overline{A}_{r+1}(x_r^*+N_rp_{r+1})+\overline{a}_{r+1}\leqslant v_{r+1}\\&\qquad\quad\overline{A}_r(x_r^*+N_rp_{r+1})+\overline{a}_r\leqslant v_r^*\\&\qquad\quad\cdots\\&\qquad\quad\overline{A}_1(x_r^*+N_rp_{r+1})+\overline{a}_1\leqslant v_1^*\end{aligned}\tag{5.190}$$

显然，优先级解是以递归的方式获得的。使用此公式可以保证找到最佳解。

以上优化方法已通过 25 自由度的扭矩控制仿人机器人来实现[40]。引入了 5 个优先级，这些优先级覆盖了 5.9.2 节中列出的许多限制。在实验中，仅使用了 14 自由度(无上身)。借助完整的动力学公式，在 3.4 GHz 的 Intel Core i7-2600 CPU 上大约需要花费 5ms。在 14 自由度模型中，$\mathcal{F}_{\mathrm{EoM}}$ 等式类型约束被排除在外。在这种情况下，已经实现了实时演示(低于 1ms)。相关报道称，尽管存在动态模型不精确的情况，但主动型任务和被动型任务的演示效果均令人满意。

带有软约束的基于惩罚的多目标优化

软约束始终提供一种解，没有使用硬约束时偶尔会出现的数值不稳定性。采用惩罚型公式从作用于 CoM，$\boldsymbol{f}_C^{\mathrm{ref}}$ 的参考总力得出最佳解[22]。该力可以从 5.6.3 节中 DCM 稳定器的输出中获取。公式为

$$\min_{x}\|\mathbb{C}_{cC_f}\overline{\mathcal{F}}^c-f_C^{\mathrm{ref}}\|_{W_c}+\|\Delta r(\ddot{q},\tau,\overline{\mathcal{F}}^c(C_{\oplus}))|_{W_r}\tag{5.191}$$

相关的约束包括：$\mathcal{F}_{\mathrm{EoM}}$，$\mathcal{F}_{FC}$，$\mathcal{F}_{TL}$ 和M_{CL}(请参见表 5.1 和表 5.2)。摩擦锥约束由锥体近

似(参见 3.1 节，另请参见文献[88])，矢量 $\boldsymbol{C}_{\oplus}$ 由收集锥体基矢量的堆叠 $\boldsymbol{C}_k$ 矩阵(参见公式(3.12))组成。请注意 $\boldsymbol{C}_{\oplus}$ 对接触力旋量进行了参数化。公式(5.191)中的两个目标的最小化：(i)作用在 CoM 上的合力的误差；(ii)沿着非约束末端连杆运动方向的运动控制误差以及自运动控制误差($\Delta\boldsymbol{r}$ 项)。QP 求解器是图 5.15 中基于 DCM 的平衡控制器中出现的任务空间控制器的一部分。任务空间控制器的组件如图 5.36 所示。显然，QP 求解器确定将关节扭矩 $\boldsymbol{\tau}_{\mathrm{opt}}$ 作为本地关节空间控制器的控制输入。

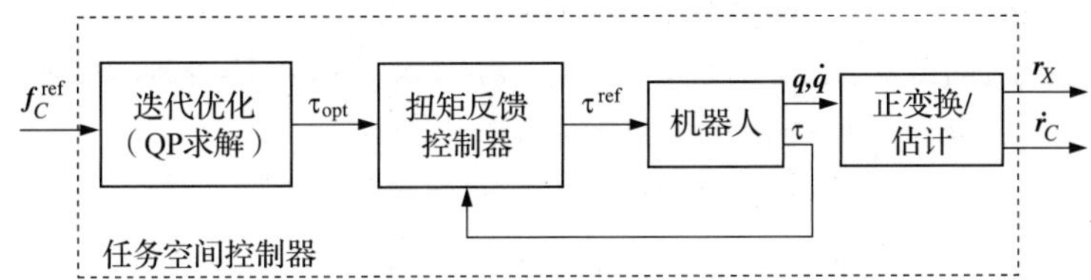

图 5.36 5.6.3 节中 DCM 稳定器的任务空间控制器的框图。任务空间控制器设计与扭矩控制机器人一起实施。QP 求解器将完整的机器人动力学作为最小化约束

基于逆运动学的逆动力学模型优化方法

具有足够精度的动态模型可能并不总是有效的。为了解决由不完善的动力学模型引起的问题，可以使用(精确)逆运动学模型固有的信息。基于逆动力学的逆运动学模型优化方法似乎特别适合于具有混合力/速度输入命令的液压驱动仿人机器人[40,25]。在文献[25]讨论的应用中，在每个时间步都解决了两个逆动力学和逆运动学的 QP 问题。逆动力学求解器(如公式(5.113)中的 $\boldsymbol{x}$)已更新为传感器状态。另一方面，逆运动学求解器($\boldsymbol{x}=\dot{\boldsymbol{q}}_{\mathrm{int}}$)会更新为通过积分获得的状态，以避免不稳定。但是，这会导致接触位置中的错误积累。通过使用“漏电”积分器可以缓解该问题。从线性形式 $\boldsymbol{W}(\boldsymbol{A}\boldsymbol{x}-\boldsymbol{a})$ 派生的目标函数(软约束)包含动力学和运动学目标的行混合。动态目标源于 $\mathcal{F}_{\mathrm{CoP}}$ 和 $\mathcal{M}_{EL}$ 约束的放松，以及其他动态目标，其中包括：(1)状态跟踪($\boldsymbol{x}=\boldsymbol{x}^{\mathrm{ref}}$)；(2)符合公式(5.116)(仅在 z 轴方向)的权重分布；(3)抑制扭矩指令的突然变化。使用的硬约束包括：运动方程、摩擦锥和 BoS 中的 CoP(分别为 $\mathcal{F}_{\mathrm{EoM}}$，$\mathcal{F}_{FC}$ 和 $\mathcal{F}_{\mathrm{BoS}}$)。运动学目标包括：(1)末端连杆速度跟踪；(2)关节速度直接跟踪($\dot{\boldsymbol{\theta}}=\dot{\boldsymbol{\theta}}^{\mathrm{ref}}$)；(3)抑制速度指令的突然变化。在文献[25]中可以找到进一步的应用细节。

5.14.6 混合迭代/非迭代优化方法

减少基于完整动力学的迭代优化固有的高计算负担的一种可能性是调用具有混合、迭代/非迭代优化的两步顺序优化方案。迭代部分包括在特定约束下基于空间动力学的接触力旋量优化。非迭代部分通过适当的广义逆解决了完整的逆动力学问题。例如，在文献[142]中，迭代优化任务定义为

$$\min_{\boldsymbol{x}} c_{SD} + c_{CW} \mid_{(\overline{\mathcal{F}}^c)^{\mathrm{ref}}=0}$$

其中 $\boldsymbol{x}=\overline{\mathcal{F}}^c$。在不等式类型约束 $\mathcal{F}_{FC}$ 和 $\mathcal{F}_{\mathrm{BoS}}$ 下解决了该任务。然后，将运动方程 $\mathcal{F}_{\mathrm{EoM}}$ 和闭环运动约束 $\mathcal{M}_{CC}$ 组合为一个方程。我们有

$$\begin{bmatrix} \boldsymbol{M}(\boldsymbol{q}) & -\boldsymbol{S} \\ \boldsymbol{J}_c & \boldsymbol{0} \end{bmatrix} \begin{bmatrix} \ddot{\boldsymbol{q}} \\ \boldsymbol{\tau} \end{bmatrix} = \begin{bmatrix} -\boldsymbol{c}(\boldsymbol{q},\dot{\boldsymbol{q}}) - \boldsymbol{g}(\boldsymbol{q}) + \boldsymbol{J}_c^{\mathrm{T}} \mathcal{F}_{\mathrm{opt}}^c \\ -\dot{\boldsymbol{J}}_c \dot{\boldsymbol{q}} \end{bmatrix} \tag{5.192}$$

其中 $\mathcal{F}^{c}_{\text{opt}}$ 是从迭代优化任务中获得的接触力旋量。该方程通过关节加速度和扭矩的正则(左)伪逆求解。在文献[142]中，使用扭矩控制机器人(Sarcos 仿人机器人)检查了简单的反应性任务。空间动力学目标主要用于 CoM PD 反馈控制。以保守的方式设置期望的角动量变化率，在将机器人向后推动时保持初始躯干方向。但是请注意，这种方法不允许对干扰有过大的顺应性响应，例如，在髋关节策略下获得足够大的躯干旋转。

使用从运动捕捉系统获得的广义加速度输入数据

文献[167]报道了混合迭代接触力旋量/非迭代完全动力学优化方法的另一个例子。从运动捕捉系统获得的期望广义加速度 $\ddot{\boldsymbol{q}}^{\text{des}}(t)$ 作为输入。迭代任务被公式化为以基本准速度表示的空间动力学方程的惩罚型弛豫时间，如下所示：

$$\min_{\boldsymbol{f}} c_{SD} = \|\boldsymbol{\mathcal{A}}_{\overleftarrow{CB}}\ddot{\boldsymbol{q}}^{\text{des}}_{B} + \mathcal{C}_{B} - \mathbb{C}_{cB_f}\boldsymbol{f}\|^2$$

受 $\mathcal{F}_{FC}$ 约束。使用点接触模型，在矩形顶点处的脚组成 4 个点接触。矢量 $\boldsymbol{f}$ 收集所有反应。然后，将最佳 $\boldsymbol{f}_{\text{opt}}$ 用于以直接方式得出最佳接触力旋量 $\overline{\mathcal{F}}^{c}_{\text{opt}}$。此外，将非迭代最小化任务定义为

$$\min_{\boldsymbol{\tau}} c_{JA} + c_{JT}\ \big|_{\boldsymbol{\tau}^{\text{ref}}=0}$$

受完整的动力学等式约束 $\mathcal{F}_{\text{EoM}}(\overline{\mathcal{F}}^{c}_{\text{opt}})$ 和末端连杆运动等式约束 $\mathcal{M}_{EL}$ 的影响。该任务通过适当定义的广义逆来解决。

解耦的分层任务制定

混合迭代接触力旋量/非迭代完整动力学优化方法可以通过引入零空间投影为非迭代部分引入层次结构来进一步改进[38,37]。为此，首先按照以下准静态形式改写混合准速度中的完整动力学表示法，如公式(4.158)：

$$\begin{bmatrix}\boldsymbol{0}\\ \boldsymbol{0}\\ \boldsymbol{\tau}\end{bmatrix} = \begin{bmatrix}\boldsymbol{g}_f\\ \boldsymbol{0}\\ \boldsymbol{0}\end{bmatrix} - \mathbb{J}^{\text{T}}\mathbb{F} \tag{5.193}$$

等号右边的第二项对层级结构进行编码[37]，我们可以得出：

$$\mathbb{J}^{\text{T}} = \begin{bmatrix}\mathbb{J}_f^{\text{T}}\\ \mathbb{J}_m^{\text{T}}\\ \mathbb{J}_\tau^{\text{T}}\end{bmatrix} \equiv [\boldsymbol{J}_c^{\text{T}}\quad \boldsymbol{N}_2^{*}\boldsymbol{J}_m^{\text{T}}\quad \boldsymbol{N}_3^{*}\boldsymbol{J}_q^{\text{T}}\quad \boldsymbol{N}_4^{*}\boldsymbol{S}^{\text{T}}],\quad \mathbb{F} \equiv \begin{bmatrix}\overline{\mathcal{F}}^{c}\\ \overline{\mathcal{F}}^{m}\\ \mathcal{F}_C\\ \boldsymbol{\tau}_a\end{bmatrix} \tag{5.194}$$

$\boldsymbol{N}^{*}_{(\circ)} \in \Re^{(n+6)\times(n+6)}$ 矩阵表示 4.5.3 节中定义的零空间投影。下标表示优先级。必须强调的是，这些零空间投影可确保解耦，从而保证层级系统的渐近控制稳定性。约束($\boldsymbol{J}_c$)、移动性($\boldsymbol{J}_m$)和空间动力学($\boldsymbol{J}_q$)雅可比矩阵分别在公式(2.96)、公式(2.95)和公式(4.99)中定义。欠驱动滤波矩阵 $\boldsymbol{S}$ 在公式(2.102)中定义。最高优先级分配给物理(接触)约束。在移动方向上的运动比 CRB 运动(用于平衡控制并确保对外部干扰的全身顺应性响应)具有更高的优先级。这样，目标处理不受 CRB 运动的影响。经由任意扭矩矢量 $\boldsymbol{\tau}_a$ 将最低优先级分配给姿势控制(例如，以关节阻抗的形式)。此外，从以上两个等式可以明显看出，必须满足以下关系：

$$\boldsymbol{g}_f - \mathbb{J}_f^{\text{T}}\mathbb{F} = \boldsymbol{0} = \mathbb{J}_m^{\text{T}}\mathbb{F} \tag{5.195}$$

然后，在约束 $\mathcal{F}_{FC}$，$\mathcal{F}_{FT}$，$\mathcal{F}_{\text{BoS}}$，$\mathcal{F}_{TL}$ 和公式(5.195)的约束下，迭代力旋量分配问题可以简单

地表示为 $\min_x c_{CW}$，$x=\bar{\mathcal{F}}^c$。软约束 c_{CW} 需要参考$(\bar{\mathcal{F}}^c)^{ref}$被规划器指定为输入。将最佳接触力旋量与其余 $\mathbb{F}$ 的分量的相应参考值一起代入公式(5.193)的下半部分以获得控制扭矩

$$\boldsymbol{\tau}=-\mathbb{J}_\tau^T\mathbb{F}$$

重要的是要注意，这种方法不需要测量外力(参见 4.5.3 节)。

5.14.7 计算时间要求

下面给出本章讨论的某些迭代优化方法获得的最大计算时间的比较。使用了以下计算环境：具有 Intel Core i7 340 GHz CPU 和 8 GB RAM 的台式计算机，运行带有实时 PREEMPT 补丁的 Linux 系统。QuadProg＋＋[19]作为迭代求解器。

表 5.3 给出了两种顺序优化方法的计算时间要求(参见图 5.22)。在非顺序优化的情况下，基于 FSD 的配方需要 431 μs。基于完整动力学(CD)的优化需要 1728 μs，由于约束的不同，变化范围约为±100 μs。

表 5.3 顺序优化方法的最大计算时间比较

	优化			Total[μs]
	WD[μs]	FSD[μs]	JSID[μs]	
顺序 WD→FSD	49	212	—	261
顺序 WD→JSID	49	—	873	922

为了进行比较，两种非迭代优化方法，即基于 DCM-GI 的 WD 优化和 FSD 优化，分别需要 1.62 μs 和 2.12 μs。

参考文献

[1] M. Abdallah, A. Goswami, A biomechanically motivated two-phase strategy for biped upright balance control, in: IEEE Int. Conf. on Robotics and Automation, Barcelona, Spain, 2005, pp. 1996–2001.
[2] Y. Abe, M. Da Silva, J. Popović, Multiobjective control with frictional contacts, in: ACM SIGGRAPH/Eurographics Symposium on Computer Animation, 2007, pp. 249–258.
[3] P.G. Adamczyk, S.H. Collins, A.D. Kuo, The advantages of a rolling foot in human walking, Journal of Experimental Biology 209 (2006) 3953–3963.
[4] Y. Aoustin, A.M. Formal'skii, On optimal swinging of the biped arms, in: IEEE/RSJ International Conference on Intelligent Robots and Systems, 2008, pp. 2922–2927.
[5] J.P. Aubin, Viability Theory, Birkhäuser, Basel, 2009.
[6] S.P. Boyd, B. Wegbreit, Fast computation of optimal contact forces, IEEE Transactions on Robotics 23 (2007) 1117–1132.
[7] T. Bretl, S. Lall, Testing static equilibrium for legged robots, IEEE Transactions on Robotics 24 (2008) 794–807.
[8] S. Caron, Q. Cuong Pham, Y. Nakamura, Leveraging cone double description for multi-contact stability of humanoids with applications to statics and dynamics, in: Robotics: Science and Systems XI. Robotics: Science and Systems Foundation, Rome, Italy, 2015, pp. 28–36.
[9] S. Caron, Q.-C. Pham, Y. Nakamura, ZMP support areas for multicontact mobility under frictional constraints, IEEE Transactions on Robotics 33 (2017) 67–80.
[10] Y. Choi, D. Kim, Y. Oh, B.-J. You, Posture/walking control for humanoid robot based on kinematic resolution of CoM Jacobian with embedded motion, IEEE Transactions on Robotics 23 (2007) 1285–1293.
[11] Y. Choi, D. Kim, B.-J. You, On the walking control for humanoid robot based on the kinematic resolution of CoM Jacobian with embedded motion, in: IEEE International Conference on Robotics and Automation, 2006, pp. 2655–2660.
[12] Y. Choi, B.-j. You, S.-r. Oh, On the stability of indirect ZMP controller for biped robot systems, in: IEEE/RSJ International Conference on Intelligent Robots and Systems, IROS, 2004, pp. 1966–1971.
[13] C. Collette, A. Micaelli, C. Andriot, P. Lemerle, Dynamic balance control of humanoids for multiple grasps and non coplanar frictional contacts, in: IEEE-RAS International Conference on Humanoid Robots, IEEE, 2007, pp. 81–88.

[14] C. Collette, A. Micaelli, C. Andriot, P. Lemerle, Robust balance optimization control of humanoid robots with multiple non coplanar grasps and frictional contacts, in: IEEE International Conference on Robotics and Automation, 2008, pp. 3187–3193.
[15] S.H. Collins, P.G. Adamczyk, A.D. Kuo, Dynamic arm swinging in human walking, Proceedings. Biological Sciences/The Royal Society 276 (2009) 3679–3688, arXiv:1010.2247.
[16] H. Dai, A. Valenzuela, R. Tedrake, Whole-body motion planning with centroidal dynamics and full kinematics, in: IEEE-RAS International Conference on Humanoid Robots, Madrid, Spain, 2014, pp. 295–302.
[17] M. De Lasa, A. Hertzmann, Prioritized optimization for task-space control, in: IEEE/RSJ International Conference on Intelligent Robots and Systems, 2009, pp. 5755–5762.
[18] M. De Lasa, I. Mordatch, A. Hertzmann, Feature-based locomotion controllers, ACM Transactions on Graphics 29 (2010) 131.
[19] L. Di Gaspero, QuadProg++: a C++ library for quadratic programming which implements the Goldfarb-Idnani active-set dual method, https://github.com/liuq/QuadProgpp, 2016.
[20] R.C. Dorf, R.H. Bishop, Modern Control Systems, 13 edition, Pearson, 2017.
[21] J. Englsberger, C. Ott, A. Albu-Schaffer, Three-dimensional bipedal walking control using divergent component of motion, in: IEEE/RSJ International Conference on Intelligent Robots and Systems, 2013, pp. 2600–2607.
[22] J. Englsberger, C. Ott, A. Albu-Schaffer, Three-dimensional bipedal walking control based on divergent component of motion, IEEE Transactions on Robotics 31 (2015) 355–368.
[23] J. Englsberger, C. Ott, M.A. Roa, A. Albu-Schaffer, G. Hirzinger, Bipedal walking control based on capture point dynamics, in: IEEE International Conference on Intelligent Robots and Systems, IEEE, 2011, pp. 4420–4427.
[24] S. Feng, E. Whitman, X. Xinjilefu, C.G. Atkeson, Optimization based full body control for the Atlas robot, in: IEEE-RAS International Conference on Humanoid Robots, Madrid, Spain, 2014, pp. 120–127.
[25] S. Feng, E. Whitman, X. Xinjilefu, C.G. Atkeson, Optimization-based full body control for the DARPA robotics challenge, Journal of Field Robotics 32 (2015) 293–312.
[26] Fujitsu, Miniature Humanoid Robot HOAP-2 Manual, 1st edition, Fujitsu Automation Co., Ltd, 2004 (in Japanese).
[27] J. Furusho, A. Sano, Sensor-based control of a nine-link biped, The International Journal of Robotics Research 9 (1990) 83–98.
[28] E.G. Gilbert, K.T. Tan, Linear systems with state and control constraints: the theory and application of maximal output admissible sets, IEEE Transactions on Automatic Control 36 (1991) 1008–1020.
[29] A. Goswami, Postural stability of biped robots and the foot-rotation indicator (FRI) point, The International Journal of Robotics Research 18 (1999) 523–533.
[30] A. Goswami, V. Kallem, Rate of change of angular momentum and balance maintenance of biped robots, in: IEEE International Conference on Robotics and Automation, New Orleans, LA, USA, 2004, pp. 3785–3790.
[31] R.J. Griffin, G. Wiedebach, S. Bertrand, A. Leonessa, J. Pratt, Straight-leg walking through underconstrained whole-body control, in: IEEE International Conference on Robotics and Automation, ICRA, 2018, pp. 5747–5757.
[32] J.-S. Gutmann, M. Fukuchi, M. Fujita, Stair climbing for humanoid robots using stereo vision, in: IEEE/RSJ International Conference on Intelligent Robots and Systems, 2004, pp. 1407–1413.
[33] T. Hamano, D. Nenchev, Posture stabilization at the BoS boundary, Robotic Life Support Laboratory, Tokyo City University, 2018 (Video clip), https://doi.org/10.1016/B978-0-12-804560-2.00012-2.
[34] K. Harada, K. Hauser, T. Bretl, J.-C. Latombe, Natural motion generation for humanoid robots, in: IEEE/RSJ International Conference on Intelligent Robots and Systems, 2006, pp. 833–839.
[35] K. Harada, S. Kajita, K. Kaneko, H. Hirukawa, Pushing manipulation by humanoid considering two-kinds of ZMPs, in: IEEE International Conference on Robotics and Automation, 2003, pp. 1627–1632.
[36] K. Harada, S. Kajita, H. Saito, M. Morisawa, F. Kanehiro, K. Fujiwara, K. Kaneko, H. Hirukawa, A humanoid robot carrying a heavy object, in: IEEE International Conference on Robotics and Automation, 2005, pp. 1712–1717.
[37] B. Henze, A. Dietrich, C. Ott, An approach to combine balancing with hierarchical whole-body control for legged humanoid robots, IEEE Robotics and Automation Letters 1 (2016) 700–707.
[38] B. Henze, M.A. Roa, C. Ott, Passivity-based whole-body balancing for torque-controlled humanoid robots in multi-contact scenarios, The International Journal of Robotics Research 35 (2016) 1522–1543.
[39] H. Herr, M. Popovic, Angular momentum in human walking, Journal of Experimental Biology 211 (2008) 467–481.
[40] A. Herzog, L. Righetti, F. Grimminger, P. Pastor, S. Schaal, Balancing experiments on a torque-controlled humanoid with hierarchical inverse dynamics, in: IEEE International Conference on Intelligent Robots and Systems, IEEE, 2014, pp. 981–988, arXiv:1305.2042.
[41] A. Herzog, N. Rotella, S. Mason, F. Grimminger, S. Schaal, L. Righetti, Momentum control with hierarchical inverse dynamics on a torque-controlled humanoid, Autonomous Robots 40 (2016) 473–491, arXiv:1410.7284v1.
[42] R. Hinata, D. Nenchev, Kicking motion generated with the relative angular momentum (RAM) balance controller, Robotic Life Support Laboratory, Tokyo City University, 2018 (Video clip), https://doi.org/10.1016/B978-0-12-804560-2.00012-2.

[43] R. Hinata, D. Nenchev, Upper-body twists generated with centroidal angular momentum conservation, Robotic Life Support Laboratory, Tokyo City University, 2018 (Video clip), https://doi.org/10.1016/B978-0-12-804560-2.00012-2.

[44] R. Hinata, D. Nenchev, Upper-body twists generated with coupling angular momentum conservation, Robotic Life Support Laboratory, Tokyo City University, 2018 (Video clip), https://doi.org/10.1016/B978-0-12-804560-2.00012-2.

[45] R. Hinata, D. Nenchev, Upper-body twists generated with the resolved momentum approach, Robotic Life Support Laboratory, Tokyo City University, 2018 (Video clip), https://doi.org/10.1016/B978-0-12-804560-2.00012-2.

[46] R. Hinata, D.N. Nenchev, Velocity-based contact stabilization of a rolling foot (convergent case), Robotic Life Support Laboratory, Tokyo City University, 2018 (Video clip), https://doi.org/10.1016/B978-0-12-804560-2.00012-2.

[47] R. Hinata, D.N. Nenchev, Velocity-based contact stabilization of a rolling foot (divergent case), Robotic Life Support Laboratory, Tokyo City University, 2018 (Video clip), https://doi.org/10.1016/B978-0-12-804560-2.00012-2.

[48] K. Hirai, M. Hirose, Y. Haikawa, T. Takenaka, The development of Honda humanoid robot, in: IEEE Int. Conf. on Robotics and Automation, Leuven, Belgium, 1998, pp. 1321–1326.

[49] K. Hirata, M. Fujita, Analysis of conditions for non-violation of constraints on linear discrete-time systems with exogenous inputs, in: 36th IEEE Conference on Decision and Control, IEEE, 1997, pp. 1477–1478.

[50] H. Hirukawa, S. Hattori, K. Harada, S. Kajita, K. Kaneko, F. Kanehiro, K. Fujiwara, M. Morisawa, A universal stability criterion of the foot contact of legged robots – adios ZMP, in: IEEE International Conference on Robotics and Automation, 2006, pp. 1976–1983.

[51] A.L. Hof, The 'extrapolated center of mass' concept suggests a simple control of balance in walking, Human Movement Science 27 (2008) 112–125.

[52] A.L. Hof, M.G.J. Gazendam, W.E. Sinke, The condition for dynamic stability, Journal of Biomechanics 38 (2005) 1–8.

[53] A. Hofmann, M. Popovic, H. Herr, Exploiting angular momentum to enhance bipedal center-of-mass control, in: IEEE Int. Conf. on Robotics and Automation, Kobe, Japan, 2009, pp. 4423–4429.

[54] M.H. Honarvar, M. Nakashima, A new measure for upright stability, Journal of Biomechanics 47 (2014) 560–567.

[55] M.A. Hopkins, D.W. Hong, A. Leonessa, Humanoid locomotion on uneven terrain using the time-varying divergent component of motion, in: IEEE-RAS International Conference on Humanoid Robots, 2014, pp. 266–272.

[56] F.B. Horak, S.M. Henry, A. Shumway-Cook, Postural perturbations: new insights for treatment of balance disorders, Physical Therapy 77 (1997) 517–533.

[57] M. Hosokawa, D.N. Nenchev, DCM-GI based contact transition control, Robotic Life Support Laboratory, Tokyo City University, 2018 (Video clip), https://doi.org/10.1016/B978-0-12-804560-2.00012-2.

[58] M. Hosokawa, D.N. Nenchev, T. Hamano, The DCM generalized inverse: efficient body-wrench distribution in multi-contact balance control, Advanced Robotics 32 (2018) 778–792.

[59] Q.H.Q. Huang, S. Kajita, N. Koyachi, K. Kaneko, K. Yokoi, H. Arai, K. Komoriya, K. Tanie, A high stability, smooth walking pattern for a biped robot, in: IEEE International Conference on Robotics and Automation, 1999, pp. 65–71.

[60] M. Hutter, H. Sommer, C. Gehring, M. Hoepflinger, M. Bloesch, R. Siegwart, Quadrupedal locomotion using hierarchical operational space control, The International Journal of Robotics Research 33 (2014) 1047–1062.

[61] F.E. Huxham, P.A. Goldie, A.E. Patla, Theoretical considerations in balance assessment, Australian Journal of Physiotherapy 47 (2001) 89–100.

[62] S.-H. Hyon, Compliant terrain adaptation for biped humanoids without measuring ground surface and contact forces, IEEE Transactions on Robotics 25 (2009) 171–178.

[63] S.-H. Hyon, J. Hale, G. Cheng, Full-body compliant human-humanoid interaction: balancing in the presence of unknown external forces, IEEE Transactions on Robotics 23 (2007) 884–898.

[64] K. Iqbal, Y.-c. Pai, Predicted region of stability for balance recovery: motion at the knee joint can improve termination of forward movement, Journal of Biomechanics 33 (2000) 1619–1627.

[65] S. Kagami, F. Kanehiro, Y. Tamiya, M. Inaba, H. Inoue, AutoBalancer: an online dynamic balance compensation scheme for humanoid robots, in: Int. Workshop Alg. Found. Robot, WAFR, 2000, pp. 329–339.

[66] S. Kagami, T. Kitagawa, K. Nishiwaki, T. Sugihara, M. Inaba, H. Inoue, A fast dynamically equilibrated walking trajectory generation method of humanoid robot, Autonomous Robots 12 (2002) 71–82.

[67] S. Kajita, H. Hirukawa, K. Harada, K. Yokoi, Introduction to Humanoid Robotics, Springer Verlag, Berlin, Heidelberg, 2014.

[68] S. Kajita, F. Kanehiro, K. Kaneko, K. Fujiwara, K. Harada, K. Yokoi, H. Hirukawa, Biped walking pattern generation by using preview control of zero-moment point, in: IEEE International Conference on Robotics and Automation, 2003, pp. 1620–1626.

[69] S. Kajita, F. Kanehiro, K. Kaneko, K. Fujiwara, K. Harada, K. Yokoi, H. Hirukawa, Resolved momentum control: humanoid motion planning based on the linear and angular momentum, in: IEEE/RSJ International Conference on Intelligent Robots and Systems, Las Vegas, Nevada, 2003, pp. 1644–1650.

[70] S. Kajita, M. Morisawa, K. Harada, K. Kaneko, F. Kanehiro, K. Fujiwara, H. Hirukawa, Biped walking pattern generator allowing auxiliary ZMP control, in: IEEE International Conference on Intelligent Robots and Systems, 2006, pp. 2993–2999.
[71] S. Kajita, M. Morisawa, K. Miura, S. Nakaoka, K. Harada, K. Kaneko, F. Kanehiro, K. Yokoi, Biped walking stabilization based on linear inverted pendulum tracking, in: IEEE/RSJ International Conference on Intelligent Robots and Systems, Taipei, China, 2010, pp. 4489–4496.
[72] S. Kajita, K. Tani, Study of dynamic walk control of a biped robot on rugged terrain – derivation and application of the linear inverted pendulum mode, Journal of Robotics and Mechatronics 5 (1993) 516–523.
[73] S. Kajita, K. Tani, Experimental study of biped dynamic walking, IEEE Control Systems Magazine 16 (1996) 13–19.
[74] S. Kajita, K. Yokoi, M. Saigo, K. Tanie, Balancing a humanoid robot using backdrive concerned torque control and direct angular momentum feedback, in: IEEE International Conference on Robotics and Automation, 2001, pp. 3376–3382.
[75] K. Kaneko, F. Kanehiro, S. Kajita, M. Morisawa, K. Fujiwara, K. Harada, H. Hirukawa, Motion suspension system for humanoids in case of emergency; real-time motion generation and judgment to suspend humanoid, in: IEEE/RSJ International Conference on Intelligent Robots and Systems, IEEE, 2006, pp. 5496–5503.
[76] A. Konno, T. Myojin, T. Matsumoto, T. Tsujita, M. Uchiyama, An impact dynamics model and sequential optimization to generate impact motions for a humanoid robot, The International Journal of Robotics Research 30 (2011) 1596–1608.
[77] T. Koolen, S. Bertrand, G. Thomas, T. de Boer, T. Wu, J. Smith, J. Englsberger, J. Pratt, Design of a momentum-based control framework and application to the humanoid robot Atlas, International Journal of Humanoid Robotics 13 (2016) 1650007.
[78] T. Koolen, T. de Boer, J. Rebula, A. Goswami, J. Pratt, Capturability-based analysis and control of legged locomotion, Part 1: theory and application to three simple gait models, The International Journal of Robotics Research 31 (2012) 1094–1113.
[79] T. Koolen, M. Posa, R. Tedrake, Balance control using center of mass height variation: limitations imposed by unilateral contact, in: IEEE-RAS 16th International Conference on Humanoid Robots (Humanoids), IEEE, 2016, pp. 8–15.
[80] K. Koyanagi, H. Hirukawa, S. Hattori, M. Morisawa, S. Nakaoka, K. Harada, S. Kajita, A pattern generator of humanoid robots walking on a rough terrain using a handrail, in: IEEE/RSJ International Conference on Intelligent Robots and Systems, 2008, pp. 2617–2622.
[81] S. Kudoh, T. Komura, K. Ikeuchi, The dynamic postural adjustment with the quadratic programming method, in: IEEE/RSJ International Conference on Intelligent Robots and System, 2002, pp. 2563–2568.
[82] S. Kudoh, T. Komura, K. Ikeuchi, Stepping motion for a human-like character to maintain balance against large perturbations, in: IEEE International Conference on Robotics and Automation, 2006, pp. 2661–2666.
[83] M. Kudruss, M. Naveau, O. Stasse, N. Mansard, C. Kirches, P. Soueres, K. Mombaur, Optimal control for whole-body motion generation using center-of-mass dynamics for predefined multi-contact configurations, in: IEEE-RAS 15th International Conference on Humanoid Robots (Humanoids), 2015, pp. 684–689.
[84] J.J. Kuffner, S. Kagami, K. Nishiwaki, M. Inaba, H. Inoue, Dynamically-stable motion planning for humanoid robots, Autonomous Robots 12 (2002) 105–118.
[85] S. Kuindersma, R. Deits, M. Fallon, A. Valenzuela, H. Dai, F. Permenter, T. Koolen, P. Marion, R. Tedrake, Optimization-based locomotion planning, estimation, and control design for the atlas humanoid robot, Autonomous Robots 40 (2016) 429–455.
[86] A. Kuo, An optimal control model for analyzing human postural balance, IEEE Transactions on Biomedical Engineering 42 (1995) 87–101.
[87] S.-H. Lee, A. Goswami, Ground reaction force control at each foot: a momentum-based humanoid balance controller for non-level and non-stationary ground, in: IEEE/RSJ International Conference on Intelligent Robots and Systems, IEEE, Taipei, China, 2010, pp. 3157–3162.
[88] S.-H.H. Lee, A. Goswami, A momentum-based balance controller for humanoid robots on non-level and non-stationary ground, Autonomous Robots 33 (2012) 399–414.
[89] Y. Lee, S. Hwang, J. Park, Balancing of humanoid robot using contact force/moment control by task-oriented whole body control framework, Autonomous Robots 40 (2016) 457–472.
[90] S. Lengagne, J. Vaillant, E. Yoshida, A. Kheddar, Generation of whole-body optimal dynamic multi-contact motions, The International Journal of Robotics Research 32 (2013) 1104–1119.
[91] C.W. Luchies, N.B. Alexander, A.B. Schultz, J. Ashton-Miller, Stepping responses of young and old adults to postural disturbances: kinematics, Journal of the American Geriatrics Society 42 (1994) 506–512.
[92] A. Macchietto, V. Zordan, C.R. Shelton, Momentum control for balance, ACM Transactions on Graphics 28 (2009) 80.
[93] B. Maki, W. Mcilroy, G. Fernie, Change-in-support reactions for balance recovery, IEEE Engineering in Medicine and Biology Magazine 22 (2003) 20–26.
[94] B.E. Maki, W.E. McIlroy, The role of limb movements in maintaining upright stance: the "change-in-support" strategy, Physical Therapy 77 (1997) 488–507.

[95] D. Mansour, A. Micaelli, P. Lemerle, A computational approach for push recovery in case of multiple noncoplanar contacts, in: IEEE/RSJ International Conference on Intelligent Robots and Systems, IEEE, San Francisco, CA, USA, 2011, pp. 3213–3220.
[96] D. Mansour, A. Micaelli, P. Lemerle, Humanoid push recovery control in case of multiple non-coplanar contacts, in: IEEE International Conference on Intelligent Robots and Systems, 2013, pp. 4137–4144.
[97] K. Mitobe, G. Capi, Y. Nasu, Control of walking robots based on manipulation of the zero moment point, Robotica 18 (2000) 651–657.
[98] K. Miura, M. Morisawa, F. Kanehiro, S. Kajita, K. Kaneko, K. Yokoi, Human-like walking with toe supporting for humanoids, in: IEEE/RSJ International Conference on Intelligent Robots and Systems, San Francisco, CA, USA, 2011, pp. 4428–4435.
[99] F. Miyazaki, S. Arimoto, A control theoretic study on dynamical biped locomotion, Journal of Dynamic Systems, Measurement, and Control 102 (1980) 233.
[100] I. Mordatch, M. de Lasa, A. Hertzmann, Robust physics-based locomotion using low-dimensional planning, ACM Transactions on Graphics 29 (2010) 1.
[101] M. Morisawa, K. Kaneko, F. Kanehiro, S. Kajita, K. Fujiwara, K. Harada, H. Hirukawa, Motion planning of emergency stop for humanoid robot by state space approach, in: IEEE International Conference on Intelligent Robots and Systems, 2006, pp. 2986–2992.
[102] M. Murooka, S. Noda, S. Nozawa, Y. Kakiuchi, K. Okada, M. Inaba, Achievement of pivoting large and heavy objects by life-sized humanoid robot based on online estimation control method of object state and manipulation force, Journal of the Robotics Society of Japan 32 (2014) 595–602.
[103] M. Murooka, S. Nozawa, Y. Kakiuchi, K. Okada, M. Inaba, Whole-body pushing manipulation with contact posture planning of large and heavy object for humanoid robot, in: IEEE International Conference on Robotics and Automation, 2015, pp. 5682–5689.
[104] M. Murooka, R. Ueda, S. Nozawa, Y. Kakiuchi, K. Okada, M. Inaba, Global planning of whole-body manipulation by humanoid robot based on transition graph of object motion and contact switching, Advanced Robotics 31 (2017) 322–340.
[105] M.P. Murray, A. Seireg, R.C. Scholz, Center of gravity, center of pressure, and supportive forces during human activities, Journal of Applied Physiology 23 (1967) 831–838.
[106] K. Nagasaka, M. Inaba, H. Inoue, Stabilization of dynamic walk on a humanoid using torso position compliance control, in: Proceedings of the 17th Annual Conference of the Robotics Society of Japan, 1999, pp. 1193–1194.
[107] T. Nakamura, D.N. Nenchev, Velocity-based posture stabilization on a balance board, Robotic Life Support Laboratory, Tokyo City University, 2018 (Video clip), https://doi.org/10.1016/B978-0-12-804560-2.00012-2.
[108] L.M. Nashner, G. McCollum, The organization of human postural movements: a formal basis and experimental synthesis, Behavioral and Brain Sciences 8 (1985) 135–150.
[109] E.S. Neo, K. Yokoi, S. Kajita, K. Tanie, Whole-body motion generation integrating operator's intention and robot's autonomy in controlling humanoid robots, IEEE Transactions on Robotics 23 (2007) 763–775.
[110] S. Noda, M. Murooka, S. Nozawa, Y. Kakiuchi, K. Okada, M. Inaba, Generating whole-body motion keep away from joint torque, contact force, contact moment limitations enabling steep climbing with a real humanoid robot, in: IEEE International Conference on Robotics and Automation, 2014, pp. 1775–1781.
[111] D.E. Orin, A. Goswami, Centroidal momentum matrix of a humanoid robot: structure and properties, in: IEEE/RSJ International Conference on Intelligent Robots and Systems, IROS, Nice, France, 2008, pp. 653–659.
[112] D.E. Orin, A. Goswami, S.H. Lee, Centroidal dynamics of a humanoid robot, Autonomous Robots 35 (2013) 161–176.
[113] C. Ott, A. Kugi, Y. Nakamura, Resolving the problem of non-integrability of nullspace velocities for compliance control of redundant manipulators by using semi-definite Lyapunov functions, in: IEEE International Conference on Robotics and Automation, 2008, pp. 1999–2004.
[114] C. Ott, M.A. Roa, G. Hirzinger, Posture and balance control for biped robots based on contact force optimization, in: IEEE-RAS International Conference on Humanoid Robots, Bled, Slovenia, 2011, pp. 26–33.
[115] B. Paden, R. Panja, Globally asymptotically stable 'PD+' controller for robot manipulators, International Journal of Control 47 (1988) 1697–1712.
[116] Y.-c. Pai, J. Patton, Center of mass velocity-position predictions for balance control, Journal of Biomechanics 30 (1997) 347–354.
[117] J. Park, J. Haan, F.C. Park, Convex optimization algorithms for active balancing of humanoid robots, IEEE Transactions on Robotics 23 (2007) 817–822.
[118] K. Park, P. Chang, J. Salisbury, A unified approach for local resolution of kinematic redundancy with inequality constraints and its application to nuclear power plant, in: International Conference on Robotics and Automation, IEEE, 1997, pp. 766–773.
[119] O.E.R. Ponce, Generation of the Whole-Body Motion for Humanoid Robots with the Complete Dynamics, Ph.D. thesis, Toulouse University, France, 2014.
[120] M. Popovic, A. Hofmann, H. Herr, Angular momentum regulation during human walking: biomechanics and control, in: IEEE International Conference on Robotics and Automation, 2004, pp. 2405–2411.

[121] M.B. Popovic, A. Goswami, H. Herr, Ground reference points in legged locomotion: definitions, biological trajectories and control implications, The International Journal of Robotics Research 24 (2005) 1013–1032.
[122] J. Pratt, J. Carff, S. Drakunov, A. Goswami, Capture point: a step toward humanoid push recovery, in: IEEE-RAS International Conference on Humanoid Robots, Genoa, Italy, 2006, pp. 200–207.
[123] Qiang Huang, K. Yokoi, S. Kajita, K. Kaneko, H. Arai, N. Koyachi, K. Tanie, Planning walking patterns for a biped robot, IEEE Transactions on Robotics and Automation 17 (2001) 280–289.
[124] O.E. Ramos, N. Mansard, P. Soueres, Whole-body motion integrating the capture point in the operational space inverse dynamics control, in: IEEE-RAS International Conference on Humanoid Robots, Madrid, Spain, 2014, pp. 707–712.
[125] J. Rebula, F. Cañnas, J. Pratt, A. Goswami, Learning capture points for humanoid push recovery, in: IEEE-RAS International Conference on Humanoid Robots, 2008, pp. 65–72.
[126] L. Righetti, J. Buchli, M. Mistry, M. Kalakrishnan, S. Schaal, Optimal distribution of contact forces with inverse-dynamics control, The International Journal of Robotics Research 32 (2013) 280–298.
[127] T. Saida, Y. Yokokohji, T. Yoshikawa, FSW (feasible solution of wrench) for multi-legged robots, in: IEEE International Conference on Robotics and Automation, 2003, pp. 3815–3820.
[128] A. Sano, J. Furusho, 3D dynamic walking of biped robot by controlling the angular momentum, Transactions of the Society of Instrument and Control Engineers 26 (1990) 459–466.
[129] A. Sano, J. Furusho, Realization of natural dynamic walking using the angular momentum information, in: IEEE International Conference on Robotics and Automation, Tsukuba, Japan, 1990, pp. 1476–1481.
[130] A. Sano, J. Furusho, Control of torque distribution for the BLR-G2 biped robot, in: Fifth International Conference on Advanced Robotics, vol. 1, IEEE, 1991, pp. 729–734.
[131] P. Sardain, G. Bessonnet, Forces acting on a biped robot. Center of pressure—zero moment point, IEEE Transactions on Systems, Man and Cybernetics. Part A. Systems and Humans 34 (2004) 630–637.
[132] T. Sato, S. Sakaino, E. Ohashi, K. Ohnishi, Walking trajectory planning on stairs using virtual slope for biped robots, IEEE Transactions on Industrial Electronics 58 (2011) 1385–1396.
[133] L. Sentis, Synthesis and Control of Whole-Body Behaviors in Humanoid Systems, Ph.D. thesis, Stanford University, 2007.
[134] L. Sentis, O. Khatib, Synthesis of whole-body behaviors through hierarchical control of behavioral primitives, International Journal of Humanoid Robotics 02 (2005) 505–518.
[135] L. Sentis, O. Khatib, Compliant control of multicontact and center-of-mass behaviors in humanoid robots, IEEE Transactions on Robotics 26 (2010) 483–501.
[136] M. Shibuya, T. Suzuki, K. Ohnishi, Trajectory planning of biped robot using linear pendulum mode for double support phase, in: IECON Proceedings (Industrial Electronics Conference), 2006, pp. 4094–4099.
[137] T. Shibuya, D. Nenchev, Inclined surface cleaning with motion/force control under external disturbances, Robotic Life Support Laboratory, Tokyo City University, 2018 (Video clip), https://doi.org/10.1016/B978-0-12-804560-2.00012-2.
[138] T. Shibuya, S. Sakaguchi, D. Nenchev, Inclined surface cleaning with motion/force control, Robotic Life Support Laboratory, Tokyo City University, 2018 (Video clip), https://doi.org/10.1016/B978-0-12-804560-2.00012-2.
[139] A. Shumway-Cook, F.B. Horak, Vestibular rehabilitation: an exercise approach to managing symptoms of vestibular dysfunction, Seminars in Hearing 10 (1989) 196–209.
[140] B. Siciliano, L. Sciavicco, L. Villani, G. Oriolo, Robotics: Modelling, Planning and Control, Springer-Verlag, London, 2009.
[141] M. da Silva, Y. Abe, J. Popović, Interactive simulation of stylized human locomotion, ACM Transactions on Graphics 27 (2008) 1.
[142] B.J. Stephens, C.G. Atkeson, Dynamic balance force control for compliant humanoid robots, in: IEEE/RSJ International Conference on Intelligent Robots and Systems, 2010, pp. 1248–1255.
[143] T. Sugihara, Standing stabilizability and stepping maneuver in planar bipedalism based on the best COM-ZMP regulator, in: IEEE International Conference on Robotics and Automation, Kobe, Japan, 2009, pp. 1966–1971.
[144] T. Sugihara, Y. Nakamura, Whole-body cooperative balancing of humanoid robot using COG Jacobian, in: IEEE/RSJ Int. Conf. on Intelligent Robots and System, Lausanne, Switzerland, 2002, pp. 2575–2580.
[145] T. Sugihara, Y. Nakamura, H. Inoue, Real-time humanoid motion generation through ZMP manipulation based on inverted pendulum control, in: IEEE Int. Conf. on Robotics and Automation, Washington, DC, 2002, pp. 1404–1409.
[146] A. Takanishi, M. Ishida, Y. Yamazaki, I. Kato, The realization of dynamic walking by the biped walking robot WL-10RD, Journal of the Robotics Society of Japan 3 (1985) 325–336.
[147] A. Takanishi, H.-o. Lim, M. Tsuda, I. Kato, Realization of dynamic biped walking stabilized by trunk motion on a sagittally uneven surface, in: IEEE International Workshop on Intelligent Robots and Systems, 1990, pp. 323–330.
[148] A. Takanishi, M. Tochizawa, H. Karaki, I. Kato, Dynamic biped walking stabilized with optimal trunk and waist motion, in: IEEE/RSJ International Workshop on Intelligent Robots and Systems, 1989, pp. 187–192.

[149] T. Takenaka, T. Matsumoto, T. Yoshiike, Real time motion generation and control for biped robot – 1st report: walking gait pattern generation, in: IEEE/RSJ International Conference on Intelligent Robots and Systems, 2009, pp. 1084–1091.

[150] T. Takenaka, T. Matsumoto, T. Yoshiike, T. Hasegawa, S. Shirokura, H. Kaneko, A. Orita, Real time motion generation and control for biped robot – 4th report: integrated balance control, in: IEEE/RSJ Int. Conf. on Intelligent Robots and System, 2009, pp. 1601–1608.

[151] Y. Tamiya, M. Inaba, H. Inoue, Realtime balance compensation for dynamic motion of full-body humanoid standing on one leg, Journal of the Robotics Society of Japan 17 (1999) 112–118.

[152] T. Tanaka, T. Takubo, K. Inoue, T. Arai, Emergent stop for humanoid robots, in: IEEE/RSJ International Conference on Intelligent Robots and Systems, IEEE, 2006, pp. 3970–3975.

[153] J. Vaillant, A. Kheddar, H. Audren, F. Keith, S. Brossette, A. Escande, K. Bouyarmane, K. Kaneko, M. Morisawa, P. Gergondet, E. Yoshida, S. Kajita, F. Kanehiro, Multi-contact vertical ladder climbing with an HRP-2 humanoid, Autonomous Robots 40 (2016) 561–580.

[154] M. Vukobratović, Contribution to the study of anthropomorphic systems, Kybernetika 8 (1972) 404–418.

[155] M. Vukobratovic, B. Borovac, Zero-moment point — thirty five years of its life, International Journal of Humanoid Robotics 01 (2004) 157–173.

[156] M. Vukobratović, A.A. Frank, D. Juricić, On the stability of biped locomotion, IEEE Transactions on Bio-Medical Engineering 17 (1970) 25–36.

[157] M. Vukobratovic, D. Juricic, Contribution to the synthesis of biped gait, IEEE Transactions on Biomedical Engineering BME-16 (1969) 1–6.

[158] P.M. Wensing, G. Bin Hammam, B. Dariush, D.E. Orin, Optimizing foot centers of pressure through force distribution in a humanoid robot, International Journal of Humanoid Robotics 10 (2013) 1350027.

[159] P.-B. Wieber, On the stability of walking systems, in: Third IARP International Workshop on Humanoid and Human Friendly Robotics, Tsukuba, Japan, 2002, pp. 1–7.

[160] P.-B. Wieber, Viability and predictive control for safe locomotion, in: IEEE/RSJ International Conference on Intelligent Robots and Systems, 2008, pp. 1103–1108.

[161] G. Wiedebach, S. Bertrand, T. Wu, L. Fiorio, S. McCrory, R. Griffin, F. Nori, J. Pratt, Walking on partial footholds including line contacts with the humanoid robot Atlas, in: IEEE-RAS International Conference on Humanoid Robots, 2016, pp. 1312–1319.

[162] D. Winter, A.E. Patla, J.S. Frank, Assessment of balance control in humans, Medical Progress Through Technology 16 (1990) 31–51.

[163] A. Witkin, M. Kass, Spacetime constraints, ACM SIGGRAPH Computer Graphics 22 (1988) 159–168.

[164] J. Yamaguchi, A. Takanishi, I. Kato, Development of a biped walking robot compensating for three-axis moment by trunk motion, in: IEEE/RSJ International Conference on Intelligent Robots and Systems, 1993, pp. 561–566.

[165] K. Yamamoto, Control strategy switching for humanoid robots based on maximal output admissible set, Robotics and Autonomous Systems 81 (2016) 17–32.

[166] R. Yang, Y.-Y. Kuen, Z. Li, Stabilization of a 2-DOF spherical pendulum on X-Y table, in: IEEE International Conference on Control Applications, 2000, pp. 724–729.

[167] Yu Zheng, K. Yamane, Human motion tracking control with strict contact force constraints for floating-base humanoid robots, in: IEEE-RAS International Conference on Humanoid Robots, IEEE, Atlanta, GA, USA, 2013, pp. 34–41.

[168] Y. Zheng, C.-M. Chew, Fast equilibrium test and force distribution for multicontact robotic systems, Journal of Mechanisms and Robotics 2 (2010) 021001.

[169] Y.F. Zheng, J. Shen, Gait synthesis for the SD-2 biped robot to climb sloping surface, IEEE Transactions on Robotics and Automation 6 (1990) 86–96.

第6章

Humanoid Robots: Modeling and Control

协作物体的操作与控制

6.1 引言

多臂和多机器人协作的问题类似于多指手抓握的问题，主要区别在于指尖(或手)与对象之间的接触建模。

当手抓住物体时，手指与物体之间建立的接触通常是单侧的。如 2.9.3 节所述，手指和物体之间的速度和角速度(扭转)的传递由速度变换基准 $\mathbb{B}_m$ 表示。另一方面，力和力矩(力旋量)的传递由约束基准 $\mathbb{B}_c$ 表示。

在讨论多臂和多机器人协作时，需要假定机器人手牢牢抓住物体。因此，每个机器人手都可以对物体施加一个 6 自由度的力旋量。因此，各自的速度变换基准 $\mathbb{B}_m$ 成为零矩阵，约束基准 $\mathbb{B}_c$ 成为 6 阶单位矩阵。

在多指手抓握以及多臂和多机器人协作中，被抓握的物体可能会变形。但是，由于以下讨论的目的是为了更好地理解抓握和配合的基本原理，因此将假定物体不会变形。

本章的结构如下。6.2 节将讨论多指手抓取。机器人手在进行抓握时抵抗施加到被抓物体上的外部力旋量的能力在很大程度上取决于抓握的类型。抓握能力可以借助于形状闭合和力闭合概念来表征。这些概念利用了抓握和机器人手雅可比矩阵以及指尖与被抓握物体之间的运动静力学。在本节的结尾，将提供一些简单的示例以方便理解。

在第 6.3 节中，我们将讨论多臂协作的问题。主要有两种方法：主从式协作和对称式协作。假设当 p 个机械臂抓住一个对象时，这些臂总共可以向该对象施加 $6p$ 维度的空间力旋量。在 $6p$ 维度的空间力旋量中，1 个 6D 力旋量用于控制外部力旋量。其余 $6(p-1)$ 维度的空间力旋量用于控制内部力旋量。本节还将讨论用于控制外部力旋量和内部力旋量的方法。

在第 6.4 节中，我们将讨论多机器人协作问题。值得注意的是，当多个轮式机器人协作时，所谓的“主从”式协作得到广泛使用。但是，这种类型的协作不适用于多个有腿机器人，因为在主机器人和从机器人的运动之间会存在时间差，这可能会导致机器人跌倒。在多机器人协作中，所谓的“对称”式协作更为合适。可以预期，所有机器人都是同步运动的，因此在理想情况下不会产生内部力旋量。因此，6.4 节的重点是对称式协作。

6.5 节将重点介绍动态物体操作的问题。

6.2 多指手抓握

本节主要讨论机器人手抵抗施加到所抓物体上的外部力旋量的能力。手抵抗外部力旋量的能力的特征在于两个概念：形状闭合和力闭合。术语“形状闭合”和“力闭合”最初出现在文献[20]中，用于表示约束条件。在文献[2]中讨论了抓握的局部形状闭合和力闭合特性。

到目前为止，已经对几种不同类型的手指接触形式进行了建模。一些不同接触类型的示例为：(1)缺乏接触(6 个自由度)；(2)无摩擦的点接触(5 个自由度)；(3)无摩擦的线接触(4 个自由度)；(4)有摩擦的点接触(3 个自由度)；(5)无摩擦的平面接触(3 个自由度)；

(6)柔性手指(2个自由度)；(7)有摩擦的线接触(1个自由度)；(8)有摩擦的平面接触(0个自由度)[15]。在上述手指接触模型中，最常见的是三种接触模型：(2)无摩擦的点接触；(4)有摩擦的点接触；(6)柔性手指[21]。本节通过这三种接触模型来分析闭合特性。

6.2.1　抓握矩阵和手部雅可比矩阵

通过接触的运动约束在2.9节中介绍。假设机器人的p个手指抓住了一个物体，如图6.1所示。令$\{O\}$、$\{D_k\}$和$\{W\}$分别表示固定在物体上的坐标系、手指和物体之间的第k个接触点处和惯性坐标系。定义坐标系$\{D_k\}$的轴，使z轴垂直于接触面并指向对象的内部。另外两个轴是正交的并且位于切平面上(见图6.2)。坐标系$\{D_k\}$的原点O_{D_k}在点接触的情况下位于接触点，在平面或线接触的情况下位于压力中心(CoP)。O_O和O_W分别表示坐标系$\{O\}$和$\{W\}$的原点。通常，O_O可以是对象上的任何点。但是，更优的选择是在质心(CoM)上，因为在这种情况下，沿$\boldsymbol{r}_{\overleftarrow{D_kO}}$施加的力(见图6.1)不会在质心上产生力矩。因此，运动方程将很简单。请注意，在上图以及本章中，下标j将用于表示手指(或手臂)的数量⊖。术语$\mathcal{X}_O$和$\mathcal{X}_{D_k}$分别表示对象在O_O和O_{D_k}处相对于$\{W\}$的6D位置(位置和方向)。

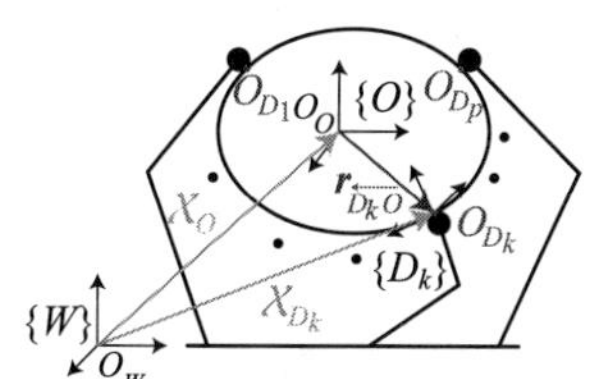

图6.1　p个机器人手指抓取物体

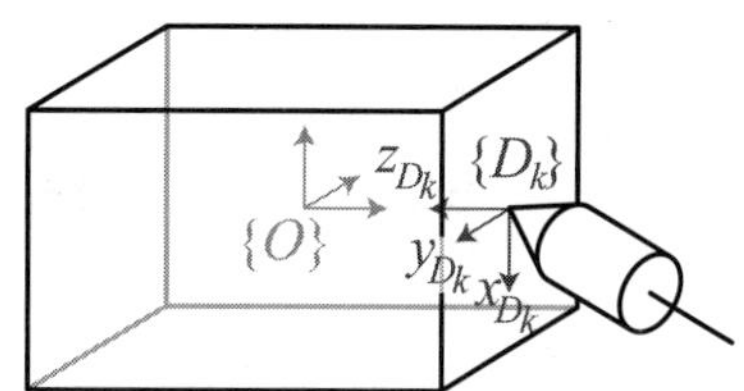

图6.2　接触坐标系$\{D_k\}$

如2.9节中所定义的，每个接触点处的运动约束数量表示为$c_j(<6)$。$c_j=6$的情况将在6.3节中描述。$\boldsymbol{r}_{\overleftarrow{D_kO}}$是相对于$\{W\}$而言从$O_O$指向$O_{D_k}$的三维矢量。

令$\mathcal{V}_O=\begin{bmatrix}\boldsymbol{v}_O^{\mathrm{T}} & \boldsymbol{\omega}_O^{\mathrm{T}}\end{bmatrix}^{\mathrm{T}}$和${}^{D_k}\mathcal{V}_{D_k}^O=\begin{bmatrix}{}^{D_k}\boldsymbol{v}_{D_k}^{\mathrm{T}} & {}^{D_k}\boldsymbol{\omega}_{D_k}^{\mathrm{T}}\end{bmatrix}^{\mathrm{T}}$分别为物体在$\{W\}$相对于质心$O_O$和在$\{D_k\}$相对于接触点$\mathcal{X}_{D_k}$的平移速度和角速度(扭转)(参考2.4节)。$\mathcal{V}_O$与${}^{D_k}\mathcal{V}_{D_k}^O$之间的关系由下式给出：

$$
{}^{D_k}\mathcal{V}_{D_k}^O={}^{D_k}\mathbb{X}_{W\overleftarrow{D_kO}}\mathcal{V}_O \tag{6.1}
$$

其中

$$
{}^{D_k}\mathbb{X}_{W\overleftarrow{D_kO}}=\begin{bmatrix}\boldsymbol{R}_{D_k}^{\mathrm{T}} & \boldsymbol{0}_3\\ \boldsymbol{0}_3 & \boldsymbol{R}_{D_k}^{\mathrm{T}}\end{bmatrix}\begin{bmatrix}\boldsymbol{E}_3 & -[\boldsymbol{r}_{\overleftarrow{D_kO}}^{\times}]\\ \boldsymbol{0}_3 & \boldsymbol{E}_3\end{bmatrix}=\begin{bmatrix}\boldsymbol{R}_{D_k}^{\mathrm{T}} & -\boldsymbol{R}_{D_k}^{\mathrm{T}}[\boldsymbol{r}_{\overleftarrow{D_kO}}^{\times}]\\ \boldsymbol{0}_3 & \boldsymbol{R}_{D_k}^{\mathrm{T}}\end{bmatrix}\in\Re^{6\times 6} \tag{6.2}
$$

是从$\mathcal{V}_O$到${}^{D_k}\mathcal{V}_{D_k}^O$的扭转变换矩阵。$\boldsymbol{R}_{D_k}$是旋转矩阵，表示$\{D_k\}$相对于$\{W\}$的方向，${}^{D_k}\mathbb{X}$称为部分抓握矩阵[24]。

令${}^{D_k}\mathcal{V}_{D_k}^l$为手指在接触点$\mathcal{X}_{D_k}$处相对于$\{D_k\}$的扭矩：

$$
{}^{D_k}\mathcal{V}_{D_k}^l={}^{D_k}\boldsymbol{J}(\boldsymbol{\theta}_{D_k})\dot{\boldsymbol{\theta}}_{D_k} \tag{6.3}
$$

⊖　在本书的其他章节(例如第2章)中，下标j用于表示l(左)或r(右)。

其中${}^{D_k}\boldsymbol{J}$是在$\{D_k\}$中定义的手指雅可比矩阵，而$\boldsymbol{\theta}_{D_k}$是在$O_{D_k}$中与物体接触的手指的关节角度矢量。

在2.9.3节，我们对接触关节模型进行了描述。物体和手指接触的速度在O_{D_k}处受到限制。物体和手指在接触点O_{D_k}上的运动约束由

$$ {}^{D_k}\mathbb{B}_c^{\mathrm{T}}({}^{D_k}\mathcal{V}_{D_k}^{l} - {}^{D_k}\mathcal{V}_{D_k}^{O}) = \mathbf{0}_{c_j} \tag{6.4} $$

给出，其中${}^{D_k}\mathbb{B}_c \in \Re^{6\times c_j}$是接触点$O_{D_k}$相对于$\{D_k\}$的约束基础。有关闭环链的运动分析，请参见2.10.1节。

对于$k=1, \cdots, p$，被抓握物体${}^{D_k}\mathcal{V}_{D_k}^{O}$和手指的扭转${}^{D_k}\mathcal{V}_{D_k}^{l}$分别组合为${}^{C}\mathcal{V}_{C}^{O}$和${}^{C}\mathcal{V}_{C}^{l}$，如下所示：

$$ {}^{C}\mathcal{V}_{C}^{O} = \begin{bmatrix} {}^{D_1}\mathcal{V}_{D_1}^{O} \\ \vdots \\ {}^{D_p}\mathcal{V}_{D_p}^{O} \end{bmatrix}, {}^{C}\mathcal{V}_{C}^{l} = \begin{bmatrix} {}^{D_1}\mathcal{V}_{D_1}^{l} \\ \vdots \\ {}^{D_p}\mathcal{V}_{D_p}^{l} \end{bmatrix} \tag{6.5} $$

这里，${}^{C}\mathcal{V}_{C}^{O}$和${}^{C}\mathcal{V}_{C}^{l}$由

$$ {}^{C}\mathcal{V}_{C}^{O} = {}^{C}\mathbb{X}\mathcal{V}_{O} \tag{6.6} $$

$$ {}^{C}\mathcal{V}_{C}^{l} = {}^{C}\boldsymbol{J}(\boldsymbol{\theta}_C)\dot{\boldsymbol{\theta}}_C \tag{6.7} $$

给出，其中

$$ {}^{C}\mathbb{X} = \begin{bmatrix} {}^{D_1}\mathbb{X} \\ \vdots \\ {}^{D_p}\mathbb{X} \end{bmatrix}, {}^{C}\boldsymbol{J} = \begin{bmatrix} {}^{D_1}\boldsymbol{J} & & \mathbf{0} \\ & \ddots & \\ \mathbf{0} & & {}^{D_p}\boldsymbol{J} \end{bmatrix}, \boldsymbol{\theta}_C = \begin{bmatrix} \boldsymbol{\theta}_{D_1} \\ \vdots \\ \boldsymbol{\theta}_{D_p} \end{bmatrix} $$

总运动约束描述如下：

$$ {}^{C}\mathbb{B}_c^{\mathrm{T}}({}^{C}\mathcal{V}_{C}^{l} - {}^{C}\mathcal{V}_{C}^{O}) = \mathbf{0}_c \tag{6.8} $$

其中

$$ c = \sum_{j=1}^{p} c_j \quad 且 \quad {}^{C}\mathbb{B}_c^{\mathrm{T}} = \begin{bmatrix} {}^{D_1}\mathbb{B}_c^{\mathrm{T}} & & \mathbf{0} \\ & \ddots & \\ \mathbf{0} & & {}^{D_p}\mathbb{B}_c^{\mathrm{T}} \end{bmatrix} \in \Re^{c\times 6p} $$

公式(6.8)改写为矩阵形式

$$ \begin{bmatrix} -{}^{C}\boldsymbol{G}^{\mathrm{T}} & {}^{C}\boldsymbol{J} \end{bmatrix} \begin{bmatrix} \mathcal{V}_{O} \\ \dot{\boldsymbol{\theta}}_C \end{bmatrix} = \mathbf{0}_c $$

$$ {}^{C}\boldsymbol{G}^{\mathrm{T}} \equiv {}^{C}\mathbb{B}_c^{\mathrm{T}}\,{}^{C}\mathbb{X} \in \Re^{c\times 6} $$

$$ {}^{C}\boldsymbol{J} \equiv {}^{C}\mathbb{B}_c^{\mathrm{T}}\,{}^{C}\boldsymbol{J} \in \Re^{c\times n_{\theta_c}} \tag{6.9} $$

其中n_{θ_c}是$\boldsymbol{\theta}_c$的维数，${}^{C}\boldsymbol{G}$和${}^{C}\boldsymbol{J}$分别称为抓握矩阵和手部雅可比矩阵[24]。

6.2.2 静态抓握

公式(6.9)重写如下：

$$ {}^{C}\boldsymbol{G}^{\mathrm{T}}\mathcal{V}_{O} = {}^{C}\boldsymbol{J}\dot{\boldsymbol{\theta}}_C = {}^{C}\mathbb{B}_c^{\mathrm{T}}\,{}^{C}\mathcal{V}_{C}^{l} \in \Re^{c} \tag{6.10} $$

其中${}^{C}\mathbb{B}_{c}^{\mathrm{T}}(\boldsymbol{q}_{C}){}^{C}\mathcal{V}_{C}^{l}$表示接触点处的受限速度矢量。

令${}^{D_k}\mathcal{F}_{D_k}^{l}$为第$j$根手指相对于$\{D_k\}$在接触点$\mathcal{X}_{D_k}$上施加到物体上的力和力矩(力旋量)，$\mathcal{F}_O$是指由手指力旋量在$O_O$处相对于$\{W\}$的净力旋量。请注意，用手指产生的力旋量受到公式(3.15)中指定的接触类型的限制。

通过手指施加到每个接触点的力旋量按如下方式叠加：

$$
{}^{C}\mathcal{F}_{C}^{l}=\begin{bmatrix} {}^{D_1}\mathcal{F}_{D_1}^{l} \\ \vdots \\ {}^{D_p}\mathcal{F}_{D_p}^{l} \end{bmatrix}
$$

在被抓握物体的坐标系中定义的瞬时功率和在接触坐标系中定义的瞬时功率必须相同。因此，使用公式(6.10)得到以下关系式：

$$
\begin{aligned}
\mathcal{V}_O^{\mathrm{T}}\mathcal{F}_O &= ({}^{C}\mathbb{B}_{c}^{\mathrm{T}}{}^{C}\mathcal{V}_{C}^{l})^{\mathrm{T}}({}^{C}\mathbb{B}_{c}^{\mathrm{T}}{}^{C}\mathcal{F}_{C}^{l}) \\
&= ({}^{C}\boldsymbol{G}^{\mathrm{T}}\mathcal{V}_O)^{\mathrm{T}}({}^{C}\mathbb{B}_{c}^{\mathrm{T}}{}^{C}\mathcal{F}_{C}^{l}) \\
&= \mathcal{V}_O^{\mathrm{T}}{}^{C}\boldsymbol{G}({}^{C}\mathbb{B}_{c}^{\mathrm{T}}{}^{C}\mathcal{F}_{C}^{l})
\end{aligned} \tag{6.11}
$$

从公式(6.11)可知，在O_O处相对于$\{W\}$产生的力如下：

$$
\mathcal{F}_O={}^{C}\boldsymbol{G}({}^{C}\mathbb{B}_{c}^{\mathrm{T}}{}^{C}\mathcal{F}_{C}^{l}) \tag{6.12}
$$

6.2.3 约束类型

各种抓握类型如图6.3所示。在图6.3a的情况下，如果约束点被锁定，则物体将完全无法移动。这种抓握类型称为形状闭合(更确切地说是一阶形状闭合)。闭合形式的抓握也称为力量抓握或包围(覆盖)抓握。在图6.3b的情况下，即使约束点被锁定，物体也不能移动太多，但可以绕重心无限小地旋转，因为接触点不会在切线方向上约束被抓握物体。这种抓握类型是更高级别的形状闭合。形状闭合的顺序取决于物体或手的接触表面的曲率。容易理解的是，即使约束点被锁定，在图6.3c的情况下，抓握对象也可以绕重心旋转。但是，如果考虑摩擦力，则图6.3c所示的抓握可以保持平衡。因此，这种抓握的特征在于力闭合。请注意，所有形状闭合的抓握也都是力闭合的。

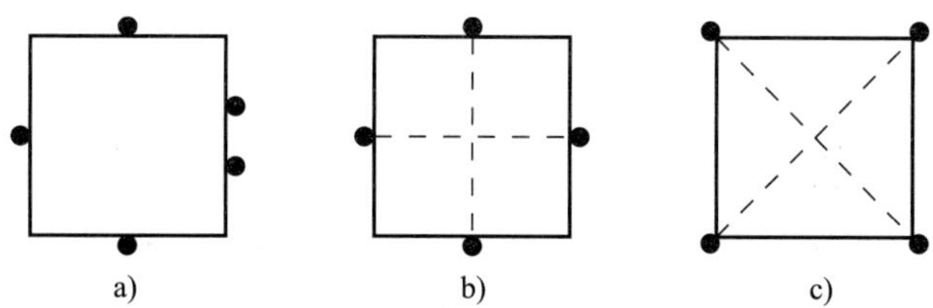

图6.3 各种抓握方式。方块表示被抓握物体，•是抓握点。a)一阶形状闭合。b)二阶形状闭合。c)无形状闭合

为了分析手指施加的约束，将线接触和平面接触替换为相应的多点接触，如图6.4所示。假设ψ_j为物体与第j个指尖之间的间隙。ψ_j将作为物体的位置和方向$\mathcal{X}_O$与第j个手指的关节坐标θ_{D_k}的函数。如果ψ_j为负，第j个指尖会穿入被抓握物体。如果不允许指尖穿入物体，则必须在每个接触点定义不等式约束条件：

$$
\psi_j(\mathcal{X}_O,\boldsymbol{\theta}_{D_k})\geqslant 0 \tag{6.13}
$$

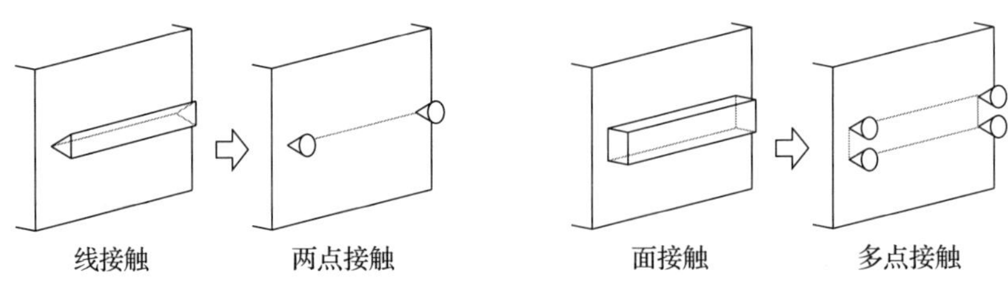

图 6.4　近似的线接触和平面接触

6.2.4　形状闭合

形状闭合有几种定义。在文献[2]中，形状闭合定义为：如果对于所有物体的运动都违反了至少一个接触约束，则将一组接触约束定义为形状闭合。

文献[24]使用公式(6.13)中给出的间隙函数定义了形状闭合。假设以下等式对于 $\mathcal{X}_O$ 和 $\boldsymbol{\theta}_{D_k}$ 成立：

$$\psi_j(\mathcal{X}_O,\boldsymbol{\theta}_{D_k})=0 \quad \forall j=1,\cdots,c \tag{6.14}$$

其中 c 是约束的数量。文献[24]中形状闭合的定义为

一个抓握($\mathcal{X}_O$，$\boldsymbol{\theta}_{D_k}$)仅当以下条件成立时才具有形状闭合：

$$\boldsymbol{\psi}(\mathcal{X}_O+\mathrm{d}\mathcal{X}_O,\boldsymbol{\theta}_{D_k})\geqslant \mathbf{0}\Rightarrow \mathrm{d}\mathcal{X}_O=\mathbf{0} \tag{6.15}$$

其中 $\boldsymbol{\psi}$ 是第 j 个分量等于 $\psi_j(\mathcal{X}_O$，$\boldsymbol{\theta}_{D_k})$ 的间隙函数的 c 维矢量。

如果考虑 $\boldsymbol{\psi}(\mathcal{X}_O+d\mathcal{X}_O,\boldsymbol{\theta}_{D_k})$ 的一阶近似值，则可以将形状闭合(6.15)的定义写为

$$\boldsymbol{\psi}(\mathcal{X}_O+\mathrm{d}\mathcal{X}_O,\boldsymbol{\theta}_{D_k})\simeq\frac{\partial\boldsymbol{\psi}(\mathcal{X}_O,\boldsymbol{\theta}_{D_k})}{\partial\,\mathcal{X}_O}\mathrm{d}\mathcal{X}_O\geqslant\mathbf{0}\Rightarrow\mathrm{d}\mathcal{X}_O=\mathbf{0} \tag{6.16}$$

如果抓握满足公式(6.16)，则该抓握为一阶形状闭合。

案例分析

使用图 6.3b 所示的平面案例，对形状闭合进行案例分析。假设一个正方形物体的约束为$(x,y)=(a,0),(0,a),(-a,0)$和$(0,-a)$。被抓握物体的初始位置和方向是$(x_0,y_0,\phi_0)=(0,0,0)$。当物体移动到(x,y,ϕ)时，如果约束点被锁定，则可能会违反某些约束，也可能会打破某些约束，如图 6.5 所示。间隙函数 ψ_j 定义为约束位置和沿 x_{D_k} 轴的被抓握物体边缘之间的间隙。

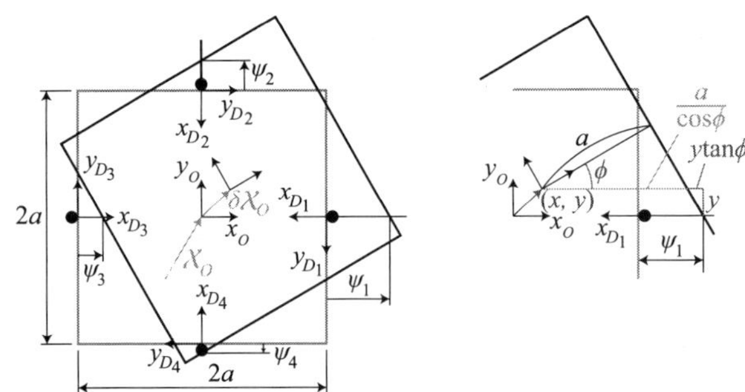

图 6.5　约束分析。6D 物体的位置/方向 $\mathcal{X}_O$ 移动到 $\mathcal{X}_O+\delta\mathcal{X}_O$，并且指尖不移动

如图 6.5 所示，当被抓握物体从$(0,0,0)$移至(x,y,ϕ)时，被抓握物体右侧边缘的点$(a,-y_0,0)$移至$(a-\psi_1,0,\phi)$。此变换是

$$\begin{bmatrix}a-\psi_1\\0\end{bmatrix}=\begin{bmatrix}\cos\phi & -\sin\phi\\\sin\phi & \cos\phi\end{bmatrix}\begin{bmatrix}a\\-y_a\end{bmatrix}+\begin{bmatrix}x\\y\end{bmatrix} \tag{6.17}$$

通过从公式(6.17)中消除 y_a，可以得到间隙函数 ψ_1。以相同的方式，获得 $j=2,3,4$ 的间隙函数 ψ_j。最后约束条件为

$$\begin{bmatrix}\psi_1(x,y,\phi)\\ \psi_2(x,y,\phi)\\ \psi_3(x,y,\phi)\\ \psi_4(x,y,\phi)\end{bmatrix}=\begin{bmatrix}-x-y\tan\phi-\dfrac{a}{\cos\phi}+a\\ x\tan\phi-y-\dfrac{a}{\cos\phi}+a\\ x+y\tan\phi-\dfrac{a}{\cos\phi}+a\\ -x\tan\phi+y-\dfrac{a}{\cos\phi}+a\end{bmatrix}\geqslant\begin{bmatrix}0\\0\\0\\0\end{bmatrix} \tag{6.18}$$

显然，$j=1,\cdots,4$ 时间隙函数 $\psi_j(0,0,0)=0$。公式(6.18)围绕 $\psi_j(x,y,\phi)=(0,0,0)$ 的一阶近似是

$$\begin{bmatrix}\psi_1(\delta x,\delta y,\delta\psi)\\ \psi_2(\delta x,\delta y,\delta\psi)\\ \psi_3(\delta x,\delta y,\delta\psi)\\ \psi_4(\delta x,\delta y,\delta\psi)\end{bmatrix}\simeq\boldsymbol{\psi}(0,0,0)+\left\{\frac{\partial\boldsymbol{\psi}}{\partial x}\delta x+\frac{\partial\boldsymbol{\psi}}{\partial y}\delta y+\frac{\partial\boldsymbol{\psi}}{\partial\phi}\delta\phi\right\}\Bigg|_{(0,0,0)}=\begin{bmatrix}-\delta x\\ -\delta y\\ \delta x\\ \delta y\end{bmatrix}\geqslant\begin{bmatrix}0\\0\\0\\0\end{bmatrix} \tag{6.19}$$

公式(6.19)的解为$(\delta x,\delta y,\delta\phi)=(0,0,\delta\phi)$。由于图 6.3b 所示的抓握允许 $\delta\phi$ 无穷小旋转，由此可得该抓握不能一阶形状闭合。

公式(6.18)围绕 $\psi_j(x,y,\phi)=(0,0,0)$ 的二阶近似变为如下形式：

$$\begin{bmatrix}\psi_1(\delta x,\delta y,\delta\psi)\\ \psi_2(\delta x,\delta y,\delta\psi)\\ \psi_3(\delta x,\delta y,\delta\psi)\\ \psi_4(\delta x,\delta y,\delta\psi)\end{bmatrix}\simeq\begin{bmatrix}-\delta x-\delta y\delta\phi-\dfrac{a}{2}(\delta\phi)^2\\ -\delta y+\delta x\delta\phi-\dfrac{a}{2}(\delta\phi)^2\\ \delta x+\delta y\delta\phi-\dfrac{a}{2}(\delta\phi)^2\\ \delta y-\delta x\delta\phi-\dfrac{a}{2}(\delta\phi)^2\end{bmatrix}\geqslant\begin{bmatrix}0\\0\\0\\0\end{bmatrix} \tag{6.20}$$

公式(6.20)的唯一解为$(\delta x,\ \delta y,\ \delta\phi)=(0,\ 0,\ 0)$。因此图 6.3b 所示的抓握是二阶形状闭合的。

6.2.5　力闭合

在 6.2.4 节中，假设无摩擦约束。但是，由于摩擦力的存在，即使抓握没有形状闭合，也可以保持对所有物体运动的抓握。这种抓握称为力闭合或力封闭。形状闭合和力闭合之间的主要区别在于力闭合考虑了抓握点处的摩擦。

在 2.9.3 节中讨论了含摩擦的接触关节。含摩擦的点接触及柔性手指接触的情况分别在公式(3.9)和公式(3.11)中被阐述。图 6.6 说明了一个被两个手指抓握时的盒子以及两个手指各自的摩擦锥。摩擦锥的半角通过 $\tan^{-1}\mu$ 给定，$\mu>0$ 是静摩擦系数(请参见 2.9.3 节)。

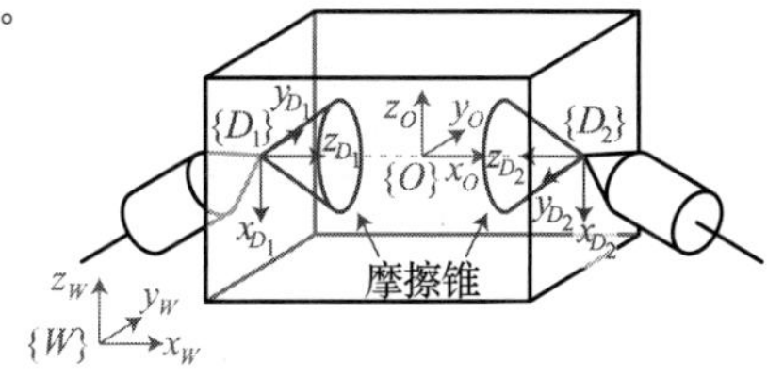

图 6.6　两个手指抓握一个盒子时的摩擦锥

力闭合的定义

根据文献 [16]可得，力闭合的定义如下：

如果对于任何给定的施加给被抓握物体的外部力旋量 $\mathcal{F}_e$(在三维抓握中 $\mathcal{F}_e \in \Re^6$，在二维抓握中 $\mathcal{F}_e \in \Re^3$)都存在接触力$({}^C\mathbb{B}_c^{\mathrm{T}}\,{}^C\mathcal{F}_C^l) \in \mathrm{FC}$ 使得

$$ {}^C\boldsymbol{G}({}^C\mathbb{B}_c^{\mathrm{T}}\,{}^C\mathcal{F}_C^l) = -\mathcal{F}_e \tag{6.21} $$

那么该抓握是力闭合。

在这里，FC 是定义在一系列摩擦锥内部的力，定义为 $\mathrm{FC}=\{f_{D_k} \in \mathrm{FC}_{D_k}; j=1,\cdots,p\}$。$\mathrm{FC}_{D_k}$ 详见公式(3.9)和公式(3.11)。公式(6.21)的等号左边等同于由公式(6.12)计算得出的 $\mathcal{F}_O$。

案例分析

对于图 6.6 所示的两个手指抓握一个盒子将检验(这个例子与文献[16]中的例 5.2 相同)的情况，显然抓握不是形状闭合的。在本案例分析中，这个例子的力闭合。

旋转矩阵 $\boldsymbol{R}_{D_1}$ 和 $\boldsymbol{R}_{D_2}$ 分别为

$$ \boldsymbol{R}_{D_1} = \begin{bmatrix} 0 & 0 & 1 \\ 0 & 1 & 0 \\ -1 & 0 & 0 \end{bmatrix}, \quad \boldsymbol{R}_{D_2} = \begin{bmatrix} 0 & 0 & -1 \\ 0 & -1 & 0 \\ -1 & 0 & 0 \end{bmatrix} \tag{6.22} $$

位置矢量 $\boldsymbol{r}_{D_1}$ 和 $\boldsymbol{r}_{D_2}$ 分别为 $\boldsymbol{r}_{D_1}=[-r \quad 0 \quad 0]^{\mathrm{T}}$ 和 $\boldsymbol{r}_{D_2}=[r \quad 0 \quad 0]^{\mathrm{T}}$。

由公式(6.2)计算出的${}^{D_1}\mathbb{X}$ 和${}^{D_2}\mathbb{X}$ 为

$$ {}^{D_1}\mathbb{X} = \begin{bmatrix} 0 & 0 & -1 & 0 & -r & 0 \\ 0 & 1 & 0 & 0 & 0 & -r \\ 1 & 0 & 0 & 0 & 0 & 0 \\ 0 & 0 & 0 & 0 & 0 & -1 \\ 0 & 0 & 0 & 0 & 1 & 0 \\ 0 & 0 & 0 & 1 & 0 & 0 \end{bmatrix}, \quad {}^{D_2}\mathbb{X} = \begin{bmatrix} 0 & 0 & -1 & 0 & r & 0 \\ 0 & -1 & 0 & 0 & 0 & -r \\ -1 & 0 & 0 & 0 & 0 & 0 \\ 0 & 0 & 0 & 0 & 0 & -1 \\ 0 & 0 & 0 & 0 & -1 & 0 \\ 0 & 0 & 0 & -1 & 0 & 0 \end{bmatrix} \tag{6.23} $$

基准约束${}^{D_1}\mathbb{B}_c$ 和${}^{D_2}\mathbb{B}_c$ 为

$$ {}^{D_1}\mathbb{B}_c = {}^{D_2}\mathbb{B}_c = \begin{bmatrix} 1 & 0 & 0 & 0 \\ 0 & 1 & 0 & 0 \\ 0 & 0 & 1 & 0 \\ 0 & 0 & 0 & 0 \\ 0 & 0 & 0 & 0 \\ 0 & 0 & 0 & 1 \end{bmatrix} \tag{6.24} $$

抓握矩阵的转置可以由公式(6.23)和公式(6.24)计算为

$$ {}^C\boldsymbol{G}^{\mathrm{T}} = \begin{bmatrix} {}^{D_1}\mathbb{B}_c^{\mathrm{T}} & {}^{D_1}\mathbb{X} \\ {}^{D_2}\mathbb{B}_c^{\mathrm{T}} & {}^{D_2}\mathbb{X} \end{bmatrix} = \left[\begin{array}{cccccc} 0 & 0 & -1 & 0 & -r & 0 \\ 0 & 1 & 0 & 0 & 0 & -r \\ 1 & 0 & 0 & 0 & 0 & 0 \\ 0 & 0 & 0 & 1 & 0 & 0 \\ \hline 0 & 0 & -1 & 0 & r & 0 \\ 0 & -1 & 0 & 0 & 0 & -r \\ -1 & 0 & 0 & 0 & 0 & 0 \\ 0 & 0 & 0 & -1 & 0 & 0 \end{array}\right] \tag{6.25} $$

公式(6.21)的等号左边变为

$$
{}^{C}\boldsymbol{G}({}^{C}\mathbb{B}_{c}^{\mathrm{T}\,C}\mathcal{F}_{C}^{l})={}^{C}\boldsymbol{G}\left[\begin{array}{c}{}^{D_1}\bar{\mathcal{F}}_{D_1}\\ \hline {}^{D_2}\bar{\mathcal{F}}_{D_2}\end{array}\right]={}^{C}\boldsymbol{G}\left[\begin{array}{c}{}^{D_1}f_{D_{1x}}\\ {}^{D_1}f_{D_{1y}}\\ {}^{D_1}f_{D_{1z}}\\ {}^{D_1}m_{D_{1z}}\\ \hline {}^{D_2}f_{D_{2x}}\\ {}^{D_2}f_{D_{2y}}\\ {}^{D_2}f_{D_{2z}}\\ {}^{D_2}m_{D_{2z}}\end{array}\right]=\begin{bmatrix}{}^{D_1}f_{D_{1z}}-{}^{D_2}f_{D_{2z}}\\ {}^{D_1}f_{D_{1y}}-{}^{D_2}f_{D_{2y}}\\ -{}^{D_1}f_{D_{1x}}-{}^{D_2}f_{D_{2x}}\\ {}^{D_1}m_{D_{1z}}-{}^{D_2}m_{D_{2z}}\\ -r({}^{D_1}f_{D_{1x}}-{}^{D_2}f_{D_{2x}})\\ -r({}^{D_1}f_{D_{1y}}+{}^{D_2}f_{D_{2y}})\end{bmatrix}\tag{6.26}
$$

因此，如果对于给定的外部力旋量 $\mathcal{F}_e$，存在接触力 ${}^{D_1}\bar{\mathcal{F}}_{D_1}\in\mathrm{FC}_{D_1}$ 和 ${}^{D_2}\bar{\mathcal{F}}_{D_2}\in\mathrm{FC}_{D_2}$，则

$$
{}^{C}\boldsymbol{G}\left[\begin{array}{c}{}^{D_1}\bar{\mathcal{F}}_{D_1}\\ \hline {}^{D_2}\bar{\mathcal{F}}_{D_2}\end{array}\right]=-\mathcal{F}_e\tag{6.27}
$$

抓握为力闭合(但不是形状闭合)。公式(3.11)中给出的摩擦锥在此处改写为

$$
\left\{\mathrm{FC}_{D_1}:\sqrt{{}^{D_1}f_{D_{1x}}^2+{}^{D_1}f_{D_{1y}}^2}\leqslant\mu^{D_1}f_{D_{1z}},\,{}^{D_1}f_{D_{1z}}\geqslant 0,\,|{}^{D_1}m_{D_{1z}}|\leqslant\gamma^{D_1}f_{D_{1z}}\right\}
$$

$$
\left\{\mathrm{FC}_{D_2}:\sqrt{{}^{D_2}f_{D_{2x}}^2+{}^{D_2}f_{D_{2y}}^2}\leqslant\mu^{D_2}f_{D_{2z}},\,{}^{D_2}f_{D_{2z}}\geqslant 0,\,|{}^{D_2}m_{D_{2z}}|\leqslant\gamma^{D_2}f_{D_{2z}}\right\}
$$

假设使用点接触而不是柔性手指接触，如上述情况，则被抓握物体围绕 z_{D_k} 的旋转将不受约束。在这种情况下，恒定基准 ${}^{D_1}\boldsymbol{C}_{D_1}$ 和 ${}^{D_2}\boldsymbol{C}_{D_2}$ 为

$$
{}^{D_1}\mathbb{B}_c={}^{D_2}\mathbb{B}_c=\begin{bmatrix}1&0&0\\0&1&0\\0&0&1\\0&0&0\\0&0&0\\0&0&0\end{bmatrix}\tag{6.28}
$$

从公式(6.23)和公式(6.28)获得的抓握矩阵的转置可以计算为

$$
{}^{C}\boldsymbol{G}^{\mathrm{T}}=\begin{bmatrix}{}^{D_1}\mathbb{B}_c^{\mathrm{T}}&{}^{D_1}\mathbb{X}\\ {}^{D_2}\mathbb{B}_c^{\mathrm{T}}&{}^{D_2}\mathbb{X}\end{bmatrix}=\left[\begin{array}{cccccc}0&0&-1&0&-r&0\\0&1&0&0&0&-r\\1&0&0&0&0&0\\ \hline 0&0&-1&0&r&0\\0&-1&0&0&0&-r\\-1&0&0&0&0&0\end{array}\right]\tag{6.29}
$$

公式(6.21)的等号左边变为

$$
{}^{C}\boldsymbol{G}({}^{C}\mathbb{B}_{c}^{\mathrm{T}\,C}\mathcal{F}_{C}^{l})={}^{C}\boldsymbol{G}\left[\begin{array}{c}{}^{D_1}\bar{\mathcal{F}}_{D_1}\\ \hline {}^{D_2}\bar{\mathcal{F}}_{D_2}\end{array}\right]={}^{C}G\left[\begin{array}{c}{}^{D_1}f_{D_{1x}}\\ {}^{D_1}f_{D_{1y}}\\ {}^{D_1}f_{D_{1z}}\\ \hline {}^{D_2}f_{D_{2x}}\\ {}^{D_2}f_{D_{2y}}\\ {}^{D_2}f_{D_{2z}}\end{array}\right]=\begin{bmatrix}{}^{D_1}f_{D_{1z}}-{}^{D_2}f_{D_{2z}}\\ {}^{D_1}f_{D_{1y}}-{}^{D_2}f_{D_{2y}}\\ -{}^{D_1}f_{D_{1x}}-{}^{D_2}f_{D_{2x}}\\ 0\\ -r({}^{D_1}f_{D_{1x}}-{}^{D_2}f_{D_{2x}})\\ -r({}^{D_1}f_{D_{1y}}+{}^{D_2}f_{D_{2y}})\end{bmatrix} \tag{6.30}
$$

从公式(6.30)明显可以看出，围绕 x_O 的外部力矩既不能被${}^{D_1}\bar{\mathcal{F}}_{D_1}$控制也不能被${}^{D_2}\bar{\mathcal{F}}_{D_2}$控制。

从上面的讨论可以明显看出，当接触模型是带摩擦的点接触时，图 6.6 中所示的抓握不是强制闭合的(参见公式(3.9))。另一方面，当假设为柔性手指接触模型时，抓握将强制闭合。同样显而易见的是，如果假设接触模型是没有摩擦的，则抓握不能是强制闭合的。

6.3 多臂抓握物体的操作控制方法

6.3.1 多臂物体操作的背景

为了使用双臂机械手系统实现对物体的操作而又不对物体施加过大的力，研究者在开拓性工作中提出了主从控制方法[17]。根据该方法，其中一个机器人手臂充当主控者并控制物体的位置，而另一手臂充当从属者并控制施加在物体上的内部力旋量。用于协作机械手的其他控制方法还有混合位置/力[5,33,27,18]控制方法和阻抗[22,26,19,3,6,14]控制方法。

随着对内部力旋量控制的重视，已经采用了虚拟设计，例如虚拟连杆[28]和虚拟杆[27]。

另一个相关的研究领域是通过多个移动机器人进行协作物体运输。在这一领域，人们对主从式控制方案进行了大量深入的研究[13,7]。文献[30]中讨论了两个仿人机器人之间的主从式控制。关于仿人机器人与人类之间的协作也已经有相关研究[32,1]。在文献[29,31]中提出了多个仿人机器人之间的对称(即非主从)式协作。

6.3.2 多臂协作的动力学和静力学研究

令$(\boldsymbol{r},\boldsymbol{R})$表示刚体的 6D 位置。机器人身体在 6D 中的小位移可以表示为$(\delta\boldsymbol{r},\delta\boldsymbol{R})$，其中

$$
\delta\boldsymbol{r}=\boldsymbol{r}'-\boldsymbol{r} \tag{6.31}
$$

$$
\delta\boldsymbol{R}=\boldsymbol{R}'\boldsymbol{R}^{\mathrm{T}} \tag{6.32}
$$

这里$(\boldsymbol{r}',\boldsymbol{R}')$是身体位移后的 6D 位置。部分角位移也可以用如下矢量表示：

$$
\delta\boldsymbol{\phi}=(\ln\delta\boldsymbol{R})^{\vee} \tag{6.33}
$$

其中$(\ln\delta\boldsymbol{R})=[\delta\boldsymbol{\phi}^{\times}]$[8]。$()^{\vee}$运算符表示从斜对称阵中提取矢量，即

$$[\delta\boldsymbol{\phi}^{\times}]^{\vee}=\begin{bmatrix}0 & -\delta\phi_z & \delta\phi_y\\ \delta\phi_z & 0 & -\delta\phi_x\\ -\delta\phi_y & \delta\phi_x & 0\end{bmatrix}^{\vee}\equiv\begin{bmatrix}\delta\phi_x\\ \delta\phi_y\\ \delta\phi_z\end{bmatrix}\tag{6.34}$$

然后可以将角位移矢量 $\delta\boldsymbol{\phi}$ 设为[8,16]

$$\delta\boldsymbol{\phi}=(\ln\delta\boldsymbol{R})^{\vee}=\begin{cases}\boldsymbol{0} & \delta\boldsymbol{R}=\boldsymbol{E}_3\\ |\delta\phi|\dfrac{\boldsymbol{t}}{\|\boldsymbol{t}\|} & 其他\end{cases}\tag{6.35}$$

其中

$$\delta\boldsymbol{R}=\begin{bmatrix}r_{11} & r_{12} & r_{13}\\ r_{21} & r_{22} & r_{23}\\ r_{31} & r_{32} & r_{33}\end{bmatrix},\boldsymbol{t}=\begin{bmatrix}r_{32}-r_{23}\\ r_{13}-r_{31}\\ r_{21}-r_{12}\end{bmatrix},|\delta\phi|=\operatorname{atan2}(\|\boldsymbol{t}\|,r_{11}+r_{22}+r_{33}-1)$$

注意，在 $-\pi<\delta\phi<\pi$ 中定义了 $\delta\phi$，并且 $\boldsymbol{t}$ 包括 $\delta\phi$ 的符号。使用上述表示法，随后将刚体在 6D 中的小位移表示为

$$\delta\mathcal{X}\equiv\begin{bmatrix}\delta\boldsymbol{r}\\ \delta\boldsymbol{\phi}\end{bmatrix}\tag{6.36}$$

如图 6.7 所示，假设 p 个机械臂抓住了一个物体。如 6.1 节所述，假定机器人手紧紧抓住物体，从而每只手从两侧传递力旋量。令 $\{O\}$ 和 $\{H_j\}$ 分别为固定在物体和手臂 j 处的坐标系，$\{W\}$ 是惯性坐标系，O_O 和 O_W 表示坐标系 $\{O\}$ 和 $\{W\}$ 的原点。

此外，令 $(\boldsymbol{r}_{Hj},\boldsymbol{R}_{Hj})$ 和 $(\boldsymbol{r}_O,\boldsymbol{R}_O)$ 分别表示手臂 j 在抓握点和被抓握物体的 6D 位置。矢量 ${}^{Hj}\boldsymbol{r}_{\overleftarrow{OH_j}}$ 是从抓握点 r_{Hj} 指向 O_O，相对于手坐标系 $\{H_j\}$ 的三维矢量。当抓握的物体是刚性的并且不变形时(如此处假设)，矢量 ${}^{Hj}\boldsymbol{r}_{\overleftarrow{OH_j}}$ 在坐标系 $\{H_j\}$ 中将是恒定的。在惯性坐标系 $\{W\}$ 中，矢量 ${}^{Hj}\boldsymbol{r}_{\overleftarrow{OH_j}}$ 表示为 $\boldsymbol{r}_{\overleftarrow{OH_j}}=\boldsymbol{R}_{H_j}{}^{Hj}\boldsymbol{r}_{\overleftarrow{OH_j}}$。注意，可以将 ${}^{Hj}\boldsymbol{r}_{\overleftarrow{OH_j}}$ 视为固定在坐标系 $\{H_j\}$ 中的杆，该矢量在文献[27]中称为虚拟杆。

尖端的位置和 $r_{\overleftarrow{OH_j}}$ 的方向分别由 $\boldsymbol{r}_{O_j}(=\boldsymbol{r}_{H_j}+\boldsymbol{r}_{\overleftarrow{OH_j}})$ 和 $\boldsymbol{R}_{O_j}$ 表示。因为 ${}^{Hj}\boldsymbol{r}_{\overleftarrow{OH_j}}$ 在坐标系 $\{H_j\}$ 中是常数，所以 $\boldsymbol{r}_{O_j}$ 等于 $\boldsymbol{r}_O$ 且 $\boldsymbol{R}_{O_j}$ 等于 $\boldsymbol{R}_O$。但是，如果考虑虚拟位移，则 $\boldsymbol{r}_{O_j}$ 和 $\boldsymbol{R}_{O_j}$ 并不总是分别等于 $\boldsymbol{r}_O$ 和 $\boldsymbol{R}_O$(参见图 6.8)。

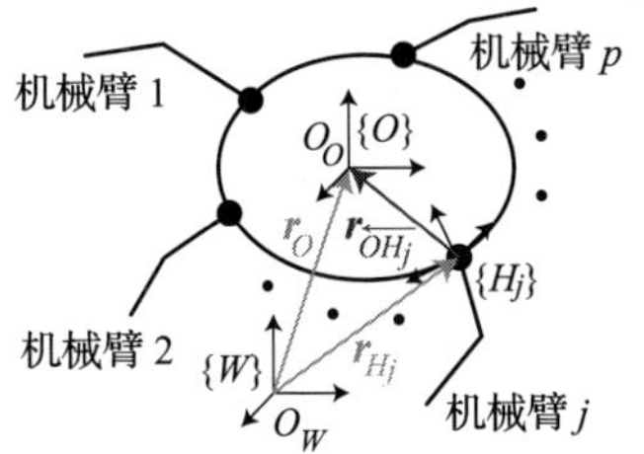

图 6.7　p 个机器人手臂抓握一个物体

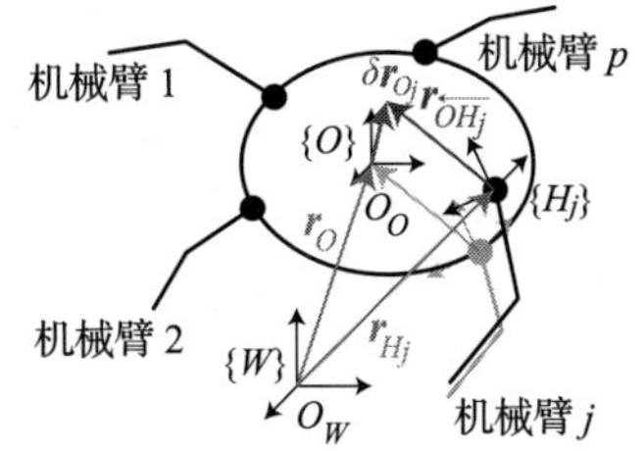

图 6.8　位于虚拟杆顶端的虚拟位移

令 $\boldsymbol{q}_j$ 为手臂 j 的关节角度矢量。手臂 j 的小位移可以表示为

$$\delta\mathcal{X}_{O_j}=\begin{bmatrix}\delta\boldsymbol{r}_{O_j}\\ \delta\boldsymbol{\phi}_{O_j}\end{bmatrix}=\boldsymbol{J}_{O_j}\delta\boldsymbol{q}_j\tag{6.37}$$

其中 $\boldsymbol{J}_{O_j}$ 是手臂 j 的雅可比矩阵。

6.3.3 施加到被抓握物体上的力和力矩

令${}^{H_j}\mathcal{F}_{H_j}$和$\mathcal{F}_{O_j}$分别为手臂$j$相对于$\{H_j\}$在$\mathcal{X}_{H_j}$处以及相对于$\{W\}$在$O_O$处施加到所抓握物体上的力旋量。${}^{H_j}\mathcal{F}_{H_j}$和$\mathcal{F}_{O_j}$之间的关系表示为

$$\mathcal{F}_{O_j}={}^{O}\mathbb{X}_{H_j}^{\mathrm{T}}\,{}^{H_j}\mathcal{F}_{H_j} \tag{6.38}$$

其中${}^{O}\mathbb{X}_{H_j}^{\mathrm{T}}$是公式(2.7)中给出的从$\{H_j\}$到$\{O\}$的力旋量变换矩阵。力旋量${}^{H_j}\mathcal{F}_{H_j}$由可能的力${}^{H_j}\bar{\mathcal{F}}_{H_j}\in\Re^{6\times c_j}$(参见公式(3.15))计算为

$${}^{H_j}\mathcal{F}_{H_j}={}^{H_j}\mathbb{B}_c\,{}^{H_j}\bar{\mathcal{F}}_{H_j} \tag{6.39}$$

这里,${}^{H_j}\mathbb{B}_c$是相对于$\{H_j\}$的接触点上的基础约束(请参见2.9.3节)。由于机器人手牢牢抓住物体,因此${}^{H_j}\mathbb{B}_c$成为6D单位矩阵(${}^{H_j}\mathbb{B}_c=\boldsymbol{E}_6$)。

当p个机器人臂抓住一个物体时,得到的力旋量为

$$\begin{aligned}\mathcal{F}_O^A&=\sum_{j=1}^{p}\mathcal{F}_{O_j}=\boldsymbol{E}_{6\times 6p}\mathcal{F}_O\\ \boldsymbol{E}_{6\times 6p}&\equiv\begin{bmatrix}\boldsymbol{E}_6 & \cdots & \boldsymbol{E}_6\end{bmatrix}\in\Re^{6\times 6p}\\ \mathcal{F}_O&\equiv\begin{bmatrix}\mathcal{F}_{O_1}^{\mathrm{T}} & \cdots & \mathcal{F}_{O_p}^{\mathrm{T}}\end{bmatrix}^{\mathrm{T}}\in\Re^{6p}\end{aligned} \tag{6.40}$$

其中$\mathcal{F}_O^A$是影响物体运动的力旋量。力旋量$\mathcal{F}_O$从公式(6.40)的(最小二乘)解获得,即

$$\mathcal{F}_O=(\boldsymbol{E}_{6\times 6p})^{\#}\mathcal{F}_O^A+\mathbf{N}(\boldsymbol{E}_{6\times 6p})\mathcal{F}_O^a \tag{6.41}$$

其中$(\boldsymbol{E}_{6\times 6p})^{\#}\in\Re^{6p\times 6}$是$\boldsymbol{E}_{6\times 6p}$的广义逆矩阵,

$$\mathbf{N}(\boldsymbol{E}_{6\times 6p})=\boldsymbol{E}_{6p}-(\boldsymbol{E}_{6\times 6p})^{\#}\boldsymbol{E}_{6\times 6p}$$

是在$\boldsymbol{E}_{6\times 6p}$的零空间上的投影矩阵,

$$\mathcal{F}_O^a=\begin{bmatrix}(\mathcal{F}_{O_1}^a)^{\mathrm{T}} & \cdots & (\mathcal{F}_{O_p}^a)^{\mathrm{T}}\end{bmatrix}^{\mathrm{T}}\in\Re^{6p}$$

是任意力旋量。

将公式(6.41)的简化形式表示为

$$\begin{aligned}\mathcal{F}_O&=(\boldsymbol{E}_{6\times 6p})^{\#}\mathcal{F}_O^A+\mathbf{V}\mathcal{F}_O^I=\boldsymbol{U}\mathcal{F}_O^{AI}\\ \boldsymbol{U}&\equiv\begin{bmatrix}(\boldsymbol{E}_{6\times 6p})^{\#} & \mathbf{V}\end{bmatrix}\in\Re^{6p\times 6p}\\ \mathcal{F}_O^{AI}&\equiv\begin{bmatrix}\mathcal{F}_O^A\\ \mathcal{F}_O^I\end{bmatrix}\in\Re^{6p}\end{aligned} \tag{6.42}$$

其中$\mathbf{V}\in\Re^{6p\times 6(p-1)}$是满足

$$\boldsymbol{E}_{6\times 6p}\mathbf{V}=\mathbf{0}_{6\times 6(p-1)} \tag{6.43}$$

的矩阵,而$\mathbf{0}_{6\times 6(p-1)}$是$6\times 6(p-1)$零矩阵;$\mathcal{F}_O^I$是一组定义为

$$\mathcal{F}_O^I=\begin{bmatrix}(\mathcal{F}_{O_1}^I)^{\mathrm{T}} & \cdots & (\mathcal{F}_{O_{p-1}}^I)^{\mathrm{T}}\end{bmatrix}^{\mathrm{T}}\in\Re^{6(p-1)} \tag{6.44}$$

的力旋量,$\mathcal{F}_{O_j}^I$对应于第j个内部力旋量。根据定义,被抓握物体的运动不受内部力旋量的影响。

案例分析

以$p=2$为案例比较了$\mathcal{F}_O$的两个表达式(6.41)和(6.42)。伪逆作为广义逆来比较两个

表达式。

首先，$\mathcal{F}_O$ 从公式(6.41)派生为

$$\mathcal{F}_O = \frac{1}{2}\begin{bmatrix}\boldsymbol{E}_6\\\boldsymbol{E}_6\end{bmatrix}\mathcal{F}_O^A + \frac{1}{2}\begin{bmatrix}\boldsymbol{E}_6 & -\boldsymbol{E}_6\\-\boldsymbol{E}_6 & \boldsymbol{E}_6\end{bmatrix}\mathcal{F}_O^a$$
$$= \frac{1}{2}\begin{bmatrix}\boldsymbol{E}_6\\\boldsymbol{E}_6\end{bmatrix}\mathcal{F}_O^A + \frac{1}{2}\begin{bmatrix}\boldsymbol{E}_6\\-\boldsymbol{E}_6\end{bmatrix}\mathcal{F}_{O_1}^a + \frac{1}{2}\begin{bmatrix}-\boldsymbol{E}_6\\\boldsymbol{E}_6\end{bmatrix}\mathcal{F}_{O_2}^a \tag{6.45}$$

其中 $\mathcal{F}_{O_1}^a$ 和 $\mathcal{F}_{O_2}^a$ 是任意 6D 力旋量。显然等号右边第二项和第三项是多余的表达式。

接下来，使用公式(6.42)导出 $\mathcal{F}_O$。满足公式(6.43)的矩阵 $\mathbf{V}$ 的一般形式为

$$\mathbf{V} = \xi\begin{bmatrix}\boldsymbol{E}_6\\-\boldsymbol{E}_6\end{bmatrix} \tag{6.46}$$

其中 ξ 是任意标量。将公式(6.46)代入公式(6.42)，$\mathcal{F}_O$ 变为

$$\mathcal{F}_O = \frac{1}{2}\begin{bmatrix}\boldsymbol{E}_6\\\boldsymbol{E}_6\end{bmatrix}\mathcal{F}_O^A + \xi\begin{bmatrix}\boldsymbol{E}_6\\-\boldsymbol{E}_6\end{bmatrix}\mathcal{F}_O^{Ia} \tag{6.47}$$

其中 $\mathcal{F}_O^{Ia}$ 是任意 6D 力旋量。

将公式(6.47)与公式(6.45)进行比较，很明显公式(6.42)是公式(6.41)的简化形式。公式(6.42)的主要优点是：$\boldsymbol{U}$ 是阶数为 $6p$ 的方阵，并且指定了矩阵 $\mathbf{V}$，使得矩阵 $\boldsymbol{U}$ 可逆。

6.3.4 载荷分布

考虑下面的矩阵：

$$(\boldsymbol{E}_{6\times 6p})^{\#} = \begin{bmatrix}(1-\sum_{j=2}^{p}\lambda_j)\boldsymbol{E}_6\\\lambda_2\boldsymbol{E}_6\\\vdots\\\lambda_p\boldsymbol{E}_6\end{bmatrix} \tag{6.48}$$

其中 $0\leqslant\lambda_j\leqslant 1$ 和 $0\leqslant\sum_{j=2}^{p}\lambda_j\leqslant 1$。可以验证上述矩阵满足广义逆矩阵的确定方程，即 $\boldsymbol{E}_{6\times 6p}(\boldsymbol{E}_{6\times 6p})^{\#}\boldsymbol{E}_{6\times 6p}=\boldsymbol{E}_{6\times 6p}$。将公式(6.48)代入公式(6.42)，获得(应由 p 个机械臂在 O_O 点施加)净力旋量 $\mathcal{F}_O$ 为

$$\mathcal{F}_O = \begin{bmatrix}\mathcal{F}_{O_1}\\\mathcal{F}_{O_2}\\\vdots\\\mathcal{F}_{O_p}\end{bmatrix} = \begin{bmatrix}(1-\sum_{j=2}^{p}\lambda_j)\boldsymbol{E}_6\\\lambda_2\boldsymbol{E}_6\\\vdots\\\lambda_p\boldsymbol{E}_6\end{bmatrix}\mathcal{F}_O^A + \mathbf{V}\mathcal{F}_O^I \tag{6.49}$$

从该方程可以明显看出，通过适当的方式设置各个 λ_j，可以将施加的力 $\mathcal{F}_O^A$ 以理想的方式分配给 p 个机械臂。例如，将更大的负载分配给具有大功率驱动器的机器人手臂。λ_j 称为载荷分配系数[25]。

容易确认的是，由公式(6.49)计算出的 $\mathcal{F}_O$ 满足公式(6.40)。当将 λ_j 设为 $\lambda_j=1/p(j=$

$1\sim p$)时，$\boldsymbol{E}_{6\times 6p}^{\#}$成为伪逆矩阵，施加的力 $\mathcal{F}_O^A$将平均分配到每个机械臂。

6.3.5　外部与内部力旋量的控制

假设 p 个机械臂抓取一个物体，并且每个手臂在该物体上施加一个 6D 力旋量。p 个机械臂总共将 $6p$ 维度的空间力旋量施加在对象上。换句话说，p 个机械臂可以控制在物体处生成的 $6p$ 维度的空间力旋量。除了 $6p$ 个力旋量之外，再采用一个 6D 力旋量用于平衡公式(6.40)中定义的被施加的力旋量 $\mathcal{F}_O^A$。其余的力旋量组成一个 $6(p-1)$维度的复合力旋量，用于控制在公式(6.42)中出现的内部力旋量 $\mathcal{F}_O^I$。从公式(6.43)中表示的关系可以看出，公式(6.42)中的项 $\boldsymbol{V}\mathcal{F}_O^I$存在于 $\boldsymbol{E}_{6\times 6p}$的零空间中。因此，当 $\mathcal{F}_O$预乘以 $\boldsymbol{E}_{6\times 6p}$时，$\boldsymbol{V}\mathcal{F}_O^I$分量将消失，如公式(6.40)所示。

如图 6.9 所示，假设 p 个机械臂抓住了一个物体。p 个机械臂两两组合有${}_pC_2$ 种组合方式，${}_pC_2=p(p-1)/2$。因此，如图 6.9 所示，如果在每对机器人手臂之间定义了内部力旋量，则可以考虑 $6\times{}_pC_2=3p(p-1)$维的内部力旋量。

但是，如上所述，p 个机械臂只能控制 $6(p-1)$维的内部力旋量。如果两个机械臂抓住一个物体，则 p 等于 2，因此 $6\times{}_pC_2=6(p-1)=6$。在这种情况下，内部力旋量的维度等于可控制的维度。但是，当机械臂的数量多于两个时，所有两两组合定义的内部力旋量的维度大于可控制的维度，表示为 $6\times{}_pC_2>6(p-1)$。在这种情况下，可以直接控制 $6(p-1)$维的内部力旋量，而间接(隐式)控制其余 $6({}_pC_2-(p-1))$维的内部力旋量。因此，必须选择 $6(p-1)$维的内部力旋量进行直接控制。

虚拟连杆[28](另请参见 3.5.2 节)

虚拟连杆在文献[28]中定义为："与 n 个抓握操作任务相关的虚拟连杆是一个 $6(p-1)$自由度机构，其驱动关节表征物体的力和力矩。"

假设如图 6.10 所示，p 个机械臂抓住了一个物体。机械臂 j 施加力 $\boldsymbol{f}_{H_j}\in\Re^3$ 和力矩 $\boldsymbol{m}_{H_j}\in\Re^3$。在 O_O 处施加的净力旋量为

$$\mathcal{F}_O^A=\begin{bmatrix}\boldsymbol{f}_O^A\\ \boldsymbol{m}_O^A\end{bmatrix}=\begin{bmatrix}\mathbb{T}_f^{\mathrm{T}} & \mathbb{T}_m^{\mathrm{T}}\end{bmatrix}\begin{bmatrix}\boldsymbol{f}_H\\ \boldsymbol{m}_H\end{bmatrix}\tag{6.50}$$

$$\mathbb{T}_f^{\mathrm{T}}=\begin{bmatrix}\boldsymbol{E}_3 & \cdots & \boldsymbol{E}_3\\ -[\boldsymbol{r}_1^{\times}] & \cdots & -[\boldsymbol{r}_p^{\times}]\end{bmatrix}\in\Re^{6\times 3p},\mathbb{T}_m^{\mathrm{T}}=\begin{bmatrix}\boldsymbol{0}_3 & \cdots & \boldsymbol{0}_3\\ \boldsymbol{E}_3 & \cdots & \boldsymbol{E}_3\end{bmatrix}\in\Re^{6\times 3p}\tag{6.51}$$

$$\boldsymbol{f}_H=\begin{bmatrix}\boldsymbol{f}_{H_1}\\ \vdots\\ \boldsymbol{f}_{H_p}\end{bmatrix}\in\Re^{3p},\boldsymbol{m}_H=\begin{bmatrix}\boldsymbol{m}_{H_1}\\ \vdots\\ \boldsymbol{m}_{H_p}\end{bmatrix}\in\Re^{3p}\tag{6.52}$$

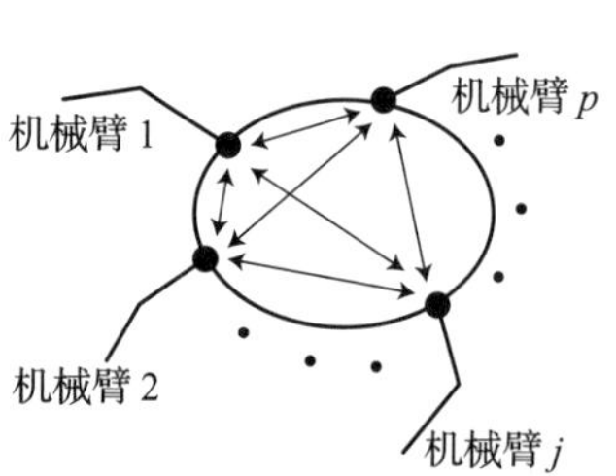

图 6.9　由 p 个机器人手臂的两两组合定义的内部力

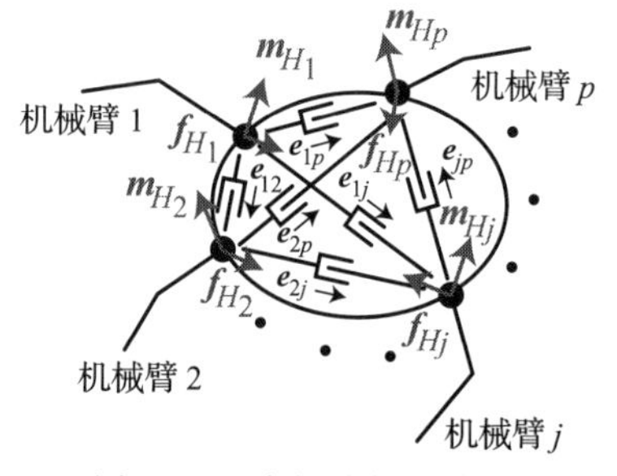

图 6.10　虚拟连杆的概念

在 p 个机械臂的所有两两组合之间引入了虚拟连杆，如图 6.10 所示。令 $\boldsymbol{r}_{H_j}$ 为机械臂 j 抓取点的三维位置矢量。注意到，可以从 $\mathcal{X}_{H_j}$ 的前三个分量中提取 $\boldsymbol{r}_{H_j}$。

单位矢量 $\boldsymbol{e}_{ij}$ 在 $\boldsymbol{r}_{H_i}$ 和 $\boldsymbol{r}_{H_j}$ 之间定义如下：

$$\boldsymbol{e}_{ij}=\frac{\boldsymbol{r}_{H_j}-\boldsymbol{r}_{H_i}}{\|\boldsymbol{r}_{H_j}-\boldsymbol{r}_{H_i}\|},\boldsymbol{e}_{ji}=-\boldsymbol{e}_{ij} \tag{6.53}$$

$\boldsymbol{r}_{H_i}$ 和 $\boldsymbol{r}_{H_j}$ 之间的内力定义为

$$\boldsymbol{f}^I_{H_{ij}}=f^{\text{int}}_{ij}\boldsymbol{e}_{ij} \tag{6.54}$$

其中，$f^{\text{int}}_{ij}(=f_{ji}\geqslant 0)$ 是内力的大小，而 $\boldsymbol{e}_{ij}$ 是其方向。如果指定了内力的大小 $\boldsymbol{f}^{\text{int}}=[\cdots \boldsymbol{f}^{\text{int}}_{ij}\cdots]^{\mathrm{T}}\in\Re^{{}_pC_2}$，则实现所需内力的力 $\boldsymbol{f}_H$(在公式(6.52)中定义)给定为

$$\boldsymbol{f}^I_H=\boldsymbol{V}_L\boldsymbol{f}^{\text{int}} \tag{6.55}$$

其中 $\boldsymbol{V}_L\in\Re^{3p\times{}_pC_2}$ 是将 $\boldsymbol{f}^{\text{int}}\in\Re^{{}_pC_2}$ 和 $\boldsymbol{f}^I_H\in\Re^{3p}$ 联系起来的矩阵。

使用公式(6.50)和公式(6.55)，合力/内力与施加的力旋量之间的关系由

$$\begin{bmatrix}\boldsymbol{f}^A_O\\ \boldsymbol{m}^A_O\\ \boldsymbol{f}^{\text{int}}\\ \boldsymbol{m}_H\end{bmatrix}=\mathbb{G}\begin{bmatrix}\boldsymbol{f}_H\\ \boldsymbol{m}_H\end{bmatrix},\mathbb{G}=\begin{bmatrix}\mathbb{T}^{\mathrm{T}}_f & \mathbb{T}^{\mathrm{T}}_m\\ \boldsymbol{V}^+_L & \boldsymbol{0}_{{}_pC_2\times 3p}\\ \boldsymbol{0}_{3p} & \boldsymbol{E}_{3p}\end{bmatrix}\in\Re^{({}_pC_2+3p+6)\times 6p} \tag{6.56}$$

给出，其中 $\boldsymbol{V}^+_L$ 是 $\boldsymbol{V}_L$ 的 Moore-Penrose 伪逆矩阵。矩阵 $\mathbb{G}$ 称为描述抓握的矩阵[28]。注意，此处定义的矩阵 $\mathbb{G}$ 与表示凸性条件的抓握矩阵[16]不同。

当给定预期的合力旋量、内力的大小以及在抓握点处的力矩时，应按以下方式计算应施加到抓握点的力旋量：

$$\begin{bmatrix}\boldsymbol{f}_H\\ \boldsymbol{m}_H\end{bmatrix}=\mathbb{G}^+\begin{bmatrix}\boldsymbol{f}^A_O\\ \boldsymbol{m}^A_O\\ \boldsymbol{f}^{\text{int}}\\ \boldsymbol{m}_H\end{bmatrix} \tag{6.57}$$

以 3 个机器人臂抓住一个物体为例，如图 6.11 所示。内力是从公式(6.55)中获得的：

$$\begin{bmatrix}\boldsymbol{f}^I_{H_1}\\ \boldsymbol{f}^I_{H_2}\\ \boldsymbol{f}^I_{H_3}\end{bmatrix}=\begin{bmatrix}\boldsymbol{e}_{12} & \boldsymbol{0}_{3\times 1} & \boldsymbol{e}_{13}\\ \boldsymbol{e}_{21} & \boldsymbol{e}_{23} & \boldsymbol{0}_{3\times 1}\\ \boldsymbol{0}_{3\times 1} & \boldsymbol{e}_{32} & \boldsymbol{e}_{31}\end{bmatrix}\begin{bmatrix}f^{\text{int}}_{12}\\ f^{\text{int}}_{23}\\ f^{\text{int}}_{31}\end{bmatrix}=\boldsymbol{V}_L\boldsymbol{f}^{\text{int}} \tag{6.58}$$

其中 $\boldsymbol{V}_L\in\Re^{9\times 3}$。当 3 个抓握点形成等边三角形时，每两个抓握点之间的单位矢量定义如下：

$$\boldsymbol{e}_{12}=\begin{bmatrix}-\dfrac{1}{2}\\ -\dfrac{\sqrt{3}}{2}\\ 0\end{bmatrix},\boldsymbol{e}_{23}=\begin{bmatrix}1\\ 0\\ 0\end{bmatrix},\boldsymbol{e}_{31}=\begin{bmatrix}-\dfrac{1}{2}\\ \dfrac{\sqrt{3}}{2}\\ 0\end{bmatrix} \tag{6.59}$$

当如上所述确定单位矢量 $\boldsymbol{e}_{ij}$ 时，$\boldsymbol{V}_L$ 的秩为 3，并且不存在秩亏损。

接下来，假设有 4 个机械臂抓住一个物体，如图 6.12 所示。从公式(6.55)得到的内力是

$$\begin{bmatrix} \boldsymbol{f}_{H_1}^I \\ \boldsymbol{f}_{H_2}^I \\ \boldsymbol{f}_{H_3}^I \\ \boldsymbol{f}_{H_4}^I \end{bmatrix} = \begin{bmatrix} \boldsymbol{e}_{12} & \boldsymbol{0}_{3\times1} & \boldsymbol{0}_{3\times1} & \boldsymbol{e}_{14} & \boldsymbol{e}_{13} & \boldsymbol{0}_{3\times1} \\ \boldsymbol{e}_{21} & \boldsymbol{e}_{23} & \boldsymbol{0}_{3\times1} & \boldsymbol{0}_{3\times1} & \boldsymbol{0}_{3\times1} & \boldsymbol{e}_{24} \\ \boldsymbol{0}_{3\times1} & \boldsymbol{e}_{32} & \boldsymbol{e}_{34} & \boldsymbol{0}_{3\times1} & \boldsymbol{e}_{31} & \boldsymbol{0}_{3\times1} \\ \boldsymbol{0}_{3\times1} & \boldsymbol{0}_{3\times1} & \boldsymbol{e}_{43} & \boldsymbol{e}_{41} & \boldsymbol{0}_{3\times1} & \boldsymbol{e}_{42} \end{bmatrix} \begin{bmatrix} f_{12}^{\text{int}} \\ f_{23}^{\text{int}} \\ f_{34}^{\text{int}} \\ f_{41}^{\text{int}} \\ f_{13}^{\text{int}} \\ f_{24}^{\text{int}} \end{bmatrix} = \boldsymbol{V}_L \boldsymbol{f}^{\text{int}} \tag{6.60}$$

其中 $\boldsymbol{V}_L \in \Re^{12\times6}$。当 4 个抓握点形成一个方形时，每两个抓握点之间的单位矢量定义如下：

$$\boldsymbol{e}_{12} = \begin{bmatrix} 0 \\ -1 \\ 0 \end{bmatrix}, \boldsymbol{e}_{23} = \begin{bmatrix} 1 \\ 0 \\ 0 \end{bmatrix}, \boldsymbol{e}_{34} = \begin{bmatrix} 0 \\ 1 \\ 0 \end{bmatrix}, \boldsymbol{e}_{41} = \begin{bmatrix} -1 \\ 0 \\ 0 \end{bmatrix}, \boldsymbol{e}_{13} = \frac{1}{\sqrt{2}}\begin{bmatrix} -1 \\ -1 \\ 0 \end{bmatrix}, \boldsymbol{e}_{24} = \frac{1}{\sqrt{2}}\begin{bmatrix} 1 \\ 1 \\ 0 \end{bmatrix} \tag{6.61}$$

当如上所述确定单位矢量 $\boldsymbol{e}_{ij}$ 时，$\boldsymbol{V}_L$ 的秩仅为 5，这意味着秩亏损。通常，$\boldsymbol{V}_L$ 并不总是满秩的，因此式(6.57)中的 $\mathbb{G}^+$ 并非总是可用的。

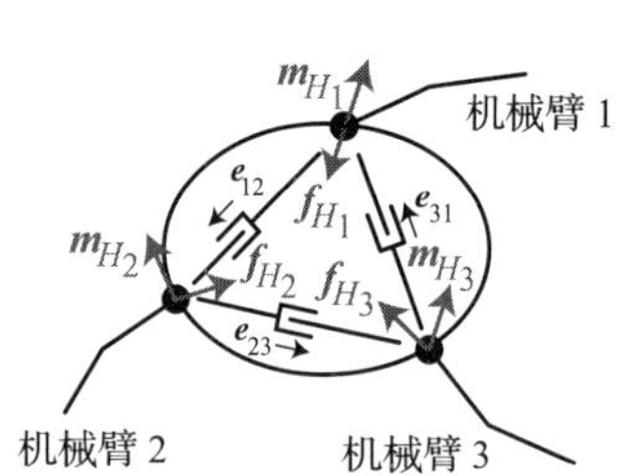

图 6.11　3 个机械臂同时抓握的虚拟连杆

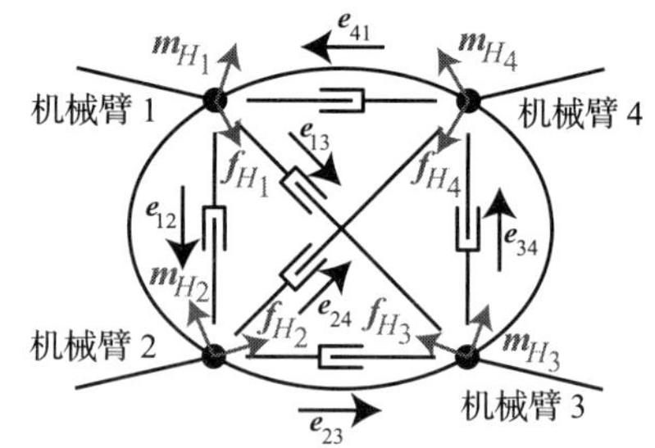

图 6.12　4 个机械臂同时抓握的虚拟连杆

虚拟连杆的问题总结如下：

- 没有如何确定所需内力 $\boldsymbol{f}^{\text{int}}$ 大小的标准。注意到，不能保证每两对抓握点之间定义的内力始终是独立的。
- 在内部力相关的情况下，如上所述(也在文献[28]中提到)，描述抓握力的矩阵 $\mathbb{G}$ 可能存在秩亏损。
- 在虚拟连杆模型中，仅控制沿 $\boldsymbol{e}_{ij}$ 的内力。因此，沿其他方向可能会产生预期之外的内力/力矩。

虚拟杆[25,27]

虚拟杆模型[27]可以处理两个抓握点之间的 6D 内部力旋量。当两个机械臂抓住一个物体时($p=2$)，矩阵 $\mathbf{V}$ 由公式(6.46)给出。通过设置任意标量为 $\xi=-1$，可获得矩阵 $\mathbf{V}$[27]。

$$\mathbf{V} = \begin{bmatrix} -\boldsymbol{E}_6 \\ \boldsymbol{E}_6 \end{bmatrix} \tag{6.62}$$

使用此矩阵，可以按以下方式计算外部/内部力旋量：

$$\begin{bmatrix}\mathcal{F}_O^A\\ \mathcal{F}_O^I\end{bmatrix}=\begin{bmatrix}(\boldsymbol{E}_{6\times12})^+ & \boldsymbol{V}\end{bmatrix}^{-1}\mathcal{F}_O \tag{6.63}$$

其中$(\circ)^+$表示(右)Moore-Penrose 伪逆矩阵。将公式(6.62)代入公式(6.63)，得到的内部力旋量为

$$\mathcal{F}_O^I=\frac{1}{2}(\mathcal{F}_{O_2}-\mathcal{F}_{O_1}) \tag{6.64}$$

上式表示将内部力旋量定义为机器人臂 1 和机器人臂 2 产生的力之差。该公式清楚地表示了内力的物理含义。

但是，当机械臂的数量超过两个时($p>2$)，很难直观地理解从公式(6.63)中获得的内部力旋量 $\mathcal{F}_O^I$的含义。注意，在文献[25,27]中没有讨论这种情况。

在文献[31]中提出了一种定义 $p>2$ 的情况下的内力的方法。为了避免矩阵 $\boldsymbol{V}$ 的显式出现，请使用

$$\begin{bmatrix}\mathcal{F}_O^A\\ \mathcal{F}_O^I\end{bmatrix}=\begin{bmatrix}\boldsymbol{E}_{6\times6p}\\ \boldsymbol{Q}\end{bmatrix}\mathcal{F}_O \tag{6.65}$$

而不是公式(6.63)。

内力可以通过矩阵 $\boldsymbol{Q}$ 来指定。为此，请注意，公式(6.42)中的矩阵 $\boldsymbol{U}$ 可以通过

$$\boldsymbol{U}=\begin{bmatrix}\boldsymbol{E}_{6\times6p}\\ \boldsymbol{Q}\end{bmatrix}^{-1} \tag{6.66}$$

来获得。

这里通过一个例子解释文献[31]中提出的方法。如图 6.13 所示，考虑三个机械臂抓住一个物体。机械臂 j 将 6D 力旋量 $\mathcal{F}_{O_j}$ 施加到物体上。每对机械臂之间的内力不是唯一确定的。但是，第 i 臂和第 j 臂之间的内部力可以表示为(参见公式(6.64))

$$\mathcal{F}_{O_{ij}}^I=\frac{1}{2}(\mathcal{F}_{O_j}-\mathcal{F}_{O_i}) \tag{6.67}$$

需要注意的是，上述等式也可以从含满足公式(6.43)的适当矩阵 $\boldsymbol{V}$ 的式(6.63)中导出。注意，公式(6.67)中定义的 $\mathcal{F}_{O_{ij}}^I$ 是内力。此外，请注意，所有 $\mathcal{F}_{O_{ij}}^I$ 的总和也是内力，且 $\mathcal{F}_O^A$将不受这个力的影响。在文献[31]中，内力定义为 $\mathcal{F}_{O_{ij}}^I$ 的适当组合。

三个机械臂的协作

在三个机械臂协作的情况下，两两组合的数量为${}_3C_2=3(3-1)/2=3$。这意味着可以定义三个内部力旋量。它们分别表示为 $\mathcal{F}_{O_{12'}}^I$、$\mathcal{F}_{O_{23'}}^I$ 和 $\mathcal{F}_{O_{31'}}^I$(见图 6.13)。但是请注意，可用于控制内部力旋量的自由度仅为 $6(p-1)=6(3-1)=12$。这意味着仅可以明确控制三个内部力旋量中的两个。换句话说，只有两个内部力旋量是独立的。第三个内部力旋量可以表示为其他两个力旋量的总和，即 $\mathcal{F}_{O_{31}}^I=-(\mathcal{F}_{O_{12}}^I+\mathcal{F}_{O_{23}}^I)$。

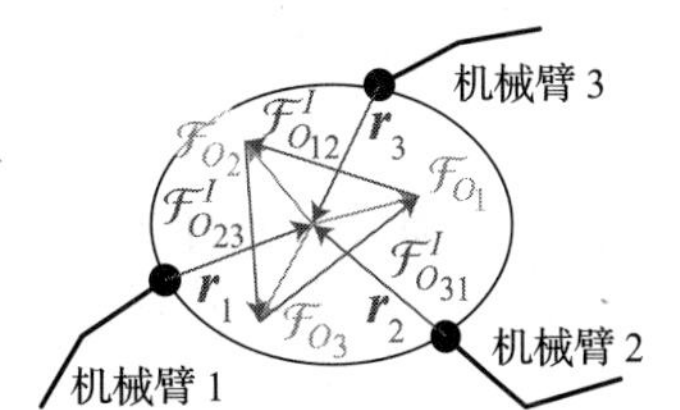

图 6.13　由 3 个机械臂产生的内部力

假设选择 $\mathcal{F}_{O_{12}}^I$ 和 $\mathcal{F}_{O_{23}}^I$ 作为可明确控制的内部力旋量。然后可以按以下方式获得 $\mathcal{F}_O^I$：

$$\mathcal{F}_O^I = \begin{bmatrix} \mathcal{F}_{O_{12}}^I \\ \mathcal{F}_{O_{23}}^I \end{bmatrix} = \boldsymbol{Q} \begin{bmatrix} \mathcal{F}_{O_1} \\ \mathcal{F}_{O_2} \\ \mathcal{F}_{O_3} \end{bmatrix}$$

$$\boldsymbol{Q} = \frac{1}{2}\begin{bmatrix} -\boldsymbol{E}_6 & \boldsymbol{E}_6 & \boldsymbol{0}_6 \\ \boldsymbol{0}_6 & -\boldsymbol{E}_6 & \boldsymbol{E}_6 \end{bmatrix} \tag{6.68}$$

将公式(6.40)和公式(6.68)代入公式(6.65)，得到以下等式：

$$\begin{bmatrix} \mathcal{F}_O^A \\ \mathcal{F}_{O_{12}}^I \\ \mathcal{F}_{O_{23}}^I \end{bmatrix} = \begin{bmatrix} \boldsymbol{E}_{6\times 6p} \\ \boldsymbol{Q} \end{bmatrix} \begin{bmatrix} \mathcal{F}_{O_1} \\ \mathcal{F}_{O_2} \\ \mathcal{F}_{O_3} \end{bmatrix} = \begin{bmatrix} \boldsymbol{E}_6 & \boldsymbol{E}_6 & \boldsymbol{E}_6 \\ -\frac{1}{2}\boldsymbol{E}_6 & \frac{1}{2}\boldsymbol{E}_6 & \boldsymbol{0}_6 \\ \boldsymbol{0}_6 & -\frac{1}{2}\boldsymbol{E}_6 & \frac{1}{2}\boldsymbol{E}_6 \end{bmatrix} \begin{bmatrix} \mathcal{F}_{O_1} \\ \mathcal{F}_{O_2} \\ \mathcal{F}_{O_3} \end{bmatrix} \tag{6.69}$$

可用于实现所需 $\mathcal{F}^A$、$\mathcal{F}_{O_{12'}}^I$ 和 $\mathcal{F}_{O_{23'}}^I$ 的抓取力旋量 $\mathcal{F}_{O_j}$ 计算如下：

$$\begin{bmatrix} \mathcal{F}_{O_1} \\ \mathcal{F}_{O_2} \\ \mathcal{F}_{O_3} \end{bmatrix} = \begin{bmatrix} \boldsymbol{E}_{6\times 6p} \\ \boldsymbol{Q} \end{bmatrix}^{-1} \begin{bmatrix} \mathcal{F}_O^A \\ \mathcal{F}_{O_{12}}^I \\ \mathcal{F}_{O_{23}}^I \end{bmatrix} = \frac{1}{3}\begin{bmatrix} \boldsymbol{E}_6 & -4\boldsymbol{E}_6 & -2\boldsymbol{E}_6 \\ \boldsymbol{E}_6 & 2\boldsymbol{E}_6 & -2\boldsymbol{E}_6 \\ \boldsymbol{E}_6 & 2\boldsymbol{E}_6 & 4\boldsymbol{E}_6 \end{bmatrix} \begin{bmatrix} \mathcal{F}_O^A \\ \mathcal{F}_{O_{12}}^I \\ \mathcal{F}_{O_{23}}^I \end{bmatrix} = \begin{bmatrix} \boldsymbol{E}_{6\times 6p}^{+} & \mathbf{V} \end{bmatrix} \begin{bmatrix} \mathcal{F}_O^A \\ \mathcal{F}_O^I \end{bmatrix}$$

$$\mathcal{F}_O^I = \begin{bmatrix} \mathcal{F}_{O_{12}}^I \\ \mathcal{F}_{O_{23}}^I \end{bmatrix}, \boldsymbol{E}_{6\times 6p}^{+} = \frac{1}{3}\begin{bmatrix} \boldsymbol{E}_6 \\ \boldsymbol{E}_6 \\ \boldsymbol{E}_6 \end{bmatrix}, \mathbf{V} = \frac{1}{3}\begin{bmatrix} -4\boldsymbol{E}_6 & -2\boldsymbol{E}_6 \\ 2\boldsymbol{E}_6 & -2\boldsymbol{E}_6 \\ 2\boldsymbol{E}_6 & 4\boldsymbol{E}_6 \end{bmatrix} \tag{6.70}$$

两个仿人机器人之间的协作

假设有两个仿人机器人用手抓住一个物体。如图 6.14 所示，机械臂的编号为 1 到 4。因为有四个机械臂($p=4$)，所以两个组合的数量为${}_4C_2=4(4-1)/2=6$。因此有六个内部力旋量。它们表示为 $\mathcal{F}_{O_{12}}^I$，$\mathcal{F}_{O_{23}}^I$，$\mathcal{F}_{O_{34}}^I$，$\mathcal{F}_{O_{41}}^I$，$\mathcal{F}_{O_{13}}^I$ 和 $\mathcal{F}_{O_{24}}^I$。但是请注意，只有三个独立的内部力旋量(因为 $p-1=4-1$)。

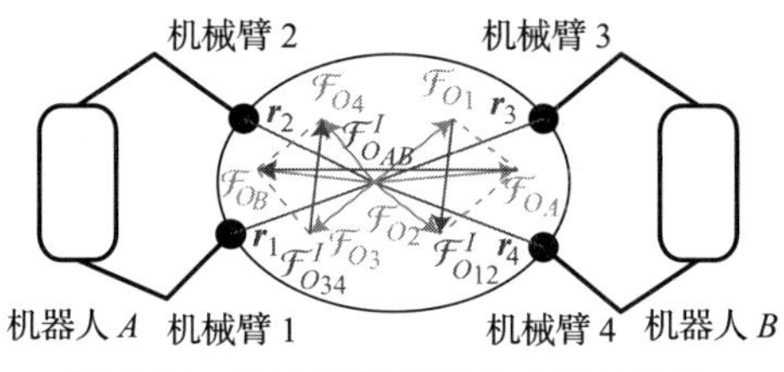

图 6.14　两个双臂机器人之间的协作

通常，在这种情况下，重要的内部力为：(1)两个机器人间的内部力 $\mathcal{F}_{O_{AB}}^I$；(2)手臂 1 和手臂 2 之间的内部力 $\mathcal{F}_{O_{12}}^I$；(3)手臂 3 和手臂 4 之间的内部力 $\mathcal{F}_{O_{34}}^I$(见图 6.14)。

机器人 A 使用手臂 1 和手臂 2 将两个力旋量 $\mathcal{F}_O^I$和 $\mathcal{F}_{O_2}$ 施加到 O_O 点。合成力旋量为 $\mathcal{F}_{O_A}=\mathcal{F}_{O_1}+\mathcal{F}_{O_2}$。机器人 B 通过其手臂 3 和手臂 4 将合力 $\mathcal{F}_{O_B}=\mathcal{F}_{O_3}+\mathcal{F}_{O_4}$ 以相同的方式施加到 O_O 点。然后，将两个机器人之间产生的内力定义为

$$\begin{aligned} \mathcal{F}_{O_{AB}}^I &= \frac{1}{2}(\mathcal{F}_{O_B}-\mathcal{F}_{O_A}) = \frac{1}{2}((\mathcal{F}_{O_3}+\mathcal{F}_{O_4})-(\mathcal{F}_{O_1}+\mathcal{F}_{O_2})) \\ &= \mathcal{F}_{O_{13}}^I + \mathcal{F}_{O_{24}}^I \end{aligned} \tag{6.71}$$

注意，最后一行的表达式是在公式(6.67)中定义的内力之和。

内部力旋量 $\mathcal{F}_O^I$ 可以定义如下：

$$\mathcal{F}_O^I = \begin{bmatrix} \mathcal{F}_{O_{12}}^I \\ \mathcal{F}_{O_{34}}^I \\ \mathcal{F}_{O_{AB}}^I \end{bmatrix} = \boldsymbol{Q} \begin{bmatrix} \mathcal{F}_{O_1} \\ \mathcal{F}_{O_2} \\ \mathcal{F}_{O_3} \\ \mathcal{F}_{O_4} \end{bmatrix}$$

$$\boldsymbol{Q} = \frac{1}{2} \begin{bmatrix} -\boldsymbol{E}_6 & \boldsymbol{E}_6 & \boldsymbol{0}_6 & \boldsymbol{0}_6 \\ \boldsymbol{0}_6 & \boldsymbol{0}_6 & -\boldsymbol{E}_6 & \boldsymbol{E}_6 \\ -\boldsymbol{E}_6 & -\boldsymbol{E}_6 & \boldsymbol{E}_6 & \boldsymbol{E}_6 \end{bmatrix} \tag{6.72}$$

将公式(6.40)和公式(6.72)代入公式(6.65)，可获得以下方程：

$$\begin{bmatrix} \mathcal{F}_O^A \\ \mathcal{F}_{O_{12}}^I \\ \mathcal{F}_{O_{34}}^I \\ \mathcal{F}_{O_{AB}}^I \end{bmatrix} = \begin{bmatrix} \boldsymbol{E}_{6\times 6p} \\ \boldsymbol{Q} \end{bmatrix} \begin{bmatrix} \mathcal{F}_{O_1} \\ \mathcal{F}_{O_2} \\ \mathcal{F}_{O_3} \\ \mathcal{F}_{O_4} \end{bmatrix} = \begin{bmatrix} \boldsymbol{E}_6 & \boldsymbol{E}_6 & \boldsymbol{E}_6 & \boldsymbol{E}_6 \\ -\frac{1}{2}\boldsymbol{E}_6 & \frac{1}{2}\boldsymbol{E}_6 & \boldsymbol{0}_6 & \boldsymbol{0}_6 \\ \boldsymbol{0}_6 & \boldsymbol{0}_6 & -\frac{1}{2}\boldsymbol{E}_6 & \frac{1}{2}\boldsymbol{E}_6 \\ -\frac{1}{2}\boldsymbol{E}_6 & -\frac{1}{2}\boldsymbol{E}_6 & \frac{1}{2}\boldsymbol{E}_6 & \frac{1}{2}\boldsymbol{E}_6 \end{bmatrix} \begin{bmatrix} \mathcal{F}_{O_1} \\ \mathcal{F}_{O_2} \\ \mathcal{F}_{O_3} \\ \mathcal{F}_{O_4} \end{bmatrix} \tag{6.73}$$

将所需的力旋量$(\mathcal{F}^A)^{\mathrm{des}}$施加在物体上，并获得所需的内力 $\mathcal{F}_{O_{12}}^I$，$\mathcal{F}_{O_{34}}^I$ 和 $\mathcal{F}_{O_{AB}}^I$，在 O_O 点上施加所需的机器人手部力旋量 $\mathcal{F}_{O_j}$ 的计算如下：

$$\begin{bmatrix} \mathcal{F}_{O_1} \\ \mathcal{F}_{O_2} \\ \mathcal{F}_{O_3} \\ \mathcal{F}_{O_4} \end{bmatrix} = \begin{bmatrix} \frac{1}{4}\boldsymbol{E}_6 & -\boldsymbol{E}_6 & \boldsymbol{0}_6 & -\frac{1}{2}\boldsymbol{E}_6 \\ \frac{1}{4}\boldsymbol{E}_6 & \boldsymbol{E}_6 & \boldsymbol{0}_6 & -\frac{1}{2}\boldsymbol{E}_6 \\ \frac{1}{4}\boldsymbol{E}_6 & \boldsymbol{0}_6 & -\boldsymbol{E}_6 & \frac{1}{2}\boldsymbol{E}_6 \\ \frac{1}{4}\boldsymbol{E}_6 & \boldsymbol{0}_6 & \boldsymbol{E}_6 & \frac{1}{2}\boldsymbol{E}_6 \end{bmatrix} \begin{bmatrix} \mathcal{F}_O^A \\ \mathcal{F}_{O_{12}}^I \\ \mathcal{F}_{O_{34}}^I \\ \mathcal{F}_{O_{AB}}^I \end{bmatrix} = \begin{bmatrix} \boldsymbol{E}_{6\times 6p}^{+} & \boldsymbol{V} \end{bmatrix} \begin{bmatrix} \mathcal{F}_O^A \\ \mathcal{F}_O^I \end{bmatrix}$$

$$\mathcal{F}_O^I = \begin{bmatrix} \mathcal{F}_{O_{12}}^I \\ \mathcal{F}_{O_{34}}^I \\ \mathcal{F}_{O_{AB}}^I \end{bmatrix}, \boldsymbol{E}_{6\times 6p}^{+} = \frac{1}{4} \begin{bmatrix} \boldsymbol{E}_6 \\ \boldsymbol{E}_6 \\ \boldsymbol{E}_6 \\ \boldsymbol{E}_6 \end{bmatrix}, \boldsymbol{V} = \begin{bmatrix} -\boldsymbol{E}_6 & \boldsymbol{0}_6 & -\frac{1}{2}\boldsymbol{E}_6 \\ \boldsymbol{E}_6 & \boldsymbol{0}_6 & -\frac{1}{2}\boldsymbol{E}_6 \\ \boldsymbol{0}_6 & -\boldsymbol{E}_6 & \frac{1}{2}\boldsymbol{E}_6 \\ \boldsymbol{0}_6 & \boldsymbol{E}_6 & \frac{1}{2}\boldsymbol{E}_6 \end{bmatrix} \tag{6.74}$$

上述力旋量只是针对欠定力旋量分布问题的解。通过选择适当的内力总和(6.67)也可以考虑其他解。

四个仿人机器人之间的协作

最后一个示例要讨论四个仿人机器人之间的协作。如图 6.15 所述，机械臂编号为 1 到 8。由于有 8 个机器人手臂($p=8$)，两种组合的数量是${}_8C_2=8(8-1)/2=28$。因此，将会有 28 个内部力旋量。然而，其中仅有 7 个 ($p-1=8-1$)独立的力旋量。剩下的 21 个力旋量将不是独立的。

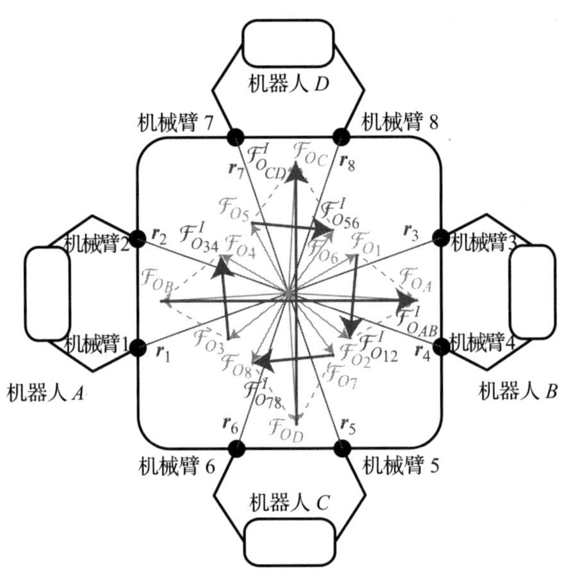

图 6.15 四个仿人机器人之间的协作

通常，在这种情况下，重要的内部力旋量为：(1)两对机器人之间的内力，例如，在机器人 A 和 B 与机器人 C 和 D 之间的力 $\mathcal{F}^I_{O_{(AB)(CD)}}$；(2)彼此相对的一对机器人之间的内力，即 $\mathcal{F}^I_{O_{AB}}$ 和 $\mathcal{F}^I_{O_{CD}}$；(3)每个机器人的手臂之间的内力 $\mathcal{F}^I_{O_{12}}$，$\mathcal{F}^I_{O_{34}}$，$\mathcal{F}^I_{O_{56}}$ 和 $\mathcal{F}^I_{O_{78}}$(见图 6.15)。

机器人 A 通过使用手臂 1 和手臂 2 在 O_O 点上应用了两个力旋量 $\mathcal{F}_{O_1}$ 和 $\mathcal{F}_{O_2}$。合成力旋量为 $\mathcal{F}_{O_A}=\mathcal{F}_{O_1}+\mathcal{F}_{O_2}$。以相同的方式，机器人 B，C 和 D 分别应用合成力旋量 $\mathcal{F}_{O_B}=\mathcal{F}_{O_3}+\mathcal{F}_{O_4}$，$\mathcal{F}_{O_C}=\mathcal{F}_{O_5}+\mathcal{F}_{O_6}$ 和 $\mathcal{F}_{O_D}=\mathcal{F}_{O_7}+\mathcal{F}_{O_8}$。

两对机器人($A-B$ 和 $C-D$)之间的内力可以定义如下：

$$\begin{aligned}\mathcal{F}^I_{O_{(AB)(CD)}}&=\frac{1}{2}(\mathcal{F}_{O_C}+\mathcal{F}_{O_D})-\frac{1}{2}(\mathcal{F}_{O_A}+\mathcal{F}_{O_B})\\&=\frac{1}{2}(-\mathcal{F}_{O_1}-\mathcal{F}_{O_2}-\mathcal{F}_{O_3}-\mathcal{F}_{O_4}+\mathcal{F}_{O_5}+\mathcal{F}_{O_6}+\mathcal{F}_{O_7}+\mathcal{F}_{O_8})\end{aligned}\tag{6.75}$$

两对彼此相对的机器人之间产生的内力可以表示为

$$\mathcal{F}^I_{O_{AB}}=\frac{1}{2}(\mathcal{F}_{O_B}-\mathcal{F}_{O_A})=\frac{1}{2}(-\mathcal{F}_{O_1}-\mathcal{F}_{O_2}+\mathcal{F}_{O_3}+\mathcal{F}_{O_4})\tag{6.76}$$

$$\mathcal{F}^I_{O_{CD}}=\frac{1}{2}(\mathcal{F}_{O_D}-\mathcal{F}_{O_C})=\frac{1}{2}(-\mathcal{F}_{O_5}-\mathcal{F}_{O_6}+\mathcal{F}_{O_7}+\mathcal{F}_{O_8})\tag{6.77}$$

此外，$\mathcal{F}^I_{O_{(AB)(CD)}}$，$\mathcal{F}^I_{O_{AB}}$ 和 $\mathcal{F}^I_{O_{CD}}$ 可以表示为内力之和(参见公式(6.67))，即

$$\begin{aligned}\mathcal{F}^I_{O_{(AB)(CD)}}&=\mathcal{F}^I_{O_{15}}+\mathcal{F}^I_{O_{26}}+\mathcal{F}^I_{O_{37}}+\mathcal{F}^I_{O_{48}}\\\mathcal{F}^I_{O_{AB}}&=\mathcal{F}^I_{O_{13}}+\mathcal{F}^I_{O_{24}}\\\mathcal{F}^I_{O_{CD}}&=\mathcal{F}^I_{O_{57}}+\mathcal{F}^I_{O_{68}}\end{aligned}$$

内部力 $\mathcal{F}^I_O$ 定义如下：

$$\mathcal{F}^I_O=\boldsymbol{Q}\mathcal{F}_O$$

$$\mathcal{F}^I_O=\begin{bmatrix}\mathcal{F}^I_{O_{(AB)(CD)}} & \mathcal{F}^I_{O_{AB}} & \mathcal{F}^I_{O_{CD}} & \mathcal{F}^I_{O_{12}} & \mathcal{F}^I_{O_{34}} & \mathcal{F}^I_{O_{56}} & \mathcal{F}^I_{O_{78}}\end{bmatrix}^{\mathrm{T}}$$

$$\mathcal{F}_O=\begin{bmatrix}\mathcal{F}_{O_1} & \mathcal{F}_{O_2} & \mathcal{F}_{O_3} & \mathcal{F}_{O_4} & \mathcal{F}_{O_5} & \mathcal{F}_{O_6} & \mathcal{F}_{O_7} & \mathcal{F}_{O_8}\end{bmatrix}^{\mathrm{T}}$$

$$
\boldsymbol{Q}=\frac{1}{2}\begin{bmatrix}
-\boldsymbol{E}_6 & -\boldsymbol{E}_6 & -\boldsymbol{E}_6 & -\boldsymbol{E}_6 & \boldsymbol{E}_6 & \boldsymbol{E}_6 & \boldsymbol{E}_6 & \boldsymbol{E}_6 \\
-\boldsymbol{E}_6 & -\boldsymbol{E}_6 & \boldsymbol{E}_6 & \boldsymbol{E}_6 & \boldsymbol{0}_6 & \boldsymbol{0}_6 & \boldsymbol{0}_6 & \boldsymbol{0}_6 \\
\boldsymbol{0}_6 & \boldsymbol{0}_6 & \boldsymbol{0}_6 & \boldsymbol{0}_6 & -\boldsymbol{E}_6 & -\boldsymbol{E}_6 & \boldsymbol{E}_6 & \boldsymbol{E}_6 \\
-\boldsymbol{E}_6 & \boldsymbol{E}_6 & \boldsymbol{0}_6 & \boldsymbol{0}_6 & \boldsymbol{0}_6 & \boldsymbol{0}_6 & \boldsymbol{0}_6 & \boldsymbol{0}_6 \\
\boldsymbol{0}_6 & \boldsymbol{0}_6 & -\boldsymbol{E}_6 & \boldsymbol{E}_6 & \boldsymbol{0}_6 & \boldsymbol{0}_6 & \boldsymbol{0}_6 & \boldsymbol{0}_6 \\
\boldsymbol{0}_6 & \boldsymbol{0}_6 & \boldsymbol{0}_6 & \boldsymbol{0}_6 & -\boldsymbol{E}_6 & \boldsymbol{E}_6 & \boldsymbol{0}_6 & \boldsymbol{0}_6 \\
\boldsymbol{0}_6 & \boldsymbol{0}_6 & \boldsymbol{0}_6 & \boldsymbol{0}_6 & \boldsymbol{0}_6 & \boldsymbol{0}_6 & -\boldsymbol{E}_6 & \boldsymbol{E}_6
\end{bmatrix} \tag{6.78}
$$

将公式(6.40)和公式(6.78)代入公式(6.65)，获得如下等式：

$$
\begin{aligned}
\begin{bmatrix}\mathcal{F}_O^A \\ \mathcal{F}_O^I\end{bmatrix} &= \begin{bmatrix}\boldsymbol{E}_{6\times 6p} \\ \boldsymbol{Q}\end{bmatrix}\mathcal{F}_O \\
&= \begin{bmatrix}
\boldsymbol{E}_6 & \boldsymbol{E}_6 & \boldsymbol{E}_6 & \boldsymbol{E}_6 & \boldsymbol{E}_6 & \boldsymbol{E}_6 & \boldsymbol{E}_6 & \boldsymbol{E}_6 \\
-\frac{1}{2}\boldsymbol{E}_6 & -\frac{1}{2}\boldsymbol{E}_6 & -\frac{1}{2}\boldsymbol{E}_6 & -\frac{1}{2}\boldsymbol{E}_6 & \frac{1}{2}\boldsymbol{E}_6 & \frac{1}{2}\boldsymbol{E}_6 & \frac{1}{2}\boldsymbol{E}_6 & \frac{1}{2}\boldsymbol{E}_6 \\
-\frac{1}{2}\boldsymbol{E}_6 & -\frac{1}{2}\boldsymbol{E}_6 & \frac{1}{2}\boldsymbol{E}_6 & \frac{1}{2}\boldsymbol{E}_6 & \boldsymbol{0}_6 & \boldsymbol{0}_6 & \boldsymbol{0}_6 & \boldsymbol{0}_6 \\
\boldsymbol{0}_6 & \boldsymbol{0}_6 & \boldsymbol{0}_6 & \boldsymbol{0}_6 & -\frac{1}{2}\boldsymbol{E}_6 & -\frac{1}{2}\boldsymbol{E}_6 & \frac{1}{2}\boldsymbol{E}_6 & \frac{1}{2}\boldsymbol{E}_6 \\
-\frac{1}{2}\boldsymbol{E}_6 & \frac{1}{2}\boldsymbol{E}_6 & \boldsymbol{0}_6 & \boldsymbol{0}_6 & \boldsymbol{0}_6 & \boldsymbol{0}_6 & \boldsymbol{0}_6 & \boldsymbol{0}_6 \\
\boldsymbol{0}_6 & \boldsymbol{0}_6 & -\frac{1}{2}\boldsymbol{E}_6 & \frac{1}{2}\boldsymbol{E}_6 & \boldsymbol{0}_6 & \boldsymbol{0}_6 & \boldsymbol{0}_6 & \boldsymbol{0}_6 \\
\boldsymbol{0}_6 & \boldsymbol{0}_6 & \boldsymbol{0}_6 & \boldsymbol{0}_6 & -\frac{1}{2}\boldsymbol{E}_6 & \frac{1}{2}\boldsymbol{E}_6 & \boldsymbol{0}_6 & \boldsymbol{0}_6 \\
\boldsymbol{0}_6 & \boldsymbol{0}_6 & \boldsymbol{0}_6 & \boldsymbol{0}_6 & \boldsymbol{0}_6 & \boldsymbol{0}_6 & -\frac{1}{2}\boldsymbol{E}_6 & \frac{1}{2}\boldsymbol{E}_6
\end{bmatrix}
\begin{bmatrix}\mathcal{F}_{O_1} \\ \mathcal{F}_{O_2} \\ \mathcal{F}_{O_3} \\ \mathcal{F}_{O_4} \\ \mathcal{F}_{O_5} \\ \mathcal{F}_{O_6} \\ \mathcal{F}_{O_7} \\ \mathcal{F}_{O_8}\end{bmatrix}
\end{aligned} \tag{6.79}
$$

给定所需施加的力旋量$(\mathcal{F}_O^A)^{\mathrm{des}}$和所需内力 $\mathcal{F}_O^{I,\mathrm{des}}$，由手臂 j 在 O_O 点施加的所需力旋量计算为

$$
\begin{bmatrix}\mathcal{F}_{O_1} \\ \mathcal{F}_{O_2} \\ \mathcal{F}_{O_3} \\ \mathcal{F}_{O_4} \\ \mathcal{F}_{O_5} \\ \mathcal{F}_{O_6} \\ \mathcal{F}_{O_7} \\ \mathcal{F}_{O_8}\end{bmatrix} =
\begin{bmatrix}
\frac{1}{8}\boldsymbol{E}_6 & -\frac{1}{4}\boldsymbol{E}_6 & -\frac{1}{2}\boldsymbol{E}_6 & \boldsymbol{0}_6 & -\boldsymbol{E}_6 & \boldsymbol{0}_6 & \boldsymbol{0}_6 & \boldsymbol{0}_6 \\
\frac{1}{8}\boldsymbol{E}_6 & -\frac{1}{4}\boldsymbol{E}_6 & -\frac{1}{2}\boldsymbol{E}_6 & \boldsymbol{0}_6 & \boldsymbol{E}_6 & \boldsymbol{0}_6 & \boldsymbol{0}_6 & \boldsymbol{0}_6 \\
\frac{1}{8}\boldsymbol{E}_6 & -\frac{1}{4}\boldsymbol{E}_6 & \frac{1}{2}\boldsymbol{E}_6 & \boldsymbol{0}_6 & \boldsymbol{0}_6 & -\boldsymbol{E}_6 & \boldsymbol{0}_6 & \boldsymbol{0}_6 \\
\frac{1}{8}\boldsymbol{E}_6 & -\frac{1}{4}\boldsymbol{E}_6 & \frac{1}{2}\boldsymbol{E}_6 & \boldsymbol{0}_6 & \boldsymbol{0}_6 & \boldsymbol{E}_6 & \boldsymbol{0}_6 & \boldsymbol{0}_6 \\
\frac{1}{8}\boldsymbol{E}_6 & \frac{1}{4}\boldsymbol{E}_6 & \boldsymbol{0}_6 & -\frac{1}{2}\boldsymbol{E}_6 & \boldsymbol{0}_6 & \boldsymbol{0}_6 & -\boldsymbol{E}_6 & \boldsymbol{0}_6 \\
\frac{1}{8}\boldsymbol{E}_6 & \frac{1}{4}\boldsymbol{E}_6 & \boldsymbol{0}_6 & -\frac{1}{2}\boldsymbol{E}_6 & \boldsymbol{0}_6 & \boldsymbol{0}_6 & \boldsymbol{E}_6 & \boldsymbol{0}_6 \\
\frac{1}{8}\boldsymbol{E}_6 & \frac{1}{4}\boldsymbol{E}_6 & \boldsymbol{0}_6 & \frac{1}{2}\boldsymbol{E}_6 & \boldsymbol{0}_6 & \boldsymbol{0}_6 & \boldsymbol{0}_6 & -\boldsymbol{E}_6 \\
\frac{1}{8}\boldsymbol{E}_6 & \frac{1}{4}\boldsymbol{E}_6 & \boldsymbol{0}_6 & \frac{1}{2}\boldsymbol{E}_6 & \boldsymbol{0}_6 & \boldsymbol{0}_6 & \boldsymbol{0}_6 & \boldsymbol{E}_6
\end{bmatrix}
\begin{bmatrix}\mathcal{F}_O^A \\ \mathcal{F}_{O_{(AB)(CD)}}^I \\ \mathcal{F}_{O_{AB}}^I \\ \mathcal{F}_{O_{CD}}^I \\ \mathcal{F}_{O_{12}}^I \\ \mathcal{F}_{O_{34}}^I \\ \mathcal{F}_{O_{56}}^I \\ \mathcal{F}_{O_{78}}^I\end{bmatrix} \tag{6.80}
$$

上述力旋量只是欠定力旋量分布问题的特定解。也可以通过选择适当的内力总和来考虑其他解。

6.3.6 混合位置/力控制

在 6.3.5 节中讨论了基于力控制的多个机器人手臂之间的协作。本节我们将讨论多机器人协作情况下的位置/力混合控制方法。在此不考虑物体的变形以及物体与手之间可能的滑动。如 6.3.2 节所讨论，位置 $\boldsymbol{r}_{O_j}$ 和方向 $\boldsymbol{R}_{O_j}$（见图 6.7）通常对应于对象在 O_O 处的位置和方向，即 $\boldsymbol{r}_O$ 和 $\boldsymbol{R}_O$。

假设 p 个机械臂抓住一个物体，并施加净力旋量 $\mathcal{F}_O$。从公式(6.42)计算 $\mathcal{F}_O$ 和所产生的力旋量之间的关系，即外部力旋量 $\mathcal{F}_O^A$ 和内部力旋量 $\mathcal{F}_O^I$ 之间的关系。利用虚功原理，可以得到以下等式：

$$\begin{bmatrix}(\mathcal{F}_O^A)^{\mathrm{T}} & (\mathcal{F}_O^I)^{\mathrm{T}}\end{bmatrix}\begin{bmatrix}\delta\mathcal{X}_O^A \\ \delta\mathcal{X}_O^I\end{bmatrix} = \mathcal{F}_O^T\delta\mathcal{X}_O$$

$$\delta\mathcal{X}_O^I \equiv \begin{bmatrix}\delta\mathcal{X}_{O_1}^I \\ \vdots \\ \delta\mathcal{X}_{O_{(p-1)}}^I\end{bmatrix} \in \Re^{6(p-1)}, \delta\mathcal{X}_O \equiv \begin{bmatrix}\delta\mathcal{X}_{O_1} \\ \vdots \\ \delta\mathcal{X}_{O_p}\end{bmatrix} \in \Re^{6p} \tag{6.81}$$

此处 $\delta\mathcal{X}_O^A$ 是物体的小位移，$\delta\mathcal{X}_O^I$ 是由内力 $\mathcal{F}_O^I$ 引起的叠加的相对位移，$\delta\mathcal{X}_O$ 是在公式(6.37)中定义的叠加的位移矢量 $\delta\mathcal{X}_{O_j}$。

从公式(6.42)和公式(6.81)可知，由外部力旋量 $\mathcal{F}_O^A$ 和内部力旋量 $\mathcal{F}_O^I$ 引起的小 6D 位移为

$$\begin{aligned}\delta\mathcal{X}_O^{AI} &= \boldsymbol{U}^{\mathrm{T}}\delta\mathcal{X}_O \\ \delta\mathcal{X}_O^{AI} &\equiv \begin{bmatrix}\delta\mathcal{X}_O^A \\ \delta\mathcal{X}_O^I\end{bmatrix}\end{aligned} \tag{6.82}$$

矩阵 $\boldsymbol{U}$ 在公式(6.66)中定义。

位置控制器

给定目标的所需位置 $\boldsymbol{r}_O^{\mathrm{des}}$ 和方向 $\boldsymbol{R}_O^{\mathrm{des}}$，根据

$$(\delta\mathcal{X}_O^A)_{\mathcal{X}} = \begin{bmatrix}\boldsymbol{r}_O^{\mathrm{des}} - \boldsymbol{r}_O \\ (\ln \boldsymbol{R}_O^{\mathrm{T}}\boldsymbol{R}_O^{\mathrm{des}})^{\vee}\end{bmatrix} \tag{6.83}$$

计算位置误差。通过确定机器人手臂之间适当的预期相对位置也可以控制内部力旋量。如果给出了沿第 l 个内部力旋量的预期相对位置 $\mathcal{F}_{O_l}^I$（$1 \leqslant l \leqslant p-1$），则相对位置的误差计算如下：

$$(\delta\mathcal{X}_{O_l}^I)_{\mathcal{X}} = \begin{bmatrix}\boldsymbol{r}_{O_l}^{\mathrm{des}} - \boldsymbol{r}_{O_l} \\ (\ln \boldsymbol{R}_{O_l}^{\mathrm{T}}\boldsymbol{R}_{O_l}^{\mathrm{des}})^{\vee}\end{bmatrix} \tag{6.84}$$

上标 des 表示预期状态。

给定 $(\delta\mathcal{X}_{O_l}^I)_{\mathcal{X}} = \boldsymbol{0}_6$，控制相应的机械臂以保持运动学约束。因此，$\mathcal{F}_{O_l}^I$ 被控制为零。

基于位置的力控制器

力控制的参考位置由

$$(\delta\mathcal{X}_O^{AI})_{\mathcal{F}} = \boldsymbol{K}_{\mathcal{F}}^{AI}\{(\mathcal{F}_O^{AI})^{\text{des}} - (\mathcal{F}_O^{AI})\} \tag{6.85}$$

给出，其中 $\boldsymbol{K}_F^{AI}$ 是对角增益矩阵，而 $\mathcal{F}_O^{AI}$ 是通过公式(6.65)从 $\mathcal{F}_O$ 变换而来的。

混合位置/力控制器

在多机器人协作的大多数情况下，希望控制对象的位置以及分布在机器人之间的内部力旋量。在这种情况下，可以使用以下位置/力混合力控制器：

$$(\delta\mathcal{X}_O^{AI})_{\text{hybrid}} = (\boldsymbol{E}_{6n} - \boldsymbol{S})(\delta\mathcal{X}_O^{AI})_{\mathcal{X}} + \boldsymbol{S}(\delta\mathcal{X}_O^{AI})_{\mathcal{F}} \tag{6.86}$$

其中 $\boldsymbol{S}$ 是选择矩阵。从上述控制器获得的参考位置可用于确定虚拟杆的参考尖端位置，即

$$\begin{bmatrix} \delta\mathcal{X}_{O_1}^{\text{ref}} \\ \vdots \\ \delta\mathcal{X}_{O_p}^{\text{ref}} \end{bmatrix} = (\boldsymbol{U}^T)^{-1}(\delta\mathcal{X}_O^{AI})_{\text{hybrid}} \tag{6.87}$$

然后，通过如下瞬时运动关系(参见(6.37))可以获得第 j 个机械臂的期望关节角度：

$$\boldsymbol{q}_j^{\text{des}} = \boldsymbol{J}_{O_j}^{+}\delta\mathcal{X}_{O_j}^{\text{ref}} + \boldsymbol{q}_j \tag{6.88}$$

位置/力控制器的框图如图 6.16 所示。

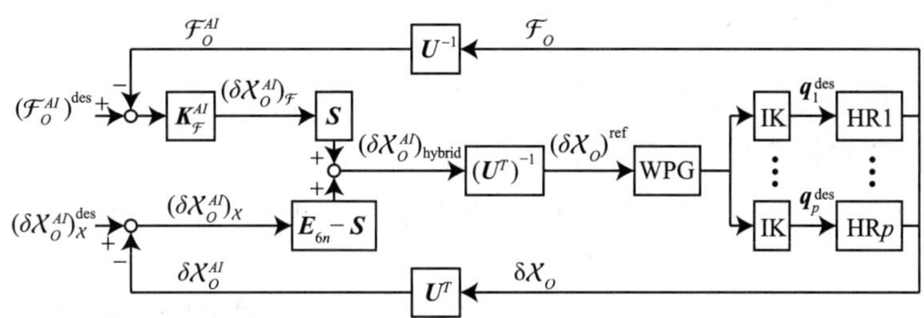

图 6.16　用于多机器人协作的位置/力混合控制器。WPG，IK 和 HR_j 分别表示行走模式生成器、逆运动学和第 j 个仿人机器人

6.4　多个仿人机器人之间的协作

6.4.1　在线足迹规划

本节介绍文献[30]中提出的用于协作物体操作的足迹规划方法。这个理念如图 6.17 所示。足迹的规划是分别为每个机器人完成的。抓住物体后，每个机器人都会计算出手之间的中点的地面投影与脚部位置的原点之间的距离($\boldsymbol{d}_1$ 和 $\boldsymbol{d}_2$，如图 6.17 所示)。当机器人开始移动物体时，将连续计算参考脚的位置 $\boldsymbol{d}_1^{\text{des}}$ 和 $\boldsymbol{d}_2^{\text{des}}$，当参考脚和当前脚位置之间的误差超过指定阈值时，机器人将开始行走。一旦确定了参考脚的位置，就可以通过在当前脚和参考脚之间插入离散的脚位置来获得参考零力矩点(ZMP)轨迹。参考 CoM 轨迹是使用预期控制理论计算的[9]。当脚的位置误差小于阈值时，机器人将停止行走。误差包括位置误差 e_p 和偏航方向上的姿态误差 e_A。这些误差定义为

$$e_{pk} = \|\boldsymbol{d}_k^{\text{des}} - \boldsymbol{d}_k\|$$

$$e_{Ak} = |\psi_k^{\text{des}} - \psi_k|$$

其中 $k=1$，2 表示脚的编号，$\boldsymbol{d}_k^{\text{des}}$ 和 ψ_k^{des} 分别是所需的位置和偏航角，在每个步骤之后都要检查 e_{pk} 和 e_{Ak}，以决定是否初始化另一个步骤或终止该步骤。

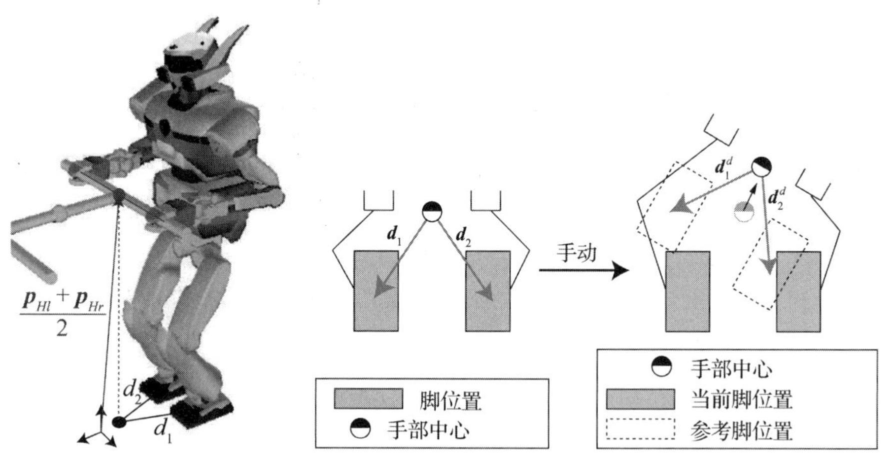

图 6.17 线上足迹规划的理念

机器人之间的相对位置误差可以成功补偿，因为系统的内力是通过伸展或收缩手臂来控制的，并且机器人的脚部期望位置是根据手之间的中点计算出来的。

6.4.2 手脚协同运动

假设参考位置$(\delta\mathcal{X}_O^{AI})_{\text{hybrid}}^{\text{ref}}$由混合控制器(6.86)给出。从公式(6.87)计算出仿人机器人的两只手的虚拟杆的相应 6D 位置 $\delta\mathcal{X}_{O_j}^{\text{ref}}$ 和 $\delta\mathcal{X}_{O_{j+1}}^{\text{ref}}$。

如图 6.18 所示，仿人机器人沿其 CoM 摇摆行走。但是，必须独立于摇摆运动来控制手的位置。

${}^{F_{st}}\delta\mathcal{X}_{Hl}^{\text{ref}}$和${}^{F_{st}}\delta\mathcal{X}_{Hr}^{\text{ref}}$的位置定义为关于姿势脚的坐标系$\{F_{st}\}$。这些位置是根据虚拟杆 $\delta\mathcal{X}_{O_j}^{\text{ref}}$ 和 $\delta\mathcal{X}_{O_{j+1}}^{\text{ref}}$ 的位置算出的。

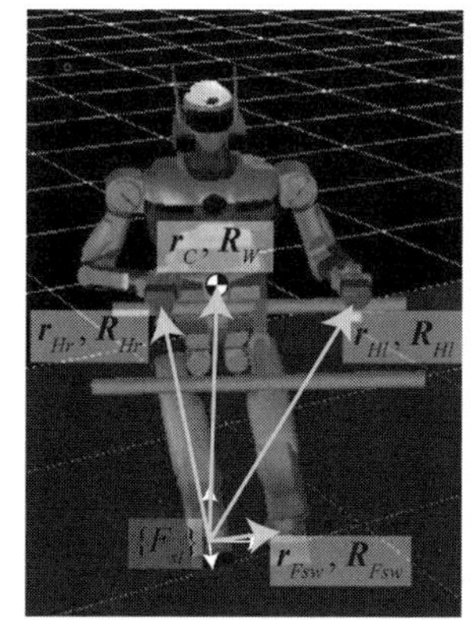

图 6.18 手、摆动脚及 CoM 的位置控制

然后，使用${}^{F_{st}}\delta\mathcal{X}_{Hl}^{\text{ref}}$和${}^{F_{st}}\delta\mathcal{X}_{Hr}^{\text{ref}}$计算 $\boldsymbol{d}_1$ 和 $\boldsymbol{d}_2$，如 6.4.1 节所述。在 e_{pk} 或 e_{Ak} 超过先前指定的阈值的情况下，在线行走模式生成器将定义所需的 CoM 和摆动脚的轨迹。因此，约束条件可以概括为：(1)双手的位置；(2)CoM；(3)摆动脚的位置。

于是，使用迭代的雅可比矩阵和迭代的误差矢量，可将瞬时运动学方程(6.88)重写为：

$$\boldsymbol{q}_j^{\text{des}}={}^{F_{st}}\underline{\boldsymbol{J}}_j^{+}\,{}^{F_{st}}\underline{\delta\mathcal{X}_j^{\text{ref}}}+\boldsymbol{q}_j \tag{6.89}$$

其中

$${}^{F_{st}}\underline{\boldsymbol{J}}_j=\begin{bmatrix}{}^{F_{st}}\boldsymbol{J}_C\\{}^{F_{st}}\boldsymbol{J}_{F_{sw}}\\{}^{F_{st}}\boldsymbol{J}_{H_l}\\{}^{F_{st}}\boldsymbol{J}_{H_r}\end{bmatrix}$$

$$
{}^{F_{st}}\delta\underline{\mathcal{X}}_j^{\text{ref}}=\begin{bmatrix} {}^{F_{st}}\delta\mathcal{X}_C^{\text{ref}} \\ {}^{F_{st}}\delta\mathcal{X}_{F_{sw}}^{\text{ref}} \\ {}^{F_{st}}\delta\mathcal{X}_{H_l}^{\text{ref}} \\ {}^{F_{st}}\delta\mathcal{X}_{H_r}^{\text{ref}} \end{bmatrix}
$$

$$
{}^{F_{st}}\delta\mathcal{X}_C^{\text{ref}}=\begin{bmatrix} {}^{F_{st}}\boldsymbol{r}_C^{\text{des}}-{}^{F_{st}}\boldsymbol{r}_C \\ (\ln{}^{F_{st}}\boldsymbol{R}_C^{\mathrm{T}}\,{}^{F_{st}}\boldsymbol{R}_C^{\text{des}})^{\vee} \end{bmatrix}
$$

$$
{}^{F_{st}}\delta\mathcal{X}_{F_{sw}}^{\text{ref}}=\begin{bmatrix} {}^{F_{st}}\boldsymbol{r}_{F_{sw}}^{\text{des}}-{}^{F_{st}}\boldsymbol{r}_{F_{sw}} \\ (\ln{}^{F_{st}}\boldsymbol{R}_{F_{sw}}^{\mathrm{T}}\,{}^{F_{st}}\boldsymbol{R}_{F_{sw}}^{\text{des}})^{\vee} \end{bmatrix}
$$

$$
{}^{F_{st}}\delta\mathcal{X}_{H_e}^{\text{ref}}=\begin{bmatrix} {}^{F_{st}}\boldsymbol{r}_{H_e}^{\text{des}}-{}^{F_{st}}\boldsymbol{r}_{H_e} \\ (\ln{}^{F_{st}}\boldsymbol{R}_{H_e}^{\mathrm{T}}\,{}^{F_{st}}\boldsymbol{R}_{H_e}^{\text{des}})^{\vee} \end{bmatrix},(e=l\text{ 或 }r)
$$

下面列出控制变量。

- $\boldsymbol{r}_C$：CoM 的位置矢量
- $\boldsymbol{R}_C$：CoM(事实上是腰部)的位置矩阵
- $\boldsymbol{r}_{F_{sw}}$：摆动脚的位置矢量
- $\boldsymbol{R}_{F_{sw}}$：摆动脚的位置矩阵
- $\boldsymbol{r}_{F_{H_e}}$：手部的位置矢量($e=l$ 或 r)
- $\boldsymbol{R}_{F_{H_e}}$：手部的位置矩阵($e=l$ 或 r)
- $\boldsymbol{q}_j$：全身的关节角速度
- $\boldsymbol{J}_C$：使 $\delta\boldsymbol{q}$ 与 $\delta\mathcal{X}_C$ 联系的分析雅可比矩阵
- $\boldsymbol{J}_{F_{sw}}$：使 $\delta\boldsymbol{q}$ 与 $\delta\mathcal{X}_{F_{sw}}$ 联系的分析雅可比矩阵
- $\boldsymbol{J}_{H_e}$：使 $\delta\boldsymbol{q}$ 与 $\delta\mathcal{X}_{F_{H_e}}$ 联系的分析雅可比矩阵($e=l$ 或 r)

上标 des 表示期望状态。上标 ref 表示期望状态和当前状态之间的差异。

上标 F_{st}($st=l$ 或 r)的含义定义为与姿势脚坐标系$\{F_{st}\}$($st=l$ 或 r)相关的矢量或矩阵。由于左脚和右脚交替扮演支撑脚的角色，因此必须交替使用两组不同的雅可比矩阵和参考矢量，即$({}^{F_l}\underline{\boldsymbol{J}}_j, {}^{F_l}\underline{\delta\mathcal{X}_j})$和$({}^{F_r}\underline{\boldsymbol{J}}_j, {}^{F_r}\underline{\delta\mathcal{X}_j})$。当机器人处于双支撑阶段时，通过使${}^{F_{st}}\delta\mathcal{X}_{F_{sw}}^{\text{ref}}=\boldsymbol{0}_6$来解决逆运动学问题。

6.4.3 主从式协作和对称式协作

6.3 节中讨论的多臂物体操作控制方法可以应用于仿人机器人协作的问题。多机器人协作分为主从式协作和对称类型协作。这两种协作的概念如图 6.19 所示。

在主从式协作中，其中一个机器人充当主控者，而其余的机器人充当从属者。主动机器人控制被抓物体的位置和方向，而从动机器人则控制内部力旋量。通常，仅将被抓握物体的重力分配给所有机器人。物体沿其他五个轴的运动由主控机器人控制。

另一方面，在对称式协作中，所有机器人均等地控制所抓取物体的运动和内力。

以下各节介绍了主从式协作和对称式协作的实现。

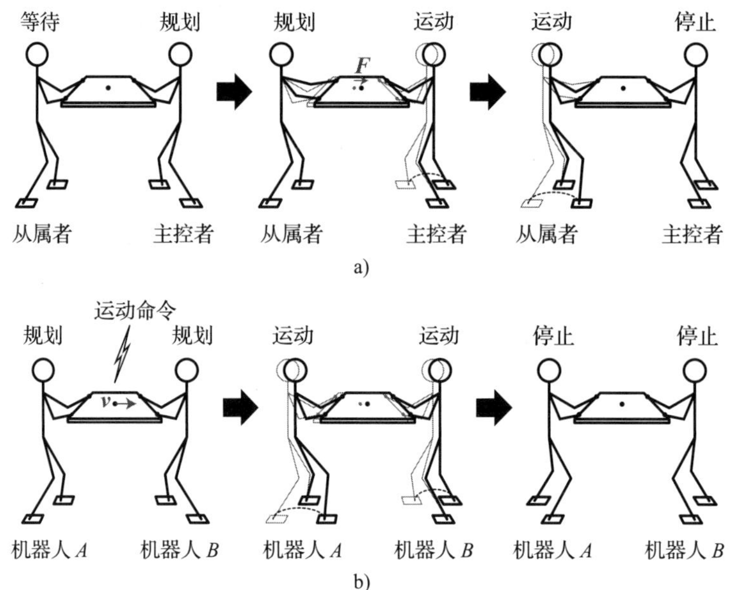

图 6.19　两种多机器人协作：a)主从式协作的理念；b)对称式协作的理念

6.4.4　主从式协作物体操作

本节介绍了主从式协作对象操作的方法，如文献[30]中所提出的。该方法适用于仿人机器人，该仿人机器人包括具有高减速比的齿轮驱动器和硬件关节位置伺服器。大多数实际的仿人机器人都属于这一类。它们接受根据关节位置指定的控制命令。

主从式协作物体操作的理念

通常，主动机器人控制被搬运物体的位置(或运动)，而从动机器人控制内力。图 6.20 说明了文献[30]中提出的主从式协作的理念。引导机器人沿命令的方向行走，以搬运物体。其手臂的运动由阻抗控制律确定。另一方面，从动机器人的手臂的运动由阻尼控制律确定。机器人的行走步态是在线生成的，假设物体和机器人之间存在虚拟弹簧和减震器，如图 6.20 所示。由此，通过所产生的步行步态来控制所抓握的物体与从动机器人之间的距离。

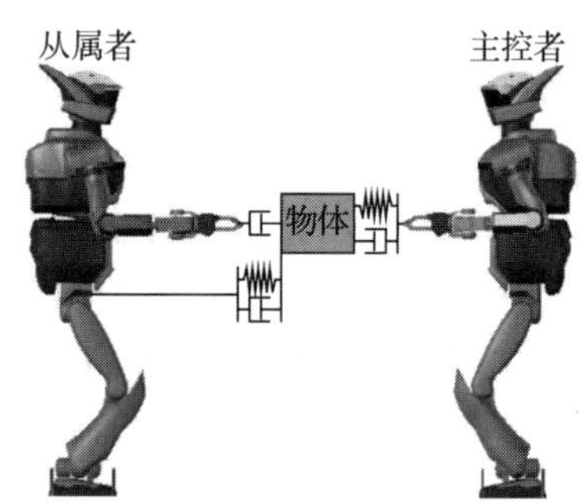

图 6.20　主从式协作的理念

当主动机器人移动所抓取的物体时，从动机器人的手臂在阻尼控制下伸展。如图 6.21 所示，将 $\mathcal{X}^{\text{neutral}}$ 和 $\mathcal{X}^{\text{move}}$ 分别设为从动机器人的中性手位置和主动机器人移动后的手臂位置。$\mathcal{X}^{\text{neutral}}$ 和 $\mathcal{X}^{\text{move}}$ 之差由 $\Delta\mathcal{X}=\mathcal{X}^{\text{move}}-\mathcal{X}^{\text{neutral}}$ 定义。设计一个 PD 控制器，该控制器能够将 $\Delta\mathcal{X}$ 控制为零，如下所示：

$$\mathcal{X}^{\text{step}} = \boldsymbol{K}_{P\text{step}}\Delta\mathcal{X}+\boldsymbol{K}_{D\text{step}}\Delta\dot{\mathcal{X}} \tag{6.90}$$

这里的 $\mathcal{X}^{\text{step}}$ 是相对于当前直立脚的下一个期望足迹；$K_{P\text{step}}$ 和 $K_{D\text{step}}$ 分别充当虚拟弹簧和阻尼器，如图 6.20 所示。参考 ZMP 是根据步行命令来计算的。然后借助预览控制方法来计算 CoM 轨迹[9]。

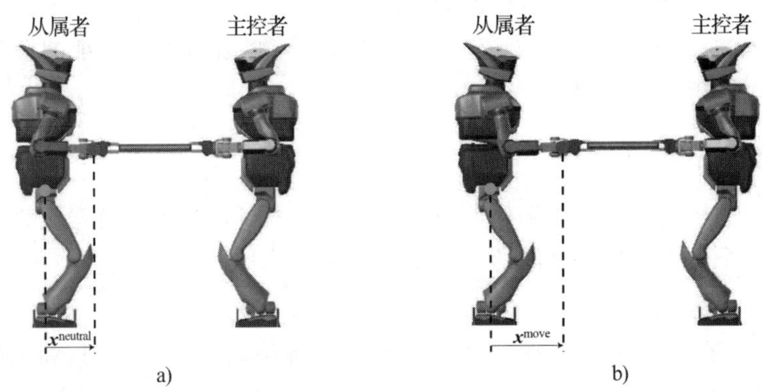

图 6.21　主动机器人与从动机器人的运动时间差。a)从动机器人的中性手位置。b)主动机器人移动后，从动机器人手的位置

物体运输实验

本节介绍了文献[30]中报告的主从式协作物体操作实验的结果。目的是沿 x 轴方向搬运对象(坐标系见图 6.22a)。命令对象在 y 轴和 z 轴的位置是恒定的。

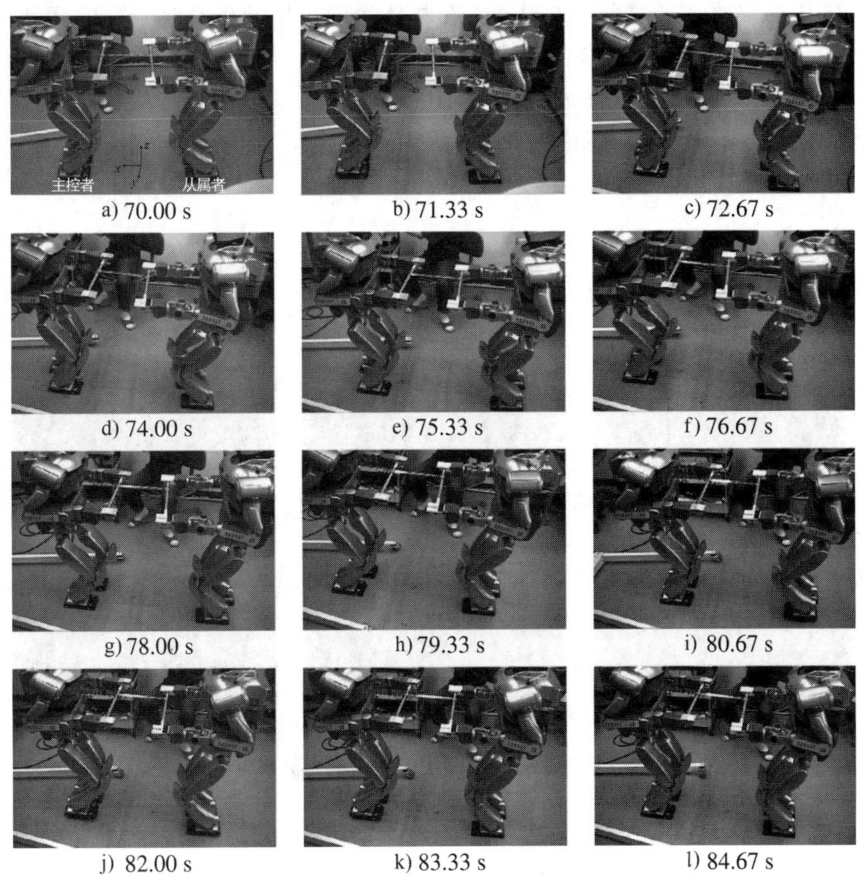

图 6.22　两个仿人机器人之间的协作物体运输

在实验中，主动机器人首先向后走，因此被抓取的物体向其方向移动。然后，改变运动方向，并且主动机器人在向前行走的同时，将物体朝从动机器人的方向移动。主动机器人和从动机器人的动作快照如图 6.22 所示。文献[30]中给出了更详细的数据，例如手的位置和在实验过程中产生的力。

6.4.5 对称式协作物体操作

将 6.3 节中介绍的多臂物体操作控制方法应用于控制多个仿人机器人之间的协作。接下来，将讨论两个仿人机器人之间的协作物体操纵。

对称式协作的仿真

图 6.14 显示了两个仿人机器人之间的对称式协作示例。给定所需的施加的力旋量 $\mathcal{F}^{A,\mathrm{des}}$ 和所需的内部力旋量 $\mathcal{F}^{I}_{O_{12'}}$，$\mathcal{F}^{I}_{O_{34'}}$ 和 $\mathcal{F}^{I}_{O_{AB'}}$，可以从公式(6.74)计算所需的手部力旋量 $\mathcal{F}^{\mathrm{des}}_{O_j}$。

在对称式协作的仿真实验中，使用了两个仿人机器人 HRP-2 模型[11]。OpenHRP-3[10]用于动态仿真。

Video 6.4-1[12]展示了四个仿人机器人协作运动的仿真结果。

仿真结果

图 6.23 中的快照来自两个仿人机器人在物体运输协作的仿真过程中的运动。图 6.24 显示了参考零力矩点(rZMP)、零力矩点(ZMP)、质心(CoM)和物体的轨迹。图 6.25 显示了在仿真过程中生成的内部力旋量 $\mathcal{F}^{I}_{O_{AB}}$，该力旋量在公式(6.71)中定义。当不控制内部力旋量时，在 x 方向上会明显观察到内部力旋量的尖峰，如图 6.25 所示。通过施加力控制可以很好地减少内部力旋量的尖峰。

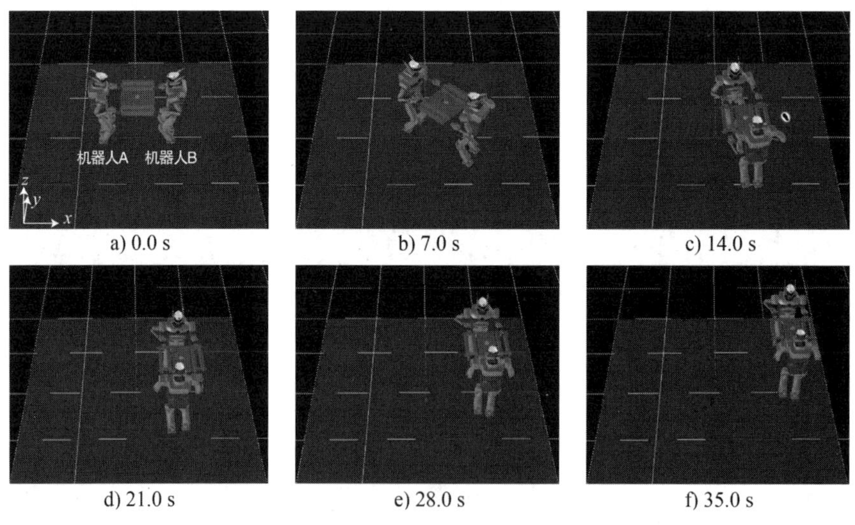

图 6.23　在线协作[29]的快照

6.4.6 主从式协作与对称式协作的比较

本节讨论了基于动态仿真的对称式协作与主从式协作之间的比较。在仿真中，物体沿

x 轴的参考速度为 0.1 m/s 恒定不变。图 6.26 和图 6.27 分别显示了主从式协作和对称式协作的动态仿真快照。仿真过程中的零力矩点(ZMP)轨迹如图 6.28 所示。

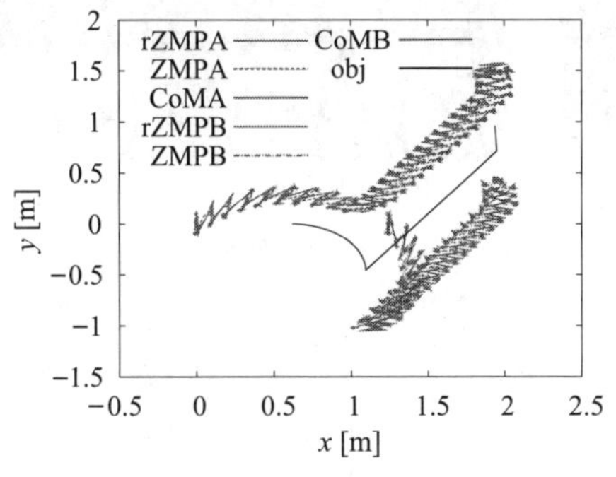

图 6.24　在线协作[29]的结果

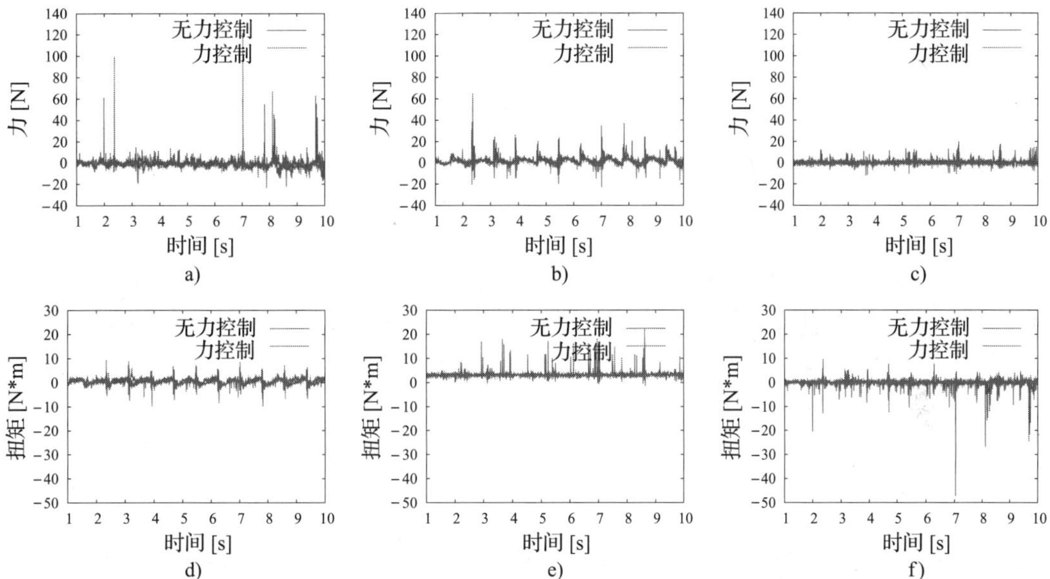

图 6.25　在被抓握物体[29]处产生的内部力旋量。a)沿 x 轴的内力。b)沿 y 轴的内力。c)沿 z 轴的内力。d)绕 x 轴的内部力矩。e)绕 y 轴的内部力矩。f)绕 z 轴的内部力矩(见彩插)

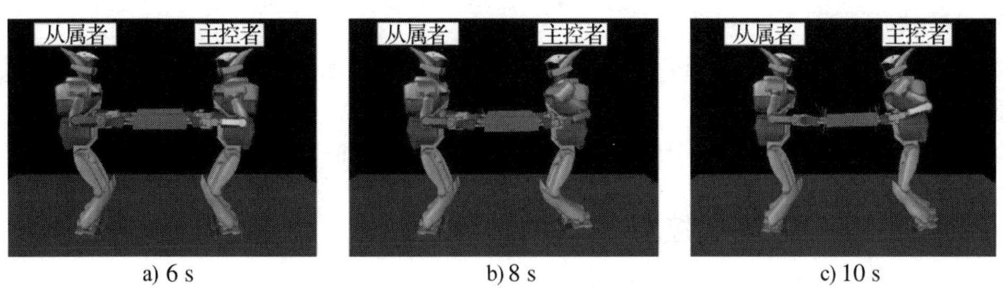

图 6.26　主从式协作的仿真

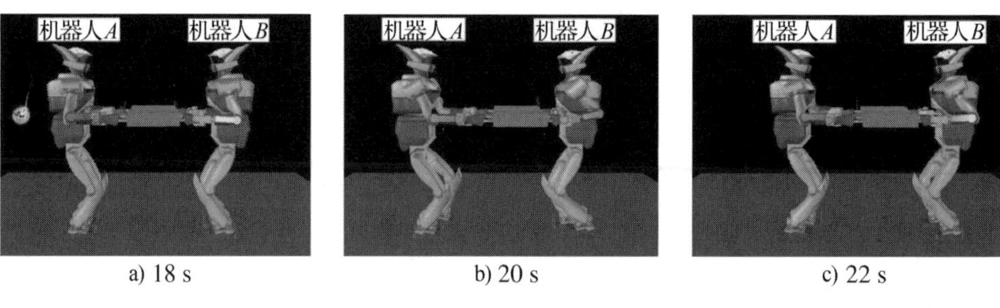

图 6.27 对称式协作的仿真

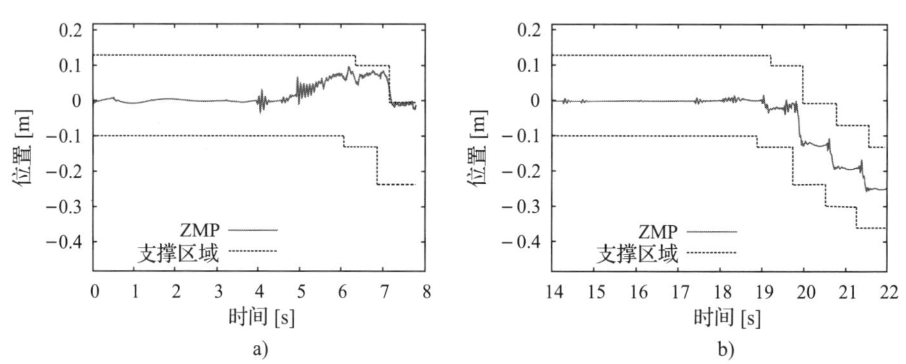

图 6.28 沿 x 轴方向零力矩点的轨迹：a)主动机器人在主从式协作中的零力矩点轨迹；b)对称式协作中机器人 B 的零力矩点轨迹

在主从式协作的仿真中，主动机器人由于自身和从动机器人之间的时间差而失去了平衡，如图 6.26c 所示。主动机器人首先移动，然后从动机器人移动，但从动机器人无法足够迅速地做出响应。x 轴上的零力矩点在 $t=7.2$ s 时到达支撑多边形的前边缘，如图 6.28a 所示。

在对称式协作中，双足机器人稳定地运输物体，如图 6.27 所示。零力矩点总是保持在支撑多边形中心的附近，如图 6.28b 所示。

结果表明，双足机器人的对称式协作比主从式协作更稳定。每种类型的协作的优缺点总结如下。

主从式协作

优点：机器人的控制是分散的。因此，不需要在机器人之间进行同步。

缺点：从动机器人会根据被操作物体产生的内力进行移动。因此，主动机器人的运动与从动机器人的运动之间存在时间差。时间差可能导致一个或多个机器人跌倒。

对称式协作

优点：所有机器人均同步运动。理想情况下，机器人之间没有时间差。因此，机器人跌倒的风险低于主从式协作。

缺点：机器人的控制是集中的。因此，需要机器人之间的同步。

6.5 双臂动态物体操作控制

在多指手、双臂和多机器人协作物体操作领域中的大多数任务不是严格要求时序的。使用基于本章前面各节介绍的运动学和运动静力学的控制方法来处理此类任务。但是，在一些时序要求严格的任务中，操作的速度至关重要。此类任务需要基于动力学的物体操作控制方法。本节其余部分将介绍的控制方法基于本书前几章中开发的运动学、运动静力学和动态模型。该方法具有通用性，除了可以处理手部接触关节的单边约束外，还可以处理前面几节中使用的双边约束。

6.5.1　物体的运动方程

假设有仿人机器人用手抓住刚体，建立了单边平面接触，如图 6.29 所示。图中还分别显示了物体和手接触的坐标系$\{O\}$和$\{H_j\}$。物体的运动方程以简化形式写为

$$\mathbb{M}_O \dot{\mathcal{V}}_O + \mathcal{C}_O + \mathcal{G}_O = \mathcal{F}_O \tag{6.91}$$

运动方程的展开形式可表示为

$$\begin{bmatrix} M_O \boldsymbol{E}_3 & \boldsymbol{0} \\ \boldsymbol{0} & \boldsymbol{I}_O \end{bmatrix} \dot{\mathcal{V}}_O + \begin{bmatrix} \boldsymbol{0} \\ \boldsymbol{\omega}_O \times \boldsymbol{I}_O \boldsymbol{\omega}_O \end{bmatrix} + \begin{bmatrix} M_O \boldsymbol{a}_g \\ \boldsymbol{0} \end{bmatrix} = -\mathbb{C}_{cO}(\boldsymbol{q}_H) \begin{bmatrix} \bar{\mathcal{F}}^c_{H_r} \\ \bar{\mathcal{F}}^c_{H_l} \end{bmatrix} \tag{6.92}$$

其中 M_O，$\boldsymbol{I}_O$ 表示与对象的质心(CoM)相关的质量和惯性张量，$\boldsymbol{\omega}_O$ 是它的角速度，$\mathbb{C}_{cO}(\boldsymbol{q}_H)$ 是手部的接触映射。请注意等号右边的变量中的减号。它的出现是因为手臂的接触力旋量平衡了施加在物体上的净力旋量 $\mathcal{F}_O$。

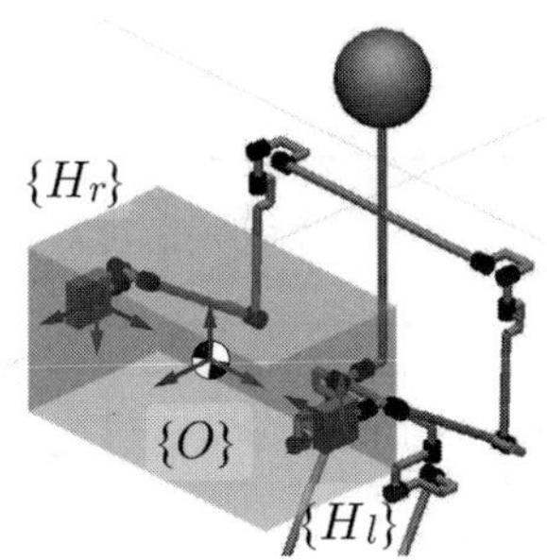

图6.29　物体和手臂坐标系。手上的接触关节施加了单方面的平面约束

6.5.2　控制器

使用 5.12.1 节介绍的动态运动/力控制器可以确保物体的动态操作功能。为此，图 5.29 中的控制器进行如下扩充(见图 6.30)。首先，将物体运动的参考空间加速度定义为

$$\dot{\mathcal{V}}_O^{\mathrm{ref}} = \begin{bmatrix} \dot{\boldsymbol{v}}_O^{\mathrm{ref}} \\ \dot{\boldsymbol{\omega}}_O^{\mathrm{ref}} \end{bmatrix} = \begin{bmatrix} \dot{\boldsymbol{v}}_O^{\mathrm{des}} + K_{v_O} \dot{\boldsymbol{e}}_{p_O} + K_{p_O} \boldsymbol{e}_{p_O} \\ \dot{\boldsymbol{\omega}}_O^{\mathrm{des}} + K_{\omega_O} \boldsymbol{e}_{\omega_O} + K_{o_O} \boldsymbol{e}_{o_O} \end{bmatrix} \tag{6.93}$$

这里 $\dot{\boldsymbol{v}}_O^{\mathrm{des}}$ 和 $\dot{\boldsymbol{\omega}}_O^{\mathrm{des}}$ 是物体的期望线性加速度和角加速度，$\boldsymbol{e}_{\omega_O} = \boldsymbol{\omega}_O^{\mathrm{des}} - \boldsymbol{\omega}_O$ 表示角速度误差，而 $\boldsymbol{e}_{p_O}$ 和 $\boldsymbol{e}_{o_O}$ 是位置和方向误差，后者由优选的参数化方法定义。$\boldsymbol{K}_{(\circ)}$ 的数目代表 PD 反馈增益。在此假设物体的当前 6D 位置和转动是已知的，也可以通过正运动学计算得出或进行测量。

其次，在运动优化分量的零空间优先排序方案中(参见图 5.30)，在层次结构中添加了一个附加水平面，可以更加直观地说明由手和物体形成的独立闭环中的运动约束以及物体的运动。如图 6.31 所示。现在总共有四个优先级较高的子任务。

优先级最高的是用于平衡控制的子任务($\ddot{\boldsymbol{q}}_1$)，优先级第二高的是用于对象运动的子任务($\ddot{\boldsymbol{q}}_2$)，优先级第三高的是用于不受约束的(移动性)方向的运动的子任务($\ddot{\boldsymbol{q}}_3$)，优先级第四高的是用于自运动的子任务($\ddot{\boldsymbol{q}}_4$)，在这种情况下采用关节空间阻尼的形式。

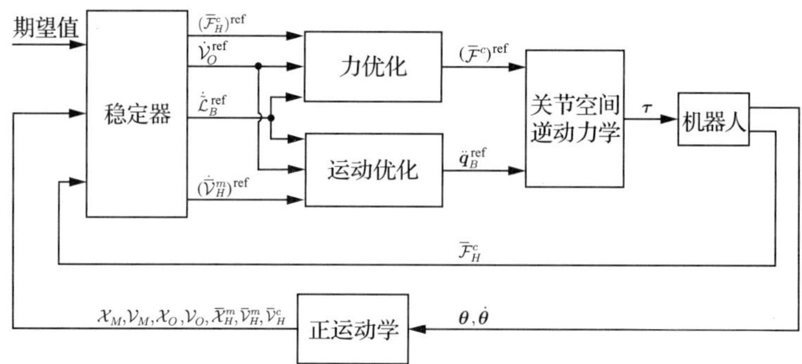

图 6.30　基于闭链公式的运动/力控制器(参见图 5.29)增加了 $\dot{\mathcal{V}}_O^{\text{ref}}$，即目标物体运动的参考空间加速度

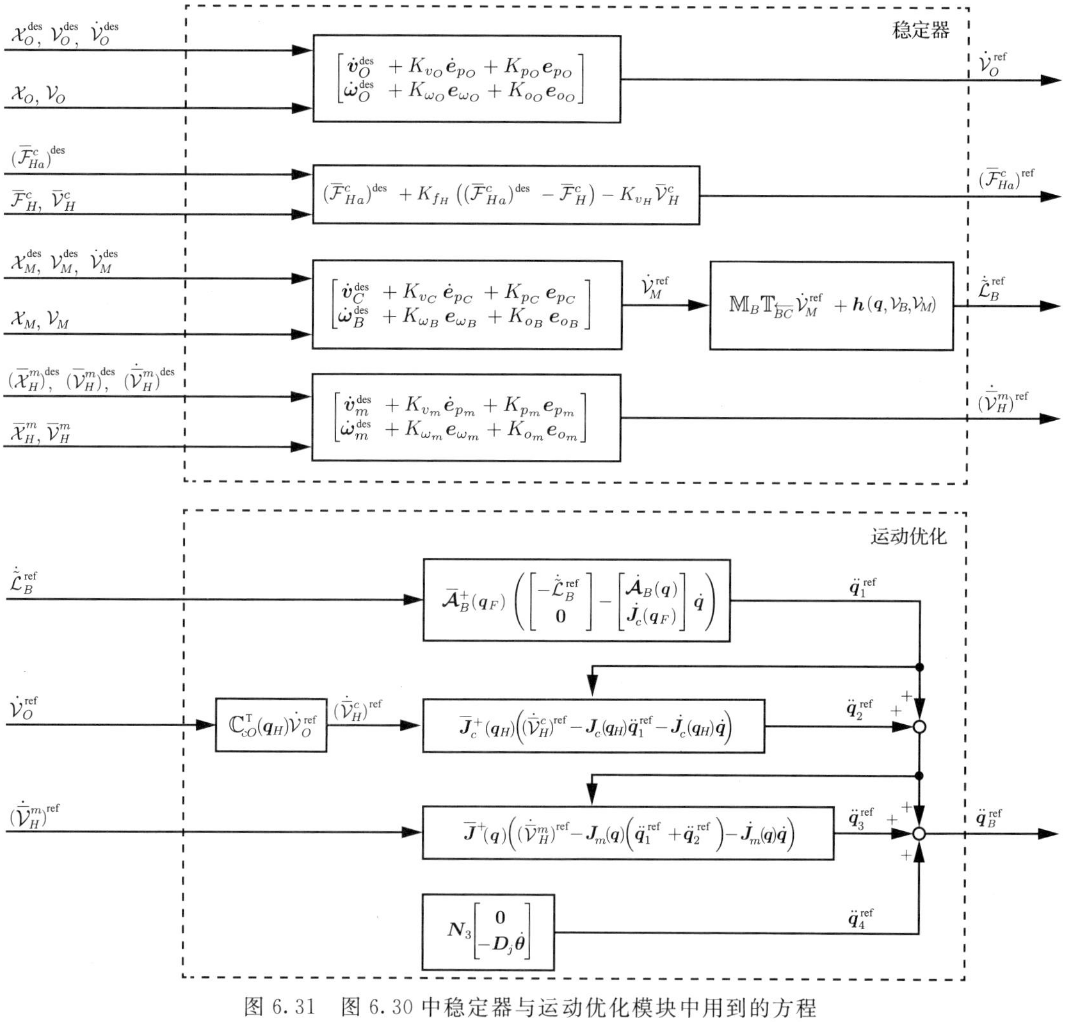

图 6.31　图 6.30 中稳定器与运动优化模块中用到的方程

第三，按照公式(3.66)解决了手臂的力旋量分配问题。图 5.29 的控制器中也出现了常规的力/力矩控制律

$$(\bar{\mathcal{F}}_{Ha}^c)^{\text{ref}} = (\bar{\mathcal{F}}_{Ha}^c)^{\text{des}} + K_{f_H}((\bar{\mathcal{F}}_{Ha}^c)^{\text{des}} - \bar{\mathcal{F}}_H^c) - K_{v_H}\bar{\mathcal{V}}_H^c \tag{6.94}$$

此处用于以$(\bar{\mathcal{F}}^{c}_{Ha})^{\mathrm{des}}$确定的所需力挤压物体，如图 6.32 所示。这是在物体接触映射$\mathcal{N}(\mathbb{C}_{cO})$的零空间内完成的。以这种方式，可以确保适当的内部力旋量控制以实施接触力旋量的锥约束。

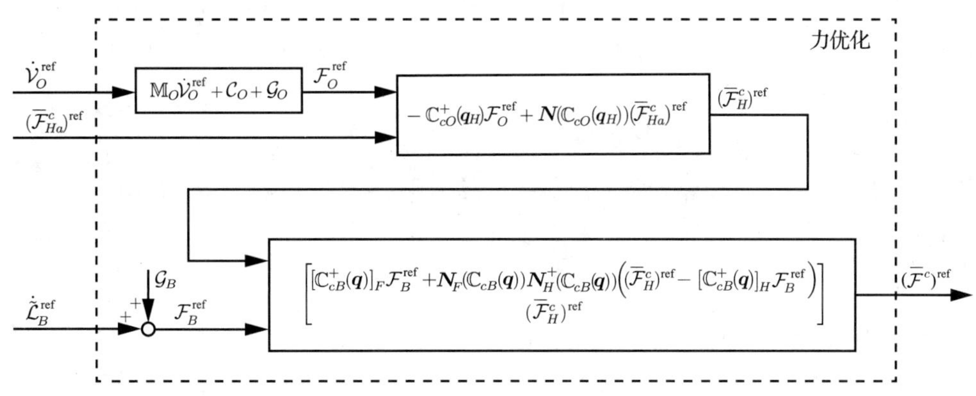

图 6.32　图 6.30 中力优化模块中用到的方程

通过小尺寸仿人机器人的动态物体运动仿真任务来检查控制器的性能㊀。被机器人抓握的物体的质量为$M_O=0.5\mathrm{kg}$且惯性张量$\boldsymbol{I}_O=\mathrm{diag}(1.92，0.833，1.92)\times10^{-3}\mathrm{kgm}^2$，抬起一点，然后强烈晃动，首先在$x$轴方向上，然后在$y$轴和$z$轴方向上，然后围绕相同的轴以相同的顺序连续旋转三次。结果分别以图像和视频的形式显示在图 6.33 和 Video 6.5-1[23]中。

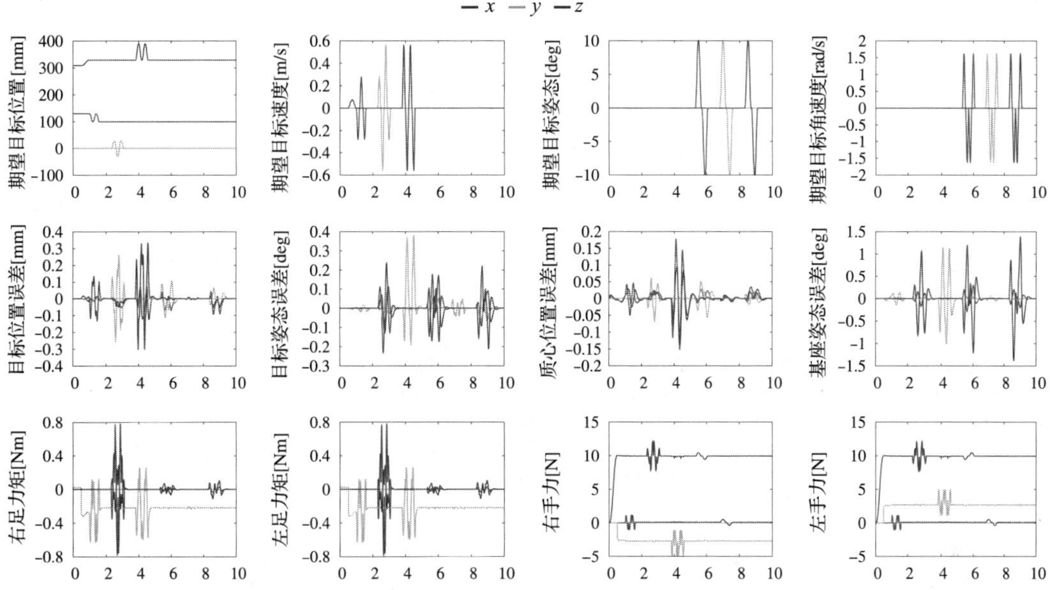

图 6.33　动态对象运动仿真任务的结果。抓住物体，将其抬起一点，然后在x，y和z方向上剧烈摇晃，最后围绕这些轴旋转。内力（挤压力）可防止物体打滑。手部受力图显示在局部（传感器）坐标系中。所有其他与工作空间相关的参数都是相对于世界坐标系显示的（见彩插）

㊀　来源于 HOAP-2 机器人模型中的参数[4]（详见 A.2 节）。

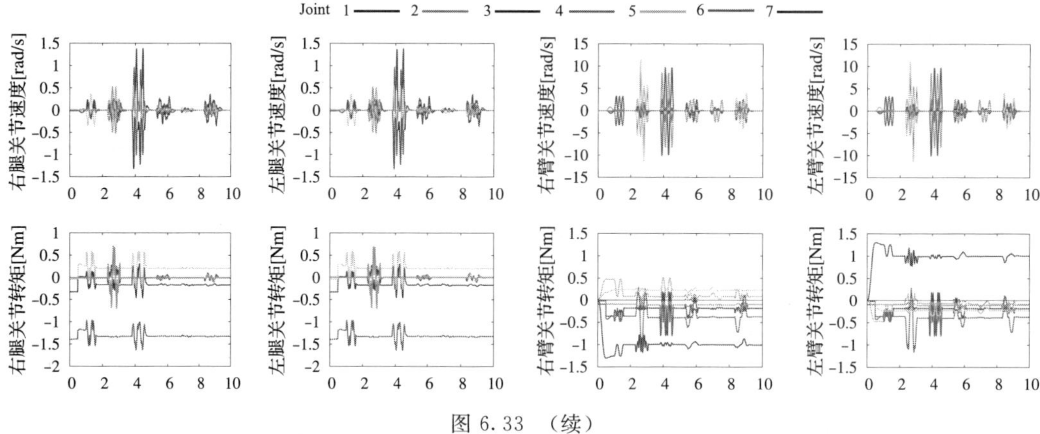

图 6.33 (续)

物体的期望位置、速度、方向和角速度显示在图 6.33 的第一行中。从手臂关节速度图像可以确认运动确实非常快，手臂受力图显示在局部坐标系中。这表明，在 z 轴方向上施加了 10 N 的内(挤压)力穿透了对象。在世界坐标系中，这是 y 轴方向。从对象位置/方向，质心和基本旋转的误差图(图 6.33 的第二行)可以明显看出，由于误差相对较小，因此性能相当令人满意。

应当注意，实际上，物体的惯性张量可能是未知的。通过手腕中的力/扭矩传感器的测量值可以估算物体的质量。然后，通过忽略惯性和非线性力旋量分量可以简化物体的动力学方程(6.91)。在这种情况下，控制器的执行十分稳定。

参考文献

[1] D.J. Agravante, A. Cherubini, A. Bussy, P. Gergondet, A. Kheddar, Collaborative human-humanoid carrying using vision and haptic sensing, in: Proceedings of IEEE International Conference on Robotics and Automation, 2014, pp. 607–612.

[2] A. Bicchi, On the closure properties of robotic grasping, The International Journal of Robotics Research 14 (1995) 319–334.

[3] F. Caccavale, P. Chiacchio, A. Marino, L. Villani, Six-dof impedance control of dual-arm cooperative manipulators, IEEE/ASME Transactions on Mechatronics 13 (2008) 576–586.

[4] Fujitsu, Miniature Humanoid Robot HOAP-2 Manual, 1st edition, Fujitsu Automation Co., Ltd, 2004 (in Japanese).

[5] S. Hayati, Hybrid position/force control of multi-arm cooperating robotics, in: Proceedings of IEEE International Conference on Robotics and Automation, 1986, pp. 82–89.

[6] D. Heck, D. Kostić, A. Denasi, H. Nijmeijer, Internal and external force-based impedance control for cooperative manipulation, in: Proceedings of European Control Conference, 2013, pp. 2299–2304.

[7] Y. Hirata, T. Sawada, Z.-D. Wang, K. Kosuge, Leader-follower type motion control algorithm of multiple mobile robots with dual manipulators for handling a single object in coordination, in: Proceedings of IEEE International Conference on Intelligent Mechatronics and Automation, 2004, pp. 362–367.

[8] S. Kajita, H. Hirukawa, K. Harada, K. Yokoi, Introduction to Humanoid Robotics, Springer Tracts in Advanced Robotics (STAR), Springer, 2014.

[9] S. Kajita, F. Kanehiro, K. Kaneko, K. Fujiwara, K. Harada, K. Yokoi, H. Hirukawa, Biped walking pattern generation by using preview control of zero-moment point, in: Proceedings of IEEE International Conference on Robotics and Automation, 2003, pp. 1620–1626.

[10] F. Kanehiro, K. Fujiwara, S. Kajita, K. Yokoi, K. Kaneko, H. Hirukawa, Y. Nakamura, K. Yamane, Open architecture humanoid robotics platform, in: 2002 IEEE International Conference on Robotics and Automation, IEEE, 2002, pp. 24–30.

[11] K. Kaneko, F. Kanehiro, S. Kajita, H. Hirukawa, T. Kawasaki, M. Hirata, K. Akachi, T. Isozumi, Humanoid robot HRP-2, in: IEEE International Conference on Robotics and Automation, Proceedings, vol. 2, ICRA '04, 2004, 2004.

[12] A. Konno, Cooperative object handling by four humanoid robots, 2016 (Video clip), https://doi.org/10.1016/B978-0-12-804560-2.00013-4.
[13] Y. Kume, Y. Hirata, Z.-D. Wang, K. Kosuge, Decentralized control of multiple mobile manipulators handling a single object in coordination, in: Proceedings of IEEE/RSJ International Conference on Intelligent Robots and Systems, 2002, pp. 2758–2763.
[14] Z. Li, S. Deng, C.Y. Su, T. Chai, C. Yang, J. Fu, Decentralized control of multiple cooperative manipulators with impedance interaction using fuzzy systems, in: Proceedings of IEEE International Conference on Information and Automation, 2014, pp. 665–670.
[15] M.T. Mason, Mechanics of Robotic Manipulation, Intelligent Robotics and Autonomous Agents Series, A Bradford Book, 2001.
[16] R.M. Murray, Z. Li, S.S. Sastry, A Mathematical Introduction to Robotic Manipulation, CRC Press, 1994.
[17] E. Nakano, S. Ozaki, T. Isida, I. Kato, Cooperational control of the anthropomorphous manipulator 'MELARM', in: Proceedings of 4th International Symposium of Industrial Robots, 1974, pp. 251–260.
[18] P. Pagilla, M. Tomizuka, Hybrid force/motion control of two arms carrying an object, in: Proceedings of American Control Conference, 1994, pp. 195–199.
[19] R. Rastegari, S.A.A. Moosavian, Multiple impedance control of cooperative manipulators using virtual object grasp, in: 2006 IEEE Conference on Computer Aided Control System Design, 2006 IEEE International Conference on Control Applications, 2006 IEEE International Symposium on Intelligent Control, IEEE, 2006, pp. 2872–2877.
[20] F. Reuleaux, The Kinematics of Machinery, Macmillan, New York, 1875. Republished by Dover, New York, 1963.
[21] J.K. Salisbury, B. Roth, Kinematic and force analysis of articulated mechanical hands, Journal of Mechanisms, Transmissions, and Automation in Design 105 (1983) 35–41.
[22] S. Schneider, R. Cannon, Object impedance control for cooperative manipulation: theory and experimental results, IEEE Transactions on Robotics and Automation 8 (1992) 383–394.
[23] T. Shibuya, S. Sakaguchi, D. Nenchev, Dynamic object shaking, Robotic Life Support Laboratory, Tokyo City University, 2018 (Video clip), https://doi.org/10.1016/B978-0-12-804560-2.00013-4.
[24] B. Siciliano, O. Khatib (Eds.), Springer Handbook of Robotics, Springer, Berlin, Germany, 2008, pp. 671–700, Chapter 28.
[25] B. Siciliano, O. Khatib (Eds.), Springer Handbook of Robotics, Springer, Berlin, Germany, 2008, pp. 701–718, Chapter 29.
[26] J. Szewczyk, F. Plumet, P. Bidaud, Planning and controlling cooperating robots through distributed impedance, Journal of Robotic Systems 19 (2002) 283–297.
[27] M. Uchiyama, P. Dauchez, Symmetric kinematic formulation and non-master/slave coordinated control of two-arm robots, Advanced Robotics 7 (1993) 361–383.
[28] D. Williams, O. Khatib, The virtual linkage: a model for internal forces in multi-grasp manipulation, in: 1993 IEEE International Conference on Robotics and Automation, 1993, pp. 1025–1030.
[29] M.-H. Wu, A. Konno, S. Ogawa, S. Komizunai, Symmetry cooperative object transportation by multiple humanoid robots, in: Proceedings of IEEE International Conference on Robotics and Automation, Hong Kong, China, 2014, pp. 3446–3451.
[30] M.-H. Wu, A. Konno, M. Uchiyama, Cooperative object transportation by multiple humanoid robots, in: Proceedings of IEEE/SICE International Symposium on System Integration, Kyoto, Japan, 2011, pp. 779–784.
[31] M.-H. Wu, S. Ogawa, A. Konno, Symmetry position/force hybrid control for cooperative object transportation using multiple humanoid robots, Advanced Robotics 30 (2016) 131–149.
[32] K. Yokoyama, H. Handa, T. Isozumi, Y. Fukase, K. Kaneko, F. Kanehiro, Y. Kawai, F. Tomita, H. Hirukawa, Cooperative works by a human and a humanoid robot, in: Proceedings of IEEE International Conference on Robotics and Automation, 2003, pp. 2985–2991.
[33] T. Yoshikawa, X.Z. Zheng, Coordinated dynamic control for multiple robot manipulators handling an object, in: Proceedings of Fifth International Conference on Advanced Robotics, 1991, pp. 579–584.

第7章

Humanoid Robots: Modeling and Control

运动生成和控制：特定主题的应用

7.1 概述

仿人机器人有望像人类一样执行多种任务。基本上，可以分为两大组：周期性运动任务和非周期性运动任务。周期性运动任务的最突出示例是在规则(平坦)的地面上行走。对于仿人机器人而言，这是必不可少的任务。周期性运动任务的其他示例是上/下楼梯和跑步。历史上，仿人机器人研究领域最初的重点是步态生成和行走控制[114]。在过去的25年中，这一直是一项艰巨的任务，直到本田汽车公司在1996年发布P2仿人机器人原型为止[39]。周期性步态生成和控制的最新技术基于捕获点(CP)概念(请参见5.5节)。在文献[105]中已经描述了一种稳定步行过程中不稳定的运动分量的实现方式。在本章中，将对文献[22]中所述的实现进行说明，并将其应用于步态生成和沙地上的行走控制[60]。

“非周期性”[9]或“非步态”[35]运动任务的类别包括以下任务：在混乱的环境中获取/操作物体，使用手持工具执行工作，坐/躺下和站起来，攀爬高度不规则地形(例如，自由攀爬机器人[12])，在狭窄的空间中爬行以及爬梯子。这些类型的任务所需的方法与周期性运动生成任务中使用的方法有所不同。在开创性工作[70]中，非周期性任务的运动生成基于给定的初始姿势和目标姿势。该过程分两个阶段完成。首先，通过改进的快速浏览随机树(RRT)算法计算出静态稳定的无碰撞路径[72]。其次，借助AutoBalancer(自身平衡器)，将计算出的路径平滑化并转换为动态稳定的全身轨迹[55]。但是，此方法的特点是耗时且容易出现(稳健性)刚性问题。在搜索过程中必须采用启发式方法，因此不能保证将找到现有的解决方案。

仿人机器人运动生成的根源是与基于物理学的人类角色动画方法密切相关的领域。这些方法最近被广泛采用。但是在早期阶段，为了实现预先设定的目标——“现实的”且流畅的动画角色运动，我们需要解决两个问题[119]。首先，必须仔细确定初始状态，以确保所生成运动轨迹的适当性。其次，由于特征是欠驱动的，因此需要输入力(反作用力旋量)的轨迹来成功推进该特征。力的轨迹不能独立于运动轨迹而产生。由于压/动力旋量取决于重心的加速度和身体各段的角加速度，因此它们是交织在一起的(请参见5.8.1节)。结果，很明显，基于初值问题的模拟方法是不合适的。上述目标要求解决约束两点边界问题。此外，也有人提出在算法中引入关节扭矩可以进一步改善运动“真实感”。这意味着，除了运动/力任务约束外，还需要指定物理约束。前者确定完整任务，它们在时间上自由地向前/向后传播。后者用于限制“肌肉”力(即，驱动的关节扭矩)并确定适当的接触(即，被动关节)行为。然后借助如第5章中描述的一种适当约束最优化方法，可以找到最佳的、物理上可行的轨迹解决方案。值得注意的是，这种方法的解是全局的，但是很费时，因此仅适用于离线计算。综上所述，对于上述复杂任务的运动生成和控制，机器人应具备以下两个常规功能：(1)多接触点计划[12,24]；(2)符合约束条件的全身运动生成[70,35,33]。

有几种方法可以提高非周期性运动任务的运动生成过程的效率。首先，将离散的接触状态集合添加到运动计划[12]。根据预先构建的环境的粗略模型/地图来确定接触状态。这个过程称为接触计划[24]。对于每个给定的接触状态，获得一组静态稳定的姿势㊀。这个过程称为姿势生成[15]。姿势生成是在基于约束的逆运动学和静力学求解器的帮助下完成的[10,11]。回想一下，正如第3章所讨论的，对于给定的一组接触点，通常存在无限数量的静态稳定姿势[12-14]。还存在根据运动学/动力学关系和各种约束来连接所生成的关键帧的无限数量的运动/力轨迹。通过插补[70,33]可以生成动态可行的轨迹。这种方法称为"运动前接触"方法[35]。需要注意的是，由于所设想的任务和环境的多样性，接触计划过程并不是一帆风顺的。例如，由于当前接触状态确定所有未来状态[12]，因此一次计划一个接触状态是不够的。到目前为止，已经开发了许多用于接触计划目的的方法。感兴趣的读者请参见文献[35,12,23,11,24,15,109]。值得注意的是，尽管基于接触状态的姿态/轨迹生成方法比基于RRT的算法更快，但由于涉及迭代优化过程，仍然需要相当长的时间。同样重要且值得注意的是，该方法并不简单，因为不能保证预先计划的接触状态将有助于生成平滑的、"自然"的、约束一致的运动。如前所述，可能必须插入附加的接触状态/关键帧以支持运动生成过程。

提高运动生成时间效率的另一种方式是利用末端连杆和CRB坐标的简化动力学方程表示。请注意，基于姿势的运动生成过程意味着优化在关节空间上运行，涉及所有自由度。变量的数量可以通过借助于运动方程的一种简化形式而大大减少(参见4.13节)。在这种情况下，预先规划的接触状态通过CRB动态关系确定的轨迹进行连接。结果，通过关节扭矩逆动力学，可以获得约束一致的CRB和末端连杆运动/力轨迹[69]。另一种改进的可能性是将轨迹生成过程分为两个阶段。首先，生成连接接触状态的参数化路径。然后，通过沿路径确定合适的时间来获得约束一致的轨迹[33]。该方法还具有促进时间最优运动生成的优势[97,98]。

通过利用动作协同或基元[30,34]也可以提高动作生成的时间效率。这些是关节空间中的运动模式，它们使用比自由度数量更少的变量进行控制。7.5节介绍了一种基于运动学逆解和任务优先级的协同运动生成方法。7.6节讨论了基于协同的平面模型反应性平衡控制的运动生成。通过全身模型获得的反应性协同效应在7.7节中讨论。本章的最后一节讨论碰撞的运动生成。

7.2 基于ICP的步态生成和行走控制

7.2.1 基于CP的行走控制

本节介绍一种基于CP概念的步态生成和行走控制方法[22]。将采用以下表达式来表示二维空间中的外推质心(xCoM)和CP动力学(参见公式(5.55)和公式(5.56))：

$$\boldsymbol{r}_{ex}(t)=\boldsymbol{r}_g(t)+\frac{\dot{\boldsymbol{r}}_g(t)}{\omega} \tag{7.1}$$

$$\dot{\boldsymbol{r}}_{ex}=\omega(\boldsymbol{r}_{ex}-\boldsymbol{r}_p) \tag{7.2}$$

㊀ 这种姿势有时称为"关键帧"[33]，这是从动画领域引用的术语。

这里，$\boldsymbol{r}_{\mathrm{ex}}$，$\boldsymbol{r}_g$ 和 $\boldsymbol{r}_p$ 是分别表示外推质心、质心在地面上的投影和压力中心的二维矢量(参见 5.3 节)。等式(7.1)和等式(7.2)在频域中重写如下：

$$\boldsymbol{r}_g(s)=\frac{1}{1+\frac{1}{\omega}s}\boldsymbol{r}_{\mathrm{ex}}(s) \tag{7.3}$$

$$\boldsymbol{r}_{\mathrm{ex}}(s)=\frac{1}{1-\frac{1}{\omega}s}\boldsymbol{r}_p(s) \tag{7.4}$$

等式(7.3)表示以 CP 为输入的一阶开环质心动力学公式，等式(7.4)表示以压力中心为输入的一阶开环 CP 动力学公式。

系统(7.3)是稳定的，因为特征根的实部 $s=-\omega$ 是负的。相反，系统(7.4)是不稳定的，因为特征根的实部 $s=\omega$ 是正的。图 7.1 说明了 CP 和质心的耦合动力学表达式。为了稳定 CP 动力学表达式，在文献[22]中提出了以下 CP 控制器(参见公式(5.57))：

$$\boldsymbol{r}_p^{\mathrm{ref}}=\frac{1}{1-e^{\omega \mathrm{d}T}}\boldsymbol{r}_{\mathrm{ex}}^{\mathrm{des}}-\frac{e^{\omega \mathrm{d}T}}{1-e^{\omega \mathrm{d}T}}\boldsymbol{r}_{\mathrm{ex}} \tag{7.5}$$

将 $\boldsymbol{r}_p^{\mathrm{ref}}$ 从系统(7.5)代入等式(7.2)中的 $\boldsymbol{r}_p$，得到如下系统：

$$\dot{\boldsymbol{r}}_{\mathrm{ex}}=\frac{\omega}{1-e^{\omega \mathrm{d}T}}(\boldsymbol{r}_{\mathrm{ex}}-\boldsymbol{r}_{\mathrm{ex}}^{\mathrm{des}}) \tag{7.6}$$

频域表示法可以写为：

$$\boldsymbol{r}_{\mathrm{ex}}(s)=\frac{1}{1-\frac{1-e^{\omega \mathrm{d}T}}{\omega}s}\boldsymbol{r}_{\mathrm{ex}}^{\mathrm{des}}(s) \tag{7.7}$$

请注意，$\mathrm{d}T$ 始终为正，因此 $e^{\omega \mathrm{d}T}$ 大于 1，于是特征根的实部 $s=\frac{\omega}{1-e^{\omega \mathrm{d}T}}$ 为负。因此，CP 控制器(7.5)使系统稳定。稳定的 CP 和质心动态系统的框图如图 7.2 所示。

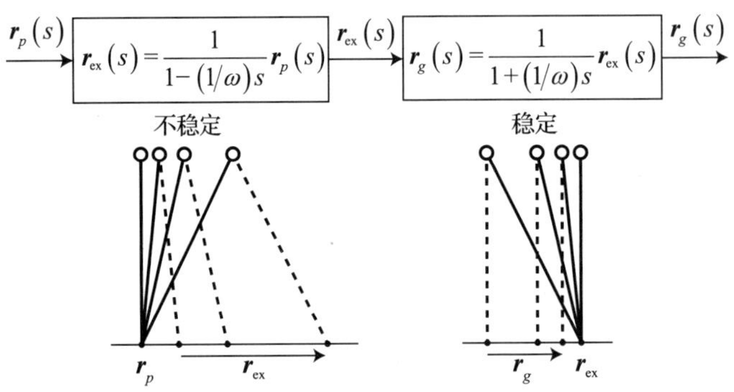

图 7.1　CP 和质心的耦合动力学表达式

7.2.2　基于 CP 的步态生成

令 T_{step} 为每一步的指定持续时间。步态生成序列基于其相对时间，即 $0\leqslant t\leqslant T_{\mathrm{step}}$。该序列包括以下阶段：

(A)脚印规划： 脚印设计为步长 L_x、阶跃宽度 L_y 和步进方向 L_θ(见图 7.3)。阶跃宽度 L_y 通常设置为自然的左腿和右腿之间的长度。根据仿人机器人的尺寸和所需路径，启

发式地设计步长 L_x 和步进方向 L_θ。

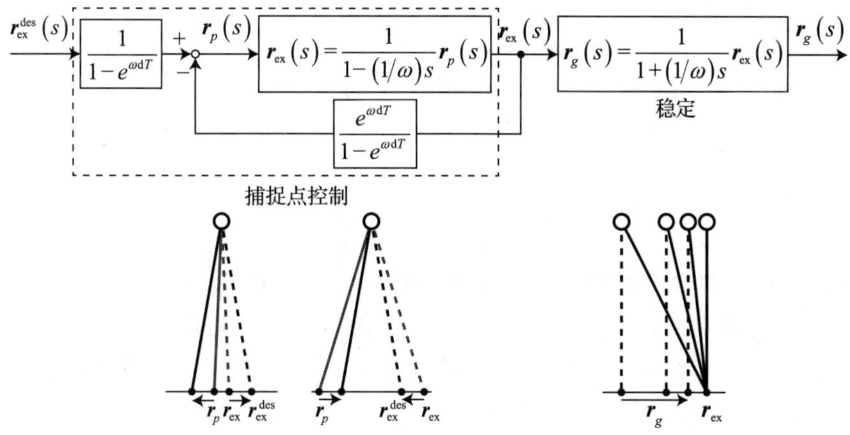

图 7.2 CP 稳定控制

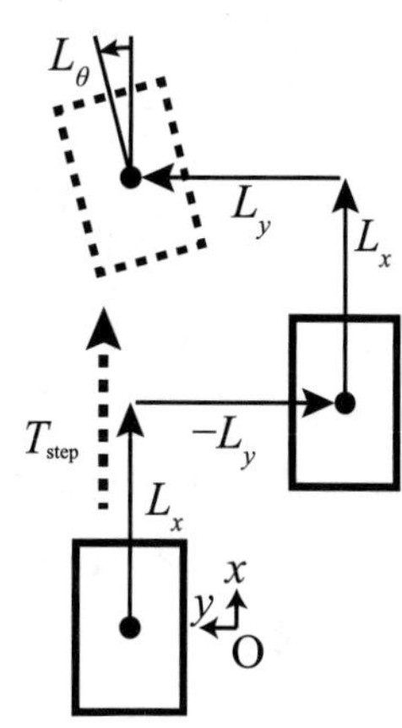

图 7.3 步参数

(B)每一步(eos)结束时的 CPs 规划：第 i 步 $\boldsymbol{r}_{\text{ex,eos}}^{i}$ 结束时的期望 CP 应位于相应脚踝位置的地面投影处(见图 7.4a)。基于 gCoM 的初始位置和速度矢量确定第 i 步 $\boldsymbol{r}_{\text{ex0}}^{i}$ 开始处的 CP。第 i 步 $\boldsymbol{r}_{p0}^{\text{ref},i}$ 处的参考 CoP 是基于 $\boldsymbol{r}_{\text{ex,eos}}^{i}$ 和 $\boldsymbol{r}_{\text{ex0}}^{i}$ 计算的。然而，不能保证计算出的参考 CoP $\boldsymbol{r}_{p0}^{\text{ref},i}$ 将位于 BoS 内。如阶段(D)所述，当计算的参考 CoP 位于 BoS 外时，对其进行修改。根据所需行走模式的参数设置，可能会发生 $\boldsymbol{r}_{p0}^{\text{ref},i}$ 经常位于 BoS 外。利用添加到预计划的脚踝位置的启发式设计的恒定偏移量来修改 $\boldsymbol{r}_{\text{ex,eos}}^{i}$ 可以缓解这个问题，使所得到的 CoP $\boldsymbol{r}_{p0}^{\text{ref},i}$ 总是位于所需行走模式的 BoS 内。以此方式，可以避免对参考 CoPs $\boldsymbol{r}_{p0}^{\text{ref},i}$ 的频繁修改。

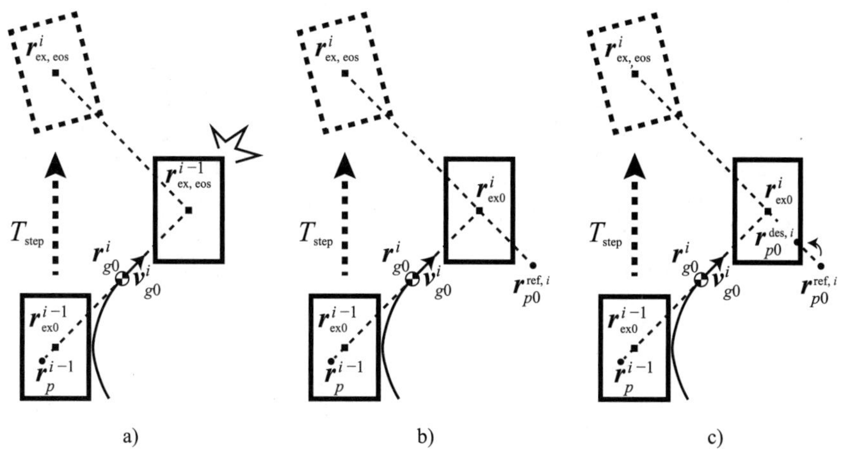

图 7.4 基于 CP 的步行模式生成的设计分量：a)在每步结束时规划足迹和 CP；b)使用公式(7.5)计算参考 CoP $\boldsymbol{r}_{p}^{\text{ref}}$；c)当 $\boldsymbol{r}_{p}^{\text{ref}}$ 位于 BoS 外时，它在 BoS 内发生移动

(C)参考 CoP 的计算：设 $\boldsymbol{r}_{g0}^{i}$ 和 $\boldsymbol{v}_{g0}^{i}$ 分别为第 i 步 gCoM 的二维初始位置和速度矢量

(见图 7.4a)。注意，在第$(i-1)$步中，$\boldsymbol{r}_{g0}^{i}$和$\boldsymbol{v}_{g0}^{i}$等于 gCoM 的最终位置和速度。将$\boldsymbol{r}_{g0}^{i}$和$\boldsymbol{v}_{g0}^{i}$代入公式(7.1)，第i步$\boldsymbol{r}_{\mathrm{ex}0}^{i}$处的初始 CP 计算如下：

$$\boldsymbol{r}_{\mathrm{ex}0}^{i}=\boldsymbol{r}_{g0}^{i}+\frac{\boldsymbol{v}_{g0}^{i}}{\omega} \tag{7.8}$$

通过将$\boldsymbol{r}_{\mathrm{ex}}^{\mathrm{des}}=\boldsymbol{r}_{\mathrm{ex,eos}}^{i}$，$\boldsymbol{r}_{\mathrm{ex}}=\boldsymbol{r}_{\mathrm{ex}0}^{i}$和$\mathrm{d}T=T_{\mathrm{step}}$代入公式(7.5)来计算第$i$步$\boldsymbol{r}_{p0}^{\mathrm{ref},i}$处的参考 CoP。因此，

$$\boldsymbol{r}_{p0}^{\mathrm{ref},i}=\frac{1}{1-e^{\omega T_{\mathrm{step}}}}\boldsymbol{r}_{\mathrm{ex,eos}}^{i}-\frac{e^{\omega T_{\mathrm{step}}}}{1-e^{\omega T_{\mathrm{step}}}}\boldsymbol{r}_{\mathrm{ex}0}^{i} \tag{7.9}$$

(D)步初始化所需 CoP 的计算：当参考 CoP $\boldsymbol{r}_{p0}^{\mathrm{ref},i}$(从公式(7.9)计算)位于 BoS 内时，将步初始化所需 CoP 确定为$\boldsymbol{r}_{p}^{\mathrm{des},i}=\boldsymbol{r}_{p0}^{\mathrm{ref},i}$。然而，$\boldsymbol{r}_{p0}^{\mathrm{ref},i}$可能并不总是位于 BoS 内(见图 7.4b)。在这种情况下，$\boldsymbol{r}_{p0}^{\mathrm{ref},i}$沿线$\boldsymbol{r}_{\mathrm{ex,eos}}^{i}-\boldsymbol{r}_{\mathrm{ex}0}^{i}$移动到示意图边界上最近的点(见图 7.4c)。如果该线不与第i个脚印相交，则该线会稍微倾斜以执行此操作。然后由交点确定所需的 CoP $\boldsymbol{r}_{p0}^{\mathrm{des},i}$。

7.2.3　ICP 控制器

第i步的期望 CoP $\boldsymbol{r}_{p}^{\mathrm{des},i}$是从 7.2.2 节中给出的阶段(A)～阶段(D)获得的。用$\boldsymbol{r}_{\mathrm{ex}}=\boldsymbol{r}_{\mathrm{ex}0}^{i}$和$\boldsymbol{r}_{p}=\boldsymbol{r}_{p0}^{\mathrm{des},i}$将公式(7.2)处理为

$$\boldsymbol{r}_{\mathrm{ex}}^{\mathrm{des},i}(t)=e^{\omega t}(\boldsymbol{r}_{\mathrm{ex}0}^{i}-\boldsymbol{r}_{p0}^{\mathrm{des},i})+\boldsymbol{r}_{p0}^{\mathrm{des},i} \tag{7.10}$$

可以得到所需的 CP 轨迹，其中，上式是对于公式(5.5)的二维扩展，$\boldsymbol{r}_{\mathrm{ex}}^{\mathrm{des},i}(t)(0\leqslant t\leqslant T_{\mathrm{step}})$称为瞬时 CP(ICP)轨迹[67]。ICP 轨迹朝向$\boldsymbol{r}_{\mathrm{ex,eos}}^{i}$。然而，在现实中，ICP 轨迹受到建模误差或干扰或其他原因的干扰。在文献[22]中提出的 CP 控制方法中，验证了两种不同的方法：CP 步终(CPS)控制和 CP 轨迹(CPT)控制。CPS 和 CPT 控制器的概念如图 7.5 所示。

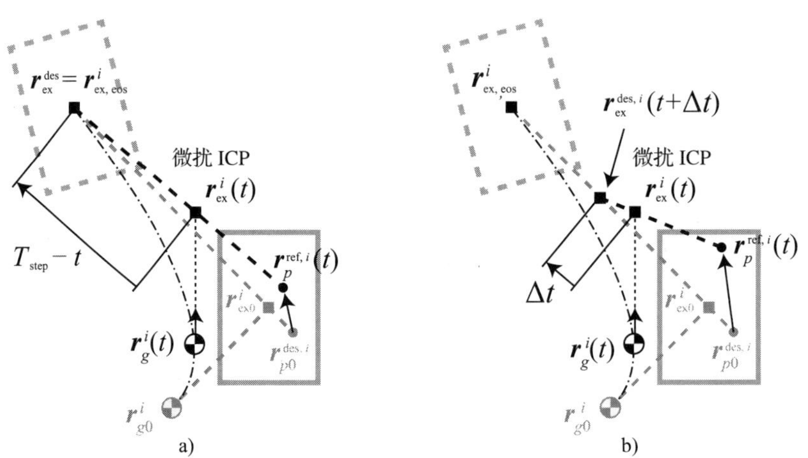

图 7.5　两个 CP 控制器的概念：a)CP 步终(CPS)控制器；b)CP 轨迹(CPT)控制器

CP 步终(CPS)控制器：让T_{step}成为步的指定持续时间。如图 7.5a 所示，控制 ICP 轨迹以在$t=T_{\mathrm{step}}$使$\boldsymbol{r}_{\mathrm{ex}}^{i}(t)$达到$\boldsymbol{r}_{\mathrm{ex,eos}}^{i}$。因此，公式(7.5)必须修改为：

$$\boldsymbol{r}_{p}^{\mathrm{ref},i}(t)=\frac{1}{1-e^{\omega(T_{\mathrm{step}}-t)}}\boldsymbol{r}_{\mathrm{ex,eos}}^{i}-\frac{e^{\omega(T_{\mathrm{step}}-t)}}{1-e^{\omega(T_{\mathrm{step}}-t)}}\boldsymbol{r}_{\mathrm{ex}}^{i}(t)\ (0<t\leqslant T_{\mathrm{step}}) \tag{7.11}$$

注意到，CPS 控制器不依赖于未来的步位置，而仅依赖于第 i 阶步 $\boldsymbol{r}_{ex,eos}^{i}$ 处的最终 CP 和当前的 CP $\boldsymbol{r}_{ex(t)}^{i}$。因此，反应式步态规划是可能的。

CP 轨迹(CPT)控制器： 设 Δt 为控制周期。如图 7.5b 所示，CPT 控制器在下一个采样周期 $\boldsymbol{r}_{ex}^{des,i}(t+\Delta t)$ 内，将当前 ICP $\boldsymbol{r}_{ex(t)}^{i}$ 控制朝向期望的 ICP。由于 $\boldsymbol{r}_{ex}^{des,i}(t+\Delta t)$ 作为期望的 ICP，公式(7.5)改写为

$$\boldsymbol{r}_{p}^{ref,i}(t)=\frac{1}{1-e^{\omega\Delta t}}\boldsymbol{r}_{ex}^{des,i}(t+\Delta t)-\frac{e^{\omega\Delta t}}{1-e^{\omega\Delta t}}\boldsymbol{r}_{ex}^{i}(t)(0<t\leqslant T_{step}) \tag{7.12}$$

在文献[22]的模拟中，Δt 设置为 0.05s，而 T_{step} 设置为 0.8s。

参考 CoP 的修改： 根据公式(7.11)或公式(7.12)计算的参考 CoP $\boldsymbol{r}_{p}^{ref,i}(t)$ 可能并不总是位于 BoS 内。当 $\boldsymbol{r}_{p}^{ref,i}(t)$ 在 BoS 外时，它应该移动到 BoS 内(参见 7.2.2 节(D)阶段)。然后，在修改的参考 CoP 处设置所需的 CoP $\boldsymbol{r}_{p}^{des,i}(t)$。

7.2.4 基于 CP 的步态生成与 ZMP 控制

众所周知，基于预控制[56]的步态生成方法的主要缺点是预控制器依赖于未来的参考 CoPs 来生成运动。因此，预控制器不能对外部干扰修改生成的步态。基于 CP 的步态生成克服了这一问题。

CPS 控制器和 CPT 控制器都在每个控制周期计算当前 ICP $\boldsymbol{r}_{ex}^{i}(t)$。参考 CoP $r_{p}^{i}(t)$ 是基于期望 ICP 和当前 ICP 之间的差异给出的。控制 CoP 以使当前 CP 朝向期望的 CP 移动。

在文献[60]中，CP 动力学仅用于生成参考 gCoM 轨迹，而常规 ZMP 控制器用于使其稳定。这种方法的主要优点是在反应式生成步态模式中使用完善的 ZMP 控制器。文献[60]中使用的在线步态生成和稳定控制的概念如图 7.6 所示。

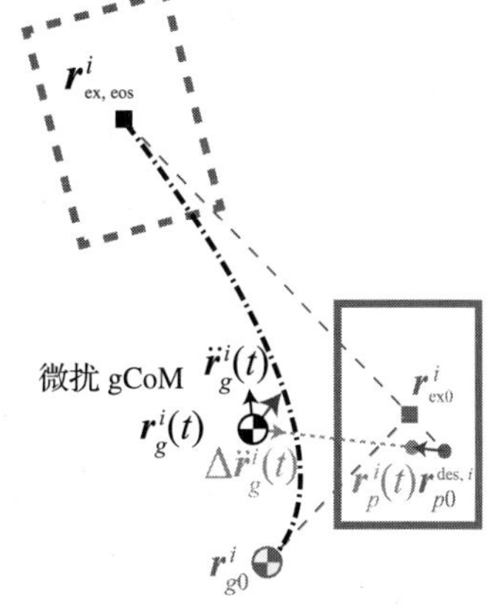

图 7.6 基于 CP 的步态生成和 ZMP 控制的概念

请注意，文献[60]中所需 CoP 的计算与 CPS 控制器或 CPT 控制器不同。第 i 步的初始 ICP $\boldsymbol{r}_{ex0}^{i}$ 和参考 CoP $\boldsymbol{r}_{p0}^{ref,i}$ 分别由公式(7.8)和公式(7.9)计算。修改参考 CoP，使得该 CoP 位于 BoS 内，并确定期望的 CoP (如果参考 CoP 位于 BoS 内，则将期望的 CoP 设置为参考 CoP)。

参考 CoP $\boldsymbol{r}_{p}^{ref,i}$ 对应于图 5.12 中的 $\bar{\boldsymbol{u}}$。如图 5.12 所示，ZMP 机械臂接收所需的 CoP $\boldsymbol{r}_{p0}^{ref,i}$，并产生所需的 CoM 轨迹($\boldsymbol{r}_{g}^{des,i}(t)$，$\dot{\boldsymbol{r}}_{g}^{des,i}(t)$)(见图 7.4c)。

根据 gCoM 动力学(5.11)的显式解，即

$$\begin{bmatrix}\boldsymbol{r}_{g}^{i}(t)\\ \dot{\boldsymbol{r}}_{g}^{i}(t)\end{bmatrix}=\begin{bmatrix}\cosh(\omega t) & 0 & \frac{1}{\omega}\sinh(\omega t) & 0\\ 0 & \cosh(\omega t) & 0 & \frac{1}{\omega}\sinh(\omega t)\\ \omega\sinh(\omega t) & 0 & \cosh(\omega t) & 0\\ 0 & \omega\sinh(\omega t) & 0 & \cosh(\omega t)\end{bmatrix}\begin{bmatrix}\boldsymbol{r}_{g0}^{i}\\ \boldsymbol{v}_{g0}^{i}\end{bmatrix}$$

$$+\begin{bmatrix}1-\cosh(\omega t) & 0 \\ 0 & 1-\cosh(\omega t) \\ -\omega\sinh(\omega t) & 0 \\ 0 & -\omega\sinh(\omega t)\end{bmatrix}\boldsymbol{r}_{p0}^{\mathrm{des},i} \tag{7.13}$$

其中双曲函数定义如下：

$$\cosh(\omega t)=\frac{e^{\omega t}+e^{-\omega t}}{2},\sinh(\omega t)=\frac{e^{\omega t}-e^{-\omega t}}{2}$$

gCoM 与期望轨迹的偏差可以由任何设置良好的 ZMP 控制器来控制。在文献[60]中，稳定控制器中使用了躯干位置顺应性控制(TPCC)方法[85](另见 5.4.5 节)。

7.3 在沙地上双足行走

7.3.1 沙地行走的落地位置控制

仿人机器人在松散的土壤上行走的困难在于其支撑脚下的土壤很容易机器人的自身重量而变形。因此，如果 CoP 走到 BoS 的边缘，CoP 下面的土壤会出现凹陷，从而导致机器人身体倾斜。大多数稳定控制器控制的是净 CoP(ZMP)，然而 CoP 的移动可能会导致松散土壤上的下沉。

为了补偿由于地面下沉和滑动引起的机器人身体倾斜，文献[60]提出了一种落地位置控制方法。根据该方法，当 gCoM 与预期位置的偏差超过先前指定的阈值 $\delta\boldsymbol{r}_g^{\mathrm{th}}$ 时，通过移动落地位置来补偿该偏差。下一步移动的落地位置由下式计算，

$$\Delta\boldsymbol{r}_{k,j+1}=\boldsymbol{K}_L\max(\delta\boldsymbol{r}_{g,j}(t))+\boldsymbol{\lambda}\Delta\boldsymbol{r}_{k,j}(0\leqslant t\leqslant T_{\mathrm{step}}) \tag{7.14}$$

其中 $\boldsymbol{r}_{k,j}k\in\{Fr,Fl\}$ 是第 j 步支撑脚踝位置的地面投影的二维位置矢量，$\max(\delta\boldsymbol{r}_{g,j})$ 是第 j 步期间 gCoM 与期望位置的最大偏差量，$\boldsymbol{K}_L$ 是对角线增广矩阵，$\boldsymbol{\lambda}$ 是对角线遗忘因子矩阵。在等号右边第一项补偿 gCoM 的偏差，而第二项有助于减少累积偏差。

7.3.2 在沙地上行走的实验

图 7.7 显示了实验设置。实验使用的是富士通自动化有限公司生产的小型仿人机器人 HOAP-2。机器人的高度为 500mm，重量为 7kg。采样周期设置为 1ms。腿上覆盖着塑料布以防尘。试验砂池尺寸为 850×560×150mm(长×宽×高)。使用的是粒径约为 0.01～0.04mm 的硅砂。

脚印设计如 7.2.1 节所述，参数 $L_x=15\mathrm{mm}$，$L_y=78\mathrm{mm}$，$L_\theta=0°$(参见图 7.3)。机器人向前走了 28 步，原地走了 8 步，然后停下。在足印的基础上，设计了每一步 $\boldsymbol{r}_{\mathrm{ex,eos}}^i$ 末端的 CPS。步的持续时间 T_{step} 设置为 0.4s，落地位置控制的阈值设置为 $\delta\boldsymbol{r}_g^{\mathrm{th}}=[2.0\quad 6.0]^{\mathrm{T}}(\mathrm{mm})$。

步态是按照 7.2.2 节中描述的方式在线生成的。设计的参考 CoP 如图 7.8 所示。简化的 TPCC 关系式(5.43)和(5.44)应用于机器人，以稳定其行走。为了验证其有效性，在公式(7.4)中分别进行了落地位置控制和无落地位置控制的实验。使用落地位置控制，x 方向和 y 方向的遗忘因子 λ 都设置为 0.7。控制系统的框图如图 7.9 所示。

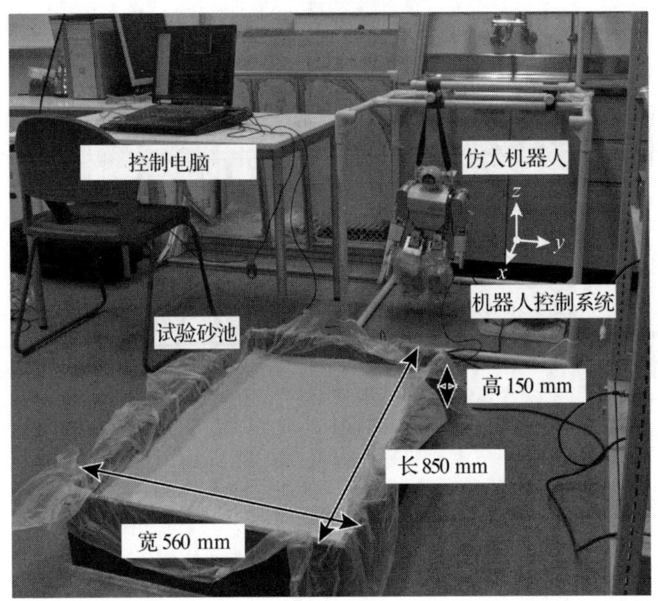

图 7.7 在沙滩上双足行走的实验设置

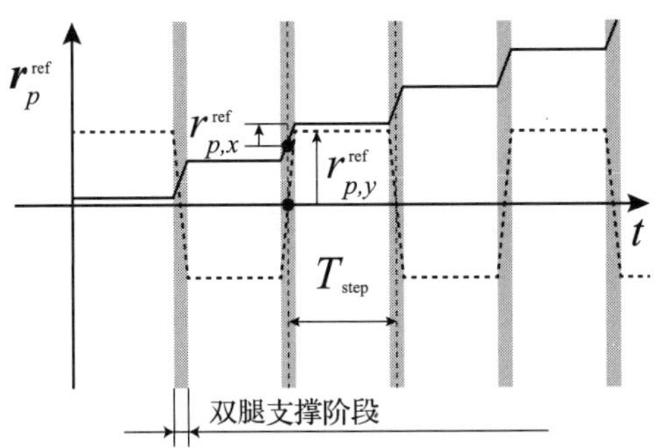

图 7.8 参考 ZMP 轨迹设计

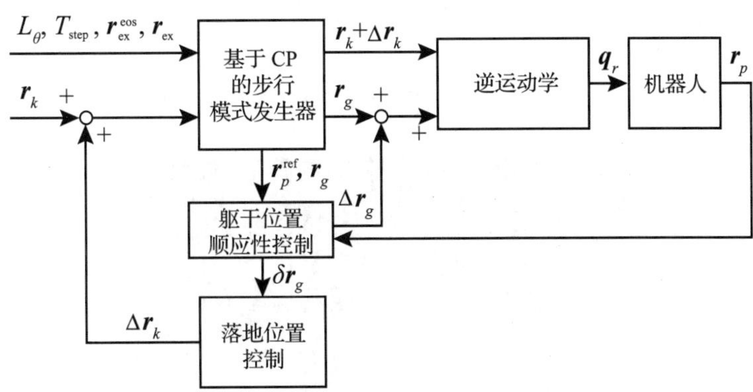

图 7.9 在沙地上双足行走的控制系统框图

图 7.10 显示了在无落地位置控制(图 7.10c 中的 $\Delta \boldsymbol{r}_k=\mathbf{0}$)的情况下，在平坦的地面(在金属板上)上行走的实验结果。在双足行走时，仿人机器人会侧向摆动它的身体，因此在

图 7.10c 中可以看到 CoM 的侧向摆动。机器人的侧向运动和翻滚运动保持在恒定的范围内，并且机器人能够稳定地行走、步进和停止。

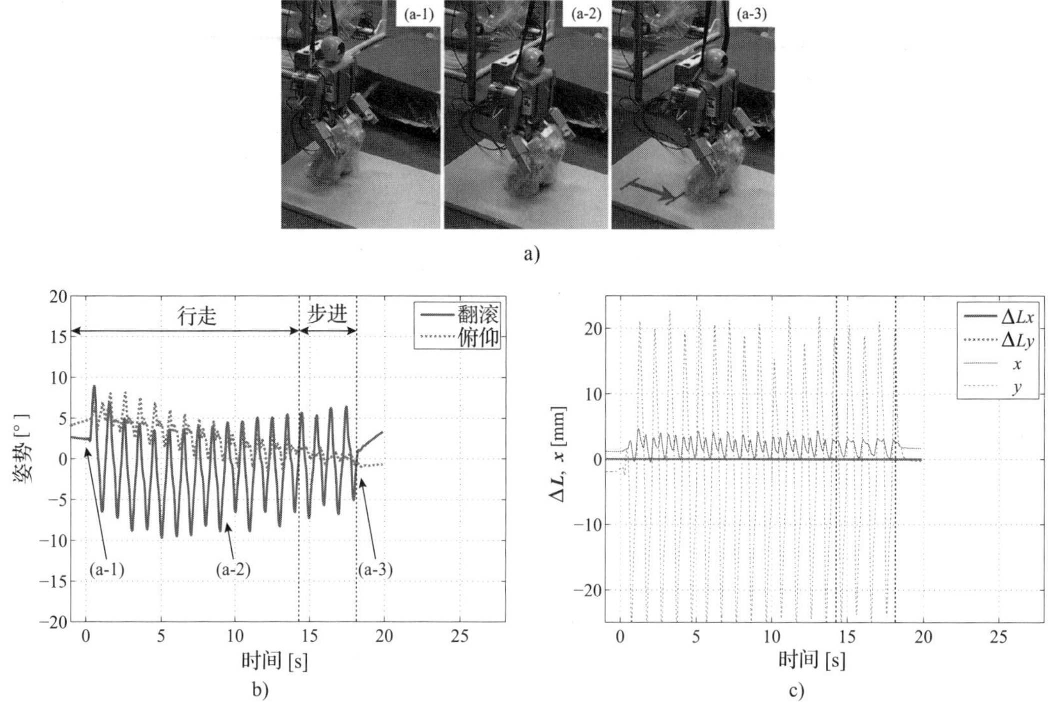

图 7.10 在无落地位置控制的情况下在地面上行走。a)实验快照。b)翻滚角及俯仰角。c)CoM 轨迹和落地位置的修改(见彩插)

图 7.11 显示了在无落地位置控制的情况下在沙地上行走的实验结果。如图 7.11b 所示，大约在第 10 步(约 5s)之后，俯仰角迅速增加(机器人向后倾斜)，在第 18 步时机器人向后倒下，尽管采用了 TPCC 稳定方法。同样的实验进行了几次。然而，在所有的实验中，如果没有落地位置的控制，机器人就不能稳定地在沙地上行走。

图 7.12 显示了落地位置控制下在沙地上行走的实验结果。如图 7.12c 所示，计算落地位置的期望偏差 $\Delta \boldsymbol{r}_k$，然后将其应用于机器人。如图 7.12b 所示，落地位置控制成功地补偿了 gCoM 的偏差，从而很好地抑制了翻滚角和俯仰角的发散。

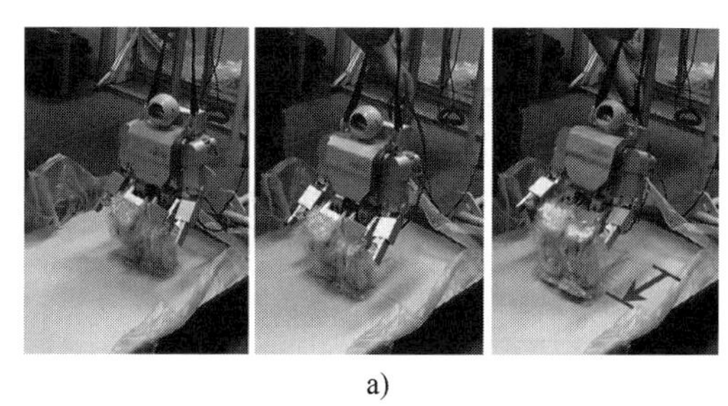

图 7.11 在无落地位置控制的情况下在地面上行走。a)实验快照。b)翻滚角及俯仰角。c)CoM 轨迹和落地位置的修改(见彩插)

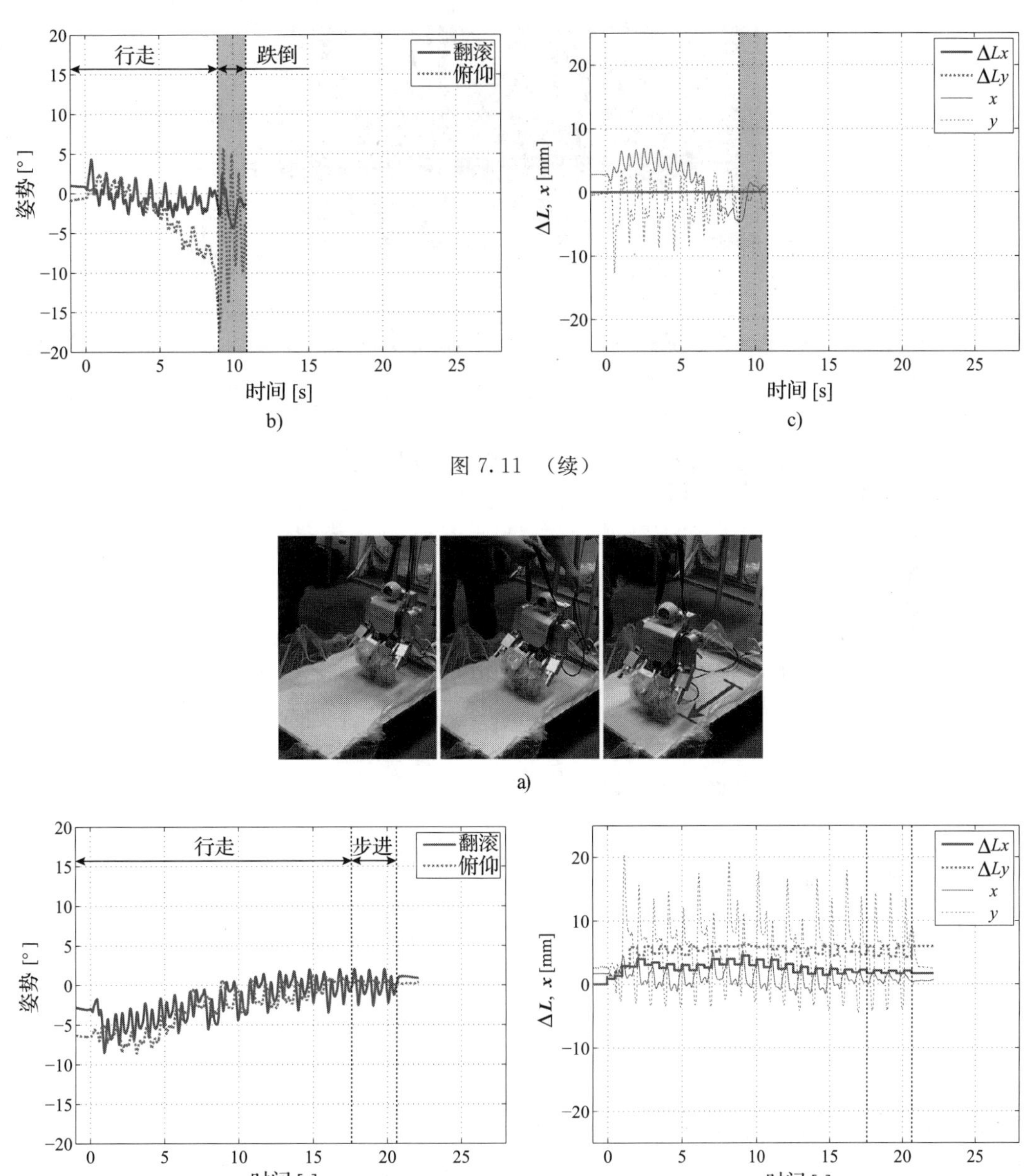

图 7.11 （续）

图 7.12　落地位置控制下在沙地上行走。a)实验快照。b)翻滚角及俯仰角。c)CoM 轨迹和落地位置的修改(见彩插)

为了验证落地位置控制在平地上是否有效，进行了落地位置控制在金属板上行走的实验，结果如图 7.13 所示。与图 7.10 所示的结果相比，落地位置控制似乎有助于抑制侧向摇摆运动。由于脚踝和臀部翻滚关节的弹性，机器人倾向于向内倾斜(朝向摆动腿)。因此，摆动脚略早于预期落地时间落地，因此会踢击地面。这种踢腿动作放大了身体的翻滚，如图 7.10b 所示，理想情况下应为零。假设通过改变落地位置来降低轨道能量，从而抑制踢腿效应。

实验结果如 Video 7.3-1[62] 所示。

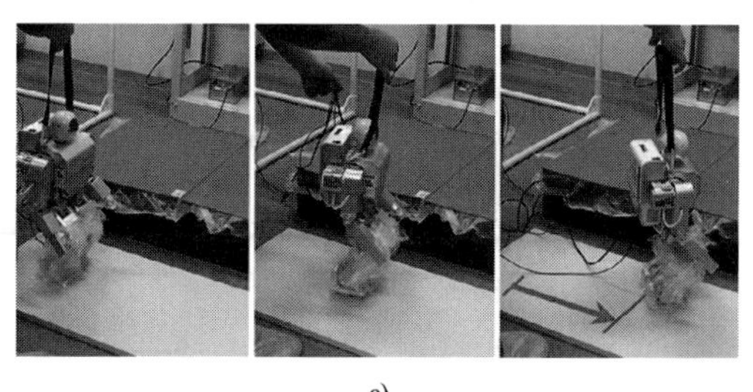

a)

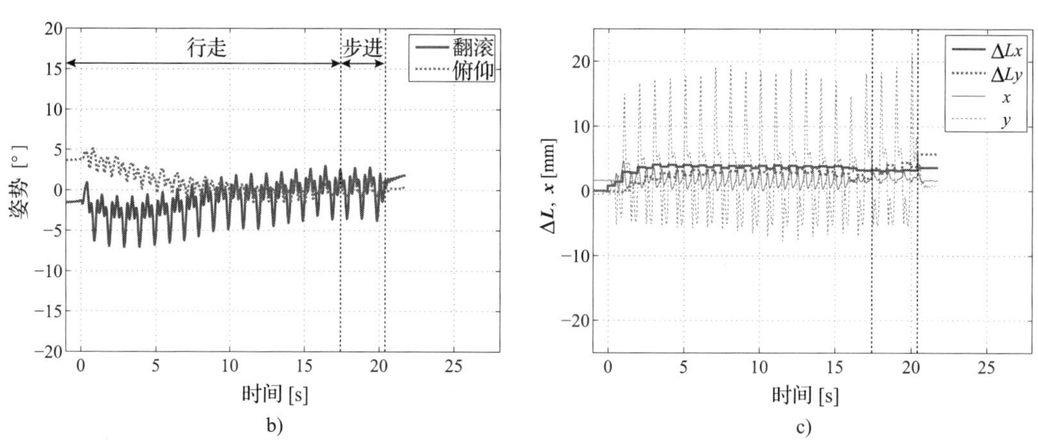

图 7.13　在落地位置控制下行走在坚硬的地面上。a)实验快照。b)翻滚角及俯仰角。c)CoM 轨迹和落地位置的修改(见彩插)

7.3.3　总结与讨论

本节介绍了一种在松散土壤上实现仿人机器人两足行走的方法。以 Hoap-2 仿人机器人沙地行走为例，实现了基于 CP 的步态生成、TPCC 和落地位置控制。这些控制器易于实施，并且如 7.3.2 节中实验验证的那样，对于在松散的土壤(如沙子)上双足行走是有效的。

7.4　不规则地形的生成和基于 VRP-GI 的行走控制

7.2 节中描述的基于 ICP 的动态步态生成和行走控制方法仅限于平地环境。通过采用基于 eCMP 和 VRP 概念的 DCM 分析，该方法可用于不规则地形的三维步态生成(5.6.2 节)。在本节中，将描述两种步态生成方法的实现，称为“连续双支撑”(CDS)和“脚跟到脚趾”(HT)步态生成[20,21]。这些方法确保了可实时计算的连续 GRF。HT 方法促进了所谓的脚趾步态，即允许支撑脚在脚趾处绕过 BoS 边界滚动。这种运动对于避免在步幅较大的步态中或在步幅较大的楼梯上上下下时出现伸膝运动学奇异性非常有用。

图 7.14 所示的控制器将作为行走控制器。请注意，控制器的结构与图 5.29 中的运动/力控制器相同。VRP 广义逆(VRP-GI)(参见 5.10.5 节)将用于在双脚站立(DS)阶段分配身体力旋量，并促进单脚站立(SS)和 DS 阶段之间的平滑转换。使用 VRP-GI 在计算上是有效的；力旋量分布问题的解决可以比基于迭代优化的“传统”方法快得多[44](参见文献[66,116])。

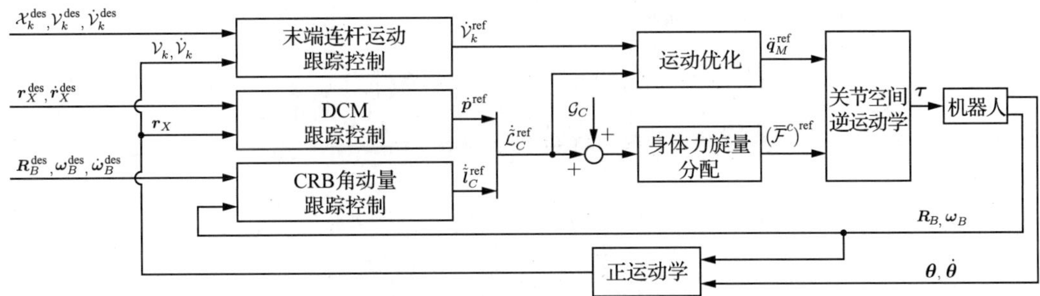

图 7.14 基于 VRP-GI 身体力旋量分配方法的不规则地形行走控制器和 VRP/DCM 动态步态生成的框图。该结构与图 5.29 中的运动/力控制器相同

7.4.1 连续双支撑步态生成

回想一下，7.2 节中的 ICP 步态生成方法是基于在行走期间保持在脚部 BoS 内固定的期望 CoPs $\boldsymbol{r}_p^{\text{des},i}$ 的控制输入。同样的方法也用于基于 CDS 的步态生成。不是根据期望 CoPs，而是根据所需的 VRPs 确定控制输入，即

$$\boldsymbol{r}_{\text{vrp}}^{\text{des},i}=\boldsymbol{r}_a^{\text{des},i}+\begin{bmatrix}0 & 0 & \bar{z}_{\text{vrp}}\end{bmatrix}^{\text{T}}+\boldsymbol{R}_a^{\text{des},i}\begin{bmatrix}0 & \bar{y}_{\text{vrp}} & 0\end{bmatrix}^{\text{T}} \tag{7.15}$$

这里，$\boldsymbol{r}_a^{\text{des},i}$ 是预计划脚印处的脚踝位置。等号右边的最后一项与预想的 VRP-GI 身体力旋量分配方法中的动态稳定裕度的设置有关。如 5.10.4 节所述，为了最小化产生的足力矩(从行走控制的角度来看，这是理想的)，应该在踝关节之间设置动态稳定裕度。但在这种情况下，公式(5.123)将产生一个零权重，从而导致 VRP-GI 的秩不足。为了避免这种情况，预期的 VRP 不应恰好在脚踝上方通过，而应靠近脚踝。为此，引入了一个小偏移量 $\bar{y}_{\text{vrp}}>0$；$\boldsymbol{R}_a^{\text{des},i}$ 表示预期脚部方向的旋转矩阵。

接下来，通过逆序递归来确定预期的 DCM，即

$$\boldsymbol{r}_X^{\text{des},i}=e^{-\frac{T_{\text{step}}}{T_X}}(\boldsymbol{r}_X^{\text{des},i+1}-\boldsymbol{r}_{\text{vrp}}^{\text{des},i})+\boldsymbol{r}_{\text{vrp}}^{\text{des},i} \tag{7.16}$$

其中 $T_X=1/\bar{\omega}_X=\sqrt{\bar{z}_{\text{vrp}}/g}$ 是 DCM 动力学的时间常数。然后，对于 $0\leqslant t\leqslant T_{\text{step}}$，获得参考 DCM 轨迹为

$$\boldsymbol{r}_X^{\text{des},i}(t)=e^{\frac{t-T_{\text{step}}}{T_X}}(\boldsymbol{r}_X^{\text{des},i+1}-\boldsymbol{r}_{\text{vrp}}^{\text{des},i})+\boldsymbol{r}_{\text{vrp}}^{\text{des},i} \tag{7.17}$$

$$\dot{\boldsymbol{r}}_X^{\text{des},i}(t)=\frac{1}{T_X}(\boldsymbol{r}_X^{\text{des},i}(t)-\boldsymbol{r}_{\text{vrp}}^{\text{des},i}) \tag{7.18}$$

假设在步骤 $i=0$ 处的初始状态是静止的，满足 $\boldsymbol{r}_X^{\text{des},0}=\boldsymbol{r}_C(0)$，初始期望的 VRP 由公式(7.16)得，

$$\boldsymbol{r}_{\text{vrp}}^{\text{des},0}=\frac{1}{1-e^{-\frac{T_{\text{step}}}{T_X}}}\boldsymbol{r}_C(0)+\frac{1}{1-e^{\frac{T_{\text{step}}}{T_X}}}\boldsymbol{r}_X^{\text{des},1} \tag{7.19}$$

上述关系对于摆动和支撑脚瞬间交换的步态是有效的。它们可以用于步态生成，但是产生的轨迹将是不连续的。为了缓解这个问题，引入 DS 阶段。用 T_{DS}表示 DS 时间间隔。为了利用上述符号，将 T_{DS}分成子间隔，即 $T_{\text{DS}}=T_{\text{DS}}^{\text{init}}+T_{\text{DS}}^{\text{end}}$。$T_{\text{DS}}^{\text{init}}=\alpha_{\text{DS}}^{\text{init}}T_{\text{DS}}$和 $T_{\text{DS}}^{\text{end}}=(1-\alpha_{\text{DS}}^{\text{init}})T_{\text{DS}}$代表(虚构的)瞬时转换之前和之后的时间间隔，并且 $0\leqslant\alpha_{\text{DS}}^{\text{init}}\leqslant 1$ 是常数。如文献[20,21]中所建议的，在接下来的模拟中，将使用 $\alpha_{\text{DS}}^{\text{init}}=0.5$。然后，在 DS 阶段结束和开

始时，预期的 DCM 状态可以分别确定为

$$\boldsymbol{r}_{X,\mathrm{DS}^{\mathrm{end}}}^{\mathrm{des},i}=e^{\frac{T_{\mathrm{DS}}^{\mathrm{end}}}{T_X}}(\boldsymbol{r}_X^{\mathrm{des},i}-\boldsymbol{r}_{\mathrm{vrp}}^{\mathrm{des},i})+\boldsymbol{r}_{\mathrm{vrp}}^{\mathrm{des},i} \tag{7.20}$$

$$\dot{\boldsymbol{r}}_{X,\mathrm{DS}^{\mathrm{end}}}^{\mathrm{des},i}=\frac{1}{T_X}(\boldsymbol{r}_{X,\mathrm{DS}^{\mathrm{end}}}^{\mathrm{des},i}-\boldsymbol{r}_{\mathrm{vrp}}^{\mathrm{des},i}) \tag{7.21}$$

$$\boldsymbol{r}_{X,\mathrm{DS}^{\mathrm{init}}}^{\mathrm{des},i}=e^{-\frac{T_{\mathrm{DS}}^{\mathrm{init}}}{T_X}}(\boldsymbol{r}_X^{\mathrm{des},i}-\boldsymbol{r}_{\mathrm{vrp}}^{\mathrm{des},i-1})+\boldsymbol{r}_{\mathrm{vrp}}^{\mathrm{des},i-1} \tag{7.22}$$

$$\dot{\boldsymbol{r}}_{X,\mathrm{DS}^{\mathrm{init}}}^{\mathrm{des},i}=\frac{1}{T_X}(\boldsymbol{r}_{X,\mathrm{DS}^{\mathrm{init}}}^{\mathrm{des},i}-\boldsymbol{r}_{\mathrm{vrp}}^{\mathrm{des},i-1}) \tag{7.23}$$

上述两个边界状态通过五阶样条曲线连接起来，以在 DS 阶段生成预期的 DCM 轨迹。CDS 步态生成过程如图 7.15a 所示。

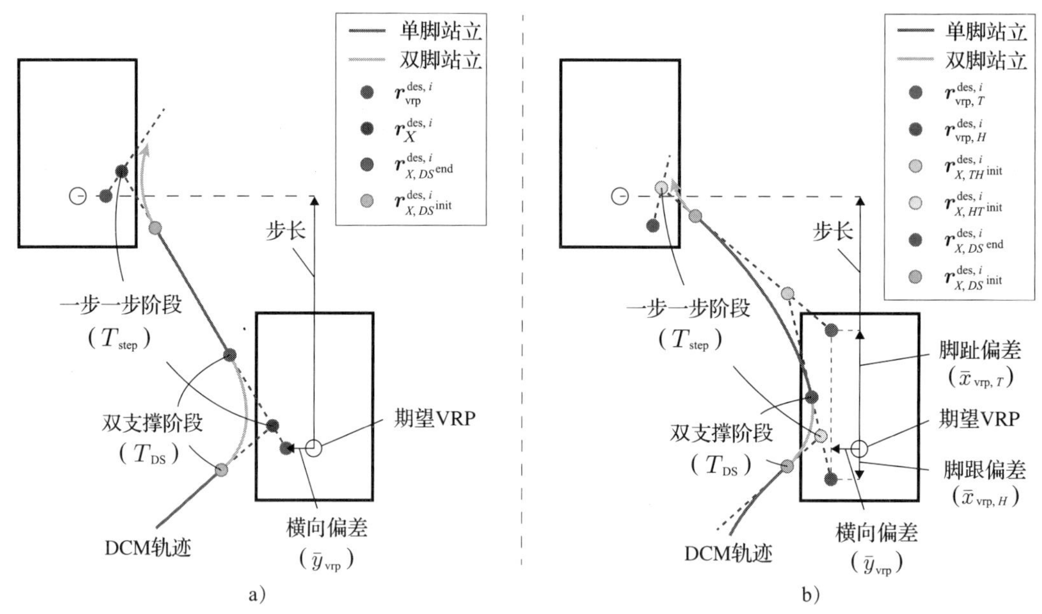

图 7.15 DCM 轨迹生成方法[20]。a)连续双支撑(CDS)。b)脚跟到脚趾(HT)

7.4.2 脚跟到脚趾步态生成

为了生成脚趾离体型步态，代替 CDS 方法中的预期 VRP $\boldsymbol{r}_{\mathrm{vrp}}^{\mathrm{des},i}$，将使用两个预期的 VRP：$\boldsymbol{r}_{\mathrm{vrp},H}^{\mathrm{des},i}$ 和 $\boldsymbol{r}_{\mathrm{vrp},T}^{\mathrm{des},i}$ 分别用于脚跟和脚趾。它们分别借助补偿量 $\bar{x}_{\mathrm{vrp},H}$ 和 $\bar{x}_{\mathrm{vrp},T}$ 获得(参见图 7.15b)，即

$$\boldsymbol{r}_{\mathrm{vrp},H}^{\mathrm{des},i}=\boldsymbol{r}_a^{\mathrm{des},i}+\begin{bmatrix}0 & 0 & \bar{z}_{\mathrm{vrp}}\end{bmatrix}^{\mathrm{T}}+\boldsymbol{R}_a^{\mathrm{des},i}\begin{bmatrix}\bar{x}_{\mathrm{vrp},H} & \bar{y}_{\mathrm{vrp}} & 0\end{bmatrix}^{\mathrm{T}} \tag{7.24}$$

$$\boldsymbol{r}_{\mathrm{vrp},T}^{\mathrm{des},i}=\boldsymbol{r}_a^{\mathrm{des},i}+\begin{bmatrix}0 & 0 & \bar{z}_{\mathrm{vrp}}\end{bmatrix}^{\mathrm{T}}+\boldsymbol{R}_a^{\mathrm{des},i}\begin{bmatrix}\bar{x}_{\mathrm{vrp},T} & \bar{y}_{\mathrm{vrp}} & 0\end{bmatrix}^{\mathrm{T}} \tag{7.25}$$

然后，通过以下逆序递归确定预期的 DCM：

$$\boldsymbol{r}_{X,TH^{\mathrm{init}}}^{\mathrm{des},i}=e^{-\frac{T_{TH}}{T_X}}(\boldsymbol{r}_{X,HT^{\mathrm{init}}}^{\mathrm{des},i+1}-\boldsymbol{r}_{\mathrm{vrp},T}^{\mathrm{des},i})+\boldsymbol{r}_{\mathrm{vrp},T}^{\mathrm{des},i} \tag{7.26}$$

$$\boldsymbol{r}_{X,HT^{\mathrm{init}}}^{\mathrm{des},i}=e^{-\frac{T_{HT}}{T_X}}(\boldsymbol{r}_{X,TH^{\mathrm{init}}}^{\mathrm{des},i}-\boldsymbol{r}_{\mathrm{vrp},H}^{\mathrm{des},i})+\boldsymbol{r}_{\mathrm{vrp},H}^{\mathrm{des},i} \tag{7.27}$$

式中 $T_{HT}=\alpha_{HT}T_{\mathrm{step}}$，$T_{TH}=(1-\alpha_{HT})T_{\mathrm{step}}$，$0\leqslant\alpha_{HT}\leqslant1$。

如同在 CDS 算法中一样，假设在步骤 $i=0$ 处处于静止的初始状态。然后，初始的预

期 VRP 可以计算为

$$\boldsymbol{r}_{\mathrm{vrp},T}^{\mathrm{des},0}=\frac{1}{1-e^{-\frac{T_{TH}}{T_X}}}\boldsymbol{r}_C(0)+\frac{1}{1-e^{\frac{T_{TH}}{T_X}}}\boldsymbol{r}_{X,HT^{\mathrm{init}}}^{\mathrm{des},1} \tag{7.28}$$

然后，在 DS 阶段结束和开始时所需的 DCM 状态可以确定为

$$\boldsymbol{r}_{X,DS^{\mathrm{end}}}^{\mathrm{des},i}=e^{\frac{T_{DS}^{\mathrm{end}}}{T_X}}(\boldsymbol{r}_{X,HT^{\mathrm{init}}}^{\mathrm{des},i}-\boldsymbol{r}_{\mathrm{vrp},H}^{\mathrm{des},i})+\boldsymbol{r}_{\mathrm{vrp},H}^{\mathrm{des},i} \tag{7.29}$$

$$\dot{\boldsymbol{r}}_{X,DS^{\mathrm{end}}}^{\mathrm{des},i}=\frac{1}{T_X}(\boldsymbol{r}_{X,DS^{\mathrm{end}}}^{\mathrm{des},i}-\boldsymbol{r}_{\mathrm{vrp},H}^{\mathrm{des},i}) \tag{7.30}$$

和

$$\boldsymbol{r}_{X,DS^{\mathrm{init}}}^{\mathrm{des},i}=e^{-\frac{T_{DS}^{\mathrm{init}}}{T_X}}(\boldsymbol{r}_{X,HT^{\mathrm{init}}}^{\mathrm{des},i}-\boldsymbol{r}_{\mathrm{vrp},T}^{\mathrm{des},i-1})+\boldsymbol{r}_{\mathrm{vrp},T}^{\mathrm{des},i-1} \tag{7.31}$$

$$\dot{\boldsymbol{r}}_{X,DS^{\mathrm{init}}}^{\mathrm{des},i}=\frac{1}{T_X}(\boldsymbol{r}_{X,DS^{\mathrm{init}}}^{\mathrm{des},i}-\boldsymbol{r}_{\mathrm{vrp},T}^{\mathrm{des},i-1}) \tag{7.32}$$

上述两个边界状态通过五阶样条函数连接起来，以在 DS 阶段生成所需的 DCM 轨迹。图 7.15b 概述了 HT 步态生成过程。

7.4.3　仿真

在 Choreonoid 环境中使用一个参数类似于 HoAP-2 机器人[25]的小型仿人机器人模型[87]。有关关节的编号和其他相关数据，请参见 A.1 节。将给出使用 HT 算法进行三次仿真的结果。使用以下参数：$T_{\mathrm{step}}=0.5\mathrm{s}$，$T_{DS}=0.1\mathrm{s}$，$\bar{y}_{\mathrm{vrp}}=15\mathrm{mm}$，$\bar{x}_{\mathrm{vrp},T}=25\mathrm{mm}$，$\bar{x}_{\mathrm{vrp},H}=-15\mathrm{mm}$，$\alpha_{\mathrm{DS}}=\alpha_{HT}=0.5$，步长和高度分别为 100mm 和 20mm。主干(底座连杆)的预期旋转是初始(零)旋转。CRB 轨迹的反馈增益为 $K_X=300=K_{OB}$，$K_{\omega B}=50$。将摆动脚轨迹跟踪的 P 反馈增益和 D 反馈增益分别设置为 3000 和 500。手臂运动仅受关节阻尼控制。每个手臂关节的阻尼都设置为 100。

第一次仿真演示了在平坦的地面上行走，没有脚趾离地。结果如 Video 7.4-1[81]和图 7.16 所示。显然，生成的动态步态和控制器确保了稳定的性能。

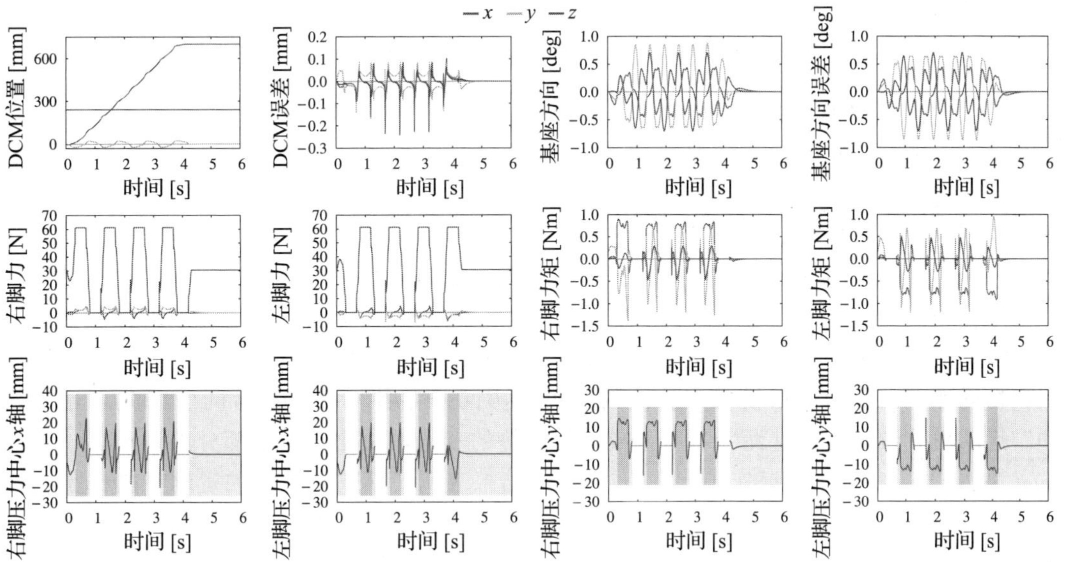

图 7.16　平坦地面上动态直线行走。浅蓝色/粉红色区域分别表示双/单支撑阶段(见彩插)

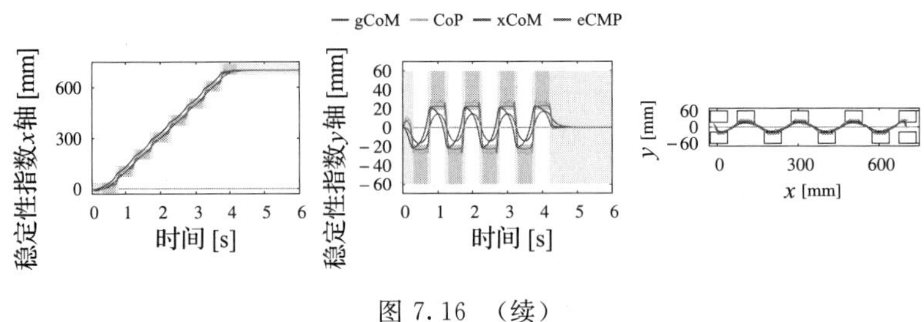

图 7.16 （续）

第二次仿真演示了楼梯的上升/下降。楼梯台阶高度为 20mm。摆动脚轨迹的最大高度设置为距离地面 10mm。结果如 Video 7.4-2[82]和图 7.17 所示。虽然上升和下降时 CoP 波动略有不同，但总体上步行还是比较平稳的。

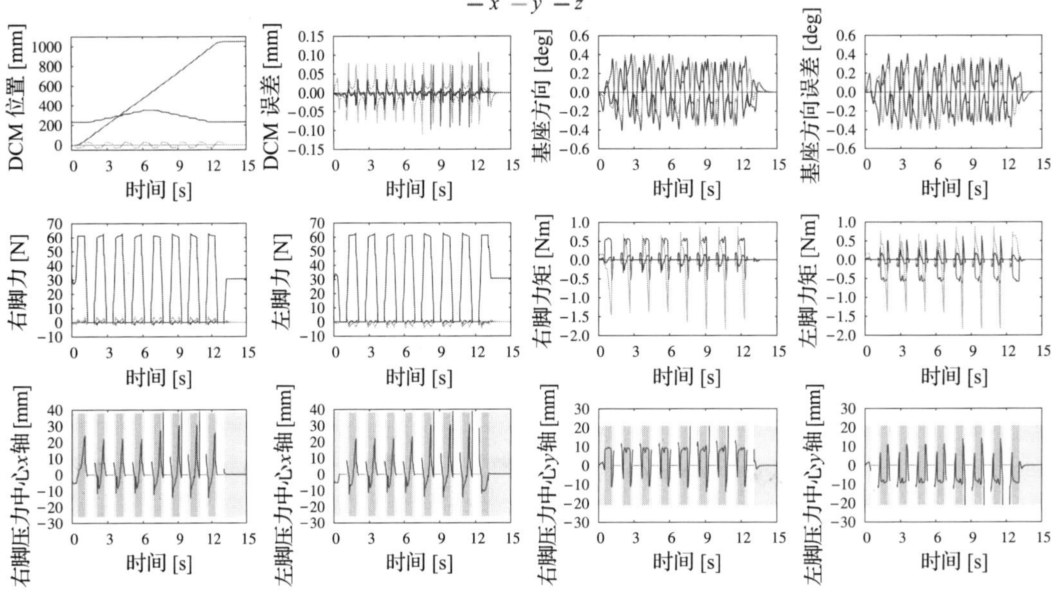

图 7.17 楼梯的上升/下降。浅蓝色/粉红色区域分别表示双支撑/单支撑阶段（见彩插）

第三个模拟用于在平坦的地面上脚趾离地的行走。结果如 Video 7.4-3[83]所示。该模拟还演示了非常稳定的动态行走。

7.5 基于协同的运动生成

神经生理学领域对运动控制的研究表明，确定适当的肌肉激活来实现给定的运动目标是一项相当复杂的任务。正如文献[19]所指出的，其原因在于搜索空间的高维性和肌肉活性与运动之间转换的非线性和动态性。据推测，这项任务是由中枢神经系统（CNS）借助于肌肉协同作用或肌肉激活模式来解决的。肌肉协同诱导各自的运动协同（也称为"运动协同""运动模式"或"运动基元"），即人或动物姿势的变化，由此身体各部分的运动以特定的方式协调[71]。实验结果证实了上述假设[19]。结果表明，动物和人类的运动控制都是以模块化的方式组织起来的。不同的行为要么由相同的协同效应的线性组合决定，要么由特定的协同效应决定。通过这种方式，可以显著降低 CNS 上的负载。

术语“协同”是在机器人领域的开创性工作[74]中引入的，涉及存在运动学冗余的情况下的运动分析/生成。如第2章所讨论的，运动学冗余机械臂可以通过无限次运动来完成其末端连杆的运动任务。为了实现所需的唯一移动，必须指定一个或多个附加子任务。子任务在冗余自由度的低维子关节中优先指定，而不是在高维关节空间中指定。每个冗余自由度产生确定移动模式的特定协同。通过协同效应的线性组合可以获得所需的复杂运动模式。

运动学协同不仅在冗余度解决方面很有用，而且在处理运动学奇异机械臂构型时也是有用的。基于奇异一致性方法的分析[89]（参见2.5节）表明，在这样的构型下会出现瞬时运动模式。此外，运动学协同效应在指定操作任务时也被证明是有用的[8]。在基于计算机的铰接图形动画领域，文献[120]中的协同编排方法值得一提。

运动学协同效应也用于仿人机器人的平衡控制。使用文献[29]中描述的方法，可以产生类似于人类在响应扰动时所使用的踝关节和臀部策略的姿势变化。关于与平衡控制有关的运动学协同效应的讨论，包括将运动学协同效应正式定义为关节空间（即歧管）中的单参数曲线簇，可以在文献[31,32]中找到。

在本节的其余部分中，重点将是仿人机器人基于协同的运动生成。基于协同的平衡控制将在7.6节和7.7节中讨论。

7.5.1 原始运动协同效应

用基座准速度和混合准速度表示的人形机器人的约束一致的瞬时运动逆运动学解分别在公式(2.98)和公式(2.133)中给出。下面将实现后一种解，用于基于协同的运动生成。回想一下，此解的优点是使机器人达到完全直立的姿势，如2.11.4节中的示例所示。

解(2.133)的三个分量中的每一个都确定原始运动协同。从分量被低维输入参数化的事实可以明显看出这一点。第一个分量 $\dot{\boldsymbol{\theta}}^{c}$ 的输入是混合准速度扭矩 $\mathcal{V}_M$。此分量确定CoM/基座连杆移动的协同效应。第二个分量 $\dot{\boldsymbol{\theta}}^{m}$ 指定了通过输入 $\mathcal{V}_M$ 沿不受约束的运动方向的末端连杆移动的协同效应。第三个分量 $\dot{\boldsymbol{\theta}}^{n}$ 确定了自运动协同效应。这三个协同作用称为基元，因为它们是由单个命令输入生成的，如表7.1所示。

表7.1 使用单个命令生成的原始运动协同效应

	原始运动协同效应	$\mathcal{V}_M$	$\bar{\mathcal{V}}^{m}$	$\dot{\boldsymbol{\theta}}_u$
P1	肢体自运动（固定CoM/基座的内部连杆运动）	$=\mathbf{0}$	$=\mathbf{0}$	$\neq\mathbf{0}$
P2	稳定CoM/基座的末端连杆	$=\mathbf{0}$	$\neq\mathbf{0}$	$=\mathbf{0}$
P3	CoM/基座运动（固定末端连杆，无自运动）	$\neq\mathbf{0}$	$=\mathbf{0}$	$=\mathbf{0}$

7.5.2 原始协同效应的组合

正如已经指出的，组合原始运动协同效应可以获得复杂的运动模式。组合表7.1中的原始协同效应，获得表7.2中所示的四种运动模式。协同效应及其组合可以与典型的运动任务相关。例如，三种静止CoM/基座运动协同/模式（在 $\mathcal{V}_M=\mathbf{0}$ 下获得，P1、P2和C1）对于双脚站立(DS)或者坐姿非常有用，在这其中，只有手臂移动。当手被固定时（例如，当手放在桌子上时满足 $\bar{\mathcal{V}}_H^m=\mathbf{0}$），肢体自运动协同P1可用于调整手臂配置，例如在站立时施加最佳接触力。利用 CoM/基座运动协同 P3 或全身自运动模式 C2 可以实现用于站立的运动模式。

表 7.2　多个命令产生的协同效应组合

	协同效应组合	$\mathcal{V}_M$	$\bar{\mathcal{V}}^m$	$\dot{\boldsymbol{\theta}}_u$
C1	稳定 CoM/基座的全身运动	$=\mathbf{0}$	$\neq\mathbf{0}$	$\neq\mathbf{0}$
C2	全身自运动(固定 CoM/基座的内部连杆运动)	$\neq\mathbf{0}$	$=\mathbf{0}$	$\neq\mathbf{0}$
C3	末端连杆和 CoM/基座运动	$\neq\mathbf{0}$	$\neq\mathbf{0}$	$=\mathbf{0}$
C4	全身运动	$\neq\mathbf{0}$	$\neq\mathbf{0}$	$\neq\mathbf{0}$

Video 7.5-1[106]演示了具有原始运动协同作用及其组合的小型仿人机器人㊀的运动。CoM 位置/速度和关节角度/角速度图如图 7.18 所示。仿真的快照显示在图 7.18 的底部。执行以下协同/模式：

1. 0～2s 手臂自主运动(P1)
2. 2～4s CoM/基座向上运动(P3)
3. 4～6s 手沿看不见的水平面滑动，CoM/基座静止(C3)
4. 6～8s CoM/基座下移(P3)
5. 8～10s 右腿滑动，CoM/基座静止(P2)
6. 10～12s 全身运动以恢复初始姿势(C4)

请注意，脚/手处的接触已设置为无摩擦，允许机器人通过期望的方式在闭合连接面(即脚的地板表面和手的不可见的桌子表面)上滑动来调整四肢的姿势。还要注意的是，当手在第 3 阶段滑动时，姿势会完全竖直。这一点从图 7.18 中的膝关节曲线图(用紫色绘制)可以明显看出。在这种姿态下没有观察到不稳定，因为采用了混合准速度表示法。如果使用基座准速度表示法，情况就不是这样了。最后，第 6 阶段的动作由所有先前的协同作用组成，但以相反的方向执行。从图中可以明显看出，用这种方法可以产生平滑的运动。

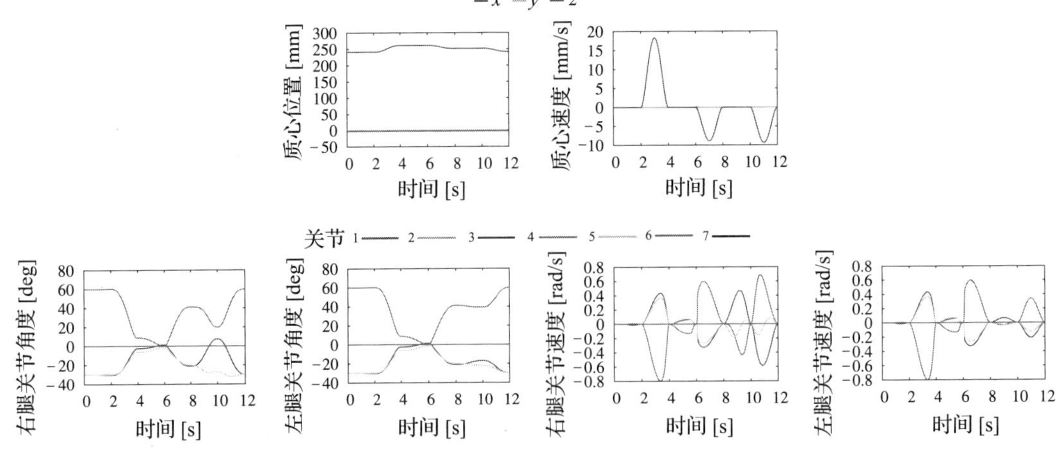

图 7.18　基于协同的运动生成。CoM 的位置和速度显示在第一行。腿和手臂的关节角度及其比率分别显示在第二行和第三行。动画运动的快照显示在底部(见彩插)

㊀ 模型的参数来自 HOAP-2 机器人[25](见 A.2 节)。

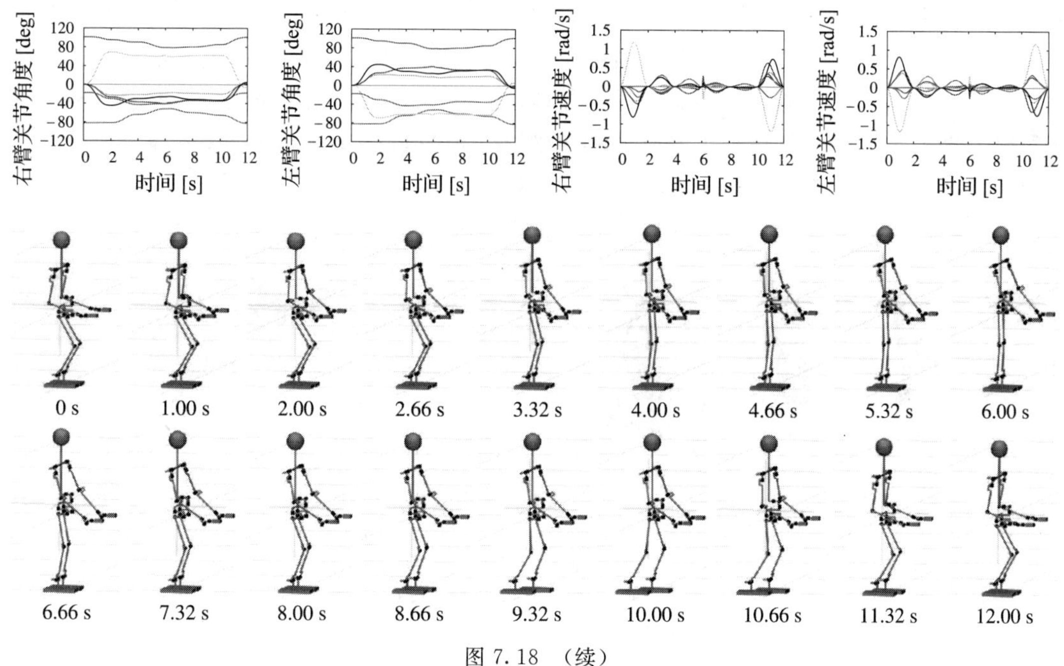

图 7.18 （续）

7.5.3 使用单指令输入生成多个协同效应

在某些特殊情况下，可以通过单个指令输入调用多个协同效应。假设一个具有冗余手臂的仿人机器人，双手被约束以在桌子上保持其位置。机器人的初始姿势是膝盖略微弯曲。正如预期，质心/基座向上运动命令(P3)首先调用质心/基座向上运动。当腿完全伸展时，基座就不能再向上移动了。但是质心可以通过(自动)调用手臂中的自动运动来做到这一点。这种类型的行为可以在 Video 7.5-2[127] 中看到。

7.6 基于协同的平面模型反应性平衡控制

在 5.13 节中介绍了三个平衡控制器，它们能够通过全身顺应性来适应外部干扰。然而应注意，这类控制器只能适应相对较弱的干扰。这一限制源于 CRB 关节动态控制分量中的恒定 PD 反馈项；误差界不能设置得太低以允许更大的姿势变化。请注意，为了适应较大的干扰，需要较大的姿势变化。反应性平衡控制器应确保足够大的姿势变化而不会破坏平衡。如下所示，运动协同效应可以用来产生这样的姿势变化。

7.6.1 人类使用的平衡控制的运动协同效应

生物力学和物理治疗领域的研究人员已经注意到人类用来评估平衡障碍的平衡恢复策略[102,118,117,42]。为了进行分析，通常采用矢状面和侧平面的简单模型(参见图 2.1)。下面将简要概述这些结果。

矢状面

当直立站立的健康人受到支撑面水平扰动产生的外部干扰时，他会对脚踝或髋关节协同作用产生反应[102,42]。当支撑面足够大时，通过踝关节协同达到姿势平衡。因此，干扰调节和平衡恢复主要是通过踝关节的运动来完成的。另一方面，当人站在相对于脚的长度较短的支撑面上时，会调用髋关节协同效应。这种协同作用对支撑面产生水平剪切力，踝关节很少或没有运动，但髋部的运动占主导地位。除了脚踝和髋部策略外，还确定了第3种策略，即所谓的步法或稳定策略。当超过髋部策略期间的某些边界值(位置或速度)时，将调用此策略。这三种反应策略如图7.19所示。

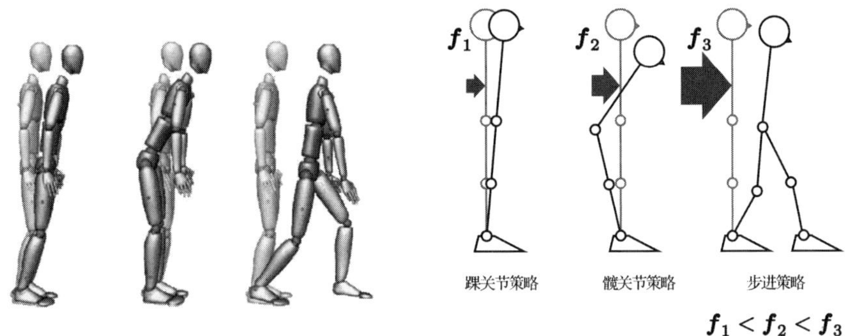

图7.19　外力作用在背部时的矢状面踝关节、髋关节和步进的反应策略。踝关节策略由弱干扰初始化，该干扰需要适应踝关节运动和BoS内CoM的位移。髋关节策略由中等幅度的扰动初始化，它是通过在髋关节的主要运动中弯曲上半身来实现的。有时，这种策略的特点是踝关节和髋关节的反相偏移。步进策略由导致BoS变化的强扰动初始化(反应步进)

侧平面

文献[53]中提出了一个概念模型，用于研究中枢神经系统在侧平面⊖内摇摆运动中的作用。使用四杆模型得出脚踝/髋关节中主要运动的平行腿运动模式。一项更详细的研究[100]得出的结论是，当干扰相对较小时(例如，在骨盆处应用)，可使用侧平面踝关节策略。当干扰较大时，例如在肩膀上，响应具有所谓的加载/卸载协同作用。另外，有人提到，当扰动变得更大时，可以调用一个步骤来保持平衡。在文献[79]和文献[96]中，确定了两个主要的保护步骤模式：响应不变干扰的加载侧步和卸载跨步策略。在文献[126]中，观察到当调用加载/卸载协同作用的干扰增大时，卸载脚上的接触会丢失，从而导致所谓的提升腿协同作用。这种协同作用也是通过仿人机器人模型获得的[41]。在文献[126]中确认的侧平面平衡策略如图7.20所示。

通过仿真对人类使用的反应/复原运动模式进行了实验检验。其中一些模式已经用真正的机器人实现了。在早期阶段已经引入相当复杂的全身模型。用线性[29]和二次[68]规划方法得到了既能适应弱干扰又能适应中等干扰的解决方法。然而，大多数研究都是基于简单的模型，主要是在矢状面[103,6,122]。在本节的其余部分，重点将放在实施不需要改变BoS的协同效应上。这种协同效应用于适应中等规模的干扰。通常用于应对较大干扰的协同效应需要改变BoS(例如，作为矢状面阶跃策略或侧平面升降腿策略)。这些类型的协同效应将在7.7.5节中讨论。

7.6.2　基于RNS的反作用协同效应

在给定具有足够大稳定裕度的静态稳定姿态的情况下，可以通过空间动量守恒方法产

⊖　也称为前面或冠状面。

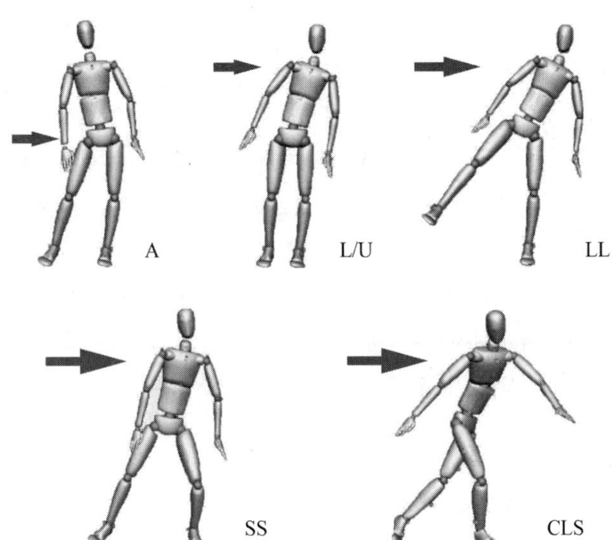

图 7.20 侧平面反应性响应模式。A——脚踝。L / U——加载/卸载。LL——升降腿。SS——跨步。CLS——换腿跨步。模式 A，L / U，SS 和 CLS 在生物力学领域的研究中是已知的[100,79,96]。模式 LL 在文献[126]中被确定，它也出现在仿人机器人研究中[41]

生无限大的姿态变化调节扰动，例如反作用力零空间(RNS)方法(参见 4.9 节)。这种变化，此后称为 RNS 协同效应，是无反作用力的。它们可以确保平衡稳定，同时保持初始(零)空间动量。守恒意味着将生成一个运动，使 CoM 和质心角动量转轴(CMP)在整个运动协同过程中保持不变。这是一种有点保守的方法，但平衡控制器很简单，并且产生了稳健的性能，还带有位置控制的机器人，如下所示。在下面的讨论中，将采用由腿和躯干组成的模型。包括手臂运动的全身模型将在 7.7 节中讨论。此外，将假设外部干扰的方向不通过 CoM。这意味着，干扰可以主要通过躯干/腿的旋转来调节，而不会在 CoM 中引起很大的变化。

7.6.3 矢状面踝关节/髋关节协同效应

踝关节协同效应用来适应相对较小的干扰。因此，它可以通过第 5 章中讨论的一种全身顺应性控制方法来实现，例如基于反作用力的重力补偿(参见 5.13.1 节，另见文献[48])。踝关节协同也可以用简单的线性化 IP-on-foot 模型和 LQR 控制器[103]以直接方式调用。另一方面，实现髋关节协同在某种程度上更具挑战性。最终目标是设计一种平衡控制器，它可以根据干扰的大小调用这两种协同效应中的任何一种。通过两个协同效应之间的平滑过渡，还需要适应扰动中可能的变化。

髋关节协同的最简单模型是具有脚/腿/躯干分段的双 IP-on-Foot 模型(参见图 7.21b)。利用该模型，可以基于 RNS 方法生成髋关节协同，由此将脚指定为浮动基座系统的根链接[92,91]。如果腿部/躯干力调节运动不在足部施加水平力和力矩分量，则可以在躯干水平施加干扰力的情况下保持平衡稳定性。然后脚将保持静止，满足 $v_{Bx}=0=\omega_B$。在这种情况下，动量守恒条件假定为简单形式 $\boldsymbol{J}_{CB_x}\dot{\boldsymbol{\theta}}=0$，其中

$$\boldsymbol{J}_{\overleftarrow{CB}_x}=\left[z_g \quad k_m l_{g2}\cos(\theta_1+\theta_2)\right] \tag{7.33}$$

是 CoM 雅可比矩阵的水平(x)分量，$k_m=M_2/M$，$M=M_1+M_2$ 表示总质量。关节速度矢量由两个关节速率(踝部和髋部)组成。求解关节速率，得到以下一组无反作用力的关节速度：

$$\{\dot{\boldsymbol{\theta}}_{rl}\}=\{b\boldsymbol{n}\} \tag{7.34}$$

其中 b 是将髋部协同参数化的任意标量；$\boldsymbol{n}\in\Re^2$ 是来自 $\boldsymbol{J}_{CB_x}$ 核心的矢量，即

$$\boldsymbol{n}=\begin{bmatrix}n_1\\n_2\end{bmatrix}=\begin{bmatrix}-M_2l_{g2}\cos(\theta_1+\theta_2)\\(M_1l_{g1}+M_2l_1)\cos\theta_1+M_2l_{g2}\cos(\theta_1+\theta_2)\end{bmatrix} \tag{7.35}$$

此关系在关节空间中生成指定协同的矢量场。

然后，可以得到髋关节协同中关节速率的以下关系：

$$\dot{\theta}_{1h}^{\text{ref}}=\frac{n_1}{n_2}\dot{\theta}_{2h}^{\text{ref}} \tag{7.36}$$

这里，$\dot{\theta}_{ih}^{\text{ref}}(i=1,2)$是髋关节策略的参考关节率。

接下来，考虑图 7.21a 中所示的脚踝协同的 IP-on-Foot 模型。运动方程写为

$$Ml_g^2\ddot{\theta}_1-Mgx_g=\tau_1-D_a\dot{\theta}_1-K_a\theta_1 \tag{7.37}$$

这里，l_g 是从踝部到 CoM 的距离，$x_g=l_g\sin\theta_1$ 是 CoM 地面投影，g 是重力加速度，D_a 和 K_a 是虚拟阻尼器/弹簧常数。围绕直立姿势线性化，踝关节扭矩可以替换为 $\tau_1\approx-Mgx_p$(参见公式(4.8))。然后，获得踝关节的参考关节加速度

$$\ddot{\theta}_{1a}^{\text{ref}}=\frac{1}{Ml_g^2}(Mg(x_g-x_p)-D_a\dot{\theta}_1-K_a\theta_1) \tag{7.38}$$

在躯干部分代表单个 IP 的简化假设下，可以使用相同的关系获得髋关节在髋关节协同中的参考关节加速度，于是腿部被瞬时固定。因此，

$$\ddot{\theta}_{2h}^{\text{ref}}=\frac{1}{M_2l_{g2}^2}(M_2g(x_g-x_p)-D_h\dot{\theta}_2-K_h\theta_2) \tag{7.39}$$

这里，C_h 和 K_h 是躯干的虚拟阻尼器/弹簧常数。其余的参数在图 7.21 中应该清楚可见。对关节加速度进行积分以获得参考关节角速率，作为下列方程的控制输入。

通过在两个协同过程中考虑 CoM 的位移，可以将上述脚踝和髋关节协同作用结合起来。在脚踝协同作用期间，gCoM 在 BoS 内移位。在髋关节策略期间，CoM 仅在垂直方向上移动，而其地面投影保持固定(请参见图 7.21b)。踝关节(A)和髋关节(H)协同作用之间过渡的目的是双重的。首先，应确保在 x_g 到达 BoS 边界(A-H 转换)之前及时初始化髋关节动作。其次，在干扰消失后，gCoM 应该迅速移回直立姿势的位置。为了确保这样的运动，请利用包含解

$$\dot{\boldsymbol{\theta}}=\boldsymbol{J}_{\overleftarrow{CB}_x}^{+}\dot{x}_g+b\boldsymbol{n} \tag{7.40}$$

的

$$\dot{x}_g=\boldsymbol{J}_{\overleftarrow{CB}_x}\dot{\boldsymbol{\theta}} \tag{7.41}$$

首先考虑 A～H 过渡阶段。借助公式(7.33)和公式(7.35)，公式(7.40)可以扩展为以下形式：

$$\begin{bmatrix}\dot{\theta}_1\\\dot{\theta}_2\end{bmatrix}=\frac{\dot{x}_g^{\text{ref}}}{z_g^2+(k_ml_{g2}\cos(\theta_1+\theta_2))^2}\begin{bmatrix}z_g\\k_ml_{g2}\cos(\theta_1+\theta_2)\end{bmatrix}+b\boldsymbol{n} \tag{7.42}$$

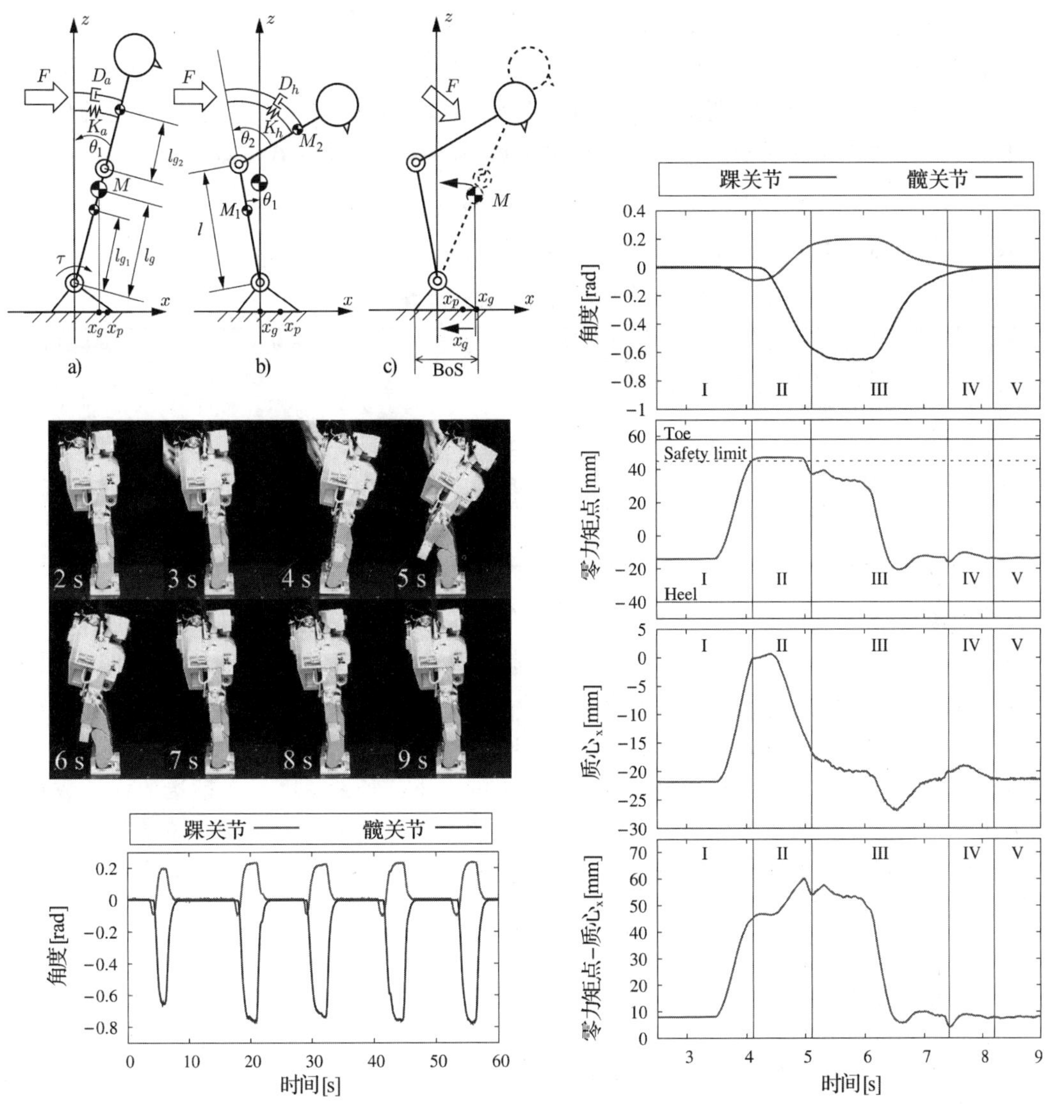

图 7.21 矢状面内踝关节-髋关节反作用力协同作用[57]。左上角：踝关节(a)和髋关节(b)协同作用和过渡(c)模型。左中图：实验快照。左下图：连续五次扰动的关节角数据。右下图：第一个扰动周期的详细数据。运动阶段如表 7.3 所示；$K_{(\circ)}/D_{(\circ)}$是虚拟弹簧/阻尼器变量(见彩插)

然后，将参考踝关节率导出为

$$\dot{\theta}_1^{\text{ref}} = \frac{z_g}{z_g^2 + (k_m l_g \cos(\theta_1 + \theta_2))^2} \dot{x}_g^{\text{ref}} + k_w \frac{n_1}{n_2} \dot{\theta}_2^{\text{ref}} \tag{7.43}$$

等号右边的第一个分量取决于作为踝关节协同作用组成分量的 gCoM 的运动率。另一方面，第二分量是 RNS 髋关节协同分量(参见公式(7.36))。两个分量的叠加是通过五阶样条函数实现的，即 $0 \leqslant k_w(t) \leqslant 1$。参考 gCoM 率由简单的反馈定律

$$\dot{x}_g^{\text{ref}} = k_{\text{pc}}(x_g^{\text{des}} - x_g) \tag{7.44}$$

计算出，k_{pc}表示 P 反馈增益，x_g^{des} 也被确定为五阶样条函数，以确保 x_p^{lim} 和 $x_g^{\text{init}}(=0)$之间的平滑过渡，其中 x_p^{lim} 是当$x_p = x_p^{\text{lim}}$ 时的 gCoM，其中 x_p^{lim} 是设置在 BoS 边界附近的安

全极限。

在扰动消失后，初始化 H-A 转换。为此，需要监测 ZMP(x_p)和垂直 CoM 坐标(z_g)的值。请注意，转换结束时期望的姿势等于初始(竖直)姿势($\theta_2=0$)。使用适当的值，当 θ_2 接近零时，将初始化转换。因此，可以采用调节器型反馈控制器，即

$$\dot{\theta}_2^{\mathrm{ref}}=-k_{p\theta}\theta_2 \tag{7.45}$$

$k_{p\theta}$表示反馈增益。最后，获得 4 个不同的运动阶段，如表 7.3 所示。

表 7.3 运动阶段和变量

阶段	协同	θ_1	θ_2	转换的值
Ⅰ	踝关节(A)	(7.38)	—	—
Ⅱ	A-H 转换	(7.43)(7.44)	(7.39)	x_p
		$x_g^{\mathrm{des}}: x_g^{\lim}\xrightarrow{\text{样条函数}}x_g^{\mathrm{init}}$	$k_w: 0\xrightarrow{\text{样条函数}}1$	
Ⅲ	髋关节(H)	(7.36)	(7.39)	—
Ⅳ	H-A 转换	(7.38)	(7.45)	x_p, z_g
Ⅴ(Ⅰ′)	踝关节	(7.38)	—	—

使用微型仿人机器人 HOAP-2[25](参见 A.1 节)获得的实验数据如图 7.21 所示。在 60s 的时间间隔内，用手向后推动机器人，机器人会在水平方向上施加 5 次未知(可变)的连续干扰力。在变量 k_w 和 x_g^{des} 的样条函数内，A-H 转换的时间跨度设置为 1s。ZMP 安全极限设置为 $x_p^{\lim}=45\mathrm{mm}$。当满足以下条件时：$264.5\mathrm{mm}<z_g<266.5\mathrm{mm}$ 和 $x_p<0$，将初始化 H-A 转换。关节角的时间记录如图 7.21 的左下方所示。第一次推送的详细数据图显示在图的右侧。实验数据表明，通过在位置控制的仿人机器人上使用简单的基于速度的平衡控制器，可以稳定地实现具有转换的踝/髋关节协同作用。Video 7.6-1[94]中显示了实验结果。

希望以两种方式扩展控制器功能[6]。首先，可以允许脚转动。其次，系统参数的确定应严格考虑前几节讨论的系统状态和稳定性分析方法。

简单的 double-IP-on-foot 模型也在文献[103]中用于设计积分控制器，它通过踝关节和髋关节的协同作用来适应干扰，分别由一个 LQR 控制器和一个 gCoM 调节器实现。这与 RNS 协同方法形成对比，在 RNS 协同方法中，仅使用前馈控制以更简单的方式产生髋关节协同。产生髋关节协同的另一种方式是采用质心力矩分量，就像 RWP 模型一样。然后，在反应(或反射)阶段期间的运动控制可以基于类型(5.136)的关节动力学控制。在文献[1]中描述了使用四杆模型(脚、带膝关节的两段腿和躯干)来实现该方法。由于该模型是平面的，因此参考动量率可以用标量分量 $\dot{p}_x^{\mathrm{ref}}=k_p(x_p-x_g)$和 $\dot{l}^{\mathrm{ref}}=-k_w l$ 来设计。然后，通过伪逆等方法获得的最佳准速度可以插入关节空间逆动力学(JSID)解中来推导关节力矩。另一方面，在复原阶段，三个部分的运动可以通过势能最大化产生。这种方法产生直立(伸展腿)姿势。

7.6.4 侧平面踝关节、加载/卸载和抬腿协同效应

相对而言，很少有研究涉及在仿人机器人的侧平面内实现姿势平衡协同。在文献[16]中，提出了一种两级平衡控制策略，并在一台微型位置控制机器人上实现。第一阶段通过 ZMP 反馈控制实现侧平面踝关节策略。在第二阶段，采用了踝关节-髋关节结合的策略来

处理较大的干扰。然而，所提出的模型并没有涉及对人体姿势平衡策略的深入研究。在文献[41]中，采用了一种基于 ZMP/CoM 动力学和上半身角动量的控制方法，产生了摆动脚平衡的运动。虽然没有设想作为控制输入的特定反应模式，但发现机器人的行为与人类参与者的行为类似。

文献[126]提出了一项更详细的研究，关于侧平面踝关节和加载/卸载协同效应的实现，以及后续抬腿协同效应的转换。借助图 7.22 所示的简化多连杆模型实现了协同效应。加载-卸载/抬腿运动模式的快照如图 7.23 所示。Video 7.6-2[125]中显示了脚踝/腿抬高的协同运动。从数据可以明显看出，可以实现预期的运动模式。但是，应该指出的是，实现并不是那么简单，因为首先必须交换模型，其次控制律包含难以调整的非线性弹簧系数和反馈增益。如 7.7.2 节所示，还有一种替代的、更好的方法，用于生成和控制三维全身模型的侧面反应协同效应。

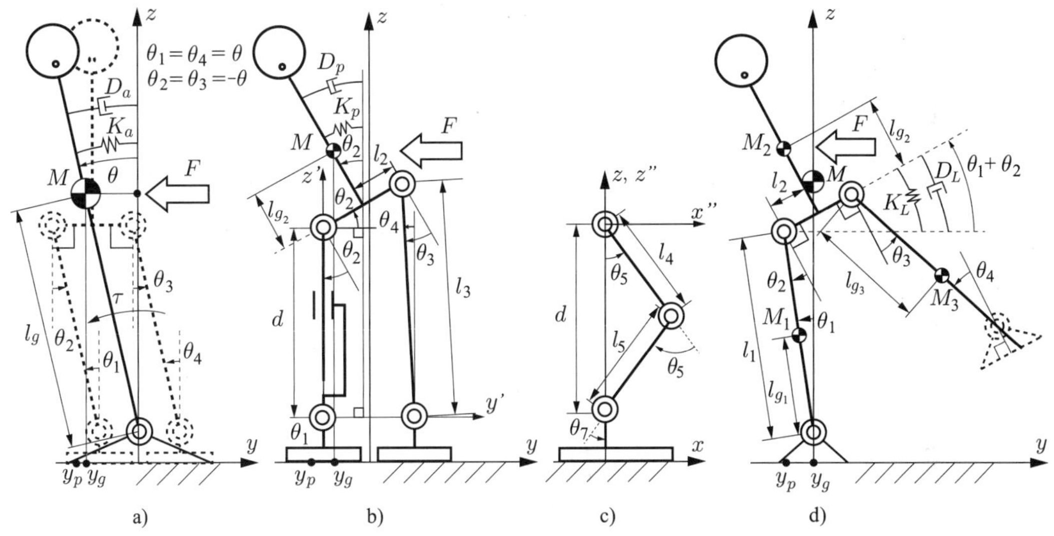

图 7.22　三种策略在侧平面上的模型。a)脚踝。b)～c)装卸。d)抬腿。b)的右腿中的滑块关节是虚拟关节——相当于涉及三个俯仰关节的真实腿子链：髋关节(θ_5)、膝关节(θ_6)和踝关节(θ_7)，如 c)所示

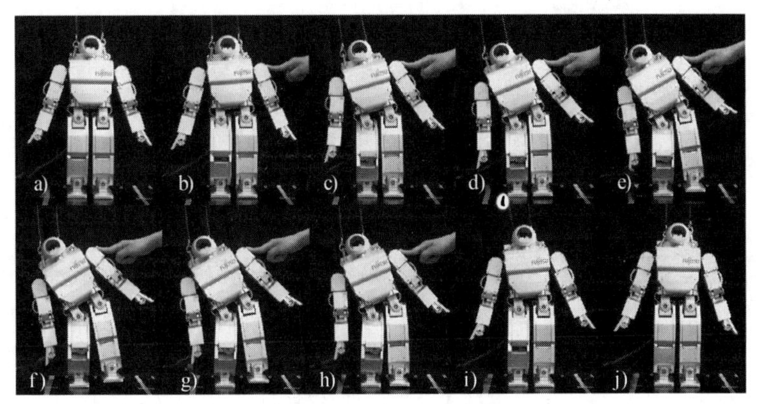

图 7.23　当干扰是连续的力时，来自加载/卸载和抬腿集成的快照。a)和 b)：加载/卸载策略。c)～h)：抬腿策略。i)和 j)：加载/卸载策略

7.6.5 横向平面扭转协同效应

横向平面扭转协同通过围绕垂直方向旋转上半身来适应从背部(例如右肩部)施加的矢状面干扰力。这种旋转可以通过在骨盆或特殊的腰侧滚关节(如果可用)中的转动运动来产生。这里的重点是骨盆转动。这种协同效应可以用图 7.24 所示的简化的两腿模型来获得。验证以下角度关系:

$$\theta_4 = \theta_8 = -\theta_9 = -\theta_3$$
$$\theta_5 = \theta_7 = -\theta_{10} = -\theta_2$$
$$\theta_6 = \theta_1$$

$\theta_1/\theta_2/\theta_3$ 和 $\theta_6/\theta_7/\theta_8$ 分别代表左右髋关节的翻滚/偏移/俯仰;θ_4/θ_5 和 θ_9/θ_{10} 分别表示左右踝关节的俯仰/偏移。此外,从图 7.24b 和图 7.24c 中可以得出

$$l_2\sin\theta_5 + d_1\cos\theta_1 = d_1$$
$$l_2\sin\theta_4 + d_2\sin\theta_1 = 0$$

因此,

$$\theta_2 = \arcsin\left(\frac{d_1 - d_1\cos\theta_1}{l_1}\right)$$

$$\theta_3 = -\arcsin\left(\frac{d_1}{l_1}\sin\theta_1\right)$$

显然,所有的角度都可以表示为 θ_1 的函数,这个角度将扭转协同效应参数化。图 7.24 的下半部分是实现扭转策略的快照。

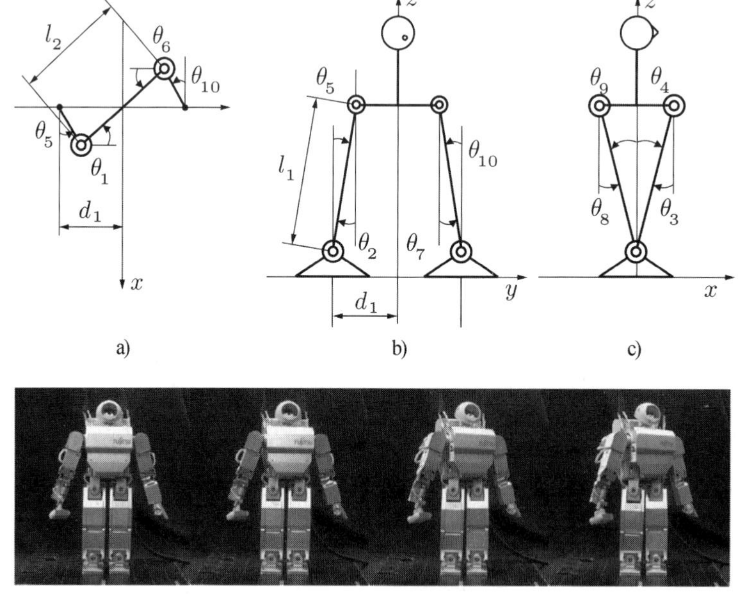

图 7.24　横向平面扭转策略。一个简单的模型用于产生协同效应。a)俯视。b)前视图。c)侧视。关节角度的含义如下:右侧髋关节的翻滚/偏航/俯仰分别为 $\theta_1/\theta_2/\theta_3$,左侧髋关节的翻滚/偏航/俯仰分别为 $\theta_6/\theta_7/\theta_8$;右侧踝关节的俯仰/偏航分别为 θ_4/θ_5,左侧踝关节的俯仰/偏航分别为 θ_9/θ_{10}

7.6.6 通过简单的叠加获得复杂的反应性协同效应

基于协同的平衡控制的最终目标是设计一种控制器，使其能够对来自不同方向的各种干扰做出响应。这意味着必须根据干扰的大小和方向调用适当的反应/复原协同效应。下面将介绍两种方法。首先，在本节的其余部分中，将探讨到目前为止所讨论的简单平面协同效应的叠加。目标是获得一套可以处理来自不同方向的干扰的平面外协同效应。第二种方法将在 7.7 节中介绍，该方法基于全身模型的协同生成。

矢状面踝关节/髋关节、侧平面踝关节和横向平面扭转的协同效应可以在图 7.25a 所示的简单模型的帮助下进行组合。该模型包括两个 2 自由度关节：俯仰偏移踝关节和俯仰翻滚髋关节。单独的踝关节偏移模型如图 7.25b 所示。该模型用于侧平面踝关节协同效应。除踝关节俯仰关节外，虚拟弹簧/阻尼器连接到关节。该关节是髋关节协同效应中的从属关节。髋翻转关节在扭转协同效应中使用，详见 7.6.5 节。τ_a，τ_h 和 τ_t 是由嵌入实验机器人[⊖]骨盆中的力/扭矩传感器测得的偏移、俯仰和翻滚的外部干扰得出的。这些输入被插入到两个简单模型的正动力学关系中，以获得关节加速度和整合后的速度和位置。然后将它们映射到真实机器人的关节。从 Video 7.6-3[93] 和图 7.26 中的图表可以明显看出，机器人对来自各个方向的扰动迅速做出了响应，从而产生了非常顺从的行为。请注意，如 7.6.3 节所述，通过 RNS 方法可实现髋关节协同效应。这样，可以使矢状面内的 ZMP 偏移最小。

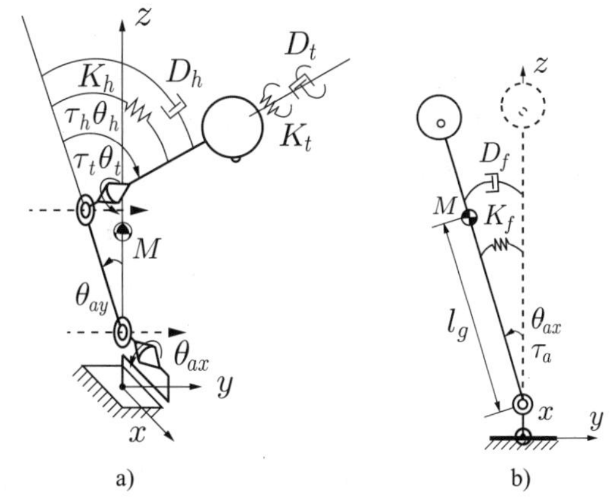

图 7.25 踝关节-髋关节扭转策略叠加的简单模型。a)髋关节扭转和外侧踝关节协同的四关节三维模型。b)外侧踝关节协同的单关节平面模型。虚拟弹簧/阻尼器变量分别表示为 $K_{(\circ)}/D_{(\circ)}$

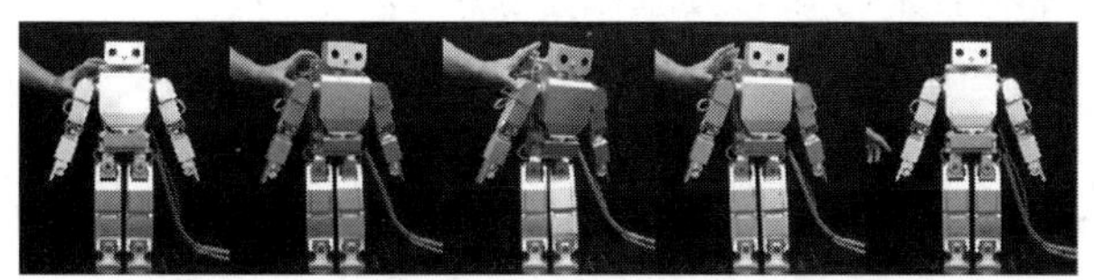

图 7.26 踝关节-髋关节扭转协同效应叠加。右下角的力矩图显示了从嵌入 HOAP-2 机器人骨盆中的力/扭矩传感器获得的数据。腿部关节角度按从髋关节到踝关节的递增顺序编号。模型中不包括膝关节(见彩插)

⊖ HOAP-2 机器人进行了改装，以适应力/力矩传感器。

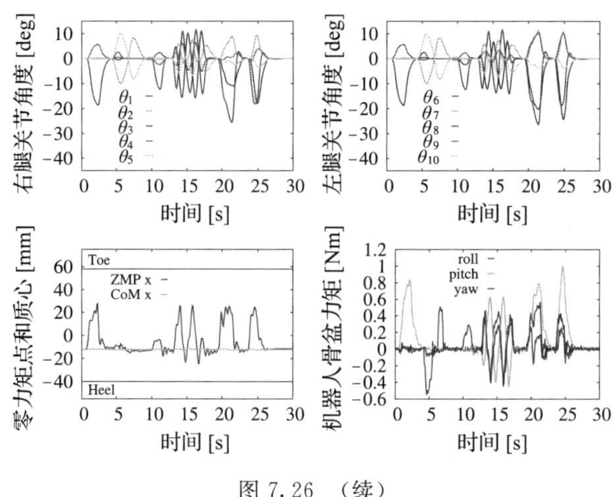

图 7.26 (续)

踝关节侧平面协同是本实验实现的唯一侧平面协同。可以实现侧平面加载/卸载和抬腿协同作用，但正如已经指出的，处理众多模型之间的转换和各自的协同作用并不是那么简单。使用单一的全身模型来生成复杂的反应性运动模式更可取。这种方法将在 7.7 节中介绍。

7.6.7 总结与讨论

采用简单的模型来获得反应性协同效应，以适应不需要 BoS 发生变化的中等大小的未知外部干扰。协同效应源于人类用来维持其平衡的协同效应。响应从各个方向作用的干扰，可以叠加平面内的协同效应来获得相当复杂的全身运动模式。位置控制的仿人机器人的实现已显示出令人满意的结果，包括协同效应之间的转换。但是，转换参数的调整并不简单。在 7.7 节中将介绍一种更直接的替代方法，这种方法可以用单一全身模型生成复杂的平面外反应性协同效应。

7.7 利用全身模型获得反应性协同效应

本文中描述的全身模型产生的反应性协同效应可以应对各类型的中等程度的外界干扰。为了在反射阶段获得顺应性响应，使用相对较低的、用于 CRB 轨迹的反馈增益。在干扰消失后，反馈增益切换到更高的值，以确保快速恢复初始姿态。这种方法称为增益调度(参见文献[73,58])。另外，也可以通过 CRB 轨迹跟踪来恢复初始姿势，如 5.8.7 节所述。

本节将探讨 4 种平衡控制方法，其基础是：

- 简单的动态扭矩控制器；
- 用于加载/卸载和抬腿的基于 DCM-GI 的力旋量分配策略；
- 顺应体反应；
- 通过 RNS 的角动量阻尼实现的碰撞调节(参见 5.11.2 节)；
- 一个反应性 BoS 的变化(反应性步进)。

区分连续干扰和脉冲干扰是很重要的。7.6 节中的讨论完全基于前一种类型。在本节中，将说明如何针对这两种类型的干扰实施平衡控制方法。

本节中的所有模拟都是用一个小型仿人机器人模型进行的，其参数类似于舞蹈环境中的 HOAP-2 机器人[25][87]。有关机器人关节的编号和其他相关数据，请参见 A.1 节。

7.7.1　简单动态扭矩控制器产生的反应性协同效应

使用简单的控制律(5.128)产生和控制三维的全身反应性运动。由此，将从 DCM 稳定器获得关节动量参考变化率的线性分量(参见公式(5.76))，而角度分量只包含一个阻尼项。控制器框图与图 5.25 相同。唯一的区别是预期值的设置。

在反应(反射)阶段($T_0 \leqslant t \leqslant T_{rec}$)将采用导纳运动控制。直接在 DCM 稳定器中的当前 CoM 位置($\boldsymbol{r}_X^{des}(t)=\boldsymbol{r}_C(t)$)设置所需要的 DCM。从公式(5.76)中获得参考 DCM，DCM 的定义为

$$\dot{\boldsymbol{r}}_X^{ref}(t) = (1 - T_X k_X)\dot{\boldsymbol{r}}_C(t) \tag{7.46}$$

其中 $T_X = 1/\bar{\omega}_X$ 是 DCM 动力学的时间常数。

当外部干扰消失时(在 T_{rec})，复原阶段被初始化。在此阶段，预期 DCM 轨迹确定为

$$\boldsymbol{r}_X^{des}(t) = \boldsymbol{r}_C(t) + (1 - e^{-\frac{t-T_{rec}}{T_X}})(\boldsymbol{r}_X^s(t) - \boldsymbol{r}_C(t)) \tag{7.47}$$

这里 $\boldsymbol{r}_X^s(t)$，$T_{rec} \leqslant t \leqslant T_f$ 通过五阶样条函数得到，其中非平稳初态 $\boldsymbol{r}_X^s(T_{rec})$和平稳终态 $\boldsymbol{r}_C(T_f)=\boldsymbol{r}_C^{init}$，$\dot{\boldsymbol{r}}_C(T_f)=\boldsymbol{0}$，$\boldsymbol{r}_C^{init}$ 表示(扰动出现之前的)初始成分，$\boldsymbol{r}_X^{des}(t)$及其时间导数代入公式(5.76)，得到复原阶段的 $\dot{\boldsymbol{r}}_X^{ref}$。注意，通过这种方式，将确保从反射到恢复阶段的平稳转换。

例如，考虑在矢状面内水平直立的仿人机器人的背部施加“未知”外力的情况。通过五阶样条函数，扰动幅度在 2～4s 内从 0 逐渐增大到最大 6Nm，在 4～12s 内保持不变，在 12～14s 内逐渐减小，应用点在(0,－0.050,0.145)m 满足基准坐标系，即靠近右肩。这意味着机器人必须结合髋关节和扭转协同效应做出反应。不过，对于协同效应来说，并没有特定的模式。仅通过设置反馈增益来模仿虚拟弹簧/阻尼器即可获得反应性运动模式。仿真结果如 Video 7.7-1[50]所示。显然，机器人会按照预期的一种顺从的方式做出反应，不会失去平衡。在干扰消失后，以稳定的方式执行快速复原动作。这两个阶段的稳定性能可以从图 7.27 中的图表中得到确认。

此外，当扰动值初始设置为较小值时，将首先调用矢状面踝关节协同。在踝关节协同期间，增大扰动会产生一个平稳转换到髋关节扭转协同的效果。仿真结果可以在 Video 7.7-2[49]中看到。

7.7.2　对加载/卸载和抬腿策略的二次讨论

在 5.10.4 节所述的 DCM 广义逆分布控制方法下，可以通过全身运动模型实现 7.6.4 节所述的侧平面抬腿协同作用。这个控制方法可以通过模型仿真和 5.10.4 节所述的控制器参数设置进行检验。反应性平衡控制任务展示了在由(0,－20,－20)N 的力矢量指定的“未知”干扰力脉冲情况下的性能，该力矢量在 3～5s 从机器人髋关节左侧施加。适应这种干扰需要改变 CoM 高度。注意，DCM 控制方法允许这样的变化。DCM 控制器中的 $\bar{z}_{vrp}$ 常量(参见 5.6.2 节)设置为初始 CoM 高度(242mm)时，$\bar{\omega}_X=0.169$。力脉冲首先使右/左脚进行加载/卸载，然后是抬起左腿。因此，本任务演示从双腿站立到单腿站立再回到双腿站立的转换(DS→SS→DS)。

Video 7.7-3[43]以动画形式显示结果；图形如图 7.28 所示。图 7.28 中的灰色/粉红色

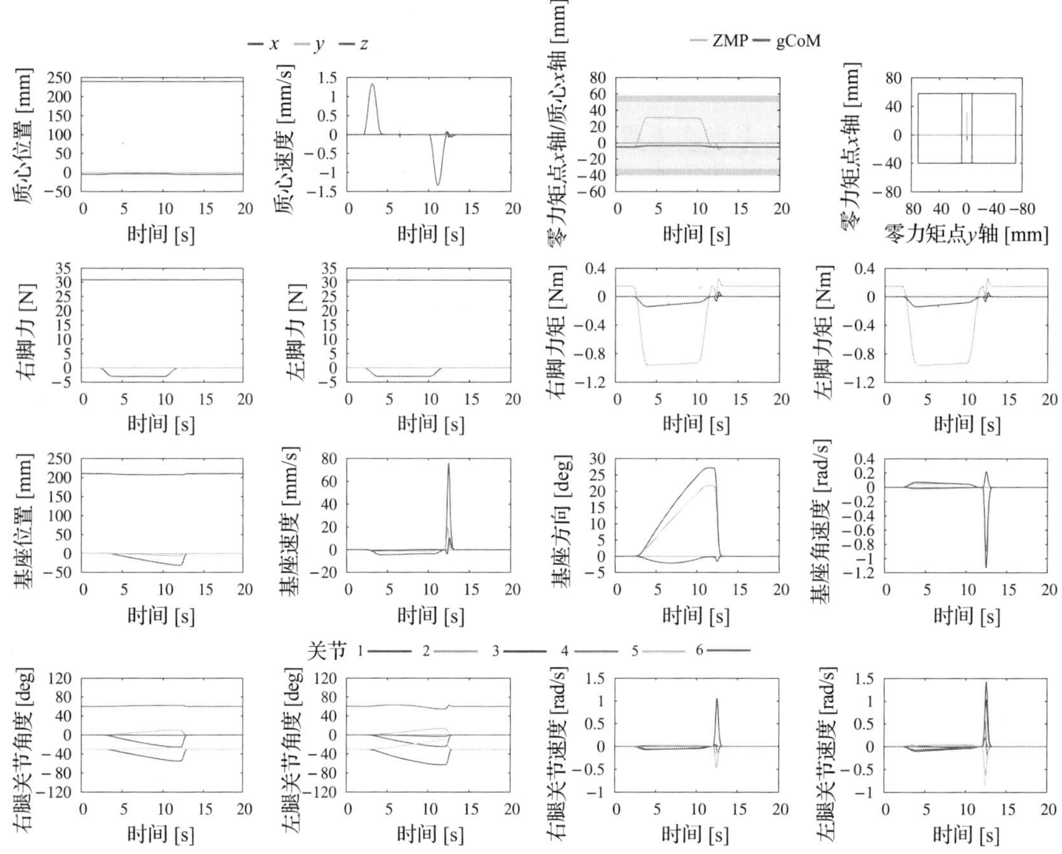

图 7.27　髋关节扭转反射协同后快速复原动作的模拟数据。在 2～4s 内扰动幅度逐渐增大，4～12s 内扰动幅度保持不变 6Nm，12～14s 内扰动幅度逐渐减小，此后机器人快速稳定地复原初始姿态(见彩插)

区域分别表示加载/卸载(DS)和抬腿(SS)策略。左/右列显示模拟的结果，其中将动态稳定区域设置分别为大/小。从图 7.28a 和图 7.28b 可以看出，z 方向的扰动分量在垂直 CoM 位置产生了很大的变化。图 7.28c～图 7.28f 中的反作用力表明了 DCM-GI 的连续不对称力分布能力。CoP 图如图 7.28g 和图 7.28h 所示。从结果可以明显看出，扩大踝关节位置以外的动态稳定区域是可能的。然而，如图 7.28g 所示，左脚 CoP(绿线)几乎达到了 BoS 的极限。但是，由于机器人可以稳定地从 DS 切换到 SS，因此可以避免踩脚。四个肢体的关节速度图如图 7.28i～图 7.28l 所示。这证明转换是连续进行的，没有过度加速。

7.7.3　柔性响应

在 7.6.6 节中展示了对任意外部力旋量的柔性行为。这种运动是由多个简单模型的协同效应叠加而成。本节将展示基于约束一致的关节加速度(5.141)的 CRB 轨迹跟踪控制器可以获得相同类型的响应，即

$$\ddot{\boldsymbol{\theta}} = \mathcal{J}^{+}_{cM}((\dot{\bar{\mathcal{V}}}^{c}) - \mathbb{C}^{T}_{cC}\dot{\mathcal{V}}^{\mathrm{ref}}_{M} - \dot{\mathcal{J}}_{cM}\dot{\boldsymbol{\theta}} - \dot{\mathbb{C}}^{\mathrm{T}}_{cC}\mathcal{V}_{M}) + N(\mathcal{J}_{cM})\ddot{\boldsymbol{\theta}}_{u} \tag{7.48}$$

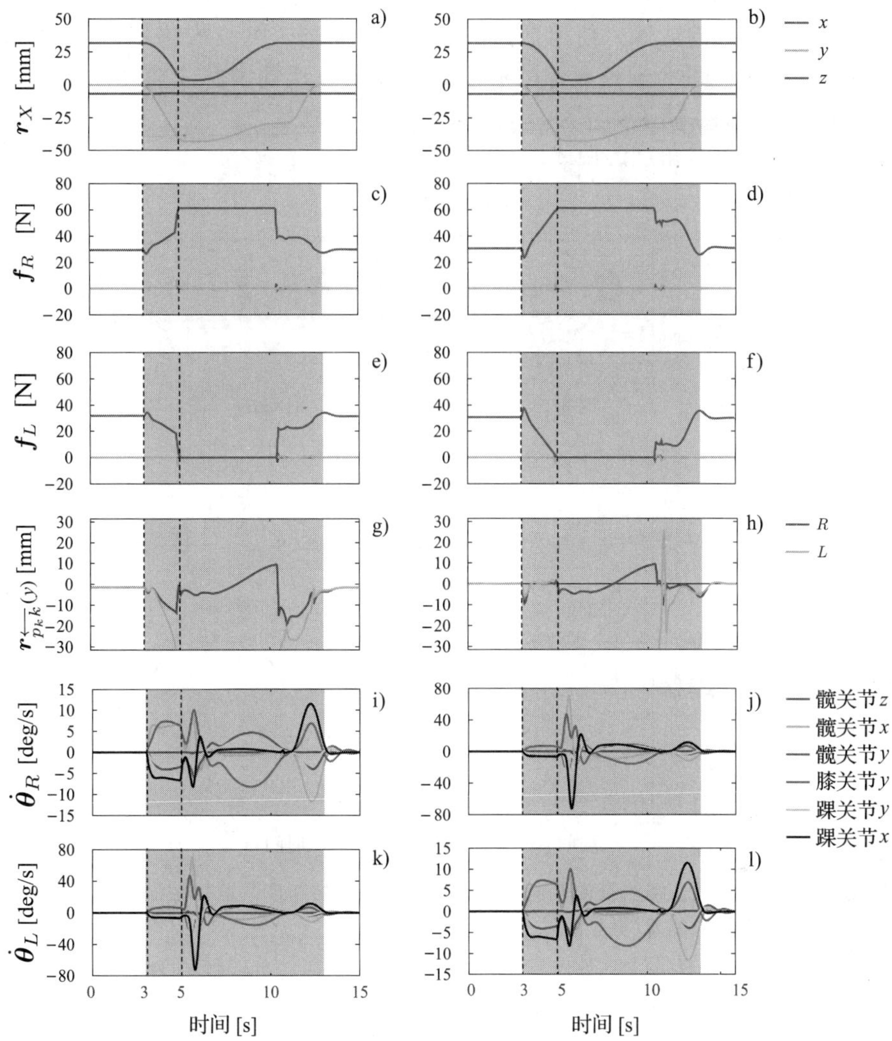

图 7.28 未知干扰下作用于基座/臀部的反应性任务。图中左/右上方的图形显示了动态稳定区域已分别设置为大/小的仿真结果。灰色/粉色区域分别表示加载/卸载和抬腿策略。扰动的时间跨度用垂直虚线表示（见彩插）

由于机器人站立在稳固的平面上，受约束运动方向上的加速度$\dot{\bar{\mathcal{V}}}^c$ 设置为零。CRB 轨迹跟踪的控制输入根据 5.8.7 节中的结果定义，如下所示。

$$\dot{\mathcal{V}}_M^{\text{ref}} = \mathbb{M}_C^{-1}\mathcal{F}_B^{\text{ext}} + \begin{bmatrix} K_{v_C}\dot{\boldsymbol{e}}_{p_C} \\ K_{\omega_B}\boldsymbol{e}_{\omega_B} \end{bmatrix} + \begin{bmatrix} K_{p_C}\boldsymbol{e}_{p_C} \\ K_{o_B}\boldsymbol{e}_{o_B} \end{bmatrix} \tag{7.49}$$

反馈增益 $K_{(\circ)}$ 和误差 $\boldsymbol{e}_{(\circ)}$ 在 5.8.7 节中定义；$\mathcal{F}_B^{\text{ext}}$是由安装在骨盆上的力/扭矩传感器测量的外力旋量（参见 7.6.6 节）。该力旋量通过 CRB（锁定）惯性的倒数来映射，以获得关于 CRB 加速度的前馈控制分量。控制输入 $\ddot{\boldsymbol{\theta}}_u$ 决定手臂的运动。在接下来的实验中，手臂将保持静止。

该实验与 7.6.6 节中描述的相同：通过在不同方向轻微推动上半身来产生任意力旋

量。由于力/力矩测量有噪声，因此使用 1N/Nm 的阈值来滤除噪声。请注意，由于时间延迟，应避免使用低通滤波器。使用低通滤波器时，机器人的反应将不会完全符合要求。对于每个位置和方向，CRB 轨迹跟踪的 P 反馈增益和 D 反馈增益分别设置为 300 和 100。控制时间间隔为 2.5ms。结果如 Video 7.7-4[51] 所示。测量力/力矩、CoM 和基座旋转的位移误差以及腿部的关节角度的曲线图如图 7.29 所示。

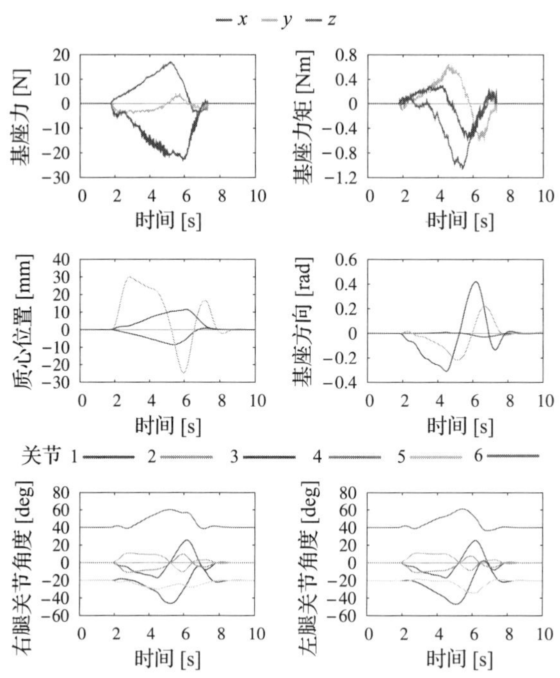

图 7.29　柔性响应实验。将测量的基座力/力矩作为 CRB 加速度的前馈控制输入。误差表示与初始配置的偏差(见彩插)

7.7.4　具有 RNS 角动量阻尼的碰撞调节

一般说来，碰撞可以用关节动量的线性分量或角分量，或者两者共同使用来调节。当 xCoM 位于 BoS 边界附近时，即使是微弱的碰撞也可能引发导致脚翻滚的临界姿势状态(图 5.3 中的状态(D))。正如 5.3.3 节所阐明的那样，恢复平衡需要迅速采取行动。请注意，在临界状态下，仅通过 CoM 运动来调节碰撞是不可能的，要么基于角动量的进行调节，要么应该采取反应性步进。下面，重点放在躯干和手臂旋转的基于角动量的调节上。反应式步进型响应将在 7.7.5 节中讨论。

在 5.8.3 节中，相对角动量/速度(RAM/V)平衡控制器可用于实现快速主动躯干旋转，而不会破坏平衡。手臂的移动虽然不在直接控制之下，但已被证明发挥了重要作用。该方法可以以简单的方式生成和控制受碰撞的仿人机器人的全身反射运动。为了适应碰撞，角动量阻尼将注入系统。这个方法可以通过从二阶公式中导出的相对角速度加速器(RAA)来实现(参见 5.11.2 节)。

公式(5.142)中给出的约束一致的关节加速度包括三个独立的控制输入：惯性 CoM 加速度 $\dot{\boldsymbol{v}}_{C_I}^{\mathrm{ref}}$、系统角加速度 $\dot{\boldsymbol{\omega}}_C^{\mathrm{ref}}$ 和基座连杆角加速度 $\dot{\boldsymbol{\omega}}_B^{\mathrm{ref}}$。回想一下，当采用混合准速度时，CoM 加速度分量将与角加速度分量完全解耦。这表明 $\dot{\boldsymbol{v}}_{C_I}^{\mathrm{ref}}$ 可以独立于两个参考角加速

度来设计。

在设计角加速度时，已指出系统或耦合角动量的守恒(在 5.11.2 节)是一个可能的目标。然而，请注意，在碰撞处于临界状态的情况下，系统角动量守恒对翻转滚动脚的运动没有帮助。使机器人稳定在这种状态的唯一可能是调用耦合角动量守恒。这表明了基于 RNS 的角加速度设计，满足(参考 5.11.2 节)

$$\dot{\boldsymbol{\omega}}_C^{\mathrm{ref}} = \dot{\boldsymbol{\omega}}_B^{\mathrm{ref}} - D_\omega \boldsymbol{J}_\omega \dot{\boldsymbol{\theta}} \tag{7.50}$$

下面的仿真将展示在碰撞引起的临界状态(脚部横滚)下基于 RNS 的姿势稳定的能力。仿人机器人以对称姿势放置在平坦的地面上，双脚对齐。机器人向前倾斜，使 gCoM 位于 BoS 边界(脚趾区域)附近。使用公式(5.142)中给出的 RAA 控制器，通过渐近轨迹跟踪控制方法可以稳定初始姿势。CoM 运动调整到初始位置。将各个 PD 反馈增益设置为相对较高的值($K_{p_C}=300$，$K_{v_C}=50$)。公式(7.50)中用于确保基于 RNS 的运动生成的阻尼增益设置为 $D_\omega=100$。

如前所述，碰撞阶段的扰动调节和碰撞后阶段的姿势稳定通过主要的上半身旋转(在躯干和手臂中)来完成。扰动在矢状面内，从后面沿水平方向施加。应用点在颈部周围，精确坐标(在基座连杆框架中)为(0，0，145)(mm)。扰动脉冲为 5.5N，实施 50ms。由于扰动方向没有侧向分量，因此可以预期脉冲将主要通过基座连杆在俯仰方向上的旋转来调节。通常，$\dot{\boldsymbol{\omega}}_B^{\mathrm{ref}}$ 可以设计为常规前馈加 PD 反馈控制律。然而，在扰动调节任务的特殊情况下，不需要前馈项。只有 PD 反馈控制才能保证碰撞时的顺应行为和冲击后的快速恢复。在所有三个阶段(即碰撞前、碰撞和碰撞后)，调整基座连杆相对于初始姿态的角度偏差即可。

预期型碰撞调节

为了调节反射(碰撞)阶段的扰动并在碰撞后阶段稳定姿态，采用增益排程方法(参见文献[73,58])。基座旋转的 PD 增益集如表 7.4 所示。最初，使用高增益来确保所需的基本方向(即初始方向)。在碰撞之前，增益涨幅明显降低。在受到碰撞后，增益切换到更高的值以确保快速恢复。请注意，碰撞前增益的降低对应于预期类型的行为。

表 7.4　基座连杆旋转 PD 反馈增益的增益排程(预期碰撞)

阶段	碰撞前		碰撞	碰撞后Ⅰ	碰撞后Ⅱ
时间(s)	0～0.9	0.9～1.0	1.0～1.05	1.05～1.25	1.25～
K_{o_B}(P-增益)	300	300～0.01	0.01	0.01～30	30
K_{ω_B}(D-增益)	50	50～0.001	0.001	0.001～5	5

仿真结果在 Video 7.7-5[36] 中以动画形式显示，在图 7.30 中以图形形式展示。从图中可以看出，如预期的那样成功地调节了碰撞，主要是在俯仰方向上的基座角偏差。CoM 的位移并不明显。在适应阶段，净 CoP 到达了 BoS 边界。从脚部的角速度图可以看出，脚部即将滚动。然而，因为 RNS 关节加速度分量产生了适当的快速手臂运动，所以机器人能够避免这种关键状态。之后，姿势稳定到最初的姿势。

非预期型碰撞调节

对非预期型碰撞的增益排程方法进行相同的仿真。基座旋转的 PD 反馈增益集如表 7.5 所示。请注意，最初的高增益在碰撞开始后的前 20ms(即碰撞Ⅰ阶段)内保持不变。

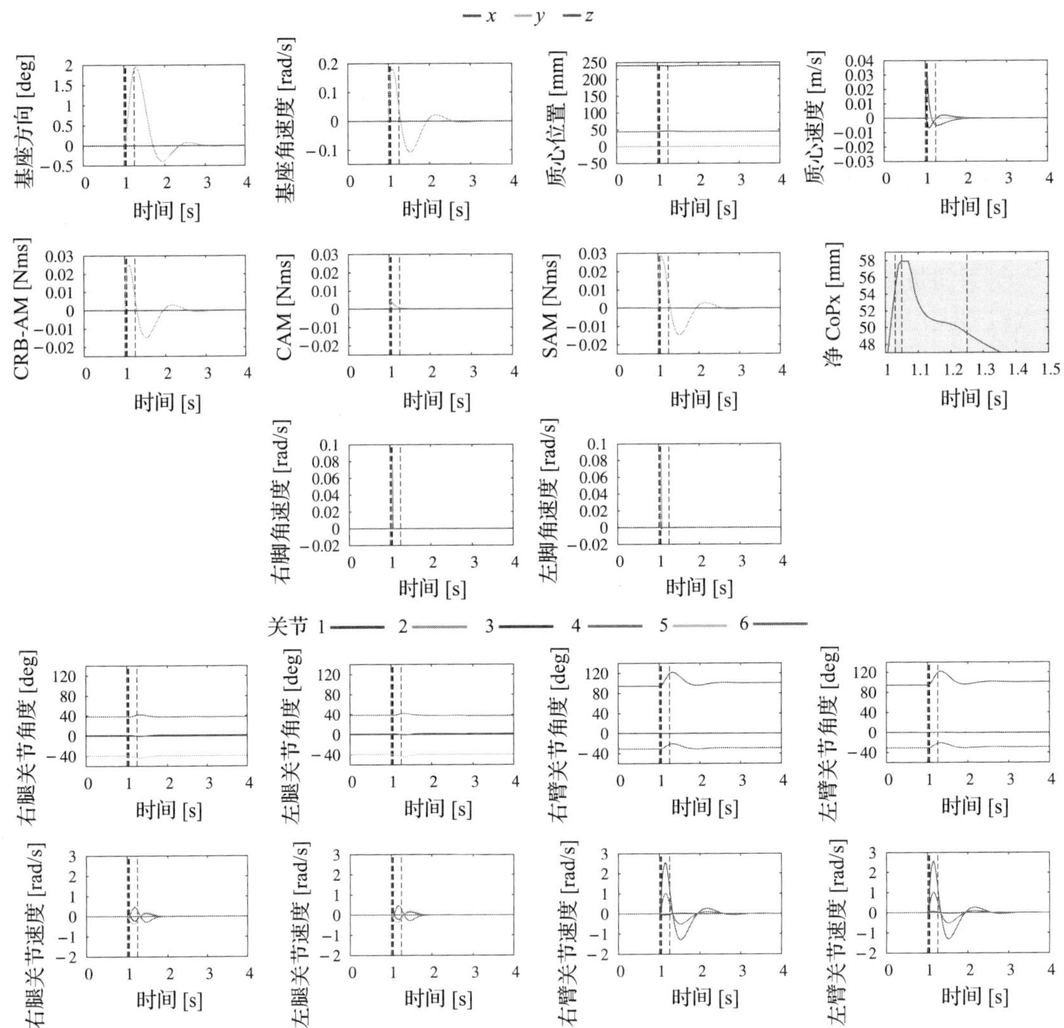

图 7.30　预期动作的自反式脉冲调节的仿真结果(基座旋转的 PD 反馈增益在碰撞前降低)。通过使用 RNS 方法生成的手臂运动，成功地抑制了脚部滚动。垂直虚线表示表 7.4 中的时点数据(见彩插)

然后降低增益，以在碰撞(即碰撞Ⅱ阶段)和碰撞前Ⅰ阶段的剩余 30ms 内获得顺应响应。在碰撞前Ⅱ阶段的最后，增益再次切换到更高的值，以确保快速恢复初始姿势。

表 7.5　基于底座连杆的旋转 PD 反馈增益的增益排程(意外碰撞)

阶段	碰撞前	碰撞Ⅰ	碰撞Ⅱ	碰撞后Ⅰ	碰撞后Ⅱ
时间(s)	0～1.0	1.0～1.03	1.03～1.05	1.05～1.25	1.25～
K_{o_B}(P-增益)	300		300～0.01	0.01～30	30
K_{ω_B}(D-增益)	50		50～0.001	0.001～5	5

仿真结果在 Video 7.7-6[37]中以动画形式显示，在图 7.31 中以图形形式显示。与先前实验的主要区别在于脚部翻滚是无法避免的。两只脚都开始滚动，因为在碰撞开始时增益很高，并且基座连杆不能像上一次仿真中那样适应俯仰翻滚的影响。然而，基于 RNS

产生的手臂运动响应能够确保脚部平面接触的恢复和姿势的稳定性。请注意，控制器中没有为脚部的接触过渡做任何准备。这清楚地表明了不同模型控制器的鲁棒性差异。

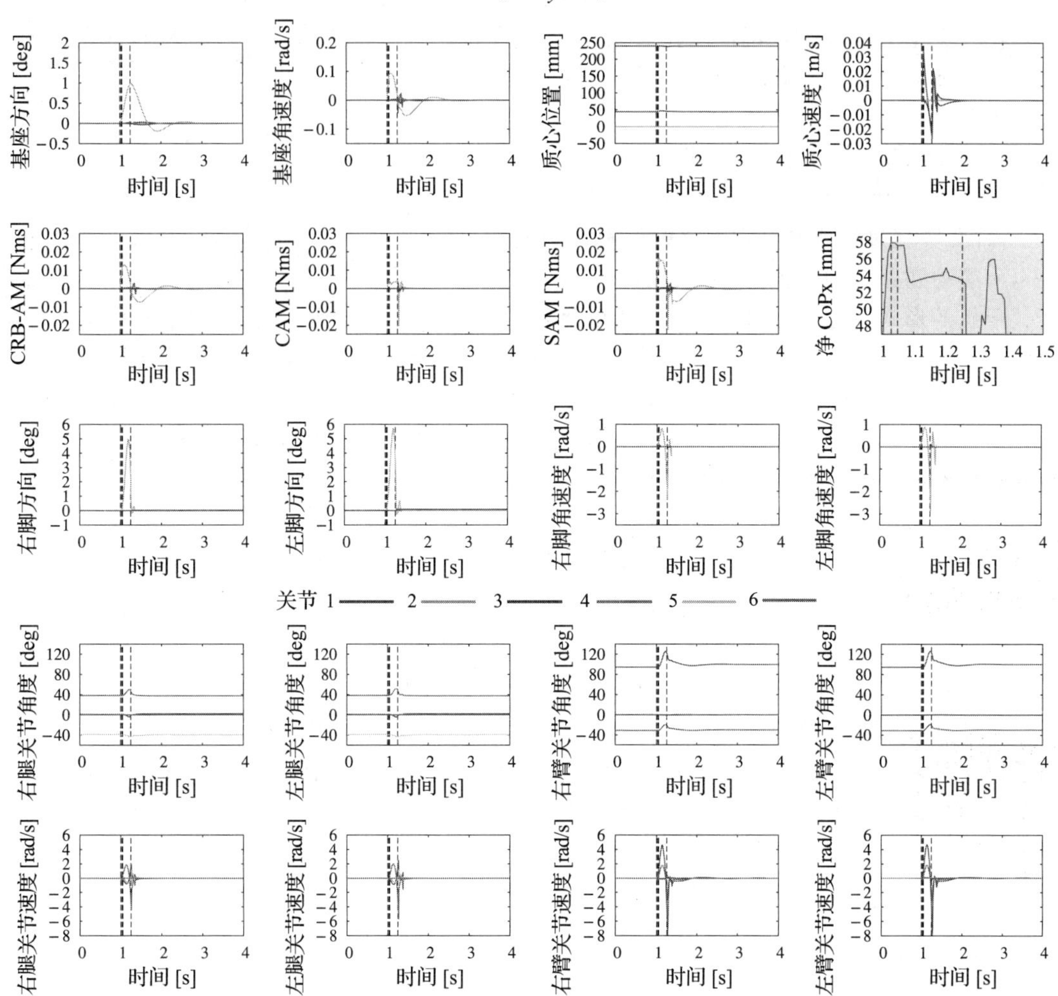

图 7.31 高增益影响的非预期型碰撞的自反性脉冲调节仿真结果。脚部滚动是不可避免的，但平面接触在脚部，并且通过 RNS 方法产生的手臂运动可以恢复稳定性。垂直虚线表示表 7.5 中的时点数据(见彩插)

7.7.5 反应性步进

所谓的 BoS 改变方法是人类用来应对意想不到的、幅度相对较大的姿势扰动的方法。最突出的例子是反应性步进(或绊倒)[102,75,76]。其他例子包括主要在侧面执行的策略，称为“加载侧步”和“卸载交叉步”[96]，以及涉及手部支撑的策略，即所谓的“伸手抓握”策略[76]。本节将重点放在反应式步进上。

从生物力学领域可以知道，当人体受到相对较大的干扰时，可能需要一个或多个步骤来恢复直立姿势的平衡[2]。基于所谓的“N 步捕获”分析的结果决定恢复要采取的步骤数量[67]。该分析将 CP 理论应用于三维线性倒立摆、三维足上线性倒立摆以及 4.4.2 节和

4.4.3 节中描述的三维 RWP 模型。在采取一个或多个步骤后，最终可以恢复至平衡的状态称为捕获状态。作为 CP 方法的推广，N 步捕获框架适用于运动生成和平衡控制，它可以赋予仿人机器人通过 N 步或更少的步就能到达捕获状态而不倒下的能力[99]。

在接下来的内容中，将描述在反应性步进期间用于平衡控制的 N 步捕获框架的实现。为了清楚和简单起见，我们做了以下假设：

- 在平地上实施反应性步进策略。
- 初始状态是静止的，脚对齐。
- 可以采取多个步骤，每个步骤都在时间 T_{step} 内完成。
- DCM 轨迹在水平面(应用线性倒立摆模型)。
- 摆动腿路径为最大高度 L_h 的圆弧。

干扰的形式为脉冲，表示为力/时间乘积 $\boldsymbol{f}_{\text{ext}}\Delta t_{\text{imp}}$，$\Delta t_{\text{imp}}$ 表示脉冲的持续时间。该扰动引起动量的变化，即 $M\Delta\boldsymbol{v}_C=\boldsymbol{f}_{\text{ext}}\Delta t_{\text{imp}}$。显然，CoM 速度的变化取决于作用力的方向和大小。xCoM/ICP 轨迹 $\boldsymbol{r}_{\text{ex}}(t)$ 可能会离开 BoS(例如，如图 7.32a 中 $\boldsymbol{r}_{\text{ex}}(t_{\text{imp}}^{\text{end}})$)，导致脚部滚动并最终跌倒。缓解这一问题的一种方法是利用质心矩，如第 5 章所述。使用 5.6.1 节中描述的线性反作用轮摆模型(LRWP)。xCoM 动力学(5.61)的二维版本记为

$$\dot{\boldsymbol{r}}_{\text{ex}}(t)=\omega(\boldsymbol{r}_{\text{ex}}(t)-\boldsymbol{r}_{\text{cmp}}(t)) \tag{7.51}$$

回想一下，ω 是线性倒立摆动力学的自然角频率。将 DCM 动力学(5.72)投影到平面上也可以得到上述方程。解为

$$\boldsymbol{r}_{\text{ex}}(t)=e^{\omega t}(\boldsymbol{r}_{\text{ex}}(0)-\boldsymbol{r}_{\text{cmp}}(t))+\boldsymbol{r}_{\text{cmp}}(t) \tag{7.52}$$

如前所述，$\boldsymbol{r}_{\text{ex}}(t)$ 也称为瞬时 CP(ICP)[67]。

另一种可能避免脚部滚动的方法是初始化反应性步进。碰撞后的 xCoM 位置 $\boldsymbol{r}_{\text{ex}}(t_{\text{imp}}^{\text{end}})$ 用于评估可捕获性，即是否需要零个、一个或多个步骤才能达到所需的捕获状态 $\boldsymbol{r}_{\text{ex}}^{\text{des}}$。如此处假定的那样，在非零步可捕获性的情况下，$\boldsymbol{r}_{\text{ex}}^{\text{des},i}(0)=\boldsymbol{r}_{\text{ex}}(t_{\text{imp}}^{\text{end}})$ 位于 BoS 外部(请参见图 7.32b)。

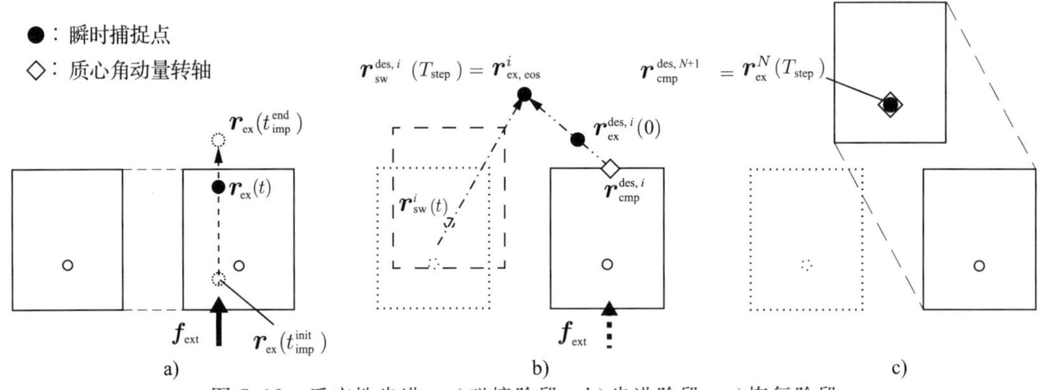

图 7.32　反应性步进。a)碰撞阶段。b)步进阶段。c)恢复阶段

反应性步进算法包括 4 个阶段：预碰撞、碰撞、步进和恢复。借助公式(7.51)和公式(7.52)生成所需的 DCM/ICP 轨迹，如下所示。

碰撞阶段

碰撞阶段的持续时间为 $\Delta t_{\text{imp}}=t_{\text{imp}}^{\text{end}}-t_{\text{imp}}^{\text{init}}$。在此时间间隔内，通过适当的 CoM 平移和基本旋转来调节碰撞。xCoM 轨迹的设计目的是产生导纳类型的行为，即

$$\dot{\boldsymbol{r}}_{ex}^{des}(t) = \dot{\boldsymbol{r}}_g(t), \boldsymbol{r}_{ex}^{des}(t) = \boldsymbol{r}_g(t) \tag{7.53}$$

其中 $t_{imp}^{init} \leqslant t \leqslant t_{imp}^{end}$。采用旋转阻尼器进行基座连杆旋转，利用增益排程方法设计了相应的 PD 增益。ICP 轨迹如图 7.32a 所示。

步进阶段

一般来说，假定有 N 个反应步骤。步进 t_{imp}^{end} 是在碰撞结束时初始化的。对于每一步，使用相对时间 $0 \leqslant t \leqslant T_{step}$。由于脚的滚动问题是用反应性步进来处理的，因此零质心力矩是可以接受的。在这种情况下，可以采用恒定的 CMP。步骤 i 的预期 ICP 轨迹分别从公式（7.51）和公式(7.52）中得到。

$$\boldsymbol{r}_{ex}^{des,i}(t) = e^{\omega t}(\boldsymbol{r}_{ex}^i(0) - \boldsymbol{r}_{cmp}^{des,i}) + \boldsymbol{r}_{cmp}^{des,i} \tag{7.54}$$

$$\dot{\boldsymbol{r}}_{ex}^{des,i}(t) = \omega(\boldsymbol{r}_{ex}^{des,i}(t) - \boldsymbol{r}_{cmp}^{des,i}) \tag{7.55}$$

这里 CMP $\boldsymbol{r}_{ex,eos}^i$ 表示所需的常数 CMP。它的位置设置在 BoS 边界，由 $\boldsymbol{r}_{ex}^{des,i}(0)$ 和在步骤结束时所需的 CP $\boldsymbol{r}_{ex,eos}^i$ 确定的线的交叉点处。后者应以最小化步长的方式设置。这种情况如图 7.32b 所示。$\boldsymbol{r}_{sw}(t)$ 是摆动腿路径的地面投影。

恢复阶段

完成 N 个步骤之后，在 $t=T_{rec}$ 处，ICP 在 BoS 内。用

$$\boldsymbol{r}_{ex}(T_{rec}) = \boldsymbol{r}_{ex}^N(T_{step}) = \boldsymbol{r}_{cmp}^{des,N+1} \tag{7.56}$$

捕获机器人状态。这种情况如图 7.32c 所示。请注意，当从 xCoM 稳定任务的零空间中生成时，上半身(躯干和手臂)的运动是允许的。

使用图 7.14 所示的行走控制器。参考接触力旋量是通过 VRP-GI 确定的(参见 5.10.5 节)。动量参考变化率的线性分量从 DCM 稳定器获得(参见公式(5.76))。角分量(即主干/基座连杆的旋转)指定为具有阻尼项(通过去除前馈项从公式(5.106)获得)的调节器。手臂的运动由关节阻尼决定。

仿真

上述控制方法下的反应性步进仿真结果如 Video 7.7-7[52] 所示。碰撞力 $f_{ext}=(30, 0)$N 在 $t_{imp}^{init}=1.0$s 处施加，$\Delta t_{imp}=0.1$s，结果为 $r_{ex}(0)=(70.8, -25.2)$mm，$N=1$。步进时间预置为 $T_{step}=0.2$s。CP 按 $r_{ex}^{des,N}=r_{ex}^{des}(T_{rec})=(124.9, 0.0)$mm 计算，式中 $T_{rec}=t_{imp}^{end}+T_{step}=1.1+0.2=1.3$s。反馈仅在最初(碰撞前)稳定和最终稳定时使用。在碰撞和步进过程中，仅应用前馈。这意味着一种预期的行为。手臂运动的关节阻尼增益设置为 $K_{D_h}=100$。在初始和最终 DS 姿势下，基于 VRP-GI 的力旋量分布的稳定裕度设置为从脚踝下方通过。最大台阶高度设置为 10mm。

混合准坐标和准速度、末端连杆的状态、脚部的 GRF 和 GRM、DCM 误差、gCoM、净 CoP 和 xCoM 混合的数据图如图 7.33 所示。CoP 坐标显示在局部坐标中，浅蓝色区域表示 BoS。此外，关节空间量(关节角度，速率和扭矩)的数据图如图 7.34 所示。从图中可以确认稳定的步进响应。

采用上述方法，参数设置存在一定的模糊性。步进参数取决于扭矩和速度约束。在违反约束的情况下，以牺牲较小的动态稳定裕度为代价，可以增加步进时间，或者可以采取较小的步长。作为替代方案，如文献[27]中所建议的，可以将运动规划和生成过程表示为包括上述约束的递归优化任务(QP 任务)。

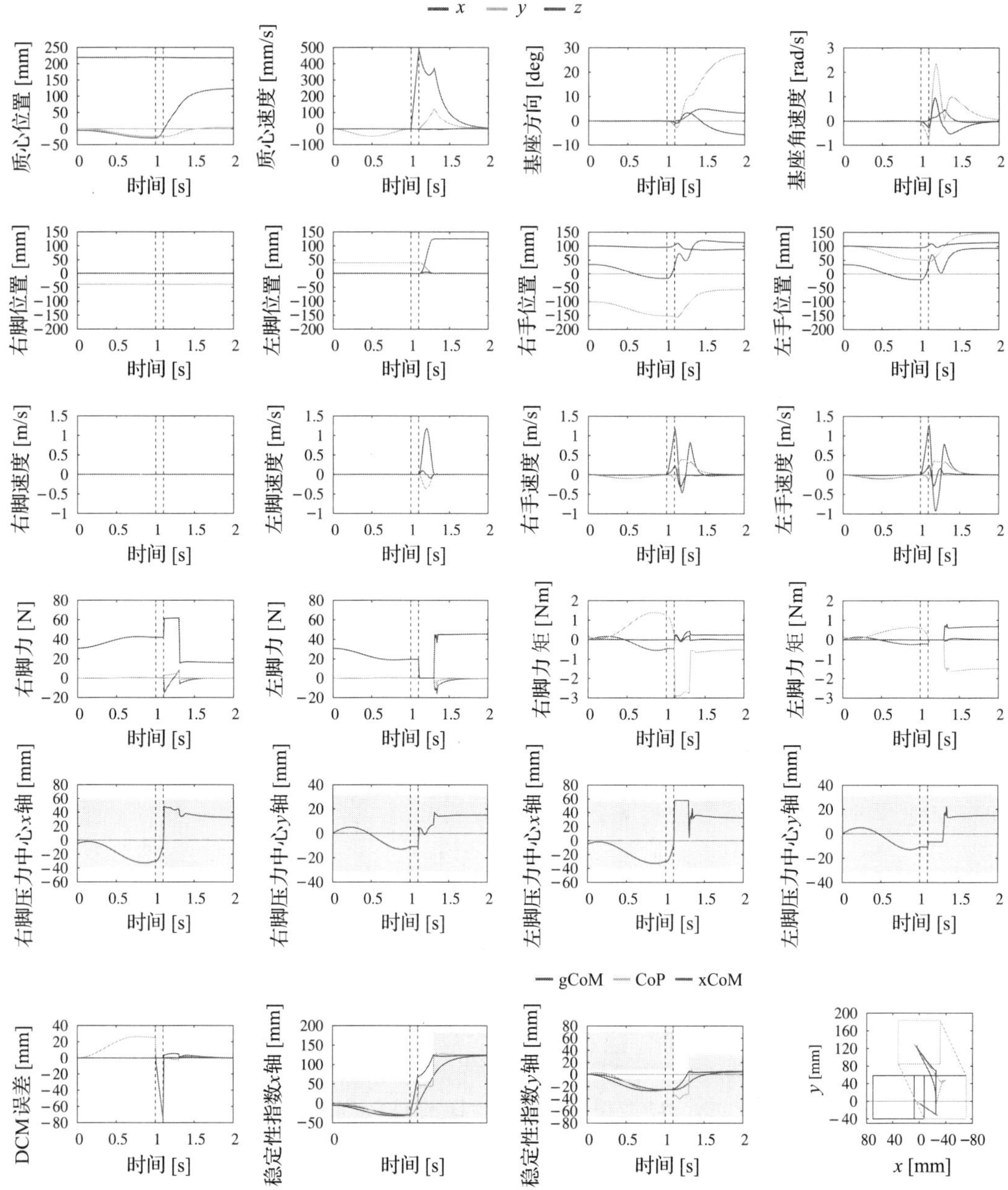

图 7.33　反应性步进模拟的数据图。显示的是 CoM、基座连杆和末端连杆的旋转、脚部的 GRF 和 GRM、DCM 误差、gCoM、净 CoP 和 xCoM 的状态。CoP 坐标显示在局部坐标中，浅蓝色区域表示 BoS(见彩插)

应该指出的是，施加的碰撞相对较大；不可能用协同运动来调节碰撞，无论是踝关节还是髋关节/扭转协同或其组合。在 7.7.6 节中，将探索基于 RNS 的调节方式作为替代方案。

7.7.6　无须步进即可适应较大碰撞

无步进适应较大碰撞背后的主要思想是，当机器人处于单腿站立时，利用 RNS 的角动量阻尼的全身运动生成和控制方法。这样，自由腿的运动可以与上半身和手臂的运动一

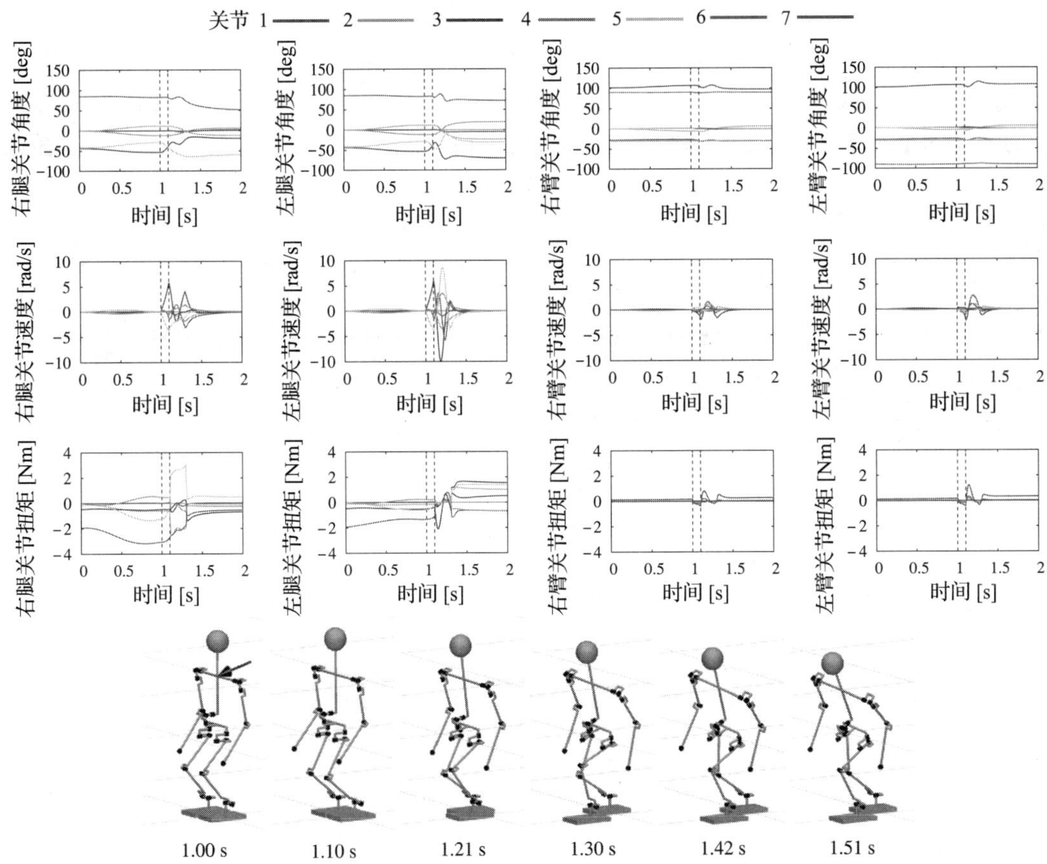

图 7.34　反应性步进模拟的数据图。显示的是关节角度、速度和扭矩随时间变化的图表。来自动画运动的快照，如图底部所示(见彩插)

起有助于消散碰撞的能量。7.7.4 节中的相对角加速度控制坐标适用于实现 RNS 平衡控制器。在反作用阶段，假定预期类型的行为，即在碰撞之前，将碰撞适应基座旋转的虚拟弹簧增益预置为相对较低的值。在阶段性碰撞和碰撞后Ⅰ期间，增益也保持在该值。

通过仿真验证了所设计控制器的性能。初始 xCoM 和碰撞参数的设置与 7.7.5 节中的反应性步进仿真相同㊀。初始姿势为 SS，左脚抬离地面。碰撞的时序和增益排程的设置在表 7.6 中显而易见。由此产生的运动可以在 Video 7.7-8[38] 中看到。

表 7.6　无须步进的情况下，通过增益排程和简单反应调节较大碰撞

阶段	碰撞前		碰撞	碰撞后Ⅰ	碰撞后Ⅱ	
时间(s)	0～0.4	0.4～0.5	1.0～1.1	1.1～1.6	1.6～3.0	3.0～
K_{o_B}(P-增益)	300	300～0.01	0.01		0.01～300	300
K_{ω_B}(D-增益)	50	50～0.001	0.001	0.001～5	5～50	50

0.50 s　0.70 s　0.86 s　1.16 s　1.66 s　1.70 s　1.83 s　2.83 s

㊀ 请记住，碰撞非常大以至于无法与任何已知的协同效应相适应。

来自仿真的图形显示在图 7.35 和图 7.36 中。图 7.35 中的图是分量位置和速度、基座连杆方向和角速度、末端连杆位置/方向和各自的速度/角速度、*CRB*、耦合和系统角动量(分别缩写为 *CRB-AM*、*CAM* 和 *SAM*)、各自的变化率，以及 *CoP* 的曲线图。图 7.35 中的曲线图是关于 *CoM* 位置和速度、基座连杆方向和角速度、末端连杆位置/方向和各自

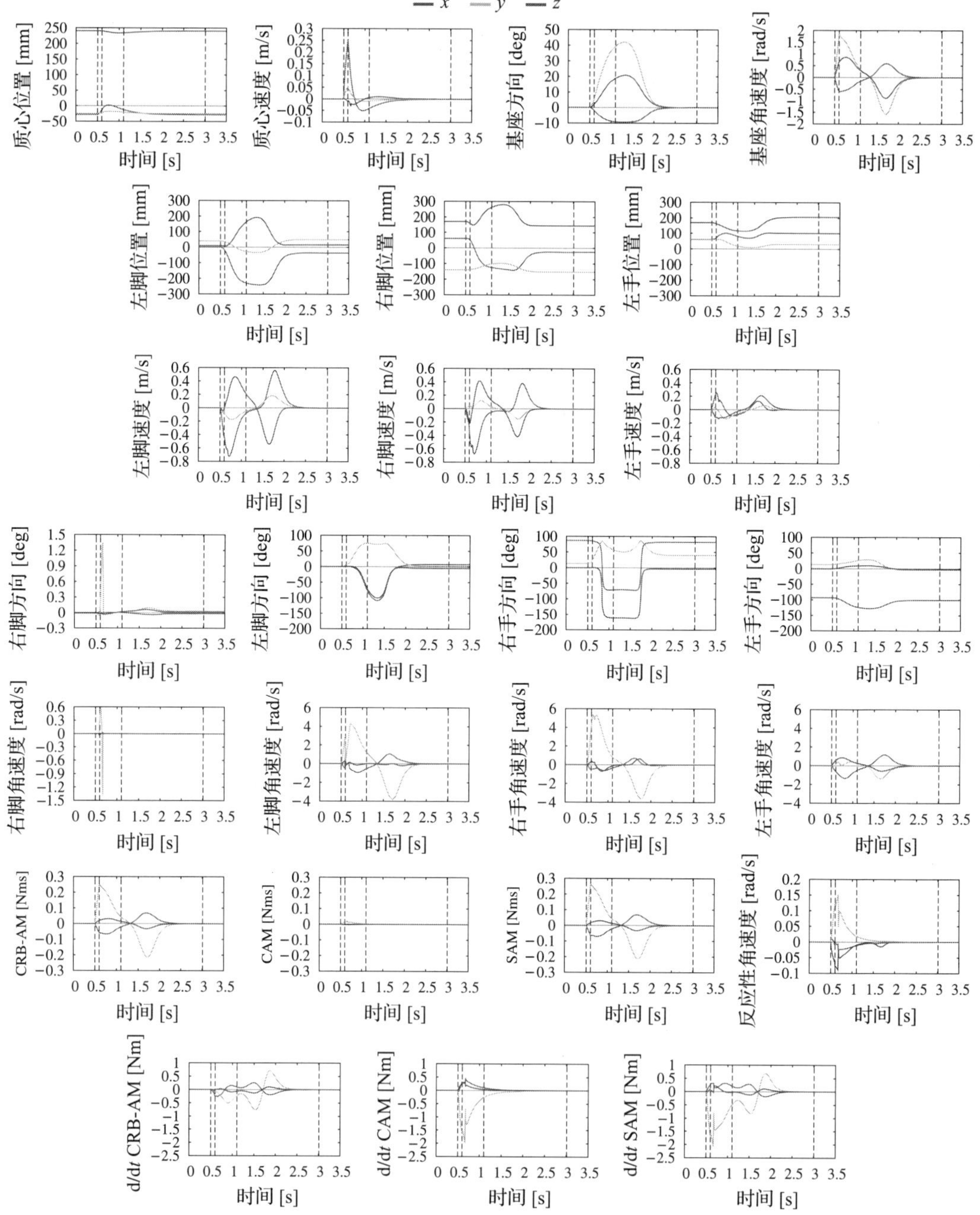

图 7.35　在无步进的情况下，背部适应较大碰撞。这些图是 CoM 位置和速度、基座连杆方向和角速度、末端连杆位置/方向和各自的速度/角速度、CRB、耦合和系统角动量(分别缩写为 CRB-AM、CAM 和 SAM)、角动量的参考变化率，以及 CoP 的图。浅蓝色区域代表 BoS(见彩插)

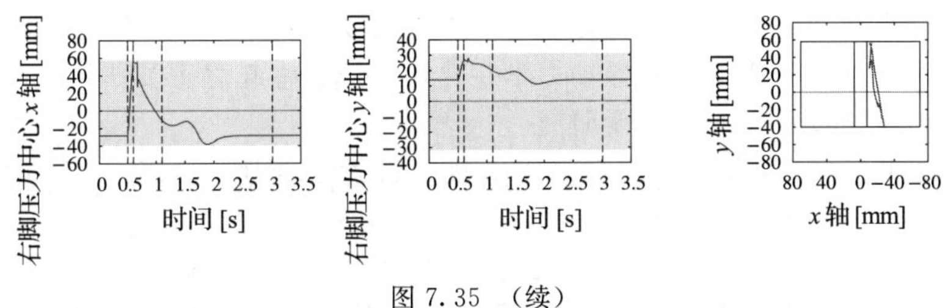

图 7.35 （续）

的速度/角速度、CRB、耦合和系统角动量(分别缩写为 CRB-AM、CAM 和 SAM)、各自的变化率，以及 CoP 的图。图 7.36 中显示了关节空间量(关节角度、速度和扭矩)的曲线图。从快照、视频和图表中可以明显看出，巨大的碰撞已被成功适应。碰撞在支撑脚上引起了旋转扰动，但这只是瞬间的。利用相对角加速度控制律快速恢复状态。碰撞的能量在碰撞后阶段耗散。机器人在没有明显干扰支撑脚的状态的情况下静止。

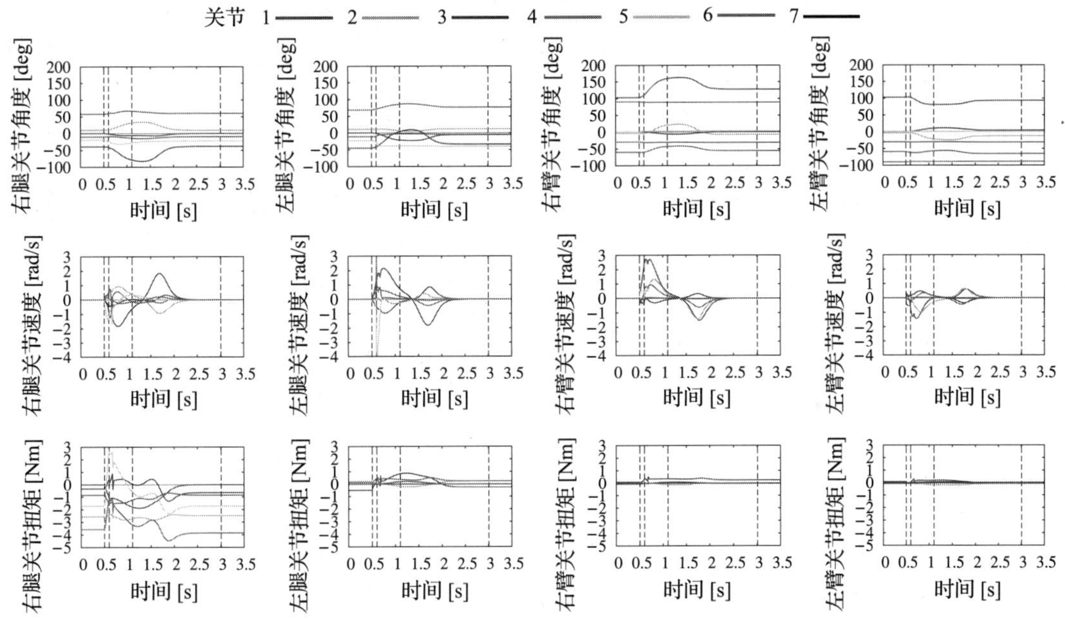

图 7.36 在无步进的情况下，背部适应较大碰撞。这些图表示关节空间量(关节角度、速度和扭矩)(见彩插)

从上面的例子可以明显看出，使用 RNS 平衡控制方法可以在不采取步进的情况下适应相对较大的碰撞。到目前为止，根据 N 步捕获理论[67]，这种类型的碰撞需要采取一个或多个步骤。上述结果表明，通过基于 RNS 的运动生成和控制，该理论可以朝着增加零步捕获区域的方向进一步发展。

7.8 碰撞运动生成

碰撞运动在这里定义为在环境中接触物体时产生撞击力的运动，由此施加在物体上的力的大小不像在静态条件下产生的力那样受到驱动器扭矩约束。

7.8.1 历史背景

当固定基座机械臂与硬环境碰撞时，由于自由关节和受限关节之间的触发式转换，有可能造成控制不稳定。如果一个由浮动基座组成的仿人机器人的身体受到很大的撞击力，它可能会倒下。这些例子表明，碰撞动力学在建模和控制中起着重要作用。事实上，在过去数十年来，在这方面已进行了大量研究。

文献[128]讨论了一种适用于固定基座机器人的碰撞动力学模型。为了避免碰撞时产生过大的撞击力，到目前为止已经提出了许多控制方法。它们包括用于力控制接触的最佳接近速度[86,59]，用于稳定硬对硬接触的碰撞控制方案[110]，用于在非接触运动和接触运动之间转换的不连续控制方法[80]，能够在硬环境和软环境中实现稳定接触的统一控制策略[77]，以及使用正加速度反馈和切换控制策略的基于传感器的控制方法[107]。为了分析和评价碰撞对固定基座机器人的影响，人们提出了虚拟质量[5]、动态碰撞测度和广义碰撞测度[115]等测量标准。

在双足运动领域，碰撞发生在摆动阶段结束时摆动腿与地板之间的碰撞。这种类型的碰撞称为脚跟撞击。文献[45,46]讨论了这些碰撞对两足动物运动稳定性的影响。文献[28]将两足的运动构建为具有碰撞效应的非线性系统模型。使用 Poincaré 图分析了文献[28,88]中步态的稳定性。双支撑阶段结束时的脚趾离开动作在文献[17]中是由一个碰撞的脚执行器模拟的。在文献[84]中，使用五连杆仿人机器人模型分析了碰撞后的接触阶段。在文献[95]中讨论了摆动腿意外撞击引起绊倒的策略。在文献[3]中分析了跳跃后触地时发生的撞击。在文献[121,101]中研究了硬撞击后的稳定性。

自由浮动关节机器人也属于浮动基座机器人的一类。在与自由漂浮物相撞的情况下，机器人的状态可能变得完全无法控制。针对这种情况，提出了基于反作用零空间的控制方法。这种控制方法可以最大限度地减小碰撞反作用力旋量和对浮动卫星基座的干扰[124,90]。

大多数工作都试图克服因撞击引起的问题。另一方面，已经进行了利用撞击的试验。注意，当机器人将力静态地施加到环境时，该力的大小受驱动器最大扭矩的限制。当所施加的力为碰撞形式时，其大小不受这种方式的限制。到目前为止，已经提出了一些利用碰撞力的应用，例如使用 3 自由度机械臂[108]、使用刚性连杆机械臂[104]和使用柔性连杆机械臂[54]锤打钉子，或者锯木板[104]。

如果仿人机器人能像人类一样利用撞击力完成繁重的工作，仿人机器人的应用领域将会得到极大的扩展。到目前为止，已经报道了一些使用仿人机器人的撞击力的尝试，例如动力举重、跳水和体操[7]，推墙和转动阀门[47]，击鼓[63]，动态举重[4]，空手道劈木头[78,64]，踢足球[18]。

值得注意的是，当腿部机器人对环境施加撞击力时，保持平衡是最重要的。有一些工作已经解决了这个问题，例如 Adios 零矩点法[40]（参见 5.8.5 节）。

7.8.2　考虑减速轮系的影响

到目前为止开发的大多数仿人机器人都配备了关节具有高减速比的轮系。由于齿轮传动中的摩擦和高效转子惯性，这类齿轮通常具有关节后驱性低的特点。回想一下，从输出侧看，驱动器侧的摩擦力矩和惯性力矩乘以减速比的平方。图 7.37 显示了一个装有高减速轮系的关节模型。

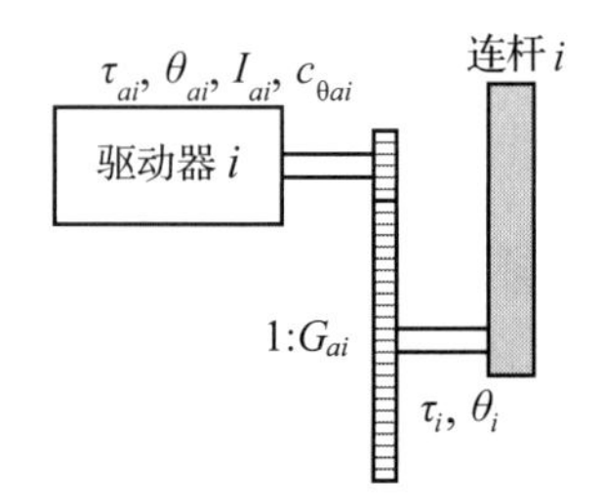

图 7.37　由减速轮系驱动器驱动的机器人关节模型

设 τ_{ai}，θ_{ai}，I_{ai}，和 c_{ai} 分别表示第 i 个驱动器及其齿轮（减速前）的扭矩、旋转角、转子惯量和粘滞系数。此外，设 τ_i 和 θ_i 为输出侧的扭矩和旋转角(减速后)。假设减速比为 $1/G_{ai}$；当输出轴向与电机轴相反的方向旋转时，G_{ai} 为负值。

驱动器侧的运动方程可写为：

$$\boldsymbol{\tau}_a = \boldsymbol{I}_a \ddot{\boldsymbol{\theta}}_a + \boldsymbol{c}_a \dot{\boldsymbol{\theta}} + \boldsymbol{G}_a^{-1} \boldsymbol{\tau} \tag{7.57}$$

其中

$$\boldsymbol{\tau}_a = \begin{bmatrix} \tau_{a1} \\ \vdots \\ \tau_{an} \end{bmatrix}, \quad \boldsymbol{\theta}_a = \begin{bmatrix} \theta_{a1} \\ \vdots \\ \theta_{an} \end{bmatrix}, \quad \boldsymbol{I}_a = \begin{bmatrix} I_{a1} & & \boldsymbol{0} \\ & \ddots & \\ \boldsymbol{0} & & I_{an} \end{bmatrix}$$

$$\boldsymbol{c}_a = \begin{bmatrix} c_{a1} & & \boldsymbol{0} \\ & \ddots & \\ \boldsymbol{0} & & c_{an} \end{bmatrix}, \quad \boldsymbol{G}_a = \begin{bmatrix} G_{a1} & & \boldsymbol{0} \\ & \ddots & \\ \boldsymbol{0} & & G_{an} \end{bmatrix}$$

和 $\boldsymbol{\tau}$ 在公式(3.71)中定义。运动方程(7.57)可以重写如下：

$$\boldsymbol{\tau} = \boldsymbol{G}\boldsymbol{\tau}_a - \boldsymbol{G}_a \boldsymbol{I}_a \boldsymbol{G}_a \ddot{\boldsymbol{\theta}} - \boldsymbol{G}_a \boldsymbol{c}_a \boldsymbol{G}_a \dot{\boldsymbol{\theta}} \quad (\because \boldsymbol{\theta}_a = \boldsymbol{G}_a \boldsymbol{\theta}) \tag{7.58}$$

将公式(7.58)代入公式(4.155)，运动方程改写为：

$$\begin{bmatrix} \mathbb{M}_B & \boldsymbol{H}_{BB} \\ \boldsymbol{H}_{BB}^T & \boldsymbol{M}_{\theta B_G} \end{bmatrix} \begin{bmatrix} \dot{\mathcal{V}}_B \\ \ddot{\boldsymbol{\theta}} \end{bmatrix} + \begin{bmatrix} \mathcal{C}_B \\ \boldsymbol{c}_{\theta B_G} \end{bmatrix} + \begin{bmatrix} \mathcal{G}_B \\ \boldsymbol{g}_\theta \end{bmatrix} = \begin{bmatrix} \boldsymbol{0} \\ \boldsymbol{G}\boldsymbol{\tau}_a \end{bmatrix} + \begin{bmatrix} \mathbb{C}_{cB} \\ \mathcal{J}_{cB}^T \end{bmatrix} \bar{\mathcal{F}}^c \tag{7.59}$$

其中

$$\boldsymbol{M}_{\theta B_G} = \boldsymbol{M}_{\theta B} + \boldsymbol{G}_a \boldsymbol{I}_a \boldsymbol{G}_a, \quad \boldsymbol{c}_{\theta B_G} = \boldsymbol{c}_{\theta B} + \boldsymbol{G}_a \boldsymbol{c}_a \boldsymbol{G}_a \dot{\boldsymbol{\theta}} \tag{7.60}$$

这里 $\bar{\mathcal{F}}^c$ 表示公式(3.61)中定义的接触(反力)力。$\mathbb{C}_c$ 和 $\mathcal{J}_{cB}$的定义参见公式(2.74)、公式(2.75)和公式(2.81)。

7.8.3 地面反作用力和力矩

设 $\boldsymbol{f}_{F_j} \in \Re^3$ 和 $\boldsymbol{m}_{F_j} \in \Re^3$ 为在脚部坐标系原点$\{F_j\}(j \in \{r, l\})$处测量的 GRF 和 GRM，如图 7.38 所示。力旋量 $\mathcal{F}_{F_j}$ 可以写成(参见公式(3.57))

$$\mathcal{F}_{F_j} = \begin{bmatrix} \boldsymbol{f}_{F_j} \\ \boldsymbol{m}_{F_j} \end{bmatrix} \triangleq \mathbb{B}_{cF_j} \bar{\mathcal{F}}_{F_j}^c \tag{7.61}$$

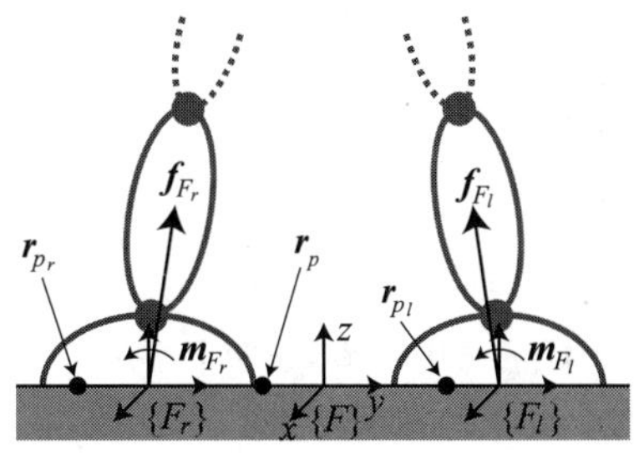

图 7.38 反作用力和力矩

令 $\boldsymbol{r}_{F_r}$，$\boldsymbol{r}_{F_l}$和 $\boldsymbol{r}_F$ 分别表示坐标系$\{F_r\}$，$\{F_l\}$和$\{F\}$的原点。在双支撑的情况下，净反作用力旋量如下所示(参见公式(3.57))：

$$\mathcal{F}_F=\begin{bmatrix}\boldsymbol{f}_F\\ \boldsymbol{m}_F\end{bmatrix}=\begin{bmatrix}\boldsymbol{f}_{F_r}+\boldsymbol{f}_{F_l}\\ \boldsymbol{m}_{F_r}-[\boldsymbol{r}^{\times}_{\overleftarrow{FF_r}}]\boldsymbol{f}_{F_r}+\boldsymbol{m}_{F_l}-[\boldsymbol{r}^{\times}_{\overleftarrow{FF_l}}]\boldsymbol{f}_{F_l}\end{bmatrix} \tag{7.62}$$

其中 $\boldsymbol{r}_{\overleftarrow{FF_j}}=\boldsymbol{r}_F-\boldsymbol{r}_{F_j}$。通常，仿人机器人在脚踝处安装力/扭矩传感器，或者在鞋底中嵌入了压力传感器[85,65]。传感器相对于传感器坐标系$\{FS_j\}$检测力旋量 $\mathcal{F}_{FS_j}$。$\boldsymbol{r}_{F_j}$ 处的力旋量从传感器读数中获得如下：

$$\mathcal{F}_{F_j}={}^{W}\mathbb{X}^{\mathrm{T}}_{FS_{\overleftarrow{jF_jFS_j}}}{}^{FS_j}\mathcal{F}_{FS_j} \tag{7.63}$$

其中${}^{W}\mathbb{X}^{\mathrm{T}}_{FS_{\overleftarrow{jF_jFS_j}}}$是从力传感器坐标系$\{FS_j\}$到世界坐标系的力旋量坐标变换矩阵$\{W\}$（参见公式(2.7)）。

一般情况下，踝关节力/扭矩传感器或脚底压力传感器可以检测到相当于平地上ZMP[111,112]的净 CoP $\boldsymbol{r}_p$。$\boldsymbol{r}_{F_j}$ 处的力旋量表示为 ZMP 的函数：

$$\mathcal{F}_{F_j}=\begin{bmatrix}\boldsymbol{f}_{F_j}\\ \boldsymbol{m}_{F_j}\end{bmatrix}=\begin{bmatrix}\boldsymbol{f}_{p_j}\\ -[\boldsymbol{r}^{\times}_{\overleftarrow{F_jp_j}}]\boldsymbol{f}_{p_j}\end{bmatrix} \tag{7.64}$$

式中 $\boldsymbol{r}_{\overleftarrow{F_jp_j}}=\boldsymbol{r}_{F_j}-\boldsymbol{r}_{p_j}$，$\boldsymbol{f}_{p_j}\in\Re^3$ 是 CoP 处的 GRF。

请注意，$\boldsymbol{r}_{p_j}$ 和 $\boldsymbol{r}_{F_j}$ 的 z 方向分量为零，因为它们位于地面上。CoP 和 $\mathcal{F}_{F_j}$ 之间的关系如下

$$r_{p_{jx}}=r_{F_{jx}}-\frac{m_{F_{jy}}}{f_{F_{jz}}},\quad r_{p_{jy}}=r_{F_{jy}}+\frac{m_{F_{jx}}}{f_{F_{jz}}} \tag{7.65}$$

其中下标 x 和 y 表示各个矢量的分量。

7.8.4　碰撞引起的动力学效应

假设碰撞产生的撞击力在时间 t_0 时施加在仿人机器人的点 $\boldsymbol{r}_I$ 上，如图 7.39 所示。碰撞瞬间的动力学方程为：

$$\begin{bmatrix}\mathbb{M}_B & \boldsymbol{H}_{BB}\\ \boldsymbol{H}^T_{BB} & \boldsymbol{M}_{\theta B_G}\end{bmatrix}\begin{bmatrix}\dot{\mathcal{V}}_B\\ \ddot{\boldsymbol{\theta}}\end{bmatrix}+\begin{bmatrix}\mathcal{C}_B\\ \boldsymbol{c}_{\theta B_G}\end{bmatrix}+\begin{bmatrix}\mathcal{G}_B\\ \boldsymbol{g}_\theta\end{bmatrix}$$
$$=\begin{bmatrix}\boldsymbol{0}\\ \boldsymbol{G}\boldsymbol{\tau}_a\end{bmatrix}+\begin{bmatrix}\mathbb{C}_{cB}(\boldsymbol{q})\\ \mathcal{J}^T_{cB}(\boldsymbol{q})\end{bmatrix}(\bar{\mathcal{F}}^c+\bar{\mathcal{I}}^c\delta(t-t_0))+\begin{bmatrix}\mathbb{C}_{cB}(\boldsymbol{q}_I)\\ \mathcal{J}^T_{cB}(\boldsymbol{q}_I)\end{bmatrix}\bar{\mathcal{I}}\delta(t-t_0) \tag{7.66}$$

其中 $\delta(t-t_0)$是单位脉冲函数，因此 $\bar{\mathcal{I}}\delta(t-t_0)$表示在 $t-t_0$ 处施加的撞击力。注意，$\bar{\mathcal{I}}$ 不包括力矩分量；$\bar{\mathcal{I}}^c\delta(t-t_0)$是由 $\bar{\mathcal{I}}\delta(t-t_0)$在足部(见图 7.39)等约束点引起的作用冲量，$\boldsymbol{q}_I$ 是相对于 $\boldsymbol{r}_I$ 的广义坐标矢量。

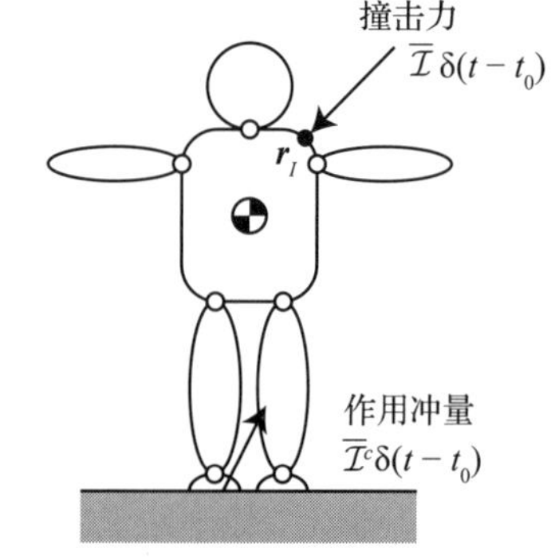

图 7.39　施加在仿人机器人上的撞击力

在 $t_0-\Delta t/2$ 到 $t_0+\Delta t/2$ 的短时间内，假设惯性矩阵是准恒定的，即$\dot{\mathbb{M}}_B=\boldsymbol{0}$，$\dot{\boldsymbol{H}}_{BB}=\boldsymbol{0}$，$\dot{\boldsymbol{M}}_{\theta B_G}=\boldsymbol{0}$。分别在公式(4.125)和公式(4.145)中给出的 $\mathcal{C}_B$ 和 $\boldsymbol{c}_{\theta B}$定义中，速度相关项为零，即 $\mathcal{C}_B=\boldsymbol{0}$ 和 $\boldsymbol{c}_{\theta B}=\boldsymbol{0}$。此外，在 $t_0-\Delta t/2$ 到 $t_0+\Delta t/2$ 的短时间内，假定重力项 $\mathcal{G}_B$ 和 $\boldsymbol{g}_\theta$、驱动器扭矩 $\boldsymbol{\tau}_a$ 以及约束力旋量 $\bar{\mathcal{F}}^c$ 也是准恒定的。

对公式(7.66)的两边进行积分，得出以下方程式：

$$
\begin{aligned}
\begin{bmatrix} \mathbb{M}_B & \boldsymbol{H}_{BB} \\ \boldsymbol{H}_{BB}^T & \boldsymbol{M}_{\theta B_G} \end{bmatrix}\begin{bmatrix} \Delta\mathcal{V}_B \\ \Delta\dot{\boldsymbol{\theta}} \end{bmatrix} &= \int_{t_0-\frac{\Delta t}{2}}^{t_0+\frac{\Delta t}{2}}\left\{-\begin{bmatrix} \boldsymbol{0} \\ \boldsymbol{G}_a\boldsymbol{c}_a\boldsymbol{G}_a\dot{\boldsymbol{\theta}} \end{bmatrix}-\begin{bmatrix} \mathcal{G}_B \\ \boldsymbol{g}_\theta \end{bmatrix}+\begin{bmatrix} \boldsymbol{0} \\ \boldsymbol{G}\boldsymbol{\tau}_a \end{bmatrix}+\begin{bmatrix} \mathbb{C}_{cB}(\boldsymbol{q}) \\ \mathcal{J}_{cB}^T(\boldsymbol{q}) \end{bmatrix}\bar{\mathcal{F}}^c\right\}\mathrm{d}t \\
&\quad+\int_{t_0-\frac{\Delta t}{2}}^{t_0+\frac{\Delta t}{2}}\left\{\begin{bmatrix} \mathbb{C}_{cB}(\boldsymbol{q}) \\ \mathcal{J}_{cB}^T(\boldsymbol{q}) \end{bmatrix}\bar{\mathcal{I}}^c\delta(t-t_0)+\begin{bmatrix} \mathbb{C}_{cB}(\boldsymbol{q}_I) \\ \mathcal{J}_{cB}^T(\boldsymbol{q}_I) \end{bmatrix}\bar{\mathcal{I}}\delta(t-t_0)\right\}\mathrm{d}t \\
&=-\begin{bmatrix} \boldsymbol{0} \\ \boldsymbol{G}_a\boldsymbol{c}_a\boldsymbol{G}_a\left[\boldsymbol{\theta}(t)\right]_{t_0-\frac{\Delta t}{2}}^{t_0+\frac{\Delta t}{2}} \end{bmatrix}+\left\{-\begin{bmatrix} \mathcal{G}_B \\ \boldsymbol{g}_\theta \end{bmatrix}+\begin{bmatrix} \boldsymbol{0} \\ \boldsymbol{G}\boldsymbol{\tau}_a \end{bmatrix}+\begin{bmatrix} \mathbb{C}_{cB}(\boldsymbol{q}) \\ \mathcal{J}_{cB}^T(\boldsymbol{q}) \end{bmatrix}\bar{\mathcal{F}}^c\right\}\Delta t \\
&\quad+\left\{\begin{bmatrix} \mathbb{C}_{cB}(\boldsymbol{q}) \\ \mathcal{J}_{cB}^T(\boldsymbol{q}) \end{bmatrix}\bar{\mathcal{I}}^c+\begin{bmatrix} \mathbb{C}_{cB}(\boldsymbol{q}_I) \\ \mathcal{J}_{cB}^T(\boldsymbol{q}_I) \end{bmatrix}\bar{\mathcal{I}}\right\}\int_{t_0-\frac{\Delta t}{2}}^{t_0+\frac{\Delta t}{2}}\delta(t-t_0)\mathrm{d}t \\
&=\begin{bmatrix} \mathbb{C}_{cB}(\boldsymbol{q}) \\ \mathcal{J}_{cB}^T(\boldsymbol{q}) \end{bmatrix}\bar{\mathcal{I}}^c+\begin{bmatrix} \mathbb{C}_{cB}(\boldsymbol{q}_I) \\ \mathcal{J}_{cB}^T(\boldsymbol{q}_I) \end{bmatrix}\bar{\mathcal{I}}
\end{aligned}
\tag{7.67}
$$

因为

$$
\int_{t_0-\frac{\Delta t}{2}}^{t_0+\frac{\Delta t}{2}}\delta(t-t_0)\mathrm{d}t=1,\quad \lim_{\Delta t\to 0}\left[\boldsymbol{\theta}(t)\right]_{t_0-\frac{\Delta t}{2}}^{t_0+\frac{\Delta t}{2}}=\boldsymbol{0}
$$

并且由于 $\mathcal{G}_B$，$\boldsymbol{g}_\theta$，$\boldsymbol{\tau}_a$ 和 $\bar{\mathcal{F}}^c$ 在短时间内假定为准恒定，因此这四个量 $\mathcal{G}_B\Delta t$，$\boldsymbol{g}_\theta\Delta t$，$\boldsymbol{\tau}_a\Delta t$ 和 $\bar{\mathcal{F}}^c\Delta t$ 随着 $\Delta t\to 0$ 消失[128]。$\Delta\mathcal{V}_B$ 和 $\Delta\dot{\boldsymbol{\theta}}$ 的偏差定义如下：

$$
\Delta\mathcal{V}_B=\mathcal{V}_B^+-\mathcal{V}_B^-,\quad \Delta\dot{\boldsymbol{\theta}}=\dot{\boldsymbol{\theta}}^+-\dot{\boldsymbol{\theta}}^-
$$

其中 $\mathcal{V}_B^+$ 和 $\dot{\boldsymbol{\theta}}^+$ 是撞击后的基本速度和关节速度，而 $\mathcal{V}_B^-$ 和 $\dot{\boldsymbol{\theta}}^-$ 分别是撞击前的速度。

速度差公式由(7.67)表示为

$$
\begin{bmatrix} \Delta\mathcal{V}_B \\ \Delta\dot{\boldsymbol{\theta}} \end{bmatrix}=\begin{bmatrix} \boldsymbol{X}_{11} & \boldsymbol{X}_{12} \\ \boldsymbol{X}_{21} & \boldsymbol{X}_{22} \end{bmatrix}\left\{\begin{bmatrix} \mathbb{C}_{cB}(\boldsymbol{q}) \\ \mathcal{J}_{cB}^T(\boldsymbol{q}) \end{bmatrix}\bar{\mathcal{I}}^c+\begin{bmatrix} \mathbb{C}_{cB}(\boldsymbol{q}_I) \\ \mathcal{J}_{cB}^T(\boldsymbol{q}_I) \end{bmatrix}\bar{\mathcal{I}}\right\}
\tag{7.68}
$$

其中

$$
\begin{aligned}
\boldsymbol{X}_{11}&=(\mathbb{M}_B-\boldsymbol{H}_{BB}\boldsymbol{M}_{\theta B_G}^{-1}\boldsymbol{H}_{BB}^{\mathrm{T}})^{-1} \\
\boldsymbol{X}_{12}&=-(\mathbb{M}_B-\boldsymbol{H}_{BB}\boldsymbol{M}_{\theta B_G}^{-1}\boldsymbol{H}_{BB}^{\mathrm{T}})^{-1}\boldsymbol{H}_{BB}\boldsymbol{M}_{\theta B_G}^{-1} \\
\boldsymbol{X}_{21}&=-(\boldsymbol{M}_{G\theta_B}-\boldsymbol{H}_{BB}^{\mathrm{T}}\mathbb{M}_B^{-1}\boldsymbol{H}_{BB})^{-1}\boldsymbol{H}_{BB}^{\mathrm{T}}\mathbb{M}_B^{-1} \\
\boldsymbol{X}_{22}&=(\boldsymbol{M}_{G\theta_B}-\boldsymbol{H}_{BB}^{\mathrm{T}}\mathbb{M}_B^{-1}\boldsymbol{H}_{BB})^{-1}
\end{aligned}
$$

正如7.8.2节所讨论的，大多数仿人机器人的关节都配备了高减速轮系。当齿轮减速比($\boldsymbol{G}_a$ 的对角元素)足够大时，$\boldsymbol{M}_{G\theta_B}$ 的对角元素变得相当大(见公式(7.6))。$\boldsymbol{M}_{\theta B_G}$ 的逆可以近似为 $\boldsymbol{M}_{\theta B_G}^{-1}\simeq\boldsymbol{0}_{n\times n}$。在这种情况下，子矩阵 $\boldsymbol{X}_{11}$，$\boldsymbol{X}_{12}$，$\boldsymbol{X}_{21}$ 和 $\boldsymbol{X}_{22}$ 可以近似为：

$$
\boldsymbol{X}_{11}\simeq\mathbb{M}_B^{-1},\quad \boldsymbol{X}_{12}\simeq\boldsymbol{0},\quad \boldsymbol{X}_{21}\simeq\boldsymbol{0},\quad \boldsymbol{X}_{22}\simeq\boldsymbol{0}
\tag{7.69}
$$

将公式(7.69)代入公式(7.68)，得到以下公式：

$$
\begin{bmatrix} \Delta\mathcal{V}_B \\ \Delta\dot{\boldsymbol{\theta}} \end{bmatrix}\simeq\begin{bmatrix} \mathbb{M}_B^{-1}\{\mathbb{C}_{cB}(\boldsymbol{q})\bar{\mathcal{I}}^c+\mathbb{C}_{cB}(\boldsymbol{q}_I)\bar{\mathcal{I}}\} \\ \boldsymbol{0} \end{bmatrix}
\tag{7.70}
$$

上述方程表明，关节减速率高(因此，后驱动能力低)的仿人机器人在碰撞期间表现为 CRB。

7.8.5　虚拟质量

图 7.40 将虚拟质量[5]的概念形象化，也称为等效质量。虚拟质量是等同于机器人在接触点反作用的质量。固定基座机器人的虚拟质量可以用撞击力与合成加速度之比来确定[5]。应该注意的是，虚拟质量的原始定义没有考虑运动类型中的摩擦。在具有关节阻力的自由浮动关节机器人中，通过引入关节阻力因子，引入了虚拟质量的概念[123]。

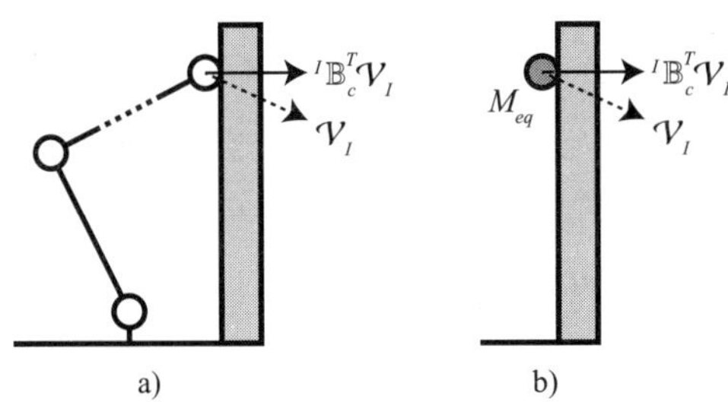

图 7.40　等效点质量。a)机器人机械臂。b)等效点质量

在本节中，将考虑减速轮系的影响来讨论虚拟质量概念。假定机器人与环境之间的碰撞点为单点接触。因此，碰撞不会产生脉冲力矩。在此假设下，约束基础${}^I\mathbb{B}_c$ 可以写为

$$
{}^I\mathbb{B}_c=\begin{bmatrix}\boldsymbol{e}_{nI}\\ \boldsymbol{0}_{3\times 1}\end{bmatrix}\in\Re^{6\times 1} \tag{7.71}
$$

其中 $\boldsymbol{e}_{nI}\in\Re^3$ 是垂直于约束表面的单位矢量。如图 7.40 所示，垂直于约束面的 $\mathcal{V}_I$ 的分量由${}^I\mathbb{B}_c^{\mathrm{T}}\mathcal{V}_I$ 给出。

撞击前的速度 $\mathcal{V}_I^-$ 和撞击后的速度 $\mathcal{V}_I^+$ 之间的差值在世界坐标系中表示为：

$$
\Delta\mathcal{V}_I=\mathbb{T}_{\overleftarrow{BI}}\Delta\mathcal{V}_B+\boldsymbol{J}(\boldsymbol{\theta}_I)\Delta\dot{\boldsymbol{\theta}} \tag{7.72}
$$

将公式(7.70)代入公式(7.72)，$\Delta\mathcal{V}_I$ 重写如下：

$$
\begin{aligned}
\Delta\mathcal{V}_I&=\mathbb{T}_{\overleftarrow{BI}}\mathbb{M}_B^{-1}\mathbb{C}_{cB}(\boldsymbol{q})\,\bar{\mathcal{I}}^c+\mathbb{T}_{\overleftarrow{BI}}\mathbb{M}_B^{-1}\mathbb{C}_{cB}(\boldsymbol{q}_I)\bar{\mathcal{I}}^c\\
&=\left\{\mathbb{T}_{\overleftarrow{BI}}\mathbb{M}_B^{-1}\mathbb{C}_{cB}(\boldsymbol{q})\frac{\bar{\mathcal{I}}^c}{\bar{\mathcal{I}}}+\mathbb{T}_{\overleftarrow{BI}}\mathbb{M}_B^{-1}\mathbb{C}_{cB}(\boldsymbol{q}_I)\right\}\bar{\mathcal{I}}
\end{aligned} \tag{7.73}
$$

如果点质量 $\boldsymbol{M}_{eq}$ 与环境中的物体相撞，则产生的冲量为

$$
M_{eq}{}^I\mathbb{B}_c^{\mathrm{T}}\Delta\mathcal{V}_I=\bar{\mathcal{I}} \tag{7.74}
$$

将公式(7.74)与公式(7.73)进行比较，其等效质量为：

$$
M_{eq}=\frac{1}{{}^I\mathbb{B}_c^{\mathrm{T}}\mathbb{T}_{\overleftarrow{BI}}\mathbb{M}_B^{-1}\mathbb{C}_{cB}(\boldsymbol{q})\dfrac{\bar{\mathcal{I}}^c}{\bar{\mathcal{I}}}+{}^I\mathbb{B}_c^{\mathrm{T}}\mathbb{T}_{\overleftarrow{BI}}\mathbb{M}_B^{-1}\mathbb{C}_{cB}(\boldsymbol{q}_I)} \tag{7.75}
$$

利用等效质量来产生最大化/最小化撞击力的全身运动。7.8 节给出了一个使用等效质量进行运动生成的示例。

7.8.6　撞击力引起的 CoP 位移

假设只有脚受到约束，地面接触在平坦的地面上(即手是完全自由的)。如果仿人机器人

在撞击后能保持地面接触而不打滑，则基准速度差 $\Delta\mathcal{V}_B$ 将为零。然后可以将公式(7.70)的上半部分重写为

$$\mathbb{C}_{cB}(\boldsymbol{q}_F)\bar{\mathcal{I}}_F^c+\mathbb{C}_{cB}(\boldsymbol{q}_I)\bar{\mathcal{I}}=\mathbf{0} \tag{7.76}$$

反应性冲量可以根据公式(7.76)和 $\mathbb{C}_{cB}$ 的定义(参见公式(2.74))计算为

$$\mathcal{I}_F^c={}^I\mathbb{B}_c(\boldsymbol{q}_F)\bar{\mathcal{I}}_F^c=-\mathbb{T}_{\overleftarrow{FB}}^{\mathrm{T}}\mathbb{C}_{cB}\bar{\mathcal{I}} \tag{7.77}$$

反作用冲量可以表示为

$$\mathcal{I}_F^c\triangleq[(\boldsymbol{f}_F^{\mathcal{I}c})^{\mathrm{T}}\ (\boldsymbol{m}_F^{\mathcal{I}c})^{\mathrm{T}}]\Delta t=\begin{bmatrix}f_{Fx}^{\mathcal{I}c} & f_{Fy}^{\mathcal{I}c} & f_{Fz}^{\mathcal{I}c} & m_{Fx}^{\mathcal{I}c} & m_{Fy}^{\mathcal{I}c} & m_{Fz}^{\mathcal{I}c}\end{bmatrix}^{\mathrm{T}}\Delta t \tag{7.78}$$

根据公式(7.77)中给出的 $\boldsymbol{f}_F^{\mathcal{I}c}$ 和 $\boldsymbol{m}_F^{\mathcal{I}c}$ 之间的关系，由碰撞 $\bar{\mathcal{I}}$ 引起的 CoP 位移 $\Delta\boldsymbol{r}_p$ 估计为

$$\Delta r_{px}=-\frac{m_{Fy}^{\mathcal{I}c}}{f_{Fz}^{\mathcal{I}c}},\quad \Delta r_{py}=\frac{m_{Fx}^{\mathcal{I}c}}{f_{Fz}^{\mathcal{I}c}} \tag{7.79}$$

注意，在计算公式(7.79)时没有考虑支撑多边形的尺寸，因此获得的 CoP 是假想的 ZMP[113](也称为足部旋转指示器(FRI)[26])。

7.8.7 碰撞运动生成的优化问题

碰撞运动过程中产生的撞击力(作用力)应尽可能大，碰撞后不应导致平衡被打破。因此，碰撞运动的目标是最大化冲击力和平衡控制中的稳定裕度。

在文献[64]中提出的碰撞运动生成方法中，没有明确指定初始位置和最终位置作为边界条件。相反，碰撞时的位置和速度是通过求解优化问题来确定的。然后在前后碰撞运动中适时减速，确定初始位置和最终位置。这种类型的运动生成的概念如图 7.41 所示。该方法包括以下 5 个步骤：

步骤 1：确定碰撞时刻 $t=t_I$ 时的 $\boldsymbol{\theta}(t)$ 和 $\dot{\boldsymbol{\theta}}(t)$，使目标函数 J_I 最小化。

步骤 2：确定 $t=t_I-\Delta t$ 的 $\dot{\boldsymbol{\theta}}$，以使目标函数 J_{baI} 最小化。

步骤 3：在 $t=t-\Delta t$ 时迭代步骤 2，直到 $\dot{\boldsymbol{\theta}}(t)^{\mathrm{T}}\dot{\boldsymbol{\theta}}(t)$ 变为零。

步骤 4：确定 $t=t_I+\Delta t$ 处的 $\dot{\boldsymbol{\theta}}$，以使目标函数 J_{baI}(与步骤 2 中使用的函数相同)最小化。

步骤 5：在 $t=t_I+\Delta t$ 时迭代步骤 4，直到 $\dot{\boldsymbol{\theta}}(t)^{\mathrm{T}}\dot{\boldsymbol{\theta}}(t)$ 变为零。

这里，$\boldsymbol{\theta}(t)$ 和 $\dot{\boldsymbol{\theta}}(t)$ 分别表示关节角和角速度矢量，Δt 表示时间步长。

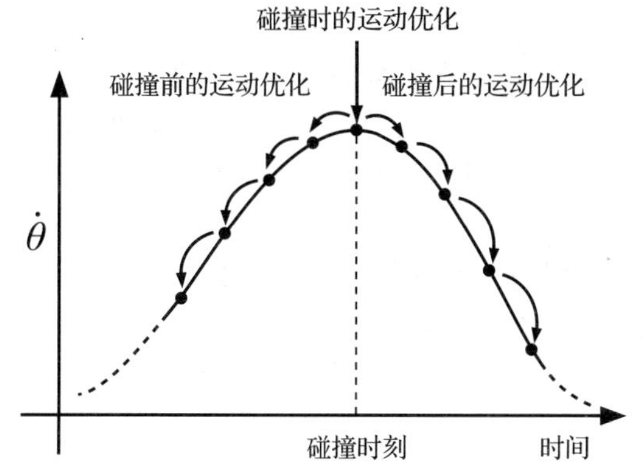

图 7.41 文献[64]中碰撞运动生成方法的概念性示意图

作为碰撞前/后的优化的结果，将获得使给定目标函数 J_{baI} 最小化的关节速度矢量 $\dot{\boldsymbol{\theta}}(t)$。关节角度矢量 $\boldsymbol{\theta}(t)$ 和关节加速度 $\ddot{\boldsymbol{\theta}}(t)$ 的计算公式如下：

$$\boldsymbol{\theta}(t)=\begin{cases}\boldsymbol{\theta}(t+\Delta t)-\dot{\boldsymbol{\theta}}(t)\Delta t & \text{碰撞前运动}\\ \boldsymbol{\theta}(t-\Delta t)+\dot{\boldsymbol{\theta}}(t)\Delta t & \text{碰撞后运动}\end{cases}\tag{7.80}$$

$$\ddot{\boldsymbol{\theta}}(t)=\begin{cases}\dfrac{\dot{\boldsymbol{\theta}}(t+\Delta t)-\dot{\boldsymbol{\theta}}(t)}{\Delta t} & \text{碰撞前运动}\\ \dfrac{\dot{\boldsymbol{\theta}}(t)-\dot{\boldsymbol{\theta}}(t-\Delta t)}{\Delta t} & \text{碰撞后运动}\end{cases}\tag{7.81}$$

此外，以下不等式约束的形式对关节角及其时间导数施加限制：

$$\theta_{i,\min}\leqslant\theta_i(t)\leqslant\theta_{i,\max}\tag{7.82}$$

$$-\dot{\theta}_{i,\max}\leqslant\dot{\theta}_i(t)\leqslant\dot{\theta}_{i,\max}\tag{7.83}$$

$$-\ddot{\theta}_{i,\max}\leqslant\ddot{\theta}_i(t)\leqslant\ddot{\theta}_{i,\max}\tag{7.84}$$

其中 $\theta_i(t)$ 表示第 i 个关节在 t 处的角度，$\dot{\theta}_i(t)$ 和 $\ddot{\theta}_i(t)$ 是一阶导数和二阶导数。将公式(7.81)代入公式(7.84)，则关节率的约束条件为

$$\begin{cases}\dot{\theta}_i(t+\Delta t)-\ddot{\theta}_{i,\max}\Delta t\leqslant\dot{\theta}_i(t)\leqslant\dot{\theta}_i(t+\Delta t)+\ddot{\theta}_{i,\max}\Delta t & (\text{碰撞前运动})\\ \dot{\theta}_i(t-\Delta t)-\ddot{\theta}_{i,\max}\Delta t\leqslant\dot{\theta}_i(t)\leqslant\dot{\theta}_i(t-\Delta t)+\ddot{\theta}_{i,\max}\Delta t & (\text{碰撞后运动})\end{cases}\tag{7.85}$$

如果在整个运动过程中，可以确定公式(7.81)中给出的关节加速度，那么可以说所生成的运动是连续的。这样的运动可以通过约束关节速度来获得，如公式(7.85)中所示。当 $\dot{\boldsymbol{v}}_B$ 和 $\boldsymbol{F}_{hi}=\mathbf{0}$ 时，最大关节加速度可从公式(7.59)估计为

$$\ddot{\boldsymbol{\theta}}_{\max}=\boldsymbol{M}_{G\theta}^{-1}(\boldsymbol{G}\boldsymbol{\tau}_{a,\max}-\boldsymbol{c}_{\theta B_G}+\boldsymbol{g}_{\theta})\tag{7.86}$$

请注意，最大关节加速度取决于手臂动力学。为了获得准确的 $\ddot{\boldsymbol{\theta}}_{\max}(t)$，在优化过程中的每一次迭代都必须求解这些动力学方程。然而，由于计算成本的原因，这种方法是不现实的。如果预先估计 $\ddot{\boldsymbol{\theta}}_{\max}(t)$ 的最小值，则可以避免该问题。

7.8.8　案例研究：空手道掌劈动作生成

一种简化的仿人机器人 HOAP-2 模型

选择由 25 个自由度组成的仿人机器人 HOAP-2 作为空手道掌劈实验的测试平台。对于碰撞运动任务的生成，使用简化的地面 6 自由度模型，如图 7.42 所示。简化模型由 6 个连杆和 6 个关节组成。在简化模型中，真实机器人的左腿和右腿组合成虚拟支撑腿，如图 7.42a 所示。因此，连杆 1 和连杆 2 的质量分别是相应的左腿连杆和右腿连杆的质量之和。简化模型各环节的质量如表 7.7 所示。

如表 7.8 所示，简化模型的关节限制与真实机器人的关节限制一致。每个关节的最大关节速度设置为 πrad/s，这是真实机器人使用的驱动器实际限制。

撞击力评估的性能指标

首先，回想一下，碰撞运动的目标是最大化撞击力(作用力)和稳定裕度(参见 7.8.7 节)。当机器人的一个连杆与环境中的一个物体碰撞时，所产生的冲量可以用前后冲量的差

值来表示。利用等效质量关系(7.74)，碰撞前动量可表示为 $M_{eq}{}^{I}\mathbb{B}_c^{\mathrm{T}}\mathcal{V}_I^{+}$，其中${}^{I}\mathbb{B}_c$ 是在碰撞点建立的瞬时接触关节的约束基础(参见公式(7.71))。这个动量可以作为撞击力最小化目标的性能指标。请注意，${}^{I}\mathbb{B}_c^{\mathrm{T}}\mathcal{V}_I^{+}$ 表示在碰撞点沿接触面法线 $\mathcal{V}_I^{+}$ 的分量(参见图 7.40b)。

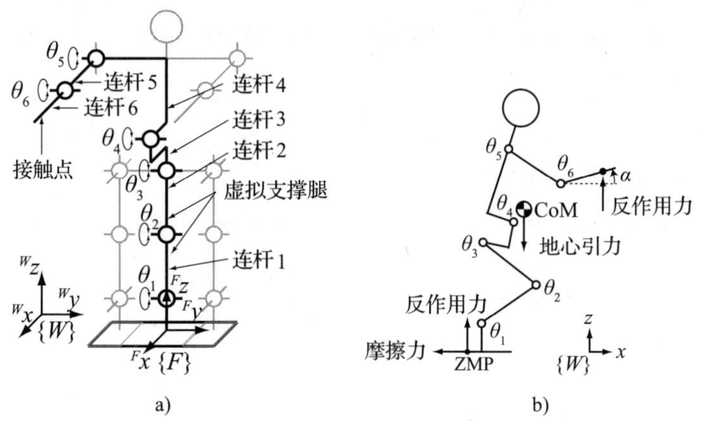

图 7.42　a)仿人机器人 HOAP-2 的简化模型。b)模型的侧视图

表 7.7　HOAP-2 模型的质量分布

	连杆 1	连杆 2	连杆 3	连杆 4	连杆 5	连杆 6
质量(kg)	0.57	0.88	0.92	2.45	0.62	0.17

表 7.8　关节限制

i	1	2	3	4	5	6
$\theta_{i,\min}$(°)	−60	−130	−70	0	−90	−115
$\theta_{i,\max}$(°)	60	0	80	90	90	0

稳定裕度评估的性能指标

公式(4.155)中给出的仿人机器人的动力学方程将用于以下推导中。回想一下，空间动力学关系式(4.130)由公式(4.155)的上半部分以及系统关节动量(SSM)的表达式推导出。对于脚坐标系{F}，这个关系可以重写为

$$\frac{\mathrm{d}}{\mathrm{d}t}\mathcal{L}_F + \mathcal{G}_F = \mathcal{F}_F \tag{7.87}$$

其中

$$\frac{\mathrm{d}}{\mathrm{d}t}\mathcal{L}_F = \frac{\mathrm{d}}{\mathrm{d}t}({}^{F}\mathbb{X}_{\overleftarrow{FB}}^{T}\mathcal{L}_B(\boldsymbol{q},\dot{\boldsymbol{q}}_B)) \equiv \begin{bmatrix}\dot{\boldsymbol{p}}\\ \dot{\boldsymbol{l}}_F\end{bmatrix}, \mathcal{G}_F = M\begin{bmatrix}-\boldsymbol{E}_3\\ [\boldsymbol{r}_{\overleftarrow{FC}}^{\times}]\end{bmatrix}\boldsymbol{a}_g, \mathcal{F}_F = \begin{bmatrix}\boldsymbol{f}_F\\ \boldsymbol{m}_F\end{bmatrix}$$

并且 M 是机器人的总质量，$\boldsymbol{a}_g = [0\quad 0\quad -g]^{\mathrm{T}}$ 是重力加速度矢量，$\boldsymbol{r}_{\overleftarrow{FC}}$是{$F$}关于 CoM 的原点位置。$f_{pz}$ 和 m_{Fy} 由公式(7.87)计算为

$$f_{Fz} = \dot{p}_z + Mg,\quad m_{Fy} = \dot{l}_{Fy} + (\boldsymbol{r}_{\overleftarrow{FC}})_x Mg \tag{7.88}$$

将公式(7.88)代入公式(7.65)，使用 SSM 的时间导数表示 CoP 的 x 坐标，如下所示：

$$(\boldsymbol{r}_{\overleftarrow{pF}})_x = -\frac{\dot{l}_{Fy} + (\boldsymbol{r}_{\overleftarrow{FC}})_x Mg}{Mg + \dot{p}_z} \tag{7.89}$$

一般说来，可以假定线性动量沿 z 轴的变化率 $\dot{p}_z$ 远小于引力 M_g。由此推论，绕 y 轴的角

动量变化率 $\dot{l}_{Fy}$ 是影响 CoP 的 x 坐标的关键参数。

在这里讨论的碰撞运动生成方法中，假设机器人在初始($t=0$)姿势和最终($t=T$)姿势下是静止的。因此，$\boldsymbol{p}(0)=\boldsymbol{p}(T)=\boldsymbol{0}$ 和 $\boldsymbol{l}_F(0)=\boldsymbol{l}_F(T)=\boldsymbol{0}$。此外，在优化过程中，角动量约束为在碰撞时取其最大值，并且在碰撞前/后单调减小，如图 7.41 所示。这就是为什么可以假设最小化 $\boldsymbol{l}_F^2$ 将有助于最小化 $\dot{\boldsymbol{l}}_F$，如图 7.43a 所示。相反，在碰撞前/碰撞后的优化过程中，$\boldsymbol{l}_F^2$ 在 $t=t_I\pm\Delta t$ 最小化会导致 $\dot{\boldsymbol{l}}_F$ 增量(参见图 7.43b)。但是，请注意，$\dot{\boldsymbol{l}}$ 将受公式(7.85)中给出的关节速度约束的限制。

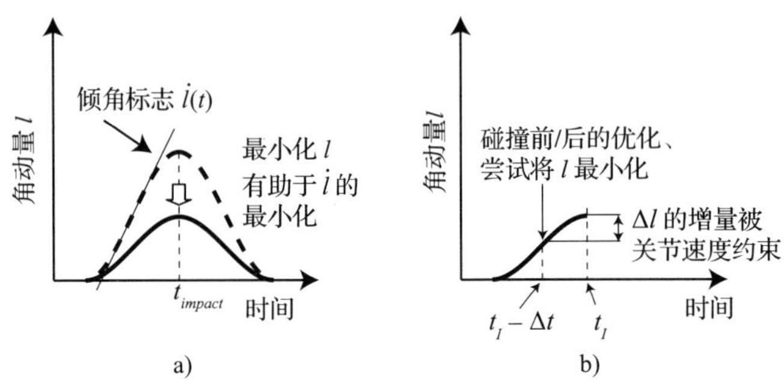

图 7.43　将角动量 l 最小化：a)撞击时的优化；b)撞击前后的优化

根据上述原因，使用量 $\boldsymbol{l}_{Fy}^2$ 作为稳定裕度评估目标的性能指标可以代替角动量变化率 $\dot{\boldsymbol{l}}_{Fy}$。

碰撞时姿态和速度的优化

在空手道掌劈实验中，当手碰到木板时立即找到机器人的最佳姿势和速度解决了一个约束的优化问题。顺序二次规划(SQP)方法用于解决约束优化问题。该方法将目标函数和约束定义为设计参数的非线性函数。本文使用了数值计算语言 MATLAB(由 MathWorks 公司开发)的 fmincon()函数来解决 SQP 问题。

目标函数 J_A 定义为：

$$J_A = w_A\left(1-\frac{M_{eq}{}^I\mathbb{B}_c^{\mathrm{T}}\mathcal{V}_I^+}{(M_{eq}{}^I\mathbb{B}_c^{\mathrm{T}}\mathcal{V}_I^+)_{\max}}\right)^2+(1-w_A)\left(\frac{l_{Fy}}{l_{Fy,\max}}\right)^2 \tag{7.90}$$

在等号右边的第一项在 $M_{eq}{}^I\mathbb{B}_c^{\mathrm{T}}\mathcal{V}_I^+$ 最大化时最小化。另一方面，当 l_{Fy} 最小化时，等号右边的第二项被最小化；$w_A(0\leqslant w_A\leqslant 1)$是加权因子。

通过求解目标函数为 $J_{A,MV}=-M_{eq}{}^I\mathbb{B}_c^{\mathrm{T}}\mathcal{V}_I^+$ 和 $J_{A,l_{Fy}}=-l_{Fy}$ 的约束优化问题，预先估计最大值$(M_{eq}{}^I\mathbb{B}_c^{\mathrm{T}}\mathcal{V}_I^+)_{\max}$和 $l_{Fy,\max}$。最小化 $-M_{eq}{}^I\mathbb{B}_c^{\mathrm{T}}\mathcal{V}_I^+$ 或 $-l_{Fy}$ 分别产生 $M_{eq}{}^I\mathbb{B}_c^{\mathrm{T}}\mathcal{V}_I^+$ 或 l_{Fy} 的最大化。

优化问题是，在以下条件下，找到最佳的关节角 θ 和关节角速度 $\dot{\theta}$：最小化 $J_A(\boldsymbol{\theta},\dot{\boldsymbol{\theta}})$，以

$$\begin{gathered}\theta_{i,\min}+\theta_m\leqslant\theta_i(t)\leqslant\theta_{i,\max}-\theta_m,\\-\dot{\theta}_{i,\max}\leqslant\dot{\theta}_i(t)\leqslant\dot{\theta}_{i,\max},\\\alpha_{\min}\leqslant\alpha(\boldsymbol{\theta})\leqslant\alpha_{\max},\\(r_{\overleftarrow{pF}})_{x,\min}\leqslant(r_{\overleftarrow{pF}}(\boldsymbol{\theta}))_x\leqslant(r_{\overleftarrow{pF}})_{x,\max}\end{gathered} \tag{7.91}$$

为条件，其中 α 为木板与手(连杆 6)之间的夹角，θ_m 是从关节的机械极限得到的安全裕度。

在这个案例研究中，在优化过程中，手部位置不包括在约束内。根据获得的关节角度 $\boldsymbol{\theta}$ 计算手部位置。然后将木板放在计算好的手部位置进行实验。不过，对手部位置采用相等约束应该不会太难。

此外，初始姿势是以启发式方式分配的。在优化不收敛的情况下，启发式地探索其他初始姿势。优化过程也可能陷入局部最小化。因此，必须研究几个初始姿势才能获得产生最佳 $\boldsymbol{J}_A$ 值的姿势。

碰撞前后速度的优化

如图 7.41 所示，机器人的运动是从碰撞瞬间开始逐步减小关节速度得到的。为了求出机器人在碰撞前摆动 $t-\Delta t$ 时和碰撞后摆动 $t+\Delta t$ 时的最优速度，分别求解了两组约束优化问题。迭代调用优化以生成碰撞前后的整个摆动运动。

目标函数 J_{BC} 定义如下：

$$J_{BC} = w_{BC}\hat{\dot{\boldsymbol{\theta}}}^{\mathrm{T}}\hat{\dot{\boldsymbol{\theta}}} + (1-w_{BC})\left(\frac{l_{Fy}}{l_{Fy,\max}}\right)^2 \tag{7.92}$$

其中 $w_{BC}(0\leqslant w_{BC}\leqslant 1)$是加权因子。标准化关节速度 $\hat{\dot{\boldsymbol{\theta}}}$ 定义如下：

$$\hat{\dot{\boldsymbol{\theta}}} = \begin{bmatrix}\hat{\dot{\theta}}_1 & \hat{\dot{\theta}}_2 & \cdots & \hat{\dot{\theta}}_n\end{bmatrix}^{\mathrm{T}},\quad \hat{\dot{\theta}}_i = \frac{\dot{\theta}_i}{\dot{\theta}_{i,\max}} \tag{7.93}$$

优化问题是在以下条件下找到 $t-\Delta t$ 和 $t+\Delta t$ 处的最佳关节速度 $\dot{\boldsymbol{\theta}}$：

$$\begin{gathered}
\text{最小化}\begin{cases} J_A(\boldsymbol{\theta},\dot{\boldsymbol{\theta}}) & (k\leqslant k') \\ J_{BC}(\dot{\boldsymbol{\theta}}) & (k>k') \end{cases}\text{,以} \\
\theta_{i,\min}\leqslant\theta_i(t)\leqslant\theta_{i,\max}, \\
-\dot{\theta}_{i,\max}\leqslant\dot{\theta}_i(t)\leqslant\dot{\theta}_{i,\max}, \\
-\ddot{\theta}_{i,\max}\leqslant\ddot{\theta}_i(t)\leqslant\ddot{\theta}_{i,\max}, \\
l_{Fy,\min}\leqslant l_{Fy}\leqslant l_{Fy,\max}
\end{gathered} \tag{7.94}$$

为条件，其中 k 表示迭代数，k'是任意正整数。当仿人机器人准确地遵循所产生的运动时，手将在预期的碰撞时间恰好击中木板。然而，期望仿人机器人在没有任何时间延迟的情况下跟随所产生的运动是不现实的。因此，在碰撞的估计时间附近的一小段时间内，调用目标函数 J_A 而不是 J_{BC}。周期$\pm k'\Delta t$ 对应于碰撞的时间裕度。由于相同的目标函数 J_A 用于 $k\leqslant k'$，因此在 $k\leqslant k'$的时间间隔内关节速度不会降低。

将关节加速度的边界条件替换为关节速度的边界条件，如公式(7.85)所示。因此，当前的关节速度将以上一步的关节速度加/减 $\ddot{\theta}_{i,\max}\Delta t$ 为界时，这种边界条件避免了最优化点处的 $\dot{\theta}_i$ 的差异。当 $\dot{\theta}_i$ 为正值时，由于关节速度随 J_{BC}的最小化而减小，因而趋于公式(7.85)的下限附近。因此，关节速度将逐渐降低。

然而，应该注意的是，不能保证 $\dot{\boldsymbol{\theta}}$ 在关节角度限制内总能收敛到零。如果 $\dot{\boldsymbol{\theta}}$ 不收敛，则 $\ddot{\boldsymbol{\theta}}_{\max}$最大值略有增加，并重新启动优化过程。

通过优化，得出关节速度 $\dot{\boldsymbol{\theta}}$。然后如公式(7.8)所示，根据 $\dot{\boldsymbol{\theta}}$ 和上一步的关节角度矢

量计算当前关节角度矢量 $\boldsymbol{\theta}$。请注意，碰撞后获得的关节轨迹(优化 C)仅为参考轨迹，因此不能保证碰撞后的稳定性。当施加的动量 $M_{eq}{}^{I}\mathbb{B}_c^{\mathrm{T}}\mathcal{V}_I^{+}$ 完全转化为施加碰撞的形式时，碰撞将达到最大。利用最大撞击力的估计，通过公式(7.79)可以估计最坏情况下的 CoP/ZMP 净位移。

7.8.9　碰撞运动生成的实验验证

下面将描述使用手部运动和优化动作方法打破人造木板的实验。表 7.9 列出了用于计算优化运动的参数。每隔 5ms 获得一次优化的关节角度。由于 HOAP-2 仿人机器人控制器的采样时间为 1ms，在将优化关节角度作为控制输入之前，需要对其进行插值。在文献[78]中，提出了一种碰撞后阶段的稳定化控制方法。然而，这种方法不会在实验中使用，因为手工制作的运动和优化后的运动之间的差异会更好地表现出来。

表 7.9　运动优化条件

参　数	值
Δt(ms)	5
w_A，w_{BC}	0.03，0.5
θ_m(rad)	0.523
$\alpha_{\min}$，$\alpha_{\max}$(°)	−5，5
$(r_{\overleftarrow{pF}})_{x,\min}$，$(r_{\overleftarrow{pF}})_{x,\max}$(m)	0.010，0.030
$l_{Fy,\min}$，$l_{Fy,\max}$(Nm)	−0.20，0.20
k'	5

实验中使用了 3 种不同厚度的人造板。打破它们的成功率如表 7.10 所示。从表中可以看出，对于 5mm 厚的板，手部运动的成功率为 10%，而对于同一块板，优化运动的成功率为 90%。显然，使用所提出的方法大大提高了成功率。

表 7.10　打破木板运动的成功率

运动	厚度(mm)	试验	成功	失败	成功率(%)
手部运动	3	10	10	0	100
	5	10	1	9	10
	7	5	0	5	0
优化运动	3	3	3	0	100
	5	10	9	1	90
	7	5	0	5	0

根据设计的运动计算的手的速度的法向分量和 y(俯仰)方向的角动量分别绘制在图 7.44a 和图 7.44b 中(请注意，这些不是实验结果)。如图 7.44a 所示，优化运动的手的速度在碰撞时达到峰值，而在手部运动中，手的速度在碰撞前达到峰值。此外，在优化运动中，y 方向的角动量保持在最小。另一方面，在手部运动中，观察到可能导致仿人机器人倒下的振动。

在实验中，将仿人机器人 Hoap-2 放置在 KISTLER 公司制造的测力板上，以测量净 CoP。手部运动和优化运动的 CoP 轨迹分别如图 7.45a 和图 7.45b 所示。由于仿人机器人在手部运动中稍微上跳，因此图 7.45a 中绘制的 CoP 在某些点上超过了支撑多边形。这些点代表不可靠的数据。

在碰撞的瞬间，机器人用手和脚接触环境。因此，在碰撞的瞬间，CoP 不是在地面上，而是在由手和脚形成的支撑多边形上。然而，这是一个瞬间现象，因为板在碰撞后立即破碎。请注意，图 7.45a 和图 7.45b 中绘制的 CoP 值是用测力板测量的。因此，严格地说，图 7.45a 和图 7.45b 中撞击瞬间的 CoP 是不正确的。

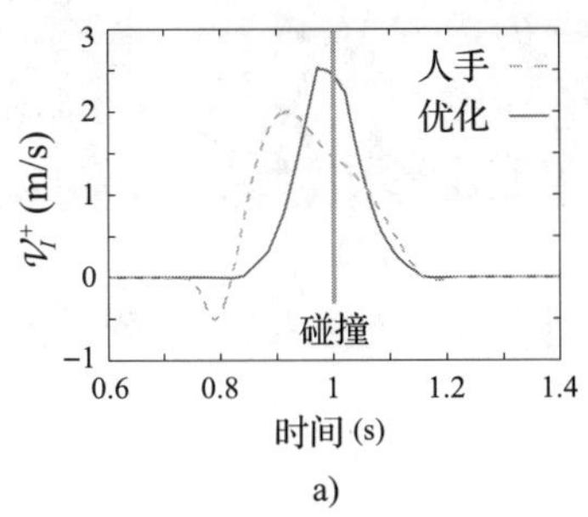

a)

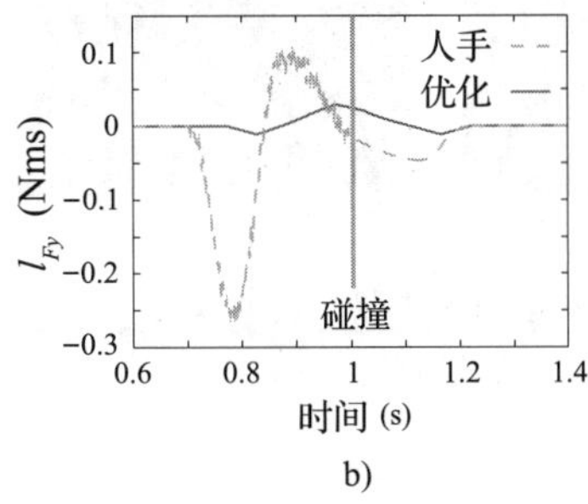

b)

图 7.44　手部运动和优化运动在(a)手的速度 $\mathcal{V}_I^+$ 和(b)角动量 l_{Fy} 方面的比较(见彩插)

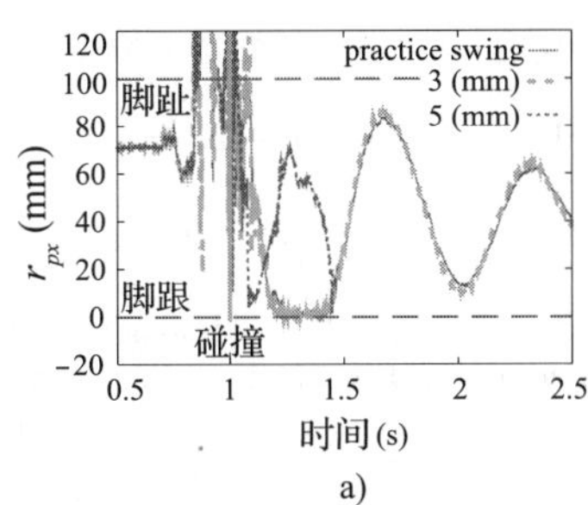

a)

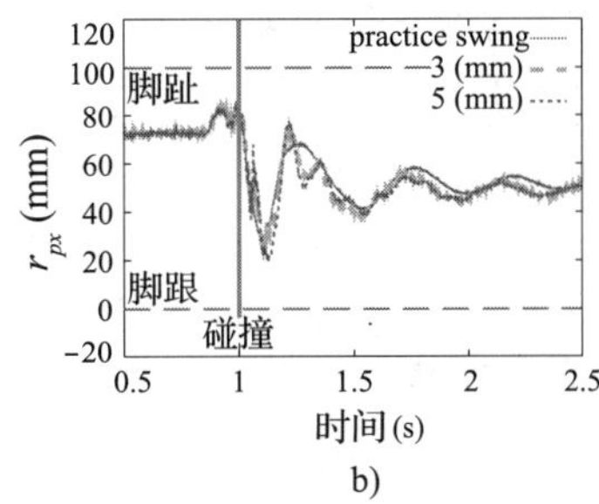

b)

图 7.45　在(a)手部运动和(b)优化运动中沿 x 轴的压力中心(见彩插)

在手部运动中，CoP 在碰撞后变化很大，而在优化运动中，CoP 保持在支撑多边形的中心附近。如上所述，在这些实验中没有应用文献[78]中的稳定控制。因此，可以清楚地看到这两种生成方法之间的差异。即使在撞击力作用下，CoP 在优化后的运动中也不会有很大变化。原因是板被成功折断，所以反作用力不是很大。

对于手部运动和优化运动的情况，$M_{eq}{}^I\mathbb{B}_c^{\mathrm{T}}\mathcal{V}_I^+$ 在冲击时的值如表 7.11 所示。实验的快照如图 7.46 和图 7.47 所示，Video 7.8-1[61]是在实验期间拍摄的。

表 7.11　动量估计

	M_{eq}(kg)	$\mathcal{V}_I^+$(m/s)	$M_{eq}{}^I\mathbb{B}_c^{\mathrm{T}}\mathcal{V}_I^+$(Ns)	l_{Fy}(Nms)
手部运动	0.097	1.46	0.141	−0.0158
优化运动	0.102	2.43	0.249	0.0245

a) 0 s

b) 14/30 s

c) 17/30 s

d) 20/30 s

图 7.46　手部动作的快照。板的厚度为 5mm。快照(d)显示机器人未能打破木板。成功率为 10%(见彩插)

a) 0 s

b) 14/30 s

c) 17/30 s

d) 20/30 s

图 7.47 优化运动的快照。板的厚度为 5mm。快照(d)显示机器人成功打破了木板。成功率 90%(见彩插)

参考文献

[1] M. Abdallah, A. Goswami, A biomechanically motivated two-phase strategy for biped upright balance control, in: IEEE Int. Conf. on Robotics and Automation, Barcelona, Spain, 2005, pp. 1996–2001.

[2] Z. Aftab, T. Robert, P.-B. Wieber, Predicting multiple step placements for human balance recovery tasks, Journal of Biomechanics 45 (2012) 2804–2809.

[3] Y. Aoustin, A. Formalskii, Upward jump of a biped, International Journal of Humanoid Robotics 10 (2013) 1350032.

[4] H. Arisumi, J.-R. Chardonnet, A. Kheddar, K. Yokoi, Dynamic lifting motion of humanoid robots, in: Proceedings of IEEE International Conference on Robotics and Automation, Rome, Italy, 2007, pp. 2661–2667.

[5] H. Asada, K. Ogawa, On the dynamic analysis of a manipulator and its end effector interacting with the environment, in: Proceedings of IEEE International Conference on Robotics and Automation, 1987, pp. 751–756.

[6] D. Asmar, B. Jalgha, A. Fakih, Humanoid fall avoidance using a mixture of strategies, International Journal of Humanoid Robotics 09 (2012) 1250002.

[7] J.E. Bobrow, B. Martin, G. Sohl, E.C. Wang, F.C. Park, J. Kim, Optimal robot motions for physical criteria, Journal of Robotic Systems 18 (2001) 785–795.

[8] G. Borghesan, E. Aertbelien, J. De Schutter, Constraint- and synergy-based specification of manipulation tasks, in: 2014 IEEE International Conference on Robotics and Automation, ICRA, IEEE, 2014, pp. 397–402.

[9] K. Bouyarmane, A. Escande, F. Lamiraux, A. Kheddar, Potential field guide for humanoid multicontacts acyclic motion planning, in: IEEE International Conference on Robotics and Automation, Kobe, Japan, 2009, pp. 1165–1170.

[10] K. Bouyarmane, A. Kheddar, Static multi-contact inverse problem for multiple humanoid robots and manipulated objects, in: IEEE-RAS International Conference on Humanoid Robots, Nashville, TN, USA, 2010, pp. 8–13.

[11] K. Bouyarmane, A. Kheddar, Humanoid robot locomotion and manipulation step planning, Advanced Robotics 26 (2012) 1099–1126.

[12] T. Bretl, Motion planning of multi-limbed robots subject to equilibrium constraints: the free-climbing robot problem, The International Journal of Robotics Research 25 (2006) 317–342.

[13] T. Bretl, S. Lall, A fast and adaptive test of static equilibrium for legged robots, in: IEEE International Conference on Robotics and Automation, IEEE, 2006, pp. 1109–1116.

[14] T. Bretl, S. Lall, Testing static equilibrium for legged robots, IEEE Transactions on Robotics 24 (2008) 794–807.

[15] S. Brossette, A. Escande, G. Duchemin, B. Chrétien, A. Kheddar, Humanoid posture generation on non-Euclidean manifolds, in: IEEE-RAS International Conference on Humanoid Robots, 2015, pp. 352–358.

[16] A. Carmona, L. Molina-Tanco, M. Azuaga, J.a. Rodriguez, F. Sandoval, Online absorption of mediolateral balance disturbances for a small humanoid robot using accelerometer and force-sensor feedback, in: 2007 IEEE/ASME International Conference on Advanced Intelligent Mechatronics, IEEE, Tenerife, Spain, 2007, pp. 1–6.

[17] J.H. Choi, J. Grizzle, Planar bipedal robot with impulsive foot action, in: IEEE Conf. on Decision and Control, Atlantis, Paradise Island, Bahamas, 2004, pp. 296–302.

[18] R. Cisneros, K. Yokoi, E. Yoshida, Impulsive pedipulation of a spherical object for reaching a 3D goal position, in: IEEE-RAS International Conference on Humanoid Robots, Atlanta, GA, USA, 2013, pp. 154–160.

[19] A. D'Avella, E. Bizzi, Shared and specific muscle synergies in natural motor behaviors, Proceedings of the National Academy of Sciences 102 (2005) 3076–3081.

[20] J. Englsberger, T. Koolen, S. Bertrand, J. Pratt, C. Ott, A. Albu-Schaffer, Trajectory generation for continuous leg forces during double support and heel-to-toe shift based on divergent component of motion, in: IEEE/RSJ

International Conference on Intelligent Robots and Systems, 2014, pp. 4022–4029.

[21] J. Englsberger, C. Ott, A. Albu-Schaffer, Three-dimensional bipedal walking control based on divergent component of motion, IEEE Transactions on Robotics 31 (2015) 355–368.

[22] J. Englsberger, C. Ott, M.A. Roa, A. Albu-Schaffer, G. Hirzinger, Bipedal walking control based on capture point dynamics, in: IEEE International Conference on Intelligent Robots and Systems, IEEE, 2011, pp. 4420–4427.

[23] A. Escande, A. Kheddar, S. Miossec, Planning support contact-points for humanoid robots and experiments on HRP-2, in: IEEE International Conference on Intelligent Robots and Systems, 2006, pp. 2974–2979.

[24] A. Escande, A. Kheddar, S. Miossec, Planning contact points for humanoid robots, Robotics and Autonomous Systems 61 (2013) 428–442.

[25] Fujitsu, Miniature Humanoid Robot HOAP-2 Manual, 1st edition, Fujitsu Automation Co., Ltd, 2004 (in Japanese).

[26] A. Goswami, Postural stability of biped robots and the foot-rotation indicator (fri) point, The International Journal of Robotics Research 18 (1999) 523–533.

[27] R.J. Griffin, A. Leonessa, A. Asbeck, Disturbance compensation and step optimization for push recovery, in: IEEE/RSJ International Conference on Intelligent Robots and Systems, IROS, IEEE, 2016, pp. 5385–5390.

[28] J. Grizzle, G. Abba, F. Plestan, Asymptotically stable walking for biped robots: analysis via systems with impulse effects, IEEE Transactions on Automatic Control 46 (2001) 51–64.

[29] M. Guihard, P. Gorce, Dynamic control of bipeds using ankle and hip strategies, in: IEEE/RSJ Int. Conf. on Intelligent Robots and Systems, Lausanne, Switzerland, 2002, pp. 2587–2592.

[30] K. Harada, K. Hauser, T. Bretl, J.-C. Latombe, Natural motion generation for humanoid robots, in: IEEE/RSJ International Conference on Intelligent Robots and Systems, 2006, pp. 833–839.

[31] H. Hauser, G. Neumann, A.J. Ijspeert, W. Maass, Biologically inspired kinematic synergies provide a new paradigm for balance control of humanoid robots, in: IEEE-RAS International Conference on Humanoid Robots, Pittsburgh, PA, 2007, pp. 73–80.

[32] H. Hauser, G. Neumann, A.J. Ijspeert, W. Maass, Biologically inspired kinematic synergies enable linear balance control of a humanoid robot, Biological Cybernetics 104 (2011) 235–249.

[33] K. Hauser, Fast interpolation and time-optimization with contact, The International Journal of Robotics Research 33 (2014) 1231–1250.

[34] K. Hauser, T. Bretl, K. Harada, J.-C. Latombe, Using motion primitives in probabilistic sample-based planning for humanoid robots, in: S. Akella, N.M. Amato, W.H. Huan, B. Mishra (Eds.), Algorithmic Foundation of Robotics VII, in: Springer Tracts in Advanced Robotics, vol. 47, Springer Berlin Heidelberg, Berlin, Heidelberg, 2008, pp. 507–522.

[35] K. Hauser, T. Bretl, J.C. Latombe, Non-gaited humanoid locomotion planning, in: IEEE-RAS International Conference on Humanoid Robots, 2005, pp. 7–12.

[36] R. Hinata, D. Nenchev, Anticipatory reflexive behavior in response to an impulsive force applied while leaning forward, Robotic Life Support Laboratory, Tokyo City University, 2018 (Video clip), https://doi.org/10.1016/B978-0-12-804560-2.00014-6.

[37] R. Hinata, D. Nenchev, Nonanticipatory reflexive behavior in response to an impulsive force applied while leaning forward, Robotic Life Support Laboratory, Tokyo City University, 2018 (Video clip), https://doi.org/10.1016/B978-0-12-804560-2.00014-6.

[38] R. Hinata, D.N. Nenchev, Accommodating a large impulsive force without stepping, Robotic Life Support Laboratory, Tokyo City University, 2018 (Video clip), https://doi.org/10.1016/B978-0-12-804560-2.00014-6.

[39] K. Hirai, M. Hirose, Y. Haikawa, T. Takenaka, The development of Honda humanoid robot, in: IEEE Int. Conf. on Robotics and Automation, Leuven, Belgium, 1998, pp. 1321–1326.

[40] H. Hirukawa, S. Hattori, K. Harada, S. Kajita, K. Kaneko, F. Kanehiro, K. Fujiwara, M. Morisawa, A universal stability criterion of the foot contact of legged robots – adios ZMP, in: IEEE International Conference on Robotics and Automation, 2006, pp. 1976–1983.

[41] A. Hofmann, M. Popovic, H. Herr, Exploiting angular momentum to enhance bipedal center-of-mass control, in: IEEE Int. Conf. on Robotics and Automation, Kobe, Japan, 2009, pp. 4423–4429.

[42] F.B. Horak, S.M. Henry, A. Shumway-Cook, Postural perturbations: new insights for treatment of balance disorders, Physical Therapy 77 (1997) 517–533.

[43] M. Hosokawa, T. Hamano, D. Nenchev, Lift-leg reactive synergy with DCM-GI based control, Robotic Life Support Laboratory, Tokyo City University, 2018 (Video clip), https://doi.org/10.1016/B978-0-12-804560-2.00014-6.

[44] M. Hosokawa, D.N. Nenchev, T. Hamano, The DCM generalized inverse: efficient body-wrench distribution in multi-contact balance control, Advanced Robotics 32 (2018) 778–792.

[45] Y. Hürmüzlü, G.D. Moskowitz, Bipedal locomotion stabilized by impact and switching: I. Two- and three-dimensional, three-element models, Dynamics and Stability of Systems 2 (1987) 73–96.

[46] Y. Hürmüzlü, G.D. Moskowitz, Bipedal locomotion stabilized by impact and switching: II. Structural stability analysis of a four-element bipedal locomotion model, Dynamics and Stability of Systems 2 (1987) 97–112.

[47] Y. Hwang, A. Konno, M. Uchiyama, Whole body cooperative tasks and static stability evaluations for a hu-

manoid robot, in: Proceedings of IEEE/RSJ International Conference on Intelligent Robots and Systems, 2003, pp. 1901–1906.

[48] S.-H. Hyon, R. Osu, Y. Otaka, Integration of multi-level postural balancing on humanoid robots, in: IEEE International Conference on Robotics and Automation, Kobe, Japan, 2009, pp. 1549–1556.

[49] R. Iizuka, D.N. Nenchev, Reflex/recovery motion with ankle/hip/twist synergies, Robotic Life Support Laboratory, Tokyo City University, 2018 (Video clip), https://doi.org/10.1016/B978-0-12-804560-2.00014-6.

[50] R. Iizuka, D.N. Nenchev, Reflex/recovery motion with hip/twist synergies, Robotic Life Support Laboratory, Tokyo City University, 2018 (Video clip), https://doi.org/10.1016/B978-0-12-804560-2.00014-6.

[51] C. Inamura, T. Nakamura, D.N. Nenchev, Compliant whole–body balance control, Robotic Life Support Laboratory, Tokyo City University, 2018 (Video clip), https://doi.org/10.1016/B978-0-12-804560-2.00014-6

[52] R. Iizuka, D.N. Nenchev, Reactive stepping, Robotic Life Support Laboratory, Tokyo City University, 2018 (Video clip), https://doi.org/10.1016/B978-0-12-804560-2.00014-6.

[53] K. Iqbal, H. Hemami, S. Simon, Stability and control of a frontal four-link biped system, IEEE Transactions on Biomedical Engineering 40 (1993) 1007–1018.

[54] T. Izumi, Y. Kitaka, Control of a hitting velocity and direction for a hammering robot using a flexible link, Journal of the Robotics Society of Japan 11 (1993) 436–443 (in Japanese).

[55] S. Kagami, F. Kanehiro, Y. Tamiya, M. Inaba, H. Inoue, AutoBalancer: an online dynamic balance compensation scheme for humanoid robots, in: Int. Workshop Alg. Found. Robot, WAFR, 2000, pp. 329–339.

[56] S. Kajita, F. Kanehiro, K. Kaneko, K. Fujiwara, K. Harada, K. Yokoi, H. Hirukawa, Biped walking pattern generation by using preview control of zero-moment point, in: IEEE International Conference on Robotics and Automation, 2003, pp. 1620–1626.

[57] Y. Kanamiya, S. Ota, D. Sato, Ankle and hip balance control strategies with transitions, in: IEEE International Conference on Robotics and Automation, Anchorage, AK, USA, 2010, pp. 3446–3451.

[58] H. Khalil, Nonlinear Systems, 3rd edition, Prentice Hall, Upper Saddle River, New Jersey, USA, 2002.

[59] K. Kitagaki, M. Uchiyama, Optimal approach velocity of end-effector to the environment, in: Proceedings of IEEE International Conference on Robotics and Automation, 1992, pp. 1928–1934.

[60] S. Komizunai, Y. Onuki, M.H. Wu, T. Tsujita, A. Konno, A walking stabilization control for biped robots on loose soil, Journal of the Robotics Society of Japan 35 (2017) 548–556.

[61] A. Konno, Karate chop experiments with the HOAP-2 robot, 2015 (Video clip), https://doi.org/10.1016/B978-0-12-804560-2.00014-6.

[62] A. Konno, HOAP-2 walking on sand, 2016 (Video clip), https://doi.org/10.1016/B978-0-12-804560-2.00014-6.

[63] A. Konno, T. Matsumoto, Y. Ishida, D. Sato, M. Uchiyama, Drum beating a martial art Bojutsu performed by a humanoid robot, in: A.C. de Pina Filho (Ed.), Humanoid Robots: New Developments, Advanced Robotic Systems International and I-Tech Education and Publishing, ISBN 978-3-902613-00-4, 2007, pp. 521–530, Chapter 29.

[64] A. Konno, T. Myojin, T. Matsumoto, T. Tsujita, M. Uchiyama, An impact dynamics model and sequential optimization to generate impact motions for a humanoid robot, The International Journal of Robotics Research 30 (2011) 1596–1608.

[65] A. Konno, Y. Tanida, K. Abe, M. Uchiyama, A plantar h-slit force sensor for humanoid robots to detect the reaction forces, in: Proceedings of IEEE/RSJ International Conference on Intelligent Robots and Systems, 2005, pp. 1470–1475.

[66] T. Koolen, S. Bertrand, G. Thomas, T. de Boer, T. Wu, J. Smith, J. Englsberger, J. Pratt, Design of a momentum-based control framework and application to the humanoid robot Atlas, International Journal of Humanoid Robotics 13 (2016) 1650007.

[67] T. Koolen, T. de Boer, J. Rebula, A. Goswami, J. Pratt, Capturability-based analysis and control of legged locomotion, Part 1: theory and application to three simple gait models, The International Journal of Robotics Research 31 (2012) 1094–1113.

[68] S. Kudoh, T. Komura, K. Ikeuchi, The dynamic postural adjustment with the quadratic programming method, in: IEEE/RSJ International Conference on Intelligent Robots and System, 2002, pp. 2563–2568.

[69] M. Kudruss, M. Naveau, O. Stasse, N. Mansard, C. Kirches, P. Soueres, K. Mombaur, Optimal control for whole-body motion generation using center-of-mass dynamics for predefined multi-contact configurations, in: IEEE-RAS 15th International Conference on Humanoid Robots (Humanoids), 2015, pp. 684–689.

[70] J.J. Kuffner, S. Kagami, K. Nishiwaki, M. Inaba, H. Inoue, Dynamically-stable motion planning for humanoid robots, Autonomous Robots 12 (2002) 105–118.

[71] M.L. Latash, Synergy, Oxford University Press, 2008.

[72] S.M. LaValle, J.J. Kuffner Jr., Rapidly-exploring random trees: progress and prospects, in: Workshop on the Algorithmic Foundations of Robotics, Hanover, New Hampshire, 2000, pp. 293–308.

[73] D.J. Leith, W.E. Leithead, Survey of gain-scheduling analysis and design, International Journal of Control 73 (2000) 1001–1025.

[74] A. Liegeois, Automatic supervisory control of the configuration and behavior of multibody mechanisms, IEEE Transactions on Systems, Man and Cybernetics 7 (1977) 868–871.

[75] C.W. Luchies, N.B. Alexander, A.B. Schultz, J. Ashton-Miller, Stepping responses of young and old adults to postural disturbances: kinematics, Journal of the American Geriatrics Society 42 (1994) 506–512.
[76] B. Maki, W. Mcilroy, G. Fernie, Change-in-support reactions for balance recovery, IEEE Engineering in Medicine and Biology Magazine 22 (2003) 20–26.
[77] N. Mandal, S. Payandeh, Control strategies for robotic contact tasks: an experimental study, The International Journal of Robotics Research 12 (1995) 67–92.
[78] T. Matsumoto, A. Konno, L. Gou, M. Uchiyama, A humanoid robot that breaks wooden boards applying impulsive force, in: Proceedings of IEEE/RSJ International Conference on Intelligent Robots and Systems, 2006, pp. 5919–5924.
[79] M.-L. Mille, M.E. Johnson, K.M. Martinez, M.W. Rogers, Age dependent differences in lateral balance recovery through protective stepping, Clinical Biomechanics 20 (2005) 607–616.
[80] J.K. Mills, D.M. Lokhorst, Control of robotic manipulators during general task execution: a discontinuous control approach, The International Journal of Robotics Research 12 (1993) 146–163.
[81] S. Miyahara, D.N. Nenchev, VRP-GI based dynamic walk on a flat ground, Robotic Life Support Laboratory, Tokyo City University, 2018 (Video clip), https://doi.org/10.1016/B978-0-12-804560-2.00014-6.
[82] S. Miyahara, D.N. Nenchev, VRP-GI based dynamic walk on a staircase, Robotic Life Support Laboratory, Tokyo City University, 2018 (Video clip), https://doi.org/10.1016/B978-0-12-804560-2.00014-6.
[83] S. Miyahara, D.N. Nenchev, VRP-GI based dynamic walk with toe-off, Robotic Life Support Laboratory, Tokyo City University, 2018 (Video clip), https://doi.org/10.1016/B978-0-12-804560-2.00014-6.
[84] X. Mu, Q. Wu, On impact dynamics and contact events for biped robots via impact effects, IEEE Transactions on Systems, Man and Cybernetics. Part B. Cybernetics 36 (2006) 1364–1372.
[85] K. Nagasaka, M. Inaba, H. Inoue, Stabilization of dynamic walk on a humanoid using torso position compliance control, in: Proceedings of Annual Conference of Robotics Society of Japan, 1999, pp. 1193–1194 (in Japanese).
[86] K. Nagata, T. Ogasawara, T. Omata, Optimum velocity vector of articulated robot for soft bumping, Journal of the SICE 26 (1990) 435–442 (in Japanese).
[87] S. Nakaoka, Choreonoid: extensible virtual robot environment built on an integrated GUI framework, in: IEEE/SICE International Symposium on System Integration, SII, 2012, pp. 79–85.
[88] T. Narukawa, M. Takahashi, K. Yoshida, Stability analysis of a simple active biped robot with a torso on level ground based on passive walking mechanisms, in: M. Hackel (Ed.), Humanoid Robots, Human-Like Machines, I-Tech Education and Publishing, 2007, pp. 163–174.
[89] D. Nenchev, Y. Tsumaki, M. Uchiyama, Singularity-consistent parameterization of robot motion and control, The International Journal of Robotics Research 19 (2000) 159–182.
[90] D. Nenchev, K. Yoshida, Impact analysis and post-impact motion control issues of a free-floating space robot subject to a force impulse, IEEE Transactions on Robotics and Automation 15 (1999) 548–557.
[91] D.N. Nenchev, A. Nishio, Ankle and hip strategies for balance recovery of a biped subjected to an impact, Robotica 26 (2008) 643–653.
[92] A. Nishio, K. Takahashi, D. Nenchev, Balance control of a humanoid robot based on the reaction null-space method, in: IEEE/RSJ Int. Conf. on Intelligent Robots and Systems, Beijing, China, 2006, pp. 1996–2001.
[93] S. Onuma, D. Nenchev, Reactive motion in 3D obtained by super-positioning of simple synergies, Robotic Life Support Laboratory, Tokyo City University, 2015 (Video clip), https://doi.org/10.1016/B978-0-12-804560-2.00014-6.
[94] S. Ota, S. Onuma, D. Nenchev, Ankle-hip reactive synergies with transitions, Robotic Life Support Laboratory, Tokyo City University, 2011 (Video clip), https://doi.org/10.1016/B978-0-12-804560-2.00014-6.
[95] H.W. Park, A. Ramezani, J.W. Grizzle, A finite-state machine for accommodating unexpected large ground-height variations in bipedal robot walking, IEEE Transactions on Robotics 29 (2013) 331–345.
[96] J.L. Patton, M.J. Hilliard, K. Martinez, M.-L. Mille, M.W. Rogers, A simple model of stability limits applied to sidestepping in young, elderly and elderly fallers, in: IEEE EMBS Annual International Conference, New York City, NY, 2006, pp. 3305–3308.
[97] Q.-C. Pham, Y. Nakamura, Time-optimal path parameterization for critically dynamic motions of humanoid robots, in: 2012 12th IEEE-RAS International Conference on Humanoid Robots, IEEE, Osaka, Japan, 2012, pp. 165–170.
[98] Q.-C. Pham, O. Stasse, Time-optimal path parameterization for redundantly actuated robots: a numerical integration approach, IEEE/ASME Transactions on Mechatronics 20 (2015) 3257–3263.
[99] J. Pratt, T. Koolen, T. de Boer, J. Rebula, S. Cotton, J. Carff, M. Johnson, P. Neuhaus, Capturability-based analysis and control of legged locomotion, Part 2: application to M2V2, a lower-body humanoid, The International Journal of Robotics Research 31 (2012) 1117–1133.
[100] S. Rietdyk, A. Patla, D. Winter, M. Ishac, C. Little, Balance recovery from medio-lateral perturbations of the upper body during standing, Journal of Biomechanics 32 (1999) 1149–1158.
[101] M. Rijnen, E. de Mooij, S. Traversaro, F. Nori, N. van de Wouw, A. Saccon, H. Nijmeijer, Control of humanoid robot motions with impacts: numerical experiments with reference spreading control, in: IEEE International

Conference on Robotics and Automation, ICRA, 2017, pp. 4102–4107.
[102] A. Shumway-Cook, F.B. Horak, Vestibular rehabilitation: an exercise approach to managing symptoms of vestibular dysfunction, Seminars in Hearing 10 (1989) 196–209.
[103] B.J. Stephens, Integral control of humanoid balance, in: IEEE/RSJ International Conference on Intelligent Robots and Systems, San Diego, CA, USA, 2007, pp. 4020–4027.
[104] K. Takase, Task execution by robot hand, Journal of the SICE 29 (1990) 213–219 (in Japanese).
[105] T. Takenaka, T. Matsumoto, T. Yoshiike, Real time motion generation and control for biped robot – 1st report: walking gait pattern generation, in: IEEE/RSJ International Conference on Intelligent Robots and Systems, 2009, pp. 1084–1091.
[106] K. Tamoto, R. Yui, R. Hinata, D.N. Nenchev, Motion synergy generation with multiple commands, Robotic Life Support Laboratory, Tokyo City University, 2017 (Video clip), https://doi.org/10.1016/B978-0-12-804560-2.00014-6.
[107] T.-J. Tarn, Y. Wu, N. Xi, A. Isidori, Force regulation and contact transition control, IEEE Control Systems 16 (1996) 32–40.
[108] M. Uchiyama, A Control Algorithm Constitution Method for Artificial Arm and Dynamic Control Modes, University of Tokyo Press, 1975 (in Japanese).
[109] J. Vaillant, A. Kheddar, H. Audren, F. Keith, S. Brossette, A. Escande, K. Bouyarmane, K. Kaneko, M. Morisawa, P. Gergondet, E. Yoshida, S. Kajita, F. Kanehiro, Multi-contact vertical ladder climbing with an HRP-2 humanoid, Autonomous Robots 40 (2016) 561–580.
[110] R. Volpe, P. Khosla, A theoretical and experimental investigation of impact control for manipulators, The International Journal of Robotics Research 12 (1993) 351–365.
[111] M. Vukobratović, Contribution to the study of anthropomorphic systems, Kybernetika 8 (1972) 404–418.
[112] M. Vukobratović, Legged Locomotion Robots and Anthropomorphic Mechanisms, Mihailo Pupin Institute, Belgrade, 1975.
[113] M. Vukobratović, B. Borovac, D. Šurdilović, Zero-moment point – proper interpretation and new applications, in: Proceedings of the IEEE/RAS International Conference on Humanoid Robots, 2001, pp. 237–244.
[114] M. Vukobratovic, D. Juricic, Contribution to the synthesis of biped gait, IEEE Transactions on Biomedical Engineering BME-16 (1969) 1–6.
[115] I.D. Walker, Impact configurations and measures for kinematically redundant and multiple armed robot system, IEEE Transactions on Robotics and Automation 10 (1994) 670–683.
[116] G. Wiedebach, S. Bertrand, T. Wu, L. Fiorio, S. McCrory, R. Griffin, F. Nori, J. Pratt, Walking on partial footholds including line contacts with the humanoid robot Atlas, in: IEEE-RAS International Conference on Humanoid Robots, 2016, pp. 1312–1319.
[117] D. Winter, Human balance and posture control during standing and walking, Gait & Posture 3 (1995) 193–214.
[118] D. Winter, A.E. Patla, J.S. Frank, Assessment of balance control in humans, Medical Progress Through Technology 16 (1990) 31–51.
[119] A. Witkin, M. Kass, Spacetime constraints, ACM SIGGRAPH Computer Graphics 22 (1988) 159–168.
[120] K. Yamane, Y. Nakamura, Synergetic CG choreography through constraining and deconstraining at will, in: IEEE International Conference on Robotics and Automation, Washington, DC, 2002, pp. 855–862.
[121] S.-J. Yi, B.-t. Zhang, D. Hong, D.D. Lee, Active stabilization of a humanoid robot for impact motions with unknown reaction forces, in: IEEE/RSJ International Conference on Intelligent Robots and Systems, IEEE, Vilamoura, Algarve, Portugal, 2012, pp. 4034–4039.
[122] S.-J. Yi, B.-T. Zhang, D. Hong, D.D. Lee, Whole-body balancing walk controller for position controlled humanoid robots, International Journal of Humanoid Robotics 13 (2016) 1650011.
[123] K. Yoshida, R. Kurazume, N. Sashida, Y. Umetani, Modeling of collision dynamics for space free-floating links with extended generalized inertia tensor, in: Proceedings of IEEE International Conference on Robotics and Automation, 1992, pp. 899–904.
[124] K. Yoshida, D.N. Nenchev, Space robot impact analysis and satellite-base impulse minimization using reaction null-space, in: Proceedings of IEEE International Conference on Robotics and Automation, 1995, pp. 1271–1277.
[125] Y. Yoshida, D.N. Nenchev, Ankle/Lift-leg lateral-plane reactive synergy from simple model, Robotic Life Support Laboratory, Tokyo City University, 2014 (Video clip), https://doi.org/10.1016/B978-0-12-804560-2.00014-6.
[126] Y. Yoshida, K. Takeuchi, Y. Miyamoto, D. Sato, D.N. Nenchev, Postural balance strategies in response to disturbances in the frontal plane and their implementation with a humanoid robot, IEEE Transactions on Systems, Man, and Cybernetics: Systems 44 (2014) 692–704.
[127] R. Yui, R. Hinata, D.N. Nenchev, Motion synergy generation with single command, Robotic Life Support Laboratory, Tokyo City University, 2018 (Video clip), https://doi.org/10.1016/B978-0-12-804560-2.00014-6.
[128] Y.-F. Zheng, H. Hemami, Mathematical modeling of a robot collision with its environment, Journal of Robotic Systems 2 (1985) 289–307.

仿　　真

8.1 概述

通过使用机器人模拟器，可以减少开发仿人机器人控制器所需的时间和成本。目前，在仿人机器人的研究中，使用机器人模拟器是必不可少的。这就是本书在临近结尾时包含本章的原因。机器人模拟器接收虚拟机器人关节的参考值(位置、速度、加速度、扭矩)。这些量由用户设计的控制器生成。这样就可以在虚拟世界中模拟机器人的行为。先前章节中描述的建模和控制方法可以预先在机器人模拟器中进行测试，而无须使用实际的仿人机器人进行实验。因此，知道如何使用机器人模拟器是非常有益的。

为了控制仿人机器人，用户应为预期任务准备控制程序。首先，用户应调查清楚该任务的控制程序是否已经开发完成，以及是否可以从服务器下载。如果源代码已经可用，那么即使需要进行一些修改，也可以显著缩短开发周期。如果提出了一种新颖的算法或没有现有程序，则需要根据图 8.1 进行开发。

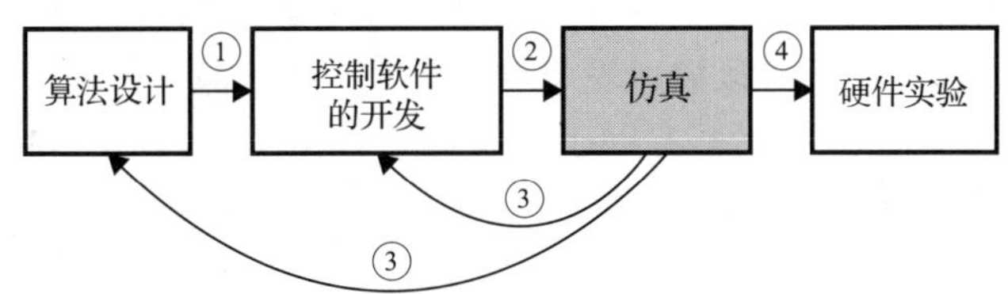

图 8.1　机器人控制器的通用开发流程。首先，考虑用于控制的模型或算法。其次，任何一个被选择的模型或算法都将作为控制器程序实现。再次，需要在机器人模拟器中验证控制程序。如果在此阶段的控制器应用或算法中发现问题，则应进行检查。最后，使用实际的仿人机器人对控制器的有效性进行评估验证

作为开发过程的第一步，需要考虑用于控制的模型或算法。本书的前几章重点讨论了这个问题。除了算法的性能外，高效控制器开发的另一个因素是实现的难易度。

第二步是将模型或算法落实为控制器程序。在此阶段的多数情况下，用户会考虑硬件的特定限制，例如关节角度限制和关节扭矩限制。通过概括硬件特定的问题来开发一种通用控制器，以便该控制器可以用于各种机器人。因此，不应将硬件特定的信息硬编码到程序中。还需要准备描述机器人结构的文件。为此有一些特定的格式或编程语言，例如 SDF(模拟器描述格式)、URDF(通用机器人描述格式)、YAML(YAML 不是标记语言)和 VRML(虚拟现实建模语言)。然后，这些文件可以很轻松地通过模拟器程序导入。

第三步，在机器人模拟器中评估控制程序。请注意，当使用人类大小的仿人机器人时，由于进行实验的过程既耗时又昂贵，因此评估开发的控制器这一任务可能会很艰巨。另外，还有损坏机器人的危险。即使使用小型仿人机器人，仿真过程也是有益的。因此，用户可以测试正在开发的控制器，并获得在仿真过程中计算出的机器人的状态参数。即使机器人没有测量状态参数的工具，用户也可以在模拟器中分析状态并以此方式调试控制器。在此阶段发现的任何控制器算法执行过程中的问题都应进行审查。

最后一步，使用实际的仿人机器人对开发的控制程序进行评估。此阶段是必不可少的，因为尽管测试结果成功，但是机器人模拟器无法保证机器人行为与实际机器人的行为完全匹配。在使用实际的机器人时，总有可能会出现在仿真阶段未发生的现象。因此，必须非常注意实际机器人的实验。

本章的结构如下。8.2节概述并介绍一些著名的机器人模拟器。在8.3节中，将描述通用机器人模拟器的结构，并在流程图中显示。在8.4节中，分步讲解如何使用Simscape Multibody，以便读者可以进行简单的模拟。

8.2 机器人模拟器

模拟器在机械设计、控制、运动规划等方面起着关键作用。机器人模拟器的主要组件包括：模型加载器、基于多体动力学的物理引擎、接触模型和可视化界面。在许多机器人模拟器中，用户可以使用诸如Python、C/C++或MATLAB之类的编程语言来访问模拟器的功能。最近的机器人模拟器还包括用于控制模拟的图形用户界面(GUI)。通过对仿人机器人进行基于动力学的模拟，可以评估姿势稳定性，估计机器人与环境之间的力，检查为执行所需运动而产生的执行器扭矩，等等。

用户使用编程语言对与模拟器通信的控制器进行编程。控制器在模拟器中进行测试，并在必要时根据模拟结果进行修改。几个机器人模拟器，例如带有机器人操作系统(ROS)的Gazebo和Choreonoid，可以直接处理实际和虚拟机器人。换句话说，在机器人模拟器中为目标仿人机器人开发的控制器无须更改源代码即可在实际机器人中使用。

在一些机器人模拟器中，可以模拟安装在机器人上的外部传感器，例如相机、深度传感器或力/扭矩传感器。虚拟传感器有助于开发用于对象处理、映射和定位算法等的控制器。到目前为止，已经开发了许多机器人模拟器[30,31,10]。下面列出了一些著名的模拟器。

Gazebo：Gazebo是用于在Linux[35,18]上运行的机器人仿真开源软件，通常与(ROS)[52,1]一起使用。该模拟器已在美国国防高级研究计划局(DARPA)的虚拟机器人挑战赛(VRC)中使用[2]。Gazebo的物理引擎的核心库是Open Dynamics Engine[48]、Bullet[7]、Simbody[56]和DART[11]。Gazebo框架可以轻松地在这些物理引擎之间切换。由于Gazebo通过ROS消息进行通信，因此开发的控制器可以在不修改源代码的情况下在实体机上使用[54]。在社区中已经开发了许多用于ROS环境的控制包，可以与Gazebo一起使用。例如，MoveIt！是运动规划的知名软件包[8,43]。

Choreonoid：Choreonoid是在Linux和Windows上运行的开源机器人模拟器。它包括一个编排功能[44]。Choreonoid的物理引擎的核心库是由日本国立产业技术综合研究所(AIST)开发的AIST引擎[45]。该库是为开放架构的仿人机器人平台(OpenHRP)开发的[32]。除了AIST引擎外，Open Dynamics Engine[48]、Bullet[7]和PhysX[51]也可以与Choreonoid一起使用。通过插件模块可以扩展Choreonoid的功能。例如，handlePlugin可以解决抓握规划、轨迹规划和任务规划问题[24]。ROS插件提供了与ROS的通信接口。该模拟器在2018年世界机器人挑战赛中主要进行处理隧道灾难以及人类康复之类任务的竞赛[62]。

Vortex Studio：由CM Labs Simulations开发的Vortex Studio是一种交互式多体动力学实时仿真软件[67]。与仅专注于在虚拟世界中生成运动的多体动力学非实时工具不同，它是一种需要实时进行人工交互输入的物理仿真工具。该软件的全功能版本是付费的，但是具有功能限制的Vortex Studio Essentials可以免费使用。

V-Rep：V-Rep是一种商用跨平台机器人模拟器，可在Windows、macOS和Linux上运行[53,65]。功能不受限制的教育版本是免费提供的。V-Rep 机器人控制器的程序可以用 C/C++、Python、Java、Lua、MATLAB(由 Mathworks 公司开发)[41] 或 Octave[21] 编写。V-Rep 的物理引擎的核心库是 Open Dynamics Engine[48]、Bullet[7]、Vortex Dynamics[67] 和 Netwon Dynamics[47]。V-Rep 还具有与 ROS 通信的应用程序编程接口(API)。

Webots：Webots 是可在 Windows、macOS 和 Linux[68] 上运行的商用跨平台机器人模拟器。Webots 可以从 OpenStreetMap[49] 或 Google Maps[22] 导入以 VRML 格式编写的机器人模型和用于虚拟环境的地图。Webots 包括 Atlas[3]、DARwIn-OP[25]、HOAP-2[27]、Nao[23] 等仿人机器人模型。Webot 的机器人控制器可以用 C/C++、Python、Java 或 MATLAB 编写。Webots 的物理引擎的核心库是 Open Dynamics Engine[48] 的扩展版本。Webots 还具有用于与 ROS 通信的接口 API。

FROST：FROST 是一个开放源代码的 MATLAB 工具包，用于开发基于模型的控制器和腿部动力学的规划算法[26,17]。FROST 是一个集成软件，用于机器人系统的建模、优化和仿真，重点是混合动力系统和虚约束。通过使用带有非线性规划(NLP)求解器的 FROST 和 Mathematica(由 Wolfram Research 公司开发)[40]，可以将运动规划问题作为非线性约束优化问题来解决。

SimscapeMultibody：尽管上述模拟器功能非常强大，但是学习如何使用模拟器还是需要时间的，并且这不是验证本书所描述的建模和控制算法的最佳途径。Simscape Multibody[57] 是一款基于多体动力学的商用仿真软件，也是 Simulink[59](由 Mathworks 公司开发)的工具包。Simscape Multibody 的优势在于，可以使用类似 Simulink 的框图轻松编写仿真模型。同样，可以利用许多有用的 MATLAB / Simulink 函数和模块。Simscape 的多体物理引擎的核心库是商业化的，并可以在 MATLAB / Simulink 中实施。此外还可以建立与 ROS 的连接，并且可以通过 Robotics System Toolbox 使用各种 ROS 功能。Simscape Multibody 的用法将在 8.4 节中描述。

8.3 机器人模拟器的结构

如 8.2 节所述，机器人模拟器由模型加载器、物理引擎和可视化程序组成(请参见图 8.2)。物理引擎或基于动力学的仿真程序可以计算基于多体动力学的仿人机器人的行为。为了计算这些行为，物理引擎必须包括刚体物理、碰撞检测和接触物理组件[42]。一些物理引擎还涵盖了模型加载器和可视化功能。

根据图 8.3 和图 8.4 给出以下说明。图 8.3 和图 8.4 分别显示了基于逆动力学的仿真和基于正动力学的仿真的流程图。在仿真开始时，将加载机器人的结构模型和仿真参数。在模拟循环中，第一步是检查机器人与环境之间的接触状态并计算接触力。第二步，机器人控制器为基于逆动力学的仿真计算关节的输入加速度或关节的输入扭矩。在第三步中，动力学模拟器根据输入来计算机器人的运动。最后，计算出的运动以计算机图像的形式可视化。每个部分的细节在下面说明。

模型加载器：在仿真开始时，模型加载器解析机器人模型的运动学和动力学参数，并将此信息发送到物理引擎。有多种描述机器人结构的格式。Choreonoid[5] 支持 YAML 和 VRML 格式。Gazebo[38,64] 支持模拟器描述格式(SDF)和通用机器人描述格式(URDF)。Simscape Multibody 支持 URDF，如 8.4.1 节所述。此外，模拟参数如采样时间、规划求解器和接触模型参数都可以加载。

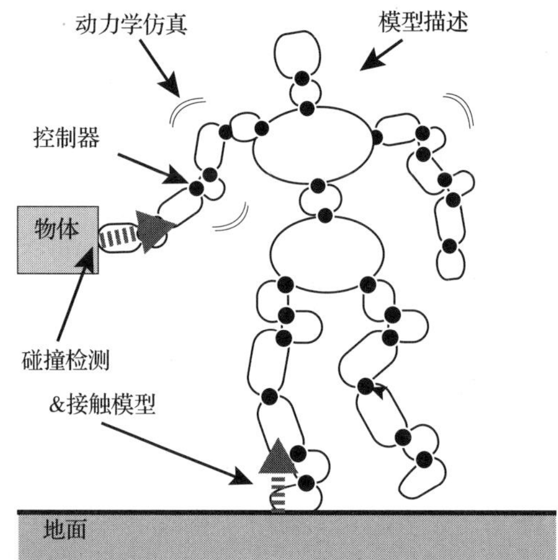

图 8.2　机器人模拟器所需的组件。机器人模拟器的核心库是模型加载器、物理引擎和可视化程序。物理引擎可以基于多体动力学来计算仿人机器人的行为。为了计算行为，物理引擎必须包括刚体物理、碰撞检测和接触物理组件

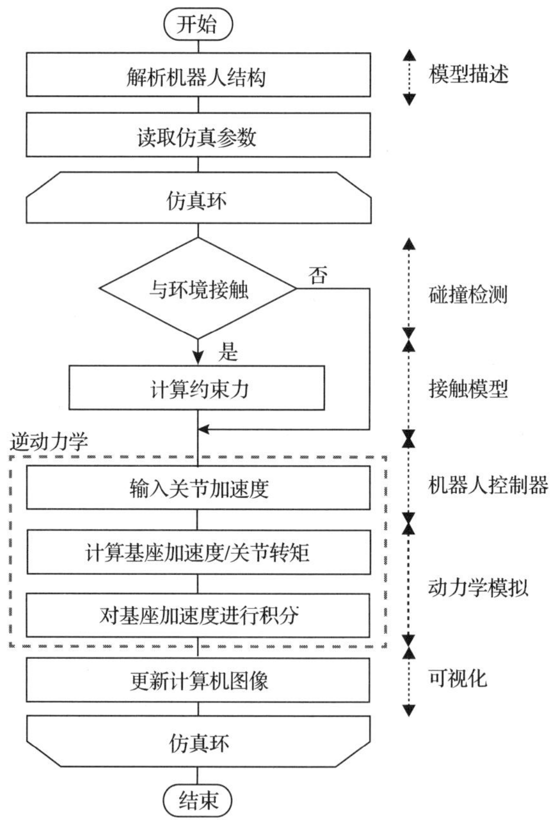

图 8.3　基于逆动力学的机器人仿真流程图。在仿真开始时，将加载机器人的结构模型和仿真参数。在模拟循环中，第一步是检查机器人与环境之间的接触状态并计算接触力。第二步，机器人控制器计算输入的关节加速度。在第三步中，动力学模拟器根据输入来计算机器人的运动。最后，计算出的运动以计算机图像的形式可视化

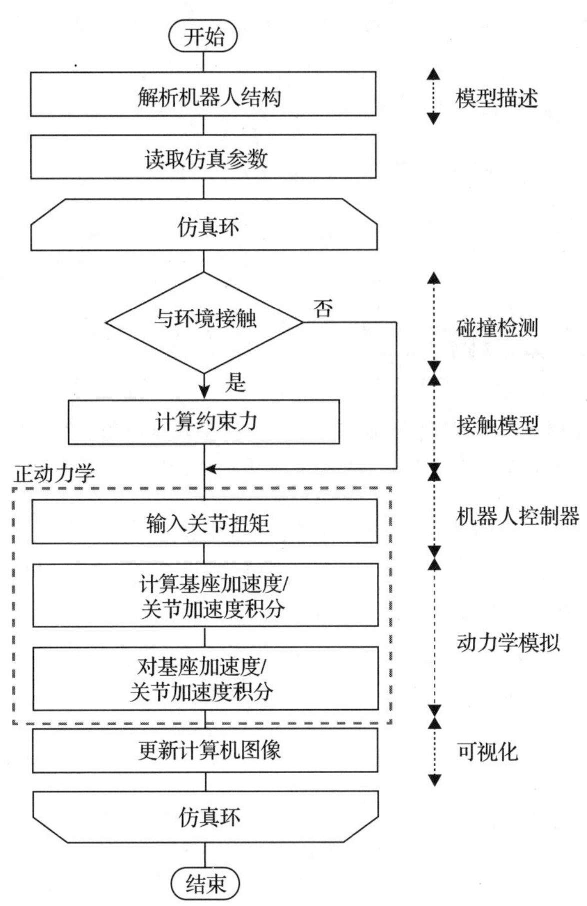

图 8.4 基于正动力学的机器人仿真流程图。在仿真开始时，将加载机器人的结构模型和仿真参数。在模拟循环中，第一步是检查机器人与环境之间的接触状态并计算接触力。第二步，机器人控制器计算输入的关节扭矩。在第三步中，动力学模拟器根据输入来计算机器人的运动。最后，计算出的运动以计算机图像的形式可视化

碰撞检测 & 接触模型： 碰撞检测程序计算机器人与环境之间的交互或机器人的自碰撞[66,13]。通过使用该程序，可以计算基于特定的接触力模型计算机器人连杆处的碰撞位置和相应的反作用力[16]。这些值被代入机器人的运动方程。碰撞检测过程和接触模型的实施示例在 8.4.4 节中说明。

机器人控制器： 机器人控制器计算关节空间参考值，例如关节扭矩、位置、速度和加速度。如果控制器计算参考关节扭矩，则机器人运动可通过基于正动力学的模拟获得。这种类型的控制器主要用于带有扭矩控制驱动器的仿人机器人[12,28,60]。

在控制器计算关节位置、速度或加速度的情况下，模拟器中需要关节伺服控制器和关节模型。图 8.5 显示了在基于正动力学的仿真中实现的关节伺服控制器和关节模型的示例。关节模型由驱动器、驱动电路和减速器组成。参考图 8.5，机器人控制器计算参考关节角度，而伺服控制器控制实际关节角度。这种类型的控制器通常用于带有位置或速度控制驱动器的仿人机器人。许多运动控制型仿人机器人都有谐波减速齿轮[33,36,50,55]。此类齿轮的模型可以在文献[34]中找到示例。几种小型仿人机器人具有小型、智能的驱动器，该驱动器由微控制器、电动机和减速器组成[4,25]。著名的智能驱动器是 Dynamixel AX-

12，它的模型在文献[37]中。而且，驱动器的模型被广泛用于机器人技术领域及许多其他领域。在仿人机器人中，无刷直流电动机和驱动器由于具有很高的耐用性而被广泛使用。例如，在文献[6]中可以找到相应的模型。

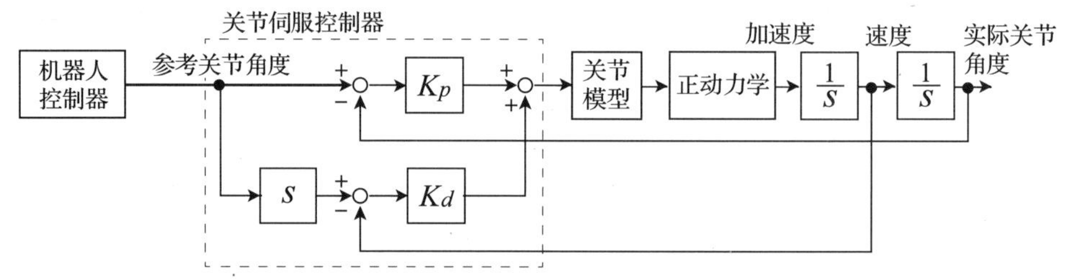

图 8.5 基于正动力学模拟的关节伺服控制器的示例。关节模型由制动器、驱动电路和减速器组成。机器人控制器计算参考关节角度，伺服控制器根据参考值控制关节角度

在某些情况下，关节角度的轨迹由机器人控制器给出，所需的关节扭矩通过基于逆动力学的仿真计算得出。在这种情况下，基于所有驱动器都能完美跟踪参考轨迹的假设，用户可以获得有关所需扭矩和机器人姿势稳定性的信息。图 8.6 显示了基于逆动力学仿真的关节伺服控制器的示例。机器人控制器计算参考关节角度，并将参考角度的二阶导数提供给动力学模拟器，如图 8.6 所示。在 8.4 节中，说明如何使用 MATLAB/Simulink 进行这种类型的仿真。

图 8.6 一个基于逆动力学的关节伺服控制器仿真示例。机器人控制器计算参考关节角度。将参考角度(加速度)的二阶导数导入逆动力学模拟器

基于动力学的仿真：在基于逆动力学的仿真中，关节加速度是输入，关节扭矩是输出。另一方面，在基于正动力学的模拟中，关节扭矩是输入，关节加速度是输出。基于动力学的仿真的详细信息将在第 4 章中进行解释。通常，根据公式(4.1)计算关节加速度和基础加速度的复杂度为 $O(N3)$，其中 N 表示基于正动力学仿真中的自由度[15]。为了加速控制器的开发，需要在短时间内执行机器人仿真。已经开发了几种高速计算方法。例如，基于传播方法的正动力学具有 $O(N)$的计算复杂度[15]。通过利用并行计算，已开发出复杂度为 $O(\log(N))$的算法[14,70]。

通过考虑接触力来求解运动方程，可以获得机器人关节和基座的加速度。通过对关节和基座加速度进行数值积分，可以获得关节速度、角度和机器人的全身运动。

可视化：可视化是机器人模拟器的重要组成部分。仿人机器人通常包含许多关节和连杆。它们多变的状态是很难理解的。三维计算机图像可以帮助用户了解在执行所设计的运动时将发生的情况。一些有用的库对于显示计算机图像很有帮助。例如，OpenGL[46]是用于渲染、纹理映射等的图形 API 之一。作为一种跨语言和跨平台的语言，它已广泛用于机器人模拟器。OpenGL 是一个低级库，通常通过与 Open Inventor[69]兼容的工具包进行评估，例如 GLUT[20]、GLFW[19]或 Coin3D[9]。

8.4 使用 MATLAB/Simulink 进行动力学仿真

在本节中，将介绍如何使用附带 Simscape Multibody 和 Robotics System Toolbox 的 MATLAB/Simulink 进行基于动力学的仿真。Simscape Multibody 和 Robotics System Toolbox 分别用于进行基于动力学的仿真和仿人机器人的运动生成。为了检查 Simscape Multibody 和 Robotics System Toolbox 是否可用，请在 MATLAB 命令窗口中输入以下命令：

```
>>ver
```

因此会显示图 8.7 中所示的组件。

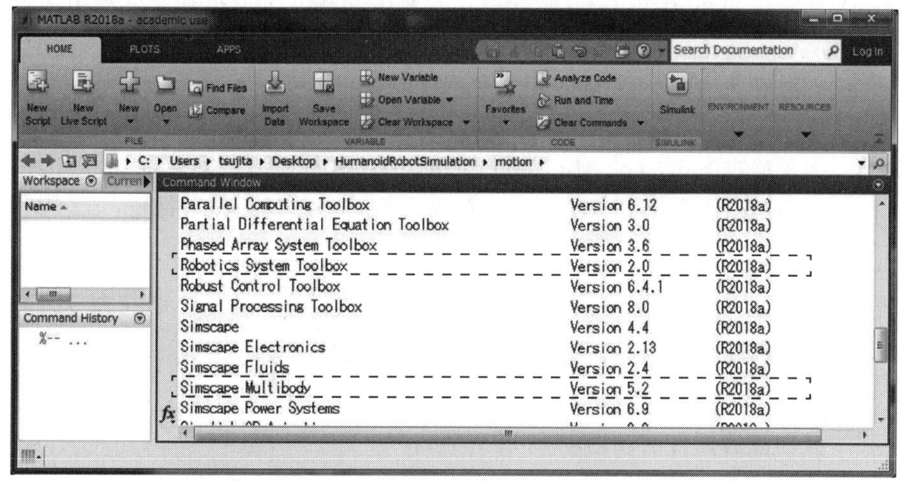

图 8.7 包含许可组件列表的示例。该图显示了在 MATLAB 命令窗口中由“ver”命令生成的输出。届时应显示虚线矩形中的组件

8.4.1 为 Simulink 生成机器人树模型

一般来说，仅用 Simscape 就可以描述机器人的结构。由于仿人机器人的结构相当复杂，因此这将是一项相当烦琐的任务，推荐使用机器人 CAD 文件或统一机器人描述格式(URDF)文件。在下面的内容中，我们将假设这两个选项中的任何一个都可用。如果机器人是由用户设计的，下面的小节将会很有帮助。如果手头有一个可以使用 ROS 的商用机器人，那么名为“使用 URDF 文件”的小节将会很有帮助。

使用 CAD 文件

Simscape Multibody 可以通过 Simscape Multibody Link[58]从其 CAD 文件导入机器人的结构。目前，SimscapeMultibody Link 支持典型的中型 CAD 软件包，例如 Solidworks（达索系统 SolidWorks Corp）、Creo(PTC)和 Autodesk Inventor(由 Autodesk 公司开发)。Simscape Multibody 可以导入包含机器人结构的 XML(可扩展标记语言)文件。为了从 CAD 文件中导出 XML 文件，必须下载并安装相应 CAD 软件包的 Simscape Multibody Link 插件。有了适用于 Simscape Multibody 的相应使用合同，便可以从 Mathworks 网站下载该插件[58]。Simscape Multibody Link 插件[29]的文档中说明了为每个 CAD 软件包安装插件的方法。在此，对以下安装步骤进行简要说明。

操作系统	Windows 7 x64 professional
CAD 软件	SolidWorks2016 x64
仿真软件	MATLAB/Simulink R2018a x64

步骤 1 下载文献[58]并将存档文件 smlink. r2018a. win64. zip 和 MATLAB 文件 install_addon. m 保存在一个方便的文件夹中。如果 MATLAB 的版本不同，请根据需要读取 ZIP 文件的名称。

步骤 2 右键单击 MATLAB 图标并以管理员权限运行。

步骤 3 在 MATLAB 的命令窗口中，使用 addpath 命令将包含下载的 ZIP 文件的文件夹添加到 MATLAB 路径中，并使用 install_addon 命令安装附加组件

```
>>addpath('D:\tmp')
>>install_addon('smlink.r2018a.win64.zip')
```

D：\ tmp 是包含 ZIP 文件的文件夹。

步骤 4 为了通过 Simscape Multibody Link 插件进行通信，必须将 MATLAB 注册为自动化服务器。在 MATLAB 的命令窗口中，键入以下命令：

```
>>regmatlabserver
```

步骤 5 要启用 SolidWorks 的 Simscape Multibody Link 插件，请在命令窗口中输入以下命令：

```
>>smlink_linksw
```

成功注册插件后，启动 SolidWorks。

步骤 6 通过选择 SolidWorks 的“工具”菜单中的“加载项”打开一个对话框。选中“Simscape Multibody Link”复选框，如图 8.8 所示，然后单击“OK”按钮。

上述步骤完成了 Simscape Multibody Link 插件的安装。插件现在已经准备好从 SolidWorks 中导出机器人模型。

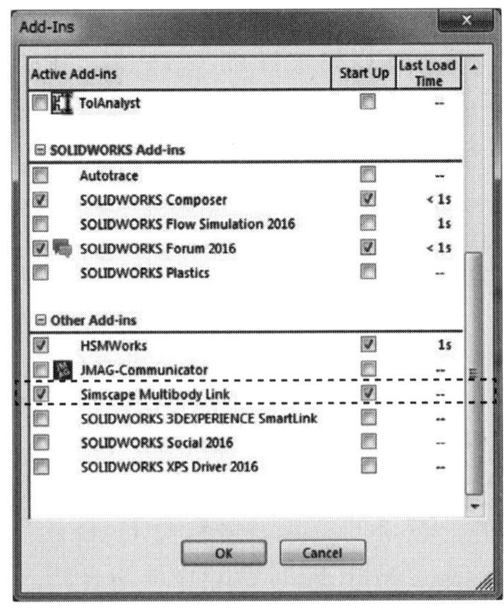

图 8.8 SolidWorks 中“加载项”对话框的示例。为了能够与 Simulink 端进行通信，请选中虚线框中的“Simscape Multibody Link”项

接下来，将说明如何使用 SolidWorks 组装机器人。在 SolidWorks 装配体文件中，设置一个配对实体，以便在 Simscape 中将其识别为关节。图 8.9 中显示了两个连杆之间的铰链关节的示例。在图中，围绕铰链的轴设置为“同轴”(Concentric)配合，连杆 1 的正面和连杆 2 的背面设置为“重合”(Coincident)配合。完成这些设置后，连杆 2 将可以在 SolidWorks 装配体窗口中自由旋转。而且，该关节将可以在 SimscapeMultibody Link 中识别。对每个仿人机器人关节重复此过程，并将所有关节设置为自由旋转。注意，在机器人包括其他类型的关节的情况下，有必要根据相应的关节类型设置配合(mate)[39]。

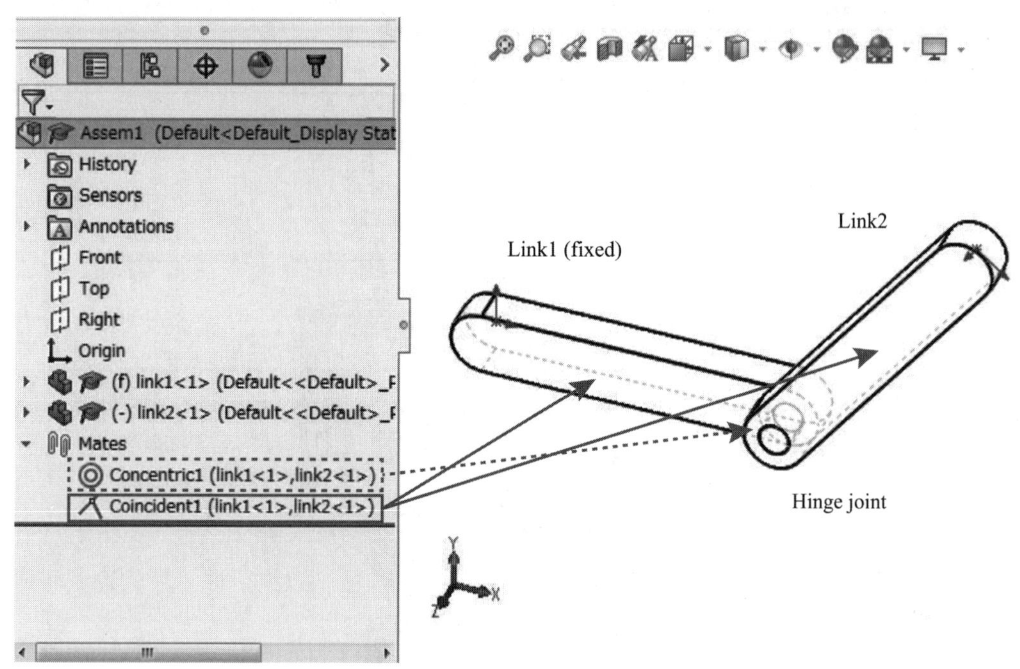

图 8.9 SolidWorks 中的铰链关节设置的示例。为了将这两个部分识别为 Simscape 中的铰链关节，围绕铰链的轴设置“Concentric1”配合，并在连杆 1 的正面和连杆 2 的背面设置“Coincident1”配合

图 8.10 展示了一个机器人设计的例子[61]。为了确定给定零件的质量、重心位置和惯性张量，必须在窗口左端的“FutureManager 设计树”中选择“编辑材料”，如图 8.11 所示。每个刚体零件的材料密度应尽可能地接近实际材料密度(参见图 8.12a)。请注意，还有其他组件，例如驱动器，其密度不是恒定的。在这种情况下，单击“质量属性”窗口中的“Override Mass Properties”(重新加载质量属性)按钮(参见图 8.12b)并指定该值。为了检查质量属性，请单击“质量属性”按钮，该按钮可从“CommandManager”工具栏中的“评估”选项卡中找到。如图 8.12b 所示，将弹出“质量属性”窗口，其中显示了质心、惯性主轴、主要惯性矩和刚体零件的惯性矩。使用此设置，质量属性被将发送到 Simscape 树，稍后将进行描述。

下一步是通过 Simscape Multibody Link 插件生成 XML 文件和 STEP 文件，以导入所设计的机器人的结构和形状。为此，通过从 SolidWorks 装配窗口的菜单栏中的“工具”菜单中选择“Simscape 多体连杆”→“导出”→“Simscape 多体”来打开 Simscape 多体连杆，如

图 8.10 所示，并指定保存文件的名称。保存的 XML 文件和 STEP 文件分别描述了机械臂的结构和连杆的形状。现在可以准备将机器人模型与 Simscape Multibody 一起加载。

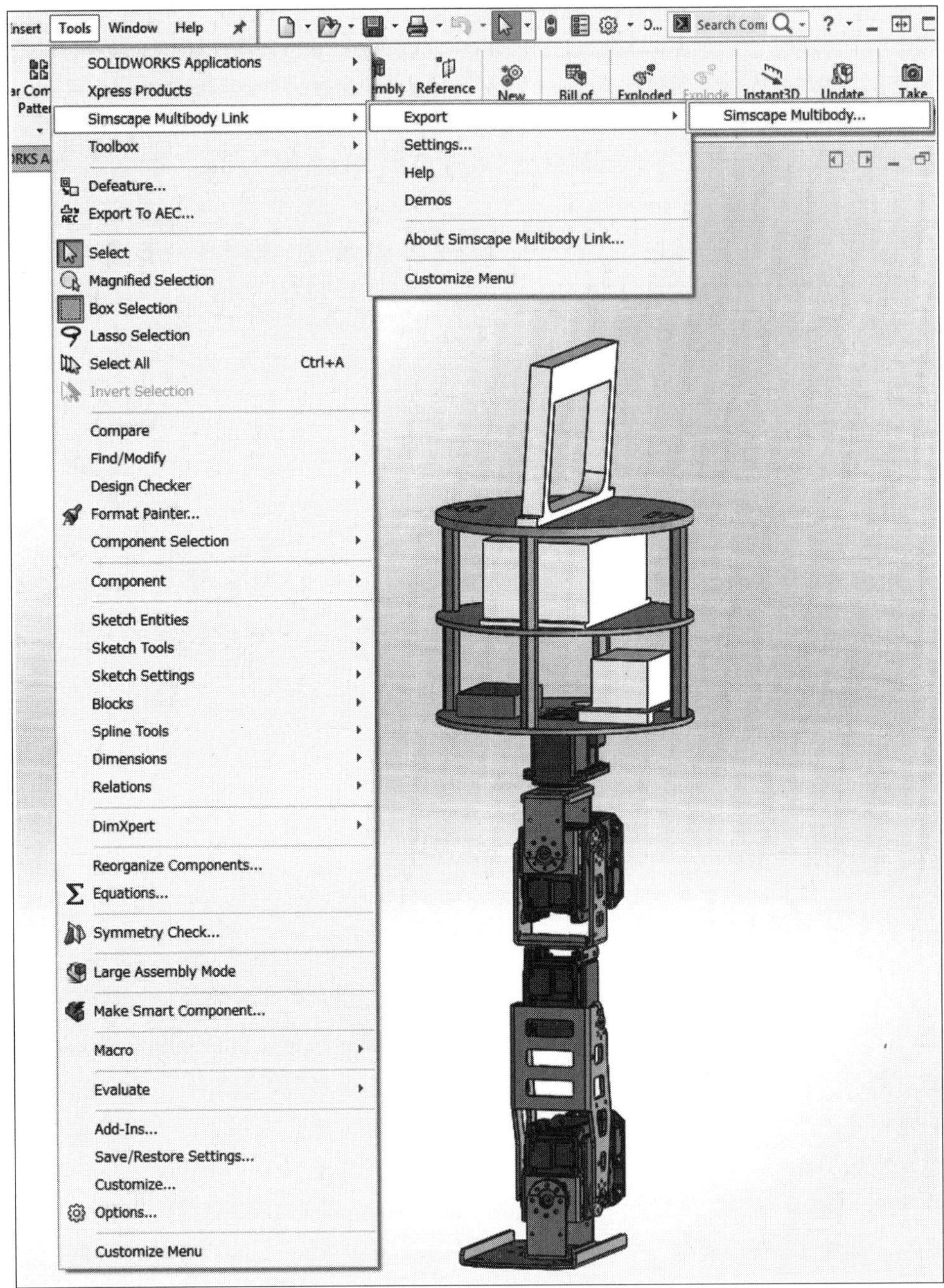

图 8.10　使用 SolidWorks 设计的单腿机器人[61]。指定该机器人所有零件的材料以配置质量、质心(CoM)和惯性

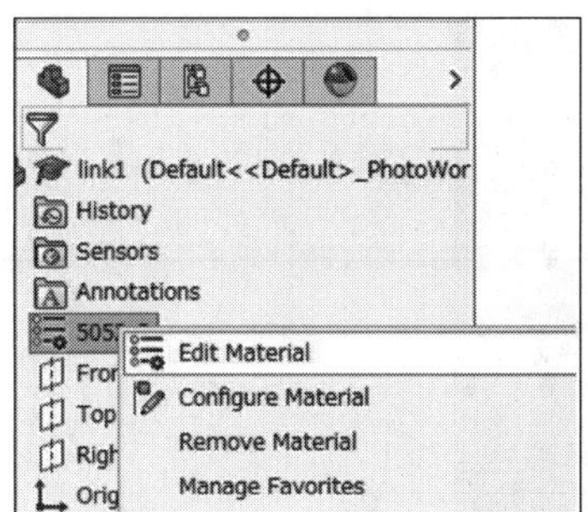

图 8.11 用于编辑“FutureManager 设计树”中材料的菜单。选择“编辑材料”(Edit Material)，弹出“材料设置”(Material)窗口(图 8.12)

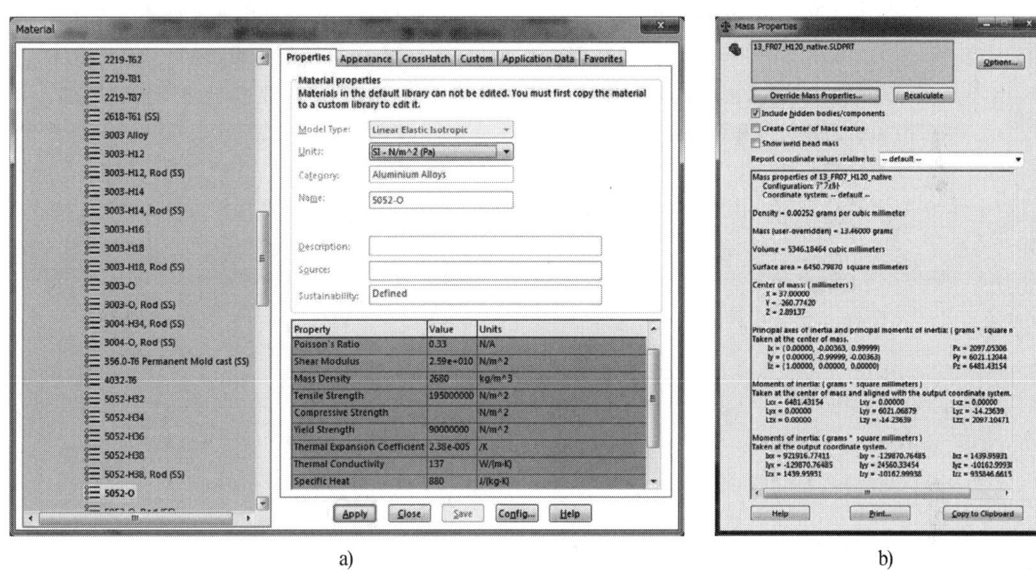

图 8.12 设置每个刚体零件的质量属性。a)“材料”(Material)窗口，用于指定刚体零件的材料。可以从列表中选择材料。b)“质量属性”(Mass Properties)窗口显示质心(CoM)、惯性主轴、主要惯性矩和刚体零件的惯性矩。请注意，还有其他组件，例如制动器，其密度不是恒定的。在这种情况下，通过单击“Override Mass Properties”按钮来重新加载质量属性

使用 URDF 文件

一些机器人包含以 XML 编写的 URDF 文件。Simscape 可以解析以相应 URDF 文件描述的机器人的结构和质量属性。常用机器人的 URDF 文件可从 ROS 软件包中轻松获得。

在本节中，以 ROBOTIS-OP2 的机器人模型为例。ROBOTIS-OP2 是一种小型仿人机器人(参见图 8.13a)，其机械结构与 DARwIn-OP[25] 相同，但具有增强的嵌入式计算机。图 8.13b 显示了 ROBOTIS-OP2 的自由度，包括偏移关节和夹持器。在 GitHub[63] 上发布的 URDF 文件[63] 就是基于此结构编写的。图 8.14 显示了基于 URDF 文件的连杆和关节之间的连接关系。固定关节和旋转关节分别用灰色和白色椭圆形表示。连接到关节的物体用白色矩形表示。箭头表示关节与身体之间的连接。箭头旁边的数值表示关节与身体之间的平移和方向关系。

a)

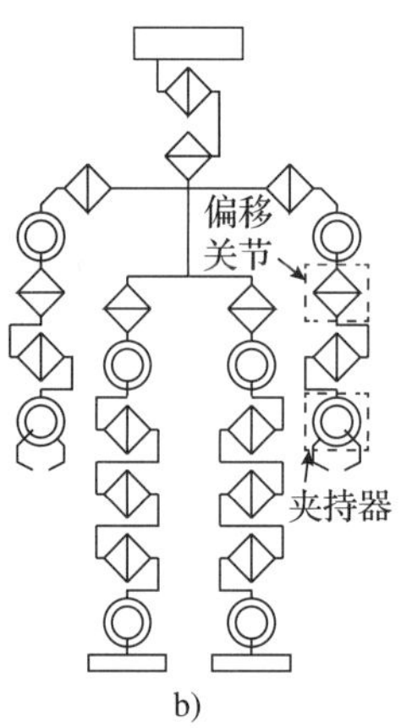

b)

图 8.13 小型仿人机器人 ROBOTIS-OP2。本示例中使用的 URDF 文件是免费提供的。a)具有与 DARwIn-OP[25] 相同的机械结构的 ROBOTIS-OP2(基本手臂模型)概述。b)ROBOTIS-OP2 的自由度，包括偏移关节和夹持器。URDF 文件是基于此结构编写的。附加的偏移关节和夹持器在虚线框中

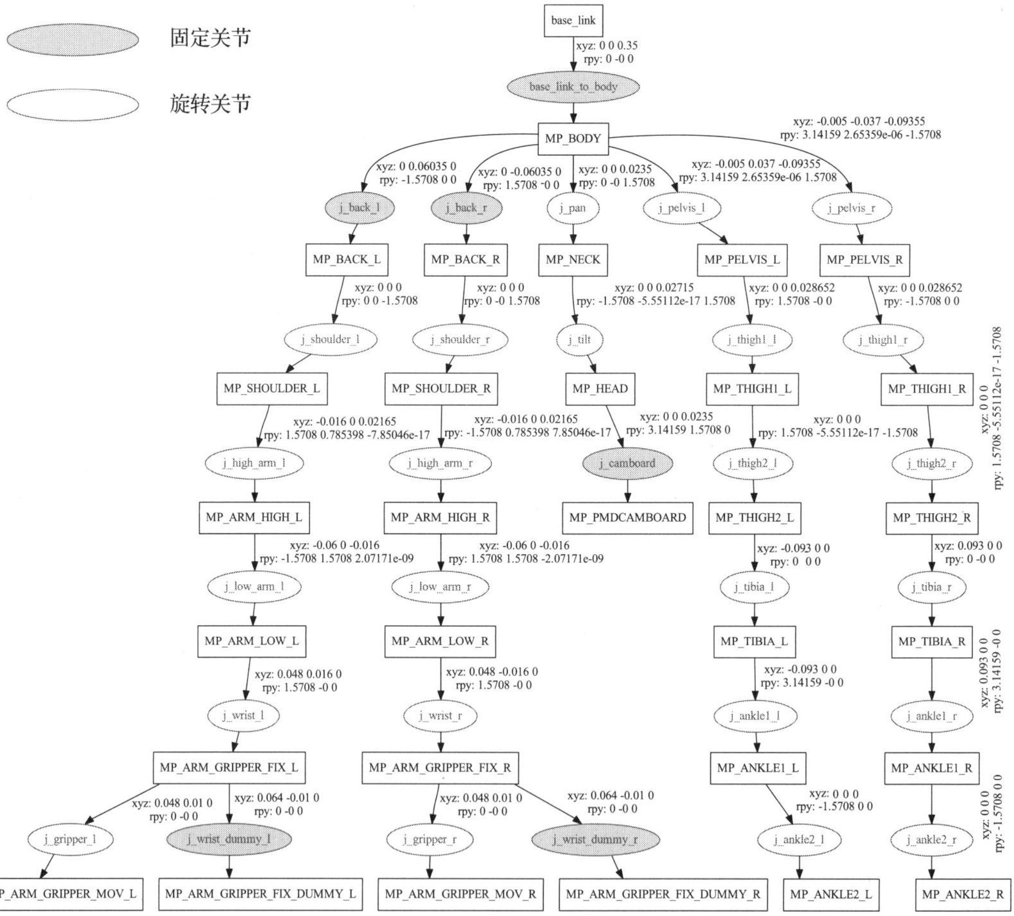

图 8.14 ROBOTIS-OP2 的结构。固定关节和转动关节分别用灰色和白色椭圆形表示。形成关节的机构用白色矩形表示。箭头表示关节与身体之间的连接。箭头旁边的数值表示关节与身体之间的平移和方向关系

通过键入以下命令(包括在“机器人系统工具箱”中)，可视化机器人的关节坐标，如图 8.15 所示：

```
>>cd 'location_of_URDF_files';
>>op2=importrobot('robotis_op.urdf');
>>op2.show('visuals','off')
```

其中，“importrobot”命令从 URDF 文件中导入刚体树。

x，y 和 z 轴的颜色符合 RGB 协议；固定关节以紫色显示。选择活动关节坐标时，该坐标以黄色高亮显示，并且旋转轴的定义由箭头表示。坐标的名称显示在窗口的上部。

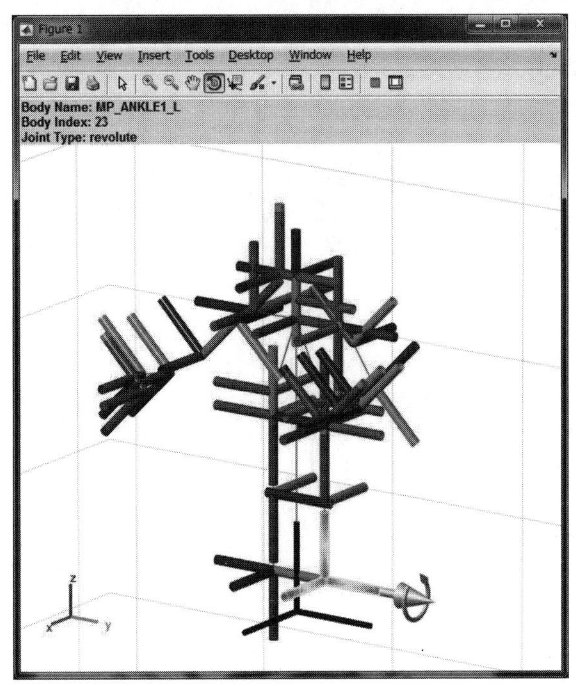

图 8.15 ROBOTIS-OP2 坐标的可视化。如图所示，通过使用 Robotics System Toolbox，可以将 URDF 文件中定义的坐标可视化。固定的关节坐标以紫色显示。活动关节坐标具有三种颜色。红色、绿色和蓝色圆柱分别表示 x 轴、y 轴和 z 轴。选择活动关节坐标时，该坐标以黄色高亮显示，且旋转轴的定义由箭头表示。坐标的名称显示在窗口的上部(见彩插)

8.4.2 生成 Simulink 模型

对于 XML 文件(通过 Simscape Multibody Link 插件导出并导入 Simscape)，请在 MATLAB 窗口中键入以下命令：

```
>>cd 'location_of_exported_files'
>>smimport('robot.xml')
```

如果要将 URDF 文件导入 Simscape 中，请键入以下命令：

```
>>cd 'location_of_URDF_file'
>>smimport('robot.urdf')
```

关于 ROBOTIS-OP2 的 URDF 文件的使用细节说明如下。从 GitHub[63] 下载 ZIP 文件，其中包含 URDF 文件，URDF 文件中包含了机器人的结构和质量属性，以及描述每个零件外观的网格文件。点击“Clone or download”(克隆或下载)按钮；然后单击“Download ZIP”(下载 ZIP)，如图 8.16 所示，并解压下载的文件。将 URDF 文件和 STL 文件放在文件夹树中，如图 8.17 所示。为了能够在 Mechanics Explorer(Simscape 的查看器)中读取网格文件，将路径设置为“D:\MATLAB\HRS\RobotModels\robotis_op_description\meshes\”，如本例所示。在 MATLAB 主窗口的“HOME”选项卡中可以使用“Set Path”按钮。接下来，在 MA-TLAB 窗口中键入以下命令：

```
>>cd D:\MATLAB\HRS\RobotModels\robotis_op_description\robots\
>>smimport('robotis_op.urdf')
```

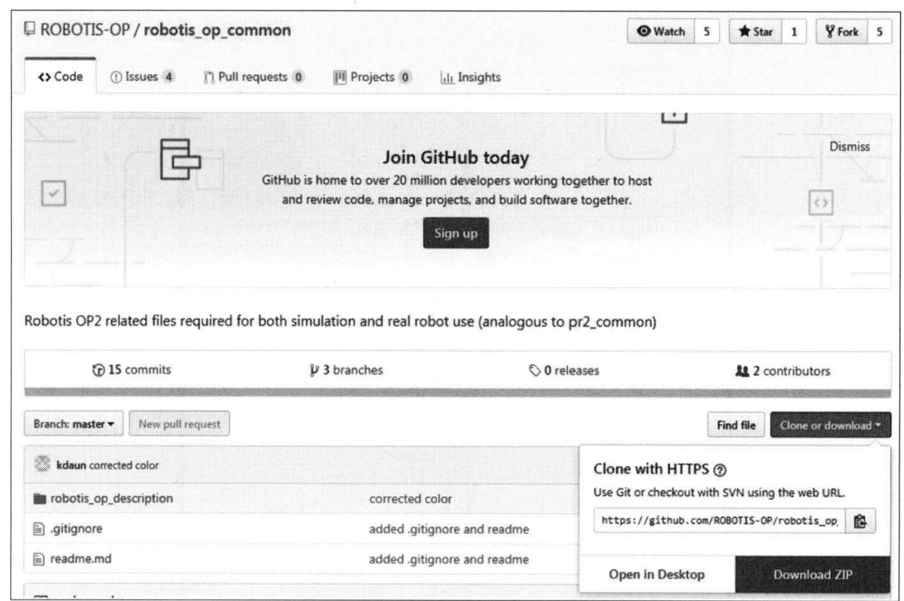

图 8.16　在 GitHub[63] 上发布的 URDF 文件和网格文件。单击“Clone or download”(克隆或下载)按钮，然后单击“Download ZIP”(下载 ZIP)。通过解压缩下载的文件可以获得 URDF 文件和网格文件

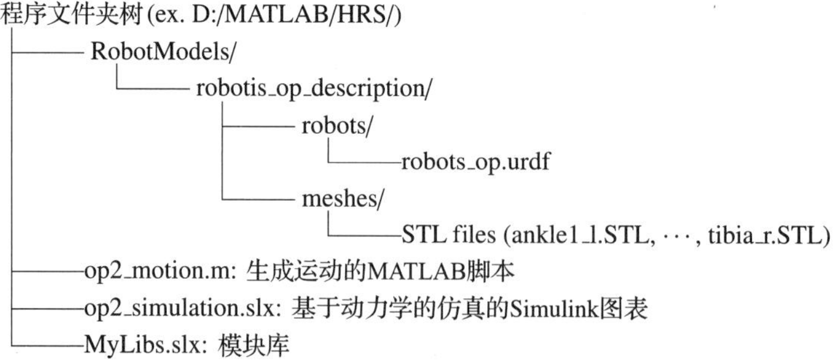

图 8.17　文件夹树示例。将从 GitHub[63] 下载的 URDF 文件和 STL 文件放在此文件夹树中。Robot Models 文件夹包含该机器人的特定文件。MATLAB 脚本文件 op2_motion. m 是用于生成运动的程序文件(请参见 8.4.6 节)。op2_simulation. slx 和 MyLibs. slx 是基于动力学的仿真的 Simulink 图表(请参见 8.4.2 节)

导入 Simscape 的 ROBOTIS-OP2 结构如图 8.18 所示。模型树分为右腿、左腿、脖子、右臂和左臂。通过 Simulink 编辑器左端的“区域”按钮，将方框所包围的区域进行分组。表 8.1 中描述了每个模块的定义。

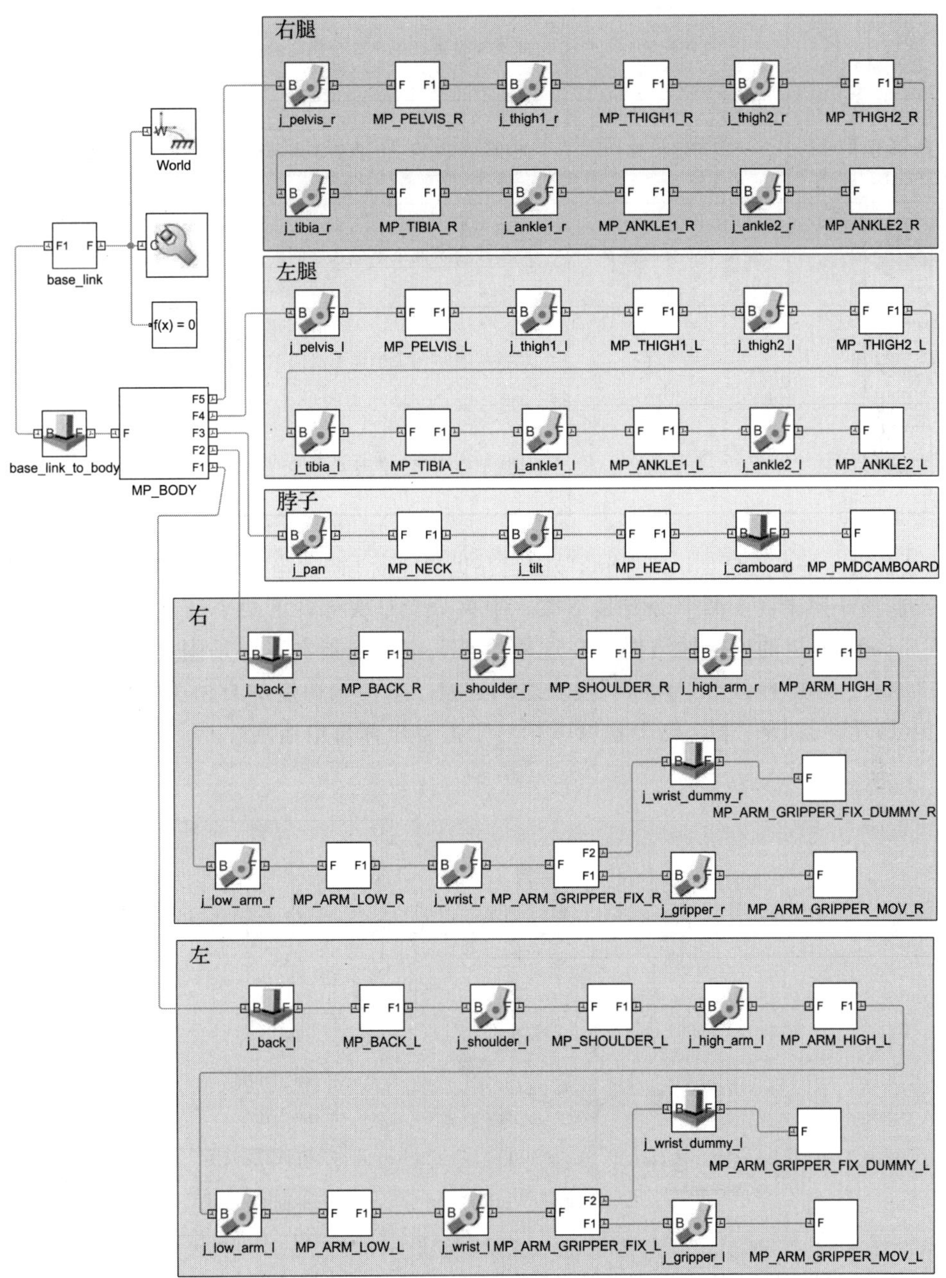

图 8.18 ROBOTIS-OP2 的 Simscape 树。模型树分为右腿、左腿、脖子、右臂和左臂。通过 Simulink 编辑器左侧的“区域”按钮，将方框所包围的区域进行分组

表 8.1　图 8.18 所示的 Simscape 树中使用的 Simscape 块的定义。这些块描述了机械性能和仿真配置

图标	名称	说明
W	世界坐标系	此模块表示惯性参考坐标系
	机构配置	此模块设置适用于整个机器的机械参数和模拟参数
f(x) = 0	求解器配置	此模块定义用于仿真的求解器设置
B F	使关节连接成整体	此模块表示两个坐标系之间的固定关节
B F	旋转关节	此模块表示两个坐标系之间的旋转关节
B F	6-DOF 关节	此模块表示两个坐标系之间的 6 自由度关节

可以看出，基本连杆（“base _ link”）固定在世界坐标（惯性坐标）上，并且在图 8.18 中的 5 个分支起源于躯干。上两个分支是下肢，中央分支是头部，下两个分支是上肢。图 8.19a 显示了 Simscape 树的连接性结构。在这种状态下，由于基本连杆是固定到世界坐标中的，因此在“base _ link”模块和“World”模块之间连接了 6 个自由度的自由关节（刚体关节），如图 8.19b 所示。这样一来，躯干就可以相对于世界坐标自由运动。

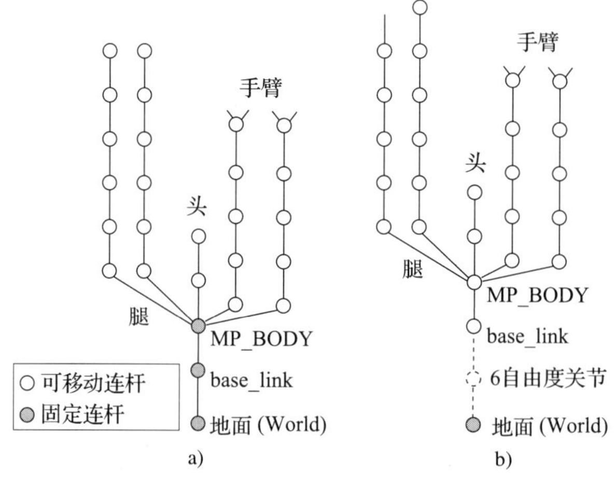

图 8.19　ROBOTIS-OP2 运动链的树状连接结构。a)原始树连接结构。名为 base_link 的连杆固定在地面上。b)在 base_link 和地面之间连接了 6 个自由度的自由关节。此修改将固定模型更改为自由浮动模型

通过双击力旋量标记的图标并打开“机械配置”的属性（请参见图 8.20），确认“重力”的值。该值应在[0.0－9.8]之间，这是仿人机器人领域中经常使用的值（请参见图 8.21）。

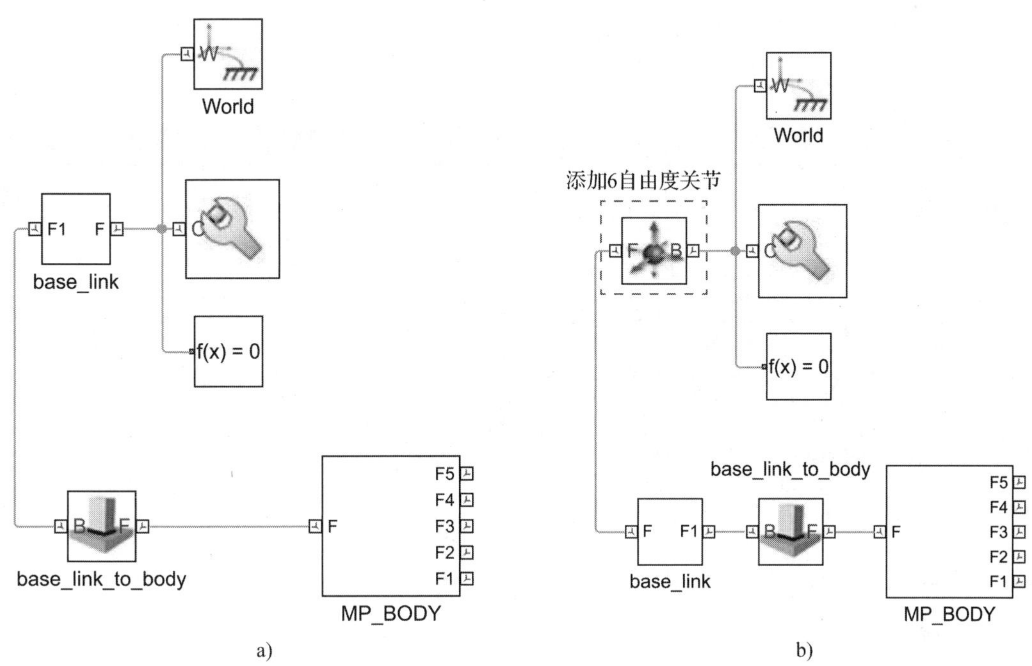

图 8.20 a)“World”模块和“MP_BODY”模块之间的 Simscape 树的原始图表。由于“base_link”模块直接与“World”块进行通信，因此“base_link”是固定的。b)在“base_link”模块和“World”模块之间附加了一个名为“6 自由度关节”的自由关节模块

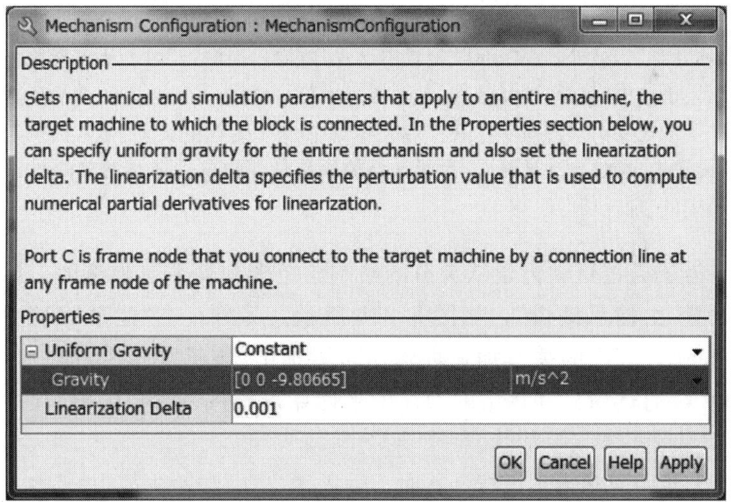

图 8.21 “机械配置”窗口。双击图 8.20 所示的 Simscape 图中的力旋量标记图标，将弹出该窗口并确认“重力”值。如图所示，该值应在[0.0－9.8]之间

8.4.3 配置关节模式

导入后的默认状态是每个关节的输入模式是未指定的。双击关节块并指定关节输入模式，如图 8.22 所示。为了使用逆动力学从给定的关节角加速度中计算关节扭矩，用户需要在图 8.22 中配置“制动”项。如图 8.22a 所示，在“执行”项的“扭矩”配置中设置“自动计

算”。另外，在“动作”配置中设置“由输入提供”。为了将该模块计算的扭矩输出，请选中“传感”项目中的“制动器扭矩”项。

Revolute Joint : j_pelvis_r

Description

Represents a revolute joint acting between two frames. This joint has one rotational degree of freedom represented by one revolute primitive. The joint constrains the origins of the two frames to be coincident and the z-axes of the base and follower frames to be coincident, while the follower x-axis and y-axis can rotate around the z-axis.

In the expandable nodes under Properties, specify the state, actuation method, sensing capabilities, and internal mechanics of the primitives of this joint. After you apply these settings, the block displays the corresponding physical signal ports.

Ports B and F are frame ports that represent the base and follower frames, respectively. The joint direction is defined by motion of the follower frame relative to the base frame.

Properties

Z Revolute Primitive (Rz)
State Targets
Internal Mechanics
Actuation
Torque: Automatically Computed
Motion: Provided by Input
Sensing
Position
Velocity
Acceleration
Actuator Torque ☑
Composite Force/Torque Sensing

OK Cancel Help Apply

a)

Revolute Joint : j_pelvis_r

Description

Represents a revolute joint acting between two frames. This joint has one rotational degree of freedom represented by one revolute primitive. The joint constrains the origins of the two frames to be coincident and the z-axes of the base and follower frames to be coincident, while the follower x-axis and y-axis can rotate around the z-axis.

In the expandable nodes under Properties, specify the state, actuation method, sensing capabilities, and internal mechanics of the primitives of this joint. After you apply these settings, the block displays the corresponding physical signal ports.

Ports B and F are frame ports that represent the base and follower frames, respectively. The joint direction is defined by motion of the follower frame relative to the base frame.

Properties

Z Revolute Primitive (Rz)
State Targets
Internal Mechanics
Actuation
Torque: Provided by Input
Motion: Automatically Computed
Sensing
Position
Velocity
Acceleration ☑
Actuator Torque
Composite Force/Torque Sensing

OK Cancel Help Apply

b)

图 8.22　旋转关节的关节配置。a)为了使用逆动力学计算给定角加速度给关节带来的关节扭矩，用户需要在此属性窗口中配置“制动”项。如图所示，在“执行”项目的“转矩”配置中设置“自动计算”。另外，在“动作”配置中设置“由输入提供”。为了从该模块将计算出的扭矩输出，请选中“传感”项目中的“制动器扭矩”项。b)为了通过正动力学计算关节给定扭矩的关节加速度，如图所示，在“制动”项的“扭矩”配置中设置“输入提供”。另外，在“运动”配置中设置“自动计算”。为了从该模块将计算出的关节加速度输出，请选中“传感”项目中的“加速度”项

另一方面，为了通过正动力学从关节的给定扭矩中计算关节加速度，请在“执行”项的“扭矩”配置中设置“由输入提供”，如图 8.22b 所示。另外，在“运动”配置中设置“自动计算”。为了将该模块计算出的关节加速度输出，请选中“传感”项目中的“加速度”项。如果需要角速度或角度(通过积分计算出的加速度来计算)，还请选中“传感”项中的“速度”项或“位置”项。

将关节配置为使用逆动力学进行计算时，输入端口“q”和输出端口“t”将出现在如图 8.23 所示的模块中。输入端口沿关节基本轴连接到从动者坐标系相对于基础坐标系的期望轨迹信号。

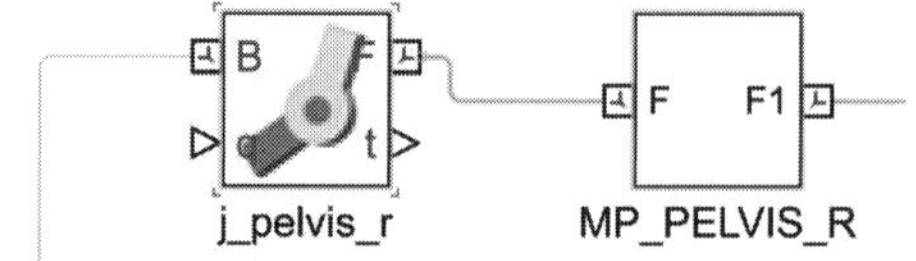

图 8.23　将关节配置为使用逆动力学进行计算时，输入端口“q”和输出端口“t”出现在模块中。输入端口连接到所需的轨迹信号

图 8.24 展示了如何使用正弦曲线轨迹作为关节中的目标轨迹来计算扭矩的示例。生成所需关节轨迹的“Sine Wave”模块是 Simulink 中的标准源模块。但是，它不能直接连接到 Simscape 模块。因此，源模块的输出需要通过“Simulink-PS Converter”模块连接到关节的“q”输入端。

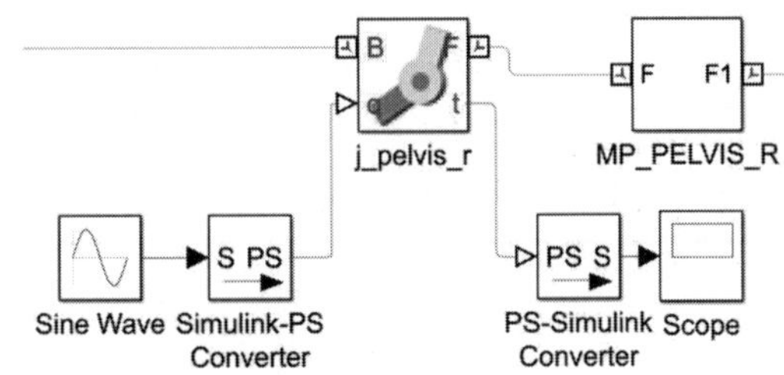

图 8.24 一个期望轨迹输入的例子。生成所需关节轨迹的“Sine Wave”模块是 Simulink 中的标准源模块。但是，它不能直接连接到 Simscape 模块。因此，源模块的输出需要通过“Simulink-PS Converter”模块连接到关节的“q”输入端

为了使用逆动力学计算关节扭矩，还必须从信号输入“q”中获得角加速度。通过双击“Simulink-PS Converter”模块可以配置角加速度的计算方法，如图 8.25 所示。如图 8.25a 所示，通过将“滤波和微分”项设置为“由微分计算滤波输入”，将“输入滤波阶数”项设置为“二阶滤波”，在“Simulink PS Converter”模块中对输入轨迹进行滤波并计算其二阶导数。

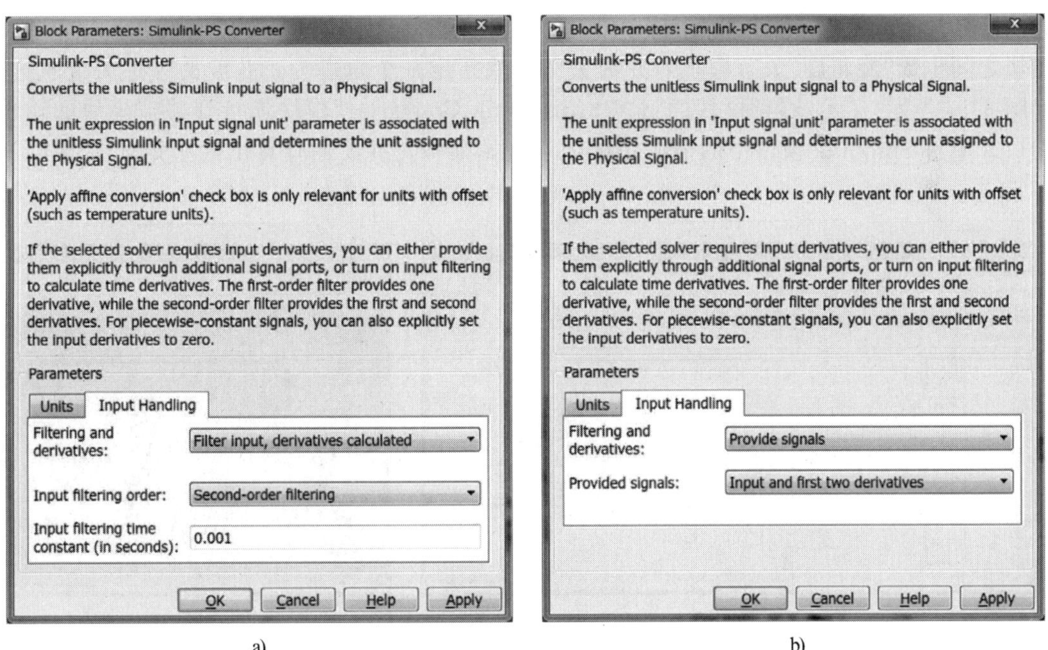

图 8.25 通过双击“Simulink-PS Converter”模块，可以配置角加速度的计算方法。a)通过将“滤波和微分”项设置为“由微分计算滤波输入”，将“输入滤波阶数”项设置为“二阶滤波”，对输入轨迹进行滤波，并在“Simulink-PS Converter”模块中计算其二阶导数，以便使用逆动力学来进行仿真。b)或者，可以通过将“滤波和微分”项设置为“提供信号”来指定加速度的计算方法

另外，如图 8.25b 所示，通过将“滤波和微分”项设置为“提供信号”可以指定加速度的计算方法。当“提供信号”中的一项设置为“输入并对前两项微分”时，用于一阶和二阶微分的输入出现在“Simulink-PS Converter”模块的输入信号中。这样，可以自动设置加速度的计算方法，如图 8.26 所示。此外，在根据加速度生成运动之后，还可以将速度和位置输入到“Simulink-PS Converter”模块中，然后进行积分。为了观察或处理 Simulink 输入加速度的计算扭矩，需要使用“PS-Simulink Converter”模块。在图 8.26 所示的示例中，将计算出的扭矩输入“Scope”模块中。另一方面，为了输入扭矩时无须进行微分，只需使用“Simulink-PS Converter”模块将其转换即可。

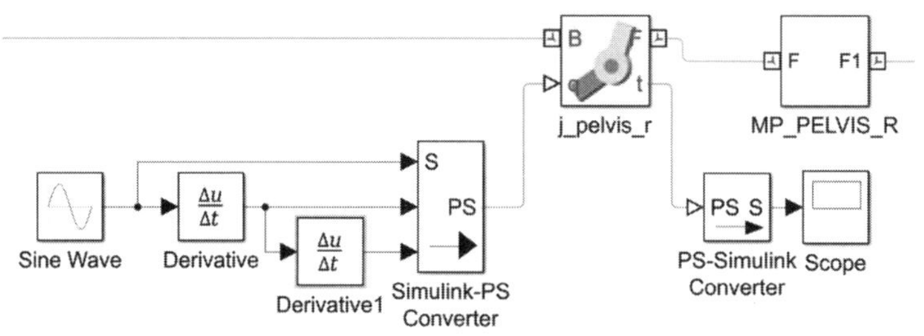

图 8.26　用户定义的角加速度计算方法的示例。角加速度和速度是通过使用两个“微分”模块(包含在 Simulink 标准模块中)得出的

图 8.27 显示了图 8.9 中所示的两个连杆臂的逆动力学计算示例。在此，假设进行仿真的连杆 1 是固定的。通过“smimport”命令，在“link1 _ 1 _ RIGID”和“link2 _ 1 _ RIGID”模块之间生成“旋转副”关节模块，并为关节模块指定一个轨迹为正弦波的理想关节轨迹，如图 8.9a 所示。“示波器”模块通过“PS-Simulink Converter”模块连接到关节模块的输出端口。单击 Simulink 窗口中的播放图标(▷)开始模拟，并绘制计算出的扭矩，如图 8.9b 所示。

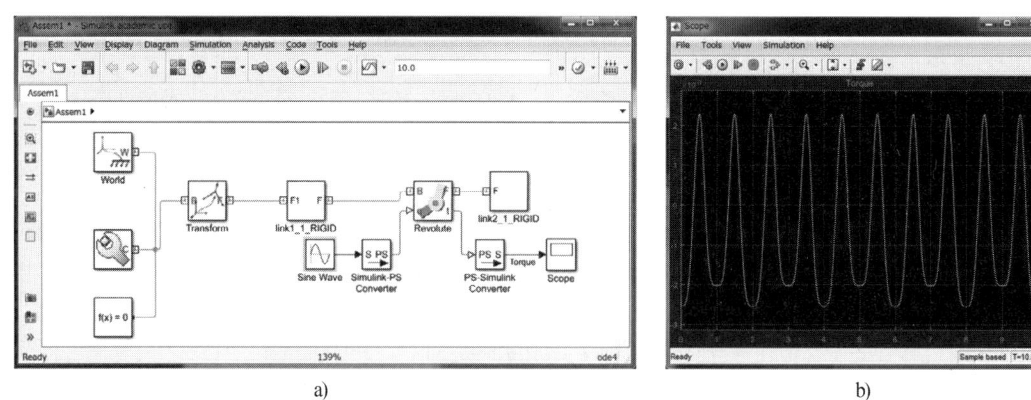

图 8.27　基于逆动力学的双连杆手臂仿真。a)Simulink 窗口，用于编辑图表并开始仿真。单击此窗口中的播放图标(▷)可以初始化模拟。b)示波器窗口通过“PS-Simulink Converter”模块连接到关节模块的输出端口，该窗口显示计算出的关节扭矩

通过上述步骤对所有关节进行设置，对仿人机器人的全身运动进行基于逆动力学的仿真。图 8.28 是从图 8.18 所示的“右腿”区域创建的子系统。它代表逆动力学计算的示例。

通过右键单击区域并选择“从区域创建子系统”可以创建该子系统，如图 8.29 所示。该子系统使用参考关节角度矢量作为输入并生成计算出的扭矩矢量。

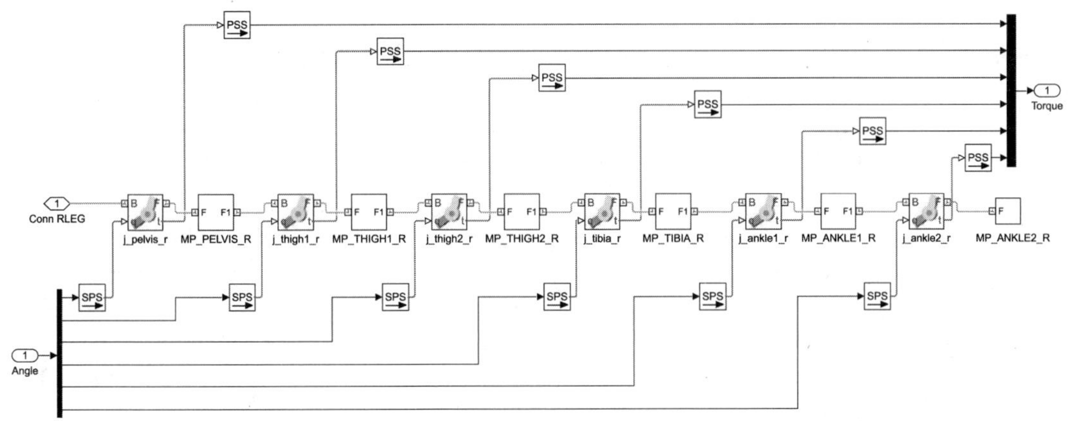

图 8.28 用于逆动力学计算的右腿树状图。该子系统是图 8.18 所示的“右腿”区域。通过右键单击区域并选择“从区域创建子系统”可以创建它，如图 8.29 所示。该子系统使用参考关节角度矢量作为输入并生成计算出的扭矩矢量

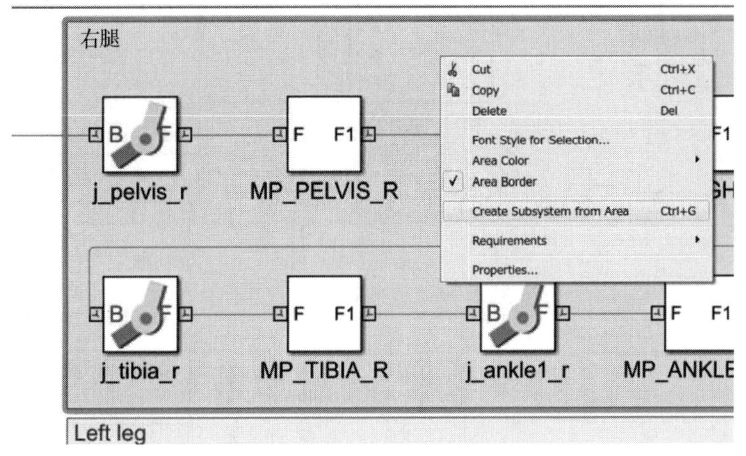

图 8.29 从区域创建子系统。通过右键单击区域并选择“从区域创建子系统”可以创建子系统

为了增加图表的可读性，为所有区域创建子系统是非常有帮助的，如图 8.30 所示。所有子系统都有一个参考关节角度矢量的输入端口和一个计算扭矩矢量的输出端口。在此示例中，参考关节角度矢量将由 MATLAB 脚本生成并保存为工作空间变量。然后，使用“FromWorkspace”模块将变量导入 Simulink，如图 8.31 所示。为了防止意外移动，将“最终数据以值的形式输出”项设置为“保持最终值”，如图 8.32 所示。该变量是一个时间序列对象，包括有关时间和 24 个关节角度的信息。通过设置“Demux”模块的参数，将手臂、脖子和腿的输入数值分别设置为 5、2 和 6，可以对复合关节角度矢量进行分解，如图 8.33 所示。为了观察所有关节处的计算扭矩，子系统的输出连接到“示波器”模块(包含在 Simulink 标准模块中)。

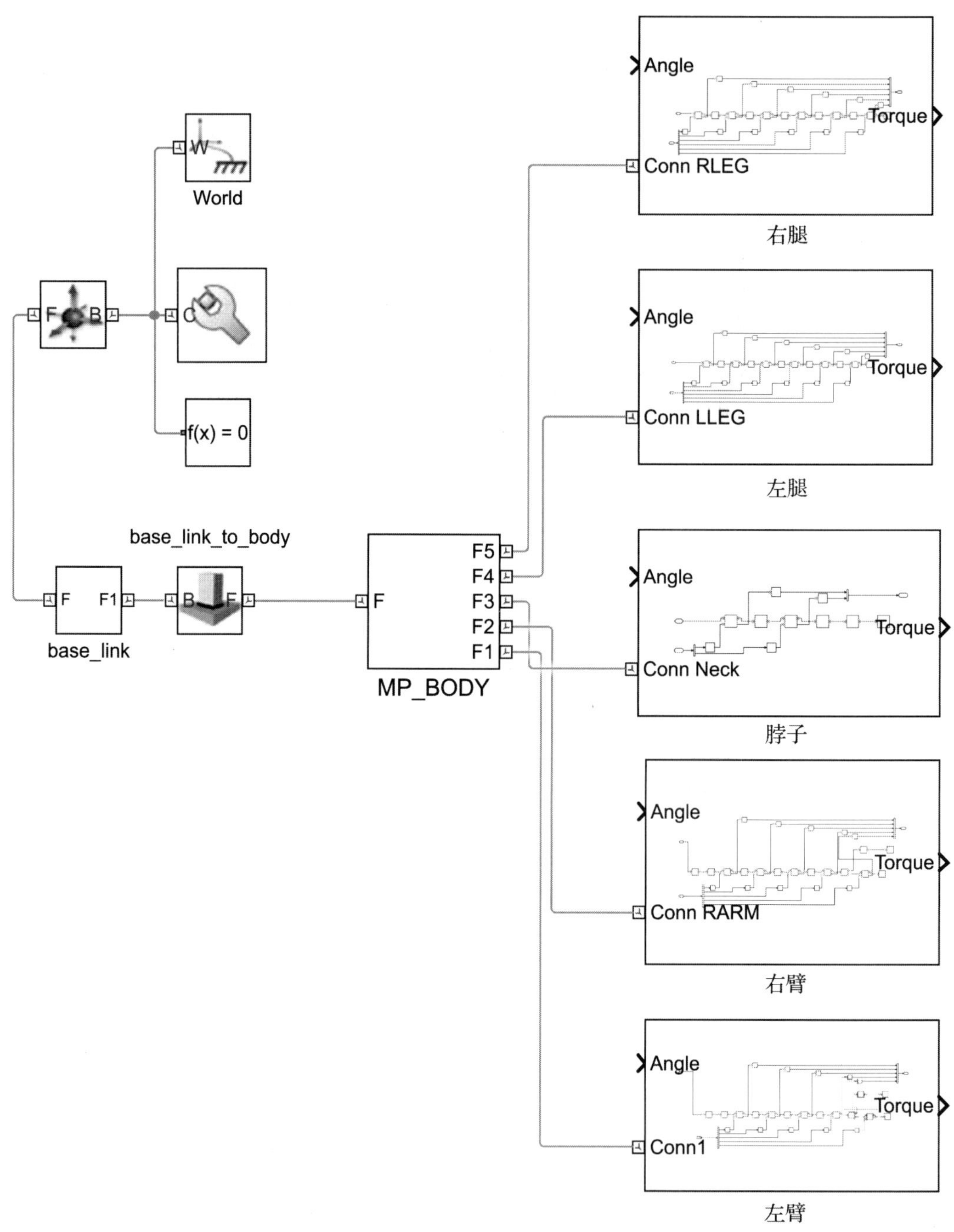

图 8.30 具有 5 个子系统的 Simscape 树。为了增加仿人机器人的复杂图可读性，有必要为运动链的分支创建子系统。所有子系统都要有一个参考关节角度矢量的输入端口和一个计算扭矩矢量的输出端口

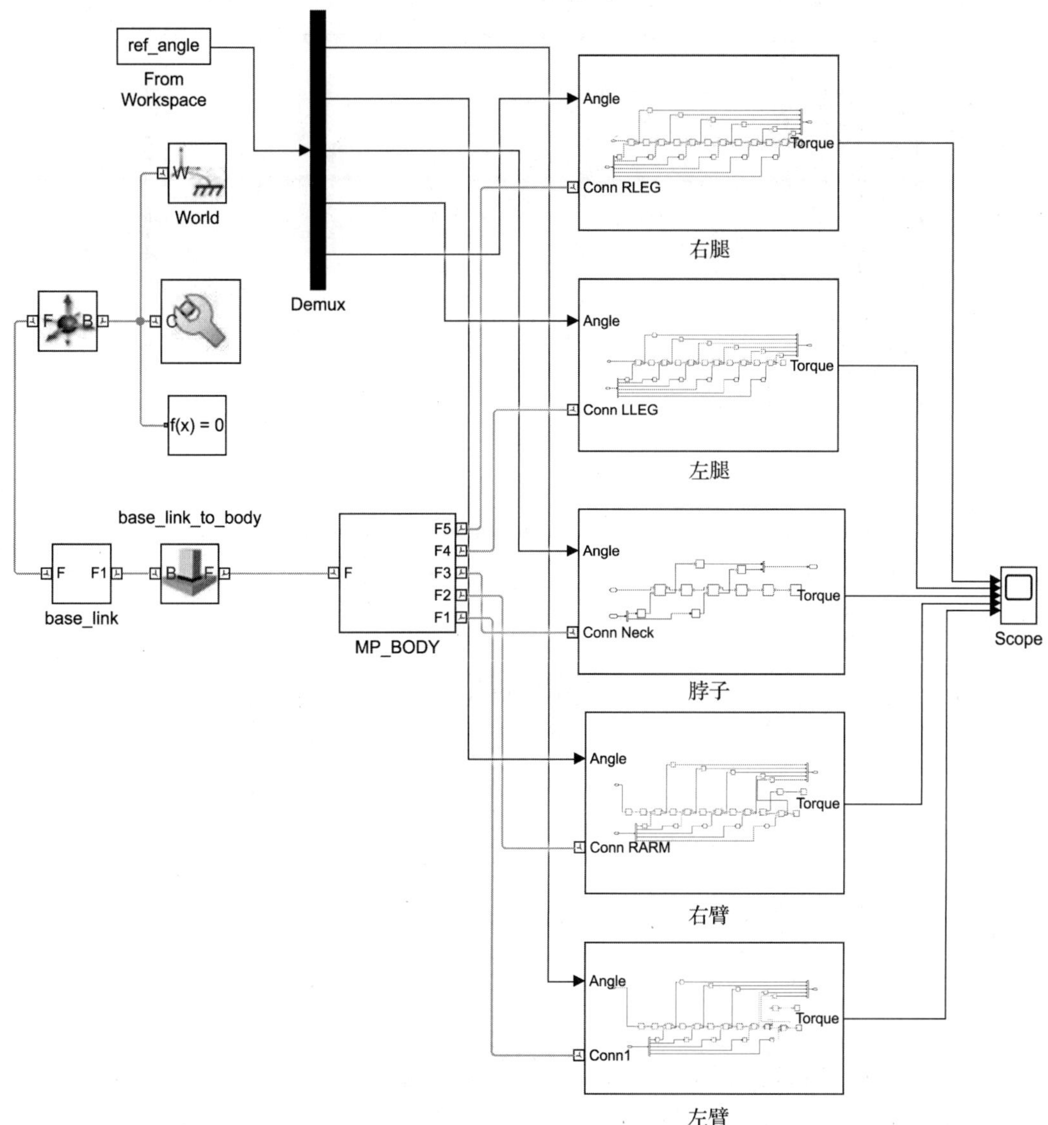

图 8.31 关节参考是来自 MATLAB 工作区的输入。参考关节角度矢量将由 MATLAB 脚本生成，并保存为工作空间变量。然后使用“从工作区”(From Workspace)模块将变量导入 Simulink。该变量是一个时间序列对象，包括时间信息和所有 24 个关节角度。然后，复合关节角度矢量由“Demux”模块分解

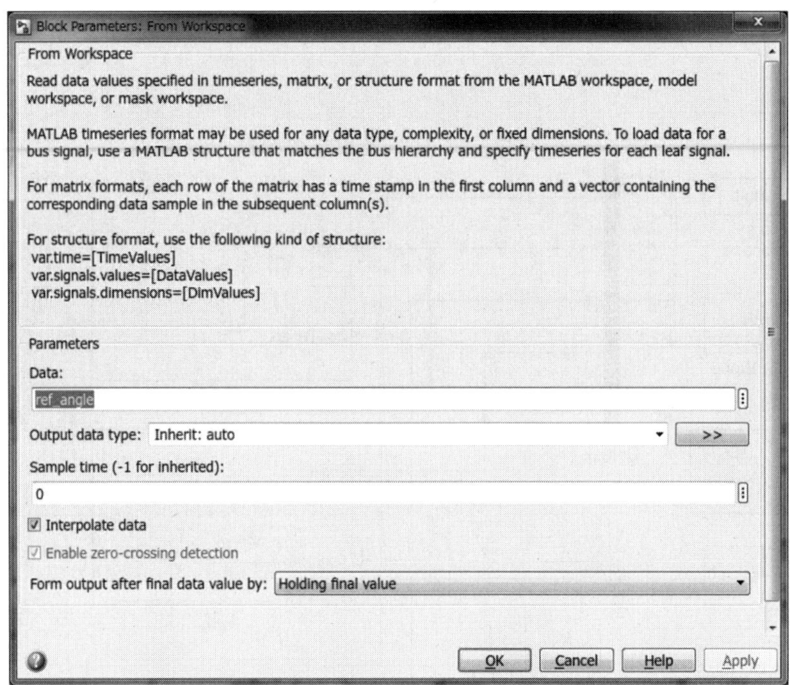

图 8.32　“FormWorkspace”模块的属性。为了防止意外移动，如图所示，将“最终数据以值的形式输出”设置为“保持最终值”

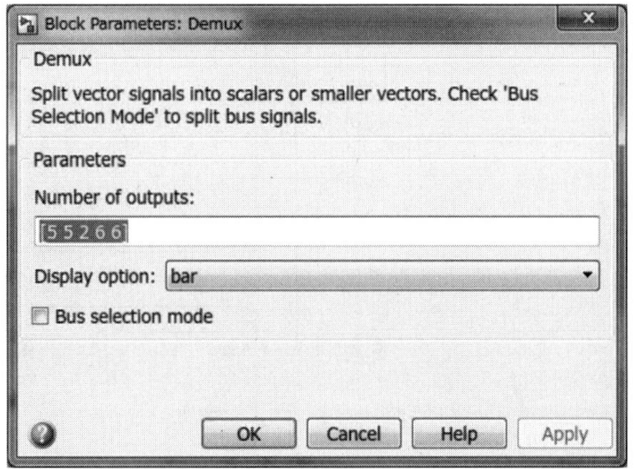

图 8.33　“Demux”块的参数。合成参考关节角度矢量由“Demux”模块分解为腿、脖子和手臂的角度。由于手臂、脖子和腿的输入数值分别为 5、2 和 6，因此将“输出数值”项设置为[5 5 2 6 6]

通过上述步骤，最终确定执行逆动力学仿真的最小化设置。但是，仿真中的地面不会产生反作用力。因此，当模拟初始化时，机器人将跌倒。为了检查到目前为止的设置，请将“重力”设置为零。通过双击图 8.31 中的力旋量图标可以配置该项目。然后尝试使用参考关节角度进行仿真。

8.4.4　接触力建模

假设机器人仅脚底与地面接触，则根据 3.3.2 节中描述的采样点接触模型对脚底与地板之间的接触力进行建模。如图 8.34 所示，在每个脚底都放置了 8 个虚拟接触点。因此，机器人总共包括 16 个接触点。通过弹簧阻尼器模型计算在每个点上作用的力。摩擦锥如图 8.35 所示。这里，假定水平地面的表面高度为零。因此，当第 n 个虚拟接触点 z_n 的高度为负时，该点将穿入地板并且将产生基于穿入的深度和速度的反作用力。

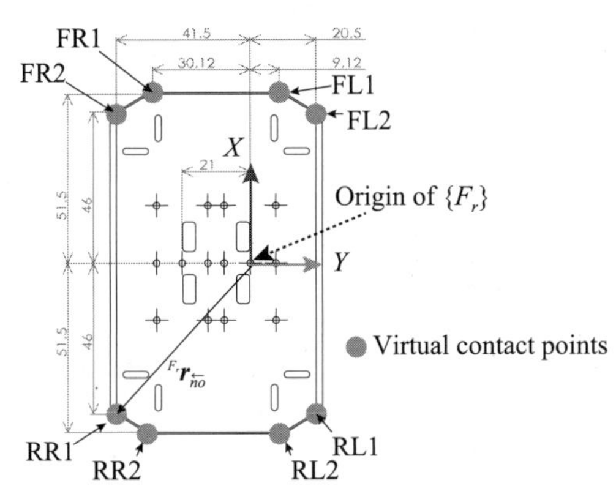

图 8.34　脚底接触点的定义(从下方观察脚底)。每个脚底放置 8 个虚拟接触点，因此机器人共有 16 个接触点。通过弹簧阻尼器模型计算作用在每个点上的力。摩擦锥如图 8.35 所示

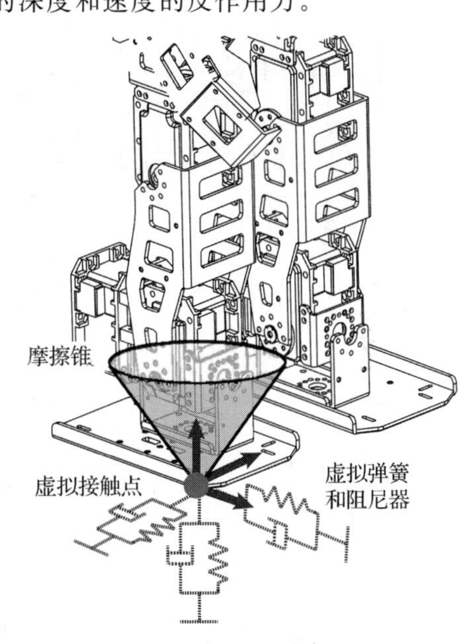

图 8.35　基于虚拟弹簧阻尼器模型和摩擦锥的接触力模型。根据该模型计算出在图 8.34 所示的各点上作用的力。法向方向的反作用力和切向力分别用公式(8.1)和公式(8.2)表示

使用弹簧-阻尼器模型，法向方向上的反作用力由以下公式表示：

$$f_{k_{nz}} = \begin{cases} -K_z \Delta z_n - D_z \dot{z}_n & (z_n < 0) \\ 0 & (z \geqslant 0) \end{cases} \tag{8.1}$$

其中，K_z 和 D_z 分别表示虚拟弹簧和阻尼器的弹簧常数和阻尼系数，Δz_n 代表该点对地面表面点的穿入深度。切向力可以从公式(3.9)和公式(3.10)中获得，如下所示。

$$f_{k_{nt}} = \begin{cases} -K_t \Delta t_n - D_t \dot{t}_n & \left(z_n < 0, \sqrt{f_{k_{nx}}^2 + f_{k_{ny}}^2} \leqslant \mu_k f_{k_{nz}}\right) \\ -\mu_k f_{k_{nz}} \dfrac{v_{k_{nt}}}{\sqrt{v_{k_{nx}}^2 + v_{k_{ny}}^2}} & \left(z_n < 0, \sqrt{f_{k_{nx}}^2 + f_{k_{ny}}^2} > \mu_k f_{k_{nz}}\right) \\ 0 & (z_n \geqslant 0) \end{cases} \tag{8.2}$$

其中 $t \in \{x, y\}$，而 $\mu_k(>0)$表示恒定的静摩擦系数。图 8.36 显示了基于该接触力模型的 Simulink 图。该图的重复次数即是虚拟接触点的数量。因此，建议将其另存为库(My_Libs.slx)

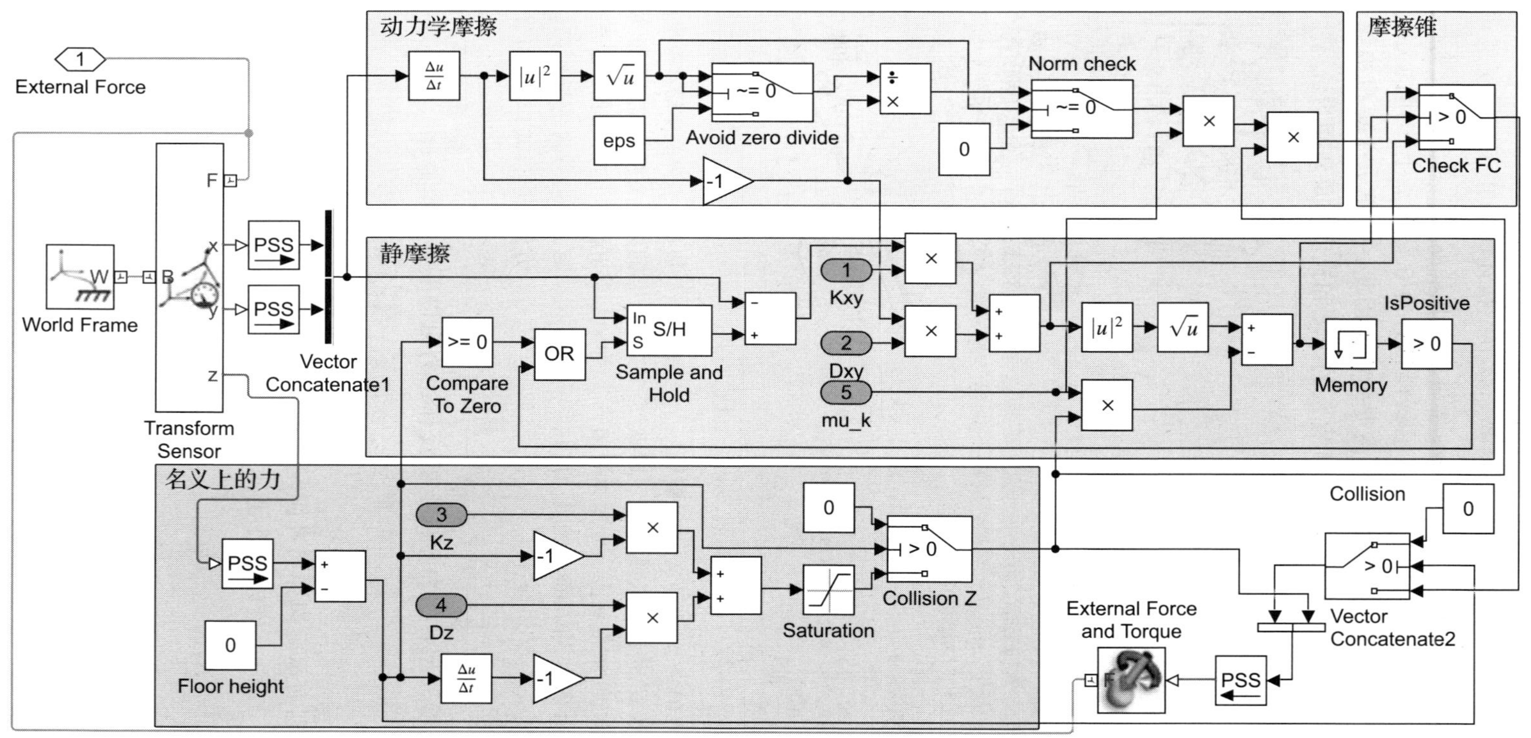

图8.36 基于公式（3.9）和公式（3.10）在Simulink中建立接触力模型。被矩形包围的底部区域显示公式（8.1）中法向力的计算方法。被矩形包围的中间区域显示了切向力的计算方法，如公式（8.2）第一行所示。被矩形包围的左上方区域显示公式（8.2）第二行中给出的切向力的计算方法。右上方区域（由矩形包围）可根据摩擦锥切换切向力

并与 op2_simulation. slx 放在同一文件夹中，如图 8.17 所示。名为“外部力”的物理建模连接(PMC)端口连接到虚拟接触点(请参见图 8.37)，“转换传感器”模块生成该点的位置。“外力和扭矩”模块将计算出的反作用力应用于该点。

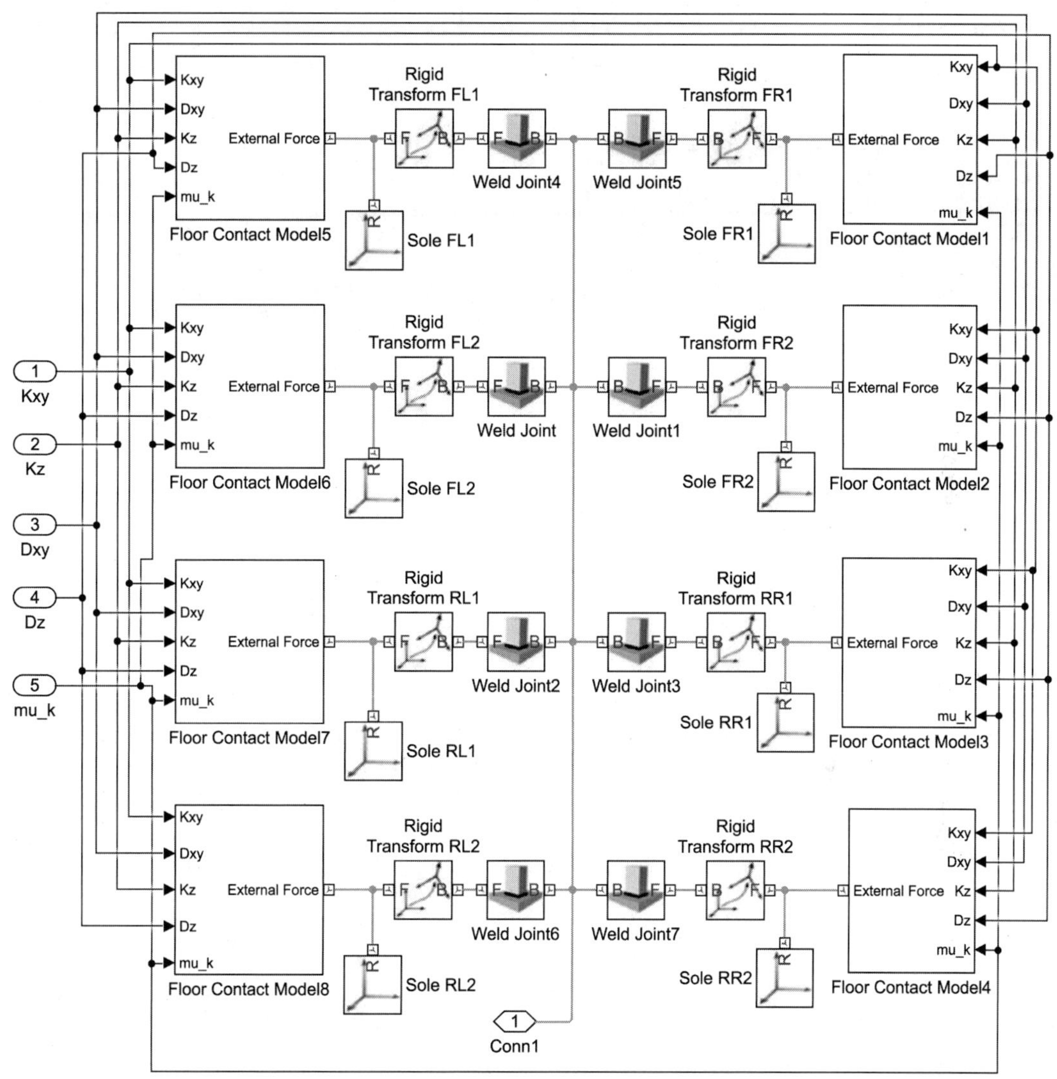

图 8.37 脚底虚拟接触点的定义。如图 8.36 所示的地面反作用力总和通过图 8.34 所示的脚底原点传递到腿部

被矩形包围的底部区域显示公式(8.1)中法向力的计算方法。如图 8.36 所示，连接“饱和度”模块以避免产生吸引力。图 8.38 显示了“饱和度”模块的属性。如图所示，将“上限”项设置为“inf”，将“下限”项设置为“0”。被矩形包围的中间区域，显示公式(8.2)第一行中给出的切向力的计算方法。当该点未穿入地板或 $\Delta t_{i,n}$ 为零在地板上滑动时，“采样和保持”(Sample and Hold)模块的输出将跟随输入。否则，当该点穿入并粘在地板上时，输出将处于暂停状态。然后计算出 $\Delta t_{i,n}$。Simscape Power Systems 工具箱中包含“采样和保持”模块。如果此工具箱不可用，则可以制作一个功能与“采样和保持”模块相同的模块，如图 8.39 所示。可以使用该模块代替“采样和保持”模块。该模块的 MATLAB 代码如下。

代码清单 8.1　该模块的 MATLAB 函数具有与“采样和保持”模块相同的功能

```
function y = fcn(In,h,S)
if S>0
    y=In;
else
    y=h;
end
```

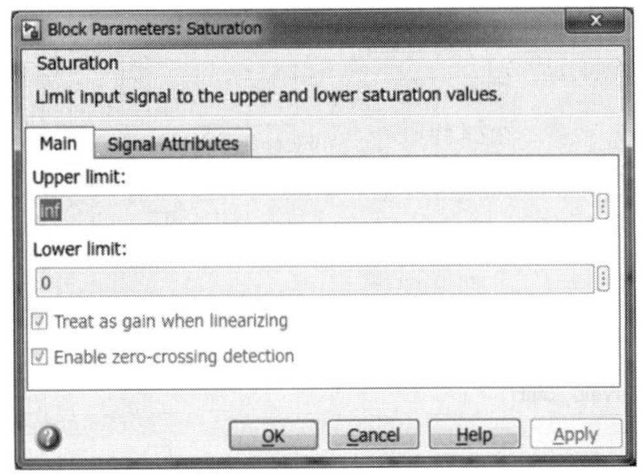

图 8.38　为了避免产生吸引力，在图 8.37 中连接了“饱和度”模块。该图显示了“饱和度”模块的属性。如下图所示，将“上限”项设置为“inf”，将“下限”项设置为“0”

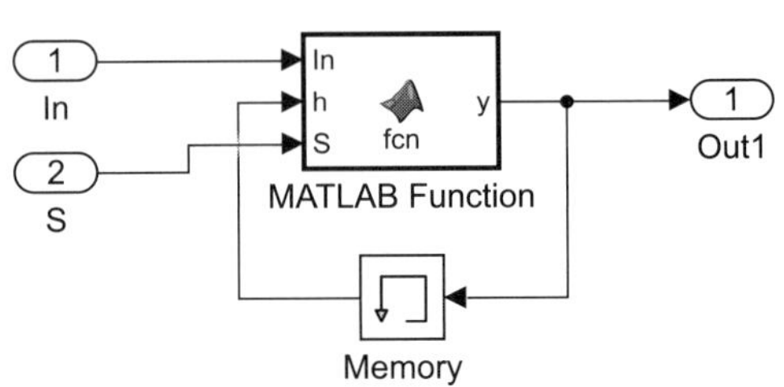

图 8.39　具有与“采样和保持”模块相同功能的模块

被矩形包围的左上方区域显示公式(8.2)的第二行中切向力的计算方法。右上方区域(由矩形包围)可根据摩擦锥切换切向力。计算出的力通过“PS-Simulink Converter”模块输入到“External Force and Torque”模块。为了将力施加到该点，请检查“外力和扭矩”模块的属性中的“力”项。由于公式(8.1)和公式(8.2)表示世界坐标中虚拟点的力，因此将“力分解坐标”项设置为“世界”，如图 8.40 所示。

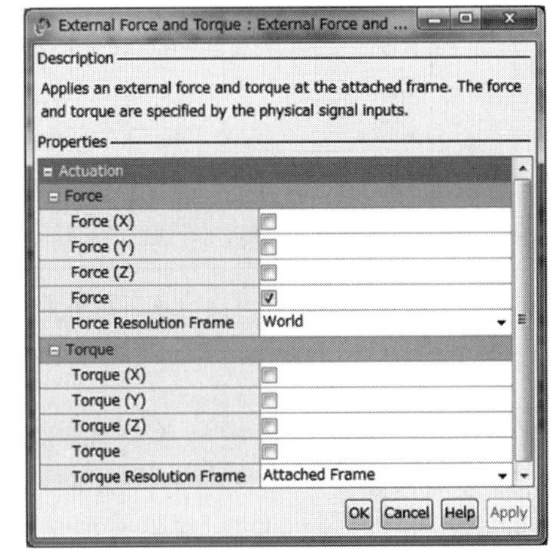

图 8.40　“外力和扭矩”模块的属性。为了将力施加到该点，请选中“力”项并将“力分解坐标”项设置为“世界”(因为公式(8.1)和公式(8.2)是世界坐标中虚拟点的力)

接下来，如图 8.36 所示的图中给出的地面反作用力之和，通过图 8.34 所示的脚底原点传递到腿部。在坐标$\{k\}(k\in\{F_r,F_l\})$中，脚底原点处的力 f_k 和力矩 m_k 可以表示为：

$$\boldsymbol{f}_k=\sum_{n=1}^{N}{}^{k}\boldsymbol{R}_W\boldsymbol{f}_{k_n}\tag{8.3}$$

$$\boldsymbol{m}_k=\sum_{n=1}^{N}{}^{k}\boldsymbol{r}_{\overleftarrow{no}}\times{}^{k}\boldsymbol{R}_W\boldsymbol{f}_{k_n}\tag{8.4}$$

其中${}^{k}\boldsymbol{R}_W\in\Re^{3\times3}$表示旋转矩阵，用于将矢量从世界坐标转换为足部坐标$\{k\}$；$\boldsymbol{f}_{k_n}=[f_{k_{nx}}\quad f_{k_{ny}}\quad f_{k_{nz}}]^{\mathrm{T}}$、$N$ 和${}^{k}\boldsymbol{r}_{\overleftarrow{no}}$分别表示公式(8.1)和公式(8.2)中的地面反作用力、

接触点数以及$\{k\}$中的第 n 个接触点的位置矢量。图 8.37 所示的图描述了脚底原点和虚拟接触点之间的几何关系。名为“Conn1”的 PMC 端口连接到脚的原点，名为“地面接触模型”的子系统是图 8.36 所示的模块库。“刚性变换”模块代表$^k\boldsymbol{r}_{\overleftarrow{no}}$。“地面接触模型”模块基于弹簧常数“Kxy”和阻尼系数“Dxy”输出 $\boldsymbol{f}_k$ 的切向力分量。此外，该模块基于弹簧常数“Kz”、阻尼系数“Dz”和摩擦系数“mu_k”输出 $\boldsymbol{f}_k$ 的切向力。弹簧常数、阻尼系数和摩擦系数的值由 Simulink 标准输入端口指定。如图 8.41 所示，在“偏移”项中设置虚拟接触点的位置。右脚底所有点的“偏移”值如表 8.2 所示。偏移量的测量如图 8.34 所示。此外，应将左脚底设置为与右脚底对称。

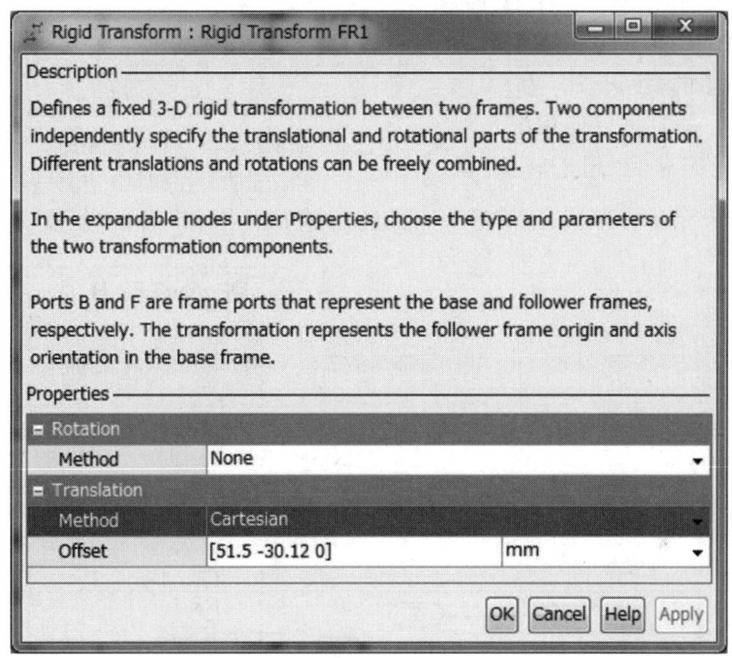

图 8.41 “刚性变换”模块的属性。虚拟接触点的位置可以在“偏移”项目中设置。右脚底所有点的“偏移”值如表 8.2 所示

表 8.2 右脚底“刚性变换”块的偏移参数。这些偏移量如图 8.34 所示

刚性变换	偏移(mm)	刚性变换	偏移(mm)
FL1	[51.5 9.12 0]	FR1	[51.5 −30.12 0]
FL2	[46 20.5 0]	FR2	[46 −41.5 0]
RL1	[−46 20.5 0]	RR1	[−46 −41.5 0]
RL2	[−51.5 9.12 0]	RR2	[−51.5 −30.12 0]

为了将 PMC 端口“Conn1”连接到右脚坐标系的原点，需要制定右脚坐标。图 8.42 显示了脚踝坐标系和脚坐标系之间的几何关系。脚坐标系的原点位于脚踝坐标系的原点在脚底面的投影处。脚坐标的 x、y 和 z 轴的方向分别指向前方、左侧和上方。

图 8.43 是描述右脚底运动学关系的示意图。如图 8.28 所示，“MP_ANKLE2_R”主体最初位于树的末端，并且将名为“连接端口”的 PMC 端口添加到“MP_ANKLE2_R”主体的“参考坐标系”中。为了固定脚坐标系，将名为“用于旋转”的“刚性变换”模块连接到“连接端口”，该连接端口从“MP_ANKLE2_R”的参考坐标系旋转到与脚坐标系平行的

坐标系。在"刚性变换"模块中，通过从"对齐轴""标准轴""任意轴""旋转序列"和"旋转矩阵"方法中选择旋转方法进行旋转。在这种情况下，使用"对齐轴"可以轻松指定两个坐标系之间的旋转。如图 8.42 所示，"MP_ANKLE2_R"的参考坐标系的 z 轴的方向与 x 轴的方向相同，且两个坐标系的 z 轴方向相同。图 8.44 显示了基于此几何关系的名为"用于旋转"的"刚性变换"模块的属性。"MP_ANKLE2_R"的参考坐标系与右脚坐标系之间的距离 $\boldsymbol{P}_s$ 为 $[0 \ 0 \ -33.5]^{\mathrm{T}}$(mm)，并且可以使用图 8.41 所示的方式应用于名为"用于转换"的"刚性变换"模块。

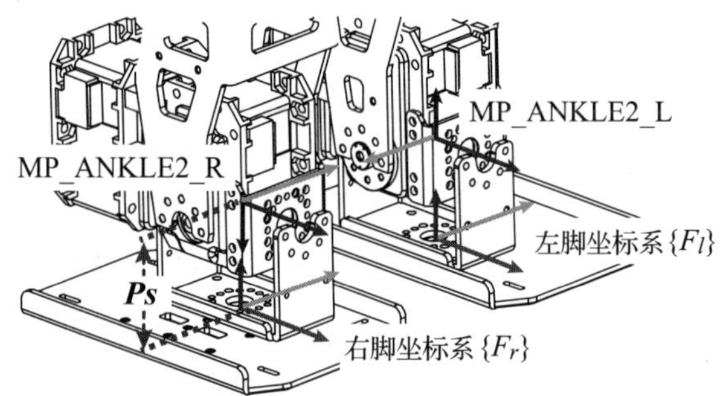

图 8.42　脚踝坐标系和脚坐标系之间的几何关系。脚坐标系的原点位于脚踝坐标系的原点在脚底面的投影处。脚坐标系的 x、y 和 z 轴的方向指向前方、左侧和上方(见彩插)

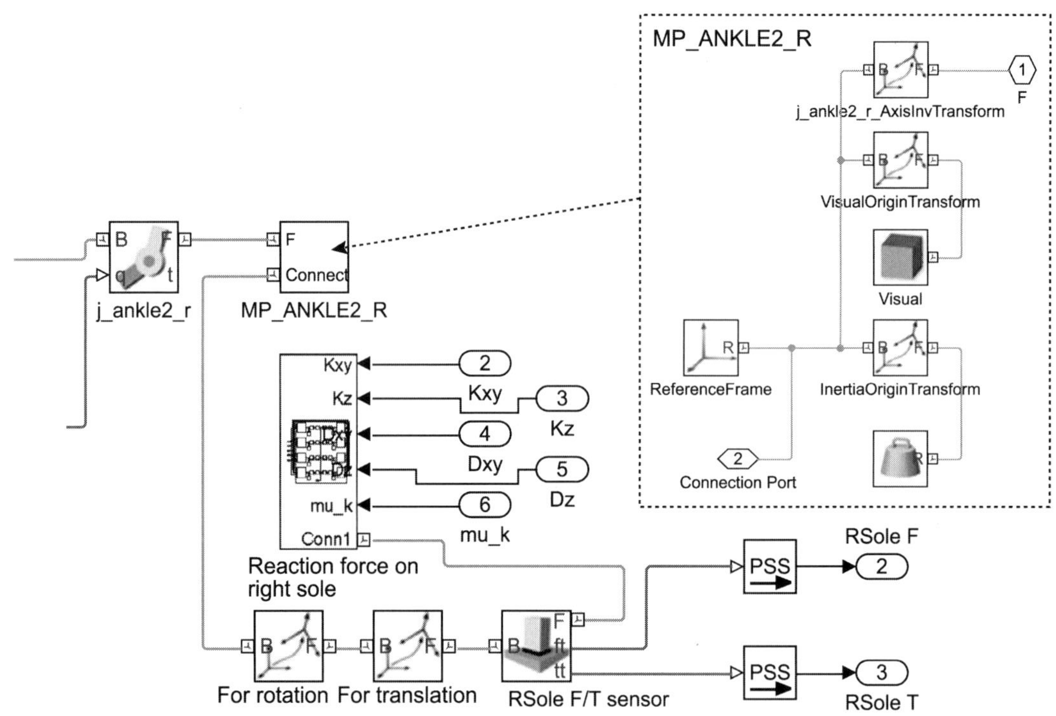

图 8.43　制作右脚坐标系和一个 F/T(力和扭矩)传感器。将名为"连接端口"的 PMC 端口添加到"MP_ANKLE2_R"主体的"参考坐标系"中。为了固定脚坐标系，将名为"用于旋转"的"刚性变换"模块连接到"连接端口"，该连接端口从"MP_ANKLE2_R"的参考坐标系旋转到与脚坐标系平行的坐标系。"MP_ANKLE2_R"参考坐标系与右脚坐标系之间的距离由名为"用于转换"的"刚性变换"模块调用。为了测量施加在脚底的力和力矩，虚拟的 F/T 传感器安装在脚坐标系的原点。该虚拟传感器可以通过"焊接关节"模块实施，该模块是 0 自由度关节

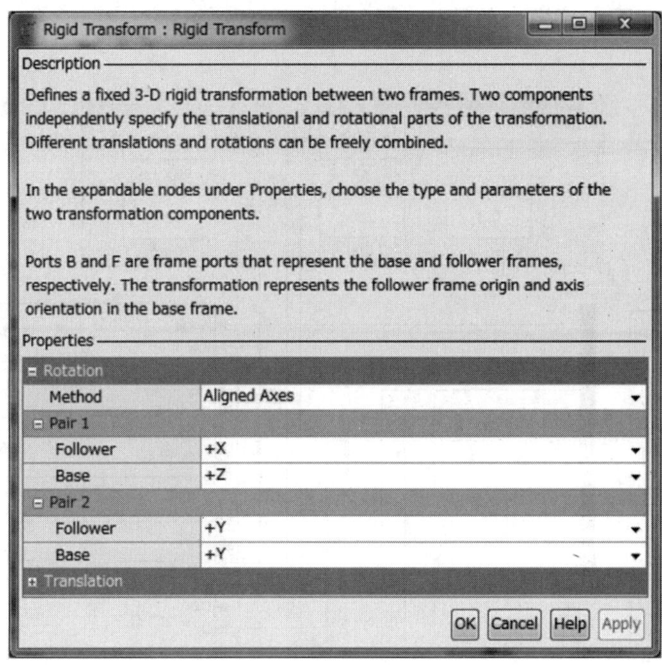

图 8.44 名为"用于旋转"的"刚性变换"模块的属性。在"刚性变换"模块中，通过从"对齐轴""标准轴""任意轴""旋转序列"和"旋转矩阵"中选择旋转方法进行旋转。在这种情况下，使用"对齐轴"可以轻松指定两个坐标系之间的旋转

为了测量施加到脚底的力和力矩，在脚坐标系的原点安装了虚拟的 F/T(力和扭矩)传感器。测得的力和力矩将在 8.4.5 节中用于计算零力矩点(ZMP)。虚拟传感器可以通过"焊接关节"模块实施，该模块是 0 自由度关节。如图 8.45 所示，通过检查"焊接关节"属性中的"Total Force"和"Total Torque"，该模块可测量这些值。测量值通过"PS-Simulink Converter"模块连接到 Simulink 标准输出端口。"焊接关节"的从动端口连接到名为"右脚底反作用力"的子系统中的 PMC 端口"Conn1"，如图 8.37 所示。将这些配置也设置到左侧脚底。用于设置接触力模型参数的"常量"模块位于图 8.46 所示的层次结构图的顶层。通过单击这些模块，可以轻松地同时设置所有接触点的参数。此外，在层次结构的顶层图中增加了一个实体模型，以实现地面的可视化。图 8.46 中名为"地面"的"实体"模块是连接世界坐标系的大块薄片型砖块。图 8.47 显

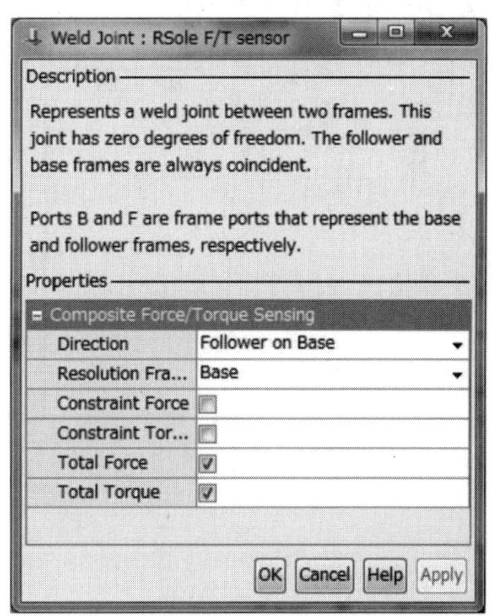

图 8.45 作为虚拟 F/T(力和扭矩)传感器的"焊接关节"模块的属性。虚拟传感器可以通过"焊接关节"模块实施，该模块是 0 自由度(0- DoF)关节。如图所示，通过检查"焊接关节"属性中的"合力"和"合扭矩"，该模块将这些值输出到名为"RSole F"和"RSole T"的 Simulink 标准输出端口

示了名为"Floor"的"Solid"模块的特性。

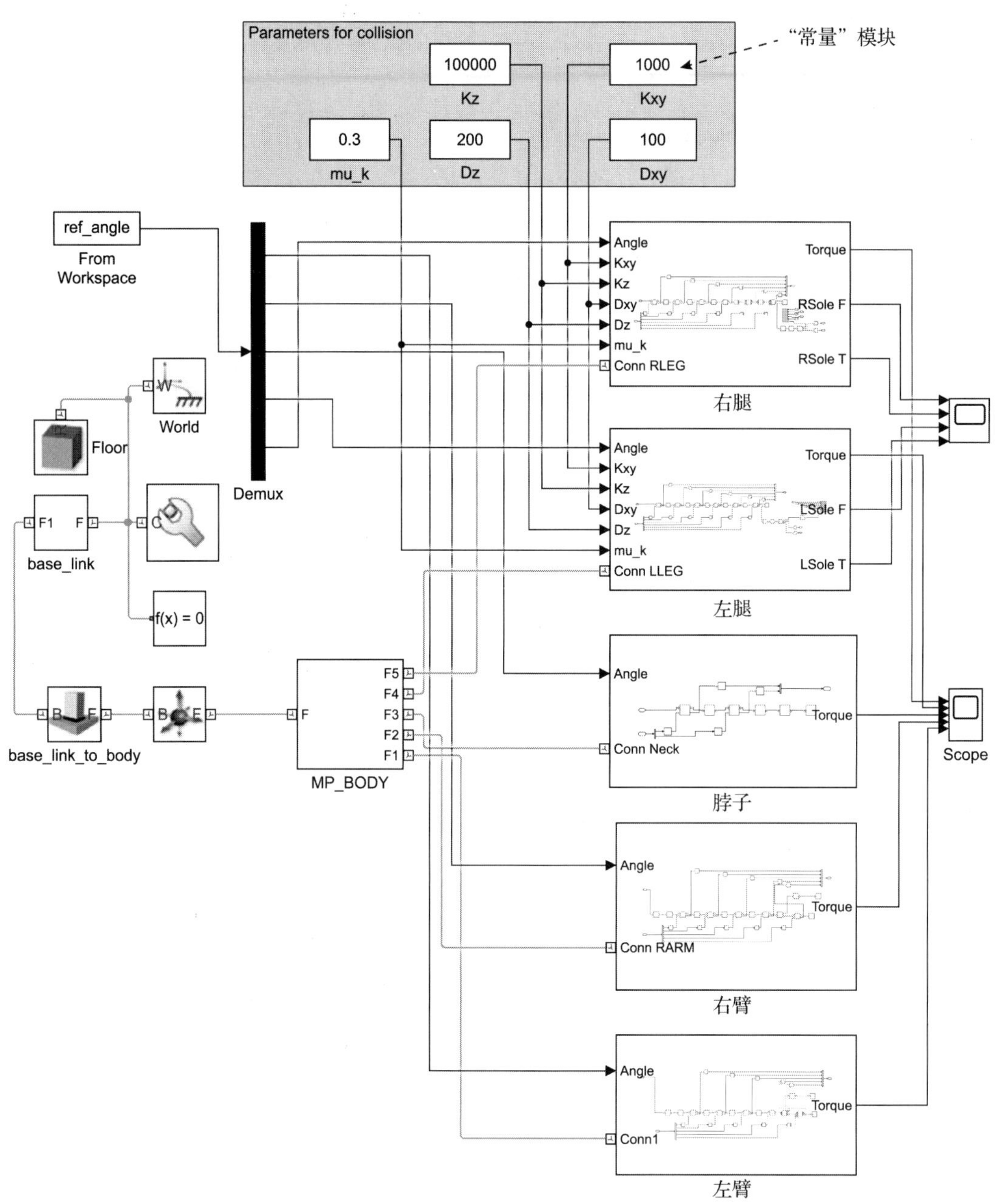

图 8.46 基于动态的仿人机器人仿真的层次图中的顶层。用于设置接触力模型参数的"常量"模块位于层次图的顶层。通过单击这些模块，可以轻松地同时设置所有触点的参数。名为"地面"的"实体"模块是用于可视化地面的大块薄片型砖块

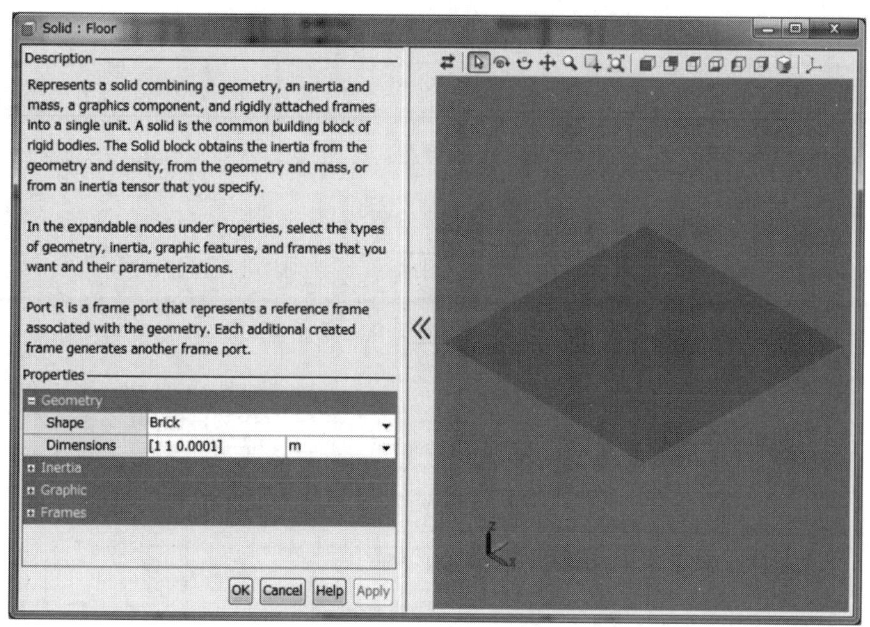

图 8.47 名为“地面”的“实体”模块的属性。该实体模型被添加到层次结构图的顶层，以可视化地面

8.4.5 计算零力矩点

如 4.4.5 节中所述，根据机器人的线性动量和角动量的时间导数来计算多连杆系统的零力矩点(ZMP)。当机器人仅有其脚底与地板表面接触时，ZMP 可以根据作用和反作用定律，由安装在鞋底上的 F/T 传感器测得的力和力矩得出，如下所示：

$$r_{p_x} = -\frac{m_y}{f_z} = -\frac{m_{ry} + m_{ly}}{f_{rz} + f_{lz}} \tag{8.5}$$

$$r_{p_y} = \frac{m_x}{f_z} = \frac{m_{rx} + m_{lx}}{f_{rz} + f_{lz}} \tag{8.6}$$

其中 r_{p_t}，f_z 和 $m_j(t\in\{x,y\})$ 分别表示 ZMP 的位置、在世界坐标系中 z 方向上的合力和围绕 j 轴的力矩；f_{jz} 和 $m_{jt}(t\in\{x,y\},\ j\in\{r,l\})$ 分别是每个传感器测量的在世界坐标系中沿 z 方向的力和围绕 t 轴的力矩。我们有

$$^{w}\boldsymbol{f}_k = {}^{w}\boldsymbol{R}_k \boldsymbol{f}_k \tag{8.7}$$

$$^{w}\boldsymbol{m}_k = {}^{w}\boldsymbol{R}_k \boldsymbol{m}_k + \boldsymbol{r}_k \times {}^{w}\boldsymbol{f}_k \tag{8.8}$$

其中 $^{w}\boldsymbol{f}_k$ 和 $^{w}\boldsymbol{m}_k$ 分别是在世界坐标系中测得的力和力矩；$\boldsymbol{r}_k$ 和 $^{w}\boldsymbol{R}_k$ 分别表示足部坐标系在世界坐标系中的位置矢量和旋转矩阵。

图 8.48 显示了公式(8.7)和公式(8.8)中安装在右脚底上的传感器如何通过 Simulink 来实施。为了获得 $\boldsymbol{r}_k$ 和 $^{w}\boldsymbol{R}_k$，将“转换传感器”模块连接到名为“RSole F/T 传感器”的虚拟传感器模块。尽管公式(8.7)和公式(8.8)可以通过 Simulink 图实现，但“MATLAB Function”模块仅能简单描述它们。将测得的力 $\boldsymbol{f}_k$，力矩 $\boldsymbol{m}_k$，$\boldsymbol{r}_k$ 和 $^{w}\boldsymbol{R}_k$ 输入“MATLAB Function”模块。该模块的 MATLAB 代码如下。

代码清单 8.2 用于计算世界坐标系中的力和力矩的 MATLAB 函数

```
function ft = fcn(mf,mt,wRm,wp)
f=wRm*mf;
t=wRm*mt+cross(wp,f);
ft=[f',t']';
end
```

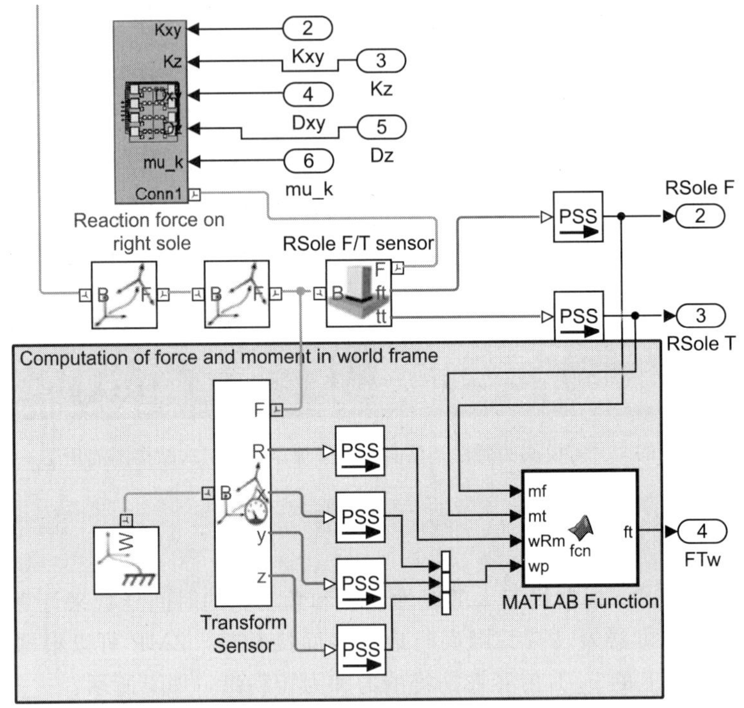

图 8.48 根据脚坐标系中测得的力和力矩计算世界坐标系中的力和力矩。为了获得 $\boldsymbol{r}_k$ 和 ${}^w\boldsymbol{R}_k$，将"转换传感器"模块连接到名为"RSole F/T 传感器"的虚拟传感器模块。测得的力 $\boldsymbol{f}_k$ 和力矩 $\boldsymbol{m}_k$ 以及 $\boldsymbol{r}_k$ 和 ${}^w\boldsymbol{R}_k$ 连接到"MATLAB Function"模块的输入。模块的输出是一个矢量，其中包含在世界坐标系中计算出的力和力矩

模块的输出是一个矢量，其中包含在世界坐标系中计算出的力和力矩。此输出连接到名为"FTw"的 Simulink 标准输出端口。同样，世界坐标系中的力和力矩也可以从安装在左脚底的传感器获得。为了计算 ZMP，将两个矢量输入到"MATLAB Function"模块中，如图 8.49 所示。根据公式(8.5)和公式(8.6)，该模块的 MATLAB 代码如下。

代码清单 8.3 用于计算 ZMP 位置的 MATLAB 函数

```
function pzmp = fcn(FTr,FTl)
pzmp=zeros(3,1);
pzmp(1)=-(FTr(5)+FTl(5))/(FTr(3)+FTl(3));
pzmp(2)=(FTr(4)+FTl(4))/(FTr(3)+FTl(3));
pzmp(3)=0;
end
```

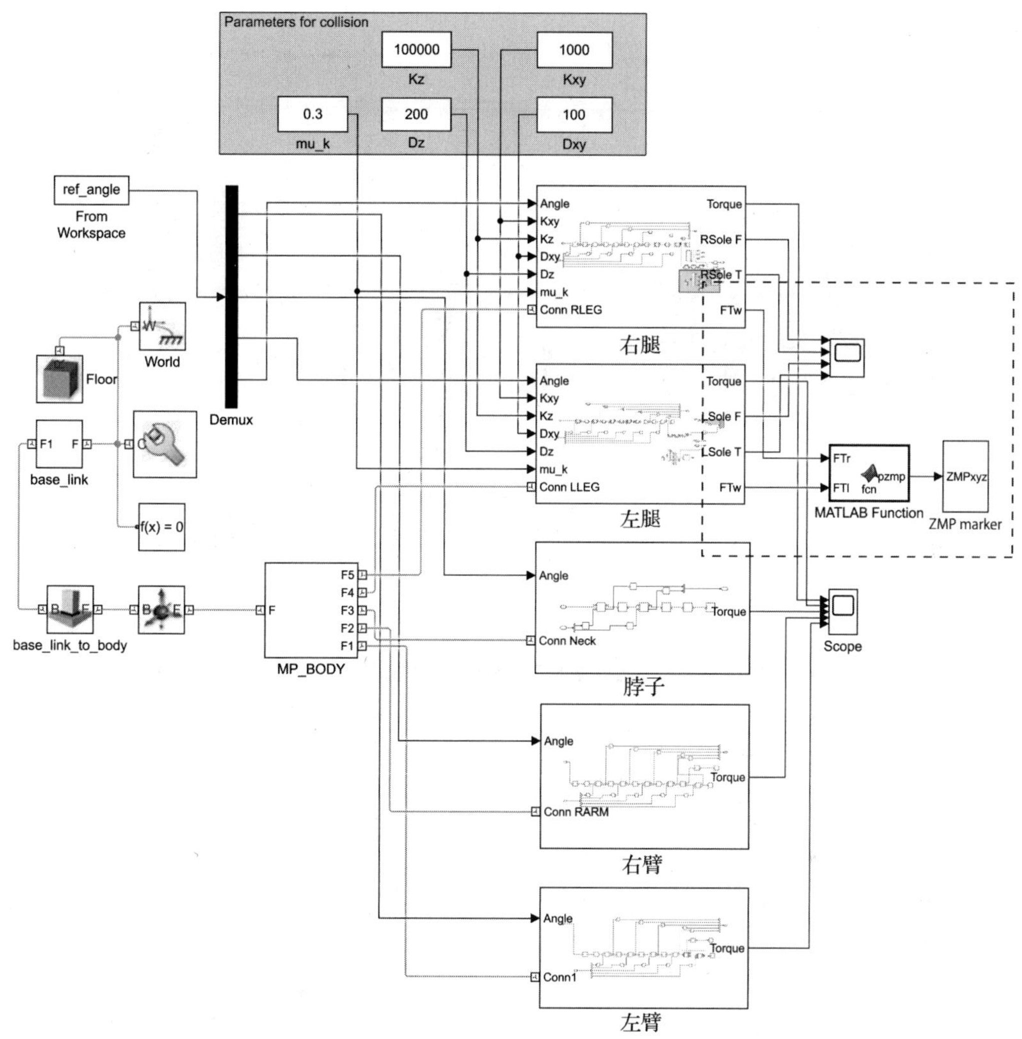

图 8.49 带有 ZMP 标记的层次结构图中的顶层。图 8.48 所示的“MATLAB Function”模块输出一个矢量，该矢量由世界坐标系中的力和力矩组成。这些量也可以从安装在左脚底上的传感器获得。为了计算 ZMP，如下图所示，将两个矢量输入到“MATLAB Function”模块中

计算出的 ZMP 位置将发送到名为“ZMP 标记”的子系统，该子系统在 Mechanics Explore 中通过球体显示位置。在撰写本书时，由于在 Mechanics Explore 中没有将绘制球体作为计算机图形特征的功能，因此需要将球体作为对象进行处理，并通过“笛卡儿关节”移动，如图 8.50 所示。该关节具有由 3 个棱镜基元表示的 3 个平移自由度。“笛卡儿关节”根据从 Simulink 标准端口“ZMPxyz”输入的参考位置来移动球体。如图 8.51 所示，在“X”“Y”和“Z”中将“力”项设置为“自动计算”，将“动作”项设置为“由输入提供”。图 8.52 显示了名为“ZMP Marker”的“实体”模块的属性。它的质量属性可以设置为任意值。

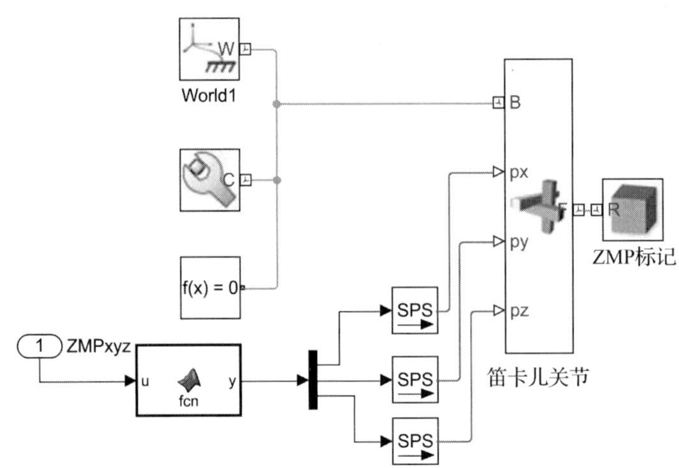

图 8.50　ZMP 标记的子系统。计算出的 ZMP 的位置将发送到此子系统，该子系统在“Mechanics Explore”中通过球体显示位置。如图所示，将球体作为对象并通过“笛卡儿关节”移动

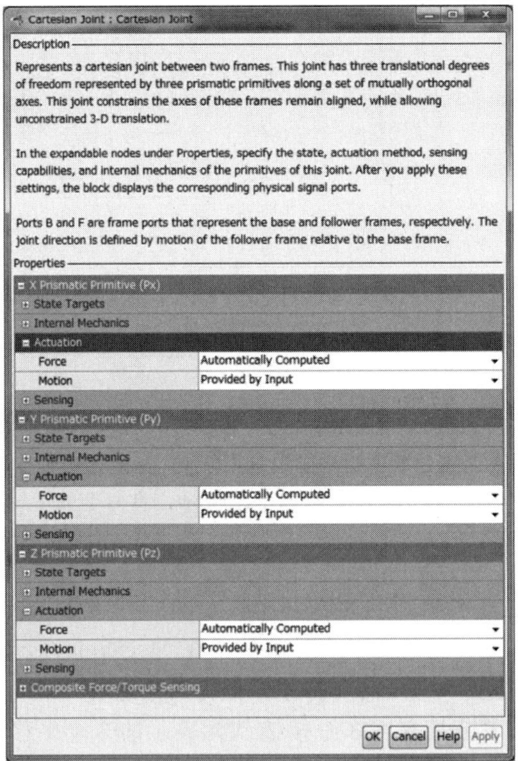

图 8.51　“笛卡儿关节”模块的属性。该关节具有由 3 个棱镜基元表示的 3 个平移自由度

当脚底未与地面接触时，图 8.49 中的“MATLAB Function”模块会输出 NaN(不是数字)，图 8.50 中的“MATLAB Function”模块通过将标记设置为远离原点来处理该错误。

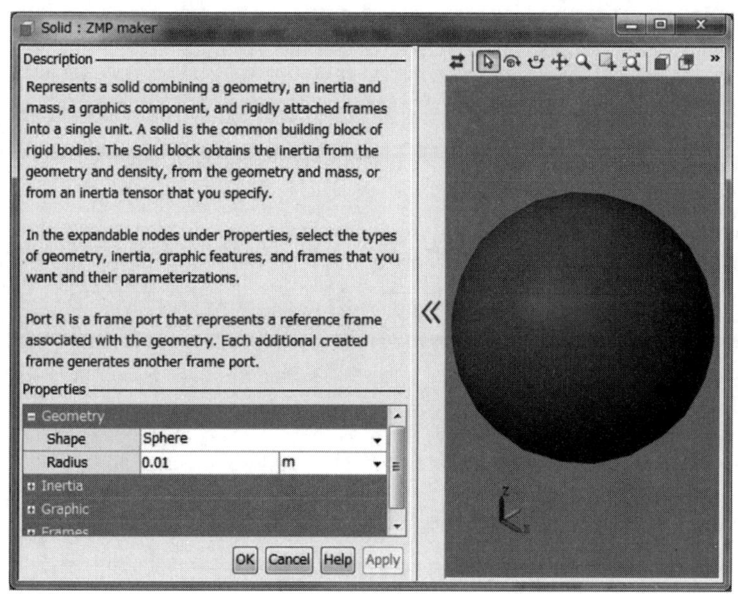

图 8.52　名为“ZMP 标记”的“实体”模块的属性

代码清单 8.4　用于错误处理的 MATLAB 函数

```
function y = fcn(u)
if sum(isnan(u))>0
    y=zeros(3,1);
    y(3)=-1000;
else
    y=u;
end
end
```

8.4.6　运动设计

在本节中，将说明如何使用 Robotics System Toolbox，通过 MATLAB 脚本设计离线运动。世界坐标系中 ROBOTIS-OP2 的左夹持器的参考轨迹是通过五阶多项式插值生成的，并且时间序列参考关节角是通过逆运动学方程计算的。MATLAB 脚本如图 8.53 所示，另存为 op2_motion.m 与 Simulink 文件位于同一文件夹中，如图 8.17 所示。

在第 3 行中，ROBOTIS-OP2 的 URDF 文件被解析并存储在工作区内存中。在第 11 行中，将名为“MP_ARM_GRIPPER_FIX_DUMMY_L”的左夹持器的坐标(参见图 8.14)指定为末端执行器。为了通过五阶多项式插值生成末端执行器的参考轨迹，使用第 15～29 行的代码生成插值系数。在第 32 行中初始化逆运动学的求解器。第 33 行中，变量“weight”的前三个元素对应于所需姿势的方向公差的权重。最后三个元素对应于所需姿势的抓取器 x-y-z 位置公差的权重。在第 35～46 行中，对于每个采样时间，计算轨迹并且逆运动学求解器会计算关节角度。从第 49～52 行，定常运动附加在第 35～46 行这一段时间产生的运动之前。在第 55 行，参考关节角度以时间序列矩阵的形式存储在工作区中，并且可以在 Simulink 中获得。

```
clearvars;
addpath('.\RobotModels\robotis_op_description\meshes');
op2=importrobot('.\RobotModels\robotis_op_description\robots\robotis_op.urdf');
q0=homeConfiguration(op2);

%% Generating the end-effector trajectory
SamplingTime=0.01;
tf=2;
t = (0:SamplingTime:tf)'; % Time
count = length(t);
endEffector = 'MP_ARM_GRIPPER_FIX_DUMMY_L';
T=op2.getTransform(q0,endEffector);
p=T(1:3,4);
%coefficients for 5th order polynomial interpolation
xs=0;
dxs=0;
ddxs=0;
xf=0.03;
dxf=0;
ddxf=0;
a0 = xs;
a1 = dxs;
a2 = ddxs/2.0;
a3 = (20.0*xf - 20.0*xs - (8.0*dxf + 12.0*dxs)*tf - ...
    (3.0*ddxs - ddxf)*tf.^2.0)/(2.0*tf.^3.0);
a4 = (30.0*xs - 30.0*xf + (14.0*dxf + 16.0*dxs)*tf + ...
    (3.0*ddxs - 2.0*ddxf)*tf.^2.0)/(2.0*tf.^4.0);
a5 = (12.0*xf - 12.0*xs - (6.0*dxf + 6.0*dxs)*tf - ...
    (ddxs - ddxf)*tf.^2.0)/(2.0*tf.^5.0);

%% Inverse kinematics
ik = robotics.InverseKinematics('RigidBodyTree', op2);
weights = [0 0 0 1 1 1];
qInitial=q0;
for i = 1:count
    ti=SamplingTime*(i-1);
    %5th order polynomial interpolation
    pi=a0+a1*ti+a2*ti^2+a3*ti^3+a4*ti^4+a5*ti^5;
    T(1:3,4)=  [p(1)+pi,p(2)-pi,p(3)]';
    % Solving inverse kinematics
    [qSol,solInfo] = ik(endEffector,T,weights,qInitial);
    % Store the configuration
    ref_q(i,:) = [qSol.JointPosition];
    % Start from prior solution
    qInitial = qSol;
end

%% Generating motion to be stationary for half second.
t_stop=0.5;
t_init = (0:SamplingTime:(t_stop-SamplingTime))'; % Time
len = length(t_init);
ref_q_init(1:len,:)=ones(len,1)*ref_q(1,:);

%% Making timeseries matrix for Simulink
ref_angle=timeseries([ref_q_init;ref_q],[t_init;(t+t_stop)]);
```

图 8.53　移动左臂的 MATLAB 程序代码。夹持器的参考轨迹(MP_ARM_GRIPPER_FIX_DUMMY_L)在世界坐标系中通过五阶多项式插值生成。基于时间序列的参考关节角度是通过逆运动学计算的

8.4.7　仿真

执行 8.4.6 节中说明的 MATLAB 脚本后，即可执行 Simulink 图(op2_simulation.slx)。图 8.54 显示了模拟环境的示例。求解器的类型及其时间步长应根据预期情况仔细选择。在此示例中，求解器利用 Runge-Kutta 方法，步长为 1ms。通过单击 Simulink 窗口

上的播放图标(▷)开始模拟。图 8.55 和图 8.56 分别显示了模拟快照和模拟结果。在模拟动画中，ZMP 标记将根据规划的运动进行移动。当左夹持器移至右前方时，ZMP 标记也移至右前方。如图 8.56 所示，在开始模拟后，所有图中的测量值都会立即发生振荡。振荡的原因是：在模拟开始时，机器人会从一定高度掉落。如图 8.56a 中的“左臂”图所示，在 0.5～2.5s，马达扭矩发生改变。

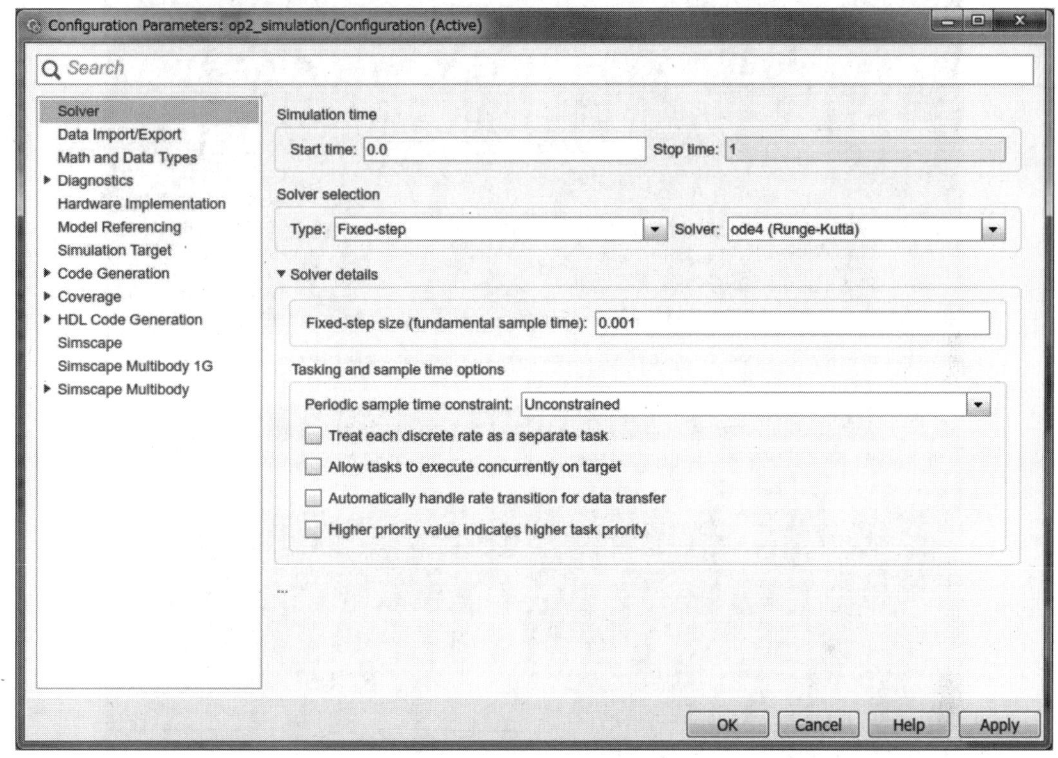

图 8.54 基于动力学的仿真的参数配置。求解器的类型及其时间步长应根据预期情况仔细选择。在此示例中，求解器利用 Runge-Kutta 方法，步长为 1ms

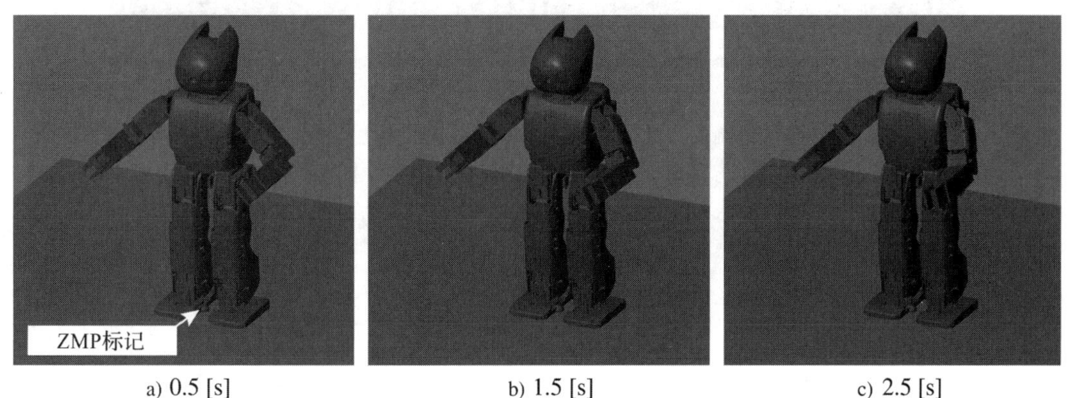

图 8.55 基于动力学的仿真的可视化。当左夹持器移至右前方时，ZMP 标记也移至右前方

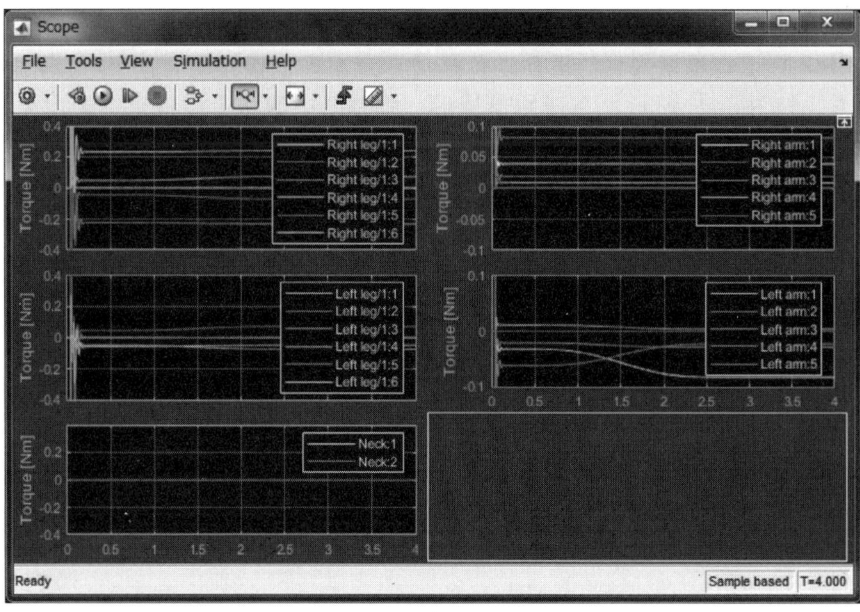

a)

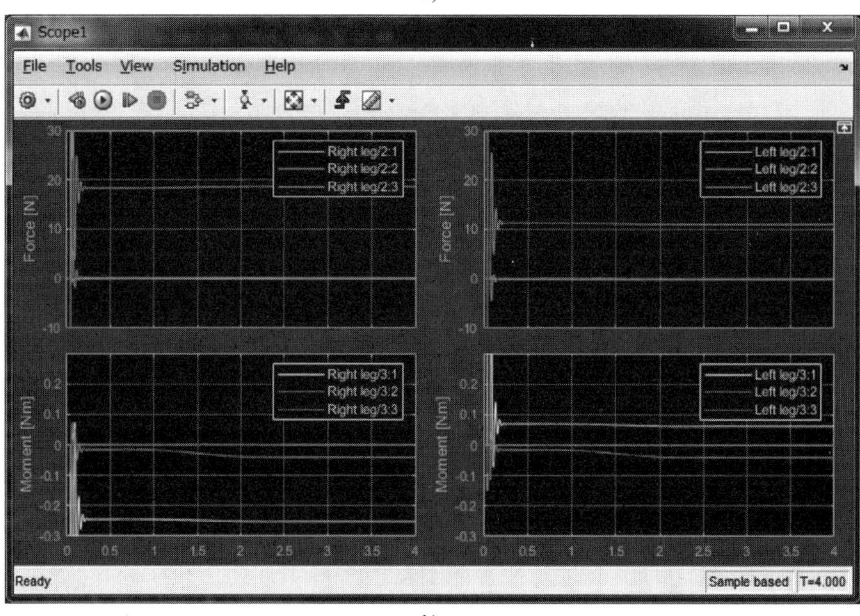

b)

图 8.56 “示波器”模块绘制的仿真结果。a)时间与关节扭矩之间的关系。b)时间与力/力矩之间的关系。仿真开始后，测量值立即在所有图中振荡。振荡的原因是：在模拟开始时，机器人会从一定高度掉落(见彩插)

参考文献

[1] About ROS, http://www.ros.org/about-ros/.

[2] C.E. Agüero, N. Koenig, I. Chen, H. Boyer, S. Peters, J. Hsu, B. Gerkey, S. Paepcke, J.L. Rivero, J. Manzo, E. Krotkov, G. Pratt, Inside the virtual robotics challenge: simulating real-time robotic disaster response, IEEE Transactions on Automation Science and Engineering 12 (2015) 494–506.

[3] Atlas, Boston dynamics, https://www.bostondynamics.com/atlas.

[4] BIOROID GP, http://www.robotis.us/robotis-gp/.
[5] Body model, Choreonoid 1.6 documentation, http://choreonoid.org/en/manuals/1.6/handling-models/bodymodel.html.
[6] Brushless DC Motor, Simscape documentation, https://jp.mathworks.com/help/physmod/elec/examples/brushless-dc-motor.html.
[7] Bullet, http://bulletphysics.org/.
[8] S. Chitta, I. Sucan, S. Cousins, MoveIt! [ROS topics], IEEE Robotics & Automation Magazine 19 (2012) 18–19.
[9] Coin3D, https://bitbucket.org/Coin3D/coin/wiki/Home.
[10] D. Cook, A. Vardy, R. Lewis, A survey of AUV and robot simulators for multi-vehicle operations, in: IEEE/OES Autonomous Underwater Vehicles, 2015, pp. 1–8.
[11] DART, http://dartsim.github.io/.
[12] J. Englsberger, A. Werner, C. Ott, B. Henze, M.A. Roa, G. Garofalo, R. Burger, A. Beyer, O. Eiberger, K. Schmid, A. Albu-Schaffer, Overview of the torque-controlled humanoid robot TORO, in: IEEE-RAS International Conference on Humanoid Robots, 2014, pp. 916–924.
[13] C. Ericson, Real-Time Collision Detection, CRC Press, 2004.
[14] R. Featherstone, A divide-and-conquer articulated-body algorithm for parallel O(log(n)) calculation of rigid-body dynamics. Part 1: basic algorithm, The International Journal of Robotics Research 18 (1999) 876–892.
[15] R. Featherstone, Rigid Body Dynamics Algorithms, Springer, 2008.
[16] P. Flores, H.M. Lankarani, Contact Force Models for Multibody Dynamics, Springer, 2016.
[17] FROST: fast robot optimization and simulation toolkit on GitHub, https://github.com/ayonga/frost-dev.
[18] Gazebo, http://gazebosim.org/.
[19] GLFW, http://www.glfw.org/.
[20] GLUT– The OpenGL Utility Toolkit, https://www.opengl.org/resources/libraries/glut/.
[21] GNU Octave, https://www.gnu.org/software/octave/.
[22] Google Maps, https://www.google.com/maps/.
[23] D. Gouaillier, V. Hugel, P. Blazevic, C. Kilner, J. Monceaux, P. Lafourcade, B. Marnier, J. Serre, B. Maisonnier, Mechatronic design of NAO humanoid, in: IEEE International Conference on Robotics and Automation, 2009, pp. 769–774.
[24] graspPlugin, http://www.hlab.sys.es.osaka-u.ac.jp/grasp/en.
[25] I. Ha, Y. Tamura, H. Asama, J. Han, D.W. Hong, Development of open humanoid platform DARwIn-OP, in: SICE Annual Conference 2011, 2011, pp. 2178–2181.
[26] A. Hereid, A.D. Ames, FROST *: fast robot optimization and simulation toolkit, in: IEEE/RSJ International Conference on Intelligent Robots and Systems, 2017, pp. 719–726.
[27] HOAP-2, Fujitsu, https://en.wikipedia.org/wiki/HOAP.
[28] S.H. Hyon, D. Suewaka, Y. Torii, N. Oku, H. Ishida, Development of a fast torque-controlled hydraulic humanoid robot that can balance compliantly, in: IEEE-RAS International Conference on Humanoid Robots, 2015, pp. 576–581.
[29] Install the Simscape Multibody Link plug-in, https://jp.mathworks.com/help/physmod/sm/ug/installing-and-linking-simmechanics-link-software.html?lang=en.
[30] S. Ivaldi, J. Peters, V. Padois, F. Nori, Tools for simulating humanoid robot dynamics: a survey based on user feedback, in: IEEE-RAS International Conference on Humanoid Robots, 2014, pp. 842–849.
[31] S. Ivaldi, B. Ugurlu, Free simulation software and library, in: Humanoid Robotics: A Reference, Springer, 2018, Chapter 35.
[32] F. Kanehiro, H. Hirukawa, S. Kajita, OpenHRP: open architecture humanoid robotics platform, The International Journal of Robotics Research 23 (2004) 155–165.
[33] K. Kaneko, F. Kanehiro, M. Morisawa, K. Akachi, G. Miyamori, A. Hayashi, N. Kanehira, Humanoid robot HRP-4 – humanoid robotics platform with lightweight and slim body, in: IEEE International Conference on Intelligent Robots and Systems, 2011, pp. 4400–4407.
[34] C.W. Kennedy, J.P. Desai, Modeling and control of the Mitsubishi PA-10 robot arm harmonic drive system, IEEE/ASME Transactions on Mechatronics 10 (2005) 263–274.
[35] N. Koenig, A. Howard, Design and use paradigms for Gazebo, an open-source multi-robot simulator, in: IEEE/RSJ International Conference on Intelligent Robots and Systems, 2004, pp. 2149–2154.
[36] K. Kojima, T. Karasawa, T. Kozuki, E. Kuroiwa, S. Yukizaki, S. Iwaishi, T. Ishikawa, R. Koyama, S. Noda, F. Sugai, S. Nozawa, Y. Kakiuchi, K. Okada, M. Inaba, Development of life-sized high-power humanoid robot JAXON for real-world use, in: IEEE-RAS International Conference on Humanoid Robots, 2015, pp. 838–843.
[37] J.L. Lima, J.A. Gonçalves, P.G. Costa, A.P. Moreira, Humanoid realistic simulator: the servomotor joint modeling, in: International Conference on Informatics in Control, Automation and Robotics, 2009, pp. 396–400.
[38] Make a model, Gazebo tutorial, http://gazebosim.org/tutorials?tut=build_model&cat=build_robot.
[39] Mates and joints, https://jp.mathworks.com/help/physmod/smlink/ref/mates-and-joints.html.
[40] Mathematica, https://www.wolfram.com/mathematica/index.ja.html?footer=lang.
[41] MATLAB, https://jp.mathworks.com/products/matlab.html.

[42] I. Millington, Game Physics Engine Development: How to Build a Robust Commercial-Grade Physics Engine for Your Game, second edition, CRC Press, 2010.
[43] MoveIt!, https://moveit.ros.org/.
[44] S. Nakaoka, Choreonoid: extensible virtual robot environment built on an integrated GUI framework, in: IEEE/SICE International Symposium on System Integration, 2012, pp. 79–85.
[45] S. Nakaoka, S. Hattori, F. Kanehiro, S. Kajita, H. Hirukawa, Constraint-based dynamics simulator for humanoid robots with shock absorbing mechanisms, in: IEEE/RSJ International Conference on Intelligent Robots and Systems, 2007, pp. 3641–3647.
[46] J. Neider, T. Davis, M. Woo, OpenGL Programming Guide, Addison Wesley, 1993.
[47] Newton dynamics, http://newtondynamics.com/forum/newton.php.
[48] ODE (open dynamics engine), http://www.ode.org/.
[49] OpenStreetMap, http://www.openstreetmap.org/.
[50] I.W. Park, J.Y. Kim, J. Lee, J.H. Oh, Mechanical design of humanoid robot platform KHR-3 (KAIST humanoid robot – 3: HUBO), in: IEEE-RAS International Conference on Humanoid Robots, 2005, pp. 321–326.
[51] PhysX, https://developer.nvidia.com/gameworks-physx-overview.
[52] M. Quigley, K. Conley, B. Gerkey, J. Faust, T. Foote, J. Leibs, E. Berger, R. Wheeler, A. Mg, ROS: an open-source robot operating system, in: IEEE International Conference on Robotics and Automation Workshop on Open Source Robotics, 2009.
[53] E. Rohmer, S.P. Singh, M. Freese, V-REP: a versatile and scalable robot simulation framework, in: 2013 IEEE International Conference on Intelligent Robots and Systems, 2013, pp. 1321–1326.
[54] ROS control, http://gazebosim.org/tutorials/?tut=ros_control.
[55] S. Shirata, A. Konno, M. Uchiyama, Development of a light-weight biped humanoid robot, in: IEEE/RSJ International Conference on Intelligent Robots and Systems, 2004, pp. 148–153.
[56] Simbody, https://simtk.org/home/simbody/.
[57] Simscape Multibody, https://jp.mathworks.com/products/simmechanics.html.
[58] Simscape Multibody Link plug-in, https://jp.mathworks.com/help/physmod/smlink/index.html.
[59] Simulink, https://jp.mathworks.com/products/simulink.html.
[60] Toyota unveils third generation humanoid robot T-HR3, http://corporatenews.pressroom.toyota.com/releases/toyota+unveils+third+generation+humanoid+robot+thr3.htm.
[61] T. Tsujita, O. Altangerel, S. Abiko, A. Konno, Analysis of drop test using a one-legged robot toward parachute landing by a humanoid robot, in: IEEE International Conference on Robotics and Biomimetics, 2017, pp. 221–226.
[62] Tunnel disaster response and recovery challenge, http://worldrobotsummit.org/en/wrc2018/disaster/.
[63] A URDF file and Mesh files of ROBOTIS-OP2 on GitHub, https://github.com/ROBOTIS-OP/robotis_op_common/tree/master/robotis_op_description.
[64] URDF in Gazebo, Gazebo tutorial, http://gazebosim.org/tutorials/?tut=ros_urdf.
[65] V-Rep, http://www.coppeliarobotics.com/index.html.
[66] G. Van Den Bergen, Collision Detection in Interactive 3D Environments, Elsevier, 2003.
[67] Vortex Studio, https://www.cm-labs.com/vortex-studio/.
[68] Webots, https://www.cyberbotics.com/#webots.
[69] J. Wernecke, The Inventor Mentor, Addison Wesley, 1994.
[70] K. Yamane, Simulating and Generating Motions of Human Figures, Springer-Verlag, Berlin, Heidelberg, 2004.

附 录 A

下面介绍从小型仿人机器人 HOAP-2[1] 导出的两个模型数据集。其中一种模型与原始模型相似，手臂具有 4 个自由度。在另一个模型中，将三个以上的关节添加到手臂(腕关节)以获得可以执行许多应用程序任务的运动学上的冗余手臂。数据集为 YAML 格式。它们可以下载并直接在 Choreonoid 中使用模拟环境(参见第 8 章)。

通常，关节的编号与机器人的树形结构一致。如图 2.1 所示，其结构由从基座连杆延伸的肢体决定。因此，从靠近基座连杆的关节开始，每个肢体的关节以递增的顺序编号。请注意，在上半身有一个躯干关节。该关节未出现在模型中，即基座连杆部分由骨盆和躯干组成。

A.1 4 自由度手臂的小尺寸仿人机器人的模型参数

关节的命名和编号如图 A.1 所示。连杆长度在图 A.2 和图 A.3 中给出。坐标系如图 A.4 所示。可以从文献[2]下载惯性和其他参数的数据文件。

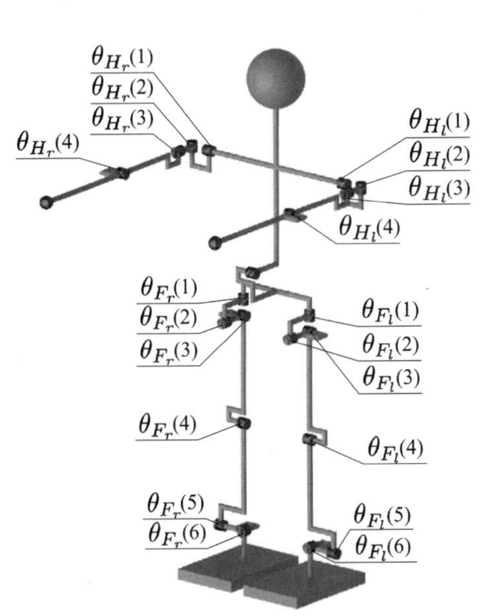

图 A.1　4 自由度手臂模型的关节角度命名和编号

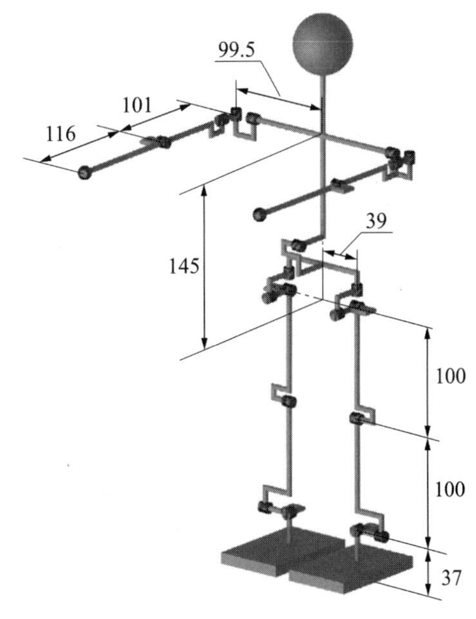

图 A.2　4 自由度手臂模型的连杆长度(以毫米为单位)

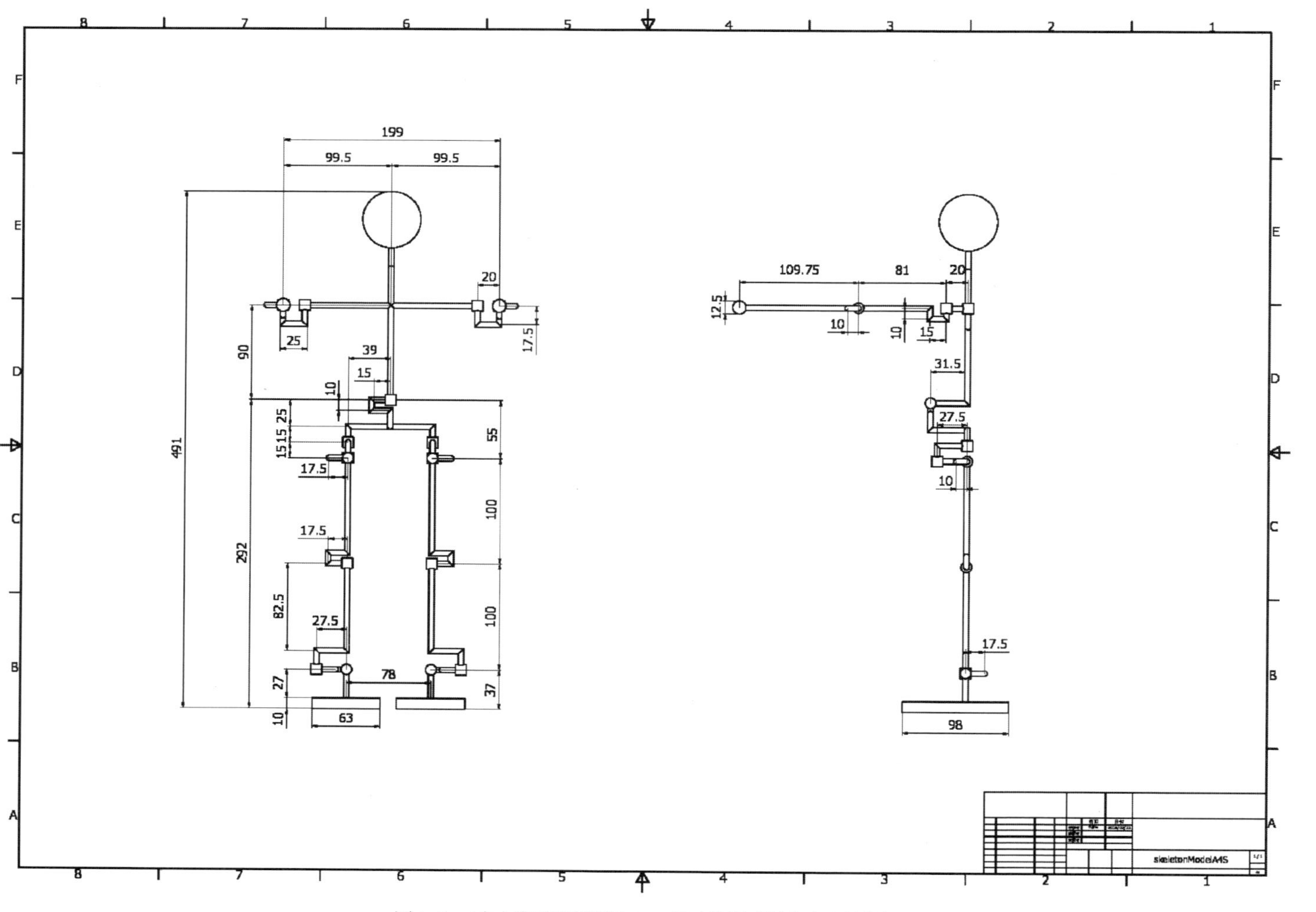

图A.3　4自由度手臂模型的CAD尺寸数据（以毫米为单位）

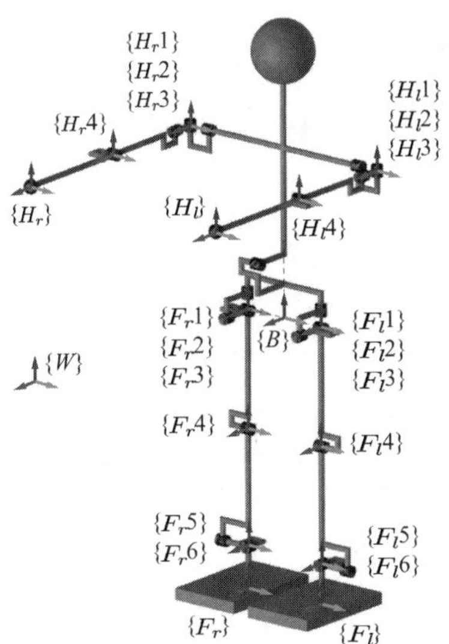

图 A.4 4 自由度手臂模型的坐标系

A.2 7 自由度手臂的小尺寸仿人机器人的模型参数

关节的命名和编号如图 A.5 所示。连杆长度在图 A.6 和图 A.7 中给出。坐标系如图 A.8 所示。可以从文献[3]下载惯性和其他参数的数据文件。

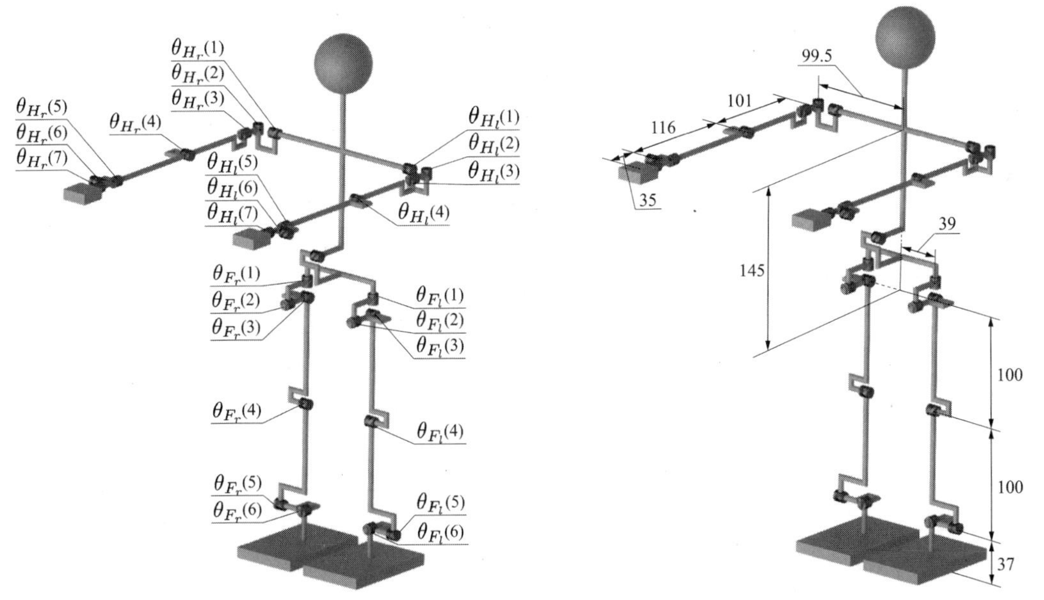

图 A.5 7 自由度手臂模型的关节角度命名和编号

图 A.6 7 自由度手臂模型的连杆长度(以毫米为单位)

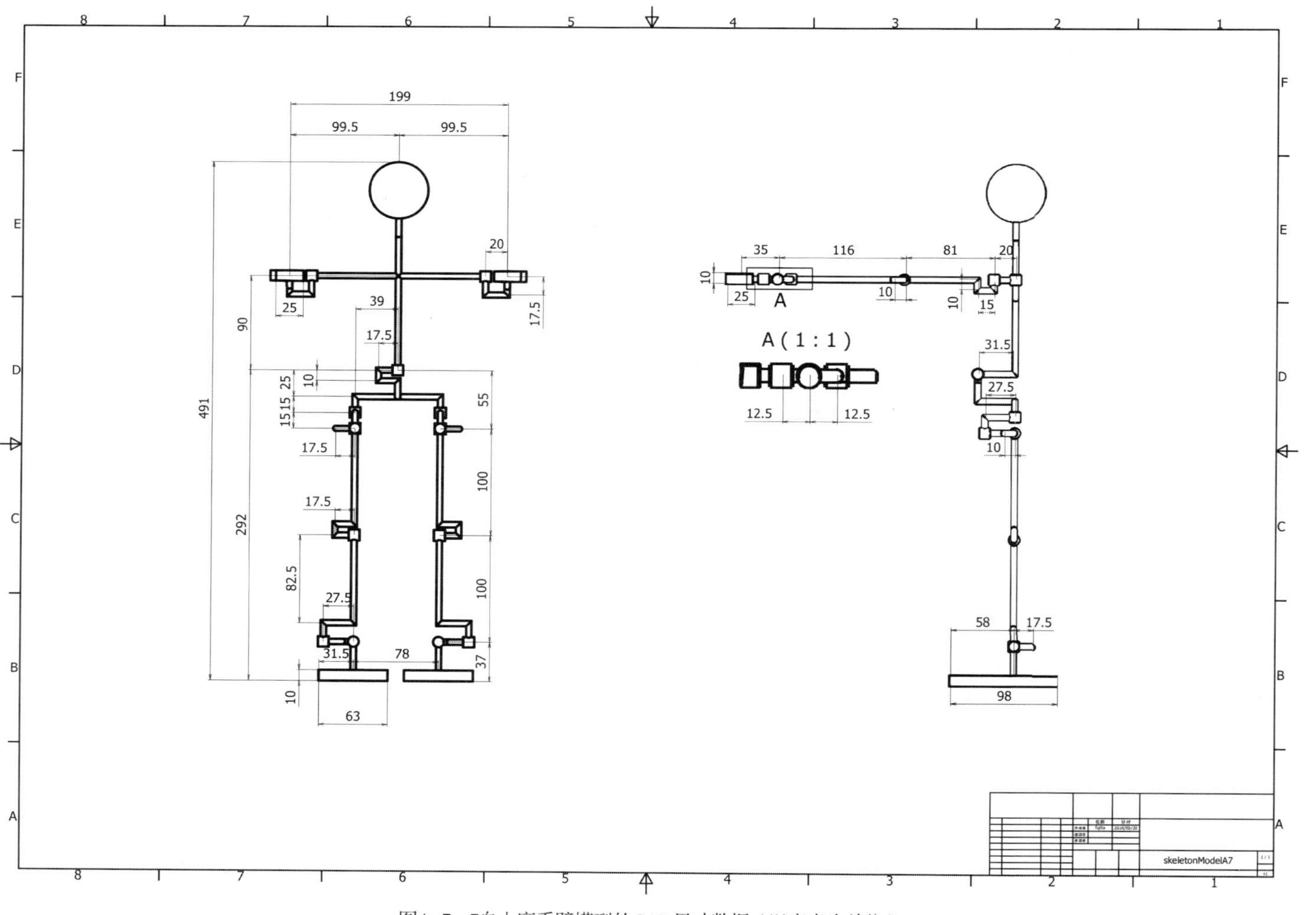

图A. 7　7自由度手臂模型的CAD尺寸数据（以毫米为单位）

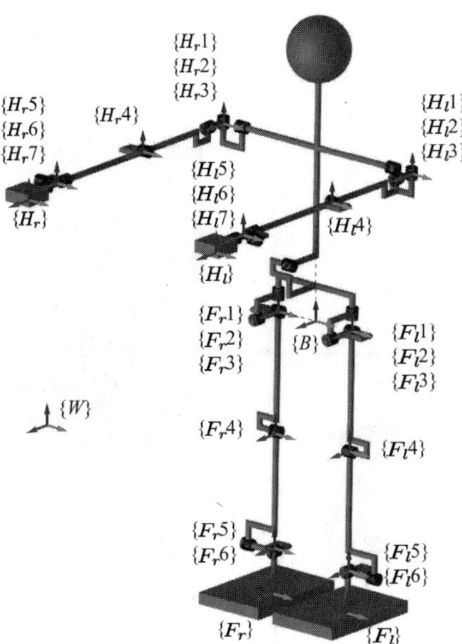

图 A. 8　7 自由度手臂模型的坐标系

参考文献

[1] Fujitsu, Miniature Humanoid Robot HOAP-2 Manual, 1st edition, Fujitsu Automation Co., Ltd, 2004 (in Japanese).

[2] RLS@TCU, Data set for a small-size humanoid robot model with four-DoF arms, Robotic Life Support Laboratory, Tokyo City University, 2018, https://doi.org/10.1016/B978-0-12-804560-2.00016-X.

[3] RLS@TCU, Data set for a small-size humanoid robot model with seven-DoF arms, Robotic Life Support Laboratory, Tokyo City University, 2018, https://doi.org/10.1016/B978-0-12-804560-2.00016-X.

推荐阅读

机器人学和人工智能中的行为树

作者：[瑞典] 米歇尔·科莱丹基塞（Michele Colledanchise） [瑞典] 彼得·奥格伦（Petter Ögren）
译者：周翊民 ISBN：978-7-111-65204-5 定价：79.00元

本书主要介绍了行为树构造智能体的行为及任务切换的方法，讨论了从简单主题（如语义和设计原则）到复杂主题（如学习和任务规划）学习行为树的基本内容，包括行为树的模块化和反应性两大特性、行为树的设计原则与扩展，并将行为树与自动规划、机器学习相结合。

本书通过丰富的图文展示，从简单的插图到现实的复杂行为，成功地将理论和实践相结合。本书适合的读者非常广泛，包括对机器人、游戏角色或其他人工智能体建模复杂行为感兴趣的专业人士和学生。

并联机器人：机构学与控制

作者：[伊朗] 哈米德 D. 塔吉拉德（Hamid D. Taghirad）著 译者：刘山
ISBN：978-7-111-58859-7 定价：99.00元

本书全面介绍了并联机器人的运动学分析，动力学分析和控制器设计方法，内容涵盖了机器人学中机构学和控制分支的所有方面，如并联机器人的运动学、Jacobian分析、奇异性分析、静力分析、刚度分析、动力学、运动控制和力控制等。本书将理论与实际装置紧密结合，内容深入浅出，具有较强的实用性。

本书不仅为工业界需要设计和应用并联机器人的研究者和技术人员提供了分析和设计方法，还可作为机械电子专业和自动控制专业高年级本科生和研究生的教学参考书。

推荐阅读

机器人建模和控制

作者：[美] 马克 · W. 斯庞（Mark W. Spong） 赛斯 · 哈钦森（Seth Hutchinson） M. 维德雅萨加（M. Vidyasagar）
译者：贾振中 徐静 付成龙 伊强 ISBN：978-7-111-54275-9 定价：79.00元

本书由Mark W. Spong、Seth Hutchinson和M. Vidyasagar三位机器人领域顶级专家联合编写，全面且深入地讲解了机器人的控制和力学原理。全书结构合理、推理严谨、语言精练，习题丰富，已被国外很多名校（包括伊利诺伊大学、约翰霍普金斯大学、密歇根大学、卡内基-梅隆大学、华盛顿大学、西北大学等）选作机器人方向的教材。

机器人操作中的力学原理

作者：[美]马修 · T. 梅森（Matthew T. Mason） 译者：贾振中 万伟伟
ISBN：978-7-111-58461-2 定价：59.00元

本书是机器人领域知名专家、卡内基梅隆大学机器人研究所所长梅森教授的经典教材，卡内基梅隆大学机器人研究所（CMU-RI）核心课程的指定教材。主要讲解机器人操作的力学原理，紧抓机器人操作中的核心问题——如何移动物体，而非如何移动机械臂，使用图形化方法对带有摩擦和接触的系统进行分析，深入理解基本原理。

推荐阅读

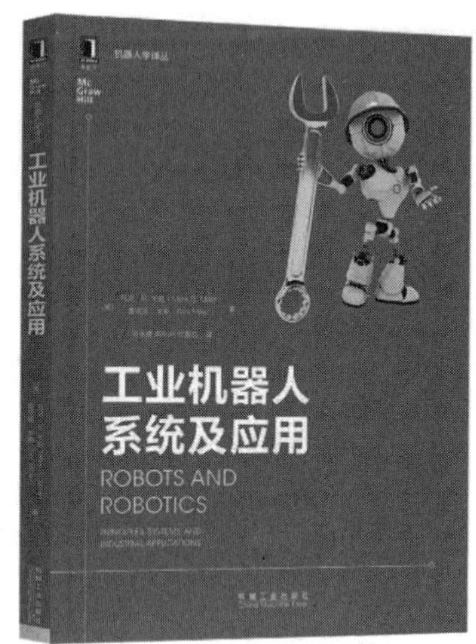

移动机器人学：数学基础、模型构建及实现方法

作者：[美] 阿朗佐·凯利（Alonzo Kelly） 译者：王巍 崔维娜 等
ISBN：978-7-111-63349-5 定价：159.00元

卡内基梅隆大学国家机器人工程中心(NREC)研究主任、机器人研究所阿朗佐·凯利教授力作。集合众多领域的核心领域于一体，全面讨论移动机器人领域的基本知识和关键技术。全书按照构建移动机器人的步骤来组织章节，每一章探讨一个新的主题或一项新的功能，包括数值方法、信号处理、估计和控制理论、计算机视觉和人工智能。

工业机器人系统及应用

作者：[美] 马克·R. 米勒（Mark R. Miller），雷克斯·米勒（Rex Miller） 译者：张永德 路明月 代雪松
ISBN：978-7-111-63141-5 定价：89.00元

由机器人领域的两位技术专家和资深教授联袂撰写，聚焦于工业机器人，涵盖其组成结构、电气控制及实践应用，为机器人的设计、生产、布置、操作和维护提供全流程的详细指南。